Mécanique quantique

tome 2

Albert Messiah

Mécanique quantique

tome 2

Préfaces de

Roger Balian
Directeur de Recherches au CEA
Professeur à l'École Polytechnique

et

Claude Cohen-Tannoudji
Professeur au Collège de France

et de

Pierre-Gilles de Gennes
Professeur au Collège de France

Nouvelle Édition

DUNOD

ISBN 2 10002427-2

PLAN DE L'OUVRAGE

TOME I

Le formalisme et son interprétation

Systèmes simples

TOME II

Symétries et invariance

Méthodes d'approximation

Éléments de mécanique quantique relativiste

TABLE DES MATIÈRES

DU TOME II

TROISIÈME PARTIE

SYMÉTRIES ET INVARIANCE

CHAPITRE XIII

Le moment cinétique en mécanique quantique.

CHAPITRE XIV

Systèmes de particules identiques. Principe d'exclusion de Pauli.

CHAPITRE XV

Invariance et théorèmes de conservation. Renversement du temps.

QUATRIÈME PARTIE

MÉTHODES D'APPROXIMATION

CHAPITRE XVI

Perturbations stationnaires.

CHAPITRE XVII

Solutions approchées de l'équation de Schrödinger dépendant du temps.

CHAPITRE XVIII

Méthode variationnelle et problèmes connexes.

CHAPITRE XIX

Théorie des collisions.

CINQUIÈME PARTIE

ÉLÉMENTS DE MÉCANIQUE QUANTIQUE RELATIVISTE

CHAPITRE XX

L'équation de Dirac.

CHAPITRE XXI

Quantification d'un champ. Théorie du rayonnement.

Mon Dieu ! ma chère, que ton père
a la forme enfoncée dans la matière !
(*Les Précieuses Ridicules*, VI).

TROISIÈME PARTIE

SYMÉTRIES ET INVARIANCE

CHAPITRE XIII

LE MOMENT CINÉTIQUE EN MÉCANIQUE QUANTIQUE

I Introduction

Les propriétés de symétrie des équations d'évolution jouent un très grand rôle en Mécanique Quantique comme en Mécanique Classique. Un examen systématique et général des symétries et de leurs conséquences sera fait au chapitre XV. Le présent chapitre est consacré à l'un des types de symétrie les plus importants, celui des symétries par rapport aux rotations. Comme en Mécanique Classique, la rotation d'un système en Mécanique Quantique fait intervenir son moment cinétique et l'invariance par rotation des équations d'évolution s'exprime par le fait que le moment cinétique est une constante du mouvement. Les différences avec la Mécanique Classique viennent de ce que le moment cinétique est un opérateur vectoriel et non pas un vecteur ordinaire et que ses trois composantes ne commutent pas deux à deux.

Dans la section I, nous définissons le moment cinétique par les relations de commutation de ses composantes J_x, J_y, J_z (relations (3)) et nous résolvons le problème de valeurs propres de J^2 et J_z en nous basant uniquement sur ces relations et sur le fait que ces trois composantes sont des observables. La méthode utilisée, due à Dirac, présente de grandes analogies avec le traitement de l'oscillateur harmonique exposé au chapitre XII.

La section II est consacrée à un cas particulier, celui du moment cinétique orbital d'une particule et à la construction des fonctions propres correspondantes, les harmoniques sphériques.

Dans la section III nous établissons le lien entre moment cinétique et rotations ; la rotation d'un système physique est réalisée par un certain opérateur dépendant des composantes du moment cinétique total de ce système et dont l'expression est donnée par la formule (60). Nous démontrons ensuite que l'invariance par rotation des équations d'évolution du système équivaut à la condition que son Hamiltonien commute avec les trois composantes de son moment cinétique ; d'où la loi de conservation du moment cinétique.

L'expérience montre que la plupart des particules possèdent un moment cinétique intrinsèque, le spin. La notion de spin est examinée dans la section IV.

La section V est consacrée à l'important problème de l'addition des moments cinétiques.

Les différents opérateurs de la Mécanique Quantique peuvent être caractérisés par leur loi de transformation par rotation. On définit notamment les opérateurs scalaires (c'est-à-dire invariants par rotation), les opérateurs vectoriels et, plus généralement, les opérateurs tensoriels irréductibles, dont la loi de transformation est particulièrement simple. Ces opérateurs sont aussi bien caractérisés par des règles de commutation très simples avec les composantes du moment cinétique. De ces règles découlent certaines propriétés des représentations des opérateurs tensoriels irréductibles (Théorème de Wigner-Eckart). Celles-ci sont exposées, ainsi que leurs principales applications dans la sixième et dernière section de ce chapitre.

Ce chapitre est complété par l'Appendice C dans lequel ont été rassemblées les principales formules et les principales propriétés des différents coefficients associés aux manipulations sur les rotations et sur la composition des moments cinétiques.

I. — VALEURS PROPRES ET VECTEURS PROPRES DU MOMENT CINÉTIQUE

2. Définition du moment cinétique

Nous avons déjà rencontré l'opérateur moment cinétique dans le traitement de systèmes quantiques à une particule. Par définition, le moment cinétique $\boldsymbol{l}$ de la particule est

$$\boldsymbol{l} \equiv \boldsymbol{r} \times \boldsymbol{p} \tag{1}$$

$\boldsymbol{r}$ et $\boldsymbol{p}$ étant respectivement le vecteur de position et l'impulsion de ladite particule. En Mécanique Ondulatoire, $\boldsymbol{l}$ est représenté par l'opérateur vectoriel (¹) $(-\mathrm{i})\, \boldsymbol{r} \times \nabla$. Les trois composantes de ce vecteur sont des opérateurs différentiels vérifiant les relations de commutation

$$[l_x, l_y] = \mathrm{i}\, l_z, \qquad [l_y, l_z] = \mathrm{i}\, l_x, \qquad [l_z, l_x] = \mathrm{i}\, l_y. \tag{2}$$

Chacune d'elles commute avec le carré scalaire du moment cinétique,

$$\boldsymbol{l}^2 \equiv l_x^2 + l_y^2 + l_z^2,$$

soit

$$[\boldsymbol{l}, \boldsymbol{l}^2] = 0.$$

Ces propriétés ont déjà été démontrées (§ V.18). Rappelons que la dernière d'entre elles est une simple conséquence des relations (2).

(¹) Dans le présent chapitre, nous choisissons les unités de telle sorte que $\hbar = 1$.

$\boldsymbol{r}, \boldsymbol{p}$ et $\boldsymbol{l}$ sont des *opérateurs vectoriels*. Avant de poursuivre, précisons bien ce que l'on entend par là. Un opérateur vectoriel $\boldsymbol{B}$ est défini par ses composantes B_x, B_y, B_z suivant trois axes rectangulaires ; B_x, B_y, B_z sont des opérateurs au sens ordinaire du terme. La donnée de ces trois composantes particulières permet de définir la composante B_u de $\boldsymbol{B}$ suivant une direction arbitraire $\boldsymbol{u}$ de l'espace défini par le vecteur unité $\boldsymbol{u}\,(u_x, u_y, u_z)$, à savoir

$$B_u \equiv (\boldsymbol{u}.\boldsymbol{B}) = u_x B_x + u_y B_y + u_z B_z.$$

On définit ainsi les composantes de $\boldsymbol{B}$ suivant n'importe quel autre système d'axes orthogonaux. Les différentes manipulations d'algèbre vectorielle (somme, produit scalaire, produit vectoriel, etc.) s'appliquent sans changement aux opérateurs vectoriels, moyennant quelques précautions concernant l'ordre des opérateurs (cf. § IX.2).

Ceci dit, considérons un système quantique de N particules. On peut définir comme plus haut le moment cinétique de la $n^{\text{ième}}$ particule $\boldsymbol{l}^{(n)} = \boldsymbol{r}^{(n)} \times \boldsymbol{p}^{(n)}$. Le moment cinétique total du système est la somme vectorielle des moments cinétiques des N particules qui le composent

$$\boldsymbol{L} = \sum_{n=1}^{N} \boldsymbol{l}^{(n)}.$$

Comme chaque moment cinétique partiel vérifie les relations de commutation (2) et comme les composantes du moment cinétique d'une particule commutent avec chacune de celles du moment cinétique de n'importe quelle autre, on a

$$[L_x, L_y] = \sum_n \sum_{n'} [l_x^{(n)}, l_y^{(n')}] = \sum_n [l_x^{(n)}, l_y^{(n)}] = \mathrm{i} \sum_n l_z^{(n)} = \mathrm{i}\, L_z.$$

On obtient de même façon les deux relations qui s'en déduisent par permutation circulaire. Par conséquent, les composantes du moment cinétique total obéissent aux mêmes relations de commutation que celles des moments cinétiques individuels.

Nous sommes donc conduits à adopter la définition suivante du moment cinétique : *l'opérateur vectoriel* $\boldsymbol{J}$ *est un moment cinétique si ses composantes* J_x, J_y, J_z *sont des observables vérifiant les relations de commutation :*

$$[J_x, J_y] = \mathrm{i}\, J_z, \qquad [J_y, J_z] = \mathrm{i}\, J_x, \qquad [J_z, J_x] = \mathrm{i}\, J_y. \tag{3}$$

Ces trois relations entraînent des relations analogues entre les composantes de $\boldsymbol{J}$ suivant tout autre système d'axes. Soient J_u, J_v, J_w les composantes de $\boldsymbol{J}$ suivant trois axes orthogonaux dont les vecteurs unité, $\boldsymbol{u}, \boldsymbol{v}, \boldsymbol{w}$, sont orientés de telle sorte que $\boldsymbol{w} = \boldsymbol{u} \times \boldsymbol{v}$. On vérifie aisément la relation $[J_u, J_v] = \mathrm{i}\, J_w$ et les deux relations qui s'en déduisent par permutation circulaire [2]. Plus généralement, si a et b sont deux vecteurs quelconques (ou deux opérateurs vectoriels qui commutent entre eux et commutent avec J), on a

$$[a.J, b.J] = \mathrm{i}((a \times b).J). \tag{4}$$

3. Relations algébriques caractéristiques

Le carré scalaire du moment cinétique,

$$J^2 \equiv J_x^2 + J_y^2 + J_z^2$$

commute avec les trois composantes. Cette propriété est une conséquence des relations de commutation (3) et se démontre de même façon que la propriété analogue concernant le moment cinétique l introduit au § 2. Nous écrirons symboliquement

$$[J, J^2] = 0 \tag{5}$$

cette propriété de J^2. Il en résulte que J^2 commute avec toute fonction des composantes de J.

Introduisons les deux opérateurs hermitiques conjugués

$$J_+ = J_x + \mathrm{i}\, J_y, \qquad J_- = J_x - \mathrm{i}\, J_y. \tag{6}$$

La donnée des trois opérateurs J_+, J_- et J_z définit complètement l'opérateur vectoriel J et il se révèle plus commode d'effectuer toutes les manipulations algébriques au moyen de ces trois opérateurs plutôt que d'utiliser les composantes J_x, J_y et J_z. Leurs relations de commutation se déduisent des relations (3) :

$$[J_z, J_+] = J_+ \tag{7 a}$$

$$[J_z, J_-] = -J_- \tag{7 b}$$

$$[J_+, J_-] = 2J_z. \tag{7 c}$$

D'autre part, suivant l'équation (5),

$$[J^2, J_+] = [J^2, J_-] = [J^2, J_z] = 0 \tag{8}$$

J^2 est d'ailleurs donné par l'expression

$$J^2 = \tfrac{1}{2}(J_+ J_- + J_- J_+) + J_z^2$$

[2] Ces relations s'écrivent aussi bien sous forme condensée ($i, j, k = u, v$ ou w)

$$[J_i, J_j] = \mathrm{i} \sum_k \varepsilon_{ijk} J_k \qquad \text{ou encore} \qquad \sum_{ij} \varepsilon_{ijk} J_i J_j = \mathrm{i}\, J_k$$

où ε_{ijk} désigne le tenseur complètement antisymétrique à trois indices :

$$\varepsilon_{ijk} = \begin{cases} 0 & \text{si } 2 \text{ des indices sont égaux.} \\ +1 & \text{si } i, j, k \text{ se déduit de } u, v, w \text{ par permutation paire,} \\ -1 & \text{si } i, j, k \text{ se déduit de } u, v, w \text{ par permutation impaire.} \end{cases}$$

La seconde forme équivaut à l'équation entre opérateurs vectoriels

$$J \times J = \mathrm{i}\, J.$$

dont on déduit, en se servant de l'équation (7 c), les deux identités

$$J_- J_+ = \mathbf{J}^2 - J_z (J_z + 1) \qquad (9\,a)$$

$$J_+ J_- = \mathbf{J}^2 - J_z (J_z - 1). \qquad (9\,b)$$

4. Spectre de J^2 et J_z

Puisque $\mathbf{J}^2$ commute avec chaque composante de $\mathbf{J}$, il est possible de former un système complet de vecteurs propres communs à $\mathbf{J}^2$ et à l'une de ses composantes, J_z par exemple. Le fait que J_x, J_y et J_z soient *hermitiques* et obéissent aux *relations de commutation* (3) impose au spectre de valeurs propres de sévères limitations.

$\mathbf{J}^2$ est un opérateur hermitique défini puisque c'est une somme d'opérateurs hermitiques définis ([3]). Ses valeurs propres sont nécessairement positives (ou nulles). Nous conviendrons désormais de les écrire sous la forme $j(j + 1)$ et de les étiqueter avec le nombre quantique réel $j\,(\geqslant 0)$.

Soit $|jm\rangle$ un vecteur propre de $\mathbf{J}^2$ et J_z correspondant aux valeurs propres $j(j + 1)$ et m respectivement. Nous dirons couramment que $|jm\rangle$ représente un état de moment cinétique $(j\,m)$. Si $\mathbf{J}^2$ et J_z ne forment pas un ensemble complet d'observables qui commutent, il peut exister plusieurs états $(j\,m)$ linéairement indépendants. Dans ce cas $|jm\rangle$ est un vecteur ket particulier choisi une fois pour toutes dans le sous-espace de moment cinétique $(j\,m)$; l'argument qui va suivre est valable quel que soit le vecteur ainsi choisi. Les seules conditions imposées à $|jm\rangle$ sont :

$$\mathbf{J}^2\,|jm\rangle = j(j + 1)\,|jm\rangle,$$
$$J_z\,|jm\rangle = m\,|jm\rangle.$$

Examinons les vecteurs $J_+\,|jm\rangle$ et $J_-\,|jm\rangle$.

Suivant les identités (9 *a*) et (9 *b*), on a

$$J_- J_+ |jm\rangle = [j(j + 1) - m(m + 1)]\,|jm\rangle \equiv (j - m)\,(j + m + 1)\,|jm\rangle \qquad (10\,a)$$

$$J_+ J_- \,|jm\rangle = [j(j + 1) - m(m - 1)]\,|jm\rangle \equiv (j + m)\,(j - m + 1)\,|jm\rangle. \qquad (10\,b)$$

Par suite, les vecteurs $J_+\,|jm\rangle$ et $J_-\,|jm\rangle$ ont respectivement pour normes

$$\langle jm|\,J_- J_+\,|jm\rangle = (j - m)\,(j + m + 1)\,\langle jm|jm\rangle$$
$$\langle jm|\,J_+ J_-\,|jm\rangle = (j + m)\,(j - m + 1)\,\langle jm|jm\rangle.$$

Conformément à l'un des axiomes fondamentaux de l'espace de Hilbert, ces normes ne peuvent être négatives, donc

$$(j - m)\,(j + m + 1) \geqslant 0, \qquad (j + m)\,(j - m + 1) \geqslant 0,$$

([3]) C'est une conséquence de l'hermiticité de J_x, J_y et J_z. Quel que soit $|u\rangle$, $\langle u|J_x^2|u\rangle$ est la norme du vecteur $J_x|u\rangle$, c'est donc une quantité $\geqslant 0$. Les valeurs moyennes de J_y^2 et J_z^2 possédant la même propriété, on a bien $\langle u|\mathbf{J}^2|u\rangle \geqslant 0$ quel que soit $|u\rangle$.

soit encore

$$-j \leqslant m \leqslant j.$$

De plus, comme la nullité de sa norme est une condition nécessaire et suffisante de la nullité d'un vecteur, $J_+ |jm\rangle = 0$ si, et seulement si, $(j - m)(j + m + 1) = 0$; de même $J_- |jm\rangle = 0$ si, et seulement si $(j + m)(j - m + 1) = 0$. Puisque m se trouve nécessairement dans l'intervalle $(-j, +j)$, ces conditions de nullité se réduisent à $m = j$ et $m = -j$ respectivement.

Si $m \neq j$, le vecteur (non nul) $J_+ |jm\rangle$ est un vecteur de moment cinétique $(j, m + 1)$. En effet, suivant la règle (8)

$$\boldsymbol{J}^2 J_+ |jm\rangle = J_+ \boldsymbol{J}^2 |jm\rangle = j(j + 1) J_+ |jm\rangle$$

et, comme d'après la relation de commutation (7 *a*),

$$J_z J_+ = J_+(J_z + 1) \tag{11 a}$$

on a

$$J_z J_+ |jm\rangle = J_+(J_z + 1) |jm\rangle = (m + 1) J_+ |jm\rangle.$$

En utilisant le fait que J_- commute avec $\boldsymbol{J}^2$ et que, d'après la relation (7 *b*),

$$J_z J_- = J_-(J_z - 1) \tag{11 b}$$

nous obtenons un résultat analogue pour $J_- |jm\rangle$.

En conclusion, nous avons l'important théorème :
Si $|jm\rangle$ est un vecteur de moment cinétique $(j\, m)$ et de norme N :

(*i*) *nécessairement* $\qquad -j \leqslant m \leqslant j\,;$ (12)

(*ii*) *si* $m = j$, $J_+ |jm\rangle = 0$;
si $m \neq j$, $J_+ |jm\rangle$ *est nécessairement un vecteur de moment cinétique* $(j, m+1)$ *et de norme* $[j(j + 1) - m(m + 1)]\, N$;

(*iii*) *si* $m = -j$, $J_- |jm\rangle = 0$;
si $m \neq -j$, $J_- |jm\rangle$ *est nécessairement un vecteur de moment cinétique* $(j, m-1)$ *et de norme* $[j(j + 1) - m(m - 1)]\, N$.

Considérons donc la suite de vecteurs obtenus par application répétée de l'opérateur J_+ sur $|jm\rangle$

$$J_+ |jm\rangle,\ J_+^2 |jm\rangle,\ \ldots,\ J_+^p |jm\rangle,\ \ldots \tag{13}$$

Nous savons que $-j \leqslant m \leqslant j$. Si $m = j$, $J_+ |jm\rangle = 0$. Si $m < j$, $J_+ |jm\rangle$ est un vecteur non nul de moment cinétique $(j, m + 1)$. Il possède donc les propriétés (*i*), (*ii*) et (*iii*) caractéristiques de tout vecteur propre commun à $\boldsymbol{J}^2$ et J_z : nécessairement $m + 1 \leqslant j$; si $m + 1 = j$, $J_+^2 |jm\rangle = 0$; si $m + 1 < j$, $J_+^2 |jm\rangle$ est un vecteur non nul de moment cinétique $(j, m + 2)$ et possède donc lui aussi les propriétés (*i*), (*ii*) et (*iii*) caractéristiques de tout vecteur propre commun à $\boldsymbol{J}^2$ et J_z. On peut ainsi poursuivre de proche en proche l'analyse des propriétés des vecteurs de la suite (13). Il est clair que les vecteurs de cette suite doivent tous s'annuler à partir d'un certain rang ;

dans le cas contraire, nous aurions réussi à former des vecteurs propres de J_z dont la valeur propre est plus grande que tout nombre donné à l'avance, contrairement à la condition (12) selon laquelle les valeurs propres de J_z ne peuvent être supérieures à j. Il existe donc un entier $p(\geqslant 0)$ tel que $J_+^p\,|j\,m\rangle$ soit un vecteur non nul de moment cinétique $(j,\, m + p)$ et que l'action de J_+ sur ce vecteur donne 0 ; on a donc $m + p = j$. En conclusion, $j - m$ est entier ($\geqslant 0$) et les p vecteurs

$$J_+\,|j\,m\rangle,\ J_+^2\,|j\,m\rangle,\ \ldots,\ J_+^p\,|j\,m\rangle \tag{14}$$

représentent des états de moment cinétique déterminé correspondant tous à la même valeur propre $j(j + 1)$ de J^2 et aux valeurs propres

$$m + 1,\ m + 2,\ \ldots,\ m + p = j,$$

de J_z respectivement.

L'examen des vecteurs obtenus par l'application répétée de J_- sur $|j\,m\rangle$ nous permet de conclure de même façon que $j + m = q$ est aussi un entier $\geqslant 0$ et que les q vecteurs

$$J_-\,|j\,m\rangle,\ J_-^2\,|j\,m\rangle,\ \ldots,\ J_-^q\,|j\,m\rangle$$

représentent des états de moment cinétique déterminé correspondant tous à la même valeur propre $j(j + 1)$ de J^2 et aux valeurs propres

$$m - 1,\ m - 2,\ \ldots,\ m - q = -j,$$

de J_z respectivement. D'ailleurs, puisque p et q sont deux entiers non négatifs, leur somme $p + q = 2j$ possède la même propriété.

Rassemblant tous ces résultats, nous obtenons le théorème fondamental suivant :

A) *Les seules valeurs propres possibles de J^2 sont de la forme $j(j + 1)$, où j est un nombre entier ou demi-entier non négatif* : $j = 0,\ \frac{1}{2},\ 1,\ \frac{3}{2},\ 2,\ \ldots,\ \infty$.

B) *Les seules valeurs propres possibles de J_z sont les entiers et les demi-entiers* :

$$m = 0,\quad \pm\tfrac{1}{2},\quad \pm 1,\quad \pm\tfrac{3}{2},\quad \pm 2,\ \ldots,\ \pm\infty.$$

C) *Si $j(j + 1)$ et m sont les valeurs propres respectives de J^2 et J_z correspondant à un état propre commun à ces deux opérateurs* — c'est-à-dire un état de moment cinétique $(j\,m)$ — *les seules valeurs possibles de m sont l'une des $(2j + 1)$ quantités*

$$-j,\ -j + 1,\ \ldots,\ +j.$$

5. Vecteurs propres de J^2 et J_z. Construction des sous-espaces invariants $\mathcal{E}^{(j)}$

Partant d'un vecteur $|j\,m\rangle$ de moment cinétique déterminé, nous sommes à même de construire en tout $(2j + 1)$ vecteurs de moment cinétique déterminé par application répétée des vecteurs J_+ et J_-. Ces vecteurs ne sont en général pas normalisés à l'unité. Mais il est très facile de construire par cette méthode des vecteurs propres de norme 1. Nous pouvons procéder de la façon suivante.

Supposons la norme de $|j\,m\rangle$ égale à 1. $J_+\,|j\,m\rangle$ est nul si $m = j$; si $m < j$, c'est un vecteur de moment cinétique $(j,\ m+1)$. Désignons par $|j\ m+1\rangle$ le vecteur de norme 1 défini par

$$J_+\,|j\,m\rangle = c_m\,|j\ m+1\rangle.$$

Suivant l'expression de la norme de $J_+\,|j\ m\rangle$ donnée plus haut,

$$|\,c_m\,|^2 = [j(j+1) - m(m+1)].$$

Convenons de fixer la phase de $|j\ m+1\rangle$ de façon que c_m soit réel et positif ; cette convention achève de définir ce vecteur :

$$J_+\,|j\,m\rangle = \sqrt{j\,(j+1) - m(m+1)}\,|j\ m+1\rangle.$$

En multipliant les deux membres de cette relation par J_-, il vient également, compte tenu de la relation (10 a),

$$J_-\,|j\ m+1\rangle = \sqrt{j(j+1) - m(m+1)}\,|j\,m\rangle.$$

Les manipulations précédentes peuvent être répétées sur le vecteur $|j\ m+1\rangle$. Il suffit de remplacer partout m par $m+1$. Si $m+1 = j$, $J_+\,|j\ m+1\rangle = 0$. Sinon, on forme le vecteur $|j\ m+2\rangle$ de moment cinétique $(j,\ m+2)$ et de norme 1 ; une convention analogue à celle qui a été donnée plus haut fixe sa phase. Et ainsi de suite jusqu'à $|j\,j\rangle$.

De même façon, par application répétée de J_-, on forme de proche en proche les vecteurs $|j\ m-1\rangle, \ldots, |j\ -j\rangle$ de moment cinétique respectif $(j,\ m-1), \ldots, (j,\ -j)$ et de norme 1 ; leur phase est fixée par une convention identique.

Ainsi, partant du vecteur $|j\,m\rangle$, nous formons une suite de $(2j+1)$ vecteurs orthonormes

$$|j\,j\rangle\ |j\ j-1\rangle\ \ldots\ |j\,m\rangle\ \ldots\ |j\ -j\rangle \tag{16}$$

satisfaisant aux équations aux valeurs propres

$$J^2\,|j\,\mu\rangle = j(j+1)\,|j\,\mu\rangle \tag{17}$$

$$J_z\,|j\,\mu\rangle = \mu\,|j\,\mu\rangle. \tag{18}$$

et dont les phases relatives ont été choisies de telle sorte qu'ils se déduisent les uns des autres par les relations

$$J_+\,|j\,\mu\rangle = \sqrt{j(j+1) - \mu(\mu+1)}\,|j\ \mu+1\rangle \tag{19}$$

$$J_-\,|j\,\mu\rangle = \sqrt{j(j+1) - \mu(\mu-1)}\,|j\ \mu-1\rangle. \tag{20}$$

En particulier

$$J_+\,|j\,j\rangle = J_-\,|j\ -j\rangle = 0. \tag{21}$$

Ces $(2j+1)$ vecteurs sous-tendent un certain sous-espace $\mathcal{E}^{(j)}$. Comme les opérateurs J_+, J_-, J_z transforment ces vecteurs les uns dans les autres, ils transforment n'importe quel vecteur de $\mathcal{E}^{(j)}$ en un vecteur de $\mathcal{E}^{(j)}$; autrement dit, ils laissent $\mathcal{E}^{(j)}$ invariant. Toute fonction $F(J)$ des composantes de J, étant fonction des seuls opérateurs J_+, J_- et J_z, laisse également $\mathcal{E}^{(j)}$ invariant. Nous verrons dans la section III que toute rotation d'ensemble du système quantique se traduit par l'application d'un opérateur du type $F(J)$ sur son vecteur état ; par conséquent, toute rotation d'ensemble laisse $\mathcal{E}^{(j)}$ invariant.

6. Représentation standard $\{J^2 J_z\}$

Lorsque J^2 et J_z ne forment pas un ensemble complet de variables compatibles, il existe un grand nombre de systèmes de base communs à ces deux opérateurs. D'ailleurs même dans le cas contraire, la phase de chaque vecteur de base peut être arbitrairement choisie.

Cependant, parmi toutes celles où J^2 et J_z sont diagonaux, certaines représentations sont préférables parce que toutes les manipulations concernant le moment cinétique y sont particulièrement simples. Nous conviendrons de les appeler *représentations standard* $\{J^2 J_z\}$. Ce sont celles dont les vecteurs de base correspondant à une même valeur du nombre quantique j peuvent être groupées en une ou plusieurs séries de $(2j + 1)$ vecteurs se déduisant les uns des autres conformément à la loi (19-20). A chaque série correspond un sous-espace $\mathcal{E}^{(j)}$ et l'espace de Hilbert tout entier est formé par la réunion de sous-espaces de ce type.

Pour former une représentation standard, on peut procéder de la façon suivante. Parmi les vecteurs propres de J^2 correspondant à la valeur propre $j(j + 1)$, considérons ceux pour lesquels $J_z = j$. Ils forment un certain sous-espace $\mathcal{F}^{(j)}$ de l'espace de Hilbert qui peut selon les cas avoir une, plusieurs ou une infinité de dimensions. Il est toujours possible de faire choix dans $\mathcal{F}^{(j)}$ d'un système complet de vecteurs orthonormés $|\tau j j\rangle$. L'indice τ permet de distinguer les uns des autres ces vecteurs de moment cinétique $(j\, j)$; il peut prendre selon les cas une, plusieurs ou une infinité de valeurs (discrètes ou continues, nous les supposerons discrètes). On a par hypothèse

$$\langle \tau j j | \tau' j j \rangle = \delta_{\tau\tau'}.$$

A chacun de ces vecteurs $|\tau j j\rangle$, on peut associer les $2j$ vecteurs obtenus par application répétée de J_- conformément à la méthode du paragraphe précédent et former ainsi un sous-espace $\mathcal{E}^{(j)}$ à $(2j + 1)$ dimensions ; afin de distinguer les uns des autres chacun des sous-espaces ainsi construits, nous les désignerons par $\mathcal{E}(\tau j)$. Ainsi, les $(2j + 1)$ vecteurs de base du sous-espace $\mathcal{E}(\tau j)$ sont

$$|\tau j j\rangle, \quad |\tau j\; j-1\rangle, \ldots, |\tau j\; -j\rangle.$$

Ces vecteurs sont orthonormés et satisfont aux relations fondamentales

$$J^2 |\tau j \mu\rangle = j(j + 1) |\tau j \mu\rangle \tag{22}$$

$$J_z |\tau j \mu\rangle = \mu |\tau j \mu\rangle \tag{23}$$

$$J_+ |\tau j \mu\rangle = \sqrt{j(j+1) - \mu(\mu+1)}\, |\tau j\ \mu+1\rangle \tag{24}$$

$$J_- |\tau j \mu\rangle = \sqrt{j(j+1) - \mu(\mu-1)}\, |\tau j\ \mu-1\rangle \tag{25}$$

Notons en passant les importantes relations

$$|\tau j\ \pm\mu\rangle = \sqrt{\frac{(j+\mu)!}{(2j)!\,(j-\mu)!}}\, J_{\mp}^{j-\mu} |\tau j\ \pm j\rangle \tag{26}$$

$$|\tau j\ \pm j\rangle = \sqrt{\frac{(j+\mu)!}{(2j)!\,(j-\mu)!}}\, J_{\pm}^{j-\mu} |\tau j\ \pm\mu\rangle \tag{27}$$

que l'on déduit aisément des équations (24) et (25) (Problème 1).

Il est facile de s'assurer que les sous-espaces $\mathcal{E}(\tau j)$ (j donné, τ variable) sont deux à deux orthogonaux et que leur réunion forme le sous-espace $\mathcal{E}_j$ de la valeur propre $j(j+1)$ de J^2.

En effet, les vecteurs de base $|\tau j \mu\rangle$ et $|\tau' j \mu'\rangle$ des sous-espaces $\mathcal{E}(\tau j)$ et $\mathcal{E}(\tau' j)$ ($\tau \neq \tau'$) sont certainement orthogonaux si $\mu \neq \mu'$ puisqu'ils correspondent à des valeurs propres différentes de J_z; ils le sont également si $\mu = \mu'$, puisque l'on a, par application répétée de l'équation (24) :

$$\langle\tau' j \mu|\tau j \mu\rangle = \langle\tau' j\ \mu+1|\tau j\ \mu+1\rangle = \ldots = \langle\tau' j\, j|\tau j\, j\rangle = \delta_{\tau\tau'}.$$

D'autre part, tout vecteur propre de J^2 correspondant à la valeur propre $j(j+1)$ est une combinaison linéaire des vecteurs $|\tau j \mu\rangle$ (τ et μ variables, j fixe); pour s'en convaincre, il suffit de montrer que tout vecteur $|\varpi j \mu\rangle$ de moment cinétique $(j\mu)$ est une combinaison linéaire des vecteurs de base $|\tau j \mu\rangle$ de même moment cinétique. Si $\mu = j$, ceci résulte de l'hypothèse de départ. Si $\mu \neq j$, on se ramène au cas précédent en appliquant au vecteur $|\varpi j \mu\rangle$ l'opérateur $J_-^{j-\mu}$ et en faisant usage des relations (26) et (27).

En conclusion, partant d'un système orthonormal complet de vecteurs de moment cinétique $(j\,j)$, nous sommes parvenus à construire les vecteurs de base d'une représentation standard $\{J^2 J_z\}$ dans le sous-espace $\mathcal{E}_j$ de la valeur propre $j(j+1)$ de J^2. En répétant la même opération pour toutes les valeurs propres possibles de J^2, nous obtenons une base standard pour l'espace de Hilbert tout entier.

Notons la forme particulièrement simple des matrices représentant les composantes de J dans une telle représentation (cf. Problème 2). Suivant les équations (23), (24) et (25), on a

$$\begin{aligned} \langle\tau j \mu|\, J_z\, |\tau' j' \mu'\rangle &= \mu\, \delta_{\tau\tau'}\, \delta_{jj'}\, \delta_{\mu\mu'} \\ \langle\tau j \mu|\, J_\pm\, |\tau' j' \mu'\rangle &= \sqrt{j(j+1) - \mu\mu'}\ \delta_{\tau\tau'}\, \delta_{jj'}\, \delta_{\mu\, \mu'\pm 1}. \end{aligned} \tag{28}$$

7. Conclusion

L'étude précédente des propriétés du moment cinétique est exclusivement basée sur les relations de commutation de cet opérateur vectoriel et sur le fait que ses composantes sont des opérateurs hermitiques d'un espace de

Hilbert. Ces seules hypothèses nous ont permis de conclure que le nombre quantique j ne peut prendre que des valeurs entières ou demi-entières et qu'à chaque valeur propre $j(j+1)$ de J^2 correspondent une ou plusieurs séries de $(2j+1)$ vecteurs linéairement indépendants, les vecteurs d'une série se déduisant les uns des autres par application des opérateurs J_- et J_+ et correspondant à chacune des $(2j+1)$ valeurs possibles du nombre quantique m :

$$-j, -j+1, \ldots, +j.$$

Ces hypothèses ne suffisent cependant pas à résoudre complètement le problème de valeur propre. Il reste à préciser

(*i*) quels sont parmi les nombres entiers ou demi-entiers ceux qui font effectivement partie du spectre de j ;

(*ii*) combien de séries linéairement indépendantes de $(2j+1)$ vecteurs correspondent à chacune de ces valeurs de j.

La réponse à ces questions dépend du problème particulier que l'on examine. Si l'on se fonde sur les relations de commutation seules, rien ne s'oppose à ce que j ne puisse prendre qu'une seule valeur, entière ou demi-entière, et à ce qu'il n'y ait qu'une série de $(2j+1)$ vecteurs linéairement indépendants correspondant à cette unique valeur propre, l'espace des états n'ayant dans ce cas que $(2j+1)$ dimensions ; nous rencontrerons un exemple de cette circonstance dans la section IV, à propos du spin.

Un autre cas particulier important est celui du moment cinétique $\boldsymbol{l}$ d'une particule, tel qu'il est défini dans l'équation (1). Nous verrons dans la section II, où ce cas est examiné en détail, que le spectre de j est alors formé de l'ensemble des entiers depuis 0 jusqu'à $+\infty$, toute valeur demi-entière étant exclue ([4]).

II. — MOMENT CINÉTIQUE ORBITAL ET HARMONIQUES SPHÉRIQUES

8. Le spectre de l^2 et l_z

Reprenons le système quantique à une particule évoqué au § 2. Prenant l'axe des z pour axe polaire, on peut exprimer les composantes de $\boldsymbol{l}$ et l'opérateur l^2 en fonction des angles polaires (θ, φ) et de leurs dérivées (équ. (B.82-84)). Dans tout ce qui suit, la variable radiale peut être ignorée.

([4]) Le problème 15 traite un autre cas dans lequel J^2 et J_z forment un ensemble complet d'observables qui commutent (une seule série de $(2j+1)$ vecteurs par valeur de j) et dans lequel j peut prendre toutes valeurs entières ou demi-entières. Du fait même de la présence simultanée de valeurs entières et demi-entières dans ce spectre, le fait d'assimiler J au moment cinétique oblige à faire certaines réserves sur la signification physique des différentes observables du système (cf. § 15).

Nous nous proposons de former les fonctions $F_l^m(\theta, \varphi)$ satisfaisant aux deux équations aux valeurs propres

$$l^2 F_l^m(\theta, \varphi) = l(l+1) F_l^m(\theta, \varphi) \tag{29}$$

$$l_z F_l^m(\theta, \varphi) = m F_l^m(\theta, \varphi). \tag{30}$$

Comme toute fonction d'onde est une fonction uniforme de $\boldsymbol{r}$, $F_l^m(\theta, \varphi)$ doit rester inchangé lorsqu'on y remplace φ par $\varphi + 2\pi$ [5]. L'équation (30) a déjà été examinée (§ V.12). Puisque $l_z = -i\partial/\partial\varphi$, $F_l^m(\theta, \varphi)$ est nécessairement de la forme $f_l^m(\theta)\, e^{im\varphi}$ avec m entier. Puisque m est entier, le nombre quantique l ne peut prendre lui aussi que des valeurs entières : *il n'y a pas de moment cinétique orbital demi-entier.*

Afin de déterminer parmi les entiers ($\geqslant 0$) les valeurs propres de l et leur dégénérescence, cherchons à former les fonctions propres $F_l^l(\theta, \varphi)$ correspondant au moment cinétique $(l\, l)$. Une telle fonction est définie par les équations

$$l_z F_l^l(\theta, \varphi) = l F_l^l(\theta, \varphi) \tag{31}$$

$$l_+ F_l^l(\theta, \varphi) = 0. \tag{32}$$

Ce système équivaut bien au système d'équations (29-30) dans le cas $m = l$. Suivant l'identité (9 *a*) en effet,

$$l^2 = l_z(l_z + 1) + l_- l_+.$$

Par suite l'équation (32), jointe à l'équation (31), entraîne l'équation (29) et réciproquement. Le système (31-32) est un système d'équations aux dérivées partielles du premier ordre que l'on résout aisément une fois explicités les opérateurs différentiels l_z et l_+ (équ. (B.82-83)). L'équation (31) donne

$$F_l^l(\theta, \varphi) = f_l(\theta)\, e^{il\varphi}.$$

Substituant cette expression dans l'équation (32), on obtient l'équation différentielle

$$\left(\frac{d}{d\theta} - l \operatorname{cotg} \theta\right) f_l(\theta) = 0$$

dont la solution est $\sin^l \theta$ à une constante près. En définitive, il existe pour toute valeur entière ($\geqslant 0$) de l une et une seule fonction propre (définie à une constante près) de moment cinétique $(l\, l)$, la fonction

$$\sin^l \theta\, e^{il\varphi}.$$

Par conséquent, le spectre de l^2 est formé par la suite des nombres $l(l+1)$, où *l prend toutes valeurs entières depuis 0 jusqu'à $+\infty$.* A chaque valeur propre $l(l+1)$ correspondent $(2l+1)$ valeurs propres m de l_z : ce sont les $(2l+1)$ entiers compris dans l'intervalle $(-l, +l)$. A chaque couple $(l\, m)$

[5] D'autre part, $F_l^m(0, \varphi)$ et $F_l^m(\pi, \varphi)$ ne dépendent pas de φ. Ces conditions se trouvent automatiquement réalisées dans les solutions propres obtenues ci-dessous.

ainsi formé correspond *un et un seul état propre* (si on se limite aux fonctions des angles θ et φ) : le spectre de l^2 et l_z est entièrement non dégénéré.

9. Définition et construction des harmoniques sphériques

La fonction propre commune à l^2 et l_z correspondant au couple de nombres quantiques $(l\,m)$ est définie à une constante près. En exigeant qu'elle soit normalisée à l'unité et en adoptant une convention de phase convenable, on la définit de façon unique. On obtient ainsi l'harmonique sphérique d'ordre $(l\,m)$, que l'on désigne par la notation $Y_l^m(\theta, \varphi)$.

Les fonctions $Y_l^m(\theta, \varphi)$ forment un *système orthonormal* de fonctions de θ et φ, étant bien entendu que l'élément de volume dans l'intégrale du produit scalaire est $d\Omega = \sin\theta\, d\theta\, d\varphi$. Nous admettons sans démonstration que ce système est *complet*.

La convention de phase que nous adoptons est la suivante [6]. En premier lieu, nous exigeons que les Y_l^m forment une base standard. Il suffit pour cela qu'elles obéissent aux équations (24-25) écrites dans la représentation $\{\theta\,\varphi\}$ (équ. (B.89)). Les phases relatives des $(2l + 1)$ harmoniques sphériques correspondant à la même valeur de l se trouvant ainsi fixées, il reste à fixer la phase de l'une d'entre elles, celle de $Y_l^0(\theta, \varphi)$ par exemple. A cet effet, nous imposons à $Y_l^0(0, 0)$ la condition d'être réel et positif.

Si l'on désigne par $|l\,m\rangle$ les vecteurs ket que représente l'harmonique sphérique $Y_l^m(\theta, \varphi)$ dans la représentation $\{\theta\,\varphi\}$, les différents vecteurs ainsi définis satisfont aux équations (24-25) ; on a donc (équ. (26))

$$|l\,m\rangle = \sqrt{\frac{(l+m)!}{(2l)!\,(l-m)!}}\, l_-^{l-m}\, |l\,l\rangle$$

$$= \sqrt{\frac{(l-m)!}{(2l)!\,(l+m)!}}\, l_+^{l+m}\, |l\,-l\rangle.$$

Autrement dit

$$Y_l^m(\theta, \varphi) = \sqrt{\frac{(l+m)!}{(2l)!\,(l-m)!}}\, l_-^{l-m}\, Y_l^l(\theta, \varphi) \tag{33}$$

$$= \sqrt{\frac{(l-m)!}{(2l)!\,(l+m)!}}\, l_+^{l+m}\, Y_l^{-l}(\theta, \varphi). \tag{34}$$

Les opérateurs différentiels l_- et l_+ sont explicitement donnés en Appendice (équ. (B.83)). De leurs expressions, on déduit que

$$l_\pm\, e^{i\mu\varphi} f(\theta) = \mp\, e^{i(\mu\pm 1)\varphi} \left(\sin^{1\mp\mu}\theta \frac{d}{d(\cos\theta)} \sin^{\mp\mu}\theta\right) f(\theta).$$

(6) Cette convention est celle qu'adoptent la plupart des auteurs. Elle se révèle particulièrement commode. Cependant, dans les discussions où intervient l'invariance dans le renversement du temps, il est préférable d'utiliser les fonctions $\mathcal{Y}_l^m(\theta, \varphi) \equiv i^l\, Y_l^m(\theta, \varphi)$ lorsqu'on manipule les fonctions d'onde de l'espace de configuration (cf. § XV.22).

Quel que soit $f(\theta)$, l'expression entre parenthèses du second membre doit être considérée comme un opérateur agissant sur la fonction $f(\theta)$ qui se trouve à sa droite. Par suite, l'action répétée de l_+ ou de l_- sur la fonction $e^{i\mu\varphi} f(\theta)$ donne (μ et s entiers)

$$l_\pm^s \, e^{i\mu\varphi} f(\theta) = (\mp)^s \, e^{i(\mu\pm s)\varphi} \left(\sin^{s\pm\mu}\theta \frac{d^s}{d(\cos\theta)^s} \sin^{\mp\mu}\theta \right) f(\theta). \qquad (35)$$

Suivant les déductions du § 8, nous savons que

$$Y_l^l(\theta, \varphi) = c_l \sin^l\theta \, e^{il\varphi}$$

expression dans laquelle c_l est une constante dont le module est fixé par la condition de normalisation de Y_l^l, ce qui donne

$$| c_l | = (4\pi)^{-\frac{1}{2}} \frac{\sqrt{(2l+1)!}}{2^l \, l!} \qquad (36)$$

et dont la phase reste à déterminer en accord avec la convention adoptée plus haut.

En substituant cette expression de Y_l^l dans l'équation (33), on obtient, compte tenu de l'identité (35),

$$Y_l^m(\theta, \varphi) = c_l \sqrt{\frac{(l+m)!}{(2l)!\,(l-m)!}} \, e^{im\varphi} \sin^{-m}\theta \frac{d^{l-m}}{d(\cos\theta)^{l-m}} \sin^{2l}\theta. \qquad (37)$$

Lorsque $m = -l$, cette formule donne, tous calculs faits,

$$Y_l^{-l}(\theta, \varphi) = (-)^l c_l \, e^{-il\varphi} \sin^l\theta. \qquad (38)$$

Substituant cette expression de Y_l^{-l} dans l'équation (34) et utilisant à nouveau l'identité (35), on obtient une nouvelle expression de Y_l^m équivalente à la précédente

$$Y_l^m(\theta, \varphi) = (-)^m c_l \sqrt{\frac{(l-m)!}{(2l)!\,(l+m)!}} \, e^{im\varphi} \sin^m\theta \frac{d^{l+m}}{d(\cos\theta)^{l+m}} \sin^{2l}\theta. \qquad (39)$$

Lorsque $m = 0$, ces deux expressions sont identiques

$$Y_l^0(\theta, \varphi) = c_l \sqrt{\frac{1}{(2l)!}} \frac{d^l}{d(\cos\theta)^l} (1 - \cos^2\theta)^l.$$

On retrouve, à une constante près, le polynôme de Legendre $P_l(\cos\theta)$ (équ. (B.71)) :

$$Y_l^0(\theta, \varphi) = (-)^l \frac{c_l \, 2^l \, l!}{\sqrt{(2l)!}} P_l(\cos\theta)$$

$$= (-)^l \frac{c_l}{|c_l|} \sqrt{\frac{2l+1}{4\pi}} \, P_l(\cos\theta).$$

La condition que $Y_l^0(0, 0)$ soit réel et positif nous impose le choix de phase

$$\frac{c_l}{|c_l|} = (-)^l.$$

Les expressions (37) et (39) de $Y_l^m(\theta, \varphi)$ se trouvent ainsi complètement spécifiées.

La plupart des propriétés des harmoniques sphériques citées dans l'Appendice B se lisent directement sur les formes condensées (37) et (39). Observons notamment que

$$Y_l^{-m}(\theta, \varphi) = (-)^m \, Y_l^{m*}(\theta, \varphi),$$

que Y_l^m est le produit de $e^{im\varphi} \sin^{|m|} \theta$ par un polynôme de degré $l - |m|$ et de parité $(-)^{l-|m|}$ en cos θ et que la *parité* de cette fonction (Problème 4) est $(-)^l$, soit

$$Y_l^m(\pi - \theta, \varphi + \pi) = (-)^l \, Y_l^m(\theta, \varphi).$$

III. — MOMENT CINÉTIQUE ET ROTATIONS

10. Définition des rotations. Angles d'Euler

Rappelons dans ce paragraphe certaines propriétés des rotations de l'espace (le mot « espace » étant pris dans son sens ordinaire).

Par définition, une rotation autour d'un point donné O est un déplacement d'ensemble des points de l'espace, dans lequel O reste fixe. Dans un tel déplacement, chaque point P de l'espace vient occuper une nouvelle position P' et la correspondance entre le point P et son transformé P' est biunivoque. On peut également définir une rotation autour de O comme une correspondance biunivoque entre les points de l'espace dans laquelle le centre O se correspond à lui-même et qui conserve à la fois les longueurs (donc les angles) et le sens des trièdres (7).

Un vecteur $\boldsymbol{u}$ de longueur 1 et un angle φ définissent une rotation particulière $\mathcal{R}_{\boldsymbol{u}}(\varphi)$, la rotation d'angle φ autour de l'axe orienté défini par $\boldsymbol{u}$ (le sens positif de rotation autour de cet axe est défini suivant la convention habituelle). Cette façon de spécifier une rotation particulière n'est pas unique. Pour que l'on ait $\mathcal{R}_{\boldsymbol{u}}(\varphi) = \mathcal{R}_{\boldsymbol{u}_1}(\varphi)$ en effet, il faut et il suffit que

$$\begin{cases} \boldsymbol{u}_1 = \boldsymbol{u} \\ \varphi_1 = \varphi + 2n\pi \end{cases} \quad \text{ou} \quad \begin{cases} \boldsymbol{u}_1 = -\boldsymbol{u} \\ \varphi_1 = -\varphi + 2n\pi. \end{cases} \qquad (n \text{ entier quelconque})$$

La rotation est dite *infinitésimale* si $\varphi = \varepsilon$ est un infiniment petit. Il est facile d'écrire le transformé V' d'un vecteur V dans une rotation infinitésimale $\mathcal{R}_{\boldsymbol{u}}(\varepsilon)$:

$$V' \simeq V + \varepsilon(\boldsymbol{u} \times V) \qquad (\varepsilon \ll 1). \tag{40}$$

Une autre façon de spécifier une rotation consiste à se donner ses angles d'Euler α, β, γ. Soient $Oxyz$ un trièdre (trirectangle droit), $OXYZ$ le trièdre

(7) par opposition aux réflexions qui conservent les longueurs mais renversent le sens des trièdres.

obtenu lorsqu'on lui applique la rotation en question, Ou l'un des deux axes *orientés* perpendiculaires à OzZ (fig. 1). Les angles d'Euler sont ([8])

$$\alpha = (Oy, Ou), \qquad \beta = (Oz, OZ), \qquad \gamma = (Ou, OY).$$

La rotation résulte de la succession des trois rotations suivantes :

(*i*) rotation $\mathcal{R}_z(\alpha)$ d'angle α autour de Oz (Oy vient en Ou) ;
(*ii*) rotation $\mathcal{R}_u(\beta)$ d'angle β autour de Ou (Oz vient en OZ) ;
(*iii*) rotation $\mathcal{R}_Z(\gamma)$ d'angle γ autour de OZ (Ou vient en OY).

Nous désignons la rotation résultante par $\mathcal{R}(\alpha\,\beta\,\gamma)$ et écrivons

$$\mathcal{R}(\alpha\beta\gamma) = \mathcal{R}_Z(\gamma)\,\mathcal{R}_u(\beta)\,\mathcal{R}_z(\alpha). \tag{41}$$

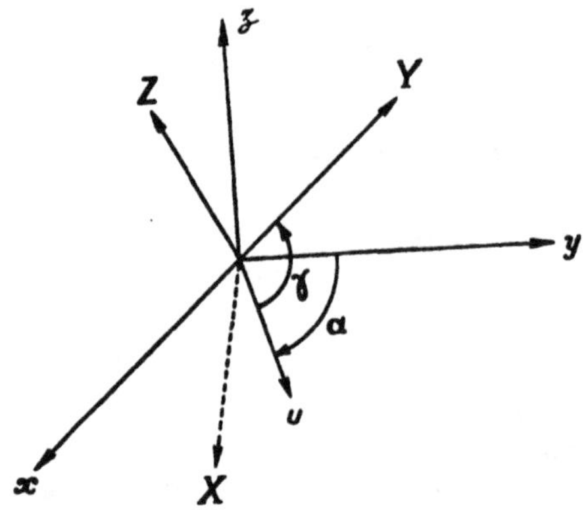

Fig. 1. — Définition des angles d'Euler.

Les angles α, β, γ sont des quantités algébriques comptées positivement ou négativement suivant que les rotations correspondantes autour des axes orientés Oz, Ou, OZ sont positives ou négatives. Le trièdre $Oxyz$ étant choisi une fois pour toutes, la même rotation peut être définie par plusieurs jeux d'angles d'Euler différents. Pour que l'on ait $\mathcal{R}(\alpha\,\beta\,\gamma) = \mathcal{R}(\alpha_1\,\beta_1\,\gamma_1)$, il faut et il suffit que :

$$\left\{\begin{array}{l} \alpha_1 = \alpha + 2\pi\, n_\alpha \\ \beta_1 = \beta + 2\pi\, n_\beta \\ \gamma_1 = \gamma + 2\pi\, n_\gamma \end{array}\right. \quad \text{ou} \quad \left\{\begin{array}{l} \alpha_1 = \alpha + \pi + 2\pi\, n_\alpha \\ \beta_1 = -\beta + 2\pi\, n_\beta \\ \gamma_1 = \gamma - \pi + 2\pi\, n_\gamma \end{array}\right. \tag{42}$$

(n_α, n_β, n_γ entiers quelconques).

On peut associer à chaque rotation $\mathcal{R}$ une certaine matrice 3×3, définie de la façon suivante. Soient $Oxyz$ un trièdre (trirectangle droit) d'axes de référence choisis une fois pour toutes, $\boldsymbol{a}_1$, $\boldsymbol{a}_2$, $\boldsymbol{a}_3$ les vecteurs unitaires respectifs

([8]) La définition adoptée ici diffère légèrement de celle que l'on adopte couramment dans la théorie du gyroscope.

de Ox, Oy, Oz. Dans la rotation envisagée, ceux-ci se transforment respectivement en trois nouveaux vecteurs $\boldsymbol{A}_1$, $\boldsymbol{A}_2$, $\boldsymbol{A}_3$ formant le trièdre trirectangle droit $OXYZ$. Chacun des vecteurs $\boldsymbol{A}_j$ est une combinaison linéaire des vecteurs $\boldsymbol{a}_1$, $\boldsymbol{a}_2$, $\boldsymbol{a}_3$ (⁹) :

$$\boldsymbol{A}_j \equiv \mathcal{R}[\boldsymbol{a}_j] = \boldsymbol{a}_i\, \mathcal{R}_{ij}, \qquad \mathcal{R}_{ij} = (\boldsymbol{a}_i . \boldsymbol{A}_j).$$

Les coefficients $\mathcal{R}_{ij}$ des 3 combinaisons linéaires ainsi formées sont les éléments d'une matrice 3×3, que nous désignerons désormais par la même lettre $\mathcal{R}$ que la rotation elle-même. Cette matrice définit la rotation complètement. En effet, soit $\boldsymbol{V} \equiv \boldsymbol{a}_j\, V_j$ un vecteur quelconque de l'espace défini par ses coordonnées (V_1, V_2, V_3) suivant les axes $Oxyz$. Son transformé par rotation est le vecteur

$$\boldsymbol{V}' \equiv \mathcal{R}[\boldsymbol{V}] = \boldsymbol{A}_j\, V_j = \boldsymbol{a}_i\, \mathcal{R}_{ij}\, V_j.$$

C'est le vecteur dont les coordonnées suivant $Oxyz$ sont

$$V'_i = \mathcal{R}_{ij}\, V_j. \tag{43}$$

Elles se déduisent de celles de $\boldsymbol{V}$ par application de la matrice $\mathcal{R}$.

Puisque les $\boldsymbol{A}_i$ forment un trièdre trirectangle droit, la matrice réelle $\mathcal{R}$ est orthogonale et unimodulaire :

$$\mathcal{R} = \mathcal{R}^*, \qquad \widetilde{\mathcal{R}} = \mathcal{R}^{-1}, \qquad \text{dét}\, \mathcal{R} = 1.$$

Le trièdre d'axes $Oxyz$ étant choisi une fois pour toutes, la matrice associée à une rotation est définie de façon unique. Réciproquement, à toute matrice réelle, orthogonale, unimodulaire correspond une et une seule rotation.

Les éléments de la matrice associée à la rotation $\mathcal{R}(\alpha\,\beta\,\gamma)$ sont donnés explicitement en fonction de ses angles d'Euler dans l'Appendice C (formule (C.45)). A titre d'exemple, donnons la loi de transformation des coordonnées du vecteur $\boldsymbol{V}$ envisagé plus haut dans une rotation $\mathcal{R}_z(\alpha)$ d'angle α autour de Oz :

$$\left.\begin{aligned} V'_1 &= V_1 \cos\alpha - V_2 \sin\alpha \\ V'_2 &= V_1 \sin\alpha + V_2 \cos\alpha \\ V'_3 &= V_3 \end{aligned}\right\} \tag{44}$$

Le produit de deux rotations $\mathcal{R}_1$, $\mathcal{R}_2$, c'est-à-dire la transformation $\mathcal{R} = \mathcal{R}_2\, \mathcal{R}_1$ obtenue en effectuant successivement la rotation $\mathcal{R}_1$ puis la rotation $\mathcal{R}_2$, est également une rotation. La relation (41) nous fournit un exemple d'un tel produit. Il n'est pas facile d'écrire les angles d'Euler de $\mathcal{R}$ en fonction de ceux de $\mathcal{R}_1$ et de $\mathcal{R}_2$. Par contre sa matrice associée est très facile à obtenir ; c'est le produit des matrices associées à $\mathcal{R}_1$ et $\mathcal{R}_2$:

$$\mathcal{R} = \mathcal{R}_2\, \mathcal{R}_1.$$

(⁹) Dans toute cette section, nous adoptons systématiquement la convention de sommation sur les indices muets ; ainsi :

$$\boldsymbol{a}_i\, \mathcal{R}_{ij} = \boldsymbol{a}_1\, \mathcal{R}_{1j} + \boldsymbol{a}_2\, \mathcal{R}_{2j} + \boldsymbol{a}_3\, \mathcal{R}_{3j}.$$

11. Rotation d'un système physique. Opérateur de rotation

Lorsqu'on discute d'une rotation donnée en relation avec un problème physique — ce qui va suivre est aussi vrai de n'importe quelle transformation de l'espace — on peut adopter deux points de vue qu'il convient de bien distinguer. Le premier consiste à effectuer ladite rotation sur le système d'axes de référence, chaque point P de l'espace ainsi que les grandeurs physiques attachées à chaque point restant fixes. Le deuxième consiste à garder les axes fixes et faire tourner le système physique lui-même. Les deux points de vue sont équivalents : que l'on fasse tourner les axes de référence ou que l'on fasse tourner en sens inverse le système physique lui-même revient strictement au même. Dans la suite, nous adopterons, sauf avis contraire, le second point de vue (rotation du système physique).

Précisons bien ce que l'on entend par rotation d'un système physique. Cette notion est plus délicate à définir en Théorie Quantique qu'en Théorie Classique, car la relation entre états dynamiques et variables dynamiques y est beaucoup moins directe. Pour simplifier les choses, raisonnons d'abord sur une particule. Désignons par a un état dynamique possible de cette particule et par $\psi(\boldsymbol{r})$ la fonction d'onde qui représente cet état en Mécanique Ondulatoire. Soit a' l'état dynamique obtenu lorsqu'on lui a fait subir une certaine rotation $\mathcal{R}$, $\psi'(\boldsymbol{r})$ la fonction d'onde correspondante :

$$a' \equiv \mathcal{R}[a], \qquad \psi'(\boldsymbol{r}) \equiv \mathcal{R}[\psi(\boldsymbol{r})].$$

Dire que a' se déduit de l'état a par la rotation $\mathcal{R}$ signifie que, quelles que soient les observations que l'on entreprenne sur le système dans l'état a', les résultats de ces observations se déduisent par la rotation $\mathcal{R}$ de ceux que donneraient les mêmes observations effectuées sur le système dans l'état a. Considérons, par exemple, une mesure de position. Les distributions statistiques relatives aux états a et a' sont respectivement $|\psi(\boldsymbol{r})|^2$ et $|\psi'(\boldsymbol{r})|^2$. D'après ce qui vient d'être dit, la deuxième se déduit de la première par la rotation $\mathcal{R}$, c'est-à-dire que *la valeur prise par la seconde fonction en un point donné $\boldsymbol{r}$ est égale à la valeur prise par la première au point $\boldsymbol{r}_1$ qui se transforme en $\boldsymbol{r}$ par la rotation $\mathcal{R}$* :

$$|\psi'(\boldsymbol{r})|^2 = |\psi(\boldsymbol{r}_1)|^2, \qquad \boldsymbol{r}_1 = \mathcal{R}^{-1}\,\boldsymbol{r}. \tag{45}$$

De même façon, $\varphi(\boldsymbol{p})$ et $\varphi'(\boldsymbol{p})$ étant les fonctions d'ondes de l'espace des impulsions correspondant respectivement à ψ et ψ', on doit avoir

$$|\varphi'(\boldsymbol{p})|^2 = |\varphi(\boldsymbol{p}_1)|^2, \qquad \boldsymbol{p}_1 = \mathcal{R}^{-1}\,\boldsymbol{p}. \tag{46}$$

Pour remplir toutes ces conditions il suffit évidemment que la valeur prise par la fonction ψ' en $\boldsymbol{r}$, soit égale à celle que prend la fonction ψ en $\boldsymbol{r}_1$, soit

$$\psi'(\boldsymbol{r}) \equiv \mathcal{R}[\psi(\boldsymbol{r})] = \psi(\mathcal{R}^{-1}\,\boldsymbol{r}). \tag{47}$$

On peut montrer — et nous l'admettrons — que cette relation est également nécessaire ([10]) ; la fonction d'onde est donc définie sans ambiguïté.

La relation (47) établit une correspondance biunivoque entre ψ et ψ'. Il est clair que cette correspondance est linéaire. Autrement dit, il existe un opérateur R tel que

$$\psi' = R\,\psi.$$

Cet opérateur est unitaire car les normes de ψ et ψ' sont égales :

$$\int |\psi'(\boldsymbol{r})|^2\,\mathrm{d}\boldsymbol{r} = \int |\psi(\mathcal{R}^{-1}\boldsymbol{r})|^2\,\mathrm{d}\boldsymbol{r} = \int |\psi(\boldsymbol{r}_1)|^2\,\mathrm{d}\boldsymbol{r}_1$$

(pour obtenir la dernière intégrale on a effectué le changement de variable $\boldsymbol{r}_1 = \mathcal{R}^{-1}\boldsymbol{r}$ et utilisé le fait que l'élément de volume $\mathrm{d}\boldsymbol{r}$ se conserve dans la rotation $\mathcal{R}^{-1}$).

Tout ceci se généralise sans difficulté à un système de N particules, la fonction d'onde $\psi(\boldsymbol{r}^{(1)}, \boldsymbol{r}^{(2)}, \ldots, \boldsymbol{r}^{(N)})$ se transformant dans la rotation $\mathcal{R}$ en

$$\mathcal{R}[\psi(\boldsymbol{r}^{(1)}, \ldots, \boldsymbol{r}^{(N)})] = \psi(\mathcal{R}^{-1}\boldsymbol{r}^{(1)}, \ldots, \mathcal{R}^{-1}\boldsymbol{r}^{(N)}) = R\psi(\boldsymbol{r}^{(1)}, \ldots, \boldsymbol{r}^{(N)}). \quad (48)$$

L'opérateur de rotation R étant, comme plus haut, linéaire et unitaire.

De façon générale, à toute rotation $\mathcal{R}$ d'un système physique donné est associé un opérateur unitaire R ; l'action de $\mathcal{R}$ sur le vecteur $|a\rangle$ représentant l'état dynamique du système avant rotation donne le vecteur $|a'\rangle$ représentant son état dynamique après rotation :

$$RR^\dagger = R^\dagger R = 1 \quad (49)$$

$$|a'\rangle = R\,|a\rangle. \quad (50)$$

De cette loi de transformation, on déduit aisément celle de l'opérateur densité. Il suffit de se reporter à la définition même de cet opérateur. Soit ρ l'opérateur densité représentant un certain état dynamique (cas pur ou mélange) du système, ρ' l'opérateur représentant celui qui se déduit de ce dernier par la rotation $\mathcal{R}$. On a

$$\rho' \equiv \mathcal{R}[\rho] = R\,\rho\,R^\dagger. \quad (51)$$

12. Rotation des observables

A côté de celle du système physique proprement dit, on peut aussi envisager la rotation des instruments qui permettent de l'observer. Après avoir défini la loi de transformation des vecteurs états, nous devons donc définir celle des observables qui représentent les différentes opérations de mesure que l'on peut faire sur le système.

Soit Q une observable, $Q' \equiv \mathcal{R}[Q]$ sa transformée dans la rotation $\mathcal{R}$.

([10]) La démonstration générale sera donnée au § XV.6. En toute rigueur, la fonction ψ' n'est définie par ces conditions qu'à un facteur de phase près. L'arbitraire de phase est levé si l'on exige que les opérateurs R définis plus bas forment un groupe isomorphe aux rotations ; c'est ce qui est fait ici.

Physiquement, l'observable Q représente une opération de mesure et la transformation de Q en Q' correspond à la rotation en bloc de l'instrument de mesure. Par conséquent la valeur moyenne des mesures de Q effectuées sur le système dans l'état $|a\rangle$ est égale à celle des mesures de Q' effectuées sur le système dans l'état $|a'\rangle \equiv \mathcal{R}[|a\rangle]$, soit

$$\langle a|Q|a\rangle = \langle a'|Q'|a'\rangle.$$

Comme $|a'\rangle = R\,|a\rangle$, cette relation s'écrit

$$\langle a|Q|a\rangle = \langle a|R^\dagger\, Q'\, R|a\rangle.$$

Comme elle doit être vérifiée quel que soit $|a\rangle$, on a (cf. § VII.5)

$$Q = R^\dagger\, Q'\, R$$

c'est-à-dire

$$Q' = R\, Q\, R^\dagger. \tag{52}$$

Autrement dit, les observables se transforment dans la rotation $\mathcal{R}$ suivant la même transformation unitaire que les vecteurs états.

En particulier si une observable S représente une grandeur *scalaire* — c'est-à-dire une grandeur invariante par rotation ([11]) — elle possède la propriété

$$S' \equiv R\, S\, R^\dagger = S$$

quel que soit R. Puisque R est unitaire, ceci s'écrit aussi bien

$$[R, S] = 0. \tag{53}$$

Donc une observable invariante par rotation commute avec tous les opérateurs de rotation.

Un autre cas particulièrement intéressant est celui des *opérateurs vectoriels*. Reprenons les notations du § 10 et désignons par $\boldsymbol{K}$ un opérateur vectoriel de composantes $K_i = (\boldsymbol{K}.\boldsymbol{a}_i)$. Si l'on applique la rotation $\mathcal{R}$ à l'opérateur K_1, composante de $\boldsymbol{K}$ suivant Ox, l'opérateur K_1' que l'on obtient est la composante de $\boldsymbol{K}$ suivant OX. Plus généralement, on a $\mathcal{R}[\boldsymbol{K}.\boldsymbol{a}] = \boldsymbol{K}.\boldsymbol{a}'$, avec $\boldsymbol{a}' = \mathcal{R}[\boldsymbol{a}]$; et notamment

$$K_i' \equiv \mathcal{R}[K_i] = \boldsymbol{K}.\boldsymbol{A}_i = K_j \mathcal{R}_{ji}.$$

La loi de transformation des composantes cartésiennes de $\boldsymbol{K}$ est donc

$$K_i' \equiv R\, K_i\, R^\dagger = \widetilde{\mathcal{R}}_{ij}\, K_j. \tag{54}$$

On notera, qu'à la différence de la loi (43), c'est la matrice $\widetilde{\mathcal{R}}$, inverse de $\mathcal{R}$, et non la matrice $\mathcal{R}$ elle-même qui intervient ici : les composantes de $\boldsymbol{K}$ se transforment dans la rotation $\mathcal{R}$ comme celles d'un vecteur dans la rotation $\mathcal{R}^{-1}$.

([11]) Cette définition des scalaires sera adoptée dans tout ce chapitre. Ultérieurement nous classerons les grandeurs invariantes par rotation en scalaires et pseudo-scalaires. Les premières sont conservées dans une réflexion, les secondes sont multipliées par — 1.

13. Moment cinétique et rotations infinitésimales

Nous sommes maintenant en mesure d'établir la relation fondamentale entre le moment cinétique d'un système et ses opérateurs de rotation infinitésimale.

Reprenons d'abord le cas d'une simple particule envisagé au § 11. Suivant la loi (47), la rotation $\mathcal{R}_z(\alpha)$ d'un angle α autour de Oz transforme la fonction $\psi(x, y, z)$ (cf. équ. (44)) en

$$\mathcal{R}_z(\alpha)[\psi(x, y, z)] = \psi(x \cos \alpha + y \sin \alpha, \quad -x \sin \alpha + y \cos \alpha, z).$$

En particulier, la rotation infinitésimale $\mathcal{R}_z(\varepsilon)$ donne, si l'on s'en tient aux termes du premier ordre en ε dans le développement de Taylor du second membre autour du point (x, y, z) :

$$\begin{aligned} R_z(\varepsilon)[\psi(x, y, z)] &\simeq \psi(x + y\varepsilon, \quad -x\varepsilon + y, z) \\ &\simeq \psi(x, y, z) + \varepsilon\left(y\frac{\partial\psi}{\partial x} - x\frac{\partial\psi}{\partial y}\right) \\ &\simeq (1 - \mathrm{i}\varepsilon l_z)\,\psi(x, y, z). \end{aligned}$$

La dernière ligne s'obtient en utilisant la définition même de l'opérateur différentiel l_z ($\hbar = 1$). L'opérateur de rotation infinitésimale se met donc sous la forme :

$$R_z(\varepsilon) \simeq 1 - \mathrm{i}\varepsilon l_z.$$

Le même argument appliqué à la rotation infinitésimale autour de $\boldsymbol{u}$ donne

$$R_{\boldsymbol{u}}(\varepsilon) = 1 - \mathrm{i}\varepsilon(\boldsymbol{l}.\boldsymbol{u}).$$

On trouve le même résultat pour un système de N particules. Il suffit de faire sur la loi (48), la même manipulation que celle qui vient d'être faite sur la loi (47). On trouve

$$\mathcal{R}_z(\varepsilon) \simeq 1 - \mathrm{i}\varepsilon L_z$$

et plus généralement

$$R_{\boldsymbol{u}}(\varepsilon) \simeq 1 - \mathrm{i}\varepsilon(\boldsymbol{L}.\boldsymbol{u}),$$

expressions dans lesquelles $\boldsymbol{L}$ est le moment cinétique total du système.

En conclusion,

Si $\boldsymbol{J}$ est le moment cinétique total d'un système, sa composante suivant un axe quelconque $\boldsymbol{u}$ est liée à l'opérateur de rotation infinitésimale autour de cet axe par la relation :

$$\boxed{R_{\boldsymbol{u}}(\varepsilon) \simeq 1 - \mathrm{i}\varepsilon(\boldsymbol{J}.\boldsymbol{u})} \qquad (55)$$

Cette relation fondamentale sert de définition au moment cinétique total, lorsque le système ne possède pas d'analogue classique.

Pour que cette définition soit cohérente, il faut s'assurer que l'opérateur $(\boldsymbol{J}.\boldsymbol{u})$ est bien la composante suivant $\boldsymbol{u}$ d'un certain opérateur vectoriel $\boldsymbol{J}$. Pour cela, il suffit d'admettre ([12]) qu'à chaque rotation *infinitésimale* $\mathcal{R}_{\boldsymbol{u}}(\varepsilon)$ correspond *un et un seul* opérateur de rotation infinitésimale $R_{\boldsymbol{u}}(\varepsilon)$. En effet, suivant la loi (40) de transformation des vecteurs, l'opération $\mathcal{R}_{\boldsymbol{u}}(\varepsilon)$ équivaut, au premier ordre en ε, au produit d'opérations $\mathcal{R}_x(\varepsilon u_x)\, \mathcal{R}_y(\varepsilon u_y)\, \mathcal{R}_z(\varepsilon u_z)$; par suite :

$$\begin{aligned} R_{\boldsymbol{u}}(\varepsilon) &\simeq R_x(\varepsilon u_x)\, R_y(\varepsilon u_y)\, R_z(\varepsilon u_z) \\ &\simeq 1 - \mathrm{i}\varepsilon(u_x J_x + u_y J_y + u_z J_z) \end{aligned}$$

Suivant cette définition, tout opérateur scalaire S commute avec les composantes de $\boldsymbol{J}$ (équ. (53)) :

$$[(\boldsymbol{u}.\boldsymbol{J}), S] = 0. \tag{56}$$

Nous tirons également de cette définition les relations de commutation des composantes de $\boldsymbol{J}$ avec celles d'un opérateur vectoriel quelconque $\boldsymbol{K}$. Soit $K_a \equiv \boldsymbol{K}.\boldsymbol{a}$, la composante de $\boldsymbol{K}$ suivant un vecteur unitaire donné $\boldsymbol{a}$. Par définition, sa transformée dans la rotation $R_{\boldsymbol{u}}(\varepsilon)$ est

$$K'_a \equiv R_{\boldsymbol{u}}(\varepsilon)\, K_a\, R^{\dagger}_{\boldsymbol{u}}(\varepsilon) \simeq K_a - \mathrm{i}\varepsilon[J_u, K_a].$$

Cependant suivant la loi de transformation du vecteur $\boldsymbol{a}$ (équ. (40)),

$$K'_a = \boldsymbol{K}.\boldsymbol{a}' \simeq \boldsymbol{K}.[\boldsymbol{a} + \varepsilon(\boldsymbol{u} \times \boldsymbol{a})].$$

En écrivant que les termes du premier ordre en ε dans ces deux expressions sont égaux, on trouve

$$[J_u, K_a] = \mathrm{i}\boldsymbol{K}.(\boldsymbol{u} \times \boldsymbol{a})$$

soit encore,

$$\boxed{[(\boldsymbol{u}.\boldsymbol{J}), (\boldsymbol{a}.\boldsymbol{K})] = \mathrm{i}((\boldsymbol{u} \times \boldsymbol{a}).\boldsymbol{K})} \tag{57}$$

Substituant à $\boldsymbol{K}$, l'opérateur $\boldsymbol{J}$ lui-même, nous retrouvons les relations de commutation caractéristiques du moment cinétique (équ. (4)).

La définition du moment cinétique *total* qui a été donnée plus haut est équivalente à la définition suivante :

Si un système a pour observables fondamentales une suite d'opérateurs scalaires S_1, S_2, ... et les composantes d'une suite d'opérateurs vectoriels $\boldsymbol{K}_1$, $\boldsymbol{K}_2$, ..., le moment cinétique *total* de ce système est par définition un *opérateur vectoriel* $\boldsymbol{J}$ dont les composantes commutent avec tous les S et vérifient avec les composantes des $\boldsymbol{K}$ les relations de commutation (57).

Si les relations (57) ne sont vérifiées que par une partie de la suite de vecteurs $\boldsymbol{K}_1$, $\boldsymbol{K}_2$, ..., $\boldsymbol{J}$ n'est pas le moment cinétique total du système, même s'il vérifie les relations de commutation (4) caractéristiques d'un opé-

([12]) Ceci revient à supposer que les opérateurs de rotation forment un groupe.

rateur moment cinétique. Ainsi, dans le cas de N particules envisagé au § 11, tout opérateur vectoriel obtenu en effectuant la somme d'un certain nombre de moments cinétiques individuels $\boldsymbol{l}^{(i)}$ vérifie les relations (4) ; cependant seule la somme $\boldsymbol{L}$ de *tous* les $\boldsymbol{l}^{(i)}$ répond à la définition du moment cinétique total.

14. Construction de l'opérateur $R(\alpha\,\beta\,\gamma)$

Toute rotation finie peut être considérée comme une succession de rotations infinitésimales. L'opérateur de rotation correspondant à une rotation finie est égal au produit des opérateurs de rotation infinitésimale correspondants. Puisque ceux-ci sont des fonctions bien déterminées du moment cinétique total (équ. (55)), tout opérateur de rotation fini peut aussi s'exprimer en fonction du moment cinétique total.

Considérons la rotation $\mathcal{R}_{\boldsymbol{u}}(\varphi)$. C'est une succession de rotations infinitésimales autour de l'axe $\boldsymbol{u}$. On a notamment :

$$\mathcal{R}_{\boldsymbol{u}}(\varphi + \mathrm{d}\varphi) = \mathcal{R}_{\boldsymbol{u}}(\mathrm{d}\varphi)\,\mathcal{R}_{\boldsymbol{u}}(\varphi).$$

Si l'on pose $J_u \equiv (\boldsymbol{J}.\boldsymbol{u})$ et si l'on applique la formule (55), ceci donne

$$\begin{aligned} R_{\boldsymbol{u}}(\varphi + \mathrm{d}\varphi) &= R_{\boldsymbol{u}}(\mathrm{d}\varphi) R_{\boldsymbol{u}}(\varphi) \\ &= (1 - \mathrm{i} J_u \mathrm{d}\varphi)\, R_{\boldsymbol{u}}(\varphi), \end{aligned}$$

soit encore

$$\frac{\mathrm{d}}{\mathrm{d}\varphi} R_{\boldsymbol{u}}(\varphi) = -\,\mathrm{i} J_u R_{\boldsymbol{u}}(\varphi) \qquad (R_{\boldsymbol{u}}(0) = 1).$$

Cette équation différentielle s'intègre aisément et donne

$$R_u(\varphi) = \mathrm{e}^{-\mathrm{i}\varphi J_u}. \tag{58}$$

Considérons maintenant la rotation $\mathcal{R}(\alpha\,\beta\,\gamma)$ définie par ses angles d'Euler (α, β, γ). Nous avons vu au § 10 qu'elle peut être considérée comme la succession de rotations d'angle α, β, γ autour des axes Oz, Ou, OZ respectivement (fig. 1). Nous avons donc

$$R(\alpha\,\beta\,\gamma) = R_Z(\gamma)\, R_u(\beta)\, R_z(\alpha).$$

L'équation (58) permet d'exprimer les trois rotations du second membre en fonction des composantes J_Z, J_u et J_z du moment cinétique, d'où

$$R(\alpha\,\beta\,\gamma) = \mathrm{e}^{-\mathrm{i}\gamma J_Z}\,\mathrm{e}^{-\mathrm{i}\beta J_u}\,\mathrm{e}^{-\mathrm{i}\alpha J_z}. \tag{59}$$

Il faut bien noter l'ordre des trois exponentielles au second membre.

Nous allons remanier cette expression de façon à n'y faire figurer que les composantes du moment cinétique suivant les axes de coordonnées. L'opérateur J_u se déduit de l'opérateur J_y par la rotation $\mathcal{R}_z(\alpha)$. Suivant la loi (52) de transformation des opérateurs,

$$J_u = R_z(\alpha)\, J_y\, R_z^{\dagger}(\alpha) = \mathrm{e}^{-\mathrm{i}\alpha J_z}\, J_y\, \mathrm{e}^{+\mathrm{i}\alpha J_z}.$$

Par suite,

$$e^{-i\beta J_u} = e^{-i\alpha J_z} e^{-i\beta J_y} e^{+i\alpha J_z}.$$

Substituant cette expression au second membre de (59), il vient

$$R(\alpha\,\beta\,\gamma) = e^{-i\gamma J_Z} e^{-i\alpha J_z} e^{-i\beta J_y},$$

de même façon, J_Z se déduit de J_z par application successive des rotations $\mathcal{R}_z(\alpha)$ et $\mathcal{R}_u(\beta)$. Effectuant sur J_Z une manipulation analogue à celle qui vient d'être effectuée sur J_u, on obtient finalement :

$$\boxed{R(\alpha\,\beta\,\gamma) = e^{-i\alpha J_z} e^{-i\beta J_y} e^{-i\gamma J_z}} \tag{60}$$

15. Rotations de 2π et moments cinétiques demi-entiers

Suivant l'équation (58)

$$R_u(2\pi) = e^{-2\pi i J_u}.$$

Bien qu'*une rotation de* 2π *autour d'un axe* u nous ramène au point de départ, l'opérateur de rotation qui lui correspond n'est pas nécessairement égal à 1. En effet, cet opérateur est diagonal dans une représentation où J_u est diagonal et ses éléments diagonaux sont $+1$ ou -1 selon que la valeur propre correspondante de J_u est entière ou demi-entière.

Introduisons l'observable D, fonction de J^2, dont les valeurs propres sont égales à $+1$ ou -1 selon que j est entier ou demi-entier.

Notons que :

(*i*) $\frac{1}{2}(1 + D)$ est le projecteur sur le sous-espace de j entiers ;

(*ii*) $\frac{1}{2}(1 - D)$ est le projecteur sur le sous-espace de j demi-entiers ;

(*iii*) $D^2 = 1$;

(*iv*) D commute avec tous les opérateurs de rotation :

$$[D, R] = 0.$$

Ceci posé, nous voyons que

$$R_u(2\pi) = D. \tag{61}$$

Pour que l'on ait $R_u(2\pi) = 1$ il faut que le moment cinétique ne puisse prendre que des valeurs entières. Par contre, on a toujours :

$$R_u(4\pi) = D^2 = 1.$$

En réalité, le fait qu'il y ait une correspondance biunivoque entre les rotations infinitésimales et les opérateurs R infiniment voisins de 1 (définition (55)), n'implique nullement qu'il en soit de même des rotations finies. En effet, il existe une infinité de manières de mettre une rotation finie sous la forme d'un produit de rotations infinitésimales ; les opérateurs $R_u(\varphi)$ et $R(\alpha\,\beta\,\gamma)$ que nous venons de construire correspondent chacun à l'une de ces formes ; il n'y a aucune raison *a priori* qu'une autre forme redonne le même opérateur.

On peut montrer — nous l'admettrons ici — qu'à chaque rotation finie $\mathcal{R}$ correspondent en tout deux opérateurs, R' et R'', différant l'un de l'autre par une « rotation de 2π » :

$$R'' = DR'. \tag{62}$$

Dans les systèmes physiques rencontrés jusqu'ici, le moment cinétique total ne peut prendre que des valeurs entières ; dans ce cas $D = 1$, $R' = R''$, donc à chaque rotation $\mathcal{R}$ correspond un et un seul opérateur de rotation des vecteurs kets. Par contre, si le système possède des états de moment cinétique demi-entier, les opérateurs R' et R'' sont distincts l'un de l'autre.

Le fait de disposer de deux opérateurs distincts pour représenter la même rotation appelle certains commentaires. Qu'une rotation de 2π d'un vecteur ket ne rédonne pas le même vecteur ne présente en soit aucune difficulté de principe, du moment qu'il ne résulte de cette rotation aucun effet observable. En effet, on ne saurait modifier les résultats d'une expérience en faisant subir au préalable une rotation de 2π à certains des instruments d'observation : deux appareils de mesure identiques occupant la même position donneront nécessairement les mêmes réponses. Par conséquent, si une observable Q représente effectivement une grandeur mesurable, elle est nécessairement invariante dans une rotation de 2π ; plus généralement, si l'on fait subir à cette observable une certaine rotation $\mathcal{R}$, l'observable obtenue ne doit pas dépendre du chemin particulier que l'on a suivi pour effectuer cette rotation :

$$R' Q R'^{\dagger} = R'' Q R''^{\dagger}.$$

L'invariance dans une rotation de 2π suffit d'ailleurs à assurer cette propriété plus générale. Elle s'écrit formellement

$$[D, Q] = 0. \tag{63}$$

Par définition, une observable est un opérateur hermitique possédant un système complet de vecteurs propres. Tout opérateur représentant une grandeur physique est une observable : c'est une condition nécessaire de cohérence de la Théorie Quantique. Mais celle-ci n'exige nullement que la réciproque soit vraie. Nous appellerons ***observable physique*** une observable représentant une grandeur physiquement mesurable. Suivant l'argument qui vient d'être développé, toute observable physique obéit nécessairement à la relation (63) ([13]). Dans la pratique, on fait toujours implicitement l'hypothèse de travail que les observables du système que l'on étudie sont toutes des observables physiques ; cette hypothèse facilite souvent les discussions,

([13]) Les observables de tous les systèmes physiques étudiés dans ce livre vérifient toutes la relation (63). La distinction entre observable et observable physique reste dans ces conditions purement académique. Cependant, on peut imaginer des systèmes dont les observables ne vérifient pas toutes la relation (53) ; le Problème 15 en fournit un exemple.

mais elle n'est pas essentielle et peut être remplacée par une hypothèse plus restrictive sans que l'interprétation de la théorie ait à en souffrir. La relation (63) est précisément l'une de ces restrictions ; nous en rencontrerons d'autres à propos des systèmes de particules indiscernables ([14]).

Ceci précisé, aucun principe de la Mécanique Quantique ne s'oppose à l'existence de moments cinétiques demi-entiers. Ceux-ci sont effectivement observés dans la nature.

16. Sous-espaces invariants irréductibles. Matrices de rotation $R^{(J)}$

On vérifie sur l'expression (60) que tout opérateur de rotation est une fonction des composantes du moment cinétique total, comme cela avait été annoncé à la fin du § 5 ; les vecteurs d'un espace $\mathcal{E}^{(J)}$ ([15]) du type de ceux qui ont été construits dans ce paragraphe, se transforment donc les uns dans les autres par rotation : *l'espace $\mathcal{E}^{(J)}$ est invariant par rotation.*

Qui plus est, si $|u\rangle$ est un vecteur choisi arbitrairement dans cet espace, l'ensemble des vecteurs $R|u\rangle$ qui se déduisent de $|u\rangle$ par rotation sous-tend l'espace $\mathcal{E}^{(J)}$ tout entier : on dit d'un espace qui possède cette propriété qu'il est *irréductible par rapport aux rotations.* Si, par contre, il existait dans cet espace *au moins* un vecteur $|v\rangle$ tel que l'ensemble des vecteurs $R|v\rangle$ ne sous-tende qu'une partie de l'espace, l'espace serait réductible par rapport aux rotations.

L'irréductibilité de $\mathcal{E}^{(J)}$ se démontre de la façon suivante. Soit $\mathcal{E}_1^{(J)}$ l'espace sous-tendu par l'ensemble des vecteurs $R|u\rangle$. $J_+|u\rangle$ fait partie de $\mathcal{E}_1^{(J)}$; en effet

$$J_+|u\rangle \equiv (J_x + \mathrm{i}J_y)|u\rangle = \frac{1}{\varepsilon}(1 - \mathrm{i} + \mathrm{i}R_x(\varepsilon) - R_y(\varepsilon))|u\rangle.$$

Il en est de même de $J_-|u\rangle$. Plus généralement, tout vecteur obtenu par application de J_+ ou J_- sur un vecteur de $\mathcal{E}_1^{(J)}$ appartient à $\mathcal{E}_1^{(J)}$. Ceci dit, considérons le développement $|u\rangle = \sum_M |JM\rangle\langle JM|u\rangle$ et désignons par m la plus petite valeur de M pour laquelle $\langle JM|u\rangle \neq 0$. Suivant la méthode de construction du § 5, le vecteur $J_+^{J-m}|u\rangle$ est un vecteur non nul et proportionnel à $|JJ\rangle$; donc $|JJ\rangle$ fait partie de $\mathcal{E}_1^{(J)}$. Mais comme tous les vecteurs $|JM\rangle$ se déduisent de $|JJ\rangle$ par application répétée de J_-, ils font également partie de $\mathcal{E}_1^{(J)}$. $\mathcal{E}_1^{(J)}$ contient donc une suite complète de vecteurs de base de $\mathcal{E}^{(J)}$: ces deux espaces sont identiques. *C. Q. F. D.*

Suivant les indications du § 6, l'espace des vecteurs kets d'un système physique est formé de la réunion d'un certain nombre de sous-espaces $\mathcal{E}(\tau J)$ à $(2J + 1)$ dimensions. Rappelons que τ désigne l'ensemble des nombres quantiques permettant de distinguer les uns des autres ceux d'entre eux qui

([14]) Pour une discussion générale des relations du type (63) et de leurs conséquences (règles de supersélection), cf. WICK, WIGHTMAN et WIGNER, *Phys. Rev.*, **88**, 101 (1952).

([15]) Nous utiliserons désormais les majuscules J, M pour désigner les nombres quantiques du moment cinétique total.

correspondent à la même valeur propre de J^2. Chacun des $\mathcal{E}(\tau J)$ est un *sous-espace invariant irréductible par rapport aux rotations.* Dans une représentation standard $\{ J^2 J_z \}$, les composantes de J sont représentées dans chacun de ces sous-espaces par des matrices très simples indépendantes de τ. De même façon, chaque opérateur de rotation $R(\alpha \beta \gamma)$ est représenté dans chaque sous-espace $\mathcal{E}(\tau J)$ par une certaine matrice à $(2J + 1)$ dimensions, $R^{(J)}(\alpha \beta \gamma)$, *dépendant de J mais indépendante des nombres quantiques* τ. Par définition :

$$\begin{aligned} R^{(J)}_{MM'}(\alpha \beta \gamma) &\equiv \langle \tau JM | R(\alpha \beta \gamma) | \tau JM' \rangle \\ &\equiv \langle JM | \mathrm{e}^{-\mathrm{i}\alpha J_z} \mathrm{e}^{-\mathrm{i}\beta J_y} \mathrm{e}^{-\mathrm{i}\gamma J_z} | JM' \rangle. \end{aligned} \tag{64}$$

Ces matrices constituent une représentation particulièrement commode des opérateurs $R(\alpha \beta \gamma)$ et sont couramment utilisées chaque fois qu'il est nécessaire d'effectuer un changement d'orientation des vecteurs état ou des observables. Elles portent le nom de *matrices de rotation.* Leurs principales propriétés et la forme explicite de certaines d'entre elles sont données dans l'Appendice C (section IV).

Suivant la définition même de ces matrices, les $(2J + 1)$ vecteurs de base d'un sous-espace $\mathcal{E}(\tau J)$ se transforment dans une rotation donnée $\mathcal{R}(\alpha \beta \gamma)$ suivant la loi

$$R(\alpha \beta \gamma) | \tau J M \rangle = \sum_{M'} | \tau J M' \rangle R^{(J)}_{M'M}(\alpha \beta \gamma). \tag{65}$$

Il est facile de démontrer la propriété réciproque :

Si $(2J + 1)$ vecteurs $|u_M\rangle$ $(M = -J, -J + 1, \ldots, +J)$ se transforment les uns dans les autres par rotation suivant la loi

$$R(\alpha \beta \gamma) | u_M \rangle = \sum_{M'} | u_{M'} \rangle R^{(J)}_{M'M}(\alpha \beta \gamma) \tag{66}$$

ils vérifient les équations aux valeurs propres

$$J^2 | u_M \rangle = J(J + 1) | u_M \rangle, \qquad J_z | u_M \rangle = M | u_M \rangle$$

et se déduisent les uns des autres par action de J_+ et J_- conformément aux relations (24)-(25).

17. Invariance par rotation et conservation du moment cinétique. Dégénérescence de rotation

L'invariance d'une quantité par rapport aux rotations peut toujours s'exprimer par une propriété particulière du moment cinétique. En effet, comme toute rotation peut être considérée comme un produit de rotations infinitésimales, il suffit qu'une grandeur soit invariante par rapport aux rotations infinitésimales pour qu'elle le soit par rapport à toutes les rotations. Par le biais de la relation (55), le moment cinétique intervient directement dans la condition d'invariance par rapport aux rotations infinitésimales

Ainsi, pour qu'une fonction d'onde ou qu'un vecteur ket $|>$ soit invariant par rotation, il faut et il suffit que l'application de l'une quelconque des composantes du moment cinétique total donne zéro :

$$J|> = 0.$$

En fait, il suffit que l'on ait

$$J^2|> = 0. \tag{67}$$

C'est le cas des fonctions d'ondes d'une particule dans l'état s ; les fonctions de ce type ne dépendent que de la variable r. C'est également le cas des fonctions d'onde de plusieurs particules qui ne dépendent que des distances mutuelles des particules ou des angles que font leurs vecteurs de position les uns par rapport aux autres [16].

De même, pour qu'une observable S soit invariante par rotation (condition (53)), il faut et il suffit qu'elle commute avec l'une quelconque des composantes du moment cinétique

$$[J, S] = 0. \tag{68}$$

L'invariance de l'Hamiltonien par rotation mérite un examen particulier. Si, en effet,

$$[R, H] = 0 \qquad \text{quel que soit } R, \tag{69}$$

les équations du mouvement sont invariantes par rotation : deux vecteurs états se déduisant l'un de l'autre par une certaine rotation à l'instant initial conservent cette propriété au cours du temps. Ceci est bien évident car, si $|\psi(t)>$ est solution de l'équation de Schrödinger, on a, quel que soit R,

$$\left(i\hbar\frac{\partial}{\partial t} - H\right) R|\psi(t)> = R\left(i\hbar\frac{\partial}{\partial t} - H\right)|\psi(t)> = 0$$

donc $R|\psi(t)>$ est aussi solution de l'équation de Schrödinger.

De même si $|>$ est vecteur propre de H, tout vecteur $R|>$ qui s'en déduit par rotation est également vecteur propre de H et correspond à la même valeur propre. Autrement dit, le sous-espace de chaque valeur propre de H est invariant par rapport aux rotations.

Toutes les conséquences de l'invariance par rotation des équations du mouvement sont contenues dans les relations

$$[J, H] = 0 \tag{70}$$

exprimant l'invariance de H par rapport aux rotations infinitésimales.

Lorsque ces relations sont vérifiées, les opérateurs J^2, J_z et H commutent deux à deux et la résolution du problème de valeurs propres de H se simplifie considérablement : il suffit de rechercher les fonctions propres de H parmi les fonctions propres communes à J^2 et J_z. De plus, les spectres d'énergie correspondant à la même valeur de J sont les mêmes, les fonctions propres

[16] Ceci est à rapprocher de la propriété $(l + l')\,P_l\,(\cos\alpha)$ qui sert dans la démonstration du théorème d'addition (Problème 5).

correspondant aux $(2J + 1)$ valeurs possibles de M se déduisant les unes des autres par application répétée de J_+ ou J_-. Autrement dit, les valeurs propres de l'énergie sont indépendantes de M ; à chaque valeur propre E_J correspondant à une valeur donnée de J, correspondent une ou plusieurs séries de $(2J + 1)$ vecteurs propres, les vecteurs d'une même série se déduisant les uns des autres par application répétée de J_+ ou J_- et sous-tendant un sous-espace invariant irréductible par rapport aux rotations. Ce type de dégénérescence porte le nom de *dégénérescence de rotation.*

Le cas d'une particule dans un champ de force central (chap. IX) illustre bien tout ce qui vient d'être dit. Il est évident que l'Hamiltonien d'une particule dans un champ de force central doit être invariant par rotation ; on vérifie directement qu'il commute avec les trois composantes du moment cinétique l. La méthode de résolution du chapitre IX consiste précisément à chercher les fonctions propres de H parmi les fonctions propres communes à l^2 et l_z correspondant aux valeurs propres $l(l + 1)$ et m respectivement, c'est-à-dire parmi les fonctions de la forme

$$\chi_l(r)\, Y_l^m(\theta, \varphi).$$

Un tel problème se réduit à la résolution d'une équation différentielle du second ordre en r. Comme, de plus, m ne figure pas dans cette équation, on peut construire en tout $(2l + 1)$ fonctions propres de H correspondant à la même valeur propre avec chacune des fonctions radiales ainsi déterminées.

Comme cela a déjà été dit, on constate sur ce point une analogie frappante entre Mécanique Classique et Mécanique Quantique. Lorsque les équations du mouvement d'un système classique sont invariantes dans une rotation quelconque du système d'axes, le moment cinétique total de ce système est conservé. Cette propriété de conservation permet d'obtenir des intégrales premières du mouvement et de simplifier considérablement la résolution des équations. De même façon, l'invariance par rapport aux rotations des équations du mouvement en Mécanique Quantique, entraîne la conservation du moment cinétique total ; toutefois, la loi de conservation ne peut pas s'exprimer de façon aussi simple qu'en Mécanique Classique, du fait que les trois composantes du moment cinétique ne commutent pas deux à deux.

IV. — LE SPIN

18. L'hypothèse du spin de l'électron

Telle qu'elle résulte de l'application pure et simple du principe de correspondance, la Théorie de Schrödinger ne rend pas compte des propriétés des atomes complexes, même si on laisse de côté les corrections relativistes. Deux importantes modifications doivent y être apportées, qu'aucune analogie avec la Mécanique Classique ne permettait de prévoir. L'une consiste à ne retenir parmi les solutions de l'équation de Schrödinger que celles qui possèdent certaines propriétés de symétrie bien déterminées dans une permutation des coordonnées des électrons (principe de Pauli) ; elle sera étudiée au chapitre XIV et peut être entièrement passée sous silence dans la présente discussion. L'autre est l'hypothèse du spin de l'électron.

Les principaux arguments en faveur de cette hypothèse proviennent de l'étude du comportement des atomes complexes dans un champ magnétique (effet Zeeman, expérience de Stern-Gerlach).

L'équation de Schrödinger d'un atome de Z électrons (sans spin) a déjà été écrite (équ. (II.30)). Si l'on suppose le noyau infiniment lourd, ce dernier reste confondu avec le centre de masse et l'Hamiltonien de l'atome dans le système du centre de masse est simplement

$$H_0 = \sum_{i=1}^{Z}\left(\frac{\boldsymbol{p}_i^2}{2m} - \frac{Ze^2}{r_i}\right) + \sum_{i<j}\frac{e^2}{|\boldsymbol{r}_i - \boldsymbol{r}_j|}. \tag{71}$$

Pour obtenir l'Hamiltonien H du même atome plongé dans un champ magnétique statique dérivant du potentiel $\boldsymbol{A}(\boldsymbol{r})$, il suffit de remplacer chaque $\boldsymbol{p}_i$ par $\boldsymbol{p}_i - e\boldsymbol{A}(\boldsymbol{r}_i)/c$ dans cette expression. En particulier, s'il s'agit d'un champ magnétique constant $\mathcal{H}$, $\boldsymbol{A} = \frac{1}{2}(\mathcal{H} \times \boldsymbol{r})$; par suite

$$\begin{aligned}\left(\boldsymbol{p} - \frac{e}{c}\boldsymbol{A}\right)^2 &= \boldsymbol{p}^2 - \frac{e}{c}(\boldsymbol{A}.\boldsymbol{p} + \boldsymbol{p}.\boldsymbol{A}) + \frac{e^2}{c^2}\boldsymbol{A}^2\\ &= \boldsymbol{p}^2 - \frac{e}{c}(\mathcal{H}.\boldsymbol{l}) + \frac{e^2}{4c^2}\mathcal{H}^2 r_\perp^2,\end{aligned}$$

expression dans laquelle $r_\perp^2$ désigne le carré de la projection de $\boldsymbol{r}$ sur le plan perpendiculaire au champ $\mathcal{H}$. Il vient donc

$$H = H_0 - \frac{e}{2mc}\mathcal{H}.\boldsymbol{L} + \frac{e^2}{8mc^2}\mathcal{H}^2\sum_{i=1}^{Z} r_{i\perp}^2 ;$$

$\boldsymbol{L}$ est le moment cinétique total des Z électrons : $\boldsymbol{L} \equiv \sum_i(\boldsymbol{r}_i \times \boldsymbol{p}_i)$. Dans les phénomènes que nous allons examiner, la contribution du troisième terme de cette expression de l'Hamiltonien est tout à fait négligeable ([17]). On a donc, à une très bonne approximation

$$H = H_0 - \frac{e}{2mc}(\mathcal{H}.\boldsymbol{L}). \tag{72}$$

([17]) Ce terme est le principal responsable du diamagnétisme atomique. On peut évaluer son ordre de grandeur, $(Ze^2/12mc^2)\ \mathcal{H}^2 \langle r^2 \rangle$, sachant que $\langle r^2 \rangle \simeq 10^{-16}$ cm^2. Le rapport de cette quantité à la distance des niveaux $e\hbar\mathcal{H}/2mc$ trouvée plus loin est environ $10^{-9}\ Z\ \mathcal{H}$ (gauss), quantité infime même pour un champ très fort et un atome très lourd. Le fait de l'avoir négligé ne peut donc en aucune manière être tenu pour responsable des désaccords trouvés plus bas.

Tout se passe comme si, en circulant sur leurs orbites, chaque électron induisait un moment magnétique

$$\mu = \frac{e}{2mc}\, l$$

proportionnel à son moment cinétique, le rapport de proportionnalité (rapport gyromagnétique) étant précisément égal à la valeur $e/2mc$ que donne la théorie classique de cet effet. Dans cette hypothèse, le moment magnétique total de l'atome est égal à la somme des Z moments magnétiques individuels, soit

$$\mathcal{M} = \frac{e}{2mc}\, L.$$

Par suite, l'énergie de l'atome dans le champ $\mathcal{H}$ diffère de son énergie en l'absence de champ par le terme d'énergie magnétique — $(\mathcal{M}\,.\,\mathcal{H})$.

Un certain nombre de propriétés très remarquables peuvent être déduites du simple examen de l'expression (72), si l'on tient compte du fait que H_0 est invariant par rotation et commute par conséquent avec les trois composantes de L.

Prenons la direction de $\mathcal{H}$ pour axe des z. H_0, L^2 et L_z possèdent une suite complète de vecteurs propres communs $|\, nLM\rangle$; les valeurs propres de H_0 qui leur correspondent, E_0^{nL} sont indépendantes de M et $(2L + 1)$ fois dégénérées [18].

Suivant l'équation (72), H est fonction de H_0 et de L_z ; il possède donc la même suite de vecteurs propres, la valeur propre du vecteur $|nLM\rangle$ étant

$$E^{nLM} = E_0^{nL} - M\,\mu_B\,\mathcal{H}. \tag{73}$$

Nous avons posé

$$\mu_B = \frac{e\hbar}{2mc} \quad \text{(magnéton de Bohr).} \tag{74}$$

Puisque M peut prendre toutes valeurs entières de $-L$ à $+L$, chaque niveau E_0^{nL} du spectre de l'atome se scinde, sous l'effet du champ $\mathcal{H}$ en $(2L + 1)$ niveaux équidistants répartis suivant la loi (73). Nous aboutissons donc aux prévisions théoriques suivantes (fig. 2) :

(*i*) chaque niveau E_0^{nL} du spectre de l'atome se scinde sous l'effet du champ $\mathcal{H}$ en un « multiplet » de $(2L + 1)$ niveaux équidistants ;

(*ii*) ceux-ci se répartissent de part et d'autre de E_0^{nL} de telle sorte que la valeur moyenne de leur distance à E_0^{nL} reste nulle ;

(*iii*) la distance de deux niveaux voisins est une quantité $\mu_B\mathcal{H}$ indépendante de l'atome considéré et proportionnelle à $\mathcal{H}$.

(18) Si, par accident, plusieurs d'entre ces valeurs propres sont confondues (comme cela se produit dans l'atome d'hydrogène), la dégénérescence est plus élevée. Supposons que l'on ait $E_0^{nL} = E_0^{n'L'}$; la dégénérescence est d'ordre $(2L + 1) + (2L' + 1)$. Dans ce cas, l'argument qui suit doit subir quelques modifications de détail. Cependant, les conclusions que l'on en tire sont strictement valables pourvu qu'on remplace partout L par la plus grande des deux quantités L et L'. En particulier, le résultat suivant lequel chaque « multiplet » Zeeman contient un nombre impair de niveaux équidistants n'est pas modifié.

Ces prévisions de la théorie sont confirmées par l'expérience sous deux importantes réserves :

(*a*) dans les atomes de Z impair, les multiplets sont tous pairs, tout se passe comme si L était demi-entier ;

(*b*) la distance entre voisins d'un même multiplet est $g\mu_B \mathcal{H}$, le facteur g (facteur de Landé) pouvant varier d'un multiplet à l'autre dans d'assez larges limites.

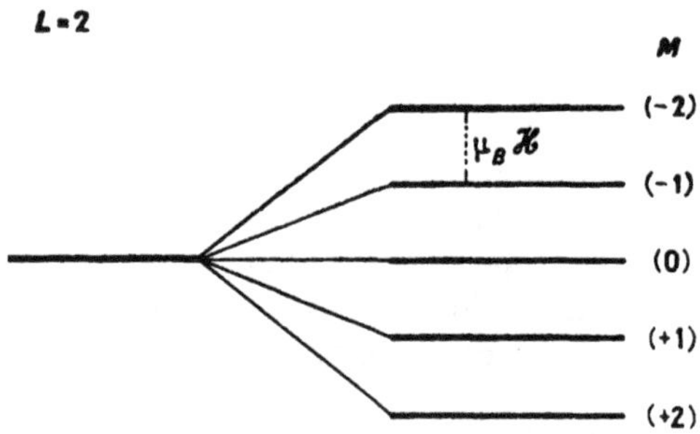

FIG. 2. — Effet Zeeman sur un état D ($L = 2$).
A gauche, niveau d'énergie en champ nul ;
à droite, niveaux correspondants lorsque $\mathcal{H} \neq 0$.

L'existence de moments cinétiques demi-entiers est directement mise en évidence par l'expérience de Stern et Gerlach (§ I.10). Comme les atomes qui composent le jet se trouvent pratiquement tous dans leur état fondamental, le nombre des taches observées sur l'écran est égal à la multiplicité de l'état fondamental. Avec des atomes d'argent, on observe en tout deux taches : le fondamental de l'atome d'argent a donc un moment cinétique $\frac{1}{2}$. Plus généralement, les atomes de Z impair donnent invariablement un nombre pair de taches, résultat caractéristique d'un moment cinétique demi-entier.

Les points (*a*) et (*b*) sont simultanément mis en évidence dans l'étude de l'effet Zeeman anormal ; les données spectrales permettent en général de déterminer à la fois la multiplicité des états entre lesquelles s'effectuent les transitions optiques et leur facteur de Landé respectif.

Pour lever ces difficultés, il est nécessaire d'introduire dans la théorie des moments cinétiques demi-entiers et des rapports gyromagnétiques différents de $e/2mc$. C'est ce que réalise très simplement l'hypothèse du spin de l'électron (Uehlenbeck et Goudsmit, 1925) :

Chaque électron possède un moment cinétique intrinsèque ou spin $\boldsymbol{s}$, *de grandeur* $\frac{1}{2}\hbar$ (spin $\frac{1}{2}$) *auquel est associé le moment magnétique*

$$\boldsymbol{\mu}_s = g_s \frac{e}{2mc} \boldsymbol{s} \tag{75}$$

g_s est une constante ajustable. La théorie est en excellent accord avec l'expérience si l'on prend

$$g_s \simeq 2. \tag{76}$$

La théorie relativiste de l'électron (chap. XX) permet d'expliquer cette valeur de g_s.

L'expérience montre que les nucléons, protons et neutrons, possèdent, eux aussi, un spin $\frac{1}{2}$, que l'on peut déceler directement par la mesure du moment magnétique qui lui est associé [19].

Dans le reste de cette section, nous développons la théorie non relativiste des particules de spin $\frac{1}{2}$ (*Théorie de Pauli*).

19. Spin $\frac{1}{2}$ et matrices de Pauli

Soit $\boldsymbol{s}$ le moment cinétique intrinsèque (ou vecteur spin) d'une particule de spin $\frac{1}{2}$. Par hypothèse, $\boldsymbol{s}^2$ a pour unique valeur propre $s(s+1) = \frac{1}{2} \times \frac{3}{2} = \frac{3}{4}$. Chaque composante, s_z par exemple, peut prendre l'une ou l'autre des deux valeurs $+\frac{1}{2}$ ou $-\frac{1}{2}$. Celles-ci sont supposées non dégénérées. Par conséquent les composantes de $\boldsymbol{s}$ sont des opérateurs agissant dans un espace à deux dimensions dont une base possible est constituée par les deux vecteurs propres

$$|+\rangle \equiv |\tfrac{1}{2}\ +\tfrac{1}{2}\rangle, \qquad |-\rangle \equiv |\tfrac{1}{2}\ -\tfrac{1}{2}\rangle$$

de $\boldsymbol{s}^2$ et s_z.

Si l'on adopte cette base, il est facile d'écrire les matrices représentant les opérateurs s_x, s_y, s_z qui sont des matrices J_x, J_y, J_z particulières et leurs éléments sont donnés par les équations (28).

Outre les relations de commutation caractéristiques du moment cinétique, les composantes de $\boldsymbol{s}$ vérifient les relations remarquables

$$s_x^2 = s_y^2 = s_z^2 = \tfrac{1}{4}, \qquad s_+^2 = s_-^2 = 0.$$

Comme

$$s_+^2 = (s_x + \mathrm{i}\, s_y)^2 = (s_x^2 - s_y^2) + \mathrm{i}\,(s_x s_y + s_y s_x).$$

On en déduit que

$$s_x s_y + s_y s_x = 0,$$

donc que les opérateurs s_x, s_y, s_z anticommutent deux à deux [20].

Il est commode d'introduire les *matrices de Pauli* $\boldsymbol{\sigma} \equiv (\sigma_x, \sigma_y, \sigma_z)$ définies par

$$\boldsymbol{s} = \tfrac{1}{2}\, \boldsymbol{\sigma} \tag{77}$$

[19] Si μ_p, s_p, M_p désignent respectivement le moment magnétique, le spin et la masse du proton, on a (cf. équ. (75)) :

$$\mu_p = g_p\, \frac{e}{2M_p c}\, s_p.$$

On a une formule analogue pour le neutron. L'expérience donne $g_p = 5{,}59$ et $g_n = -3{,}83$.

[20] Deux opérateurs A, B anticommutent si l'on a : $AB + BA = 0$.

et dont les formes explicites sont

$$\sigma_x = \begin{pmatrix} 0 & 1 \\ 1 & 0 \end{pmatrix}, \qquad \sigma_y = \begin{pmatrix} 0 & -\mathrm{i} \\ \mathrm{i} & 0 \end{pmatrix}, \qquad \sigma_z = \begin{pmatrix} 1 & 0 \\ 0 & -1 \end{pmatrix}.$$

Leurs principales propriétés se déduisent de leurs définitions ; on les vérifie aisément sur leur forme explicite. Elles sont résumées par les équations suivantes

$$\sigma_x^2 = \sigma_y^2 = \sigma_z^2 = 1. \tag{78}$$

$$\sigma_x \sigma_y = - \sigma_y \sigma_x = \mathrm{i}\sigma_z. \tag{79 a}$$

$$\sigma_y \sigma_z = - \sigma_z \sigma_y = \mathrm{i}\sigma_x. \tag{79 b}$$

$$\sigma_z \sigma_x = - \sigma_x \sigma_z = \mathrm{i}\sigma_y. \tag{79 c}$$

$$\sigma_x \sigma_y \sigma_z = \mathrm{i}. \tag{80}$$

$$\mathrm{Tr}\, \sigma_x = \mathrm{Tr}\, \sigma_y = \mathrm{Tr}\, \sigma_z = 0. \tag{81}$$

$$\text{dét}\, \sigma_x = \text{dét}\, \sigma_y = \text{dét}\, \sigma_z = -1. \tag{82}$$

On en déduit l'importante identité (Problème 9)

$$(\boldsymbol{\sigma}.\boldsymbol{A})(\boldsymbol{\sigma}.\boldsymbol{B}) = (\boldsymbol{A}.\boldsymbol{B}) + \mathrm{i}\boldsymbol{\sigma}.(\boldsymbol{A} \times \boldsymbol{B}) \tag{83}$$

$\boldsymbol{A}$ et $\boldsymbol{B}$ étant deux vecteurs quelconques ([21]).

Puisque $\boldsymbol{s}$ est le moment cinétique, l'opérateur de rotation $R_{\boldsymbol{u}}^{(s)}(\varphi)$ effectuant la transformation des vecteurs de cet espace dans la rotation $\mathcal{R}_{\boldsymbol{u}}(\varphi)$ est, suivant la formule (58) :

$$R_{\boldsymbol{u}}^{(s)}(\varphi) \equiv \mathrm{e}^{-\frac{1}{2}\mathrm{i}\varphi\sigma_u},$$

avec $\sigma_u \equiv (\boldsymbol{u}.\boldsymbol{\sigma})$. Développant l'exponentielle et sommant séparément les termes pairs et impairs en σ_u à l'aide des relations (cf. équ. (83))

$$\sigma_u^{2p} = 1, \qquad \sigma_u^{2p+1} = \sigma_u,$$

on obtient l'expression très simple

$$R_{\boldsymbol{u}}^{(s)}(\varphi) = \cos \tfrac{1}{2}\varphi - \mathrm{i}\sigma_u \sin \tfrac{1}{2}\varphi. \tag{84}$$

On note que l'opérateur de rotation de 2π est égal à -1, en conformité avec les résultats du § 15.

L'opérateur représentant la rotation $\mathcal{R}(\alpha\, \beta\, \gamma)$ est, suivant la formule (60) :

$$R^{(s)}(\alpha\, \beta\, \gamma) = \mathrm{e}^{-\frac{1}{2}\mathrm{i}\alpha\sigma_z}\, \mathrm{e}^{-\frac{1}{2}\mathrm{i}\beta\sigma_y}\, \mathrm{e}^{-\frac{1}{2}\mathrm{i}\gamma\sigma_z}. \tag{85}$$

Sa forme explicite se calcule de même façon que celle de $R_{\boldsymbol{u}}(\varphi)$. Elle est donnée en Appendice (formule (C.74)).

([21]) ou deux opérateurs vectoriels pourvu que leurs composantes commutent avec celles de $\boldsymbol{\sigma}$. Dans ce cas, il faut respecter l'ordre de succession de $\boldsymbol{A}$ et $\boldsymbol{B}$ aux deux membres de cette identité. Exemple :

$$(\boldsymbol{\sigma}.\boldsymbol{r})(\boldsymbol{\sigma}.\boldsymbol{p}) = (\boldsymbol{r}.\boldsymbol{p}) + \mathrm{i}\boldsymbol{\sigma}.(\boldsymbol{r} \times \boldsymbol{p}).$$

Les vecteurs de l'espace considéré ici présentent une certaine analogie avec ceux de l'espace ordinaire. Ces derniers sont des êtres géométriques à trois composantes se transformant les uns dans les autres par rotation suivant une loi bien déterminée. Il en est de même de ceux qui nous occupent ici (loi de transformation (85)), à ceci près qu'ils ont deux composantes au lieu de trois. On les appelle des *spineurs.*

20. Observables et fonctions d'onde d'une particule de spin $\frac{1}{2}$. Champs de spineurs

Considérons une particule de spin $\frac{1}{2}$.

Ses variables de base se classent en deux catégories, les variables orbitales et les variables intrinsèques ou variables de spin. Les premières sont les composantes de sa position $\boldsymbol{r}$ et de son impulsion $\boldsymbol{p}$; elles vérifient les relations de commutation fondamentales ($\hbar = 1$) :

$$[r_i, p_j] = \mathrm{i}\delta_{ij}.$$

Les secondes sont celles du spin $\boldsymbol{s}$; elles vérifient les relations de commutation

$$[s_i, s_j] = \mathrm{i}\varepsilon_{ijk}\, s_k$$

et sont soumises à la condition supplémentaire $\boldsymbol{s}^2 = \frac{3}{4}$.

Comme les variables orbitales commutent avec les variables de spin, l'espace $\mathcal{E}$ des états de la particule est le produit tensoriel

$$\mathcal{E} = \mathcal{E}^{(0)} \otimes \mathcal{E}^{(s)}$$

de l'espace $\mathcal{E}^{(0)}$ défini par les variables orbitales seules et de l'espace $\mathcal{E}^{(s)}$ défini par les variables de spin seules (cf. § VIII.7). $\mathcal{E}^{(0)}$ est l'espace des états d'une particule sans spin, $\mathcal{E}^{(s)}$ est l'espace à deux dimensions construit au paragraphe précédent.

Pour représenter les vecteurs de $\mathcal{E}$, on se place habituellement dans la représentation où $\boldsymbol{r}$ et s_z sont diagonaux ; chaque vecteur $|\psi\rangle$ est alors représenté par la fonction d'onde

$$\psi(\boldsymbol{r}, \mu) \equiv \langle \boldsymbol{r}\mu|\psi\rangle. \tag{86}$$

C'est une fonction des variables continues $\boldsymbol{r} \equiv (x, y, z)$ et de la variable discrète μ, représentant la valeur propre de s_z et pouvant prendre en tout deux valeurs, $+\frac{1}{2}$ et $-\frac{1}{2}$.

Le moment cinétique total de la particule est

$$\boldsymbol{j} \equiv \boldsymbol{l} + \boldsymbol{s}. \tag{87}$$

En effet, les variables de base forment en tout trois opérateurs vectoriels $\boldsymbol{r}$, $\boldsymbol{p}$, $\boldsymbol{s}$ et il est bien clair que l'opérateur $\boldsymbol{j}$ vérifie avec chacun de ces opérateurs les relations de commutation (57) caractérisant le moment cinétique total, puisque $\boldsymbol{l} \equiv \boldsymbol{r} \times \boldsymbol{p}$ vérifie ces relations avec $\boldsymbol{r}$ et $\boldsymbol{p}$ et commute avec $\boldsymbol{s}$, et que $\boldsymbol{s}$ vérifie ces relations avec lui-même et commute avec $\boldsymbol{r}$ et $\boldsymbol{p}$.

L'opérateur de rotation $R(\alpha\,\beta\,\gamma)$ s'en déduit sans difficulté (équ. (60)).

En fait, comme $\boldsymbol{l}$ et $\boldsymbol{s}$ commutent, il se met sous forme d'un produit de deux opérateurs qui commutent :

$$R(\alpha\,\beta\,\gamma) = R^{(s)}(\alpha\,\beta\,\gamma)\,R^{(0)}(\alpha\,\beta\,\gamma) \tag{88}$$

$R^{(s)}(\alpha\,\beta\,\gamma)$ défini par l'équation (85) agit sur les variables de spin seul et effectue la *rotation du spin*. $R^{(0)}(\alpha\,\beta\,\gamma)$ défini par

$$R^{(0)}(\alpha\,\beta\,\gamma) = \mathrm{e}^{-\mathrm{i}\alpha l_z}\,\mathrm{e}^{-\mathrm{i}\beta l_y}\,\mathrm{e}^{-\mathrm{i}\gamma l_z}$$

agit sur les variables orbitales seules et effectue la *rotation de l'espace ordinaire.*

Comme $R^{(0)} = 1$ et $R^{(s)} = -1$ dans une rotation de 2π, les vecteurs kets changent tous de signe dans une telle rotation. Cependant, les observables de base sont toutes invariantes dans une rotation de 2π, de sorte que, suivant la discussion du § 15, leur interprétation physique ne présente pas de difficulté.

Il est souvent commode de poser

$$\psi(\boldsymbol{r}, \pm \tfrac{1}{2}) = \psi_{\pm}(\boldsymbol{r})$$

et d'écrire la fonction d'onde $\psi(\boldsymbol{r}, \mu)$ sous la forme d'une *fonction d'onde à deux composantes* :

$$\psi \equiv \begin{pmatrix}\psi_+(\boldsymbol{r})\\ \psi_-(\boldsymbol{r})\end{pmatrix}.$$

Pour chaque valeur de $\boldsymbol{r}$, ψ représente un vecteur ket de l'espace $\mathcal{E}^{(s)}$, à savoir

$$\langle \boldsymbol{r}|\psi\rangle \equiv \psi_+(\boldsymbol{r})\,|+\rangle + \psi_-(\boldsymbol{r})\,|-\rangle. \tag{89}$$

Autrement dit, la fonction d'onde peut être regardée comme un champ de spineurs (²²).

L'extension de toutes ces considérations à un ensemble de Z particules de spin $\frac{1}{2}$ ne présente pas de difficulté. L'espace des états du système total est le produit tensoriel de l'espace des états de chaque particule prise individuellement. En particulier, l'espace des spins est un espace à 2^Z dimensions, produit tensoriel des Z espaces de spin individuels. On introduit alors un système de matrices de Pauli, $\boldsymbol{\sigma}^{(i)}$, pour chaque spin individuel. La rotation de l'ensemble de tous les spins s'exprime à l'aide du spin total :

$$\boldsymbol{S} = \tfrac{1}{2}\sum_{i=1}^{Z}\boldsymbol{\sigma}^{(i)}. \tag{90}$$

Une rotation de 2π de l'ensemble des spins est représenté par l'opérateur $(-)^Z$.

(²²) Dans une rotation $\mathcal{R}(\alpha\,\beta\,\gamma)$, le champ de spineurs ψ se transforme en

$$\mathcal{R}[\psi] = R\,\psi = R^{(1/2)}\begin{pmatrix}\psi_+(\mathcal{R}^{-1}\boldsymbol{r})\\ \psi_-(\mathcal{R}^{-1}\boldsymbol{r})\end{pmatrix}.$$

Ceci découle directement de l'expression (88) de l'opérateur rotation ; $R^{(1/2)}$ est la matrice de rotation correspondant à $J = \frac{1}{2}$. On comparera cette formule de transformation à la formule (47) relative à un champ scalaire ; on a une formule analogue pour un champ de vecteur, mais avec $R^{(1)}$ au lieu de $R^{(1/2)}$ (cf. § 21).

21. Champs de vecteurs et particules de spin 1

Il convient de souligner le parallélisme entre la notion de champ de spineurs et la notion plus familière de champ de vecteurs.

Soit $A(r)$ un champ de vecteurs attaché à la description d'un système physique. Ce peut être, par exemple, le champ électrique ou le champ magnétique, ou aussi bien, comme nous allons le voir, la fonction d'onde d'une particule de spin 1.

Examinons la loi de transformation de ce champ par rotation. Soit $A'(r)$ le champ déduit de $A(r)$ dans une rotation d'ensemble $\mathcal{R}$ du système physique :

$$A' \equiv \mathcal{R}[A].$$

Le champ A' au point r s'obtient en appliquant la rotation $\mathcal{R}$ au vecteur $A(r_1)$ représentant le champ A au point $r_1 \equiv \mathcal{R}^{-1} r$. Autrement dit (cf. équ. (43) et (47)) :

$$A'_i(r) = \mathcal{R}_{ij} A_j(\mathcal{R}^{-1} r) \qquad (i = x, y, z).$$

Ainsi, pour une rotation d'un angle α autour de Oz, on trouve (cf. équ. (44)) :

$$A' \equiv \mathcal{R}_z(\alpha)[A] \qquad r_1 \equiv (x \cos\alpha + y \sin\alpha, \ -x \sin\alpha + y \cos\alpha, \ z)$$

$$\begin{aligned} A'_x(r) &= A_x(r_1) \cos\alpha - A_y(r_1) \sin \\ A'_y(r) &= A_x(r_1) \sin\alpha + A_y(r_1) \cos\alpha \\ A'_z(r) &= A_z(r_1). \end{aligned}$$

En particulier, la rotation infinitésimale d'angle ε autour de Oz donne :

$$\mathcal{R}_z(\varepsilon)[A] = (1 - i\varepsilon(l_z + s_z))\, A, \tag{91}$$

où l_z est l'opérateur différentiel défini précédemment et s_z l'opérateur défini par :

$$s_z \begin{pmatrix} A_x(r) \\ A_y(r) \\ A_z(r) \end{pmatrix} = \begin{pmatrix} -iA_y(r) \\ iA_x(r) \\ 0 \end{pmatrix}$$

s_z transforme chaque composante du champ en un point donné, en une combinaison linéaire particulière des 3 composantes du champ au même point. Le vecteur A étant défini par ses trois composantes cartésiennes A_x, A_y et A_z, s_z est représenté par la matrice :

$$s_z = \begin{pmatrix} 0 & -i & 0 \\ i & 0 & 0 \\ 0 & 0 & 0 \end{pmatrix}$$

On définit de même les opérateurs s_x et s_y ; leurs matrices représentatives sont respectivement :

$$s_x = \begin{pmatrix} 0 & 0 & 0 \\ 0 & 0 & -i \\ 0 & i & 0 \end{pmatrix} \qquad s_y = \begin{pmatrix} 0 & 0 & i \\ 0 & 0 & 0 \\ -i & 0 & 0 \end{pmatrix}$$

On constate que s_x, s_y, s_z vérifient les relations de commutation caractéristiques des composantes d'un moment cinétique. Nous désignons ce dernier par $\boldsymbol{s}$; le calcul de son carré donne :

$$\boldsymbol{s}^2 = 2$$

ce qui correspond à un moment cinétique $s = 1$. $\boldsymbol{s}$ est par définition le moment cinétique intrinsèque ou spin du champ de vecteurs.

Un champ tel que $A(\mathbf{r})$ est susceptible de décrire une particule de spin 1. Posons :

$$A_i(\mathbf{r}) \equiv A(\mathbf{r}, i) \qquad (i = x, y \text{ ou } z)$$

$A(\mathbf{r}, i)$ est une fonction d'onde dépendant non seulement des variables de position, mais d'un indice i qui peut prendre 3 valeurs et constitue une variable interne permettant de décrire l'orientation de la particule. Le produit scalaire de deux fonctions d'onde de ce type est :

$$\langle B, A \rangle \equiv \sum_i \int B^*(\mathbf{r}, i)\, A(\mathbf{r}, i)\, \mathrm{d}\mathbf{r} = \int (\mathbf{B}^* . \mathbf{A})\, \mathrm{d}\mathbf{r}. \tag{92}$$

Un opérateur tel que $\mathbf{l}$ agit sur les variables de position uniquement, tandis que $\mathbf{s}$ agit sur la variable interne i. Il est clair que $\mathbf{l}$ et $\mathbf{s}$ commutent, puisqu'ils n'agissent pas sur les mêmes variables. L'opérateur de rotation infinitésimale autour de l'axe des z est défini par l'équation (91) ; on obtient de même l'opérateur de rotation infinitésimale autour de n'importe quel axe ; en appliquant la définition (55), on trouve le moment cinétique total de la particule :

$$\mathbf{j} \equiv \mathbf{l} + \mathbf{s}$$

(cf. équ. (87)).

Plus généralement, toute transformation linéaire sur les champs de vecteurs peut être regardée comme l'action d'un certain opérateur linéaire, que l'on peut exprimer en fonction des trois opérateurs vectoriels de base :

$$\mathbf{r}, \qquad \mathbf{p} \equiv -\mathrm{i}\nabla, \qquad \mathbf{s}.$$

On a notamment l'importante identité :

$$\mathrm{rot} \equiv \mathbf{s} . \mathbf{p} \tag{93}$$

que l'on vérifie aisément en se reportant à la définition du rotationnel et en utilisant la forme explicite des matrices s_x, s_y, s_z donnée plus haut.

Les notions de produit scalaire, de rotation et, plus généralement, de transformation linéaire, sont indépendantes de la représentation choisie. La fonction d'onde $A(\mathbf{r}, i)$ représente l'état dynamique de la particule dans une représentation où les vecteurs de base de la variable interne correspondent aux vecteurs unitaires sur chacun des 3 axes Ox, Oy, Oz ; ces vecteurs de base, $|x\rangle$, $|y\rangle$, $|z\rangle$ sont respectivement vecteurs propres de s_x, s_y, s_z pour la valeur propre 0 (cf. Problème 10). Il est souvent plus commode de prendre pour base les vecteurs propres de s_z, $|+\rangle$, $|0\rangle$, $|-\rangle$, correspondant respectivement à la valeur propre $+1$, 0, -1, et se déduisant les uns des autres conformément à la loi standard définie au § 6. Dans cette nouvelle représentation, s_x, s_y et s_z sont représentés par des matrices vérifiant les relations (28) (avec $j = j' = 1$) ; le ket $|A\rangle$ associé au champ de vecteurs $\mathbf{A}$ y est représenté par la fonction d'onde

$$A(\mathbf{r}, \mu) \equiv A_\mu(\mathbf{r}) \qquad (\mu = +, 0, -)$$

suivant la définition (cf. équ. (89)) :

$$\langle \mathbf{r}|A\rangle \equiv A_+(\mathbf{r})\,|+\rangle + A_0(\mathbf{r})\,|0\rangle + A_-(\mathbf{r})\,|-\rangle.$$

On a :

$$\left.\begin{aligned} A_+ &= -\frac{\sqrt{2}}{2}(A_x - \mathrm{i}A_y) \\ A_0 &= \quad A_z \\ A_- &= \quad \frac{\sqrt{2}}{2}(A_x + \mathrm{i}A_y) \end{aligned}\right\} \tag{94}$$

22. Interactions dépendant du spin dans un atome

Par suite de l'existence du moment magnétique intrinsèque, l'Hamiltonien d'*un électron dans un champ électromagnétique* contient des termes dépendant du spin.

En présence d'un champ magnétique $\mathcal{H}(\boldsymbol{r})$ notamment, on a le terme de *couplage direct* :

$$-\boldsymbol{\mu}\,.\,\mathcal{H}(\boldsymbol{r}) \equiv -\mu_B\boldsymbol{\sigma}\,.\,\mathcal{H}$$

que suggère le principe de correspondance. $\boldsymbol{\mu}$ est le moment magnétique intrinsèque défini par les équations (75)-(76).

Ce n'est pas le seul terme additionnel ; même si le champ se réduit à un simple potentiel électrostatique, il est clair que des termes de *couplage spin-orbite* doivent exister. Même dans un champ purement électrostatique, en effet, l'électron en mouvement « voit » un champ magnétique, lequel peut interagir avec $\boldsymbol{\mu}$. Cet argument classique peut servir de guide pour déterminer le couplage spin-orbite empiriquement. Cependant, comme il s'agit d'un effet relativiste (tendant vers zéro à la limite $v \ll c$), il est plus correct et plus sûr de partir de l'équation relativiste de l'électron ; de cette équation, on peut déduire l'interaction spin-orbite en effectuant un développement en v/c et en ne retenant que les termes non nuls d'ordre le plus bas. Ce problème sera examiné au chapitre XX. Dans un potentiel sphériquement symétrique $V(r)$, cette interaction spin-orbite est évidemment invariante par rotation : elle commute donc avec les trois composantes du moment cinétique total $\boldsymbol{j}$; l'expression que donne la théorie relativiste est

$$\frac{\hbar^2}{2m^2c^2}(\boldsymbol{l}.\boldsymbol{s})\frac{1}{r}\frac{\mathrm{d}V}{\mathrm{d}r}. \tag{95}$$

Pour les mêmes raisons, l'Hamiltonien H_0 des Z électrons d'un atome complexe contient, en plus des termes d'interaction coulombienne indiqués dans l'équation (71), des termes d'interaction spin-orbite. Ceux-ci commutent avec le moment cinétique total

$$\boldsymbol{J} = \boldsymbol{L} + \boldsymbol{S}$$

mais, à l'inverse du reste de H_0, ils ne commutent pas avec $\boldsymbol{L}$ et $\boldsymbol{S}$ séparément. Aussi, bien que leur contribution à l'énergie totale soit relativement très faible — sauf pour les atomes les plus lourds — leur présence entraîne une modification qualitative (levée de dégénérescence) du spectre de l'atome et ne peut donc jamais être ignorée ([23]).

En présence d'un champ magnétique constant $\mathcal{H}$, l'Hamiltonien H de l'atome s'obtient en effectuant sur l'Hamiltonien en champ nul H_0 la même manipulation qu'au § 18, et en ajoutant les termes d'interaction magnétique

([23]) Pour être complet, il faudrait mentionner également les modifications dues à l'existence du moment magnétique du noyau de l'atome (structure hyperfine).

directe $-\sum_i \boldsymbol{\mu}^{(i)}.\boldsymbol{\mathcal{H}}$. Si l'on néglige, comme dans l'expression (72) de la théorie sans spin, le « terme diamagnétique » en $\mathcal{H}^2$, on trouve :

$$H = H_0 - \frac{e}{2mc}(\boldsymbol{\mathcal{H}}.(\boldsymbol{L} + 2\boldsymbol{S})). \tag{96}$$

23. Interactions nucléon-nucléon dépendant du spin

Comme autre exemple d'interaction dépendant du spin, considérons l'interaction de deux nucléons, neutrons ou protons. Soit M_0 la masse des nucléons, $\boldsymbol{r} = \boldsymbol{r}_1 - \boldsymbol{r}_2$ leur position relative, $\boldsymbol{p} = \frac{1}{2}(\boldsymbol{p}_1 - \boldsymbol{p}_2)$ leur impulsion relative, $\frac{1}{2}\boldsymbol{\sigma}_1$ et $\frac{1}{2}\boldsymbol{\sigma}_2$ leurs spins respectifs. Le mouvement du centre de masse se sépare complètement du mouvement relatif. Les états dynamiques et les variables dynamiques dont il sera question désormais se réfèrent exclusivement au mouvement relatif. Le moment cinétique orbital est

$$\boldsymbol{L} = \boldsymbol{r} \times \boldsymbol{p},$$

le spin total

$$\boldsymbol{S} = \tfrac{1}{2}(\boldsymbol{\sigma}_1 + \boldsymbol{\sigma}_2) \tag{97}$$

et le moment cinétique total

$$\boldsymbol{J} = \boldsymbol{L} + \boldsymbol{S}. \tag{98}$$

L'Hamiltonien est de la forme

$$H = \frac{p^2}{M_0} + V.$$

Les quatre types les plus couramment proposés d'interaction invariante par rotation sont

$$V_1(r) \tag{99 a}$$

$$V_2(r)\,(\boldsymbol{\sigma}_1.\boldsymbol{\sigma}_2) \tag{99 b}$$

$$V_3(r)\,(\boldsymbol{L}.\boldsymbol{S}) \tag{99 c}$$

$$V_4(r)\left(3\,\frac{(\boldsymbol{\sigma}_1.\boldsymbol{r})\,(\boldsymbol{\sigma}_2.\boldsymbol{r})}{r^2} - \boldsymbol{\sigma}_1.\boldsymbol{\sigma}_2\right). \tag{99 d}$$

Les opérateurs dépendant du spin qui figurent dans les trois dernières expressions y sont donnés sous leur forme traditionnelle. On peut les écrire différemment. Ainsi, prenant le carré scalaire des deux membres de l'équation (97) et utilisant l'identité $\boldsymbol{\sigma}_1^{\,2} = \boldsymbol{\sigma}_2^{\,2} = 3$, il vient

$$\boldsymbol{\sigma}_1.\boldsymbol{\sigma}_2 = 2\boldsymbol{S}^2 - 3. \tag{100}$$

Prenant le carré scalaire des deux membres de l'équation (98), il vient

$$\boldsymbol{L}.\boldsymbol{S} = \tfrac{1}{2}(\boldsymbol{J}^2 - \boldsymbol{L}^2 - \boldsymbol{S}^2). \tag{101}$$

Enfin, on a, suivant l'équation (97)

$$\begin{aligned}(\boldsymbol{S}.\boldsymbol{r})^2 &= \tfrac{1}{4}((\boldsymbol{\sigma}_1.\boldsymbol{r}) + (\boldsymbol{\sigma}_2.\boldsymbol{r}))^2 = \tfrac{1}{4}\left((\boldsymbol{\sigma}_1.\boldsymbol{r})^2 + (\boldsymbol{\sigma}_2.\boldsymbol{r})^2 + 2(\boldsymbol{\sigma}_1.\boldsymbol{r})\,(\boldsymbol{\sigma}_2.\boldsymbol{r})\right)\\ &= \tfrac{1}{2}\left((\boldsymbol{\sigma}_1.\boldsymbol{r})\,(\boldsymbol{\sigma}_2.\boldsymbol{r}) + r^2\right).\end{aligned}$$

Donc

$$(\boldsymbol{\sigma}_1.\boldsymbol{r})\,(\boldsymbol{\sigma}_2.\boldsymbol{r}) = 2(\boldsymbol{S}.\boldsymbol{r})^2 - r^2$$

et, par conséquent,

$$S_{12} = 3\frac{(\boldsymbol{\sigma}_1 . \boldsymbol{r})(\boldsymbol{\sigma}_2 . \boldsymbol{r})}{r^2} - \boldsymbol{\sigma}_1 . \boldsymbol{\sigma}_2 \tag{102}$$

$$= 2\left(3\frac{(\boldsymbol{S} . \boldsymbol{r})^2}{r^2} - \boldsymbol{S}^2\right). \tag{102'}$$

L'opérateur S_{12} porte le nom d' « opérateur tensoriel » et l'interaction (99 *d*) celui de « force tensorielle ».

Si V est une combinaison linéaire d'interactions du type (99), l'Hamiltonien est à la fois invariant par rotation et par réflexion (dans une réflexion $\boldsymbol{r}$ et $\boldsymbol{p}$ se changent respectivement en $-\boldsymbol{r}$ et $-\boldsymbol{p}$, les opérateurs de spin restent inchangés). Nous reviendrons ultérieurement sur cette seconde propriété d'invariance. Mentionnons simplement que si l'on désigne par P l'opérateur dont l'action sur $\psi(\boldsymbol{r})$ donne $\psi(-\boldsymbol{r})$, les fonctions propres de cet opérateur sont des fonctions de parité déterminée; l'invariance par réflexion signifie que $[H, P] = 0$; si l'Hamiltonien possède cette propriété, ses fonctions propres peuvent être cherchées parmi les fonctions de parité déterminée.

Les interactions (99) ont été rangées par ordre de symétrie décroissante.

La première est indépendante des spins purement et simplement.

La seconde commute avec $\boldsymbol{L}$ et $\boldsymbol{S}$ séparément : elle est invariante non seulement dans une rotation d'ensemble mais dans une rotation de l'espace seul et dans une rotation des spins seuls. Si V ne contient que des termes de la forme (99 *a*) et (99 *b*), les fonctions propres de H peuvent être cherchées parmi les fonctions propres communes à $\boldsymbol{L}^2$, $\boldsymbol{S}^2$, L_z, S_z et les valeurs propres trouvées présentent une dégénérescence de rotation d'ordre $(2L+1)(2S+1)$ et sont indépendantes des valeurs propres de L_z et S_z.

Si en plus V contient un terme de la forme (99 *c*), H commute encore avec $\boldsymbol{L}^2$ et $\boldsymbol{S}^2$, mais cesse d'être invariant dans les rotations séparées de l'espace ou des spins. Ses fonctions propres peuvent être cherchées parmi les fonctions propres communes à $\boldsymbol{L}^2$, $\boldsymbol{S}^2$, $\boldsymbol{J}^2$ et J_z et ses valeurs propres présentent seulement une dégénérescence de rotation d'ordre $(2J+1)$.

L'interaction (99 *d*) est la moins symétrique des quatre. Elle ne commute pas avec $\boldsymbol{L}^2$. Cependant, elle commute encore avec $\boldsymbol{S}^2$; à l'examen de la forme (102′) de l'opérateur tensoriel, il est clair, en effet, que $[\boldsymbol{S}^2, S_{12}] = 0$. Si V contient un terme de la forme (99 *d*), les fonctions propres de H peuvent être cherchées parmi les fonctions propres communes à P, $\boldsymbol{S}^2$, $\boldsymbol{J}^2$ et J_z.

V. — ADDITION DES MOMENTS CINÉTIQUES

24. Le problème d'addition

Dans un très grand nombre de problèmes, l'Hamiltonien du système est invariant par rotation et commute par conséquent avec les composantes du moment cinétique total $\boldsymbol{J}$. On cherche alors les solutions propres de l'Hamiltonien parmi les vecteurs propres communs à J^2 et J_z. Il est donc important de savoir dénombrer et former les vecteurs de moment cinétique (JM) déterminé.

Dans le cas simple de la particule sans spin dans un potentiel central (chap. IX), le moment cinétique total est simplement le moment orbital $\boldsymbol{l}$ et les fonctions propres du moment total sont de la forme $\chi(r)\, Y_l^m(\theta, \varphi)$. Dans le cas général, J est la somme des moments cinétiques individuels

$$J = \sum_i \boldsymbol{j}_i$$

à savoir, la somme des moments orbitaux et des spins des particules constituant le système. On sait en général former les vecteurs propres des moments cinétiques individuels. Ainsi, dans le cas du système de deux nucléons envisagé au § 22, on a

$$J = L + \tfrac{1}{2}\boldsymbol{\sigma}_1 + \tfrac{1}{2}\boldsymbol{\sigma}_2 \tag{103}$$

et les fonctions propres des moments cinétiques individuels sont de la forme $\psi(r)\, Y_l^m(\theta, \varphi)\, |\mu_1\rangle\, |\mu_2\rangle$, où μ_1, μ_2 peuvent prendre les valeurs $+\tfrac{1}{2}$ ou $-\tfrac{1}{2}$ suivant que les nucléons 1, 2 ont le spin dirigé vers le haut ou vers le bas respectivement. Le problème se pose donc de former par combinaison linéaire de ces dernières un système complet de vecteurs propres du moment total. Tel est le problème de l'*addition des moments cinétiques.*

25. Théorème fondamental d'addition de deux moments cinétiques

Le problème le plus simple est celui de l'addition de *deux* moments cinétiques. Supposons que

$$J = \boldsymbol{j}_1 + \boldsymbol{j}_2$$

où $\boldsymbol{j}_1$ et $\boldsymbol{j}_2$ sont les moments cinétiques respectifs de systèmes distincts 1 et 2 dont la réunion forme le système que nous étudions, et supposons qu'on ait formé un système complet de vecteurs propres

$$|\alpha\, j_1\, j_2\, m_1\, m_2\rangle \tag{104}$$

communs à $\boldsymbol{j}_1^2, \boldsymbol{j}_2^2, j_{1z}$ et j_{2z}. α représente l'ensemble des nombres quantiques additionnels nécessaires pour spécifier l'état dynamique complètement, ou si l'on préfère l'ensemble des valeurs propres des observables A formant avec $\boldsymbol{j}_1^2, \boldsymbol{j}_2^2, j_{1z}$ et j_{2z} un ensemble complet d'observables qui commutent ; les A sont choisis de telle sorte qu'ils commutent avec les trois composantes de $\boldsymbol{j}_1$ ainsi qu'avec celles de $\boldsymbol{j}_2$. Nous supposons, en outre, que les vecteurs (104) forment une base standard par rapport aux moments cinétiques 1 et 2. A chaque suite de nombres quantiques ($\alpha\, j_1\, j_2$) correspondent autant de vecteurs qu'il existe de couples ($m_1\, m_2$) distincts ; ces vecteurs se déduisent les uns des autres par application répétée de $j_{1\pm}$ ou $j_{2\pm}$ suivant les conditions du § 6 et sous-tendent un sous-espace $\mathcal{E}(\alpha\, j_1\, j_2)$ à $(2j_1 + 1)(2j_2 + 1)$ dimensions.

On note que A, $\boldsymbol{j}_1^2$ et $\boldsymbol{j}_2^2$ commutent avec J. Nous cherchons donc les vecteurs propres de J^2 et J_z parmi les vecteurs propres de ces opérateurs. Dans cette recherche, chaque sous-espace $\mathcal{E}(\alpha\, j_1\, j_2)$ peut être traité séparément. Nous considérons désormais l'un d'entre eux. Pour alléger l'écriture, nous représentons les vecteurs $|\alpha\, j_1\, j_2\, m_1\, m_2\rangle$ de ce sous-espace par $|m_1\, m_2\rangle$, et les vecteurs propres du moment total situés dans ce sous-espace par $|JM\rangle$ (ce qui suppose que la donnée de J et de M suffit à définir ces derniers ; nous montrerons qu'il en est bien ainsi).

Dans ce paragraphe, nous nous proposons de déterminer les valeurs possibles du couple (JM) et leurs ordres de dégénérescence respectifs. La construction des vecteurs propres sera discutée au § 27.

La solution de notre problème est basée sur les deux remarques suivantes :

(*a*) Chaque vecteur $|m_1\, m_2\rangle$ est vecteur propre de J_z de valeur propre

$$M = m_1 + m_2.$$

En effet, puisque $J_z = j_{1z} + j_{2z}$, on a $J_z|m_1\, m_2\rangle = (m_1 + m_2)\,|m_1\, m_2\rangle$.

(*b*) A chaque valeur de J correspond un certain nombre $N(J)$ de séries linéairement indépendantes de $(2J + 1)$ vecteurs propres du moment total, les vecteurs d'une même série se déduisant les uns des autres par application répétée de J_+ ou J_- et correspondant respectivement aux $(2J + 1)$ valeurs possibles de M : $-J, -J + 1, \ldots, +J$.

Par suite [24], si $n(M)$ désigne l'ordre de dégénérescence de la valeur propre M,

$$n(M) = \sum_{J \geqslant |M|} N(J)$$

et par conséquent

$$N(J) = n(J) - n(J + 1). \quad (105)$$

Pour obtenir $N(J)$, il suffit donc de déterminer $n(M)$ pour chacune des valeurs possibles de M. Suivant la remarque (*a*), $n(M)$ est simplement le nombre de couples $(m_1\, m_2)$ tels que

$$M = m_1 + m_2.$$

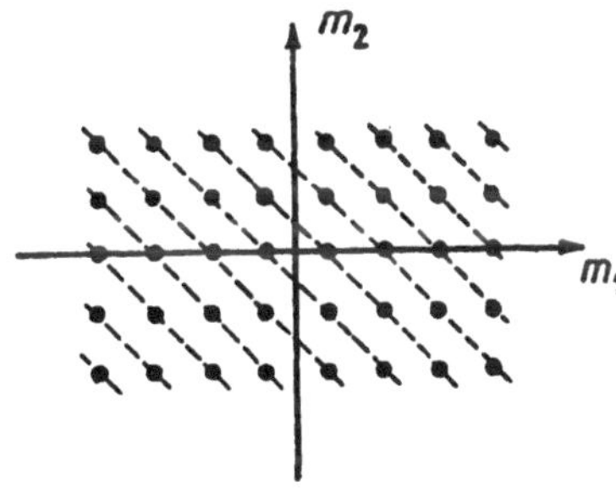

FIG. 3. — Dénombrement des valeurs possibles de $M = m_1 + m_2$ et de leur fréquence $n(M)$ ($j_1 = \frac{3}{2}$; $j_2 = 2$).

Pour les dénombrer, il est commode d'utiliser un diagramme comme celui de la figure 3, où chaque couple $(m_1 + m_2)$ est représenté par un point d'abscisse m_1 et d'ordonnée m_2. $n(M)$ est le nombre de points situés

([24]) Le même argument a déjà été utilisé dans le problème de l'oscillateur harmonique à 3 dimensions (§ XII.15).

sur la diagonale : $x + y = M$. Supposons $j_1 > j_2$ pour fixer les idées. On trouve

$$n(M) = \begin{cases} 0 & \text{si} \quad |M| > j_1 + j_2 \\ j_1 + j_2 + 1 - |M| & \text{si} \quad j_1 + j_2 \geqslant |M| \geqslant |j_1 - j_2| \\ 2j_2 + 1 & \text{si} \quad |j_1 - j_2| \geqslant |M| \geqslant 0. \end{cases}$$

Substituant ces nombres dans la relation (105), nous trouvons

$$N(J) = 1 \quad \text{pour } J = j_1 + j_2, j_1 + j_2 - 1, \ldots, |j_1 - j_2|.$$

D'où le THÉORÈME FONDAMENTAL D'ADDITION :

Dans l'espace à $(2j_1 + 1)(2j_2 + 1)$ *dimensions sous-tendu par les vecteurs* $|\alpha j_1 j_2 m_1 m_2\rangle$ (α, j_1, j_2 *fixes ;* m_1, m_2 *variables*),

(*i*) *les valeurs possibles de* J *sont* [25]

$$j_1 + j_2, j_1 + j_2 - 1, \ldots, |j_1 - j_2| ;$$

(*ii*) *à chacune d'elles correspond une et une seule série de* $(2J + 1)$ *vecteurs propres* $|JM\rangle$ *du moment total.*

26. Applications et exemples

Notons d'abord une conséquence évidente du théorème d'addition :

Le moment cinétique total résultant de l'addition d'un nombre quelconque de moment cinétique est entier ou demi-entier selon que le nombre des moments cinétiques individuels demi-entiers est pair ou impair.

Le lecteur s'assurera que cette propriété est bien vérifiée dans tous les exemples qui suivent.

Comme premier exemple, considérons *l'addition de deux spins* $\frac{1}{2}$.

L'espace des états a quatre dimensions. Le spin total S peut prendre deux valeurs : 0 et 1.

A $S = 0$ correspond le seul vecteur $|00\rangle$; on dit que le spin est dans l'état *singulet.*

A $S = 1$ correspondent les trois vecteurs $|11\rangle$, $|10\rangle$ $|1\ -1\rangle$; ce sont les trois vecteurs de l'état *triplet.*

Il est facile d'écrire les projecteurs P_0 et P_1 sur les états singulet et triplet respectivement, en fonction de $\mathbf{S}^2$ ou de $\boldsymbol{\sigma}_1 . \boldsymbol{\sigma}_2$. En effet, puisque $\mathbf{S}^2 = S(S + 1)$, $\mathbf{S}^2$ a pour valeurs propres 0 dans l'état singulet et 2 dans l'état triplet, d'où (cf. identité (100)) :

$$P_0 = 1 - \tfrac{1}{2}\mathbf{S}^2 = \tfrac{1}{4}(1 - \boldsymbol{\sigma}_1 . \boldsymbol{\sigma}_2)$$

$$P_1 = \tfrac{1}{2}\mathbf{S}^2 = \tfrac{1}{4}(3 + \boldsymbol{\sigma}_1 . \boldsymbol{\sigma}_2).$$

On note que

$$\boldsymbol{\sigma}_1 . \boldsymbol{\sigma}_2 = P_1 - 3P_0. \tag{106}$$

(25) Autrement dit, J prend toutes valeurs telles que $j_1 + j_2 + J$ soit entier et que j_1, j_2 et J puissent être les côtés d'un triangle.

Notre deuxième exemple est celui d'*une particule de spin* $\frac{1}{2}$. Son moment orbital l et son spin se couplent pour donner le moment cinétique total j qui peut prendre les deux valeurs

$$j = l + \tfrac{1}{2}, \qquad j = l - \tfrac{1}{2},$$

sauf si $l = 0$ (état s) ; dans ce dernier cas j ne peut prendre que l'unique valeur $j = \frac{1}{2}$. Donc j peut prendre toutes valeurs demi-entières de $\frac{1}{2}$ à $+\infty$. A chacune d'elles correspondent deux termes (c'est-à-dire 2 séries de $(2j + 1)$ vecteurs) *de parité opposée.*

Comme dernier exemple, nous reprenons le *système de deux nucléons* de la fin du § 22.

Dans ce cas, il faut coupler trois moments cinétiques, le moment orbital et les deux spins (équ. (98)). On couple d'abord les deux spins, ce qui donne le spin total S, dont les deux valeurs possibles sont 0 ou 1. Puis on couple ce dernier avec le moment cinétique L de la coordonnée relative, qui peut prendre toutes valeurs entières positives ou nulles. A chaque couple de valeurs (LS) correspondent $(2S + 1)(2L + 1)$ vecteurs pouvant se combiner linéairement pour donner des vecteurs propres du moment cinétique total. Suivant le théorème d'addition, on trouve les valeurs suivantes de J :

$$\begin{array}{lll} \text{état singulet} : S = 0 & J = L & \\ \text{état triplet} : S = 1 & \left\{ \begin{array}{l} J = L - 1, L, L + 1 \\ J = 1 \end{array} \right. & \begin{array}{l} \text{si} \quad L \neq 0 \\ \text{si} \quad L = 0. \end{array} \end{array}$$

Pour désigner les termes ainsi formés, on emploie la notation spectroscopique suivante : une lettre majuscule indiquant la valeur de L suivant les mêmes conventions que celles qui ont été données au § IX-6, flanquée à gauche d'un indice supérieur égal à $2S + 1$, c'est-à-dire à la multiplicité du spin total, et à droite d'un indice inférieur égal à J. Par exemple ${}^3D_2$ est le terme $L = 2$, triplet de spin, de moment total $J = 2$. A chaque valeur de J correspondent 4 termes (c'est-à-dire $4(2J + 1)$ vecteurs en tout) sauf pour $J = 0$ qui n'en possède que 2. Ci-dessous, les différents termes correspondant aux premières valeurs de J :

$$\begin{array}{lllll} J = 0 & & {}^3P_0 & & {}^1S_0 \\ J = 1 & {}^3S_1 & {}^3D_1 & {}^3P_1 & {}^1P_1 \\ J = 2 & {}^3P_2 & {}^3F_2 & {}^3D_2 & {}^1D_2 \\ J = 3 & {}^3D_3 & {}^3G_3 & {}^3F_3 & {}^1F_3 \end{array}$$

La même notation s'applique aussi bien à la particule de spin $\frac{1}{2}$ considérée plus haut. Dans ce cas, le moment orbital est désigné par une lettre minuscule — les lettres majuscules étant réservées au moment orbital total d'un système de plusieurs particules — et l'indice supérieur gauche est simplement omis. Donnons les termes correspondant aux premières valeurs de j :

$$\begin{array}{lllll} j = & \frac{1}{2} & \frac{3}{2} & \frac{5}{2} & \frac{7}{2} \\ & s_{1/2}\ p_{1/2} & p_{3/2}\ d_{3/2} & d_{5/2}\ f_{5/2} & f_{7/2}\ g_{7/2}. \end{array}$$

27. Les vecteurs propres du moment total. Coefficients de Clebsch-Gordan

A chaque couple (JM) donné par le théorème d'addition correspond un vecteur propre $|\alpha j_1 j_2 JM\rangle$ du moment cinétique total ; pour le définir sans ambiguïté nous le supposons de norme 1 et nous fixons sa phase par une convention appropriée sur laquelle nous reviendrons plus bas. Les vecteurs $|\alpha j_1 j_2 JM\rangle$ forment, comme les vecteurs $|\alpha j_1 j_2 m_1 m_2\rangle$ une base orthonormée dans le sous-espace $\mathcal{E}(\alpha j_1 j_2)$. On passe de l'une à l'autre par transformation unitaire :

$$|\alpha j_1 j_2 JM\rangle = \sum_{m_1 m_2} |\alpha j_1 j_2 m_1 m_2\rangle \langle\alpha j_1 j_2 m_1 m_2|\alpha j_1 j_2 JM\rangle. \tag{107}$$

Les coefficients de cette transformation ont une propriété très importante : *ils sont indépendants de α et ne dépendent que des quantités j_1, j_2, J, m_1, m_2, M.* En effet, dans le sous-espace $\mathcal{E}(\alpha j_1 j_2)$, les vecteurs $|\alpha j_1 j_2 m_1 m_2\rangle$ forment la base d'une représentation standard, représentation dans laquelle les composantes de $\boldsymbol{j}_1$ et $\boldsymbol{j}_2$ sont représentées par des matrices indépendantes de α (cf. équ. (28)) ; par suite, les matrices représentant $\boldsymbol{J}^2$ et J_z sont également indépendantes de α et les composantes $\langle\alpha j_1 j_2 m_1 m_2|\alpha j_1 j_2 JM\rangle$ de leurs vecteurs propres communs possèdent la même propriété. Celles-ci ont donc un caractère purement géométrique : elles ne dépendent que des moments cinétiques mis en jeu et de leur orientation et non de la nature physique des variables dynamiques 1 et 2 dont on compose les moments cinétiques. On les appelle *coefficients de Clebsch-Gordan* (C.-G.) ou coefficients d'addition vectorielle. Nous les désignerons désormais par le symbole $\langle j_1 j_2 m_1 m_2|JM\rangle$. Suivant cette notation, la relation (107) s'écrit :

$$|\alpha j_1 j_2 JM\rangle = \sum_{m_1 m_2} |\alpha j_1 j_2 m_1 m_2\rangle \langle j_1 j_2 m_1 m_2|JM\rangle. \tag{108}$$

Pour définir les coefficients C.-G. de façon précise, il nous reste à fixer les phases des vecteurs $|\alpha j_1 j_2 JM\rangle$. En ce qui concerne les phases relatives des $(2J + 1)$ vecteurs correspondant à la même valeur de J, nous adoptons les conventions standard du § 6. Les vecteurs sont alors définis à une phase dépendant de J près. Nous levons cet arbitraire par la condition que la composante de $|\alpha j_1 j_2 JJ\rangle$ suivant $|\alpha j_1 j_2 j_1\ J-j_1\rangle$ soit réelle et positive, c'est-à-dire

$$\langle j_1 j_2 j_1 m_2|JJ\rangle \text{ réel} \geqslant 0. \tag{109}$$

Un grand nombre de propriétés des coefficients C.-G. découlent directement de leurs définitions.

Suivant le théorème d'addition, pour que $\langle j_1 j_2 m_1 m_2|JM\rangle$ ne soit pas nul, il est nécessaire (*règles de sélection*) que l'on ait à la fois

$$m_1 + m_2 = M \qquad |j_1 - j_2| \leqslant J \leqslant j_1 + j_2.$$

Nous montrons un peu plus bas que les coefficients C.-G. relatifs à une valeur de J donnée se déduisent tous du coefficient $\langle j_1 j_2 j_1\ J-j_1\ |JJ\rangle$ au moyen de relations de récurrence à coefficients réels. Comme ce dernier est réel, les coefficients C.-G. sont tous *réels.*

Comme, en outre, ce sont les coefficients d'une transformation unitaire, ils vérifient les *relations d'orthogonalité*

$$\sum_{m_1 m_2} \langle j_1 j_2 m_1 m_2 | JM \rangle \langle j_1 j_2 m_1 m_2 | J'M' \rangle = \delta_{JJ'} \delta_{MM'} \tag{110a}$$

$$\sum_{JM} \langle j_1 j_2 m_1 m_2 | JM \rangle \langle j_1 j_2 m_1' m_2' | JM \rangle = \delta_{m_1 m_1'} \delta_{m_2 m_2'}. \tag{110b}$$

Dans les cas les plus simples, on peut déterminer directement les combinaisons linéaires (108). On note que pour $J = j_1 + j_2$ et $M = J$, on a

$$|\alpha\, j_1 j_2\; j_1+j_2\; j_1+j_2\rangle = |\alpha\, j_1 j_2 j_1 j_2\rangle.$$

Par application répétée de $J_- = j_{1-} + j_{2-}$ aux deux membres de cette équation, on construit tous les vecteurs $|\alpha\, j_1 j_2\, JM\rangle$ correspondant à $J = j_1 + j_2$. On construit ensuite les vecteurs de la série $J = j_1 + j_2 - 1$, en commençant par celui correspondant à $M = J$, que sa propriété d'être orthogonal au vecteur $|\alpha\, j_1 j_2\; j_1+j_2\; j_1+j_2-1\rangle$ et la condition de phase (109) déterminent sans ambiguïté, et en en tirant tous les autres par application répétée de J_-. Et ainsi de suite.

Dans le cas de l'addition de deux spins $\frac{1}{2}$, on obtient ainsi les vecteurs propres du spin total en fonction des vecteurs propres $|++\rangle$, $|+-\rangle$, $|-+\rangle$ et $|--\rangle$ des spins individuels. Les résultats sont rassemblés dans le tableau suivant :

	$S = 1$	$S = 0$
$M = 1$	$\|11\rangle = \|++\rangle$	
$M = 0$	$\|10\rangle = \dfrac{\|+-\rangle + \|-+\rangle}{\sqrt{2}}$	$\|00\rangle = \dfrac{\|+-\rangle - \|-+\rangle}{\sqrt{2}}$
$M = -1$	$\|1\,-1\rangle = \|--\rangle$	

Dès que les moments cinétiques à additionner sont un peu élevés, il faut recourir à des méthodes de calcul plus élaborées. On peut établir diverses relations de récurrence (équ. (C. 18-20)). En appliquant J_+ ou J_- aux deux membres de l'équation (108), on obtient notamment (cf. équ. (C. 19) et (C. 18)) :

$$\begin{aligned}\sqrt{J(J+1) - M(M+1)}\, &\langle j_1 j_2 m_1 m_2 | J\; M+1\rangle \\ &= \sqrt{j_1(j_1+1) - m_1(m_1-1)}\, \langle j_1 j_2\; m_1-1\; m_2 | JM\rangle \\ &\quad + \sqrt{j_2(j_2+1) - m_2(m_2-1)}\, \langle j_1 j_2 m_1\; m_2-1\, | JM\rangle\end{aligned} \tag{111}$$

$$\begin{aligned}\sqrt{J(J+1) - M(M-1)}\, &\langle j_1 j_2 m_1 m_2 | J\; M-1\rangle \\ &= \sqrt{j_1(j_1+1) - m_1(m_1+1)}\, \langle j_1 j_2\; m_1+1\; m_2 | JM\rangle \\ &\quad + \sqrt{j_2(j_2+1) - m_2(m_2+1)}\, \langle j_1 j_2 m_1\; m_2+1\, | JM\rangle.\end{aligned} \tag{112}$$

Lorsque $M = J$, le premier membre de (111) s'annule ; l'application de cette formule donne alors tous les coefficients $\langle j_1 j_2 m_1 m_2 | J J\rangle$ comme multiple de l'un d'entre eux, $\langle j_1 j_2 j_1 \; J{-}j_1 | J J\rangle$ par exemple. La condition de normalisation du vecteur $|\alpha j_1 j_2 J J\rangle$ ($\sum_{m_1 m_2} \langle j_1 j_2 m_1 m_2 | J J\rangle^2 = 1$) et la condition de phase (109) achèvent de les déterminer. Tous les autres coefficients C.-G. s'en déduisent par application répétée de la relation de récurrence (112). Cette méthode de calcul des coefficients C.-G. a été utilisée par Racah pour exprimer ceux-ci sous la forme condensée (C.21) ([26]).

Outre les propriétés énoncées jusqu'à présent, les coefficients C.-G. possèdent des *propriétés de symétrie* remarquables qui en facilitent beaucoup la tabulation. Elles sont indiquées en même temps que les principales propriétés des coefficients C.-G. dans l'Appendice C (section I), qui contient également une table des coefficients les plus simples.

28. Application : systèmes de deux nucléons

Comme application de l'addition des moments cinétiques au traitement de systèmes invariants par rotation, reprenons le système de deux nucléons envisagé au § 23. Nous allons examiner le problème de valeurs propres de l'Hamiltonien pour diverses formes de potentiel dépendant du spin. Nous nous limitons à des potentiels du type (99).

Supposons que le potentiel V soit de la forme

$$V = V_1(r) + V_2(r)\,(\boldsymbol{\sigma}_1 . \boldsymbol{\sigma}_2).$$

Dans ce cas l'Hamiltonien commute avec $\boldsymbol{L}$ et $\boldsymbol{S}$ et les fonctions propres sont des produits de fonctions de spin, $|S\mu\rangle$, par des fonctions de $\boldsymbol{r}$ de moment orbital (lm) bien déterminé. Conformément à l'identité (106), le potentiel prend des valeurs différentes suivant que $S = 0$ ou 1. La résolution de l'équation de Schrödinger équivaut donc à celle de deux équations de Schrödinger d'une particule (sans spin) dans un potentiel central, correspondant chacune aux deux valeurs possibles de S. Si $S = 0$, la partie orbitale de la fonction propre est celle d'une particule (sans spin) dans le potentiel $V_1 - 3V_2$; si $S = 1$, celle d'une particule dans le potentiel $V_1 + V_2$. En définitive, le problème de valeur propre se réduit à une équation radiale pour chaque couple de valeurs (LS).

Si le potentiel est de la forme

$$V = V_1(r) + V_2(r)\,(\boldsymbol{\sigma}_1 . \boldsymbol{\sigma}_2) + V_3(r)\,(\boldsymbol{L} . \boldsymbol{S})$$

([26]) Pour mener ce calcul jusqu'au bout, il faut utiliser l'identité suivante, due à Racah :

$$\sum_s \frac{(a+s)!\,(b-s)!}{(c+s)!\,(d-s)!} = \frac{(a+b+1)!\,(a-c)!\,(b-d)!}{(c+d)!\,(a+b-c-d+1)!}$$

(a, b, c, d entiers tels que $a \geqslant c \geqslant 0$, $b \geqslant d \geqslant 0$; s entier prenant toutes valeurs de $-c$ à $+d$).

l'Hamiltonien n'est plus invariant par rotations séparées de l'espace et des spins, mais comme il commute toujours avec L^2 et S^2, on peut chercher les solutions propres communes à L^2, S^2, J^2 et J_z. A chaque suite (LSJ) correspond un type de fonction dont la dépendance en fonction des angles θ, φ et des variables de spin est complètement déterminée et peut être donnée explicitement en faisant usage des coefficients C.-G. :

$$\begin{aligned} \Psi_{LSJ}^{M} &= F(r)\, \mathcal{Y}_{LSJ}^{M} \\ \mathcal{Y}_{LSJ}^{M} &= \sum_{m\mu} Y_L^m(\theta, \varphi)\, |S\mu\rangle \langle LSm\mu|JM\rangle. \end{aligned} \tag{113}$$

Ainsi les trois fonctions de l'état ${}^1P_1$ ont pour « dépendance angulaire » $\mathcal{Y}_{101}^{M} = Y_1^M|00\rangle$ $(M = 0, \pm 1)$; les cinq fonctions de l'état ${}^3D_2$:

$$\mathcal{Y}_{212}^{M} = \sum_{m\mu} Y_2^m|1\mu\rangle \langle 21m\mu|2M\rangle \qquad (M = 0, \pm 1, \pm 2).$$

Suivant les identités (100) et (101), l'action de l'Hamiltonien sur une fonction de ce type s'écrit

$$H\Psi_{LSJ}^{M} = \left[-\frac{\hbar^2}{M_0}\frac{1}{r}\frac{\mathrm{d}^2}{\mathrm{d}r^2}r + \frac{\hbar^2}{M_0}\frac{L(L+1)}{r^2} + V_{LSJ}\right]\Psi_{LSJ}^{M}$$

avec

$$\begin{aligned} V_{LSJ}(r) = V_1(r) &+ [2S(S+1) - 3]\, V_2(r) \\ &+ \tfrac{1}{2}[J(J+1) - L(L+1) - S(S+1)]\, V_3(r). \end{aligned}$$

La résolution de l'équation de Schrödinger se ramène donc à celle de l'équation radiale

$$\left[-\frac{\hbar^2}{M_0}\frac{1}{r}\frac{\mathrm{d}^2}{\mathrm{d}r^2}r + \frac{\hbar^2}{M_0}\frac{L(L+1)}{r^2} + V_{LSJ}(r)\right]F(r) = EF(r).$$

Tout se passe donc comme dans le problème d'une particule (sans spin) dans un potentiel central. Le seul point de différence est que le « potentiel central effectif » $V_{LSJ}(r)$ diffère d'un triplet (LSJ) à un autre [27].

Le dernier exemple que nous examinons est celui de potentiels de la forme

$$V = V_C(r) + V_T(r)\, S_{12}.$$

En raison de la présence de la force « tensorielle », l'Hamiltonien ne commute plus avec L^2 ; mais il commute toujours avec S^2, ainsi qu'avec l'opérateur « parité » P introduit au § 23. Par suite, on peut chercher les fonctions propres de H parmi les fonctions propres communes à P, S^2, J^2, J_z c'est-à-dire parmi

[27] En fait pour $S = 0$, la force spin-orbite s'annule et l'on a, quels que soient L et J,

$$V_{L0L} = V_1 - 3V_2.$$

De même, si $S = 1$ et $L = J$ le « potentiel effectif » ne dépend pas de L :

$$V_{L1L} = V_1 + V_2 - V_3.$$

les fonctions de moment cinétique total (JM) déterminé ayant une parité déterminée et une valeur de S déterminée.

Si $S = 0$, nécessairement $L = J$ (donc $P = (-)^J$). La fonction propre est nécessairement de la forme $F(r)\ \mathcal{Y}^M_{J0J}$. D'ailleurs, comme $S\,|00\rangle = 0$, il est clair, à l'examen de l'expression (102′), que

$$S_{12}\,\mathcal{Y}^M_{J0J} = S_{12}\,Y^M_J(\theta, \varphi)\,|00\rangle = 0.$$

Par suite, $F(r)$ est solution de l'équation radiale d'une particule de moment cinétique J dans le potentiel $V_C(r)$.

Si $S = 1$ et $P = (-)^J$, nécessairement $L = J$ et la « dépendance angulaire » de la fonction propre est, comme dans le cas précédent, entièrement déterminée : $\Psi^M_{J1J} = F(r)\ \mathcal{Y}^M_{J1J}$. On peut d'ailleurs montrer (Problème 11) que $S_{12}\,\mathcal{Y}^M_{J1J} = 2\,\mathcal{Y}^M_{J1J}$. Donc $F(r)$ est solution de l'équation radiale d'une particule de moment cinétique J dans le potentiel $V_C(r) + 2V_T(r)$.

Si $S = 1$ et $P = (-)^{J+1}$, les seules valeurs de L possibles sont $J + 1$ et $J - 1$ (pourvu que $J \neq 0$; si $J = 0$, il n'y a que la seule valeur $L = 1$) ; la fonction propre est donc de la forme

$$\Psi = F_{J-1}(r)\ \mathcal{Y}_- + F_{J+1}(r)\ \mathcal{Y}_+.$$

Pour alléger l'écriture, nous avons posé $\mathcal{Y}_\pm \equiv \mathcal{Y}^M_{J\pm1\,1J}$. L'action de S_{12} sur $\mathcal{Y}_+$ ou sur $\mathcal{Y}_-$ donne une combinaison de ces deux fonctions (Problème 11). Par suite $(H - E)\,\Psi$ est aussi une combinaison linéaire de ces deux fonctions, dont les coefficients sont des fonctions de r. Écrire que $(H - E)\,\Psi = 0$ revient à annuler ces deux coefficients ; on trouve ainsi un système de deux équations différentielles du second ordre en $F_{J-1}(r)$ et $F_{J+1}(r)$.

A titre d'illustration, écrivons ce système d'équations radiales couplées pour $J = 1$. On rencontre ce cas dans l'étude du deutéron. La fonction d'onde est un mélange d'états ${}^3S_1$ et ${}^3D_1$. Elle se met donc sous la forme

$$\Psi \equiv \frac{1}{r}\,u_S(r)\ \mathcal{Y}^M_{011} + \frac{1}{r}\,u_D(r)\ \mathcal{Y}^M_{211}.$$

Comme on a (Problème 11) :

$$\begin{aligned} S_{12}\,\mathcal{Y}^M_{011} &= \sqrt{8}\,\mathcal{Y}_{211} \qquad & S_{12}\,\mathcal{Y}^M_{211} &= \sqrt{8}\,\mathcal{Y}^M_{011} - 2\,\mathcal{Y}^M_{211} \\ L^2\,\mathcal{Y}^M_{011} &= 0 & L^2\,\mathcal{Y}^M_{211} &= 6\,\mathcal{Y}^M_{211} \end{aligned} \tag{114}$$

et que

$$H \equiv -\frac{\hbar^2}{M_0}\frac{1}{r}\frac{\mathrm{d}^2}{\mathrm{d}r^2}r + \frac{\hbar^2 L^2}{M_0 r^2} + V_C(r) + V_T(r)\,S_{12},$$

l'équation $(H - E)\,\Psi = 0$ est équivalente à :

$$\begin{aligned} \left[\frac{\hbar^2}{M_0}\frac{\mathrm{d}^2}{\mathrm{d}r^2} + E - V_C(r)\right] u_S &= \sqrt{8}\,V_T(r)\,u_D \\ \left[\frac{\hbar^2}{M_0}\left(\frac{\mathrm{d}^2}{\mathrm{d}r^2} - \frac{6}{r^2}\right) + E + 2V_T(r) - V_C(r)\right] u_D &= \sqrt{8}\,V_T(r)\,u_S. \end{aligned} \tag{115}$$

29. Addition de trois moments cinétiques et plus. Coefficients de Racah. Symboles « 3s j »

Le système de deux nucléons étudiés au § 28 est un exemple de système dont le moment cinétique total est la somme de trois moments cinétiques individuels (équ. (103)). Ce cas particulièrement simple d'addition de trois moments cinétiques a pu être étudié sans qu'il ait été nécessaire de mettre en œuvre des techniques très élaborées. Examinons maintenant le problème de l'addition de trois moments cinétiques en général.

Nous supposons donc que le système étudié est formé par la réunion de trois systèmes distincts 1, 2 et 3 dont les moments cinétiques respectifs sont $\boldsymbol{j}_1$, $\boldsymbol{j}_2$ et $\boldsymbol{j}_3$. Le moment cinétique total est donc

$$\boldsymbol{J} = \boldsymbol{j}_1 + \boldsymbol{j}_2 + \boldsymbol{j}_3.$$

Le problème d'addition consiste à former les vecteurs propres du moment total dans l'espace sous-tendu par les $(2j_1 + 1)(2j_2 + 1)(2j_3 + 1)$ vecteurs propres

$$|\alpha j_1 j_2 j_3 m_1 m_2 m_3\rangle$$

des moments cinétiques individuels correspondant à des valeurs bien déterminées des nombres quantiques α, j_1, j_2, j_3. α, dont la définition est la même qu'au § 25, ne joue aucun rôle dans ce qui suit et sera désormais omis purement et simplement.

Pour construire les vecteurs de moment cinétique (JM). On peut

(*i*) ou bien (fig. 4 *a*) coupler $\boldsymbol{j}_1$ et $\boldsymbol{j}_2$ pour former le moment cinétique $\boldsymbol{J}_{12} = \boldsymbol{j}_1 + \boldsymbol{j}_2$, puis coupler $\boldsymbol{J}_{12}$ et $\boldsymbol{j}_3$ pour former $\boldsymbol{J}$. On obtient ainsi les vecteurs propres

$$|(j_1 j_2) J_{12}, j_3 ; JM\rangle = \sum_{\substack{m_1 m_2 \\ M_{12} m_3}} |j_1 j_2 j_3 m_1 m_2 m_3\rangle \langle j_1 j_2 m_1 m_2 | J_{12} M_{12}\rangle \langle J_{12} j_3 M_{12} m_3 | JM\rangle \qquad (116)$$

communs à $\boldsymbol{j}_1^2$, $\boldsymbol{j}_2^2$, $\boldsymbol{j}_3^2$, $\boldsymbol{J}_{12}^2$, $\boldsymbol{J}^2$ et J_z ;

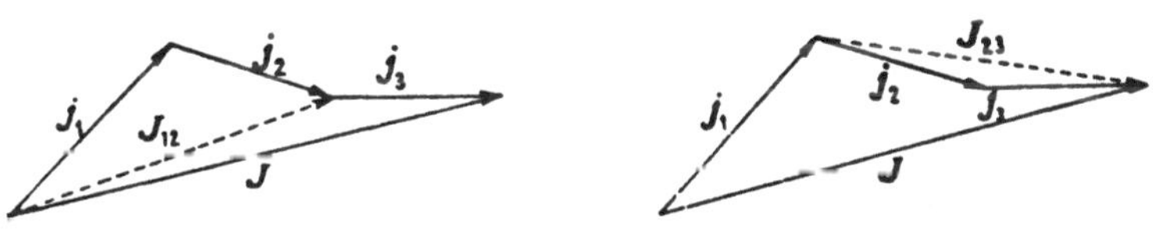

a) $\boldsymbol{j}_1 + \boldsymbol{j}_2 = \boldsymbol{J}_{12}$
$\boldsymbol{J}_{12} + \boldsymbol{j}_3 = \boldsymbol{J}$

b) $\boldsymbol{j}_2 + \boldsymbol{j}_3 = \boldsymbol{J}_{23}$
$\boldsymbol{j}_1 + \boldsymbol{J}_{23} = \boldsymbol{J}$

FIG. 4. — Différents modes de couplage de 3 moments cinétiques.

(*ii*) ou bien (fig. 4 *b*) coupler $\boldsymbol{j}_2$ et $\boldsymbol{j}_3$ pour former le moment cinétique $\boldsymbol{J}_{23} = \boldsymbol{j}_2 + \boldsymbol{j}_3$, puis coupler $\boldsymbol{j}_1$ et $\boldsymbol{J}_{23}$ pour former $\boldsymbol{J}$. On obtient ainsi les vecteurs propres

$$|j_1, (j_2 j_3) J_{23}; JM\rangle = \sum_{\substack{m_2 m_3 \\ m_1 M_{23}}} |j_1 j_2 j_3 m_1 m_2 m_3\rangle \langle j_2 j_3 m_2 m_3 | J_{23} M_{23}\rangle \langle j_1 J_{23} m_1 M_{23} | JM\rangle \quad (117)$$

communs à $\boldsymbol{j}_1^2, \boldsymbol{j}_2^2, \boldsymbol{j}_3^2, \boldsymbol{J}_{23}^2, \boldsymbol{J}^2$ et J_z ;

(*iii*) ou bien coupler $\boldsymbol{j}_1$ et $\boldsymbol{j}_3$ pour former $\boldsymbol{J}_{13}$, puis $\boldsymbol{J}_{13}$ et $\boldsymbol{J}_2$ pour former $\boldsymbol{J}$.

Nous avons donc le choix entre trois systèmes différents comme systèmes de base du moment total. Dans beaucoup de problèmes, il est utile de pouvoir passer d'une base à l'autre. La transformation qui réalise ce changement est une transformation unitaire. On a notamment

$$|j_1, (j_2 j_3) J_{23}; JM\rangle = \sum_{J_{12}} |(j_1 j_2) J_{12}, j_3; JM\rangle \langle (j_1 j_2) J_{12}, j_3 J | j_1, (j_2 j_3) J_{23} J\rangle \quad (118)$$

Les coefficients de cette transformation unitaire ne dépendent évidemment pas de α, pour la même raison que les coefficients C.-G. ne dépendent pas de α. Il est facile de voir, en appliquant J_+ ou J_- aux deux membres de (118), qu'ils ne dépendent pas non plus de M. Ils ne dépendent donc que des six moments cinétiques j_1, j_2, j_3, J_{12}, J_{23} et J.

Plutôt que d'utiliser ces coefficients directement, il est plus commode de se servir des coefficients W de Racah ou des symboles « $6j$ » de Wigner, qui leur sont proportionnels, conformément aux relations de définition

$$\begin{aligned}\langle (j_1 j_2) J_{12}, j_3 J | j_1, (j_2 j_3) J_{23} J\rangle &= \sqrt{(2J_{12}+1)(2J_{23}+1)}\, W(j_1 j_2 J j_3; J_{12} J_{23}) \\ &= (-)^{j_1+j_2+j_3+J} \sqrt{(2J_{12}+1)(2J_{23}+1)} \begin{Bmatrix} j_1 & j_2 & J_{12} \\ j_3 & J & J_{23} \end{Bmatrix}\end{aligned}$$

De par leur définition même, les coefficients W s'expriment sous forme d'une somme sur les indices « m » de quatre coefficients C.-G. Sauf pour les arguments les plus simples, le calcul direct de ces coefficients est extrêmement pénible : il consiste à calculer un grand nombre de coefficients C.-G., puis à faire le calcul d'une expression compliquée formée avec ces coefficients. Racah a réussi à obtenir pour W une expression maniable (formule (C.36)). Il existe des tables de coefficients W pour les arguments les plus courants.

Les symboles « $6j$ » ne diffèrent des W que par le signe. Leur intérêt tient surtout à leurs remarquables propriétés de symétrie.

Les principales propriétés des W et des « $6j$ » sont rassemblées dans l'Appendice C (section II).

Ce qui vient d'être fait pour l'addition de trois moments cinétiques peut se généraliser à l'addition d'un nombre plus grand n de moments cinétiques :

$$\boldsymbol{J} = \boldsymbol{j}_1 + \boldsymbol{j}_2 + \dots + \boldsymbol{j}_n. \quad (119)$$

En couplant deux des moments cinétiques individuels : $\boldsymbol{j}_i + \boldsymbol{j}_k = \boldsymbol{J}_{ik}$, on se trouve ramené à l'addition de $(n - 1)$ moments cinétiques, les vecteurs $\boldsymbol{j}_i$ et $\boldsymbol{j}_k$ étant remplacés par leur somme $\boldsymbol{J}_{ik}$ au second membre de (119). En répétant cette opération, on se ramène à l'addition de $(n - 2)$ moments cinétiques. Et ainsi de suite. On parvient ainsi à additionner les n moments cinétiques en introduisant en tout $(n - 2)$ moments cinétiques intermédiaires. On forme ainsi un système de base du moment cinétique total.

On peut ainsi former plusieurs systèmes de base distincts. Lorsque $n = 3$, nous avons vu qu'il en existe 3. Plus généralement, on peut montrer qu'il en existe $\frac{1}{2}n!$ On passe d'un système à l'autre par transformation unitaire (à coefficients réels). Il est facile de s'assurer que les coefficients de cette transformation ne dépendent ni des nombres quantiques α, ni de la valeur propre M de la composante J_z de $\boldsymbol{J}$. Ils ne dépendent donc que des nombres quantiques $J, j_1, j_2, \ldots, j_n$ et des deux suites de $(n - 2)$ nombres quantiques tels que J_{ik} donnant la longueur des moments cinétiques intermédiaires caractérisant chacun des systèmes de base ; soit en tout $1 + n + 2(n - 2) = 3(n - 1)$ nombres quantiques « j ». Ces coefficients peuvent se mettre sous la forme de symboles « $3(n-1)\,j$ », généralisation des symboles « $6j$ » introduits dans l'addition de trois moments cinétiques. Les symboles « $3(n-1)\,j$ » sont des sommes sur les indices « m » de $2(n-1)$ coefficients C.-G. Les principales propriétés des symboles « $9j$ » (symboles d'addition de 4 moments cinétiques) sont données dans l'Appendice C (section III).

VI. — OPÉRATEURS TENSORIELS IRRÉDUCTIBLES (28)

30. Représentation des opérateurs scalaires

Lorsqu'une observable est invariante par rotation, le sous-espace de chacune de ses valeurs propres est invariant par rapport aux rotations. Cette propriété remarquable a déjà été mentionnée au § 17. L'observable examinée dans ce paragraphe était l'Hamiltonien, mais il est clair qu'il s'agit là d'une propriété générale des observables scalaires.

De façon plus générale, même si elle n'est pas diagonale dans une représentation standard donnée, une observable scalaire y est représentée par une matrice particulièrement simple.

Soient, en effet, $|\tau JM\rangle$ les vecteurs de base d'une représentation standard $\{J^2 J_z\}$ (notations du § 6). Soit S un opérateur scalaire (il n'est pas nécessaire de supposer que S est une observable). Par hypothèse

$$[\boldsymbol{J}, S] = 0.$$

(28) Pour un exposé systématique de l'algèbre des tenseurs irréductibles et de ses applications à la théorie du moment cinétique en Mécanique Quantique, voir U. Fano et G. Racah, *Irreducible tensorial sets*, Academic Press Inc., New-York (1959).

Par suite, le vecteur $S\,|\tau' J'M'\rangle$ est comme le vecteur $|\tau' J'M'\rangle$ un vecteur de moment cinétique $(J'M')$: il est orthogonal à tout vecteur de moment cinétique différent. Donc l'élément de matrice $\langle\tau\, JM|S|\tau' J'M'\rangle$ est nul si $J \neq J'$ ou $M \neq M'$. De plus, lorsque $J = J'$ et $M = M'$, comme J_+ commute avec S, on a

$$\begin{aligned}\langle\tau\, JM|S|\tau'\, JM\rangle &= [J(J+1)-M(M-1)]^{-\frac{1}{2}}\langle\tau\, JM|SJ_+|\tau'\, J\; M{-}1\rangle \\ &= [J(J+1)-M(M-1)]^{-\frac{1}{2}}\langle\tau\, JM|J_+S|\tau'\, J\; M{-}1\rangle \\ &= \langle\tau\, J\; M{-}1\,|S|\tau'\, J\; M{-}1\rangle.\end{aligned}$$

Autrement dit, l'élément de matrice ne dépend pas de M. Ces deux propriétés sont résumées par la relation

$$\langle\tau\, JM|S|\tau'\, J'\, M'\rangle = \delta_{JJ'}\,\delta_{MM'}\,S^{(J)}_{\tau\tau'} \tag{120}$$

où $S^{(J)}_{\tau\tau'}$ est une quantité dépendant de J, τ et τ' seulement. Dans le cas où S est une observable, la matrice $S^{(J)}_{\tau\tau'}$ est hermitique et diagonalisable.

31. Opérateurs tensoriels irréductibles. Définition

Nous allons généraliser la propriété (120) à des opérateurs qui ne sont pas invariants par rotation mais dont les lois de transformation par rotation sont particulièrement simples, les opérateurs tensoriels irréductibles.

La notion d'opérateurs tensoriels est elle-même une généralisation de celle d'opérateur vectoriel.

Donnons d'abord la définition d'un *tenseur*. Soit $\mathcal{E}_n$ un espace à n dimensions dont les vecteurs se transforment linéairement les uns dans les autres par rotation : à chaque rotation est associé un opérateur linéaire de cet espace. Par définition les vecteurs de cet espace sont des tenseurs à n composantes. Les spineurs, les vecteurs de l'espace ordinaire sont donc des tenseurs d'ordre 2 et 3 respectivement. Les vecteurs de l'espace des vecteurs kets d'un système quantique sont des tenseurs d'ordre infini. Ceux d'un sous-espace $\mathcal{E}(\tau\, J)$ du type de ceux qui ont été définis au § 6 sont des tenseurs à $(2J+1)$ composantes.

Si l'on fait choix dans l'espace $\mathcal{E}_n$ d'un système de base, chacun des tenseurs définis plus haut est représenté par ses n composantes et la rotation d'un tenseur est représentée par l'action d'une matrice à n lignes et n colonnes sur ses n composantes. Ainsi la rotation d'un vecteur de l'espace ordinaire repéré par ses trois coordonnées cartésiennes est donnée par une certaine matrice $\mathcal{R}$ dont la définition a été donnée au § 10. De même, si l'on fait choix dans $\mathcal{E}(\tau\, J)$ d'une représentation standard, tout tenseur $|u\rangle$ de cet espace est représenté par ses $(2J+1)$ composantes $u_M \equiv \langle\tau\, JM|u\rangle$, et les composantes u'_M de son transformé dans la rotation $\mathcal{R}(\alpha\beta\gamma)$ s'en déduisent par application de la matrice de rotation $R^{(J)}(\alpha\beta\gamma)$ (§ 16) :

$$u'_M = \sum_{M'} R^{(J)}_{MM'}(\alpha\beta\gamma)\, u_{M'}. \tag{121}$$

Comme autre exemple, considérons les neuf quantités $V_i W_j$ $(i, j = 1, 2, 3)$ obtenues en effectuant le produit de chaque composante du vecteur $\boldsymbol{V}$ par chacune de celles du vecteur W; ce sont les neuf composantes d'un tenseur, que nous désignerons par la notation $V \otimes W$. Son transformé dans la rotation $\mathcal{R}$ a pour composantes

$$
\begin{aligned}
[V \otimes W]'_{ij} \equiv V'_i W'_j &= \mathcal{R}_{ik} \mathcal{R}_{jl} V_k V_l \\
&= \mathcal{R}_{ik} \mathcal{R}_{jl} V_k W_l .
\end{aligned}
$$

Parmi la très grande variété de tenseurs que l'on peut former, les *tenseurs irréductibles* jouent un rôle privilégié. Par définition un tenseur est irréductible si l'espace $\mathcal{E}_n$ dans lequel il est défini est irréductible par rapport aux rotations.

Les vecteurs de l'espace ordinaire, les spineurs, les vecteurs d'un espace $\mathcal{E}(\tau J)$ sont des tenseurs irréductibles.

Par contre, le tenseur $V \otimes W$ est réductible. En effet, l'espace à neuf dimensions dans lequel il est défini est la réunion de trois sous-espaces invariants irréductibles par rapport aux rotations ayant respectivement 1, 3 et 5 dimensions. Les projections de $V \otimes W$ dans chacun de ces sous-espaces sont donc des tenseurs irréductibles : ce sont, à une constante près, le produit scalaire $V . W$, le vecteur $V \times W$ et un tenseur irréductible à cinq composantes se transformant par rotation comme les polynômes harmoniques de degré 2 (cf. § B.10) ([29]).

De même les vecteurs de l'espace à $(2j_1 + 1)(2j_2 + 1)$ dimensions du § 25 sont des tenseurs réductibles à $(2j_1 + 1)(2j_2 + 1)$ composantes ; leur décomposition en parties irréductibles est donnée par le théorème d'addition.

On passe de la notion de tenseur à celle d'opérateur tensoriel, de même façon qu'on passe de la notion de vecteur à celle d'opérateur vectoriel.

Si n opérateurs se transforment linéairement les uns dans les autres par rotation suivant la même loi de transformation que n vecteurs linéairement indépendants d'un espace $\mathcal{E}_n$, ce sont les composantes d'un *opérateur tensoriel* à n dimensions ([30]). Par transformation linéaire sur ces n composantes, on peut d'ailleurs former n nouveaux opérateurs qui peuvent être regardés comme les composantes du même opérateur tensoriel dans une autre représentation. Si l'espace $\mathcal{E}_n$ est irréductible, l'*opérateur tensoriel* est dit *irréductible*.

Les opérateurs vectoriels constituent une classe particulière d'opérateurs tensoriels irréductibles.

Si V et W sont deux opérateurs vectoriels, les neuf opérateurs $V_i W_j$ sont les composantes d'un opérateur tensoriel réductible ; cet opérateur est la réunion de trois opérateurs tensoriels irréductibles, le scalaire $V . W$, le vecteur $V \times W$ et l'opérateur tensoriel défini par exemple par les cinq composantes indiquées dans la note 29.

([29]) Les matrices de rotation dépendent évidemment de la représentation choisie pour ce tenseur. Dans la représentation où il a pour composantes :

$$
\tfrac{1}{2}(V_1 W_2 + V_2 W_1), \quad \tfrac{1}{2}(V_2 W_3 + V_3 W_2), \quad \tfrac{1}{2}(V_3 W_1 + V_1 W_3),
$$
$$
V_1 W_1 - V_2 W_2, \quad 2 V_3 W_3 - V_1 W_1 - V_2 W_2
$$

Celles-ci se transforment les unes dans les autres suivant la même loi de transformation que les polynômes linéairement indépendants

$$
xy, \quad yz, \quad zx, \quad x^2 - y^2, \quad 2z^2 - x^2 - y^2 .
$$

([30]) Cette loi de transformation n'est donc pas la même que celle des *composantes des vecteurs* de l'espace $\mathcal{E}_n$ suivant ces n vecteurs de base. De même, la loi de transformation (54) des composantes de l'opérateur vectoriel K n'est pas la même que la loi (43) de transformation des composantes du vecteur V suivant le même système de base. On notera en particulier la différence entre la loi (122) ci-dessous et la loi (121).

Un opérateur tensoriel est défini sans ambiguïté par la donnée de la loi de transformation par rotation de ses composantes dans une représentation déterminée :

Par définition, les $(2k+1)$ *opérateurs* $T_q^{(k)}$ $(q=-k,-k+1,\ldots,+k)$ *sont les composantes standard d'un opérateur tensoriel irréductible d'ordre* k, $\mathbf{T}^{(k)}$, *s'ils se transforment par rotation suivant la loi*

$$RT_q^{(k)}R^{-1}=\sum_{q'}T_{q'}^{(k)}R_{q'q}^{(k)} \tag{122}$$

C'est la même loi de transformation que celle des vecteurs de base $|kq\rangle$ d'une représentation standard d'un espace à $(2k+1)$ dimensions irréductible par rapport aux rotations :

$$R\,|kq\rangle=\sum_{q'}|kq'\rangle\,R_{q'q}^{(k)}$$

Pour que la loi (122) soit vérifiée pour toute rotation, il suffit qu'elle le soit pour toute rotation infinitésimale. Dans le cas des rotations infinitésimales, l'opérateur R est donné par la loi (55), la matrice $R^{(k)}$ s'obtient aisément en se reportant à la définition (64) de ces matrices et la loi (122) équivaut aux relations de commutation suivantes entre les $T_q^{(k)}$ et les composantes du moment cinétique total :

$$[J_\pm\,,T_q^{(k)}]=\sqrt{k(k+1)-q(q\pm1)}\;T_{q\pm1}^{(k)} \tag{123 a}$$

$$[J_z\,,T_q^{(k)}]=q\,T_q^{(k)}. \tag{123 b}$$

Les relations (123), que l'on rapprochera des relations (23)-(25) constituent une définition de l'opérateur tensoriel irréductible $\mathbf{T}^{(k)}$ strictement équivalente à la définition donnée plus haut.

Si les $T_q^{(k)}$ représentent des grandeurs physiques, ils sont nécessairement invariants dans une rotation de 2π (cf. § 15), donc *k est nécessairement entier*. Nous nous limiterons dorénavant aux opérateurs tensoriels irréductibles d'ordre entier.

Il est facile de montrer que les $(2k+1)$ opérateurs

$$S_q^{(k)}\equiv(-)^q\,T_{-q}^{(k)\dagger}$$

vérifient les relations (123) (Problème 16) et sont par conséquent les composantes standard d'un opérateur tensoriel irréductible d'ordre k, l'opérateur $\mathbf{S}^{(k)}$. Par définition $\mathbf{S}^{(k)}$ et $\mathbf{T}^{(k)}$ sont *hermitiques conjugués l'un de l'autre* :

$$\mathbf{S}^{(k)}=\mathbf{T}^{(k)\dagger}$$

(comme k est entier, il est clair que la conjugaison hermitique est une opération réciproque).

Les scalaires sont des opérateurs tensoriels irréductibles d'ordre 0. Les opérateurs vectoriels sont des opérateurs tensoriels irréductibles d'ordre 1 :

si K_x, K_y, K_z sont les composantes cartésiennes d'un opérateur vectoriel, ses composantes standard sont

$$K_1^{(1)} = -\frac{1}{\sqrt{2}}(K_x + iK_y), \qquad K_0^{(1)} = K_z, \qquad K_{-1}^{(1)} = \frac{1}{\sqrt{2}}(K_x - iK_y). \quad (124)$$

[On notera que les coefficients figurant dans ces relations sont différents de ceux qui figurent dans les relations (94)].

Les $(2k + 1)$ harmoniques sphériques $Y_k^q(\theta, \varphi)$ $(q = -k, \dots, +k)$ considérées comme opérateurs sont les composantes standard d'un opérateur tensoriel irréductible d'ordre k, $\mathbf{Y}^{(k)}$.

32. Représentation des opérateurs tensoriels irréductibles. Théorème de Wigner-Eckart

La principale propriété des opérateurs tensoriels irréductibles est donnée par le Théorème de Wigner-Eckart :

Dans une représentation standard $\{J^2 J_z\}$ *dont les vecteurs de base sont désignés par* $|\tau JM\rangle$, *l'élément de matrice* $\langle\tau JM|T_q^{(k)}|\tau' J' M'\rangle$ *de la* $q^{\text{ième}}$ *composante standard d'un opérateur tensoriel irréductible d'ordre* k *donné,* $\mathbf{T}^{(k)}$, *est égal au produit du coefficient de Clebsch-Gordan* $\langle J'k\, M'q|JM\rangle$ *par une quantité indépendante de* M, M' et q.

On a donc :

$$\langle\tau JMT_q^{(k)}|\tau' J' M'\rangle = \frac{1}{\sqrt{2J+1}} \langle\tau J||\mathbf{T}^{(k)}||\tau' J'\rangle \langle J'k\, M'q|JM\rangle. \quad (125)$$

$\langle\tau J||\mathbf{T}^{(k)}||\tau' J'\rangle$ est une quantité qui varie d'un opérateur tensoriel à l'autre et dépend des indices τ, J et τ', J' ; elle porte le nom d'*élément de matrice réduit* (le facteur $1/\sqrt{2J+1}$ a été introduit dans cette formule pour des raisons de pure commodité).

Pour démontrer ce théorème, considérons les $(2k+1)(2J'+1)$ vecteurs $T_q^{(k)}|\tau' J'M'\rangle$ $(q = -k, \dots, +k\,;\ M' = -J', \dots, +J')$ et les combinaisons linéaires suivantes de ces vecteurs :

$$|\sigma J''M''\rangle = \sum_{M'q} T_q^{(k)}|\tau' J' M'\rangle \langle J'k\, M'q|J''M''\rangle.$$

On a évidemment, en appliquant les relations d'orthogonalité des coefficients C.-G. (équ. (110 *b*)) :

$$T_q^{(k)}|\tau' J' M'\rangle = \sum_{J''M''} |\sigma J''M''\rangle \langle J'k\, M'q|J''M''\rangle. \quad (126)$$

Notons bien que les vecteurs $T_q^{(k)}|\tau' J' M'\rangle$ ne sont pas nécessairement linéairement indépendants et que, par suite, certains des $|\sigma J'' M''\rangle$ peuvent être nuls.

Suivant les relations (123 *a*) et (24) :

$$J_+ T_q^{(k)}|\tau' J' M'\rangle = [J_+, T_q^{(k)}]|\tau' J' M'\rangle + T_q^{(k)} J_+|\tau' J' M'\rangle$$
$$= \sqrt{k(k+1)-q(q+1)}\, T_{q+1}^{(k)}|\tau' J' M'\rangle$$
$$+ \sqrt{J'(J'+1)-M'(M'+1)}\, T_q^{(k)}|\tau' J'\ M'+1\rangle$$

et par conséquent

$$J_+|\sigma J'' M''\rangle = \sum_{M'q} T_q^{(k)}|\tau' J' M'\rangle \Big\{ \sqrt{k(k+1)-q(q-1)}\, \langle J'k\, M'\ q-1|J'' M''\rangle$$
$$+ \sqrt{J'(J'+1)-M'(M'-1)}\, \langle J'k\, M'-1\ q|J'' M''\rangle \Big\}$$

Suivant la relation de récurrence (111) entre coefficients de Clebsch-Gordan, le crochet du second membre est égal à $\sqrt{J''(J''+1)-M''(M''+1)}$ $\langle J'k\, M'q|J''\ M''+1\rangle$. On reconnaît au second membre le vecteur $|\sigma J''\ M''+1\rangle$. De façon plus précise :

$$J_+|\sigma J'' M''\rangle = \sqrt{J''(J''+1)-M''(M''+1)}\, |\sigma J''\ M''+1\rangle.$$

On montre, par une méthode analogue que

$$J_-|\sigma J'' M''\rangle = \sqrt{J''(J''+1)-M''(M''-1)}\, |\sigma J''\ M-1\rangle$$
$$J_z|\sigma J'' M''\rangle = M''|\sigma J'' M''\rangle.$$

De ces trois dernières relations, nous concluons que les $(2J''+1)$ vecteurs $|\sigma J'' M''\rangle$ correspondant à la même valeur de J'',

(*i*) ou bien sont tous nuls ;

(*ii*) ou bien sont des fonctions propres (non normalisées) de moment cinétique $(J'' M'')$ se déduisant les uns des autres suivant la convention standard.

Par suite, les produits scalaires $\langle\tau JM|\sigma J'' M''\rangle$ sont tous nuls sauf peut-être ceux, s'ils existent, pour lesquels $J''=J$ et $M''=M$, c'est-à-dire les $(2J+1)$ produits $\langle\tau JM|\sigma JM\rangle$; de plus, ces derniers sont indépendants de M. La propriété annoncée en découle, car l'élément de matrice $\langle\tau JM|T_q^{(k)}|\tau' J' M'\rangle$ a pour expression (équ. (126)) :

$$\langle\tau JM|T_q^{(k)}|\tau' J' M'\rangle = \sum_{J''M''} \langle\tau JM|\sigma J'' M''\rangle\, \langle J'k\, M'q|J'' M''\rangle.$$

C. Q. F. D.

Parmi les conséquences les plus importantes du Théorème de Wigner-Eckart figurent les *règles de sélection* de l'opérateur $T_q^{(k)}$:

Pour que l'élément de matrice $\langle\tau JM|\ T_q^{(k)}|\tau' J' M'\rangle$ *ne soit pas nul, il est nécessaire que l'on ait à la fois :*

$$q = M - M' \qquad (127)$$

$$|J - J'| \leqslant k \leqslant J + J'. \qquad (128)$$

Ces deux règles découlent immédiatement de la présence du coefficient de Clebsch-Gordan au second membre de l'équation (125). En pratique, c'est la seconde de ces règles qui se révèle la plus utile. On l'exprime couramment sous la forme du corollaire suivant [31] :

Si $A^{(k)}$ est composante d'un opérateur tensoriel irréductible d'ordre k, les éléments de matrice de $A^{(k)}$ entre deux vecteurs de moment cinétique J, J' déterminés sont nécessairement nuls si k viole les inégalités : $|J - J'| \leqslant k \leqslant J + J'$.

33. Applications

Le Théorème de Wigner-Eckart a de très nombreuses applications en Physique Atomique et Nucléaire, notamment dans la théorie de la radioactivité β, celle de l'émission de rayonnement électromagnétique et, de façon générale, dans tous les problèmes de corrélation angulaire.

Considérons à titre d'application l'émission de rayonnement électromagnétique par un noyau d'atome (émission γ). Supposons pour fixer les idées qu'un noyau dans l'état excité $\mathcal{N}^*$ émet un rayon γ en effectuant une transition à son état fondamental $\mathcal{N}$:

$$\mathcal{N}^* \to \mathcal{N} + \gamma.$$

Soient J, J' les spins (c'est-à-dire les moments cinétiques totaux) des noyaux $\mathcal{N}$, $\mathcal{N}^*$ respectivement. On montre, dans la théorie de l'émission γ, que l'*amplitude* de probabilité pour qu'un rayon γ soit émis avec la polarisation ν dans la direction $\Omega = (\theta, \varphi)$ est proportionnelle à l'élément de matrice

$$\langle \tau JM | H(\Omega, \nu) | \tau' J' M' \rangle$$

d'un certain opérateur $H(\Omega, \nu)$ entre les vecteurs de l'état initial et de l'état final respectivement [32]. On peut d'ailleurs développer $H(\Omega, \nu)$ en harmoniques sphériques. Nous n'entrerons pas dans le détail de ce développement ici [33] ; il se présente comme une série d'opérateurs tensoriels irréductibles de deux types (de parités opposées) : les moments multipolaires électriques et magnétiques. Le moment 2^l-polaire électrique $\mathbf{Q}^{(l)}$ est un opérateur tensoriel irréductible d'ordre l et de parité $(-)^l$; le moment 2^l-polaire magnétique $\mathbf{M}^{(l)}$ est un opérateur tensoriel irréductible d'ordre l et de parité $(-)^{l+1}$. Parmi les moments multipolaires les plus courants citons :

(*i*) le moment magnétique (au sens ordinaire du mot) : c'est le moment dipolaire magnétique $\mathbf{M}^{(1)}$;

(*ii*) le moment quadrupolaire (au sens ordinaire du mot) : c'est le moment quadrupolaire électrique $\mathbf{Q}^{(2)}$.

(31) La composante $A^{(k)}$ figurant dans ce corollaire n'est pas nécessairement une composante standard ; toute autre composante, c'est-à-dire toute combinaison linéaire de composantes standard, possède cette propriété.

(32) Cf. § XXI.31.

(33) Cf. J. BLATT et V. WEISSKOPF, *Theoretical Nuclear Physics*, Wiley, New York (1952), reprint Dover Publications Inc., 1979. Chap. XII et App. B.

Conformément aux règles de sélection des opérateurs tensoriels, les seules contributions non nulles proviennent de moments dont la multipolarité est comprise dans les limites

$$| J - J' | \leqslant l \leqslant J + J' \tag{129}$$

(il existe, en outre, une règle de sélection de parité que nous passons sous silence ici). En outre, les contributions des composantes $Q_m^{(l)}$ d'un moment satisfaisant à cette règle de sélection sont, suivant le Théorème de Wigner-Eckart, proportionnelles au coefficient de Clebsch-Gordan $\langle J'l\, M'm|JM\rangle$; pour les obtenir toutes, il suffit de connaître le coefficient de proportionnalité, c'est-à-dire l'élément de matrice réduit $\langle \tau\, J||\mathbf{Q}^{(l)}||\tau'\, J'\rangle$.

La probabilité de transition est donc entièrement calculable si l'on connaît les éléments de matrice réduit des moments multipolaires qui obéissent aux règles de sélection. En pratique le développement en série de multipôles converge rapidement et les seules contributions significatives proviennent du multipole ou des deux multipoles d'ordre le plus bas.

Les moments multipolaires pairs ($\mathbf{M}^{(1)}$, $\mathbf{Q}^{(2)}$, ...) interviennent également lorsqu'on calcule le déplacement des niveaux d'énergies d'un atome ou d'un noyau dans un champ électromagnétique statique. Ainsi le couplage d'un noyau avec un champ magnétique constant permet de mesurer son moment magnétique. Son couplage avec un champ électrique inhomogène permet de mesurer son moment quadrupolaire. Ce que l'on mesure en fait est la valeur moyenne de ces opérateurs dans l'état où se trouve le noyau considéré, c'est-à-dire les éléments de matrice $\langle \tau\, J\, M|M_m^{(1)}|\tau\, J\, M'\rangle$, $\langle \tau\, J\, M|Q_m^{(2)}|\tau\, J\, M'\rangle$, etc., ou, ce qui revient au même, les éléments de matrice réduits diagonaux

$$\langle \tau\, J||\mathbf{M}^{(1)}||\tau\, J\rangle, \qquad \langle \tau\, J||\mathbf{Q}^{(2)}||\tau\, J\rangle, \text{ etc.}$$

Notons que le moment magnétique est nécessairement nul si $J = 0$, le moment quadrupolaire si $J = 0$ ou $\frac{1}{2}$. Plus généralement, le moment 2^l-polaire d'un noyau de spin J est nécessairement nul si $2J < l$.

EXERCICES ET PROBLÈMES

1. Partant des relations (24) et (25) entre les $(2j + 1)$ vecteurs :

$$|\tau j \mu\rangle \qquad (\mu = -j, -j+1, \ldots, +j),$$

démontrer les relations (26) et (27).

2. Montrer que dans toute représentation où J_x et J_z sont des matrices réelles (donc symétriques), J_y est une matrice imaginaire pure (donc antisymétrique).
[*N. B.* — Les représentations standard entrent dans cette catégorie].

3. Montrer que pour qu'un opérateur commute avec toutes les composantes d'un vecteur moment cinétique, il suffit qu'il commute avec *deux* d'entre elles.

4. Soit $\boldsymbol{l}$ le moment cinétique orbital d'une particule, θ et φ ses angles polaires, P l' « opérateur parité ». P est l'opérateur effectuant une réflexion autour de l'origine ; son action sur une fonction $F(\theta, \varphi)$ est définie par : $PF(\theta, \varphi) = F(\pi - \theta, \varphi + \pi)$. Montrer que $[P, \boldsymbol{l}] = 0$.

En déduire que les harmoniques sphériques ont une parité bien déterminée et que celle-ci ne dépend que du nombre quantique l. La déterminer.

5. Soient $\boldsymbol{r}, \boldsymbol{r}'$ deux vecteurs de l'espace, $\Omega \equiv (\theta, \varphi)$, $\Omega' \equiv (\theta', \varphi')$ leurs angles polaires respectifs, $\boldsymbol{l}, \boldsymbol{l}'$ les opérateurs moment cinétique correspondants ; soit α $(0 \leqslant \alpha \leqslant \pi)$ l'angle que font ces deux vecteurs : $\boldsymbol{r}.\boldsymbol{r}' = rr' \cos \alpha$. Le polynôme de Legendre $P_l(\cos \alpha)$ est fonction des angles polaires de $\boldsymbol{r}$ et $\boldsymbol{r}'$ par l'intermédiaire de $\cos \alpha$. Montrer qu'il vérifie les équations aux dérivées partielles

$$\boldsymbol{l}^2 P_l(\cos \alpha) = \boldsymbol{l}'^2 P_l(\cos \alpha) = l(l+1) P_l(\cos \alpha)$$

$$(l_i + l_i') P_l(\cos \alpha) = 0 \qquad (i = x, y \text{ ou } z).$$

En déduire le théorème d'addition :

$$\frac{2l+1}{4\pi} P_l(\cos \alpha) \equiv Y_l^0(\alpha)\, Y_l^0(0) = \sum_{m=-l}^{+l} (-)^m\, Y_l^m(\Omega)\, Y_l^{-m}(\Omega').$$

6. Soient $\boldsymbol{u}, \boldsymbol{v}, \boldsymbol{w}$ trois vecteurs unitaires formant un trièdre trirectangle dextrorsum Montrer que la rotation infinitésimale

$$\widehat{\mathcal{R}} \equiv \mathcal{R}_v^{-1}(\varepsilon)\, \mathcal{R}_u^{-1}(\varepsilon)\, \mathcal{R}_v(\varepsilon)\, \mathcal{R}_u(\varepsilon)$$

(notations de la section III) ne diffère de $\mathcal{R}_w(-\varepsilon^2)$ que par des termes d'ordre supérieur à ε^2. Partant de la relation de définition (58), calculer directement l'opérateur de rotation infinitésimale $\widehat{R}$ jusqu'à l'ordre ε^2 et vérifier la relation de commutation $[J_u, J_v] = \mathrm{i}J_w$.

7. En se servant des relations de commutation (56), vérifier que le produit scalaire $\boldsymbol{A}.\boldsymbol{B} \equiv A_x B_x + A_y B_y + A_z B_z$ de deux opérateurs vectoriels $\boldsymbol{A}$ et $\boldsymbol{B}$ commute avec les composantes du moment cinétique total.

8. Montrer que

$$\exp(-\mathrm{i}\beta J_y) = \exp(\tfrac{1}{2}\mathrm{i}\pi J_x) \exp(-\mathrm{i}\beta J_z) \exp(-\tfrac{1}{2}\mathrm{i}\pi J_x).$$

En déduire que les éléments de matrice $\langle JM|\exp(-\mathrm{i}\beta J_y)|JM'\rangle$ sont des polynômes de degré $2J$ par rapport à l'ensemble des variables $\sin\frac{1}{2}\beta$ et $\cos\frac{1}{2}\beta$.

9. Démontrer l'identité $(\boldsymbol{\sigma}.\boldsymbol{A})(\boldsymbol{\sigma}.\boldsymbol{B}) = (\boldsymbol{A}.\boldsymbol{B}) + \mathrm{i}\boldsymbol{\sigma}.(\boldsymbol{A} \times \boldsymbol{B})$
[$\boldsymbol{\sigma} \equiv (\sigma_x\, \sigma_y\, \sigma_z)$, matrices de Pauli ; $\boldsymbol{A}$ et $\boldsymbol{B}$, opérateurs vectoriels commutant avec $\boldsymbol{\sigma}$, mais pas nécessairement entre eux].

10. Soit $\boldsymbol{s}$ le moment cinétique intrinsèque d'une particule de spin 1 $(\boldsymbol{s}^2 = s(s+1) = 2)$.

(*i*) Montrer que pour toute composante $s_u \equiv (\boldsymbol{s}.\boldsymbol{u})$, on a

$$s_u^3 = s_u \qquad \exp(-\mathrm{i}\varphi s_u) = 1 - \mathrm{i}\sin\varphi\, s_u - (1 - \cos\varphi)\, s_u^2$$

et former explicitement la matrice de rotation $R^{(1)}(\alpha\beta\gamma)$.

(*ii*) Soit $|z\rangle$ un vecteur de norme 1 tel que $s_z|z\rangle = 0$, et soient $|x\rangle$ et $|y\rangle$ les vecteurs qui s'en déduisent par rotation de $+\frac{1}{2}\pi$ autour de Oy et de $-\frac{1}{2}\pi$ autour de Ox respectivement. Démontrer les relations suivantes, ainsi que celles qui s'en déduisent par permutation circulaire de x, y et z :

$$s_x|x\rangle = 0 \qquad s_x|y\rangle = \mathrm{i}\,|z\rangle \qquad s_x^2|y\rangle = |y\rangle$$

$$s_x|z\rangle = -\mathrm{i}\,|y\rangle \qquad s_x^2|z\rangle = |z\rangle.$$

En déduire que $|x\rangle$, $|y\rangle$ et $|z\rangle$ forment une base orthonormée et que les matrices représentant s_x, s_y et s_z dans cette base sont celles qui ont été données au § 21.

(*iii*) Montrer que $\langle i|R(\alpha\beta\gamma)|j\rangle = \mathcal{R}_{ij}(\alpha\beta\gamma) \qquad (i, j = x, y \text{ ou } z)$

(notations des § 10 et 14).

11. Soit $\boldsymbol{S}$ le spin total d'un système de deux nucléons. Montrer que l'opérateur $Q \equiv (\boldsymbol{S}.\boldsymbol{r})^2/r^2$ est un projecteur. En déduire que l'opérateur tensoriel $S_{12} \equiv 2[3Q - \boldsymbol{S}^2]$ vérifie l'identité : $S_{12}^2 = 4\boldsymbol{S}^2 - 2S_{12}$ et que ses seules valeurs propres possibles sont 0, 2 ou -4.

Déterminer l'action de Q et celle de S_{12} sur les fonctions des variables d'angles et de spin $\mathcal{Y}_{LSJ}^M$ introduites au § 28.

[Si l'on adopte les notations condensées $\mathcal{Y}^{(0)} \equiv \mathcal{Y}^M_{J0J}$, $\mathcal{Y}^{(1)}_0 \equiv \mathcal{Y}^M_{J1J}$, $\mathcal{Y}^{(1)}_\pm \equiv \mathcal{Y}^M_{J\pm 1\, 1J}$, on trouve :

$$Q\mathcal{Y}^{(0)} = 0 \qquad (2J+1)\, Q\mathcal{Y}^{(1)}_+ = J\mathcal{Y}^{(1)}_+ + \sqrt{J(J+1)}\, \mathcal{Y}^{(1)}_-$$
$$Q\mathcal{Y}^{(1)}_0 = \mathcal{Y}^{(1)}_0 \qquad (2J+1)\, Q\mathcal{Y}^{(1)}_- = \sqrt{J(J+1)}\, \mathcal{Y}^{(1)}_+ + (J+1)\, \mathcal{Y}^{(1)}_-].$$

12. Soit une particule de spin $\frac{1}{2}$. Montrer que dans l'espace des états de moment cinétique orbital donné l, les opérateurs

$$\frac{l+1+\boldsymbol{l}.\boldsymbol{\sigma}}{2l+1} \qquad \text{et} \qquad \frac{l-\boldsymbol{l}.\boldsymbol{\sigma}}{2l+1}$$

sont les projecteurs sur les états de moment cinétique total $j = l + \frac{1}{2}$ et $j = l - \frac{1}{2}$ respectivement.

13. On compose deux moments cinétiques égaux $j_1 = j_2 = j$. Sans se servir des relations de symétrie des coefficients C.-G., montrer que dans une permutation de m_1 et m_2, les fonctions propres du moment total sont soit symétriques (invariantes) soit antisymétriques (multipliées par -1) et que ce caractère de symétrie ne dépend que de J. Montrer qu'elles sont symétriques ou antisymétriques selon que $(-)^{2j+J}$ est égal à $+1$ ou -1.

14. On désigne par $J^2 \} A \{$ la fonction de l'opérateur A et des composantes du moment cinétique définie par

$$J^2 \} A \{ \equiv [J_x, [J_x, A]] + [J_y, [J_y, A]] + [J_z, [J_z, A]].$$

Montrer que si $\mathbf{T}^{(k)}$ est un opérateur tensoriel irréductible d'ordre k, ses composantes vérifient la relation

$$J^2 \left\} T^{(k)}_q \right\{ = k(k+1)\, T^{(k)}_q.$$

15. Soient a_r, $a_r^\dagger$ $(r = 1,2)$ les opérateurs d'annihilation et de création d'un oscillateur harmonique isotrope à deux dimensions :

$$[a_r, a_s] = [a_r^\dagger, a_s^\dagger] = 0 \qquad [a_r, a_s^\dagger] = \delta_{rs}.$$

On pose

$$S = \tfrac{1}{2}\left[a_1^\dagger a_1 + a_2^\dagger a_2\right]$$

$$J_1 = \tfrac{1}{2}\left[a_2^\dagger a_1 + a_1^\dagger a_2\right] \qquad J_2 = \tfrac{1}{2}i\left[a_2^\dagger a_1 - a_1^\dagger a_2\right] \qquad J_3 = \tfrac{1}{2}\left[a_1^\dagger a_1 - a_2^\dagger a_2\right]$$

J_1, J_2, J_3 peuvent être considérés comme les coordonnées cartésiennes d'un certain opérateur vectoriel $\boldsymbol{J}$ [*N. B.* — Suivant les notations du § XII.14, $L = 2J_2$].

(*i*) Montrer que les composantes de $\boldsymbol{J}$ vérifient les relations de commutation $\boldsymbol{J} \times \boldsymbol{J} = i\boldsymbol{J}$ caractéristiques du moment cinétique et que l'on a :

$$J^2 = S(S+1) \qquad \text{(donc } [S, \boldsymbol{J}] = 0).$$

(*ii*) $\boldsymbol{J}$ est désormais considéré comme le moment cinétique du système et l'on désigne par $j(j+1)$ et m les valeurs propres respectives de J^2 et J_3. Montrer que J^2 et J_3 forment un ensemble complet d'observables qui commutent et que j peut prendre toutes valeurs $\geqslant 0$ *entières* ou *demi-entières*, soit

$$j = 0, \tfrac{1}{2}, 1, \tfrac{3}{2}, 2, \ldots, \infty.$$

Montrer que les vecteurs $\left[(j+m)!\,(j-m)!\right]^{-\frac{1}{2}} a_1^{\dagger\, j+m}\, a_2^{\dagger\, j-m}\, |0\rangle$ forment la base d'une représentation standard $\} J^2, J_3 \{$.

(*iii*) Montrer que $a_1^\dagger$ et $a_2^\dagger$ sont respectivement les composantes $+\frac{1}{2}$ et $-\frac{1}{2}$ d'un opérateur tensoriel irréductible d'ordre $\frac{1}{2}$ et que, par suite, les expressions $Ra_r^\dagger R^{-1}$ $(r = 1, 2)$, où R désigne l'opérateur de rotation $R = \exp(-i\alpha J_3)\exp(-i\beta J_2)\exp(-i\gamma J_3)$, sont des combinaisons linéaires de $a_1^\dagger$ et $a_2^\dagger$ dont on déterminera les coefficients.

(*iv*) Se servir des résultats qui précèdent pour démontrer la formule de Wigner (C.72) ainsi que les principales propriétés des matrices $R^{(j)}$ énoncées dans l'Appendice C (à l'exception des formules de réduction et de composition).

16. Montrer que si les $(2k+1)$ opérateurs $T^{(k)}_q$ $(q = -k, \ldots, +k)$ vérifient les relations de commutation (123), les $(2k+1)$ opérateurs $S^{(k)}_q \equiv (-)^q\, T^{(k)\dagger}_{-q}$ possèdent la même propriété.

17. Montrer que l'intégrale $\int Y_{l_1}^{m_1}(\theta, \varphi)\, Y_{l_2}^{m_2}(\theta, \varphi)\, Y_{l_3}^{m_3}(\theta, \varphi)\, d\Omega$ est proportionnelle à $(-)^{m_3} \langle l_1 l_2 m_1 m_2 | l_3 - m_3 \rangle$, le coefficient de proportionnalité étant indépendant de m_1, m_2 et m_3. Déterminer ce coefficient [Utiliser pour ce calcul le théorème d'addition démontré dans le Problème 5].

18. Montrer que l'opérateur « tensoriel » $S_{12} \equiv 2\left[3\,\dfrac{(\boldsymbol{S}.\boldsymbol{r})^2}{r^2} - \boldsymbol{S}^2\right]$, considéré comme fonction de $\boldsymbol{r}$ ne dépend que des angles θ, φ et ceci par l'intermédiaire d'*harmoniques sphériques d'ordre* 2.

[On trouve :

$$S_{12} = \left(\frac{24\pi}{5}\right)^{\frac{1}{2}} \Big\{ S_-^2\, Y_2^2 - (S_-\, S_z + S_z\, S_-)\, Y_2^1 + \sqrt{\frac{2}{3}}\,(3S_z^2 - \boldsymbol{S}^2)\, Y_2^0 + (S_+\, S_z + S_z\, S_+)\, Y_2^{-1} + S_+^2\, Y_2^{-2} \Big\}$$

$$= \left(\frac{24\pi}{5}\right)^{\frac{1}{2}} (\mathbf{S}^{(2)} . \mathbf{Y}^{(2)}).$$

S_{12} est le produit scalaire (au sens de la définition C.87) des opérateurs tensoriels irréductibles d'ordre 2, $\boldsymbol{S}^{(2)}$ et $\boldsymbol{Y}^{(2)}$, lesquels dépendent respectivement des variables de spin et des variables orbitales].

19. Soit K_u la composante d'un opérateur vectoriel $\boldsymbol{K}$ suivant une direction donnée, J_u celle du moment cinétique total $\boldsymbol{J}$ suivant la même direction, et soient $|\tau J a\rangle$, $|\tau J b\rangle$, deux vecteurs kets appartenant au *même* sous-espace $\mathcal{E}(\tau J)$ (définition du § 16). Montrer que :

$$\langle \tau J a | K_u | \tau J b \rangle = \langle \tau J a | J_u | \tau J b \rangle \frac{\langle \boldsymbol{J}.\boldsymbol{K} \rangle}{J(J+1)},$$

où $\langle \boldsymbol{J}.\boldsymbol{K} \rangle$ désigne la valeur moyenne de l'opérateur scalaire $\boldsymbol{J}.\boldsymbol{K}$ dans ce sous-espace :

$$\langle \boldsymbol{J}.\boldsymbol{K} \rangle = \langle \tau J a | \boldsymbol{J}.\boldsymbol{K} | \tau J a \rangle$$

[Autrement dit, les éléments de matrices de $\boldsymbol{K}$ dans $\mathcal{E}(\tau J)$ sont les mêmes que ceux de sa « projection » $\boldsymbol{J}(\boldsymbol{J}.\boldsymbol{K})/J(J+1)$].

CHAPITRE XIV

SYSTÈMES DE PARTICULES IDENTIQUES. PRINCIPE D'EXCLUSION DE PAULI

I. Particules identiques en Théorie Quantique

Deux particules sont identiques si leurs propriétés physiques sont rigoureusement les mêmes ; aucune observation ne permet donc de les distinguer les unes des autres. Cette propriété d'*indiscernabilité des particules identiques* joue en Théorie Classique un rôle secondaire ; en Théorie Quantique, par contre, elle pose un sérieux problème.

Considérons, pour fixer les idées, la collision de deux particules identiques et examinons dans quelle mesure leur identité peut affecter la description du phénomène.

S'il s'agit d'un système obéissant aux lois de la Mécanique Classique, l'état dynamique à un instant donné est défini par la donnée de $\xi^{(1)} \equiv (\boldsymbol{r}^{(1)}, \boldsymbol{p}^{(1)})$, position et impulsion de la particule 1, et de $\xi^{(2)} \equiv (\boldsymbol{r}^{(2)}, \boldsymbol{p}^{(2)})$, position et impulsion de la particule 2. Son évolution dans le temps est régie par une certaine fonction de Hamilton dépendant de ces douze variables :

$$H(\xi^{(1)}, \xi^{(2)}) \equiv H(\boldsymbol{r}^{(1)}, \boldsymbol{p}^{(1)}, \boldsymbol{r}^{(2)}, \boldsymbol{p}^{(2)}).$$

Si, par exemple, les seules forces en jeu dérivent d'un potentiel $V(r)$ ne dépendant que de la distance mutuelle des deux particules et si m est la valeur de leur masse, on a

$$H(\xi^{(1)}, \xi^{(2)}) = \frac{\boldsymbol{p}^{(1)2}}{2m} + \frac{\boldsymbol{p}^{(2)2}}{2m} + V(|\boldsymbol{r}^{(1)} - \boldsymbol{r}^{(2)}|). \tag{1}$$

Les particules étant identiques, aucune propriété dynamique du système ne doit être modifiée lorsqu'on les permute, c'est-à-dire lorsqu'on attribue à la particule 1 l'état dynamique de la particule 2 et *vice versa*. En particulier, la fonction H est invariante dans une telle permutation :

$$H(\xi', \xi'') = H(\xi'', \xi'). \tag{2}$$

D'autre part, l'état du système à chaque instant ne peut être connu qu'à une permutation près des variables 1 et 2 ; l'observation du système à un instant donné nous indique qu'il y a une particule dans un certain état ξ'

et une autre particule dans un autre état ξ'', mais elle ne permet pas d'affirmer si c'est la particule 1 qui se trouve en ξ' et la particule 2 en ξ'' ou l'inverse. Il semble qu'il y ait là une difficulté, mais celle-ci n'est qu'apparente. Supposons, en effet, qu'à l'instant t_0 l'une des particules se trouve dans l'état ξ'_0 et l'autre dans l'état ξ''_0. Deux possibilités s'offrent, suivant que c'est la particule 1 ou la particule 2 qui se trouve en ξ'_0. Mais à ces deux conditions initiales possibles correspond un seul et même phénomène physique : en raison de la propriété de symétrie (2) de la fonction H en effet, les lois de mouvement $\xi'(t)$, $\xi''(t)$ des particules situées respectivement en ξ'_0, ξ''_0 à l'instant t_0 sont les mêmes dans les deux cas. Que l'on appelle 1 celle qui part de ξ'_0 et 2 celle qui part de ξ''_0, ou que l'on fasse l'inverse est une simple question de convention.

Il en va différemment si le système de deux particules obéit aux lois de la Mécanique Quantique. Le début de l'analyse précédente peut être répété mot pour mot. L'identité des deux particules se manifeste là encore par la propriété (2) d'invariance de l'Hamiltonien dans une permutation des variables dynamiques des deux particules et, plus généralement, par le fait que toute observable physique est invariante dans une telle permutation. Comme en Mécanique Classique, il en résulte une certaine ambiguïté dans la détermination de l'état dynamique du système ; mais cette ambiguïté est plus profonde et ses conséquences sont plus graves.

Supposons, en effet, qu'une observation faite sur le système avant collision nous apprenne que l'une des particules est dans l'état $\psi'_0(\boldsymbol{r})$ et l'autre dans l'état $\psi''_0(\boldsymbol{r})$ (¹). En pratique, ces fonctions représentent des paquets d'ondes localisés dans des régions différentes de l'espace ; par suite les fonctions

$$\begin{aligned} \psi_0(\boldsymbol{r}^{(1)}, \boldsymbol{r}^{(2)}) &\equiv \psi'_0(\boldsymbol{r}^{(1)})\, \psi''_0(\boldsymbol{r}^{(2)}) \\ \overline{\psi}_0(\boldsymbol{r}^{(1)}, \boldsymbol{r}^{(2)}) &\equiv \psi''_0(\boldsymbol{r}^{(1)})\, \psi'_0(\boldsymbol{r}^{(2)}) \end{aligned} \qquad (3)$$

sont linéairement indépendantes. Or, cette observation initiale ne permet pas de décider si le système se trouve dans l'état ψ_0 ou dans l'état $\overline{\psi}_0$. Plus exactement, l'observation consiste à mesurer simultanément un certain jeu de variables compatibles et les fonctions ψ_0 et $\overline{\psi}_0$ sont toutes deux fonctions propres correspondant au jeu de valeurs indiqué par cette opération de mesure ; comme toute combinaison linéaire $\lambda\psi_0 + \mu\overline{\psi}_0$ de ces fonctions possède la même propriété, l'observation initiale ne permet pas de décider laquelle de ces combinaisons linéaires représente l'état dynamique initial du système. On dit qu'il y a *dégénérescence d'échange*.

Ceci posé, examinons l'évolution de ce système au cours du temps. Soient $\psi(\boldsymbol{r}^{(1)}, \boldsymbol{r}^{(2)}, t)$ et $\overline{\psi}(\boldsymbol{r}^{(1)}, \boldsymbol{r}^{(2)}, t)$ les solutions de l'équation de Schrödinger correspondant respectivement aux conditions initiales ψ_0 et $\overline{\psi}_0$. Comme l'Hamiltonien possède la propriété de symétrie (2), $\overline{\psi}$ et ψ se déduisent l'un de

(¹) Nous supposons que les deux particules identiques n'ont pas de spin. Le parallèle entre Théorie Classique et Théorie Quantique est ainsi rendu plus frappant.

l'autre par permutation des arguments $r^{(1)}$ et $r^{(2)}$. Il est commode d'introduire les fonctions symétrique et antisymétrique dans cette permutation :

$$\psi^{(S)} = \frac{1}{\sqrt{2}}(\psi + \bar{\psi}) \qquad \psi^{(A)} = \frac{1}{\sqrt{2}}(\psi - \bar{\psi}).$$

Ce sont les solutions de l'équation de Schrödinger correspondant respectivement aux conditions initiales :

$$\psi_0^{(S)} = \frac{1}{\sqrt{2}}(\psi_0 + \bar{\psi}_0) \qquad \psi_0^{(A)} = \frac{1}{\sqrt{2}}(\psi_0 - \bar{\psi}_0).$$

Si le système se trouve initialement dans l'état dynamique

$$\Psi_0 = \alpha\psi_0^{(A)} + \beta\psi_0^{(S)} \qquad (|\alpha|^2 + |\beta|^2 = 1)$$

il se trouve à l'instant ultérieur t dans l'état

$$\Psi(r^{(1)}, r^{(2)}, t) = \alpha\psi^{(A)} + \beta\psi^{(S)}. \tag{4}$$

La densité de probabilité $P(r', r'')$ de trouver l'une des particules en r' et l'autre en r'' est (²)

$$P(r', r'') = |\Psi(r', r'')|^2 + |\Psi(r'', r')|^2 \tag{5}$$

$$= 2\left[|\alpha|^2 |\psi^{(A)}(r', r'')|^2 + |\beta|^2 |\psi^{(S)}(r', r'')|^2\right]. \tag{6}$$

Pour que ce résultat ne dépende pas des coefficients α, β, il faut que l'on ait

$$|\psi^{(A)}(r', r'')| = |\psi^{(S)}(r', r'')|.$$

Cette égalité est réalisée quels que soient r' et r'' tant que les deux particules ne sont pas entrées en interaction et que les paquets d'ondes $\psi'(r)$ et $\psi''(r)$ ne se chevauchent pas. Mais elle cesse, en général, de l'être dès que l'une ou l'autre de ces conditions n'est plus remplie. Il est facile de s'en convaincre sur des cas particuliers. Supposons, à titre d'exemple, que les deux particules n'interagissent pas ($V(|r^{(1)} - r^{(2)}|) = 0$) et qu'elles se propagent librement à la rencontre l'une de l'autre ; dans ce cas, ψ est le produit de deux paquets d'ondes libres : $\psi = \psi'(r^{(1)}, t)\,\psi''(r^{(2)}, t)$; pendant un certain intervalle de temps, les paquets d'ondes se chevauchent, autrement dit, il existe une région de l'espace où les fonctions $\psi'(r)$ et $\psi''(r)$ sont toutes deux différentes de zéro ; si r est un point de cette région,

$$|\psi^{(S)}(r, r)| = \sqrt{2}\,|\psi'(r)\psi''(r)| \neq 0,$$

alors que

$$|\psi^{(A)}(r, r)| = 0 \tag{7}$$

quel que soit r. L'étude du § 9 concernant le problème de diffusion dans le cas du potentiel central, nous fournit un autre exemple intéressant ; nous y montrons, en effet, que l'amplitude de diffusion de $\psi^{(A)}$ est formée par super-

(²) Pour obtenir l'expression de la seconde ligne, il suffit d'utiliser les propriétés de symétrie des fonctions $\psi^{(A)}$ et $\psi^{(S)}$:

$$\Psi(r'', r') = -\alpha\,\psi^{(A)}(r', r'') + \beta\,\psi^{(S)}(r', r'').$$

position des ondes partielles sphériques d'ordre impair et celle de $\psi^{(S)}$ par superposition des ondes partielles d'ordre pair ; sauf accident, ces deux amplitudes ne sauraient avoir même valeur absolue et, par conséquent, la section efficace différentielle dépend de façon critique du rapport $|\alpha|^2/|\beta|^2$.

En conclusion, l'existence d'une dégénérescence d'échange est une source de réelle difficulté puisqu'elle nous empêche de faire une prévision théorique précise des distributions statistiques des résultats des mesures effectuées sur le système, une fois que la collision s'est produite.

Cette difficulté est levée par l'introduction du *postulat de symétrisation* suivant, qui fixe une fois pour toutes les coefficients α et β de la combinaison linéaire (3) et qui, de ce fait, se prête aisément à une vérification expérimentale :

Les états dynamiques d'un système de deux particules identiques sont nécessairement ou bien tous symétriques ($\alpha = 0$, $\beta = 1$) *ou bien tous antisymétriques* ($\alpha = 1$, $\beta = 0$) *dans la permutation des deux particules.*

L'une ou l'autre de ces deux possibilités se trouve effectivement réalisée suivant la nature des particules envisagées. Ce postulat s'étend aisément aux systèmes composés d'un nombre quelconque de particules identiques. Nous le présentons sous sa forme générale et examinons ses principales conséquences dans la section I de ce chapitre. La section II est consacrée à des applications.

Dans le cours du chapitre, nous aurons à faire appel à quelques notions élémentaires sur les permutations. Celles-ci sont exposées dans le § 14 de l'Appendice D (3).

I. — LE POSTULAT DE SYMÉTRISATION

2. Particules similaires et représentation symétrique

Considérons un système de N particules. Les variables dynamiques de la $i^{\text{ème}}$ particule sont des fonctions de sa position $\boldsymbol{r}^{(i)}$, de son impulsion $\boldsymbol{p}^{(i)}$ et de son spin $\boldsymbol{s}^{(i)}$; nous désignerons désormais par $\xi^{(i)}$ l'ensemble de ces trois vecteurs. Connaissant la valeur de son spin, c'est-à-dire la valeur de $\boldsymbol{s}^{(i)2}$, on sait construire l'espace $\mathcal{F}^{(i)}$ des états de la $i^{\text{ème}}$ particule. L'espace $\mathcal{E}$ des états dynamiques du système total est le produit tensoriel

$$\mathcal{E} = \mathcal{F}^{(1)} \otimes \mathcal{F}^{(2)} \otimes \ldots \otimes \mathcal{F}^{(N)}. \tag{8}$$

Par définition, deux d'entre ces particules sont dites *similaires* si elles ont même spin (la similarité n'implique pas nécessairement l'identité). Il

(3) Les notions de Théorie des Groupes rassemblées dans l'Appendice D ne sont nullement nécessaires à la compréhension de ce chapitre. Le contenu du § 14 de cet Appendice forme un tout indépendant du reste ; les seules notions de Théorie des Groupes qui y sont utilisées sont les définitions concernant les groupes (groupe, classe, sous-groupe invariant, etc.) dont l'énoncé figure au § 2 de l'Appendice.

existe alors une correspondance biunivoque entre leurs observables et leurs vecteurs états ; par suite deux particules similaires peuvent être échangées. Plus généralement si n particules sont similaires, les $n\,!$ permutations possibles de ces n particules sont des opérations bien définies à chacune desquelles correspond un certain opérateur de l'espace $\mathcal{E}$. Nous nous proposons de former ces opérateurs de permutation. Pour simplifier la présente discussion, nous supposons $n = N$.

Considérons donc l'une de ces N particules similaires. ξ est l'ensemble de ses observables de base, $\mathcal{F}$ l'espace de ses vecteurs états. Soit q un ensemble complet d'observables de $\mathcal{F}$ qui commutent ; désignons par $|q_\varkappa\rangle$ les vecteurs propres d'un système de base de q, et par $q_\varkappa$ la suite des valeurs propres correspondantes (l'indice ou le système d'indices $\varkappa$ sert à distinguer les valeurs propres les unes des autres) :

$$\langle q_\varkappa | q_\mu \rangle = \delta_{\varkappa\mu}. \tag{9}$$

q est, par exemple, l'ensemble formé par les trois composantes x, y, z de $\mathbf{r}$ et la composante s_z du spin suivant l'axe des z. A chaque particule a ($a = 1, 2, \ldots, N$) du système correspond un ensemble $q^{(a)}$ conforme à la définition qui vient d'être donnée. Il est clair que l'ensemble $Q \equiv (q^{(1)}, q^{(2)}, \ldots, q^{(N)})$ de ces observables est un ensemble complet d'observables de l'espace $\mathcal{E}$ qui commutent, et que les vecteurs de la forme

$$|q_\alpha^{(1)} q_\beta^{(2)} \ldots q_\nu^{(N)}\rangle \equiv |q_\alpha\rangle^{(1)} |q_\beta\rangle^{(2)} \ldots |q_\nu\rangle^{(N)} \tag{10}$$

formés par produit tensoriel des vecteurs de base des espaces $\mathcal{F}^{(1)}, \mathcal{F}^{(2)}, \ldots, \mathcal{F}^{(N)}$ forment la base d'une certaine représentation des vecteurs et des opérateurs de l'espace $\mathcal{E}$, la représentation $\}\, Q\, \{$. Nous donnerons le nom de *représentation symétrique* à une représentation de ce type.

3. Opérateurs de permutation

Le vecteur (10) représente un état dynamique dont le sens physique est évident : la particule 1 se trouve dans l'état $|q_\alpha\rangle$, la particule 2 dans l'état $|q_\beta\rangle, \ldots$, la particule N dans l'état $|q_\nu\rangle$. Effectuer une permutation de ces N particules, c'est modifier la répartition de ces particules entre les états $|q_\alpha\rangle, |q_\beta\rangle, \ldots, |q_\nu\rangle$, c'est donc remplacer le vecteur (10) par un vecteur, en général différent [4], de la base $\}\, Q\, \{$. Une telle opération établit une correspondance biunivoque entre les vecteurs de cette base orthonormée et définit, par conséquent, un certain opérateur linéaire et unitaire de l'espace des états. A chacune des permutations possibles des N particules, nous associons de cette façon un *opérateur de permutation* P possédant la propriété d'unitarité :

$$P P^\dagger = P^\dagger P = 1. \tag{11}$$

[4] Lorsque les N états individuels $|q_\alpha\rangle, \ldots, |q_\nu\rangle$ ne sont pas tous distincts, certaines permutations laissent invariant le vecteur (10) ; s'ils sont tous identiques, le vecteur (10) est invariant dans toute permutation.

Ainsi dans la transposition (1 2) — échange des particules 1 et 2 — le vecteur (10) se transforme en celui pour lequel la particule 1 se trouve dans l'état $|q_\beta\rangle$, la particule 2 dans l'état $|q_\alpha\rangle$ et toutes les autres dans le même état que précédemment ; l'opérateur $P_{(12)}$ associé à cette permutation est défini par la propriété

$$P_{(12)}\,|q_\alpha^{(1)}\,q_\beta^{(2)}\,q_\gamma^{(3)}\,\ldots\,q_\nu^{(N)}\rangle = |q_\beta^{(1)}\,q_\alpha^{(2)}\,q_\gamma^{(3)}\,\ldots\,q_\nu^{(N)}\rangle.$$

Afin d'alléger l'écriture, nous poursuivons notre étude des permutations sur le cas $N = 3$, étant bien entendu que les propriétés énoncées sont valables pour N quelconque. Définissons, à titre d'exemple, l'opérateur $P_{(123)}$ associé à la permutation (1 2 3) suivant laquelle 1 prend la place de 3, 2 celle de 1, 3 celle de 2 :

$$P_{(123)}\,|q_\alpha^{(1)}\,q_\beta^{(2)}\,q_\gamma^{(3)}\rangle = |q_\gamma^{(1)}\,q_\alpha^{(2)}\,q_\beta^{(3)}\rangle. \tag{12}$$

Si $|\psi\rangle$ est un vecteur de l'espace $\mathcal{E}$,

$$\begin{aligned} P_{(123)}\,|\psi\rangle &= \sum_{\alpha\beta\gamma} P_{(123)}\,|q_\alpha^{(1)}\,q_\beta^{(2)}\,q_\gamma^{(3)}\rangle\,\langle q_\alpha^{(1)}\,q_\beta^{(2)}\,q_\gamma^{(3)}\,|\psi\rangle \\ &= \sum_{\alpha\beta\gamma} |q_\gamma^{(1)}\,q_\alpha^{(2)}\,q_\beta^{(3)}\rangle\,\langle q_\alpha^{(1)}\,q_\beta^{(2)}\,q_\gamma^{(3)}\,|\psi\rangle. \end{aligned}$$

En changeant la dénomination des indices muets de la dernière ligne, il vient

$$P_{(123)}\,|\psi\rangle = \sum_{\alpha\beta\gamma} |q_\alpha^{(1)}\,q_\beta^{(2)}\,q_\gamma^{(3)}\rangle\,\langle q_\beta^{(1)}\,q_\gamma^{(2)}\,q_\alpha^{(3)}\,|\psi\rangle. \tag{13}$$

Soit $\psi(q_\alpha\,q_\beta\,q_\gamma)$ la fonction d'onde de $|\psi\rangle$ dans la représentation $\{Q\}$ ($\psi(q_\alpha\,q_\beta\,q_\gamma)$ est l'amplitude de probabilité de trouver la particule 1 dans l'état $|q_\alpha\rangle$, 2 dans l'état $|q_\beta\rangle$, 3 dans l'état $|q_\gamma\rangle$) ; $P_{(123)}\,|\psi\rangle$ a pour fonction d'onde la fonction

$$P_{(123)}\psi(q_\alpha\,q_\beta\,q_\gamma) = \psi(q_\beta\,q_\gamma\,q_\alpha) \tag{14}$$

qui se déduit de $\psi(q_\alpha\,q_\beta\,q_\gamma)$ *en effectuant la permutation inverse de* (1 2 3) *sur ses arguments.*

La loi de transformation des vecteurs par permutation est particulièrement simple pour les vecteurs de la forme $|u^{(1)}\,v^{(2)}\,w^{(3)}\rangle \equiv |u\rangle^{(1)}\,|v\rangle^{(2)}\,|w\rangle^{(3)}$. C'est la même que la loi de transformation des vecteurs de base de la représentation $\{Q\}$: l'action de P sur un vecteur de ce type donne le vecteur qui s'en déduit en effectuant la permutation p des particules 1, 2, 3, entre les états individuels $|u\rangle$, $|v\rangle$, $|w\rangle$.

Ainsi (cf. équ. (12))

$$P_{(123)}\,|u^{(1)}\,v^{(2)}\,w^{(3)}\rangle = |w^{(1)}\,u^{(2)}\,v^{(3)}\rangle.$$

En effet, la relation (13) donne dans ce cas

$$P_{(123)}\,|u^{(1)}\,v^{(2)}\,w^{(3)}\rangle = \sum_{\alpha\beta\gamma} |q_\alpha^{(1)}\,q_\beta^{(2)}\,q_\gamma^{(3)}\rangle\,\langle q_\alpha\,|w\rangle\,\langle q_\beta\,|u\rangle\,\langle q_\gamma\,|v\rangle$$

et le deuxième membre de cette équation est le développement de $|w^{(1)}\,u^{(2)}\,v^{(3)}\rangle$ suivant les vecteurs de base de $\}\,Q\,\{$. Vérifiée ici sur un cas particulier, cette propriété est générale (Problème 1) ; en conséquence, l'opérateur P associé à une permutation donnée ne dépend pas de la représentation symétrique particulière que l'on a choisie pour le construire.

De même que l'action de P sur un vecteur donne le vecteur qui s'en déduit par la permutation p, la transformation unitaire P sur un opérateur donné $F(\xi^{(1)}, \xi^{(2)}, \ldots, \xi^{(N)})$ de l'espace $\mathcal{E}$ donne l'opérateur obtenu en effectuant la permutation p sur les arguments de F : si l'on pose

$$p = \begin{pmatrix} 1 & 2 & \ldots & N \\ \alpha_1 & \alpha_2 & \ldots & \alpha_N \end{pmatrix}$$

on a

$$P\,F(\xi^{(1)}, \xi^{(2)}, \ldots, \xi^{(N)})\,P^{\dagger} = F(\xi^{(\alpha_1)}, \xi^{(\alpha_2)}, \ldots, \xi^{(\alpha_N)}). \tag{15}$$

En particulier

$$P_{(123)}\,F(\xi^{(1)}, \xi^{(2)}, \xi^{(3)})\,P^{\dagger}_{(123)} = F(\xi^{(2)}, \xi^{(3)}, \xi^{(1)}) \tag{16}$$

($\xi^{(2)}$ prend la place de $\xi^{(1)}$, $\xi^{(3)}$ celle de $\xi^{(2)}$, $\xi^{(1)}$ celle de $\xi^{(3)}$).

Pour démontrer cette règle, il suffit de montrer qu'elle est bien vérifiée lorsque F est l'une quelconque des observables fondamentales du système. Considérons l'une de ces observables ; on peut toujours construire une représentation symétrique dans laquelle cette observable est diagonale. Supposons, pour fixer les idées, que l'observable en question est l'une des observables $q^{(i)}$ de la représentation $\}\,Q\,\{$ considérée plus haut. Pour montrer que $Pq^{(i)}\,P^{\dagger} = q^{(\alpha_i)}$, il suffit de s'assurer que les deux membres ont même action sur tous les vecteurs de base de $\}\,Q\,\{$. Cette vérification ne présente pas de sérieuse difficulté. Contentons-nous ici de la faire dans le cas particulier $N = 3, i = 1, p = (1\,2\,3)$:

$$\begin{aligned} P_{(123)}\,q^{(1)}\,P^{\dagger}_{(123)}\,|q^{(1)}_{\alpha}\,q^{(2)}_{\beta}\,q^{(3)}_{\gamma}\rangle &= P_{(123)}\,q^{(1)}\,|q^{(1)}_{\beta}\,q^{(2)}_{\gamma}\,q^{(3)}_{\alpha}\rangle = q_{\beta}\,P_{(123)}\,|q^{(1)}_{\beta}\,q^{(2)}_{\gamma}\,q^{(3)}_{\alpha}\rangle \\ &= q_{\beta}\,|q^{(1)}_{\alpha}\,q^{(2)}_{\beta}\,q^{(3)}_{\gamma}\rangle = q^{(2)}\,|q^{(1)}_{\alpha}\,q^{(2)}_{\beta}\,q^{(3)}_{\gamma}\rangle. \end{aligned}$$

Appliquée aux observables, cette définition des permutations répond bien à l'idée physique que l'on se fait des permutations des observables : l'observable $P\,B\,P^{\dagger}$ obtenue en appliquant la permutation p à l'observable B a même spectre de valeurs propres que B et les états propres de $P\,B\,P^{\dagger}$ se déduisent des états propres de B correspondant à la même valeur propre par application de l'opérateur de permutation P.

En particulier, B est invariant par rapport aux permutations des N particules si $P\,B\,P^{\dagger} = B$ pour chacune des $N!$ permutations de ces particules, autrement dit si

$$[P, B] = 0 \qquad \text{quel que soit } P.$$

On dit couramment dans ce cas que B est un opérateur *symétrique* par rapport aux N particules.

4. Algèbre des opérateurs de permutation. Symétriseurs et antisymétriseurs

Deux permutations successives p', p'' équivalent à une permutation unique $p = p'' p'$. De la définition même des opérateurs de permutation résulte que les opérateurs P, P', P'' associés respectivement aux permutations p, p', p'' obéissent à la même relation :

$$P = P'' P'. \tag{17}$$

Les opérateurs de permutation obéissent donc aux mêmes relations d'algèbre que les permutations auxquelles ils sont associés (⁵).

En particulier, tout opérateur P peut se mettre sous forme d'un produit de transpositions ; ce produit n'est pas défini de façon unique, mais le nombre des transpositions qui y figure a une parité bien déterminée, $(-)^p$, qui est, par définition, la parité de la permutation p. Si P, P', P'' sont liés par la relation (17), il est clair que : $(-)^p = (-)^{p'+p''}$.

Certaines permutations, les transpositions notamment, sont égales à leur propre inverse. Dans ce cas (cf. équ. (11)), l'opérateur associé est une observable et ses seules valeurs propres possibles sont $+1$ et -1.

Considérons à titre d'exemple la transposition $(i\,j)$:

$$P_{(ij)}^2 = 1. \tag{18}$$

Les vecteurs propres de la valeur propre $+1$ sont invariants dans la transposition $(i\,j)$; ils sont, par définition, *symétriques* en i et j ; le projecteur sur l'espace des vecteurs symétriques en i et j est le *symétriseur*

$$S_{[ij]} = \tfrac{1}{2}(1 + P_{(ij)}). \tag{19}$$

Les vecteurs propres de la valeur propre -1 changent de signe dans la transposition $(i\,j)$; ils sont, par définition, *antisymétriques* en i et j ; le projecteur sur l'espace des vecteurs antisymétriques en i et j est l'*antisymétriseur*

$$A_{[ij]} = \tfrac{1}{2}(1 - P_{(ij)}). \tag{20}$$

On a évidemment

$$\begin{aligned} &S_{[ij]} + A_{[ij]} = 1 && S_{[ij]} - A_{[ij]} = P_{(ij)} \\ &P_{(ij)} S_{[ij]} = S_{[ij]} P_{(ij)} = S_{[ij]} && P_{(ij)} A_{[ij]} = A_{[ij]} P_{(ij)} = -A_{[ij]}. \end{aligned} \tag{21}$$

Tout vecteur est une somme d'un vecteur antisymétrique en i et j et d'un vecteur symétrique en i et j ; une décomposition de ce type a été utilisée dans la discussion du § 1 concernant la collision de deux particules identiques.

(⁵) On a en particulier $P_{(123)} = P_{(12)} P_{(23)}$. Vérifions que l'action successive de $P_{(23)}$ et de $P_{(12)}$ sur la fonction d'onde $\psi(q_\alpha\, q_\beta\, q_\gamma)$ redonne bien le résultat (14). Posons $\psi_1(q_\alpha\, q_\beta\, q_\gamma) \equiv P_{(23)}\, \psi(q_\alpha\, q_\beta\, q_\gamma)$. On a $\psi_1(q_\alpha\, q_\beta\, q_\gamma) = \psi(q_\alpha\, q_\gamma\, q_\beta)$. Par suite

$$P_{(123)}\, \psi(q_\alpha\, q_\beta\, q_\gamma) = P_{(12)}\, \psi_1(q_\alpha\, q_\beta\, q_\gamma) = \psi_1(q_\beta\, q_\alpha\, q_\gamma) = \psi(q_\beta\, q_\gamma\, q_\alpha).$$

Ce résultat s'obtient aussi bien en effectuant *d'abord* la permutation (1 2) *puis* la permutation (2 3) sur les arguments de la fonction $\psi(q_\alpha\, q_\beta\, q_\gamma)$.

Considérons maintenant les $N!$ permutations P et cherchons à étendre la notion de symétrie et d'antisymétrie des états dynamiques que nous venons de définir à propos de la permutation $P_{(ij)}$.

A cet effet, considérons un vecteur $|u\rangle$ de l'espace $\mathcal{E}$ et désignons par $\mathcal{E}_u$ l'espace sous-tendu par $|u\rangle$ et par tous les vecteurs qui s'en déduisent par permutation. Le nombre de dimensions est égal ou inférieur à $N!$ selon que les $N!$ vecteurs $P|u\rangle$ sont linéairement indépendants ou non.

Un cas extrême est celui où les $P|u\rangle$ représentent tous le même état :

$$P|u\rangle = c_p|u\rangle \qquad \text{quel que soit } p. \tag{22}$$

Les constantes c_p sont soumises à des conditions très restrictives. Si P est une transposition, nous savons que les seules valeurs possibles de c_p sont $+1$ et -1. De plus, comme toute transposition $(i\,j)$ est égale au produit $(1i)(2j)(12)(2j)(1i)$,

$$P_{(ij)} = P_{(1i)}\,P_{(2j)}\,P_{(12)}\,P_{(2j)}\,P_{(1i)}$$

et par conséquent

$$c_{(ij)} = c_{(1i)}^2\,c_{(2j)}^2\,c_{(12)} = c_{(12)}. \tag{23}$$

Donc la constante c est la même pour toutes les transpositions : ou bien $c_{\text{tr}} = +1$ ou bien $c_{\text{tr.}} = -1$. Comme toute permutation p est un produit de transpositions, la constante c_p qui lui correspond est une certaine puissance de $c_{\text{tr.}}$; cette puissance est paire ou impaire selon que p est paire ou impaire.

En conclusion, la propriété (22) n'est vérifiée que dans les deux cas suivants :

$$(a) \text{ quel que soit } p, \qquad c_p = 1 \qquad P|u\rangle = |u\rangle, \tag{24}$$

$$(b) \text{ quel que soit } p, \qquad c_p = (-)^p \qquad P|u\rangle = (-)^p\,|u\rangle\,; \tag{25}$$

$|u\rangle$ est dit *symétrique* ou *antisymétrique* par rapport aux permutations des N particules selon qu'on se trouve dans le cas (a) ou dans le cas (b).

L'ensemble des vecteurs symétriques forme un sous-espace de $\mathcal{E}$, celui des vecteurs antisymétriques un sous-espace orthogonal. Nous désignons respectivement par $\mathcal{E}^{(S)}$, $\mathcal{E}^{(A)}$ ces sous-espaces. Leurs projecteurs respectifs sont

$$S = \frac{1}{N!}\sum_P P \qquad A = \frac{1}{N!}\sum_P (-)^p\,P \tag{26}$$

($\sum_P$ indique la sommation sur les $N!$ permutations possibles). En effet, considérons la suite obtenue en rangeant les $N!$ permutations dans un certain ordre arbitrairement choisi ; multiplier à droite (ou à gauche) chaque élément de cette suite par un opérateur de permutation particulier P_1 a pour seul effet de modifier l'ordre des éléments de cette suite, d'où

$$P_1\,S = S\,P_1 = S \qquad P_1\,A = A\,P_1 = (-)^{p_1}\,A. \tag{27}$$

De même, remplacer chaque élément P par son inverse $P^\dagger$ revient à changer l'ordre des éléments de cette suite ; comme deux permutations inverses l'une de l'autre ont même parité, on a

$$S = S^\dagger \qquad A = A^\dagger. \tag{28}$$

Des équations (27) et de la définition (26) des opérateurs S et A, nous déduisons, après un bref calcul,

$$S^2 = S \qquad A^2 = A \tag{29}$$

et

$$SA = AS = 0. \tag{30}$$

Suivant les relations (28), (29) et (30), les opérateurs S et A sont des projecteurs orthogonaux. Or, si $|u\rangle$ est dans $\mathcal{E}^{(S)}$ (propriété (24)),

$$S|u\rangle = \frac{1}{N!}\sum_P P|u\rangle = \left(\frac{1}{N!}\sum_P\right)|u\rangle = |u\rangle$$

et réciproquement, $|\rangle$ étant un vecteur arbitraire, on a, d'après (27),

$$PS|\rangle = S|\rangle\,;$$

donc l'espace de projection de S est bien $\mathcal{E}^{(S)}$. On montre de même que A projette sur $\mathcal{E}^{(A)}$.

Lorsque $N = 3$, S et A ont pour forme explicite

$$\begin{aligned} S &= \tfrac{1}{6}(1 + P_{(12)} + P_{(23)} + P_{(31)} + P_{(123)} + P_{(321)}) \\ A &= \tfrac{1}{6}(1 - P_{(12)} - P_{(23)} - P_{(31)} + P_{(123)} + P_{(321)}). \end{aligned}$$

Comme on le vérifie sur cet exemple, $S + A \neq 1$ dès que $N > 2$. En fait, $S + A$ est le projecteur sur l'espace des états invariants dans toute permutation paire des N particules ; c'est un sous-espace de $\mathcal{E}$ dès que $N > 2$.

Revenons à l'espace $\mathcal{E}_u$ défini au début de cette analyse. Des équations (27), nous déduisons que

$$SP|u\rangle = S|u\rangle \qquad AP|u\rangle = (-)^p A|u\rangle$$

quel que soit P. Donc les vecteurs $P|u\rangle$ qui sous-tendent cet espace ont tous même projection sur $\mathcal{E}^{(S)}$ et, au signe près, même projection sur $\mathcal{E}^{(A)}$. En conséquence, selon que $S|u\rangle$ est différent de zéro ou non, l'espace $\mathcal{E}_u$ *contient un et un seul vecteur symétrique* ou *n'en contient aucun* ; de même, il contient *un et un seul vecteur antisymétrique* si $A|u\rangle \neq 0$ et n'en contient aucun si $A|u\rangle = 0$ (6).

5. Particules identiques et postulat de symétrisation

Si les N particules du système envisagé plus haut sont non seulement similaires mais identiques, aucune propriété dynamique du système ne

(6) Si les $N!$ vecteurs $P|u\rangle$ sont linéairement indépendants, les combinaisons linéaires particulières de ces vecteurs $S|u\rangle$ et $A|u\rangle$ ne sont certainement pas nulles ; dans ce cas, $\mathcal{E}_u$ contient un vecteur symétrique et un vecteur antisymétrique.

se trouve modifiée lorsqu'on effectue une permutation quelconque de ces particules. Précisons quelles limitations cette condition d'invariance impose à la loi d'évolution et aux observables du système.

Si $|\psi_0\rangle$ est l'état du système à l'instant initial t_0, son état à l'instant ultérieur t s'en déduit par application de l'opérateur d'évolution $U(t, t_0)$: $|\psi_t\rangle = U(t, t_0)\,|\psi_0\rangle$. Si l'état initial est $P|\psi_0\rangle$, l'évolution du système est rigoureusement la même à la permutation P près et son état à l'instant t est $P|\psi_t\rangle$. Par conséquent

$$U(t, t_0)\,P|\psi_0\rangle = P|\psi_t\rangle = P\,U\,(t, t_0)\,|\psi_0\rangle$$

et, comme ceci doit être vrai, quel que soit ψ_0,

$$[P, U(t, t_0)] = 0. \tag{31}$$

Soit H l'Hamiltonien du système ; $U(t, t_0)$ est la solution de l'équation de Schrödinger

$$i\hbar \frac{\mathrm{d}}{\mathrm{d}t}\,U(t, t_0) = H\,U(t, t_0)$$

définie par la condition initiale $U(t_0, t_0) = 1$. De la relation (31) et de celle qu'on en déduit en dérivant terme à terme par rapport à t, on tire

$$[P, H] = 0. \tag{32}$$

Réciproquement, si H et P commutent, $U(t, t_0)$ et son transformé par permutation $P\,U\,P^\dagger$ sont égaux car ces deux opérateurs obéissent à la même équation de Schrödinger avec la même condition initiale : donc U et P commutent. En conclusion, pour que la loi d'évolution du système soit invariante par permutation, il faut et il suffit que l'Hamiltonien H vérifie la relation (32) quel que soit P.

Considérons, d'autre part, une observable physique [7] B de ce système et soit $|u\rangle$ un état propre de B correspondant à la valeur propre b ; si le système se trouve dans l'état $|u\rangle$, la mesure de B donne certainement le résultat b ; par suite, si le système se trouve dans l'état $P|u\rangle$ obtenu en appliquant à $|u\rangle$ la permutation P, la mesure de B doit donner le même résultat :

$$B\,P|u\rangle = b\,P|u\rangle$$

et ceci pour toute permutation P. Autrement dit, tout vecteur de l'espace $\mathcal{E}_u$ engendré en appliquant à $|u\rangle$ toutes les permutations possibles des N particules, doit être également un vecteur propre correspondant à la même valeur propre b (dégénérescence d'échange). Pour que cette propriété soit vérifiée par toute valeur propre de B, il faut et il suffit (cf. § VII.15) que l'on ait

$$[B, P] = 0 \tag{33}$$

quel que soit P.

[7] Le sens à donner au mot *observable physique* a été défini au § XIII.15. L'analyse de l'invariance par permutation qui est faite ici doit être rapprochée de celle de l'invariance par « rotation de 2π » des observables physiques considérée dans ce paragraphe.

En conclusion, *les N particules sont identiques si l'Hamiltonien H et toutes les observables physiques du système sont symétriques par rapport à ces particules.*

En conséquence, si l'on cherche à déterminer l'état dynamique du système par une mesure simultanée des variables q de chaque particule prise individuellement, cette détermination ne peut être faite au mieux qu'à une dégénérescence d'échange près ([8]) ; on peut affirmer que n_1 particules se trouvent dans l'état $|q_1\rangle$, n_2 dans l'état $|q_2\rangle$, ..., $n_\varkappa$ dans l'état $q_\varkappa\rangle$, ... $(n_1 + n_2 + \ldots + n_\varkappa + \ldots = N)$, mais l'identité des particules occupant chacun de ces états reste indéterminée. Il existe $(N!/n_1!\,n_2!\ldots n_\varkappa!\ldots)$ vecteurs de base de la représentation $\{Q\}$ possédant la propriété désirée ; soit $\mathcal{E}(n_1 n_2 \ldots n_\varkappa \ldots)$ l'espace qu'ils sous-tendent (cet espace est engendré par application des $N!$ permutations à l'un d'entre eux) ; l'état dynamique du système est certainement représenté par l'un des vecteurs de cet espace, mais l'observation envisagée ici ne permet pas de décider lequel. Or, comme nous l'avons vu sur l'exemple du § 1, les prévisions de la théoric dépendent éventuellement du vecteur choisi. Cette ambiguïté est donc une source de réelle difficulté. Elle est levée par l'introduction du POSTULAT DE SYMÉTRISATION :

Si un système contient N particules identiques, ses états dynamiques sont nécessairement ou bien tous symétriques ou bien tous antisymétriques par rapport aux permutations de ces N particules.

L'une ou l'autre prescription de symétrisation doit être appliquée suivant la nature des particules identiques. On appelle *bosons* les particules dont les états sont symétriques, *fermions* ceux dont les états sont antisymétriques (la raison de ces dénominations deviendra évidente par la suite). *L'expérience montre* que les particules élémentaires de spin $\frac{1}{2}$ que l'on rencontre dans la nature (électrons, protons, neutrons, etc.) sont des fermions ; par contre, les particules élémentaires de spin entier (photons, mésons π, etc.) sont des bosons.

L'espace $\mathcal{E}(n_1 n_2 \ldots n_\varkappa \ldots)$ défini plus haut, ne possède pas plus d'un vecteur symétrique, ni plus d'un vecteur antisymétrique. Le postulat de symétrisation lève donc la dégénérescence d'échange complètement. Il reste à s'assurer qu'il ne présente pas de contradiction avec les postulats fondamentaux concernant l'évolution des systèmes et la mesure des grandeurs en Mécanique Quantique.

Prenons le cas des bosons (celui des fermions se traite de même façon).

([8]) L'ensemble $q^{(1)}, q^{(2)}, \ldots, q^{(N)}$ forme dans l'espace $\mathcal{E}$ un ensemble complet d'observables qui commutent, mais seules les fonctions symétriques de ces observables sont des observables physiques et celles-ci ne forment pas un ensemble complet dans $\mathcal{E}$. Le postulat de symétrisation introduit plus loin consistera en fait à prendre pour espace des états un certain sous-espace de $\mathcal{E}$ dans lequel les observables physiques en question forment un ensemble complet, et où, par conséquent, la dégénérescence d'échange est complètement levée.

Le projecteur S sur les états symétriques a été défini au paragraphe précédent ; c'est une combinaison particulière (équ. (26)) des opérateurs de permutation, il commute donc avec l'opérateur d'évolution du système

$$[S, U(t, t_0)] = 0 \tag{34}$$

et avec ses observables physiques

$$[S, B] = 0. \tag{35}$$

Si donc l'état dynamique du système est symétrique à un instant initial donné, l'équation (34) nous assure qu'il conserve cette propriété pendant tout le temps que le système évolue sans intervention extérieure. Supposons maintenant que l'on effectue une mesure idéale de B ; suivant l'équation (35), S et B possèdent (au moins) un système de base commun ; si l'état dynamique est symétrique, le développement du vecteur état suivant ce système de base ne contient que des vecteurs propres symétriques de B ; l'opération de mesure de B laisse donc certainement le système dans un état symétrique.

6. Bosons et statistique de Bose-Einstein

Considérons un système de N bosons. L'espace de ses vecteurs états est le sous-espace $\mathcal{E}^{(S)}$ de $\mathcal{E}$. Partant du système de base de $\{ Q \}$, on peut former un système de base dans $\mathcal{E}^{(S)}$ en procédant de la façon suivante.

Dans chaque sous-espace $\mathcal{E}(n_1 n_2 \ldots n_\varkappa \ldots)$, on peut former un et un seul (à une phase près) vecteur symétrique normalisé à l'unité, le vecteur

$$\left[\frac{N!}{n_1!\, n_2! \ldots n_\varkappa! \ldots}\right]^{\frac{1}{2}} S\,|q_1^{n_1} q_2^{n_2} \ldots q_\varkappa^{n_\varkappa} \ldots\rangle \tag{36}$$

$|q_1^{n_1} q_2^{n_2} \ldots q_\varkappa^{n_\varkappa} \ldots\rangle$ est le vecteur de base de $\{ Q \}$ tel que les n_1 premières particules occupent l'état $|q_1\rangle$, les n_2 suivantes l'état $|q_2\rangle$, ..., les $n_\varkappa$ suivantes l'état $|q_\varkappa\rangle$, ... ; S est le symétriseur défini plus haut (équ. (26)) ; la constante entre crochets (écrite avec la convention $0! = 1$) est une constante de normalisation. En effet, l'échange de deux particules se trouvant dans le même état individuel laisse $|q_1^{n_1} q_2^{n_2} \ldots q_\varkappa^{n_\varkappa} \ldots\rangle$ invariant, celui de deux particules occupant deux états différents le transforme en un autre vecteur de la base $\{ Q \}$; plus généralement, les $\Pi n_\varkappa! \equiv n_1!\, n_2! \ldots n_\varkappa! \ldots$ permutations qui ne changent pas la répartition des N particules entre les états individuels $|q_1\rangle, |q_2\rangle, \ldots, |q_\varkappa\rangle, \ldots$ laissent ce vecteur invariant, toutes les autres le changent en un autre vecteur de la base $\{ Q \}$. En appliquant à $|q_1^{n_1} q_2^{n_2} \ldots q_\varkappa^{n_\varkappa} \ldots\rangle$ chacune des $N!$ permutations, on forme les $[N!/\Pi\, n_\varkappa!]$ vecteurs de base de $\mathcal{E}(n_1 n_2 \ldots n_\varkappa \ldots)$, chacun d'eux étant obtenu $(\Pi\, n_\varkappa!)$ fois ; le vecteur (36) est égal au produit par $[\Pi\, n_\varkappa!/N!]^{\frac{1}{2}}$ de la somme de ces vecteurs de base ; c'est donc bien un vecteur symétrique normalisé à l'unité.

En conclusion, à chaque suite $n_1, n_2, \ldots, n_\varkappa, \ldots$ d'entiers positifs ou nuls tels que l'on ait

$$n_1 + n_2 + \ldots + n_\varkappa + \ldots = N,$$

correspond un et un seul état symétrique du système, représenté par le vecteur (36) ; l'ensemble des vecteurs ainsi construits forme une base orthonormée dans $\mathcal{E}^{(S)}$.

Montrons qu'*un gaz de bosons obéit à la statistique de Bose-Einstein*. Par gaz de bosons, nous entendons un système formé d'un très grand nombre N de bosons et dont les interactions mutuelles sont suffisamment faibles pour qu'on puisse les négliger en première approximation et qu'on puisse écrire l'Hamiltonien H du système sous forme d'une somme de N Hamiltoniens individuels :

$$H = h^{(1)} + h^{(2)} + \ldots + h^{(i)} + \ldots + h^{(N)}. \tag{37}$$

Suivant la théorie de Boltzmann, l'équilibre thermodynamique se trouve réalisé lorsque le système se trouve dans son « état macroscopique » le plus probable ; rappelons qu'un « état macroscopique » donné désigne en fait un ensemble d'états quantiques (ou « états microscopiques ») suffisamment voisins les uns des autres pour qu'on ne puisse les différencier à l'échelle macroscopique. Conformément à l'hypothèse ergodique, les états microscopiques de même énergie sont tous également probables. La probabilité d'un état macroscopique donné est donc proportionnelle au nombre d'états microscopiques distincts qui le composent. La détermination de l'équilibre thermodynamique du système dépend essentiellement de ce dénombrement. Supposons que h fasse partie de la collection q de variables dynamiques individuelles définissant la représentation $\} Q \{$. Chaque distribution

$$n_1, n_2, \ldots, n_\varkappa, \ldots$$

des N particules entre les différents états individuels possibles

$$|q_1\rangle, |q_2\rangle, \ldots, |q_\varkappa\rangle, \ldots$$

définit un et un seul état microscopique du système de bosons (représenté par le vecteur (36)). C'est précisément l'hypothèse de la statistique de Bose-Einstein, où les particules sont supposées indiscernables et où par conséquent les états du système qui ne diffèrent que par l'identité des particules occupant les divers états individuels ne comptent que pour un seul état microscopique. Dans la statistique de Maxwell-Boltzmann, au contraire, chaque particule est supposée discernable à l'échelle microscopique et les $[N!/\Pi\, n_\varkappa!]$ états du système correspondant à la même distribution $n_1, n_2, \ldots, n_\varkappa, \ldots$ sont comptés comme des états microscopiques distincts.

Remarque importante. — L'expression générale de l'opérateur densité représentant l'état dynamique d'un système à l'équilibre thermodynamique

$$\rho = \mathrm{e}^{-H/kT}/\mathrm{Tr}\,\mathrm{e}^{-H/kT} \tag{38}$$

ainsi que les expressions qui en ont été déduites au § VIII.25 gardent leur entière validité. La différence profonde qu'introduit le postulat de symétrisation vient de ce que ρ est un opérateur de l'espace $\mathcal{E}^{(S)}$ et non un opérateur de l'espace $\mathcal{E}$ et que les différentes manipulations de la statistique quantique, le calcul des traces notamment, doivent être faites dans cet espace plus restreint. Ainsi lorsque H est de la forme (37), ρ considéré comme opérateur de l'espace $\mathcal{E}$ est un produit tensoriel d'opérateurs définis dans chacun des espaces individuels $\mathcal{F}^{(1)}, \mathcal{F}^{(2)}, \ldots, \mathcal{F}^{(N)}$; on a en effet

$$\rho = \prod_{i=1}^{N} \left[\mathrm{e}^{-h^{(i)}/kT} / \mathrm{Tr}_i \mathrm{e}^{-h^{(i)}/kT} \right].$$

Mais cette factorisation perd toute signification si ρ est un opérateur de $\mathcal{E}^{(S)}$, car les N facteurs pris séparément ne sont pas des opérateurs de $\mathcal{E}^{(S)}$.

7. Fermions et statistique de Fermi-Dirac. Principe d'exclusion

L'analyse précédente peut être répétée à propos d'un système de N fermions. L'espace de ses états est le sous-espace $\mathcal{E}^{(A)}$ de $\mathcal{E}$.

Partant de la représentation $\{Q\}$, on obtient un système orthonormal complet de vecteurs antisymétriques en prenant un vecteur antisymétrique normalisé à l'unité — s'il existe — dans chaque sous-espace $\mathcal{E}(n_1 n_2 \ldots n_\varkappa \ldots)$. Pour qu'un tel vecteur existe, il faut et il suffit que $A\,|q_1^{n_1} q_2^{n_2} \ldots q_\varkappa^{n_\varkappa} \ldots\rangle$ soit différent de zéro. Supposons que l'un au moins des entiers de la suite $n_1, n_2, \ldots, n_\varkappa, \ldots$ soit supérieur à 1 ; dans l'état représenté par $|q_1^{n_1} q_2^{n_2} \ldots q_\varkappa^{n_\varkappa} \ldots\rangle$, deux particules au moins, la $i^{\text{ème}}$ et la $j^{\text{ème}}$ par exemple, occupent le même état individuel et le vecteur ci-dessus est symétrique dans l'échange de ces deux particules

$$|q_1^{n_1} q_2^{n_2} \ldots q_\varkappa^{n_\varkappa} \ldots\rangle = \tfrac{1}{2}(1 + P_{(ij)})\,|q_1^{n_1} q_2^{n_2} \ldots q_\varkappa^{n_\varkappa} \ldots\rangle.$$

Or, suivant la propriété (27),

$$A\,(1 + P_{(ij)}) = 0.$$

Par conséquent, on a dans ce cas

$$A\,|q_1^{n_1} q_2^{n_2} \ldots q_\varkappa^{n_\varkappa} \ldots\rangle = 0. \tag{39}$$

Autrement dit, *deux fermions ne peuvent occuper le même état quantique individuel.* C'est le *principe d'exclusion de Pauli* (⁹).

Supposons maintenant que chaque état individuel n'est occupé qu'une fois au plus ($n_\varkappa = 0$ ou 1). Le vecteur

$$A\,|q_1^{n_1} q_2^{n_2} \ldots q_\varkappa^{n_\varkappa} \ldots\rangle = \frac{1}{N!} \sum_P (-)^p\, P\,|q_1^{n_1} q_2^{n_2} \ldots q_\varkappa^{n_\varkappa} \ldots\rangle$$

(⁹) Le principe d'exclusion a été formulé par Pauli en 1925 comme une propriété générale des électrons permettant de rendre compte de la structure des atomes complexes (Cf. § 12).

n'est certainement pas nul, car c'est une somme de $N!$ vecteurs deux à deux orthogonaux ; c'est un vecteur de norme $(1/N!)$. Soient $|q_\alpha\rangle, |q_\beta\rangle, \ldots, |q_\nu\rangle$, les N états individuels occupés ; le vecteur de norme unité $\sqrt{N!}\, A\, |q_\alpha^{(1)} q_\beta^{(2)} \ldots q_\nu^{(N)}\rangle$ représente l'état antisymétrique correspondant. Il peut se mettre sous forme d'un déterminant $N \times N$ (*déterminant de Slater*)

$$\sqrt{N!}\, A\, |q_\alpha^{(1)} q_\beta^{(2)} \ldots q_\nu^{(N)}\rangle = \frac{1}{\sqrt{N!}} \begin{vmatrix} |q_\alpha\rangle^{(1)} & |q_\alpha\rangle^{(2)} & \ldots & |q_\alpha\rangle^{(N)} \\ |q_\beta\rangle^{(1)} & |q_\beta\rangle^{(2)} & \ldots & |q_\beta\rangle^{(N)} \\ \vdots & & & \\ |q_\nu\rangle^{(1)} & |q_\nu\rangle^{(2)} & \ldots & |q_\nu\rangle^{(N)} \end{vmatrix} \quad (40)$$

Cette identité se vérifie aisément si l'on se reporte à la définition même des déterminants. Elle reste d'ailleurs vérifiée lorsque certains des N états individuels sont identiques ; dans ce cas, deux au moins des lignes du déterminant sont identiques et l'on retrouve le principe d'exclusion de Pauli.

En conclusion, à chaque ensemble $|q_\alpha\rangle, |q_\beta\rangle, \ldots |q_\nu\rangle$ de N états *distincts* choisis parmi les états individuels $|q_1\rangle, |q_2\rangle, \ldots, |q_\varkappa\rangle, \ldots$, correspond un et un seul état antisymétrique, représenté par le vecteur (40) ; l'ensemble des vecteurs ainsi construits forme une base orthonormée dans $\mathcal{E}^{(A)}$.

Un gaz de fermions obéit à la statistique de Fermi-Dirac. Le raisonnement est analogue à celui qui a été fait pour les bosons ; seule la loi de dénombrement des états microscopiques est différente. Chaque ensemble de N états individuels distincts définit un et un seul état microscopique du système de fermions (représenté par le vecteur (40)). C'est précisément l'hypothèse de la statistique de Fermi-Dirac, suivant laquelle les N particules sont indiscernables et ne peuvent jamais se trouver à plusieurs dans le même état individuel.

La remarque de la fin du paragraphe précédent s'applique aussi bien aux fermions. L'opérateur densité d'un système de fermions à l'équilibre thermodynamique est donné par l'équation (38), étant bien entendu qu'il s'agit d'un opérateur de l'espace $\mathcal{E}^{(A)}$.

Les trois types de statistiques de particules identiques diffèrent, en définitive, par les hypothèses que l'on fait sur l'espace des états dynamiques. C'est ce que résume le tableau suivant :

Statistique	Maxwell-Boltzmann	Bose-Einstein	Fermi-Dirac
Caractéristique des particules . . .	discernabilité	indiscernabilité	indiscernabilité + exclusion
Espaces des États .	$\mathcal{E}$	$\mathcal{E}^{(S)}$	$\mathcal{E}^{(A)}$

8. Est-il toujours nécessaire de symétriser la fonction d'onde?

Considérons un système de n particules identiques, n électrons par exemple. D'après ce qui précède, l'état dynamique de ce système est représenté par une fonction d'onde antisymétrique. Cependant ces électrons ne sont pas les seuls électrons de l'univers. Ignorer les autres et traiter le système de n électrons comme une entité distincte du reste, suppose que les propriétés dynamiques des n électrons ne sont pas affectées par la présence d'autres électrons ; on peut se demander si cette hypothèse est bien fondée ou si, au contraire, le postulat de symétrisation, en établissant une certaine corrélation entre les n électrons et les autres, ne la rend pas caduque.

En pratique, les électrons du système étudié se trouvent tous à l'intérieur d'un certain domaine D de l'espace et les propriétés dynamiques du système auxquelles on s'intéresse correspondent toutes à des opérations éventuelles de mesure effectuées à l'intérieur de ce domaine ; tant que l'interaction des autres électrons avec ceux du système reste négligeable et tant que ces autres électrons ne pénètrent pas à l'intérieur de D, l'existence de ces derniers peut être ignorée purement et simplement. Ce résultat est très général, il s'applique aussi bien aux bosons qu'aux fermions. Nous allons le démontrer dans le cas d'un système de deux fermions.

Si l'on ignore l'existence de toute autre particule, l'état dynamique de ces deux fermions est représenté par une certaine fonction d'onde antisymétrique et normalisée à l'unité $\varphi(1, 2)$. 1 et 2 désignent ici les coordonnées et la composante s_z du spin des particules 1 et 2 respectivement. De façon générale, un état quelconque χ de ce système est représenté par une certaine fonction d'onde $\chi(1, 2)$ antisymétrique et normalisée à l'unité. Si le système se trouve à un instant donné dans l'état φ, ses propriétés dynamiques à cet instant sont données par les probabilités

$$w = |\langle\chi|\varphi\rangle|^2. \tag{41}$$

En réalité, les deux fermions font partie d'un système de N fermions. Examinons si ces propriétés dynamiques sont bien celles que l'on trouve lorsqu'on tient correctement compte de l'existence des $(N-2)$ autres fermions. Soit $\Psi(3, 4, \ldots, N)$ la fonction d'onde antisymétrique de norme 1 représentant l'état dynamique des $(N-2)$ autres fermions. Si les fermions 1 et 2 n'étaient pas identiques aux fermions $3, 4, \ldots, N$, l'état du système total serait représenté par $\varphi(1, 2)\ \Psi(3, 4, \ldots, N)$ et garderait cette propriété de factorisation aussi longtemps que l'interaction entre les deux premiers fermions et les autres reste négligeable. En fait le vecteur $|\Phi\rangle$ qui représente correctement l'état du système total est proportionnel au vecteur antisymétrique $A|\varphi\Psi\rangle$, A étant l'antisymétriseur des N particules (définition (26)).

Par hypothèse, les paquets d'ondes φ et Ψ ne se chevauchent pas ; de façon plus précise, les deux fermions qui nous intéressent se trouvent avec certitude dans un domaine déterminé D de l'espace et tous les autres avec certitude en dehors de ce domaine. De plus, les seules propriétés dynamiques envisagées sont celles des deux fermions situés dans D.

Désignons par $\Theta(3, 4, \ldots, N)$ toute fonction d'onde antisymétrique de norme 1 s'annulant lorsque l'un quelconque des $(N-2)$ vecteurs de position $\boldsymbol{r}^{(3)}, \ldots, \boldsymbol{r}^{(N)}$, se trouve dans D ; Θ représente l'état d'un système de $(N-2)$ fermions tous situés en dehors de D. Par hypothèse, Ψ est une fonction de ce type. Si les fonctions $\Theta_1, \Theta_2, \ldots, \Theta_i, \ldots$ forment une suite orthonormale complète de fonctions de ce type,

$$\Psi = \sum_i \Theta^i \langle\Theta_i|\Psi\rangle.$$

Désignons par $\chi(1, 2)$ toute fonction d'onde antisymétrique en 1 et 2, de norme unité et possédant la propriété inverse : χ s'annule si l'un ou l'autre des vecteurs $\boldsymbol{r}^{(1)}, \boldsymbol{r}^{(2)}$ se trouve en dehors de D, il représente donc deux fermions situés simultanément dans D. La fonction φ est par hypothèse une fonction de ce type.

Les permutations des N particules peuvent être rangées en deux catégories suivant leur action sur le vecteur $|\chi\Theta\rangle$. Celles de la première catégorie, que nous désignons par F, laissent, au signe près, le vecteur $|\chi\Theta\rangle$ invariant ; ce sont les $2!(N-2!)$ permutations qui échangent 1 et 2 entre eux et/ou échangent $3, 4, \ldots, N$ entre eux :

$$F|\chi\Theta\rangle = (-)^f\,|\chi\Theta\rangle.$$

Toutes les autres permutations que nous désignons par G échangent l'une au moins des particules 1 et 2 avec les $(N-2)$ autres ; donc $G|\chi\Theta\rangle$ représente un état dans lequel soit 1, soit 2 se trouvent avec certitude en dehors de D, c'est un vecteur orthogonal à tout vecteur du type $|\chi\Theta\rangle$:

$$\langle\chi'\Theta'|G|\chi\Theta\rangle = 0.$$

De ces deux propriétés, nous déduisons l'identité

$$\begin{aligned}\langle\chi'\Theta'|A|\chi\Theta\rangle &= \frac{1}{N!}\sum_P (-)^p \langle\chi'\Theta'|P|\chi\Theta\rangle \\ &= \frac{1}{N!}\sum_F (-)^f \langle\chi'\Theta'|F|\chi\Theta\rangle \\ &= \frac{2!(N-2)!}{N!}\langle\chi'\Theta'|\chi\Theta\rangle. \qquad (42)\end{aligned}$$

Notons en passant que la norme de $A|\chi\Theta\rangle$ est $\langle\chi\Theta|A|\chi\Theta\rangle$, soit $2!(N-2)!/N!$

Ceci dit, nous désirons connaître la probabilité w pour que les deux fermions du domaine D se trouvent dans l'état χ. Si les $(N-2)$ derniers fermions étaient distincts des deux premiers, l'état du système serait représenté par $|\varphi\Psi\rangle$ et les probabilités en question seraient :

$$\sum_i |\langle\chi\Theta_i|\varphi\Psi\rangle|^2 = |\langle\chi|\varphi\rangle|^2 \left(\sum_i |\langle\Theta_i|\Psi\rangle|^2\right) = |\langle\chi|\varphi\rangle|^2. \qquad (43)$$

Puisque les N fermions sont identiques, leur état dynamique est

$$|\Phi\rangle = \sqrt{C_N^2}\, A|\varphi\Psi\rangle \qquad \left(C_N^2 = \frac{N!}{2!(N-2)!}\right)$$

et la probabilité cherchée est celle de trouver le système dans l'un quelconque des états sous-tendus par les vecteurs antisymétriques orthonormés

$$|X_i\rangle = \sqrt{C_N^2}\, A|\chi\Theta_i\rangle$$

c'est-à-dire

$$w = \sum_i |\langle X_i|\Phi\rangle|^2 = (C_N^2)^2 \sum_i |\langle\chi\Theta_i|A|\varphi\Psi\rangle|^2.$$

Appliquant l'identité (42) et tenant compte de (43), on retrouve le résultat (41) :

$$w = \sum_i |\langle\chi\Theta_i|\varphi\Psi\rangle|^2 = |\langle\chi|\varphi\rangle|^2.$$

On obtient donc bien le résultat correct en ignorant purement et simplement l'existence des $(N-2)$ derniers fermions.

II. — APPLICATIONS

9. Collision de deux particules identiques sans spin

Reprenons le problème de collision envisagé au § 1.

Soit $(\boldsymbol{R}, \boldsymbol{P})$ et $(\boldsymbol{r}, \boldsymbol{p})$ les variables dynamiques du centre de masse et de la particule relative respectivement :

$$\boldsymbol{R} = \tfrac{1}{2}(\boldsymbol{r}^{(1)} + \boldsymbol{r}^{(2)}), \qquad \boldsymbol{r} = \boldsymbol{r}^{(1)} - \boldsymbol{r}^{(2)}. \tag{44}$$

L'Hamiltonien s'écrit

$$H = \frac{\boldsymbol{P}^2}{4m} + \frac{\boldsymbol{p}^2}{m} + V(\boldsymbol{r}) \tag{45}$$

et l'état dynamique du système est représenté à chaque instant par une certaine fonction d'onde $\Psi(\boldsymbol{R}, \boldsymbol{r})$ en $\boldsymbol{R}$ et $\boldsymbol{r}$.

Dans l'échange des deux particules, $\boldsymbol{R}$ est invariant et $\boldsymbol{r}$ se change en $-\boldsymbol{r}$. La condition de symétrisation imposée aux fonctions d'ondes du système donne ([10])

$$\Psi(\boldsymbol{R}, -\boldsymbol{r}) = \pm\, \Psi(\boldsymbol{R}, \boldsymbol{r}) \tag{46}$$

le signe supérieur correspondant au cas où les deux particules sont des bosons, le signe inférieur à celui où ce sont des fermions.

([10]) La permutation est une opération distincte de la réflexion d'espace, dans laquelle $\boldsymbol{R}$ et $\boldsymbol{r}$ changent *tous les deux* de signe. Dans le cas présent, où les particules n'ont pas de spin et où, comme on le verra, le mouvement du centre de masse ne joue en fait aucun rôle, les deux opérations pourraient aisément être confondues, car elles ont le même effet sur la fonction d'onde de la particule relative.

Traitons d'abord le même problème de collision dans l'hypothèse où les deux particules sont distinctes. La solution en a été donnée dans la section 1 du chapitre X. Rappelons-la brièvement en nous conformant aux notations des § 4-7 de ce chapitre. L'état avant collision ($t \ll 0$) du système formé par la particule cible et une particule du faisceau incident est caractérisé par leur vitesse relative $\boldsymbol{v} = \hbar \boldsymbol{k}/\frac{1}{2}m$ et par le paramètre d'impact $\boldsymbol{b}$. Il est représenté par un produit de la forme $\Phi(\boldsymbol{R}, t)\,\varphi_{\boldsymbol{b}}(\boldsymbol{r}, t)$ où Φ et φ sont deux paquets d'ondes libres de norme 1 ([11]). Si l'on se place dans le système du centre de masse, l'onde $\Phi(\boldsymbol{R}, t)$ a une vitesse de groupe nulle. L'onde $\varphi(\boldsymbol{r}, t)$ se propage à la vitesse $\boldsymbol{v}$; dans les conditions du calcul des sections efficaces, son étalement est négligeable ; sa forme étant choisie une fois pour toutes, on a (équ. (X.13))

$$\varphi_{\boldsymbol{b}}(\boldsymbol{r}, t) = \mathrm{e}^{-\mathrm{i}\boldsymbol{k}\cdot\boldsymbol{b}-\mathrm{i}Et/\hbar}\chi(\boldsymbol{r} - \boldsymbol{v}\,t - \boldsymbol{b})\,\mathrm{e}^{\mathrm{i}\boldsymbol{k}\cdot\boldsymbol{r}}. \tag{47}$$

La fonction d'onde $\Psi_{\boldsymbol{b}}(\boldsymbol{R}, \boldsymbol{r}, t)$ définie par ces conditions initiales se met, une fois la collision terminée ($t \gg 0$) sous la forme

$$\Psi_{\boldsymbol{b}}(\boldsymbol{R}, \boldsymbol{r}, t) = \Phi(\boldsymbol{R}, t)\left[\varphi_{\boldsymbol{b}}(\boldsymbol{r}, t) + \psi_{\boldsymbol{b}}^{(d)}(\boldsymbol{r}, t)\right] \tag{48}$$

où $\psi_{\boldsymbol{b}}^{(d)}(\boldsymbol{r}, t)$ représente le paquet d'ondes divergentes (équ. (X.20))

$$\psi_{\boldsymbol{b}}^{(d)}(\boldsymbol{r}, t) \sim \mathrm{e}^{-\mathrm{i}\boldsymbol{k}\cdot\boldsymbol{b}-\mathrm{i}Et/\hbar}\chi[\boldsymbol{u}(r - vt) + \boldsymbol{s} - \boldsymbol{b}]\,f(\theta, \varphi)\,\frac{\mathrm{e}^{ikr}}{r}. \tag{49}$$

Comme nous nous trouvons dans le système du centre de masse, le paquet d'ondes $\Phi(\boldsymbol{R}, t)$ reste concentré à l'origine et la section efficace $\sigma^{(1)}(\Omega)$ de diffusion de la particule 1 dans la direction $\Omega \equiv (\theta, \varphi)$ est égale à la section efficace de diffusion de la particule relative dans la même direction, soit (§ X.6)

$$\sigma^{(1)}(\Omega) = |\,f(\theta, \varphi)\,|^2. \tag{50}$$

La section efficace $\sigma^{(2)}(\Omega)$ de diffusion de la particule 2 dans la direction Ω est égale à la section efficace de diffusion de la particule relative dans la direction opposée, soit

$$\sigma^{(2)}(\Omega) = |\,f(\pi - \theta, \varphi + \pi)\,|^2. \tag{51}$$

Lorsque les deux particules sont identiques, ce traitement doit subir deux importantes modifications :

(*a*) les appareils de détection ne distinguent pas entre les particules 1 et 2, la section efficace $\sigma(\Omega)$ doit être redéfinie en conséquence ;

([11]) En toute rigueur, l'état initial doit être représenté par un produit du type (3) puisqu'il ne peut exister de corrélation entre les particules qu'à partir du moment où elles entrent en collision. Un produit du type $\Phi\varphi$ ne peut se mettre sous la forme (3) que pour des formes particulières des ondes Φ et φ

Exemple : $\Phi\varphi \propto \exp\left[\mathrm{i}\,(\boldsymbol{K}.\boldsymbol{R} + \boldsymbol{k}.\boldsymbol{r}) - a\,(4(\boldsymbol{R} - \boldsymbol{R}_0)^2 + (\boldsymbol{r} - \boldsymbol{r}_0)^2)\right]$.

En fait le calcul des sections efficaces est indépendant de la forme particulière des paquets d'ondes initiaux et l'erreur faite en partant d'un paquet d'ondes du type $\Phi\varphi$ est négligeable. Ceci a été implicitement admis dans la discussion du § X.7.

(*b*) la fonction Ψ_b doit être correctement symétrisée.

La modification (*a*) n'est pas particulière à la Mécanique Quantique. Nous convenons de définir $\sigma(\Omega)$ comme le nombre de particules (1 et 2) émises dans l'angle solide $(\Omega, \Omega + d\Omega)$ par unité de temps et par unité de flux incident, soit (cf. équ. (5))

$$\sigma(\Omega) = \sigma^{(1)}(\Omega) + \sigma^{(2)}(\Omega). \tag{52}$$

Il faut bien prendre garde qu'avec cette définition

$$\sigma^{(\text{tot.})} = \tfrac{1}{2} \int \sigma(\Omega)\, d\Omega \tag{53}$$

si l'on conserve la définition habituelle de la section efficace totale $\sigma^{(\text{tot.})}$. à savoir le nombre de particules éliminées du faisceau incident par unité de temps et par unité de flux incident.

La modification (*b*) est au contraire de nature spécifiquement quantique. Le paquet d'ondes correctement symétrisé reproduisant *les mêmes conditions initiales* que $\Psi_b(R, r, t)$ est

$$\widehat{\Psi}_b(R, r, t) = \frac{1}{\sqrt{2}}[\Psi_b(R, r, t) \pm \Psi_b(R, -r, t)].$$

En effet, avant collision ($t \ll 0$), cette fonction $\widehat{\Psi}_b$ prend la forme $\Phi(R, t)\,\widehat{\varphi}_b(r, t)$, avec (équ. (47))

$$\widehat{\varphi}_b(r, t) = e^{-ik\cdot b - iEt/\hbar}\frac{1}{\sqrt{2}}[\chi(r - vt - b)\, e^{ik\cdot r} \pm \chi(-r - vt - b)\, e^{-ik\cdot r}]$$

$\Phi\widehat{\varphi}$ est donc la somme de deux ondes. La première représente l'état initial d'une collision dans le système du centre de masse dans laquelle la particule 1 va à la rencontre de la particule 2 à la vitesse relative v et avec le paramètre d'impact b ; la seconde représente le même état lorsque les rôles des particules 1 et 2 sont échangés. Comme ces deux ondes ne se chevauchent pas (puisque $t \ll 0$) et qu'elles ont chacune la norme $\frac{1}{2}$, $\Phi\widehat{\varphi}$ est une fonction d'onde de norme 1 représentant, comme $\Phi\varphi$, deux particules se propageant à la rencontre l'une de l'autre dans le système de leur centre de masse à la vitesse relative v et avec le paramètre d'impact b.

Après collision, $\widehat{\Psi}_b$ se met, comme Ψ_b, sous forme d'une somme de deux termes (cf. équ. (48)). Le premier, $\Phi\widehat{\varphi}$, représente l'onde transmise et n'intervient pas dans le calcul de la section efficace. Le second, $\Phi\widehat{\psi}^{(d)}$, représente l'onde diffusée et se déduit de $\Phi\psi^{(d)}$ en effectuant sur $\psi^{(d)}$ la même opération de symétrisation que celle qui fait passer de Ψ_b à $\widehat{\Psi}_b$:

$$\widehat{\psi}_b^{(d)}(r, t) = \frac{1}{\sqrt{2}}[\psi_b^{(d)}(r, t) \pm \psi_b^{(d)}(-r, t)].$$

Si l'on se reporte à l'expression asymptotique (49), on voit qu'on passe de $\Phi\psi^{(d)}$ à $\Phi\widehat{\psi}^{(d)}$ en remplaçant l'amplitude de diffusion $f(\theta, \varphi)$ par l'amplitude symétrisée :

$$\widehat{f}(\theta, \varphi) = \frac{1}{\sqrt{2}}[f(\theta, \varphi) \pm f(\pi - \theta, \varphi + \pi)].$$

De l'expression des paquets d'ondes diffusés, on déduit la section efficace de diffusion par les mêmes manipulations que lorsque les deux particules sont distinctes, ce qui donne

$$\sigma^{(1)}(\Omega) = |\widehat{f}(\theta, \varphi)|^2 = \tfrac{1}{2}|f(\theta, \varphi) \pm f(\pi - \theta, \varphi + \pi)|^2$$
$$\sigma^{(2)}(\Omega) = |\widehat{f}(\pi - \theta, \varphi + \pi)|^2 = \sigma^{(1)}(\Omega)$$

d'où, conformément à la définition (52),

$$\sigma(\Omega) = 2|\widehat{f}(\theta, \varphi)|^2 = |f(\theta, \varphi) \pm f(\pi - \theta, \varphi + \pi)|^2. \tag{54}$$

Rappelons que l'amplitude de diffusion $f(\theta, \varphi)$ est le coefficient de l'onde sortante dans la solution stationnaire de l'équation de Schrödinger

$$\frac{\hbar^2}{m}(\Delta + k^2)\psi(\boldsymbol{r}) = V(\boldsymbol{r})\psi(\boldsymbol{r})$$

dont la forme asymptotique est $e^{i\boldsymbol{k}\cdot\boldsymbol{r}} + f(\theta, \varphi)\dfrac{e^{ikr}}{r}$.

L'amplitude de diffusion symétrisée $\widehat{f}(\theta, \varphi)$ est égale à $\sqrt{2}$ fois la partie paire de $f(\theta, \varphi)$ ou $\sqrt{2}$ fois sa partie impaire selon qu'il s'agit de bosons ou de fermions. Si le potentiel V est central, la partie paire de $f(\theta)$ est la somme des contributions des ondes partielles d'ordre pair, sa partie impaire la somme des contributions des ondes partielles d'ordre impair. A énergie suffisamment basse pour que la seule contribution notable soit celle de l'onde s, deux fermions (sans spin), ne sont pratiquement pas diffusés l'un par l'autre, deux bosons ont une section efficace de diffusion quatre fois plus forte que s'ils pouvaient être considérés comme distincts (l'amplitude de diffusion est multipliée par 2 et la section efficace est égale au double du module au carré de cette amplitude symétrisée ; les deux effets rendent compte du facteur 4).

10. Collision de deux protons

Le traitement du paragraphe précédent s'étend sans difficulté à la collision entre particules identiques douées de spin. Nous allons examiner à titre d'exemple la collision de deux protons dans l'hypothèse où le potentiel d'interaction est purement central. Le spin total des deux protons est une constante du mouvement, mais l'interaction peut ne pas être la même dans l'état singulet et dans l'état triplet ; nous désignons par $f_s(\theta)$ et $f_t(\theta)$ les amplitudes de diffusion (non symétrisées) correspondant à l'état singulet et l'état triplet respectivement.

Comme les protons sont des fermions, la fonction d'onde décrivant un système de deux protons doit être antisymétrique dans l'échange de ces deux particules. Si cette fonction représente un état triplet, elle est symétrique dans l'échange des spins, donc antisymétrique dans l'échange de $\boldsymbol{r}^{(1)}$ et $\boldsymbol{r}^{(2)}$, et l'amplitude de diffusion symétrisée est $\widehat{f}_t(\theta) = \frac{1}{\sqrt{2}}[f_t(\theta) - f_t(\pi - \theta)]$; la section efficace de diffusion mutuelle de deux protons dans l'état triplet est donc

$$\sigma_t(\Omega) = 2\,|\widehat{f}_t(\theta)|^2 = |f_t(\theta) - f_t(\pi - \theta)|^2.$$

Si cette fonction représente un état singulet, elle est antisymétrique dans l'échange des spins, donc symétrique dans l'échange des coordonnées d'espace et l'amplitude de diffusion symétrisée est $\widehat{f}_s(\theta) = \frac{1}{\sqrt{2}}[f_s(\theta) + f_s(\pi - \theta)]$; la section efficace de diffusion mutuelle de deux protons dans l'état singulet est donc

$$\sigma_s(\Omega) = 2\,|\widehat{f}_s(\theta)|^2 = |f_s(\theta) + f_s(\pi - \theta)|^2.$$

Si l'on expose une cible de protons non polarisés à un faisceau de protons non polarisés, dans chaque collision les spins du proton incident et du proton cible sont orientés au hasard ; comme l'espace des états triplets a trois dimensions et celui des singulets une dimension, le spin total initial a une probabilité $\frac{3}{4}$ d'être un triplet et $\frac{1}{4}$ d'être un singulet, d'où

$$\begin{aligned}\sigma(\Omega) &= \tfrac{3}{4}\sigma_t(\Omega) + \tfrac{1}{4}\sigma_s(\Omega) \\ &= \tfrac{3}{4}|f_t(\theta) - f_t(\pi - \theta)|^2 + \tfrac{1}{4}|f_s(\theta) + f_s(\pi - \theta)|^2.\end{aligned} \tag{55}$$

Si, en particulier, les forces sont indépendantes des spins,

$$f_s(\theta) = f_t(\theta) = f(\theta)$$

et l'on trouve, tous calculs faits,

$$\sigma(\Omega) = |f(\theta)|^2 + |f(\pi - \theta)|^2 - \tfrac{1}{2}[f^*(\theta)f(\pi - \theta) + f(\theta)f^*(\pi - \theta)]. \tag{56}$$

En particulier, si l'on se trouve à énergie suffisamment basse pour pouvoir négliger l'effet des forces nucléaires et traiter $V(r)$ comme un potentiel de répulsion Coulombienne pure e^2/r, l'amplitude $f(\theta)$ est donnée par la formule (XI.33) et la section efficace de diffusion est donnée par la *formule de Mott*

$$\sigma(\Omega) = \left(\frac{e^2}{4E}\right)^2 \left[\sin^{-4}\frac{\theta}{2} + \cos^{-4}\frac{\theta}{2} - \sin^{-2}\frac{\theta}{2}\cos^{-2}\frac{\theta}{2}\cos\left(\frac{e^2}{\hbar v}\ln\left(\mathrm{tg}^2\frac{\theta}{2}\right)\right)\right] \tag{57}$$

dans laquelle E est l'énergie dans le système du centre de masse et v la vitesse relative des deux protons ; il est instructif de comparer cette formule avec la formule de Rutherford (équ. (XI.36)).

Le calcul classique ne donnerait que les deux premiers termes de la formule de Mott :

$$\sigma_{\text{cl.}}(\Omega) = \left(\frac{e^2}{4E}\right)^2 \left[\sin^{-4}\frac{\theta}{2} + \cos^{-4}\frac{\theta}{2}\right].$$

Le troisième terme est dû à l'effet purement quantique d'interférence entre les amplitudes de diffusion $f(\theta)$ et $f(\pi - \theta)$. Lorsque $e^2/\hbar v \gg 1$ ce terme présente de nombreuses oscillations autour de 0 et celles-ci sont d'autant plus serrées que l'on s'éloigne de l'angle $\theta = \frac{1}{2}\pi$ (dans l'un ou l'autre sens). A la limite où $\hbar \to 0$, ces oscillations conservent la même amplitude mais deviennent de plus en plus serrées, de sorte que la valeur moyenne de $\sigma(\Omega)$ prise sur un angle solide $\delta\Omega$ petit mais non nul tend vers la section efficace $\sigma_{\text{cl.}}(\Omega)$.

11. Statistique des noyaux d'atome

Tout noyau d'atome peut éventuellement être assimilé à une particule douée d'un certain spin j.

Dans toute question de physique atomique, ceci constitue une excellente approximation. Pour bien comprendre en quoi elle consiste, considérons un noyau d'atome. C'est un assemblage formé d'un certain nombre $\mathcal{N}$ de nucléons, soit Z protons et N neutrons ($\mathcal{N} = Z + N$). Les variables dynamiques du noyau sont les fonctions des variables fondamentales de ses $\mathcal{N}$ constituants. Soient $\boldsymbol{R}$ et $\boldsymbol{P}$, la position et l'impulsion de son centre de masse (cf. § IX.13) et soit ρ l'ensemble des variables internes, spins des nucléons, positions et impulsions relatives des nucléons les uns par rapport aux autres. Parmi ces dernières, figure notamment le moment cinétique total $\boldsymbol{j}$ des variables internes que l'on désigne couramment sous le nom de *spin du noyau* : $\boldsymbol{j}$ est la somme des spins des $\mathcal{N}$ nucléons et des $(\mathcal{N} - 1)$ moments cinétiques orbitaux relatifs ; suivant les lois de composition des moments cinétiques, j peut prendre des valeurs entières ou demi-entières selon que $\mathcal{N}$ est pair ou impair.

En l'absence de champ extérieur, le mouvement du centre de masse se sépare du reste et l'Hamiltonien du système est la somme de deux termes, l'énergie cinétique du centre de masse $\boldsymbol{P}^2/2M$ (M, masse totale du noyau) et l'énergie interne $h(\rho)$ comprenant l'énergie cinétique des nucléons et leur énergie d'interaction mutuelle. h possède un certain nombre d'états liés ; nous désignons par ε_0 la valeur propre de l'état fondamental. Comme les forces entre nucléons sont invariantes par rotation, $h(\rho)$ commute avec les trois composantes de $\boldsymbol{j}$ (cf. chap. XIII) ; chaque valeur propre de son spectre discret correspond à une valeur bien déterminée j du spin et présente une dégénérescence d'ordre $2j + 1$. Nous désignons désormais par j le spin du fondamental, par μ les valeurs possibles de $j_z (\mu = -j, -j+1, \ldots, +j)$ et par χ_μ la fonction propre de l'état fondamental de moment cinétique $(j\,\mu)$:

$$h(\rho)\,\chi_\mu = \varepsilon_0\,\chi_\mu \qquad j_z\,\chi_\mu = \mu\,\chi_\mu.$$

Les $(2j + 1)$ vecteurs χ_μ ne diffèrent que par leur orientation, ils se déduisent les uns des autres par action répétée de j_+ ou de j_- et forment une base de représentation possible de l'opérateur vectoriel $\boldsymbol{j}$. En pratique, les rayons des noyaux sont de l'ordre de 10^{-13} à 10^{-12} cm et par conséquent la distance mutuelle des nucléons du noyau dans l'état χ_μ a pour valeur moyenne une longueur de cet ordre.

Tant que le noyau reste au fondamental, la fonction d'onde du système est de la forme $\sum_\mu \psi(\boldsymbol{R}, \mu)\, \chi_\mu$ et l'assimilation à une particule de spin j dont la fonction d'onde est $\psi(\boldsymbol{R}, \mu)$ dans la représentation $\{ \boldsymbol{R}, j_z \}$ est rigoureusement justifiée ; $h(\rho)$ peut être remplacé par la constante ε_0 dans l'Hamiltonien et l'évolution au cours du temps de $\psi(\boldsymbol{R}, \mu)$ est bien celle de la fonction d'onde d'une particule libre de masse M (à un facteur de phase constant près n'ayant aucune signification physique).

Supposons le noyau plongé dans un champ extérieur, un champ électrique de potentiel $V(\boldsymbol{r})$ par exemple. L'Hamiltonien comporte, en plus des termes précédents, les potentiels d'interaction des Z protons avec le champ extérieur et l'assimilation à une particule de spin j ne peut plus être qu'approchée car l'Hamiltonien ne commute plus avec $h(\rho)$. C'est néanmoins une excellente approximation si la valeur du champ varie peu sur une distance de l'ordre du rayon du noyau car on peut remplacer la valeur du champ à l'emplacement de chaque proton par sa valeur à l'emplacement du centre de masse ; l'interaction extérieure s'écrit alors $ZeV(\boldsymbol{R})$ et l'Hamiltonien possède des états propres de la forme $\Sigma_\mu \psi(\boldsymbol{R}, \mu)\, \chi_\mu$, où $\psi(\boldsymbol{R}, \mu)$ est un état stationnaire d'une particule de masse M, de spin j et de charge Ze dans le potentiel électrique $V(\boldsymbol{R})$ ([12]).

Considérons un système comprenant n noyaux. Nous les supposons tous dans leur état fondamental et assimilons chacun d'eux à une particule de spin donné. Cette approximation est parfaitement justifiée tant que les noyaux restent suffisamment éloignés les uns des autres, comme c'est le cas des noyaux d'une molécule ou d'un solide. Si l'on désigne par $\boldsymbol{R}^{(i)}$ la position du i^{eme} noyau et par $\mu^{(i)}$ la composante suivant Oz de son spin, la fonction d'onde du système est une certaine fonction des $\boldsymbol{R}^{(i)}$ et des $\mu^{(i)}$, dont l'évolution est régie par un certain Hamiltonien dépendant des variables $\boldsymbol{R}^{(i)}$, $\boldsymbol{P}^{(i)}$, et $\boldsymbol{j}^{(i)}$.

Examinons dans quelle mesure cette description simplifiée peut être affectée par le postulat de symétrisation. De toute évidence — on peut d'ailleurs le vérifier par un argument analogue à celui du § 8 — ce postulat n'entre en ligne de compte que lorsque le système contient des noyaux identiques. Deux noyaux différents sont des particules distinctes en dépit du fait que leurs constituants, neutrons et protons, sont identiques.

Considérons donc un système de deux noyaux identiques de spin j. Nous décrivons l'état de ce système au moyen de la fonction d'onde $\psi(\boldsymbol{R}^{(1)}, \mu^{(1)}; \boldsymbol{R}^{(2)}, \mu^{(2)})$; l'échange des deux noyaux est l'opération P définie par

$$P\psi = \psi(\boldsymbol{R}^{(2)}, \mu^{(2)}; \boldsymbol{R}^{(1)}, \mu^{(1)}).$$

([12]) Les premières corrections à cette approximation préservent cette image du noyau d'atome ; elles consistent à lui attribuer un moment quadrupolaire (si $j > \frac{1}{2}$), lequel peut s'exprimer en fonction des composantes de $\boldsymbol{j}$; l'effet quadrupolaire se traduit donc par un couplage du spin du noyau avec le champ extérieur.

Ce système comprend en réalité $2Z$ protons et $2N$ neutrons et son état dynamique s'obtient en antisymétrisant par rapport aux protons et par rapport aux neutrons le vecteur

$$\Psi = \sum_{\mu_1 \mu_2} \psi(\boldsymbol{R}^{(1)}, \mu_1 ; \boldsymbol{R}^{(2)}, \mu_2)\, \chi^{(1)}_{\mu_1} \chi^{(2)}_{\mu_2}.$$

L'opération P consiste à échanger les protons et les neutrons du premier noyau avec les protons et les neutrons de l'autre, soit en tout $\mathcal{N}$ transpositions élémentaires ; comme le vecteur état correctement antisymétrisé change de signe dans une transposition élémentaire, on en déduit que $P\Psi = (-)^{\mathcal{N}}\Psi$, donc que

$$P\psi = (-)^{\mathcal{N}}\psi.$$

Ceci se généralise sans difficulté à un système contenant plus de deux noyaux identiques. La fonction d'onde du système doit être symétrique ou antisymétrique par rapport aux permutations des noyaux identiques, selon que ces derniers contiennent un nombre pair ou impair de nucléons.

En d'autres termes, les noyaux d'atomes sont :

(*a*) des *bosons* s'ils contiennent un nombre *pair* de nucléons ;

(*b*) des *fermions* s'ils contiennent un nombre *impair* de nucléons.

Ces différences de statistique se manifestent de façon spectaculaire dans de nombreux phénomènes où les effets d'origine purement nucléaire ne semblent devoir jouer aucun rôle. Citons en particulier les remarquables propriétés de l'hélium liquide He^4 aux très basses températures ; He^4 obéit à la statistique de Bose-Einstein ; l'isotope He^3, qui obéit à la statistique de Fermi-Dirac, se comporte aux basses températures de façon fondamentalement différente.

Un autre exemple, sur lequel nous aurons l'occasion de revenir (§ XVIII.17), est celui des spectres de bande des molécules diatomiques homonucléaires.

12. Atomes complexes. Approximation du champ central

Le principe de Pauli affecte profondément la structure des spectres des atomes complexes.

En l'absence de champ extérieur, l'Hamiltonien d'un atome de Z électrons est donné par l'équation (XIII.71) ; c'est un opérateur indépendant du spin des électrons ; en toute rigueur, il faudrait lui ajouter des termes d'interaction spin-orbite, mais ceux-ci peuvent être négligés dans la présente discussion. Sauf dans le cas particulier de l'atome d'hydrogène ($Z = 1$), le problème de valeurs propres d'un Hamiltonien de ce type ne peut être rigoureusement résolu.

Pour déterminer les états stationnaires de l'atome, on utilise couramment l'approximation des particules indépendantes ou *approximation du champ central*, suivant laquelle chaque électron se meut indépendamment des autres dans un potentiel central $V(r)$ représentant l'attraction du noyau et l'effet moyen dû à la répulsion des autres électrons. Ce dernier effet dépend évidemment de l'état dynamique des autres électrons ; le même potentiel $V(r)$ ne saurait donc rendre compte, même approximativement, de la totalité du spectre de l'atome. Cependant, si on se limite à la recherche de l'état stationnaire et des premiers états excités, on peut se fixer $V(r)$ une fois pour toutes. L'approximation est d'autant meilleure que ce potentiel a été judicieusement choisi. En gros, l'effet des électrons est de faire écran au Champ coulombien pur du noyau et cet effet est d'autant plus sensible que l'on s'éloigne du noyau : $V(r)$ se comporte comme $-Z e^2/r$ au voisinage de l'origine, dévie de plus en plus de cette forme coulombienne pure au fur et à mesure que r augmente et se comporte comme $-e^2/r$ dans la zone asymptotique. Ces indications semi-quantitatives nous suffiront pour le moment. Deux méthodes de détermination systématique de $V(r)$, celle de Thomas et Fermi (§ 13) et celle de Hartree, Fok et Dirac (chap. XVIII), seront exposées ultérieurement.

A l'approximation du champ central, l'Hamiltonien s'écrit

$$H = h^{(1)} + h^{(2)} + \ldots + h^{(Z)} \tag{58}$$

avec

$$h = \frac{p^2}{2m} + V(r).$$

Les vecteurs propres de H sont les déterminants de Slater $Z \times Z$ que l'on peut former avec les vecteurs d'un système de base de h. La valeur propre de H correspondant à un déterminant de Slater donné est égale à la somme des énergies des Z états individuels figurant dans ce déterminant. Le problème de valeurs propres de H est donc aisément résolu lorsqu'on connaît la solution du problème de valeurs propres de l'Hamiltonien individuel h.

h est l'Hamiltonien d'une particule de spin $\frac{1}{2}$ dans un potentiel central indépendant du spin. La solution de son problème de valeurs propres a été donnée au chapitre IX pour une particule sans spin. Le seul effet du spin est de doubler la dégénérescence de chaque niveau. h, l^2, l_z et s_z forment un ensemble complet d'observables qui commutent et leurs vecteurs de base $|n\, l\, m_l\, m_s\rangle$ sont repérés par les quatre nombres quantiques n, l, m_l, m_s ; m_s, nombre quantique de spin, peut prendre les valeurs $+\frac{1}{2}$ et $-\frac{1}{2}$; n, nombre quantique principal, a même définition que dans le problème de l'atome d'hydrogène (le nombre de nœuds de la fonction radiale est $n - l - 1$). Comme l'énergie propre de chaque état, ε_{nl}, ne dépend que de n et l, chaque niveau individuel est $2(2l + 1)$ fois dégénéré.

L'ordre de succession des niveaux ε_{nl} dans le spectre d'énergie ne dépend pas de façon très critique de la forme du potentiel $V(r)$. A valeur de l donnée, ils sont rangés par ordre de n croissants. Si $V(r)$ se réduisait au champ coulombien du noyau, les niveaux correspondant à la même valeur de n ($l = 0, 1, \ldots, n-1$) seraient tous confondus (cf. fig. XI-1). L'effet d'écran des autres électrons se traduit par un relèvement de tous ces niveaux, relèvement d'autant plus prononcé que l'électron se trouve en moyenne plus loin du noyau, donc que chacun des deux nombres n et l sont grands. Tant qu'on se limite à l'étude de l'état fondamental et des premiers états excités des atomes, l'ordre de succession des niveaux individuels est pratiquement le même pour tous les atomes, soit

1s	2s	2p	3s	3p	[4s, 3d]	4p	[5s, 4d]	5p	[6s, 4f, 5d]	6p	[7s, 5f, 6d]
2	2	6	2	6	2 + 10	6	2 + 10	6	2 + 14 + 10	6	2 + 14 + 10

Les niveaux entre crochets sont presque confondus et leur ordre de succession peut varier d'un atome à l'autre ; le nombre situé au-dessous de chaque terme de cette liste est l'ordre de dégénérescence du niveau qu'il représente.

A chaque collection de Z états individuels distincts, correspond un déterminant de Slater, donc un état stationnaire de l'atome. L'énergie de cet état étant la somme des énergies des états individuels qui le composent, ne dépend que du nombre des électrons occupant chacun des niveaux ε_{nl}. La donnée des nombres d'occupation de chaque niveau individuel définit une *configuration* : suivant cette définition, les états correspondant à la même configuration ont même énergie.

Soit ν_i le nombre d'électrons occupant le niveau ε_i. ν_i est au plus égal à l'ordre de dégénérescence g_i de ce niveau. Si $\nu_i = g_i$, on dit que ces électrons forment une *couche complète* (closed shell) ; si $\nu_i < g_i$, la couche est *incomplète*. Il existe $g_i!/\nu_i!(g_i - \nu_i)!$ façons de répartir les ν_i électrons entre les g_i états individuels disponibles du niveau. Par suite, les configurations sont presque toutes, sinon toutes, dégénérées. Les seules configurations non dégénérées sont celles qui sont formées exclusivement de couches complètes.

On forme la configuration fondamentale en répartissant les Z électrons sur les niveaux d'énergies les plus profonds : au fondamental, ceux-ci sont donc répartis en un certain nombre h de couches sur les h premiers niveaux ; les $(h - 1)$ couches les plus profondes sont complètes, la $h^{\text{ième}}$ ne l'est en général pas, sauf pour des valeurs très particulières de Z ($Z = 2, 4, 10$, 12, 18, etc.).

Considérons à titre d'exemple l'atome de carbone ($Z = 6$). Au fondamental, les couches 1s et 2s sont complètes et les 2 électrons restant se trouvent sur la couche 2p ; comme il existe $C_6^2 = 15$ façons différentes de répartir ces 2 électrons entre les 6 états disponibles de la couche 2p, le fondamental de l'atome de carbone (à l'approximation des particules indépendantes) est 15 fois dégénéré. Dans le cas du Néon ($Z = 10$), l'état fondamental est celui où les couches 1s, 2s et 2p sont complètement occupées ; cet état n'est pas dégénéré.

Les électrons situés sur les couches les plus profondes sont aussi ceux qui se trouvent le plus près du noyau ; les propriétés chimiques de l'atome sont pratiquement indépendantes du mouvement de ces électrons : aux faibles énergies mises en jeu dans les réactions chimiques, les interactions entre atomes dépendent essentiellement, sinon exclusivement, des mouvements des électrons sur la couche externe de chaque atome. Deux atomes dont les couches externes ont des structures électroniques similaires ont donc des propriétés chimiques voisines. Ainsi la couche externe de chacun des gaz rares de l'air (Ne, A, Kr, Xe) est une couche p complète ; celle des halogènes (F, Cl, Br, I) une couche p à laquelle manque un électron pour qu'elle soit complète ; celle des alcalins (Na, K, Rb, Cs) est une couche s contenant un électron et la couche complète d'énergie immédiatement inférieure est une couche p. De façon tout à fait générale, la place qu'occupe chaque élément chimique dans la table de Mendéleev peut être aisément prédite, si l'on connaît l'ordre de succession des couches électroniques ([13]).

13. Le modèle de Thomas-Fermi de l'atome

Lorsque $Z \gg 1$, on peut déterminer le potentiel correspondant à l'état fondamental en appliquant une méthode semi-classique due à Thomas et Fermi.

Soit $\rho(\boldsymbol{r})$ la densité de probabilité de trouver un électron dans l'élément de volume $(\boldsymbol{r}, \boldsymbol{r} + \mathrm{d}\boldsymbol{r})$ lorsque l'atome se trouve dans son état fondamental. Nous admettons que cette fonction possède la symétrie sphérique. Elle satisfait à la condition de normalisation

$$4\pi \int_0^\infty \rho(r)\, r^2\, \mathrm{d}r = Z. \tag{59}$$

L'ensemble des Z électrons forme autour du noyau un nuage d'électricité négative dont la densité est égale en moyenne à $-e\rho(r)$. L'ensemble des charges électriques réparties dans l'atome crée donc un potentiel électrique moyen $\Phi(r)$ dont les sources sont :

(*i*) la charge ponctuelle du noyau, située à l'origine et égale à Ze ;
(*ii*) la distribution continue d'électricité de densité $-e\rho(r)$.

Autrement dit, Φ est la solution de l'équation de Poisson

$$\Delta\Phi \equiv \frac{1}{r}\left(\frac{\mathrm{d}^2}{\mathrm{d}r^2} r\right)\Phi = 4\pi e\rho \tag{60}$$

ayant pour comportement à l'origine

$$\lim_{r\to 0} r\Phi = Ze. \tag{61}$$

A la limite où $Z \gg 1$, le champ électrique d'un électron est petit à côté de celui de tous les autres. On peut donc représenter par $-e\Phi(r)$ le poten-

([13]) Pour plus de détails concernant l'explication par la Théorie Quantique des propriétés chimiques des atomes, voir : M. BORN, *Atomic physics*, 6e éd. Blackie, Glasgow (1957). L. PAULING et E. B. WILSON, *Introduction to Quantum Mechanics*, Mc Graw-Hill, New York (1935), reprint Dover Publications Inc., 1985. Sur la théorie générale des spectres atomiques, voir : E. U. CONDON et G. H. SHORTLEY, *The theory of atomic spectra*, Cambridge University Press, 4e éd. (1957) ; G. RACAH, *Phys. Rev.*, **62**, 438 (1942) et **63**, 367 (1943).

tiel auquel est soumis chaque électron à l'approximation des particules indépendantes.

L'état fondamental de l'atome est celui où les Z électrons occupent les Z états quantiques d'énergies les plus basses que puisse occuper une particule de masse m dans le champ $-e\Phi$. La densité $\rho(r)$ est donc la somme des densités $|\psi|^2$ des Z premiers états. Il existe de toute évidence une relation fonctionnelle entre $\rho(r)$ et le potentiel $-e\Phi$. Pour la déterminer, nous avons recours à *l'approximation « semi-classique »* suivante.

A la limite classique, le nombre des états stationnaires situés dans la bande d'énergie $(\varepsilon, \varepsilon + \delta\varepsilon)$ est proportionnel au volume occupé par la même bande d'énergie dans l'espace des phases de la particule classique correspondante ; le facteur de proportionnalité, $2/h^3$, est le double de celui qui a été donné au § VI.11, puisque l'électron peut exister dans deux états de spin possibles. Lorsque les Z premiers états quantiques sont occupés, la distribution en énergie des électrons dans l'atome est donc la même que celle d'un mélange statistique de Z électrons classiques dont la densité en phase $n(\boldsymbol{r},\boldsymbol{p})$ est

$$n(\boldsymbol{r},\boldsymbol{p}) = \begin{cases} \dfrac{2}{h^3} & \text{si} \quad \varepsilon \equiv \dfrac{p^2}{2m} - e\Phi < \varepsilon_0 \\ 0 & \text{si} \quad \varepsilon > \varepsilon_0 \end{cases} \tag{62}$$

ε_0 est l'énergie du dernier état occupé. Comme le zéro de l'énergie peut être arbitrairement fixé, nous poserons désormais $\varepsilon_0 = 0$.

Nous admettons sans discussion que la distribution spatiale $\rho(r)$ des électrons dans l'atome est la même que celle de ce mélange statistique classique :

$$\rho(r) = \int n(\boldsymbol{r},\boldsymbol{p})\, \mathrm{d}\boldsymbol{p} = \frac{2}{h^3}\int_{\varepsilon<0} \mathrm{d}\boldsymbol{p}.$$

Remplaçant ε par son expression en fonction de $\boldsymbol{p}$ et Φ, nous trouvons, après une intégration simple,

$$\rho(r) = \begin{cases} \dfrac{8\pi}{3h^3}(2me\Phi)^{\frac{3}{2}} & \text{si} \quad \Phi > 0 \\ 0 & \text{si} \quad \Phi < 0 \end{cases} \tag{63}$$

Substituant cette expression au second membre de (60), nous obtenons une équation différentielle du second ordre pour Φ. Les conditions (59) et (61) achèvent de définir la fonction complètement. Les relations (61), (63), (59) et (62) sont les relations fondamentales du modèle de Thomas-Fermi.

Pour déduire Φ et ρ de ces relations, il est commode d'effectuer le changement de variable et de fonction

$$r = Z^{-\frac{1}{3}}\, bx \qquad \Phi = \frac{Ze}{r}\chi \tag{64}$$

avec

$$b = \frac{1}{2}\left(\frac{3\pi}{4}\right)^{\frac{2}{3}} \frac{\hbar^2}{me^2} \simeq 0{,}5 \times 10^{-8}\ \text{cm}. \tag{65}$$

De l'équation (63), nous déduisons l'expression de ρ en fonction des quantités sans dimension χ et x :

$$\rho = \begin{cases} \dfrac{Z^2}{4\pi b^3}\left(\dfrac{\chi}{x}\right)^{\frac{3}{2}} & \text{si} \quad \chi > 0 \\ 0 & \text{si} \quad \chi < 0. \end{cases} \tag{66}$$

L'équation fondamentale (60) est équivalente à l'équation

$$\frac{d^2\chi}{dx^2} = \begin{cases} x^{-\frac{1}{2}}\chi^{\frac{3}{2}} & \text{si} \quad \chi > 0 \\ 0 & \text{si} \quad \chi < 0. \end{cases} \tag{67}$$

La condition (61) donne $\chi(0) = 1$. De la forme même de l'équation (67), nous déduisons que $\chi(x)$ possède au plus un zéro dans l'intervalle $(0, \infty)$; soit x_0 la position de ce zéro, χ est certainement positif dans l'intervalle $(0, x_0)$ et négatif dans l'intervalle (x_0, ∞). La condition (59) s'écrit donc, compte tenu des expressions (64) et (66) et de l'équation différentielle (67) :

$$1 = \int_0^{x_0} \sqrt{x}\,\chi^{\frac{3}{2}}\,dx = \int_0^{x_0} x\,\chi''\,dx = x\,\chi' - \chi \Big|_0^{x_0} = x_0\,\chi'(x_0) + 1.$$

Cette condition impose à la dérivée χ' de s'annuler au même point que χ ; ceci équivaut à rejeter ce point à l'infini.

En conclusion, $\chi(x)$ est la solution de

$$\chi'' = x^{-\frac{1}{2}}\chi^{\frac{3}{2}} \tag{68}$$

satisfaisant aux conditions

$$\chi(0) = 1 \qquad \chi(\infty) = 0. \tag{69}$$

La loi universelle $\chi(x)$ doit être déterminée par intégration numérique. La figure 1 représente la courbe $\chi(x)$. Connaissant $\chi(x)$, on tire les fonc-

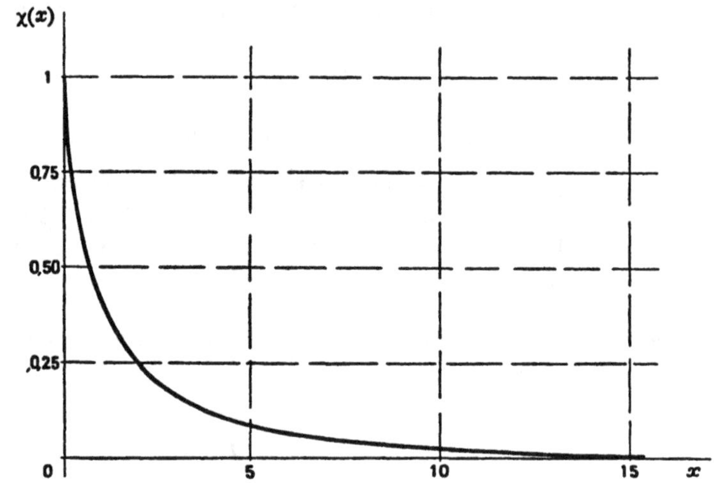

FIG. 1. — Fonction $\chi(x)$ de Thomas-Fermi :
$\chi'' = x^{-1/2}\chi^{3/2}$, $\quad \chi(0) = 1$, $\quad \chi(\infty) = 0$.

tions $\rho(r)$ et $\Phi(r)$ pour n'importe quelle valeur de Z en se servant des définitions (64)-(66).

Pour que l'approximation classique soit justifiée, il faut que la grande majorité des Z états électroniques individuels se trouve dans la « région des grands nombres quantiques » donc que $Z \gg 1$. Pour un atome donné, la densité électronique $\rho(r)$ et le potentiel électrostatique $\Phi(r)$ que donne le modèle de Thomas-Fermi sont ceux que l'on obtiendrait à la limite où le quantum d'action $\hbar$ et la charge $(-e)$ de chaque électron seraient infiniment petits et où le nombre Z des électrons gravitant autour du noyau serait infiniment grand, la longueur caractéristique $\hbar^2/me^2$ et la charge totale du nuage électronique $(-Ze)$ étant maintenues constantes [14].

On peut tirer du modèle de Thomas-Fermi une estimation du rayon de l'atome. Il existe un certain arbitraire dans la définition de ce rayon; en effet, comme la densité électronique ne s'annule qu'à l'infini; l'atome n'est pas un objet occupant une région bien délimitée de l'espace. Nous appellerons rayon de l'atome le rayon $R(\alpha)$ de la sphère centrée à l'origine et contenant une fraction donnée $(1-\alpha)$ des Z électrons de l'atome. Suivant cette définition

$$(1-\alpha)\, Z = 4\pi \int_0^R \rho(r)\, r^2\, \mathrm{d}r.$$

Posons

$$R(\alpha) = Z^{-\frac{1}{3}}\, b\, X(\alpha).$$

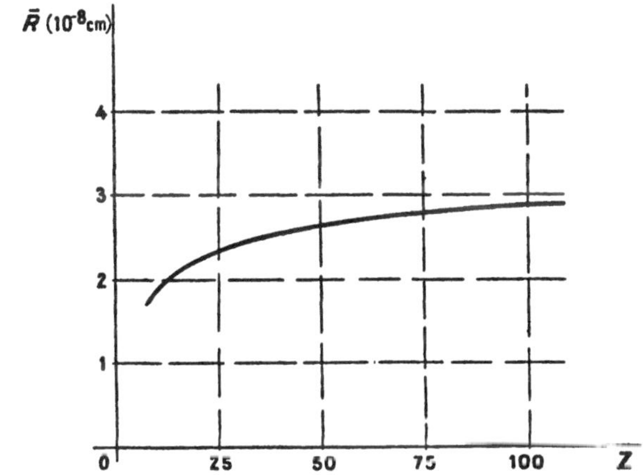

Fig. 2. — Dépendance, en fonction de Z, du rayon $\bar{R}$ de l'atome de Thomas-Fermi :

$$4\pi \int_0^{\bar{R}} \rho(R)\, r^2\, \mathrm{d}r = Z - 1.$$

[14] La méthode de Thomas-Fermi surestime la densité électronique au voisinage de l'origine ($r \lesssim b/Z$) et dans la région asymptotique ($r \gg b$) ; à l'origine $\rho(r)$ diverge comme $r^{-3/2}$ au lieu de rester fini, à l'infini $\rho(r)$ tend vers zéro comme r^{-6} au lieu de le faire exponentiellement.

Tenant compte des relations (64), (66) et (68), on obtient après un bref calcul l'équation suivante pour X :

$$\chi(X) - X\chi'(X) = \alpha.$$

Cette équation doit être résolue numériquement.

Si l'on adopte la même valeur de α pour tous les atomes, X est le même pour tous les atomes et le rayon atomique est proportionnel à $Z^{-\frac{1}{3}}$.

Si l'on pose $\alpha = 1/Z$, le rayon correspondant

$$\overline{R} = R\left(\frac{1}{Z}\right) = Z^{-\frac{1}{3}}\, b\, X\left(\frac{1}{Z}\right)$$

représente le rayon de la sphère contenant tous les électrons sauf un. La figure 2 donne la courbe de $\overline{R}$ en fonction de Z ; on note que $\overline{R}$ est pratiquement indépendant de Z ($\overline{R} \simeq 2\text{-}3 \times 10^{-8}$ cm).

14. Systèmes de nucléons et spin isotopique

Considérons un système comprenant Z protons et N neutrons. Son évolution est gouvernée par un certain Hamiltonien H. Neutrons et protons sont des particules similaires. Pour les distinguer les unes des autres, nous numérotons les protons de 1 à Z et les neutrons de $Z + 1$ à $Z + N \equiv \mathcal{N}$; nous désignons par A_Z l'antisymétriseur des Z premières particules et par A_N celui des N dernières et reprenons les notations des § 2-4. Soit

$$\varphi(q^{(1)}, q^{(2)}, \ldots, q^{(Z)}, q^{(Z+1)}, \ldots, q^{(\mathcal{N})})$$

une fonction d'onde représentant un état dynamique possible du système dans la représentation symétrique $\{Q\}$. φ est soumis aux conditions d'antisymétrisation

$$A_N\varphi = \varphi \qquad A_Z\varphi = \varphi. \tag{70}$$

Il existe un formalisme strictement équivalent au précédent pour décrire ce système de Z protons et N neutrons. Dans ce formalisme le neutron et le proton ne sont plus considérés comme deux particules distinctes mais comme deux états distincts d'une même particule, *le nucléon* : le système en question est décrit comme un système de $\mathcal{N}$ nucléons dont Z sont dans l'état proton et N dans l'état neutron ; les $\mathcal{N}$ nucléons sont des fermions identiques et les états dynamiques du système sont antisymétriques par rapport aux permutations de ces $\mathcal{N}$ fermions identiques. L'objet de ce paragraphe est de décrire cet autre formalisme et de démontrer son équivalence avec le formalisme précédent.

Pour distinguer entre l'état proton et l'état neutron, il faut attribuer à chaque nucléon une variable dynamique supplémentaire, sa charge, susceptible de prendre deux valeurs possibles ; nous désignerons par ϖ et ν les états propres correspondants : ϖ représente l'état proton, ν l'état neutron. L'espace de charge du nucléon est un espace à deux dimensions comme l'espace de spin. On peut donc y définir des opérateurs analogues à ceux que l'on introduit dans l'espace de spin et possédant les mêmes propriétés mathématiques que ces derniers. Considérons en particulier les trois matrices de Pauli ; dans la représentation où ϖ et ν sont vecteurs de base, ces matrices représentent dans l'espace de charge un opérateur vectoriel $\boldsymbol{\tau} \equiv (\tau_1, \tau_2, \tau_3)$ analogue au vecteur $\boldsymbol{\sigma} \equiv (\sigma_x, \sigma_y, \sigma_z)$; le vecteur

$$\boldsymbol{t} = \tfrac{1}{2}\boldsymbol{\tau} \tag{71}$$

est l'analogue du spin $\boldsymbol{s}$ et nous le désignerons sous le nom de *spin isotopique* du nucléon. Nous voyons que

$$t_3\varpi = \tfrac{1}{2}\tau_3\varpi = \tfrac{1}{2}\varpi \qquad t_3\,\nu = \tfrac{1}{2}\tau_3\,\nu = -\tfrac{1}{2}\nu.$$

Les projecteurs Π_ϖ et Π_ν sur les états proton et neutron respectivement, s'écrivent

$$\Pi_\varpi = \tfrac{1}{2}(1+\tau_3) \qquad \Pi_\nu = \tfrac{1}{2}(1-\tau_3) \tag{72}$$

et la charge du nucléon est représentée par l'opérateur

$$e\,\Pi_\varpi = \tfrac{1}{2}(1+\tau_3)e.$$

Le produit des $\mathcal{N}$ espaces de charge individuels est l'espace de charge $\mathcal{E}_C$ du système de $\mathcal{N}$ nucléons. La charge totale du système est représentée par l'opérateur

$$C \equiv \sum_{i=1}^{\mathcal{N}} e\,\Pi_\varpi^{(i)} = e(\tfrac{1}{2}\mathcal{N} + T_3), \tag{73}$$

T_3 étant la troisième composante du *spin isotopique total*

$$\boldsymbol{T} = \sum_{i=1}^{\mathcal{N}} \boldsymbol{t}^{(i)}. \tag{74}$$

On obtient une base orthonormée dans $\mathcal{E}_C$ en effectuant le produit de $\mathcal{N}$ vecteurs ϖ ou ν. En particulier, le vecteur de base

$$\zeta = \varpi^{(1)}\varpi^{(2)} \dots \varpi^{(Z)}\,\nu^{(Z+1)} \dots \nu^{(\mathcal{N})}$$

représente l'état de charge dans lequel les Z premières particules sont des protons et les N dernières des neutrons. Nous nous limiterons désormais aux états de charge $C = Ze$, soit

$$T_3 = \tfrac{1}{2}(Z-N).$$

On peut former $(\mathcal{N}\,!/Z\,!\,N\,!)$ vecteurs de base appartenant à cette valeur propre ; un vecteur de base typique, le vecteur

$$\zeta_\alpha = \varpi^{(\alpha_1)}\varpi^{(\alpha_2)} \dots \varpi^{(\alpha_Z)}\,\nu^{(\alpha_{Z+1})} \dots \nu^{(\alpha_{\mathcal{N}})},$$

représente l'état dans lequel les Z particules $\alpha_1, \alpha_2, \ldots, \alpha_Z$ sont des protons et les autres des neutrons.

Les vecteurs kets du système de $\mathcal{N}$ nucléons sont des vecteurs de l'espace formé par produit tensoriel de $\mathcal{E}_C$ et de l'espace $\mathcal{E}_0$ des autres variables dynamiques. Permuter ces $\mathcal{N}$ nucléons, c'est effectuer la même permutation simultanément sur leurs variables de charge et sur leurs autres variables : si P_C représente une permutation donnée des charges, P_0 la même permutation appliquée aux autres variables, la permutation de l'ensemble est représentée par l'opérateur

$$P = P_0 P_C.$$

L'antisymétriseur du système de $\mathcal{N}$ nucléons est l'opérateur

$$A = \frac{1}{\mathcal{N}!}\sum_P (-)^p P = \frac{1}{\mathcal{N}!}\sum_P (-)^p P_0 P_C. \tag{75}$$

Les états dynamiques du système de $\mathcal{N}$ nucléons correspondant à la charge Ze, sont des vecteurs Φ de l'espace $\mathcal{E}_C \otimes \mathcal{E}_0$ obéissant à la condition d'antisymétrisation.

$$A\,\Phi = \Phi \tag{76}$$

et à l'équation

$$T_3\,\Phi = \tfrac{1}{2}(Z - N)\,\Phi. \tag{77}$$

Nous allons montrer qu'il existe une correspondance biunivoque entre les vecteurs Φ soumis aux conditions (76) et (77) et les vecteurs φ de l'espace $\mathcal{E}_0$ soumis aux conditions (70), à savoir

$$|\Phi\rangle = \sqrt{\frac{\mathcal{N}!}{N!\,Z!}}\,A|\varphi\rangle\,|\zeta\rangle \tag{78}$$

$$|\varphi\rangle = \sqrt{\frac{\mathcal{N}!}{N!\,Z!}}\,\langle\zeta|\Phi\rangle, \tag{79}$$

et que cette correspondance biunivoque conserve le produit scalaire.

Soit, en effet, un vecteur $|\varphi\rangle$ obéissant aux conditions (70). Le vecteur $|\Phi\rangle$ que l'on en déduit par la formule (78) obéit évidemment à l'équation (76), et également à l'équation (77) car T_3 commute avec A et $T_3\,|\zeta\rangle = \frac{1}{2}(Z - N)\,|\zeta\rangle$.

Montrons que le produit scalaire partiel (79) redonne le vecteur $|\varphi\rangle$. On a :

$$\begin{aligned}\sqrt{\frac{\mathcal{N}!}{N!\,Z!}}\,\langle\zeta|\Phi\rangle &= \sqrt{\frac{\mathcal{N}!}{N!\,Z!}}\,\langle\zeta|A|\Phi\rangle \\ &= \frac{1}{N!\,Z!}\sum_P (-)^p\, P_0|\varphi\rangle\,\langle\zeta|P_C|\zeta\rangle.\end{aligned} \tag{80}$$

Or, les $\mathcal{N}!$ permutations peuvent être rangées en deux catégories. Celles de la première catégorie, que nous désignerons par F, échangent entre elles les Z premières particules et (ou) échangent entre elles les N dernières particules ;

les ($N\,!\,Z\,!$) permutations appartenant à cette catégorie laissent invariant le vecteur $|\zeta\rangle$ et multiplient le vecteur $|\varphi\rangle$ par $(-)^f$:

$$\langle\zeta|F_C|\zeta\rangle = 1 \qquad F_0|\varphi\rangle = (-)^f\,|\varphi\rangle.$$

Les permutations de la seconde catégorie, que nous désignerons par G, transforment le vecteur ζ en un autre vecteur de la suite ζ_α ; donc :

$$\langle\zeta|G_C|\zeta\rangle = 0.$$

Par suite, la somme du second nombre de (80) comprend ($N\,!\,Z\,!$) termes non nuls et ceux-ci sont tous égaux à $|\varphi\rangle$. Nous obtenons donc bien la relation (79).

Si enfin, $|\Phi\rangle$ et $|X\rangle$ se déduisent respectivement de $|\varphi\rangle$ et $|\chi\rangle$ par la correspondance (78), cette loi de correspondance conserve le produit scalaire. En effet,

$$|X\rangle = \sqrt{\frac{\mathcal{N}\,!}{N\,!\,Z\,!}}\; A|\chi\rangle\,|\zeta\rangle$$

et comme $|\Phi\rangle$ possède les propriétés (76) et (78),

$$\langle X|\Phi\rangle = \sqrt{\frac{\mathcal{N}\,!}{N\,!\,Z\,!}}\,\langle\chi|\,\langle\zeta|\Phi\rangle = \langle\chi|\varphi\rangle.$$

Il nous reste à montrer que la correspondance est biunivoque. Soit $|\Phi\rangle$ un vecteur soumis aux conditions (76) et (77) et $|\varphi\rangle$ le vecteur déduit de $|\Phi\rangle$ par la relation (79). Suivant la propriété (77), $|\Phi\rangle$ est une combinaison linéaire des vecteurs $|\zeta_\alpha\rangle$ dont les coefficients sont des vecteurs de l'espace $\mathcal{E}_0$:

$$|\Phi\rangle = \sqrt{\frac{\mathcal{N}\,!}{N\,!\,Z\,!}}\sum_\alpha |\varphi_\alpha\rangle\,|\zeta_\alpha\rangle$$

$|\varphi\rangle$ est le coefficient de ζ dans la somme du second membre. L'action d'une permutation du type F sur Φ donne

$$F|\Phi\rangle = \sqrt{\frac{\mathcal{N}\,!}{N\,!\,Z\,!}}\sum_\alpha (F_0|\varphi_\alpha\rangle)\,(F_C|\zeta_\alpha\rangle). \tag{81}$$

Cependant

$$F|\Phi\rangle = (-)^f\,|\Phi\rangle = \sqrt{\frac{\mathcal{N}\,!}{N\,!\,Z\,!}}\sum_\alpha (-)^f\,|\varphi_\alpha\rangle\,|\zeta_\alpha\rangle. \tag{82}$$

Or, F_C transforme les uns dans les autres les vecteurs $|\zeta_\alpha\rangle$; en particulier, il laisse invariant le vecteur $|\zeta\rangle$; le coefficient de $|\zeta\rangle$ dans le développement de $F|\Phi\rangle$ est donc celui de $F_C|\zeta\rangle$ au second membre de (81). Egalant ce coefficient à celui de $|\zeta\rangle$ dans le développement (82), on trouve

$$F_0|\varphi\rangle = (-)^f\,|\varphi\rangle.$$

Le vecteur $|\varphi\rangle$ correspondant au vecteur $|\Phi\rangle$ possède donc bien les propriétés d'antisymétrie (70). *C. Q. F. D.*

Ceci posé, tout état dynamique de Z protons et N neutrons représent par un vecteur $|\varphi\rangle$ dans le formalisme ordinaire, est représenté dans le nouveau formalisme par le vecteur correspondant $|\Phi\rangle$. Comme cette correspondance est biunivoque et comme elle conserve le produit scalaire, les amplitudes de probabilité calculées avec les vecteurs du nouveau formalisme sont égales aux amplitudes données par le formalisme ordinaire, ce qui assure l'équivalence des deux formalismes. Si une variable dynamique est représentée par un certain opérateur Q dans le formalisme ordinaire, elle est représentée dans le nouveau formalisme par un opérateur $\widehat{Q}$ de l'espace $\mathcal{E}_0 \otimes \mathcal{E}_C$; cet opérateur est symétrique par rapport aux $\mathcal{N}$ nucléons, il a même spectre de valeur propre que Q et ses états propres se déduisent de ceux de Q par la correspondance (78). $\widehat{Q}$ est l'opérateur symétrique dont les éléments de matrice satisfont à l'égalité

$$\langle X|\widehat{Q}|\Phi\rangle = \langle\chi|Q|\varphi\rangle. \tag{83}$$

A titre d'exemple, nous allons construire l'opérateur $\widehat{H}$, dans l'hypothèse où les forces entre nucléons sont uniquement des forces « deux à deux ».

Nous supposons donc que

$$H = K + V \tag{84}$$

K est l'énergie cinétique totale ; si $k_p(\xi)$ et $k_n(\xi)$ représentent l'énergie cinétique d'un proton et d'un neutron respectivement, on a

$$K = K_p + K_n$$

avec

$$K_p = \sum_{i \leqslant Z} k_p^{(i)} \qquad K_n = \sum_{i > Z} k_n^{(i)}$$

V, énergie potentielle totale, comprend $\frac{1}{2}\mathcal{N}(\mathcal{N} - 1)$ termes d'interaction deux à deux. Il y a $\frac{1}{2}Z(Z-1)$ termes d'interaction proton-proton :

$$V_{pp} = \sum_{i<j\leqslant Z} v_{pp}^{(ij)},$$

$v_{pp}^{(ij)} \equiv v_{pp}(\xi^{(i)}, \xi^{(j)})$ désignant le potentiel d'interaction entre le $i^{\text{ème}}$ et le $j^{\text{ème}}$ proton ; il y a de même ZN termes d'interaction proton-neutron :

$$V_{pn} = \sum_{i\leqslant Z} \sum_{j>Z} v_{pn}^{(ij)},$$

et $\frac{1}{2}N(N-1)$ termes d'interaction neutron-neutron

$$V_{nn} = \sum_{j>i>Z} v_{nn}^{(ij)}.$$

L'énergie potentielle totale s'écrit donc

$$V = V_{pp} + V_{pn} + V_{nn}.$$

L'opérateur $\widehat{K}$ correspondant à K est

$$\widehat{K} = \sum_{i=1}^{\mathcal{N}} (k_p^{(i)}\, \Pi_{\varpi}^{(i)} + k_n^{(i)}\, \Pi_{\nu}^{(i)}). \tag{85}$$

En effet, cet opérateur est symétrique ; il commute notamment avec A. Pour vérifier la propriété (83), il suffit de se reporter à la définition des vecteurs $|\Phi\rangle$ et $|X\rangle$ et des projecteurs Π_{ϖ} et Π_{ν} :

$$\begin{aligned}\frac{N!\,Z!}{\mathcal{N}!}\langle X|\widehat{K}|\Phi\rangle &= \langle\chi\zeta|A\widehat{K}A|\varphi\zeta\rangle \\ &= \langle\chi\zeta|\widehat{K}A|\varphi\zeta\rangle \\ &= \langle\chi\zeta|KA|\varphi\zeta\rangle\end{aligned}$$

d'où

$$\langle X|\widehat{K}|\Phi\rangle = \sqrt{\frac{\mathcal{N}!}{N!\,Z!}}\,\langle\chi\zeta|K|\Phi\rangle.$$

Mais comme l'opérateur K n'agit pas sur les variables de charge, le produit scalaire partiel $\langle\zeta|K|\Phi\rangle$ est égal à l'action de K sur $\langle\zeta|\Phi\rangle$; appliquant la propriété (79), nous trouvons

$$\langle X|\widehat{K}|\Phi\rangle = \langle\chi|K|\varphi\rangle.$$

De même façon, l'opérateur correspondant à V est

$$\widehat{V} = \widehat{V}_{pp} + \widehat{V}_{pn} + \widehat{V}_{nn} \tag{86}$$

où

$$\widehat{V}_{pp} = \sum_{i<j\leqslant\mathcal{N}} v_{pp}^{(ij)}\, \Pi_{\varpi}^{(i)}\, \Pi_{\varpi}^{(j)} \tag{86 a}$$

$$\widehat{V}_{pn} = \sum_{i<j\leqslant\mathcal{N}} v_{pn}^{(ij)}\, [\Pi_{\varpi}^{(i)}\, \Pi_{\nu}^{(j)} + \Pi_{\nu}^{(i)}\, \Pi_{\varpi}^{(j)}] \tag{86 b}$$

$$\widehat{V}_{nn} = \sum_{i<j\leqslant\mathcal{N}} v_{nn}^{(ij)}\, \Pi_{\nu}^{(i)}\, \Pi_{\nu}^{(j)}. \tag{86 c}$$

La vérification se fait suivant la même méthode que pour $\widehat{K}$.

La propriété que nous venons de démontrer à propos des ensembles de neutrons et de protons s'applique aussi bien à des systèmes comprenant plus de deux types de fermions. Considérons un système comprenant r types de fermions similaires mais distincts, soit n_1 fermions du type 1, n_2 du type 2, ..., n_r du type r. Au lieu de traiter les fermions de types différents comme des particules différentes, on peut considérer que les r types de fermions sont r états distincts $|1\rangle$, $|2\rangle$, ..., $|r\rangle$ d'un fermion unique et traiter le système comme un système comprenant $n_1 + n_2 + \ldots + n_r$ fermions de ce type unique dont n_1 se trouvent dans l'état $|1\rangle$, n_2 dans l'état $|2\rangle$, ..., n_r dans l'état $|r\rangle$. L'équivalence de ce formalisme « isotopique » avec le formalisme ordinaire se démontre en suivant le même canevas que dans le cas des systèmes de nucléons. Tout ce qui vient d'être dit peut être répété à propos des bosons. Il suffit de remplacer partout l'opération d'antisymétrisation par celle de symétrisation (Problème 9).

15. Utilité du spin isotopique. Indépendance de charge

Considérons un système de $\mathcal{N}$ nucléons. Tant qu'on se limite à une valeur déterminée du nombre Z des protons et du nombre N des neutrons, il est sans doute plus simple de traiter les protons et les neutrons comme des particules différentes (formalisme ordinaire) plutôt que comme des nucléons dans des états de charge différents (formalisme du spin isotopique).

Par contre, dans les phénomènes où la charge du système nucléaire n'est pas conservée, le formalisme du spin isotopique s'impose. Le cas type est celui de la radioactivité β ; ainsi, dans la désintégration d'un noyau radioactif β^-, le nombre $\mathcal{N}$ des nucléons reste constant, mais l'un des neutrons se transforme en proton. Pour rendre compte de ce phénomène, on traite le noyau comme un système de $\mathcal{N}$ nucléons en interaction avec le champ quantifié des électrons et des neutrinos. La théorie de la radioactivité β sort du cadre de ce livre. Nous la citons ici pour mémoire.

Ceci mis à part, le principal intérêt du formalisme du spin isotopique vient du fait que les interactions nucléaires sont pratiquement indépendantes de la charge des nucléons.

La masse du proton et celle du neutron sont égales à moins de 0,2 % près ; par suite, l'énergie cinétique de chaque nucléon est pratiquement indépendante de sa charge :

$$k_p = k_n = k. \tag{87}$$

Quant au potentiel nucléon-nucléon, il est, lui aussi, pratiquement indépendant de la charge dans la mesure où les interactions purement électromagnétiques peuvent être négligées ([15])

$$v_{pp} = v_{pn} = v_{nn} = v. \tag{88}$$

Nous allons examiner les conséquences de l'indépendance de charge dans l'hypothèse où les seules forces entre nucléons sont des forces deux à deux ([16]).

([15]) L'effet électromagnétique ne devient prépondérant que lorsque la distance mutuelle des nucléons devient suffisamment grande ($\gg 10^{-13}$ cm) ; aux grandes distances, v_{pn} et v_{nn} sont pratiquement nuls, v_{pp} se réduit à la répulsion coulombienne des deux protons. Pour une discussion des faits expérimentaux à l'appui de l'hypothèse d'indépendance de charge. Cf. BLATT et WEISSKOPF, *loc. cit.*, Note XIII-([2]) ; D. H. WILKINSON, *Phil. Mag.*, **1**, 1031 (1956).

([16]) Il n'est pas nécessaire de faire cette restriction sur la nature des forces pour démontrer l'équivalence entre l'indépendance de charge et la propriété d'invariance (91). On peut la démontrer dans le cas général en appliquant le théorème du § 18 de l'Appendice D.

Dans le formalisme ordinaire, l'hypothèse d'indépendance de charge se traduit par les deux propriétés suivantes de l'Hamiltonien H :

(*i*) il ne dépend pas de Z et N, mais seulement du nombre total $\mathcal{N}$ des particules du système ;

(*ii*) il est symétrique par rapport aux permutations de ces $\mathcal{N}$ particules et non plus seulement par rapport aux permutations des Z protons entre eux et (ou) des N neutrons entre eux.

En effet, si les relations (87) et (88) sont vérifiées, l'Hamiltonien (84) prend la forme

$$H = \sum_{i=1}^{\mathcal{N}} k^{(i)} + \sum_{i<j\leqslant\mathcal{N}} v^{(ij)} \tag{89}$$

où $\sum_{i<j\leqslant\mathcal{N}}$ indique comme dans les équations (86 *a*, *b* et *c*) la sommation sur chacun des $\frac{1}{2}\mathcal{N}(\mathcal{N}-1)$ couples $(i\,j)$ de la collection des $\mathcal{N}$ particules.

Dans le formalisme du spin isotopique, l'hypothèse d'indépendance se traduit par le fait que l'Hamiltonien $\widehat{H}$ est indépendant des variables de charge. Dans cette hypothèse en effet nous avons simplement

$$\widehat{H} = H \tag{90}$$

l'opérateur H du second membre étant considéré ici comme un opérateur de l'espace $\mathcal{E}_0 \otimes \mathcal{E}_C$. Pour le montrer, on peut ou bien partir de la définition (83) des opérateurs du formalisme du spin isotopique, ou bien calculer directement les expressions (85) et (86) de $\widehat{K}$ et de $\widehat{V}$ dans l'hypothèse où les relations (87) et (88) sont vérifiées ; ainsi, on trouve pour $\widehat{V}$

$$\widehat{V} = \sum_{i<j\leqslant\mathcal{N}} v^{(ij)}\left[\Pi_\varpi^{(i)}\Pi_\varpi^{(j)} + \Pi_\varpi^{(i)}\Pi_\nu^{(j)} + \Pi_\nu^{(i)}\Pi_\varpi^{(j)} + \Pi_\nu^{(i)}\Pi_\nu^{(j)}\right]$$

et comme

$$\Pi_\varpi^{(i)} + \Pi_\nu^{(i)} = 1,$$

$$\widehat{V} = \sum_{i<j\leqslant\mathcal{N}} v^{(ij)} = V.$$

Puisque $\widehat{H}$ est indépendant des variables de charge, il commute avec les trois composantes du spin isotopique total :

$$[\widehat{H}, T] = 0. \tag{91}$$

Réciproquement, si $\widehat{H}$ vérifie les relations de commutation (91), on peut l'écrire sous la forme d'un opérateur indépendant des variables de charge.

En effet, $\widehat{H}$ est une certaine fonction des variables ordinaires ξ et des variables de charge τ de chacune des particules ; suivant notre hypothèse sur la nature des forces, cette fonction est de la forme

$$\widehat{H} = \sum_{i=1}^{\mathcal{N}} \widehat{k}^{(i)} + \sum_{i<j\leqslant\mathcal{N}} \widehat{v}^{(ij)}$$

où $\widehat{k}^{(i)}$ ne dépend que des variables i et $\widehat{v}^{(ij)}$ que des variables i et j. Cependant, le spin isotopique a les mêmes propriétés mathématiques que le spin ordinaire. En particulier, les composantes des vecteurs $\boldsymbol{\tau}^{(i)}$ ont toutes les propriétés des matrices de Pauli ; par suite (Cf. équ. (XIII. 78-79)), toute fonction $\widehat{H}$ des composantes des vecteurs $\boldsymbol{\tau}^{(1)}, \ldots, \boldsymbol{\tau}^{(\mathcal{N})}$ peut toujours s'exprimer linéairement en fonction de ces opérateurs. D'autre part, puisque $\widehat{H}$ commute avec $\boldsymbol{T}$, c'est un opérateur invariant par rapport aux rotations dans l'espace $\mathcal{E}_C$: $\widehat{H}$ est une fonction scalaire des vecteurs $\boldsymbol{\tau}^{(1)}, \ldots, \boldsymbol{\tau}^{(\mathcal{N})}$. En conclusion, $\widehat{k}^{(i)}$ est une fonction scalaire et linéaire de $\boldsymbol{\tau}^{(i)}$, donc il est indépendant de $\boldsymbol{\tau}^{(i)}$; $\widehat{v}^{(ij)}$ est une fonction scalaire et linéaire de $\boldsymbol{\tau}^{(i)}$ et $\boldsymbol{\tau}^{(j)}$; il est donc nécessairement de la forme

$$\widehat{v}^{(ij)} = a^{(ij)} + (\boldsymbol{\tau}^{(i)}.\boldsymbol{\tau}^{(j)})\, b^{(ij)},$$

où $a^{(ij)}$ et $b^{(ij)}$ sont des fonctions des variables d'orbite et de spin seulement. Pour démontrer la propriété cherchée, il nous suffit de montrer que l'action de $(\boldsymbol{\tau}^{(i)}.\boldsymbol{\tau}^{(j)})$ sur les vecteurs *antisymétriques* de l'espace $\mathcal{E}_0 \otimes \mathcal{E}_C$ est la même que celle d'un opérateur agissant sur les variables de l'espace $\mathcal{E}_0$ seulement. Or $(\boldsymbol{\tau}^{(i)}.\boldsymbol{\tau}^{(j)})$ est relié à l'opérateur $P_C^{(ij)}$ représentant la transposition (ij) dans l'espace des charges, par l'identité de Dirac

$$P_C^{(ij)} = \tfrac{1}{2}(1 + \boldsymbol{\tau}^{(i)}.\boldsymbol{\tau}^{(j)}). \tag{92}$$

Pour démontrer l'identité (92), introduisons le spin isotopique de la paire (ij)

$$\boldsymbol{t}_{ij} = \boldsymbol{t}^{(i)} + \boldsymbol{t}^{(j)}.$$

Tout état de l'espace de charge est la somme d'un état $|1\rangle$ pour lequel $t_{ij} = 1$ et d'un état $|0\rangle$ pour lequel $t_{ij} = 0$. Or, tout état triplet est symétrique en i et j, tout état singulet antisymétrique en i et j. Donc

$$\boldsymbol{t}_{ij}^2\,|1\rangle = 2\,|1\rangle \qquad \boldsymbol{t}_{ij}^2\,|0\rangle = 0$$

$$P_C^{(ij)}\,|1\rangle = |1\rangle \qquad P_C^{(ij)}\,|0\rangle = -\,|0\rangle$$

et par conséquent

$$P_C^{(ij)} = \boldsymbol{t}_{ij}^2 - 1.$$

De cette formule, nous tirons la formule (92) en appliquant l'identité

$$\boldsymbol{t}_{ij}^2 = \tfrac{1}{2}(3 + \boldsymbol{\tau}^{(i)}.\boldsymbol{\tau}^{(j)}).$$

Par suite

$$\boldsymbol{\tau}^{(i)}.\boldsymbol{\tau}^{(j)} = 2P_C^{(ij)} - 1.$$

Mais dans l'espace des vecteurs antisymétriques de $\mathcal{E}_0 \otimes \mathcal{E}_C$,

$$P^{(ij)} \equiv P_C^{(ij)}\,P_0^{(ij)} = -1$$

donc

$$P_C^{(ij)} = -P_0^{(ij)}$$

et l'opérateur $\boldsymbol{\tau}^{(i)}.\boldsymbol{\tau}^{(j)}$ peut être remplacé par l'opérateur

$$-2P_0^{(ij)} - 1$$

qui n'agit que sur les variables d'espace seulement. *C. Q. F. D.*

L'équivalence entre l'indépendance de charge et l'invariance par rotation dans l'espace des charges est tout à fait générale ([17]). Comme tous les développements *mathématiques* concernant les rotations gardent leur entière validité dans le cas particulier des rotations de l'espace des charges (addition des spins isotopiques, théorème de Wigner-Eckart, règles de sélection, etc.), cette loi d'équivalence fournit un moyen particulièrement commode de tenir compte de l'indépendance de charge des forces nucléaires.

EXERCICES ET PROBLÈMES

1. L'opérateur P associé à une permutation p des N particules d'un système de particules similaires a été défini au § 2 par son action sur les vecteurs de base d'une représentation symétrique donnée $\{ Q \}$. Montrer que cette définition ne dépend pas de la représentation choisie.

2. On désigne par S_n, A_n les symétriseurs et antisymétriseurs des particules 1, 2, ..., n et par S_{n-1}, A_{n-1} les symétriseurs et antisymétriseurs des particules 1, 2, ..., $n-1$. Montrer que

$$S_n = \frac{1}{n}\left[1 + \sum_{i=1}^{n-1} P_{(in)}\right] S_{n-1} = \frac{1}{n} S_{n-1}\left[1 + \sum_{i=1}^{n-1} P_{(in)}\right]$$

$$A_n = \frac{1}{n}\left[1 - \sum_{i=1}^{n-1} P_{(in)}\right] A_{n-1} = \frac{1}{n} A_{n-1}\left[1 - \sum_{i=1}^{n-1} P_{(in)}\right].$$

3. Montrer que parmi les observables *symétriques* d'un système de N particules similaires, il ne peut exister d'ensemble complet d'observables qui commute que si $N = 2$.

4. Donner l'expression de la section efficace de diffusion proton-proton (dans le système du centre de masse) lorsque le proton incident est complètement polarisé suivant une direction donnée Ou (composante du spin suivant Ou égale à $+\frac{1}{2}$), et le proton cible (*i*) complètement polarisé dans la même direction (*ii*) complètement polarisé dans la direction opposée (composante du spin suivant Ou égale à $-\frac{1}{2}$) (*iii*) non polarisé. Comparer l'expression (56) aux expressions obtenues dans ces trois cas.

5. Comment l'expression (56) donnant la section efficace de diffusion de deux fermions de spin $\frac{1}{2}$ dont l'interaction est indépendante du spin doit-elle être modifiée si les deux particules identiques sont :

(*a*) des fermions de spin j ?

(*b*) des bosons de spin j ?

6. Calculer la valeur moyenne $\langle r \rangle$ de la distance à l'origine de chaque électron dans le modèle de Thomas-Fermi de l'atome et comparer avec la valeur numérique de $\langle r \rangle$ dans l'atome d'hydrogène $\left(\text{on utilisera l'intégrale } \int_0^\infty \chi(x)\, dx \simeq 1,8\right)$.

7. Un atome de nombre atomique Z est p fois ionisé. Calculer sa densité électronique $\rho(r)$ en utilisant le modèle de Thomas-Fermi. Montrer que l'expression (66) de $\rho(r)$ est toujours

([17]) Cf. Note ([16]).

valable avec les mêmes définitions de b et x qu'au § 13 (équ. (64)-(65)) et que la fonction $\chi(x)$ figurant dans cette expression est la solution de l'équation (67) s'annulant en un certain point x_0 de l'intervalle $(0, \infty)$ et satisfaisant aux conditions

$$\chi(0) = 1 \qquad \chi'(x_0) = -p/Z\,x_0.$$

Examiner l'allure générale de la courbe $\rho(r)$ et du potentiel électrostatique $\Phi(r)$.

8. On considère un système de Z électrons dont l'Hamiltonien est indépendant des spins. Montrer que le spectre d'énergie des états pour lesquels la composante S_z du spin total a la valeur bien déterminée M est le même (même position et même dégénérescence des niveaux) que celui que l'on obtient si l'on traite les électrons de spin $\frac{1}{2}$ et ceux de spin $-\frac{1}{2}$ comme des fermions de type différent et si l'on cherche les états pour lesquels les $(\frac{1}{2}Z + M)$ premiers électrons ont le spin $\frac{1}{2}$ et les autres le spin $-\frac{1}{2}$.

9. Établir le formalisme « isotopique » défini au § 14 pour un système de $\mathcal{N}$ fermions appartenant respectivement à r types similaires mais distincts, à savoir n_1 fermions du type 1, n_2 fermions du type 2, ..., n_r fermions du type r $(n_1 + n_2 + \ldots + n_r = \mathcal{N})$. Comment ce formalisme doit-il être modifié si les $\mathcal{N}$ particules sont des bosons au lieu d'être des fermions ?

CHAPITRE XV (*)

INVARIANCE ET THÉORÈMES DE CONSERVATION. RENVERSEMENT DU TEMPS

I. Introduction

Ce chapitre est consacré à un examen systématique des propriétés d'invariance que peut posséder la loi d'évolution d'un système physique par rapport à certaines transformations et des conséquences que l'on peut en déduire sur son comportement.

Quelques compléments mathématiques sont donnés dans la section I.

Dans la section II, nous examinons les propriétés générales des transformations et des groupes de transformations. A chaque transformation $\mathcal{T}$ des variables et des états dynamiques est associé un opérateur de transformation T des vecteurs kets représentant les états ; T est nécessairement *soit linéaire unitaire, soit antilinéaire unitaire* et il est défini à un facteur de phase arbitraire près par la loi de transformation des observables fondamentales du système. En pratique, T est toujours linéaire sauf dans le cas du renversement du temps. Avec les différentes transformations envisagées en Physique, on peut former un certain nombre de groupes de transformations et associer à chaque groupe $\mathcal{G}$ ainsi formé un certain groupe G d'opérateurs de transformation (¹). Après avoir passé en revue les groupes les plus courants, nous montrons sur quelques exemples simples comment construire le groupe G dans le cas où $\mathcal{G}$ est un groupe fini, et dans celui où $\mathcal{G}$ est un groupe continu dont les transformations finies peuvent toutes être définies comme une succession de transformations infinitésimales.

Les questions d'invariance proprement dites sont abordées dans la section III. Les transformations considérées dans cette section sont indépendantes du temps et linéaires. Les résultats sont une simple généralisation de ceux qui ont déjà été obtenus dans le cas des rotations (chap. XIII). Postuler l'invariance de la loi d'évolution des états dynamiques par rapport aux transformations d'un groupe $\mathcal{G}$ équivaut à supposer que l'Hamiltonien H commute avec tous les opérateurs du groupe G. En conséquence,

(*) La quatrième partie (chap. XVI-XIX), mis à part quelques passages spécifiquement indiqués et qui peuvent être sautés en première lecture, est indépendante de ce chapitre et peut être abordée avant lui.

(¹) Les quelques notions sur les groupes et leurs représentations utilisées dans ce chapitre sont données dans les sections I et II de l'Appendice D.

toute observable formée avec les opérateurs de G est une constante du mouvement : à l'invariance « $\mathcal{G}$ » correspondent un certain nombre de *lois de conservation*. Ces propriétés de symétrie de H permettent d'en simplifier la diagonalisation et de prévoir dans une certaine mesure l'ordre de dégénérescence de ses valeurs propres.

L'invariance par renversement du temps diffère des autres types d'invariance aussi bien par sa signification physique que par le fait que l'opérateur de renversement du temps est antilinéaire. La section IV lui est essentiellement consacrée.

On notera, tout au long de ce chapitre, l'analogie très frappante entre Mécanique Classique et Mécanique Quantique, aussi bien dans la définition même des transformations que dans le lien entre propriétés d'invariance de la loi d'évolution et propriétés de symétrie de l'Hamiltonien, et dans l'existence de lois de conservation.

I. — COMPLÉMENTS MATHÉMATIQUES. OPÉRATEURS ANTILINÉAIRES

2. Trois théorèmes utiles

THÉORÈME I. — Pour que deux opérateurs linéaires, A et B, soient égaux, il faut et il suffit que l'on ait :

$$\langle u|A|u\rangle = \langle u|B|u\rangle \qquad \text{quel que soit } |u\rangle.$$

THÉORÈME II. — Pour que deux opérateurs linéaires, A et B, soient égaux à une phase près,

$$A = B\,e^{i\alpha} \tag{1}$$

il faut et il suffit que l'on ait

$$|\langle u|A|v\rangle| = |\langle u|B|v\rangle| \qquad \text{quels que soient } |u\rangle \text{ et } |v\rangle. \tag{2}$$

THÉORÈME III. — S'il existe une correspondance biunivoque $\mathcal{T}$ définie à une phase arbitraire près entre les vecteurs de l'espace $\mathcal{E}$ et si cette correspondance conserve le module du produit scalaire, on peut toujours fixer les phases de telle sorte que cette correspondance soit ou bien linéaire unitaire ou bien antilinéaire unitaire.

Le théorème I a déjà été donné au chapitre VII (§ 5). Il est cité ici pour mémoire.

En ce qui concerne le théorème II, il est évident que l'équation (1) entraîne la propriété (2). Pour démontrer la réciproque, nous faisons choix d'une représentation particulière et désignons par A_{ij}, B_{ij} les éléments de matrice de A et B

dans cette représentation. Comme la propriété (2) est vérifiée par les vecteurs de base de la représentation, on a

$$|A_{ij}| = |B_{ij}| \quad \text{quels que soient } i \text{ et } j. \tag{3}$$

En prenant pour $|u\rangle$ le $i^{\text{ème}}$ vecteur de base et pour $|v\rangle$ une combinaison linéaire arbitraire du $j^{\text{ième}}$ et du $k^{\text{ième}}$ vecteurs de base, on trouve de même :

$$|A_{ij}x_j + A_{ik}x_k| = |B_{ij}x_j + B_{ik}x_k|$$

pour toutes valeurs des coefficients complexes x_j et x_k. Compte tenu de (3), cette propriété s'écrit encore

$$\mathrm{Re}\left[x_j x_k^*(A_{ij}A_{ik}^* - B_{ij}B_{ik}^*)\right] = 0.$$

Pour qu'elle soit vérifiée quel que soit $x_j x_k^*$, il est nécessaire que

$$A_{ij}A_{ik}^* - B_{ij}B_{ik}^* = 0.$$

Jointe à la propriété (3), ceci donne

$$\frac{A_{ij}}{B_{ij}} = \frac{A_{ik}}{B_{ik}}. \tag{4}$$

Pour une valeur donnée de i, on peut répéter le même argument avec un choix différent des indices de colonnes j et k ; en conséquence, le rapport A_{ij}/B_{ij} est indépendant de j. On peut refaire la même démonstration en intervertissant le rôle des lignes et des colonnes ; par suite ce rapport est également indépendant de i. Et puisque, suivant (3), les éléments de matrice de A et B ont même module, ce rapport est un nombre $e^{i\alpha}$ de module unité :

$$\frac{A_{ij}}{B_{ij}} = e^{i\alpha} \qquad \text{quels que soient } i \text{ et } j.$$

Autrement dit, les opérateurs A et B sont égaux au facteur de phase $e^{i\alpha}$ près. *C. Q. F. D.*

Le théorème III se démontre de la façon suivante. Conformément aux hypothèses, la loi $\mathcal{T}$ fait correspondre à chaque vecteur $|u\rangle$ de l'espace $\mathcal{E}$ un certain vecteur $|u'\rangle$. Ce vecteur nous est donné à un facteur de phase près que nous fixons arbitrairement pour le moment. Ce choix de phase étant fait, la loi $\mathcal{T}$ établit une correspondance biunivoque entre les vecteurs de $\mathcal{E}$:

$$|u'\rangle = \mathcal{T}[|u\rangle] \qquad |u\rangle = \mathcal{T}^{-1}[|u'\rangle] \tag{I}$$

et cette correspondance conserve le module du produit scalaire

$$|\langle u'|v'\rangle| = |\langle u|v\rangle|. \tag{II}$$

Soit donc

$$|1\rangle, |2\rangle, \ldots, |n\rangle, \ldots \tag{5}$$

une suite orthonormale complète de vecteurs de $\mathcal{E}$. Les vecteurs correspondants

$$|1'\rangle, |2'\rangle, \ldots, |n'\rangle, \ldots \tag{5'}$$

forment également une suite orthonormale complète ; elle est orthonormale puisque, suivant (II), la loi $\mathcal{T}$ conserve la norme et l'orthogonalité ; elle est complète, car s'il existait un vecteur $|a'\rangle$ orthogonal à tous les vecteurs de cette suite, le vecteur $|a\rangle \equiv \mathcal{T}^{-1}[|a'\rangle]$ serait orthogonal à tous ceux de la suite (5), ce qui est impossible par hypothèse.

Posons :

$$u_n \equiv \langle n|u\rangle \qquad u'_n \equiv \langle n'|u'\rangle. \tag{6}$$

Nous devons prouver qu'avec un choix convenable des phases des vecteurs « primés » on a ou bien :

$$u'_n = u_n \quad \text{quels que soient} \quad |u\rangle \text{ et } n, \tag{7 a}$$

ou bien :

$$u'_n = u_n^* \quad \text{quels que soient} \quad |u\rangle \text{ et } n. \tag{7 b}$$

Remarquons que, suivant (II), on a évidemment :

$$|u'_n| = |u_n| \quad \text{quels que soient} \quad |u\rangle \text{ et } n.$$

Il nous suffit donc d'examiner la relation de phase entre u'_n et u_n.

A cet effet, nous fixons la phase de chacun des vecteurs de base $|n'\rangle$ par la condition que $|1'\rangle + |n'\rangle$ est le transformé de $|1\rangle + |n\rangle$.

Démontrons d'abord les relations (7) dans le cas particulier où $|u\rangle$ est un vecteur « réel », c'est-à-dire dans le cas où tous les u_n sont réels. La condition (II) appliquée au produit scalaire de $|u\rangle$ par $|1\rangle + |n\rangle$ donne :

$$|u_1 + u_n| = |u'_1 + u'_n|.$$

Le résultat cherché, $u'_n = u_n$, en découle si l'on fixe la phase de $|u'\rangle$ de telle sorte que l'on ait $u'_1 = u_1$. Ceci suppose évidemment que $u_1 \neq 0$, mais le lecteur se convaincra aisément qu'une généralisation très simple du même argument permet d'aboutir au même résultat lorsque $u_1 = 0$.

Considérons maintenant le cas d'un vecteur $|u\rangle$ quelconque. L'application de la condition (II) au produit scalaire de $|u\rangle$ par le vecteur « réel » $\sum_{s=0}^{k} |j+s\rangle$ donne :

$$\left|\sum_{s=0}^{k} u_{j+s}\right| = \left|\sum_{s=0}^{k} u'_{j+s}\right| \tag{8}$$

Cette relation est vérifiée quelles que soient les valeurs données à j et à k. On peut donner de ce résultat l'interprétation géométrique suivante. Associons à $|u\rangle$ la ligne polygonale (Γ) construite en mettant bout à bout les vecteurs représentant dans le plan complexe ses composantes successives $u_1, u_2, \ldots, u_n, \ldots$ Associons à $|u'\rangle$ la ligne (Γ') construite de même façon avec les vecteurs représentant ses composantes successives $u'_1, u'_2, \ldots, u'_n, \ldots$ La relation (8) signifie que la distance entre deux sommets quelconques de (Γ') est égale à la distance entre les deux sommets correspondants de (Γ). Il en résulte que (*a*) ou bien (Γ') se déduit de (Γ) par rotation autour de l'origine (*b*) ou bien il s'en déduit par un retournement, c'est-à-dire par une rotation suivie d'une réflexion autour de l'axe réel.

Dans le cas (*a*), nous fixons la phase de $|u'\rangle$ par la condition $u_1' = u_1$. Alors (Γ') et (Γ) coïncident. Autrement dit :

$$u_n' = u_n \qquad \text{quel que soit } n.$$

Dans le cas (*b*), nous fixons la phase de $|u'\rangle$ par la condition $u_1' = u_1^*$. Alors (Γ') est le symétrique de (Γ) par rapport à l'axe réel. Autrement dit :

$$u_n' = u_n^* \qquad \text{quel que soit } n.$$

Il nous reste à prouver qu'il n'y a en fait que deux possibilités : ou bien *tous* les vecteurs de $\mathcal{E}$ sont dans le cas (*a*), ou bien ils sont *tous* dans le cas (*b*).

Supposons, pour fixer les idées, que le vecteur $|j\rangle + e^{i\alpha}|k\rangle$ ($\alpha \neq n\pi$) se trouve dans le cas (*a*). Alors, tout vecteur $|u\rangle$, dont les deux composantes u_j, u_k ne sont pas nulles et ont une phase relative différente de $n\pi$, se trouve nécessairement aussi dans le cas (*a*), comme on peut le voir aisément en appliquant la propriété (II) au produit scalaire de $|u\rangle$ par $|j\rangle + e^{i\alpha}|k\rangle$. Ceci admis, l'argument s'étend sans difficulté aux vecteurs dont les composantes u_j, u_k sont nulles ou ont une phase relative égale à $n\pi$. Une démonstration en tout point semblable peut être faite pour le cas (*b*).

En conclusion, il y a deux possibilités :

Cas (*a*). — La relation (7 *a*) est vérifiée pour un choix convenable des phases. Il est clair que la correspondance $\mathcal{T}$ est *linéaire*. De façon plus précise, on a :

$$\langle u'|v'\rangle = \langle u|v\rangle \tag{9 a}$$

ce qui montre que c'est une correspondance linéaire unitaire.

Cas (*b*). — La relation (7*b*) est vérifiée pour un choix convenable des phases. Il est clair que la correspondance $\mathcal{T}$ est *antilinéaire*. De façon plus précise, on a :

$$\langle u'|v'\rangle = \langle u|v\rangle^*. \tag{9 b}$$

Conformément à la définition donnée plus bas de l'unitarité pour les opérateurs antilinéaires, c'est une correspondance antilinéaire unitaire. *C. Q. F. D.*

3. Opérateurs antilinéaires de l'espace de Hilbert

Les propriétés des opérateurs antilinéaires de l'espace de Hilbert présentent de grandes analogies avec celles des opérateurs linéaires. Nous les exposons brièvement en suivant le même canevas que celui de l'exposé du chapitre VII sur les opérateurs linéaires.

Définition. Action sur les kets

Si à chaque vecteur ket $|u\rangle$ de l'espace de Hilbert correspond un certain vecteur ket $|v\rangle$ de cet espace et si cette correspondance est antilinéaire, on dit que $|v\rangle$ résulte de l'action sur $|u\rangle$ d'un certain opérateur antilinéaire A et l'on écrit

$$|v\rangle = A\,|u\rangle. \tag{10}$$

La propriété d'antilinéarité s'écrit

$$A(\lambda_1 |1\rangle + \lambda_2 |2\rangle) = \lambda_1^* (A\,|1\rangle) + \lambda_2^* (A\,|2\rangle). \tag{11}$$

Un opérateur antilinéaire est défini complètement par son action sur chacun des vecteurs d'une suite complète de vecteurs de $\mathcal{E}$ linéairement indépendants ; et notamment par son action sur les vecteurs d'un système de base de $\mathcal{E}$.

Opérations d'algèbre

Même définition que pour les opérateurs linéaires :

1) *multiplication par une constante c.* Si $c \neq c^*$, bien prendre garde que $cA \neq Ac$; on a

$$\boxed{cA = Ac^*} \tag{12}$$

2) *somme* de deux opérateurs antilinéaires (pour mémoire) ;

3) *produits* : si A_1, A_2 sont antilinéaires, le produit $A_1 A_2$ défini par

$$(A_1 A_2)\,|u\rangle = A_1(A_2\,|u\rangle)$$

est un opérateur linéaire. Si A est antilinéaire et B linéaire, le produit $A\,B$ est antilinéaire. Plus généralement, si la suite $A, B, \ldots, L$ comprend en tout $p + q$ opérateurs parmi lesquels p sont linéaires et q antilinéaires, le produit $(A\,B \ldots L)$ est linéaire ou antilinéaire suivant que q est pair ou impair.

Tous ces produits sont associatifs, mais ne sont en général pas commutatifs. La définition des commutateurs est la même que pour les opérateurs linéaires et les règles d'algèbre (V.63-66) restent valables.

Inverse

Si la correspondance entre $|u\rangle$ et $|v\rangle$ définie par l'équation (10) est biunivoque, elle définit également l'opérateur A^{-1} inverse de A

$$|u\rangle = A^{-1}\,|v\rangle.$$

Les opérateurs antilinéaires A, B sont par définition inverses l'un de l'autre si on a simultanément

$$A\,B = 1 \qquad B\,A = 1. \tag{13}$$

Si les opérateurs $A, B, C, \ldots, L$ sont soit linéaires, soit antilinéaires, et si chacun d'eux possède un inverse, l'inverse de leur produit existe et l'on a

$$(A\,B\,C \ldots L)^{-1} = L^{-1} \ldots C^{-1}\,B^{-1}\,A^{-1}. \tag{14}$$

Action sur les bras

Soit A un opérateur antilinéaire, $\langle\chi|$ un vecteur bra ; le complexe conjugué du produit scalaire $\langle\chi|\,(A|u\rangle)$, étant une fonction linéaire de $|u\rangle$, définit un certain bra (Cf. § VII.3), que nous désignons par $\langle\eta|$. Par définition

$$\langle\eta| = \langle\chi|A. \tag{15}$$

La correspondance entre $\langle\chi|$ et $\langle\eta|$ est antilinéaire :

$$(\lambda_1 \langle 1| + \lambda_2 \langle 2|)A = \lambda_1^* (\langle 1|A) + \lambda_2^* (\langle 2|A) \tag{16}$$

Suivant cette définition, on a l'identité entre produits scalaires

$$\boxed{(\langle\chi|A)\,|u\rangle = [\langle\chi|\,(A\,|u\rangle)]^*} \tag{17}$$

On comparera cette identité à l'identité (VII.17) relative aux opérateurs linéaires ; dans le cas présent, il n'est pas possible de supprimer les parenthèses.

Pour définir les trois opérations d'algèbre et l'inverse d'opérateurs agissant sur les bras, on procède comme dans le cas des opérateurs linéaires. La multiplication par une constante c donne (cf. équ. (12)) :

$$\langle\chi|\,(c\,A) = c^* \,(\langle\chi|A) = \langle\chi|(A\,c^*). \tag{18}$$

Le reste est sans changement.

Remarque importante

Les relations (12) et (17) résument les différences entre les manipulations ordinaires et celles où interviennent des opérateurs antilinéaires :

(*i*) considérée comme un opérateur de l'espace des kets ou de celui des bras, une constante donnée c ne commute avec les opérateurs antilinéaires que si elle est réelle ;

(*ii*) dans l'expression du produit scalaire, il est nécessaire d'indiquer explicitement si A agit sur le ket qui se trouve à sa droite ou sur le bra qui se trouve à sa gauche.

Dans la pratique, on se sert de parenthèses autant qu'il est nécessaire afin d'éviter toute confusion possible sur la signification des symboles employés. Considérons, par exemple, le produit $A_1 A_2$ de deux opérateurs antilinéaires ; le symbole $\langle u|\,A_1\,A_2\,|v\rangle$ prête à confusion ; en revanche, on a sans confusion possible :

$$\langle u|(A_1\,A_2)|v\rangle = (\langle u|A_1\,A_2)|v\rangle = [(\langle u|A_1)\,(A_2|v\rangle)]^* = \langle u|(A_1\,A_2|v\rangle). \tag{19}$$

De même, considérons le produit $(A|u\rangle\langle v|)$ de l'opérateur linéaire $|u\rangle\langle v|$ par l'opérateur antilinéaire A ; les symboles $A|u\rangle\langle v|w\rangle$ et $\langle w|A\,|u\rangle\langle v|$ prêtent à confusion ; mais on peut écrire sans confusion possible :

$$(A|u\rangle\langle v|)\,|w\rangle = A\,(|u\rangle\langle v|w\rangle) = (A|u\rangle)\,\langle v|w\rangle^* \tag{20}$$

et

$$\langle w|\,(A|u\rangle\langle v|) = (\langle w|A)\,|u\rangle\langle v| = [\langle w|\,(A|u\rangle)]^*\,\langle v|. \tag{21}$$

4. Transformations antiunitaires

OPÉRATEURS ANTILINÉAIRES ADJOINTS (ou hermitiques conjugués)

$A^\dagger$ est par définition l'opérateur adjoint de l'opérateur antilinéaire A si $A^\dagger|u\rangle$ est le ket conjugué de $\langle u|A$ quel que soit $|u\rangle$. C'est un opérateur antilinéaire.

Par suite, on a, quels que soient $|u\rangle$ et $|t\rangle$:

$$\langle t|\,(A^\dagger|u\rangle) \equiv \langle u|\,(A|t\rangle), \tag{22}$$

identité à comparer à l'identité (VII.20). A ceci près, toutes les propriétés énoncées au § VII.7 subsistent sans changement. En particulier :

Si les opérateurs $A, B, C, \ldots, L$ sont soit linéaires, soit antilinéaires, on a (cf. équ. (14)) :

$$(A\,B\,C \ldots L)^\dagger = L^\dagger \ldots C^\dagger\, B^\dagger\, A^\dagger. \tag{23}$$

OPÉRATEUR ANTIUNITAIRE

A est antiunitaire, s'il est antilinéaire et si son inverse est égal à son propre adjoint :

$$A\,A^\dagger = A^\dagger\, A = 1.$$

Si la suite $A, B, C, \ldots, L$ comprend en tout $p + q$ opérateurs parmi lesquels p sont unitaires et q antiunitaires, le produit $A\,B\,C \ldots L$ est unitaire ou antiunitaire selon que q est pair ou impair.

TRANSFORMATION ANTIUNITAIRE DES OPÉRATEURS LINÉAIRES ET DES VECTEURS

Un opérateur antiunitaire K définit une transformation antiunitaire des opérateurs linéaires et des vecteurs de $\mathcal{E}$, dans laquelle :

tout ket $|u\rangle$ se transforme en $|\widehat{u}\rangle \equiv K|u\rangle$;
tout opérateur linéaire B en $\widehat{B} \equiv K\,B\,K^\dagger$;
tout bra $\langle v|$ en $\langle\widehat{v}| \equiv \langle v|K^\dagger$.

Dans une telle transformation :

(*i*) les relations de conjugaison entre bras et kets et de conjugaison hermitique entre opérateurs sont conservées ; si B est une observable, $\widehat{B}$ est une observable ayant même spectre de valeurs propres, le sous-espace de chaque valeur propre de B se transformant en celui de la même valeur propre de $\widehat{B}$;

(*ii*) les produits scalaires se transforment en leur complexe conjugué

$$\langle\widehat{u}|\widehat{B}|\widehat{v}\rangle = \langle u|B|v\rangle^*; \tag{24}$$

(*iii*) considérée comme opérateur, toute constante c se transforme en sa complexe conjuguée

$$K\,c\,K^\dagger = c^*\,; \tag{25}$$

(*iv*) s'il existe une relation entre vecteurs et (ou) entre opérateurs, leurs transformées vérifient la relation qui s'en déduit en y remplaçant chaque coefficient par son complexe conjugué ; en d'autres termes, la transformation K conserve les équations entre vecteurs et (ou) entre opérateurs si l'on convient de traiter les coefficients qui y figurent comme des opérateurs. Par exemple les relations de commutation

$$[q, p] = i\hbar \qquad [J_x, J_y] = i\hbar J_z \tag{26 a}$$

se transforment respectivement en

$$[\widehat{q}, \widehat{p}] = -i\hbar \qquad [\widehat{J}_x, \widehat{J}_y] = -i\hbar \widehat{J}_z. \tag{26 b}$$

5. Opérateurs antilinéaires et représentations

Opérateur de conjugaison complexe K_Q attaché a une représentation $\}Q\{$

Par définition, K_Q est l'opérateur transformant les fonctions d'onde de la représentation $\}Q\{$ en leurs complexes conjugués. *Cet opérateur dépend essentiellement de la représentation choisie et notamment des phases des vecteurs de base.*

Soient $|1\rangle$, $|2\rangle$, ..., $|n\rangle$, ... la suite des vecteurs de base de $\}Q\{$. K_Q est l'opérateur antilinéaire qui laisse ces vecteurs invariants

$$K_Q|n\rangle = |n\rangle \tag{27}$$

K_Q est ainsi défini sans ambiguïté. Il est évident que

$$K_Q^\dagger = K_Q \qquad K_Q^2 = 1 \tag{28}$$

et, par suite, que K_Q est un opérateur antiunitaire. Il possède bien la propriété annoncée, à savoir que :

Dans la transformation antiunitaire K_Q, les matrices de la représentation $\}Q\{$ se transforment en leurs complexes conjuguées. On a en effet :

$$\langle n|(K_Q|u\rangle) = \langle n|u\rangle^* \qquad (\langle v|K_Q)|n\rangle = \langle v|n\rangle^*$$
$$\langle m|(K_Q B K_Q)|n\rangle = \langle m|B|n\rangle^* \quad (B, \text{ opérateur linéaire}).$$

L'action de K_Q dans la représentation $\}Q\{$ est donc simplement représentée par l'opération de conjugaison complexe. Celle d'un opérateur antilinéaire quelconque A s'en déduit aisément si l'on remarque que A est le produit de K_Q par un opérateur linéaire. On a en effet :

$$A = (A K_Q) K_Q = K_Q(K_Q A) \tag{29}$$

$(A K_Q)$ et $(K_Q A)$ sont des opérateurs linéaires ; ceux-ci se déduisent l'un de l'autre par la transformation K_Q :

$$K_Q A = K_Q(A K_Q) K_Q$$

(si A est antiunitaire, $(K_Q A)$ et $(A K_Q)$ sont unitaires).

Changement de représentation

Considérons une autre représentation $\}\Xi\{$. Nous désignons par K_Ξ l'opérateur de conjugaison complexe attaché à cette représentation et reprenons pour le reste les notations du § VII.21 ; en particulier, la matrice de transformation des opérateurs *linéaires* et des vecteurs est la matrice unitaire $S(\xi\,;n) \equiv \langle\xi|n\rangle$.

Si cette matrice est réelle, les vecteurs de la nouvelle base sont invariants dans l'opération K_Q ; autrement dit :

$$\text{si } S = S^*, \qquad K_\Xi = K_Q. \tag{27}$$

Dans ce cas, les opérateurs linéaires AK_Ξ et $K_\Xi A$ associés, dans la représentation $\}\ \Xi\ \{$, à un opérateur antilinéaire donné A sont les mêmes que ceux qui lui sont associés dans la représentation $\}\ Q\ \{$.

Lorsque ces conditions ne sont pas réalisées, AK_Ξ diffère de AK_Q ; cependant il est utile de savoir déduire la matrice $(AK_\Xi)_\Xi$ représentant cet opérateur dans la représentation $\}\ \Xi\ \{$ de la matrice $(AK_Q)_Q$ représentant AK_Q dans $\}\ Q\ \{$. On a

$$\begin{aligned}\langle\xi|(A\,K_\Xi)|\xi'\rangle &= \langle\xi|(A\,K_Q)\,(K_Q\,K_\Xi)|\xi'\rangle \\ &= \sum_{mn} \langle\xi|m\rangle\,\langle m|(A\,K_Q)|n\rangle\,\langle n|(K_Q\,K_\Xi)|\xi'\rangle \\ &= \sum_{mn} \langle\xi|m\rangle\,\langle m|(A\,K_Q)|n\rangle\,\langle n|\xi'\rangle^*\end{aligned}$$

soit

$$(A\,K_\Xi)_\Xi = S(A\,K_Q)_Q\,\widetilde{S}. \tag{30}$$

De même

$$(K_\Xi\,A)_\Xi = (A\,K_\Xi)^*_\Xi = S^*(K_Q\,A)_Q\,S^\dagger. \tag{31}$$

II. — TRANSFORMATIONS ET GROUPES DE TRANSFORMATIONS

6. Transformations des variables et des états dynamiques d'un système

Nous avons déjà défini ce que l'on entend par rotation d'un système physique, par permutation des particules d'un système physique.

Plus généralement, effectuer une transformation $\mathcal{T}$ sur un système physique, c'est remplacer chacune de ses variables par une nouvelle variable, chacun de ses états par un nouvel état, *tout en conservant les propriétés physiques du système.*

Ainsi, la transformation $\mathcal{T}$ établit une correspondance biunivoque entre les variables dynamiques : une variable donnée B se transforme en une autre variable

$$B' \equiv \mathcal{T}[B]$$

du système. Par hypothèse, la transformée B' a même spectre que B, et les états propres de chaque valeur propre de B' sont les transformés des états propres de la même valeur propre de B ; ces deux conditions expriment la conservation des propriétés physiques dans la transformation des variables dynamiques. Bien que cette condition de conservation ait pu être formulée sans faire référence aux méthodes de mesure, la transformation $\mathcal{T}$ est particulièrement facile à imaginer comme une transformation effectuée sur l'appareil de mesure attaché à la variable B : le transformé de cet appareil est l'appareil de mesure attaché à la variable B'. On définit ainsi les déplacements des variables dynamiques (rotations, translations), les réflexions des variables dynamiques (symétrie autour d'un point, autour d'un plan), etc.

On passe aisément de la notion de transformation des variables à celle de transformation des états. Soit $|u\rangle$ le vecteur représentant un état dynamique possible du système. On peut toujours le considérer comme l'état propre commun à un ensemble complet d'observables qui commutent ; il est ainsi défini à une phase près. Son transformé

$$|u'\rangle \equiv \mathcal{T}[|u\rangle]$$

est l'état propre commun aux observables transformées. $\mathcal{T}$ établit donc une correspondance biunivoque entre vecteurs états définis à une phase près.

Par hypothèse, la transformation conserve les propriétés physiques des états dynamiques : le système étant dans l'état $|u'\rangle$, la probabilité de trouver les résultats de mesures correspondant à l'état $|v'\rangle$ transformé de $|v\rangle$, est égale à la probabilité de trouver les résultats de mesures correspondant à l'état $|v\rangle$ lorsque le système est dans l'état $|u\rangle$. Autrement dit :

$$|\langle u'|v'\rangle|^2 = |\langle u|v\rangle|^2 \qquad \text{quels que soient } |u\rangle \text{ et } |v\rangle.$$

La correspondance biunivoque en question conserve donc le module du produit scalaire. Suivant le théorème III, on peut toujours fixer les phases des vecteurs transformés de façon que cette transformation soit unitaire ou antiunitaire. Nous pouvons alors écrire :

$$|u'\rangle = T\,|u\rangle, \tag{32}$$

T étant un opérateur unitaire ou antiunitaire suivant la transformation envisagée ; dans les deux cas, on a :

$$T\,T^\dagger = T^\dagger\,T = 1. \tag{33}$$

De la loi (32) définissant la transformation des vecteurs, on tire aisément la loi de transformation des opérateurs densité :

$$\rho' = T\,\rho\,T^\dagger. \tag{34}$$

Considérons à nouveau la transformation des observables. Puisqu'elle conserve les propriétés physiques, ladite transformation conserve les valeurs moyennes. Pour toute observable B, nous avons donc

$$\langle u'|B'|u'\rangle = \langle u|B|u\rangle \qquad \text{quel que soit } |u\rangle$$

soit encore ([1])

$$\langle u|(T^\dagger\,B'\,T)|u\rangle = \langle u|B|u\rangle \qquad \text{quel que soit } |u\rangle.$$

([1]) Cette conclusion, évidente si T est linéaire, subsiste lorsque T est antilinéaire parce que $\langle u|B|u\rangle$ est réel.

Suivant le théorème I et la propriété (33), on a donc nécessairement :

$$B' = T B T^{\dagger} \qquad B = T^{\dagger} B' T. \tag{35}$$

Des relations (35) découle une propriété importante : toute relation d'algèbre entre observables du système est conservée dans la transformation si T est linéaire, remplacée par la relation complexe conjuguée si T est antilinéaire.

Ceci impose des conditions très restrictives aux lois de transformation des observables. Toute observable B est une certaine fonction *réelle* $F(\xi)$ des observables fondamentales $\xi_1, \xi_2, \ldots, \xi_n, \ldots$, du système ; sa transformée est nécessairement : $B' \equiv F(\xi')$. *La transformation $\mathcal{T}$ est donc entièrement déterminée par la donnée des lois de transformation des observables fondamentales*, c'est-à-dire par la donnée des fonctions $f_1(\xi), \ldots, f_n(\xi), \ldots$, telles que :

$$\mathcal{T}[\xi_n] \equiv \xi'_n = f_n(\xi).$$

Cet ensemble de données fixe également les relations de commutation des ξ'. Celles-ci doivent vérifier la propriété de conservation de l'algèbre énoncée plus haut. Il n'y a alors que deux possibilités. *Ou bien la transformation conserve les relations de commutation fondamentales ; ou bien elle les change de signe* ([3]). Dans le premier cas, l'opérateur T associé à la transformation est linéaire ; dans le second, il est antilinéaire (Cf. équ. (26 *a-b*)).

L'opérateur T doit vérifier les relations :

$$\xi'_n = T \xi_n T^{\dagger}. \tag{36}$$

Toutes les propriétés physiques de T sont contenues dans ces relations. Cependant, celles-ci ne suffisent pas à déterminer T complètement. Soit T_1 un autre opérateur unitaire (ou antiunitaire) vérifiant les mêmes relations ; on a (laissant de côté l'indice n pour alléger l'écriture) :

$$T_1^{\dagger}\, \xi' \, T_1 = \xi$$

donc

$$T_1^{\dagger} T\, \xi\, T^{\dagger} T_1 = \xi$$

soit encore

$$[T_1^{\dagger} T, \xi] = 0 \qquad \text{quel que soit } \xi. \tag{37}$$

Si l'on fait l'hypothèse que l'espace $\mathcal{E}$ des états est *irréductible* par rapport à l'ensemble des observables ξ, c'est-à-dire qu'il n'existe pas dans $\mathcal{E}$ de

([3]) Les transformations envisagées en Mécanique Classique sont celles qui conservent les crochets de Poisson

$$\}\, A_{\text{cl.}}, B_{\text{cl.}} \,\{$$

de chaque couple ($A_{\text{cl.}}$, $B_{\text{cl.}}$) de variables dynamiques du système (transformations canoniques). De même, les transformations qui conservent les propriétés physiques en Mécanique Quantique sont celles qui conservent les expressions correspondantes :

$$\frac{1}{i\hbar}[A, B].$$

sous-espace invariant par rapport aux ξ, la propriété (37) est satisfaite si, et seulement si, $T_1^\dagger T$ est une constante.

Ce résultat est contenu dans le Lemme de Schur (§ D.8). On peut le démontrer directement de la façon suivante. Soit $|u\rangle$ un état propre commun à un ensemble *complet* d'observables qui commutent. Puisque $C \equiv T_1^\dagger T$ commute avec ces dernières, $|u\rangle$ est nécessairement vecteur propre de C : $C|u\rangle = c|u\rangle$. Mais comme C commute avec toute fonction $F(\xi)$ des observables du système, on a également :

$$C\,F(\xi)|u\rangle = c\,F(\xi)|u\rangle \qquad \text{quel que soit } F(\xi).$$

Or, l'espace sous-tendu par l'ensemble des vecteurs de la forme $F(\xi)|u\rangle$ est un sous-espace de $\mathcal{E}$ invariant par rapport aux ξ ; suivant l'hypothèse d'irréductibilité, ce ne peut être que $\mathcal{E}$ lui-même. Donc $C = c$.

Si l'on suppose, comme nous l'avons toujours fait jusqu'ici que tout vecteur de l'espace des états peut être considéré comme un vecteur propre d'un ensemble complet d'observables qui commutent, cette propriété d'irréductibilité de $\mathcal{E}$ est automatiquement assurée (Problème 1). En bonne logique, les observables dont il est question ici sont les observables physiques. Nous supposerons toujours l'espace $\mathcal{E}$ irréductible par rapport aux observables physiques ([4]). Ceci admis, la constante c est nécessairement de module 1 puisque T et T_1 sont unitaires. Nous pouvons donc écrire :

$$T_1 = e^{i\alpha}\,T.$$

En conclusion, *à chaque transformation $\mathcal{T}$ est associé un opérateur unitaire ou antiunitaire T, défini à un facteur de phase près par les lois de transformation des variables fondamentales du système* (équ. (36)). *T est unitaire si la transformation conserve les relations de commutation, antiunitaire si elle les change de signe.*

Le choix de la phase de T est parfaitement arbitraire et n'affecte nullement les propriétés physiques de la transformation. Il n'affecte, en effet, ni la loi de transformation des observables, ni celle des opérateurs densité, ni les différentes manipulations algébriques entre opérateurs.

7. Groupes de transformations

Avec les différentes transformations que l'on peut envisager, on peut former un certain nombre de *groupes* de transformations, le mot groupe étant pris dans son sens mathématique (cf. § D.2).

Le *produit* $\mathcal{T}_{21} \equiv \mathcal{T}_2\mathcal{T}_1$ de deux transformations $\mathcal{T}_1$, $\mathcal{T}_2$ est la transformation réalisée en appliquant successivement $\mathcal{T}_1$ puis $\mathcal{T}_2$. L'opérateur de transformation T_{21} est égal à un facteur de phase près au produit T_2T_1. De ce fait, ce type de produit est *associatif* ; il n'est pas nécessairement commutatif.

([4]) Cf. référence citée note XIII.14, dans laquelle cette hypothèse d'irréductibilité est abandonnée.

L'identité $\mathfrak{I}$ est la transformation dans laquelle chaque observable se transforme en elle-même ; son opérateur est la multiplication par un facteur de phase arbitrairement fixé.

L'inverse $\mathfrak{T}^{-1}$ d'une transformation $\mathfrak{T}$ est défini par les relations $\mathfrak{T}^{-1}\mathfrak{T} = \mathfrak{T}\mathfrak{T}^{-1} = \mathfrak{I}$; comme la correspondance entre états dynamiques définie par $\mathfrak{T}$ est biunivoque, cet inverse existe toujours.

Ainsi, chacune des transformations définies au § 6 peut être regardée comme l'un des éléments d'un certain groupe $\mathcal{G}$.

De tous les groupes, ceux dont la signification physique est la plus immédiatement apparente sont *le groupe des transformations d'espace* (translations, rotations, réflexions) *et ses différents sous-groupes.* Parmi ces derniers, citons le groupe des translations, celui des rotations (autour d'un point), celui des déplacements (translation $\times$ rotation), celui des symétries autour d'un point, autour d'un plan, celui des rotations-réflexions (rotation autour d'un point $\times$ symétrie autour du même point), les groupes de symétrie des cristaux.

Au chapitre précédent, nous avons rencontré une autre catégorie de groupes : *les groupes de permutations* de particules similaires. Nous avons également considéré les permutations de certaines variables à l'exclusion des autres et notamment le groupe des permutations dans l'espace des charges, auquel se rattache, dans le cas des systèmes de nucléons, *le groupe des rotations isotopiques* ou groupe des rotations dans l'espace des charges.

Parmi les transformations, il convient de traiter à part celles qui font intervenir le temps explicitement. Il y a tout d'abord le groupe des changements de repère galiléen que nous citons ici pour mémoire (Problème 7). Le changement de repère galiléen est l'équivalent non relativiste des transformations de Lorentz pures. Celles-ci forment avec les rotations d'espace le groupe de Lorentz propre dont il sera question dans la 5e Partie. Il y a, d'autre part le groupe des translations dans le temps et enfin le renversement du temps. Translation et renversement du temps sont étudiés dans la section IV. Dans le reste de cette section nous nous limitons aux transformations qui ne font pas intervenir le temps explicitement.

8. Groupes d'opérateurs de transformation

Soit $[\mathfrak{T}]$ un ensemble de transformations $\mathfrak{T}_1, \mathfrak{T}_2, \ldots, \mathfrak{T}_i, \ldots$ A chaque élément $\mathfrak{T}_i$ de l'ensemble, on peut associer un opérateur T_i définissant la transformation des vecteurs et des opérateurs de l'espace des états. Les propriétés physiques de T_i ne le définissent qu'à un facteur de phase près que nous fixons provisoirement par un choix arbitraire. Nous obtenons ainsi un ensemble $[T]$ d'opérateurs de transformation dont les éléments sont en correspondance biunivoque avec ceux de $[\mathfrak{T}]$.

Supposons maintenant que $[\mathfrak{T}]$ soit un certain groupe $\mathcal{G}$. Il ne s'ensuit pas nécessairement que $[T]$ possède la même propriété. Dans la correspondance entre [$\mathcal{T}$] et [T] en effet, les produits ne se conservent qu'à un facteur de phase près ; pour chaque produit :

$$\mathcal{T}_k = \mathcal{T}_j \mathcal{T}_i$$

on a

$$T_k = e^{i\alpha_{ji}^k} T_j T_i$$

où α_{ji}^k est une certaine phase dépendant du choix des phases de T_i, T_j et T_k Pour que [T] soit un groupe, il faut que toutes les phases α_{ji}^k soient nulles et dans ce cas [T] est isomorphe au groupe $\mathcal{G}$.

Lorsqu'il existe un choix des phases des T_i pour lequel [T] possède la propriété de groupe, c'est évidemment ce choix qu'il faut adopter. Cette possibilité existe effectivement pour certains groupes, mais pas pour tous. Elle existe pour le groupe des permutations (chap. XIV), mais pas pour le groupe des rotations (§ XIII.15) lorsque le système comprend un nombre impair de particules de spin demi-entier. Dans ce dernier cas, en effet, les opérateurs de rotation $R(\alpha\ \beta\ \gamma)$ définis par l'équation (XIII.60) forment bien un groupe, mais il existe deux opérateurs R de signe opposé pour chaque rotation $\mathcal{R}$; si l'on choisit l'un des deux comme élément de l'ensemble [R], la correspondance biunivoque ainsi établie entre rotations et opérateurs de rotation ne conserve le produit qu'au signe près et l'ensemble [R] ne possède pas la propriété de groupe.

Pour obtenir un ensemble d'opérateurs de transformation possédant la propriété de groupe, il faut éventuellement associer à chaque $\mathcal{T}_i$ non pas un opérateur T_i, mais un ensemble (T_i) d'opérateurs de transformation différant les uns des autres par un facteur de phase. Si les (T_i) sont convenablement choisis, l'ensemble $\{T\}$ des opérateurs de transformation ainsi obtenus forme un certain groupe G et ce groupe est homomorphe au groupe $\mathcal{G}$. Soit (1) l'ensemble des opérateurs associés à la transformation $\mathfrak{I}$; (1) a pour éléments l'opérateur 1 et, éventuellement d'autres opérateurs obtenus en multipliant 1 par un facteur de phase ; c'est un sous-groupe invariant de G et le groupe quotient $G/(1)$ est isomorphe à $\mathcal{G}$ (cf. § D.5).

On peut ainsi former un grand nombre d'ensembles $\{T\}$ possédant la propriété de groupe ([5]). Dans la pratique, on choisit l'un d'entre eux une fois pour toutes ; on le choisit évidemment aussi simple que possible. On obtient ainsi un groupe G d'opérateurs de transformation homomorphe au groupe $\mathcal{G}$.

Dans tous les cas rencontrés jusqu'à présent en Théorie Quantique, on peut toujours choisir G de telle sorte qu'à chaque élément de $\mathcal{G}$ corresponde *ou bien un seul opérateur de G* (isomorphisme) *ou, à défaut, deux opérateurs de G opposés l'un à l'autre.* La première possibilité est toujours réalisable

([5]) L'un d'entre eux, le plus compliqué de tous, s'obtient en associant à chaque $\mathcal{T}$ tous les opérateurs obéissant aux relations (36) : dans ce cas, les éléments de (T_i) s'obtiennent tous en multipliant l'un d'entre eux par un facteur de phase arbitraire. En pratique, il est toujours possible d'imposer aux T_i une condition de réalité qui fixe le facteur de phase au signe près sans violer la propriété de groupe ; l'ensemble (T_i) ne comporte alors que deux éléments opposés l'un à l'autre (Cf. Note ([15])).

lorsque le système comprend un nombre pair de spins demi-entiers. La seconde s'est déjà présentée dans le cas des rotations des spins demi-entiers ; nous en rencontrerons un autre exemple à propos du renversement du temps ; elle constitue la règle générale chaque fois que le système comprend un nombre impair de spins demi-entiers.

9. Groupes continus et transformations infinitésimales. Translations. Rotations

A titre d'illustration, nous allons construire le groupe G pour quelques groupes $\mathcal{G}$. Nous examinons d'abord le cas des groupes continus — c'est-à-dire ceux qui possèdent une infinité d'éléments dépendant d'un ou plusieurs paramètres continus — et plus particulièrement ceux dont les transformations finies peuvent toutes être engendrées par une suite de transformations infinitésimales ; c'est le cas du groupe des rotations et de celui des translations d'espace. Il suffit alors de se donner les transformations infinitésimales des observables pour connaître leur loi de transformation dans n'importe quelle opération du groupe. A chacune des transformations infinitésimales du groupe peut être associé un opérateur de transformation infinitésimale, c'est-à-dire un opérateur unitaire (6) infiniment voisin de 1.

Supposons pour simplifier que les éléments du groupe ne dépendent que du paramètre continu α et que celui-ci soit choisi de façon que

$$\mathcal{T}(\alpha) \underset{\alpha\to 0}{\longrightarrow} \mathcal{I}.$$

Au premier ordre en $\delta\alpha$, l'opérateur de transformation infinitésimale associé à $\mathcal{T}(\delta\alpha)$ s'écrit

$$T(\delta\alpha) = 1 - \mathrm{i}\,\Theta\,\delta\alpha \tag{38}$$

où Θ est un opérateur hermitique (puisque T est unitaire).

Si l'observable ξ se transforme en $\xi + \delta\xi$ dans la transformation $\mathcal{T}(\delta\alpha)$, on a (équ. (VII.96))

$$\delta\xi = -\mathrm{i}\,\delta\alpha[\Theta, \xi]$$

soit

$$[\Theta, \xi] = \mathrm{i}\frac{\delta\xi}{\delta\alpha}. \tag{39}$$

Pour une transformation $\mathcal{T}(\delta\alpha)$ donnée, les $\delta\xi/\delta\alpha$ sont connus et les relations (39) définissent Θ à une constante près (7).

(6) Ce ne peut être un opérateur antiunitaire. En effet, considérons deux observables qui ne commutent pas ; dans une transformation infinitésimale, elles subissent des modifications infinitésimales ; leur commutateur ne peut donc pas subir de modifications finies : il est impossible qu'il change de signe.

(7) En Mécanique Classique, la variation $\delta\alpha\,\partial\xi/\delta\alpha$ de chaque variable ξ dans le déplacement infinitésimal $\mathcal{T}(\delta\alpha)$ est définie par le crochet de Poisson

$$\frac{\partial\xi}{\partial\alpha} = \{\tau, \xi\}$$

où τ est le moment conjugué de la variable α. L'observable $\hbar\Theta$ est l'analogue quantique de τ [Lorsqu'il s'agit d'une rotation infinitésimale autour d'un axe $\boldsymbol{u}$, τ est la composante suivant $\boldsymbol{u}$ du moment cinétique ; si c'est une translation suivant $\boldsymbol{u}$, τ est la composante suivant $\boldsymbol{u}$ de l'impulsion].

Considérons par exemple les translations d'une particule suivant l'axe Ox. Soit $\boldsymbol{r} \equiv (x, y, z)$ la position, $\boldsymbol{p} \equiv (p_x, p_y, p_z)$ l'impulsion et $\boldsymbol{s} \equiv (s_x, s_y, s_z)$ le spin de cette particule. Dans la translation $\mathcal{T}_x(a)$ d'une longueur a suivant l'axe Ox, les neuf variables fondamentales sont invariantes à l'exception de la variable x qui se transforme en (8) $x - a$:

$$T(a)\, x\, T^{\dagger}(a) = x - a.$$

Dans la transformation infinitésimale $\mathcal{T}_x(\delta a)$ notamment, $\delta x = -\delta a$ et toutes les autres variations $\delta y, \ldots, \delta s_z$ sont nulles. L'opérateur hermitique Θ_x correspondant obéit donc aux relations de commutation

$$[\Theta_x, x] = -\mathrm{i}$$
$$[\Theta_x, y] = \ldots = [\Theta_x, s_z] = 0$$

ce qui donne

$$\Theta_x = \frac{p_x}{\hbar} + k_0$$

où k_0 est une constante réelle arbitraire que nous prendrons désormais égale à zéro. L'extension aux translations d'ensemble de N particules se fait sans difficulté et donne

$$\boxed{\Theta_x = \frac{P_x}{\hbar}} \tag{40}$$

où $P_x = \sum_{i=1}^{N} p_x^{(i)}$ est la *composante suivant Ox de l'impulsion totale* des N particules.

A la translation infinitésimale $\mathcal{T}_x(\delta a)$ se trouve ainsi associé l'opérateur unitaire infinitésimal

$$T_x(\delta a) = 1 - \frac{\mathrm{i}}{\hbar} P_x\, \delta a$$

et à la transformation finie $\mathcal{T}_x(a)$ l'opérateur unitaire

$$T_x(a) = \exp\,(-\mathrm{i} P_x\, a/\hbar).$$

Les opérateurs T_x ainsi définis forment un groupe isomorphe au groupe des translations suivant Ox ; on a notamment

$$T_x(a)\, T_x(b) = T_x(b)\, T_x(a) = T_x(a + b).$$

(8) La transformée x' de x est bien $x - a$ et non pas $x + a$. Soit en effet $|b\rangle$ un vecteur propre de x correspondant à la valeur propre b. Son transformé $|b'\rangle$ est vecteur propre de x correspondant à la valeur propre $b + a$:

$$x|b\rangle = b|b\rangle \qquad x|b'\rangle = (b + a)|b'\rangle.$$

Mais, suivant la définition même de la transformation des observables

$$x'|b'\rangle = b\,|b'\rangle$$

d'où

$$x' = x - a.$$

On comparera ce raisonnement avec celui du § XIII.12.

Le groupe des translations suivant Ox est un sous-groupe du groupe des translations proprement dit. Une translation particulière $\mathcal{T}(\boldsymbol{a})$ est définie par la donnée du vecteur $\boldsymbol{a}$ dont se trouvent déplacés les états dynamiques du système. Le groupe des translations dépend donc de trois paramètres continus, à savoir les trois composantes de $\boldsymbol{a}$. Sa loi de composition est

$$\mathcal{T}(\boldsymbol{a})\,\mathcal{T}(\boldsymbol{b}) = \mathcal{T}(\boldsymbol{b})\,\mathcal{T}(\boldsymbol{a}) = \mathcal{T}(\boldsymbol{a}+\boldsymbol{b}).$$

Généralisant les résultats précédents aux translations quelconques, nous associons à la translation infinitésimale $\mathcal{T}(\boldsymbol{\varepsilon})$ l'opérateur

$$\boxed{T(\boldsymbol{\varepsilon}) \simeq 1 - \frac{\mathrm{i}}{\hbar}(\boldsymbol{P}.\boldsymbol{\varepsilon})} \qquad (41)$$

où P est l'impulsion totale des N particules du système ; par suite l'opérateur associé à la translation $\mathcal{T}(\boldsymbol{a})$ est

$$\boxed{T(\boldsymbol{a}) = \mathrm{e}^{-\mathrm{i}\boldsymbol{P}\,\boldsymbol{a}/\hbar}} \qquad (42)$$

Les opérateurs T ainsi définis forment un groupe isomorphe au groupe des translations puisque

$$T(\boldsymbol{a})\,T(\boldsymbol{b}) = T(\boldsymbol{b})\,T(\boldsymbol{a}) = T(\boldsymbol{a}+\boldsymbol{b}).$$

Le groupe des rotations constitue un autre exemple de groupe continu à trois paramètres. Les opérateurs de rotation ont déjà été définis au chapitre XIII. On rapprochera la formule de définition (XIII.55) de la formule (41). Le moment cinétique total $\boldsymbol{J}$ joue pour le groupe des rotations le rôle que joue l'impulsion totale $\boldsymbol{P}$ pour le groupe des translations. La composante $(\boldsymbol{u}.\boldsymbol{J})$ du moment cinétique total suivant la direction $\boldsymbol{u}$ est définie à une constante près par les relations de commutation (XIII.56) et (XIII.57) donnant les rotations infinitésimales autour de $\boldsymbol{u}$ des observables scalaires et vectorielles respectivement ; la constante arbitraire est fixée par la condition que $\boldsymbol{J}$ lui-même soit un opérateur vectoriel [9].

Les opérateurs de rotation R sont définis comme produits de rotations infinitésimales. On aboutit ainsi à la formule (XIII.60) que l'on rapprochera de la formule (42). Les opérateurs ainsi construits forment un groupe. Ce groupe est isomorphe au groupe des rotations si le système contient un nombre pair de spins demi-entiers, mais seulement homomorphe au groupe des rotations si ce nombre est impair. Ce point a déjà été discuté et ne sera pas repris ici.

[9] Cette condition équivaut à la condition que les opérateurs $R_{\boldsymbol{u}}(\varepsilon)$ soient les opérateurs infinitésimaux d'un groupe.

L'ensemble des opérateurs T et R définis par les équations (42) et (XIII.60) et de leurs produits forme également un groupe. Si le système comprend un nombre pair de spins demi-entiers, ce groupe est isomorphe au groupe des déplacements. Dans le cas contraire, il est seulement homomorphe au groupe des déplacements, deux opérateurs opposés correspondant à chaque élément du groupe des déplacements.

10. Groupes finis. Réflexions

De tous les groupes, celui des réflexions autour d'un point est sans doute le plus simple. Il comprend en tout deux éléments, l'identité $\mathcal{I}$ et la réflexion proprement dite $\mathcal{S}_0$: $\mathcal{S}_0^2 = \mathcal{I}$. Dans la transformation $\mathcal{S}_0$, les vecteurs polaires $\boldsymbol{r}, \boldsymbol{p}$ changent de signe, les vecteurs axiaux $\boldsymbol{r} \times \boldsymbol{p}$, $\boldsymbol{s}$ sont invariants. Puisque $\boldsymbol{r}$ et $\boldsymbol{p}$ changent simultanément de signe, la transformation conserve les relations de commutation des variables orbitales ; elle conserve également celles des composantes du spin. L'opérateur S_0 définissant la réflexion d'une particule est donc un opérateur linéaire. S_0 est l'opérateur unitaire obéissant aux relations

$$\left.\begin{aligned} S_0\, \boldsymbol{r}\, S_0^\dagger &= -\boldsymbol{r} \\ S_0 \boldsymbol{p}\, S_0^\dagger &= -\boldsymbol{p} \\ S_0\, \boldsymbol{s}\, S_0^\dagger &= \boldsymbol{s}. \end{aligned}\right\} \qquad (43)$$

Celles-ci le définissent à une phase près. Pour qu'en outre, les opérateurs S_0 et 1 forment un groupe isomorphe au groupe des réflexions, il faut que

$$S_0^2 = 1 \qquad (S_0 = S_0^\dagger) \qquad (44)$$

ce qui fixe la phase de S_0 au signe près.

S_0 est complètement déterminé si l'on se donne son action sur les vecteurs de base d'une représentation, ceux de la représentation $\{\boldsymbol{r}, s_z\}$ par exemple. Nous adoptons la définition suivante

$$S_0\, |\boldsymbol{r}\mu\rangle = |(-\boldsymbol{r})\mu\rangle. \qquad (45)$$

Elle est bien conforme (Problème 2) aux conditions (43) et (44). Suivant cette définition, la réflexion des fonctions d'onde est donnée par la règle :

$$S_0 \psi(\boldsymbol{r}, \mu) = \psi(-\boldsymbol{r}, \mu).$$

L'opérateur S_0 n'est autre que l'opérateur *parité* introduit au § XIII.23. C'est une observable possédant deux valeurs propres, $+1$ et -1. Ces considérations s'étendent sans difficulté aux systèmes de plusieurs particules.

La réflexion $\mathcal{S}_0$ commute avec toutes les rotations $\mathcal{R}$; le produit des opérations du groupe des réflexions et de celui des rotations forme le groupe des rotations-réflexions. On note que S_0 commute aussi avec tous les opérateurs de rotation. En effet, tout opérateur de rotation est une fonction du moment cinétique total J, et S_0 commute avec J puisque, suivant les équations (43),

$$S_0 J S_0^\dagger = J.$$

Aussi l'ensemble constitué par S_0, les opérateurs R et leurs produits forme-t-il aussi un groupe. Lorsque le groupe $[R]$ est isomorphe au groupe des rotations (spin total entier), ce groupe est isomorphe aux rotations-réflexions. Dans le cas contraire (spin total demi-entier), il est seulement homomorphe aux rotations-réflexions : à chaque élément du groupe des rotations-réflexions sont associés deux opérateurs opposés ; en particulier, les deux opérateurs associés à la réflexion pure sont $+ S_0$ et $- S_0$ et les deux opérateurs associés à l'identité sont $+ 1$ et $- 1$.

Considérons un autre type de réflexion, la réflexion par rapport à un plan. Nous désignons par $\boldsymbol{u}$ un vecteur unitaire perpendiculaire au plan et par $\mathcal{S}_u$ la réflexion en question. $\mathcal{S}_u$ est une transformation particulière du groupe des rotations-réflexions, à savoir le produit de $\mathcal{S}_0$ par une rotation de π autour de $\boldsymbol{u}$ (ou $-\boldsymbol{u}$) :

$$\mathcal{S}_u = \mathcal{S}_0\, \mathcal{R}_u(\pi). \tag{46}$$

On note que

$$\mathcal{S}_u^2 = \mathcal{I}. \tag{47}$$

En conséquence $\mathcal{S}_u$ et $\mathcal{I}$ forment un groupe et l'étude de ce groupe peut être calquée sur celle du groupe des réflexions ponctuelles. D'ailleurs la relation (46) permet de déduire les propriétés de l'un de celles de l'autre.

Bornons-nous à l'étude d'une seule particule. L'opérateur S_u est l'opérateur linéaire unitaire obéissant aux relations

$$\left.\begin{aligned} S_u\, \boldsymbol{r}\, S_u^\dagger &= \boldsymbol{r} - 2\boldsymbol{u}(\boldsymbol{u}.\boldsymbol{r}) \\ S_u\, \boldsymbol{p}\, S_u^\dagger &= \boldsymbol{p} - 2\boldsymbol{u}(\boldsymbol{u}.\boldsymbol{p}) \\ S_u\, \boldsymbol{s}\, S_u^\dagger &= -\boldsymbol{s} + 2\boldsymbol{u}(\boldsymbol{u}.\boldsymbol{s}) \end{aligned}\right\} \tag{48}$$

Nous pouvons prendre pour S_u l'expression

$$S_u = S_0\, R_u(\pi) = S_0\, \mathrm{e}^{-\mathrm{i}\pi(\boldsymbol{J}.\boldsymbol{u})} \tag{49}$$

ce qui donne

$$S_u^2 = S_0^2\, \mathrm{e}^{-2\pi\mathrm{i}(\boldsymbol{J}.\boldsymbol{u})} = (-)^{2J}. \tag{50}$$

Avec ce choix de phase, on trouve donc

$$S_u^2 = -1$$

lorsque le spin est demi-entier. Pour préserver la condition que les opérateurs de transformation forment un groupe, il faut alors associer à $\mathcal{S}_u$ les deux opérateurs S_u et $- S_u$ [10].

[10] Si l'on se borne au seul groupe $\{ \mathcal{S}_u, \mathcal{I} \}$, il est préférable de poser $S_u = \mathrm{i}^{2J} S_0 R_u(\pi)$; ce qui donne $S_u^2 = 1$. Avec ce nouveau choix de phase, la règle de multiplication (46) n'est plus conservée qu'au signe près.

Un autre type de groupe fini est celui des permutations de n particules similaires. Ce groupe a déjà été étudié au chapitre XIV. A chaque permutation, nous avons associé un opérateur de permutation linéaire et unitaire ; l'ensemble des opérateurs ainsi obtenu forme un groupe isomorphe au groupe des permutations [11]. Nous n'y reviendrons pas ici. Ajoutons seulement une importante remarque. Les permutations commutent avec les transformations d'espace. De la façon même dont ils ont été construits, les opérateurs de permutation et de transformation d'espace possèdent également cette propriété de commutation.

III. — INVARIANCE DES ÉQUATIONS D'ÉVOLUTION ET LOIS DE CONSERVATION

11. Observables invariantes

Abordons maintenant les questions d'invariance proprement dites. Soit $\mathcal{G}$ un certain groupe de transformations. Nous désignons par G le groupe des opérateurs de transformation correspondant, par T_i un opérateur quelconque de l'ensemble G. Nous supposons que tous les opérateurs T_i sont linéaires (et unitaires). La seule transformation nécessitant l'introduction d'opérateurs antilinéaires est le renversement du temps ; elle sera examinée dans la section IV.

Le fait qu'une observable Q est invariante par rapport aux transformations du groupe, s'exprime par la condition $T_i\, Q\, T_i^{\dagger} = Q$, soit :

$$[Q, T_i] = 0 \qquad \text{quel que soit } T_i. \tag{51}$$

Les conséquences de ces règles de commutation ont déjà été analysées dans le cas du groupe des rotations (§ XIII.17). On peut les formuler de façon très générale en utilisant le concept de groupe et en se servant des propriétés des représentations linéaires du groupe G (cf. Appendice D et notamment § D.9). Désignons par $|\tau j \mu\rangle$ les vecteurs de base d'une représentation standard adaptée au groupe G ; ces vecteurs sont repérés par trois nombres (ou 3 ensembles de nombres) quantiques. j indique la représentation irréductible à laquelle $|\tau j \mu\rangle$ appartient ; μ sert à distinguer les uns des autres les vecteurs de base de la même représentation irréductible ; τ est le nombre quantique additionnel permettant, si besoin est, de distinguer les uns des autres les sous-espaces irréductibles équivalents orthogonaux. Nous utilisons à dessein les mêmes notations que celles du § XIII.6, dont la présente discussion cons-

[11] Le même résultat aurait pu être obtenu en remplaçant tous les opérateurs de permutation impaire par leurs opposés. Tout l'exposé du chapitre XIV pourrait être repris avec cette nouvelle convention de phase, avec pour seule différence d'encombrer les formules de signes (—) intempestifs sans qu'aucun des résultats soit changé.

titue une généralisation évidente. La propriété essentielle de Q est la généralisation de la propriété (XIII.120) à savoir :

$$\langle \tau j \mu | Q | \tau' j' \mu' \rangle = \delta_{jj'} \, \delta_{\mu\mu'} \, Q^{(j)}_{\tau\tau'}. \tag{52}$$

Il arrive très fréquemment que l'on puisse tirer les conséquences de l'invariance de Q sans faire explicitement appel au concept de groupe. Il suffit pour cela de trouver parmi les fonctions des T_i :

(*i*) un ensemble J d'observables invariantes dans *toutes* les opérations du groupe et dont les valeurs propres peuvent être repérées par le (ou l'ensemble des) nombre(s) quantique(s) j ;

(*ii*) un ensemble M d'observables commutant deux à deux, mais ne commutant pas avec toutes les opérations du groupe et dont les valeurs propres sont repérées par μ.

Il est clair que Q, J et M forment un ensemble d'observables qui commutent et qu'en conséquence Q possède une représentation matricielle particulièrement simple dans toute représentation où J et M sont diagonales. On parvient ainsi à démontrer la propriété (52) dans chaque cas particulier. C'est ce qui a été fait dans le cas des rotations ; on trouve dans ce cas une observable de la catégorie (*i*), l'observable J^2, et une observable de la catégorie (*ii*), l'observable J_z. Dans le cas du groupe des rotations-réflexions, il faut prendre J^2 et S_0 pour la catégorie (*i*) — c'est-à-dire le moment cinétique total et la parité — et l'observable J_z pour la catégorie (*ii*). Notons qu'il existe un certain arbitraire dans le choix des observables M ; dans le cas des rotations, la tradition veut qu'on prenne J_z, mais J_x ou J_y ou toute autre composante de J ferait aussi bien l'affaire.

Les états propres de Q s'obtiennent en diagonalisant séparément les matrices $Q^{(j)}_{\tau\tau'}$, correspondant chacune à une valeur propre bien déterminée de J. A chaque j correspond donc une suite $q^{(j)}_s$ de valeurs propres de Q que l'on distingue les unes des autres, si besoin est, par le nombre (ou le jeu de nombres) quantique(s) s. Soit d_j le nombre de valeurs possibles de μ ($2j + 1$ dans le cas des rotations) ; à chacune de ces valeurs correspond la même matrice $Q^{(j)}_{\tau\tau'}$; donc chaque valeur propre simple de cette matrice est une valeur propre d_j fois dégénérée de Q, chaque valeur propre p fois dégénérée de cette matrice est une valeur propre pd_j fois dégénérée de Q : si $d_j \neq 1$, toutes les valeurs propres de Q correspondant au nombre quantique j sont dégénérées et l'ordre de leur dégénérescence est un multiple de d_j. Ce type de dégénérescence est une conséquence directe de l'invariance de Q par rapport à G et nous lui donnerons le nom de *dégénérescence G*.

12. Symétrie de l'Hamiltonien et lois de conservation

Supposons l'Hamiltonien H invariant dans les transformations du groupe $\mathcal{G}$. C'est une observable invariante particulière et tout ce qui a été dit au sujet des observables invariantes peut lui être appliqué. Partant des propriétés de commutation

$$[H, T_i] = 0 \qquad \text{pour tout opérateur } T_i \text{ de } G \tag{53}$$

nous formons des observables du type J et du type M. Ces observables forment avec H un ensemble d'observables qui peuvent être simultanément diagonalisées. En outre le spectre de H présente la *dégénérescence G*.

Comme en Mécanique Classique, les symétries de l'Hamiltonien entraînent l'existence de lois de conservation. En effet, comme toute observable (ne dépendant pas explicitement du temps) qui commute avec H est une constante du mouvement, nous obtenons la propriété évidente :

Si H est invariant dans les transformations d'un groupe, toute observable fonction des opérateurs du groupe est une constante du mouvement.

Cette propriété est notamment vérifiée par les observables de l'ensemble (J, M) défini plus haut ; comme celles-ci commutent deux à deux, elles peuvent être définies simultanément de façon précise.

A chaque groupe correspond ainsi un certain nombre de lois de conservation. Chaque fois que les observables conservées ont un analogue classique, ces lois sont identiques aux lois de conservation classiques correspondantes ([12]). Nous donnons ci-dessous les plus courantes.

(*i*) *Invariance par translation et conservation de l'impulsion totale.* Pour que l'Hamiltonien soit invariant par translation, il faut et il suffit qu'il soit invariant par rapport aux translations infinitésimales, ce qui s'écrit (cf. équ. (41)) :

$$[H, \boldsymbol{P}] = 0 \tag{54}$$

où $\boldsymbol{P}$ est l'impulsion totale du système. Dans ce cas, les trois composantes de l'impulsion totale sont des constantes du mouvement : l'impulsion totale est conservée. D'ailleurs, comme P_x, P_y, P_z commutent deux à deux, on peut les définir simultanément de façon précise ; elles conservent alors leurs valeurs respectives au cours du temps.

(*ii*) *Invariance par rotation et conservation du moment cinétique* (pour mémoire, l'invariance par rotation s'écrit : $[H, \boldsymbol{J}] = 0$).

(*iii*) *Invariance par réflexion et conservation de la parité.* De l'invariance de l'Hamiltonien par réflexion ponctuelle :

$$[H, S_0] = 0 \tag{55}$$

résulte que la *parité* S_0 est une constante du mouvement.

(*iv*) *Invariance par permutation et conservation du caractère de symétrie.*

([12]) C'est le cas des observables associées aux déplacements infinitésimaux. Cf. note ([7]).

Dans un système comprenant des particules identiques, l'Hamiltonien H est invariant dans toute permutation P de ces particules :

$$[H, P] = 0 \qquad \text{quel que soit } P.$$

Par suite toute observable fonction des P est une constante du mouvement. C'est notamment le cas des projecteurs S et A sur les états symétriques et antisymétriques respectivement :

$$[H, S] = 0 \qquad [H, A] = 0$$

S et A sont donc des constantes du mouvement. Nous avons vu au chapitre XIV que cette propriété des opérateurs S et A est une condition nécessaire de cohérence interne du postulat de symétrisation.

(*v*) *Indépendance de charge et conservation du spin isotopique.* Si $\boldsymbol{T}$ est le spin isotopique total d'un système de nucléons et si les forces entre nucléons sont indépendantes de charge, leur Hamiltonien est invariant par rapport aux rotations dans l'espace du spin isotopique, soit

$$[H, \boldsymbol{T}] = 0. \tag{56}$$

Donc les composantes de $\boldsymbol{T}$ sont des constantes du mouvement, ainsi que toute observable fonction de ces composantes ; en particulier $\boldsymbol{T}^2$ et T_z sont des constantes du mouvement (*N. B.* — La loi de conservation de T_z est simplement la loi de conservation de la charge).

13. Propriétés d'invariance de la loi d'évolution des états dynamiques

De l'invariance de H par rapport au groupe $\mathcal{G}$ découle celle de l'opérateur d'évolution de Schrödinger $U(t, t_0)$. Ce dernier est par définition la solution de l'équation intégrale

$$U(t, t_0) = 1 + \frac{1}{i\hbar}\int_0^t H\, U(t', t_0)\, \mathrm{d}t'.$$

Multipliant membre à membre à gauche par T_i, à droite par $T_i^\dagger$, et tenant compte de l'unitarité de T_i et de la propriété (53), on trouve

$$T_i\, U(t, t_0)\, T_i^\dagger = 1 + \frac{1}{i\hbar}\int_{t_0}^t H\, T_i\, U(t', t_0)\, T_i^\dagger\, \mathrm{d}t'.$$

Puisque U et $T_i U T_i^\dagger$ satisfont la même équation intégrale, ils sont égaux, ce qui donne

$$[U(t, t_0), T_i] = 0 \qquad \text{pour tout opérateur } T_i \text{ de } G. \tag{57}$$

Parmi les conséquences physiques de l'invariance de U dans les transformations du groupe figurent les lois de conservation dont nous avons fait état au paragraphe précédent. D'autre part, puisque U et T_i commutent, si $|\psi(t)\rangle$ est solution des équations du mouvement, il en est de même du vecteur transformé $T_i\,|\psi(t)\rangle$; les états dynamiques représentés respectivement par ces deux vecteurs se correspondent donc à chaque instant par la transformation $\mathcal{T}_i$. Par conséquent, la loi d'évolution des *états* dynamiques est invariante par rapport aux transformations du groupe $\mathcal{G}$:

Deux états dynamiques, qui se déduisent l'un de l'autre par une transformation donnée $\mathcal{T}_i$ du groupe $\mathcal{G}$, conservent cette propriété au cours du temps.

On peut exprimer cette propriété d'invariance de façon équivalente en terme de mesures :

Supposons qu'après avoir préparé le système d'une certaine façon à l'instant t_0, on effectue sur ce système une opération de mesure bien déterminée à un instant ultérieur t ; les résultats de mesure ne sont pas modifiés si, toutes choses égales, on effectue une transformation donnée $\mathcal{T}_i$ du groupe à la fois sur l'état initial (c'est-à-dire sur l'appareil qui a servi à préparer le système) *et sur la (ou les) grandeur(s) mesurée(s)* (c'est-à-dire sur l'appareil qui sert à l'observer).

Supposons notamment que l'on prépare le système dans un état pur représenté par le vecteur $|\varphi\rangle$ et que l'on mesure sa probabilité de se trouver dans un état pur représenté par $|\chi\rangle$. Les transformés de ces états sont respectivement représentés par les vecteurs $T_i\,|\varphi\rangle$ et $T_i\,|\chi\rangle$. De la règle de commutation (57), on déduit l'égalité des probabilités

$$|\,\langle\chi|\,T_i^\dagger\,U(t,t_0)\,T_i|\varphi\rangle\,|^2 = |\,\langle\chi|\,U(t,t_0)\,|\psi\rangle\,|^2. \tag{58}$$

Plus généralement, soit ρ_0 l'opérateur densité représentant l'état du système à l'intant t_0 où il a été préparé, ρ celui qui le représente à l'instant t où s'effectue la mesure. Une mesure typique consiste à déterminer la probabilité que la (ou les) valeur(s) (respectives) de la (des) grandeur(s) faisant l'objet de la mesure se trouve(nt) dans un certain domaine D ; si l'on désigne par P_D le projecteur sur le sous-espace des états propres correspondant à ce domaine, cette probabilité est

$$w = \mathrm{Tr}\,\rho\,P_D = \mathrm{Tr}\,U(t,t_0)\,\rho_0\,U^\dagger(t,t_0)\,P_D. \tag{59}$$

Supposons maintenant que l'on parte de l'état initial $\rho_0' \equiv T_i\,\rho_0\,T_i^\dagger$ et qu'on effectue la mesure sur la (ou les) transformée(s) (respectives) de la (des) grandeur(s) considérée(s) dans la première expérience ; le projecteur correspondant aux valeurs propres du domaine D est $P_D \equiv T_i\,P_D\,T_i^\dagger$. Le résultat de cette nouvelle mesure est donc

$$w' = \mathrm{Tr}\,U(T_i\,\rho_0\,T_i^\dagger)\,U^\dagger(T_i\,P_D\,T_i^\dagger). \tag{60}$$

Compte tenu des propriétés de la trace et de l'unitarité de T_i, la relation (57) entraîne l'égalité des deux résultats

$$w' = w. \tag{61}$$

D'ailleurs, il suffit que l'égalité (58) soit vérifiée quels que soient $|\varphi\rangle$ et $|\chi\rangle$ pour que cette dernière égalité soit vérifiée.

Jusqu'à présent, nous sommes partis de l'hypothèse que H possédait certaines propriétés de symétrie et nous en avons déduit entre autres conséquences que la loi d'évolution des états dynamiques est invariante par rapport au groupe $\mathcal{G}$ correspondant à ces propriétés de symétrie. On peut, à l'inverse, *poser cette propriété d'invariance comme un postulat fondamental imposé à la loi d'évolution.* Ceci revient à postuler que, pour toutes transformations $\mathcal{T}_i$ du groupe, l'équation (58) est vérifiée quels que soient $|\varphi\rangle$ et $|\chi\rangle$, soit encore, conformément au théorème II, que U et $T_i^\dagger\, U\, T_i$ sont égaux à une phase près :

$$T_i^\dagger\, U(t, t_0)\, T_i = \mathrm{e}^{\mathrm{i}\alpha_i}\, U(t, t_0). \tag{62}$$

Les facteurs de phase $\mathrm{e}^{\mathrm{i}\alpha_i}$ sont d'ailleurs soumis à de très sévères limitations. Pour la plupart des groupes envisagés en physique, ils sont nécessairement tous égaux à 1 ([13]).

Nous supposerons cette condition de phase toujours remplie, même lorsque les considérations de cohérence interne ne l'exigent pas. Ceci admis, le postulat d'invariance s'écrit :

$$[T_i, U(t, t_0)] = 0.$$

En appliquant ces propriétés de commutation à l'opérateur d'évolution infinitésimal $U(t + \mathrm{d}t, t) = 1 - (\mathrm{i}/\hbar)\, H\, \mathrm{d}t$, on retrouve les conditions de symétrie de l'Hamiltonien :

$$[T_i, H] = 0.$$

Ainsi tout postulat d'invariance concernant la loi d'évolution se traduit par une propriété de symétrie de l'Hamiltonien. Pour tout système quantique évoluant en l'absence de champ extérieur, on postule couramment l'invariance par rapport au groupe des déplacements ; ceci revient à supposer que l'espace est homogène (invariance par translation) et isotrope (invariance par rotation). Jusqu'à présent, ce postulat n'a été contredit par aucune expérience.

Pendant très longtemps, on a également cru que l'évolution des systèmes naturels était invariante par réflexion. Ce postulat d'invariance est bien vérifié expérimentalement dans tous les phénomènes où les seules interactions mises en jeu sont les interactions électromagnétiques ou les interactions nucléaires proprement dites, c'est-à-dire les interactions responsables de la

([13]) Ceci vient du fait que les $\mathrm{e}^{\mathrm{i}\alpha_i}$ constituent une représentation à une dimension du groupe $\mathcal{G}$ et que ce sont des fonctions continues de t qui tendent vers 1 lorsque $t \to t_0$. Si $\mathcal{G}$ est un groupe fini, ou tout au moins, si $\mathcal{T}_i$ est un élément d'un groupe fini, il existe un entier p tel que $\mathcal{T}_i^p = \mathcal{I}$; par suite $\mathrm{e}^{\mathrm{i}\alpha_i}$ est une des racines $p^{\text{ième}}$ de l'unité ; la condition de continuité énoncée plus haut entraîne $\mathrm{e}^{\mathrm{i}\alpha_i} = 1$. La réflexion autour d'un point, la réflexion autour d'un plan sont des exemples de transformations entrant dans cette catégorie. Par ailleurs, si la seule représentation à une dimension du groupe $\mathcal{G}$ est la représentation identique, on a évidemment $\mathrm{e}^{\mathrm{i}\alpha_i} = 1$ pour toute opération du groupe ; le groupe des rotations, le groupe des déplacements entrent dans cette catégorie. Par contre, si le groupe d'invariance de la loi d'évolution est le seul groupe des translations, cette seule donnée n'entraîne pas nécessairement que toutes les phases α_i soient nulles.

cohésion des noyaux d'atomes. Cependant, l'expérience montre qu'il est violé par certaines interactions et en particulier par celles qui sont responsables de la désintégration β des noyaux d'atomes. Ces interactions sont beaucoup plus faibles que les précédentes ; chaque fois qu'on peut les négliger, la loi d'évolution est invariante par réflexion et la parité est conservée ; c'est le cas notamment de tous les phénomènes de physique atomique, phénomènes dans lesquels n'interviennent que les seules interactions électromagnétiques.

En présence d'un champ extérieur, les propriétés d'invariance de la loi d'évolution dépendent des propriétés de symétrie du champ. A titre d'illustration, nous traitons deux exemples tirés de la physique atomique, celui de l'effet Stark et celui de l'effet Zeeman.

14. Symétries des effets Stark et Zeeman

Effet Stark

Considérons un système atomique dans un champ électrique extérieur constant $\mathcal{E}$ que nous supposons, pour fixer les idées, dirigé suivant l'axe des z. Ce champ est invariant par translation, par rotation autour de l'axe des z et par réflexion par rapport à tout plan parallèle à l'axe des z ; le groupe d'invariance intervenant ici est le produit du groupe des translations par le groupe des réflexions autour des plans passant par Oz.

Nous supposons effectuée la séparation du mouvement du centre de masse et nous nous bornons à examiner les états possibles de l'Hamiltonien H des variables relatives ; celui-ci est invariant par rapport au groupe des réflexions autour des plans passant par Oz. Les considérations qui suivent sont uniquement fondées sur cette propriété d'invariance ; elles ne font intervenir ni le détail, ni la force du couplage du système au champ électrique.

Soit $\mathcal{S}_u$ la réflexion autour d'un plan passant par Oz arbitrairement choisi, S_u l'opérateur correspondant ; nous fixons la phase de ce dernier de façon que $S_u^2 = 1$. Comme le groupe envisagé ici est engendré par la rotation infinitésimale autour de Oz et la réflexion $\mathcal{S}_u$, tout opérateur de transformation du groupe est une fonction de J_z et de S_u. Nous avons donc en tout deux constantes du mouvement indépendantes, J_z et S_u. Celles-ci ne commutent pas

$$S_u J_z S_u = -J_z. \tag{63}$$

Par suite, certaines des valeurs propres de H sont nécessairement dégénérées.

Pour préciser les choses notons que J_z^2 commute avec J_z et S_u, donc avec tous les opérateurs du groupe. J_z^2 est l'observable du type J du groupe (définition du § 11). Comme observable du type M, nous pouvons prendre soit J_z, soit S_u. Dans le premier cas, nous classons les états stationnaires suivant les valeurs propres de J_z, dans le second suivant celles de l'ensemble (J_z^2, S_u).

Supposons pour fixer les idées que le système contienne un nombre pair de spins demi-entiers. J_z peut prendre toutes valeurs entières. Soit m l'une d'entre elles ; si $|\rangle$ est un état stationnaire correspondant à cette valeur, $S_u|\rangle$ est un état stationnaire de même énergie correspondant à la valeur propre $-m$ de J_z. Si $m \neq 0$, ces deux états sont nécessairement orthogonaux. En conclusion, supposons qu'on classe les états stationnaires suivant les valeurs propres de J_z ; deux valeurs propres opposées m et $-m$ donnent le même spectre d'énergie, chaque niveau de ce spectre présentant le même ordre de dégénérescence ; autrement dit, les niveaux d'énergie ne dépendent que de $|m|$ et tous les niveaux correspondant à $|m| \neq 0$ présentent une dégénérescence d'ordre pair.

On obtient aussi bien ce résultat en classant les états stationnaires suivant les valeurs propres de l'ensemble (J_z^2, S_u). Pour désigner ces dernières nous utilisons les symboles m^+ ou m^- ; m est un entier positif ou nul dont le carré est égal à la valeur propre de J_z^2, l'indice supérieur est $+$ ou $-$ suivant que la valeur propre de S_u est $+1$ ou -1. Considérons un état m^+ pour fixer les idées :

$$J_z^2\,|m^+\rangle = m^2\,|m^+\rangle \qquad\qquad S_u\,|m^+\rangle = |m^+\rangle.$$

Si $m \neq 0$, le vecteur $J_z\,|m^+\rangle$ n'est pas nul et l'on a, d'après l'identité (63),

$$S_u(J_z\,|m^+\rangle) = -J_z\,S_u\,|m^+\rangle = -(J_z\,|m^+\rangle).$$

Donc à chaque état m^+, l'action de J_z fait correspondre un état m^- ; si le premier est un état stationnaire, le second l'est aussi et correspond au même niveau d'énergie : les niveaux d'énergie ne dépendent que de l'entier positif m et tous présentent une dégénérescence d'ordre pair. Le cas $m = 0$ fait exception : les spectres des états 0^+ et 0^- peuvent être différents.

Effet Zeeman

Considérons maintenant un système atomique dans un champ magnétique constant $\mathcal{H}$ dirigé suivant l'axe des z. Dans une réflexion par rapport à un plan parallèle à cet axe, $\mathcal{H}$ change de signe ; par contre, $\mathcal{H}$ est invariant dans la réflexion autour de l'origine $\mathcal{S}_0$. Le groupe d'invariance du champ externe est le groupe engendré par les translations, les rotations autour de Oz et la réflexion $\mathcal{S}_0$. Comme dans le cas de l'effet Stark, nous nous limitons à l'examen des symétries de l'Hamiltonien H des variables relatives ; H est invariant par rotation autour de Oz et par réflexion autour de l'origine. Soit S_0 l'opérateur parité ; nous fixons sa phase de façon que $S_0^2 = 1$. Toutes les transformations du groupe s'expriment en fonction des observables J_z et S_0. Celles-ci commutent :

$$S_0\,J_z\,S_0 = J_z.$$

L'invariance de H par rapport aux transformations de ce groupe n'entraîne donc aucune dégénérescence systématique (14).

(14) Autrement dit, toutes les représentations irréductibles du groupe sont nécessairement de degré 1.

H, S_0 et J_z peuvent être diagonalisés simultanément et chaque vecteur propre commun à ces trois observables représente un état stationnaire invariant par rapport aux transformations du groupe. Ce résultat est fondé uniquement sur les propriétés de symétrie de H ; il est indépendant du détail et de la force du couplage du système au champ magnétique.

IV. — RENVERSEMENT DU TEMPS ET PRINCIPE DE MICRORÉVERSIBILITÉ

15. Translation du temps et conservation de l'énergie

De toutes les transformations faisant intervenir le temps, les plus simples sont les translations du temps. En Mécanique Classique, l'invariance des équations de mouvement par translation du temps entraîne la loi bien connue de conservation de l'énergie : elle exige en effet que la fonction de Hamilton soit indépendante du temps. Nous obtenons une propriété analogue en Mécanique Quantique.

En effet, soit $|\psi(t)\rangle$ une solution possible des équations du mouvement. Postuler que la loi d'évolution du système est invariante lorsqu'on effectue la translation τ sur le temps, c'est postuler qu'il existe une autre solution $|\psi'(t)\rangle$ qui représente à l'instant t le même état dynamique que la solution précédente à l'instant $t + \tau$, soit :

$$|\psi'(t)\rangle = e^{i\alpha(t,\tau)}\,|\psi(t+\tau)\rangle.$$

Pour que cette propriété soit vraie pour toute solution des équations du mouvement, il est nécessaire que l'opérateur d'évolution possède la propriété :

$$U(t, 0) = e^{i\alpha(t,\tau)}\,U(t+\tau, \tau) \tag{64}$$

où $\alpha(t, \tau)$ est une phase dépendant éventuellement de t et τ. Appliquons la propriété précédente à la limite où t est infiniment petit. Posant $f(\tau) = \left.\dfrac{\partial\alpha}{\partial t}\right|_{t=0}$, on trouve

$$1 - \frac{i}{\hbar}H(0)\,dt = (1 + i\,f(\tau)\,dt)\left(1 - \frac{i}{\hbar}H(\tau)\,dt\right)$$

soit encore

$$H(\tau) = H(0) + \hbar\,f(\tau). \tag{65}$$

Si la loi d'évolution est invariante dans toute translation du temps, l'équation (64) doit être vérifiée quel que soit τ. Autrement dit, l'Hamiltonien du système est constant à une fonction (réelle) du temps près. On peut, en fait, supposer cette fonction nulle sans modifier aucune des propriétés physiques du système. En effet, remplacer l'Hamiltonien $H(t)$ par sa valeur au temps

$t = 0$, a pour seul effet de multiplier l'opérateur d'évolution par le facteur de phase $\exp\left[i\int_0^t f(t')\,dt'\right]$ (Problème 6).

En conclusion, si la loi d'évolution du système est invariante par translation du temps, on peut supposer l'Hamiltonien indépendant du temps. C'est ce que nous ferons toujours désormais. La propriété (64) se réduit alors à la loi d'invariance de l'opérateur d'évolution par translation du temps :

$$U(t + \tau, \tau) = U(t, 0). \tag{66}$$

16. Renversement du temps en Mécanique Classique et en Mécanique Quantique

Tous les systèmes que nous considérons dans le reste de cette section sont des systèmes conservatifs. Il arrive fréquemment que la loi d'évolution de tels systèmes soit invariante, non seulement par translation du temps, mais aussi par renversement du temps. Ce type d'invariance se rencontre également en Mécanique Classique.

La fonction de Lagrange $L_{\text{cl.}}(\dot{q}, q)$ de la Mécanique Classique est un polynôme du second degré par rapport aux vitesses. Pour beaucoup de systèmes, les termes du premier degré sont absents et l'on a :

$$L_{\text{cl.}}(\dot{q}, q) = L_{\text{cl.}}(-\dot{q}, q).$$

Les systèmes de particules isolés possèdent toujours cette propriété de symétrie. L'introduction d'un champ extérieur statique ne la détruit pas nécessairement ; elle est préservée dans un champ électrique pur ; par contre, la présence d'un champ magnétique introduit un couplage linéaire par rapport aux vitesses et la met donc en défaut. Lorsqu'elle est réalisée, les impulsions p sont des fonctions linéaires homogènes des vitesses et la fonction de Hamilton possède une propriété de symétrie analogue.

Afin de rendre l'exposé moins formel, nous allons examiner les conséquences d'une telle symétrie dans un cas particulier simple, celui d'une particule dans un potentiel statique. On a dans ce cas :

$$H(\boldsymbol{p}, \boldsymbol{r}) \equiv \frac{\boldsymbol{p}^2}{2m} + V(\boldsymbol{r}) = H(-\boldsymbol{p}, \boldsymbol{r}). \tag{67}$$

Par suite, toute solution $\boldsymbol{r}(t)$ des équations du mouvement est réversible par rapport au temps : la fonction $\boldsymbol{r}_{\text{ren.}}(t)$ définie par

$$\boldsymbol{r}_{\text{ren.}}(t) = \boldsymbol{r}(-t) \tag{68}$$

est aussi solution des équations du mouvement. La correspondance entre ces deux solutions est schématiquement représentée sur la figure 1. La position de la particule à l'instant t dans l'une des solutions est égale à sa position à l'instant $-t$ dans l'autre solution ; sa vitesse à l'instant t dans l'une des solutions est opposée à sa vitesse à l'instant $-t$ dans l'autre ; la correspondance entre impulsions est analogue à la correspondance entre vitesses :

$$p_{\text{ren.}}(t) = -p(-t). \tag{69}$$

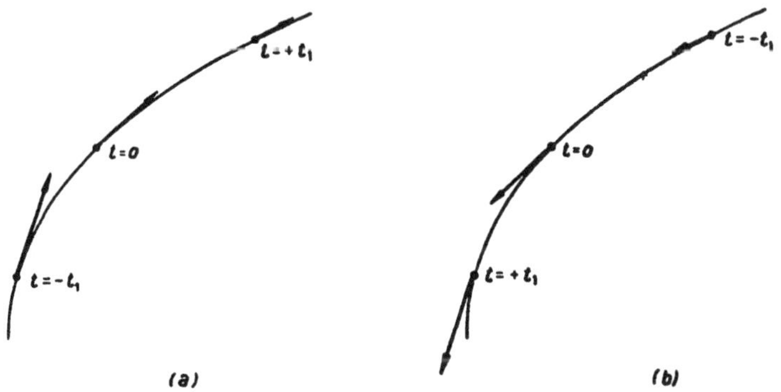

FIG. 1. — Représentation dans l'espace de configuration de deux mouvements classiques (*a*) et (*b*), se correspondant par renversement du temps :

$$r_a(t) = r_b(-t), \qquad \dot{r}_a(t) = -\dot{r}_b(t).$$

Considérons maintenant le système quantique analogue. Son équation de Schrödinger est :

$$i\hbar\frac{\partial}{\partial t}\psi(r,t) = \left[-\frac{\hbar^2}{2m}\Delta + V(r)\right]\psi(r,t). \tag{70}$$

Comme l'Hamiltonien est un opérateur réel, on voit aisément en changeant t en $-t$ dans cette équation et en prenant le complexe conjugué des deux membres que

$$i\hbar\frac{\partial}{\partial t}\psi^*(r,-t) = \left[-\frac{\hbar^2}{2m}\Delta + V(r)\right]\psi^*(r,-t). \tag{71}$$

Autrement dit, si $\psi(r, t)$ est solution de l'équation de Schrödinger, la fonction d'onde

$$\psi_{\text{ren.}}(r,t) \equiv \psi^*(r,-t) \tag{72}$$

est aussi solution de cette équation.

La correspondance entre les deux solutions ψ et $\psi_{\text{ren.}}$ présente une analogie frappante avec la correspondance entre les deux solutions classiques envisagées plus haut (équ. (68)-(69)) ; $P(r,t)$ et $\Pi(p,t)$ désignant respectivement les distributions statistiques de position et d'impulsion dans l'éventualité d'une mesure au temps t, il est facile de montrer que

$$P_{\text{ren.}}(r,t) = P(r,-t) \tag{68'}$$

$$\Pi_{\text{ren.}}(p,t) = \Pi(-p,-t). \tag{69'}$$

17. L'opération de renversement du temps. Particule sans spin

La réversibilité par rapport au temps des solutions de l'équation de Schrödinger, que nous avons constatée sur l'exemple précédent, vient de ce que l'Hamiltonien $H(\boldsymbol{p}, \boldsymbol{r})$ est invariant lorsqu'on change $\boldsymbol{p}$ en $-\boldsymbol{p}$. C'est pour cette raison en effet qu'il est représenté par un opérateur différentiel réel dans la représentation de la Mécanique Ondulatoire. Nous sommes donc amenés à définir une transformation des variables et des états dynamiques, à laquelle nous donnerons le nom de *renversement du temps* et dans laquelle $\boldsymbol{r}$ et $\boldsymbol{p}$ se transforment en $\boldsymbol{r}$ et $-\boldsymbol{p}$ respectivement. Nous désignons par K l'opérateur qui réalise cette transformation et par $\mathcal{K}$ la transformation elle-même. Par définition

$$K \boldsymbol{r} K^{\dagger} = \boldsymbol{r} \qquad K \boldsymbol{p} K^{\dagger} = -\boldsymbol{p}. \tag{73}$$

La transformation change le signe des relations de commutation ; K est donc un *opérateur antiunitaire*. Les relations (73) le définissent à un facteur de phase près. Soit K_0 l'opérateur de conjugaison complexe attaché à la représentation de la Mécanique Ondulatoire. Ce type d'opérateur antiunitaire a été défini au § 5. Puisque les matrices représentant $\boldsymbol{r}$ et $\boldsymbol{p}$ dans cette représentation sont respectivement réelles et imaginaires pures, il est évident que K_0 vérifie les relations (73). C'est cet opérateur que nous choisirons donc comme opérateur de renversement du temps :

$$K = K_0.$$

Avec ce choix de phase, l'action de K sur une fonction d'onde la transforme en sa complexe conjuguée :

$$K\,\Phi(\boldsymbol{r}) = \Phi^*(\boldsymbol{r}).$$

Supposer H invariant dans l'échange de $\boldsymbol{p}$ en $-\boldsymbol{p}$, c'est postuler que

$$[K, H] = 0. \tag{74}$$

Dans cette hypothèse l'application de l'opérateur (antiunitaire) K aux deux membres de l'équation de Schrödinger donne

$$-i\hbar \frac{\partial}{\partial t} K|\psi(t)\rangle = H\,K|\psi(t)\rangle$$

soit encore

$$i\hbar \frac{\partial}{\partial t}(K|\psi(-t)\rangle) = H(K|\psi(-t)\rangle).$$

Donc, si $|\psi(t)\rangle$ obéit à l'équation du Schrödinger, le vecteur

$$|\psi(t)\rangle_{\text{ren.}} \equiv K|\psi(-t)\rangle \tag{75}$$

lui obéit également. L'état dynamique que représente le vecteur $|\psi\rangle_{\text{ren.}}$ à un instant quelconque t est le transformé par renversement du temps de celui que représente le vecteur $|\psi\rangle$ à l'instant $-t$. On retrouve bien la propriété de réversibilité des solutions de l'équation de Schrödinger.

Des relations (73) qui la définissent, il résulte que la transformation $\mathcal{K}$ commute avec toutes les transformations d'espace : translations, rotations et réflexions. On note d'ailleurs que l'opérateur K commute avec les opérateurs de transformation d'espace tels qu'ils ont été définis dans la section II ([15]). En particulier, K anticommute avec les trois composantes de l'impulsion ; il commute donc avec les opérateurs de translation infinitésimale. De même, K anticommute avec les trois composantes du moment cinétique :

$$K(\boldsymbol{r} \times \boldsymbol{p})\, K^{\dagger} = -(\boldsymbol{r} \times \boldsymbol{p}), \tag{76}$$

et commute par conséquent avec les opérateurs de rotation infinitésimale.

18. Définition générale du renversement du temps

Pour étendre la notion de renversement du temps aux systèmes de particules les plus généraux, il faut définir le renversement du temps des variables de spin. Puisque le spin est un moment cinétique particulier, sa loi de transformation doit être la même que celle du moment cinétique orbital (équ. (76)), soit :

$$K\, \boldsymbol{s}\, K^{\dagger} = -\boldsymbol{s}. \tag{77}$$

L'opération de renversement du temps renverse le sens du spin. Cette définition préserve la propriété de commutation de $\mathcal{K}$ avec les transformations d'espace et notamment avec les rotations. D'ailleurs, suivant les équations (76) et (77), K anticommute avec les composantes du moment cinétique total $\boldsymbol{J}$:

$$K\, \boldsymbol{J}\, K^{\dagger} = -\boldsymbol{J} \tag{78}$$

et commute par conséquent avec les opérateurs de rotation (cf. Problème 8). En effet, puisque K est antilinéaire, la relation (78) entraîne :

$$K\, \mathrm{e}^{-\mathrm{i}(\boldsymbol{J}.\boldsymbol{u})\varphi/\hbar}\, K^{\dagger} = \exp\left[+\frac{\mathrm{i}}{\hbar}\varphi(K(\boldsymbol{J}.\boldsymbol{u})\, K^{\dagger})\right] = \mathrm{e}^{-\mathrm{i}(\boldsymbol{J}.\boldsymbol{u})\varphi/\hbar}.$$

Nous allons construire l'opérateur de renversement du temps pour une particule de spin s. Cet opérateur est défini par les relations (73) et (77). Désignons par K_0 l'opérateur de conjugaison complexe associé à la représentation $\{\, \boldsymbol{r},\, s_z \,\}$. Les phases relatives des vecteurs de base de cette représentation sont fixées suivant les conventions habituelles ; en particulier, les

([15]) Si la transformation $\mathcal{K}$ commute avec une autre transformation $\mathcal{T}$, on a nécessairement : $KT = \mathrm{e}^{\mathrm{i}\alpha}\, TK$, le facteur de phase $\mathrm{e}^{\mathrm{i}\alpha}$ dépendant du choix de l'opérateur T. On voit aisément que ce dernier est défini au signe près si on lui impose la condition supplémentaire $KT = TK$.

Ceci permet de tirer certaines conclusions sur la complexité éventuelle du groupe d'opérateurs G associé à un groupe de transformations $\mathcal{G}$, lorsque ce dernier commute avec $\mathcal{K}$. On peut alors prendre pour (T_i) [Notations du § 8] les *deux* opérateurs de transformation qui commutent avec K. En particulier (1) désigne le couple $(+1, -1)$. L'ensemble $\{\, T \,\}$ formé par ces couples d'opérateurs deux à deux opposés forme évidemment un groupe, et peut être choisi comme groupe G.

vecteurs de base de l'espace du spin ont été fixés suivant le choix standard défini au chapitre XIII. Nous avons donc :

$$K_0 \boldsymbol{r} K_0 = \boldsymbol{r} \qquad K_0 \boldsymbol{p} K_0 = -\boldsymbol{p} \tag{79}$$

$$K_0 s_x K_0 = s_x \qquad K_0 s_y K_0 = -s_y \qquad K_0 s_z K_0 = s_z. \tag{80}$$

Posons

$$K = T K_0. \tag{81}$$

Puisque $T = K K_0$ et que $T^\dagger = K_0 K^\dagger$, la transformation (*linéaire*) unitaire T donne :

$$T \boldsymbol{r} T^\dagger = \boldsymbol{r} \qquad T \boldsymbol{p} T^\dagger = \boldsymbol{p} \tag{82}$$

$$T s_x T^\dagger = -s_x \qquad T s_y T^\dagger = s_y \qquad T s_z T^\dagger = -s_z. \tag{83}$$

Les relations (82) et (83) sont les relations de transformation des variables $\boldsymbol{r}, \boldsymbol{p}, \boldsymbol{s}$, *dans une rotation du spin seul d'un angle* π *autour de l'axe des* y. Soit $Y^{(s)}$ l'opérateur de cette rotation

$$Y^{(s)} = \mathrm{e}^{-\mathrm{i}\pi s_y/\hbar}$$

T et $Y^{(s)}$ sont égaux à un facteur de phase près. Ce facteur de phase n'ayant aucune signification physique, nous le choisissons une fois pour toutes égal à 1, ce qui donne

$$K = Y^{(s)} K_0 = \mathrm{e}^{-\mathrm{i}\pi s_y/\hbar} K_0. \tag{84}$$

Pour une particule de spin $\frac{1}{2}$, en particulier,

$$K = -\mathrm{i}\sigma_y K_0. \tag{85}$$

Tout ceci s'étend sans difficulté au renversement du temps d'un système de N particules. L'opérateur K est le produit tensoriel des opérateurs de renversement du temps relatif à chaque particule. Si K_0 est l'opérateur de conjugaison complexe attaché à la représentation standard $\{\boldsymbol{r}^{(1)} s_z^{(1)} \dots \boldsymbol{r}^{(N)} s_z^{(N)}\}$ et $Y^{(S)}$ l'opérateur de rotation des spins intrinsèques d'un angle π autour de l'axe Oy, on trouve, avec le choix de phase fixé plus haut,

$$\boxed{K = Y^{(S)} K_0 = \mathrm{e}^{-\mathrm{i}\pi S_y/\hbar} K_0} \tag{86}$$

19. Renversement du temps et conjugaison complexe

Le renversement du temps $\mathcal{K}$ présente de grandes analogies avec la conjugaison complexe. Par extension, nous qualifierons désormais de *complexes conjugués* deux opérateurs (linéaires) transformés l'un de l'autre par renversement du temps. En particulier, un opérateur Q est

(*i*) *réel* si $K Q K^\dagger = Q$;

(*ii*) *imaginaire pur* si $K Q K^\dagger = -Q$.

Toute constante réelle est un opérateur réel. La constante i est un opérateur imaginaire pur ; le produit par i d'un opérateur réel est imaginaire pur. Le produit, la somme de deux opérateurs réels sont des opérateurs réels.

La notion de réalité ne doit pas être confondue avec la notion d'hermiticité. Deux remarques doivent être faites à ce propos :

(*a*) Contrairement à ce qui se passe pour la conjugaison hermitique, le fait que deux opérateurs soient complexes conjugués n'entraîne pas nécessairement que les matrices qui les représentent dans une représentation donnée soient complexes conjuguées l'une de l'autre ;

(*b*) La définition de la conjugaison complexe que nous avons adoptée n'est pas la seule possible ; toute transformation antiunitaire dont le carré est égal à $\mathfrak{J}$ peut être assimilée à une conjugaison complexe.

Suivant *notre* définition de la conjugaison complexe, les observables de position sont toutes réelles ; les impulsions et les spins sont tous imaginaires purs ; les opérateurs de transformation d'espace, tels qu'ils ont été définis dans la section II, sont réels (Problème 8).

La notion de conjugaison complexe peut s'étendre aux vecteurs. Par définition, *le complexe conjugué d'un vecteur* $|\rangle$ *est le vecteur* $K|\rangle$. Cependant ce type de correspondance n'est réciproque que si $K^2 = 1$; or, du fait que $\mathcal{K}^2 = \mathfrak{J}$, il ne s'ensuit pas nécessairement que $K^2 = 1$, mais seulement que K^2 commute avec toutes les variables dynamiques, donc que c'est une constante. Il est facile de montrer (Problème 9) que la valeur de cette constante est indépendante du choix de phase adopté pour définir K et que ses seules valeurs possibles sont $+1$ et -1. Nous pouvons d'ailleurs la calculer en nous servant de l'expression (86) de K ; comme K_0 commute avec $Y^{(S)}$ et que $K_0^2 = 1$, on trouve

$$K^2 = (Y^{(S)})^2 = e^{-2\pi i S_y/\hbar} \tag{87}$$

soit encore, en désignant par n le nombre des particules de spin demi-entier que contient le système :

$$\boxed{K^2 = (-)^n} \tag{88}$$

Si $K^2 = 1$ (n pair), la conjugaison complexe entre vecteurs est une correspondance réciproque et on peut définir des vecteurs réels. Un vecteur $|r\rangle$ est réel si

$$K|r\rangle = |r\rangle.$$

Par définition, une *représentation réelle* est une représentation dont tous les vecteurs de base sont réels.

Pour former un système de base réel, on peut procéder de la façon suivante. Partant d'un premier vecteur arbitrairement choisi $|a\rangle$, on forme par combinaison linéaire de $|a\rangle$ et de $K|a\rangle$ le vecteur réel de norme 1

$$|a^r\rangle = c|a\rangle + c^*(K|a\rangle).$$

Le caractère réel de $|a^r\rangle$ est évident ; la constante c est ajustée de façon que sa norme soit égale à 1 ; on vérifie aisément qu'il est toujours possible de le faire. On prend ensuite un vecteur $|b\rangle$ orthogonal à $|a^r\rangle$ et on forme de même façon le vecteur $|b^r\rangle$ réel de norme 1 ; comme $K\,|a^r\rangle = |a^r\rangle$ et $\langle a^r|b\rangle = 0$ par hypothèse, on a

$$\langle a^r|(K|b\rangle) = (\langle a^r|K^\dagger)\,(K|b\rangle) = \langle a^r|b\rangle^* = 0$$

et par conséquent $|b^r\rangle$ est orthogonal à $|a^r\rangle$. On prend ensuite un vecteur $|c\rangle$ orthogonal à $|a^r\rangle$ et $|b^r\rangle$ et l'on forme le vecteur $|c^r\rangle$. Et ainsi de suite jusqu'à ce que le système ainsi formé soit complet.

Les représentations réelles possèdent des propriétés remarquables. L'opérateur de conjugaison complexe qui leur est attaché est l'opérateur K lui-même. Tout opérateur réel y est représenté par une matrice réelle ; deux opérateurs complexes conjugués l'un de l'autre y sont représentés par des matrices complexes conjuguées. Les matrices unitaires qui permettent de déduire les représentations réelles les unes des autres sont des matrices réelles.

Si $K^2 = -1$ (n impair), il n'existe pas de vecteurs réels. Cependant, puisque $K = -K^\dagger$, on a pour tout vecteur $|u\rangle$

$$\langle u|(K|u\rangle) = \langle u|(K^\dagger|u\rangle) = -\langle u|(K|u\rangle) = 0.$$

On a donc la propriété remarquable que :

Deux vecteurs, $|\rangle$ *et* $K\,|\rangle$*, complexes conjugués l'un de l'autre sont orthogonaux.*

D'ailleurs, si un vecteur $|b\rangle$ est orthogonal à deux vecteurs complexes conjugués l'un de l'autre $|a\rangle$ et $K|a\rangle$, son complexe conjugué $K|b\rangle$ leur est également orthogonal. De cette propriété, facile à vérifier, on déduit, par un argument calqué sur celui du cas $K^2 = 1$, qu'il existe des systèmes de base dont les vecteurs sont deux à deux complexes conjugués.

20. Principe de microréversibilité

De même que l'on postule, le cas échéant, que la loi d'évolution d'un système donné est invariante par rapport à certaines transformations d'espace (§ 13), on peut postuler également qu'elle est réversible par rapport au temps, à savoir que si $|\psi(t)\rangle = U(t, 0)\,|\psi\rangle$ représente un mouvement possible du système, le vecteur

$$|\psi(t)\rangle_{\text{ren.}} = K\,U(-t, 0)\,|\psi\rangle$$

représente également un mouvement possible du système et qu'il est donc égal à un facteur de phase près à $U(t, 0)\,K\,|\psi\rangle$; cette propriété étant supposée satisfaite quel que soit $|\psi\rangle$, le postulat de réversibilité par rapport au temps s'écrit

$$U(t, 0)\,K = \mathrm{e}^{i\alpha(t)}\,K\,U(-t, 0).$$

Les systèmes auxquels s'applique ce postulat sont toujours conservatifs ; si l'on désigne par H l'Hamiltonien, il vient alors :

$$U(t, 0) = e^{-iHt/\hbar} \qquad U(-t, 0) = e^{+iHt/\hbar} = U^{\dagger}(t, 0)$$

d'où

$$U(t, 0) = e^{i\alpha}(K\, U^{\dagger}(t, 0)\, K^{\dagger}). \tag{89}$$

Multipliant membre à membre à gauche par K et à droite par $K^{\dagger}$ et utilisant le fait que $K^2 = K^{\dagger 2} = (-)^n$, on en déduit :

$$U^{\dagger}(t, 0) = e^{i\alpha}(K\, U(t, 0)\, K^{\dagger}).$$

Comparant cette relation à l'hermitique conjuguée de la relation (89)

$$U^{\dagger}(t, 0) = e^{-i\alpha}(K\, U(t, 0)\, K^{\dagger}),$$

on voit que les seules valeurs possibles de $e^{i\alpha}$ sont $+1$ et -1 ; mais comme $e^{i\alpha}$ est une fonction continue de t et qu'il est égal à 1 lorsque $t = 0$, on a nécessairement $e^{i\alpha} = 1$. Ceci posé, l'application de la relation (89) à l'opérateur infinitésimal $U(dt, 0) = 1 - \frac{i}{\hbar} H\, dt$ donne

$$1 - \frac{i}{\hbar} H\, dt = K\left[1 + \frac{i}{\hbar} H\, dt\right] K^{\dagger}$$

soit encore

$$K\, H\, K^{\dagger} = H. \tag{90}$$

En conclusion, *si la loi d'évolution d'un système conservatif est réversible par rapport au temps, l'Hamiltonien est* RÉEL, *et réciproquement* (la réciproque a été démontrée au § 17).

Le postulat de réversibilité est couramment formulé, sous le nom de *principe de microréversibilité*, d'une façon quelque peu différente de celle qui a été adoptée ci-dessus, à savoir :

Le système étant supposé conservatif, soit w la probabilité de le trouver à l'instant t dans un certain état $|\chi\rangle$ lorsqu'il a été préparé à l'instant t_0 dans un certain état $|\varphi\rangle$; soit $w_{\text{ren.}}$ la probabilité de le trouver à l'instant t dans l'état $K|\varphi\rangle$ lorsqu'il a été préparé à l'instant t_0 dans l'état $K|\chi\rangle$; le principe de microréversibilité exige que

$$w_{\text{ren.}} = w, \tag{91}$$

quels que soient $|\varphi\rangle$, $|\chi\rangle$, t_0 et t.

La condition (91) s'écrit :

$$|\,(\langle\varphi|\, K^{\dagger})\,(U(t, t_0)\, K|\chi\rangle)\,|^2 = |\,\langle\chi|\, U(t, t_0)\,|\varphi\rangle\,|^2. \tag{92}$$

On comparera cette relation à la relation (58). Comme l'on a :

$$(\langle\varphi|\, K^{\dagger})\,(UK|\chi\rangle) = \langle\varphi|\,(K^{\dagger}\, UK)\,|\chi\rangle^* = \langle\chi|\,(K^{\dagger}\, U^{\dagger} K)\,|\varphi\rangle$$

elle s'écrit encore

$$| \langle\chi| (K^\dagger U^\dagger K)|\varphi\rangle | = | \langle\chi|U|\varphi\rangle |.$$

Cette relation devant être satisfaite quels que soient $|\varphi\rangle$ et $|\chi\rangle$, U et $K^\dagger U^\dagger K$ sont égaux à un facteur de phase près (théorème II) ; en répétant l'argument donné plus haut au sujet du facteur $e^{i\alpha}$, on montre aisément que ce facteur est nécessairement égal à 1. Le principe de microréversibilité exige donc que

$$\boxed{U(t, t_0) = K^\dagger U^\dagger (t, t_0) K} \tag{92}$$

ce qui, appliqué à l'opérateur d'évolution infinitésimal, redonne la condition (90) d'invariance de l'Hamiltonien [16].

On admet couramment que tout système quantique évoluant en l'absence de champ extérieur satisfait au principe de microréversibilité. Jusqu'à présent, cette hypothèse n'a été infirmée par aucun fait expérimental. En présence d'un champ extérieur, ce principe est ou n'est pas satisfait selon que ce champ est ou n'est pas invariant par renversement du temps. Un champ électrostatique est un champ possédant cette propriété d'invariance. Ceci est facile à comprendre car les sources d'un champ électrostatique sont des charges électriques immobiles et une distribution statique de charge n'est pas modifiée par le renversement du temps. Les sources d'un champ magnétique statique par contre sont des courants électriques permanents ; le renversement du temps change le sens des courants et par conséquent renverse le champ magnétique créé par ces courants. Le principe de microréversibilité ne saurait donc être satisfait en présence d'un champ magnétique même statique.

21. Conséquence : dégénérescence de Kramers

Comme toute autre symétrie, le fait que H soit réel se traduit par certaines propriétés remarquables de son problème de valeurs propres.

Si $|u\rangle$ est vecteur propre de H,

$$H\,|u\rangle = E\,|u\rangle$$

son complexe conjugué $K\,|u\rangle$ est également vecteur propre de H et correspond à la même valeur propre E. En effet, par hypothèse :

$$H K = K H$$

et, puisque E est réel,

$$H(K\,|u\rangle) = K(H\,|u\rangle) = (KE\,|u\rangle) = E(K\,|u\rangle).$$

(16) Puisque $U^\dagger(t_2, t_1) = U(t_1, t_2)$, l'équation (92) s'écrit d'ailleurs :

$$U(t_2, t_1) = K^\dagger U(t_1, t_2) K.$$

En conséquence, le sous-espace $\mathcal{E}_E$ de la valeur propre E est invariant dans la transformation antiunitaire K. Nous pouvons donc lui appliquer les résultats du § 19. Il faut distinguer deux cas selon que K^2 est égal à $+1$ ou -1.

1er CAS. — $K^2 = +1$ (nombre pair de spins $\frac{1}{2}$).

On peut faire choix dans chaque sous-espace $\mathcal{E}_E$ d'une base orthonormée dont tous les vecteurs sont *réels*. Donc H possède (au moins) un système de base dont tous les vecteurs sont réels.

2e CAS. — $K^2 = -1$ (nombre impair de spins $\frac{1}{2}$).

On peut faire choix dans chaque sous-espace $\mathcal{E}_E$ d'une base orthonormée dont tous les vecteurs sont deux à deux complexes conjugués. Donc le sous-espace $\mathcal{E}_E$ a un nombre pair de dimensions ; *chaque valeur propre de H est au moins deux fois dégénérée et sa dégénérescence est nécessairement d'ordre pair.* Ce type de dégénérescence porte le nom de *dégénérescence de Kramers.*

Certains systèmes ne possèdent pas d'autre propriété de symétrie que l'invariance par renversement du temps. C'est ce qui se produit dans le cas d'atomes placés dans un réseau cristallin asymétrique. Un tel atome peut être traité comme un système soumis à un champ extérieur purement électrostatique ; son Hamiltonien est réel. Si l'atome contient un nombre impair d'électrons, tous ses niveaux sont doublement dégénérés. Ce type de dégénérescence est levé lorsqu'on introduit un champ magnétique.

22. Hamiltonien réel invariant par rotation

Si l'Hamiltonien H possède d'autres propriétés de symétrie que la propriété d'invariance par renversement du temps, les résultats du paragraphe précédent restent valables, mais perdent beaucoup de leur intérêt. Wigner [17] a étudié systématiquement les propriétés de H dans l'hypothèse où :

(*i*) H est réel : $[K, H] = 0$;

(*ii*) H est invariant dans les transformations T_i d'un groupe de transformations *linéaires* : $[T_i, H] = 0$;

(*iii*) ces transformations T_i commutent avec le renversement du temps :

$$[K, T_i] = 0.$$

Nous nous bornons ici au cas où le groupe d'invariance est le groupe des rotations [18].

[17] E. P. WIGNER, *Göttinger Nachrichten*, **31**, 546 (1932).

[18] Lorsque G est un groupe quelconque, le fait que H soit réel a pour effet, soit de doubler la « dégénérescence G », soit de permettre de diagonaliser H dans une représentation dont les vecteurs de base obéissent à une certaine condition de « réalité ». On trouve, en effet, les résultats suivants (Cf. WIGNER, *loc. cit.*) :

Soit $\mathbf{G}^{(j)}$ une représentation irréductible de G, $\mathbf{G}^{(j)*}$ la représentation conjuguée. L'action de K sur un vecteur de l'une de ces représentations donne un vecteur de l'autre. $\mathbf{G}^{(j)}$ et $\mathbf{G}^{(j)*}$ sont selon les cas équivalentes ou inéquivalentes ; dans le premier cas, la matrice unitaire S

Soit Y l'opérateur de rotation d'un angle π autour de l'axe des y (à ne pas confondre avec l'opérateur de rotation des spins seuls, $Y^{(S)}$, introduit plus haut). Posons :

$$K_y \equiv Y^\dagger K \equiv e^{i\pi J_y/\hbar} K \tag{93}$$

$Y^\dagger$ et K commutent avec J^2 et anticommutent avec J_z. Donc K_y commute avec J^2 et J_z. Il commute également avec J_+ et J_- ; en effet :

$$Y^\dagger K(J_x \pm iJ_y) = Y^\dagger(-J_x \pm iJ_y) K = (J_x \pm iJ_y) Y^\dagger K.$$

De plus, comme $[Y, K] = 0$ et que $Y^2 = K^2 = (-)^n$ (cf. relation (88)), on a :

$$K_y^{\,2} = 1. \tag{94}$$

On peut assimiler la transformation antiunitaire K_y à une conjugaison complexe, comme nous l'avons fait pour K au § 19. Pour la distinguer de celle-ci, nous utilisons des guillemets pour indiquer ce nouveau type de conjugaison. Nous qualifierons donc de « réel » tout opérateur (linéaire) qui commute avec K_y. Le « complexe conjugué » d'un vecteur $|\rangle$ est par définition le vecteur $K_y|\rangle$. Puisque $K_y^{\,2} = 1$, il existe des vecteurs « réels », des représentations « réelles » ; l'action d'un opérateur « réel » sur un vecteur « réel » donne un vecteur « réel » ; dans une représentation « réelle », les opérateurs « réels » sont représentés par des matrices réelles.

Comme J^2 et J_z sont « réels », on peut construire dans l'espace de moment cinétique $(j\,j)$ un système de base dont tous les vecteurs sont « réels » ; J_+ et J_- étant également « réels », la base standard que l'on peut construire à partir de ces vecteurs suivant la méthode du § XIII.6, a tous ses vecteurs « réels ».

Désignons par $|\tau \;\; j \;\; \mu\rangle$ les vecteurs d'une base standard « réelle ». Si H est invariant par rotation et par renversement du temps, il commute à la fois avec J et avec K_y. La matrice qui le représente dans la représentation $\}\, \tau \;\; j \;\; \mu \,\{$ est une matrice réelle de la forme (52) ; autrement dit

$$\langle \tau \;\; j \;\; \mu | H | \tau' j' \mu' \rangle = \delta_{jj'} \delta_{\mu\mu'} H^{(j)}_{\tau\tau'}$$

et les $H^{(j)}_{\tau\tau'}$ *sont tous réels.* Par suite, *H présente la dégénérescence de rotation et possède en outre (au moins) un système orthonormal de vecteurs propres formant une base standard « réelle ».*

qui permet de passer de l'une à l'autre $(\mathbf{G}^{(j)*} = S\,\mathbf{G}^{(j)}\,S^\dagger)$ possède la propriété $SS^* = \pm 1$. Ceci dit, désignons par $\mathbf{G}$ la représentation (éventuellement réductible) du groupe G définie dans le sous-espace d'une valeur propre donnée de H. Trois cas peuvent se produire :

(a) si $\mathbf{G}^{(j)*}$ est inéquivalent à $\mathbf{G}^{(j)}$, ces deux représentations figurent le même nombre de fois dans la décomposition de $\mathbf{G}$ (dégénérescence doublée) ;

(b) si $\mathbf{G}^{(j)*} \simeq \mathbf{G}^{(j)}$ et $SS^* K^2 = -1$, $\mathbf{G}^{(j)}$ figure un nombre pair de fois dans la décomposition de $\mathbf{G}$ (dégénérescence doublée) ;

(c) si $\mathbf{G}^{(j)*} \simeq \mathbf{G}^{(j)}$ et $SS^* K^2 = +1$, les vecteurs de base de chaque composante $\mathbf{G}^{(j)}$ de $\mathbf{G}$ peuvent être soumis à la condition de « réalité » : $KS|u\rangle = |u\rangle$.

Les représentations du groupe des rotations correspondent toutes au cas (c).

Pour construire une base « réelle » dans l'espace des états $\mathcal{E}$, on procède couramment par produits tensoriels de vecteurs de base d'espaces plus simples. Supposons que l'on ait

$$\mathcal{E} = \mathcal{E}_1 \otimes \mathcal{E}_2 \otimes \ldots$$

et que dans chaque espace partiel $\mathcal{E}_i$ on ait défini les opérateurs de rotation et de renversement du temps ; à chaque $\mathcal{E}_i$ est attaché un opérateur $K_y^{(i)} = Y^{(i)\dagger} K^{(i)}$ de « conjugaison complexe » et l'opérateur K_y de l'espace total est le produit tensoriel de ces derniers

$$K_y = K_y^{(1)} K_y^{(2)} \ldots$$

Le produit tensoriel de vecteurs « réels » est un vecteur « réel ». En particulier, on forme un système de vecteurs de base « réels » dans $\mathcal{E}$ par produits tensoriels de vecteurs formant dans chaque espace partiel une base standard « réelle » du moment cinétique. Partant de ce système de base de $\mathcal{E}$, on peut former par addition des moments cinétiques une base standard du moment cinétique total dans cet espace ; comme les coefficients de Clebsch-Gordan sont tous réels, la base standard ainsi obtenue a tous ses vecteurs « réels ».

Terminons par une remarque au sujet du caractère de « réalité » des harmoniques sphériques.

Soient $\omega \equiv (\theta, \varphi)$ les coordonnées angulaires du vecteur de position $\boldsymbol{r}$ d'une particule, $Y_l^m(\omega)$ l'harmonique sphérique représentant l'état de moment cinétique (lm) de cette particule. Dans ce cas particulier ($\hbar = 1$),

$$K_y = \mathrm{e}^{-\mathrm{i}\pi l_y} K_0$$

d'où (équ. (B.92) et (C.62))

$$\begin{aligned} K_y Y_l^m(\omega) &= \mathrm{e}^{-\mathrm{i}\pi l_y} Y_l^{m*}(\omega) = \mathrm{e}^{-\mathrm{i}\pi l_y} (-)^m Y_l^{-m}(\omega) \\ &= (-)^l Y_l^m(\omega). \end{aligned}$$

L'harmonique sphérique Y_l^m est donc « réelle » si l est pair, « imaginaire pure » si l est impair ; en revanche, les fonctions

$$\mathcal{Y}_l^m(\omega) \equiv \mathrm{i}^l Y_l^m(\omega)$$

forment une base standard « réelle » du moment cinétique orbital.

Soient maintenant $\omega_p \equiv (\theta_p, \varphi_p)$ les coordonnées angulaires de l'impulsion $\boldsymbol{p}$ de la même particule, $Y_l^m(\omega_p)$ l'harmonique sphérique représentant l'état de moment cinétique (lm) dans la représentation $\{\boldsymbol{p}\}$. On peut montrer (Problème 10) que

$$K_0 = S_0 K_p$$

où S_0 est l'opérateur parité (équ. (45)) et K_p l'opérateur de conjugaison complexe attaché à la représentation $\{ \boldsymbol{p} \}$. On a par suite

$$K_y\, Y_l^m(\omega_p) = Y_l^m(\omega_p).$$

Les $Y_l^m(\omega_p)$ forment une base standard « réelle » du moment cinétique orbital.

Ces considérations sur le caractère de « réalité » s'étendent sans difficulté aux opérateurs tensoriels irréductibles en général (Cf. Problème 12).

EXERCICES ET PROBLÈMES

1. On suppose que l'espace $\mathcal{E}$ des vecteurs états d'un système est la somme $\mathcal{E}_1 + \mathcal{E}_2 + \ldots$ d'un certain nombre de sous-espaces invariants par rapport à l'ensemble des observables *physiques* de ce système. Montrer que les projecteurs P_1, P_2, ... sur ces sous-espaces commutent avec chaque observable physique et que les vecteurs de $\mathcal{E}$ ne possèdent pas tous la propriété d'être vecteur propre commun à un ensemble complet d'observables physiques qui commutent.

2. Montrer que l'opérateur S_0 défini par la propriété (45) vérifie bien les relations (43) et (44) et notamment la relation $S_0 \boldsymbol{p} S_0^\dagger = -\boldsymbol{p}$.

3. L'opérateur de réflexion autour du plan perpendiculaire à $\boldsymbol{u}$ d'une particule de spin $\frac{1}{2}$ est le produit d'un opérateur agissant sur les variables orbitales seules et d'un opérateur agissant sur les variables de spin seules. Montrer que, pour un choix particulier du facteur de phase, ce dernier est égal à $(\boldsymbol{\sigma}.\boldsymbol{u})$. Vérifier que le produit $(\boldsymbol{\sigma}.\boldsymbol{v})\,(\boldsymbol{\sigma}.\boldsymbol{u})$ représentant deux réflexions successives autour des plans perpendiculaires aux vecteurs $\boldsymbol{u}$ et $\boldsymbol{v}$ respectivement est égal (*a priori* il lui est égal à une phase près) à l'opérateur associé à la rotation du spin d'un angle $2(\boldsymbol{u}, \boldsymbol{v})$ autour de l'axe $(\boldsymbol{u} \times \boldsymbol{v})/|\boldsymbol{u} \times \boldsymbol{v}|$.

4. Un faisceau de particules de spin s est diffusé par un potentiel dépendant éventuellement du spin. Soit $\boldsymbol{p}_i$ l'impulsion incidente ; on sélectionne au moyen d'un diaphragme les particules diffusées dans une direction bien déterminée ; désignons par $\boldsymbol{p}_f$ l'impulsion de ces dernières et par D le plan de diffusion, c'est-à-dire le plan formé par les vecteurs $\boldsymbol{p}_i$ et $\boldsymbol{p}_f$. On suppose que les particules incidentes ne sont pas polarisées, donc que leur état de spin est représenté par l'opérateur densité $\rho_i = 1/(2s + 1)$. Montrer que si le potentiel d'interaction est *invariant par rotation et par réflexion autour de l'origine*, l'opérateur densité ρ_f représentant l'état de spin des particules diffusées est symétrique par rapport au plan D.

5. Montrer que l'opérateur densité représentant l'état de spin d'une particule de spin $\frac{1}{2}$ peut se mettre et d'une seule manière, sous la forme

$$\rho = \tfrac{1}{2}(1 + \boldsymbol{P}.\boldsymbol{\sigma})$$

$\boldsymbol{\sigma} \equiv (\sigma_x, \sigma_y, \sigma_z)$ est le double du vecteur spin de la particule et $\boldsymbol{P}$ est un vecteur de longueur comprise entre 0 et 1, qui définit complètement l'état de polarisation de la particule.

Reprenant le Problème 4 en supposant $s = \frac{1}{2}$ montrer que le vecteur $\boldsymbol{P}_f$ définissant la polarisation des particules diffusées, est *perpendiculaire au plan de diffusion*.

6. Montrer que si l'on ajoute à l'Hamiltonien d'un système une fonction réelle quelconque du temps, l'opérateur d'évolution est simplement multiplié par un facteur de phase.

7. Dans un changement de repère galiléen, les variables $\boldsymbol{r}, \boldsymbol{p}, \boldsymbol{s}$ d'une particule se transforment respectivement en $\boldsymbol{r} - \boldsymbol{v}t, \boldsymbol{p} - m\boldsymbol{v}, \boldsymbol{s}$. Montrer qu'une telle transformation est réalisée par l'opérateur $G(\boldsymbol{v}, t) = \exp\,[\mathrm{i}\boldsymbol{v}.(m\boldsymbol{r} - \boldsymbol{p}t)/\hbar]$. La même transformation appliquée à un système de N particules est réalisée par l'opérateur $G(\boldsymbol{v}, t) = \exp\,[\mathrm{i}\boldsymbol{v}.(M\boldsymbol{R}) - \boldsymbol{P}t)/\hbar]$, où M, $\boldsymbol{R}$ et $\boldsymbol{P}$ sont respectivement la masse, la position et l'impulsion du centre de gravité

[*N.B.* — Pour une valeur de t donnée, l'ensemble des transformations de Galilée forme un groupe ; suivant le choix de phase adopté ici, les opérateurs de transformation forment aussi un groupe]. La loi d'évolution est invariante dans cette transformation si :

$$G^{\dagger}(v, t)\, U(t, t_0)\, G(v, t_0) = U(t, t_0) \times \text{facteur de phase.}$$

Montrer que cette condition équivaut à la « condition d'invariance galiléenne de l'équation de Schrödinger » :

$$G^{\dagger}(v, t)\left[i\hbar \frac{\partial}{\partial t} - H\right] G(v, t) = \left[i\hbar \frac{\partial}{\partial t} - H\right] + f$$

où f est une fonction réelle arbitraire du temps, et que cette condition est effectivement remplie par l'Hamiltonien de Schrödinger (on trouve : $f = 0$).

8. Montrer que les opérateurs de translation, de rotation et l'opérateur de réflexion S_0 (définition (45)) commutent avec l'opérateur K réalisant le renversement du temps et que cette propriété ne dépend pas du choix de la phase arbitraire entrant dans la définition de K.

9. Montrer que si le carré d'un opérateur antiunitaire est égal à une constante, celle-ci ne peut être que $+1$ ou -1.

10. Soit K_p l'opérateur de conjugaison complexe attaché à la représentation $\}p\{$, K_0 l'opérateur de conjugaison complexe attaché à la représentation $\}r\{$, S_0 l'opérateur de réflexion (définition (45)). Montrer que $K_0 = S_0 K_p$. En déduire que, dans le renversement du temps, la fonction d'onde $\Phi(p)$ se transforme en

$$K\Phi(p) = \Phi^*(-p).$$

11. Soit un système dont l'Hamiltonien est invariant dans le renversement du temps, et soit B une observable imaginaire pure (cf. § 19) de ce système (impulsion, spin, moment cinétique orbital, etc.). Montrer que

(*i*) si un état stationnaire n'est pas dégénéré, la valeur moyenne de B dans cet état est nulle ;

(*ii*) la projection de B sur le sous-espace d'une valeur propre quelconque de l'énergie a une trace nulle.

12. Désignons par $T_q^{(k)}$ $(q = -k, -k+1, \ldots, +k)$ les composantes standard d'un opérateur tensoriel irréductible $\mathbf{T}^{(k)}$. Par définition le complexe conjugué de $\mathbf{T}^{(k)}$ est l'opérateur tensoriel dont la composante $q = 0$ est la transformée de $T_0^{(k)}$ par renversement du temps (suivant cette définition, les composantes cartésiennes des opérateurs vectoriels réels sont invariantes par renversement du temps, et celles des opérateurs vectoriels imaginaires changent de signe). Montrer que les composantes standard du complexe conjugué de $\mathbf{T}^{(k)}$ sont les opérateurs « complexes conjugués » (*au sens du* § 22) des composantes correspondantes de $(-)^k\, \mathbf{T}^{(k)}$; et qu'en particulier dans une représentation standard « réelle », l'élément de matrice $\langle \tau j \mu | T_q^{(k)} | \tau' j' \mu' \rangle$ est réel si $i^k\, \mathbf{T}^{(k)}$ est réel et imaginaire pur si $i^k\, \mathbf{T}^{(k)}$ est imaginaire pur.

[*N. B.* — Cette propriété a une application directe dans les problèmes de corrélation angulaires, car elle donne, au signe près, les phases relatives des contributions des différents multipoles].

« Si les plats que je vous offre sont mal préparés, c'est moins la faute de mon cuisinier que celle de la chimie, qui est encore dans l'enfance. »

(La Rôtisserie de la reine Pédauque).

QUATRIÈME PARTIE

MÉTHODES D'APPROXIMATION

CHAPITRE XVI

PERTURBATIONS STATIONNAIRES

I. Introduction générale à la quatrième partie

Les quelques problèmes que l'on sache résoudre rigoureusement en Mécanique Quantique ont trait à des systèmes très particuliers et très simples. En pratique, aucun système physique ne peut être étudié sans approximation ; l'art du physicien consiste précisément à se faire une idée exacte de l'importance relative des différents effets et à adopter dans chaque cas les méthodes d'approximation qui conviennent. Il y a, à proprement parler, autant de méthodes d'approximation que de problèmes et il ne peut être question de les exposer toutes ici. Nous donnons dans ce livre celles qui possèdent un degré suffisant de généralité pour mériter un exposé systématique. Certaines d'entre elles ont déjà été traitées, notamment l'approximation classique et la méthode BKW (chap. VI) et la méthode des déphasages dans les problèmes de diffusion (chap. X). Les autres font l'objet de cette quatrième partie.

Mathématiquement, l'étude d'un système quantique consiste à déterminer son opérateur d'évolution $U(t, t_0)$ ou tout au moins, à rechercher certaines propriétés caractéristiques de cet opérateur. Lorsque l'Hamiltonien H du système est indépendant du temps, ceci se réduit à la résolution du problème de valeurs propres de H ; on sait, en effet, qu'on a dans ce cas :

$$U(t, t_0) = e^{-iH(t-t_0)/\hbar}.$$

Les propriétés de U sont donc directement reliées à celles de H. Si H dépend du temps, les choses sont moins simples ; cependant, il est clair que les propriétés des solutions propres et des valeurs propres de H (qui sont alors des fonctions du temps) interviennent dans la recherche des propriétés de U.

Dans l'ensemble, les problèmes de collision, qui font intervenir les états propres du spectre continu, sont plus difficiles que ceux qui ont trait aux états liés. Ils sont abordés dans le dernier des chapitres de cette quatrième partie (chap. XIX). Les trois autres (chap. XVI-XVIII) concernent essentiellement l'étude des états liés, quoique les méthodes qui y sont exposées puissent éventuellement être étendues à l'étude des états non liés. Les problèmes d'états liés peuvent eux-mêmes être classés en deux catégories, détermination des états stationnaires ou, de façon plus précise, résolution du problème de valeurs propres de H, d'une part, et calcul des transitions d'un état stationnaire à l'autre, d'autre part. Dans la résolution approchée du problème de valeurs propres de H, trois sortes de méthode sont couramment utilisées. La première est basée sur l'approximation classique, c'est-à-dire l'approximation des grands nombres quantiques et des petites longueurs d'onde : c'est la méthode BKW (chap. VI). La seconde consiste à partir de la solution rigoureuse du problème de valeurs propres d'un opérateur H_0 voisin de H et à exprimer valeurs propres et fonctions propres sous forme de développements en série de puissances de la différence $H - H_0$: c'est la méthode des perturbations stationnaires. La troisième, la méthode variationnelle, peut être utilisée, à défaut des deux autres, chaque fois que l'on possède une bonne intuition de l'allure générale des solutions propres cherchées. Les perturbations stationnaires sont traitées dans le présent chapitre et la méthode variationnelle dans le chapitre XVIII. Le chapitre XVII est consacré au calcul des transitions et, plus généralement, aux principales méthodes d'investigation de la loi d'évolution des états liés lorsque l'Hamiltonien du système se trouve modifié au cours du temps.

I. — PERTURBATION D'UN NIVEAU NON DÉGÉNÉRÉ

2. Le développement en série de puissances de la perturbation

Par hypothèse, l'Hamiltonien H est la somme d'un « Hamiltonien non perturbé » H_0 et d'un terme de perturbation qu'il est commode d'écrire sous la forme λV, où V est, comme H_0, un opérateur hermitique indépendant du temps et λ un paramètre réel :

$$H = H_0 + \lambda V. \tag{1}$$

Nous supposons résolu le problème de valeurs propres de H_0. Soit

$$E_1^0, E_2^0, \ldots, E_i^0, \ldots$$

la suite de ses valeurs propres ; à chacune d'elles correspond un système de vecteurs propres de base que nous désignons par $|E_i^0\alpha\rangle$, le nombre quantique α permettant de distinguer ces vecteurs les uns des autres lorsque la valeur propre correspondante est dégénérée :

$$H_0 |E_i^0 \alpha\rangle = E_i^0 \, |E^0 \alpha\rangle. \tag{2}$$

Le spectre de H varie de façon continue en fonction de λ et vient se confondre avec celui de H_0 lorsque $\lambda = 0$. Soit E_a^0 une valeur propre particulière de H_0. Nous nous proposons de calculer la (ou les) valeur(s) propre(s) de H qui tend(ent) vers E_a^0 lorsque $\lambda \to 0$ et de déterminer les états propres de H correspondants. Pour alléger l'écriture, nous avons supposé le spectre de H_0 entièrement discret ; en fait, tous les développements qui vont suivre restent valables si une partie du spectre de H_0 est continue du moment que la valeur propre de E_a^0 appartient au spectre discret.

La méthode est particulièrement simple *si la valeur propre E_a^0 n'est pas dégénérée.* Dans toute la présente section, nous nous plaçons dans ce cas particulier.

Soit E la valeur propre de H qui tend vers E_a lorsque $\lambda \to 0$. C'est aussi une valeur propre simple. Le vecteur propre correspondant, $|\psi\rangle$, est défini à une constante près, que l'on peut fixer par une convention arbitraire. Nous adoptons la définition suivante de $|\psi\rangle$:

$$H\,|\psi\rangle = E\,|\psi\rangle \tag{3}$$

$$\langle 0|\psi\rangle = \langle 0|0\rangle = 1. \tag{4}$$

Nous avons posé : $|E_a^0\rangle = |0\rangle$. Suivant cette définition, $|\psi\rangle$ tend vers $|0\rangle$ lorsque $\lambda \to 0$.

Si la perturbation λV est suffisamment petite, il est raisonnable d'admettre que E et $|\psi\rangle$ peuvent être représentés par des développements rapidement convergents en puissance de λ, à savoir :

$$E = E_a^0 + \lambda\,\varepsilon_1 + \lambda^2\,\varepsilon_2 + \ldots + \lambda^n\,\varepsilon_n + \ldots \tag{5}$$

$$|\psi\rangle = |0\rangle + \lambda\,|1\rangle + \lambda^2\,|2\rangle + \ldots + \lambda^n\,|n\rangle + \ldots \tag{6}$$

En ne retenant que les premiers termes de ces développements, on obtient des expressions approchées pour E et $|\psi\rangle$, l'approximation étant d'autant meilleure que la convergence est plus rapide.

La méthode de perturbation consiste à déterminer les coefficients successifs des développements (5) et (6). A cet effet, nous substituons à H, E et $|\psi\rangle$ leurs expressions respectives (1), (5) et (6), aux deux membres de l'équation (3) ; celle-ci prend la forme d'une égalité entre deux développements en série de puissances de λ. Pour qu'elle soit satisfaite, il faut que les coefficients de chaque puissance de λ soient égaux deux à deux. Il vient ainsi successivement :

$$(H_0 - E_a^0)\,|0\rangle = 0 \tag{7^0}$$

$$(H_0 - E_a^0)\,|1\rangle + (V - \varepsilon_1)\,|0\rangle = 0 \tag{7^1}$$

$$(H_0 - E_a^0)\,|2\rangle + (V - \varepsilon_1)\,|1\rangle - \varepsilon_2\,|0\rangle = 0 \tag{7^2}$$

$$\cdots\cdots \qquad\qquad \cdots\cdots$$

$$(H_0 - E_a^0)\,|n\rangle + (V - \varepsilon_1)\,|n-1\rangle \ldots - \varepsilon_n\,|0\rangle = 0. \tag{7^n}$$

$$\cdots\cdots \qquad\qquad \cdots\cdots$$

La condition (4) s'écrit de même façon :

$$\langle 0|1\rangle = \langle 0|2\rangle = \ldots = \langle 0|n\rangle = \ldots = 0. \tag{8}$$

L'équation (7^0) fixe l'énergie propre et le vecteur propre à l'ordre 0. Compte tenu des conditions (8), l'équation (7^1) détermine les corrections du premier ordre à ces deux quantités, l'équation (7^2) celles du second ordre, ..., l'équation (7^n) celles du $n^{\text{ième}}$ ordre.

Montrons, en effet, que l'équation (7^n) détermine ε_n et $|n\rangle$ en fonction des corrections d'ordre inférieur. Pour cela, nous projetons sur les vecteurs de base de H_0. La projection sur $|0\rangle$ donne, compte tenu des relations (8) :

$$\varepsilon_n = \langle 0|V|n-1\rangle. \tag{9}$$

La projection sur les autres vecteurs de base détermine les composantes de $|n\rangle$ sur chacun d'eux :

$$\langle E^0\alpha|n\rangle = \frac{1}{E_a^0 - E^0}\Big[\langle E^0\alpha|(V-\varepsilon_1)|n-1\rangle - \varepsilon_2\langle E^0\alpha|n-2\rangle - \dots$$
$$\dots - \varepsilon_{n-1}\langle E^0\alpha|1\rangle\Big]$$
$$(E_a^0 \neq E^0).$$

Comme $\langle 0|n\rangle = 0$, $|n\rangle$ se trouve ainsi entièrement déterminé. Il est commode de poser :

$$Q_0 \equiv 1 - |0\rangle\langle 0| = \sum_{E^0 \neq E_a^0} \Sigma_\alpha |E^0\alpha\rangle\langle E^0\alpha|$$

et

$$\frac{Q_0}{a} \equiv Q_0 \frac{1}{E_a^0 - H^0} Q_0 = \sum_{E^0 \neq E_a^0} \frac{\Sigma_\alpha |E^0\alpha\rangle\langle E^0\alpha|}{E_a^0 - E_0}. \tag{10}$$

Avec ces notations, on peut écrire

$$|n\rangle = \frac{Q_0}{a}\Big[(V-\varepsilon_1)|n-1\rangle - \varepsilon_2|n-2\rangle - \dots - \varepsilon_{n-1}|1\rangle\Big]. \tag{11}$$

Les équations (9) et (11) sont équivalentes à l'équation (7^n), ce qui démontre la propriété annoncée.

3. Perturbation du premier ordre

Les corrections du premier ordre se déduisent de l'équation (7^1). Elles s'obtiennent en écrivant les équations (9) et (11) dans le cas particulier $n = 1$.

L'équation (9) donne la correction du premier ordre au niveau d'énergie :

$$\boxed{\varepsilon_1 = \langle 0|V|0\rangle} \tag{12}$$

d'où l'on tire l'expression de E au premier ordre

$$E = \langle 0|H|0\rangle + O(\lambda^2). \tag{13}$$

C'est la valeur moyenne de l'Hamiltonien H calculée avec le vecteur propre de l'Hamiltonien non perturbé H_0.

L'équation (11) donne la correction du premier ordre au vecteur propre :

$$|1\rangle = \frac{Q_0}{a}(V - \varepsilon_1)|0\rangle$$

mais, comme $Q_0|0\rangle = 0$, cette expression se réduit à

$$|1\rangle = \frac{Q_0}{a} V |0\rangle. \tag{14}$$

Le vecteur $|\psi\rangle$ est donc donné au premier ordre par l'expression

$$|\psi\rangle = \left(1 + \lambda \frac{Q_0}{a} V\right)|0\rangle + O(\lambda^2) \tag{15}$$

et sa norme par

$$\begin{aligned}\langle\psi|\psi\rangle &= \langle 0|0\rangle + \langle\psi|Q_0|\psi\rangle \\ &\simeq \langle 0|0\rangle + \lambda^2 \langle 1|1\rangle = 1 + \lambda^2 \langle 0|V \frac{Q_0}{a^2} V|0\rangle \\ &= 1 + O(\lambda^2).\end{aligned}$$

Suivant l'expression (14), les composantes de la correction du premier ordre au vecteur $|0\rangle$ suivant les autres vecteurs de base de l'Hamiltonien non perturbé sont données par l'équation :

$$\lambda \langle E^0 \alpha|1\rangle = \frac{\langle E^0 \alpha|(\lambda V)|0\rangle}{E_a^0 - E^0}. \qquad (E^0 \neq E_a^0) \tag{16}$$

La composante suivant $|E^0 \alpha\rangle$ est donc égale au rapport de l'élément de matrice de la perturbation reliant $|0\rangle$ à $|E^0 \alpha\rangle$, à la *différence d'énergie* entre ces deux états propres non perturbés. La petitesse de ce rapport donne une mesure de la rapidité de convergence de la série de perturbation.

4. L'état fondamental de l'atome d'hélium

Comme premier exemple [1], nous allons utiliser la méthode de perturbation pour évaluer l'énergie de l'état fondamental de l'atome d'hélium et, plus généralement, celle d'un atome $(Z-2)$ fois ionisé. Un tel atome est formé d'un noyau massif de charge Ze et de deux électrons. Le noyau étant supposé infiniment lourd, l'Hamiltonien H est celui de deux électrons dans le potentiel

$$-\frac{Ze^2}{r_1} - \frac{Ze^2}{r_2} + \frac{e^2}{r_{12}}$$

$\mathbf{r}_1$ et $\mathbf{r}_2$ sont les vecteurs de position respectifs du premier et du deuxième électron ; $r_{12} = |\mathbf{r}_1 - \mathbf{r}_2|$ est leur distance mutuelle.

Si nous négligeons le terme de répulsion mutuelle e^2/r_{12}, l'Hamiltonien du système se réduit à un Hamiltonien de deux particules indépendantes

[1] Cet exemple est tiré de L. Pauling et E. B. Wilson, *loc. cit.* Note XIV-[18].

dans le champ coulombien $-Ze^2/r$, Hamiltonien dont on sait résoudre exactement le problème de valeurs propres. Nous prenons cet Hamiltonien comme « Hamiltonien non perturbé » et traitons la répulsion mutuelle e^2/r_{12} comme une perturbation. L'état fondamental de H_0 est obtenu lorsque les deux électrons se trouvent tous les deux dans l'état 1*s*.

Désignons par E_H l'énergie de liaison du fondamental de l'atome d'hydrogène. L'état fondamental de H_0 a pour énergie propre la somme des énergies de chaque électron soit

$$E_a^0 = -2Z^2 E_H.$$

La fonction propre correspondante est le produit des fonctions propres de chaque électron, soit (cf. § B.3)

$$\Phi_a(\boldsymbol{r}_1, \boldsymbol{r}_2) = \mathrm{e}^{-(r_1+r_2)/a}/\pi a^3$$

avec

$$a = a_0/Z = \hbar^2/Zme^2 (\simeq Z^{-1} \times 0{,}53 \times 10^{-8}\,\mathrm{cm}).$$

L'effet de la perturbation $V = e^2/r_{12}$ est donné au premier ordre par la formule (12) ($\lambda = 1$), soit

$$\begin{aligned} \varepsilon_1 &= \int \Phi_a\, V\, \Phi_a\, \mathrm{d}\boldsymbol{r}_1\, \mathrm{d}\boldsymbol{r}_2 \\ &= \frac{e^2}{\pi^2 a^6} \int \frac{\mathrm{e}^{-2(r_1+r_2)/a}}{|\boldsymbol{r}_1 - \boldsymbol{r}_2|}\, \mathrm{d}\boldsymbol{r}_1\, \mathrm{d}\boldsymbol{r}_2. \end{aligned} \tag{17}$$

C'est l'énergie électrostatique de deux distributions sphériques d'électricité dont les densités respectives sont $-e\rho_1(r_1)$ et $-e\rho_2(r_2)$, avec

$$\rho_1(r) = \rho_2(r) = \mathrm{e}^{-2r/a}/\pi a^3. \tag{18}$$

Pour calculer l'intégrale

$$I = \int \mathrm{d}\boldsymbol{r}_1 \int \mathrm{d}\boldsymbol{r}_2 \frac{\rho_1(r_1)\, \rho_2(r_2)}{|\boldsymbol{r}_1 - \boldsymbol{r}_2|}$$

on utilise le développement (B.99). Après intégration sur les angles, il vient

$$\begin{aligned} I &= 16\pi^2 \int_0^\infty \mathrm{d}r_1 \int_0^\infty \mathrm{d}r_2\, \rho_1(r_1)\, \rho_2(r_2)\, r_1^2\, r_2^2/r_> \\ &= 16\pi^2 \int_0^\infty \rho_1(r_1)\, r_1\, \mathrm{d}r_1 \left\{ \int_0^{r_1} \rho_2(r_2)\, r_2^2\, \mathrm{d}r_2 + r_1 \int_{r_1}^\infty \rho_2(r_2)\, r_2\, \mathrm{d}r_2 \right\} \end{aligned} \tag{19}$$

On a : $\varepsilon_1 = e^2 I$, l'intégrale I étant calculée avec les expressions (18) des distributions ρ_1 et ρ_2. Ceci donne, tous calculs faits :

$$\varepsilon_1 = \tfrac{5}{4} Z\, E_H. \tag{20}$$

L'approximation est d'autant meilleure (en valeur relative) que l'énergie de répulsion mutuelle des électrons est petite à côté de l'énergie d'attraction du noyau. Elle est donc d'autant meilleure que Z est plus élevé. C'est ce que l'on constate sur le tableau I, où les résultats expérimentaux concernant l'énergie de liaison du fondamental de He, Li^+ et Be^{++} sont confrontés à ceux que donne la théorie des perturbations. En fait, le développement de perturbation converge plus rapidement qu'on ne pourrait s'y attendre *a priori* et le calcul de l'énergie de liaison au premier ordre donne une valeur en accord raisonnable avec la valeur expérimentale même dans le cas de l'hélium ($Z = 2$).

TABLEAU I

Energie de liaison des atomes He, Li^+, Be^{++} *dans l'état fondamental.*

Toutes les énergies sont données en électrons-volts. Les colonnes 2, 3, 4 donnent respectivement l'énergie non perturbée, la perturbation du premier ordre et la somme de ces deux quantités, c'est-à-dire l'énergie du niveau fondamental au premier ordre du calcul de perturbation. La colonne 5 donne le résultat du calcul variationnel du § XVIII.6. La colonne 6 donne la valeur expérimentale de l'énergie du niveau fondamental (d'après L. PAULING et E. B. WILSON, *loc. cit.*).

	1	2	3	4	5	6
	Z	E_a^0	ε_1	$E_{pert.} = E_a^0 + \varepsilon_1$	$E_{var.}$	$E_{exp.}$
He . .	2	— 108	34	— 74	— 76,6	— 78,6
Li^+ . .	3	— 243,5	50,5	— 193	— 195,6	— 197,1
Be^{++} . .	4	— 433	67,5	— 365,5	— 368,1	— 370,0

5. L'énergie coulombienne des noyaux d'atome

Dans un noyau d'atome, la distance entre les nucléons est de l'ordre de 10^{-13} cm ; aux distances de cet ordre, les forces nucléaires proprement dites l'emportent de beaucoup sur les forces de répulsion coulombienne des protons. Celles-ci peuvent être traitées comme une perturbation. Dans ce cas, H_0 est la somme de l'énergie cinétique des nucléons et de l'énergie potentielle nucléaire proprement dite et la perturbation V est formée des $\frac{1}{2}Z(Z-1)$ termes de répulsion coulombienne des Z protons du noyau :

$$V = \sum_{i<j\leqslant Z} \frac{e^2}{r_{ij}} \tag{21}$$

($r_{ij} = |\mathbf{r}_i - \mathbf{r}_j|$ = distance entre le $i^{\text{ème}}$ et le $j^{\text{ème}}$ proton).

Nous nous proposons d'évaluer par perturbation le déplacement E_c du niveau d'énergie d'un état stationnaire, dû à la présence du champ coulombien.

Soit j le spin de l'état non perturbé ; ce dernier possède une dégénérescence d'ordre $(2j+1)$; autrement dit, il existe $(2j+1)$ états non perturbés orthonormaux Φ_μ^j, correspondant chacun à une valeur différente μ de la composante J_z du moment cinétique total.

En dépit de cette dégénérescence, il est possible d'appliquer les résultats de la théorie de perturbation exposée plus haut. En effet, le potentiel perturbateur V est, comme H_0, invariant par rotation. Nous pouvons donc traiter le problème de valeurs propres dans le sous-espace $\mathcal{E}(j\,\mu)$ des états de moment cinétique $(j\,\mu)$ bien déterminé ; dans ce sous-espace, l'état fondamental n'est pas dégénéré et la correction du premier ordre à son énergie est correctement donnée par la formule (12) :

$$E_c \simeq \langle\Phi_\mu^j|V|\Phi_\mu^j\rangle. \tag{22}$$

On voit que cette correction est indépendante de μ : la perturbation coulombienne ne lève pas la dégénérescence. En fait, ce résultat est vrai à tous les ordres : puisque H est, comme H_0, invariant par rotation, il présente nécessairement comme H_0 la dégénérescence de rotation.

La fonction Φ_μ^j dépend des coordonnées et des spins intrinsèques des Z protons et des $N \equiv \mathcal{N} - Z$ neutrons. Comme elle est antisymétrique par rapport aux protons, les $\frac{1}{2}Z(Z-1)$ termes de V ont des contributions égales ; on a donc : $E_c = \frac{1}{2}Z(Z-1)\,\varepsilon$, avec

$$\begin{aligned}\varepsilon &= \langle\Phi_\mu^j \mid (e^2/r_{12}) \mid \Phi_\mu^j\rangle \\ &= \sum_{\text{spins}}\int |\Phi_\mu^j|^2 (e^2/r_{12})\,\mathrm{d}\boldsymbol{r}_1\,\mathrm{d}\boldsymbol{r}_2\ldots\mathrm{d}\boldsymbol{r}_Z\,\mathrm{d}\boldsymbol{r}_{Z+1}\ldots\mathrm{d}\boldsymbol{r}_{\mathcal{N}}\end{aligned}$$

$\sum_{\text{spins}}$ désigne la sommation sur les variables de spin des nucléons. Posons :

$$\rho(\boldsymbol{r}_1, \boldsymbol{r}_2) = \sum_{\text{spins}}\int |\Phi_\mu^j|^2\,\mathrm{d}\boldsymbol{r}_3\ldots\mathrm{d}\boldsymbol{r}_{\mathcal{N}}.$$

$\rho(\boldsymbol{r}_1, \boldsymbol{r}_2)$ est la densité de probabilité de trouver simultanément le proton 1 au point $\boldsymbol{r}_1$ et le proton 2 au point $\boldsymbol{r}_2$. Il vient

$$\varepsilon = \int (e^2/r_{12})\,\rho(\boldsymbol{r}_1, \boldsymbol{r}_2)\,\mathrm{d}\boldsymbol{r}_1\,\mathrm{d}\boldsymbol{r}_2.$$

Pour évaluer E_c, nous prenons le modèle très simple suivant. Nous négligeons toute corrélation entre les positions des deux protons ([2]) :

$$\rho(\boldsymbol{r}_1, \boldsymbol{r}_2) \simeq \rho(\boldsymbol{r}_1)\,\rho(\boldsymbol{r}_2) \tag{23}$$

et prenons pour densité $\rho(\boldsymbol{r})$, celle d'une distribution uniforme de charge dans une sphère de rayon R, soit

$$\rho(\boldsymbol{r}) = \begin{cases} 3/4\pi R^3 & \text{si} \quad r < R \\ 0 & \text{si} \quad r > R \end{cases} \tag{24}$$

Le calcul est analogue à celui du § 4. En se servant de l'expression (19) de l'intégrale I et en y substituant les valeurs des densités indiquées ci-dessus, on trouve toutes intégrations effectuées,

$$E_c \simeq \tfrac{3}{5}Z(Z-1)\frac{e^2}{R}. \tag{25}$$

([2]) Ce faisant, on surestime certainement E_c ; toutes choses égales en effet, le principe de Pauli exige que $\rho(\boldsymbol{r}_1, \boldsymbol{r}_2)$ soit plus petit lorsque $\boldsymbol{r}_1 = \boldsymbol{r}_2$.

Quoi qu'elle constitue une évaluation relativement grossière de E_c, la formule (25) peut être utilisée pour vérifier l'indépendance de charge des forces nucléaires (Cf. § XIV.15). A cet effet, il convient d'utiliser le formalisme du spin isotopique. Suivant l'hypothèse d'indépendance, l'Hamiltonien non perturbé est invariant dans les rotations de l'espace de charge et les états correspondant au même multiplet de spin isotopique ont même énergie de liaison. La différence que l'on constate expérimentalement entre les énergies de liaison des deux membres d'un même multiplet de spin isotopique, est alors égale à la différence de leurs énergies coulombiennes. Si l'on prend pour valeur de R :

$$R = 1{,}45 \times \mathcal{N}^{\frac{1}{3}} \times 10^{-13}\,\text{cm},$$

il est possible de rendre compte raisonnablement de cette différence au moyen de la formule (25) pour les états fondamentaux des noyaux miroirs.

6. Corrections d'ordre supérieur

Les corrections du second ordre découlent de l'équation (7^2). Elles s'obtiennent en écrivant les équations (9) et (11) dans le cas particulier $n = 2$, et en utilisant les expressions (12) et (14) des corrections du premier ordre. On trouve ainsi :

$$\varepsilon_2 = \langle 0|V|1\rangle = \langle 0|V\frac{Q_0}{a}V|0\rangle \tag{26}$$

$$|2\rangle = \frac{Q_0}{a}(V-\varepsilon_1)|1\rangle = \left[\frac{Q_0}{a}V\frac{Q_0}{a}-\frac{Q_0}{a^2}V|0\rangle\langle 0|\right]V|0\rangle. \tag{27}$$

On détermine de même façon les corrections d'ordre supérieur. Les formules sont longues à écrire. Elles se simplifient dans le cas particulier important où toutes les corrections d'ordre inférieur à l'énergie non perturbée sont nulles. Dans l'hypothèse où

$$\varepsilon_1 = \varepsilon_2 = \ldots = \varepsilon_{n-1} = 0, \tag{28}$$

les formules de récurrence (9) et (11) donnent en effet

$$\varepsilon_n = \langle 0|\,V\left(\frac{Q_0}{a}V\right)^{n-1}|0\rangle \tag{29}$$

$$|n\rangle = \frac{Q_0}{a}V|n-1\rangle = \left(\frac{Q_0}{a}V\right)^2|n-2\rangle = \ldots = \left(\frac{Q_0}{a}V\right)^n|0\rangle. \tag{30}$$

La condition (28) s'écrit d'ailleurs

$$\langle 0|V|0\rangle = \langle 0|\,V\frac{Q_0}{a}V\,|0\rangle = \ldots = \langle 0|\,V\left(\frac{Q_0}{a}V\right)^{n-2}|0\rangle = 0. \tag{28'}$$

Il arrive rarement que l'on pousse les calculs jusqu'à l'ordre n lorsque cette condition n'est pas réalisée. La méthode de perturbation n'est utile que lorsque la convergence du développement est suffisamment rapide pour qu'on puisse se satisfaire des corrections d'ordre le plus bas. D'ailleurs la complexité des calculs augmente avec l'ordre et devient rapidement prohibitive.

L'allure générale des corrections d'ordre supérieur est néanmoins utile à connaître car elle permet de se faire une idée de la rapidité de convergence du développement de perturbation. Considérons à cet effet l'expression (26) de ε_2. En fonction des éléments de matrice de V dans la représentation $\{|E^0\alpha\rangle\}$, elle donne :

$$\varepsilon_2 = \sum_{E^0 \neq E_a^0} \frac{\sum_\alpha |\langle 0|V|E^0\alpha\rangle|^2}{E_a^0 - E^0}. \tag{31}$$

L'effet de la perturbation est d'autant plus faible que chaque élément de matrice $\lambda\langle 0|V|E^0\alpha\rangle$ est petit à côté de la différence d'énergie $|E_a^0 - E^0|$. Plus généralement, on peut dire, grossièrement parlant, que la convergence de la série de perturbation est d'autant plus rapide que les éléments de matrice $\lambda\langle E^0\alpha|V|E^{0\prime}\alpha'\rangle$ entre deux états d'énergie E^0, $E^{0\prime}$ de l'Hamiltonien non perturbé sont petits par rapport aux différences $|E_a^0 - E^0|$, $|E_a^0 - E^{0\prime}|$ entre ces énergies et l'énergie non perturbée E_a^0.

Il est possible d'obtenir une limite supérieure pour la correction ε_2 en majorant en valeur absolue chaque terme de la somme du second membre de (31). A cet effet, nous remplaçons chaque dénominateur par l'écart $\delta E_{\text{min.}}$ séparant le niveau E_a^0 du niveau le plus voisin ; par suite,

$$|\varepsilon_2| \leqslant \frac{1}{\delta E_{\text{min.}}} \sum_{E^0 \neq E_a^0} \sum_\alpha \langle 0|V|E^0\alpha\rangle\langle E^0\alpha|V|0\rangle$$

soit encore

$$|\varepsilon_2| \leqslant \frac{1}{\delta E_{\text{min.}}} \langle 0|V\,Q_0\,V|0\rangle.$$

Mais si l'on remplace Q_0 par sa définition, il vient

$$\langle 0|VQ_0V|0\rangle = \langle 0|V(1 - |0\rangle\langle 0|)V|0\rangle = \langle 0|V^2|0\rangle - \langle 0|V|0\rangle^2 = (\Delta V)^2$$

où $(\Delta V)^2$ est l'écart quadratique du potentiel perturbateur dans l'état $|0\rangle$. Nous pouvons donc écrire :

$$|\varepsilon_2| \leqslant \frac{(\Delta V)^2}{\delta E_{\text{min.}}}. \tag{32}$$

7. Effet Stark sur un rotateur rigide

En règle générale, le calcul de la correction du second ordre ε_2 est beaucoup plus long que celui de ε_1. Ce dernier consiste à évaluer un élément de matrice du potentiel V ; le calcul de ε_2, ainsi qu'on peut le voir sur la formule (31), consiste à évaluer la suite infinie des éléments de matrice de V qui figurent dans la somme du second membre de (31), puis à effectuer la sommation. Cependant, il arrive que la quasi-totalité des éléments de matrice qui figurent dans la formule (31) soient nuls et que la somme ne comporte en fait qu'un nombre limité de termes. L'exemple qui suit illustre ce type de simplification.

Nous nous proposons d'examiner le déplacement des niveaux d'un rotateur rigide par effet Stark. Ce type de problème intervient dans l'étude de la polarisabilité des molécules diatomiques dans un champ électrique. Le rotateur rigide représente le mouvement des noyaux d'une molécule diatomique à la limite où les quanta de vibration peuvent être considérés comme infiniment grands. Les seuls degrés de liberté du système sont les variables angulaires (θ, φ) fixant l'orientation du rotateur dans l'espace. Soit $\boldsymbol{L}$ le moment cinétique et $I = mr_0^2$ le moment d'inertie (m = masse réduite, r_0 = distance mutuelle des noyaux) ; l'Hamiltonien du rotateur est :

$$H_0 = \frac{L^2}{2I}$$

et ses fonctions propres sont les harmoniques sphériques $Y_l^m(\theta, \varphi)$. Nous désignons par $|lm\rangle$ le vecteur représenté par l'harmonique Y_l^m. L'énergie propre correspondant à ce vecteur ne dépend que de l :

$$H_0 |l\, m\rangle = E_l^0 |l\, m\rangle \qquad E_l^0 = \frac{\hbar^2}{2I} l(l+1).$$

En présence d'un champ électrique uniforme $\mathcal{E}$ dirigé suivant l'axe des z, l'Hamiltonien du système contient le terme additionnel

$$V = -d\, \mathcal{E} \cos\theta,$$

où d est le moment dipolaire électrique du rotateur. Nous allons calculer l'effet de ce terme par la méthode de perturbation.

Dans la représentation $\{|lm\rangle\}$, la matrice qui représente V a presque tous ses éléments nuls ([3]). Pour que l'on ait

$$\langle l_1\, m_1 | V | l_2\, m_2 \rangle \neq 0$$

il faut (cf. formules (C.16) et (C.23)) que

$$m_1 = m_2 \qquad \text{et} \qquad l_1 = l_2 \pm 1.$$

Lorsque ces conditions sont réalisées, l'élément de matrice se déduit de la formule (cf. équ. (B.90))

$$\langle l\, m | \cos\theta | l-1\; m\rangle = \langle l-1\; m | \cos\theta | l\, m\rangle = \left(\frac{l^2 - m^2}{4l^2 - 1}\right)^{\frac{1}{2}}. \tag{33}$$

A l'exception du niveau $l = 0$, tous les niveaux non perturbés sont dégénérés. Cependant, H_0 et $H = H_0 + V$ commutent tous deux avec L_z. Soit $\mathcal{E}_m$ le sous-espace de la valeur propre m de L_z. En raison de ces propriétés de commutation, on peut résoudre le problème de valeurs propres de H dans chaque sous-espace $\mathcal{E}_m$ séparément ; dans chacun d'eux, le spectre de H_0

([3]) Ces propriétés remarquables viennent de ce que V est la composante $q = 0$ d'un opérateur tensoriel irréductible d'ordre 1 et qu'il a la parité (-1).

est entièrement simple et la méthode de perturbation exposée plus haut s'applique.

Considérons donc dans $\mathcal{E}_m$ l'état non perturbé $|l\,m\rangle$. Suivant les règles de sélection de V signalées plus haut,

$$\langle l\,m|V|l\,m\rangle = 0.$$

Donc, la correction du premier ordre au niveau d'énergie est nulle. La correction du second ordre est donnée par la formule (31). Suivant les mêmes règles de sélection, la somme se réduit à deux termes correspondant respectivement à $l+1$ et $l-1$:

$$\begin{aligned}\varepsilon_2^{lm} &= \frac{2I(d\mathcal{E})^2}{\hbar^2}\sum_{l'\neq l}\frac{|\langle l\,m|\cos\theta\,|l'\,m\rangle|^2}{l(l+1)-l'(l'+1)} \\ &= \frac{2I(d\mathcal{E})^2}{\hbar^2}\left[\frac{|\langle l\,m|\cos\theta\,|l+1\,m\rangle|^2}{l(l+1)-(l+1)(l+2)}+\frac{|\langle l\,m|\cos\theta\,|l-1\,m\rangle|^2}{l(l+1)-l(l-1)}\right].\end{aligned}$$

Le crochet du second membre se calcule au moyen des formules (33). Après quelques manipulations sans difficulté, on trouve finalement

$$\varepsilon_2^{lm} = \frac{(d\mathcal{E})^2}{E_l^0}\,\frac{l(l+1)-3m^2}{2(2l-1)(2l+3)}.$$

Le spectre d'énergie est donc donné au second ordre par la formule

$$E_{lm} \simeq E_l^0\left[1+\left(\frac{d\mathcal{E}}{E_l^0}\right)^2\frac{l(l+1)-3m^2}{2(2l-1)(2l+3)}\right]. \tag{34}$$

La dégénérescence n'est que partiellement levée, l'énergie E_{lm} ne dépendant en fait que de l et m^2 et non de l et m. Les états correspondant à des valeurs de m opposées restent donc au même niveau. En fait cette dégénérescence résiduelle subsiste à tous les ordres ; elle vient de ce que l'Hamiltonien H est invariant par rapport aux symétries de l'effet Stark, c'est-à-dire par rapport au groupe des réflexions autour des plans passant par Oz. Nous reviendrons sur ce point au § 13.

II. — PERTURBATION D'UN NIVEAU DÉGÉNÉRÉ

8. Théorie élémentaire

Supposons que la valeur propre E_a^0 de l'Hamiltonien non perturbé soit g_a fois dégénérée. Nous reprenons les notations du § 2 et désignons par $\mathcal{E}_a^0$ le sous-espace de E_a^0 et par P_0 le projecteur sur ce sous-espace.

Dans cette hypothèse, il peut se faire que plus d'une valeur propre de H tende vers E_a^0 lorsque $\lambda \to 0$. Soient $E_1, E_2, \ldots, E_n$, ces valeurs, $g_1, g_2, \ldots, g_n$, leurs ordres de dégénérescence, $\mathcal{E}_1$, $\mathcal{E}_2$, ..., $\mathcal{E}_n$, leurs sous-espaces respectifs. On a

$$g_1 + g_2 + \dots + g_n = g_a$$

et l'espace $\mathcal{E}_1 + \mathcal{E}_2 + \dots + \mathcal{E}_n$ tend vers $\mathcal{E}_a^0$ lorsque $\lambda \to 0$. En d'autres termes, si P est le projecteur sur l'espace $\mathcal{E}_1 + \mathcal{E}_2 + \dots + \mathcal{E}_n$, c'est une fonction continue de λ et l'on a

$$P \underset{\lambda \to 0}{\longrightarrow} P_0.$$

Le problème de déterminer par perturbation les valeurs propres et fonctions propres de H n'est pas aussi simple que lorsque la valeur propre non perturbée n'est pas dégénérée. Dans la section III nous donnerons une solution rigoureuse de ce problème permettant de le résoudre à n'importe quel ordre d'approximation. Nous nous bornons ici à examiner ce que donne la méthode de récurrence du § 2 en nous limitant aux ordres les plus bas et sans souci de rigueur.

Soit E l'une des valeurs propres de la suite $E_1, E_2, \dots, E_n$ et soit $|\psi\rangle$ l'un des vecteurs propres relatifs à E. A la limite où $\lambda \to 0$, $|\psi\rangle$ tend vers un certain vecteur $|0\rangle$ de l'espace $\mathcal{E}_a^0$, qu'il est impossible de mieux préciser pour l'instant. Admettons que E et $|\psi\rangle$ puissent être représentés par les développements (5) et (6) avec la condition de normalisation (4). Les coefficients de ces développements sont reliés les uns aux autres par les équations (7) et (8) et peuvent être déterminés par récurrence.

L'équation (7^0) impose à $|0\rangle$ d'appartenir à $\mathcal{E}_a^0$:

$$P_0\,|0\rangle = |0\rangle. \tag{35}$$

L'équation (7^1) donne par projection sur $\mathcal{E}_a$

$$P_0(V - \varepsilon_1)\,|0\rangle = 0 \tag{36}$$

et par projection sur l'espace complémentaire

$$Q_0\,|1\rangle = \frac{Q_0}{a}\,V\,|0\rangle. \tag{37}$$

Nous avons posé

$$Q_0 = 1 - P_0 \tag{38}$$

et avons défini Q_0/a conformément à l'équation (10).

L'équation (36) est une équation aux valeurs propres dans le sous-espace $\mathcal{E}_a^0$: ε_1 est valeur propre de l'opérateur $P_0 V P_0$ de cet espace et $|0\rangle$ est le vecteur propre correspondant. Dans la représentation $|E^0\alpha\rangle$, cette équation s'écrit

$$\sum_{\alpha'} \langle E_a^0\alpha|\,V\,|E_a^0\alpha'\rangle\,\langle E_a^0\alpha'|0\rangle = \varepsilon_1\,\langle E_a^0\alpha|0\rangle.$$

On obtient donc la correction du premier ordre ε_1 en diagonalisant la matrice $g_a \times g_a$ dont les éléments sont

$$V_{\alpha\alpha'} \equiv \langle E_a^0\alpha|\,V\,|E_a^0\alpha'\rangle.$$

Les valeurs possibles de ε_1 sont les valeurs propres de cette matrice. S'il y a g_a valeurs de ε_1 distinctes, elles sont toutes simples et la dégénérescence est complètement levée par la perturbation. Si le nombre de valeurs distinctes est inférieur à g_a, certaines d'entre elles sont dégénérées et la dégénérescence n'est que partiellement levée.

Si la correction du premier ordre ε_1 est une valeur propre simple, l'état propre correspondant est complètement déterminé à l'ordre 0 : le vecteur $|0\rangle$ est défini par les équations (7^0) et (7^1) à une constante près ; l'équation (37) définit alors la projection $Q_0\,|1\rangle$ de la correction du premier ordre de $|\psi\rangle$ sur le complémentaire de $\mathcal{E}_a^0$, sa projection sur $\mathcal{E}_a$ restant, à part la condition (4), indéterminée. Si $\mathcal{E}_1$ est g_1 fois dégénérée, les équations (7^0) et (7^1) imposent au vecteur $|0\rangle$ d'appartenir au sous-espace à g_1 dimensions de cette valeur propre, sans plus ; pour définir $|0\rangle$ plus complètement, il faut pousser les calculs à des ordres plus élevés.

L'une des valeurs ε_1 ayant été choisie, la correction du second ordre ε_2 s'obtient en projetant l'équation (7^2) sur le sous-espace de cette valeur propre. Ce dernier, que nous désignerons par $\mathcal{E}_a^{(1)}$ est contenu dans $\mathcal{E}_a^0$; nous désignons par $P^{(1)}$ le projecteur sur ce sous-espace et par P' le projecteur sur son complémentaire dans $\mathcal{E}_a^0$:

$$P_0 = P^{(1)} + P' \qquad\qquad P^{(1)} + P' + Q_0 = 1.$$

On a donc

$$\begin{aligned} P^{(1)} H_0 &= P^{(1)} P_0 H_0 \\ &= E_a^0 P^{(1)} \\ P^{(1)} V &= P^{(1)} V (P^{(1)} + P' + Q_0) \\ &= \varepsilon_1 P^{(1)} + P^{(1)} V Q_0. \end{aligned}$$

Et la projection de l'équation (7^2) en question donne

$$P^{(1)} V Q_0\,|1\rangle - \varepsilon_2 P^{(1)}\,|0\rangle = 0$$

d'où, compte tenu de l'équation (37) :

$$P^{(1)}\left[\left(V \frac{Q_0}{a} V\right) - \varepsilon_2\right] |0\rangle = 0. \tag{39}$$

L'équation (39) est pour les corrections du second ordre l'analogue de l'équation (36) pour celles du premier. De même que ε_1 est valeur propre de $P_0 V P_0$ dans l'espace $\mathcal{E}_a^0$, ε_2 est valeur propre de $P^{(1)} V (Q_0/a) V P^{(1)}$ dans l'espace $\mathcal{E}_a^{(1)}$; le vecteur $|0\rangle$ est le vecteur propre correspondant.

Si ε_1 est une valeur propre simple ($g_1 = 1$), $|0\rangle$ est déterminé par les équations d'ordre inférieur et l'on a

$$\varepsilon_2 = \langle 0|\, V \frac{Q_0}{a} V\, |0\rangle$$

comme dans le cas non dégénéré. Si au contraire $g_1 > 1$, le calcul de ε_2 consiste à chercher les valeurs propres d'une matrice $g_1 \times g_1$. Si ces dernières sont toutes distinctes, la dégénérescence se trouve complètement levée au second ordre ; sinon il faut au besoin pousser les calculs à l'ordre supérieur.

Il arrive que la dégénérescence ne soit jamais complètement levée à quelque ordre que ce soit ; nous avons déjà eu l'occasion de le constater à propos de l'énergie coulombienne des noyaux (§ 5) et de l'effet Stark sur le rotateur rigide (§ 7). Le seul examen des symétries de H_0 et H permet le plus souvent de prévoir dans quelles limites la dégénérescence du niveau non perturbé est susceptible d'être levée par la perturbation λV. Ce point sera discuté systématiquement au § 13. Auparavant, nous allons illustrer la méthode par quelques exemples de calculs du premier ordre tirés de la Physique Atomique.

9. Les niveaux des atomes en l'absence de forces spin-orbite

Considérons un atome de Z électrons. Au chapitre XIV, nous avons examiné la structure des niveaux d'énergie d'un tel système à l'approximation du champ central (§ XIV.12) où l'Hamiltonien H est remplacé par

$$H_C = \sum_{i=1}^{Z} \left[\frac{\boldsymbol{p}_i^2}{2m} + V_C(r_i)\right].$$

Ce faisant, on ne tient compte qu'en moyenne de la répulsion électrostatique mutuelle des électrons. Désignons par V_1 la différence entre l'interaction coulombienne exacte et l'énergie potentielle de H_C

$$V_1 = \sum_{i<j} \frac{e^2}{|\boldsymbol{r}_i - \boldsymbol{r}_j|} - \sum_i \left[V_C(r_i) + \frac{Ze^2}{r_i}\right]. \tag{40}$$

Si l'on néglige dans H les termes dépendant des spins des électrons, on peut écrire

$$H \simeq H_C + V_1 \tag{41}$$

et l'on peut déduire le spectre de H de celui de H_C en traitant V_1 comme une perturbation. Nous examinerons au § 10 les modifications qu'il faut apporter à ce traitement pour tenir correctement compte des forces dépendant des spins.

En règle générale, chacune des valeurs propres de H_C est très fortement dégénérée. La perturbation V_1 lève cette dégénérescence au moins partiellement. Les niveaux de H situés au voisinage d'une valeur propre donnée de H_C s'obtiennent en diagonalisant V_1 dans le sous-espace de cette valeur propre. En particulier le fondamental de H et ses premiers états excités s'obtiennent en diagonalisant V_1 dans le sous-espace $\mathcal{E}_0$ de la valeur propre fondamentale E_0 de H_C.

Les symétries de H simplifient considérablement ce problème de diagonalisation. Puisque H est (de même que H_C) indépendant des spins, il est invariant non seulement par rotation d'ensemble mais aussi par rotation des variables orbitales seules et par rotation des spins seuls ; H commute non seulement avec le moment cinétique total J mais également avec le moment cinétique orbital total L et le spin total S (4). Comme H_C possède les mêmes propriétés de symétrie, l'opérateur $P_0V_1P_0$ commute également avec L et S ; ses états propres dans $\mathcal{E}_0$ peuvent être classés suivant les valeurs propres de L^2, S^2, L_z et S_z et ses valeurs propres ne dépendent que de L et S et sont chacune $(2S+1)(2L+1)$ fois dégénérées.

Désignons par $|\gamma LSM_LM_S\rangle$ les vecteurs d'une base standard $\{L^2L_z, S^2S_z\}$ dans $\mathcal{E}_0$ — le nombre quantique γ sert à distinguer les uns des autres les vecteurs de cette base ayant même moment cinétique orbital et même spin. Dans la représentation correspondante, la matrice de $P_0V_1P_0$ prend la forme très simple

$$\langle\gamma LSM_LM_S|V_1|\gamma' L' S' M_L' M_S'\rangle = \delta_{LL'}\delta_{SS'}\delta_{M_LM_L'}\delta_{M_SM_S'}\mathcal{V}_{\gamma\gamma'}^{(LS)}.$$

Pour la diagonaliser, il suffit donc de diagonaliser les matrices $\mathcal{V}_{\gamma\gamma'}^{(LS)}$ correspondant à chaque couple de nombres quantiques (LS).

A titre d'exemple, prenons l'atome de carbone. Sa configuration fondamentale est $1s^2\,2s^2\,2p^2$, c'est-à-dire deux couches complètes, les couches $1s$ et $2s$, et la couche incomplète $2p$ contenant 2 électrons. Elle est $C_2^6 = 15$ fois dégénérée. Cherchons à dénombrer les valeurs possibles des couples (LS) et l'ordre de leur dégénérescence, c'est-à-dire le nombre de séries de $(2L+1)(2S+1)$ vecteurs qui leur correspondent. A cet effet, on peut ignorer l'existence des couches complètes (Problème 3) et ne tenir compte que des 2 électrons $2p$.

Si l'on ignore le principe de Pauli, les différents termes spectraux que l'on peut former avec 2 électrons $2p$ sont

$$^3S \quad ^3P \quad ^3D \quad ^1S \quad ^1P \quad ^1D.$$

Comme les triplets de spin et les singulets de spin sont respectivement symétriques et antisymétriques dans l'échange des spins, et comme les états S et D d'une part, et les états P de l'autre, sont respectivement symétriques et antisymétriques dans l'échange des variables orbitales, les termes spectraux de cette liste qui satisfont au principe de Pauli sont les termes

$$^3P \quad ^1S \quad ^1D$$

soit en tout $9+1+5 = 15$ états antisymétriques linéairement indépendants comme prévu. Dans la base $\{LSM_LM_S\}$ (dans ce cas particulier le nombre quantique γ est inutile), la perturbation V_1 est nécessairement diagonale. Elle possède en tout trois valeurs propres distinctes,

(4) De plus H est invariant par permutation des variables orbitales seules, mais suivant le théorème du § D.18, cette condition de symétrie est équivalente à l'invariance par rotation des spins, en raison du principe de Pauli.

$\mathcal{V}(^3P)$, $\mathcal{V}(^1S)$ et $\mathcal{V}(^1D)$, dont l'ordre de dégénérescence respectif est 9,1 et 5, et dont le calcul numérique ne présente pas de difficulté sérieuse lorsqu'on connaît les fonctions d'ondes des états individuels. Le calcul montre que le niveau ^3P est nettement plus profond que les deux autres (Cf. fig. 1) (5).

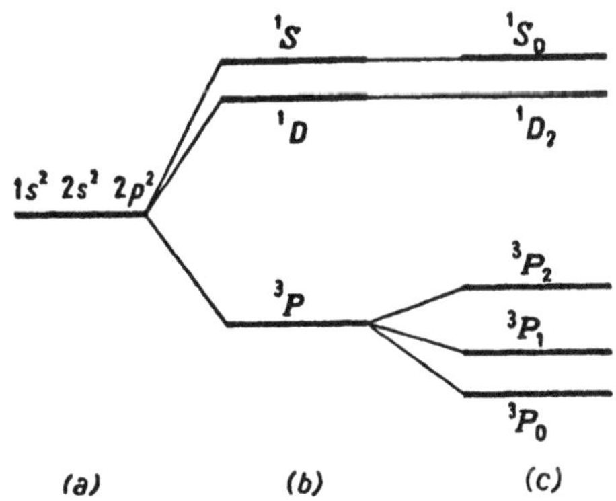

FIG. 1. — Les niveaux de la configuration fondamentale de l'atome de carbone ; (a) approximation du champ central ($V_1 = V_2 = 0$) ; (b) négligeant le couplage spin-orbite ($V_2 = 0$) ; (c) compte tenu du couplage spin-orbite.

10. Forces spin-orbite. Couplage LS, couplage jj

L'expression (41) de H n'est qu'approchée. H contient en plus des termes d'interaction dépendant des spins des électrons, que nous désignerons par V_2 :

$$H = H_C + V_1 + V_2. \tag{42}$$

En première approximation, chaque électron se meut indépendamment des autres dans le potentiel $V_C(r)$ et son spin s est couplé à son moment cinétique orbital conformément à la loi (XIII.95) ; nous avons donc à une très bonne approximation

$$V_2 \simeq \sum_{i=1}^{Z} (\boldsymbol{l}_i . \boldsymbol{s}_i)\, g(r_i) \tag{43}$$

avec

$$g(r) = \frac{1}{2m^2c^2}\frac{1}{r}\frac{\mathrm{d}V_C}{\mathrm{d}r}. \tag{44}$$

Pour tenir correctement compte de cet effet, il suffit de reprendre le traitement du § 9 en remplaçant partout V_1 par $V_1 + V_2$. Cependant, les symétries de $V_1 + V_2$ sont moins étendues que celles de V_1 : $V_1 + V_2$ commute avec $\boldsymbol{J}$ mais ne commute ni avec $\boldsymbol{L}$, ni avec $\boldsymbol{S}$. Aussi le problème de diagonaliser la perturbation dans le sous-espace de la valeur propre non perturbée est-il beaucoup plus compliqué lorsqu'on ajoute le terme spin-orbite. Il n'est relativement simple que si l'un des deux termes V_1 ou V_2, est beaucoup plus petit que l'autre.

(5) En règle générale, les niveaux d'une même configuration sont toujours rangés par ordre de spin total décroissant (*règle de Hund*). En effet, suivant (40), V_1 comprend deux termes ; le second donne la même contribution à tous les niveaux ; l'ordre de succession de ces derniers dépend donc uniquement de l'importance du terme de répulsion $\sum e^2/|\boldsymbol{r}_i - \boldsymbol{r}_j|$. Celui-ci est d'autant plus petit que les électrons sont plus éloignés les uns des autres, donc que la partie orbitale de la fonction d'onde est plus antisymétrique ; or, plus S est grand, plus la partie de spin de la fonction d'onde est symétrique (§ D.18), donc plus sa partie orbitale est antisymétrique.

Si $V_1 \gg V_2$, V_2 peut être négligé en première approximation. Chaque configuration donne une suite de niveaux correspondant chacun à un couple (LS) bien déterminé ; chacun de ces niveaux est $(2L+1)(2S+1)$ fois dégénéré (cf. § 9) ; les vecteurs propres correspondants sont des combinaisons linéaires particulières de déterminants de Slater formés avec les états individuels de la configuration : ce sont des vecteurs propres de $\boldsymbol{L}^2$, $\boldsymbol{S}^2$, L_z, S_z. On traite ensuite V_2 comme une perturbation dans le sous-espace de chacun de ces niveaux ; à chacune des valeurs possibles de J ($J = L + S$, $L + S - 1$, ..., $|L - S|$) correspond une valeur propre $(2J + 1)$ fois dégénérée de V_2. Les vecteurs propres correspondants, $|\gamma LSJM\rangle$ sont des vecteurs propres de $\boldsymbol{L}^2$, $\boldsymbol{S}^2$, $\boldsymbol{J}^2$ et J_z ; cette façon de coupler les déterminants de Slater de la configuration pour former des vecteurs propres du moment cinétique total porte le nom de *couplage Russel-Saunders* ou *couplage LS.*

Si $V_2 \gg V_1$, V_1 peut être négligé en première approximation. L'Hamiltonien $H_C + V_2$ est un Hamiltonien de particules indépendantes dans le potentiel $V_C + (\boldsymbol{l}.\boldsymbol{s})\,g(r)$; soit $\boldsymbol{j} = \boldsymbol{l} + \boldsymbol{s}$ le moment cinétique total de chaque électron pris individuellement. L'effet du terme de couplage spin-orbite $(\boldsymbol{l}.\boldsymbol{s})\,g(r)$ est de lever en partie la dégénérescence des états individuels de moment cinétique orbital non nul : chaque niveau $l \neq 0$ se scinde en deux niveaux $j = l \pm \frac{1}{2}$ et les vecteurs propres correspondants peuvent être repérés par les nombres quantiques ($nljm$). A ceci près, le traitement de l'Hamiltonien $H_C + V_2$ est en tout point analogue au traitement de l'Hamiltonien H_C lui-même (§ XIV.12) ; chaque configuration de H_C donne un certain nombre de configurations de $H_C + V_2$. Une fois ces dernières déterminées, on traite dans chacune d'elles le potentiel V_1 comme une perturbation ; à chaque valeur possible de J correspond une (ou plusieurs) valeur(s) propre(s) $(2J+1)$ fois dégénérée(s). Les vecteurs propres correspondants sont des vecteurs propres des $\boldsymbol{j}_i^2$ et de $\boldsymbol{J}^2$ et J_z ; cette façon de coupler les déterminants de Slater de la configuration fondamentale pour former des vecteurs propres du moment cinétique total porte le nom de *couplage jj.*

Le tableau ci-dessous représente schématiquement les deux modes de couplage qui viennent d'être décrits :

	Couplage LS		Couplage jj
(V_1)	$\boldsymbol{L} = \sum_i \boldsymbol{l}_i \qquad \boldsymbol{S} = \sum_i \boldsymbol{s}_i$	(V_2)	$\boldsymbol{j}_i = \boldsymbol{l}_i + \boldsymbol{s}_i$
(V_2)	$\boldsymbol{J} = \boldsymbol{L} + \boldsymbol{S}$	(V_1)	$\boldsymbol{J} = \sum_i \boldsymbol{j}_i$.

L'importance relative de V_2 croît rapidement avec Z (*). Dans les atomes

(*) V_1 est un terme de fluctuations, son effet sur l'énergie de chaque électron croît en gros comme $\sqrt{Z}$. L'énergie de couplage spin-orbite de chaque électron croît environ comme Z^2 ; on peut, en effet, l'évaluer en utilisant le modèle de Thomas-Fermi ; ce cou-

légers ou moyens, on a $V_1 \gg V_2$ et le traitement en couplage LS constitue une excellente approximation. Dans les atomes lourds (à partir de Pb environ), V_1 et V_2 sont du même ordre de grandeur et la structure de niveau de la configuration fondamentale est intermédiaire entre celles que donnent les couplages LS et jj.

II. L'atome en couplage LS. Effet du couplage spin-orbite

Examinons l'effet du couplage spin-orbite en couplage LS ($V_1 \gg V_2$). Dans ce cas, on traite V_2 comme une perturbation affectant les niveaux de l'Hamiltonien $H_C + V_1$.

Le spectre de ce dernier a été décrit au § 9. Chaque niveau correspond à une valeur déterminée de L et de S et présente une dégénérescence d'ordre $(2L+1)(2S+1)$; le sous-espace des vecteurs propres correspondant est sous-tendu par une suite de vecteurs de moment cinétique orbital et de spin déterminés, que nous désignons par $|\alpha\, L\, S\, M_L\, M_S\rangle$; le nombre quantique α indique la configuration de H_C à laquelle appartient le niveau et sert éventuellement à distinguer les uns des autres les niveaux de la même configuration ayant même couple de valeurs L et S.

L'énergie de perturbation s'obtient en diagonalisant V_2 dans le sous-espace $\mathcal{E}(\alpha\, L\, S)$ de chacun des niveaux non perturbés. Les éléments de matrice de V_2 dans le sous-espace $\mathcal{E}(\alpha\, L\, S)$ sont d'ailleurs les mêmes que ceux de l'opérateur $A\,(\boldsymbol{L}.\boldsymbol{S})$, où A est une constante caractéristique du niveau non perturbé $(\alpha\, L\, S)$:

$$\langle\alpha L S M_L M_S|V_2|\alpha L S M'_L M'_S\rangle = A\,\langle\alpha L S M_L M_S|(\boldsymbol{L}.\boldsymbol{S})|\alpha L S M'_L M'_S\rangle. \quad (45)$$

En effet, comme les vecteurs de base sont antisymétriques, les contributions des Z termes de V_2 (équ. (43)) à l'élément de matrice sont égales. Il suffit donc d'examiner l'une d'elles, celle du terme $(\boldsymbol{l}_1.\boldsymbol{s}_1)\, g(r_1)$, par exemple (aucune confusion n'étant possible, nous laissons tomber l'indice 1 dans ce qui suit). Avec une composante arbitraire l_m de $\boldsymbol{l}$ et une composante arbitraire s_μ de $\boldsymbol{s}$, on peut former l'opérateur $g(r)\, l_m\, s_\mu$. Ce dernier est à la fois composante d'opérateur vectoriel irréductible par rapport aux rotations des variables orbitales seules et composante d'opérateur vectoriel irréductible par rapport aux rotations des spins seuls. L'opérateur $L_m\, S_\mu$ possède la même propriété. Appliquant le théorème de Wigner-Eckart, on en déduit, après quelques manipulations évidentes (Cf. Problème XIII.19) :

$$\langle\alpha\, L\, S\, M_L\, M_S|g\, l_m\, s_\mu|\alpha\, L\, S\, M'_L\, M'_S\rangle = a\,\langle\alpha\, L\, S\, M_L\, M_S|L_m\, S_\mu|\alpha\, L\, S\, M'_L\, M_S\rangle$$

où a est une constante indépendante des nombres quantiques magnétiques $M_L, M'_L, M_S, M'_S, m, \mu$. Par suite :

$$\langle\alpha\, L\, S\, M_L\, M_S|g(r)\,(\boldsymbol{l}.\boldsymbol{s})|\alpha\, L\, S\, M'_L\, M'_S\rangle = a\,\langle\alpha\, L\, S\, M_L\, M_S|(\boldsymbol{L}.\boldsymbol{S})|\alpha\, L\, S\, M'_L\, M'_S\rangle.$$

plage est proportionnel à la valeur moyenne de $(1/r)\,(\mathrm{d}V_C/\mathrm{d}r)$ et l'on a, avec les notations du § XIV.13 :

$$\frac{1}{r}\frac{\mathrm{d}V_C}{\mathrm{d}r} \simeq \frac{Z^2 e^2}{b^3}\frac{\mathrm{d}}{\mathrm{d}x}\left(\frac{\chi}{x}\right).$$

On obtient la relation (45) en multipliant chaque terme par Z et en posant $A = Za$.

Dans le sous-espace $\mathcal{E}(\alpha L S)$, V_2 n'est pas diagonal dans la représentation $\{\alpha L S M_L M_S\}$, mais puisqu'il est invariant par rotation, il est évidemment diagonal dans la représentation $\{\alpha L S J M\}$ dont les vecteurs de base sont les vecteurs propres de J^2 et J_z de ce sous-espace. La relation (45) permet de déterminer les valeurs propres. En effet, puisque

$$J^2 = L^2 + S^2 + 2L.S$$

on a

$$\begin{aligned}\langle \alpha L S J M | V_2 | \alpha L S J M \rangle &= \tfrac{1}{2} A \langle \alpha L S J M | (J^2 - L^2 - S^2) | \alpha L S J M \rangle \\ &= \tfrac{1}{2} A \hbar^2 [J(J+1) - L(L+1) - S(S+1)]. \quad (46)\end{aligned}$$

En conclusion, le niveau non perturbé $(\alpha L S)$ se scinde en autant de niveaux qu'il existe de valeurs possibles de $J (J = L + S, \ldots, |L - S|)$ leur ordre de dégénérescence respectif est $(2J + 1)$ et l'énergie de perturbation est donnée par la formule (46).

La figure 1 donne la structure des niveaux de la configuration fondamentale du carbone en couplage LS. Seul l'état ^3P est affecté par la présence du terme d'énergie spin-orbite, il se scinde en trois niveaux : $^3P_0$, $^3P_1$ et $^3P_2$. Dans ce cas particulier, $A > 0$; par suite ces niveaux sont rangés par ordre de J croissant et le fondamental est un état $^3P_0$.

12. Effets Zeeman et Paschen-Back

Dans les trois derniers paragraphes, nous avons discuté de la structure des niveaux des atomes en l'absence de champ extérieur. Considérons maintenant un atome dans un champ magnétique constant $\mathcal{H}$. Si H_0 est l'Hamiltonien de l'atome en champ nul, l'Hamiltonien en présence du champ s'obtient (cf. équ. (XIII.96)) en lui ajoutant le terme

$$W = -\frac{e}{2mc}[\mathcal{H}.(L + 2S)] \quad (47)$$

(ainsi qu'un terme « diamagnétique » en $\mathcal{H}^2$ que nous négligeons).

Effet Zeeman

Si $\mathcal{H}$ est suffisamment petit, W peut être traité comme une perturbation. Comme H_0 est invariant par rotation, chaque niveau de H_0 correspond à une valeur donnée J du moment cinétique total. Nous supposerons $J \neq 0$ (7) ; dans ce cas, le niveau est $(2J + 1)$ fois dégénéré. La perturbation W lève cette dégénérescence.

(7) Si $J = 0$ (atome diamagnétique), le déplacement du niveau est nul au premier ordre en $\mathcal{H}$. Dans le calcul de ce déplacement au second ordre en $\mathcal{H}$, la contribution du terme « diamagnétique » ne peut être négligée.

Désignons par E_0 l'un des niveaux non perturbés, J son moment cinétique, $|E_0\, J\, M\rangle$ les vecteurs propres de $\boldsymbol{J}^2$ et J_z qui sous-tendent le sous-espace de la valeur propre E_0. Les déplacements de niveau dus à l'introduction du champ magnétique sont les valeurs propres de la matrice

$$\langle E_0\, J\, M|W|E_0\, J\, M'\rangle.$$

La diagonalisation de cette matrice est automatiquement réalisée en prenant l'axe des z parallèle à $\boldsymbol{\mathcal{H}}$, puisque dans ce cas W commute avec J_z.

En outre, suivant le théorème de Wigner-Eckart, les éléments de matrice des opérateurs vectoriels $\boldsymbol{L} + 2\boldsymbol{S}$ et $\boldsymbol{J}$ dans le sous-espace de E_0 sont proportionnels :

$$\langle E_0\, J\, M|(\boldsymbol{L} + 2\boldsymbol{S})|E_0\, J\, M'\rangle = g\, \langle E_0\, J\, M|\boldsymbol{J}|E_0\, J\, M'\rangle. \tag{48}$$

Le facteur de proportionnalité g est égal au rapport des éléments de matrice réduits de ces opérateurs ; c'est une grandeur caractéristique du niveau E_0 considéré. En particulier,

$$\langle E_0\, J\, M|(L_z + 2S_z)|E_0\, J\, M'\rangle - g\, M\, \hbar\, \delta_{MM'}.$$

Avec le choix d'axe indiqué plus haut,

$$W = -\frac{e\mathcal{H}}{2mc}(L_z + 2S_z)$$

d'où, si l'on désigne par μ_B le magnéton de Bohr (équ. (XIII.74)),

$$\langle E_0\, J\, M|W|E_0\, J\, M'\rangle = -M\, g\mu_B\mathcal{H}\, \delta_{MM'}.$$

En conclusion, la perturbation lève complètement la dégénérescence et les $(2J + 1)$ niveaux obtenus sont donnés par la formule

$$E = E_0 - M\, g\mu_B\mathcal{H} \qquad (M = -J, -J + 1, \ldots, +J) \tag{49}$$

c'est la formule de l'effet Zeeman.

Calcul du facteur de Landé en couplage LS

Le facteur de Landé g est défini par l'équation (48). Supposons que l'on se trouve dans les conditions de validité du couplage LS et désignons par $\alpha\, L\, S\, J$ les nombres quantiques caractérisant le niveau de l'atome en champ nul, conformément aux notations du § 11.

Pour déterminer g, nous calculons de deux façons différentes la valeur moyenne :

$$\langle \boldsymbol{J}\cdot(\boldsymbol{L} + 2\boldsymbol{S})\rangle = \langle\alpha\, L\, S\, J\, M|\big(\boldsymbol{J}\cdot(\boldsymbol{L} + 2\boldsymbol{S})\big)|\alpha\, L\, S\, J\, M\rangle.$$

(*a*) Suivant l'identité

$$\boldsymbol{J}\cdot(\boldsymbol{L} + 2\boldsymbol{S}) = \boldsymbol{J}^2 + \boldsymbol{S}^2 + \tfrac{1}{2}(\boldsymbol{J}^2 - \boldsymbol{L}^2 - \boldsymbol{S}^2)$$

il vient

$$\langle \boldsymbol{J}\cdot(\boldsymbol{L} + 2\boldsymbol{S})\rangle = \tfrac{1}{2}\big[3J(J + 1) + S(S + 1) - L(L + 1)\big]\hbar^2.$$

(*b*) Si l'on effectue directement le produit des matrices dans la représentation $\}\alpha L S J M\{$ et si l'on applique la relation (48), il vient (Cf. Problème XIII.19).

$$\begin{aligned}\langle \mathbf{J}.(\mathbf{L}+2\mathbf{S})\rangle &= \sum_{i=xyz}\sum_{M'}\langle\alpha LSJM|J_i|\alpha LSJM'\rangle\langle\alpha LSJM'|(L_i+2S_i)|\alpha LSJM\rangle \\ &= g\langle\alpha LSJM|\mathbf{J}^2|\alpha LSJM\rangle \\ &= g\,J(J+1)\hbar^2.\end{aligned}$$

Confrontant les deux résultats, on trouve

$$g = 1 + \frac{J(J+1)+S(S+1)-L(L+1)}{2J(J+1)}. \qquad (50)$$

Effet Paschen-Back

La théorie de l'effet Zeeman n'est justifiée que si la séparation des niveaux due à la perturbation W est petite à côté de la distance du niveau non perturbé à son plus proche voisin. Si l'on se trouve dans les conditions de validité du couplage LS, ceci suppose que W est petit à côté du couplage spin-orbite V_2, ou encore, de façon plus précise (cf. équ. (46) et (49)), que

$$|\,g\,|\,\mu_B\,\mathcal{H} \ll A\,\hbar^2.$$

Supposons, à l'inverse, que le champ magnétique soit si fort que l'on ait

$$A\,\hbar^2 \ll \mu_B\,\mathcal{H}.$$

Dans ce cas, l'effet du couplage spin-orbite est négligeable à côté de celui du couplage magnétique. Ce dernier peut alors être traité comme une perturbation affectant les niveaux de l'Hamiltonien

$$H_C + V_1.$$

Suivant les notations du § 11, chacun de ces niveaux non perturbés est repéré par les nombres quantiques ($\alpha L S$) et son ordre de dégénérescence est $(2S+1)(2L+1)$. La perturbation lève en partie cette dégénérescence : cet effet porte le nom d'effet Paschen-Back. On obtient les déplacements de niveau par rapport à un niveau non perturbé $E_{\alpha LS}$, en diagonalisant W dans son sous-espace. Comme W commute avec L_z et S_z, la matrice de perturbation est diagonale dans la représentation $\}\alpha L S M_L M_S\{$:

$$\langle\alpha L S M_L M_S|W|\alpha L S M'_L M'_S\rangle = -\mu_B\,\mathcal{H}(M_L+2M_S)\,\delta_{M_L M'_L}\,\delta_{M_S M'_S}.$$

Les déplacements de niveaux sont donc donnés par la formule

$$\begin{gathered}E = E_{\alpha LS} - \mu_B\,\mathcal{H}(M_L+2M_S) \\ (M_L = -L, \ldots, +L\,; \qquad M_S = -S, \ldots, +S).\end{gathered}$$

Si $L \neq 0$ et $S \neq 0$, certains des niveaux obtenus sont encore dégénérés. L'introduction du petit terme de couplage spin-orbite lève au moins partiellement ces dégénérescences résiduelles.

13. Levée de dégénérescence et symétries de H (*)

Les exemples qui précèdent (§ 5, 7, 9, 10, 11, 12) illustrent l'importance des considérations de symétrie dans le calcul par perturbation des niveaux dégénérés. L'existence de valeurs propres dégénérées peut presque toujours être rattachée aux propriétés de symétrie de l'Hamiltonien ; la connaissance des groupes d'invariance de H_0 et de H permet alors de prévoir dans quelles limites la dégénérescence du niveau E_a^0 peut être levée par la perturbation et facilite considérablement le calcul des énergies de perturbation.

Dans tous les exemples étudiés, l'Hamiltonien non perturbé H_0 est invariant par rapport à un certain groupe G_0 et la perturbation λV est invariante par rapport à un certain sous-groupe G de ce dernier. Ainsi, dans le cas de l'effet Stark sur un rotateur rigide (§ 7), G_0 est le groupe des rotations-réflexions, G est le groupe des réflexions par rapport aux plans passant par l'axe des z (cf. § XV.14).

Reprenons les notations du § XV.11. Avec les opérateurs de G, nous pouvons former des observables J et M, dont les valeurs propres sont respectivement repérées par les nombres quantiques j et μ. A chaque valeur j correspond une représentation irréductible bien déterminée du groupe. Soit d_j le degré de cette représentation ; pour j donné, il existe d_j valeurs possibles de μ permettant de distinguer les uns des autres les d_j vecteurs de base de cette représentation. A chaque ensemble de valeurs propres $(j\,\mu)$ correspond un certain sous-espace $\mathcal{E}(j\,\mu)$ de l'espace des états $\mathcal{E}$. Puisque H et H_0 sont invariants par rapport à G et commutent par conséquent avec J et M, on peut résoudre leurs problèmes de valeurs propres dans chacun des sous-espaces $\mathcal{E}(j\,\mu)$ pris séparément et leurs spectres sont les mêmes, ordres de dégénérescence compris, dans les d_j sous-espaces correspondant à une même valeur de j.

Supposons que E_a^0 soit valeur propre de H_0 dans $\mathcal{E}(j\,\mu)$ avec l'ordre de dégénérescence p_j. Conformément à ce qui précède, on a :

$$g_a = \textstyle\sum_j p_j\, d_j. \tag{51}$$

Dans $\mathcal{E}(j\,\mu)$, l'introduction de la perturbation lève (à supposer que $p_j > 1$) plus ou moins complètement la dégénérescence de l'énergie non perturbée ; si H ne possède pas d'autre symétrie que celles du groupe G, la dégénérescence en question est en général complètement levée et l'on obtient p_j niveaux distincts. *Par suite, dans l'espace total $\mathcal{E}$, l'introduction de la perturbation scinde le niveau non perturbé en $\sum_j p_j$ niveaux distincts au plus ; chacun d'eux correspond à une valeur j bien déterminée ; son ordre de dégéné-*

(*) Ce paragraphe peut être sauté en première lecture. C'est le seul de ce chapitre qui fasse appel aux résultats du chapitre XV et aux quelques notions de Théorie des Groupes qui y sont utilisées.

rescence est d_j lorsque la dégénérescence est complètement levée dans $\mathcal{E}(j\,\mu)$, un multiple de d_j dans le cas contraire.

Ces résultats sont uniquement basés sur le fait que H possède la symétrie G et que c'est une fonction continue de λ tendant vers H_0 lorsque $\lambda \to 0$. *Ils restent rigoureusement exacts à tous les ordres du calcul de perturbation.*

Si le sous-espace $\mathcal{E}_a^0$ est irréductible par rapport au groupe G, la somme (51) ne contient qu'un seul terme ([8]) et la dégénérescence du niveau E_a^0 ne peut être levée à aucun ordre. C'est ce qui se produit généralement lorsque H_0 ne possède pas d'autre symétrie que celles de $H(G_0 = G)$. Nous en avons vu un exemple à propos du calcul de l'énergie coulombienne des noyaux (§ 5).

Dans le cas du § 7 au contraire, G est effectivement un sous-groupe de G_0. Le sous-espace $\mathcal{E}_l^0$ de la valeur propre E_l^0 est $(2l+1)$ fois dégénéré ; il est irréductible par rapport à G_0 mais réductible (si $l \neq 0$) par rapport à G. Dans ce cas particulier (cf. § XV.14), J est l'opérateur l_z^2 dont les valeurs propres sont m^2 et peuvent être repérées par le nombre quantique $|m|$ ($|m| = 0, 1, 2, \ldots$) ; le nombre de dimensions du sous-espace irréductible correspondant est

$$d_{|m|} = \begin{cases} 2 & \text{si} \quad |m| \neq 0 \\ 1 & \text{si} \quad |m| = 0. \end{cases}$$

La relation (51) s'écrit dans ce cas :

$$g_l \equiv 2l + 1 = \sum_{|m|=0}^{l} d_{|m|}.$$

Par suite, la perturbation scinde le niveau E_l^0 en $l+1$ niveaux distincts au plus, dont l'un ($|m| = 0$) est simple et tous les autres sont doublement dégénérés. C'est bien ce que l'on constate dans le calcul du § 7. Il faut bien prendre garde que les présentes considérations de symétrie ne donnent en toute rigueur qu'une limite supérieure à la levée de la dégénérescence ; en règle générale, cette limite est effectivement atteinte si l'on pousse le calcul de perturbation suffisamment loin. Dans le cas du § 7, elle est atteinte lorsqu'on pousse le calcul jusqu'au second ordre.

14. Quasi-dégénérescence

Lorsque deux niveaux E_a, E_b^0 sont si rapprochés l'un de l'autre que les corrections introduites par la perturbation V sont grandes par rapport à la distance $|E_a^0 - E_b^0|$, les méthodes de calculs exposées précédemment perdent toute validité. Ce cas de « quasi-dégénérescence » peut néanmoins être traité par perturbation si l'on modifie de façon appropriée les définitions de l'Hamiltonien non perturbé et de la perturbation.

([8]) $\mathcal{E}_a^0$, sous-espace invariant par rapport à G, définit une certaine représentation de degré g_a de ce groupe. Soit G_a cette représentation. Suivant (51), sa décomposition en parties irréductibles est : $G_a \simeq \sum_j p_j G^{(j)}$.

Désignons par P_i^0 le projecteur sur le sous-espace de la valeur propre E_i^0 de H_0. On a

$$H_0 = \sum_i E_i^0 P_i^0.$$

La modification indiquée plus haut consiste essentiellement à remplacer dans cette expression de H_0 les termes $E_a^0 P_a^0$ et $E_b^0 P_b^0$ par $E_\alpha^0 (P_a^0 + P_b^0)$, E_α^0 étant une quantité intermédiaire entre E_a^0 et E_b^0 ; on obtient ainsi un nouvel Hamiltonien non perturbé dont la valeur propre E_α^0 est $g_a + g_b$ fois dégénérée ; on calcule ensuite les corrections apportées par la perturbation

$$V + (E_a^0 - E_\alpha^0) P_a^0 + (E_b^0 - E_\alpha^0) P_b^0$$

au niveau non perturbé E_α^0.

Cette méthode a pratiquement été suivie dans le traitement de l'effet Paschen-Back (§ 12). C'est le cas où le champ $\mathcal{H}$ est relativement fort et où, par suite, le déplacement des niveaux d'un même terme LS cesse d'être petit par rapport à leur distance mutuelle. On prend alors $H_C + V_1$ au lieu de $H_C + V_1 + V_2$ comme Hamiltonien non perturbé ; ceci revient à remplacer par le niveau unique $E_{\alpha LS}$, le groupe de niveaux voisins $E_{\alpha LSJ}$ ($J = |L - S|, \ldots, L + S$) ; ceci posé, on traite par la méthode de perturbation les corrections apportées à ce niveau unique $E_{\alpha LS}$ par la perturbation $V_2 + W$. Dans l'effet Paschen-Back proprement dit, $\mathcal{H}$ est si fort que l'on peut en première approximation négliger V_2 purement et simplement dans ce calcul ($V_2 \ll W$) ; c'est ce qui a été fait au § 12. Lorsque V_2 et W sont du même ordre, cette approximation n'est plus valable et le calcul de perturbation est nettement plus compliqué (Problèmes 7 et 8).

III (*). — FORME EXPLICITE DU DÉVELOPPEMENT A TOUS LES ORDRES

15. L'Hamiltonien H et sa résolvante $G(z)$ (9)

Dans cette section, nous exposons brièvement une méthode pour former explicitement le développement de perturbation à tous les ordres ; cette méthode, due à Kato (10), consiste essentiellement à utiliser le développement de la résolvante $G(z)$ de l'Hamiltonien H en série de puissances de la perturbation. Dans ce paragraphe, nous donnons la définition de $G(z)$ et quelques-unes de ses propriétés.

(*) Cette section peut être sautée en première lecture.

(9) Certains auteurs utilisent le terme fonction de Green au lieu de résolvante.

(10) T. Kato, *Prog. Théor. Phys.*, **4**, 154 (1949). Kato s'intéresse plus particulièrement aux conditions de convergence de la méthode de perturbation ; sa méthode se prête particulièrement bien à une discussion de cette question. En fait, le développement de perturbation est le plus souvent un développement asymptotique. Dans cette section, nous laissons de côté ces aspects mathématiques du travail de Kato.

Par définition, si H est une observable, sa *résolvante* est la fonction

$$G(z) \equiv \frac{1}{z-H} \tag{52}$$

de la variable complexe z [11].

La figure 2 représente le plan complexe z. Sur l'axe réel a été porté le spectre de H ; il comporte en général une partie discrète et une partie continue située à la droite de la partie discrète et s'étendant jusqu'à l'infini. $G(z)$

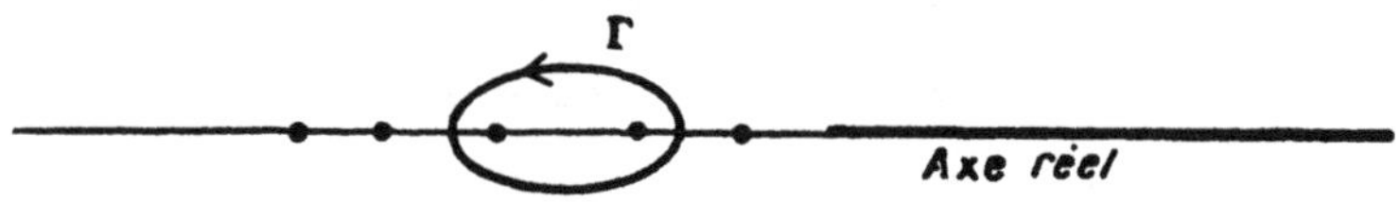

FIG. 2. — Le plan complexe z et la définition du contour Γ.
Le spectre de H est indiqué en gras sur l'axe réel.

est une fonction analytique dont les singularités constituent le spectre de H. Pour simplifier, nous supposons ce dernier entièrement discret.

Désignons par $E_0, E_1, \ldots, E_i, \ldots$ la suite de ses valeurs propres ; soit P_i le projecteur sur le sous-espace de la valeur propre E_i :

$$H P_i = E_i P_i. \tag{53}$$

On a les relations d'orthogonalité et de fermeture :

$$P_i P_j = \delta_{ij} P_i \tag{54}$$

$$\textstyle\sum_i P_i = 1. \tag{55}$$

Suivant la définition (52)

$$G(z) P_i = \frac{P_i}{z-E_i}$$

et par conséquent

$$G(z) = \sum_i \frac{P_i}{z-E_i}. \tag{56}$$

[11] Par définition, un opérateur de l'espace de Hilbert Q est borné s'il existe une constante M telle que

$$\frac{\langle u|Q^\dagger Q|u\rangle}{\langle u|u\rangle} \leqslant M$$

quel que soit $|u\rangle$; la limite inférieure de M est par définition la borne ou norme dudit opérateur et se dénote $\| Q \|$. En toute rigueur, les différentes opérations d'algèbre et d'analyse, et en particulier les notions de convergence de séries, de dérivation, etc. ne s'étendent sans restriction qu'aux opérateurs bornés de l'espace de Hilbert (cf. M. H. STONE, *Linear transformations in Hilbert space*, Amer. Math. Soc. (New York, 1932).

Du point de vue mathématique, le grand intérêt de $G(z)$ est d'être *borné* dans tout le plan complexe z à l'exception des valeurs propres de H : c'est une fonction analytique de z dont les points singuliers constituent le spectre de H. Si $\Delta(z)$ est le carré de la distance de z à la valeur propre la plus proche de H, on a :

$$\| G(z) \| = 1/\Delta(z).$$

Chaque valeur propre discrète E_i de H est un pôle simple de $G(z)$ et son résidu est le projecteur P_i. Autrement dit :

$$P_i = \frac{1}{2\pi i} \oint_{\Gamma_i} G(z)\,dz \tag{57}$$

où Γ_i est un contour fermé du plan complexe entourant le point E_i à l'exclusion de toute autre singularité de $G(z)$. Plus généralement, si Γ est un contour fermé du plan complexe ne passant par aucune valeur propre de H (cf. fig. 2) et si P_Γ est la somme des projecteurs P_i relatifs aux valeurs propres situées à l'intérieur de ce contour,

$$P_\Gamma = \frac{1}{2\pi i} \oint_\Gamma G(z)\,dz. \tag{58}$$

Multipliant l'équation (58) terme à terme par H et tenant compte de l'identité

$$(z - H)\,G \equiv G(z - H) \equiv 1$$

on obtient la formule importante

$$H\,P_\Gamma = \frac{1}{2\pi i} \oint_\Gamma z\,G(z)\,dz. \tag{59}$$

16. Développements de $G(z)$, de P et de HP en série de puissances de λV

Abordons maintenant le problème de pertùrbation proprement dit.

Les résolvantes de H et de H_0 sont respectivement :

$$G \equiv \frac{1}{z - H_0 - \lambda V} \qquad G_0 \equiv \frac{1}{z - H_0}. \tag{60}$$

On note que

$$\begin{aligned}\frac{1}{z - H_0 - \lambda V} &= \frac{1}{z - H_0}[(z - H_0 - \lambda V) + \lambda V]\frac{1}{z - H_0 - \lambda V} \\ &= \frac{1}{z - H_0} + \frac{1}{z - H_0}\lambda V\,\frac{1}{z - H_0 - \lambda V}.\end{aligned}$$

G est donc solution de l'équation intégrale :

$$G = G_0(1 + \lambda V\,G). \tag{61}$$

En itérant cette équation, on obtient G sous forme du développement en série de puissances de la perturbation [12] :

$$G = \sum_{n=0}^{\infty} \lambda^n\,G_0(V\,G_0)^n. \tag{62}$$

[12] Le rayon de convergence de ce développement est $||\lambda V G_0||$. Il est donc certainement absolument convergent si $||\lambda V|| < \Delta_0(z)$, où $\Delta_0(z)$ est le carré de la distance de z à la valeur propre de H_0 la plus proche.

Ceci posé, reprenons les notations du § 8 et cherchons le développement de P en série de puissances de la perturbation. Si λ est suffisamment petit, il existe certainement un contour fermé du plan complexe z qui entoure à la fois la valeur propre non perturbée E_a^0 et les valeurs propres de H tendant vers cette dernière à la limite $\lambda = 0$, à l'exclusion de toute autre valeur propre de H et de H_0 ; désignons par Γ_a un tel contour. Suivant l'équation (58), on a

$$P = \frac{1}{2\pi i} \oint_{\Gamma_a} G(z)\, dz.$$

Substituant à G son développement (62) et intervertissant sommation et intégration, on obtient le développement de P en série de puissances de λ

$$P = P_0 + \sum_{n=1}^{\infty} \lambda^n A^{(n)} \tag{63}$$

avec

$$A^{(n)} = \frac{1}{2\pi i} \oint_{\Gamma_a} G_0 (V G_0)^n\, dz. \tag{64}$$

A l'intérieur du contour Γ_a, la fonction $G_0(V G_0)^n$ a pour seule singularité un pôle d'ordre $n + 1$ en E_a^0. Suivant l'équation (64), $A^{(n)}$ est le résidu de ce pôle.

Pour calculer ce résidu, on utilise le développement de G_0 en série de Laurent autour de son pôle E_a^0. Les coefficients de ce développement se calculent aisément sur l'expression (56) de la résolvante. Il vient

$$G_0 = \frac{P_0}{z - E_a^0} + \sum_{k=1}^{\infty} (-1)^{k-1} (z - E_a^0)^{k-1} \frac{Q_0}{a^k}.$$

En introduisant, après Kato, la notation S^k ($k \geqslant 0$) définie par

$$S^k = \begin{cases} -P_0 & \text{si} \quad k = 0 \\ \dfrac{Q_0}{a^k} & \text{si} \quad k \geqslant 1 \end{cases} \tag{65}$$

ce développement s'écrit encore

$$G_0 = \sum_{k=0}^{\infty} (-)^{k-1} (z - E_a^0)^{k-1} S^k \tag{66}$$

$A^{(n)}$ est le coefficient de $(z - E_a^0)^{-1}$ dans le développement de $G_0(V G_0)^n$ en série de Laurent. Tenant compte du développement (66), on trouve aisément

$$A^{(n)} = -\sum\nolimits_{(n)} S^{k_1} V S^{k_2} V \ldots V S^{k_{n+1}}. \tag{67}$$

Par convention $\sum_{(p)}$ indique une sommation étendue à *toutes* les combinaisons d'entiers $k_1, k_2, \ldots, k_{n+1}$ non négatifs, tels que :

$$k_1 + k_2 + \ldots + k_{n+1} = p. \tag{68}$$

Pour illustrer la loi de formation des coefficients du développement de P, donnons-en les premiers termes :

$$\begin{aligned} P = P_0 &+ \lambda \left(P_0 V \frac{Q_0}{a} + \frac{Q_0}{a} V P_0\right) \\ &+ \lambda^2\left(P_0 V \frac{Q_0}{a} V \frac{Q_0}{a} + \frac{Q_0}{a} V P_0 V \frac{Q_0}{a} + \frac{Q_0}{a} V \frac{Q_0}{a} V P_0 \right. \\ &\qquad \left. - P_0 V P_0 V \frac{Q_0}{a^2} - P_0 V \frac{Q_0}{a^2} V P_0 - \frac{Q_0}{a^2} V P_0 V P_0\right) + \dots \end{aligned} \tag{69}$$

En effectuant les mêmes manipulations à partir de l'équation (59), on obtient le développement de HP. On trouve :

$$(H - E_a^0)\, P = \sum_{n=1}^{\infty} \lambda^n B^{(n)} \tag{70}$$

et

$$B^{(n)} = \sum\nolimits_{(n-1)} S^{k_1} V S^{k_2} V \dots V S^{k_{n+1}}. \tag{71}$$

Suivant cette loi, on trouve

$$\begin{aligned} (H - E_a^0)\, P &= \lambda P_0 V P_0 \\ &+ \lambda^2\left(P_0 V P_0 V \frac{Q_0}{a} + P_0 V \frac{Q_0}{a} V P_0 + \frac{Q_0}{a} V P_0 V P_0\right) + \dots \end{aligned} \tag{72}$$

17. Calcul des valeurs propres et des états propres

Les valeurs propres et les vecteurs propres de H que l'on cherche sont les valeurs propres de l'opérateur HP de l'espace $\mathcal{E}$ ayant P pour projecteur. Puisqu'on sait former P et HP, on se trouve ramené à un problème de diagonalisation d'une matrice dans un espace à g_a dimensions.

Cas non dégénéré : $g_a = 1$.

Dans ce cas, le vecteur propre de H est $P\,|0\rangle$. Le développement de sa norme, $\langle 0|P|0\rangle$, se déduit aisément de celui de l'opérateur P. $P\,|0\rangle$ est un multiple du vecteur propre formé dans la section I ; il est facile de montrer que ce dernier a pour norme $1/\langle 0|P|0\rangle$.

L'énergie propre E_a est donnée par l'équation $HP = E_a P$. Comme $\mathrm{Tr}\, P = \mathrm{Tr}\, P_0 = 1$, il vient (équ. (70))

$$E_a = \mathrm{Tr}\, HP = E_a^0 + \sum_{n=1}^{\infty} \lambda^n (\mathrm{Tr}\, B^{(n)}),$$

soit

$$\varepsilon_n = \mathrm{Tr}\, B^{(n)}. \tag{73}$$

Comme chacun des termes figurant dans $B^{(n)}$ contient P_0 au moins une fois et que, suivant la propriété bien connue de la trace, on a l'identité $\mathrm{Tr}\, M P_0 N = \mathrm{Tr}\, P_0 N M = \langle 0|NM|0\rangle$, il est facile de mettre ε_n sous forme d'une valeur moyenne d'opérateur correspondant à l'état non perturbé $|0\rangle$. On trouve notamment pour les premiers termes du développement de E_a, en accord avec les résultats de la section I (équ. (12) et (26)) :

$$\begin{aligned} E_a = E_a^0 + \lambda \langle 0|V|0\rangle + \lambda^2 \langle 0|V \frac{Q_0}{a} V|0\rangle \\ + \lambda^3\left(\langle 0|V \frac{Q_0}{a} V \frac{Q_0}{a} V|0\rangle - \langle 0|V \frac{Q_0}{a^2} V|0\rangle \langle 0|V|0\rangle\right) + \dots \end{aligned} \tag{74}$$

Cas dégénéré : $g_a \neq 1$.

Plutôt que de résoudre directement le problème de valeurs propres de HP dans $\mathcal{E}_a$, on peut lui substituer un problème de diagonalisation semblable dans $\mathcal{E}_a^0$.

Supposons que tout vecteur de $\mathcal{E}_a$ puisse être considéré comme la projection sur $\mathcal{E}_a$ d'un vecteur bien déterminé de $\mathcal{E}_a^0$ (cette hypothèse a été implicitement faite dans le cas non dégénéré) ; comme $\mathcal{E}_a$ et $\mathcal{E}_a^0$ ont même nombre de dimensions, il s'ensuit que le projecteur P établit une correspondance biunivoque entre les vecteurs de $\mathcal{E}_a$ et ceux de $\mathcal{E}_a^0$; on en déduit également que le projecteur P_0 établit aussi une correspondance biunivoque entre les vecteurs de $\mathcal{E}_a$ et ceux de $\mathcal{E}_a^0$. Cette condition de « non-orthogonalité » des deux sous-espaces est évidemment réalisée lorsque λ est suffisamment petit.

Ceci posé, tout vecteur propre de H situé dans $\mathcal{E}_a$, se met sous la forme $P|E_a^0\alpha\rangle$ et satisfait à l'équation :

$$H\,P|E_a^0\alpha\rangle = E_\alpha P|E_a^0\alpha\rangle.$$

Mais pour que cette équation entre vecteurs de $\mathcal{E}_a$ soit satisfaite, il faut et il suffit qu'ils aient même projection sur $\mathcal{E}_a^0$:

$$P_0\,H\,P|E_a^0\alpha\rangle = E_\alpha\,P_0\,P|E_a^0\,\alpha\rangle.$$

Posons

$$H_a = P_0\,H\,P\,P_0, \qquad K_a = P_0\,P\,P_0. \tag{75}$$

L'équation précédente s'écrit

$$H_a|E_a^0\alpha\rangle = E_\alpha\,K_a|E_a^0\alpha\rangle. \tag{76}$$

K_a est un opérateur hermitique défini de l'espace $\mathcal{E}_a^0$, H_a un opérateur hermitique du même espace. L'équation (76) est une équation aux valeurs propres généralisée. Les valeurs propres E_α sont les solutions de l'équation séculaire (cf. § VII.17)

$$\text{dét}\,(H_a - x\,K_a) = 0.$$

Ce sont les énergies propres cherchées. Les vecteurs propres correspondants, $|E_a^0\alpha\rangle$, ont pour projection dans $\mathcal{E}_a$ les vecteurs propres de H.

On déduit aisément les développements de H_a et de K_a de ceux de HP et de P respectivement (équ. (69) et (72)) :

$$K_a = P_0 - \lambda^2 P_0 V \frac{Q_0}{a^2} V P_0 + \dots \tag{77}$$

$$H_a = E_a^0 K_a + \lambda P_0 V P_0 + \lambda^2 P_0 V \frac{Q_0}{a} V P_0 + \dots \tag{78}$$

On obtient les valeurs propres E_α à un ordre déterminé d'approximation en arrêtant à cet ordre les développements de H_a et de K_a.

A l'ordre n, les résultats donnés par cette méthode diffèrent éventuellement de ceux de la théorie élémentaire de la section II, mais par des infiniment petits d'ordre supérieur. Au premier ordre, les résultats des deux méthodes sont rigoureusement les mêmes. En effectuant la comparaison, il faut bien prendre garde que le vecteur $|E_a^0\,\alpha\rangle$ diffère du vecteur $|0\rangle$ de la théorie élémentaire ; le second est la limite du premier lorsque $\lambda \to 0$.

Une méthode très proche de celle de Kato, mais donnant lieu à des développements plus simples a été formulée par Bloch ([13]). Elle est basée sur le fait que l'opérateur $\mathcal{U}$ défini par :

$$P P_0 \equiv \mathcal{U} K_a, \qquad \mathcal{U} P_0 \equiv \mathcal{U} \tag{79}$$

a un développement particulièrement simple :

$$\mathcal{U} = \sum_{n=0}^{\infty} \lambda^n \mathcal{U}^{(n)} \tag{80}$$

$$\mathcal{U}^{(n)} = \sum\nolimits'_{(n)} S^{k_1} V S^{k_2} V \dots V S^{k_n} V P_0 \tag{81}$$

$\sum'_{(n)}$ représente une somme sur toutes les combinaisons d'entiers positifs ou nuls $k_1, k_2, \dots, k_n$ satisfaisant aux conditions

$$\begin{aligned} &k_1 + k_2 + \dots + k_p \geqslant p \quad (p = 1, 2, \dots, n-1) \\ &k_1 + k_2 + \dots + k_n = n. \end{aligned} \tag{82}$$

Notons que $P_0 \mathcal{U} = P_0$, et que $P \mathcal{U} = \mathcal{U}$. L'action de $\mathcal{U}$ sur un vecteur de $\mathcal{E}_a^0$ donne le vecteur de $\mathcal{E}_a$ dont il est la projection sur $\mathcal{E}_a^0$.

Suivant la définition de $\mathcal{U}$, l'équation (76) est équivalente à

$$(P_0 H \mathcal{U} - E_\alpha) K_a |E_a^0\,\alpha\rangle = 0. \tag{83}$$

Cette équation joue, dans la méthode de Bloch, le rôle de l'équation (76) dans celle de Kato. C'est une équation aux valeurs propres ordinaire pour l'opérateur *non hermitique* $P_0 H \mathcal{U} = H_a K_a^{-1}$ de l'espace $\mathcal{E}_a^0$ ([14]). Les valeurs

([13]) C. Bloch, *Nuclear Physics*, **6**, 329 (1958).

([14]) Considéré comme opérateur de l'espace $\mathcal{E}_a^0$, K_a possède un inverse. En tant qu'opérateur de l'espace de Hilbert total, il n'en a évidemment pas.

propres sont les énergies propres cherchées ; quant aux vecteurs propres correspondants, $K_a|E_a^0\,\alpha\rangle$, ce sont les projections des vecteurs propres de H sur $\mathcal{E}_a^0$; ces derniers s'en déduisent par application de l'opérateur $\mathcal{U}$. Le développement de $P_0\,H\,\mathcal{U}$ se déduit aisément de celui de $\mathcal{U}$ si l'on note que :

$$P_0\,H\,\mathcal{U} = E_a^0\,P_0 + \lambda\,P_0\,V\,\mathcal{U}.$$

Donnons-en les premiers termes :

$$P_0\,H\,\mathcal{U} = E_a^0\,P_0 + \lambda\,P_0\,V\,P_0 + \lambda^2\,P_0\,V\,\frac{Q_0}{a}\,V\,P_0 + \dots$$

On voit qu'il est plus simple que ceux de H_a et de K_a (équ. (77) et (78)).

Dans le cas non dégénéré, l'énergie E_a est simplement donnée par la formule :

$$E_a = \langle 0|H\,\mathcal{U}|0\rangle$$

d'où l'on tire immédiatement les coefficients successifs de son développement :

$$\varepsilon_n = \sum\nolimits'_{(n-1)} \langle 0|\,V\,S^{k_1}\,V\,S^{k_2}\,V\,\dots\,V\,S^{k_n}\,V|0\rangle.$$

EXERCICES ET PROBLÈMES

1. On ajoute à l'Hamiltonien $(p^2 + m^2\,\omega^2\,q^2)/2m$ l'interaction $V(q)$. Calculer le déplacement des niveaux d'énergie au premier ordre, puis au second ordre de la théorie des perturbations, dans les deux cas suivants :

(a) $$V = \tfrac{1}{2} m\,\alpha^2\,q^2$$

(b) $$V = bq.$$

Dans les deux cas, ce déplacement peut être calculé rigoureusement ; comparer le résultat rigoureux à celui de la théorie des perturbations.

2. On considère un atome d'hydrogène dans la Théorie de Schrödinger (chap. XI). Dans quelles limites un champ électrique constant $\mathcal{E}$ (interaction $-e\mathcal{E}.\boldsymbol{r}$) peut-il lever la dégénérescence de chaque niveau ? Montrer qu'au premier ordre, le niveau $n = 2$ se scinde en trois niveaux équidistants (leur distance mutuelle est $3\,\mathcal{E}\hbar^2/me$) et donner l'ordre de dégénérescence de chacun d'eux.

3. Montrer qu'à l'approximation du champ central, le moment cinétique total, le moment cinétique orbital total et le spin total des électrons d'une couche complète sont nuls. En déduire que le nombre des vecteurs $(LS\,M_L\,M_S)$ linéairement indépendants d'une configuration donnée est le même que celui qu'on obtient en ne tenant compte que des électrons des couches incomplètes.

4. Quels sont les termes spectraux de la configuration fondamentale de l'atome de carbone en couplage jj ? Vérifier qu'on trouve les mêmes valeurs du moment cinétique total J avec la même multiplicité en couplage jj et en couplage LS (§ 11) ; expliquer pourquoi.

5. L'atome d'azote ($Z = 7$) a pour configuration fondamentale $1s^2\,2s^2\,2p^3$. Quels sont ses différents termes spectraux en couplage LS ?

6. Appliquer les considérations du § 13 à l'étude des atomes complexes des § 9, 10, 11. Reconnaître les propriétés de symétries de H_C, V_1 et V_2 et montrer comment et dans quelles limites l'introduction successive des perturbations $V_i (i = 1, 2)$ lève la dégénérescence des niveaux de H_C : (a) en couplage LS, (b) en couplage jj.

7. La configuration fondamentale d'un atome de sodium ($Z = 11$) est $1s^2\,2s^2\,2p^6\,3s^1$ et sa première configuration excitée $1s^2\,2s^2\,2p^6\,3p^1$. Par suite, le fondamental du sodium est un état $^2S_{1/2}$ et ses deux premiers états excités sont $^2P_{1/2}$ et $^2P_{3/2}$. Examiner l'effet d'un champ magnétique constant $\mathcal{H}$ sur ces niveaux. Calculer leurs facteurs de Landé respectifs. On augmente progressivement l'intensité de $\mathcal{H}$ de la région Zeeman à la région Paschen-Back. Donner l'expression des niveaux ^2P en fonction du paramètre $\rho = \mu_B \mathcal{H}/A\hbar^2$ où μ_B est le magnéton de Bohr et A la constante du couplage spin-orbite introduite au § 11 ($A > 0$) ; tracer les courbes correspondantes.

8. Mêmes questions que celles du problème précédent pour le terme fondamental (^3P) de l'atome de Carbone [Les niveaux sont donnés comme racine d'équations séculaires dont l'une est du troisième degré ; l'allure générale des courbes peut être déterminée sans qu'il soit nécessaire de résoudre lesdites équations séculaires].

9. Les différents niveaux $E_1, E_2, \ldots, E_n$ obtenus à partir d'un niveau g_a fois dégénéré lorsqu'on introduit la perturbation V, peuvent être caractérisés par leur centre de gravité $\langle E \rangle$ et leur écart quadratique moyen ΔE définis respectivement (avec les notations du § 8) par

$$\langle E \rangle = \frac{1}{g_a} \sum_{i=1}^{n} g_i\, E_i \qquad\qquad (\Delta E)^2 = \frac{1}{g_a} \sum_{i=1}^{n} g_i (E_i - \langle E \rangle)^2.$$

Montrer qu'au premier ordre en V, on a

$$\varepsilon \equiv \langle E \rangle - E_a^0 \simeq \frac{1}{g_a} \operatorname{Tr} P_a V, \qquad\qquad (\Delta E)^2 \simeq \frac{1}{g_a} \operatorname{Tr} P_a (V - \varepsilon)\, P_a (V - \varepsilon).$$

Appliquer ces formules à la perturbation

$$V = A(\boldsymbol{L}.\boldsymbol{S}) + \frac{e\hbar}{2mc} \mathcal{H}.(\boldsymbol{L} + 2\boldsymbol{S})$$

des deux problèmes précédents. Montrer que dans ces cas $\varepsilon = 0$, donner l'expression de ΔE et examiner sa variation en fonction du paramètre ρ défini dans le Problème 7.

CHAPITRE XVII

SOLUTIONS APPROCHÉES DE L'ÉQUATION DE SCHRÖDINGER DÉPENDANT DU TEMPS

I. Changement de « représentation » et traitement par perturbation d'une partie de l'Hamiltonien

Ce chapitre, qui comporte deux sections, est consacré aux méthodes de résolution approchée de l'équation de Schrödinger dépendant du temps. Sachant que le système quantique étudié se trouve dans un certain état dynamique à l'instant t_0, il s'agit de déterminer son état dynamique à l'instant t. Le problème est donc essentiellement de déterminer aussi exactement que possible l'opérateur $U(t, t_0)$ donnant l'évolution dans le temps des états dynamiques dans la « représentation » de Schrödinger.

Rappelons brièvement les principales propriétés de $U(t, t_0)$. Cet opérateur est bien déterminé si l'on se donne l'Hamiltonien $H(t)$ du système. Il est défini par l'équation intégrale

$$U(t, t_0) = 1 - i\hbar^{-1} \int_0^t H(\tau)\, U(\tau, t_0)\, d\tau \tag{1}$$

ou, ce qui revient au même, par l'équation de Schrödinger

$$i\hbar \frac{\partial}{\partial t} U(t, t_0) = H(t)\, U(t, t_0) \tag{2}$$

et la condition initiale

$$U(t_0, t_0) = 1. \tag{3}$$

Comme $H(t)$ est hermitique, U est unitaire

$$U(t, t')\, U^\dagger(t, t') = U^\dagger(t, t')\, U(t, t') = 1. \tag{4}$$

De plus, on a la loi de composition ([1])

$$U(t, t') = U(t, t'')\, U(t'', t') \tag{5}$$

([1]) Pour démontrer cette loi, dont le sens physique est évident, on note que si V est unitaire et indépendant du temps, $U(t, t'')\,V$ est solution de l'équation de Schrödinger (2). Pour qu'elle soit égale à $U(t, t')$ quel que soit t, il suffit qu'elle lui soit égale pour une valeur particulière de t, par exemple $t = t''$; ceci donne : $V = U(t'', t')$.

d'où l'on tire

$$U^\dagger(t, t') = U(t', t). \tag{6}$$

On obtient une définition équivalente de U en remplaçant l'équation (1) par son hermitique conjuguée ; compte tenu de la propriété (6), celle-ci se met sous la forme

$$U(t, t_0) = 1 - i\hbar^{-1} \int_{t_0}^{t} U(t, \tau)\, H(\tau)\, d\tau. \tag{7}$$

Les méthodes décrites dans ce chapitre sont basées sur le canevas suivant. Supposons que l'Hamiltonien H puisse se mettre sous la forme

$$H(t) \equiv H^{(0)}(t) + V(t) \tag{8}$$

où $H^{(0)}(t)$ est l'Hamiltonien d'une équation de Schrödinger que l'on sait intégrer. Soit $U^{(0)}(t, t_0)$ l'opérateur d'évolution correspondant à $H^{(0)}$:

$$i\hbar \frac{\partial}{\partial t} U^{(0)}(t, t_0) = H^{(0)}(t)\, U^{(0)}(t, t_0) \qquad U^{(0)}(t_0, t_0) = 1. \tag{9}$$

Puisqu'on sait construire $U^{(0)}(t, t_0)$, il suffit pour déterminer U de construire l'opérateur unitaire

$$U_I(t, t_0) \equiv U^{(0)\dagger}(t, t_0)\, U(t, t_0). \tag{10}$$

La signification physique de U_I a déjà été donnée au § VIII.14 : U_I est l'opérateur d'évolution des états dans la « représentation » intermédiaire déduite de la « représentation » de Schrödinger par la transformation unitaire $U^{(0)\dagger}(t, t_0)$. Suivant un calcul très simple dont le détail a été donné au § VIII.14, l'évolution de U_I en fonction de t est gouvernée par l'Hamiltonien

$$V_I(t) \equiv U^{(0)\dagger}(t, t_0)\, V(t)\, U^{(0)}(t, t_0). \tag{11}$$

Autrement dit, $U_I(t, t_0)$ est défini par

$$i\hbar \frac{\partial}{\partial t} U_I(t, t_0) = V_I(t)\, U_I(t, t_0) \qquad U_I(t_0, t_0) = 1 \tag{12}$$

ou, ce qui revient au même

$$U_I(t, t_0) = 1 - i\hbar^{-1} \int_{t_0}^{t} V_I(\tau)\, U_I(\tau, t_0)\, d\tau. \tag{13}$$

D'ailleurs U_I possède toutes les propriétés d'un opérateur d'évolution et vérifie notamment les équations (1)-(7), étant entendu que $H(t)$ doit être remplacé par $V_I(t)$ dans toutes ces équations.

Les équations intégrales (1), (7), (13) peuvent au moins formellement être résolues par itérations. Ainsi en substituant à $U_I(\tau, t_0)$ dans l'intégrale du second membre de (13) l'expression

$$1 - i\hbar^{-1} \int_{t_0}^{\tau} V_I(\tau')\, U_I(\tau', t_0)\, d\tau'$$

il vient :

$$U_I(t,t_0)=1-\mathrm{i}\hbar^{-1}\int_{t_0}^{t} V_I(\tau)\,\mathrm{d}\tau+(\mathrm{i}\hbar)^{-2}\int^{t}\mathrm{d}\tau\int_{t_0}^{\tau}\mathrm{d}\tau'\,V_I(\tau)\,V_I(\tau')\,U(\tau',t_0). \quad (14)$$

Par itérations successives, on trouve le développement

$$U_I(t,t_0)=1+\sum_{n=1}^{\infty}U_I^{(n)}(t,t_0) \quad (15)$$

où $U_I^{(n)}$ est l'intégrale

$$U_I^{(n)}\equiv(\mathrm{i}\hbar)^{-n}\int_{t>\tau_n>\tau_{n-1}>\ldots>\tau_1>t_0}\mathrm{d}\tau_n\,d\tau_{n-1}\,\ldots\,\mathrm{d}\tau_1\,V_I(\tau_n)\,V_I(\tau_{n-1})\ldots V_I(\tau_1). \quad (16)$$

Compte tenu des définitions (10) et (11), on en tire le développement de U :

$$U(t,t_0)=U^{(0)}(t,t_0)+\sum_{n=1}^{\infty}U^{(n)}(t,t_0) \quad (17)$$

$$U^{(n)}(t,t_0)=(\mathrm{i}\hbar)^{-n}\int_{t>\tau_n>\tau_{n-1}>\ldots>\tau_1>t_0}\mathrm{d}\tau_n\,\mathrm{d}\tau_{n-1}\ldots\mathrm{d}\tau_1\,U^{(0)}(t,\tau_n)\,V(\tau_n)\,U^{(0)}(\tau_n,\tau_{n-1})\,V(\tau_{n-1})\ldots \times\ldots U^{(0)}(\tau_2,\tau_1)V(\tau_1)U^{(0)}(\tau_1,t_0). \quad (18)$$

Les développements (15) ou (17) sont des développements en série de puissances de V ; leur convergence est d'autant plus rapide que $U^{(0)}(t,t_0)$ diffère peu de $U(t,t_0)$. Ces développements servent de point de départ aux méthodes de calcul exposées dans ce chapitre. $U^{(0)}$ représente l'approximation d'ordre zéro, $U^{(1)}$, $U^{(2)}$, ..., $U^{(n)}$, ... représentent les corrections d'ordre 1, 2, ..., n, ... à cette approximation. En pratique, la complexité du calcul de ces corrections augmente rapidement avec leur ordre et l'on s'en tient le plus souvent aux corrections d'ordre le plus bas.

I. — THÉORIE DES PERTURBATIONS DÉPENDANT DU TEMPS

2. Définition et calcul par perturbation des probabilités de transition

La méthode précédente s'applique notamment lorsque $H^{(0)}$ est *indépendant du temps*. Dans ce cas l'opérateur d'évolution $U^{(0)}(t,t')$ s'écrit simplement

$$U^{(0)}(t,t')=\exp\left[-\mathrm{i}H^{(0)}(t-t')/\hbar\right]. \quad (19)$$

Nous supposons résolu le problème de valeurs propres de $H^{(0)}$; sauf indication contraire, nous supposons que son spectre est entièrement discret afin d'alléger l'écriture, mais cette restriction n'est pas essentielle. $V(t)$ nous est donné par ses éléments de matrice dans une représentation où $H^{(0)}$ est diagonal. Dans ce qui suit, nous désignons par $|a\rangle$, $|b\rangle$, ..., $|k\rangle$, ... la suite complète des vecteurs de base de cette représentation et par E_a^0, E_b^0, ..., E_k^0, ..., les valeurs propres de $H^{(0)}$ qui leur correspondent. Nous utilisons aussi les notations

$$\omega_{kl} = (E_k^0 - E_l^0)/\hbar \tag{20}$$

$$V_{kl}(t) = \langle k| V(t)|l\rangle \tag{21}$$

ω_{kl} est la « fréquence de Bohr » relative à la transition $l \to k$, $V_{kl}(t)$ l'élément de matrice de $V(t)$ correspondant à la même transition.

Ceci posé, supposons qu'à l'instant initial t_0, le système se trouve dans l'un des états propres de $H^{(0)}$, l'état a, par exemple. Nous nous proposons de calculer la probabilité de le trouver à l'instant t dans un autre état propre de $H^{(0)}$, l'état b par exemple, dans l'éventualité d'une mesure à cet instant. Soit $W_{a\to b}$ cette quantité, c'est par définition la *probabilité de transition de a en b*. On a

$$W_{a\to b} = |\langle b| U(t, t_0)|a\rangle|^2. \tag{22}$$

Si V était nul, le vecteur représentant l'état du système à l'instant t ne différerait du vecteur $|a\rangle$ représentant l'état initial que par le facteur $\exp[-\mathrm{i}E_a^0(t-t^0)/\hbar]$ et $W_{a\to b}$ serait nul. On obtient le développement de l'amplitude de probabilité $\langle b| U(t, t_0)|a\rangle$ en série de puissances de V en substituant à $U(t, t_0)$ le développement (17), soit

$$\langle b|U(t, t_0)|a\rangle = \sum_{n=1}^{\infty} \langle b|U^{(n)}|a\rangle. \tag{23}$$

L'expression de $U^{(n)}$ est donnée par la formule (18).

Dans la représentation $\{H^{(0)}\}$ définie plus haut, les contributions d'ordre successif à l'amplitude s'écrivent

$$\langle b| U^{(1)}|a\rangle = -\mathrm{i}\hbar^{-1}\int_{t_0}^{t}\mathrm{d}\tau \left[\mathrm{e}^{-\mathrm{i}E_b^0(t-\tau)/\hbar}\, V_{ba}(\tau)\, \mathrm{e}^{-\mathrm{i}E_a^0(\tau-t_0)/\hbar}\right] \tag{24^1}$$

$$\begin{aligned}\langle b| U^{(2)}|a\rangle = (\mathrm{i}\hbar)^{-2}\sum_k \int_{t_0}^{t}\mathrm{d}\tau \int_{t_0}^{\tau}\mathrm{d}\tau' \Big[&\mathrm{e}^{-\mathrm{i}E_b^0(t-\tau)/\hbar}\, V_{bk}(\tau)\, \mathrm{e}^{-\mathrm{i}E_k^0(\tau-\tau')/\hbar} \\ &\times V_{ka}(\tau')\, \mathrm{e}^{-\mathrm{i}E_a^0(\tau'-t_0)/\hbar}\Big]\end{aligned} \tag{24^2}$$

$$\begin{aligned}\langle b| U^{(3)}|a\rangle = (\mathrm{i}\hbar)^{-3}\sum_k\sum_l \int_{t_0}^{t}\mathrm{d}\tau \int_{t_0}^{\tau}\mathrm{d}\tau' \int_{t_0}^{\tau'}\mathrm{d}\tau'' \Big[&\mathrm{e}^{-\mathrm{i}E_b^0(t-\tau)/\hbar}\, V_{bk}(\tau) \\ \times\, \mathrm{e}^{-\mathrm{i}E_k^0(\tau-\tau')/\hbar}\, V_{kl}(\tau')\, &\mathrm{e}^{-\mathrm{i}E_l^0(\tau'-\tau'')/\hbar}\, V_{la}(\tau'')\, \mathrm{e}^{-\mathrm{i}E_a^0(\tau''-t_0)/\hbar}\Big].\end{aligned} \tag{24^3}$$

Dans toutes ces expressions, les sommations sont étendues à tous les vecteurs de base de $\{H^{(0)}\}$.

On peut représenter schématiquement ces contributions d'ordre successif au moyen des diagrammes de la figure 1.

Le diagramme (*i*) représente la contribution du premier ordre, ou plus précisément le produit entre crochets du second membre de (24¹). La ligne pleine donne l'évolution dans le temps du système. De t_0 en τ celle-ci est régie par l'Hamiltonien non perturbé $H^{(0)}$, le système reste donc dans l'état a et son vecteur état est simplement multiplié par le facteur $\exp[-iE_a^0(\tau-t_0)/\hbar]$. A l'instant τ, la perturbation $V(\tau)$ le fait passer de a en b, ce qui donne l'élément de matrice de transition $V_{ba}(\tau)$. De τ en t, le système évolue à nouveau suivant $H^{(0)}$ et reste donc dans l'état b, ce qui donne le facteur $\exp[-iE_b^0(t-\tau)/\hbar]$. En suivant le diagramme de bas en haut, on obtient ainsi les trois facteurs du crochet dans leur ordre de succession de droite à gauche. La contribution du premier ordre s'obtient en sommant sur τ les produits ainsi obtenus.

Le diagramme (*ii*) représente de même façon la contribution du second ordre. Le système évolue suivant $H^{(0)}$ de t_0 à τ', passe sous l'effet de $V(\tau')$

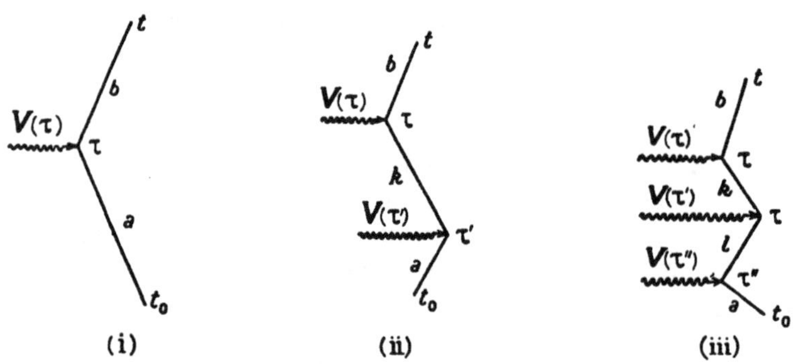

FIG. 1. — Diagrammes représentant les contributions d'ordre successif à l'amplitude de probabilité de transition de a en b : (*i*) premier ordre, (*ii*) second ordre, (*iii*) troisième ordre.

de l'état initial a à l'état intermédiaire k, évolue suivant $H^{(0)}$ de τ' à τ, passe sous l'effet de $V(\tau)$ de l'état k à l'état final b et finalement évolue suivant $H^{(0)}$ de τ à t. On trouve ainsi dans leur ordre de succession de droite à gauche les cinq facteurs du crochet du second membre de (24²). La contribution du second ordre s'obtient en sommant sur τ' et τ ($t_0 < \tau' < \tau < t$) et en sommant sur tous les états intermédiaires. En référence à cette façon de se représenter le déroulement dans le temps des transitions du deuxième ordre. on donne souvent à l'état k le nom d'*état virtuel* par opposition aux états réels a et b et on dit que la transition du deuxième ordre s'effectue par l'intermédiaire d'un état virtuel.

De même façon, les transitions du troisième ordre s'effectuent par l'intermédiaire de deux états virtuels k et l et sont représentées par le diagramme (*iii*) : le potentiel perturbateur y intervient trois fois en tout, aux temps τ'', τ' et τ successivement, et fait passer le système de a en l, de l en k puis de k en b. De même, les transitions du $n^{\text{ième}}$ ordre se font par l'intermédiaire de $(n-1)$ états virtuels.

La quantité obtenue en arrêtant le développement (23) à son $n^{\text{ième}}$ terme représente l'amplitude de probabilité cherchée avec une précision d'ordre n.

Le carré de son module donne par définition la probabilité de transition à l'ordre n [2], soit :

$$W_{a\to b} \simeq |\langle b|U^{(1)}|a\rangle + \langle b|U^{(2)}|a\rangle + \ldots + \langle b|U^{(n)}|a\rangle|^2.$$

En particulier, *la probabilité de transition au premier ordre* est donnée par la formule

$$W_{a\to b} \simeq |\langle b|U^{(1)}|a\rangle|^2 = \hbar^{-2}\left|\int_{t_0}^{t} \mathrm{e}^{\mathrm{i}\omega_{ba}\tau} V_{ba}(\tau)\,\mathrm{d}\tau\right|^2. \tag{25}$$

Notons qu'à cette approximation

$$W_{b\to a} \simeq W_{a\to b}.$$

Cette relation cesse en général d'être vérifiée aux approximations d'ordre supérieur. Il ne faut pas la confondre avec la propriété de microréversibilité : $W_{Kb\to Ka} = W_{a\to b}$; celle-ci n'est satisfaite que si l'Hamiltonien est invariant par renversement du temps et, dans ce cas, c'est une relation rigoureusement vérifiée à tous les ordres (§ XV.20).

3. Théorie semi-classique de l'excitation coulombienne des noyaux

Considérons, à titre d'application, le problème de l'excitation coulombienne d'un noyau par une particule chargée, un proton par exemple [3].

Nous supposons qu'un faisceau de protons monocinétiques entre en collision avec une cible nucléaire. Au cours de la collision chaque noyau cible effectue éventuellement une transition de son état fondamental α à l'un de ses états excités β. Nous nous proposons de calculer la section efficace de cette réaction nucléaire.

Désignons par Ze la charge du noyau, par R son rayon, par J_α et J_β les spins respectifs, E_α et E_β les énergies respectives des états α et β. Il y a en fait $(2J_\alpha + 1)$ états α linéairement indépendants que l'on peut distinguer les uns des autres par la composante M_α du spin suivant un axe de quantification donné ; ils sont respectivement représentés par les vecteurs $|\alpha\, J_\alpha\, M_\alpha\rangle$. Si H_N est l'Hamiltonien du noyau, on a

$$H_N\,|\alpha\, J_\alpha\, M_\alpha\rangle = E_\alpha\,|\alpha\, J_\alpha\, M_\alpha\rangle \qquad (M_\alpha = -J_\alpha, \ldots, J_\alpha).$$

On a de même

$$H_N\,|\beta\, J_\beta\, M_\beta\rangle = E_\beta\,|\beta\, J_\beta\, M_\beta\rangle \qquad (M_\beta = -J_\beta, \ldots, J_\beta).$$

Soit $E = \frac{1}{2}Mv^2$ l'énergie incidente dans le système du centre de masse de l'ensemble proton-noyau, $\Delta E = E_\beta - E_\alpha$ l'énergie d'excitation du noyau, Ω_α la direction du proton incident, Ω_β celle du proton inélastiquement

(2) L'expression ainsi obtenue représente correctement le développement de $W_{a\to b}$ en puissances de V jusqu'à l'ordre $n+1$ au moins. La précision obtenue est d'ordre supérieur à $n+1$ si $\langle b|U^{(1)}|a\rangle = 0$.

(3) Sur l'excitation coulombienne et ses applications à l'étude de la structure des noyaux, cf. ALDER et al., *Rev. Mod. Phys.*, **22**, 432 (1956) ; le traitement semi-classique donné ici est dû à K. A. TER-MARTYROSIAN, *J. Exptl. Theoret. Phys. URSS*, **28**, 284 (1952).

diffusé, θ l'angle que font ces deux directions. La quantité à calculer est la section efficace

$$\mathrm{d}\sigma(\Omega_\alpha M_\alpha \to \Omega_\beta M_\beta)/\mathrm{d}\Omega$$

du processus dans lequel le proton se trouve inélastiquement diffusé dans la direction Ω_β tandis que le noyau passe de l'état $(\alpha\, J_\alpha\, M_\alpha)$ à l'état $(\beta\, J_\beta\, M_\beta)$.

Examinons l'interaction proton-noyau. Lorsque la distance r du proton incident au centre de masse du noyau est très grande ($r \gg R$), elle se réduit à l'interaction coulombienne pure Ze^2/r. Elle en dévie de plus en plus au fur et à mesure que r diminue. Tant que $r > R$, la déviation est d'origine purement électromagnétique et se réduit essentiellement à la différence entre l'interaction coulombienne exacte et le terme Ze^2/r, soit

$$V = e^2 \sum_{i=1}^{Z} \left(\frac{1}{|\boldsymbol{r} - \boldsymbol{r}_i|} - \frac{1}{r} \right) \tag{26}$$

($\boldsymbol{r}_i$, vecteur position du $i^{\text{ème}}$ proton du noyau).

Lorsque le proton « pénètre » dans le noyau ($r < R$), les interactions nucléaires proprement dites entrent en jeu et l'emportent largement sur les interactions électromagnétiques.

Si l'énergie E est suffisamment basse, la répulsion coulombienne Ze^2/r empêche le proton de s'approcher du noyau et, de ce fait, reste l'interaction dominante pendant toute la durée de la collision. Le mouvement proton-noyau est alors régi en première approximation par l'Hamiltonien

$$H^{(0)} \equiv H_N + \left(\frac{p^2}{2M} + \frac{Ze^2}{r} \right)$$

où $p^2/2M$ est l'énergie cinétique du proton. Le mouvement du proton se sépare complètement de celui du noyau ; ce dernier reste dans son état fondamental et le proton subit une diffusion élastique pure dont la section efficace différentielle est donnée par la formule de Rutherford (VI.29) :

$$\mathrm{d}\sigma_R/\mathrm{d}\Omega = \tfrac{1}{4} a^2 \sin^{-4} \tfrac{1}{2}\theta$$

a est la demi-distance d'approche minimum du mouvement classique :

$$a = \tfrac{1}{2} \frac{Ze^2}{E} . \tag{27}$$

L'approximation envisagée ici est justifiée tant que

$$a \gg R. \tag{28}$$

Nous supposons en outre

$$\frac{\Delta E}{E} \ll 1 \tag{29}$$

$$\gamma \gg 1 \tag{30}$$

avec

$$\gamma \equiv \frac{a}{\lambda\!\!\!^{-}} = \frac{Ze^2}{\hbar v} . \tag{31}$$

Les déviations de l'interaction proton-noyau par rapport à Ze^2/r permettent aux collisions inélastiques de se produire. Mais comme, suivant la condition (28), le proton ne « pénètre » pratiquement pas dans le noyau, ces déviations se réduisent essentiellement au seul terme V. Ceci dit, la condition (30) permet d'envisager un traitement classique de la diffusion coulombienne (§ VI.5) ; le mouvement du proton est celui d'un paquet d'ondes de dimensions négligeables dont le centre $\boldsymbol{r}(t)$ suit les lois du mouvement classique correspondant. Dans une collision inélastique donnée $(\Omega_\alpha M_\alpha \rightarrow \Omega_\beta M_\beta)$ on peut également faire un traitement classique du mouvement du proton ; la solution des équations du mouvement classique est bien connue si l'on néglige le potentiel V et, de ce fait, l'énergie ΔE transférée du proton au noyau au cours de la collision, approximation bien légitime si la condition (29) est réalisée. La trajectoire $\boldsymbol{r}(t)$ suivie par le proton étant ainsi fixée, V *est une perturbation dépendant du temps* agissant sur les variables dynamiques du noyau

$$V(t) = e^2 \sum_{i=1}^{Z} \left[\frac{1}{|\boldsymbol{r}(t) - \boldsymbol{r}_i|} - \frac{1}{r(t)} \right]$$

et susceptible d'y induire la transition $(\alpha\, J_\alpha\, M_\alpha) \rightarrow (\beta\, J_\beta\, M_\beta)$. Comme la probabilité de transition $W_{\alpha\to\beta}$ est petite (on peut vérifier *a posteriori* que $W_{\alpha\to\beta} \ll 1$), on peut se contenter de l'approximation du premier ordre. La formule (25) donne

$$W_{\alpha\to\beta} = \hbar^{-2} \left| \int_{-\infty}^{+\infty} e^{i(\Delta E)t/\hbar} \langle \beta\, J_\beta\, M_\beta | V(t) | \alpha\, J_\alpha\, M_\alpha \rangle \, dt \right|^2 . \tag{32}$$

La section efficace cherchée est le produit de cette probabilité par la section efficace de Rutherford :

$$d\sigma(\Omega_\alpha M_\alpha \rightarrow \Omega_\beta M_\beta) = \tfrac{1}{4} a^2 \sin^{-4} \tfrac{1}{2}\theta \quad W_{\alpha\to\beta}\, d\Omega. \tag{33}$$

Il reste à calculer $W_{\alpha\to\beta}$. Nous nous bornons ici à donner le schéma de ce calcul. Désignons les coordonnées polaires respectives de $\boldsymbol{r}_i$ et de $\boldsymbol{r}(t)$ par (r_i, Ω_i) et (r, Ω) ; ces dernières sont des fonctions bien déterminées de t. Si l'on développe $|\boldsymbol{r}(t) - \boldsymbol{r}_i|^{-1}$ en harmoniques sphériques (équ. (B.99)), il vient

$$V(t) = \sum_{l=1}^{\infty} \sum_{m=-l}^{+l} (-)^m Q_l^m T_l^{-m} \tag{34}$$

avec

$$Q_l^m = \sum_{i=1}^{Z} e\, r_i^l\, Y_l^m(\Omega_i) \tag{35}$$

$$T_l^m(t) = \frac{4\pi e}{2l+1} \frac{Y_l^m(\Omega)}{r^{l+1}} . \tag{36}$$

Ce développement n'est valable que si $r_i < r$, condition toujours remplie puisque le proton ne « pénètre » pas dans le noyau. Substitué dans la formule (32), il donne

$$W_{\alpha \quad \beta} = \Big| \sum_{lm} (-)^m S_l^{-m} \langle \beta\, J_\beta\, M_\beta | Q_l^m | \alpha\, J_\alpha\, M_\alpha \rangle \Big|^2 \tag{37}$$

$$S_l^m = \int_{-\infty}^{+\infty} \mathrm{e}^{\mathrm{i}(\Delta E)t/\hbar}\, T_l^m(t)\, \mathrm{d}t/\hbar. \tag{38}$$

Les coefficients S_l^m dépendent uniquement de la trajectoire classique suivie par le proton et peuvent être déterminés par intégration numérique.

Les $(2l + 1)$ opérateurs $Q_l^m\, (m = -l, \ldots, +l)$ sont les composantes standards du moment 2^l*-polaire électrique* $\mathbf{Q}^{(l)}$ (cf. § XIII.33). Les seuls éléments de matrice non nuls figurant dans la formule (37) sont donc ceux qui satisfont aux règles de sélection de moment cinétique et de parité :

$$\begin{aligned} &|J_\alpha - J_\beta| \leqslant l \leqslant J_\alpha + J_\beta \qquad m = M_\beta - M_\alpha \\ &\Pi_\alpha \Pi_\beta = (-)^l \end{aligned} \tag{39}$$

(Π_α, Π_β parités respectives des états α et β). D'ailleurs, suivant le théorème de Wigner-Eckart,

$$\langle \beta\, J_\beta\, M_\beta | Q_l^m | \alpha\, J_\alpha\, M_\alpha \rangle = (2J_\beta + 1)^{-\frac{1}{2}} \langle J_\alpha\, l\, M_\alpha\, m | J_\beta\, M_\beta \rangle \langle \beta \| \mathbf{Q}^{(l)} \| \alpha \rangle.$$

En raison des règles de sélection (39), la somme figurant dans (37) est limitée à un nombre fini de valeurs de l de parité bien déterminée et à une seule valeur de m. Une évaluation grossière montre en outre que, toutes choses égales, la contribution « $l + 2$ » est environ $(R/a)^2$ fois la contribution « l ». On peut donc ne retenir que le terme correspondant à la valeur de l la plus basse compatible avec les règles de sélection, soit $|J_\alpha - J_\beta|$ ou $|J_\alpha - J_\beta| + 1$. Soit l_0 cette valeur. Il vient

$$W_{\alpha \to \beta} \simeq \frac{\langle J_\alpha\, l_0\, M_\alpha\, m | J_\beta\, M_\beta \rangle^2}{(2J_\beta + 1)} \big| S_{l_0}^{-m} \big|^2 \big| \langle \beta \| \mathbf{Q}^{(l_0)} \| \alpha \rangle \big|^2 \qquad (m = M_\beta - M_\alpha).$$

En substituant cette expression dans la formule (33) on obtient une expression théorique de la section efficace qui peut être confrontée à l'expérience.

Dans les expériences où les noyaux cibles ne sont pas orientés et où l'on ne mesure pas la polarisation des noyaux excités, la section efficace que l'on mesure est celle que l'on obtient en moyennant celle qui a été définie plus haut sur les $2J_\alpha + 1$ valeurs possibles de M_α et en la sommant sur les $2J_\beta + 1$ valeurs possibles de M_β. Compte tenu des relations d'orthogonalité des coefficients de Clebsch-Gordan, ceci donne

$$\frac{\mathrm{d}\sigma_{\alpha \to \beta}}{\mathrm{d}\Omega} = \frac{a^2}{4(2J_\alpha + 1)(2l_0 + 1)} \big| \langle \beta \| \mathbf{Q}^{(l_0)} \| \alpha \rangle \big|^2 \Big[\sin^{-4} \tfrac{1}{2}\theta \sum_m \big| S_{l_0}^m \big|^2 \Big].$$

La dépendance angulaire de cette section efficace est donnée par l'expression entre crochets qui doit être calculée numériquement. Il est remarquable que l'état initial et l'état final du noyau n'interviennent dans cette formule que par leur spin, leur parité et par le carré du module du moment 2^{l_0}-polaire électrique de transition $\langle\beta\|\mathbf{Q}^{(l_0)}\|\alpha\rangle$, et que ce dernier y figure comme un simple coefficient de proportionnalité. La confrontation de cette formule avec les résultats expérimentaux est donc un moyen de détermination très direct de ces quantités caractéristiques de la structure du noyau.

4. Cas où V ne dépend pas du temps. Conservation de l'énergie non perturbée

Lorsque V ne dépend pas explicitement du temps, les intégrales sur le temps figurant dans les formules (24) s'effectuent aisément et certaines propriétés simples apparaissent. Bornons-nous ici à examiner les *transitions du premier ordre*.

Convenons de prendre $t_0 = 0$. La formule (25) donne :

$$W_{a\to b} \simeq |V_{ba}|^2 f(t, \omega_{ba})/\hbar^2 \tag{40}$$

où

$$f(t, \omega) \equiv \left|\int_0^t \mathrm{e}^{\mathrm{i}\omega\tau}\,\mathrm{d}\tau\right|^2 = 2(1 - \cos\omega t)/\omega^2. \tag{41}$$

La figure 2 donne la courbe $f(t, \omega)$ en fonction de ω. On note le pic très pro-

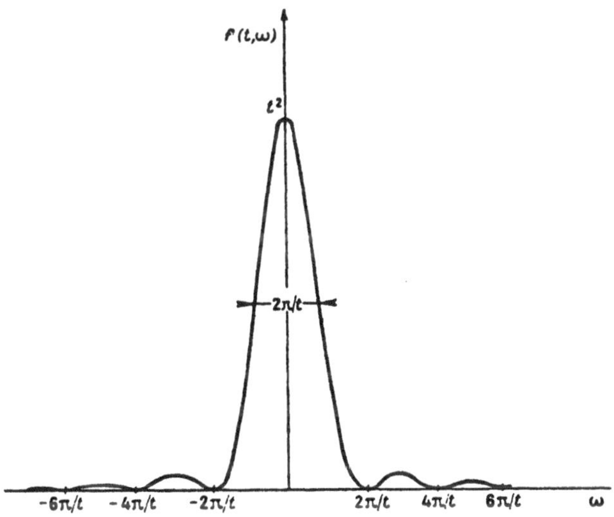

FIG. 2. — La fonction $f(t, \omega) = 2(1 - \cos\omega t)/\omega^2$.

noncé autour de la valeur $\omega = 0$; la largeur du pic est égale à $2\pi/t$. Notons en passant que

$$\int_{-\infty}^{+\infty} f(t, \omega)\,\mathrm{d}\omega = 2\pi t \tag{42}$$

comme on le montre aisément en utilisant la méthode des résidus, et que, suivant l'équation (A.15 *b*), on a

$$f(t,\omega) \underset{t\to\infty}{\sim} 2\pi t\,\delta(\omega). \tag{43}$$

Pour une valeur de t donnée, $W_{a\to b}$ dépend de façon simple de l'état final b ; c'est à une constante près le carré du module de l'élément de matrice de la perturbation $\langle b|V|a\rangle$, *pondéré* par le facteur $f(t, \omega_{ba})$ dépendant de la fréquence de Bohr de la transition $a \to b$. Comme ce facteur de pondération présente un pic très prononcé de largeur $2\pi/t$ au point $\omega_{ba} = 0$, les transitions se font préférentiellement vers les états dont l'énergie est située dans une bande de largeur

$$\delta E_0 \simeq 2\pi\hbar/t$$

de part et d'autre de l'énergie de l'état initial. Autrement dit, *les transitions conservent l'énergie non perturbée à $2\pi\hbar/t$ près.*

Ce résultat présente une certaine analogie avec la relation d'incertitude Temps-Énergie (§ IV.10 et VIII.13). Cependant, il faut bien prendre garde que l'énergie dont il s'agit ici est l'énergie $H^{(0)}$ et non l'énergie totale du système, perturbation comprise, et que le temps t est le temps au bout duquel la mesure de $H^{(0)}$ est effectuée et non le temps caractéristique du rythme d'évolution du système.

Pour un état b donné, la variation de $W_{a\to b}$ en fonction de t est également donnée par le facteur $f(t, \omega_{ba})$. Si la transition conserve rigoureusement l'énergie non perturbée ($\omega_{ba} = 0$), elle croît simplement comme t^2. Sinon, c'est une fonction oscillant entre 0 et $4/\omega_{ba}^2$ avec la période $2\pi/\omega_{ba}$; $W_{a\to b}$ oscille avec la même période autour de la valeur moyenne $2\,|V_{ba}|^2/(E_b - E_a)^2$ et ne présente le comportement en t^2 que pour des valeurs de t petites à côté de cette période.

Au lieu de transition à un état particulier, on peut envisager *les transitions à un groupe d'états d'énergie voisine.* C'est ce que l'on fait couramment dans le cas de transitions à des états du spectre continu. On peut alors, sous certaines conditions limites que nous allons préciser, définir une *probabilité de transition par unité de temps.*

Considérons donc une suite particulière de vecteurs propres de $H^{(0)}$ appartenant au spectre continu. $|b\rangle$ désigne désormais un vecteur particulier de cette suite, $E(b)$ la valeur propre de $H^{(0)}$ correspondante.

Dans la définition des probabilités de transition, il convient de bien prendre garde à la normalisation des vecteurs $|b\rangle$. Supposons ces derniers normalisés de telle sorte que

$$\langle b|b'\rangle = \delta(b - b')/n(b)$$

où $n(b)$ est une fonction réelle positive convenablement fixée. Le projecteur sur les états d'un certain domaine B de la variable b est (cf. § VII.13) :

$$P_B = \int_B |b\rangle\, n(b)\, \mathrm{d}b\, \langle b|.$$

Si l'on prend $E(b)$ comme nouvelle variable et si l'on désigne par $B(E)$ le domaine d'intégration correspondant, on trouve

$$P_B = \int_{B(E)} |b\rangle \, \rho_b(E) \, \mathrm{d}E \, \langle b| \tag{44}$$

avec

$$\rho_b(E) = n(b) \, \mathrm{d}b/\mathrm{d}E \tag{45}$$

$\rho_b(E)$ est couramment désigné sous le nom de *densité des niveaux b à l'énergie E*. Suivant l'expression (44) en effet, c'est le nombre de vecteurs $|b\rangle$ par unité d'intervalle d'énergie ; on notera que $\rho_b(E)$ dépend de la normalisation adoptée pour les vecteurs $|b\rangle$.

Ceci posé, la probabilité de transition $W_{a\to B}$ à l'un quelconque des états du domaine B est :

$$\begin{aligned} W_{a\to B} &\equiv \langle a| \, U^\dagger(t, 0) \, P_B \, U(t, 0) \, |a\rangle \\ &= \int_{B(E)} W_{a\to b} \, \rho_b(E) \, \mathrm{d}E. \end{aligned} \tag{46}$$

La formule (46) s'obtient en remplaçant P_B par l'expression (44) et en posant

$$W_{a\to b} = | \langle b| \, U(t, 0) \, |a\rangle |^2. \tag{47}$$

$W_{a\to b}$ représente formellement la probabilité de la transition $a \to b$ telle qu'elle a été définie par l'équation (22). Toutes les manipulations concernant le calcul de cette quantité gardent leur entière validité. En particulier, en substituant la formule (40) dans le second membre de (44), on obtient la probabilité de transition $W_{a\to B}$ au premier ordre de la perturbation :

$$W_{a\to B} \simeq \int | \, V_{ba} \, |^2 \rho_b f(t, \omega_{ba}) \, \mathrm{d}E/\hbar^2 \tag{48}$$

expression dans laquelle $V_{ba} \equiv \langle b|V|a\rangle$ est fonction de E par l'intermédiaire du paramètre b.

Considérons, pour fixer les idées, les transitions aux niveaux b situés dans l'intervalle $(E_1 - \frac{1}{2}\varepsilon, E_1 + \frac{1}{2}\varepsilon)$, et supposons la largeur ε assez petite pour que V_{ba} et ρ_b soient pratiquement constants dans cet intervalle et puissent être sortis de l'intégrale. Supposons de plus t assez grand pour que ε soit très supérieur à la période des oscillations de la fonction f :

$$\varepsilon \gg 2\pi \hbar/t. \tag{49}$$

L'intégrale du second membre de (48) est alors aisément évaluée. Il faut distinguer deux cas :

(*i*) Le pic central de f est hors de l'intervalle d'intégration (transitions ne conservant pas l'énergie) ; on peut alors remplacer f par sa valeur moyenne sur plusieurs oscillations, ce qui donne l'expression indépendante du temps

$$W_{a\to B} \simeq 2\varepsilon \, \rho_b(E_1) \, | \, V_{ba} \, |^2/(E_1 - E_a)^2.$$

(*ii*) Le pic central de f est dans l'intervalle d'intégration (transitions conservant l'énergie) ; la principale contribution vient de ce pic et l'on ne commet pas une grande erreur en étendant à l'infini les limites de l'intégrale, d'où (équ. (42)) :

$$W_{a\to B} \simeq 2\pi \hbar^{-1} \mid V_{ba}(E_a) \mid^2 \rho_b(E_a)\, t.$$

En raison de l'inégalité (49), cette probabilité est supérieure à la somme de toutes les autres.

Introduisons la probabilité de transition par unité de temps :

$$w_{a\to B} \equiv \mathrm{d}W_{a\to B}/\mathrm{d}t.$$

Des résultats précédents nous concluons que cette quantité est nulle pour les transitions qui ne conservent pas l'énergie et que, pour celles qui conservent l'énergie, elle est donnée par l'importante formule

$$\boxed{w_{a\to B} \simeq \frac{2\pi}{\hbar} \mid V_{ba} \mid^2 \rho_b} \tag{50}$$

dans laquelle l'élément de matrice $V_{ba} \equiv \langle b|V|a\rangle$ et la densité de niveaux ρ_b se rapportent aux états b dont l'énergie est égale à celle de l'état initial.

Pour que la formule (50) soit valable, il faut que t soit assez grand pour que la condition (49) soit satisfaite ; cependant t doit être assez petit pour que l'approximation du premier ordre soit justifiée ($w_{a\to B}\, t \ll 1$).

La démonstration qui vient d'être donnée a l'avantage de bien préciser la signification et les conditions de validité de la formule (50). Celle-ci peut être obtenue plus simplement en remplaçant f par son expression asymptotique (43) au second membre de (40), ce qui donne

$$W_{a\to b} \underset{t\to\infty}{\sim} 2\pi\hbar^{-1} \mid V_{ba} \mid^2 \delta(E_b - E_a)\, t, \tag{51}$$

puis en substituant cette dernière expression dans la définition de $W_{a\to B}$ (équ. (46)).

5. Application au calcul des sections efficaces à l'approximation de Born

De la formule (50), il est possible de déduire une expression des sections efficaces de collision à l'approximation dite *approximation de Born*, c'est-à-dire au premier ordre du potentiel d'interaction entre la particule incidente et la cible. Le raisonnement qui permet d'obtenir cette expression n'est pas rigoureux, mais il a le mérite d'être particulièrement simple. Une démonstration rigoureuse de la même formule sera donnée au chapitre XIX.

Nous nous plaçons dans le cas le plus simple, celui de la diffusion d'une particule par un potentiel $V(\boldsymbol{r})$. Ce dernier est traité comme une perturbation. L'Hamiltonien non perturbé est celui de la particule libre :

$$H = H^{(0)} + V(\boldsymbol{r}) \qquad H^{(0)} = \boldsymbol{p}^2/2m.$$

Les états propres de $H^{(0)}$ sont les ondes planes $e^{i\boldsymbol{k}\,\boldsymbol{r}}$; une telle onde représente un état d'impulsion $\boldsymbol{p} = \hbar\boldsymbol{k}$ *normalisé à densité unité* ; nous désignons par $|\boldsymbol{k}\rangle$ les vecteurs kets correspondants ; ils obéissent aux relations d'orthonormalisation et de fermeture

$$\langle\boldsymbol{k}|\boldsymbol{k}'\rangle = (2\pi)^3\,\delta(\boldsymbol{k}-\boldsymbol{k}') \qquad \int |\boldsymbol{k}\rangle \frac{\mathrm{d}\boldsymbol{k}}{(2\pi)^3}\langle\boldsymbol{k}| = 1.$$

Dans l'espace des vecteurs $\boldsymbol{k}$, la densité des états ainsi normalisés est donc constante et égale à $(2\pi)^{-3}$: le nombre des états situés dans l'intervalle $(\boldsymbol{k}, \boldsymbol{k} + \mathrm{d}\boldsymbol{k})$ est $\mathrm{d}\boldsymbol{k}/(2\pi)^3$. Nous nous intéressons aux états d'impulsion pointant dans une direction bien déterminée Ω et désignons par $\rho(E)$ leur densité telle qu'elle a été définie au paragraphe précédent (équ. (45)) [*a priori* cette fonction peut dépendre de Ω ; nous verrons plus bas qu'en fait elle n'en dépend pas] : $\rho(E)\,\mathrm{d}\Omega\,\mathrm{d}E$ est le nombre des états dont l'impulsion est dirigée suivant l'angle solide $(\Omega, \Omega + \mathrm{d}\Omega)$ et dont l'énergie $E = p^2/2m$ se trouve dans la bande $(E, E + \mathrm{d}E)$. On a donc :

$$\rho(E)\,\mathrm{d}\Omega\,\mathrm{d}E = \mathrm{d}\boldsymbol{k}/(2\pi)^3 = \mathrm{d}\boldsymbol{p}/(2\pi\hbar)^3$$

et comme $\mathrm{d}\boldsymbol{p} = p^2\,\mathrm{d}\Omega\,\mathrm{d}p$, ceci donne :

$$\rho(E)\,\mathrm{d}E = p^2\,\mathrm{d}p/(2\pi\hbar)^3$$

donc

$$\rho(E) = \frac{p^2}{(2\pi\hbar)^3}\frac{\mathrm{d}p}{\mathrm{d}E} = \frac{mp}{(2\pi\hbar)^3}. \tag{52}$$

Ceci posé, considérons un faisceau incident monocinétique d'énergie $E = \frac{1}{2}m\,v_a^2$ et proposons-nous de calculer la section efficace de diffusion dans une direction Ω_b donnée. Soit $\hbar\boldsymbol{k}_a$ l'impulsion des particules incidentes, $\hbar\,\boldsymbol{k}_b$ l'impulsion correspondant à la même énergie E mais dirigée suivant Ω_b. Partant de l'état initial $|\boldsymbol{k}_a\rangle$, nous savons que la probabilité par unité de temps $w_{a\to B}\,\mathrm{d}\Omega$ pour que le système effectue une transition à l'un des états b d'impulsion dirigée suivant l'angle solide $(\Omega_b, \Omega_b + \mathrm{d}\Omega)$ et d'énergie voisine de E, est donnée au premier ordre par la formule (50) :

$$w_{a\to B}\,\mathrm{d}\Omega \simeq 2\pi\hbar^{-1}\,|\,\langle\boldsymbol{k}_b|V|\boldsymbol{k}_a\rangle\,|^2\,\rho(E)\,\mathrm{d}\Omega. \tag{53}$$

Soit $\mathrm{d}\sigma_{a\to b}/\mathrm{d}\Omega$ la section efficace différentielle de diffusion. $\mathrm{d}\sigma_{a\to b}$ est le nombre de particules diffusées dans l'angle solide $(\Omega_b, \Omega_b + \mathrm{d}\Omega)$ par unité de temps et par unité de flux incident. Comme $|\boldsymbol{k}_a\rangle$ représente une onde de flux v_a, on a :

$$\mathrm{d}\sigma_{a\to b} = w_{a\to B}/v_a.$$

Substituant à $w_{a\to B}$ l'expression approchée donnée par l'équation (53), on trouve :

$$\frac{\mathrm{d}\sigma_{a\to b}}{\mathrm{d}\Omega} \simeq \frac{2\pi}{\hbar\,v_a}\,|\,\langle\boldsymbol{k}_b|V|\boldsymbol{k}_a\rangle\,|^2\,\rho_b(E), \tag{54}$$

expression dans laquelle $\rho_b(E)$ est la densité des états finaux (équ. (52) et

$$\langle \boldsymbol{k}_b | V | \boldsymbol{k}_a \rangle \equiv \int e^{i(\boldsymbol{k}_a - \boldsymbol{k}_b)\cdot \boldsymbol{r}} V(\boldsymbol{r})\, d\boldsymbol{r}$$

est l'élément de matrice du potentiel responsable de la transition.

6. Perturbation périodique. Résonances

Au premier ordre (formule (25)), la probabilité de transition $W_{a\to b}$ est proportionnelle au carré du module de l'amplitude de la fréquence ω_{ba} dans l'analyse harmonique de la fonction $V_{ba}(t)$, convention étant faite de poser $V_{ba} = 0$ en dehors de l'intervalle (t_0, t). Cette analyse harmonique est particulièrement simple lorsque la perturbation V ne dépend pas du temps et se traduit, comme nous avons pu le constater, par la « conservation de l'énergie non perturbée ». Elle est également très simple dans le cas plus général où V est une fonction périodique du temps ; il se produit alors un phénomène d'une grande importance pratique, le phénomène de *résonance.*

Supposons, en effet, que V soit une fonction sinusoïdale du temps de fréquence ω. Comme c'est un opérateur hermitique, il peut se mettre sous la forme

$$V = A\, e^{i\omega t} + A^\dagger\, e^{-i\omega t}$$

où A est un certain opérateur indépendant du temps. La probabilité de transition $W_{a\to b}$ est au premier ordre (en convenant que $t_0 = 0$) :

$$W_{a\to b} \simeq \hbar^{-2} \left| \langle b|A|a\rangle \int_0^t e^{i(\omega_{ba}+\omega)\tau}\, d\tau + \langle b|A^\dagger|a\rangle \int_0^t e^{i(\omega_{ba}-\omega)\tau}\, d\tau \right|^2$$

expression à rapprocher de l'expression (40).

L'amplitude de transition se compose ici de deux termes. Si t est assez grand, le premier ne prend de valeurs notables que lorsque $\omega_{ba} + \omega$ est voisin de 0, c'est-à-dire lorsque l'énergie E_b se trouve dans une bande (de largeur $2\pi\hbar/t$) entourant le point

$$E_b = E_a - \hbar\, \omega, \tag{55}$$

tandis que le second n'est important que dans une bande (de même largeur) entourant le point

$$E_b = E_a + \hbar\, \omega. \tag{55'}$$

Dans la pratique, t est suffisamment grand ($t \gg 2\pi/\omega$) pour que ces régions ne se recouvrent pas. $W_{a\to b}$ n'est alors important que pour les transitions dans lesquelles *le système non perturbé émet ou absorbe la quantité d'énergie* $h\omega$, comme l'indiquent les équations (55) et (55') respectivement.

Dans le premier cas, seul le premier terme intervient dans l'amplitude de transition et la probabilité de transition se réduit à l'expression

$$W_{a\to b} \simeq |A_{ba}|^2 f(t, \omega_{ba} + \omega)/\hbar^2.$$

La différence essentielle avec l'expression (40) tient au remplacement de ω_{ba} par $\omega_{ba} + \omega$. On peut, de façon tout à fait analogue à ce qui a été fait au § 4, envisager les transitions à un groupe de niveaux situés dans une bande d'énergie $\Delta E (\gg 2\pi\hbar/t)$ entourant le point $E_a - \hbar\omega$ et définir, sous certaines conditions, une probabilité de transition par unité de temps ; celle-ci est encore donnée par la formule (50), la seule différence étant que V_{ba} et ρ_b se rapportent aux états b dont l'énergie est de $\hbar\omega$ inférieure à celle de l'état initial. Les mêmes considérations s'appliquent aux transitions dans lesquelles le système absorbe la quantité d'énergie $\hbar\omega$ (cf. Problème 2).

Laissant au lecteur le soin de rétablir les démonstrations, donnons brièvement le résultat que l'on obtient dans le cas général où V est une fonction périodique quelconque du temps de fréquence ω. On a alors le développement de Fourier

$$V = \sum_{s=1}^{\infty} (A_s\, e^{is\omega t} + A_s^\dagger\, e^{-is\omega t}).$$

Si $t \gg 2\pi/\omega$, les contributions des différents termes de ce développement à la probabilité de transition au premier ordre n'interfèrent pas, les transitions causées par chacun d'eux correspondant à des transferts d'énergie différents. Dans les « transitions A_s », le système perd la quantité d'énergie $s\hbar\omega$, à $2\pi\hbar/t$ près ; dans les « transitions $A_s^\dagger$ », il reçoit l'énergie $s\hbar\omega$, à $2\pi\hbar/t$ près.

II. — MODIFICATION SOUDAINE OU ADIABATIQUE DE L'HAMILTONIEN

7. Exposé du problème et résultats

Le problème se pose fréquemment de savoir quelle modification de l'état dynamique d'un système résulte d'une modification du champ extérieur auquel il est soumis. L'exemple type est celui d'un système atomique que l'on plonge dans un champ magnétique. En règle générale, les résultats obtenus dépendent de façon critique du temps T nécessaire pour effectuer cette modification de l'Hamiltonien. Nous nous proposons dans cette section d'examiner les deux cas limites où T est très petit (modification soudaine) et où T est très grand (modification adiabatique).

Nous supposons que l'Hamiltonien passe de façon continue d'une certaine valeur initiale H_0 à l'instant t_0 à une certaine valeur finale H_1 à l'instant t_1. Posons

$$T = t_1 - t_0 \qquad s = (t - t_0)/T$$

et désignons par $H(s)$ la valeur prise par l'Hamiltonien au temps $t = t_0 + sT$. $H(s)$ est une fonction continue de s, que nous nous donnons une fois pour toutes ; en particulier

$$H(0) = H_0 \qquad H(1) = H_1.$$

Ceci posé, l'évolution du système du temps t_0 au temps t_1 ne dépend plus que du paramètre T qui mesure la rapidité avec laquelle s'effectue le passage de H_0 à H_1. Il convient de poser

$$U(t, t_0) = U_T(s).$$

Le problème qui nous préoccupe est essentiellement de déterminer $U(t_1, t_0)$, c'est-à-dire $U_T(1)$, et d'examiner sa dépendance en T.

Les résultats se trouvent être remarquablement simples dans les deux cas-limites cités plus haut.

A la limite où $T \to 0$, c'est-à-dire *dans le cas du passage infiniment rapide, l'état dynamique du système reste inchangé :*

$$\lim_{T \to 0} U_T(1) = 1. \tag{56}$$

A la limite où $T \to \infty$, c'est-à-dire *dans le cas du passage infiniment lent ou passage adiabatique, si le système se trouve à l'instant initial dans un état propre de* H_0, *il passe au temps* t_1, sous certaines conditions qui seront précisées ultérieurement, *dans l'état propre de* H_1 *qui s'en déduit par continuité.* Cet important résultat est connu sous le nom de *Théorème adiabatique* ([4]).

8. Passage rapide et approximation soudaine

Pour démontrer le premier de ces deux résultats, il suffit de se reporter à l'équation intégrale (1), à laquelle est soumis l'opérateur d'évolution du système. Avec les notations définies dans le § 7, elle s'écrit :

$$U_T(s) = 1 - i\hbar^{-1}\, T \int_0^s H(s)\, U_T(s)\, \mathrm{d}s.$$

A la limite où $T \to 0$, le second terme du second membre de cette équation tend vers zéro et l'on obtient le résultat (56) annoncé.

Si T est suffisamment petit, on peut, en première approximation, supposer que $U_T(1) \simeq 1$. C'est *l'approximation soudaine ou approximation de passage rapide.*

Désignons par $|0\rangle$ le vecteur état du système à l'instant t_0 et par Q_0 le projecteur sur l'espace des vecteurs orthogonaux à $|0\rangle$. Ce dernier étant supposé de norme 1, on a

$$Q_0 = 1 - |0\rangle\langle 0|.$$

L'approximation soudaine consiste à écrire

$$U(t_1, t_0)\,|0\rangle \simeq |0\rangle.$$

([4]) On lui donne aussi le nom de Théorème d'Ehrenfest. Les travaux d'Ehrenfest sur ce sujet se rapportent à la Mécanique Classique et à l'Ancienne Théorie des Quanta. L'extension du Théorème à la Mécanique Quantique est due essentiellement à M. Born et V. Fok, *Zeit. f. Phys.*, **51**, 165 (1928). Voir également T. Kato, *Journ. Phys. Soc. Jap.*, **5**, 435 (1950) ; K. O. Friedrichs, *On the Adiabatic Theorem in Quantum Theory*, Report IMM.NYU-218, New York (1955).

Une mesure de l'erreur que comporte cette approximation est donnée par la probabilité ϖ de trouver le système dans un état différent de l'état initial, soit

$$\begin{aligned}\varpi &= \langle 0|\, U^{\dagger}(t_1, t_0)\, Q_0\, U(t_1, t_0)\,|0\rangle \\ &= \langle 0|\, U_T^{\dagger}(1)\, Q_0\, U_T(1)\,|0\rangle. \end{aligned} \tag{57}$$

Les corrections à cette approximation peuvent être calculées par la méthode de perturbation exposée au § 1. Dans le cas présent ($H^{(0)} = 0$, $V = H$) l'approximation d'ordre zéro est simplement l'opérateur 1 et le développement (17) donne

$$U_T(1) = 1 - i\hbar^{-1}\, T \int_0^1 H(s)\,\mathrm{d}s + (i\hbar)^{-2}\, T^2 \int_0^1 \mathrm{d}s_1 \int_0^{s_1} \mathrm{d}s_2\, H(s_1)\, H(s_2) + \ldots \tag{58}$$

En particulier, en substituant ce développement au second membre de l'équation (57), on obtient le développement de ϖ en puissance de T. Comme $Q_0\,|0\rangle = 0$, le terme d'ordre le plus bas est en T^2 et s'obtient en substituant les deux premiers termes du développement (58). Posons :

$$\overline{H} = \int_0^1 H(s)\,\mathrm{d}s = \frac{1}{T}\int_{t_0}^{t_1} H\,\mathrm{d}t. \tag{59}$$

Il vient

$$\varpi = \frac{T^2}{\hbar^2}\,\langle 0|\,\overline{H}\, Q_0\, \overline{H}\,|0\rangle + O(T^3).$$

Et comme

$$\langle 0|\,\overline{H}\, Q_0\, \overline{H}\,|0\rangle = \langle 0|\,\overline{H}^2|0\rangle - \langle 0|\,\overline{H}\,|0\rangle^2 = (\Delta \overline{H})^2$$

où $\Delta\overline{H}$ est l'écart quadratique de l'observable $\overline{H}$ dans l'état $|0\rangle$, on trouve

$$\varpi = \frac{T^2(\Delta\overline{H})^2}{\hbar^2} + O(T^3). \tag{60}$$

La condition $\varpi \ll 1$, critère de validité de l'approximation soudaine, donne donc [5]

$$\boxed{T \ll \hbar/\Delta\overline{H}} \tag{61}$$

La condition (61) n'est rien d'autre qu'une forme particulière de la relation d'incertitude Temps-Énergie. Suivant la définition (59) en effet, $\overline{H}$ est la moyenne sur l'intervalle (t_0, t_1) de l'Hamiltonien du système. L'évolution du système est donc régie en gros par l'Hamiltonien $\overline{H}$ pendant cet intervalle de temps. Suivant la relation d'incertitude Temps-Énergie, l'état d'un système soumis à une telle équation de mouvement ne se trouve notablement

[5] La condition $\varpi \ll 1$ n'implique pas nécessairement que $U_1(t_1, t_0)\,|0\rangle \simeq |0\rangle$ mais seulement que ces deux vecteurs ne diffèrent essentiellement que par un facteur de phase. Cependant, la formule (60) suppose une convergence rapide du développement (58) et la condition (61) est, sauf accident, une condition suffisante pour que cette convergence rapide soit assurée.

modifié qu'au bout du temps $\hbar/\Delta\overline{H}$. La condition pour que la modification de cet état au bout du temps T soit négligeable est donc bien la condition (61).

9. Brusque renversement d'un champ magnétique

A titre d'application, considérons un atome dans un champ magnétique constant et examinons ce qui se passe lorsqu'on renverse brusquement le sens du champ. Nous supposons que les conditions de validité du couplage LS sont réalisées et que le champ est assez fort à l'instant initial pour découpler complètement le spin total $\boldsymbol{S}$ et le moment cinétique orbital $\boldsymbol{L}$ (effet Paschen-Back). Pour simplifier, nous supposons, en outre, que le champ magnétique reste constamment parallèle à l'axe des z et qu'il passe de la valeur $-\mathcal{H}_0$ à la valeur $\mathcal{H}_0$ en suivant la loi linéaire

$$\mathcal{H}(t) = \mathcal{H}_0[2s-1] = \mathcal{H}_0[2(t-t_0)/T-1]. \qquad (62)$$

Suivant l'étude du chapitre XVI (§ 9-12), l'Hamiltonien du système est de la forme

$$H = H^{(0)} + A(\boldsymbol{L}.\boldsymbol{S}) - \frac{e}{2mc}(L_z + 2S_z)\,\mathcal{H}(t) \qquad (63)$$

$H^{(0)}$ est l'Hamiltonien non perturbé du couplage LS. Puisque suivant la loi (62), la moyenne dans le temps du champ magnétique est nulle, celle de H est égale à l'Hamiltonien de l'atome en champ nul :

$$\overline{H} = H^{(0)} + A(\boldsymbol{L}.\boldsymbol{S}).$$

Ceci dit, supposons qu'à l'instant initial le système se trouve dans un état propre de H. Puisqu'à cet instant, les conditions de l'effet Paschen-Back se trouvent réalisées, son vecteur état est très sensiblement égal à l'un des vecteurs $|\alpha L S M_L M_S\rangle$ défini au § XVI.11. Nous posons donc : $0\rangle = |\alpha L S M_L M_S\rangle$. Le calcul de l'écart $\Delta\overline{H}$ ne présente pas de sérieuse difficulté ; comme $|\alpha L S M_L M_S\rangle$ est un vecteur propre de $H^{(0)} + A\,L_z\,S_z$, la seule contribution provient de la différence $\frac{1}{2}A(L_+\,S_- + L_-\,S_+)$. On trouve, tous calculs faits :

$$\Delta\overline{H} = \tfrac{1}{2}A\,\hbar^2\big[2\big(L(L+1)-M_L^2\big)\big(S(S+1)-M_S^2\big)-2M_L\,M_S\big]^{\frac{1}{2}}.$$

Le crochet est un facteur numérique de l'ordre de 1 (il s'annule dans les deux cas extrêmes $M_L = \pm L$, $M_S = \pm S$). L'écart $\Delta\overline{H}$ est donc de l'ordre de grandeur de $A\hbar^2$, c'est-à-dire de l'ordre de grandeur de la séparation des niveaux LS par le couplage spin-orbite.

Par conséquent, si

$$T \ll (1/A\hbar) \qquad (64)$$

la condition de passage rapide (61) est satisfaite : le vecteur état reste pratiquement constant lorsqu'on renverse le champ. Pour que l'état dynamique de l'atome reste constant, il suffit d'ailleurs que le vecteur état soit seulement modifié par un facteur de phase ; l'inégalité (64) est donc une condition suffisante mais non nécessaire pour que l'atome reste dans le même état lorsqu'on renverse le champ. Nous reviendrons sur ce point à la fin du § 14.

10. Passage adiabatique. Généralités. Cas trivial

Dans le reste de cette section, nous examinons l'autre cas extrême, celui d'une modification très lente de l'Hamiltonien. Nous gardons les notations du § 7.

Notre premier soin est d'établir le Théorème adiabatique. Il s'agit d'une propriété des états du spectre discret de $H(s)$. Pour simplifier, nous supposerons le spectre de H entièrement discret, mais cette restriction n'est pas essentielle (6).

Désignons par $\varepsilon_1, \varepsilon_2, \ldots, \varepsilon_j, \ldots$, la suite des valeurs propres de H et par $P_1, P_2, \ldots, P_j, \ldots$, les projecteurs sur leurs sous-espaces respectifs. Ce sont par hypothèse des *fonctions continues de s*. Nous supposons, en outre, que :

(*i*) *les valeurs propres restent distinctes* les unes des autres pendant toute la période de transition $0 \leqslant s \leqslant 1$:

$$\varepsilon_j(s) \neq \varepsilon_k(s) \quad \text{quels que soient } j \text{ et } k, \tag{65}$$

(*ii*) *les dérivées* $\mathrm{d}P_j/\mathrm{d}s$, $\mathrm{d}^2P_j/\mathrm{d}s^2$ sont bien définies et continues dans tout cet intervalle, mises à part d'éventuelles discontinuités de première espèce.

L'opérateur d'évolution $U_T(s)$ est solution de l'équation de Schrödinger

$$i\hbar \frac{\mathrm{d}}{\mathrm{d}s} U_T(s) = TH(s)\, U_T(s), \tag{66}$$

l'Hamiltonien $H(s)$ étant donné par l'expression

$$H(s) = \textstyle\sum_j \varepsilon_j(s)\, P_j(s). \tag{67}$$

Le Théorème adiabatique stipule que $U_T(s)$ possède la propriété asymptotique (7) :

$$\lim_{T\to\infty} U_T(s)\, P_j(0) = P_j(s) \lim_{T\to\infty} U_T(s) \tag{68}$$

$$(j = 1, 2, \ldots).$$

(6) Il suffit que les valeurs propres discrètes et leurs sous-espaces respectifs satisfassent aux conditions de continuité, de « non-croisement » et de dérivabilité indiquées plus bas. Cf. T. Kato, *loc. cit.*, note (4).

(7) Cette propriété est équivalente à la propriété énoncée au § 7. En effet, si $|j\rangle$ est un vecteur propre de $H(0)$ correspondant à la valeur propre $\varepsilon_j(0)$, on a $P_j(0)\,|j\rangle = |j\rangle$ et la propriété (68) donne

$$\lim_{T\to\infty} U_T(s)\,|j\rangle = P_j(s) \lim_{T\to\infty} U_T(s)\,|j\rangle.$$

Le vecteur $U_T(s)\,|j\rangle$ tend donc bien vers un vecteur du sous-espace de $\varepsilon_j(s)$ lorsque $T \to \infty$.

Supposons pour commencer que le sous-espace de chaque valeur propre de $H(s)$ reste fixe :

$$P_j(s) = P_j(0) \equiv P_j \qquad (j = 1, 2, \ldots).$$

Dans ce cas $H(s)$ se met sous la forme

$$H(s) = \sum_j \varepsilon_j(s) P_j$$

et commute avec chaque projecteur P_j quel que soit s ; chaque P_j est donc une constante du mouvement

$$U_T(s) P_j U_T^\dagger(s) = P_j. \tag{69}$$

La relation (69) est vérifiée quel que soit T et *a fortiori* lorsque $T \to \infty$.

D'ailleurs, l'équation (66) s'intègre exactement dans ce cas particulier et donne

$$\begin{aligned} U_T(s) &= \exp\left(-\mathrm{i}T \int_0^s H(\sigma)\,\mathrm{d}\sigma/\hbar\right) \\ &= \sum_j \mathrm{e}^{-\mathrm{i}T\varphi_j(s)/\hbar} P_j. \end{aligned} \tag{70}$$

Nous utilisons la notation*

$$\varphi_j(s) = \int_0^s \varepsilon_j(\sigma)\,\mathrm{d}\sigma. \tag{71}$$

Si le vecteur état du système au temps t_0 est un vecteur propre de H_0 correspondant à la valeur propre $\varepsilon_j(0)$, son vecteur état au temps t_1 n'en diffère donc que par le facteur de phase $\mathrm{e}^{-\mathrm{i}T\varphi_j(1)/\hbar}$.

11. « Représentation des axes tournants »

Dans le cas général, l'intégration rigoureuse de l'équation de Schrödinger n'est plus possible parce que les axes propres de l'Hamiltonien $H(s)$ sont animés d'un certain mouvement de rotation dans l'espace de Hilbert. La première étape du traitement du cas général va donc consister à éliminer aussi complètement que possible ce mouvement de rotation des axes au moyen d'un changement de « représentation » approprié.

Soit donc $A(s)$ un opérateur unitaire possédant la propriété

$$P_j(s) = A(s) P_j(0) A^\dagger(s) \qquad (j = 1, 2, \ldots). \tag{72}$$

Dans la transformation unitaire $A(s)$, tout système de base de $H(0)$ se transforme en un système de base de $H(s)$, chaque vecteur propre de $H(0)$ se transformant en l'un des vecteurs propres de $H(s)$ qui s'en déduisent par continuité.

$A(s)$ est défini sans ambiguïté par la condition initiale

$$A(0) = 1 \tag{73}$$

et par l'équation différentielle

$$\mathrm{i}\hbar\,\mathrm{d}A/\mathrm{d}s = K(s) A(s) \tag{74}$$

où $K(s)$ est un opérateur hermitique approprié. Pour que les conditions (72) soient satisfaites, il faut et il suffit que $K(s)$ obéisse aux relations de commutation

$$[K(s), P_j(s)] = i\hbar\, \mathrm{d}P_j/\mathrm{d}s \qquad (j = 1, 2, \ldots). \quad (75)$$

Elles sont nécessaires, car elles s'obtiennent en dérivant les équations (72) membre à membre par rapport à s. Elles sont suffisantes car, si $A(s)$ et $P_j(s)$ vérifient les équations (74) et (75) respectivement, l'expression

$$A^\dagger(s)\, P_j(s)\, A(s)$$

a une dérivée nulle par rapport à s ; elle est donc égale à sa valeur initiale $P_j(0)$.

Les relations (75) ne définissent pas $K(s)$ de façon unique. En effet, elles restent satisfaites lorsqu'on ajoute à $K(s)$ l'opérateur $\sum_k P_k(s)\, f_k(s)\, P_k(s)$, où les $f_k(s)$ sont des opérateurs quelconques dépendants de s ; autrement dit, les projections $P_j(s)\, K(s)\, P_j(s)$ $(j = 1, 2, \ldots)$ peuvent être arbitrairement fixées. Pour une raison qui deviendra claire ultérieurement, nous levons l'arbitraire en imposant la condition supplémentaire

$$P_j(s)\, K(s)\, P_j(s) = 0 \qquad (j = 1, 2, \ldots). \quad (76)$$

Ceci donne (Problème 5)

$$K(s) = i\hbar \textstyle\sum_j (\mathrm{d}P_j/\mathrm{d}s)\, P_j(s).$$

Effectuons la transformation unitaire $A^\dagger(s)$ sur les vecteurs et les opérateurs de la « représentation » de Schrödinger ; nous obtenons les vecteurs et les opérateurs correspondants dans une nouvelle « représentation », la « représentation des axes tournants ». L'observable $H(s)$ se transforme notamment en

$$H^{(A)}(s) = A^\dagger(s)\, H(s)\, A(s)$$

ce qui donne, compte tenu des équations (67) et (72),

$$H^{(A)}(s) = \textstyle\sum_j \varepsilon_j(s)\, P_j(0). \quad (77)$$

De même $K(s)$ se transforme en

$$K^{(A)}(s) = A^\dagger(s)\, K(s)\, A(s). \quad (78)$$

L'opérateur d'évolution de cette nouvelle « représentation » est

$$U^{(A)}(s) \equiv A^\dagger(s)\, U_T(s). \quad (79)$$

Il est défini (cf. § 1, équ. (12) ; ici il faut prendre $V = TH - K$) par

$$i\hbar\, \mathrm{d}U^{(A)}/\mathrm{d}s = [TH^{(A)}(s) - K^{(A)}(s)]\, U^{(A)}(s) \quad (80)$$

$$U^{(A)}(0) = 1. \quad (81)$$

12. Démonstration du théorème adiabatique

L'équation (80) s'intégrerait sans difficulté si on pouvait négliger $K^{(A)}$ à côté de $TH^{(A)}$. On se trouverait, en effet, dans le cas trivial étudié au § 10.

Désignons par $\Phi_T(s)$ la solution de l'équation de Schrödinger ainsi formée :

$$i\hbar\, \mathrm{d}\Phi_T/\mathrm{d}s = TH^{(A)}(s)\, \Phi_T(s) \tag{82}$$

$$\Phi_T(0) = 1. \tag{83}$$

On trouve (équ. (70)) :

$$\Phi_T(s) = \textstyle\sum_j \mathrm{e}^{-\mathrm{i}T\varphi_j(s)/\hbar}\, P_j(0) \tag{84}$$

les φ_j étant toujours définis par (71).

Or, si l'on se reporte aux définitions (77) et (78), on constate que $H^{(A)}(s)$ et $K^{(A)}(s)$ sont indépendants de T. On s'attend donc à ce qu'à la limite $T \to \infty$, l'effet de $K^{(A)}$ au second membre de l'équation (80) soit complètement masqué par celui de $TH^{(A)}$ et que $U^{(A)}(s)$ tende vers $\Phi_T(s)$. Comme nous allons le voir, cette propriété est bien vérifiée et, par suite (équ. (79)) :

$$U_T(s) \underset{T\to\infty}{\sim} A(s)\, \Phi_T(s). \tag{85}$$

Pour le montrer, nous faisons une nouvelle transformation unitaire et posons

$$W \equiv \Phi_T^\dagger\, U^{(A)} = \Phi_T^\dagger\, A^\dagger\, U_T. \tag{86}$$

Des équations (80) et (82), il est facile de déduire l'équation d'évolution de ce nouvel opérateur unitaire. Sous sa forme intégrale, elle s'écrit :

$$W(s) = 1 + \frac{\mathrm{i}}{\hbar}\int_0^s \overline{K}(\sigma)\, W(\sigma)\, \mathrm{d}\sigma \tag{87}$$

avec

$$\overline{K}(s) \equiv \Phi_T^\dagger(s)\, K^{(A)}(s)\, \Phi_T(s) \tag{88}$$

$$= \Phi_T^\dagger\, A^\dagger\, K\, A\, \Phi_T. \tag{89}$$

Nous allons montrer que le noyau $\overline{K}(s)$ est une somme de fonctions oscillantes dont les fréquences augmentent indéfiniment avec T et qu'en conséquence l'intégrale du second membre de l'équation de Volterra (87) tend vers zéro lorsque $T \to \infty$.

Tout opérateur Q possède la décomposition ([8]) :

$$Q = \textstyle\sum_j \sum_k P_j(0)\, Q\, P_k(0).$$

Nous emploierons désormais la notation

$$Q_{jk} \equiv P_j(0)\, Q\, P_k(0).$$

Des équations (72), (84) et (89), nous tirons notamment

$$\begin{aligned} \overline{K}_{jk} &= \mathrm{e}^{\mathrm{i}T(\varphi_j - \varphi_k)/\hbar}\, K_{jk}^{(A)} \\ K_{jk}^{(A)} &= A^\dagger(s)\, P_j(s)\, K(s)\, P_k(s)\, A(s). \end{aligned} \tag{90}$$

([8]) Le procédé utilisé ici revient pratiquement à utiliser une représentation où $H(0)$ est diagonal, tout en évitant les diverses complications résultant de la dégénérescence des niveaux de $H(0)$ et de l'arbitraire de phase des vecteurs de base.

Suivant la condition (76), les $K^{(A)}_{jj}$ $(j = 1, 2, \ldots)$ sont tous nuls, donc les parties diagonales $\overline{K}_{jj}$ de la décomposition de $\overline{K}$ sont toutes rigoureusement nulles :

$$\overline{K}_{jj} = 0 \qquad (j = 1, 2, \ldots). \quad (91)$$

Quant aux parties non diagonales $\overline{K}_{jk}$ $(j \neq k)$, elles contiennent le facteur oscillant

$$e^{iT(\varphi_j - \varphi_k)/\hbar} \equiv \exp\left[i\hbar^{-1}\, T \int_0^s \big(\varepsilon_j(\sigma) - \varepsilon_k(\sigma)\big)\, d\sigma\right].$$

La fréquence circulaire des oscillations s'obtient en dérivant la phase de l'exponentielle par rapport à s, ce qui donne

$$T \mid \varepsilon_j(s) - \varepsilon_k(s) \mid /\hbar.$$

Suivant l'hypothèse (65) la différence $\varepsilon_j - \varepsilon_k$ n'est jamais nulle, donc la fréquence augmente proportionnellement à T lorsque $T \to \infty$.

Ceci dit, considérons l'opérateur

$$F(s) \equiv \int_0^s \overline{K}(\sigma)\, d\sigma. \quad (92)$$

Suivant la propriété (91), ses éléments diagonaux sont tous nuls

$$F_{jj} = 0.$$

Quant aux éléments non diagonaux, ils ont pour expression

$$F_{jk} = \int_0^s e^{iT(\varphi_j - \varphi_k)/\hbar}\, K^{(A)}_{jk}\, d\sigma. \qquad (j \neq k) \quad (93)$$

$K^{(A)}_{jk}$ est une fonction continue de s indépendante de T. Quant à l'exponentielle, nous savons que sa phase n'est jamais stationnaire. F_{jk} est donc de la forme $\int_0^s e^{iT\alpha(\sigma)}\, f(\sigma)\, d\sigma$, où $f(\sigma)$ est une fonction continue et $\alpha(\sigma)$ une fonction continue et monotone ; on sait qu'une telle intégrale tend vers zéro lorsque $T \to \infty$. En intégrant par partie, il vient d'ailleurs

$$F_{jk}(s) = \frac{\hbar}{iT}\left[e^{iT(\varphi_j - \varphi_k)/\hbar}\, \frac{K^{(A)}_{jk}}{\varepsilon_j - \varepsilon_k}\Bigg|_0^s - \int_0^s e^{iT(\varphi_j - \varphi_k)/\hbar} \left[\frac{d}{d\sigma}\left(\frac{K^{(A)}_{jk}}{\varepsilon_j - \varepsilon_k}\right)\right] d\sigma\right]. \quad (94)$$

Il est clair que l'expression entre crochets reste finie si $K^{(A)}_{jk}$ et les dérivées de $K^{(A)}_{jk}$, ε_j et ε_k par rapport à s restent finis. Donc F_{jk} tend asymptotiquement vers zéro commc $1/T$. En conclusion, lorsque $T \to \infty$, on a

$$F(s) = O\left(\frac{1}{T}\right).$$

Or, l'intégrale du second membre de l'équation (87) s'écrit, après intégration par parties,

$$F(s)\, W(s) - \int_0^s F(\sigma)\, \frac{dW}{d\sigma}\, d\sigma,$$

soit encore

$$F(s)\, W(s) - i\hbar^{-1} \int_0^s F(\sigma)\, \overline{K} W(\sigma)\, d\sigma \quad (\sigma) \quad (95)$$

si l'on tient compte de l'équation différentielle : $\mathrm{d}W/\mathrm{d}s = \mathrm{i}\overline{K}W/\hbar$. Les deux termes de l'expression (95) contiennent en facteur l'opérateur F et tendent donc vers zéro comme $1/T$ lorsque $T \to \infty$. Par conséquent ([9])

$$W = 1 + O\left(\frac{1}{T}\right). \tag{96}$$

Nous reportant à la définition (86) de W, nous en tirons le résultat annoncé :

$$U_T(s) \underset{T\to\infty}{\sim} A(s)\,\Phi_T(s)\left[1 + O\left(\frac{1}{T}\right)\right]. \tag{97}$$

Comme $\Phi_T(s)$ commute avec les projecteurs $P_j(0)$ (cf. équ. (84)), et que l'opérateur unitaire $A(s)$ possède la propriété (72), on a

$$A(s)\,\Phi_T(s)\,P_j(0) = P_j(s)\,A(s)\,\Phi_T(s).$$

L'expression asymptotique de $U_T(s)$ que nous venons d'obtenir vérifie donc bien les relations (68). *C. Q. F. D.*

13. L'approximation adiabatique

Si T est suffisamment grand ou, mieux, *si les axes propres de $H(t)$ tournent suffisamment lentement*, on peut, en première approximation, remplacer l'opérateur d'évolution $U_T(1)$ par sa forme asymptotique :

$$U(t_1, t_0) \equiv U_T(1) \simeq A(1)\,\Phi_T(1). \tag{98}$$

C'est *l'approximation adiabatique.*

Soit $|0\rangle$ le vecteur de norme 1 représentant l'état du système à l'instant t_0, Q_0 le projecteur sur l'espace complémentaire. L'approximation adiabatique consiste à écrire

$$U(t, t_0)\,|0\rangle \simeq A(1)\,\Phi_T(1)\,|0\rangle.$$

Une mesure de l'erreur que comporte cette approximation est donnée par la probabilité η de trouver le système à l'instant t_1 dans un état différent de $A(1)\,\Phi_T(1)\,|0\rangle$. Comme l'espace orthogonal à ce vecteur a pour projecteur

$$Q_1 \equiv A(1)\,\Phi_T(1)\,Q_0\,\Phi_T^\dagger(1)\,A^\dagger(1),$$

il vient

$$\begin{aligned} \eta &\equiv \langle 0|\,U^\dagger(t_1, t_0)\,Q_1\,U(t_1, t_0)\,|0\rangle \\ &= \langle 0|\,W^\dagger(1)\,Q_0\,W(1)\,|0\rangle. \end{aligned}$$

([9]) En toute rigueur, le raisonnement qui vient d'être fait n'est valable que si l'opérateur $K(s)$ reste borné dans tout l'intervalle (0,1) (cf. note XVI ([11])). On peut alors montrer que $\|F(s)\|$ tend vers zéro comme $1/T$ uniformément par rapport à s. Désignons par $\varkappa$ et η les limites supérieures respectives de $\|K(s)\|$ et de $\|F(s)\|$. Comme W, Φ et A sont unitaires, les normes de K, $K^{(A)}$, $\overline{K}$ et KW sont égales ; de même les normes de F et de FW sont égales. Par suite :

$$\|FW\| \leqslant \eta, \quad \left\|\int_0^s F\overline{K}W\,\mathrm{d}\sigma\right\| < \eta\varkappa s.$$

Et comme $W - 1$ est donné par l'expression (95),

$$\|W - 1\| \leqslant \eta(1 + \varkappa s).$$

Les corrections à l'approximation adiabatique peuvent être calculées par la méthode de perturbation du § 1. Le rôle de $U^{(0)}$ est joué ici par $A(1)\,\Phi_T(1)$ celui de U_I par $W(1)$. La méthode consiste à ne retenir que les premiers termes du développement de W obtenu en itérant l'équation intégrale (87). Si l'on s'en tient au premier ordre, on trouve

$$W(1) \simeq 1 + (\mathrm{i}F/\hbar) \tag{99}$$

où F désigne l'opérateur $F(1)$ défini par l'équation (92).

Ce développement peut aussi être utilisé pour évaluer η. Après une manipulation analogue à celle qui a été faite pour le calcul de ϖ dans le cas de l'approximation soudaine, on trouve

$$\eta \simeq \hbar^{-2} \langle 0|F\,Q_0\,F|0\rangle = (\Delta F/\hbar)^2 \tag{100}$$

où ΔF désigne l'écart quadratique de l'observable F dans l'état $|0\rangle$. La condition $\eta \ll 1$, condition de validité de l'approximation adiabatique ([10]), s'écrit donc

$$\Delta F \ll \hbar.$$

Mis sous cette forme très générale, ce résultat est beaucoup moins utile que celui qui lui correspond dans le cas de l'approximation soudaine (relation (61)). L'observable F qui intervient ici est en effet plus difficile à construire que l'observable $\overline{H}$ de l'approximation soudaine ; alors que H résulte d'une simple intégration sur $H(t)$, le calcul de F nécessite la résolution du problème de valeurs propres de $H(t)$ pour chaque point de l'intervalle (t_0, t_1) et la construction de l'opérateur $A(s)$ pour chacun de ces points.

Examinons les conditions de validité de l'approximation adiabatique dans l'hypothèse où l'état initial est un état propre de $H(0)$. C'est en fait le seul cas d'intérêt pratique.

Nous utiliserons désormais la variable t directement sans passer par l'intermédiaire de s. Nous désignons notamment par $\varepsilon_j(t)$ les valeurs propres de l'Hamiltonien au temps t, par $P_j(t)$ les projecteurs correspondants, par $A(t)$ l'opérateur de « passage aux axes tournants », par $\Phi(t)$ l'opérateur $\Phi_T(s)$. Les définitions (67) et (84) sont donc remplacées par les définitions :

$$H(t) = \textstyle\sum_j \varepsilon_j(t)\, P_j(t) \tag{101}$$

$$\Phi(t) = \textstyle\sum_j \exp\left(-\mathrm{i}\displaystyle\int_{t_0}^{t} \varepsilon_j(\tau)\,\mathrm{d}\tau/\hbar\right) P_j(0). \tag{102}$$

Les équations (73) et (74) qui définissent A sont remplacées par

$$\mathrm{i}\hbar\,\mathrm{d}A/\mathrm{d}t = K'(t)\,A(t) \qquad A(0) = 1 \tag{103}$$

avec

$$K'(t) \equiv K(s)/T = \mathrm{i}\hbar \textstyle\sum_j (\mathrm{d}P_j/\mathrm{d}t)\,P_j(t). \tag{104}$$

([10]) On peut faire à ce propos les mêmes remarques que celles qui ont été faites dans la note ([6]) à propos du critère de validité de l'approximation soudaine.

De sa définition (92), nous tirons

$$F \equiv F(t_1) = \int_{t_0}^{t_1} \Phi^\dagger(t)\, A^\dagger(t)\, K'(t)\, A(t)\, \Phi(t)\, \mathrm{d}t. \tag{105}$$

Nous supposons, en outre, bien que ce ne soit pas essentiel, que le spectre de $H(t)$ est entièrement non dégénéré et faisons choix d'un système d'axes propres $|1\rangle_0$, $|2\rangle_0$, ..., $|j\rangle_0$, ... de l'Hamiltonien $H(0)$. Désignons par $|1\rangle_t$, $|2\rangle_t$, ..., $|j\rangle_t$, ..., les vecteurs du système d'axes propres de $H(t)$, qui se déduisent des précédents par la transformation $A(t)$. On a, quel que soit t,

$$\left.\begin{aligned} |j\rangle_t &= A(t)\,|j\rangle_0 \\ H(t)\,|j\rangle_t &= \varepsilon_j(t)\,|j\rangle_t \\ P_j(t) &= |j\rangle_t\,{}_t\langle j| \end{aligned}\right\} \quad (j = 1, 2, \ldots). \tag{106}$$

Ceci posé, soit $|i\rangle_0$ le vecteur état du système à l'instant t_0. A l'approximation adiabatique, son vecteur état à l'instant t_1, est égal à $|i\rangle_1 \equiv A(t_1)\,|i\rangle_0$ à un facteur de phase près :

$$U(t_1, t_0)\,|i\rangle_0 \simeq \exp\left(-\mathrm{i}\int_{t_0}^{t_1} \varepsilon_i(\tau)\,\mathrm{d}\tau/\hbar\right)|i\rangle_1. \tag{107}$$

La probabilité $p_{i\to j}$ $(j \neq i)$ de trouver le système dans un autre état propre, $|j\rangle_1$ de $H(t)_1$ est, par définition

$$p_{i\to j} = |\,{}_1\langle j|\,U(t_1, t_0)\,|i\rangle_0\,|^2.$$

Le calcul de perturbation décrit plus haut donne

$$p_{i\to j} \simeq |\,{}_0\langle j|F|i\rangle_0\,|^2/\hbar^2. \tag{108}$$

On a d'ailleurs

$$\eta_i = \sum_{j\neq i} p_{i\to j} \simeq \hbar^{-2} \sum_{j\neq i} {}_0\langle i|F|j\rangle_0\, {}_0\langle j|F|i\rangle_0$$

en conformité avec le résultat (100).

En se servant des équations (102), (104) et (105) et des propriétés de $|j\rangle_t$ données par les équations (106), il vient

$${}_0\langle j|F|i\rangle_0 = \mathrm{i}\hbar \int_{t_0}^{t_1} \alpha_{ji}(t) \exp\left[\mathrm{i}\int_{t_0}^{t} \omega_{ji}(\tau)\,\mathrm{d}\tau\right] \mathrm{d}t$$

avec

$$\begin{aligned} \alpha_{ji} &\equiv {}_0\langle j|A^\dagger(t)\,(\mathrm{d}P_i/\mathrm{d}t)\,A(t)\,|i\rangle_0 \\ &= {}_t\langle j|\,(\mathrm{d}\,|i\rangle_t/\mathrm{d}t) \end{aligned} \tag{109}$$

$$\omega_{ji}(t) = [\varepsilon_j(t) - \varepsilon_i(t)]/\hbar. \tag{110}$$

L'équation (108) donne donc

$$p_{i\to j} \simeq \left|\int_{t_0}^{t_1} \alpha_{ji}(t) \exp\left[\mathrm{i}\int_{t_0}^{t} \omega_{ji}(\tau)\,\mathrm{d}\tau\right] \mathrm{d}t\right|^2. \tag{111}$$

L'interprétation physique des quantités α_{ji} et ω_{ji} se lit directement sur les définitions (109) et (110). $\alpha_{ji}(t)$ est une grandeur caractéristique de la vitesse de rotation des axes propres de $H(t)$: c'est la composante suivant

$|j\rangle_t$ de la vitesse de l'axe $|i\rangle_t$. $\omega_{ji}(t)$ est la « fréquence de Bohr » de la transition $i \to j$.

L'intégrant du second membre de l'équation (111) est le produit de la fonction $\alpha_{ji}(t)$ par une exponentielle oscillante de fréquence $\omega_{ji}(t)$. Si α_{ji} et ω_{ji} sont indépendants du temps, l'intégration se fait aisément et l'on trouve

$$p_{i\to j} \simeq \left|\frac{\alpha_{ji}}{\omega_{ji}}\right|^2 2(1 - \cos\omega_{ji} T)$$

$p_{i\to j}$ est donc une quantité de l'ordre de $|\alpha_{ji}/\omega_{ji}|^2$. Si α_{ji} et ω_{ji}, sans être nécessairement constants, varient dans le temps de façon suffisamment régulière, $p_{i\to j}$ est au plus de l'ordre de grandeur de la valeur maximum atteinte par le rapport $|\alpha_{ji}/\omega_{ji}|^2$ dans l'intervalle (t_0, t_1) :

$$p_{i\to j} \lesssim \max\left|\frac{\alpha_{ji}(t)}{\omega_{ji}(t)}\right|^2. \tag{112}$$

De même η_i est au plus de l'ordre de grandeur de la quantité obtenue en sommant le second membre de l'inégalité (112) sur tous les états j différents de i. Sauf accident, cette somme est majorée par l'expression $|\alpha_i^{\text{max.}}/\omega_i^{\text{min.}}|^2$ dans laquelle $\omega_i^{\text{min.}}$ est la valeur minimum de la fréquence de Bohr de la transition de i vers son plus proche voisin et $\alpha_i^{\text{max.}}$ la valeur maximum de la quantité positive $\alpha_i(t)$ définie par

$$\alpha_i^2(t) = \sum_{j\neq i} |\alpha_{ji}(t)|^2.$$

Si l'on se reporte à la définition (109) de α_{ji} et si l'on note que [11]

$$_t\langle i|\left(\frac{\mathrm{d}}{\mathrm{d}t}|i\rangle_t\right) = 0 \tag{113}$$

on voit que α_i est la longueur du vecteur $\mathrm{d}|i\rangle_t/\mathrm{d}t$, c'est-à-dire la « vitesse angulaire » de l'axe propre $|i\rangle_t$. La condition $\eta_i \ll 1$ est donc, sauf accident, certainement satisfaite si

$$\boxed{\left|\frac{\alpha_i^{\text{max}}}{\omega_i^{\text{min.}}}\right|^2 \equiv \left|\frac{\text{vitesse angulaire maximum de } |i\rangle_t}{\text{fréquence de Bohr minimum de } |i\rangle_t}\right|^2 \ll 1} \tag{114}$$

(11) Des relations (104) et (106), on tire en effet

$$\frac{\mathrm{d}}{\mathrm{d}t}|j\rangle_t = \frac{\mathrm{d}}{\mathrm{d}t}A(t)\,|j\rangle_0 = \frac{\mathrm{d}P_j}{\mathrm{d}t}|j\rangle_t \qquad (j = 1, 2, \ldots).$$

Confrontant ce résultat avec celui que l'on obtient en dérivant terme à terme l'identité $P_j(t)\,|j\rangle_t = |j\rangle_t$, on trouve $P_j(\mathrm{d}|j\rangle_t/\mathrm{d}t) = 0$, donc

$$_t\langle j|\left(\frac{\mathrm{d}}{\mathrm{d}t}|j\rangle_t\right) = 0 \qquad (j = 1, 2, \ldots). \tag{113'}$$

Les vecteurs $|j\rangle_t$ sont définis à un facteur de phase près par la condition d'être vecteurs propres de $H(t)$. La condition (113') fixe le facteur de phase.

La condition (114) peut être prise comme critère de validité de l'approximation adiabatique. C'est en fait une condition trop restrictive, mais elle a l'avantage d'être relativement maniable. Il faut noter en particulier qu'il n'est pas nécessaire de déterminer $A(t)$ pour calculer $\alpha_i(t)$ ni même pour calculer la quantité $|\alpha_{ji}(t)|$ qui figure au second membre de l'inégalité (112) ; il suffit de résoudre le problème de valeurs propres de $H(t)$ et de déterminer les vecteurs $|i\rangle_t$, $|j\rangle_t$ à un facteur de phase près ; on peut d'ailleurs montrer que :

$$\alpha_{ji}(t) = -{}_t\langle j|\frac{\mathrm{d}H}{\mathrm{d}t}|i\rangle_t/\hbar\omega_{ji}(t)$$

(cf. Problème 6).

14. Renversement adiabatique d'un champ magnétique

Reprenons le problème du § 9, avec les mêmes notations. Nous partons des mêmes conditions initiales, mais nous supposons désormais que la condition (64) n'est plus réalisée.

A l'examen de la forme (63) de l'Hamiltonien du système, nous voyons que α, L, S et $M_J \equiv M_L + M_S$ sont de bons nombres quantiques ($H(t)$ commute en effet avec $J_z \equiv L_z + S_z$ quel que soit t). Si donc le vecteur état initial est $|\alpha\, L\, S\, M_L\, M_S\rangle$, il évolue au cours du temps dans l'espace des vecteurs possédant les mêmes valeurs de α, L, S et $M_L + M_S$.

Nous nous proposons d'étudier en détail le cas où l'état initial est un état ^2P. Il y a en tout 6 états ^2P distincts : ce sont des combinaisons linéaires des 6 vecteurs de base $|\alpha\, 1\, \frac{1}{2} M_L\, M_S\rangle$ ($M_L = 1, 0, -1$; $M_S = \frac{1}{2}, -\frac{1}{2}$), que nous désignerons désormais par la notation $|M_L\, M_S\rangle$. Comme ce sont tous des états propres de $H^{(0)}$, on peut prendre la valeur propre correspondante comme zéro de l'énergie ; ceci posé, il est facile de déterminer les niveaux correspondants de l'énergie H (Problème XVI.7) : ce sont des fonctions du paramètre $\rho = \mu_B \mathcal{H}/A\hbar^2$ ($\mu_B \equiv e\hbar/2mc$ = magnéton de Bohr) dont les courbes sont données sur la figure 3. Chaque niveau correspond à une valeur bien déterminée de $M_J = M_L + M_S$; le vecteur propre qui lui est associé tend vers un vecteur $|M_L\, M_S\rangle$ particulier à chacune des limites $\rho \to \pm\infty$, ainsi que cela a été indiqué sur la figure. Nous allons examiner successivement les cas $M_J = \frac{3}{2}$ et $M_J = \frac{1}{2}$.

Considérons d'abord le cas $M_J = \frac{3}{2}$. Il existe un seul état correspondant à cette valeur de J_z ; le vecteur correspondant est $|1\, \frac{1}{2}\rangle$. C'est nécessairement un vecteur propre de H quel que soit t. Un calcul simple donne en effet :

$$H\,|1\, \tfrac{1}{2}\rangle = A\hbar^2\left(\tfrac{1}{2} - 2\rho(t)\right)|1\, \tfrac{1}{2}\rangle.$$

Si l'atome se trouve initialement dans l'état $|1\, \frac{1}{2}\rangle$, on se trouve dans le cas trivial d'intégration de l'équation de Schrödinger décrit au § 10 ; l'atome reste dans cet état au cours du temps, le vecteur état étant simplement multiplié par le facteur de phase $\exp\left[-\mathrm{i}A\hbar\int_{t_0}^{t}\left(\frac{1}{2} - 2\rho(\tau)\right)\mathrm{d}\tau\right]$. Dans le cas d'une variation linéaire du champ magnétique (loi (62)), le vecteur état au bout du temps T est rigoureusement égal à

$$\exp(-\mathrm{i}A\hbar T)\,|1\tfrac{1}{2}\rangle.$$

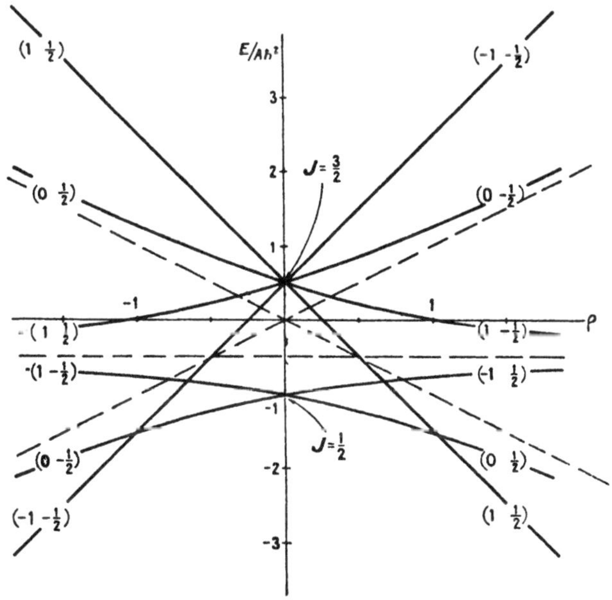

FIG. 3. — Position des niveaux ^2P en fonction de l'intensité du champ magnétique $\mathcal{H}$ ($\rho = \mu_B\mathcal{H}/A\hbar^2$). Les valeurs indiquées entre parenthèses aux extrémités de chaque courbe sont les nombres quantiques ($M_L\ M_S$) des états propres aux deux limites $\rho \to \pm\infty$.

Ceci est vrai quel que soit T. A la limite $A\hbar T \ll 1$, on retrouve notamment le résultat que donne l'approximation soudaine, c'est-à-dire le vecteur $|1\tfrac{1}{2}\rangle$ lui-même.

Examinons maintenant le cas $M_J = \tfrac{1}{2}$. Il existe deux états propres de H correspondant à cette valeur de J_z : ce sont des combinaisons linéaires des vecteurs $|0\tfrac{1}{2}\rangle$ et $|1\ -\tfrac{1}{2}\rangle$. Pour résoudre le problème de valeurs propres de $H(t)$ dans l'espace sous-tendu par ces deux vecteurs, nous prenons ces derniers comme vecteurs de base ; $H(t)$ est alors représenté, tous calculs faits, par la matrice

$$A\hbar^2\begin{pmatrix} -\rho & \tfrac{1}{2}\sqrt{2} \\ \tfrac{1}{2}\sqrt{2} & -\tfrac{1}{2} \end{pmatrix}.$$

Si l'on introduit les matrices de Pauli $\boldsymbol{\sigma} \equiv (\sigma_x, \sigma_y, \sigma_z)$, cette matrice se met sous la forme particulièrement commode :

$$H(t) = \tfrac{1}{4}A\hbar^2\left[(-2\rho - 1) + \boldsymbol{b}.\boldsymbol{\sigma}\right] \tag{115}$$

le vecteur $\boldsymbol{b}$ ayant pour composantes

$$b_x = 2\sqrt{2}, \qquad b_y = 0, \qquad b_z = 1 - 2\rho.$$

Nous introduisons également le vecteur unité $\boldsymbol{u}$ dirigé suivant $\boldsymbol{b}$:

$$\boldsymbol{b} = b\,\boldsymbol{u} \qquad\qquad b = \sqrt{8 + (1 - 2\rho)^2}$$

$$\boldsymbol{u} = \left(\frac{2\sqrt{2}}{b}, 0, \frac{1-2\rho}{b}\right). \tag{116}$$

Il faut bien prendre garde que le vecteur $\boldsymbol{b}$ et l'opérateur vectoriel $\boldsymbol{\sigma}$ sont des vecteurs d'un espace à trois dimensions sans aucun rapport avec l'espace ordinaire. Il s'agit là d'un simple artifice mathématique permettant de démontrer certaines propriétés au moyen de raisonnements géométriques analogues à ceux que l'on fait dans l'espace ordinaire.

De (115) et (116), nous tirons

$$H(t) = \tfrac{1}{4}A\hbar^2[(-1 - 2\rho) + b(\boldsymbol{\sigma}.\boldsymbol{u})] \tag{117}$$

$H(t)$ est donc une fonction de l'opérateur $(\boldsymbol{\sigma}.\boldsymbol{u})$. Son problème de valeurs propres se trouve de ce fait aisément résolu ; on trouve les valeurs propres

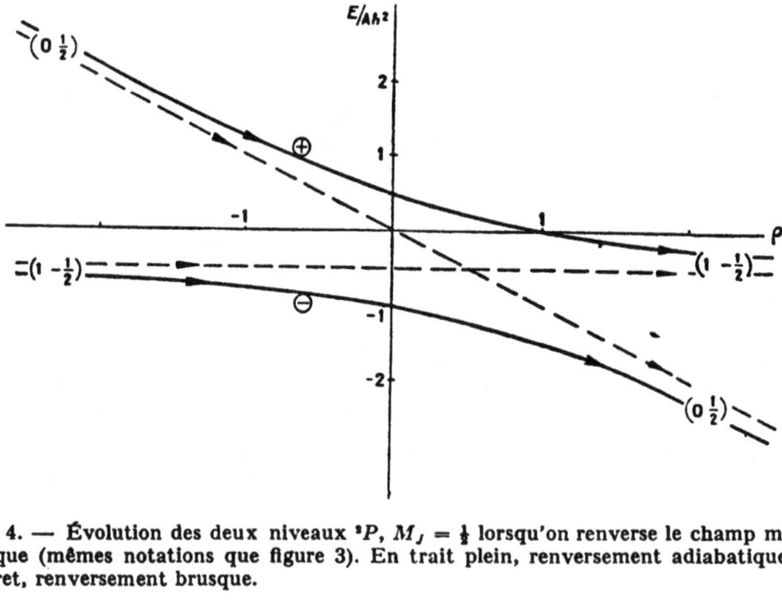

Fig. 4. — Évolution des deux niveaux ^2P, $M_J = \frac{1}{2}$ lorsqu'on renverse le champ magnétique (mêmes notations que figure 3). En trait plein, renversement adiabatique ; en tiret, renversement brusque.

$\frac{1}{4}A\hbar^2(-1 - 2\rho \pm b)$ et les projecteurs $P_\pm = \frac{1}{2}(1 \pm \boldsymbol{\sigma}.\boldsymbol{u})$. Nous désignerons par $|+\rangle$ et $|-\rangle$ les axes propres correspondants ; ils sont définis à une phase près que l'on peut fixer par la première des conditions (106), mais comme cette phase n'intervient pas dans la suite, nous ne nous en préoccuperons pas. Il est facile de suivre par continuité l'évolution en fonction du paramètre $\rho(t)$ des deux niveaux ainsi déterminés et de leurs projecteurs (fig. 3 et 4). Lorsque ρ passe de $-\infty$ à $+\infty$ l'axe propre $|+\rangle$ passe, au facteur de phase près, de $|0\,\tfrac{1}{2}\rangle$ à $|1\,-\tfrac{1}{2}\rangle$ et le niveau d'énergie correspondant suit la branche supérieure de l'hyperbole de la figure 4 ; pendant ce temps l'axe propre $|-\rangle$ passe de $|1\,-\tfrac{1}{2}\rangle$ à $|0\,\tfrac{1}{2}\rangle$ et le niveau correspondant suit la branche inférieure de l'hyperbole en question.

Supposons pour fixer les idées qu'à l'instant initial le système se trouve dans l'état $|0\,\tfrac{1}{2}\rangle$. Si le renversement du champ se fait suffisamment lentement, le vecteur état du système reste constamment égal au vecteur $|+\rangle$ (à un facteur de phase près) et le système se trouve sensiblement dans l'état $|1\,-\tfrac{1}{2}\rangle$ une fois le champ renversé. Le critère de validité de ce passage adiabatique peut être déterminé en appliquant les considérations du paragraphe précédent. Reprenant les notations de ce paragraphe, on trouve (relation (112))

$$\eta_+ = p_{+\to-} \leqslant \max\left|\frac{\alpha(t)}{\omega(t)}\right|^2 \ll 1 \qquad (118)$$

$\omega(t)$ est la fréquence de Bohr de la transition $+\to-$, soit

$$\omega(t) = \tfrac{1}{2}A\hbar\, b = \tfrac{1}{2}A\hbar\sqrt{8+(1-2\rho)^2}$$

$\alpha(t)$ est la projection suivant $|-\rangle$ de la vitesse de l'axe propre $|+\rangle$, d'où

$$|\,\alpha(t)\,| = |\,\langle -|\,(\mathrm{d}P_+/\mathrm{d}t)\,|+\rangle\,| = \tfrac{1}{2}\,|\,\langle -|\,(\boldsymbol{\sigma}.\mathrm{d}\boldsymbol{u}/\mathrm{d}t\,|+\rangle\,|$$

et, comme $\mathrm{d}\boldsymbol{u}/\mathrm{d}t$ est un vecteur perpendiculaire à $\boldsymbol{u}$ et que $|+\rangle$ et $|-\rangle$ sont des vecteurs propres de $(\boldsymbol{\sigma}.\boldsymbol{u})$, on a

$$|\,\alpha(t)\,| = \tfrac{1}{2}\left|\frac{\mathrm{d}\boldsymbol{u}}{\mathrm{d}t}\right| = \frac{\sqrt{8}}{8+(1-2\rho)^2}\left|\frac{\mathrm{d}\rho}{\mathrm{d}t}\right|.$$

Si le renversement du champ se fait suivant la loi linéaire (62), le maximum de $|\,\alpha/\omega\,|$ est atteint lorsque $\rho = +\tfrac{1}{2}$, soit

$$\max\left|\frac{\alpha}{\omega}\right| = \tfrac{1}{2}\,\frac{\mu_B\mathcal{H}_0}{A\hbar^2}\times\frac{1}{A\hbar T}.$$

La condition (118) est donc réalisée si

$$T' \equiv \frac{2A\hbar^2}{\mu_B\mathcal{H}_0}T \gg (1/A\hbar) \qquad (119)$$

T' est le temps nécessaire pour que l'énergie $\mu_B\mathcal{H}$ du couplage magnétique passe de $-2A\hbar^2$ à $2A\hbar^2$; c'est essentiellement pendant cette période de temps que s'effectue la rotation de l'axe propre $|+\rangle$ de la position $|0\,\tfrac{1}{2}\rangle$ à la position $|1\,-\tfrac{1}{2}\rangle$. La condition (119) exprime que cette période de temps doit être longue par rapport à la période caractéristique $1/A\hbar$ de la transition $+\to-$.

Il est intéressant de comparer cette condition de passage adiabatique à la condition de passage rapide (64). En fait cette dernière est trop restrictive. Elle est nécessaire pour que le vecteur état reste pratiquement inchangé pendant tout le temps T que dure le renversement du champ. Cependant, à l'exception de l'intervalle de temps T' défini plus haut, les axes propres de l'Hamiltonien restent pratiquement fixes et le vecteur état du système se trouve simplement multiplié par un facteur de phase. Pour que l'état dynamique proprement dit reste constant, autrement dit pour que le vecteur état reste le même *à une phase près* pendant l'opération de renversement du champ, il suffit que la condition de passage rapide soit réalisée pendant le temps T', soit

$$T' \ll (1/A\hbar) \tag{120}$$

(cf. Problème 8).

EXERCICES ET PROBLÈMES

1. Soient u_1, u_2 deux états propres orthogonaux correspondant à un niveau doublement dégénéré de l'Hamiltonien H_0 d'un système. L'introduction d'une perturbation constante V a pour effet de lever la dégénérescence et de scinder ledit niveau en deux niveaux distants de ε. Le système se trouve initialement dans l'état u_1, on introduit la perturbation V pendant un intervalle de temps T ; soit $W_{1\to 2}$ la probabilité de trouver le système dans l'état u_2 après que cette perturbation ait cessé d'agir. Montrer que $W_{1\to 2}$ est une fonction périodique de T de fréquence circulaire $\varepsilon/\hbar$ et vérifier que l'on obtient le résultat donné par la théorie des perturbations au premier ordre à la limite où $\varepsilon T \ll \hbar$. Que faut-il pour que $W_{1\to 2}$ reste nul quel que soit T ?

2. Un atome d'hydrogène est soumis à un champ électrique oscillant $\mathcal{E} = \mathcal{E}_0 \cos \omega t$ dont la fréquence circulaire ω est supérieure à sa fréquence d'ionisation $me^4/2\hbar^3$. L'atome se trouvant initialement dans son état fondamental, quelle est sa probabilité de transition par unité de temps à un état ionisé (on supposera que les fonctions d'ondes représentant les états ionisés peuvent être assimilées à des ondes planes) ? Quelle est la distribution angulaire de l'électron émis dans ce processus d'excitation de l'atome ? [*N. B.* — Le mécanisme décrit dans ce Problème est celui de l'effet photoélectrique, dont on obtient ainsi un traitement semi-classique dans lequel le champ électromagnétique n'est pas quantifié ; les résultats obtenus sont les mêmes que ceux que donne le traitement correct avec champ électromagnétique quantifié (cf. Problème XXI.12)].

3. Dans une désintégration β, un noyau d'atome émet un électron de vitesse le plus souvent voisine de c et sa charge passe de Ze à $(Z + 1)e$. Montrer que l'effet de cette transformation sur le mouvement des électrons du cortège électronique peut être traité en se servant de l'approximation soudaine. Vérifier que la méthode s'applique dans le cas de la désintégration du tritium H^3 ($\equiv$ 1 proton + 2 neutrons) en He^3 ($\equiv$ 1 neutron + 2 protons), où l'énergie cinétique de l'électron de désintégration n'est en moyenne que de 16 keV (mc^2 = 500 keV). L'atome de tritium étant initialement dans son état fondamental, quel est la probabilité de trouver après la désintégration un ion He^+ dans l'état 1*s* ? Dans l'état 2*s* ? Dans un état $l \neq 0$?

4. Soit $H(t)$ l'Hamiltonien d'un système non conservatif. On suppose qu'il existe un vecteur $|u\rangle$ indépendant du temps vérifiant l'équation $H(t)\,|u\rangle = \varepsilon(t)\,|u\rangle$. Montrer que le vecteur

$$\exp\left(-\mathrm{i}\int_{t_0}^{t} \varepsilon(\tau)\,\mathrm{d}\tau/\hbar\right)|u\rangle$$

vérifie l'équation de Schrödinger de ce système.

5. Soient $P_1, P_2, \ldots, P_j, \ldots$ une suite complète de projecteurs orthogonaux. On sup-

pose que chacun d'eux est une fonction continue et dérivable d'un paramètre s, mais que la variation par rapport à s préserve les relations d'orthogonalité et de fermeture :

$$P_j P_k = \delta_{jk} P_k \qquad \sum_j P_j = 1.$$

Montrer que l'opérateur $K(s) = i\hbar \sum_j (\mathrm{d}P_j/\mathrm{d}s)\, P_j = -i\hbar \sum_j P_j (\mathrm{d}P_j/\mathrm{d}s)$ est hermitique et qu'il obéit aux relations de commutation (75). Montrer qu'il obéit en outre aux identités :

$$P_j K P_j = 0 \qquad (j = 1, 2, \ldots)$$
$$P_j K P_k = i\hbar\, P_j (\mathrm{d}P_k/\mathrm{d}s)\, P_k = -i\hbar\, P_j (\mathrm{d}P_j/\mathrm{d}s)\, P_k.$$

6. Les $P_j(s)$ $(j = 1, 2, \ldots)$ étant définis comme dans le problème précédent, montrer que la dérivée de l'opérateur

$$H(s) = \sum_j \varepsilon_j(s)\, P_j(s)$$

où les $\varepsilon_j(s)$ sont des fonctions dérivables de s, obéit à l'équation :

$$P_j (\mathrm{d}H/\mathrm{d}s)\, P_k = (\varepsilon_k - \varepsilon_j)\, P_j (\mathrm{d}P_k/\mathrm{d}s)\, P_k + \delta_{jk} (\mathrm{d}\varepsilon_k/\mathrm{d}s)\, P_k.$$

En déduire que la « vitesse angulaire » $\alpha_{ji}(t)$ définie par l'équation (109) est également donnée par la relation :

$$\alpha_{ji}(t) = \frac{-1}{\hbar\omega_{ji}(t)}\, {}_t\langle j|\, \frac{\mathrm{d}H}{\mathrm{d}t}\, |i\rangle_t. \qquad (j \neq i).$$

7. Un champ magnétique uniforme $\mathcal{H}$ de grandeur fixe tourne à vitesse angulaire constante α autour d'un axe faisant un angle θ donné avec lui. On plonge dans ce champ une particule infiniment lourde de spin J. On prend $\hbar = 1$, on désigne par $\boldsymbol{u}(t)$ un vecteur unité parallèle au champ magnétique et on pose $\gamma = \mu\mathcal{H}$, μ désignant le rapport gyromagnétique de la particule. Le mouvement du spin J est donc régi par l'Hamiltonien $H(t) = -\gamma(\boldsymbol{J}.\boldsymbol{u})$. Soit $t = 0$ l'instant initial, J_0 la composante de J suivant $\boldsymbol{u}(0)$, J_z sa composante suivant l'axe de rotation du champ.

Construire l'opérateur unitaire permettant de passer aux « axes tournants » puis montrer que l'opérateur d'évolution de la représentation de Schrödinger est rigoureusement donné par la formule :

$$U(t) = \exp(-i\alpha\, J_z t) \exp\left[i(\gamma J_0 + \alpha J_z)\, t\right].$$

Vérifier sur cet exemple le théorème adiabatique ; montrer par le calcul direct et par la méthode du § 13 que le critère de validité de l'approximation adiabatique est $(\alpha \sin\theta/\gamma)^2 \ll 1$.

8. On considère l'équation de Schrödinger du système défini au § 14 dans le cas $M_j = \frac{1}{2}$; soit $\left(\dfrac{u}{v}\right)$ les composants de sa solution dans la représentation définie dans ce paragraphe. On convient de prendre $t_0 = -\frac{1}{2}T$ et l'on pose

$$T' = 2A\hbar^2\, T/\mu_B \mathcal{H}_0 \;(\ll T) \qquad \varkappa = 4/A\hbar T'.$$

Montrer que l'on a :

$$u = y \exp(-i\varkappa\, \xi^2) \qquad v = i(\mathrm{d}y/\mathrm{d}\xi) \exp(-i\varkappa\, \xi^2)$$

où y, considéré comme fonction de la variable $\xi = A\hbar t/\sqrt{2}$, obéit à l'équation :

$$y'' - \tfrac{1}{2} i(\sqrt{2} + 4\varkappa\xi)\, y' + y = 0.$$

Si l'on pose $x = \xi + (\sqrt{2}/4\varkappa)$, on peut écrire la solution générale de cette équation sous la forme

$$y = A_0 F\left(\frac{i}{4\varkappa}\,\middle|\,\frac{1}{2}\,\middle|\, i\varkappa x^2\right) + A_1 x F\left(\frac{1}{2} + \frac{i}{4\varkappa}\,\middle|\,\frac{3}{2}\,\middle|\, i\varkappa x^2\right).$$

L'état initial étant $|0\,\frac{1}{2}\rangle$, montrer, en se servant de la forme asymptotique des fonctions hypergéométriques, que la probabilité ϖ qu'il se trouve dans le même état au bout du temps T, est donnée par la formule [valable si $T \gg (T'/A\hbar)^{\frac{1}{2}}$]

$$\varpi = \left(\frac{1-\gamma}{1+\gamma}\right)^2, \qquad \gamma = \mathrm{Th}\,\frac{\pi}{4\varkappa}.$$

Vérifier que les conditions (119) et (120) correspondent bien aux conditions du passage adiabatique et à celles du passage rapide respectivement.

CHAPITRE XVIII

MÉTHODE VARIATIONNELLE ET PROBLÈMES CONNEXES

I. La méthode variationnelle de Ritz

Mis à part la méthode BKW dont le domaine d'application est très limité, il existe essentiellement deux méthodes de détermination approchée des niveaux d'énergie et des fonctions d'onde du spectre discret : la méthode de perturbation (chap. XVI) et la méthode variationnelle. Le présent chapitre est consacré à la seconde de ces deux méthodes.

Cette seconde méthode de résolution approchée est très générale et peut être utilisée chaque fois que l'équation à résoudre est susceptible de se mettre sous forme variationnelle. Son principe est le suivant. Les solutions cherchées appartiennent à un certain espace fonctionnel $\mathcal{F}$; nous désignons par Ψ une fonction arbitraire de cet espace. Supposons que l'équation étudiée ait pour solutions les fonctions de $\mathcal{F}$ qui rendent stationnaire une certaine fonctionnelle $Q[\Psi]$; cette équation est donc équivalente à l'équation aux variations

$$\delta Q = 0. \tag{1}$$

La méthode variationnelle de Ritz consiste à chercher les solutions de l'équation (1) parmi les fonctions appartenant à un domaine fonctionnel $\mathcal{F}'$ plus restreint que $\mathcal{F}$.

Supposons, à titre d'exemple, que $\mathcal{F}$ soit l'ensemble formé par toutes les fonctions d'onde d'un système quantique donné. Désignons par $\Phi(a, b, \ldots)$ des fonctions d'onde particulières repérées au moyen d'un certain nombre de paramètres continus a, b, ... On peut prendre pour $\mathcal{F}'$ l'ensemble formé par les fonctions Φ. Considérée comme une fonctionnelle des Φ, la quantité Q se réduit à une simple fonction des paramètres variationnels a, b, ..., soit

$$q(a, b, \ldots) \equiv Q[\Phi(a, b, \ldots)].$$

Chaque jeu de valeurs a_0, b_0, ... pour lequel cette fonction est stationnaire, définit une solution approchée $\Phi_0 \equiv \Phi(a_0, b_0, \ldots)$ de l'équation (1).

Le succès de la méthode dépend essentiellement du choix de l'espace $\mathcal{F}'$ des fonctions d'essai. La fonction d'essai doit être assez simple pour se prêter aisément au calcul ; en revanche, son domaine de variation doit être assez vaste ou assez judicieusement choisi pour que les solutions ainsi obtenues soient suffisamment proches des solutions exactes.

Dans la pratique, les valeurs stationnaires de Q ont un sens physique bien déterminé. Une des principales vertus de la méthode variationnelle est d'en fournir automatiquement une évaluation particulièrement précise. Il est bien clair en effet que l'écart entre $Q[\Phi_0]$ et $Q[\Psi_0]$ est d'autant plus faible que la solution approchée Φ_0 est proche de la solution exacte Ψ_0 ; mais en outre, puisque $Q[\Psi]$ est stationnaire au point $\Psi = \Psi_0$, cet écart est un infiniment petit d'ordre supérieur à l'écart entre Φ_0 et Ψ_0. Aussi la méthode variationnelle est-elle surtout utilisée pour évaluer les différentes grandeurs qui peuvent se mettre sous forme de fonctionnelles stationnaires. C'est le cas notamment des niveaux d'énergie des états liés. Nous verrons au chapitre XIX qu'elle peut aussi être appliquée au calcul des amplitudes de collision.

La méthode variationnelle de calcul des niveaux du spectre discret est décrite et discutée dans la section I de ce chapitre. Dans les deux autres sections, nous traitons deux problèmes importants par des méthodes en relation plus ou moins directe avec la méthode variationnelle. Ce sont la détermination des fonctions d'onde des atomes complexes à l'approximation du champ central par les méthodes de Hartree et de Fok-Dirac (section II) et le traitement des molécules à l'approximation adiabatique de Born-Oppenheimer (section III).

I. — MÉTHODE VARIATIONNELLE DE DÉTERMINATION DES ÉTATS LIÉS

2. Forme variationnelle du problème de valeurs propres

La fonctionnelle stationnaire qui intervient dans la méthode variationnelle de détermination des états liés est la valeur moyenne de l'énergie. On a en effet le théorème fondamental suivant (1) :

Théorème. — *Désignons par H l'Hamiltonien d'un système quantique et par $E[\Psi]$ la valeur moyenne de son énergie :*

$$E[\Psi] = \frac{\langle\Psi|H|\Psi\rangle}{\langle\Psi|\Psi\rangle}. \tag{2}$$

Celle-ci étant considérée comme fonctionnelle des vecteurs de l'espace des états, tout vecteur qui la rend stationnaire est vecteur propre du spectre discret de H, et réciproquement. La valeur propre correspondante est la valeur stationnaire de la fonctionnelle $E[\Psi]$.

(1) Il s'agit en fait d'un résultat général relatif au spectre discret des opérateurs hermitiques de l'espace de Hilbert. En effet, seule l'hermiticité de H intervient dans la démonstration qui suit.

Il faut bien prendre garde que les vecteurs $|\Psi\rangle$ introduits ici sont des vecteurs de *norme finie* : l'espace fonctionnel $\mathcal{F}$ (définition du § 1) est *l'espace de Hilbert* des états dynamiques du système. Le théorème exprime donc que les solutions propres de H situées dans l'espace de Hilbert sont les solutions de l'équation aux variations

$$\delta E = 0. \tag{3}$$

Notons, de plus, que la fonctionnelle $E[\Psi]$ est indépendante de la norme et de la phase de $|\Psi\rangle$. Par suite, toute condition supplémentaire imposée à la norme ou à la phase de $|\Psi\rangle$ ne saurait modifier la validité du théorème. Il peut être commode en particulier de limiter le domaine de variation de $|\Psi\rangle$ aux vecteurs de norme 1. C'est ce que nous ferons dans quelques-uns des exemples qui sont traités au cours de ce chapitre.

Démonstration du théorème

Calculons la variation de la fonctionnelle $E[\Psi]$. Il vient :

$$\begin{aligned}\langle\Psi|\Psi\rangle\,\delta E &= \delta(\langle\Psi|H|\Psi\rangle) - E\,\delta(\langle\Psi|\Psi\rangle)\\ &= \langle\delta\Psi|(H-E)|\Psi\rangle + \langle\Psi|(H-E)|\delta\Psi\rangle.\end{aligned}$$

Tant que $\langle\Psi|\Psi\rangle$ reste fini mais non nul, l'équation (3) équivaut donc à

$$\langle\delta\Psi|(H-E)|\Psi\rangle + \langle\Psi|(H-E)|\delta\Psi\rangle = 0. \tag{4}$$

Le ket $|\delta\Psi\rangle$ est la variation de $|\Psi\rangle$, le bra $\langle\delta\Psi|$ celle du bra conjugué de $|\Psi\rangle$. Les variations $|\delta\Psi\rangle$ et $\langle\delta\Psi|$ ne sont donc pas indépendantes. On peut néanmoins les considérer comme telles. En effet, l'équation (4) est vérifiée pour tout ket $|\delta\Psi\rangle$ infiniment petit mais, à ceci près, arbitraire. Si on remplace dans cette équation $|\delta\Psi\rangle$ par $\mathrm{i}\,|\delta\Psi\rangle$, on obtient une nouvelle équation :

$$-\mathrm{i}\,\langle\delta\Psi|(H-E)|\Psi\rangle + \mathrm{i}\,\langle\Psi|(H-E)|\delta\Psi\rangle = 0. \tag{4'}$$

Des deux équations aux variations (4) et (4') on déduit par combinaison linéaire les deux équations équivalentes :

$$\langle\delta\Psi|(H-E)|\Psi\rangle = 0, \qquad \langle\Psi|(H-E)|\delta\Psi\rangle = 0.$$

Celles-ci sont équivalentes à la seule équation (4) si l'on convient d'y considérer les variations $|\delta\Psi\rangle$ et $\langle\delta\Psi|$ comme arbitraires et indépendantes l'une de l'autre ([2]).

On en déduit les deux relations :

$$(H-E)|\Psi\rangle = 0, \qquad \langle\Psi|(H-E) = 0$$

soit encore

$$\big(H - E[\Psi]\big)\,|\Psi\rangle = 0 \tag{5 a}$$

$$\big(H^\dagger - E^*[\Psi]\big)\,|\Psi\rangle = 0. \tag{5 b}$$

Mais comme H est hermitique ($H = H^\dagger$), les relations (5 *a*) et (5 *b*) sont identiques. L'équation (3) est donc équivalente à l'équation (5 *a*) : tout ket $|\Psi_1\rangle$

([2]) Cette règle est générale : elle découle du fait que l'équation (4) est une relation linéaire en $|\delta\Psi\rangle$ et $\langle\delta\Psi|$ et que la correspondance entre bras et kets est antilinéaire.

rendant E stationnaire est un ket propre de H correspondant à la valeur propre $E[\Psi_1]$.

Réciproquement, soit $|\Psi_1\rangle$ un ket propre de norme finie, E_1 la valeur propre correspondante :

$$H|\Psi_1\rangle = E_1|\Psi_1\rangle.$$

Multipliant cette équation scalairement à gauche par $\langle\Psi_1|$, il vient

$$E_1 = E[\Psi_1]$$

$|\Psi_1\rangle$ vérifie donc l'équation (5 *a*) ; il vérifie également l'équation (5 *b*), car H est hermitique et E_1 réel. En conséquence, $E[\Psi]$ est bien stationnaire pour $\Psi = \Psi_1$. *C. Q. F. D.*

Le théorème fondamental se trouve complété par le lemme suivant :

LEMME. — *Quel que soit l'état dynamique d'un système, la valeur moyenne de son énergie est supérieure ou égale à l'énergie propre de son état fondamental :*

$$E[\Psi] \geqslant E_0. \tag{6}$$

Pour démontrer cette inégalité, il suffit de calculer la différence des deux membres dans une représentation, où H est diagonal. Afin d'alléger l'écriture, supposons le spectre de H entièrement discret. Soient $E_0, E_1, \ldots, E_n, \ldots$ les niveaux d'énergie rangés dans l'ordre croissant et soient $P_0, P_1, \ldots, P_n, \ldots$ les projecteurs sur leurs sous-espaces respectifs. Appliquant la relation de décomposition de l'unité, on trouve :

$$E[\Psi] - E_0 \equiv \frac{\langle\Psi|(H-E_0)|\Psi\rangle}{\langle\Psi|\Psi\rangle} = \sum_{n=1}^{\infty}(E_n - E_0)\frac{\langle\Psi|P_n|\Psi\rangle}{\langle\Psi|\Psi\rangle}.$$

Comme chacun des termes de cette somme est nécessairement positif ou nul, il en est de même de la somme elle-même et l'inégalité (6) se trouve démontrée.

3. Calcul variationnel des niveaux discrets

Suivant les indications générales données au § 1, on obtient des solutions approximatives de l'équation aux variations (3) en restreignant le domaine de variation des vecteurs $|\Psi\rangle$ à une partie seulement de l'espace des états dynamiques. Si ce domaine plus restreint $\mathcal{F}'$ est bien choisi, on obtient ainsi, à une bonne approximation, certains vecteurs propres de H et à une approximation encore meilleure les valeurs propres de l'énergie qui leur correspondent.

La méthode se présente de façon particulièrement simple *lorsque la fonction d'essai dépend linéairement des paramètres variationnels*, autrement dit lorsque le domaine $\mathcal{F}'$ est lui aussi un espace vectoriel ; $\mathcal{F}'$ est alors un sous-espace de l'espace des états, le mot sous-espace étant pris dans son sens habituel (§ VII.2).

Désignons par P le projecteur sur $\mathcal{F}'$, par Φ un vecteur arbitraire de cet espace et par H_P la projection de l'Hamiltonien du système dans cet espace :

$$H_P \equiv P H P. \tag{7}$$

L'expression $E[\Phi]$ (définition (2)) est égale à la valeur moyenne de H_P. Cependant, l'opérateur H_P est hermitique et transforme linéairement les uns dans les autres, les vecteurs de $\mathcal{F}'$: c'est un opérateur hermitique de $\mathcal{F}'$ et, en tant que tel, le théorème fondamental du § 2 peut lui être appliqué. L'équation aux variations

$$\delta E[\Phi] = 0 \tag{8}$$

est donc équivalente à l'équation aux valeurs propres

$$H_P \Phi = E \Phi. \tag{9}$$

En définitive, l'approximation variationnelle consiste ici à remplacer le problème de valeurs propres de H par un problème du même type, mais *a priori* plus facile à résoudre puisque l'espace $\mathcal{F}'$ dans lequel il est posé est moins vaste.

On note l'analogie avec la méthode de perturbation (§ XVI.8). En particulier, les niveaux que donne la méthode variationnelle lorsqu'on prend, comme espace $\mathcal{F}'$, le sous-espace d'une valeur propre donnée de l'Hamiltonien non perturbé, sont identiquement les mêmes que ceux que l'on obtient par le calcul de perturbation au premier ordre.

4. Un exemple simple : l'atome d'hydrogène

Avant de discuter de la méthode variationnelle et d'en apprécier les mérites et les défauts, il convient d'acquérir quelque familiarité avec elle. A cet effet, nous allons l'appliquer au calcul du niveau fondamental de l'atome d'hydrogène et comparer les résultats obtenus avec le résultat exact (chap. XI).

Nous posons :

$$a_0 = \hbar^2/me^2 \qquad E_H = \tfrac{1}{2}(e^2/\hbar c)^2\, mc^2$$

$$\rho = \frac{r}{a_0}.$$

Comme nous cherchons à déterminer des états propres de moment cinétique (lm) bien déterminé, nous prenons des fonctions d'essai de la forme

$$\Phi = a_0^{-\frac{3}{2}} \frac{u(\rho)}{\rho} Y_l^m(\theta, \varphi).$$

Un calcul simple donne :

$$E[\Phi] = -E_H\left[\int_0^\infty u^*\left(\frac{d^2}{d\rho^2} - \frac{l(l+1)}{\rho^2} + \frac{2}{\rho}\right)u\, d\rho \Big/ \int_0^\infty |u|^2\, d\rho\right].$$

Nous nous limitons aux états s ($l = m = 0$) et nous effectuons le calcul des valeurs stationnaires de l'énergie pour trois choix différents du domaine de variation de u, à savoir :

$$u_1 = \rho e^{-b\rho}, \qquad u_2 = \frac{\rho}{b^2 + \rho^2}, \qquad u_3 = \rho^2 e^{-b\rho}.$$

Chacune de ces fonctions d'essai ne dépend que du seul paramètre b. Dans chaque cas, $E[\Phi]$ se réduit donc à une fonction de b et le calcul variationnel consiste à chercher le minimum de cette fonction. Ces calculs ne présentent pas de difficulté. Les résultats en sont donnés dans le tableau I. Nous y donnons les expressions analytiques de la norme $N^2 \equiv \langle\Phi|\Phi\rangle$ de la fonction d'essai et la valeur moyenne de l'énergie en fonction de b ; puis le point $b_{\text{min.}}$ où se situe le minimum et la valeur $E_{\text{var.}}$ de ce minimum. Il convient de comparer $E_{\text{var.}}$ à l'énergie fondamentale $E_0 = -E_H$. Il est également intéressant de comparer la solution approchée $\Psi_{\text{var.}}$ à la fonction propre du fondamental Ψ_0. A cet effet, les formes analytiques des parties radiales normalisées à l'unité $(u/N)_{\text{var.}}$ sont données au tableau I et les courbes correspondantes sont tracées sur la figure 1 ; elles doivent être comparées à la

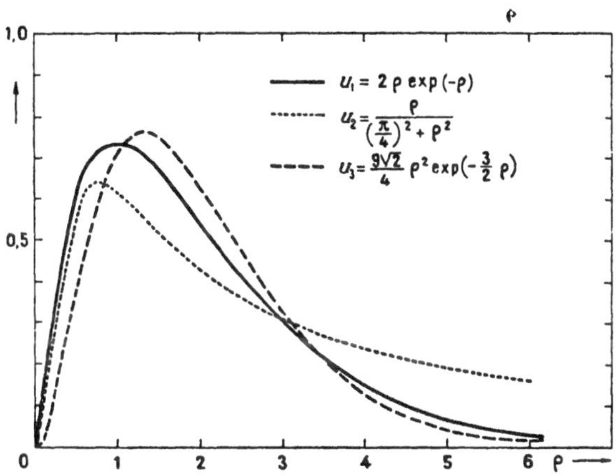

Fig. 1. — Fonctions radiales du fondamental de l'atome d'hydrogène (normalisées à l'unité) données par le calcul variationnel du § 4.

fonction radiale exacte $2\rho e^{-\rho}$. Le tableau contient également la valeur moyenne $\langle r \rangle_{\text{var.}}$ correspondant à chacune des trois solutions approchées $\Psi_{\text{var.}}$, ainsi que la quantité

$$\varepsilon \equiv 1 - |\langle\Psi_0|\Psi_{\text{var.}}\rangle|^2$$

(Ψ_0 et $\Psi_{\text{var.}}$ étant supposés normalisés à l'unité) ; ε est une bonne mesure de l'écart entre l'état $\Psi_{\text{var.}}$ et l'état fondamental (c'est le *carré* du module de l'amplitude de la composante de $\Psi_{\text{var.}}$ orthogonale à Ψ_0).

Les trois fonctions d'essai choisies ont ceci de commun avec la fonction d'onde du fondamental qu'elles n'ont pas de nœud radial. Elles ont donc toutes chances d'être plus voisines de cette fonction que de celles des états excités et les valeurs $E_{var.}$ ont toutes chances d'être plus voisines du niveau fondamental $-E_H$ que de n'importe quel autre niveau (premier niveau excité : $E_1 = -\frac{1}{4}E_H$). Ces présomptions sont bien vérifiées. Pour le montrer nous avons porté dans le tableau I, au-dessous de chaque valeur de $E_{var.}$, la valeur correspondante prise par le rapport $(E_{var.} - E_0)/(E_1 - E_0)$; celle-ci constitue une bonne mesure de l'erreur que comporte ce calcul variationnel du niveau fondamental. Le meilleur résultat est donné par la fonction d'essai u_1 qui donne la fonction d'onde du fondamental elle-même et la valeur propre exacte : on note que u_1 a même comportement à l'origine ($\propto \rho$) et même comportement asymptotique exponentiel décroissant que les fonctions propres de l'état s (avec un potentiel attractif différent du potentiel coulombien, on n'obtiendrait pas la fonction d'onde exacte, mais le résultat serait quand même excellent). La fonction u_2 a le bon comportement à l'origine mais un comportement asymptotique totalement différent de la solution exacte ; la valeur qu'elle donne $E_{var.} = -0,81\, E_H$ est encore très satisfaisante. La fonction u_3, qui a par contre un comportement à l'origine très

TABLEAU I

Calcul variationnel du fondamental de l'atome d'hydrogène

		1	2	3
$u(b, \rho)$	=	$\rho\, e^{-b\rho}$	$\dfrac{\rho}{b^2 + \rho^2}$	$\rho^2\, e^{-b\rho}$
N^2	=	$1/4b^3$	$\pi/4b$	$3/4b^5$
$E(b)/E_H$	=	$b^2 - 2b$	$(\pi - 8b)/2\pi b^2$	$\frac{1}{3}b^2 - b$
$b_{min.}$	=	1	$\frac{1}{4}\pi$	$\frac{3}{2}$
$E_{var.}$	=	$-E_H$	$-0,81\, E_H$	$-0,75\, E_H$
$\dfrac{E_{var.} - E_0}{E_1 - E_0}$	=	0	0,25	0,33
$(u/N)_{var.}$	=	$2\rho\, e^{-\rho}$	$\rho[(\frac{1}{4}\pi)^2 + \rho^2]^{-1}$	$\frac{1}{4}9\sqrt{2}\,\rho^2\, e^{-\frac{3}{2}\rho}$
$\langle r \rangle_{var.}$	=	$1,5\, a_0$	∞	$1,66\, a_0$
$\varepsilon = 1 - \lvert\langle\Psi_0\vert\Psi_{var.}\rangle\rvert^2$	=	0	0,21	0,05

inexact ($\propto \rho^2$) et la décroissance exponentielle correcte à l'infini, donne un résultat moins bon. L'examen des quantités $\langle r \rangle_{\text{var.}}$ et ε montre que la fonction u_3 est, *grosso modo*, plus voisine de la solution exacte que la fonction u_2 ; le fait qu'elle donne un résultat moins bon souligne l'importance du comportement à l'origine dans le calcul de l'énergie, importance due essentiellement au caractère attractif du potentiel.

5. Discussion. Application de la méthode au calcul des niveaux excités

La méthode variationnelle est une méthode particulièrement puissante, mais il est difficile d'apprécier la portée de ses résultats.

Il n'y a pas de raisonnement rigoureux qui permette de savoir de quel niveau elle donne une valeur approximative, ni *a fortiori* d'évaluer l'ordre de grandeur de l'erreur faite. Cependant, il est souvent possible de donner une réponse à la première question en comparant l'allure générale de la fonction d'onde obtenue $\Psi_{\text{var.}}$ (nombre de nœuds, comportement à l'origine et à l'infini) avec celle de la solution exacte ou, tout au moins, ce que l'on sait *a priori* sur cette solution. En pratique, les fonctions d'essai choisies ont une forme analytique simple : elles possèdent un nombre d'oscillations (ou de nœuds) très restreint. Elles ont donc toutes chances d'être voisines de l'état fondamental.

Les raisons qui précèdent montrent que *la méthode variationnelle convient surtout au calcul du niveau fondamental*, dont elle fournit une *limite supérieure* (lemme (6)). Il n'y a malheureusement aucun moyen sûr d'évaluer l'ordre de grandeur de l'erreur (cf. Problème 1). Tout dépend du choix et de la flexibilité de la fonction d'essai, c'est-à-dire du choix et de l'extension du domaine fonctionnel $\mathcal{F}'$.

La nécessité de fonctions d'essai plus complexes, les difficultés d'interprétation des résultats et notamment les difficultés d'appréciation de l'importance et du signe de l'erreur rendent l'application de la méthode variationnelle au calcul des niveaux excités beaucoup plus aléatoire. Il existe toutefois deux circonstances où cette méthode peut être utile au calcul des niveaux excités.

En premier lieu, lorsqu'on connaît la fonction d'onde du fondamental Ψ_0, on peut prendre la fonction d'essai Φ parmi les fonctions d'ondes orthogonales à Ψ_0. Dans ce cas, la fonctionnelle $E[\Phi]$ est au moins égale à l'énergie E_1 du premier état excité

$$E[\Phi] \geqslant E_1 \qquad (10)$$

et l'application de la méthode variationnelle fournit une limite supérieure du niveau E_1 (cf. Problème 2). A défaut de connaître la solution fondamentale exacte, il se peut qu'on en connaisse une solution approchée Φ_0 (déterminée, par exemple, par calcul variationnel) ; dans ce cas, on peut appliquer la méthode variationnelle au calcul de E_1, en partant de fonctions d'essai orthogonales à Φ_0 pourvu que l'écart entre Φ_0 et Ψ_0 soit assez faible, soit :

$$\varepsilon_0 = 1 - |\langle\Psi_0|\Phi_0\rangle|^2 \ll 1$$

(Ψ_0 et Φ_0 étant de norme 1). La solution stationnaire Φ_1 (dont nous supposons la norme égale à 1) n'est alors pas orthogonale à Ψ_0 et l'inégalité (10) risque d'être violée, mais on a nécessairement (Problème 3)

$$|\langle\Phi_1|\Psi_0\rangle|^2 < \varepsilon_0 \tag{11}$$

et par suite

$$E[\Phi_1] \geqslant E_1 - \varepsilon_0(E_1 - E_0). \tag{12}$$

La deuxième circonstance favorable est celle où H possède certaines propriétés de symétrie. Supposons pour fixer les idées que H soit invariant par rotation. Les fonctions propres et valeurs propres peuvent alors être classées à l'aide des nombres quantiques j, m. Soit $\mathcal{E}(j\,m)$ l'espace des fonctions de moment cinétique $(j\,m)$. En choisissant une fonction d'essai dans $\mathcal{E}(j\,m)$, il est possible de calculer par variation les niveaux $(j\,m)$ et notamment le plus bas d'entre eux ; de ce dernier, la méthode variationnelle donne automatiquement une limite supérieure (Problème 4).

6. L'état fondamental de l'atome d'hélium

Dans ce paragraphe, nous nous proposons de déterminer par un calcul variationnel le niveau fondamental de l'atome d'He et plus généralement celui d'atomes $(Z-2)$ fois ionisés tels que Li^+, Be^{++}, etc. Le même problème a déjà été traité par la méthode de perturbation dans le § XVI.4 ; sauf indication contraire, nous adopterons ici les mêmes notations.

Comme fonction d'essai, nous prenons une fonction identique à la fonction d'ordre zéro du calcul de perturbation,

$$\Phi_a(\boldsymbol{r}_1, \boldsymbol{r}_2) = \frac{1}{\pi a^3}\,\mathrm{e}^{-(r_1+r_2)/a}$$

la seule modification consistant à traiter a comme un paramètre variationnel au lieu de lui donner la valeur a_0/Z.

La fonction d'essai choisie étant de norme 1, la valeur moyenne de l'énergie est simplement donnée par la formule

$$E(a) = \langle\varphi_a|H|\varphi_a\rangle = \iint \varphi_a^*(H\,\varphi_a)\,\mathrm{d}\boldsymbol{r}_1\,\mathrm{d}\boldsymbol{r}_2.$$

L'Hamiltonien du système peut se mettre sous la forme

$$H = k_1 + k_2 + v_1 + v_2 + V_{12},$$

où k_i $(i = 1, 2)$ désigne l'énergie cinétique de chaque électron, $v_i = Ze^2/r_i$ son interaction avec le noyau et V_{12} leur interaction mutuelle. $E(a)$ est donc la somme des valeurs moyennes de ces cinq opérateurs. Le calcul de ces cinq quantités est grandement facilité par la remarque que la fonction d'onde φ_a peut se mettre sous la forme $\varphi_a = f_a(\boldsymbol{r}_1)\, f_a(\boldsymbol{r}_2)$, où $f_a(\boldsymbol{r})$ est la fonction propre de l'état fondamental d'un électron dans un champ coulombien de charge $Z'e$, avec

$$Z' = a_0/a.$$

On sait que l'énergie totale d'un tel électron est $-Z'^2 E_H$, que la valeur moyenne de son énergie cinétique est $+Z'^2 E_H$ et celle de son énergie potentielle $-2Z'^2 E_H$ (Problème XI.1). En conséquence

$$\langle\varphi_a|k_i|\varphi_a\rangle = Z'^2 E_H$$
$$\langle\varphi_a|v_i|\varphi_a\rangle = -2Z'^2 E_H(Z/Z') = -2Z\,Z'\,E_H.$$

D'autre part, le calcul du § XVI.4 (équ. (XVI.17-20)) reste valable et donne

$$\langle\varphi_a|V_{12}|\varphi_a\rangle = \tfrac{5}{4}Z'\,E_H,$$

d'où

$$E(a) = 2E_H\left(Z'^2 - 2\left(Z - \frac{5}{16}\right)Z'\right).$$

Cette expression, considérée comme fonction de a, ou, ce qui revient au même, comme fonction de Z', présente un minimum pour

$$Z' = Z - \frac{5}{16}. \tag{13}$$

La valeur de ce minimum est

$$E_{\text{var.}} = -2\left(Z - \frac{5}{16}\right)^2 E_H. \tag{14}$$

Les valeurs numériques de $E_{\text{var.}}$ correspondant aux atomes He, Li^+, Be^{++} sont indiquées au tableau I du § XVI.4 (colonne 5 de ce tableau). Il est intéressant de les comparer aux valeurs données par le calcul de perturbation du premier ordre. On note que

$$E_{\text{var.}} = -2Z^2 E_H + \frac{5}{4}Z\,E_H - \frac{25}{128}E_H$$
$$= E_{\text{pert.}} - \frac{25}{128}E_H,$$

donc que la valeur trouvée est inférieure à la valeur donnée par le calcul de perturbation de la quantité indépendante de Z :

$$\frac{25}{128}E_H = 2{,}64\ \text{eV}.$$

C'est donc une meilleure approximation, comme on pouvait s'y attendre. $E_{\text{var.}}$ reste néanmoins supérieur à la valeur expérimentale $E_{\text{exp.}}$, en conformité avec l'inégalité (6).

La fonction propre donnée par ce calcul variationnel a une interprétation physique simple. Elle représente deux particules indépendantes, se déplaçant dans un champ coulombien dont la charge $Z'e$ est donnée par l'équation (13) ; cette charge est inférieure de $5e/16$ à la charge du noyau ; la différence représente, à cette approximation, l'effet d'écran que subit chaque électron dans son mouvement dans le champ coulombien du noyau du fait de la présence de l'autre électron.

En augmentant la flexibilité de la fonction d'essai, on obtient une valeur $E_{\text{var.}}$ plus proche encore de la valeur propre exacte. En particulier, au lieu de prendre comme fonction d'essai la fonction φ_a dépendant du seul paramètre variationnel a, on peut prendre le produit de φ_a par un polynôme de degré donné en r_1, r_2 et r_{12} et dont les coefficients sont également traités comme des paramètres variationnels. La valeur trouvée pour $E_{\text{var.}}$ diminue et s'approche de la valeur exacte, au fur et à mesure qu'on augmente la complexité du polynôme. En opérant de la sorte, Hylleraas est parvenu à une valeur théorique en excellent accord avec la valeur expérimentale [3].

II. — L'ATOME DE HARTREE ET DE FOK-DIRAC

7. La méthode du champ self-consistent

Nous avons déjà donné les grandes lignes du traitement des atomes complexes en Mécanique Quantique (§ XIV.12 et § XVI.9-10-11). Il a pour point de départ l'approximation des particules indépendantes, dans laquelle chacun des électrons se meut indépendamment des autres dans un potentiel représentant l'attraction du noyau et l'effet moyen dû à la répulsion de tous les autres électrons. A cette approximation, la fonction d'onde de l'atome est représentée par un certain déterminant de Slater, qu'il convient de choisir aussi proche que possible de la solution exacte de l'équation de Schrödinger de l'atome. Désignons par Φ un déterminant de Slater arbitraire. Le meilleur choix est celui que donne la méthode variationnelle en prenant Φ pour fonction d'essai. Ce cas particulier très important de la méthode variationnelle porte le nom de méthode du champ self-consistent. Sans entrer dans le détail des calculs, nous allons en exposer les principales étapes [4].

Le domaine d'application de cette méthode n'est pas limité aux seuls atomes ; il s'étend également aux électrons d'une molécule ou d'un solide

(3) Hylleraas, *Zeit. f. Phys.*, **65**, 209 (1930) : les détails du traitement d'Hylleraas sont donnés dans Condon et Shortley, *Theory of Atomic Spectra*, Cambridge, 4e éd. (1957), 345. La méthode d'Hylleraas donne une convergence très rapide. Avec huit paramètres variationnels, la valeur calculée est légèrement inférieure à la valeur expérimentale, en contradiction apparente avec l'inégalité (6). En fait, la valeur $E_{\text{exp.}}$ est légèrement supérieure à la valeur propre E_0 du niveau fondamental de H, par suite d'effets relativistes, qu'il est d'ailleurs possible d'estimer. La méthode d'Hylleraas est une méthode de calcul (très précise) de E_0 et non de $E_{\text{exp.}}$.

(4) Pour un exposé détaillé de la méthode et de ses applications pratiques, cf. D. R. Hartree, *The calculation of Atomic structures*, Wiley (1957). Cf. également Condon et Shortley, *loc. cit.* Note (3).

et, plus généralement, aux systèmes de particules identiques dans un champ extérieur quelconque. Bien que nous limitions la discussion au cas des atomes, l'exposé qui suit préserve formellement ce caractère de généralité.

8. Calcul de $E[\Phi]$.

L'Hamiltonien du système de Z électrons s'écrit

$$H = H_1 + H_2 \tag{13}$$

$$H_1 = \sum_{i=1}^{Z} h^{(i)}, \qquad h^{(i)} = \frac{p^{(i)2}}{2m} + V(r^{(i)}) \tag{14}$$

$$H_2 = \sum_{i<j} w^{(ij)}. \tag{15}$$

Le premier terme, H_1, contient l'énergie cinétique et l'énergie potentielle due à la présence du champ extérieur (champ électrique du noyau) ; c'est une somme de Z Hamiltoniens individuels identiques. Le deuxième terme, H_2, est le potentiel d'interaction mutuelle des électrons pris deux à deux et comprend $\frac{1}{2}Z(Z-1)$ termes identiques représentant respectivement l'interaction mutuelle de chaque couple d'électrons ; ainsi $w^{(ij)}$ est le potentiel d'interaction entre le $i^{\text{ème}}$ et le $j^{\text{ème}}$ électrons. Si l'on néglige les forces dépendant du spin, $w^{(ij)}$ est simplement le potentiel de répulsion électrostatique :

$$w^{(ij)} = e^2/r_{ij} \qquad (r_{ij} \equiv |\, r_i - r_j \,|). \tag{16}$$

Le traitement qui suit ne fait d'ailleurs pas intervenir cette forme particulière de $w^{(ij)}$; il suppose uniquement que $w^{(ij)}$ est une fonction des seules variables dynamiques des $i^{\text{ème}}$ et $j^{\text{ème}}$ électrons et que cette fonction est symétrique dans la permutation (ij).

Comme $E[\Phi]$ est indépendant de la norme de Φ, on peut toujours imposer à la fonction d'essai d'être normalisée à l'unité. Reprenant les notations du chapitre XIV, nous l'écrivons sous la forme

$$|\Phi\rangle = (Z!)^{\frac{1}{2}} A\, |\widehat{\Phi}\rangle \tag{17}$$

où A est l'antisymétriseur défini par l'équation (XIV.26) :

$$A \equiv \frac{1}{Z!} \Sigma_P (-)^p P, \tag{18}$$

et où $|\widehat{\Phi}\rangle$ est le produit tensoriel de Z kets individuels orthonormaux arbitraires :

$$|\widehat{\Phi}\rangle = |\alpha\rangle^{(1)} |\beta\rangle^{(2)} \ldots |\zeta\rangle^{(Z)} \equiv |\alpha^{(1)} \beta^{(2)} \ldots \zeta^{(Z)}\rangle \tag{19}$$

$$\langle\lambda|\mu\rangle = \delta_{\lambda\mu} \qquad (\lambda, \mu = \alpha, \beta, \ldots, \zeta). \tag{20}$$

La condition de normalisation se trouve, de ce fait, automatiquement remplie :

$$\langle\Phi|\Phi\rangle = 1. \tag{21}$$

$E[\Phi]$ est la somme des valeurs moyennes de H_1 et de H_2. Leur calcul est facilité par le fait que ce sont des opérateurs invariants par permutation, donc commutant avec A, et que A est un projecteur ($A^2 = A$).

La valeur moyenne de H_1 s'écrit successivement :

$$\begin{aligned}\langle H_1\rangle \equiv \langle\Phi|H_1|\Phi\rangle &= Z!\,\langle\widehat{\Phi}|H_1\,A|\widehat{\Phi}\rangle \\ &= \sum_{i=1}^{Z}\sum_{P}(-)^p\,\langle\widehat{\Phi}|h^{(i)}P|\widehat{\Phi}\rangle \\ &= \sum_{i=1}^{Z}\langle\widehat{\Phi}|h^{(i)}|\widehat{\Phi}\rangle.\end{aligned}$$

Remplaçant $|\widehat{\Phi}\rangle$ par sa définition (19), la dernière expression se met sous la forme :

$$\langle H_1\rangle = \textstyle\sum_\lambda \langle\lambda|h|\lambda\rangle \qquad (\lambda = \alpha, \beta, \ldots, \zeta). \tag{22}$$

C'est donc la somme des valeurs moyennes de l'Hamiltonien individuel h relatives aux Z états quantiques individuels occupés par les électrons.

De même, $\langle H_2\rangle$ peut se mettre sous la forme d'une somme d'éléments de matrice de l'opérateur w entre vecteurs d'un système de deux électrons. On a successivement :

$$\begin{aligned}\langle H_2\rangle \equiv \langle\Phi|H_2|\Phi\rangle &= Z!\,\langle\widehat{\Phi}|H_2\,A|\widehat{\Phi}\rangle \\ &= \sum_{i<j}\sum_{P}(-)^p\,\langle\widehat{\Phi}|\,w^{(ij)}P|\widehat{\Phi}\rangle \\ &= \sum_{i<j}\langle\widehat{\Phi}|\,w^{(ij)}\,(1-P_{(ij)})|\widehat{\Phi}\rangle\end{aligned}$$

soit

$$\langle H_2\rangle = \textstyle\sum'(\langle\lambda^{(1)}\,\mu^{(2)}|w^{(12)}|\lambda^{(1)}\,\mu^{(2)}\rangle - \langle\lambda^{(1)}\,\mu^{(2)}|w^{(12)}|\mu^{(1)}\,\lambda^{(2)}\rangle) \tag{23}$$

la somme $\sum'$ étant étendue aux $\frac{1}{2}Z(Z-1)$ couples d'états individuels λ, μ que l'on peut former dans la collection des Z états individuels α, β, ..., ζ. Le premier terme du crochet est la valeur moyenne de l'énergie d'interaction relative au ket $|\lambda^{(1)}\,\mu^{(2)}\rangle$, suivant lequel l'électron 1 se trouve dans l'état λ et l'électron 2 dans l'état μ ; le deuxième terme est le *terme d'échange*, c'est-à-dire l'élément de matrice de w entre les états $|\lambda^{(1)}\,\mu^{(2)}\rangle$ et $|\mu^{(1)}\,\lambda^{(2)}\rangle$ [Notons que ce terme d'échange est réel et que l'on a :

$$\langle\lambda^{(1)}\,\mu^{(2)}|w^{(12)}|\mu^{(1)}\,\lambda^{(2)}\rangle = \langle\mu^{(1)}\,\lambda^{(2)}|w^{(12)}|\lambda^{(1)}\,\mu^{(2)}\rangle.$$

Cette propriété vient de ce que $w^{(12)}$ est hermitique et invariant dans la permutation (1 2)]. $\langle H_2\rangle$ peut également s'écrire

$$\langle H_2\rangle = \tfrac{1}{2}\textstyle\sum_\lambda\sum_\mu(\langle\lambda^{(1)}\,\mu^{(2)}|w^{(12)}|\lambda^{(1)}\,\mu^{(2)}\rangle - \langle\lambda^{(1)}\,\mu^{(2)}|w^{(12)}|\mu^{(1)}\,\lambda^{(2)}\rangle) \tag{24}$$

$$(\lambda, \mu = \alpha, \beta, \ldots, \zeta).$$

On a en définitive

$$E[\Phi] = \langle H_1\rangle + \langle H_2\rangle \tag{25}$$

où $\langle H_1\rangle$ et $\langle H_2\rangle$ sont donnés par les équations (22) et (24).

9. Équations de Fok-Dirac

La solution variationnelle de l'équation de Schrödinger à l'approximation du champ self-consistent est celle qui rend stationnaire $E[\Phi]$ par rapport aux Z vecteurs orthonormés $|\lambda\rangle$ ($\lambda = \alpha, \beta, \ldots, \zeta$). Écrire que E est stationnaire par rapport aux variations de Z vecteurs soumis aux Z^2 conditions (20) équivaut à écrire (méthode des multiplicateurs de Lagrange) qu'il existe Z^2 constantes $\varepsilon_{\lambda\mu}(\lambda, \mu = \alpha, \beta, \ldots, \zeta)$ telles que l'équation aux variations

$$\delta E - \sum_{\lambda}\sum_{\mu} \varepsilon_{\lambda\mu}\, \delta\langle\mu|\lambda\rangle = 0 \tag{26}$$

soit satisfaite.

Les Z^2 constantes $\varepsilon_{\lambda\mu}$ peuvent être regardées comme les éléments d'une certaine matrice $Z \times Z$, que nous désignerons par ε. C'est une matrice hermitique. En effet, E étant réel, δE l'est aussi. Retranchant membre à membre l'équation (26) de sa complexe conjuguée, on trouve donc :

$$\textstyle\sum_\lambda \sum_\mu (\varepsilon_{\lambda\mu} - \varepsilon^*_{\mu\lambda})\, \delta\langle\mu|\lambda\rangle = 0,$$

ce qui exige

$$\varepsilon_{\lambda\mu} = \varepsilon^*_{\mu\lambda}.$$

Les Z vecteurs $|\alpha\rangle, |\beta\rangle, \ldots, |\zeta\rangle$ forment une base orthonormée d'un certain sous-espace $\mathcal{E}_\Phi$ de l'espace des états individuels. Changer de base dans ce sous-espace revient à multiplier $|\Phi\rangle$ par un facteur de phase. Désignons, en effet, par S la matrice unitaire $Z \times Z$ définissant ce changement de base et par $|\alpha'\rangle, |\beta'\rangle, \ldots, |\zeta'\rangle$ les nouveaux vecteurs de base :

$$|\lambda'\rangle = \textstyle\sum_\lambda |\lambda\rangle\, S_{\lambda\lambda'}.$$

Suivant une propriété bien connue des produits de déterminants, le déterminant de Slater de ces Z nouveaux vecteurs est égal au produit de celui des Z anciens vecteurs par dét S. En conséquence :

$$|\Phi'\rangle = (\text{dét } S)\, |\Phi\rangle.$$

Et puisque S est unitaire, $|\text{ dét } S\,| = 1$. Par suite, la fonctionnelle $E[\Psi]$ est invariante dans un changement de base et l'équation aux variations (26) définit la suite $|\alpha\rangle, |\beta\rangle, \ldots, |\zeta\rangle$ à un changement de base près.

Il est d'ailleurs facile de montrer que l'équation (26) entraîne l'équation analogue

$$\delta E - \sum_{\lambda}\sum_{\mu} \varepsilon'_{\lambda\mu}\, \delta\langle\mu'|\lambda'\rangle = 0,$$

où la matrice ε' est la transformée de ε dans la transformation $S^\dagger$:

$$\varepsilon'_{\lambda\mu} = (S^\dagger\, \varepsilon\, S)_{\lambda\mu}.$$

On peut notamment choisir S de façon que ε' soit diagonal. Puisque l'on ne modifie pas le problème variationnel en limitant le choix de la base, nous poserons désormais comme condition que ε est diagonal. L'équation aux variations (26) s'écrit alors :

$$\delta E - \sum_{\lambda} e_{\lambda}\, \delta \langle\lambda|\lambda\rangle = 0. \tag{26'}$$

Le calcul de la variation δE se fait aisément en se reportant aux expressions (22), (24) et (25). On peut ainsi mettre le premier membre de (26') sous forme d'une combinaison linéaire homogène des $2Z$ variations $\langle\delta\lambda|$ et $|\delta\lambda\rangle$ $(\lambda = \alpha, \beta, \ldots, \zeta)$. En écrivant qu'il est nul quelles que soient ces $2Z$ variations considérées comme indépendantes (cf. note (2)) et en utilisant le fait que H est hermitique, on obtient — nous ne donnerons pas le détail du calcul — un système de Z équations pour les Z vecteurs orthogonaux

$$|\alpha\rangle, |\beta\rangle, \ldots, |\zeta\rangle,$$

à savoir :

$$h^{(1)}\,|\lambda\rangle^{(1)} + \sum_{\mu} {}^{(2)}\langle\mu|w^{(12)}|\mu\rangle^{(2)}\ |\lambda\rangle^{(1)} - \sum_{\mu} {}^{(2)}\langle\mu|w^{(12)}\,|\lambda\rangle^{(2)}\ |\mu\rangle^{(1)} = e_{\lambda}\,|\lambda\rangle^{(1)} \qquad (\lambda = \alpha, \beta, \ldots, \zeta). \tag{I}$$

On notera l'absence des facteurs $\frac{1}{2}$ dans les deux derniers termes du premier membre. En multipliant scalairement membre à membre par ${}^{(1)}\langle\lambda|$ et en sommant sur λ, il vient

$$\sum_{\lambda} e_{\lambda} = \langle H_1\rangle + 2\langle H_2\rangle = E[\Phi] + \langle H_2\rangle. \tag{27}$$

Cette relation sera discutée plus bas.

Dans la pratique, on représente les kets individuels par leurs fonctions d'onde

$$u_{\lambda}(q) \equiv \langle q|\lambda\rangle,$$

$q \equiv (\boldsymbol{r}, m_s)$ désignant l'ensemble des coordonnées d'espace et de spin.

Il est commode d'introduire la « densité d'électrons » :

$$\rho(q, q') \equiv \langle q|\rho|q'\rangle = \sum_{\mu} u_{\mu}(q)\, u_{\mu}^{*}(q'). \tag{28}$$

C'est la matrice représentative du projecteur sur l'espace $\mathcal{E}_{\Phi}$ défini plus haut

$$\rho = \sum_{\mu} |\mu\rangle\,\langle\mu|.$$

L'élément diagonal

$$\rho(q) \equiv \rho(q, q) = \sum_{\mu} |\, u_{\mu}(q)\,|^2 \tag{29}$$

est la densité de probabilité de trouver un électron au point q.

L'interaction $w^{(ij)}$ est une certaine fonction réelle et symétrique des variables $q^{(i)}$, $q^{(j)}$ que nous dénotons par $w(q^{(i)}, q^{(j)})$ désormais. Posons :

$$W_{\text{ech.}}\,(q, q') = \rho(q, q')\, w(q, q') \tag{30}$$

$$W(q) = \int \rho(q')\, w(q, q')\, \mathrm{d}q' \tag{31}$$

$\int \mathrm{d}q'$ désignant par convention l'intégration sur les coordonnées d'espace et la sommation sur la coordonnée de spin. Avec ces notations, le système (I) se met sous la forme d'un système d'équations intégrodifférentielles :

$$\left[-\frac{\hbar^2}{2m}\Delta + V(q)\right] u_\lambda(q) + W(q)\, u_\lambda(q) - \int W_{\text{ech.}}(q, q')\, u_\lambda(q')\, dq' = e_\lambda\, u_\lambda(q) \qquad (\text{II})$$

$$(\lambda = \alpha, \beta, \ldots, \zeta).$$

C'est *le système d'équations intégrodifférentielles de Fok-Dirac.*

Ce système d'équations peut être résolu par itération. Partant d'une valeur approchée ρ_0 de la densité, on obtient, par substitution dans (30) et (31), des valeurs approchées pour W et $W_{\text{ech.}}$. Substituant ces dernières dans (II), on obtient une équation aux valeurs propres dont les Z premières solutions $u_\alpha^{(1)}, \ldots, u_\zeta^{(1)}$ permettent de tirer une nouvelle valeur ρ_1 de la densité. Partant de ρ_1 et renouvelant les opérations qui viennent d'être décrites, on tire une nouvelle valeur ρ_2 et ainsi de suite. La suite $\rho_0, \rho_1, \rho_2, \ldots$ converge éventuellement vers la solution exacte ρ. Nous ne discuterons pas ici la convergence de la méthode. La rapidité de cette convergence dépend évidemment du choix de ρ_0.

10. Discussion

Chacune des équations (II) ressemble à une équation de Schrödinger fixant l'un des Z états individuels occupés par les Z électrons de l'atome. Il ne s'agit pas d'une véritable équation aux valeurs propres puisque les opérateurs W et $W_{\text{ech.}}$ dépendent de la densité d'électrons et qu'en conséquence les solutions propres $u_\alpha, u_\beta, \ldots, u_\zeta$, interviennent dans la définition de l'Hamiltonien. Cette réserve faite, il est intéressant d'examiner cet Hamiltonien individuel et de tenter de donner un sens physique à ses différents termes.

A cet effet, désignons par $\rho^{(\lambda)}$ la densité des électrons situés dans les $(Z - 1)$ états occupés autres que l'état λ :

$$\rho^{(\lambda)} \equiv \sum_{\mu \neq \lambda} |\mu\rangle\langle\mu| = \rho - |\lambda\rangle\langle\lambda|, \qquad \rho^{(\lambda)}(q, q') = \rho(q, q') - u_\lambda(q)\, u_\lambda^*(q')$$

et soient $W_{\text{ech.}}^{(\lambda)}$ et $W^{(\lambda)}$ les expressions obtenues en remplaçant ρ par $\rho^{(\lambda)}$ dans les définitions (30) et (31) respectivement. Introduisons également le potentiel moyen $X^{(\lambda)}$ créé par l'électron dans l'état $|\lambda\rangle$:

$$X^{(\lambda)}(q) = \int |\, u_\lambda(q')\,|^2\, w(q, q')\, dq' \qquad (32)$$

$W^{(\lambda)}$ est le potentiel moyen créé par les électrons situés dans les $(Z - 1)$ autres états occupés, tandis que W est le potentiel moyen créé par tous les électrons :

$$W(q) = W^{(\lambda)}(q) + X^{(\lambda)}(q).$$

Ceci dit, l'équation du système (II) relative à l'état λ peut se mettre sous la forme

$$\left[-\frac{\hbar^2}{2m}\Delta + V(q)\right]u_\lambda(q) + W^{(\lambda)}(q)\,u_\lambda(q) - \int W^{(\lambda)}_{\text{éch.}}(q, q')\,u_\lambda(q')\,\mathrm{d}q' = e_\lambda\,u_\lambda(q) \qquad \text{(III)}$$

$$(\lambda = \alpha, \beta, \ldots, \zeta)$$

En effet, $W^{(\lambda)}(q)\,u_\lambda(q)$ diffère de $W(q)\,u_\lambda(q)$ par le « terme de self-énergie » $X^{(\lambda)}(q)\,u_\lambda(q)$; de même il est clair que :

$$\int W^{(\lambda)}_{\text{éch.}}(q, q')\,u_\lambda(q')\,\mathrm{d}q' = \int W_{\text{éch.}}(q, q')\,u_\lambda(q')\,\mathrm{d}q' - X^{(\lambda)}(q)\,u_\lambda(q).$$

La forme (III) de « l'équation de Schrödinger » de l'électron dans l'état λ s'interprète aisément. Son Hamiltonien représente l'énergie de l'électron λ dans le champ du noyau et le champ moyen des autres électrons de l'atome. Il se compose de quatre termes, l'énergie cinétique $-\hbar^2\Delta/2m$, l'énergie potentielle $V(q)$ due à la présence du noyau, l'énergie potentielle moyenne $W^{(\lambda)}(q)$ due à la présence des $(Z-1)$ autres électrons et enfin un quatrième terme provenant également de la présence des autres électrons et représentant *l'effet d'échange* entre l'état λ et les $(Z-1)$ autres états occupés. On voit que l'effet d'échange se traduit par l'existence d'un potentiel non-local défini par le noyau intégral $W^{(\lambda)}_{\text{éch.}}(q, q')$.

Cette interprétation suggère que la valeur propre e_λ représente l'énergie de l'électron dans l'état λ. Effectivement, les Z quantités $e_\alpha, e_\beta, \ldots, e_\zeta$ données par les équations de Fok-Dirac représentent à une bonne approximation *les énergies d'ionisation* des Z électrons de l'atome. Il faut bien noter cependant que la somme de ces énergies individuelles ne saurait représenter l'énergie totale du système de Z électrons. En effectuant la somme des énergies individuelles, on compte une fois leur énergie cinétique, une fois leur énergie d'interaction avec le noyau, mais deux fois leur énergie d'interaction mutuelle; pour obtenir l'énergie totale, il faut donc retrancher de cette somme la valeur moyenne de l'énergie d'interaction mutuelle, c'est-à-dire la quantité $\langle H_2 \rangle$. Ce résultat a déjà été démontré plus haut (équ. (27)).

11. Les équations de Hartree

Si l'on néglige les termes d'échange dans le système (III), on obtient un système d'équations beaucoup plus simple :

$$\left[-\frac{\hbar^2}{2m}\Delta + V(q) + W^{(\lambda)}(q)\right]u_\lambda(q) = e_\lambda\,u_\lambda(q) \qquad \text{(IV)}$$

$$(\lambda = \alpha, \beta, \ldots, \zeta).$$

Ces équations, proposées par Hartree en vertu d'arguments purement intuitifs, peuvent également être obtenues par la méthode variationnelle en prenant pour fonction d'essai un simple produit de kets individuels tel que le ket $|\widehat{\Phi}\rangle$ défini par l'équation (19), au lieu du produit antisymétrisé $|\Phi\rangle$ défini par l'équation (17) ([5]).

Le système de Hartree peut être résolu par itération comme celui de Fok-Dirac. Du fait de l'absence des termes d'échange, les calculs sont considérablement moins longs. Cependant, ce système est moins symétrique que celui de Fok-Dirac : l'Hamiltonien de Hartree, $h + W^{(\lambda)}$, n'est pas le même pour tous les états individuels ; par suite, les solutions propres des Z équations de Hartree ne sont pas mutuellement orthogonales. Il en résulte quelques difficultés dans l'application de la méthode ; nous ne les discuterons pas ici.

III. — LA STRUCTURE DES MOLÉCULES

12. Généralités. Séparation des mouvements électroniques et nucléaires

Une molécule est un état lié formé par la réunion de plusieurs atomes. Elle consiste donc en un certain nombre de noyaux d'atome autour desquels évoluent les électrons.

La recherche des états stationnaires d'un système aussi complexe est un problème extrêmement ardu. Il présente cependant une caractéristique simplificatrice : *la masse des électrons est beaucoup plus petite que celle des noyaux*, alors que les forces auxquelles sont soumis électrons et noyaux sont d'intensité comparable. Par suite, le mouvement des électrons est beaucoup plus rapide que celui des noyaux. De ce fait, ces deux mouvements peuvent, à une très bonne approximation, être traités séparément. En effet, en première approximation, les électrons « voient » les noyaux comme des centres de force immobiles et leur état dynamique est celui d'un système d'électrons en présence de noyaux fixes ; comme ceux-ci se déplacent lentement, l'état dynamique des électrons suit adiabatiquement cette évolution du potentiel auquel ils sont soumis (cf. chap. XVII, section II). En contrepartie, puisque les électrons exécutent un grand nombre de révolutions à chaque déplacement appréciable des noyaux, ceux-ci ne subissent pratiquement que l'effet moyen ; pour déterminer le mouvement des noyaux, on peut donc sans grande erreur remplacer l'interaction avec les électrons par sa valeur moyenne sur plusieurs révolutions électroniques, ce qui donne une équation de Schrödinger dans laquelle les variables des électrons ont complètement disparu. L'approximation sur laquelle est fondée cette méthode de séparation de variables porte le nom d'*approximation adiabatique*.

L'objet de cette section est de donner un exposé schématique de la méthode et de discuter ses conditions de validité. Avant d'aborder cet exposé,

([5]) Ceci ne saurait être tenu pour une justification valable de ces équations, puisque les kets $|\widehat{\Phi}\rangle$, à l'inverse des kets $|\Phi\rangle$, n'appartiennent pas à l'espace des vecteurs kets du système.

nous allons préciser et compléter ce qui vient d'être dit par une analyse semi-classique du mouvement des noyaux et par une évaluation grossière des différents effets.

Le potentiel qui figure dans l'équation de Schrödinger des noyaux dépend uniquement des distances mutuelles de ces derniers. Puisque la molécule existe, ce potentiel présente certainement un minimum pour des valeurs bien déterminées et finies des distances internucléaires ; ce minimum correspond au point d'équilibre stable du système, point autour duquel les noyaux peuvent effectuer de petites oscillations. A ces *vibrations* internes des noyaux peuvent se superposer des mouvements de *translation* et de *rotation* de l'ensemble. Le mouvement de translation se sépare complètement et rigoureusement du reste par l'introduction du centre de masse ; on sait que ce dernier se déplace comme une particule libre dont la masse est égale à la masse totale du système. Dans la discussion qui suit, nous supposerons faite cette séparation du centre de masse et nous ne retiendrons que les mouvements de rotation et de vibration des noyaux.

Désignons par m la masse de l'électron, par M une masse de l'ordre de grandeur de celles des noyaux et par a la distance mutuelle moyenne des noyaux dans la molécule. On a en gros [6] :

$$a \simeq 10^{-8}\,\text{cm} \qquad m/M \simeq 10^{-3}\text{-}10^{-5}. \tag{33}$$

Les dimensions linéaires de la molécule étant de l'ordre de a, cette quantité donne l'ordre de grandeur de l'amplitude des mouvements électroniques ; suivant les relations d'incertitude, l'impulsion des électrons est de l'ordre de $\hbar/a$, soit une énergie cinétique d'environ $\hbar^2/ma^2$; cette dernière quantité donne un ordre de grandeur de l'énergie de liaison du niveau fondamental des électrons et, aussi bien, un ordre de grandeur de la séparation des niveaux électroniques :

$$\varepsilon_{\text{él.}} \simeq \hbar^2/ma^2 \tag{34}$$

(on rapprochera cette évaluation de celle du § XI.3).

En ce qui concerne les mouvements des noyaux, examinons d'abord le mouvement de rotation. Le moment d'inertie de ce système est de l'ordre de Ma^2. Comme le carré du moment cinétique varie par quanta de l'ordre de $\hbar^2$, l'énergie de rotation varie par quanta de l'ordre de

$$\varepsilon_{\text{rot.}} \simeq \hbar^2/Ma^2. \tag{35}$$

Quant aux vibrations, on peut en première approximation les assimiler à des vibrations harmoniques de quanta $\varepsilon_{\text{vib.}} = \hbar\omega$. Convenons de fixer le zéro de l'énergie potentielle à la position d'équilibre stable des noyaux. Si l'on éloigne l'un d'entre eux d'une distance a, le système acquiert une énergie potentielle $\frac{1}{2}M\omega^2 a^2$; or, cette modification revient à séparer complètement

[6] Le rapport des masses est maximum pour la molécule d'hydrogène. On a dans ce cas :

$$(m/M)_{H^2} \simeq 0,5 \times 10^{-3}.$$

du reste l'un des atomes qui forment la molécule, soit un accroissement d'énergie de l'ordre de $\varepsilon_{\text{él.}}$. Autrement dit :

$$M\omega^2 a^2 \simeq \hbar^2/ma^2$$

et, par suite,

$$\varepsilon_{\text{vib.}} \simeq \hbar^2/(m M)^{\frac{1}{2}} a^2. \tag{36}$$

Comparant (34), (35) et (36), on voit que :

$$\varepsilon_{\text{rot.}} \ll \varepsilon_{\text{vib.}} \ll \varepsilon_{\text{él.}}.$$

De façon plus précise, si l'on introduit, après Born et Oppenheimer (7), le paramètre

$$\varkappa = (m/M)^{\frac{1}{4}}, \tag{37}$$

on trouve

$$\varepsilon_{\text{rot.}} \simeq \varkappa^2 \varepsilon_{\text{vib.}} \simeq \varkappa^4 \varepsilon_{\text{él.}}. \tag{38}$$

On sait qu'à une séparation de niveau ε correspond une fréquence classique $\varepsilon/\hbar$. Nous concluons donc que le mouvement des électrons est plus rapide que le mouvement de vibration des noyaux, lui-même plus rapide que le mouvement de rotation de l'ensemble, en conformité avec les indications du début du paragraphe. Le rapport des fréquences de ces différents mouvements est de l'ordre de $\varkappa^2$, soit environ 1/100 : pendant une révolution complète de l'ensemble de la molécule, les noyaux exécutent environ 100 oscillations autour de leurs positions d'équilibre et les électrons effectuent environ 10 000 révolutions.

13. Le mouvement des électrons en présence des noyaux fixes

Gardant à l'esprit la discussion semi-classique du paragraphe précédent, nous abordons le problème de la recherche des états stationnaires de la molécule. Comme il s'agit d'un exposé schématique, nous n'hésiterons pas à simplifier les données, dans la mesure où cette simplification n'affecte pas le principe même de la méthode. En particulier, nous traiterons les électrons et les noyaux comme des particules sans spin.

Nous convenons de repérer les degrés de liberté électroniques et nucléaires par les indices i et j respectivement ; nous désignons par x_i et X_j les coordonnées des électrons et celles des noyaux, par M_j la masse du noyau de coordonnée X_j. Nous désignons par T_e l'énergie cinétique des électrons, par T_N celle des noyaux et par V le potentiel d'interaction entre les diverses particules qui composent la molécule. L'Hamiltonien H de la molécule est la somme de ces trois termes :

$$H = T_N + T_e + V. \tag{39}$$

(7) M. Born et J. R. Oppenheimer, *Ann. der Phys.*, **84**, 457 (1927) ; au sujet de la théorie originale de Born et Oppenheimer, voir § 16.

On a :

$$T_N = -\sum_j \frac{\hbar^2}{2M_j}\frac{\partial^2}{\partial X_j^2}, \qquad T_e = -\sum_i \frac{\hbar^2}{2m}\frac{\partial^2}{\partial x_i^2} \tag{39'}$$

$V \equiv V(x, X)$ est une certaine fonction des coordonnées des électrons et des noyaux : c'est la somme des énergies coulombiennes des particules du système prises deux à deux.

Considérons l'Hamiltonien plus simple :

$$H^{(0)} = T_e + V. \tag{40}$$

On l'obtient en négligeant l'énergie cinétique des noyaux dans l'expression de H. $H^{(0)}$ est l'Hamiltonien du système à la limite où $M_j \to \infty$; ses états stationnaires sont ceux du système d'électrons en présence de noyaux fixes. En effet, comme $H^{(0)}$ ne contient pas de dérivées par rapport aux X_j, on a

$$[X_i, H^{(0)}] = 0 ;$$

$H^{(0)}$ et les X_j peuvent être simultanément diagonalisées. Autrement dit, pour résoudre le problème de valeurs propres de $H^{(0)}$, on peut se fixer des valeurs précises X'_j pour les coordonnées de position des noyaux et chercher les vecteurs propres de $H^{(0)}$ parmi les vecteurs correspondant à ces valeurs précises des X_j. Désignons par X' l'ensemble des X'_j. A chaque ensemble X' donné correspond une suite $W_n(X')$ de valeurs propres de $H^{(0)}$; le nombre quantique n sert à distinguer les uns des autres les éléments de cette suite. Pour n et X' donnés, on a un ou éventuellement plusieurs vecteurs propres linéairement indépendants ; dans ce dernier cas, on peut distinguer ceux-ci les uns des autres par un indice supplémentaire que nous dénoterons par s. En conclusion, l'équation de Schrödinger de $H^{(0)}$ se met sous la forme :

$$H^{(0)} |n\, s\, X'\rangle = W_n(X') |n\, s\, X'\rangle. \tag{41}$$

Dans la représentation $\{ x\, X \}$, le vecteur propre $|n\, s\, X'\rangle$ est représenté par la fonction d'onde

$$\varphi_{ns}(x, X')\, \delta(X - X') \tag{42}$$

et la fonction φ est la solution de l'équation de Schrödinger

$$[T_e + V(x, X')]\, \varphi_{ns}(x, X') = W_n(X')\, \varphi_{ns}(x, X'). \tag{43}$$

Dans l'équation (43), X' joue le rôle d'un simple paramètre : c'est l'équation de Schrödinger des électrons de la molécule lorsqu'on fixe en X' les positions de ses noyaux. A chaque solution propre de cette équation correspond une fonction propre de $H^{(0)}$ de la forme (42) ; connaissant toutes les solutions propres de l'équation (43) pour toutes les valeurs possibles de X', on forme ainsi un système complet des fonctions propres de $H^{(0)}$. Les questions de normalisation se révélant importantes dans la suite, convenons de toujours prendre des fonctions propres orthonormées ; cette condition est satisfaite si la fonction $\varphi_{ns}(x, X')$, considérée comme fonction des x seuls, a une norme égale à 1.

Le problème de valeurs propres (43) est analogue à la recherche des états stationnaires d'un atome ; il peut être résolu par des méthodes analogues, celle du champ self-consistent par exemple. Dans le cas présent toutefois, les électrons sont soumis à plusieurs centres de force et la symétrie rencontrée dans les problèmes atomiques se trouve de ce fait largement, sinon totalement détruite.

Discutons brièvement cette question de symétrie ([8]). Le potentiel $V(x, X)$ est invariant par translation, rotation et réflexion d'ensemble des électrons et des noyaux ; il est de plus invariant par permutation des particules identiques du système et par renversement du temps. Supposons maintenant que l'on fixe en X' les positions des noyaux. Les symétries de $V(x, X')$ considéré comme fonction des x seuls sont celles des transformations énoncées plus haut, qui laissent la configuration nucléaire X' invariante. Ainsi, dans une molécule diatomique telle que ClH, $V(x, X')$ est invariant par rotation autour de l'axe joignant les noyaux de chlore et d'hydrogène et par réflexion autour de plans passant par cet axe ; avec l'invariance par renversement du temps, ce sont les seules symétries qui subsistent. Dans une molécule suffisamment complexe, seule l'invariance par renversement du temps subsiste. Les symétries de $H^{(0)}$, considéré comme fonction des seules variables x, sont évidemment les mêmes que celles de $V(x, X')$. La dégénérescence du niveau $W_n(X')$ est liée à ces propriétés de symétrie (cf. chap. XV).

Pour éviter toute complication due à la dégénérescence, nous supposons désormais que $V(x, X')$ ne présente pas d'autre symétrie que l'invariance par renversement du temps. Ceci nous assure, sauf accident, que $W_n(X')$ n'est pas dégénéré ; en effet, s'il s'agit d'une molécule (et non d'un radical libre), le nombre des électrons est pair et l'on se trouve dans le premier cas envisagé au § XV.21. On peut alors fixer la phase de la fonction propre $\varphi_n(x, X')$ de façon que celle-ci soit réelle. Nous supposons donc $W_n(X')$ non dégénéré et $\varphi_n(x, X')$ réel.

Concluons ce paragraphe par deux remarques.

Considéré comme opérateur agissant sur les seules variables x, $H^{(0)}$ est une fonction continue des paramètres X' ; il en est de même de ses valeurs propres et de ses fonctions propres, une fois les phases de ces dernières fixées ; autrement dit, n étant fixé, $W_n(X')$ et $\varphi_n(x, X')$ sont des fonctions continues de X'.

Considéré comme opérateur agissant sur toutes les variables (cf. équ. (41)), $H^{(0)}$ est invariant par rapport aux diverses transformations énumérées plus haut à propos de $V(x, X)$; donc tout vecteur déduit de $|n\, X'\rangle$ par l'une quelconque de ces transformations est vecteur propre de $H^{(0)}$ correspondant à la même valeur propre $W_n(X')$; autrement dit, $W_n(X')$ reste inchangé lorsqu'on effectue sur les X' l'une quelconque de ces transformations. En particulier,

([8]) Pour un exposé d'ensemble des propriétés de symétrie des fonctions d'ondes électroniques des molécules, cf. L. D. LANDAU et E. M. LIFSHITZ, *Mécanique Quantique* (traduction française), Editions Mir (Moscou, 1967) et *Quantum Mechanics* (traduction anglaise), Pergamon Press (Londres, 1958, 3e éd. 1977).

$W_n(X')$ ne dépend que des distances mutuelles des noyaux, c'est-à-dire de la figure géométrique formée par ces derniers, et ne change pas lorsqu'on déplace cette figure (translation et rotation) ou lorsqu'on la remplace par son image (réflexion).

14. L'approximation adiabatique

Dans le paragraphe précédent, nous avons considéré les états stationnaires des électrons en présence de noyaux fixes. Supposons maintenant que les noyaux se déplacent lentement suivant une certaine loi $X'(t)$. Si ce déplacement est suffisamment lent, l'état dynamique des électrons suit adiabatiquement les modifications du potentiel auquel ils sont soumis : si leur état dynamique à l'instant t_0 est l'état $(n, X'(t_0))$ correspondant au niveau $W_n(X'(t_0))$ — c'est-à-dire l'état représenté par la fonction d'onde $\varphi_n(x, X'(t_0))$ — leur état à l'instant t est sensiblement l'état $(n, X'(t))$ qui se déduit du précédent par continuité en maintenant n constant.

Les conditions de validité de cette approximation adiabatique ont été discutées dans le § XVII.13 (cf. critère (XVII.14)). La probabilité η_n de trouver les électrons dans un état différent de (n, X') est donnée par

$$\eta_n \simeq \left|\frac{\alpha_n}{\omega_n}\right|^2 \tag{44}$$

où α_n est la « vitesse angulaire » du vecteur $\varphi_n(x, X')$ et ω_n la fréquence de Bohr minimum associée au niveau $W_n(X')$.

Pour l'évaluer, nous nous reportons à l'analyse semi-classique du § 12. La séparation des niveaux électroniques est donnée par la relation (34) et l'on a

$$\omega_n \simeq \varepsilon_{\text{él.}}/\hbar \simeq \hbar/ma^2. \tag{45}$$

Pour évaluer α_n, donnons d'abord l'ordre de grandeur de la norme de $\partial\varphi_n/\partial X_j'$, φ_n étant par hypothèse une fonction réelle de norme 1. On sait que, pour qu'un atome soit pratiquement séparé du reste de la molécule, il faut déplacer le noyau correspondant d'une longueur de l'ordre de a à partir de sa position d'équilibre ; autrement dit, il faut un accroissement $\Delta X_j' \simeq a$ pour transformer la fonction $\varphi_n(x, X')$ en une fonction qui lui soit orthogonale. Par suite, $\partial\varphi_n/\partial X_j$ est en gros égal au quotient par a de cette dernière fonction et sa norme est de l'ordre de $1/a^2$:

$$\int \left(\frac{\partial\varphi_n}{\partial X_j}\right)^2 \mathrm{d}x \simeq \frac{1}{a^2}. \tag{46}$$

Or, α_n^2 est par définition la norme de la fonction (réelle) $\mathrm{d}\varphi_n/\mathrm{d}t$. Si $v_j = \mathrm{d}X_j'/\mathrm{d}t$ est la vitesse de la coordonnée X_j', α_n^2 est donc la norme de la fonction $\sum_j v_j(\partial\varphi_n/\partial X_j)$, ce qui donne environ

$$\alpha_n^2 \simeq \frac{1}{a^2}\sum_j v_j^2.$$

Désignons par t_N l'énergie cinétique des noyaux. L'évaluation précédente peut encore s'écrire :

$$\alpha_n^2 \simeq \frac{t_N}{Ma^2}. \tag{47}$$

Reportant les évaluations (45) et (47) dans l'équation (44), on trouve :

$$\eta_n \simeq \varkappa^4 \frac{t_N}{\varepsilon_{\text{él.}}}. \tag{48}$$

Cette analyse semi-classique du phénomène va nous servir de guide dans la recherche des états stationnaires de la molécule. Considérons donc le problème de valeurs propres de l'Hamiltonien H. Suivant les définitions (39) et (40), on a

$$H = H^{(0)} + T_N. \tag{49}$$

Si le terme d'énergie cinétique des noyaux T_N pouvait être complètement négligé, l'Hamiltonien de la molécule se réduirait à $H^{(0)}$ et chaque état stationnaire $|n\,X'\rangle$ correspondrait à une valeur bien précise du nombre quantique électronique n et à une position bien précise X' des noyaux ; les noyaux resteraient fixés en X' et le mouvement des électrons serait représenté par la fonction $\varphi_n(x, X')$. L'effet de T_N est de coupler les vecteurs propres de $H^{(0)}$ correspondant à des X' voisins.

A l'approximation adiabatique, on néglige le couplage entre vecteurs dont les nombres quantiques électroniques sont différents et l'on admet que n est un bon nombre quantique :

$$n \simeq Cte. \tag{50}$$

Dans cette hypothèse, les vecteurs propres de H sont des combinaisons linéaires de vecteurs $|n\,X'\rangle$ correspondant à une valeur de n bien déterminée, donc des vecteurs de la forme

$$\int |n\,X'\rangle\, \psi(X')\, \mathrm{d}X' \tag{51}$$

où $\psi(X')$ est une fonction arbitraire des X'. Dans la représentation $\{x\,X\}$, les vecteurs de ce type sont représentés par des fonctions d'onde de la forme :

$$\Phi_n(x, X) = \varphi_n(x, X)\, \psi(X). \tag{52}$$

Pour déterminer les solutions propres de H à cette approximation, il suffit d'*appliquer la méthode variationnelle en prenant $\Phi_n(x, X)$ comme fonction d'essai.* Nous nous trouvons dans le cas où le domaine de variation de la fonction d'essai est un sous-espace de l'espace des états, à savoir l'espace $\mathcal{E}_n$ des vecteurs de la forme (51). On sait (§ 3) que la méthode conduit dans ce cas à une équation aux valeurs propres dans ce sous-espace (équ. (9)) ; dans le cas présent, on obtient une équation de Schrödinger pour la fonction inconnue $\psi(X)$. L'Hamiltonien de cette équation, que nous désignerons par H_n

est la projection de H dans $\mathcal{E}_n$; c'est un opérateur agissant sur les seules variables dynamiques des noyaux. Les valeurs propres de H_n sont les niveaux d'énergie de la molécule relatifs au nombre quantique électronique n.

L'erreur faite peut être évaluée en se fondant sur la discussion du début de ce paragraphe. Désignons par Φ_n une solution approchée particulière obtenue par cette méthode et par Ψ_n la solution exacte correspondante. Ces deux solutions sont supposées normalisées à 1. La différence

$$\delta\Psi = \Psi_n - \Phi_n$$

représente l'écart entre la solution exacte et la limite adiabatique. C'est un vecteur essentiellement situé en dehors du sous-espace $\mathcal{E}_n$ et dont la norme est égale à la quantité η_n définie plus haut. Suivant l'évaluation (48), ceci donne :

$$\iint |\delta\Psi|^2 \, \mathrm{d}x \, \mathrm{d}X \simeq \varkappa^4 \langle \frac{T_N}{\varepsilon_{\text{él.}}} \rangle \simeq \varkappa^4 \frac{\varepsilon_{\text{vib.}}}{\varepsilon_{\text{él.}}} \simeq \varkappa^6.$$

Autrement dit, on a en gros :

$$\delta\Psi \simeq \varkappa^3 \Phi' \tag{53}$$

où Φ' est une fonction orthogonale à l'espace $\mathcal{E}_n$ et de norme égale à 1. Comme la fonctionnelle

$$E[\Psi] = \frac{\langle\Psi|H|\Psi\rangle}{\langle\Psi|\Psi\rangle}$$

est stationnaire autour de la solution Ψ_n, le calcul de l'énergie avec la fonction Φ_n comporte une erreur du second ordre par rapport à la variation $\delta\Psi$, à savoir :

$$\delta E \simeq \langle\delta\Psi|H|\delta\Psi\rangle = \varkappa^6 \langle\Phi'|H|\Phi'\rangle$$
$$\simeq \varkappa^6 \varepsilon_{\text{él.}}.$$

Comparant avec (38), on note que :

$$\delta E/\varepsilon_{\text{rot.}} \simeq \varkappa^2 \qquad (\simeq 10^{-2} \ll 1). \tag{54}$$

En conclusion, l'approximation adiabatique introduit une erreur de l'ordre de $\varkappa^3$ dans la détermination de la fonction d'onde de la molécule (équ. (53)) et une erreur dans l'évaluation de l'énergie $\varkappa^2$ fois plus petite que la séparation des niveaux de rotation (équ. (54)).

15. L'Hamiltonien des noyaux à l'approximation adiabatique

Appliquant la méthode variationnelle, nous allons maintenant déterminer l'« équation de Schrödinger » de la fonction $\psi(X)$.

Rappelons que $\varphi_n(x, X)$ est la solution réelle de l'équation (43) dont la norme par rapport à l'intégration sur les x est égale à 1 :

$$\varphi_n^*(x, X) = \varphi_n(x, X) \tag{55}$$

$$\int \varphi_n^2(x, X) \, \mathrm{d}x = 1 \tag{56}$$

φ_n étant fonction continue des X se trouve ainsi définie au signe près, lequel peut être arbitrairement fixé. Les équations suivantes obtenues en dérivant membre à membre l'équation (56) nous seront utiles dans la suite :

$$\int \varphi_n \frac{\partial \varphi_n}{\partial X_j} \, dx = 0. \tag{56'}$$

$$\int \varphi_n \frac{\partial^2 \varphi_n}{\partial X_j^2} \, dx = -\int \left(\frac{\partial \varphi_n}{dX_j}\right)^2 dx. \tag{56''}$$

Ceci posé, la fonction $\psi(X)$ est une fonction de carré sommable quelconque des coordonnées X.

Le domaine de variation de la fonction d'essai étant ainsi précisé, nous nous proposons de mettre la fonctionnelle $E[\Phi_n]$ sous forme d'une fonctionnelle de $\psi(X)$. Des propriétés de φ_n, on déduit aisément :

$$\langle \Phi_n | \Phi_n \rangle \equiv \int\int |\Phi_n|^2 \, dx \, dX = \int |\psi|^2 \, dX. \tag{57}$$

On peut écrire d'autre part :

$$\langle \Phi_n | H | \Phi_n \rangle \equiv \int\int \Phi_n^* (H \Phi_n) \, dx \, dX = \int \psi^* (H_n \psi) \, dX \tag{58}$$

si l'on convient de poser :

$$H_n \psi \equiv \int \varphi_n(x, X) [H \varphi_n(x, X) \psi(X)] \, dx. \tag{59}$$

Par conséquent :

$$E[\Phi_n] = \frac{\int \psi^* (H_n \psi) \, dX}{\int |\psi|^2 \, dX}. \tag{60}$$

L'identité (59) est la relation de définition d'un certain opérateur H_n de l'espace des fonctions $\psi(X)$. Il est clair que c'est un opérateur linéaire ; on peut montrer qu'il est hermitique (nous le vérifierons plus bas). A l'approximation adiabatique, les solutions propres de l'équation de Schrödinger de la molécule sont celles qui rendent $E[\Phi_n]$ stationnaire par rapport aux variations de $\psi(X)$. Suivant la relation (60), ce sont les solutions de l'équation aux valeurs propres :

$$H_n \psi = E \psi. \tag{61}$$

C'est « l'équation de Schrödinger » cherchée.

Les niveaux d'énergie de la molécule correspondant au nombre quantique électronique n sont les valeurs propres de H_n ; les fonctions d'ondes correspondantes sont les fonctions Φ_n obtenues en substituant à $\psi(X)$ dans l'expression (52) la (ou les) solution(s) correspondante(s) de l'équation de Schrödinger (61).

En utilisant les propriétés des fonctions φ_n, il est possible d'effectuer une grande partie des intégrations figurant dans la définition (59) et d'obtenir pour H_n une expression plus maniable.

De la propriété (43), on déduit :

$$H^{(0)}\varphi_n(x, X)\,\psi(X) = W_n(X)\,\varphi_n(x, X)\,\psi(X)\,;$$

d'où, en se servant de la relation (56)

$$\int \varphi_n\,[H^{(0)}\varphi_n\psi]\,\mathrm{d}x = W_n(X)\,\psi(X). \tag{62}$$

De l'expression (39') de l'énergie cinétique des noyaux, on tire :

$$T_N\varphi_n\psi = \Sigma_j\left(-\frac{\hbar^2}{2M_j}\right)\left[\varphi_n\frac{\partial^2\psi}{\partial X_j^2} + 2\frac{\partial\varphi_n}{\partial X_j}\frac{\partial\psi}{\partial X_j} + \frac{\partial^2\varphi_n}{\partial X_j^2}\psi\right]$$

d'où l'on peut déduire l'expression de

$$\int \varphi_n\,(T_N\varphi_n\psi)\,\mathrm{d}x$$

en multipliant membre à membre par $\varphi_n(x, X)$ et en intégrant sur x. Il convient de séparer les contributions des trois termes du crochet du second membre. La contribution du premier terme découle immédiatement de la propriété (56) ; on trouve simplement $(T_N\psi)$, l'opérateur T_N gardant son sens habituel d'opérateur de dérivation agissant sur les fonctions des X, soit :

$$T_N\psi \equiv \Sigma_j\left(\frac{-\hbar^2}{2M_j}\right)\frac{\partial^2\psi}{\partial X_j^2}. \tag{63}$$

La contribution du second terme est nulle en raison de la propriété (56'). Celle du troisième terme est le produit de ψ par une certaine fonction $W'_n(X)$ que l'on peut écrire sous la forme :

$$W'_n(X) = \Sigma_j\frac{\hbar^2}{2M_j}\int\left(\frac{\partial\varphi_n}{\partial X_j}\right)^2\mathrm{d}x \tag{64}$$

en utilisant la propriété (56″). En conclusion, on trouve :

$$\int \varphi_n(T_N\varphi_n\psi)\,\mathrm{d}x = (T_N + W'_n)\,\psi. \tag{65}$$

De la définition (59) et des équations (49), (62) et (65), nous tirons :

$$H_n = T_N + W'_n + W_n. \tag{66}$$

Les trois termes de la formule (66) s'interprètent aisément.

L'énergie potentielle $W_n(X)$ est la moyenne de $H^{(0)}$, c'est-à-dire la somme de l'énergie d'interaction mutuelle des noyaux et de la valeur moyenne de l'énergie des électrons dans l'état quantique n, correspondant à une position déterminée X des noyaux. Suivant la discussion du § 12, $W_n(X)$ présente un minimum minimorum en un certain point X_0 qui est le point d'équilibre stable de la figure formée par les noyaux.

Les deux autres termes proviennent de la moyenne sur l'état dynamique des électrons de l'énergie cinétique des noyaux, ce qui donne, en plus du terme T_N d'énergie cinétique proprement dit, un terme d'énergie potentielle $W'_n(X)$ (⁹). Ce dernier constitue d'ailleurs une petite correction à l'énergie potentielle W_n. Si l'on substitue dans l'expression (64) l'estimation donnée par l'équation (46), on trouve en effet :

$$W'_n(X_0) \simeq \frac{\hbar^2}{Ma^2}$$

W'_n est donc une quantité positive de l'ordre de grandeur des quanta de rotation.

16. La méthode de Born-Oppenheimer

Le traitement original des molécules dû à Born et Oppenheimer (¹⁰) diffère quelque peu de la méthode variationnelle décrite jusqu'à présent. Il consiste à mettre l'Hamiltonien H sous la forme d'un développement en série de puissances de $\varkappa$ et à résoudre le problème de valeurs propres de H suivant le canevas habituel de la méthode de perturbation.

Dans le paragraphe précédent, nous avons désigné par X_0 le minimum de $W_n(X)$. Ce point d'équilibre n'est en fait défini qu'à une rotation près puisque W_n est invariant dans une rotation d'ensemble des noyaux (notons en passant que W'_n ne l'est en général pas). Pour être plus précis, convenons de poser $X = (\omega, \xi)$, où ω désigne les trois variables angulaires (deux pour les molécules diatomiques) fixant l'orientation d'ensemble des noyaux et ξ l'ensemble des variables radiales fixant la position relative des noyaux les uns par rapport aux autres ; W_n ne dépend que de ξ et la position d'équilibre correspond à une certaine donnée des variables radiales.

Suivant Born et Oppenheimer, on introduit les nouvelles variables radiales u définies par :

$$\xi = \xi_0 + \varkappa u.$$

Les u représentent en unités convenables l'éloignement des noyaux par rapport à leur figure d'équilibre. Comme $\varkappa$ est en gros égal au rapport de l'amplitude de vibration des noyaux à celle des mouvements électroniques, l'extension du domaine de variation des u est du même ordre de grandeur que celui du domaine de variation des x, c'est-à-dire de l'ordre de grandeur de a.

Ayant effectué ce changement de variable, on obtient le développement de H en série de puissances de $\varkappa$, en développant l'énergie potentielle qui y figure en série de puissances des u. Le terme T_N est d'ordre $\varkappa^2$. Il faut pousser le développement jusqu'à l'ordre $\varkappa^4$ pour obtenir correctement les niveaux de rotation. Si l'on arrête le développement à l'ordre $\varkappa^5$, on obtient à des infiniment petits d'ordre supérieur près les mêmes résultats que ceux de l'approximation adiabatique. Les différences apparaissent lorsqu'on pousse jusqu'à l'ordre $\varkappa^6$ ou au-delà, en conformité avec l'analyse d'ordre de grandeur du § 12.

(⁹) L'apparition de ce terme est analogue à celle du terme d'énergie centrifuge dans les équations de mouvement d'un système classique lorsqu'on adopte un référentiel en rotation uniforme.

(¹⁰) *Loc. cit.*, note (⁷).

17. Notions sommaires sur les molécules diatomiques

Nous ne poursuivrons pas plus loin l'étude générale des molécules à l'approximation adiabatique. En particulier, nous ne discuterons pas ici de la séparation entre vibrations et rotations ; pour effectuer cette séparation commodément, il conviendrait de modifier quelque peu les modalités d'application de la méthode variationnelle, en introduisant trois catégories de variables au lieu de deux, à savoir les variables angulaires fixant l'orientation d'ensemble, les variables fixant la position relative des noyaux les uns par rapport aux autres et les variables fixant les positions des électrons par rapport aux noyaux. Nous nous bornons pour conclure à quelques indications sommaires concernant la structure des molécules diatomiques.

Une fois effectuée la séparation du centre de masse, les variables dynamiques des noyaux correspondent au mouvement relatif de l'un par rapport à l'autre. L'ensemble des coordonnées X se réduit donc dans ce cas aux coordonnées du vecteur $\boldsymbol{R} = \boldsymbol{R}_1 - \boldsymbol{R}_2$ représentant la position du premier noyau par rapport au second. Nous désignons toujours par x l'ensemble des coordonnées des électrons ; de façon précise, ce sont les coordonnées relatives de ces derniers par rapport au centre de masse des noyaux. Nous ignorons pour simplifier l'existence des spins ([11]) et désignons par $\boldsymbol{L}$ le moment cinétique (orbital) des électrons, par $\boldsymbol{G}$ celui des noyaux ($\boldsymbol{G} = \boldsymbol{R} \times \boldsymbol{P}$) et par $\boldsymbol{K}$ le moment cinétique total :

$$\boldsymbol{K} = \boldsymbol{G} + \boldsymbol{L}. \tag{67}$$

Enfin, nous désignons par $\boldsymbol{u}$ le vecteur unité suivant l'axe de la molécule ($\boldsymbol{u} = \boldsymbol{R}/R$) et affectons de l'indice u les composantes des vecteurs suivant cet axe. Notons en passant l'identité entre opérateurs

$$\boldsymbol{G}.\boldsymbol{R} = 0. \tag{68}$$

Il en résulte que $G_u (\equiv \boldsymbol{G}.\boldsymbol{u})$ est identiquement nul et, par suite, que

$$K_u = L_u.$$

Ceci posé, nous conservons pour le reste les notations des paragraphes précédents.

Examinons tout d'abord le mouvement électronique. Les symétries de $H^{(0)}$, considéré comme opérateur agissant sur les variables électroniques seules, sont les mêmes que celles de l'effet Stark : $H^{(0)}$ est invariant par rotation autour de l'axe $\boldsymbol{u}$ et par réflexion autour des plans passant par $\boldsymbol{u}$. Lorsque les deux noyaux sont identiques, $H^{(0)}$ est en outre invariant par réflexion proprement dite ($x \to -x$) ; nous laisserons de côté ce cas particulier pour l'instant.

([11]) Si le couplage spin-orbite est petit à côté des quanta de rotation, la présence des spins ne modifie pas sensiblement les résultats et se traduit simplement par l'apparition d'une structure fine, comme cela se passe pour les atomes en couplage LS. Dans le cas contraire, l'allure générale du spectre se trouve assez profondément modifiée. Cf. L. D. Landau et E. M. Lifschitz, *loc. cit.* note ([9]).

Pour classer les états, il suffit de se reporter à la discussion du § XV.14 sur l'effet Stark. Chaque niveau de $H^{(0)}$ correspond à une valeur propre donnée de L_u^2 ; les valeurs propres de L_u^2 peuvent se mettre sous la forme $\hbar^2\Lambda^2$, où Λ est un nombre quantique pouvant prendre toutes valeurs entières non négatives. Suivant la tradition en spectroscopie, les termes correspondant aux trois premières valeurs $\Lambda = 0, 1, 2$ sont respectivement désignés par les capitales grecques Σ, Π, Δ. Si $\Lambda \neq 0$, le niveau présente une dégénérescence d'ordre 2 ; on peut lui faire correspondre deux vecteurs propres correspondant respectivement aux valeurs $\hbar\Lambda$ et $-\hbar\Lambda$ de la composante du moment cinétique suivant l'axe de la molécule. Par contre, les niveaux Σ ($\Lambda = 0$) sont simples ; on peut les classer en deux catégories, Σ^+ et Σ^-, selon que leur vecteur propre est invariant ou change de signe dans une symétrie plane autour d'un plan passant par l'axe. Dans la très grande majorité des molécules diatomiques, l'état fondamental est un état Σ^+.

Considérons maintenant l'Hamiltonien total et examinons les conditions d'application de l'approximation adiabatique. L'existence d'une dégénérescence éventuelle des niveaux électroniques ne complique les choses qu'en apparence. On peut montrer, en effet, que le couplage introduit par T_N entre les états $\hbar\Lambda$ et $-\hbar\Lambda$ est plus faible que la séparation des niveaux de rotation ; il est donc simplement négligé. Autrement dit, on complète l'approximation (50) par l'approximation $L_u = C^{te}$.

Par ailleurs, si le mode d'application de la méthode variationnelle adopté dans les § 14 et 15 convient bien à une discussion d'ordre général, il ne permet pas de mettre aisément en évidence la séparation entre rotations et vibrations ; la difficulté vient de ce que la correction $W_n'(\boldsymbol{R})$ n'est en général pas invariante par rotation. Il est préférable de tenir compte dès le départ de l'invariance de H et de $H^{(0)}$ par rotation et de chercher les vecteurs propres de H ayant un moment cinétique total donné. Les vecteurs propres de $H^{(0)}$ peuvent être caractérisés par :

(*i*) les nombres quantiques K, m_K du moment cinétique total (m_K, composante de $\boldsymbol{K}$ suivant un axe *fixe* de l'espace, ne doit pas être confondu avec K_u) ;

(*ii*) les nombres quantiques spécifiant l'état des électrons, à savoir n et éventuellement s lorsque $\Lambda \neq 0$ ($s \equiv$ signe de L_u) ;

(*iii*) la distance internucléaire R.

L'équation de Schrödinger (41) s'écrit alors

$$H^{(0)}\,|K\,m_K\,n\,s\,R\rangle = W_n(R)|K\,m_K\,n\,s\,R\rangle. \tag{69}$$

L'approximation adiabatique consiste à chercher les solutions propres de H dans le sous-espace des vecteurs correspondant à des valeurs de K, m_K, n et s bien déterminées, c'est-à-dire parmi les vecteurs de la forme

$$\int_0^\infty |K\,m_K\,n\,s\,R\rangle\, y(R)\,\mathrm{d}R. \tag{70}$$

(à comparer à la forme (51)). Ceci posé, on applique la méthode variationnelle comme dans les § 14 et 15 ; on est ainsi conduit à une équation de Schrödinger pour la fonction radiale $y(R)$, dont les valeurs propres sont les niveaux d'énergie de la molécule relatifs aux nombres quantiques K et n (ces niveaux sont indépendants de m_K et s).

L'Hamiltonien h de cette équation radiale s'obtient par la même méthode qu'au § 15. $H^{(0)}$ donne la contribution $W_n(R)$. Pour calculer la contribution de T_N, énergie cinétique des noyaux, il convient de mettre cet opérateur sous la forme

$$T_N = \frac{P_R{}^2}{2M} + \frac{G^2}{2MR^2} \tag{71}$$

(M masse réduite des noyaux ; P_R, impulsion radiale) et de traiter séparément les deux termes du second membre. En ce qui concerne le premier, on montre aisément qu'il donne

$$-\frac{\hbar^2}{2M}\frac{\mathrm{d}^2}{\mathrm{d}R^2} + w_n(R) \tag{72}$$

où $w'_n(R)$ est une petite correction indépendante de K, m_K et s. La contribution du second terme, le terme d'énergie cinétique de rotation mérite un examen plus attentif ; elle est égale au produit de $\hbar^2/2MR^2$ par la valeur moyenne de l'opérateur G^2 dans le sous-espace des vecteurs (70). Se reportant à la définition (67), on peut écrire successivement

$$\begin{aligned}\langle G^2\rangle &= \langle (K - L)^2\rangle \\ &= \hbar^2 K(K+1) - 2\langle K.L\rangle + \langle L^2\rangle.\end{aligned}$$

Comme l'état $|K\, m_K\, n\, s\, R\rangle$ est un état propre de L_u, la valeur moyenne de toute composante de L suivant un axe perpendiculaire à u est nulle ; d'où, compte tenu de l'équation (68) :

$$\langle K.L\rangle = \langle K_u L_u\rangle = \langle L_u^2\rangle = \hbar^2 \Lambda^2.$$

Quant à $\langle L^2\rangle$, c'est une certaine quantité positive dépendant de n seul. Si l'on pose : $w''_n(R) \equiv (\langle L^2\rangle - 2\hbar^2 \Lambda^2)/2MR^2$, on obtient pour la contribution de l'énergie cinétique de rotation l'expression

$$\frac{\hbar^2 K(K+1)}{2M R^2} + w''_n(R). \tag{73}$$

Les petites corrections $w'_n(R)$ et $w''_n(R)$ peuvent être incorporées au potentiel $W_n(R)$. L'Hamiltonien radial se met alors sous la forme :

$$h \equiv -\frac{\hbar^2}{2M}\frac{\mathrm{d}^2}{\mathrm{d}R^2} + \frac{\hbar^2 K(K+1)}{2M R^2} + W_n(R). \tag{74}$$

C'est l'Hamiltonien radial d'une particule de masse M et de moment cinétique K dans le potentiel $W_n(R)$.

Remarquons que les valeurs que peut prendre l'entier K dépendent de n.

On a en effet $K \geqslant |K_u|$. Si l'on se donne n, donc Λ, comme l'on a $|K_u| = |L_u| = \Lambda$, la condition précédente donne :

$$K \geqslant \Lambda. \tag{75}$$

Les niveaux d'énergie E sont les valeurs propres de h et s'obtiennent en résolvant l'équation radiale

$$h\, y(R) = E\, y(R).$$

Pour K et n donnés, ce sont les niveaux d'une particule de masse M et de moment cinétique K dans le potentiel $W_n(R)$; pour les distinguer les uns des autres, nous utilisons un troisième nombre quantique que nous dénotons

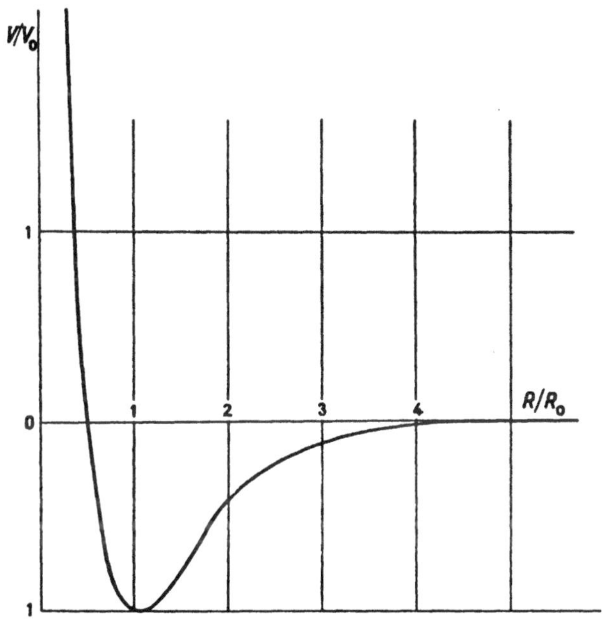

Fig. 2. — Le potentiel de Morse : $V = V_0\left(e^{-2(R-R_0)/b} - 2e^{-(R-R_0)/b}\right)$. R_0, distance internucléaire d'équilibre, V_0 profondeur du potentiel au point d'équilibre. Le minimum est d'autant plus aigu que le rapport b/R_0 est plus petit. La valeur adoptée sur la figure, $b/R_0 = 0{,}68$, correspond à la molécule d'hydrogène.

par v. n est le nombre quantique électronique, v le nombre quantique de vibration, K le nombre quantique de rotation.

Le spectre obtenu doit ses caractéristiques essentielles à l'allure générale de $W_n(R)$; cette fonction présente un minimum aigu pour une certaine valeur R_0 de la distance internucléaire correspondant à la position d'équilibre stable de la molécule. L'expérience montre que $W_n(R)$ peut le plus souvent être représenté à une excellente approximation par un potentiel de Morse (cf. fig. 2 et Problème 5) autour de sa position d'équilibre. Pour les niveaux les plus bas, la fonction propre $y(R)$ reste essentiellement concentrée dans un petit domaine (d'extension $\varkappa R_0$ environ) entourant R_0 et représente des vibrations des noyaux autour de cette position d'équilibre.

En première approximation (approximation harmonique), on peut remplacer R par R_0 dans le terme d'énergie centrifuge et substituer à $W_n(R)$ les deux premiers termes de son développement en puissances de $q \equiv R - R_0$. Avec les notations :

$$B_n = \hbar^2/2MR_0^2, \qquad W_n(R_0) = E_n, \qquad W_n''(R_0) = M\omega_n^2,$$

ceci donne l'équation radiale :

$$\left[-\frac{\hbar^2}{2M}\frac{d^2}{dq^2} + E_n + \tfrac{1}{2} M\,\omega_n^2\, q^2 + B_n\, K(K+1)\right] y = E_{nvK}\, y.$$

C'est l'équation de Schrödinger d'un oscillateur harmonique ; on a par suite :

$$E_{nvK} = E_n + (v + \tfrac{1}{2})\,\hbar\,\omega_n + K(K+1)\,B_n$$
$$(v = 0, 1, 2, \dots ; \qquad K = \Lambda, \Lambda+1, \Lambda+2, \dots). \qquad (76)$$

L'énergie est donc la somme de trois termes, l'énergie des électrons E_n, l'énergie de vibration $(v + \frac{1}{2})\,\hbar\omega_n$ et l'énergie de rotation $K(K+1)\,B_n$. On trouve d'autre part le bon ordre de grandeur pour les quanta $\hbar\omega_n$ et B_n, de sorte que l'analyse du § 12 et les conséquences qui en ont été tirées pour la structure des spectres moléculaires se trouvent bien confirmées ([12]).

Nous ne nous étendrons pas ici sur les modifications qu'il convient d'apporter à cette étude du fait de l'existence des spins.

Citons seulement un effet spectaculaire lié au spin et à la statistique des noyaux. Comme le couplage des spins nucléaires avec le reste de la molécule est complètement négligeable, le seul effet est l'existence pour chaque niveau d'une dégénérescence de spin ou multiplicité. Les fonctions propres de la molécule se mettent sous la forme :

$$\Psi = \Phi(R, x)\,\chi(\mu_1, \mu_2)$$

et l'ordre de la dégénérescence est égal au nombre de fonctions $\chi(\mu_1, \mu_2)$ linéairement indépendantes que l'on peut former. Soient j_1, j_2 les spins respectifs des deux noyaux ; il existe en tout $(2j_1 + 1)(2j_2 + 1)$ fonctions χ. Si les deux noyaux sont différents, aucune restriction n'est imposée à Ψ et la multiplicité de chaque niveau est égale à $(2j_1 + 1)(2j_2 + 1)$. Si au contraire ce sont deux noyaux identiques de spin j ($j_1 = j_2 = j$), Ψ doit être symétrique ou antisymétrique dans l'échange des noyaux ($R \longleftrightarrow -R$, $\mu_1 \longleftrightarrow \mu_2$) selon que ce sont des bosons ou des fermions, autrement dit selon que j est entier

([12]) Pour l'état électronique fondamental de la molécule d'hydrogène (état Σ^+), les premiers niveaux sont correctement représentés par cette formule avec $E_0 = -4{,}72$ eV, $\hbar\omega_0 = 0{,}54$ eV et $B_0 = 0{,}0074$ eV. Ces données correspondent à une distance internucléaire d'équilibre : $R_0 = 0{,}74 \times 10^{-8}$ cm. On obtient une meilleure représentation du spectre de vibration et de rotation en prenant pour $W_0(R)$ un potentiel de Morse avec : $V_0 = 4{,}72$ eV, $R_0 = 0{,}74 \times 10^{-8}$ cm et $b = 0{,}68\ R_0$ (cf. fig. 2 et Problème 5) ; l'énergie de dissociation de la molécule est $V_0 - \frac{1}{2}\hbar\omega_0$.

ou demi-entier. Or, dans l'espace à $(2j+1)^2$ dimensions des fonctions χ, on peut former $(j+1)(2j+1)$ fonctions symétriques et $j(2j+1)$ fonctions antisymétriques (Problème XIII.13). La multiplicité g est donc différente selon que $\Psi(\mathbf{R}, x)$ est symétrique ou antisymétrique, autrement dit selon que Φ est pair ou impair dans une réflexion des noyaux seuls. Désignons par ϖ la parité de Φ dans cette transformation ($\varpi = \pm 1$). On a :

$$g = \begin{cases} \overset{(j \text{ entier})}{(j+1)(2j+1)} & \overset{(j \text{ demi-entier})}{j(2j+1)} & \text{si} \quad \varpi = +1 \\ j(2j+1) & (j+1)(2j+1) & \text{si} \quad \varpi = -1. \end{cases}$$

L'effet intéressant vient de ce que ϖ dépend de la parité du moment cinétique orbital total. On peut montrer en effet que

$$\varpi = (-)^K \varpi_e$$

où $\varpi_e (= \pm 1)$ dépend des propriétés de réflexion de la fonction d'onde électronique correspondant à Φ. Si $\Lambda \neq 0$, il existe pour chaque niveau deux fonctions d'ondes électroniques de ϖ_e opposés. Pour les niveaux Σ par contre ($\Lambda = 0$), il existe une seule fonction d'onde électronique, ϖ_e a une valeur bien déterminée, $+1$ ou -1, et la multiplicité g varie de façon caractéristique d'un niveau de rotation à l'autre ([13]).

Ces caractéristiques du spectre d'énergie des niveaux Σ des molécules diatomiques homonucléaires sont aisément mises en évidence lorsqu'on examine la structure du « spectre de bandes » de ces molécules. Comme les transitions optiques entre états dont les fonctions de spin sont différentes ont une probabilité très faible, les transitions observées en pratique conservent toutes la parité de K. En outre, dans les conditions usuelles d'observation, l'intensité relative des raies correspondant aux valeurs paires de K et des raies correspondant aux valeurs impaires de K est directement reliée au rapport des multiplicités calculées plus haut, soit $(j+1)/j$ ou $j/(j+1)$ suivant le signe de ϖ_e et suivant que les noyaux sont des bosons ou des fermions. Ceci donne une méthode particulièrement directe de mesure du spin des noyaux.

EXERCICES ET PROBLÈMES

1. Soient E_0 l'énergie, Ψ_0 la fonction d'onde du fondamental d'un système quantique donné. Un calcul variationnel donne l'énergie $E_{\text{var.}}$ et la fonction d'onde $\Psi_{\text{var.}}$. Ψ_0 et $\Psi_{\text{var.}}$ étant supposés normalisés à l'unité, on pose : $\varepsilon = 1 - |\langle\Psi_0|\Psi_{\text{var.}}\rangle|^2$. ε est la norme de la projection de $\Psi_{\text{var.}}$ dans le sous-espace orthogonal à Ψ_0, c'est une mesure du carré de la distance de l'état $\Psi_{\text{var.}}$ à l'état Ψ_0. Démontrer l'inégalité :

$$E_{\text{var.}} - E_0 \geqslant \varepsilon(E_1 - E_0)$$

(E_1, énergie du premier niveau excité). Vérifier qu'elle est bien satisfaite par les résultats du calcul du § 4 et discuter.

([13]) En particulier si $j = 0$, les niveaux $\varpi = -1$ sont absents et K ne peut prendre que des valeurs de parité bien déterminée.

2. Supposant connu la fonction d'onde de l'état fondamental de l'atome d'hydrogène, calculer le niveau du premier état s excité en prenant pour fonction d'essai la partie de la fonction $u = \rho e^{-b\rho}$ orthogonale à la fonction d'onde du fondamental (notations du § 4). Comparer avec la valeur propre et la fonction propre exactes et discuter.

3. Démontrer les inégalités (11) et (12).

4. En prenant pour fonction d'essai $u = \rho^{l+1} e^{-b\rho}$ (notations du § 4), calculer le niveau d'énergie de l'atome d'hydrogène le plus bas parmi les niveaux de moment cinétique l. Comparer avec les résultats exacts et commenter.

5. On considère une particule à une dimension de masse M dans le potentiel

$$V(q) = V_0[e^{-2q/b} - 2e^{-q/b}]$$

(*potentiel de Morse*). Déterminer les niveaux d'énergies et les fonctions d'ondes correspondantes.

N. B. — On ramène l'équation d'onde à une équation de Laplace en effectuant le changement de variable et de fonctions :

$$\xi = 2K_0 b\, e^{-q/b}, \qquad w(\xi) = e^{\frac{1}{2}\xi} \xi^{-\kappa b} \psi(q)$$

avec

$$K_0 = \sqrt{2MV_0}/\hbar \qquad \kappa = \sqrt{-2ME}/\hbar.$$

On trouve un nombre fini de niveaux discrets repérés par l'indice entier n, suivant la formule :

$$E_n = -V_0\left(1 - \frac{n + \frac{1}{2}}{K_0 b}\right)^2 \qquad (0 \leqslant n \leqslant K_0 b - \tfrac{1}{2}).$$

CHAPITRE XIX

THÉORIE DES COLLISIONS

I. Introduction

Jusqu'à présent, nous n'avons abordé que les problèmes de collision les plus simples, à savoir la diffusion d'une particule élémentaire par un potentiel et notamment par un potentiel central et la diffusion mutuelle de deux particules élémentaires, ce dernier problème se ramenant au précédent après séparation du mouvement relatif et de celui du centre de masse. L'essentiel du traitement de ce type de problème est donné dans le chapitre X ; il est complété par le traitement de la diffusion coulombienne (chap. XI, section II) et par celui de la diffusion mutuelle de deux particules identiques (§ XIV.9-10). En outre, nous avons obtenu au § XVII.5 une expression particulièrement simple de la diffusion d'une particule par un potentiel $V(\boldsymbol{r})$, en traitant $V(\boldsymbol{r})$ comme une perturbation et en nous limitant aux effets du premier ordre (équ. XVII.54) ; toutefois, l'argument du § XVII.5 est fondé sur une définition critiquable de la section efficace et il convient de donner de cette formule une démonstration rigoureuse.

L'objet de ce chapitre est, d'une part, d'établir un formalisme permettant de traiter les problèmes de collision entre particules complexes, d'autre part, d'étendre au calcul des sections efficaces de collision les méthodes exposées dans les chapitres précédents, c'est-à-dire la méthode de perturbation et la méthode variationnelle.

Ces problèmes peuvent être abordés de deux façons différentes. La première consiste à donner une justification rigoureuse de la définition du § XVII.5 assimilant les sections efficaces à des probabilités par unité de temps et par unité de flux incident, puis à relier ces dernières aux éléments de matrice de l'opérateur d'évolution $U(t, t')$ à la limite où $t \to +\infty$ et $t' \to -\infty$. La seconde est une simple généralisation du traitement du chapitre X (section I) suivant lequel les sections efficaces sont directement reliées au comportement asymptotique des solutions stationnaires de l'équation de Schrödinger. Il est clair que ces deux façons de procéder sont équivalentes ; c'est la seconde qui est adoptée dans ce chapitre [1].

[1] Pour un exposé de la première, voir B. LIPPMANN et J. SCHWINGER, *Phys. Rev.*, **79**, 469 (1949) ou M. GELL-MANN et M.-L. GOLDBERGER, *Phys. Rev.*, **91**, 398 (1953). La définition des sections efficaces adoptée dans l'un et l'autre de ces deux exposés n'est pas complètement exempte de critique ; une discussion de ce point et des remèdes qui peuvent y être apportés est donnée par S. SUNAKAWA, *Prog. Theor. Phys.*, **14**, 175 (1955).

Celui-ci comprend cinq sections. Les deux premières sont consacrées à l'établissement du formalisme et à l'exposé de la méthode de perturbation dans le cas simple d'une particule dans un potentiel $V(\boldsymbol{r})$. L'extension aux collisions complexes est donnée dans la section III. La section IV est consacrée aux méthodes variationnelles. Dans la section V sont données un certain nombre de propriétés des amplitudes de collision qui découlent de propriétés très générales de l'Hamiltonien qui gouverne la collision, telles que hermiticité, invariance par renversement du temps ou autres propriétés d'invariance.

I. — FONCTION DE GREEN DES ONDES LIBRES ET APPROXIMATION DE BORN

2. Représentations intégrales de l'amplitude de diffusion

Dans cette section et la suivante, nous discutons du problème de diffusion d'une particule de masse m par un potentiel $V(\boldsymbol{r})$. Nous désignons par H_0 l'énergie cinétique, par H l'Hamiltonien total

$$H_0 \equiv -\frac{\hbar^2}{2m}\Delta \tag{1}$$

$$H \equiv -\frac{\hbar^2}{2m}\Delta + V(\boldsymbol{r}). \tag{2}$$

Nous supposons que le potentiel V tend asymptotiquement vers 0 plus vite que $1/r$. Le cas des potentiels en $1/r$ sera brièvement examiné au § 15.

Dans les raisonnements qui suivent, interviennent différents types d'ondes qu'il convient de bien distinguer au moyen de notations appropriées. Nous réservons désormais la lettre φ pour les ondes planes, la lettre ψ pour les solutions stationnaires de l'Hamiltonien H. Un vecteur d'onde donné $\boldsymbol{k}$ permet notamment de définir :

(*i*) l'onde plane : $\varphi_{\boldsymbol{k}} \equiv \mathrm{e}^{\mathrm{i}\boldsymbol{k}\cdot\boldsymbol{r}}$;

(*ii*) les ondes stationnaires $\psi_{\boldsymbol{k}}^{(+)}$ et $\psi_{\boldsymbol{k}}^{(-)}$ caractérisées respectivement par un comportement asymptotique en $\mathrm{e}^{i\boldsymbol{k}\cdot\boldsymbol{r}}$ + onde sortante et $\mathrm{e}^{\mathrm{i}\boldsymbol{k}\cdot\boldsymbol{r}}$ + onde entrante.

En particulier, si $\boldsymbol{k}_a$ est le vecteur d'onde des particules incidentes et si E est leur énergie $\left(k_a = k = (2mE)^{\frac{1}{2}}\right)$, l'onde stationnaire de diffusion (définition du § X.3) est l'onde $\psi_{\boldsymbol{k}_a}^{(+)}$. Cette onde et l'amplitude de diffusion correspondante $f_{\boldsymbol{k}_a}^{(+)}$ sont déterminées par les conditions :

$$H\psi_{\boldsymbol{k}_a}^{(+)} = E\psi_{\boldsymbol{k}_a}^{(+)} \qquad \psi_{\boldsymbol{k}_a}^{(+)} \underset{r\to\infty}{\sim} \mathrm{e}^{\mathrm{i}\boldsymbol{k}_a\cdot\boldsymbol{r}} + f_{\boldsymbol{k}_a}^{(+)}(\Omega)\frac{\mathrm{e}^{\mathrm{i}kr}}{r}. \tag{3}$$

Nous désignons par $\mathrm{d}\sigma_{a\to b}/\mathrm{d}\Omega$ la section efficace de diffusion dans la direction Ω_b. Au chapitre X, nous avons montré que

$$\mathrm{d}\sigma_{a\to b}/\mathrm{d}\Omega = |\, f_{\boldsymbol{k}_a}^{(+)}(\Omega_b)\,|^2. \tag{4}$$

Soit $\boldsymbol{k}_b$ un vecteur de longueur k pointant dans la direction Ω_b. Dans toute cette section interviennent exclusivement des ondes stationnaires définies par les vecteurs $\boldsymbol{k}_a$ et $\boldsymbol{k}_b$. Afin d'alléger l'écriture, nous remplacerons systématiquement les indices $\boldsymbol{k}_a$, $\boldsymbol{k}_b$ par les indices a, b respectivement.

Ceci posé, nous commençons cette étude en donnant une propriété très générale des amplitudes de diffusion. Considérons deux potentiels $U(\boldsymbol{r})$, $\widehat{U}(\boldsymbol{r})$ et désignons par ξ, $\widehat{\xi}$ les solutions stationnaires respectives des Hamiltoniens correspondants. Nous nous intéressons plus particulièrement aux solutions $\widehat{\xi}_b^{(-)}$ et $\xi_a^{(+)}$; on a :

$$\left[-\frac{\hbar^2}{2m}\Delta + \widehat{U}\right]\widehat{\xi}_b^{(-)} = E\,\widehat{\xi}_b^{(-)} \tag{5}$$

$$\left[-\frac{\hbar^2}{2m}\Delta + U\right]\xi_a^{(+)} = E\,\xi_a^{(+)} \tag{6}$$

$$\widehat{\xi}_b^{(-)} \underset{r\to\infty}{\sim} \mathrm{e}^{i\boldsymbol{k}_b\cdot\boldsymbol{r}} + \widehat{f}_b^{(-)}(\Omega)\frac{\mathrm{e}^{-ikr}}{r} \tag{7}$$

$$\xi_a^{(+)} \underset{r\to\infty}{\sim} \mathrm{e}^{i\boldsymbol{k}_a\cdot\boldsymbol{r}} + f_a^{(+)}(\Omega)\frac{\mathrm{e}^{ikr}}{r}\,. \tag{8}$$

Nous nous proposons de montrer que :

$$\begin{aligned}\langle\widehat{\xi}_b^{(-)}|(U-\widehat{U})|\xi_a^{(+)}\rangle &\equiv \int \widehat{\xi}_b^{(-)*}(\boldsymbol{r})\,[U(\boldsymbol{r})-\widehat{U}(\boldsymbol{r})]\,\xi_a^{(+)}(\boldsymbol{r})\,\mathrm{d}\boldsymbol{r}\\ &= -\frac{2\pi\hbar^2}{m}[f_a^{(+)}(\Omega_b) - \widehat{f}_b^{(-)*}(-\Omega_a)]\end{aligned} \tag{9}$$

(par convention, $-\Omega_a$ désigne la direction opposée à Ω_a).

La démonstration suit un canevas analogue à celui utilisé au § X.17 pour obtenir des représentations intégrales pour les déphasages. Tout risque de confusion étant exclu, nous omettrons à l'occasion les indices b et a et le symbole $\widehat{\ }$. Multiplions alors par $\xi^{(-)*}$ les deux membres de l'équation (6), par $\xi^{(+)}$ les complexes conjugués de ceux de l'équation (5), puis retranchons membre à membre ; comme $\widehat{U}$ est réel, il vient :

$$-\frac{\hbar^2}{2m}[\xi^{(-)*}(\Delta\xi^{(+)}) - (\Delta\xi^{(-)*})\xi^{(+)}] + \xi^{(-)*}(U-\widehat{U})\,\xi^{(+)} = 0.$$

Intégrant dans le volume d'une sphère de rayon R centrée à l'origine, on en déduit que :

$$\langle\xi^{(-)}|(U-\widehat{U})|\xi^{(+)}\rangle = \frac{\hbar^2}{2m}\lim_{R\to\infty}\int_{r<R}[\xi^{(-)*}(\Delta\xi^{(+)}) - (\Delta\xi^{(-)*})\,\xi^{(+)}]\,\mathrm{d}\boldsymbol{r}. \tag{10}$$

En dépit de l'hermiticité de Δ, l'intégrale du second membre ne s'annule pas nécessairement à cette limite car les fonctions ξ ne sont pas de carré sommable. Pour la calculer, nous la transformons, par application du théorème de Green, en une intégrale sur la surface de la sphère de rayon R.

ξ_1 et ξ_2 étant fonction de r, nous emploierons désormais la notation $\{ \xi_1, \xi_2 \}$ pour désigner l'intégrale sur cette sphère du « Wronskien radial »

$$W[\xi_1, \xi_2] \equiv \xi_1 \frac{\partial \xi_2}{\partial r} - \xi_2 \frac{\partial \xi_1}{\partial r},$$

soit

$$\begin{aligned} \{ \xi_1, \xi_2 \} &\equiv \int W[\xi_1, \xi_2] \big|_{r=R} R^2 \, d\Omega \\ &\equiv \int W[r\,\xi_1, r\,\xi_2] \big|_{r=R} \, d\Omega. \end{aligned} \tag{11}$$

Suivant le théorème de Green :

$$\{ \xi_1, \xi_2 \} = \int_{r<R} [\xi_1 (\Delta \xi_2) - (\Delta \xi_1) \xi_2] \, d\boldsymbol{r}.$$

L'équation (10) donne donc :

$$\langle \xi^{(-)} | (U - \widehat{U}) | \xi^{(+)} \rangle = \frac{\hbar^2}{2m} \lim_{R\to\infty} \{ \xi^{(-)*}, \xi^{(+)} \}. \tag{12}$$

L'intégrale de surface $\{ \xi^{(-)*}, \xi^{(+)} \}$ tend asymptotiquement vers une constante que l'on détermine aisément en substituant aux fonctions ξ et à leurs dérivées radiales le premier terme de leur développement asymptotique en puissances de $1/r$. Substituant les expressions (7) et (8), on trouve :

$$\begin{aligned} \lim_{R\to\infty} \{ \xi^{(-)*}, \xi^{(+)} \} = \lim_{R\to\infty} \{ e^{-i\boldsymbol{k}_b\cdot\boldsymbol{r}}, e^{i\boldsymbol{k}_a\cdot\boldsymbol{r}} \} + \lim_{R\to\infty} \left\{ e^{-i\boldsymbol{k}_b\cdot\boldsymbol{r}}, f^{(+)} \frac{e^{ikr}}{r} \right\} \\ + \lim_{R\to\infty} \left\{ f^{(-)*} \frac{e^{ikr}}{r}, e^{i\boldsymbol{k}_a\cdot\boldsymbol{r}} \right\} + \lim_{R\to\infty} \left\{ f^{(-)*} \frac{e^{ikr}}{r}, f^{(+)} \frac{e^{ikr}}{r} \right\}. \end{aligned} \tag{13}$$

La forme asymptotique de l'onde plane est donnée par la relation (Problème 1) :

$$e^{i\boldsymbol{k}\cdot\boldsymbol{r}} \underset{r\to\infty}{\sim} \frac{2\pi}{ikr} [\delta(\Omega_r - \Omega_k) e^{ikr} - \delta(\Omega_r + \Omega_k) e^{-ikr}] + O\left(\frac{1}{r^2}\right). \tag{14}$$

Dans le crochet du second membre, Ω_r et Ω_k désignent respectivement les directions des vecteurs $\boldsymbol{r}$ et $\boldsymbol{k}$; les fonctions δ sont définies par la propriété

$$\int \delta(\Omega' - \Omega) \, \varphi(\Omega') \, d\Omega' = \varphi(\Omega)$$

valable pour toute fonction φ de la direction Ω. Si l'on remplace au second membre de (13) chaque onde plane par la forme asymptotique correspondante, les intégrations sur les angles s'effectuent aisément. Comme $\boldsymbol{k}_b$ et $\boldsymbol{k}_a$ ont même longueur, le premier terme est rigoureusement nul (en accord avec la propriété énoncée au Problème 2). Dans le second, la seule contribution non nulle provient de la partie *onde entrante* de l'onde plane ; elle est égale à $-4\pi f^{(+)}(\Omega_b)$. La même remarque s'applique au troisième terme ; ladite contribution est égale à $4\pi f^{(-)*}(-\Omega_a)$. Le quatrième terme est nul. On a donc :

$$\lim_{R\to\infty} \{ \xi^{(-)*}, \xi^{(+)} \} = -4\pi [f^{(+)}(\Omega_b) - f^{(-)*}(-\Omega_a)].$$

Reportant ce résultat dans l'équation (12), on obtient la relation (9). *C.Q.F.D.*

Le principal intérêt de la propriété (9) est d'être indépendante de la forme particulière des potentiels U et $\widehat{U}$. Les seules conditions imposées à ces derniers sont d'être réels et de décroître asymptotiquement plus vite que $1/r$.

Comme première application, prenons :

$$U = V \qquad \widehat{U} = 0.$$

La relation (9) donne :

$$\langle\varphi_b|V|\psi_a^{(+)}\rangle = -\frac{2\pi\hbar^2}{m} f_a^{(+)}(\Omega_b). \tag{15}$$

Cette représentation intégrale de l'amplitude de diffusion sera utilisée dans les deux prochains paragraphes comme point de départ de l'approximation de Born.

Prenons maintenant :

$$U = \widehat{U} = V.$$

Le premier membre de l'équation (9) s'annule ; les deux amplitudes figurant au second membre sont donc égales :

$$f_a^{(+)}(\Omega_b) = f_b^{(-)*}(-\Omega_a). \tag{16}$$

Prenons enfin :

$$U = 0, \qquad \widehat{U} = V.$$

La relation (9) donne :

$$\langle\psi_b^{(-)}|V|\varphi_a\rangle = -\frac{2\pi\hbar^2}{m} f_b^{(-)*}(-\Omega_a). \tag{17}$$

Confrontant (15), (16) et (17), nous obtenons l'importante égalité :

$$\langle\psi_b^{(-)}|V|\varphi_a\rangle = \langle\varphi_b|V|\psi_a^{(+)}\rangle. \tag{18}$$

3. Sections efficaces et matrice *T*. Microréversibilité

Si l'on remplace dans la formule (4) l'amplitude de diffusion par la représentation intégrale (15), il vient

$$\frac{d\sigma_{a\to b}}{d\Omega} = \frac{m^2}{4\pi^2\hbar^4} |\langle\varphi_b|V|\psi_a^{(+)}\rangle|^2.$$

Afin de mettre cette expression sous une forme qui rappelle la formule (XVII.54), nous introduisons la densité des états

$$\rho(E) = (2\pi\hbar)^{-3} p^2(dp/dE) = m\hbar k/(2\pi\hbar)^3$$

conformément à la définition du § XVII.5 (équ. (XVII.52)) et désignons par v la vitesse incidente : $v = \hbar k/m$. L'équation précédente se met alors sous la forme ([2]) :

$$\frac{\mathrm{d}\sigma_{a\to b}}{\mathrm{d}\Omega} = \frac{2\pi}{\hbar v} |\langle\varphi_b|V|\psi_a^{(+)}\rangle|^2 \rho(E). \tag{19}$$

En toute rigueur, $\langle\varphi_b|V|\psi_a^{(+)}\rangle$ n'est pas un élément de matrice de l'opérateur V puisque $|\psi_a^{(+)}\rangle$ et $|\varphi_b\rangle$ ne peuvent être vecteurs de base dans la même représentation. Il est commode d'introduire la matrice T telle que :

$$T_{a\to b} \equiv \langle\varphi_b|T|\varphi_a\rangle = \langle\varphi_b|V|\psi_a^{(+)}\rangle. \tag{20}$$

Nous lui donnons le nom de *matrice de transition* et celui *d'amplitude de transition* $a \to b$ à l'élément $T_{a\to b}$. Notons que ces éléments de matrice sont pris entre ondes planes de même énergie. On peut évidemment concevoir un opérateur T de l'espace de Hilbert vérifiant la condition (20) ; mais cette condition ne le définit pas complètement ; elle fixe certains de ces éléments de matrice dans la représentation où les ondes planes sont fonctions de base, à savoir les éléments de matrice entre ondes d'énergie bien déterminée. Pour définir T complètement, il faut fixer également les éléments de matrice entre ondes planes d'énergie différente de E. Nous préciserons cette définition ultérieurement.

Ceci posé, la formule (19) se met sous la forme

$$\frac{\mathrm{d}\sigma_{a\to b}}{\mathrm{d}\Omega} = \frac{2\pi}{\hbar v} | T_{a\to b} |^2 \rho(E). \tag{19'}$$

Avant de poursuivre, mentionnons la propriété de microréversibilité. Affectons des indices Ka, Kb respectivement les diverses ondes correspondant aux impulsions $-\boldsymbol{k}_a$, $-\boldsymbol{k}_b$. On a évidemment les relations entre ondes planes :

$$\varphi_{-\boldsymbol{k}} = \varphi_{\boldsymbol{k}}^*.$$

De plus, comme l'Hamiltonien H est réel,

$$\psi_{-\boldsymbol{k}}^{(\mp)} = \psi_{\boldsymbol{k}}^{(\pm)*}.$$

En particulier :

$$\varphi_a = \varphi_{Ka}^* \qquad\qquad \psi_b^{(-)} = \psi_{Kb}^{(+)*}$$

et, puisque V est réel, les « éléments de matrice » $\langle\psi_b^{(-)}|V|\varphi_a\rangle$ et $\langle\varphi_{Ka}|V|\psi_{Kb}^{(+)}\rangle$ représentent la même intégrale. La relation (18) s'écrit donc aussi bien

$$\langle\varphi_{Ka}|V|\psi_{Kb}^{(+)}\rangle = \langle\varphi_b|V|\psi_a^{(+)}\rangle$$

ou encore, conformément à la définition (20) :

$$T_{Kb\to Ka} = T_{a\to b}. \tag{21}$$

([2]) Dans l'autre formulation de la théorie des collisions (cf. références de la note ([1])), cette forme découle de façon très naturelle de la définition même des sections efficaces.

A fortiori, les modules de ces deux amplitudes sont égaux ; se reportant à la formule (19′), on en tire *la propriété de microréversibilité pour la diffusion élastique* (³) :

$$d\sigma_{Kb\to Ka}/d\Omega = d\sigma_{a\to b}/d\Omega. \tag{22}$$

4. L'approximation de Born

La formule (19) est *rigoureusement exacte.* Comme la formule (X.2) dont elle a été déduite, elle relie la section efficace à l'onde stationnaire de diffusion $\psi_a^{(+)}$. Dans le cas présent, celle-ci n'intervient plus par sa forme asymptotique mais comme facteur dans une intégrale. En la remplaçant dans cette intégrale par une onde voisine, on obtient une formule approchée pour la section efficace.

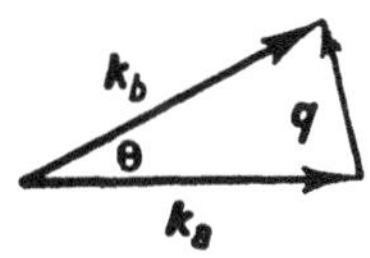

Fig. 1.

En particulier, si $V(\boldsymbol{r})$ est suffisamment petit, l'onde $\psi_a^{(+)}$ diffère peu de l'onde plane incidente φ_a et peut être remplacée par cette dernière dans le calcul de l'amplitude de transition. C'est *l'approximation de Born* :

$$T_{a\to b} \simeq T_{a\to b}^{(B)} = \langle\varphi_b|V|\varphi_a\rangle. \tag{23}$$

A cette approximation, la formule (19) se réduit à la formule (XVII.54) ; celle-ci apparaît donc bien comme une formule approchée de la section efficace à la limite où $V(\boldsymbol{r})$ peut être traité comme une perturbation.

Posons :

$$\boldsymbol{q} = \boldsymbol{k}_b - \boldsymbol{k}_a$$

$\hbar\boldsymbol{q}$ est l'impulsion transférée à la particule par le potentiel au cours de la collision (fig. 1). La longueur de ce vecteur croît avec l'angle de déflexion θ, angle que font entre elles les directions de $\boldsymbol{k}_a$ et $\boldsymbol{k}_b$ suivant la loi :

$$q = 2k \sin \tfrac{1}{2}\theta \qquad (k = k_a = k_b). \tag{24}$$

De l'équation (23), on tire :

$$T_{a\to b}^{(B)} = \int e^{-i\boldsymbol{q}\cdot\boldsymbol{r}} V(\boldsymbol{r})\, d\boldsymbol{r} \equiv \mathcal{V}(\boldsymbol{q}). \tag{25}$$

Par suite, la section efficace de diffusion, à l'approximation de Born, se met sous la forme particulièrement simple

$$\frac{d\sigma_{a\to b}^{(B)}}{d\Omega} = \frac{m^2}{4\pi^2\hbar^4}\,|\mathcal{V}(\boldsymbol{q})|^2. \tag{26}$$

Elle est proportionnelle au carré du module de la composante de Fourier de $V(\boldsymbol{r})$ correspondant à l'impulsion transférée dans la collision. Il est remarquable qu'elle dépende de l'énergie et des angles par l'intermédiaire du seul vecteur $\boldsymbol{q}$.

(³) Si le potentiel est central, cette propriété peut être également déduite de l'invariance par rotation. Mais nous voyons qu'elle est vérifiée même pour les potentiels non centraux.

Si le potentiel est central, les choses se simplifient encore. Après intégration sur les angles, le second membre de l'équation (25) se met sous la forme

$$\mathcal{V}(q) = \frac{1}{q}\int_0^\infty \sin qr\, V(r)\, r\mathrm{d}r. \tag{27}$$

La section efficace différentielle ne dépend alors que de la longueur $\hbar q$ de l'impulsion transférée. Quant à la section efficace totale $\sigma_{\text{tot.}}$, si l'on prend q au lieu de θ comme variable d'intégration ($0 \leqslant q \leqslant 2k$, $q\mathrm{d}q = k^2 \sin \theta \mathrm{d}\theta$), elle se met sous la forme

$$\sigma_{\text{tot.}}^{(B)} = \frac{m^2}{2\pi\hbar^4 k^2}\int_0^{2k} \mathcal{V}^2(q)\, q\mathrm{d}q. \tag{28}$$

Certaines conclusions d'ordre général peuvent être tirées de ces formules au sujet du comportement des sections efficaces à haute énergie. Désignons par a la portée du potentiel $V(\boldsymbol{r})$. Puisque la fonction réelle $V(\boldsymbol{r})$ ne prend de valeurs notables que dans une région de dimensions linéaires a, sa transformée de Fourier ne prend de valeurs notables que dans une région de dimensions linéaires $1/a$ entourant l'origine (4).

La section efficace n'est donc relativement importante que dans la région $q \lesssim 1/a$; suivant la relation (24), cette région correspond aux angles de déflexion tels que :

$$\sin \tfrac{1}{2}\theta \lesssim 1/2\, ka.$$

A haute énergie ($ka \gg 1$), elle se trouve *essentiellement concentrée vers l'avant* dans un domaine d'extension angulaire $1/ka$. On comparera ces conclusions basées sur l'approximation de Born avec les résultats du § X.13 concernant la diffusion par une sphère dure à haute énergie.

En ce qui concerne la section efficace totale, elle tend vers zéro suivant une loi en $1/E$. Ce résultat est évident à l'examen de la formule (28), dont on tire la forme asymptotique

$$\sigma_{\text{tot.}}^{(B)} \underset{k\to\infty}{\sim} \frac{m^2}{2\pi\hbar^4 k^2}\int_0^\infty \mathcal{V}^2(q)\, q\mathrm{d}q. \tag{29}$$

Il s'étend sans difficulté aux potentiels non centraux.

5. L'équation intégrale de la diffusion

Jusqu'à présent, l'onde $\psi_a^{(+)}$ a été définie comme solution de l'équation de Schrödinger satisfaisant à certaines conditions aux limites. Nous allons montrer que c'est aussi la solution d'une certaine équation intégrale. Cette nouvelle définition va nous permettre d'écrire $\psi_a^{(+)}$ sous forme d'un développement en puissances de V et d'évaluer les corrections à l'approximation de Born.

(4) Dans la présente discussion, on peut prendre pour a une longueur de l'ordre de l'écart quadratique de la distribution

$$V^2(\boldsymbol{r}) \Big/ \int V^2(\boldsymbol{r}')\, \mathrm{d}\boldsymbol{r}'.$$

A cet effet, nous nous servons de l'identité ([5])

$$(\Delta + k^2)\frac{e^{ikr}}{r} = -4\pi\delta(\boldsymbol{r}).$$

Par suite, la fonction

$$\mathcal{G}(\boldsymbol{r}, \boldsymbol{r}') = -\frac{m}{2\pi\hbar^2}\frac{e^{ik|\boldsymbol{r}-\boldsymbol{r}'|}}{|\boldsymbol{r}-\boldsymbol{r}'|} \tag{30}$$

possède la propriété

$$\frac{\hbar^2}{2m}(\Delta + k^2)\,\mathcal{G}(\boldsymbol{r}, \boldsymbol{r}') = \delta(\boldsymbol{r}-\boldsymbol{r}'). \tag{31}$$

C'est une fonction de Green de la particule libre pour l'énergie $E = \hbar^2 k^2/2m$. La fonction complexe conjuguée possède la même propriété.

Or, l'équation de Schrödinger de l'onde $\psi_a^{(+)}$ peut s'écrire :

$$\frac{\hbar^2}{2m}(\Delta + k^2)\psi = V\psi. \tag{32}$$

Considérons momentanément comme donnée la fonction $F(\boldsymbol{r}) \equiv V(\boldsymbol{r})\psi(\boldsymbol{r})$. L'équation (32) se présente alors comme une équation aux dérivées partielles inhomogène. Suivant la propriété (31), la fonction

$$\widehat{\psi}(\boldsymbol{r}) \equiv \int \mathcal{G}(\boldsymbol{r}, \boldsymbol{r}')\,F(\boldsymbol{r}')\,d\boldsymbol{r}'$$

est une solution particulière de cette équation. On obtient la solution générale en lui ajoutant la solution générale de l'équation homogène. En d'autres termes, si ψ obéit à l'équation (32), $\psi - \widehat{\psi}$ est une onde libre de même énergie :

$$\frac{\hbar^2}{2m}(\Delta + k^2)(\psi - \widehat{\psi}) = 0 \tag{33}$$

et réciproquement.

Pour achever de déterminer cette onde libre, il suffit de connaître son comportement asymptotique. Montrons que $\widehat{\psi}$ tend asymptotiquement vers une onde purement sortante. A cet effet, reportons-nous à l'expression (30). Comme

$$|\boldsymbol{r}-\boldsymbol{r}'| \equiv r\left[1 - 2\frac{\boldsymbol{r}.\boldsymbol{r}'}{r^2} + \frac{r'^2}{r^2}\right]^{\frac{1}{2}} \underset{r\to\infty}{\sim} r - \frac{\boldsymbol{r}}{r}.\boldsymbol{r}' + O\left(\frac{r'}{r}\right),$$

on a, à la limite $r \gg r'$,

$$\frac{e^{ik|\boldsymbol{r}-\boldsymbol{r}'|}}{|\boldsymbol{r}-\boldsymbol{r}'|} \underset{r\to\infty}{\sim} \frac{e^{ikr}}{r}\,e^{-i\boldsymbol{k}\cdot\boldsymbol{r}'} + O\left(\frac{r'}{r}\right) \tag{34}$$

$$(\boldsymbol{k} = k\boldsymbol{r}/r)$$

([5]) Considérée comme distribution (au sens de Schwartz), e^{ikr}/r est dérivable à tous les ordres. Pour calculer son Laplacien, on se sert de l'identité

$$\Delta(1/r) = -4\pi\delta(\boldsymbol{r})$$

et de la propriété de dérivation d'un produit

$$\Delta(fg) = (\Delta f)\,g + 2\,(\nabla f)\cdot(\nabla g) + f\,\Delta g.$$

d'où

$$\widehat{\psi}(\boldsymbol{r}) \underset{r\to\infty}{\sim} -\frac{m}{2\pi\hbar^2}\frac{e^{ikr}}{r}\int e^{-i\boldsymbol{k}\cdot\boldsymbol{r}'}V(\boldsymbol{r}')\psi(\boldsymbol{r}')\,d\boldsymbol{r}', \tag{35}$$

expression valable lorsque r est très supérieur à la portée du potentiel ($r \gg a$). En conséquence, si l'onde tend asymptotiquement vers la forme (3), $\psi - \widehat{\psi}$ a également un comportement asymptotique de la forme ($e^{i\boldsymbol{k}_a\cdot\boldsymbol{r}}$ + onde sortante) ; comme cette fonction obéit à l'équation (33), c'est nécessairement l'onde plane $e^{i\boldsymbol{k}_a\cdot\boldsymbol{r}}$. On a donc :

$$\psi_a^{(+)} = e^{i\boldsymbol{k}_a\cdot\boldsymbol{r}} - \frac{m}{2\pi\hbar^2}\int\frac{e^{ik|\boldsymbol{r}-\boldsymbol{r}'|}}{|\boldsymbol{r}-\boldsymbol{r}'|}V(\boldsymbol{r}')\psi_a^{(+)}(\boldsymbol{r}')\,d\boldsymbol{r}'. \tag{36}$$

Les conditions (3) entraînent l'équation (36) et réciproquement. L'équation (36) porte le nom d'*équation intégrale de la diffusion.*

Le comportement asymptotique de $\psi_a^{(+)}$ se lit directement sur le second membre de l'équation (36) ; il suffit de se reporter à la relation (35). On retrouve ainsi la propriété (15).

Les manipulations précédentes peuvent être répétées en substituant à la fonction de Green sa complexe conjuguée $\mathcal{G}^*(\boldsymbol{r}, \boldsymbol{r}')$. Celle-ci est aussi une fonction de Green de la particule libre, mais elle correspond à un comportement asymptotique d'onde entrante. On parvient ainsi à l'équation intégrale :

$$\psi_a^{(-)} = e^{i\boldsymbol{k}_a\cdot\boldsymbol{r}} - \frac{m}{2\pi\hbar^2}\int\frac{e^{-ik|\boldsymbol{r}-\boldsymbol{r}'|}}{|\boldsymbol{r}-\boldsymbol{r}'|}V(\boldsymbol{r}')\psi_a^{(-)}(\boldsymbol{r}')\,d\boldsymbol{r}'. \tag{37}$$

6. Le développement de Born

Les équations (36) et (37) peuvent être résolues par itération. La méthode rappelle celle qui a été utilisée pour résoudre l'équation intégrale (XVII.13) dans les problèmes de perturbation dépendant du temps.

Considérons plus particulièrement l'équation (36). Substituant à $\psi_a^{(+)}$ l'onde plane $e^{i\boldsymbol{k}_a\cdot\boldsymbol{r}}$ dans l'intégrale du second membre, on trouve

$$\psi_1^{(+)} = e^{i\boldsymbol{k}_a\cdot\boldsymbol{r}} + \int\mathcal{G}(\boldsymbol{r}, \boldsymbol{r}')\,e^{i\boldsymbol{k}_a\cdot\boldsymbol{r}'}\,d\boldsymbol{r}'.$$

Substituant l'onde $\psi_1^{(+)}$, il vient

$$\psi_2^{(+)} = e^{i\boldsymbol{k}_a\cdot\boldsymbol{r}} + \int\mathcal{G}(\boldsymbol{r}, \boldsymbol{r}')\,\psi_1^{(+)}(\boldsymbol{r}')\,d\boldsymbol{r}'.$$

Substituant l'onde $\psi_2^{(+)}$, on obtient une nouvelle onde $\psi_3^{(+)}$, et ainsi de suite. La suite des fonctions ainsi obtenues converge éventuellement vers la solution exacte $\psi_a^{(+)}$, qui se met alors sous forme d'un développement en puissances de V, à savoir

$$\psi_a^{(+)} = e^{i\boldsymbol{k}_a\cdot\boldsymbol{r}} + \sum_{n=1}^{\infty}\int K_n(\boldsymbol{r}, \boldsymbol{r}')\,e^{i\boldsymbol{k}_a\cdot\boldsymbol{r}'}\,d\boldsymbol{r}' \tag{38}$$

avec :

$$K_n(\boldsymbol{r}, \boldsymbol{r}') = \int K_1(\boldsymbol{r}, \boldsymbol{r}'') K_{n-1}(\boldsymbol{r}'', \boldsymbol{r}')\, \mathrm{d}\boldsymbol{r}'' \qquad (n > 1)$$

$$K_1(\boldsymbol{r}, \boldsymbol{r}') = \mathcal{G}(\boldsymbol{r}, \boldsymbol{r}')\, V(\boldsymbol{r}').$$

C'est *le développement de Born* de l'onde stationnaire de diffusion.

En substituant son développement de Born à la fonction $\psi_a^{(+)}$ dans l'intégrale $\langle\varphi_b|V|\psi_a^{(+)}\rangle$, on obtient un développement analogue pour $T_{a\to b}$. C'est un développement en puissances de V. Il converge (6) si V est suffisamment petit. L'approximation de Born consiste à n'en retenir que le premier terme.

7. Critères de validité de l'approximation de Born

Pour que l'approximation de Born soit justifiée, il faut que l'erreur faite dans le calcul de $T_{a\to b}$ en y remplaçant $\psi_a^{(+)}$ par l'onde plane φ_a soit négligeable. Il faut donc que l'onde stationnaire exacte diffère peu de l'onde plane dans la région où règne le potentiel V. Posons :

$$\psi'(\boldsymbol{r}) \equiv \psi_a^{(+)}(\boldsymbol{r}) - \mathrm{e}^{\mathrm{i}\boldsymbol{k}_a\cdot\boldsymbol{r}}.$$

Nous obtenons la condition

$$|\,\psi'(\boldsymbol{r})\,| \ll 1 \tag{39}$$

(en tout point $\boldsymbol{r}$ où V est relativement important).

Pour évaluer ψ', il suffit de prendre le terme d'ordre le plus bas de son développement de Born ; prenant $\widehat{\boldsymbol{k}}_a$ comme direction d'axe des z, on trouve ainsi après un changement de variable évident

$$\psi'(\boldsymbol{r}) \simeq -\frac{m}{2\pi\hbar^2}\, \mathrm{e}^{\mathrm{i}kz}\, I(\boldsymbol{r})$$

$$I(\boldsymbol{r}) \equiv \int \mathrm{e}^{\mathrm{i}k(R+Z)}\, V(\boldsymbol{R} + \boldsymbol{r})\, \mathrm{d}\boldsymbol{R}/R.$$

Du fait de la présence de k dans l'exponentielle, $|\,I\,|$ dépend de l'énergie. Cependant, on obtient une limite supérieure indépendante de l'énergie, en remplaçant la quantité sous le signe somme par son module :

$$|\,I\,| < \int |\,V(\boldsymbol{R} + \boldsymbol{r})\,|\, \mathrm{d}\boldsymbol{R}/R. \tag{40}$$

Désignons par a la portée du potentiel (7), par V_0 sa profondeur moyenne ; dans le domaine de la variable $\boldsymbol{r}$ qui nous intéresse, cette limite supérieure est

(6) Pour l'étude de la convergence du développement de Born. Cf. R. Jost et A. Pais, *Phys. Rev.*, **82**, 840 (1951) ; W. Kohn, *Rev. Mod. Phys.*, **26**, 292 (1954). L'équation intégrale qui intervient dans la méthode de perturbation dépendant du temps (Chap. XVII) est du type de Volterra ; si les quantités $U^{(0)}$ et V étaient des fonctions et non des opérateurs, le développement de U que l'on en tire par itération convergerait toujours ; les seules causes possibles de divergence tiennent au fait que $U^{(0)}$ et V sont des opérateurs de l'espace de Hilbert. L'équation intégrale qui nous occupe ici, par contre, est du type de Fredholm ; aussi le développement de Born ne converge-t-il pas toujours.

(7) Cf. note (4).

environ égale à $2\pi V_0 a^2$. Par suite, l'approximation de Born est justifiée à toutes énergies si

$$V_0 \ll \hbar^2/ma^2. \tag{41}$$

Cette condition est évidemment trop restrictive. L'intégrale $|I|$ n'atteint la limite définie par la relation (40) qu'à énergie suffisamment basse pour que le facteur $e^{ik(R+Z)}$ reste pratiquement constant dans la région du potentiel [8], autrement dit lorsque $ka \ll 1$. Si, au contraire $ka \gg 1$, ce facteur oscille rapidement dans cette région et l'évaluation précédente est beaucoup trop pessimiste. Lorsque $k \to \infty$, les oscillations deviennent de plus en plus serrées et l'intégrale I tend vers zéro. On s'attend donc à ce que l'approximation de Born soit justifiée lorsqu'on se place à suffisamment haute énergie.

Le comportement asymptotique de I à haute énergie peut être déterminé par la méthode des phases stationnaires. La contribution essentielle provient de la région entourant les points où la phase du facteur oscillant est stationnaire, c'est-à-dire dans la région entourant la demi-droite $X = Y = 0, Z < 0$. Nous ne donnerons pas ici le détail du calcul [9]. On trouve :

$$I \underset{k\to\infty}{\sim} \frac{2\pi i}{k} \int_{-\infty}^{z} V(x, y, z')\, dz' + O(k^{-2}). \tag{42}$$

Dans le domaine de variation de $\boldsymbol{r}$ qui nous intéresse, $|I|$ est donc de l'ordre de $2\pi V_0 a/k$ à cette limite. Le critère (39) est donc satisfait si l'on a :

$$ka \gg 1 \qquad V_0 \ll \hbar^2 k/ma. \tag{43}$$

Pour obtenir un critère de validité de l'approximation de Born à énergie moyenne lorsque la condition (41) n'est plus remplie, il faut, dans chaque cas particulier évaluer l'intégrale I. En pratique, on se contente de l'évaluer en un point convenablement choisi dans la zone du potentiel, au point $\boldsymbol{r} = 0$, par exemple. Si le potentiel est central, on trouve notamment, après intégration sur les angles

$$I(0) = \frac{2\pi i}{k} \int_0^\infty (1 - e^{2ikr})\, V(r)\, dr,$$

en bon accord avec les propriétés (40) et (42) ; d'où le critère :

$$\left| \int_0^\infty (1 - e^{2ikr})\, V(r)\, dr \right| \ll \hbar^2 k/m. \tag{44}$$

Dans une collision, l'unité caractéristique de section efficace est la *section efficace géométrique* $4\pi a^2$ correspondant à la portée a des forces intervenant dans la collision. Dans les conditions de validité de l'approximation de Born, la section efficace totale est petite par rapport à cette quantité :

$$\sigma_{\text{tot.}} \ll \text{section efficace géométrique}. \tag{45}$$

[8] Et sous réserve que V garde un signe constant. De façon précise, on a

$$I(\boldsymbol{r}) \underset{k\to 0}{\sim} \int V(\boldsymbol{R} + \boldsymbol{r})\, d\boldsymbol{R}/R.$$

[9] Voir par exemple : L. I. Schiff, *Phys. Rev.*, **103**, 443 (1956).

Démontrons cette inégalité dans les deux cas-limite $ka \ll 1$ et $ka \gg 1$. A cet effet, nous utilisons l'expression (28) de la section efficace totale. L'allure générale de la fonction $\mathcal{V}(q)$ se déduit de sa définition (équ. (25)) ; elle est de l'ordre de $(2\pi)^{\frac{1}{2}} V_0 a^3$ dans un domaine de dimensions linéaires $1/a$ entourant l'origine et pratiquement nulle à l'extérieur de cette région. Substituant ces données au second membre de (28), il vient :

si $ka \ll 1$ $\qquad \sigma_{\text{tot.}}^{(B)}/4\pi a^2 \approx 2\pi(V_0 ma^2/\hbar^2)^2$

si $ka \gg 1$ $\qquad \sigma_{\text{tot.}}^{(B)}/4\pi a^2 \approx \frac{1}{2}\pi(V_0 ma/\hbar^2 k)^2$

Les conditions de validité de l'approximation de Born sont l'inégalité (41) dans le premier cas, l'inégalité (43) dans le second. Dans les deux cas, on a donc bien : $\sigma_{\text{tot.}}^{(B)}/4\pi a^2 \ll 1$.

L'inégalité (45) est une condition nécessaire, mais non suffisante de validité de l'approximation de Born. Il arrive que la section efficace soit très inférieure à la section géométrique par suite d'effets de résonance — tels que l'effet Ramsauer-Townsend dans la diffusion des électrons lents par les atomes — sans que le développement de Born ait une convergence rapide pour autant. En pratique, les effets de résonance se reconnaissent aisément à leur extrême sensibilité aux variations de l'énergie incidente. Ces réserves faites, l'inégalité (45) constitue un critère extrêmement utile pour juger de la validité de l'approximation de Born.

8. Diffusion élastique d'électrons par un atome

A titre d'application, considérons la diffusion élastique d'une particule chargée par un atome. Dans le traitement simplifié que nous nous proposons de faire, l'atome est traité comme une distribution de charges électriques et l'on calcule à l'approximation de Born la section efficace de diffusion de la particule chargée dans le potentiel électrique créé par cette distribution. Cette méthode donne effectivement la section efficace correcte tant qu'on se trouve dans le domaine de validité de l'approximation de Born (voir plus loin § 21). Pour fixer les idées, nous supposerons que la particule incidente est un électron. Il faudrait alors tenir compte de l'effet d'échange entre cet électron et les électrons de l'atome ; notre traitement ignore systématiquement ce genre d'effet ; aux énergies où l'approximation de Born est justifiée, il s'agit en tout état de cause d'une petite correction.

L'atome est, par hypothèse, un atome neutre ; nous désignons par Z le nombre atomique et par $\rho(r)$ la densité des électrons :

$$\int \rho \, \mathrm{d}\boldsymbol{r} = Z.$$

Le potentiel électrique φ vérifie la loi de Poisson :

$$\Delta\varphi = -4\pi e[Z\,\delta(\boldsymbol{r}) - \rho(r)]. \tag{46}$$

Le potentiel auquel est soumis l'électron

$$V(r) = -e\varphi(r),$$

vérifie une loi analogue ; celle-ci donne par transformation de Fourier la relation :

$$q^2 \mathcal{V}(q) = 4\pi e^2[Z - F(q)] \tag{47}$$

entre la fonction $\mathcal{V}(q)$ (définition (25) ou (27)) et la fonction

$$F(q) \equiv \int e^{-i\boldsymbol{q}\cdot\boldsymbol{r}} \rho(r)\, d\boldsymbol{r} = q^{-1} \int_0^\infty \sin qr\, \rho(r)\, r dr. \tag{48}$$

Compte tenu de la relation (47), la section efficace à l'approximation de Born (équ. (26)) est :

$$d\sigma/d\Omega = 4[Z - F(q)]^2 m^2 e^4/\hbar^4 q^4. \tag{49}$$

$F(q)$ porte le nom de *facteur de forme* de la densité électronique. Son allure générale se déduit aisément de celle de $\rho(r)$. On a notamment :

$$F(0) = Z.$$

Si a est le rayon de l'atome, c'est-à-dire la distance moyenne des électrons au noyau, le facteur F ne diffère pratiquement de zéro que dans la région $q \lesssim 1/a$.

Si, par exemple, la densité électronique est représentée par la fonction

$$\rho(r) = Ze^{-r/a}/2a^3,$$

le facteur de forme est

$$F(q) = Z[1 + q^2 a^2]^{-2}.$$

Lorsque $qa \gg 1$, *i. e.* pour les grandes déflexions :

$$\sin \tfrac{1}{2}\theta \gg 1/2ka,$$

le facteur de forme est pratiquement nul ($F(q) \ll Z$) et la formule (49) se réduit pratiquement à la formule de Rutherford donnant la section efficace de diffusion par le noyau seul : l'effet des électrons est négligeable.

Par contre, cet effet devient sensible dès que $qa \lesssim 1$; l'effet d'écran devient donc sensible dans le domaine des petits angles

$$\sin \tfrac{1}{2}\theta \lesssim 1/2ka. \tag{50}$$

Ceci est bien conforme à l'image classique suivant laquelle les petites déflexions correspondent aux grands paramètres d'impact.

Pour conclure, examinons les conditions de validité de l'approximation de Born.

La portée du potentiel est de l'ordre de a. Une estimation basée sur le modèle de Thomas-Fermi donne

$$a \simeq Z^{-\frac{1}{3}} \hbar^2/me^2.$$

Comme valeur moyenne du potentiel, nous pouvons prendre la valeur au point $r = a$ de l'interaction coulombienne due au noyau :

$$V_0 \simeq Ze^2/a.$$

Nous utilisons ci-dessous les notations familières

$$v = \hbar k/m, \qquad \gamma = Ze^2/\hbar v\,;$$

d'où

$$ka = Z^{\frac{1}{3}}\,\gamma^{-1}.$$

Ceci posé, le critère (41) donne $Z^{\frac{2}{3}} \ll 1$ et n'est donc jamais réalisé. L'approximation de Born n'est donc justifiée qu'à énergie suffisamment élevée. Dans le domaine des hautes énergies ($ka \gg 1$), c'est-à-dire pour $\gamma \ll Z^{\frac{1}{3}}$, le critère (43) donne : $\gamma \ll 1$.

En conclusion, l'approximation de Born n'est justifiée qu'à énergie suffisamment élevée pour que l'on ait :

$$\gamma \ll 1.$$

Dans ce cas, l'effet d'écran n'est sensible qu'aux très petits angles et devient pratiquement négligeable en dehors de la région définie par l'inégalité (50), soit :

$$\theta \lesssim \gamma.$$

On voit qu'il est possible de déterminer le facteur de forme expérimentalement en effectuant à suffisamment haute énergie une mesure précise de la distribution angulaire aux petits angles et en se servant de la formule (49) pour interpréter les résultats expérimentaux.

9. Cas du potentiel central. Calcul des déphasages

Lorsque le potentiel est central, l'amplitude $T_{a\to b}$ ne dépend que de l'angle de déflexion θ ($\cos\theta = \boldsymbol{k}_a . \boldsymbol{k}_b/k^2$) et peut être représentée par le développement

$$\begin{aligned} T_{a\to b} &= 16\pi^2 \textstyle\sum_{lm} T_l\, Y_l^{m*}(\widehat{\boldsymbol{k}_b})\, Y_l^m(\widehat{\boldsymbol{k}_a}) \\ &= 4\pi \textstyle\sum_l (2l+1)\, T_l\, P_l(\cos\theta). \end{aligned} \tag{51}$$

On relie aisément les coefficients T_l aux déphasages en comparant ce développement au développement (X.31) :

$$T_l = -\hbar^2\, \mathrm{e}^{\mathrm{i}\delta_l} \sin\delta_l/2mk. \tag{52}$$

D'autre part, on peut former directement le développement (51) en substituant aux ondes φ_b et $\psi_a^{(+)}$ leur développement en série d'harmoniques sphériques dans l'intégrale $\langle\varphi_b|V|\psi_a^{(+)}\rangle$. Les intégrations angulaires s'effectuent aisément en se servant des relations d'orthonormalisation des harmoniques sphériques ; les coefficients T_l apparaissent alors sous la forme d'intégrales radiales. Posons :

$$\psi_a^{(+)} = 4\pi \textstyle\sum_{lm} \mathrm{i}^l\, \psi_l(r)\, Y_l^m(\widehat{\boldsymbol{k}_a})\, Y_l^{m*}(\widehat{\boldsymbol{r}}). \tag{53}$$

On trouve :

$$T_l = \int_0^\infty j_l(kr)\, V(r)\, \psi_l(r)\, r^2\, \mathrm{d}r. \tag{54}$$

Il est facile de voir (Problème 4) que :

$$\psi_l \underset{r\to\infty}{\sim} e^{i\delta_l} \sin(kr - \tfrac{1}{2}l\pi + \delta_l)/kr.$$

Comparant les relations (52) et (54), on en tire aisément la représentation intégrale de sin δ_l donnée au § X.17 (équ. (X.73)) ; celle-ci se réduit à la formule de Born pour les déphasages (équ. (X.75)) à la limite où l'onde l est suffisamment voisine de l'onde libre.

De l'équation intégrale de la diffusion, on tire de même façon une équation intégrale pour ψ_l. A cet effet, il convient d'utiliser le développement de la fonction de Green (Problème 4) :

$$\frac{e^{ik|\boldsymbol{r}-\boldsymbol{r}'|}}{|\boldsymbol{r}-\boldsymbol{r}'|} = 4\pi k \sum_{lm} j_l(kr_<)\, h_l^{(+)}(kr_>)\, Y_l^{m*}(\widehat{\boldsymbol{r}'})\, Y_l^m(\widehat{\boldsymbol{r}}). \tag{55}$$

Dans cette formule, $r_<$ et $r_>$ désignent respectivement la plus petite et la plus grande des deux longueurs r et r'. En substituant les développements (53), (55) et le développement de l'onde plane dans l'équation intégrale de la diffusion, on obtient l'équation intégrale de l'onde partielle sortante :

$$\psi_l(r) = j_l(kr) - (2mk/\hbar^2) \int_0^\infty j_l(kr_<)\, h_l^{(+)}(kr_>)\, V(r')\, \psi_l(r')\, r'^2\, dr'. \tag{56}$$

En itérant cette équation, on obtient, sous réserve de convergence, la solution ψ_l sous forme d'un développement en puissances de V.

10. La fonction de Green considérée comme opérateur. Lien avec la résolvante de H_0

Dans toutes les relations précédentes, la fonction de Green intervient comme noyau d'opérateur intégral. On peut aussi bien la considérer comme matrice représentative d'un certain opérateur $G_0^{(+)}$ suivant la définition :

$$\mathcal{G}(\boldsymbol{r}, \boldsymbol{r}') \equiv \langle \boldsymbol{r}|G_0^{(+)}|\boldsymbol{r}'\rangle. \tag{57}$$

Ainsi, considérons un vecteur $|u\rangle$ et désignons par $u(\boldsymbol{r})$ la fonction d'onde correspondante : $u(\boldsymbol{r}) \equiv \langle \boldsymbol{r}|u\rangle$; le vecteur $G_0^{(+)}|u\rangle$ qui s'en déduit par action de l'opérateur $G_0^{(+)}$ est représenté par la fonction :

$$\langle \boldsymbol{r}|G_0^{(+)}|u\rangle = \int \mathcal{G}(\boldsymbol{r}, \boldsymbol{r}')\, u(\boldsymbol{r}')\, d\boldsymbol{r}'. \tag{58}$$

Nous définissons de même l'opérateur $G_0^{(-)}$ par

$$\mathcal{G}^*(\boldsymbol{r}, \boldsymbol{r}') \equiv \langle \boldsymbol{r}|G_0^{(-)}|\boldsymbol{r}'\rangle. \tag{59}$$

Comme $\mathcal{G}(\boldsymbol{r}, \boldsymbol{r}')$ est symétrique en $\boldsymbol{r}$ et $\boldsymbol{r}'$, on a

$$G_0^{(-)} = G_0^{(+)\dagger}. \tag{60}$$

L'indice 0 est destiné à rappeler que ces opérateurs sont reliés à l'Hamiltonien des ondes libres H_0. Les indices (+) et (—) rappellent leurs propriétés asymptotiques respectives. De la forme asymptotique de la fonction de Green (équ. 34)), on déduit en effet :

$$\langle \boldsymbol{r} G_0^{(\pm)} | u \rangle \underset{r\to\infty}{\sim} -\frac{m}{2\pi\hbar^2}\frac{e^{\pm ikr}}{r}\int e^{\mp i\boldsymbol{k}\cdot\boldsymbol{r}'}\, u(\boldsymbol{r}')\, d\boldsymbol{r}' \qquad (61)$$
$$(\boldsymbol{k} = k\,\boldsymbol{r}/r)$$

valable pour tout vecteur $|u\rangle$ de norme finie (cette dernière condition nous assure que l'intégrale du second membre converge).

Signalons dès maintenant l'extrême singularité de ces opérateurs. A moins que les composantes de Fourier de $u(\boldsymbol{r})$ relatives aux vecteurs d'onde de longueur k ne soient toutes nulles, la décroissance à l'infini de $\langle \boldsymbol{r} | G_0^{(\pm)} | u \rangle$ est trop lente pour que cette fonction soit de carré sommable. Autrement dit, l'action de $G_0^{(+)}$ ou $G_0^{(-)}$ sur un vecteur de l'espace de Hilbert donne en général un vecteur situé hors de cet espace. Les opérateurs $G_0^{(+)}$ et $G_0^{(-)}$ ne sont donc pas, à proprement parler, des opérateurs de l'espace de Hilbert.

Cependant, ils peuvent être définis comme limites d'opérateurs de l'espace de Hilbert :

$$G_0^{(\pm)} = \lim_{\varepsilon\to 0+} \frac{1}{E - H_0 \pm i\varepsilon} \qquad (\varepsilon > 0). \qquad (62)$$

On reconnaît au second membre la résolvante $(z - H_0)^{-1}$ (cf. chap. XVI, section III) ; c'est un opérateur (borné) de l'espace de Hilbert pour toute valeur de la variable complexe z à l'exception des valeurs propres de H_0, c'est-à-dire des points du demi-axe réel positif. La propriété (62) donne le comportement de la résolvante au voisinage de sa ligne de singularité. Ce comportement dépend du côté où on se trouve : si z tend vers E en restant au-dessus de l'axe réel ($\mathrm{Im}\, z > 0$), $(z - H_0)^{-1}$ tend vers $G_0^{(+)}$; s'il tend vers E en restant au-dessous de l'axe réel ($\mathrm{Im}\, z < 0$), $(z - H_0)^{-1}$ tend vers $G_0^{(-)}$.

La démonstration de cette propriété limite est la suivante. Partant de la matrice (diagonale) de $(z - H_0)^{-1}$ dans la représentation $\{\boldsymbol{p}\}$, on obtient par la transformation unitaire bien connue sa matrice dans la représentation $\{\boldsymbol{r}\}$:

$$\boldsymbol{r} | \langle (z - H_0)^{-1} | \boldsymbol{r}' \rangle = \frac{1}{(2\pi)^3}\int e^{i\boldsymbol{k}'\cdot(\boldsymbol{r}'-\boldsymbol{r})}\left(z - \frac{\hbar^2 k'^2}{2m}\right)^{-1} d\boldsymbol{k}'.$$

L'intégration sur les angles s'effectue sans difficulté. Introduisant la quantité ζ définie par

$$z = \hbar^2 \zeta^2/2m \qquad \mathrm{Re}\, \zeta > 0$$

et posant

$$\boldsymbol{R} = \boldsymbol{r} - \boldsymbol{r}',$$

on trouve :

$$\langle \boldsymbol{r} | \, (z - H_0)^{-1} \, | \boldsymbol{r}' \rangle = \frac{m}{\pi^2 \hbar^2 R}\int_0^{\infty} \frac{k' \sin k' R}{\zeta^2 - k'^2}\, dk'$$
$$= \frac{m}{\pi \hbar^2 R}\frac{1}{2\pi i}\int_{-\infty}^{+\infty} \frac{k' e^{ik'R}}{\zeta^2 - k'^2}\, dk'.$$

On ne modifie pas la valeur de la dernière intégrale en fermant le contour d'intégration par un demi-cercle de grand rayon passant au-dessus de l'axe réel. L'intégrale de contour ainsi obtenue est égale à $2\pi i$ fois la somme des résidus des pôles situés au-dessus de l'axe réel ; dans le cas présent, il ne s'y trouve qu'un pôle et sa position dépend du signe de Im ζ donc de celui de Im z (fig. 2) :

(*a*) Im $z > 0$. — Pôle en $k' = \zeta$ de résidu $-\frac{1}{2} e^{i\zeta R}$;
(*b*) Im $z < 0$. — Pôle en $k' = -\zeta$ de résidu $-\frac{1}{2} e^{-i\zeta R}$.

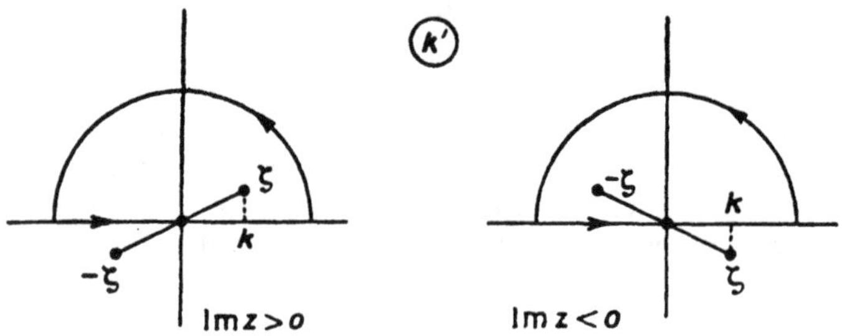

FIG. 2.

Par conséquent :

$$\langle \boldsymbol{r}|(z-H)^{-1}|\boldsymbol{r}'\rangle = -\frac{m}{2\pi\hbar^2} \times \begin{cases} e^{i\zeta R}/R & \text{si} \quad \operatorname{Im} z > 0 \\ e^{-i\zeta R}/R & \text{si} \quad \operatorname{Im} z < 0. \end{cases}$$

Ces expressions doivent être comparées à celle de $\mathcal{G}(\boldsymbol{r}, \boldsymbol{r}')$ (équ. (30)). A la limite où z tend vers E, ζ tend vers k et la matrice que nous venons de calculer tend vers $\mathcal{G}(\boldsymbol{r}, \boldsymbol{r}')$ ou vers $\mathcal{G}^*(\boldsymbol{r}, \boldsymbol{r}')$ selon que la partie imaginaire de z reste positive ou négative au cours du passage à la limite. *C. Q. F. D.*

Les manipulations algébriques sur les opérateurs sont souvent plus simples que les manipulations sur les matrices qui les représentent. Aussi a-t-on fréquemment avantage à utiliser les opérateurs $G_0^{(+)}$ et $G_0^{(-)}$ de préférence aux fonctions de Green proprement dites. Toutefois, ce sont des opérateurs singuliers et leur manipulation demande une certaine prudence et un certain flair ([10]). En toute rigueur, il faudrait remplacer lesdits opérateurs par les opérateurs réguliers $(E - H_0 \pm i\varepsilon)^{-1}$ et examiner attentivement les condi-

([10]) Entre autres précautions, il convient de ne faire agir les $G_0^{(\pm)}$ que sur des vecteurs de norme finie. Le type de déboires auxquels on s'expose si l'on oublie le caractère singulier desdits opérateurs est illustré par l'exemple suivant. De la relation (31) et de la symétrie en $\boldsymbol{r}$ et $\boldsymbol{r}'$ de la fonction de Green, nous tirons

$$(E - H_0)\, G_0^{(\pm)} = 1, \qquad G_0^{(\pm)}(E - H_0) = 1.$$

Ces relations signifient, sans plus, que l'action des premiers membres sur un vecteur *de norme finie* redonne le même vecteur. Cependant, à les prendre à la lettre, on serait tenté de conclure que $E - H_0$ possède un inverse, ce qui est évidemment faux, et que $G_+^{(0)}$ et $G_0^{(-)}$ sont tous deux égaux à cet inverse donc égaux entre eux, ce qui est également faux.

tions du passage à la limite $\varepsilon \to 0$. Ces points de rigueur seront systématiquement négligés dans la suite ; nous remplaçons d'ailleurs à l'occasion les opérateurs $G_0^{(\pm)}$ par les opérateurs $(E - H_0 \pm i\varepsilon)^{-1}$, convention étant faite une fois pour toutes que ε est une quantité réelle positive et que les formules sont toujours considérées à la limite $\varepsilon \to 0^+$.

Avec les notations ci-dessus, les équations intégrales (36) et (37) s'écrivent

$$\psi_a^{(\pm)} = \varphi_a + G_0^{(\pm)} V \psi_a^{(\pm)} \tag{63}$$

ou aussi bien

$$\psi_a^{(\pm)} = \varphi_a + \frac{1}{E - H_0 \pm i\varepsilon} V \psi_a^{(\pm)}. \tag{63'}$$

En les itérant, on obtient les développements de Born :

$$\psi_a^{(\pm)} = \left[1 + \sum_{n=1}^{\infty} (G_0^{(\pm)} V)^n\right] \varphi_a. \tag{64}$$

Dans ces expressions, les symboles ψ et φ désignent indifféremment les ondes stationnaires ou les vecteurs kets qu'elles représentent (aucune confusion n'étant possible, nous laissons tomber les symboles $|\rangle$).

De ces équations, on déduit les équations conjuguées en remplaçant les kets de chaque membre par leur bra conjugué respectif. Comme H_0 est hermitique, on a :

$$G_0^{(+)\dagger} = G_0^{(-)} \qquad G_0^{(-)\dagger} = G_0^{(+)}. \tag{65}$$

De l'équation (63), on tire

$$\langle\psi_a^{(\pm)}| = \langle\varphi_a| + \langle\psi_a^{(\pm)}| V G_0^{(\mp)} \tag{66}$$

et de (64), les développements de Born :

$$\langle\psi_a^{(\pm)}| = \langle\varphi_a| \left[1 + \sum_{n=1}^{\infty} (V G_0^{(\mp)})^n\right]. \tag{67}$$

II. — GÉNÉRALISATION AUX ONDES COUPLÉES

11. L'approximation de Born généralisée

Il peut arriver que l'énergie potentielle $V(\boldsymbol{r})$ soit trop grande pour qu'on puisse utiliser l'approximation de Born, mais que l'on sache résoudre exactement le problème de diffusion par un potentiel voisin de V. Il convient alors de traiter la différence comme une perturbation. Ceci peut se faire par une simple généralisation du traitement de la section I.

Posons :

$$\begin{gathered} V(\boldsymbol{r}) = U_1(\boldsymbol{r}) + W_1(\boldsymbol{r}) \\ H_1 = H_0 + U_1(\boldsymbol{r}). \end{gathered} \tag{68}$$

Nous avons donc :

$$H = H_1 + W_1 \tag{69}$$

H_1 est l'Hamiltonien non perturbé, W_1 la perturbation. Par hypothèse, U_1 et V tendent asymptotiquement vers 0 plus vite que $1/r$; la généralisation aux potentiels en $1/r$ est donnée au § 15. Nous supposons exactement connus les états stationnaires de H_1. Nous les désignons par la lettre χ et les amplitudes correspondantes par la lettre g et nous conservons pour le reste les notations du § 2 ; ainsi $\chi_a^{(+)}$ et $g_a^{(+)}$ sont définis par

$$H_1 \chi_a^{(+)} = E \chi_a^{(+)} \qquad \chi_a^{(+)} \underset{r\to\infty}{\sim} \mathrm{e}^{i\boldsymbol{k}_a\cdot\boldsymbol{r}} + g_a^{(+)}(\Omega)\,\mathrm{e}^{ikr}/r.$$

Toutes les propriétés données dans la section I à propos de l'Hamiltonien H s'appliquent évidemment aussi à H_1. Nous pouvons définir une matrice de transition pour les collisions d'énergie E gouvernées par H_1 ; nous la désignerons par $T^{(1)}$

$$T^{(1)}_{a\to b} \equiv \langle\varphi_b|T^{(1)}|\varphi_a\rangle = \langle\varphi_b|U_1|\chi_a^{(+)}\rangle = \langle\chi_b^{(-)}|U_1|\varphi_a\rangle. \tag{70}$$

Parmi les propriétés démontrées au § 2, rappelons notamment que :

$$g_b^{(-)*}(-\Omega_a) = g_a^{(+)}(\Omega_b) = -\frac{m}{2\pi\hbar^2}\,T^{(1)}_{a\to b}.$$

De la propriété (9), nous tirons une représentation intégrale de la différence $T_{a\to b} - T^{(1)}_{a\to b}$. Prenant en effet

$$\widehat{U} = U_1, \qquad U = V,$$

il vient successivement

$$\begin{aligned}\langle\chi_b^{(-)}|W_1|\psi_a^{(+)}\rangle &= -\frac{2\pi\hbar^2}{m}\,[f_a^{(+)}(\Omega_b) - g_b^{(-)*}(-\Omega_a)]\\ &= -\frac{2\pi\hbar^2}{m}\,[f_a^{(+)}(\Omega_b) - g_a^{(+)}(\Omega_b)]\\ &= T_{a\to b} - T^{(1)}_{a\to b}.\end{aligned} \tag{71}$$

En prenant $\widehat{U} = V$ et $U = U_1$, on trouve de même façon :

$$\langle\psi_b^{(-)}|W_1|\chi_a^{(+)}\rangle = T_{a\to b} - T^{(1)}_{a\to b}. \tag{72}$$

Notons en passant la relation

$$\langle\psi_b^{(-)}|W_1|\chi_a^{(+)}\rangle = \langle\chi_b^{(-)}|W_1|\psi_a^{(+)}\rangle, \tag{73}$$

conséquence évidente des propriétés (71) et (72) et généralisation de la relation (18).

L'une ou l'autre de ces deux représentations intégrales peut être utilisée comme point de départ du traitement de perturbation. Prenons pour fixer les idées la relation (71). Elle donne :

$$\boxed{T_{a\to b} = T^{(1)}_{a\to b} + \langle\chi_b^{(-)}|W_1|\psi_a^{(+)}\rangle} \tag{74}$$

Cette expression de l'amplitude de transition est rigoureusement exacte. Le premier terme représente ce qu'elle serait si W_1 était nul, le second la correction due à la présence de W_1. Si W_1 est suffisamment petit, l'onde stationnaire exacte $\psi_a^{(+)}$ diffère peu de $\chi_a^{(+)}$ et peut être remplacée sans grande erreur par cette dernière dans ce terme de correction. On obtient ainsi l'amplitude de transition au premier ordre de la perturbation W_1 :

$$T_{a\to b} \simeq T^{(1)}_{a\to b} + \langle\chi_b^{(-)}|W_1|\chi_a^{(+)}\rangle. \tag{75}$$

C'est la généralisation de l'approximation de Born (cf. équ. (23)). Bien noter la présence simultanée et la place respective des solutions stationnaires à ondes entrante et sortante dans l'intégrale de correction :

$$\langle\chi_b^{(-)}|W_1|\chi_a^{(+)}\rangle \equiv \int \chi_b^{(-)*}(\boldsymbol{r})\, W_1(\boldsymbol{r})\, \chi_a^{(+)}(\boldsymbol{r})\, \mathrm{d}\boldsymbol{r}. \tag{76}$$

On retrouve le résultat de Born en prenant $U_1 = 0$. Le calcul de cette intégrale dans le cas général où $U_1 \neq 0$ n'est évidemment pas aussi simple que celui de la formule de Born. Les choses se simplifient quelque peu lorsque U_1 et V possèdent la symétrie sphérique. On peut alors se servir des développements (Problème 4),

$$\chi_{\boldsymbol{k}}^{(\pm)} = \frac{4\pi}{kr} \sum_{lm} \mathrm{i}^l\, \mathrm{e}^{\pm\mathrm{i}\eta_l} F_l(k\,; r)\, Y_l^{m*}(\widehat{\boldsymbol{k}})\, Y_l^m(\widehat{\boldsymbol{r}}) \tag{77}$$

$F_l(k\,; r)$ désigne ici la solution régulière de l'équation radiale

$$\left[\frac{\mathrm{d}^2}{\mathrm{d}r^2} - \frac{l(l+1)}{r^2} - \frac{2m}{\hbar^2} U_1 + k^2\right] y = 0 \tag{78}$$

dont le comportement asymptotique est

$$F_l(k\,; r) \underset{r\to\infty}{\sim} \sin(kr - \tfrac{1}{2}l\pi + \eta_l) \tag{79}$$

η_l est le déphasage de l'onde l dans le potentiel U_1. Substituant les développements de $\chi_a^{(+)}$ et $\chi_b^{(-)}$ dans l'intégrale (76) et effectuant les intégrations angulaires, on trouve

$$\langle\chi_b^{(-)}|W_1|\chi_a^{(+)}\rangle = \frac{4\pi}{k^2} \sum_l (2l+1)\, P_l(\cos\theta)\, \mathrm{e}^{2\mathrm{i}\eta} \int_0^\infty F_l^2(k\,; r)\, W_1(r)\, \mathrm{d}r.$$

Ce développement converge d'autant plus vite que W_1 a un plus court rayon d'action.

12. Généralisation du développement de Born

Pour déterminer les corrections d'ordre supérieur, il faut former le développement de $\psi_a^{(+)}$ en puissances de W_1. A cet effet, suivant une méthode analogue à la section I, nous écrivons que $\psi_a^{(+)}$ est solution d'une équation intégrale appropriée ; le développement cherché s'obtient en itérant cette équation.

Désignons par $G_1^{(+)}(\boldsymbol{r}, \boldsymbol{r}')$ la fonction de Green de l'Hamiltonien H_1 correspondant à l'énergie $E = \hbar^2 k^2/2m$ et présentant un comportement asymptotique d'onde sortante. Par définition, c'est une fonction symétrique en $\boldsymbol{r}$ et $\boldsymbol{r}'$ obéissant à l'équation aux dérivées partielles

$$(E - H_1)\, G_1^{(+)} \equiv \left[\frac{\hbar^2}{2m}(\Delta + k^2) - U_1\right] G_1^{(+)}(\boldsymbol{r}, \boldsymbol{r}') = \delta(\boldsymbol{r}' - \boldsymbol{r}) \qquad (80)$$

et se comportant asymptotiquement comme e^{ikr}/r lorsque $r \to \infty$, r' restant fixe. C'est la matrice représentative d'un certain opérateur $G_1^{(+)}$, suivant la définition :

$$\langle \boldsymbol{r} | G_1^{(+)} | \boldsymbol{r}' \rangle \equiv G_1^{(+)}(\boldsymbol{r}, \boldsymbol{r}').$$

Nous admettrons pour l'intant sans discussion qu'il existe toujours une et une seule fonction $G_1^{(+)}(\boldsymbol{r}, \boldsymbol{r}')$ possédant les propriétés indiquées.

Pour obtenir l'équation intégrale, nous reprenons l'argument du § 5 en utilisant cette fonction à la place de la fonction de Green des ondes libres. Nous écrivons l'équation de Schrödinger de $\psi_a^{(+)}$ sous la forme :

$$(E - H_1)\, \psi_a^{(+)} \equiv \left[\frac{\hbar^2}{2m}(\Delta + k^2) - U_1\right] \psi_a^{(+)} = W_1 \psi_a^{(+)}$$

et nous remarquons qu'en raison de l'équation (80), la fonction

$$\psi_a^{(+)} - \int G_1^{(+)}(\boldsymbol{r}, \boldsymbol{r}')\, W_1(\boldsymbol{r}')\, \psi_a^{(+)}(\boldsymbol{r}')\, \mathrm{d}\boldsymbol{r}'$$

obéit à « l'équation homogène »

$$(E - H_1)\, \chi = 0.$$

Comme cette fonction a la même forme asymptotique que $\chi_a^{(+)}$, elle lui est nécessairement égale. $\psi_a^{(+)}$ est donc solution de l'équation intégrale

$$\psi_a^{(+)} = \chi_a^{(+)}(\boldsymbol{r}) + \int G_1^{(+)}(\boldsymbol{r}, \boldsymbol{r}')\, W_1(\boldsymbol{r}')\, \psi_a^{(+)}(\boldsymbol{r}')\, \mathrm{d}\boldsymbol{r}'. \qquad (81)$$

Le développement de $\psi_a^{(+)}$ en puissance de W_1 s'en déduit sans difficulté. En substituant ce développement dans l' « élément de matrice » du second membre de l'équation (74), on obtient le développement de l'amplitude $T_{a \to b}$ en puissances de W_1 ; on retrouve la formule approchée (75) en n'en retenant que les deux premiers termes.

Le complexe conjugué de $G_1^{(+)}(\boldsymbol{r}, \boldsymbol{r}')$ est aussi une fonction de Green de H_1 pour l'énergie E : c'est la fonction de Green $G_1^{(-)}(\boldsymbol{r}, \boldsymbol{r}')$ caractérisée par un comportement asymptotique d'onde entrante. Des propriétés de cette fonction, nous déduisons par un argument analogue au précédent l'équation intégrale :

$$\psi_a^{(-)} = \chi_a^{(-)} + \int G_1^{(-)}(\boldsymbol{r}, \boldsymbol{r}')\, W_1(\boldsymbol{r}')\, \psi_a^{(-)}(\boldsymbol{r}')\, \mathrm{d}\boldsymbol{r}'. \qquad (82)$$

Le développement de $T_{a\to b}$ en puissances de W_1 s'obtient aussi bien en partant de cette équation ; on se sert alors de la propriété (73) ; le résultat obtenu est évidemment le même.

13. Fonction de Green des ondes couplées

L'existence de fonctions de Green $G_1^{(+)}$ et $G_1^{(-)}$ reste à démontrer. Nous allons voir qu'elles peuvent, suivant une généralisation naturelle de l'équation (62), être définies comme limites de la résolvante de H_1, à savoir :

$$G_1^{(\pm)} = \lim_{\varepsilon\to 0^+} \frac{1}{E - H_1 \pm \mathrm{i}\varepsilon}. \tag{83}$$

De même, nous associons à l'Hamiltonien H pour chaque valeur de E, les fonctions :

$$G^{(\pm)} = \lim_{\varepsilon\to 0^+} \frac{1}{E - H \pm \mathrm{i}\varepsilon}. \tag{84}$$

Considérons pour fixer les idées, les opérateurs $G^{(+)}$ et $G^{(-)}$. Et montrons d'abord que

$$(E-H)\, G^{(\pm)} = 1, \qquad G^{(\pm)}(E-H) = 1. \tag{85}$$

$|u\rangle$ étant un vecteur de norme finie, on a évidemment

$$(E-H)\frac{1}{E-H+\mathrm{i}\varepsilon}|u\rangle = |u\rangle - \frac{\mathrm{i}\varepsilon}{E-H+\mathrm{i}\varepsilon}|u\rangle. \tag{86}$$

La norme du deuxième terme du second membre est

$$\begin{aligned} N(\varepsilon) &= \varepsilon^2 \langle u| \frac{1}{(E-H)^2+\varepsilon^2}|u\rangle \\ &= \varepsilon \int |u(E')|^2 \frac{\varepsilon}{(E-E')^2+\varepsilon^2}\,\mathrm{d}E'. \end{aligned}$$

La deuxième ligne s'obtient en adoptant une représentation où H est diagonal ; $|u(E')|^2\,\mathrm{d}E'$ est la norme de la composante de $|u\rangle$ d'énergie E'. Suivant une propriété connue de la fonction δ (équ. (A.15 *c*)), l'intégrale tend vers $\pi|u(E)|^2$ lorsque $\varepsilon \to 0$. Donc la norme $N(\varepsilon)$ s'annule à cette limite. Lorsque $\varepsilon \to 0$ l'équation (86) donne donc :

$$(E-H)\, G^{(+)}|u\rangle = |u\rangle.$$

Comme cette relation est vérifiée, quel que soit $|u\rangle$ (*de norme finie* ([11])), on a :

$$(E-H)\, G^{(+)} = 1.$$

Les autres relations (85) se démontrent suivant le même canevas.

De même, on a :

$$(E-H_1)\, G_1^{(\pm)} = 1, \qquad G_1^{(\pm)}(E-H_1) = 1. \tag{87}$$

([11]) Les remarques de la note ([10]) s'appliquent pleinement ici.

Les équations (85) et (87) nous assurent que $G^{(\pm)}$ et $G_1^{(\pm)}$ sont des fonctions de Green de H et H_1 respectivement pour l'énergie E. Traduites dans la représentation $\{ \boldsymbol{r} \}$, elles donnent bien les équations aux dérivées partielles caractéristiques des fonctions de Green ; ainsi, la première des équations (87) donne l'équation (80).

Dans la démonstration précédente, nous avons étudié avec soin les conditions du passage à la limite $\varepsilon \to 0^+$ parce qu'elles y jouent un rôle essentiel. Dans la suite, nous laisserons de côté ces points de rigueur et, en conformité avec les conventions de la page 705, nous remplacerons à l'occasion $G^{(\pm)}$ par $[E - H \pm i\varepsilon]^{-1}$ et $G_1^{(\pm)}$ par $[E - H_1 \pm i\varepsilon]^{-1}$, expressions dans lesquelles ε est une quantité réelle positive infiniment petite.

Répétant les manipulations du début du § XVI.16, nous obtenons les identités fondamentales

$$\frac{1}{E - H \pm i\varepsilon} - \frac{1}{E - H_0 \pm i\varepsilon} = \frac{1}{E - H \pm i\varepsilon} V \frac{1}{E - H_0 \pm i\varepsilon} \tag{88 a}$$

$$= \frac{1}{E - H_0 \pm i\varepsilon} V \frac{1}{E - H \pm i\varepsilon}. \tag{88 b}$$

Il existe des identités analogues avec H_1 et U_1 au lieu de H et V respectivement et aussi avec H_1 et W_1 au lieu de H_0 et V respectivement.

Entre autres conséquences, nous tirons des identités (88) les relations ([12])

$$(1 + G^{(\pm)} V)(1 - G_0^{(\pm)} V) = 1 \tag{89 a}$$

$$(1 - G_0^{(\pm)} V)(1 + G^{(\pm)} V) = 1. \tag{89 b}$$

Or, l'équation (63) peut se mettre sous la forme :

$$[1 - G_0^{(\pm)} V] \psi_a^{(\pm)} = \varphi_a.$$

En appliquant l'opérateur $(1 + G^{(\pm)} V)$ aux deux membres de cette équation et en utilisant la relation (89 a) pour simplifier le premier membre, on obtient la formule importante :

$$\psi_a^{(\pm)} = \left(1 + \frac{1}{E - H \pm i\varepsilon} V\right) \varphi_a. \tag{90}$$

Comme H est hermitique, on a évidemment :

$$G^{(\pm)\dagger} = G^{(\mp)}. \tag{91}$$

Par suite, l'équation conjuguée de l'équation (90) s'écrit :

$$\langle \psi_a^{(\pm)} | = \langle \varphi_a | \left(1 + V \frac{1}{E - H \mp i\varepsilon}\right). \tag{92}$$

([12]) Ces identités ne permettent pas de conclure que $[1 + G^{(\pm)} V]$ et $[1 - G_0^{(\pm)} V]$ sont inverses l'un de l'autre, ni même que chacun d'eux possède un inverse. Cf. note ([10]).

Nous sommes maintenant en mesure de déduire les propriétés asymptotiques de $G^{(+)}$ et $G^{(-)}$, de celles de $G_0^{(+)}$ et $G_0^{(-)}$ respectivement. $|u\rangle$ étant un vecteur de décroissance suffisamment rapide à l'infini, on a, suivant l'identité (88 *b*) :

$$G^{(\pm)}\,|u\rangle = G_0^{(\pm)}\,|\mho\rangle$$

avec

$$|\mho\rangle = (1 + V\,G^{(\pm)})\,|u\rangle.$$

Le vecteur $|\mho\rangle$ ayant aussi une décroissance suffisamment rapide à l'infini ([13]), on peut lui appliquer la propriété (61), ce qui donne :

$$\langle \boldsymbol{r}|G^{(\pm)}|u\rangle \underset{r\to\infty}{\sim} -\frac{m}{2\pi\hbar^2}\frac{\mathrm{e}^{\pm ikr}}{r}\langle \varphi_{\pm\boldsymbol{k}}|\mho\rangle \tag{93}$$
$$(\boldsymbol{k} = k\,\boldsymbol{r}/r).$$

L'action de $G^{(+)}$ sur un vecteur de l'espace de Hilbert donne donc en général un vecteur ayant un comportement asymptotique d'onde purement sortante, celle de $G^{(-)}$ un vecteur se comportant comme une onde purement entrante. Remplaçant $|\mho\rangle$ au second membre de (93) par sa définition et notant (équ. (92)) que :

$$\langle \varphi_{\pm\boldsymbol{k}}|(1 + V\,G^{(\pm)}) = \langle \psi_{\pm\boldsymbol{k}}^{(\mp)}|,$$

on trouve

$$\langle \boldsymbol{r}|G^{(\pm)}|u\rangle \underset{r\to\infty}{\sim} -\frac{m}{2\pi\hbar^2}\frac{\mathrm{e}^{\pm ikr}}{r}\langle \psi_{\pm\boldsymbol{k}}^{(\mp)}|u\rangle. \tag{94}$$

Bien prendre garde que c'est l'onde $\psi_{\boldsymbol{k}}^{(-)}$ qui intervient dans la propriété asymptotique de $G^{(+)}$ et l'onde $\psi_{-\boldsymbol{k}}^{(+)}$ dans celle de $G^{(-)}$.

On trouve des propriétés analogues pour $G_1^{(+)}$ et $G_1^{(-)}$, notamment la propriété asymptotique :

$$\langle \boldsymbol{r}|G_1^{(\pm)}|u\rangle \underset{r\to\infty}{\sim} -\frac{m}{2\pi\hbar^2}\frac{\mathrm{e}^{\pm ikr}}{r}\langle \chi_{\pm\boldsymbol{k}}^{(\mp)}|u\rangle \tag{95}$$
$$(\boldsymbol{k} = k\boldsymbol{r}/r).$$

Lorsque U_1 possède la symétrie sphérique, on construit aisément les fonctions de Green $G_1^{(\pm)}$ à l'aide des solutions de l'équation radiale (78). On trouve (Problème 4) :

$$\langle \boldsymbol{r}|G_1^{(\pm)}|\boldsymbol{r}'\rangle = -\frac{2m}{\hbar^2 k}\frac{1}{rr'}\sum_{lm}\mathrm{e}^{\pm i\eta_l}F_l(k\,;r_<)\,u_l^{(\pm)}(k\,;r_>)\,Y_l^{m*}(\widehat{\boldsymbol{r}'})\,Y_l^m(\widehat{\boldsymbol{r}}). \tag{96}$$

Dans cette formule, $r_<$ et $r_>$ désignent respectivement la plus petite et la plus grande des longueurs r et r' ; η_l et F_l ont été définis au § 11 ; $u_l^{(\pm)}$ sont

([13]) Les déductions qui suivent ne sont pas valables si V a un comportement en $1/r$ à l'infini.

les solutions irrégulières de l'équation (78) de comportement asymptotique

$$u_l^{(\pm)} \underset{r\to\infty}{\sim} e^{\pm i(kr-\frac{1}{2}l\pi)}.$$

Les propriétés caractéristiques de $G_l^{(+)}$ et $G_l^{(-)}$ se vérifient aisément sur leur forme explicite (96).

14. Applications diverses. Définition et propriétés formelles de T

En se servant des propriétés formelles des fonctions de Green données au § 13, on retrouve au moyen de manipulations algébriques simples la plupart des résultats démontrés antérieurement. L'avantage de ce type de manipulation tient, d'une part, à ce qu'elles sont formellement très simples, d'autre part à ce qu'elles se prêtent facilement aux généralisations.

On retrouve notamment les équations intégrales (81) et (82) que l'on peut mettre sous la forme :

$$\psi_a^{(\pm)} = \chi_a^{(\pm)} + \frac{1}{E - H_1 \pm i\varepsilon} W_1 \psi_a^{(\pm)}. \tag{97}$$

En comparant les propriétés asymptotiques des deux membres, on en tire la relation (74).

Signalons également les formules :

$$\chi_a^{(\pm)} = \left[1 + \frac{1}{E - H_1 \pm i\varepsilon} U_1\right] \varphi_a. \tag{98}$$

$$\psi_a^{(\pm)} = \left[1 + \frac{1}{E - H \pm i\varepsilon} W_1\right] \chi_a^{(\pm)} \tag{99}$$

que nous laissons au lecteur le soin de démontrer.

Nous pouvons également donner une définition formelle de T. La relation (20) donne seulement ses éléments de matrice entre ondes planes d'énergie E bien déterminée. Si l'on tient compte de l'équation (90), cette relation se met sous la forme

$$\langle\varphi_b|T|\varphi_a\rangle = \langle\varphi_b| \left[V + V\frac{1}{E - H + i\varepsilon} V\right] |\varphi_a\rangle. \tag{100}$$

Généralisant cette relation, nous posons :

$$T = V + V\frac{1}{E - H + i\varepsilon} V. \tag{101}$$

Dans cette définition, E joue le rôle d'un simple paramètre, T est la valeur prise par la fonction

$$T(z) = V + V\frac{1}{z - H} V$$

de la variable complexe z à la limite où z tend vers la valeur réelle E en restant au-dessus de l'axe réel ($\text{Im } z > 0$).

En se servant des identités (88 *a*) et (88 *b*) pour transformer le second membre de l'équation (101), on obtient aisément pour l'opérateur T les équations intégrales

$$T = V + T\frac{1}{E - H_0 + i\varepsilon}V \tag{102 a}$$

$$T = V + V\frac{1}{E - H_0 + i\varepsilon}T. \tag{102 b}$$

En pratique T n'intervient le plus souvent que par ses éléments de matrice entre ondes libres d'énergie E, et plus particulièrement entre ondes planes d'énergie E.

A titre d'illustration, montrons comment retrouver la relation de microréversibilité (21) en utilisant uniquement les propriétés formelles de T. Désignons par K l'opérateur (antilinéaire) de renversement du temps. H_0 est évidemment invariant par renversement du temps. D'ailleurs, il est clair que :

$$\varphi_{Ka} = K\varphi_a, \qquad \varphi_{Kb} = K\varphi_b. \tag{103}$$

Supposons que H possède aussi cette propriété d'invariance

$$KHK^\dagger = H.$$

Ceci suppose :

$$KVK^\dagger = V.$$

Se reportant aux définitions (84) et (101), on en déduit successivement

$$KG^{(+)}K^\dagger = G^{(-)} = G^{(+)\dagger}$$

et

$$KTK^\dagger = T^\dagger. \tag{104}$$

De cette propriété de transformation de T dans le renversement du temps résulte que :

$$\begin{aligned} T_{Kb\to Ka} &= (\langle\varphi_a|K^\dagger)\, T(K|\varphi_b\rangle) \\ &= \langle\varphi_a|(K^\dagger TK)|\varphi_b\rangle^* \\ &= \langle\varphi_b|(K^\dagger T^\dagger K)|\varphi_a\rangle \\ &= \langle\varphi_b|T|\varphi_a\rangle = T_{a\to b}. \end{aligned}$$

C'est la relation de microréversibilité.

15. Note sur les potentiels en $1/r$

Tout au long de cette étude, nous avons supposé que les potentiels $V(r)$, $U_1(r)$ et $W_1(r)$ décroissaient à l'infini plus vite que $1/r$, condition indispensable pour que les diverses ondes et les diverses fonctions de Green utilisées aient le comportement asymptotique indiqué. Moyennant quelques modifications, cette étude s'applique aussi bien au cas où $V(r)$ contient un terme en $1/r$ du moment que $U_1(r)$ contient le même terme en $1/r$ et que, par conséquent, $W_1(r)$ tend vers zéro plus vite que $1/r$. Les formes asymptotiques diffèrent simplement par la présence d'un terme additionnel proportionnel à $\ln 2kr$ dans l'argument de l'exponentielle ; les arguments des formes asymptotiques de u_l et F_l doivent aussi subir la même modification ; à part ces quelques différences, la méthode et les résultats sont essentiellement les mêmes. En particulier, les définitions (83) et (84) des fonctions de Green restent valables ; l'équation intégrale (97) reste vérifiée, la propriété fondamentale (74) également, ainsi que la formule (75) à la limite où W_1 peut être traité comme une petite perturbation.

III. — COLLISIONS COMPLEXES ET APPROXIMATION DE BORN

16. Généralités. Sections efficaces

Dans cette section [14], nous étendons les considérations des deux sections précédentes aux collisions entre particules quelconques. Les particules dont il s'agit désormais, sont prises au sens général du terme et sont éventuellement douées de structure interne ; les variables internes se réduisent aux seules variables de spin s'il s'agit de particules élémentaires, telles que électrons, protons, neutrons ; mais nous envisageons également des particules complexes, ions, atomes, noyaux d'atome, etc., formés par la réunion de plusieurs particules élémentaires.

Supposons donc que deux particules, complexes ou non, A et X, entrent en collision. En général, trois sortes d'effets peuvent être observés :

(*a*) les particules sont simplement déviées sans changement de leur état quantique interne respectif

$$A + X \rightarrow A + X$$

c'est la *diffusion élastique*.

(*b*) Elles sont déviées avec modification de leur état quantique interne [15] ; elles émergent par exemple dans les états A' et X' respectivement :

$$A + X \rightarrow A' + X'$$

c'est la *diffusion inélastique*.

[14] Pour plus de détail concernant la terminologie introduite dans cette section, cf. C. Bloch, *Cours sur la Théorie des réactions nucléaires*, Chap. I, II, III, C. E. N. Saclay (1955-1956) ; voir aussi J. Blatt et V. Weisskopf, *Theoretical Nuclear Physics*, Chap. VIII, Wiley, New York (1952), reprint Dover Publications Inc., 1979.

[15] Ce changement peut être un simple renversement des spins. La définition adoptée ici diffère légèrement de la définition courante selon laquelle la diffusion est inélastique ou élastique selon qu'elle s'accompagne ou non d'une variation de l'énergie interne des particules.

(c) les particules A et X échangent au cours de la collision un certain nombre des particules élémentaires qui les composent ou, plus généralement, le système $(A + X)$ se scinde en deux particules différentes ou plus ; par exemple, les particules B et Y différentes de A et X émergent de la collision :

$$A + X \rightarrow B + Y.$$

C'est une *collision de réarrangement* (ou *réaction* proprement dite).

Une réaction chimique est une collision de réarrangement entre molécules, une réaction nucléaire, une collision de réarrangement entre noyaux d'atomes ; nous en donnerons quelques exemples plus loin.

Les grandeurs caractéristiques de la collision de deux particules sont les sections efficaces. Cette notion a déjà été définie au chapitre X (§ 2) pour les collisions élastiques. Plus généralement, *la section efficace d'un certain type d'événement dans une collision donnée est égale au rapport du nombre d'événements de ce type par unité de temps et par cible, au flux des particules incidentes relativement à la cible.*

Pour définir sans ambiguïté une section efficace se rapportant à la collision de A et X, il importe de bien préciser les conditions initiales de la collision, c'est-à-dire les états quantiques et les vitesses respectives des particules A et X. Dans les conditions usuelles d'expérimentation, l'une des vitesses est nulle, celle de X par exemple : on bombarde une cible de particules X pratiquement au repos avec un faisceau monocinétique de particules A. Cependant, comme le mouvement du centre de masse de l'ensemble se sépare rigoureusement de celui des coordonnées relatives, on peut par de simples considérations de cinématique relier les unes aux autres les sections efficaces dont les conditions initiales ne diffèrent que par un changement de référentiel ; en particulier, par une généralisation évidente de la méthode du § X.7 (cf. Problème X.2), on peut relier les sections efficaces dans le système du laboratoire (vitesse de X nulle) aux sections efficaces dans le système du centre de masse (vitesse du centre de masse nulle). Toutes les sections efficaces dont il s'agira désormais se rapportent au système du centre de masse.

Dans tout ce qui suit, E désignera l'énergie incidente totale dans le système du centre de masse et H l'Hamiltonien gouvernant l'évolution des variables relatives (on obtient l'Hamiltonien total en lui ajoutant l'énergie cinétique du centre de masse).

17. Voies

Avant de poursuivre, définissons un concept fort utile dans le traitement des collisions complexes, le concept de *voie* (en anglais : channel). On désigne ainsi chaque mode de fragmentation possible du système au cours de la collision. L'un de ces modes donne les deux particules incidentes : c'est *la voie d'entrée*. Dans une diffusion élastique, les deux particules restent dans la voie d'entrée ; dans les deux autres types de réaction, la voie de sortie est différente de la voie d'entrée : c'est une diffusion inélastique ou une collision de réarrangement selon que les particules qui composent la voie sont les mêmes ou sont différentes de celles de la voie d'entrée. Nous désignerons désormais chaque voie par une lettre grecque particulière.

A chaque voie peuvent être associées un certain nombre de grandeurs et de données. Pour simplifier l'exposé, nous supposerons que les voies de réaction sont exclusivement des voies constituées de deux particules.

Soit donc une certaine voie γ, constituée de deux particules, les particules C et Z. Le vecteur $\boldsymbol{r}_\gamma$ fixe la position relative de C par rapport à Z, autrement dit, on a $\boldsymbol{r}_\gamma = \boldsymbol{r}_C - \boldsymbol{r}_Z$, $\boldsymbol{r}_C$ et $\boldsymbol{r}_Z$ désignant les positions respectives des centres de masse de C et Z. On définit de même façon l'impulsion relative $\boldsymbol{p}_\gamma$ et la masse réduite M_γ :

$$M_\gamma = \frac{M_C M_Z}{M_C + M_Z};$$

l'énergie cinétique de la voie γ est $\boldsymbol{p}_\gamma^2/2M_\gamma$.

La fonction d'onde φ_γ (de norme 1), décrivant l'état quantique interne des particules de la voie, est le produit des fonctions d'ondes respectives, φ_C et φ_Z, des particules C et Z. Soient h_C et h_Z les Hamiltoniens de ces particules. On a :

$$h_C \varphi_C = e_C \varphi_C, \qquad h_Z \varphi_Z = e_Z \varphi_Z$$
$$\varphi_\gamma = \varphi_C \varphi_Z, \qquad e_\gamma = e_C + e_Z$$

e_γ est l'énergie interne totale des particules de la voie γ.

Soit, enfin, V_γ l'interaction entre les particules C et Z, c'est-à-dire la somme des potentiels d'interaction entre chaque particule élémentaire de C et chaque particule élémentaire de Z. V_γ tend vers zéro à la limite $r_\gamma \to \infty$. Dans la suite, nous supposerons toujours que cette décroissance est plus rapide que $1/r_\gamma$; la généralisation aux potentiels en $1/r_\gamma$ se fait sans difficulté suivant les indications du § 15.

L'Hamiltonien du système s'écrit :

$$H = H_\gamma + V_\gamma \tag{105}$$

avec :

$$H_\gamma = h_C + h_Z + \boldsymbol{p}_\gamma^2/2M_\gamma. \tag{106}$$

18. Calcul des sections efficaces. Matrices T

Dans la collision envisagée plus haut, la voie d'entrée est la voie $(A + X)$; nous la désignons sous le nom de voie α. Pour achever de fixer les conditions initiales de la collision, il faut se donner l'impulsion relative $\hbar\boldsymbol{k}_a$ des particules dans l'état initial. Nous convenons de représenter l'ensemble des conditions initiales ainsi fixées par la lettre ou l'indice a : $a \equiv (\alpha, \boldsymbol{k}_a)$. On a :

$$E = e_\alpha + \hbar^2 k_a^2/2M_\alpha. \tag{107}$$

Supposons que la réaction $A + X \to B + Y$ puisse se produire. On dit dans ce cas que la voie $(B + Y)$, ou voie β, est une *voie ouverte*. Les particules de cette voie émergent avec une impulsion relative de longueur $\hbar k_b$ bien déterminée et donnée par la loi de conservation de l'énergie

$$E = e_\beta + \hbar^2 k_b^2/2M_\beta. \tag{108}$$

Pour que la voie β soit ouverte, il est évidemment nécessaire que $E - e_\beta$ soit positif.

A chaque ensemble a de conditions initiales, on peut associer une onde plane :

$$\Phi_a = \varphi_\alpha \, e^{i\boldsymbol{k}_a \cdot \boldsymbol{r}_\alpha} \tag{109}$$

et deux ondes stationnaires $\Psi_a^{(+)}$ et $\Psi_a^{(-)}$. $\Psi_a^{(+)}$ est la solution stationnaire de H correspondant à l'énergie E ayant dans la voie d'entrée un comportement asymptotique en ($e^{i\boldsymbol{k}_a \cdot \boldsymbol{r}_\alpha}$ + onde sortante) et dans toutes les autres voies ouvertes un comportement d'onde purement sortante. $\Psi_a^{(-)}$ est défini de même façon avec des ondes entrantes. Suivant ces définitions, on a :

$$H_\alpha \, \Phi_a = E \, \Phi_a \tag{110}$$

$$H \, \Psi_a^{(\pm)} = E \, \Psi_a^{(\pm)} \tag{111}$$

et, pour toute voie ouverte γ (nous supposons toujours qu'aucune d'elle n'a plus de deux particules) :

$$\begin{aligned} \Psi_a^{(\pm)} &\underset{r_\alpha \to \infty}{\sim} \varphi_\alpha \left[e^{i\boldsymbol{k}_a \cdot \boldsymbol{r}_\alpha} + f_{a\alpha}^{(\pm)}(\Omega_\alpha) \, e^{\pm i k_a r_\alpha}/r_\alpha \right] \\ &\underset{r_\gamma \to \infty}{\sim} \varphi_\gamma \, f_{a\gamma}^{(\pm)}(\Omega_\gamma) \, e^{\pm i k_c r_\gamma}/r_\gamma \qquad (\gamma \neq \alpha). \end{aligned} \tag{112}$$

Nous admettrons sans discussion l'existence des solutions stationnaires $\Psi_a^{(+)}$ et $\Psi_a^{(-)}$.

Les sections efficaces sont directement reliées au comportement asymptotique de l'onde $\Psi_a^{(+)}$. Ceci se démontre par une simple généralisation de l'argument des § 4-6 du chapitre X. Laissant au lecteur le soin de rétablir la démonstration, bornons-nous ici à en donner le résultat.

Désignons par $d\sigma_{a\to b}/d\Omega_\beta$ la section efficace d'émission de la particule B dans la direction Ω_b. On trouve [16] :

$$\frac{d\sigma_{a\to b}}{d\Omega_\beta} = \frac{v_b}{v_a} \left| f_{a\beta}^{(+)}(\Omega_b) \right|^2 \tag{113}$$

$v_a = \hbar k_a/M_\alpha$ est la vitesse incidente, $v_b = \hbar k_b/M_\beta$ la vitesse relative de la particule B émergeant de la collision.

Généralisant les considérations du § 3, on est amené à décrire le phéno-

[16] On obtient également ce résultat en généralisant l'argument du § X.2 : la section efficace est égale au rapport du flux des particules B, $v_b \, | f_{a\beta}^{(+)}(\Omega_b) |^2$, au flux incident v_a.

mène de collision à l'énergie E par une certaine matrice de transition T; définie de telle sorte que :

$$T_{a\to b} \equiv \langle b|T|a\rangle = -\frac{2\pi\hbar^2}{M_\beta} f_{a\beta}^{(+)}(\Omega_b). \tag{114}$$

De (113) et (114), on tire

$$\boxed{\frac{d\sigma_{a\to b}}{d\Omega_\beta} = \frac{2\pi}{\hbar v_a}\left|T_{a\to b}\right|^2 \rho_b(E)} \tag{115}$$

$\rho_b(E)$ désigne la densité des états finaux conformément à la définition du § XVII.5. La formule (115) est la généralisation de la formule (19'). $T_{a\to b}$ est l'amplitude de la transition $a \to b$.

19. Représentations intégrales de l'amplitude de transition

Pour trouver des représentations intégrales de $T_{a\to b}$, il convient tout d'abord de généraliser la propriété (9).

Soient H et $\widehat{H}$ deux Hamiltoniens possibles du système quantique envisagé : H et $\widehat{H}$ ont même énergie cinétique, mais leurs énergies potentielles peuvent être différentes, nous postulons que cette différence est faite de termes tendant asymptotiquement vers zéro plus vite que $1/r$. Nous considérons plus particulièrement les solutions stationnaires de H et $\widehat{H}$ à l'énergie E et représentons ces solutions par Ψ et $\widehat{\Psi}$ respectivement. Remarquons que certaines voies peuvent être ouvertes aux collisions gouvernées par H et fermées aux collisions gouvernées par $\widehat{H}$ et *vice versa.* Nous supposerons que la voie β est ouverte aux collisions gouvernées par $\widehat{H}$. Il existe donc une solution $\widehat{\Psi}_b^{(-)}$ correspondant aux conditions initiales $b \equiv (\beta, \boldsymbol{k}_b)$. On a :

$$\widehat{H}\widehat{\Psi}_b^{(-)} = E\widehat{\Psi}_b^{(-)} \tag{116}$$

et, pour toute voie ouverte δ (nous supposons qu'aucune d'elles n'a plus de deux particules) :

$$\begin{aligned}\widehat{\Psi}_b^{(-)} &\underset{r_\beta\to\infty}{\sim} \varphi_\beta[e^{i\boldsymbol{k}_b\cdot\boldsymbol{r}_\beta} + \widehat{f}_{b\beta}^{(-)}(\Omega_\beta)\, e^{-ik_b r_\beta}/r_\beta] \\ &\underset{r_\delta\to\infty}{\sim} \varphi_\delta \widehat{f}_{b\delta}^{(-)}(\Omega_\delta)\, e^{-ik_d r_\delta}/r_\delta \qquad (\delta \neq \beta).\end{aligned} \tag{117}$$

On peut montrer que :

$$\langle\widehat{\Psi}_b^{(-)}|(H-\widehat{H})|\Psi_a^{(+)}\rangle = -\frac{2\pi\hbar^2}{M_\beta} f_{a\beta}^{(+)}(\Omega_b) + \frac{2\pi\hbar^2}{M_\alpha}\widehat{f}_{b\alpha}^{(-)*}(-\Omega_a). \tag{118}$$

Le canevas de la démonstration est le même que pour la propriété (9). Multipliant par $\widehat{\Psi}_b^{(-)*}$ les deux membres de l'équation (111), par $\Psi_a^{(+)}$ les complexes conjugués de ceux de l'équation (116) et retranchant, il vient :

$$\left[\widehat{\Psi}_b^{(-)*}(H\Psi_a^{(+)}) - (H\widehat{\Psi}_b^{(-)})^*\Psi_a^{(+)}\right] + \widehat{\Psi}_b^{(-)*}(H-\widehat{H})\Psi_a^{(+)} = 0.$$

On obtient la relation (118) en sommant sur les spins et en intégrant dans tout l'espace de configuration. En dépit de l'hermiticité de H, la contribution du crochet n'est pas nécessairement nulle, car les fonctions Ψ et $\widehat{\Psi}$ ne sont ni l'une ni l'autre de norme finie. Pour la calculer, on effectue l'intégrale sur un volume fini de l'espace de configuration et l'on cherche la limite de cette intégrale lorsque le volume s'étend à tout l'espace. Cette intégrale de volume peut être transformée par application du théorème de Green en intégrale de surface ([17]), laquelle se met sous forme d'une somme de termes relatifs aux différentes voies ouvertes ν communes à Ψ et $\widehat{\Psi}$. On trouve :

$$\langle\widehat{\Psi}_b^{(-)}|\,(H-\widehat{H})\,|\Psi_a^{(+)}\rangle = \sum_\nu \frac{\hbar^2}{2M_\nu} \lim_{R_\nu\to\infty} \{\, \widehat{\Psi}_a^{(-)*}, \Psi_b^{(+)} \,\}_\nu, \tag{119}$$

La notation $\{\ldots\}_\nu$ est une généralisation de celle qui est introduite au § 2. Par définition

$$\{ F_1, F_2 \}_\nu = \left\langle \int \left(F_1 \frac{\partial F_2}{\partial r_\nu} - F_2 \frac{\partial F_1}{\partial r_\nu} \right)\Bigg|_{r_\nu = R_\nu} R_\nu^2 \, d\Omega_\nu \right\rangle$$

le symbole $\langle \int \ldots d\Omega_\nu \rangle$ signifiant sommation ou intégration sur toutes variables autre que la distance relative r_ν. Les différents termes du second membre de (119) peuvent être évalués en substituant à Ψ et $\widehat{\Psi}$ et à leurs dérivées radiales leurs formes asymptotiques respectives (expressions (112) et (117)). Dans toute voie différente de α et β, $\Psi_a^{(+)}$ est une onde purement sortante, $\Psi_b^{(-)}$ une onde purement entrante ; par suite, le crochet $\{\ldots\}_\nu$ tend asymptotiquement vers zéro. Dans les voies α et β par contre, en raison de la présence du terme d'onde plane dans l'une des deux formes asymptotiques, la contribution du crochet est différente de zéro. Le calcul est identique à celui du § 2 et donne les deux termes du second membre de la relation (118). Celle-ci se trouve ainsi démontrée.

Nous allons mettre la relation fondamentale (118) sous une forme plus maniable. A cet effet, appliquons la propriété (118), dans le cas particulier où $\widehat{H} = H$. Le premier membre étant nul, il vient :

$$\frac{1}{M_\beta} f_{\alpha\beta}^{(+)}(\Omega_b) = \frac{1}{M_\alpha} f_{b\alpha}^{(-)*}(-\Omega_a).$$

([17]) Pour préciser les choses, rappelons qu'il existe plusieurs façons d'effectuer la séparation du centre de masse, mais que la quantité

$$x \equiv (\textstyle\sum_j M_j r_j^2)^{\frac{1}{2}}$$

est indépendante de ce mode de réduction ; $r_1, r_2, \ldots, r_j, \ldots$ désignent ici les coordonnées relatives correspondant à ce mode de réduction particulier, et $M_1, M_2, \ldots, M_j, \ldots$, désignent les masses correspondantes (cf. § IX.13). Le volume d'intégration dont il est question ici peut être défini par la condition $x \leqslant X$; X est une quantité positive, grande par rapport à la portée des interactions entrant en jeu. Le théorème de Green permet de transformer l'intégrale de volume en intégrale sur l'hypersurface $x = X$, laquelle tend vers l'expression du second membre de l'équation (119) à la limite où $X \to \infty$.

Comparant cette relation à la relation de définition de T (équ. (114)), nous obtenons la définition équivalente :

$$\langle b|T|a\rangle = -\frac{2\pi\hbar^2}{M_\alpha} f_{b\alpha}^{(-)*}(-\Omega_a). \tag{114'}$$

Les deux définitions s'appliquent aussi bien à la matrice de transition $\widehat{T}$ associée à l'Hamiltonien $\widehat{H}$. Tenant compte de ces définitions, la propriété (118) s'écrit

$$\langle b|T|a\rangle = \langle b|\widehat{T}|a\rangle + \langle\widehat{\Psi}_b^{(-)}|(H-\widehat{H})|\Psi_a^{(+)}\rangle. \tag{120}$$

C'est sous cette forme que nous l'utiliserons.

Cette relation reste vraie lorsque la voie α est fermée à l'onde $\widehat{\Psi}_b^{(-)}$, si l'on convient que $\langle b|\widehat{T}|a\rangle = 0$. De même, elle reste vraie lorsque la voie β est fermée à l'onde $\Psi_a^{(+)}$, si l'on convient que $\langle b|T|a\rangle = 0$.

En particulier, si $\widehat{H} = H_\beta$, $\widehat{\Psi}_\beta^{(-)}$ se réduit à l'onde plane Φ_β et, comme $H - H_\beta = V_\beta$, la relation (120) donne :

$$\langle b|T|a\rangle = \langle\Phi_b|V_\beta|\Psi_a^{(+)}\rangle. \tag{121}$$

De même, si l'on remplace H par H_α et $\widehat{H}$ par H, on tire de la relation (120) la propriété :

$$\langle b|T|a\rangle = \langle\Psi_b^{(-)}|V_\alpha|\Phi_a\rangle. \tag{122}$$

Toutes ces propriétés sont valables quel que soit le type de collision envisagé ; diffusion élastique ($\alpha = \beta$), inélastique ($\alpha \neq \beta$, $V_\alpha = V_\beta$) ou collision de réarrangement ($V_\alpha \neq V_\beta$).

20. L'approximation de Born et ses généralisations

En substituant à $\Psi_a^{(+)}$ l'onde plane Φ_a au second membre de l'équation (121), on obtient *l'amplitude de transition $a \to b$ à l'approximation de Born* (cf. équ. (23)) :

$$T_{a\to b} \simeq T_{a\to b}^{(B)} = \langle\Phi_b|V_\beta|\Phi_a\rangle. \tag{123}$$

On obtient *la même* valeur approchée en remplaçant $\Psi_b^{(-)}$ par Φ_b au second membre de l'équation (122). En effet, si l'on remplace H par H_α et $\widehat{H}$ par H_β, la propriété (120) donne :

$$\langle\Phi_b|V_\beta|\Phi_a\rangle = \langle\Phi_b|V_\alpha|\Phi_a\rangle. \tag{124}$$

On a donc aussi bien :

$$T_{a\to b}^{(B)} = \langle\Phi_b|V_\alpha|\Phi_a\rangle. \tag{123'}$$

Le passage de (121) à (123) est justifié si $\Psi^{(+)}$ diffère suffisamment peu de Φ_a dans la région où règne le potentiel V_β ; celui de (122) à (124), si $\Psi_b^{(-)}$

diffère suffisamment peu de Φ_b dans la région où règne le potentiel V_α ; ces deux conditions de validité sont évidemment équivalentes, bien qu'elles paraissent différentes. Elles supposent toutes deux que $\Psi_a^{(+)}$ et $\Psi_b^{(-)}$ puissent être respectivement assimilés aux ondes planes Φ_a et Φ_b.

On peut obtenir des formules plus précises en utilisant à la place des ondes planes des fonctions d'onde plus voisines des solutions stationnaires exactes $\Psi_a^{(+)}$ et $\Psi_b^{(-)}$.

Supposons, par exemple, que V_α puisse se mettre sous la forme

$$V_\alpha = U_\alpha + W_\alpha$$

et que l'on sache former les solutions stationnaires de l'Hamiltonien $H_\alpha + U_\alpha$ correspondant à l'énergie E. Nous désignons par X ces solutions et par $T^{(X)}$ la matrice de transition correspondante. En particulier, $X_a^{(+)}$ est la solution du type « onde sortante » correspondant aux conditions initiales a et l'on a :

$$\begin{aligned} T^{(X)}_{a\to b} &= \langle\Phi_b|(H_\alpha + U_\alpha - H_\beta)|X_a^{(+)}\rangle \\ &= \langle\Phi_b|(V_\beta - W_\alpha)|X_a^{(+)}\rangle. \end{aligned} \tag{125}$$

Si W_α est suffisamment petit, $X_a^{(+)}$ diffère peu de $\Psi_a^{(+)}$.

Supposons, de même, que V_β puisse se mettre sous la forme

$$V_\beta = U_\beta + W_\beta$$

et que l'on sache former les solutions stationnaires de l'Hamiltonien $H_\beta + U_\beta$ correspondant à l'énergie E. Nous désignons ces derniers par Ξ et la matrice de transition associée par $T^{(\Xi)}$. En particulier, $\Xi_b^{(-)}$ est la solution du type « onde entrante » correspondant aux conditions initiales b et l'on a :

$$T^{(\Xi)}_{a\to b} = \langle\Xi_b^{(-)}|(V_\alpha - W_\beta)|\Phi_a\rangle. \tag{126}$$

Si W_β est suffisamment petit, $\Xi_b^{(-)}$ diffère peu de $\Psi_b^{(-)}$.

Ceci posé, on a, suivant la propriété (120) :

$$T_{a\to b} = T^{(X)}_{a\to b} + \langle\Psi_b^{(-)}|W_\alpha|X_a^{(+)}\rangle \tag{127}$$

$$= T^{(\Xi)}_{a\to b} + \langle\Xi_b^{(-)}|W_\beta|\Psi_a^{(+)}\rangle. \tag{128}$$

Ces deux expressions de $T_{a\to b}$ sont rigoureusement exactes. On obtient des expressions approchées en remplaçant dans la première $\Psi_b^{(-)}$ par $\Xi_b^{(-)}$, dans la seconde $\Psi_a^{(+)}$ par $X_a^{(+)}$:

$$T_{a\to b} \simeq T^{(X)}_{a\to b} + \langle\Xi_b^{(-)}|W_\alpha|X_a^{(+)}\rangle \tag{129}$$

$$\simeq T^{(\Xi)}_{a\to b} + \langle\Xi_b^{(-)}|W_\beta|X_a^{(+)}\rangle. \tag{130}$$

Quoique formellement différentes si $W_\alpha \neq W_\beta$, ces deux expressions sont toujours égales. On le voit aisément en appliquant la propriété (120) avec $H_\alpha + U_\alpha$ au lieu de H et $H_\beta + U_\beta$ au lieu de $\widehat{H}$.

Ces formules constituent une généralisation de l'approximation de Born (cf. équ. (75)). Elles sont meilleures que celle que l'on obtient en remplaçant simplement $\Psi_a^{(+)}$ par $X_a^{(+)}$ dans l'expression (121). En effet, comme l'on a (équ. (125)) :

$$\langle\Phi_b|V_\beta|X_a^{(+)}\rangle = T_{a\to b}^{(X)} + \langle\Phi_b|W_\alpha|X_a^{(+)}\rangle,$$

cette dernière approximation revient à remplacer $\Psi_b^{(-)}$ par Φ_b et non par $\Xi_b^{(-)}$, dans l'expression (127). Pour une raison analogue, les formules (129) et (130) sont meilleures que l'expression obtenue en remplaçant $\Psi_b^{(-)}$ par $\Xi_b^{(-)}$ au second membre de (122).

21. Diffusion d'électrons rapides par un atome

Comme illustration de l'approximation de Born proprement dite, considérons la diffusion d'électrons rapides par un atome.

Nous supposons le noyau infiniment lourd et fixé à l'origine. L'Hamiltonien du système est :

$$H = \frac{p^2}{2m} + h + V(\boldsymbol{r}, A).$$

Le premier terme est l'énergie cinétique de l'électron incident, le second l'Hamiltonien de l'atome, le troisième l'énergie d'interaction :

$$V(\boldsymbol{r}, A) = -\frac{Ze^2}{r} + \sum_{i=1}^{Z} \frac{e^2}{|\boldsymbol{r} - \boldsymbol{r}_i|} \tag{131}$$

$\boldsymbol{r}$ est le vecteur de position de l'électron incident, $\boldsymbol{r}_1, \boldsymbol{r}_2, \ldots, \boldsymbol{r}_Z$ sont les vecteurs de position des électrons de l'atome. Enfin, nous désignons par $\varphi_0, \varphi_1, \ldots, \varphi_n, \ldots$, la suite des fonctions propres de h et par $e_0, e_1, \ldots, e_n, \ldots$, les valeurs propres correspondantes.

Nous considérons une diffusion inélastique dans laquelle l'électron passe de l'impulsion $\hbar\boldsymbol{k}_0$ à l'impulsion $\hbar\boldsymbol{k}_n$ tandis que l'atome passe de l'état fondamental φ_0 à l'état excité φ_n. L'énergie étant conservée dans la collision, on a :

$$\hbar^2(k_0^2 - k_n^2) = 2m(e_n - e_0).$$

Nous désignons par $\hbar\boldsymbol{q}$ l'impulsion transférée :

$$\boldsymbol{q} = \boldsymbol{k}_n - \boldsymbol{k}_0.$$

On note que la relation (24) ne s'applique pas ici, mais que l'on a :

$$q^2 = (k_0 - k_n)^2 + 4k_0 k_n \sin^2 \tfrac{1}{2}\theta. \tag{132}$$

A côté du processus direct dans lequel l'électron incident est simplement dévié avec perte d'une partie de son énergie cinétique, il peut y avoir échange de l'électron incident avec un des électrons de l'atome au cours de la collision. Cet effet d'échange risque d'être important lorsque la vitesse de l'électron diffusé est du même ordre de grandeur que celle des électrons de l'atome, c'est-à-dire lorsque $k_n a \simeq 1$; il est petit dans les conditions de validité de l'approximation de Born ; nous le négligerons ici. Dans le même esprit, nous traiterons l'électron incident comme une particule distincte des électrons de l'atome. Appliquant la formule (123), on obtient alors l'amplitude de la transition à l'approximation de Born :

$$T_{0\to n} \simeq \int \mathrm{e}^{-\mathrm{i}\boldsymbol{q}\cdot\boldsymbol{r}}\, \varphi_n^*(A)\, V(\boldsymbol{r}, A)\, \varphi_0(A)\, \mathrm{d}\boldsymbol{r}\, \mathrm{d}A. \tag{133}$$

C'est l'amplitude de transition, calculée à l'approximation de Born, d'une particule subissant le transfert d'impulsion $\hbar\boldsymbol{q}$ dans le potentiel :

$$V_n(\boldsymbol{r}) \equiv \int \varphi_n^*(A)\, V(\boldsymbol{r}, A)\, \varphi_0(A)\, \mathrm{d}A. \tag{134}$$

Ce résultat est valable quel que soit n, et s'applique aussi bien dans le cas de la diffusion élastique ($n = 0$).

Afin de le mettre sous une forme analogue à celle qui a été obtenue au § 8 il convient d'introduire la « densité d'électrons » :

$$\rho_n(\boldsymbol{r}) = Z \int \varphi_n^*(\boldsymbol{r}, \boldsymbol{r}_2, \ldots, \boldsymbol{r}_Z)\, \varphi_0(\boldsymbol{r}, \boldsymbol{r}_2, \ldots, \boldsymbol{r}_Z)\, \mathrm{d}\boldsymbol{r}_2 \ldots \mathrm{d}\boldsymbol{r}_Z \tag{135}$$

et le facteur de forme correspondant

$$F_n(\boldsymbol{q}) = \int \mathrm{e}^{-\mathrm{i}\boldsymbol{q}\cdot\boldsymbol{r}} \rho_n(\boldsymbol{r})\, \mathrm{d}\boldsymbol{r}.$$

Dans le cas de la diffusion élastique ($n = 0$), on retrouve la densité des électrons dans l'état fondamental et son facteur de forme (cf. équ. (48)) :

$$\rho_0(\boldsymbol{r}) = \rho(r), \qquad F_0(\boldsymbol{q}) = F(q).$$

Si l'on substitue dans l'intégrale de définition de $V_0(\boldsymbol{r})$ la forme explicite de $V(\boldsymbol{r}, A)$ donnée par l'équation (131), on constate que $V_0(\boldsymbol{r})$ est le potentiel d'interaction coulombienne d'un électron dans le champ créé par la distribution de charge

$$e[Z\delta(\boldsymbol{r}) - \rho(r)].$$

C'est précisément le potentiel diffuseur adopté au § 8 ; le modèle adopté dans ce paragraphe est donc bien justifié.

Considérons maintenant une collision inélastique ($n \neq 0$). Substituons dans l'intégrale de définition de $V_n(\boldsymbol{r})$ la forme explicite de $V(\boldsymbol{r}, A)$ donnée par l'équation (131). La contribution du terme Ze^2/r est nulle, en raison de l'orthogonalité des fonctions φ_0 et φ_n. Celle des autres termes est égale au potentiel coulombien subi par un électron dans le champ créé par la distribution de charge $-e\rho_n(\boldsymbol{r})$. Répétant les manipulations du § 8, on trouve :

$$T_{0\to n} \simeq -4\pi e^2 F_n(\boldsymbol{q}) \qquad (n \neq 0)$$

d'où la section efficace de diffusion inélastique à l'approximation de Born :

$$\frac{\mathrm{d}\sigma_{0\to n}}{\mathrm{d}\Omega} = 4\,\frac{m^2 e^4}{\hbar^4}\,\frac{k_n}{k_0}\,\frac{|F_n(q)|^2}{q^4}. \tag{136}$$

On notera la grande similarité entre cette formule et la formule (49) relative à la diffusion élastique. La distribution angulaire dépend du facteur $F_n(q)|^2/q^4$. L'allure générale de $F_n(q)$ se déduit aisément de celle de $\rho_n(\boldsymbol{r})$. On a notamment $F_n(0) = 0$; de plus, si a est le rayon de l'atome, le facteur $F_n(q)$ ne diffère pratiquement de zéro que dans la région où $qa \lesssim 1$. Dans les conditions de validité de l'approximation de Born ($\gamma \ll 1$), on a $k_0 a \gg 1$; ceci correspond à une énergie incidente très supérieure à la distance des niveaux de l'atome, qui est de l'ordre de $\hbar^2/ma^2$; par suite $(k_0 - k_n)a$ est de l'ordre de $1/k_0 a$. Comme q varie de $k_0 - k_n$ à $k_0 + k_n$ lorsque θ croît de 0 à 2π, qa varie de $1/k_0 a$ à $2k_0 a$ dans cet intervalle (cf. équ. (132)). D'après ce qui a été dit plus haut, l'électron a toutes chances d'être diffusé vers les angles tels que $qa \lesssim 1$, c'est-à-dire dans le domaine des petits angles :

$$\theta \lesssim 1/k_0 a.$$

En principe, la diffusion inélastique peut être utilisée pour mesurer la position de l'électron. Le paquet d'ondes incident a, par hypothèse, des dimensions transversales très supérieures à a et l'incertitude sur la composante transversale de l'impulsion est de ce fait très inférieure à $\hbar/a$. Immédiatement après la diffusion inélastique, à supposer qu'un dispositif permette de déceler ce changement d'état quantique de l'atome, la position de l'électron est connue avec une incertitude de l'ordre de a ; cependant, la direction de son impulsion n'étant déterminée qu'à $1/k_0 a$ près, il y a une incertitude de l'ordre de $\hbar/a$ sur la composante transversale de ladite impulsion. Ceci concorde bien avec ce qui a été dit au chapitre IV au sujet des mesures de position (cf. notamment la discussion des mesures à la chambre de Wilson, note IV (7)).

22. Excitation coulombienne des noyaux

En guise d'illustration de l'approximation de Born généralisée, reprenons le problème traité au § XVII.3 en cherchant à nous affranchir de l'approximation classique.

Sauf indications contraires, nous utilisons les notations de ce paragraphe. Nous supposons l'énergie incidente suffisamment basse pour que la condition X(VII.28) soit réalisée. Par contre, les conditions (XVII.29) et (XVII.30), sur lesquelles était fondé le traitement classique, ne sont pas nécessairement remplies. Comme l'énergie incidente est inférieure à la hauteur Ze^2/R de la barrière coulombienne, le proton ne « pénètre » pratiquement pas dans le noyau au cours de la collision. On s'attend donc à ce que l'effet des interactions nucléaires proprement dites soit petit. Nous le négligerons pour l'instant. La collision est alors gouvernée par l'Hamiltonien $H^{(0)} + V$.

Nous désignons par a les conditions initiales et par b les conditions finales de la collision, par $X_a^{(+)}$ et $X_b^{(-)}$ les solutions propres de $H^{(0)}$ correspondantes. Comme les variables du proton et celles du noyau sont complètement séparées dans $H^{(0)}$, $X_a^{(+)}$ est le produit de la fonction d'onde du noyau dans l'état initial α par une onde de diffusion coulombienne pure $\xi_a^{(+)}(\boldsymbol{r})$ représentant l'état stationnaire de diffusion d'un proton d'énergie E et d'impulsion initiale $\hbar \boldsymbol{k}_a$ par le potentiel Ze^2/r ; de même $X_b^{(-)}$ est le produit de la fonction d'onde du noyau dans l'état β par une onde coulombienne pure $\xi_b^{(-)}(\boldsymbol{r})$ du type « onde entrante » ([18]) représentant la diffusion d'un proton d'énergie $(E - \Delta E)$ et d'impulsion $\hbar \boldsymbol{k}_b$ par le potentiel Ze^2/r. Comme l'onde $X_a^{(+)}$ ne donne aucune contribution à la voie β, la formule rigoureuse (127) donne :

$$T_{a\to b} = \langle \Psi_b'^{(-)} | V | X_a^{(+)} \rangle.$$

Si nous traitons V comme une petite perturbation, on peut négliger sa contribution à l'onde $\Psi_b'^{(-)}$ et remplacer cette dernière par $X_b^{(-)}$, ce qui donne, conformément à la formule de Born généralisée (129) :

$$T_{a\to b} = \langle X_b^{(-)} | V | X_a^{(+)} \rangle.$$

Comme les ondes X sont pratiquement nulles pour $r < R$, on peut remplacer V par son développement (XVII.34), ce qui donne :

$$\begin{aligned} T_{a\to b} &= \textstyle\sum_{lm} (-)^m R_l^{-m} \langle \beta\, J_\beta\, M_\beta | Q_l^m | \alpha\, J_\alpha\, M_\alpha \rangle \\ R_l^m &= \frac{4\pi Ze}{2l+1} \int \xi_b^{(-)*}(\boldsymbol{r}) \frac{Y_l^m(\Omega)}{r^{l+1}} \xi_a^{(+)}(\boldsymbol{r})\, \mathrm{d}\boldsymbol{r}. \end{aligned} \tag{137}$$

En appliquant la relation (115), on obtient l'expression de la section efficace d'excitation coulombienne. Cette expression présente une grande analogie avec celle que donne la théorie semi-classique. On passe de la première à la seconde en remplaçant R_l^m par $A\, (\mathrm{d}\sigma_R/\mathrm{d}\Omega)^{\frac{1}{2}} S_l^m$, A étant la constante positive définie par la relation : $A^2 = 4\pi^2\hbar^4 v_a/M^2 v_b$. D'ailleurs, lorsque les conditions limites (XVII.29-30) sont remplies, la principale contribution à l'intégrale R_l^m provient du voisinage de la trajectoire classique et l'on peut retrouver le résultat semi-classique en appliquant la méthode des phases stationnaires.

La discussion des règles de sélection donnée à la fin du § XVII.3, peut être reprise ici sans changement. En particulier, dans les expériences où les noyaux cibles ne sont pas orientés et où l'on ne mesure pas la polarisation des noyaux excités, on trouve

$$\frac{\mathrm{d}\sigma_{a\to b}}{\mathrm{d}\Omega} = \frac{1}{(2J_\alpha+1)(2l_0+1)} \frac{M^2 v_b}{4\pi^2\hbar^4 v_a} \,|\langle \beta || Q^{(l_0)} || \alpha \rangle|^2 \left(\textstyle\sum_m |R_{l_0}^m|^2\right).$$

On peut étendre ce traitement de façon à tenir compte des interactions nucléaires proprement dites. Désignons par V_{pA} le potentiel d'interaction

([18]) Son développement en harmonique sphérique est donné par l'équation (77), en prenant pour F_l les solutions coulombiennes régulières. On note que $\xi_b^{(-)} = \xi_{Kb}^{(+)*}$.

nucléaire entre le proton et les nucléons du noyau A. C'est un potentiel très intense pour $r < R$ et pratiquement nul pour $r > R$. Nous incluons désormais V_{pA} dans $H^{(0)}$. Il convient de séparer dans V la partie externe de la partie interne : $V = V_{\text{int.}} + V_{\text{ext.}}$, suivant la définition :

$$V_{\text{ext.}} = \begin{cases} V & \text{si} \quad r > R \\ 0 & \text{si} \quad r < R \end{cases}$$

et d'inclure également $V_{\text{int.}}$ dans $H^{(0)}$. Avec ces modifications, la séparation de variables signalée plus haut n'est plus possible et les ondes $X_a^{(+)}$ et $X_b^{(-)}$ cessent d'être des ondes de diffusion élastique pure. L'approximation de Born généralisée donne alors :

$$T_{a\to b} \simeq T^{(X)}_{a\to b} + \langle X_b^{(-)} | V_{\text{ext.}} | X_a^{(+)} \rangle.$$

Le premier terme $T^{(X)}_{a\to b}$ est le terme d'excitation nucléaire. C'est l'amplitude de transition obtenue lorsqu'on remplace l'interaction entre proton et noyau dans la région externe ($r > R$) par une interaction coulombienne ponctuelle ; l'excitation $\alpha \to \beta$ ne peut alors se produire que si le proton pénètre dans le noyau. Le second terme est le terme d'excitation coulombienne proprement dite.

Par suite de l'existence de la barrière coulombienne et de l'allure générale des forces nucléaires (forces très intenses à court rayon d'action), les ondes $X_a^{(+)}$ et $X_b^{(-)}$ présentent à basse énergie des résonances étroites analogues aux résonances de diffusion étudiées au chapitre X (section IV). Connaissant les paramètres caractéristiques desdites résonances — énergie de résonance et largeurs de résonance dans les différentes voies ouvertes — on peut construire lesdites ondes dans la région externe ([19]) et calculer les deux termes de l'amplitude de transition. En dehors des résonances, le proton ne pénètre pratiquement pas dans le noyau, $T^{(X)}_{a\to b}$ est négligeable et l'amplitude d'excitation coulombienne est très sensiblement donnée par la formule (137), dans laquelle les ondes X sont des ondes de diffusion coulombienne pure. Au passage d'une résonance, la contribution de $T^{(X)}_{a\to b}$ cesse d'être négligeable et sa variation en fonction de l'énergie présente l'allure typique des amplitudes à résonance (cf. équ. (X.64)) ; l'amplitude d'excitation coulombienne subit également une certaine modification, sur laquelle nous ne nous étendrons pas ici ; les deux amplitudes contribuent de façon cohérente à la section efficace totale.

23. Fonctions de Green et équations intégrales des ondes stationnaires de collision

Les considérations du § 13 s'étendent sans difficulté aux collisions de systèmes complexes. A chacun des Hamiltoniens H, H_α, etc., peuvent être associés les fonctions de Green $[E - H \pm i\varepsilon]^{-1}$, $[E - H_\alpha \pm i\varepsilon]^{-1}$, etc. A

([19]) Le traitement détaillé de cette question est donné dans les références de la note ([14]).

quelques changements de notations près, les propriétés du § 13 restent toutes valables et se démontrent de façon analogue, en particulier la propriété (85), les identités (88) et (89) et les propriétés asymptotiques de ces fonctions. On a, par exemple, pour chaque voie ouverte γ (cf. équ. (94)) :

$$\langle r_\gamma | \frac{1}{E - H \pm i\varepsilon} | u \rangle \underset{r_\gamma \to \infty}{\sim} -\frac{M_\gamma}{2\pi\hbar^2} \varphi_\gamma \frac{e^{\pm i k_c r_\gamma}}{r_\gamma} \langle \Psi^{(\mp)}_{(\gamma, \pm \boldsymbol{k}_c)} | u \rangle$$
$$(\boldsymbol{k}_c = k_c\, \boldsymbol{r}_\gamma / r_\gamma).$$

On peut déduire de ces différentes propriétés des fonctions de Green les équations intégrales :

$$\Psi^{(\pm)}_a = \Phi_a + \frac{1}{E - H_\alpha \pm i\varepsilon} V_\alpha \Psi^{(\pm)}_a \tag{138}$$

$$\Psi^{(\pm)}_a = X^{(\pm)}_a + \frac{1}{E - H_\alpha - U_\alpha \pm i\varepsilon} W_\alpha \Psi^{(\pm)}_a \tag{139}$$

etc.
ainsi que les formules :

$$\Psi^{(\pm)}_a = \left(1 + \frac{1}{E - H \pm i\varepsilon} V_\alpha\right) \Phi_a \tag{140}$$

$$= \left(1 + \frac{1}{E - H \pm i\varepsilon} W_\alpha\right) X^{(\pm)}_a. \tag{141}$$

De ces équations intégrales ou de ces formules, il est facile de déduire des développements de Born pour les amplitudes de transition. Ainsi, substituant dans l'expression (121) la formule (140) et développant la fonction de Green, on obtient successivement :

$$\langle b | T | a \rangle = \langle \Phi_b | \left(V_\beta + V_\beta \frac{1}{E - H + i\varepsilon} V_\alpha \right) | \Phi_a \rangle \tag{142}$$

$$= \langle \Phi_b | \left(V_\beta + V_\beta \frac{1}{E - H_\alpha + i\varepsilon} V_\alpha + \ldots \right) | \Phi_a \rangle. \tag{143}$$

Dans le cas particulier des sections I et II, les amplitudes de transition peuvent toutes être définies comme élément de matrice d'un certain opérateur T défini par l'équation (101), ou encore par l'une ou l'autre des équations intégrales (102). Dans le cas des collisions complexes, la définition d'un opérateur unique n'est plus possible. On voit néanmoins sur l'équation (142) que toute amplitude de transition d'énergie E de la voie α vers la voie β peut être regardée comme un élément de matrice d'un certain opérateur $T^{\beta\alpha}$ défini par :

$$T^{\beta\alpha} = V_\beta + V_\beta \frac{1}{E - H + i\varepsilon} V_\alpha. \tag{144}$$

Dans le cas des collisions de réarrangement ($V_\beta \neq V_\alpha$), ces éléments de matrice ne correspondent d'ailleurs pas à la définition courante de la représentation d'opérateurs par des matrices puisque les vecteurs $|\Phi_a\rangle$ et $\langle\Phi_b|$ qui interviennent dans la formule :

$$T_{a\to b} = \langle\Phi_b|T^{\beta\alpha}|\Phi_a\rangle \tag{145}$$

ne sont pas orthogonaux.

24. Diffusion d'une particule par deux centres diffuseurs

Le principal intérêt des considérations formelles du précédent paragraphe vient de ce qu'elles sont très générales et fournissent un cadre pour le traitement de problèmes complexes. Pour acquérir une certaine familiarité avec ce formalisme, nous allons l'utiliser dans un cas simple et retrouver ainsi un certain nombre de résultats élémentaires.

Le problème que nous nous proposons d'étudier est celui de la diffusion d'une particule par deux centres diffuseurs, par exemple la diffusion d'un électron par deux atomes. Nous négligeons toujours tout effet d'échange, mais ne faisons aucune hypothèse particulière sur la longueur d'onde de la particule incidente.

Les noyaux des atomes diffuseurs sont supposés infiniment lourds et sont assimilés à des centres fixes. Nous prenons le noyau 1 comme origine des coordonnées et désignons par $\boldsymbol{R}$ le vecteur joignant le noyau 1 au noyau 2 (cf. fig. 3). La distance R est supposée grande par rapport aux dimensions atomiques : $a \ll R$. L'Hamiltonien qui gouverne la collision s'écrit :

$$H = H_0 + V \tag{146}$$

avec

$$H_0 = \frac{p^2}{2m} + h_1 + h_2 \tag{146'}$$

$$V = V_1 + V_2 \tag{146''}$$

h_1 et h_2 sont les Hamiltoniens respectifs des atomes 1 et 2, V_1 et V_2 leurs potentiels d'interaction avec la particule incidente. Enfin, nous désignons par G_0 la fonction de Green des ondes libres :

$$G_0 \equiv (E - H_0 + i\varepsilon)^{-1}.$$

La matrice de transition T associée à la diffusion, élastique ou inélastique, de la particule par les deux atomes, est représentée par le développement de Born :

$$T = V + VG_0V + VG_0VG_0V + \dots \tag{147}$$

En y remplaçant V par $V_1 + V_2$, on obtient le développement de T en série de puissances de V_1 et V_2 :

$$T = V_1 + V_2 + V_1G_0V_1 + V_1G_0V_2 + V_2G_0V_1 + V_2G_0V_2 \\ + V_1G_0V_1G_0V_1 + V_1G_0V_1G_0V_2 + \dots$$

Dans ce qui va suivre, nous ne ferons aucune hypothèse particulière sur l'intensité de V_1 et V_2. La convergence de ce développement n'est donc pas nécessairement rapide et il ne peut servir tel quel de point de départ à une méthode d'approximation. Cependant, nous allons regrouper les termes de façon à le mettre sous forme d'un développement rapidement convergent.

A cet effet, nous nous basons sur la remarque suivante. Considérons le terme du second ordre $V_1 G_0 V_2$ et envisageons le calcul d'un élément de matrice de ce terme dans la représentation où $\boldsymbol{r}$ est diagonal. Tout élément de matrice de G_0, fonction de Green des ondes libres, contient le facteur $e^{ik|\boldsymbol{r}-\boldsymbol{r}'|}/|\boldsymbol{r}-\boldsymbol{r}'|$; comme V_1 est essentiellement localisé dans un petit domaine entourant l'origine et V_2 dans un petit domaine entourant le point $\boldsymbol{R}$, ce facteur est de l'ordre de $1/R$. La même remarque s'applique au terme $V_2 G_0 V_1$. En gros, les termes $V_1 G_0 V_2$ et $V_2 G_0 V_1$ sont a/R fois plus petits que les termes $V_1 G_0 V_1$ et $V_2 G_0 V_2$. Cette remarque s'applique aussi bien aux termes d'ordre plus élevé. Elle nous suggère de classer les différents termes suivant le nombre de fois que l'on y trouve G_0 entre V_1 et V_2. Nous convenons désormais d'appeler termes du premier ordre ceux où l'on ne trouve jamais G_0 entre V_1 et V_2, termes du second ordre ceux où on le trouve une fois, ..., termes d'ordre n ceux où on le trouve $(n-1)$ fois, etc. Suivant cette terminologie, $V_1 G_0 V_1$ et $V_2 G_0 V_2$ sont du premier ordre, $V_1 G_0 V_2$ et $V_2 G_0 V_1$ du second ordre.

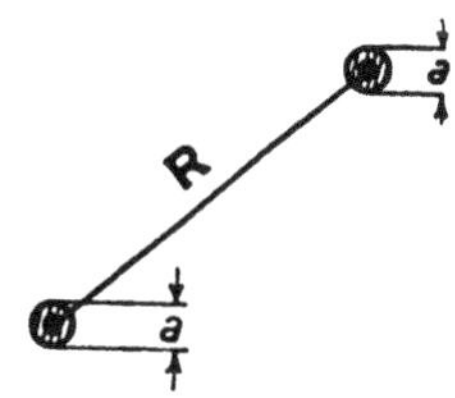

Fig. 3.

Introduisons les matrices de transition individuelles T_1, T_2 définies par :

$$\begin{aligned} T_i &= V_i + V_i G_0 T_i \qquad (i=1,2) \qquad (148) \\ &= V_i + V_i G_0 V_i + V_i G_0 V_i G_0 V_i + \dots \end{aligned}$$

T_1 est la matrice de transition associée à la diffusion par l'atome 1 lorsqu'on néglige l'interaction de la particule incidente avec l'atome 2, T_2 celle donnant la diffusion par l'atome 2 lorsqu'on néglige l'interaction avec l'atome 1. Les contributions des ordres successifs s'expriment simplement au moyen des opérateurs T_1, T_2 et G_0. La loi de formation desdites expressions est facile à déterminer par simple inspection. Le premier ordre donne $T_1 + T_2$, le second $T_1 G_0 T_2 + T_2 G_0 T_1$, etc. On a donc :

$$\begin{aligned} T = (T_1 + T_2) + (T_1 G_0 T_2 + T_2 G_0 T_1) \\ + (T_1 G_0 T_2 G_0 T_1 + T_2 G_0 T_1 G_0 T_2) + \dots \qquad (149) \end{aligned}$$

Le développement (149) constitue le point de départ cherché. Les différents termes s'interprètent aisément. Les termes du premier ordre représentent la diffusion simple de la particule soit par l'atome 1 (terme T_1), soit par l'atome 2 (terme T_2). Ceux du second ordre, la diffusion double : ainsi $T_1 G_0 T_2$ représente la diffusion de la particule incidente par l'atome 2 (opérateur T_2) puis la propagation de la particule ainsi diffusée de 2 vers 1 (opérateur G_0) et enfin la diffusion de ladite particule par l'atome 1 (opérateur T_1). Chaque terme du $n^{\text{ième}}$ ordre représente de même n diffusions successives de la particule alternativement par les atomes 1 et 2.

Le mécanisme ainsi associé à chaque terme peut être représenté schématiquement par des diagrammes du genre de ceux qui ont été utilisés dans la théorie des perturbations dépendant du temps (fig. XVII.1) ; deux de ces diagrammes sont représentés sur la figure 4.

Le développement (149) permet de relier les amplitudes de transition de ce problème à deux diffuseurs aux amplitudes du problème à un diffuseur.

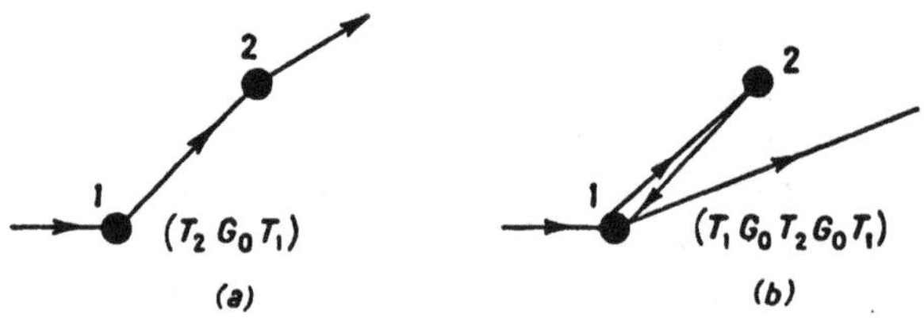

Fig. 4. — Diagrammes représentant deux termes du développement (149).

Pour simplifier, nous supposons les deux atomes identiques et nous désignons par $t(e)$ la matrice de transition relative à l'énergie e pour un problème à un diffuseur, c'est-à-dire pour la diffusion de la particule par *un seul* de ces atomes *placé à l'origine.*

Nous désignons par $|\boldsymbol{k}mn\rangle$ le vecteur propre de H_0 correspondant au produit de l'onde plane $e^{i\boldsymbol{k}\cdot\boldsymbol{r}}$ représentant la particule incidente avec l'impulsion $\hbar\boldsymbol{k}$, par la fonction d'onde φ_m de l'atome 1 et la fonction d'onde φ_n de l'atome 2 :

$$H_0|\boldsymbol{k}mn\rangle = \left(\frac{\hbar^2 k^2}{2m} + e_m + e_n\right)|\boldsymbol{k}mn\rangle.$$

Suivant la normalisation adoptée ici, on a :

$$\langle\boldsymbol{k}' m' n'|\boldsymbol{k}mn\rangle = (2\pi)^3\,\delta(\boldsymbol{k} - \boldsymbol{k}')\,\delta_{mm'}\,\delta_{nn'}.$$

De même $|\boldsymbol{k}m\rangle$ désigne le produit de l'onde plane $e^{i\boldsymbol{k}\cdot\boldsymbol{r}}$ par la fonction d'onde φ_m de l'atome du problème à un diffuseur.

De la définition (148) de T_1, il est facile de déduire que :

$$\langle\boldsymbol{k}' m' n'|T_1(E)|\boldsymbol{k}mn\rangle = \delta_{nn'}\,\langle\boldsymbol{k}' m'|t(E - e_n)|\boldsymbol{k}m\rangle. \qquad (150)$$

De même, on peut relier les éléments de la matrice T_2 à ceux de la matrice de transition associée à la diffusion par un seul atome *placé au point* $\boldsymbol{R}$; cette dernière se déduit de $t(e)$ par une translation d'ensemble de $\boldsymbol{R}$; par suite (Problème 5) :

$$\langle\boldsymbol{k}' m' n'|T_2(E)|\boldsymbol{k}mn\rangle = \delta_{mm'}\,e^{i(\boldsymbol{k}-\boldsymbol{k}')\cdot\boldsymbol{R}}\langle\boldsymbol{k}' n'|t(E - e_m)|\boldsymbol{k}n\rangle. \qquad (151)$$

Les formules (150) et (151) s'appliquent à toute transition sans restriction, elles sont valables même si les états $|\boldsymbol{k}mn\rangle$ et $|\boldsymbol{k}'\, m'\, n'\rangle$ ont une énergie différente de E.

25. Diffusion simple. Interférences

Comme première application du développement (149), calculons la section efficace de diffusion élastique de la particule par les deux atomes.

Supposons, pour fixer les idées, que les deux atomes sont et restent dans leur état fondamental φ_0 et désignons par $\boldsymbol{k}_0$ et $\boldsymbol{k}$ les vecteurs de l'onde incidente et de l'onde diffusée respectivement. Il s'agit donc de la transition $(\boldsymbol{k}_0\, 00) \rightarrow (\boldsymbol{k}\, 00)$ et l'on a :

$$k = k_0, \qquad E = \hbar^2 k^2/2m + 2e_0.$$

Pour calculer l'amplitude de transition, nous arrêtons le développement (149) aux termes du premier ordre :

$$T \simeq T_1 + T_2. \tag{152}$$

Si l'on tient compte des relations (150) et (151) et si l'on pose :

$$\boldsymbol{q} \equiv \boldsymbol{k} - \boldsymbol{k}_0$$

$$\langle \boldsymbol{k}0|t(E-e_0)|\boldsymbol{k}_0 0\rangle \equiv \langle \boldsymbol{k}|t|\boldsymbol{k}_0\rangle,$$

on trouve :

$$\langle \boldsymbol{k}\, 00|T|\boldsymbol{k}_0\, 00\rangle \simeq \left[1 + \mathrm{e}^{-\mathrm{i}\boldsymbol{q}\,\boldsymbol{R}}\right] \langle \boldsymbol{k}|t|\boldsymbol{k}_0\rangle. \tag{153}$$

On reconnaît la relation donnant l'amplitude de diffusion dans la théorie élémentaire des interférences. Elle permet de relier la section efficace $\mathrm{d}\Sigma/\mathrm{d}\Omega$ de diffusion élastique par les deux atomes à la section efficace $\mathrm{d}\sigma/\mathrm{d}\Omega$ de la transition $(\boldsymbol{k}_0 0) \rightarrow (\boldsymbol{k}\, 0)$, c'est-à-dire de la même diffusion élastique par un seul atome. La première s'obtient en multipliant par un facteur convenable le carré du module de $\langle \boldsymbol{k}\, 00|T|\boldsymbol{k}_0 00\rangle$, la seconde en multipliant par le même facteur le carré du module de $\langle \boldsymbol{k}|t|\boldsymbol{k}_0\rangle$. De la relation (153), nous tirons donc :

$$\mathrm{d}\Sigma/\mathrm{d}\Omega \simeq 2I(\Omega)\, \mathrm{d}\sigma/\mathrm{d}\Omega \tag{154}$$

$$I(\Omega) = 1 + \cos\,(\boldsymbol{q}\cdot\boldsymbol{R}). \tag{155}$$

La présence du facteur $I(\Omega)$ dans la formule (154) est due aux interférences entre les ondes diffusées par chaque atome. Si ce phénomène d'interférence ne se produisait pas, on aurait $I(\Omega) = 1$ et la section efficace $\mathrm{d}\Sigma/\mathrm{d}\Omega$ serait simplement la somme des sections efficaces de diffusion par chacun des atomes 1 et 2.

On retrouve aisément les résultats usuels de la théorie des interférences en examinant le comportement de $I(\Omega)$ en fonction de la direction de diffusion. Bornons-nous à discuter les deux cas limites où la longueur d'onde $\lambda = 2\pi/k$ est très grande ou très petite à côté de R.

Si $\lambda \gg R$, on a, quelle que soit la direction de diffusion, $\boldsymbol{q}\cdot\boldsymbol{R} \ll 1$, d'où : $I(\Omega) = 2$. La section efficace de diffusion par les deux atomes est donc le quadruple de la section efficace individuelle, c'est-à-dire le double de ce qu'elle serait si le phénomène d'interférences n'existait pas.

Si $\lambda \ll R$, $I(\Omega)$ présente des oscillations rapides entre les valeurs extrêmes 0 et 2 lorsqu'on fait varier la direction de diffusion. Soient α_0 et α les angles que font respectivement les vecteurs $\boldsymbol{k}_0$ et $\boldsymbol{k}$ avec $\boldsymbol{R}$; on a :

$$\boldsymbol{q}\cdot\boldsymbol{R} = \frac{2\pi R\,(\cos\alpha_0 - \cos\alpha)}{\lambda}.$$

Par suite, $I(\Omega)$ est nul chaque fois que $(\cos\alpha - \cos\alpha_0)$ est un multiple demi-entier de λ/R, et égal à 2 chaque fois que $(\cos\alpha - \cos\alpha_0)$ est un multiple entier de λ/R. Les valeurs correspondantes de α définissent respectivement les directions d'interférence minimum et les directions d'interférence maximum. La largeur des franges d'interférences est de l'ordre de λ/R. Les possibilités d'observation de ces interférences dépendent du pouvoir de résolution angulaire de l'appareil de détection. Ce dernier compte les particules émises dans un certain angle solide de dimension *finie* $\delta\Omega \equiv (\delta\alpha)^2$. Le taux de comptage est donné par l'intégrale de $\mathrm{d}\Sigma/\mathrm{d}\Omega$ sur ce domaine fini. La dépendance angulaire de $\mathrm{d}\Sigma/\mathrm{d}\Omega$ dans ce domaine est essentiellement donnée par le facteur $I(\Omega)$. Si $\delta\alpha \gg \lambda/R$, $I(\Omega)$ effectue de nombreuses oscillations dans le domaine en question et peut être remplacé par sa valeur moyenne : tout se passe comme si on avait $I(\Omega) = 1$, et comme s'il n'existait aucune cohérence entre les ondes diffusées par chacun des deux atomes [20]. Si au contraire $\delta\alpha \ll \lambda/R$, $I(\Omega)$ reste pratiquement constant dans ce domaine ; le pouvoir de résolution du détecteur est suffisant pour qu'on puisse observer le phénomène d'interférence.

Considérons maintenant les collisions inélastiques au cours desquelles l'un des deux atomes passe de l'état fondamental à son $n^{\text{ième}}$ état excité. Nous désignons par $\boldsymbol{k}_n$ le vecteur de l'onde diffusée

$$E = \frac{\hbar^2 k_n^{\,2}}{2m} + e_0 + e_n.$$

La section efficace $\mathrm{d}\Sigma_n/\mathrm{d}\Omega$ est la somme des sections efficaces $\mathrm{d}\Sigma_{n0}/\mathrm{d}\Omega$ et $\mathrm{d}\Sigma_{0n}/\mathrm{d}\Omega$ correspondant aux transitions $(\boldsymbol{k}_0\,00) \to (\boldsymbol{k}_n\,n0)$ et $(\boldsymbol{k}_0\,00) \to (\boldsymbol{k}_n\,0n)$ respectivement. Le calcul de ces dernières se fait sans difficulté à l'approximation (152) où l'on ne retient que les termes de diffusion simple dans le développement de T. Dans la transition $(\boldsymbol{k}_0\,00) \to (\boldsymbol{k}_n\,n0)$, l'atome 1 est excité, l'atome 2 reste au fondamental ; la contribution de T_2 est évidemment nulle (cf. équ. (151)) ; celle de T_1 donne $\mathrm{d}\sigma_n/\mathrm{d}\Omega$, section efficace de la diffusion inélastique $(\boldsymbol{k}_0 0) \to (\boldsymbol{k}_n n)$ de la particule par un seul atome. La transition $(\boldsymbol{k}_0\,00) \to (\boldsymbol{k}_n\,0n)$ correspond à la situation inverse : la contribution de T_1 est nulle, celle de T_2 donne $\mathrm{d}\sigma_n/\mathrm{d}\Omega$. Finalement, il vient donc :

$$\mathrm{d}\Sigma_n/\mathrm{d}\Omega \equiv \mathrm{d}\Sigma_{n0}/\mathrm{d}\Omega + \mathrm{d}\Sigma_{0n}/\mathrm{d}\Omega = 2\,\mathrm{d}\sigma_n/\mathrm{d}\Omega.$$

[20] Ce résultat confirme et précise les indications du § X.2 fixant les conditions dans lesquelles une cible peut être considérée comme formée de diffuseurs indépendants.

A l'inverse de ce qui se passe dans la diffusion élastique, chaque atome diffuseur agit comme s'il était seul : l'onde diffusée inélastiquement par l'atome 1 et l'onde diffusée inélastiquement par l'atome 2 correspondent à des voies différentes et ne peuvent interférer.

26. Diffusion multiple

Considérons maintenant la transition $(\boldsymbol{k}_0 00) \rightarrow (\boldsymbol{k}pq)$ au cours de laquelle les atomes 1 et 2 passent respectivement de leur état fondamental à leur $p^{\text{ième}}$ et $q^{\text{ième}}$ état excité :

$$E = \frac{\hbar^2 k^2}{2m} + e_p + e_q.$$

Nous désignons par $d\Sigma_{pq}/d\Omega$ la section efficace de cette transition.

Comme les deux atomes changent d'état quantique dans la transition, la contribution des termes de diffusion simple, T_1 et T_2, est rigoureusement nulle et il faut pousser le développement de T jusqu'au deuxième ordre ; ce qui donne :

$$\langle \boldsymbol{k}pq|T|\boldsymbol{k}_0 00\rangle \simeq A_{12} + A_{21} \tag{156}$$

avec :

$$A_{ij} \equiv \langle \boldsymbol{k}pq|T_i G_0 T_j|\boldsymbol{k}_0 00\rangle. \tag{157}$$

La figure 5 donne les diagrammes de ces deux amplitudes de diffusion double.

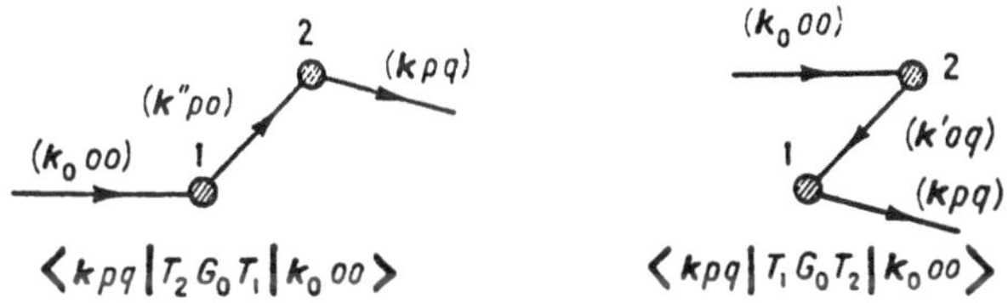

FIG. 5. — Diagramme des amplitudes de diffusion double.

Calculons d'abord l'amplitude A_{21}. Afin de tenir compte de la condition $a \ll R$, il convient d'effectuer ce calcul dans la représentation $\{\boldsymbol{r}mn\}$. Tenant compte du fait que G_0 commute avec h_1 et h_2, on trouve

$$A_{21} = \iint f_2(\boldsymbol{r}'')\, g(\boldsymbol{r}'', \boldsymbol{r}')\, f_1(\boldsymbol{r}')\, d\boldsymbol{r}''\, d\boldsymbol{r}' \tag{158}$$

avec

$$f_1(\boldsymbol{r}') \equiv \langle \boldsymbol{r}' p0|T_1|\boldsymbol{k}_0 00\rangle = \frac{1}{(2\pi)^3} \int e^{i\boldsymbol{k}'.\boldsymbol{r}'} \langle \boldsymbol{k}' p0|T_1|\boldsymbol{k}_0 00\rangle\, d\boldsymbol{k}' \tag{159}$$

$$f_2(\boldsymbol{r}'') \equiv \langle \boldsymbol{k}pq|T_2|\boldsymbol{r}'' p0\rangle = \frac{1}{(2\pi)^3} \int e^{-i\boldsymbol{k}''.\boldsymbol{r}''} \langle \boldsymbol{k}pq|T_2|\boldsymbol{k}'' p\, 0\rangle\, d\boldsymbol{k}'' \tag{160}$$

$$g(\boldsymbol{r}'', \boldsymbol{r}') \equiv \langle \boldsymbol{r}'' p0|G_0|\boldsymbol{r}' p0\rangle = -\frac{m}{2\pi\hbar^2} \frac{e^{iK_p|\boldsymbol{r}''-\boldsymbol{r}'|}}{|\boldsymbol{r}'' - \boldsymbol{r}'|}. \tag{161}$$

Dans la dernière expression, K_p est la quantité positive donnée par

$$E = \frac{\hbar^2 K_p^2}{2m} + e_p + e_0.$$

Nous utiliserons également le vecteur $\boldsymbol{K}_p$, défini par :

$$\boldsymbol{K}_p \equiv K_p \boldsymbol{R}/R.$$

En raison des propriétés de T_1, la fonction $f_1(\boldsymbol{r}')$ n'a de valeurs notables que dans un domaine de dimension a entourant l'origine ; en raison de celles de T_2, $f_2(\boldsymbol{r}'')$ n'a de valeurs notables que dans un domaine de dimension a entourant le point $\boldsymbol{R}$. Par suite, on peut remplacer $g(\boldsymbol{r}'', \boldsymbol{r}')$ dans l'intégrale (158) par le premier terme de son développement en série de puissances de $\boldsymbol{r}'/R$ et de $(\boldsymbol{r}'' - \boldsymbol{R})/R$. On fait ainsi une erreur de l'ordre de a/R dans le calcul de A_{21}.

Comme :

$$|\,\boldsymbol{r}'' - \boldsymbol{r}'\,| \simeq R + \boldsymbol{R}.(\boldsymbol{r}'' - \boldsymbol{R} - \boldsymbol{r}')/R + \ldots,$$

cette méthode consiste à écrire :

$$g(\boldsymbol{r}'', \boldsymbol{r}') \simeq -\frac{m}{2\pi\hbar^2}\frac{e^{i\boldsymbol{K}_p\cdot(\boldsymbol{r}''-\boldsymbol{r}')}}{R}. \qquad (162)$$

Si l'on substitue les expressions (159), (160) et (162) dans le second membre de (158), les intégrales s'effectuent aisément et l'on trouve :

$$A_{21} \simeq -(m/2\pi\hbar^2 R)\langle \boldsymbol{k}pq|T_2|\boldsymbol{K}_p p0\rangle \, \langle \boldsymbol{K}_p p0|T_1|\boldsymbol{k}_0 00\rangle. \qquad (163)$$

De même, si l'on désigne par $\boldsymbol{K}_q$ le vecteur défini par :

$$\boldsymbol{K}_q \equiv -K_q \boldsymbol{R}/R, \qquad E = \frac{\hbar^2 K_q^2}{2m} + e_0 + e_q$$

on trouve pour A_{12}, avec une erreur de l'ordre de a/R, l'expression :

$$A_{12} \simeq -(m/2\pi\hbar^2 R)\,\langle \boldsymbol{k}pq|T_1|\boldsymbol{K}_q 0q\rangle \, \langle \boldsymbol{K}_q 0q|T_2|\boldsymbol{k}_0 00\rangle. \qquad (164)$$

On note que les éléments de matrice de T_1 et T_2 qui figurent dans les expressions (163) et (164) correspondent à des transitions qui conservent l'énergie. En appliquant les relations (150) et (151), on peut donc exprimer A_{21} et A_{12} en fonction d'amplitudes de transition intervenant dans la diffusion inélastique par un seul atome. Il en est de même de la section efficace $d\Sigma_{pq}/d\Omega$ puisque l'on a :

$$\begin{aligned} \frac{d\Sigma_{pq}}{d\Omega} &= \frac{2\pi}{\hbar v_0}\,|\,A_{21} + A_{12}\,|^2\,\rho(E) \\ &= \frac{2\pi}{\hbar v_0}\,|\,A_{21}\,|^2\,\rho(E) + \frac{2\pi}{\hbar v_0}\,|\,A_{12}\,|^2\,\rho(E) + \frac{2\pi}{\hbar v_0}\,(A_{21}^* A_{12} + A_{21} A_{12}^*)\,\rho(E). \end{aligned} \qquad (165)$$

Tous calculs faits, il vient :

$$\begin{aligned} d\Sigma_{pq}/d\Omega = &\,(d\sigma_p(\boldsymbol{k}_0 \to \boldsymbol{K}_p)/R^2\,d\Omega)\,(d\sigma_q(\boldsymbol{K}_p \to \boldsymbol{k})/d\Omega) \\ &+ (d\sigma_q(\boldsymbol{k}_0 \to \boldsymbol{K}_q)/R^2\,d\Omega)\,(d\sigma_p(\boldsymbol{K}_q \to \boldsymbol{k})/d\Omega) \\ &+ \text{termes d'interférences.} \end{aligned} \qquad (166)$$

Nous laissons au lecteur le soin d'écrire les termes d'interférence. Dans cette expression, le symbole $d\sigma_n(\boldsymbol{k} \rightarrow \boldsymbol{k}')/d\Omega$ désigne la section efficace de la diffusion inélastique $(\boldsymbol{k}0) \rightarrow (\boldsymbol{k}'n)$ de la particule par un seul atome.

Les deux premiers termes de la formule (166) sont précisément ceux que donnerait le raisonnement classique élémentaire. En effet, si l'on raisonne en termes classiques, la double diffusion peut se produire de deux façons différentes : ou bien la particule est d'abord diffusée inélastiquement par l'atome 1 vers l'atome 2 puis diffusée inélastiquement par l'atome 2 dans la direction finale ou bien elle est d'abord diffusée par l'atome 2 vers l'atome 1, puis par l'atome 1 dans la direction finale. Ces deux processus ont pour section efficace respective, le premier et le second terme de l'expression (166). Nous voyons qu'il faut leur ajouter les termes provenant de l'interférence entre ces deux types d'ondes diffusées. On peut faire au sujet de ces termes d'interférence des commentaires analogues à ceux qui ont été faits au § 25. Pour qu'on puisse les observer, il faut que le pouvoir de résolution du détecteur soit suffisant pour distinguer des angles de l'ordre de λ/R.

Si $\lambda \ll a$, les sections efficaces individuelles sont essentiellement concentrées vers l'avant, les amplitudes de diffusion sont pratiquement nulles pour les déflexions supérieures à λ/a. Par suite — on s'en convainc aisément à l'examen des équations (163), (164), (165) — la diffusion double n'a de chance de se produire que si les deux atomes sont alignés, à λ/a près, suivant la direction incidente, c'est-à-dire si $\boldsymbol{k}_0 /\!/ \boldsymbol{R}$ ou si $\boldsymbol{k}_0 /\!/ (-\boldsymbol{R})$. Dans le premier cas, A_{12} est négligeable, mais A_{21} est sensiblement différent de zéro aux petites déflexions, c'est-à-dire lorsque $\boldsymbol{k} /\!/ \boldsymbol{k}_0$ à λ/a près : la particule est diffusée d'abord par l'atome 1 puis par l'atome 2 dans une direction sensiblement parallèle à sa direction incidente. Dans le second cas, les rôles des atomes 1 et 2 sont intervertis. L'observation des « trajectoires » de particules ionisantes dans les chambres de Wilson est essentiellement basée sur ces résultats (cf. note IV (7)).

IV. — CALCUL VARIATIONNEL DES AMPLITUDES DE TRANSITION

27. Expressions stationnaires pour les déphasages

La méthode variationnelle a déjà été utilisée dans la détermination des niveaux d'énergie (chap. XVIII). Dans cette section, nous exposons brièvement comment elle peut être utilisée pour calculer les déphasages et, plus généralement, les amplitudes de transition. Chaque amplitude peut être ainsi déterminée si l'on connaît une fonctionnelle stationnaire par rapport aux variations de la fonction d'onde autour de la fonction représentant correctement l'état de collision, et si ladite amplitude est précisément égale à la valeur stationnaire de cette fonctionnelle. Les expressions intégrales des amplitudes de transition données dans les précédentes sections ne conviennent pas car elles ne sont pas stationnaires. Ainsi l'expression (54) de T_l considérée comme fonctionnelle de ψ_l, n'est pas stationnaire lorsque ψ_l est la solution correcte de l'équation radiale ; de même, l'expression (127) de $T_{a\to b}$, considérée comme fonctionnelle de $\Psi_b^{(-)}$ n'est pas stationnaire lorsque $\Psi_b^{(-)}$ varie autour de sa valeur correcte. Plusieurs expressions stationnaires ont été proposées pour ces quantités. Nous donnons ici celle qui semble être la plus utile. Elle est due à Schwinger ([21]).

Dans ce paragraphe, nous considérons le cas d'une particule dans un potentiel central et nous cherchons une expression stationnaire pour le coefficient T_l du développement de l'amplitude de transition en harmoniques sphériques (développement (51)). A quelques modifications près dont nous donnons le détail ci-dessous, nous reprenons les notations du § 9.

Si $\psi_a^{(+)}$ est l'onde stationnaire de diffusion, l'onde partielle ψ_l est solution de l'équation intégrale (56). En vue de généralisations ultérieures, nous écrirons cette dernière sous la forme :

$$\psi_l(r) = j_l(kr) + g_l^{(+)} V \psi_l \tag{167}$$

où $g_l^{(+)}$ est l'opérateur intégral ayant pour noyau la fonction de Green

$$g_l^{(+)}(r, r') \equiv -(2mk/\hbar^2)\, j_l(k\, r_<)\, h_l^{(+)}(k\, r_>) \tag{168}$$

autrement dit :

$$g_l^{(+)} V \psi_l \equiv \int_0^\infty g_l^{(+)}(r, r')\; V(r')\, \psi_l(r')\, r'^2\, \mathrm{d}r'.$$

En conformité avec ces symboles, nous utilisons également la notation $\langle\varphi_1, \varphi_2\rangle$ pour désigner le produit scalaire des deux fonctions radiales φ_1, φ_2 :

$$\langle\varphi_1, \varphi_2\rangle \equiv \int_0^\infty \varphi_1^*(r)\, \varphi_2(r)\, r^2\, \mathrm{d}r.$$

La forme intégrale (54) de T_l s'écrit donc :

$$T_l = \langle j_l, V\psi_l\rangle. \tag{169}$$

Ceci dit, posons :

$$\begin{aligned} A[\psi] &\equiv \langle j_l, V\psi\rangle = \langle\psi^*, Vj_l\rangle \\ &= \int_0^\infty j_l(kr)\; V(r)\, \psi(r)\, r^2\, \mathrm{d}r, \end{aligned} \tag{170}$$

$$\begin{aligned} B[\psi] &\equiv \langle\psi^*, (V - Vg_l^{(+)}V)\,\psi\rangle \\ &= \int_0^\infty \psi^2(r)\; V(r)\, r^2\, \mathrm{d}r - \int_0^\infty\!\!\int_0^\infty \big(\psi(r)\, V(r)\, g_l^{(+)}(r, r')\, V(r')\, \psi(r')\big)\, r^2\, \mathrm{d}r\, r'^2\, \mathrm{d}r', \end{aligned} \tag{171}$$

et considérons la fonctionnelle :

$$\mathcal{T}_l[\psi] \equiv \frac{A^2}{B} \tag{172}$$

([21]) Voir notamment B. Lippmann et J. Schwinger, *loc. cit.* ; une discussion des mérites respectifs des différentes expressions variationnelles proposées pour le calcul des déphasages est donnée par M. Moe et D. S. Saxon, *Phys. Rev.*, **111**, 950 (1958).

dépendant de la fonction ψ ; le domaine de variation de ψ est défini par la seule condition que $r^2 \mid \psi \mid^2$ soit localement sommable.

On a

$$\mathcal{T}_l[\psi_l] = T_l.$$

C'est une conséquence évidente de l'équation intégrale (167) et de l'expression (169) de T_l.

On note d'ailleurs que $\mathcal{T}_l$ *ne dépend ni de la normalisation de la fonction* ψ (elle ne change pas si l'on multiplie ψ par une constante arbitraire), *ni de la valeur prise par cette fonction dans les régions où* $V(r) = 0$. $\mathcal{T}_l$ prend donc la même valeur T_l pour toute fonction ψ_l satisfaisant à la condition suivante, moins restrictive que l'équation (167) :

$$\psi_l(r) = Cj_l(kr) + g_l^{(+)} V \psi_l \qquad \text{si} \qquad V(r) \neq 0 \tag{167 a}$$

(C, constante arbitraire).

Calculons la variation de $\delta\mathcal{T}_l$ en fonction de $\delta\psi$. De la définition (172), nous tirons :

$$\delta\mathcal{T}_l = \frac{2A}{B}\,\delta A - \frac{A^2}{B^2}\,\delta B.$$

On a évidemment :

$$\delta A = \int_0^\infty \delta\psi\, V(r)\, j_l(kr)\, r^2\, \mathrm{d}r = \langle \delta\psi^*, Vj_l \rangle$$

et, compte tenu du fait que V est réel et $g_l^{(+)}(r, r')$ symétrique en r et r',

$$\delta B = 2 \langle \delta\psi^*, (V - Vg_l^{(+)} V)\psi \rangle.$$

On peut donc écrire :

$$\delta\mathcal{T}_l = \frac{2A}{B^2} \langle \delta\psi^*, F \rangle$$

en posant :

$$F(r) = B[\psi]\, V(r)\, j_l(kr) - A[\psi]\, V(r)\, (\psi - g_l^{(+)}\, V\psi).$$

Pour que l'on ait $\delta\mathcal{T}_l = 0$ quel que soit $\delta\psi$, il faut et il suffit que $F(r)$ soit identiquement nul ; pour cela, il est nécessaire que $j_l(kr)$ et $\psi - g_l^{(+)} V\psi$ soient proportionnels en tout point où $V(r)$ n'est pas nul, c'est-à-dire que ψ soit une des fonctions ψ_l obéissant à la condition (167 *a*). On vérifie aisément que cette condition est également suffisante. *En conclusion, la valeur stationnaire de* $\mathcal{T}_l$ *est égale à l'amplitude que l'on se propose de calculer* :

$$T_l = \mathcal{T}_l|_{\text{st.}} \tag{173}$$

Pour n'introduire dans les calculs que des fonctions réelles, il convient de séparer dans $g_l^{(+)}(r, r')$ partie réelle et partie imaginaire. La partie réelle est la fonction de Green :

$$g_l^{(1)}(r, r') \equiv -(2mk/\hbar^2)\, j_l(kr_<)\, n_l(kr_>)$$

et l'on a :

$$g_l^{(+)}(r,r') = g_l^{(1)}(r,r') - i(2mk/\hbar^2)\, j_l(kr)\, j_l(kr').$$

En substituant cette expression dans la définition de $\mathcal{T}_l$ (c'est-à-dire dans l'expression (171) de $B[\psi]$), on peut récrire le résultat (173) sous la forme équivalente :

$$T_l^{-1} = \mathcal{T}_l^{-1}\Big|_{\text{st.}} = \frac{\langle\psi^*, (V - V g_l^{(1)} V)\psi\rangle}{\langle j_l, V\psi\rangle^2}\Big|_{\text{st.}} + i\frac{2mk}{\hbar^2}$$

et comme, suivant l'équation (52), on a :

$$T_l^{-1} - i(2mk/\hbar^2) = -2mk \operatorname{cotg}\delta_l/\hbar^2,$$

on en tire l'expression stationnaire suivante pour $k \operatorname{cotg} \delta_l$:

$$k \operatorname{cotg}\delta_l = -\frac{\hbar^2}{2m}\frac{\langle\psi^*, (V - V g_l^{(1)} V)\psi\rangle}{\langle j_l, V\psi\rangle^2}\Big|_{\text{st.}} \tag{174}$$

$$= -\frac{\hbar^2}{2m}\frac{\int_0^\infty \psi^2 V r^2\,dr - \int_0^\infty\int_0^\infty \big(\psi(r)V(r)g_l^{(1)}(r,r')V(r')\psi(r')\big)\, r^2\,dr\, r'^2\,dr'}{\left[\int_0^\infty j_l(kr)\,V(r)\psi(r)\,r^2\,dr\right]^2}\Bigg|_{\text{st.}}$$

Il est facile de montrer que la fonction ψ_l qui rend stationnaire le second membre de l'équation (174) peut être supposée réelle, et qu'en imposant cette condition de réalité aux fonctions d'essai, on ne modifie pas la propriété variationnelle obtenue.

28. Le calcul variationnel des déphasages. Discussion

L'expression (174) constitue le point de départ d'une méthode de calcul variationnel des déphasages. A cet effet, on calcule la fonctionnelle du second membre en substituant à ψ une fonction d'essai φ dépendant de plusieurs paramètres et on cherche la valeur stationnaire de la fonction ainsi calculée par rapport aux variations de ces paramètres. La valeur approchée de $k \operatorname{cotg} \delta_l$ ainsi obtenue est d'autant plus proche de la valeur exacte que la fonction d'essai φ est voisine de la solution exacte ψ_l. En fait, comme nous l'avons déjà fait remarquer et c'est là une des vertus de la méthode variationnelle de Schwinger, le résultat est indépendant de la normalisation de φ et des valeurs prises par φ dans les régions où le potentiel V est nul. Pour que la méthode soit précise, il suffit donc de prendre une fonction d'essai dont l'allure générale soit la même que celle de la solution exacte dans la zone d'action du potentiel. L'estimation de l'erreur est essentiellement fondée sur ces considérations semi-quantitatives ; elle est, comme dans le calcul variationnel des niveaux d'énergie, largement empirique.

Si l'on se borne à substituer à ψ l'onde libre $j_l(kr)$ dans le second membre de l'équation (174), on trouve :

$$k \operatorname{cotg}\delta_l \equiv -\frac{\hbar^2}{2m}\frac{1 - \Delta_l}{\langle j_l, V j_l\rangle} \tag{175}$$

en posant :

$$\Delta_l \equiv \frac{\langle j_l, V g_l^{(1)} V j_l \rangle}{\langle j_l, V j_l \rangle}. \tag{176}$$

Cette formule est *a priori* plus précise que celle que donne l'approximation de Born (équ. (X.75)). A la limite où $\Delta_l \ll 1$, elle est d'ailleurs équivalente à l'approximation de Born du second ordre. Cependant, lorsque Δ_l cesse d'être petit, la formule (175) est souvent beaucoup plus précise que celle que donne l'approximation de Born du second ordre.

Afin d'illustrer cette comparaison entre les deux méthodes d'approximation, traitons la diffusion s par un puits carré à la limite des très basses énergies. Nous supposons donc :

$$V(r) = \begin{cases} -V_0 & r < r_0 \\ 0 & r > r_0 \end{cases} \tag{177}$$

et nous nous proposons de calculer la longueur de collision

$$a = -\lim_{k \to 0} (k \operatorname{cotg} \delta)^{-1}$$

par les différentes méthodes qui viennent d'être citées et de comparer les résultats à ceux du calcul exact. Les calculs ne présentent pas de sérieuse difficulté. Si l'on pose :

$$b = (2m V_0 r_0^2/\hbar^2)^{\frac{1}{2}},$$

les résultats sont donnés par les formules suivantes :

calcul exact : $$a = -\left(\frac{\operatorname{tg} b}{b} - 1\right) r_0$$

calcul variationnel (formule (175)) : $$a_{\text{var.}} = -\frac{\frac{1}{3} b^2}{1 - 0{,}4\, b^2} r_0$$

approximation de Born : $$a_B = -\frac{1}{3} b^2 r_0$$

approximation de Born du second ordre : $$a_B^{(2)} = -\left(\frac{1}{3} b^2 + \frac{2}{15} b^4\right) r_0.$$

Le critère de validité de l'approximation de Born est donné par l'inégalité (43), soit :

$$b \ll 1$$

(b est une mesure de la profondeur du potentiel, c'est-à-dire du nombre des états s liés). Les résultats numériques correspondant aux quatre formules précédentes sont indiqués dans le tableau I. On constate que $a_{\text{var.}}$ reste une excellente approximation pour des valeurs relativement grandes de b, jusques et y compris la région $\frac{1}{2}\pi < b < \pi$, dans laquelle le développement de Born ne converge certainement pas.

TABLEAU I

Comparaison des divers calculs de longueur de collision en fonction du paramètre

$$b = (2m\, V_0\, r_0^2/\hbar^2)^{\frac{1}{2}}.$$

On a pris r_0 comme unité de longueur.

b	Calcul exact a	Formule stationnaire (175) $a_{\text{var.}}$	Approximation de Born — 2e ordre $a_B^{(2)}$	Approximation de Born — 1er ordre $a_B^{(1)}$
0	0	0	0	0
0,1 π	— 0,034	— 0,034	— 0,034	— 0,033
0,2 π	— 0,156	— 0,156	— 0,152	— 0,132
0,3 π	— 0,460	— 0,459	— 0,401	— 0,296
0,4 π	— 1,449	— 1,428	— 0,859	
$\frac{\pi}{2}$	∞ (*)	— 63,2 (**)	— 1,63	
0,6 π	2,63	2,81	— 2,9	
0,7 π	1,63	1,72		
0,8 π	1,29	1,38		
0,9 π	1,11	1,21		
π	1,00	1,12		

(*) $a = \infty$ correspond à l'existence d'un état lié d'énergie nulle.
(**) $a_{\text{var.}}$ devient infini et change de signe pour $b = 0{,}503\ \pi$.

29. Extension aux collisions complexes

Les développements précédents s'étendent à des problèmes de collision plus généraux. Nous n'entrerons pas dans le détail des diverses possibilités d'extension et nous nous bornerons à donner une expression stationnaire de la matrice de transition dans le cas d'une diffusion — élastique ou inélastique — de deux particules complexes.

Sauf indication contraire, nous reprenons les notations de la section III. L'amplitude de transition $a \to b$ est donnée par :

$$T_{a\to b} = \langle \Phi_b | V_\beta | \Psi_a^{(+)} \rangle = \langle \Psi_b^{(-)} | V_\alpha | \Phi_a \rangle.$$

Ces expressions ne sont pas stationnaires par rapport aux variations de $\Psi_a^{(+)}$ ou $\Psi_b^{(-)}$. Puisqu'il s'agit d'une diffusion, les Hamiltoniens non perturbés sont égaux ; nous posons donc :

$$H_\alpha = H_\beta = H_0 \qquad V_\alpha = V_\beta = V$$
$$G_0^{(+)} = G_0^{(-)\dagger} = [E - H_0 + i\varepsilon]^{-1}.$$

On sait que :

$$|\Phi_a\rangle = (1 - G_0^{(+)} V)|\Psi_0^{(+)}\rangle$$
$$\langle\Phi_b| = \langle\Psi^{(-)}|(1 - V G_0^{(+)}).$$

L'amplitude $T_{a\to b}$ est également donnée par l'expression :

$$T_{a\to b} = \frac{\langle\Psi_b^{(-)}|V|\Phi_a\rangle\langle\Phi_b|V|\Psi_a^{(+)}\rangle}{\langle\Psi_b^{(-)}|(V - V G_0^{(+)} V)|\Psi_a^{(+)}\rangle}. \tag{178}$$

Cette expression est stationnaire par rapport aux variations indépendantes des fonctions $\Psi_a^{(+)}$ et $\Psi_b^{(-)}$. C'est la généralisation de l'expression stationnaire de T_l donnée au § 27.

Sauf dans les cas les plus simples, tels que la collision de deux particules élémentaires, l'utilisation pratique de cette expression se heurte à une difficulté majeure, celle de former explicitement la fonction de Green $G_0^{(+)}$. Cependant, elle peut intervenir dans certains raisonnements où la forme explicite de $G_0^{(+)}$ n'est pas indispensable à connaître ([22]). Elle est en définitive d'application assez limitée.

V. — PROPRIÉTÉS GÉNÉRALES DE LA MATRICE DE TRANSITION

Certaines propriétés de la matrice T découlent directement de propriétés caractéristiques de l'Hamiltonien qui gouverne la collision. Elles ont été signalées à l'occasion dans les sections précédentes sans que leur caractère de très grande généralité ait été souligné. Cette question est reprise systématiquement dans la présente section.

30. Conservation du flux. Matrice S

Certaines propriétés de la matrice T sont une simple conséquence de l'hermiticité de l'Hamiltonien H qui gouverne la collision. C'est ainsi que nous avons obtenu au § 19, les représentations intégrales (121) et (122). En utilisant la même méthode, nous allons obtenir deux nouvelles relations auxquelles nous donnerons le nom de relations de conservation du flux.

Nous reprenons les notations du § 19 et considérons deux ondes stationnaires $\Psi_a^{(+)}$, $\Psi_b^{(+)}$ correspondant à *la même* valeur E de l'énergie. On a :

$$\Psi_b^{(+)*}(H\Psi_a^{(+)}) - (H\Psi_b^{(+)})^*\Psi_a^{(+)} = 0.$$

La quantité obtenue en sommant le premier membre sur les spins et en intégrant dans un volume fini de l'espace de configuration est donc nulle. Cette

([22]) Cf. B. Lippmann et J. Schwinger, *loc. cit.*

quantité peut être transformée par application du théorème de Green en intégrale de surface, laquelle se met sous forme d'une somme de termes relatifs aux différentes voies ouvertes à la limite où cette surface tend vers l'infini (cf. note ([17])). On trouve ainsi :

$$0 = \sum_\nu \frac{\hbar^2}{2M_\nu} \lim_{R_\nu \to \infty} \{ \Psi_b^{(+)*}, \Psi_a^{(+)} \}_\nu. \qquad (179)$$

On comparera le second membre de cette équation à celui de l'équation (119). Pour l'évaluer, on remplace les fonctions $\Psi_b^{(+)}$, $\Psi_a^{(+)}$ par leur forme asymptotique dans chaque voie, ce qui donne :

$$0 = \frac{\hbar^2}{2M_\beta} \lim_{R_\beta \to 0} \left\{ e^{-i\mathbf{k}_b \cdot \mathbf{r}_\beta}, f_{a\beta}^{(+)}(\Omega_\beta) \frac{e^{ik_b r_\beta}}{r_\beta} \right\}_\beta$$
$$+ \frac{\hbar^2}{2M_\alpha} \lim_{R_\alpha \to 0} \left\{ f_{b\alpha}^{(+)*}(\Omega_\alpha) \frac{e^{-ik_a r_\alpha}}{r_\alpha}, e^{i\mathbf{k}_a \cdot \mathbf{r}_\alpha} \right\}_\alpha$$
$$+ \sum_\nu \frac{\hbar^2}{2M_\nu} \lim_{R_\nu \to 0} \left\{ f_{b\nu}^{(+)*}(\Omega_\nu) \frac{e^{-ik_n r_\nu}}{r_\nu}, f_{a\nu}^{(+)}(\Omega_\nu) \frac{e^{ik_n r_\nu}}{r_\nu} \right\}_\nu.$$

L'évaluation de la contribution des deux premiers termes est calquée sur celle qui a été faite au § 2. Le troisième terme est une sommation sur toutes les voies, voie α et voie β comprises, que l'on évalue aisément en se reportant à la définition du symbole $\{ \ldots \}_\nu$; contrairement à ce qui se passe dans le calcul du § 19, la contribution de ce terme n'est pas nulle. Tous calculs faits, il vient :

$$0 = -\frac{2\pi\hbar^2}{M_\beta} f_{a\beta}^{(+)}(\Omega_b) + \frac{2\pi\hbar^2}{M_\alpha} f_{b\alpha}^{(+)*}(\Omega_a) + \sum_\nu \frac{i\hbar^2 k_n}{M_\nu} \int f_{b\nu}^{(+)*}(\Omega_\nu) f_{a\nu}^{(+)}(\Omega_\nu)\, d\Omega_\nu.$$

Remplaçant dans cette équation les $f(\Omega)$ par les éléments de matrice de T suivant la définition (114), on trouve :

$$0 = \langle b|T|a\rangle - \langle b|T^\dagger|a\rangle + 2\pi i \sum_\nu \rho_\nu(E) \int \langle b|T^\dagger|n\rangle\, d\Omega_\nu \langle n|T|a\rangle. \qquad (180)$$

Nous avons désigné par n l'onde plane de la voie ν dirigée suivant Ω_ν et utilisé la définition de la densité des états.

$$\rho_\nu(E) = M_\nu k_n/(2\pi)^3 \hbar^2.$$

D'autre part, $T^\dagger$ est donné par la définition habituelle de l'hermitique conjugué :

$$\langle m|T^\dagger|n\rangle = \langle n|T|m\rangle^*.$$

Les manipulations précédentes peuvent aussi être faites avec les ondes $\Psi^{(-)}$ à la place des ondes $\Psi^{(+)}$. On trouve ainsi la relation

$$0 = \sum_\nu \frac{\hbar^2}{2M_\nu} \lim_{R_\nu \to \infty} \{ \Psi_a^{(-)}, \Psi_b^{(-)*} \}_\nu \qquad (179')$$

qui se déduit de la relation (179) en échangeant a et b et en remplaçant $\Psi^{(+)}$ par $\Psi^{(-)*}$. Pour évaluer le second membre, il suffit de faire les substitutions nécessaires dans le calcul précédent et d'utiliser la définition (114') des éléments de matrice de T à la place de la définition (114). On trouve :

$$0 = \langle b|T|a\rangle - \langle b|T^\dagger|a\rangle + 2\pi i \sum_\nu \rho_\nu(E) \int \langle b|T|n\rangle \, d\Omega_\nu \, \langle n|T^\dagger|a\rangle. \quad (180')$$

Donnons une seconde démonstration, plus formelle, des relations (180) et (180'). Des relations :

$$\langle b|T|a\rangle = \langle \Phi_b| V_\beta|\Phi_a\rangle + \langle \Phi_b| V_\beta \frac{1}{E - H + i\varepsilon} V_\alpha|\Phi_a\rangle$$

$$\langle b|T^\dagger|a\rangle = \langle \Phi_b| V_\alpha|\Phi_a\rangle + \langle \Phi_b| V_\beta \frac{1}{E - H - i\varepsilon} V_\alpha|\Phi_a\rangle$$

nous tirons, en soustrayant membre à membre et en appliquant les propriétés (124) et (A.15 *c*) :

$$\langle b|(T - T^\dagger)|a\rangle = -2\pi i \langle \Phi_b| V_\beta \, \delta(E - H) V_\alpha|\Phi_a\rangle. \quad (181)$$

Admettons que l'ensemble des ondes stationnaires $\Psi_n'^{(-)}$ *étendu à la totalité du spectre de H* — et complété, s'il en existe, par une suite complète de vecteurs propres du spectre discret convenablement normalisés — forme un ensemble orthogonal complet de vecteurs propres de H, et que l'on a par suite la relation de fermeture :

$$(2\pi)^{-3} \sum_n |\Psi_n'^{(-)}\rangle \langle \Psi_n'^{(-)}| = 1 \quad (182)$$

[La somme étant étendue à toutes les énergies du spectre de H, spectre discret compris]. Nous admettons de même que les $\Psi_n'^{(+)}$ obéissent à la relation de fermeture :

$$(2\pi)^{-3} \sum_n |\Psi_n'^{(+)}\rangle \langle \Psi_n'^{(+)}| = 1. \quad (182')$$

En utilisant la relation (182), on peut mettre le produit scalaire du second membre de l'équation (181) sous la forme :

$$\langle \Phi_b| V_\beta \, \delta(E - H) \, V_\alpha|\Phi_a\rangle = (2\pi)^{-3} \sum_n \langle \Phi_b| V_\beta|\Psi_n'^{(-)}\rangle \, \delta(E - E_n) \, \langle \Psi_n'^{(-)}| V_\beta|\Phi_a\rangle$$

$$= \sum_\nu \rho_\nu(E) \int \langle b|T^\dagger|n\rangle \, d\Omega_\nu \, \langle n|T|a\rangle$$

d'où l'on déduit la relation (180). La relation (180') s'obtient de même façon en utilisant la relation (182').

Les équations (180) et (180') auxquels sont soumis les éléments de matrice T et $T^\dagger$ sont vérifiées quels que soient a et b. On peut les mettre plus simplement sous la forme :

$$T - T^\dagger + 2\pi i \, T^\dagger \, T = 0 \quad (183)$$

$$T - T^\dagger + 2\pi i \, T \, T^\dagger = 0 \quad (183')$$

avec une condition convenable de sommation sur les indices muets dans les produits de matrice $T^\dagger \, T$ et $T \, T^\dagger$, *i. e.* en pondérant chaque indice ν par le facteur $\rho_\nu(E)$ donnant la densité des états dans la voie ν. Précisons bien que les éléments de matrice qui interviennent ici sont tous pris entre des états ayant l'énergie E.

Introduisons la matrice S :

$$S = 1 - 2\pi i \, T. \quad (184)$$

Cette matrice est caractéristique des collisions d'énergie E et ses éléments sont définis comme ceux de T entre états d'énergie E. Substituant à T et à $T^\dagger$ leurs expressions respectives en fonction de S et $S^\dagger$ dans les équations (180) et (180'), on trouve :

$$S^\dagger S = S S^\dagger = 1. \tag{185}$$

La matrice S est unitaire.

On peut d'ailleurs montrer que si $U(t, t')$ est l'opérateur d'évolution du système :

$$S = \lim_{\substack{t \to +\infty \\ t' \to -\infty}} U(t, t').$$

La démonstration demande de grandes précautions dans l'examen du passage à la limite ; nous ne la donnerons pas ici (cf. références de la note (1)).

31. La relation de Bohr-Peierls-Placzek

Examinons la relation (180) dans le cas particulier où $a = b$ [*N. B.* — Les relations (180) et (180') sont identiques lorsque $a = b$]. Il vient :

$$\langle a|T|a\rangle - \langle a|T|a\rangle^* = -2\pi i \sum_\nu \int |\langle n|T|a\rangle|^2 \rho_\nu(E)\, d\Omega_\nu. \tag{186}$$

On reconnaît sous le signe $\int$ du second membre l'expression de la section efficace $d\sigma_{a\to n}/d\Omega_\nu$, au facteur $2\pi/\hbar v_a$ près. Par suite,

$$\begin{aligned}\sum_\nu \int |\langle n|T|a\rangle|^2 \rho_\nu(E)\, d\Omega_\nu &= \frac{\hbar v_a}{2\pi} \sum_\nu \int \frac{d\sigma_{a\to n}}{d\Omega_\nu} d\Omega_\nu \\ &= \frac{\hbar v_a}{2\pi} \sigma_a^{\text{tot.}}\end{aligned}$$

$\sigma_a^{\text{tot.}}$ désigne la section efficace totale de la collision d'état initial a. Reportant ce résultat au second membre de l'équation (186), on trouve :

$$\sigma_a^{\text{tot.}} = -\frac{2}{\hbar v_a} \operatorname{Im} T_{aa}.$$

Pour mettre cette relation sous une forme plus familière, nous exprimons T_{aa} en fonction de l'amplitude de diffusion en avant $f_{aa}^{(+)}(\Omega_a)$, que nous dénotons simplement par $f_a(0)$ (cf. équ. (114)) :

$$T_{aa} \equiv \langle a|T|a\rangle = -\frac{2\pi \hbar^2}{M_\alpha} f_a(0).$$

Il vient

$$\boxed{\sigma_a^{\text{tot.}} = \frac{4\pi}{k_a} \operatorname{Im} f_a(0)} \tag{187}$$

C'est la formule de Bohr-Peierls-Placzek reliant la section efficace totale à la partie imaginaire de l'amplitude de diffusion en avant.

32. Microréversibilité

Si H est invariant par renversement du temps, la matrice T vérifie la *relation de microréversibilité* (cf. § XV.20) :

$$\boxed{T_{Kb \to Ka} = T_{a \to b}} \tag{188}$$

Cette relation a déjà été démontrée dans le cas simple de la diffusion d'une particule par un potentiel réel (§ 3 et 14). La démonstration formelle du § 14 peut être reprise dans le cas général sans grande modification. K étant l'opérateur de renversement du temps, nous désignons par Ka, Kb les états initiaux ou finaux qui se déduisent de a, b respectivement par renversement du temps (renversement des impulsions et des spins) ; de façon plus précise :

$$\Phi_{Kb} \equiv K\,\Phi_b \qquad\qquad \Phi_{Ka} \equiv K\,\Phi_a.$$

Pour démontrer la propriété (188), nous utilisons l'expression (142) donnant l'amplitude d'une transition donnée :

$$\begin{aligned} T_{Kb \to Ka} &= \langle \Phi_{Ka} | \left[V_\alpha + V_\alpha \frac{1}{E - H + i\varepsilon} V_\beta \right] | \Phi_{Kb} \rangle \\ &= (\langle \Phi_a | K^\dagger) \left[V_\alpha + V_\alpha \frac{1}{E - H + i\varepsilon} V_\beta \right] (K | \Phi_b \rangle). \end{aligned}$$

Comme K est antiunitaire et que H, V_α et V_β sont invariants par renversement du temps, il vient :

$$\begin{aligned} T_{Kb \to Ka} &= \langle \Phi_b | \left[V_\alpha + V_\beta \frac{1}{E - H + i\varepsilon} V_\alpha \right] | \Phi_a \rangle \\ &= \langle \Phi_b | \left[V_\beta + V_\beta \frac{1}{E - H + i\varepsilon} V_\alpha \right] | \Phi_a \rangle. \end{aligned}$$

La seconde ligne a été obtenue en appliquant la relation (124) ; on reconnaît l'expression (142) de l'amplitude $T_{a \to b}$. *C. Q. F. D.*

En écrivant que les carrés des deux membres de la relation (188) sont égaux et en exprimant ces derniers en fonction des sections efficaces $d\sigma_{a \to b}/d\Omega_\beta$ et $d\sigma_{Kb \to Ka}/d\Omega_\alpha$ respectivement, on obtient la relation de microréversibilité des sections efficaces :

$$v_b \, d\sigma_{Kb \to Ka}/\rho_a(E)\, d\Omega_\alpha = v_a \, d\sigma_{a \to b}/\rho_b(E)\, d\Omega_\beta. \tag{189}$$

On a en effet : $v_{Kb} = v_b$, $\rho_{Ka} = \rho_a$. D'ailleurs, si l'on se reporte à la définition de la vitesse et à celle de la densité des états (équ. (XVII.52)), on a pour chaque voie :

$$v_n \, \rho_n = p_n^2 /(2\pi\hbar)^3 = k_n^2 /(2\pi)^3 \, \hbar.$$

Par suite, la relation (189) s'écrit encore, en convenant que $d\Omega_\alpha = d\Omega_\beta = d\Omega$:

$$\boxed{k_b^2 \, d\sigma_{Kb \to Ka} = k_a^2 \, d\sigma_{a \to b}} \tag{190}$$

33. Propriétés d'invariance de la matrice T

Examinons maintenant les conséquences de l'invariance de H par rapport aux rotations, aux réflexions et plus généralement par rapport aux transformations représentées par des opérateurs unitaires. Nous examinons successivement les conséquences de l'invariance par rapport à une transformation, puis par rapport à un groupe de transformations déterminé.

Si H, H_α et H_β sont invariants dans une transformation unitaire donnée X, on a la relation (cf. § XV.13)

$$T_{Xa \to Xb} = T_{a \to b}. \tag{191}$$

[*N. B.* — Cette relation diffère de la relation de microréversibilité par le sens de la réaction correspondant à l'amplitude du premier membre].

Pour la démontrer, il suffit d'observer que, suivant la définition (144), l'opérateur $T^{\beta\alpha}$ possède également la propriété d'invariance dans la transformation X :

$$X^\dagger \, T^{\beta\alpha} \, X = T^{\beta\alpha}.$$

Par suite :

$$T_{Xa \to Xb} \equiv \langle \Phi_b | X^\dagger \, T^{\beta\alpha} X | \Phi_a \rangle = \langle \Phi_b | T^{\beta\alpha} | \Phi_a \rangle \equiv T_{a \to b}.$$

De la propriété (191), on tire aisément la relation entre sections efficaces :

$$d\sigma_{Xa \to Xb} = d\sigma_{a \to b} \tag{192}$$

que l'on comparera à la relation (190).

Supposons maintenant que l'Hamiltonien total H et que les différents Hamiltoniens « non perturbés » H_α, H_β, ..., soient invariants par rapport aux transformations d'un certain groupe G. On peut en tirer pour la matrice T des conséquences analogues à celles qui ont été obtenues au § XV.11 pour les matrices représentant les observables invariantes par rapport à G.

A cet effet, nous reprenons les notations du § XV.11 et considérons les deux ensembles d'observables, J et M, définis dans ce paragraphe. Soit ν l'une des voies ouvertes aux collisions d'énergie E. H_ν, J et M forment un ensemble d'observables qui commutent. Désignons par $|\nu \, E_\nu \, \tau_\nu \, j \, \mu\rangle$ les vecteurs d'un système de base commun (nous conviendrons une fois pour toute que c'est un système de base standard adapté au groupe G, bien que cette restriction ne soit pas essentielle). L'indice ν indique la voie considérée, E_ν est la valeur propre de H_ν, j et μ désignent les valeurs propres des observables J et M respectivement, τ_ν est un nombre quantique additionnel dont le domaine de variation dépend des valeurs de E_ν, j et μ. Ces vecteurs sont orthonormaux :

$$\langle \nu E_\nu \tau_\nu j \mu | \nu E'_\nu \tau'_\nu j' \mu' \rangle = \delta(E_\nu - E'_\nu)\, \delta_{\tau_\nu \tau'_\nu}\, \delta_{jj'}\, \delta_{\mu\mu'}.$$

Nous supposons pour simplifier l'indice τ_ν discret. C'est ce qui se produit si le groupe G est, ou contient comme sous-groupe, le groupe des rotations et si la voie ne comporte que deux particules à l'énergie E_ν : τ_ν peut prendre alors un nombre *fini* de valeurs discrètes.

Ceci posé, nous nous fixons une fois pour toutes l'énergie de collision E et considérons les transitions d'une certaine voie ν vers une autre voie ν' ; suivant les hypothèses faites, l'opérateur correspondant $T^{\nu\nu'}$ (définition (144)) est invariant par rapport aux transformations du groupe G. Par une généralisation évidente de la propriété (XV.52), on en déduit que :

$$\langle \nu E \tau_\nu j \mu | T^{\nu\nu'} | \nu' E \tau_{\nu'} j' \mu' \rangle = \delta_{jj'}\, \delta_{\mu\mu'} \langle \nu \tau_\nu | T^{(j)} | \nu' \tau_{\nu'} \rangle \tag{193}$$

où $\langle \nu \tau_\nu | T^{(j)} | \nu' \tau_{\nu'} \rangle$ dépend des nombres quantiques j, τ_ν et $\tau_{\nu'}$, mais ne dépend pas de μ. L'équation (193) résume toutes les conséquences de l'invariance par rapport au groupe G.

A chaque couple (ν ν') de voie ouverte, correspond ainsi un certain nombre de coefficients $\langle \nu \tau_\nu | T^{(j)} | \nu' \tau_{\nu'} \rangle$. Ceux de ces coefficients qui correspondent à une valeur donnée de j (j et E fixes ; ν, τ_ν, ν' et $\tau_{\nu'}$ variables) forment une certaine matrice carrée que nous désignons par $T^{(j)}$. Cette matrice est analogue à la matrice T mais le nombre de ses dimensions est en général beaucoup plus faible. En particulier, si G contient le groupe des rotations et si aucune des voies ouvertes ne comporte plus de deux particules, $T^{(j)}$ est une matrice finie ; si en outre, il n'y a qu'une seule voie ouverte et que ses deux particules ont un spin nul, $T^{(j)}$ n'a qu'une dimension : c'est un simple nombre, égal à un facteur près — qu'il est facile de déterminer — au coefficient T_j défini par le développement (51).

Il est facile de développer l'amplitude de transition $T_{a\to b}$ en série des éléments des matrices $T^{(j)}$. A cet effet, on part de la définition (145) que l'on transforme en se servant des relations de fermeture des bases standard correspondant aux voies α et β et l'on utilise la propriété (193). Les coefficients du développement dépendent des projections des ondes planes Φ_a, Φ_b, sur les vecteurs de base en question. Φ_n désignant une onde plane d'énergie E dans la voie ν, on peut écrire :

$$\langle \Phi_n | \nu E_\nu \tau_\nu j \mu \rangle = \delta(E - E_\nu) \langle \Phi_n | \nu \tau_\nu j \mu \rangle. \tag{194}$$

Avec cette notation, on trouve, après un bref calcul :

$$T_{a\to b} = \sum_{j\mu} \sum_{\tau_\alpha \tau_\beta} \langle \Phi_b | \beta \tau_\beta j \mu \rangle \langle \beta \tau_\beta | T^{(j)} | \alpha \tau_\alpha \rangle \langle \alpha \tau_\alpha j \mu | \Phi_a \rangle. \tag{195}$$

Ce développement est la généralisation du développement (51). Comme ce dernier, il est particulièrement utile lorsque la convergence est rapide ; ceci se produit couramment dans les collisions nucléaires lorsque la longueur d'onde de la voie d'entrée ou celle de la voie de sortie sont grandes par rapport à la portée des forces nucléaires et c'est dans ce cas qu'il est le plus fréquemment utilisé (cf. références de la note ([14])).

EXERCICES ET PROBLÈMES

1. Démontrer la propriété asymptotique

$$\exp(\mathrm{i}\boldsymbol{q}.\boldsymbol{r}) \underset{r\to\infty}{\sim} \frac{2\pi}{\mathrm{i}qr}\left[\delta(\Omega_r - \Omega_q)\,\mathrm{e}^{\mathrm{i}qr} - \delta(\Omega_r + \Omega_q)\,\mathrm{e}^{-\mathrm{i}qr}\right] + O\left(\frac{1}{r^2}\right).$$

(*i*) en utilisant le développement de l'onde plane en harmoniques sphériques et la relation de fermeture de ces dernières ;
(*ii*) en cherchant directement la forme asymptotique de

$$\int \exp(\mathrm{i}\boldsymbol{q}\cdot\boldsymbol{r})\,\varphi(\Omega_r)\,\mathrm{d}\Omega_r.$$

[$\varphi(\Omega)$, fonction continue de la direction $\Omega \equiv (\theta\varphi)$; Ω_r et Ω_q, directions respectives des vecteurs $\boldsymbol{r}$ et $\boldsymbol{q}$].

2. Montrer que, pour deux ondes planes $\exp(\mathrm{i}\boldsymbol{q}_1\cdot\boldsymbol{r})$, $\exp(\mathrm{i}\boldsymbol{q}_2\cdot\boldsymbol{r})$ de même longueur d'onde ($q_1 = q_2$), on a rigoureusement

$$\}\exp(\mathrm{i}\boldsymbol{q}_1\cdot\boldsymbol{r}), \exp(\mathrm{i}\boldsymbol{q}_2\cdot\boldsymbol{r})\{ = 0$$

quel que soit R [définition de $\} \cdots \{$ du § 2].

3. Calculer la section efficace de diffusion à l'approximation de Born :
(*i*) pour le puits carré de profondeur V_0 et de rayon a ;
(*ii*) pour le potentiel gaussien :

$$V = V_0 \exp(-r^2/a^2)\,;$$

(*iii*) pour le potentiel de Yukawa :

$$V = \frac{V_0 \exp(-Kr)}{Kr}.$$

Vérifier sur ces trois cas particuliers les assertions du § 4 concernant l'allure générale de la distribution angulaire à haute énergie ; déterminer la forme asymptotique de la section efficace totale.

4. Considérons l'Hamiltonien d'une particule de masse m dans un potentiel central $V(r)$ de courte portée ($rV \underset{r\to\infty}{\to} 0$) :

$$H \equiv -(\hbar^2/2m)\,\Delta + V(r).$$

A l'énergie $E = \hbar^2 k^2/2m$, l'équation radiale d'ordre l s'écrit

$$\left[\frac{\mathrm{d}^2}{\mathrm{d}r^2} - \frac{l(l+1)}{r^2} - \frac{2m}{\hbar^2}V + k^2\right] y_l = 0.$$

On désigne par $F_l(k\,;r)$ la solution régulière, par $u_l^{(+)}(k\,;r)$ et $u_l^{(-)}(k\,;r)$ les solutions « sortantes » et « entrantes » respectivement. Les normalisations de ces solutions sont fixées de telle sorte que :

$$F_l(k\,;r) \underset{r\to\infty}{\sim} \sin(kr - \tfrac{1}{2}l\pi + \delta_l)$$

$$u_l^{(\pm)}(k\,;r) \underset{r\to\infty}{\sim} \exp\left[\pm\,\mathrm{i}(kr - \tfrac{1}{2}l\pi)\right].$$

(*i*) Montrer que les ondes stationnaires $\Psi_{\boldsymbol{k}}^{(\pm)}$ (définitions du § 2) sont respectivement représentées par les développements

$$\Psi_{\boldsymbol{k}}^{(\pm)} = \frac{4\pi}{kr} \sum_{lm} i^l \exp(\pm i\delta_l)\, Y_l^{m*}(\widehat{\boldsymbol{k}})\, Y_l^m(\widehat{\boldsymbol{r}})\, F_l(k\,;r).$$

(*ii*) Montrer que les fonctions $G^{(\pm)}(\boldsymbol{r}, \boldsymbol{r}')$ définies par :

$$\frac{\hbar^2}{2m} G^{(\pm)}(\boldsymbol{r}, \boldsymbol{r}') = -\frac{1}{k\,r\,r'} \sum_{lm} \exp(\pm i\delta_l)\, Y_l^{m*}(\widehat{\boldsymbol{r}})\, Y_l^m(\widehat{\boldsymbol{r}'})\, F_l(k\,;r_<)\, u_l^{(\pm)}(k\,;r_>)$$

sont des fonctions de Green de l'opérateur $E - H$, c'est-à-dire des fonctions symétriques en $\boldsymbol{r}$ et $\boldsymbol{r}'$ et vérifiant l'équation

$$(E - H)\, G^{(\pm)}(\boldsymbol{r}, \boldsymbol{r}') = \delta(\boldsymbol{r} - \boldsymbol{r}')$$

et qu'elles ont pour comportement asymptotique respectif :

$$G^{(\pm)}(\boldsymbol{r}, \boldsymbol{r}') \underset{r\to\infty}{\sim} -\frac{2m}{\hbar^2} \frac{\exp(\pm ikr)}{r}\, \psi_{\pm\boldsymbol{k}}^{(\mp)}(\boldsymbol{r}')$$

$$(\boldsymbol{k} = k\,\boldsymbol{r}/r)$$

[Ces formules s'appliquent également lorsque V a un comportement asymptotique en $1/r$ moyennant une modification appropriée des définitions de F_l et $u_l^{(\pm)}$; la forme asymptotique de $G^{(\pm)}$ doit également être modifiée en conséquence].

5. Démontrer la formule (151).

« Je suis noire,
et pourtant je suis belle... »
(*Le Cantique des Cantiques*, I.5).

CINQUIÈME PARTIE

ÉLÉMENTS DE MÉCANIQUE QUANTIQUE RELATIVISTE

CHAPITRE XX

L'ÉQUATION DE DIRAC

I. — INTRODUCTION GÉNÉRALE*

1. La Mécanique Quantique Relativiste (1)

Toutes les applications qui ont été faites jusqu'à présent sont basées sur l'équation de Schrödinger. Déduite par correspondance du formalisme hamiltonien de la mécanique classique non relativiste, cette équation possède toutes les propriétés d'invariance de l'Hamiltonien dont elle est issue. Si notamment le système est isolé, elle est invariante par rapport aux rotations et aux translations d'espace. On peut montrer qu'elle est également invariante par rapport aux transformations de Galilée (cf. Problème XV.7). Par suite, les propriétés physiques prévues par la théorie de Schrödinger sont invariantes dans un changement de repère galiléen, mais elles ne possèdent pas la propriété d'invariance par rapport aux changements de référentiel de Lorentz qu'exige le principe de relativité. Comme les transformations de Galilée ne s'identifient aux transformations de Lorentz qu'à la limite des faibles vitesses, il faut s'attendre — et l'expérience le vérifie — à ce que cette théorie ne décrive correctement les phénomènes que dans la mesure où les vitesses des particules mises en jeu sont négligeables à côté de celle de la lumière : $v \ll c$. En particulier, tous les phénomènes concernant l'interaction entre lumière et matière, tels que émission, absorption ou diffusion de photons, sortent du cadre de la mécanique quantique non relativiste.

L'une des principales difficultés d'élaboration de la Théorie Quantique Relativiste vient du fait que la loi de conservation du nombre de particules (§ II.9) cesse en général d'être vérifiée. On connaît, en effet, la propriété d'équivalence entre masse et énergie, une des conséquences les plus importantes du principe de relativité ; cette propriété se traduit par la possibilité de création ou d'absorption de particules chaque fois que les interactions donnent lieu à des transferts d'énergie égaux ou supérieurs à l'énergie au repos desdites particules. Pour être complète, la théorie quantique relativiste doit donc réunir dans un même cadre des états dynamiques qui diffè-

(1) La connaissance des sections I et II de l'appendice D est recommandée pour la lecture de ce chapitre.

* Voir Avant-propos de la Nouvelle Édition (tome 1).

rent non seulement par l'état quantique, mais aussi par la nature et le *nombre* des particules élémentaires qui les composent. A cet effet, il faut faire appel au concept de champ quantifié, d'où le nom de Théorie Quantique des Champs couramment donné à la Théorie Quantique Relativiste. Telle qu'elle existe à l'heure actuelle, cette théorie n'est exempte ni de difficultés, ni même de contradictions ; mais elle rend compte d'une masse considérable de faits expérimentaux.

La cinquième et dernière partie de ce livre est destinée à servir d'introduction à la Théorie Quantique des Champs, tout en fournissant des méthodes de calcul élémentaires de certains effets relativistes concernant la dynamique de l'électron et l'interaction entre le champ électromagnétique et les particules chargées.

Elle comprend en tout deux chapitres.

Le présent chapitre, le premier des deux, est consacré à l'un des plus simples parmi les problèmes de Mécanique Quantique Relativiste, celui d'une particule de spin $\frac{1}{2}$ dans un champ de force donné ; le cas type est celui d'un électron dans un champ électromagnétique. Le champ n'est pas quantifié et l'on cherche à décrire l'évolution de ce système au moyen d'une équation d'onde possédant les propriétés d'invariance requises par le principe de relativité. Cette équation doit, en outre, satisfaire au principe de correspondance et redonner celle de la théorie de Pauli à l'approximation non relativiste. Une telle équation existe : c'est l'équation de Dirac. Après quelques rappels concernant le groupe de Lorentz et la dynamique relativiste classique (section I), nous établissons l'équation de Dirac (section II), puis nous faisons une étude détaillée de ses propriétés d'invariance (section III). Dans le reste du chapitre, nous étudions plus à fond la signification de cette théorie et, tout en passant en revue ses principales applications, nous examinons comment elle se situe par rapport à la dynamique classique (section IV), la théorie quantique non relativiste (section V) et la Théorie Quantique des Champs (section VI).

Le deuxième chapitre est consacré à la notion de champ quantifié, et à la Théorie Quantique élémentaire du rayonnement électromagnétique et de son interaction avec les systèmes atomiques ou nucléaires.

2. Notations, conventions et définitions diverses

Unités. — A quelques exceptions près, qui sont d'ailleurs évidentes à la simple lecture, toutes les expressions figurant dans la suite sont écrites en posant

$$\hbar = c = 1.$$

Avec ce choix particulier d'unités, les temps ont en apparence la dimension d'une longueur, les énergies, les impulsions et les masses, celle de l'inverse d'une longueur, les charges électriques apparaissent comme des quantités sans dimension ($e^2 \equiv e^2/\hbar c \simeq 1/137$). Il est d'ailleurs facile de rétablir les expressions générales, par de simples considérations d'homogénéité.

COORDONNÉES. — La donnée d'un instant t et d'un point $\mathbf{r} \equiv (x, y, z)$ de l'espace ordinaire définit un point de l'espace-temps. Nous désignons les coordonnées de ce dernier par x^0, x^1, x^2, x^3 respectivement ; $x^0 \equiv ct$ est la coordonnée de temps ; x^1, x^2, x^3 sont les trois coordonnées d'espace : $x^1 \equiv x, x^2 \equiv y, x^3 \equiv z$. Plus généralement, nous utilisons les indices 0, 1, 2, 3 pour désigner les composantes des quadrivecteurs ou des tenseurs suivant les axes t, x, y, z respectivement. Les lettres grecques en indice désignent les composantes des quadrivecteurs ou des tenseurs dans l'espace-temps et peuvent donc prendre les quatre valeurs 0, 1, 2, 3 ; les lettres romaines sont réservées aux composantes de l'espace ordinaire et peuvent prendre les trois valeurs 1, 2, 3. Ainsi, nous avons :

$$x^\mu \equiv (x^0, x^k) \equiv (x^0, x^1, x^2, x^3)$$
$$(\mu = 0, 1, 2, 3) \qquad (k = 1, 2, 3).$$

TENSEUR MÉTRIQUE, INDICES COVARIANTS ET CONTRAVARIANTS

La métrique dans l'espace-temps est une métrique pseudo-euclidienne définie au moyen du *tenseur métrique*

$$g_{\mu\nu} = \begin{pmatrix} 1 & 0 & 0 & 0 \\ 0 & -1 & 0 & 0 \\ 0 & 0 & -1 & 0 \\ 0 & 0 & 0 & -1 \end{pmatrix}$$

soit encore

$$g_{00} = 1, \qquad g_{kk} = -1, \qquad g_{\mu\nu} = 0 \quad \text{si} \quad \mu \neq \nu. \tag{1}$$

Il convient de distinguer entre vecteurs *covariants* (qui se transforment comme $\partial/\partial x^\mu$) et vecteurs *contravariants* (qui se transforment comme x^μ), et plus généralement entre composantes de tenseur covariantes et composantes de tenseur contravariantes. Selon l'usage, les indices covariants sont placés en bas, les indices contravariants en haut. Ainsi a^μ désigne un vecteur contravariant. Le vecteur covariant correspondant a_μ s'en déduit par application du tenseur métrique :

$$a_\mu = \sum_\nu g_{\mu\nu}\, a^\nu,$$

ce qui donne :

$$a_0 = a^0, \qquad a_k = -a^k.$$

Nous ferons toujours *la convention de sommation sur les indices répétés.* Avec cette convention, la relation précédente s'écrit plus simplement :

$$a_\mu = g_{\mu\nu}\, a^\nu.$$

L'opération d'élévation des indices se fait, de même, en appliquant le tenseur $g^{\mu\nu}$:

$$a^\mu = g^{\mu\nu}\, a_\nu.$$

On a, d'ailleurs, dans le cas présent,

$$g^{\mu\nu} = g_{\mu\nu}.$$

D'autre part :

$$g_{\mu}{}^{\nu} = g_{\mu\rho}\, g^{\rho\nu} = g^{\mu}{}_{\nu} = \delta_{\mu}{}^{\nu},$$

où $\delta_{\mu}{}^{\nu}$ est le symbole de Kronecker :

$$\delta_{\mu}{}^{\nu} = \left| \begin{array}{lll} 1 & \text{si} & \mu = \nu \\ 0 & \text{si} & \mu \neq \nu. \end{array} \right.$$

TRIVECTEURS, QUADRIVECTEURS, PRODUIT SCALAIRE

En ce qui concerne les trivecteurs, ou vecteurs de l'espace ordinaire nous conservons les notations utilisées jusqu'à présent; chacun d'eux est désigné par une lettre grasse et sa longueur par la lettre maigre correspondante.

Les trois composantes d'espace d'un quadrivecteur contravariant a^{μ} forment un trivecteur. Avec les notations indiquées, on a donc :

$$a^{\mu} \equiv (a^0, a^1, a^2, a^3) \equiv (a^0, \boldsymbol{a}) \qquad \boldsymbol{a} \equiv (a_x, a_y, a_z)$$
$$a^1 = a_x \qquad a^2 = a_y \qquad a^3 = a_z \qquad a \equiv (\boldsymbol{a}.\boldsymbol{a})^{\frac{1}{2}} \equiv [a_x^2 + a_y^2 + a_z^2]^{\frac{1}{2}}.$$

Lorsqu'aucune confusion n'est possible avec la longueur du trivecteur $\boldsymbol{a}$, nous omettrons éventuellement l'indice et désignerons le quadrivecteur a^{μ} simplement par a.

Le produit scalaire de deux quadrivecteurs a^{μ}, b^{μ} s'obtient en contractant les composantes contravariantes de l'un avec les composantes covariante de l'autre, soit $a_{\mu}\, b^{\mu}$, ou encore $a^{\mu}\, b_{\mu}$. On a :

$$a_{\mu}\, b^{\mu} = a^{\mu}\, b_{\mu} = a^0\, b^0 - \boldsymbol{a}\,.\,\boldsymbol{b} \tag{2}$$

La *norme* de a^{μ} est $a_{\mu}\, a^{\mu} = (a^0)^2 - \boldsymbol{a}^2$.

CLASSIFICATIONS DES QUADRIVECTEURS

Les quadrivecteurs sont classés en trois genres, suivant le signe de leur norme :

$a_{\mu}\, a^{\mu} < 0$ $\quad a^{\mu}$ = vecteur du genre espace
$a_{\mu}\, a^{\mu} = 0$ $\quad a^{\mu}$ = vecteur nul
$a_{\mu}\, a^{\mu} > 0$ $\quad a^{\mu}$ = vecteur du genre temps.

Cette classification correspond à la position du vecteur par rapport au cône de lumière $x_{\mu}\, x^{\mu} = 0$. Dans les deux derniers cas, on peut encore distinguer deux catégories suivant le signe de la composante de temps :

$a^0 > 0$ le vecteur pointe vers le futur ;
$a^0 < 0$ le vecteur pointe vers le passé.

Gradient, opérateurs différentiels

Nous conservons les notations $\nabla \equiv (\partial/\partial x, \partial/\partial y, \partial/\partial z)$ et $\Delta \equiv \nabla . \nabla$.

Les quatre opérateurs de dérivation partielle $\partial/\partial x^\mu$ forment un vecteur *covariant* que nous représenterons par le symbole ∂_μ :

$$\begin{aligned}\partial_\mu \equiv \partial/\partial x^\mu &\equiv (\partial/\partial x^0, \partial/\partial x^1, \partial/\partial x^2, \partial/\partial x^3) \\ &\equiv (\partial/\partial ct, \nabla).\end{aligned} \tag{3}$$

C'est l'opérateur gradient.

On utilisera aussi le « gradient contravariant » :

$$\partial^\mu \equiv g^{\mu\nu} \partial_\nu \equiv (\partial/\partial ct, -\nabla). \tag{4}$$

Le Dalembertien $\Box$ est défini (²) par (cf. § II.12) :

$$\Box \equiv \frac{1}{c^2}\frac{\partial^2}{\partial t^2} - \Delta \equiv \partial_\mu \partial^\mu. \tag{5}$$

Tenseur $\varepsilon^{\lambda\mu\nu\rho}$

$\varepsilon^{\lambda\mu\nu\rho}$ désigne le tenseur à quatre indices complètement antisymétrique dont les composantes sont égales à 0 si deux des indices sont égaux, à $+1$ si $(\lambda\mu\nu\rho)$ est une permutation paire de (0, 1, 2, 3), à -1 si $(\lambda\mu\nu\rho)$ est une permutation impaire de (0, 1, 2, 3).

Champ électromagnétique

Le potentiel électromagnétique est composé d'un terme vectoriel $\boldsymbol{A}(\boldsymbol{r}, t)$ et d'un potentiel scalaire $\varphi(\boldsymbol{r}, t)$ qui forment un quadrivecteur que nous désignerons par A^μ :

$$A^\mu \equiv (\varphi, \boldsymbol{A}). \tag{6}$$

Le champ électrique $\mathcal{E}$ et le champ magnétique $\mathcal{H}$ sont donnés par :

$$\mathcal{E} = -\nabla\varphi - \partial \boldsymbol{A}/\partial x^0, \qquad \mathcal{H} = \operatorname{rot} \boldsymbol{A}. \tag{7}$$

Les composantes de $\mathcal{E}$ et $\mathcal{H}$ forment un tenseur antisymétrique de l'espace-temps, $F_{\mu\nu}$, suivant la définition :

$$F_{\mu\nu} \equiv \frac{\partial A_\nu}{\partial x^\mu} - \frac{\partial A_\mu}{\partial x^\nu} \tag{8}$$

ce qui donne

$$F_{\mu\nu} \equiv \begin{pmatrix} 0 & \mathcal{E}_x & \mathcal{E}_y & \mathcal{E}_z \\ -\mathcal{E}_x & 0 & -\mathcal{H}_z & \mathcal{H}_y \\ -\mathcal{E}_y & \mathcal{H}_z & 0 & -\mathcal{H}_x \\ -\mathcal{E}_z & -\mathcal{H}_y & \mathcal{H}_x & 0 \end{pmatrix} \tag{9}$$

(²) De nombreux auteurs représentent par $\Box$ le même opérateur changé de signe.

Nous utiliserons aussi l'opérateur quadrivectoriel D_μ défini par :

$$D_\mu \equiv \partial_\mu + ieA_\mu \equiv \left(\frac{\partial}{\partial x^0} + ie\varphi, \nabla - ie\mathbf{A}\right). \tag{10}$$

3. Le groupe de Lorentz

Un changement de référentiel de Lorentz est une transformation *linéaire réelle* des coordonnées qui *conserve la norme* des intervalles entre les différents points de l'espace-temps. Dans une telle transformation, les nouvelles coordonnées x'^μ d'un point de l'espace-temps se déduisent des anciennes, x^μ, par la relation :

$$x'^\mu = \Omega^\mu{}_\nu x^\nu + a^\mu.$$

Le vecteur réel a^μ représente une simple translation des axes dans l'espace-temps. Dans la suite, nous traiterons à part les translations et donnerons le nom de transformation de Lorentz aux transformations homogènes ($a^\mu = 0$) (³) :

$$x'^\mu = \Omega^\mu{}_\nu x^\nu. \tag{11}$$

Par élévation ou abaissement d'indices, on peut déduire de la matrice $\Omega^\mu{}_\nu$ les matrices $\Omega_\mu{}^\nu$, $\Omega^{\mu\nu}$, $\Omega_{\mu\nu}$ (par exemple : $\Omega^{\mu\nu} = g^{\nu\rho}\,\Omega^\mu{}_\rho$). La donnée de l'une quelconque de ces matrices définit la transformation de Lorentz considérée. Les conditions de réalité et d'invariance de la norme s'écrivent :

$$\Omega_{\mu\nu}{}^* = \Omega_{\mu\nu} \tag{12}$$

$$\Omega_{\mu\nu}\,\Omega^{\mu\lambda} = \Omega_{\nu\mu}\,\Omega^{\lambda\mu} = \delta_\nu{}^\lambda. \tag{13}$$

Par suite :

$$\text{dét}\,|\,\Omega^\mu{}_\nu\,| = \pm 1 \tag{14}$$

et la transformation inverse s'écrit :

$$x^\mu = x'^\nu\,\Omega_\nu{}^\mu. \tag{15}$$

L'ensemble des transformations qui viennent d'être définies forme un groupe, *le groupe de Lorentz complet*. C'est le groupe des transformations linéaires réelles qui conserve les produits scalaires entre quadrivecteurs.

Si $\Omega^{00} > 0$, la transformation conserve le sens des vecteurs du genre temps, c'est-à-dire le signe de la composante de temps de ces vecteurs ; elle est alors qualifiée d'orthochrone et l'on appelle *groupe de Lorentz orthochrone* l'ensemble formé par ces transformations de Lorentz particulières.

Si *en outre* dét $|\,\Omega^\mu{}_\nu\,| = +1$, la transformation conserve également le sens du trièdre des 3 axes d'espace ; on lui donne le nom de transformation

(³) On donne couramment le nom de *groupe de Lorentz inhomogène* au groupe formé par tous les changements de référentiel de Lorentz, translations comprises.

de Lorentz propre. L'ensemble de ces transformations forme un groupe, *le groupe de Lorentz propre*, que nous désignerons ci-dessous par $\mathfrak{L}_0$.

Toutes les transformations du groupe propre peuvent être considérées comme une succession de transformations infinitésimales. La matrice $\Omega_{\mu\nu}$ d'une *transformation de Lorentz infinitésimale* est de la forme :

$$g_{\mu\nu} + \omega_{\mu\nu},$$

où les quantités $\omega_{\mu\nu}$ sont infiniment petites. Les conditions (12) et (13) donnent :

$$\omega_{\mu\nu} = \omega_{\mu\nu}^*, \qquad \omega_{\mu\nu} + \omega_{\nu\mu} = 0 \tag{16}$$

$\omega_{\mu\nu}$ est donc un tenseur réel antisymétrique.

Posons

$$Z_{\mu\nu}^{(\alpha\beta)} = - Z_{\mu\nu}^{(\beta\alpha)} = g_{\mu\alpha} g_{\nu\beta} - g_{\mu\beta} g_{\nu\alpha}. \tag{17}$$

C'est un tenseur antisymétrique dont les seuls éléments non nuls sont les deux éléments $\mu = \alpha$, $\nu = \beta$ et $\mu = \beta$, $\nu = \alpha$; l'un des deux est égal à $+1$, l'autre à -1. ε étant un infiniment petit,

$$g_{\mu\nu} - \varepsilon Z_{\mu\nu}^{(\alpha\beta)}$$

est la matrice d'une transformation de Lorentz infinitésimale particulière, la « rotation » d'un angle ε dans le plan $x^\alpha x^\beta$.

Il existe en tout six transformations infinitésimales de ce type ; les « rotations » dans les plans $x^1 x^2$, $x^2 x^3$ et $x^3 x^1$ sont les rotations d'espace d'un angle ε autour des axes Oz, Ox, Oy respectivement, les « rotations » dans les plans $x^1 x^0$, $x^2 x^0$, $x^3 x^0$ sont les transformations de Lorentz spéciales de vitesse ε dirigée respectivement suivant Ox, Oy, Oz (4).

Outre les transformations infinitésimales, on peut définir les différents types de *réflexion*, notamment la réflexion d'espace s ($x^0 = x^0$, $x^k = -x^k$) et la réflexion du temps t ($x^0 = -x^0$, $x^k = x^k$). Le groupe orthochrone est formé des transformations $\mathfrak{L}_0$, de la réflexion s et de leurs produits $s\mathfrak{L}_0$. Le groupe complet est formé des transformations $\mathfrak{L}_0$, $s\mathfrak{L}_0$, $t\mathfrak{L}_0$ et $st\mathfrak{L}_0$. Les propriétés de ces quatre nappes du groupe complet sont résumées par le tableau suivant :

(4) Si le nouveau référentiel se déduit de l'ancien par une rotation d'un angle fini φ autour de Oz, on a :

$$x'^1 = x^1 \cos\varphi + x^2 \sin\varphi, \qquad x'^2 = x^2 \cos\varphi - x^1 \sin\varphi, \qquad x'^3 = x^3, \qquad x'^0 = x^0.$$

S'il s'en déduit par une transformation de Lorentz spéciale de vitesse $v = \operatorname{th}\varphi$ dirigée suivant Ox, on a :

$$x'^1 = x^1 \operatorname{ch}\varphi - x^0 \operatorname{sh}\varphi, \qquad x'^0 = x^0 \operatorname{ch}\varphi - x^1 \operatorname{sh}\varphi, \qquad x'^2 = x^2, \qquad x'^3 = x^3.$$

Les transformations citées plus haut correspondent au cas où $\varphi = \varepsilon \equiv$ infiniment petit.

<table>
<tr><th>Nappe</th><th>Dét $|\Omega^{\mu}{}_{\nu}|$</th><th>Ω^{00}</th><th colspan="3">Désignation du groupe</th></tr>
<tr><td>$\mathcal{L}_0$</td><td>$+1$</td><td>> 0</td><td>propre</td><td rowspan="2">orthochrone</td><td rowspan="4">complet</td></tr>
<tr><td>$s\mathcal{L}_0$</td><td>-1</td><td>> 0</td><td></td></tr>
<tr><td>$t\mathcal{L}_0$</td><td>-1</td><td>< 0</td><td colspan="2"></td></tr>
<tr><td>$st\mathcal{L}_0$</td><td>$+1$</td><td>< 0</td><td colspan="2"></td></tr>
</table>

4. Rappel de dynamique relativiste classique

Rappelons les propriétés dynamiques d'une particule classique de masse au repos m et de charge e dans un champ électromagnétique $(\varphi, \boldsymbol{A})$.

Désignons par $\boldsymbol{v}$ la vitesse de la particule :

$$\boldsymbol{v} \equiv \mathrm{d}\boldsymbol{r}/\mathrm{d}t. \tag{18}$$

Nous définissons la masse relativiste M et la quantité de mouvement [5] $\boldsymbol{\pi}$:

$$M \equiv m/\sqrt{1-v^2}, \qquad \boldsymbol{\pi} \equiv M\,\boldsymbol{v} \tag{19}$$

$(M, \boldsymbol{\pi})$ est un certain quadrivecteur π^{μ} de norme m^2 :

$$M^2 - \boldsymbol{\pi}^2 = m^2 \tag{20}$$

et pointant vers le futur ($M > 0$).

En l'absence de champ, la particule est animée d'un mouvement rectiligne uniforme : $\boldsymbol{v} = Cte$.

En présence du champ électromagnétique, la trajectoire suivie par la particule vérifie l'équation

$$\mathrm{d}\boldsymbol{\pi}/\mathrm{d}t = e[\boldsymbol{\mathcal{E}} + \boldsymbol{v} \times \boldsymbol{\mathcal{H}}] \equiv \boldsymbol{F}. \tag{21}$$

C'est l'équation fondamentale de la dynamique relativiste du point matériel. Le vecteur $\boldsymbol{F}$ porte le nom de *force de Lorentz.*

Parmi les conséquences de l'équation (21), signalons les équations

$$\frac{\mathrm{d}M}{\mathrm{d}t} = (\boldsymbol{v}.\boldsymbol{F}) = e(\boldsymbol{v}.\boldsymbol{\mathcal{E}}), \tag{21'}$$

$$\frac{\mathrm{d}}{\mathrm{d}t}(\boldsymbol{r} \times \boldsymbol{\pi}) = \boldsymbol{r} \times \boldsymbol{F} \tag{22}$$

donnant respectivement la loi d'évolution de la masse et celle du moment de la quantité de mouvement.

(5) A ne pas confondre avec l'impulsion (cf. note II-(14)).

On peut mettre ces relations sous forme covariante en introduisant le temps propre τ de la particule, conformément à la définition

$$\begin{aligned} \mathrm{d}\tau &= (\mathrm{d}x^{\mu}\,\mathrm{d}x_{\mu})^{\frac{1}{2}} \\ &= \sqrt{1-v^2}\,\mathrm{d}t. \end{aligned}$$

On définit la quadrivitesse :

$$u^{\mu} \equiv \mathrm{d}x^{\mu}/\mathrm{d}\tau \equiv (\mathrm{d}t/\mathrm{d}\tau, \boldsymbol{v}\,\mathrm{d}t/\mathrm{d}\tau) \qquad (u^{\mu}\,u_{\mu} = 1)$$

dont le produit par m donne le quadrivecteur quantité de mouvement :

$$\pi^{\mu} \equiv m\,u^{\mu} \equiv (M, \boldsymbol{\pi}).$$

Les équations (21) et (21′) sont équivalentes à l'équation formellement covariante :

$$\mathrm{d}\pi^{\mu}/\mathrm{d}\tau = e\,F^{\mu\nu}\,u_{\nu}, \tag{23}$$

soit encore :

$$\frac{\mathrm{d}u^{\mu}}{\mathrm{d}\tau} = \frac{e}{m}\,F^{\mu\nu}\,u_{\nu}$$

$F^{\mu\nu}$ est le tenseur électromagnétique (équ. (8)-(9)).

Ces lois de mouvement peuvent être déduites d'un formalisme lagrangien ou d'un formalisme hamiltonien (cf. Problème I.5). L'impulsion $\boldsymbol{p}$ forme avec l'énergie E un quadrivecteur p^{μ}, relié au quadrivecteur π^{μ} par la relation :

$$p^{\mu} = \pi^{\mu} + e A^{\mu} \tag{24}$$

c'est-à-dire :

$$E = M + e\varphi, \qquad \boldsymbol{p} = \boldsymbol{\pi} + e\boldsymbol{A}.$$

La fonction de Hamilton est

$$H \equiv e\varphi + \sqrt{(\boldsymbol{p} - e\boldsymbol{A})^2 + m^2} \tag{25}$$

en conformité avec les relations (24) et (20). De cette définition, on tire les équations canoniques de Hamilton

$$\mathrm{d}\boldsymbol{r}/\mathrm{d}t = \boldsymbol{\pi}/M, \qquad \mathrm{d}\boldsymbol{p}/\mathrm{d}t = -\,e\,\mathrm{grad}\,(\varphi - \boldsymbol{v}.\boldsymbol{A}).$$

La première est la définition de la vitesse. La seconde équivaut à l'équation (21), comme on le vérifie aisément en se servant des définitions des champs $\mathcal{E}$ et $\mathcal{H}$ (équ. (7)) et en utilisant le fait que :

$$\frac{\mathrm{d}\boldsymbol{A}}{\mathrm{d}t} = \left(\frac{\partial}{\partial t} + \boldsymbol{v}.\mathrm{grad}\right)\boldsymbol{A}.$$

II. — ÉQUATIONS DE KLEIN-GORDON ET DE DIRAC

5. L'équation de Klein-Gordon

La recherche d'une équation d'onde relativiste pour l'électron est compliquée par l'existence du spin. Cherchons d'abord à former une équation d'onde relativiste pour une particule de spin 0, un méson π par exemple. Une telle particule n'ayant pas de degré de liberté interne, sa fonction d'onde Ψ dépend des seules variables r et t. Nous désignons par m sa masse, par e sa charge et nous supposons qu'elle se trouve dans le potentiel électromagnétique $A^{\mu} \equiv (\varphi, A)$.

Pour trouver l'équation d'onde, nous procédons empiriquement, en nous aidant du principe de correspondance ; ceci nous assure qu'on retrouve les lois du mouvement classique, lorsque les conditions de validité de l'approximation classique sont remplies.

Rappelons la règle de correspondance de Schrödinger

$$E \rightarrow \mathrm{i}\partial/\partial t, \qquad p \rightarrow -\mathrm{i}\nabla. \tag{26}$$

En posant $p^{\mu} \equiv (E, p)$, cette règle s'écrit plus simplement :

$$p^{\mu} \rightarrow \mathrm{i}\partial^{\mu}. \tag{26'}$$

De l'expression (25) de l'Hamiltonien, nous tirons :

$$E = e\varphi + \sqrt{(p - eA)^2 + m^2} \tag{27}$$

d'où l'on déduit, par la règle (26), l'équation d'onde :

$$\left(\mathrm{i}\frac{\partial}{\partial t} - e\varphi\right)\Psi = \left[\left(\frac{1}{\mathrm{i}}\nabla - eA\right)^2 + m^2\right]^{\frac{1}{2}}\Psi.$$

Cette équation a deux graves défauts. D'une part, la dissymétrie entre les coordonnées d'espace et de temps est telle que l'invariance relativiste et les propriétés qui en découlent n'y apparaissent pas clairement. D'autre part, l'opérateur du second membre est une racine carrée dont le maniement est pratiquement inextricable, sauf lorsque le champ A est nul.

On évite ces deux difficultés en prenant comme point de départ de l'opération de correspondance la relation (20), ce qui donne :

$$(E - e\varphi)^2 - (p - eA)^2 = m^2. \tag{28}$$

Cette relation n'est pas équivalente à la relation (27), mais à la relation plus générale

$$E = e\varphi \pm \sqrt{(p - eA)^2 + m^2}. \tag{29}$$

Seul le signe $+$ correspond aux solutions classiques réelles ; le signe $-$ représente des solutions de masse négative, sans aucune signification physique. En prenant la relation (28) comme point de départ, nous introduisons donc *des solutions parasites de masse négative.*

Ces réserves faites, l'opération de correspondance appliquée à (28) donne *l'équation de Klein-Gordon* :

$$\left[\left(\mathrm{i}\frac{\partial}{\partial t} - e\varphi\right)^2 - \left(\frac{1}{\mathrm{i}}\nabla - eA\right)^2\right]\Psi = m^2\Psi \tag{30}$$

que l'on peut d'ailleurs écrire sous la forme :

$$(D_\mu D^\mu + m^2)\Psi \equiv [(\partial_\mu + \mathrm{i}eA_\mu)(\partial^\mu + \mathrm{i}eA^\mu) + m^2]\Psi = 0 \qquad (30')$$

dont l'invariance relativiste est évidente.

Discutons brièvement l'interprétation de cette équation ([6]). Pour simplifier la discussion, nous nous bornons au cas du champ nul. L'équation s'écrit alors simplement (cf. § II.12) :

$$(\Box + m^2)\Psi = 0. \qquad (31)$$

C'est une équation différentielle du second ordre par rapport au temps. Il faut donc connaître simultanément Ψ et $\partial\Psi/\partial t$ à l'instant initial pour que Ψ soit complètement déterminé à tout instant ultérieur. Cette difficulté est aisément surmontée si l'on postule que l'état dynamique du système à un instant donné n'est pas représenté par la seule fonction Ψ mais par l'ensemble des deux fonctions Ψ et $\partial\Psi/\partial t$ ou encore par les deux combinaisons linéaires :

$$\Phi = \Psi + \frac{\mathrm{i}}{m}\frac{\partial\Psi}{\partial t}, \qquad \chi = \Psi - \frac{\mathrm{i}}{m}\frac{\partial\Psi}{\partial t}.$$

Ceci revient à postuler que l'état du système est représenté par une fonction d'onde à deux composantes, Φ et χ. Cette fonction d'onde obéit à une équation différentielle du premier ordre par rapport au temps, qu'il est facile de déduire de l'équation de Klein-Gordon. A la limite non relativiste, l'énergie de la particule est sensiblement égale à sa masse au repos m ; on a donc :

$$\mathrm{i}\partial\Psi/\partial t \simeq m\Psi$$

et, par suite, $\chi \ll \Phi$. L'une des deux composantes devenant négligeable à côté de l'autre, on retrouve la théorie non relativiste de Schrödinger dans laquelle l'état dynamique d'une particule de spin nul est représenté par une fonction d'onde à une composante.

Ceci dit, pour pouvoir interpréter la fonction d'onde, il faut définir une densité de probabilité de présence P et une densité de courant $\boldsymbol{j}$ satisfaisant à l'équation de continuité (cf. § IV.4) :

$$\frac{\partial P}{\partial t} + \nabla\cdot\boldsymbol{j} = 0 \qquad (32)$$

soit encore :

$$\partial_\mu j^\mu = 0 \qquad (33)$$

si l'on utilise la notation $j^\mu \equiv (P, \boldsymbol{j})$.

Comme Ψ et Ψ^* vérifient tous deux l'équation (31), on a :

$$\Psi^*(\Box\Psi) - (\Box\Psi^*)\Psi = 0$$

([6]) Pour un exposé plus détaillé, voir H. FESHBACH et F, VILLARS, *Rev. Mod. Phys.*, **30**, 24 (1958), où l'on trouvera également une liste des principales références.

ce qui donne, en utilisant la définition du Dalembertien :

$$\partial_\mu[\Psi^*(\partial^\mu \Psi) - (\partial^\mu \Psi^*)\Psi] = 0.$$

L'équation de continuité est satisfaite en prenant j^μ proportionnel au crochet du second membre. Nous fixons la constante de proportionnalité de façon à retrouver la définition usuelle à la limite non relativiste :

$$j^\mu = \frac{\mathrm{i}}{2m}[\Psi^*(\partial^\mu \Psi) - (\partial^\mu \Psi^*)\Psi],$$

soit encore

$$\left.\begin{aligned} P(r, t) &= \frac{\mathrm{i}}{2m}\left[\Psi^* \frac{\partial \Psi}{\partial t} - \frac{\partial \Psi^*}{\partial t}\Psi\right] \\ j(r, t) &= \frac{1}{2\mathrm{i}m}[\Psi^*(\nabla \Psi) - (\nabla \Psi^*)\Psi]. \end{aligned}\right. \tag{34}$$

A l'examen de l'expression (34), une remarque s'impose : *la densité $P(r, t)$ n'est pas définie positive.* C'est là une des difficultés majeures de l'équation de Klein-Gordon.

Une autre difficulté, qui n'est d'ailleurs pas sans rapport avec la précédente, tient à la possibilité de « solutions à énergie négative ». Si, par exemple, on cherche les ondes planes solutions de l'équation sans champ,

$$\Psi = \exp[-\mathrm{i}(Et - p.r)]$$

on trouve, en substituant cette expression dans l'équation (31), la condition :

$$E = \pm\sqrt{p^2 + m^2}.$$

Il existe donc des solutions d'énergie négative $-\sqrt{p^2 + m^2}$. Leur présence est évidemment due à l'introduction déjà signalée des masses négatives dans la théorie (il serait, d'ailleurs, plus correct de les appeler solutions de masse négative ; lorsque le champ est nul cependant, la distinction entre masse et énergie est illusoire).

Suivant Pauli et Weisskopf ([7]), on peut faire face à toutes ces difficultés en modifiant l'interprétation du quadrivecteur j^μ et la définition des valeurs moyennes. Suivant cette réinterprétation de la théorie, ej^μ désigne le quadrivecteur densité de courant ; en particulier $eP(r, t)$ est la densité de charge électrique. L'équation (33) est donc une équation de conservation de la charge. Par contre, le nombre de particules n'est pas conservé ; ceci s'explique par la possibilité d'annihilation et de création de paires de particules de charges opposées, tous phénomènes dont seule la Théorie des Champs rend compte de façon satisfaisante. Ainsi comprise, la théorie est donc une théorie à une charge et non une théorie à une particule. Dans la théorie de Dirac, au contraire, nous parviendrons à définir une densité P positive définie ;

([7]) W. Pauli et V. Weisskopf, *Helv. Phys. Acta*, **7**, 709 (1934). Voir aussi H. Feshbach et F. Villars, *loc. cit.*, note ([6]).

cependant, nous verrons que la difficulté des énergies négatives y subsiste et que, de ce fait, la théorie de Dirac ne peut, elle non plus, être considérée de façon entièrement satisfaisante comme une théorie à une particule (section VI).

6. L'équation de Dirac

Cherchons maintenant à former une équation d'onde relativiste pour l'électron. Suivant Dirac, nous allons procéder par analogie avec la mécanique quantique non relativiste.

De même que l'électron de la théorie non relativiste est représenté par un spineur à deux composantes dont les lois de transformation par rotation sont celles d'un moment cinétique $\frac{1}{2}$, l'électron de la théorie relativiste doit être représenté par une fonction d'onde à plusieurs composantes de variance bien déterminée par rapport au groupe plus vaste des transformations de Lorentz. Nous désignons par $\psi_s(\boldsymbol{r}, t)$ la $s^{\text{ième}}$ composante de l'onde Ψ, laquelle peut donc être écrite sous forme d'une matrice à une colonne :

$$\Psi = \begin{vmatrix} \psi_1 \\ \psi_2 \\ \vdots \\ \psi_N \end{vmatrix}$$

Comme dans le cas non relativiste, on peut aussi bien regarder l'onde Ψ à un instant donné comme une fonction de la variable orbitale $\boldsymbol{r}$ et de la variable intrinsèque ou variable de spin s ($s = 1, 2, \ldots, N$). Une telle onde représente un certain vecteur état $|\psi(t)\rangle$; et l'espace de ces états, $\mathcal{E}$, est le produit tensoriel

$$\mathcal{E} = \mathcal{E}^{(0)} \otimes \mathcal{E}^{(s)}$$

de l'espace $\mathcal{E}^{(0)}$ des variables orbitales et de l'espace $\mathcal{E}^{(s)}$ des variables de spin ; l'onde Ψ représente ce vecteur dans une représentation appropriée :

$$\Psi(\boldsymbol{r}, s, t) \equiv \psi_s(\boldsymbol{r}, t) \equiv \langle \boldsymbol{r}s|\Psi(t)\rangle.$$

Suivant toujours la même analogie, nous définissons la densité de probabilité de présence en un point par la formule :

$$P(\boldsymbol{r}, t) = \sum_{s=1}^{N} |\psi_s|^2. \tag{35}$$

Avec ces hypothèses, l'équation d'onde est nécessairement de la forme :

$$i\partial\Psi/\partial t = H_D\Psi \tag{36}$$

où H_D est un opérateur hermitique de l'espace des états. En effet, comme Ψ définit complètement l'état dynamique de l'électron à chaque instant, l'équation d'onde doit être du premier ordre par rapport au temps. En outre, l'hermiticité de H_D assure la cohérence de notre définition de $P(\boldsymbol{r}, t)$ (cf. § IV.3).

Comme nous cherchons une équation d'onde relativiste, nous exigeons au surplus qu'elle présente une certaine symétrie formelle entre les coordonnées d'espace et de temps à savoir qu'elle soit également du premier ordre par rapport aux variables d'espace.

Ceci posé, considérons d'abord le cas d'un électron en l'absence de champ. L'Hamiltonien doit alors être invariant par translation, donc indépendant de $\boldsymbol{r}$. Tenant compte de toutes les hypothèses précédentes, on peut donc le mettre sous la forme :

$$H_D = \boldsymbol{\alpha}.\boldsymbol{p} + \beta m \tag{37}$$

où l'opérateur $\boldsymbol{p}$ a la signification indiquée par la règle de correspondance (26), soit $\boldsymbol{p} = -\mathrm{i}\nabla$, et où $\boldsymbol{\alpha} \equiv (\alpha_x, \alpha_y, \alpha_z)$ et β désignent 4 opérateurs hermitiques agissant sur les variables de spin seul. Si l'on adopte la notation $E \equiv \mathrm{i}\partial/\partial t$, l'équation d'onde s'écrit :

$$[E - \boldsymbol{\alpha}.\boldsymbol{p} - \beta m]\Psi = 0. \tag{38}$$

Pour fixer $\boldsymbol{\alpha}$ et β, nous faisons appel au principe de correspondance : nous exigeons que les solutions de cette équation obéissent à l'équation de Klein-Gordon, soit :

$$[E^2 - \boldsymbol{p}^2 - m^2]\Psi = 0. \tag{39}$$

Multipliant à gauche par l'opérateur $[E + \boldsymbol{\alpha}.\boldsymbol{p} + \beta m]$, l'équation (38) donne l'équation du second ordre

$$\Big[E^2 - \sum_k (\alpha^k)^2 (p^k)^2 - \beta^2 m^2 - \sum_{k<l} (\alpha^k \alpha^l + \alpha^l \alpha^k)\, p^k p^l \\ - \sum_k (\alpha^k \beta + \beta \alpha^k)\, m\, p^k\Big]\Psi = 0.$$

Cette équation est identique à l'équation (39) si les 4 opérateurs β, $\boldsymbol{\alpha}$ anticommutent et si leur carré est égal à 1 :

$$\begin{array}{lll} (\alpha^k)^2 = 1 & \alpha^k \alpha^l + \alpha^l \alpha^k = 0 & (k \neq l) \\ \beta^2 = 1 & \alpha^k \beta + \beta\, \alpha^k = 0 & \end{array} \tag{40}$$

L'équation de Dirac est l'équation (38), dans laquelle on a fait choix de matrices hermitiques β, $\boldsymbol{\alpha}$ satisfaisant aux relations (40).

De cette équation relative à l'électron libre, nous passons à l'équation de Dirac relative à un électron dans le champ électromagnétique (φ, $\boldsymbol{A}$) en effectuant la substitution :

$$E \to E - e\varphi, \qquad \boldsymbol{p} \to \boldsymbol{p} - e\boldsymbol{A} \tag{41}$$

[e est ici la charge de l'électron ($e < 0$)]. On trouve :

$$[(E - e\varphi) - \boldsymbol{\alpha}.(\boldsymbol{p} - e\boldsymbol{A}) - \beta m]\Psi = 0 \tag{42}$$

soit encore :

$$\left[\left(\mathrm{i}\frac{\partial}{\partial t}-e\varphi\right)-\boldsymbol{\alpha}.(-\mathrm{i}\nabla-eA)-\beta m\right]\Psi=0. \tag{43}$$

Comparant cette équation à l'équation (36), on trouve pour l'Hamiltonien de Dirac en présence de champ l'expression :

$$H_D=e\varphi+\boldsymbol{\alpha}.(p-eA)+\beta m. \tag{44}$$

7. Construction de l'espace $\mathcal{E}^{(a)}$. Représentation de Dirac

Il nous reste à construire l'espace $\mathcal{E}^{(a)}$. Les opérateurs de cet espace sont les 4 opérateurs de base β, α_x, α_y, α_z et toutes les fonctions que l'on peut former avec ces derniers. L'espace $\mathcal{E}^{(a)}$ doit être irréductible par rapport à cet ensemble d'opérateurs.

Pour le construire, nous nous servons des propriétés d'hermiticité des 4 opérateurs de base et des relations (40) qui définissent leurs propriétés algébriques.

Ces propriétés sont analogues à celles des trois opérateurs σ_1, σ_2, σ_3 de la théorie non relativiste du spin $\frac{1}{2}$. Dans ce cas, l'espace $\mathcal{E}^{(\sigma)}$ des variables de spin a deux dimensions. On peut d'ailleurs le construire de la manière suivante. Comme σ_3 est hermitique et que $\sigma_3^2=1$, ses seules valeurs propres possibles sont $+1$ ou -1. De plus, à chaque vecteur propre de σ_3, on peut associer un autre vecteur propre correspondant à la valeur propre opposée. Considérons, en effet, pour fixer les idées, un vecteur $|+\rangle$ tel que : $\sigma_3|+\rangle=|+\rangle$. Comme σ_3 et σ_1 anticommutent, le vecteur $|-\rangle\equiv\sigma_1|+\rangle$ possède la propriété $\sigma_3|-\rangle=(-1)|-\rangle$. On note d'ailleurs que $\sigma_1|\pm\rangle=|\mp\rangle$ et que : $\sigma_3|\pm\rangle=(\pm1)|\pm\rangle$. L'espace sous-tendu par les vecteurs $|+\rangle$ et $|-\rangle$ est donc invariant par rapport aux opérateurs σ_3, σ_1 et par rapport aux fonctions de ces opérateurs (notamment $\sigma_2\equiv\mathrm{i}\sigma_1\sigma_3$). De par la façon même dont il a été construit, il est irréductible. C'est donc l'espace $\mathcal{E}^{(\sigma)}$ cherché. Les opérateurs σ_1, σ_2, σ_3 y sont d'ailleurs représentés par les matrices de Pauli, dans la représentation ayant $|+\rangle$ et $|-\rangle$ pour vecteurs de base (cf. § XIII.19 ou formule (VII.65)).

Pour construire $\mathcal{E}^{(a)}$, nous nous ramenons au problème précédent. Introduisons les opérateurs σ_x, σ_y, σ_z et ρ_1, ρ_2, ρ_3 définis par :

$$\sigma_z=-\mathrm{i}\alpha_x\alpha_y,\qquad \sigma_x=-\mathrm{i}\alpha_y\alpha_z,\qquad \sigma_y=-\mathrm{i}\alpha_z\alpha_x \tag{45}$$

$$\rho_3=\beta,\qquad \rho_1=\sigma_z\alpha_z=-\mathrm{i}\alpha_x\alpha_y\alpha_z,\qquad \rho_2=\mathrm{i}\rho_1\rho_3=-\beta\,\alpha_x\alpha_y\alpha_z. \tag{46}$$

Les 4 opérateurs de base s'expriment en fonction des ρ et des σ par les formules :

$$\beta=\rho_3,\qquad \alpha^k=\rho_1\sigma^k. \tag{47}$$

La construction de $\mathcal{E}^{(s)}$ consiste donc en la construction d'un espace irréductible par rapport aux ρ et aux σ. Or, il est facile de voir que :

(*i*) les ρ commutent avec les σ ;

(*ii*) les σ sont hermitiques, de carré unité et anticommutent deux à deux ;

(*iii*) les ρ sont hermitiques, de carré unité et commutent deux à deux.

En conséquence (cf. § VIII.7) :

(*i*) $\mathcal{E}^{(s)}$ est le produit tensoriel

$$\mathcal{E}^{(s)} = \mathcal{E}^{(\rho)} \otimes \mathcal{E}^{(\sigma)}$$

d'un espace $\mathcal{E}^{(\rho)}$ irréductible par rapport aux ρ et d'un espace $\mathcal{E}^{(\sigma)}$ irréductible par rapport aux σ ;

(*ii*) $\mathcal{E}^{(\sigma)}$ est un espace à 2 dimensions que l'on peut construire en suivant la méthode indiquée plus haut ;

(*iii*) $\mathcal{E}^{(\rho)}$ est également un espace à 2 dimensions pouvant être construit par la même méthode.

L'espace $\mathcal{E}^{(s)}$ a donc 4 dimensions.

Dans les prochaines sections, nous montrerons que les σ sont liés au spin et les ρ au signe de l'énergie, l'équation de Dirac comportant comme celle de Klein-Gordon — et pour les mêmes raisons — des solutions d'énergie négative. Nous verrons notamment que $\boldsymbol{\alpha}$ est un opérateur vectoriel (polaire) et que $\boldsymbol{\sigma} \equiv (\sigma_x, \sigma_y, \sigma_z)$ est un opérateur vectoriel (axial) ; on a d'ailleurs formellement :

$$\boldsymbol{\alpha} \times \boldsymbol{\alpha} = 2i\boldsymbol{\sigma}. \tag{48}$$

Le spin de l'électron est $\frac{1}{2}\boldsymbol{\sigma}$. Le signe de l'énergie est, en gros, donné par la valeur propre de $\beta \equiv \rho_3$.

L'état dynamique de l'électron est donc représenté par une fonction Ψ à 4 composantes, soit deux fois plus que l'onde de la théorie non relativiste du spin $\frac{1}{2}$. On donne le nom de *représentation de Dirac* à la représentation dans laquelle les ρ et les σ sont des matrices de Pauli (cf. équ. VII.(65)-(66)) ; dans cette représentation, chaque composante correspond à une orientation donnée du spin suivant l'axe *Oz* et en gros à un signe donné de l'énergie.

8. Forme covariante de l'équation de Dirac

L'équation (43) est l'équation de Dirac telle qu'elle fut originellement proposée par Dirac lui-même. C'est sous cette forme qu'elle se prête le plus facilement à l'interprétation physique et à l'étude du passage à la limite non relativiste. Nous allons en obtenir une autre forme plus symétrique par rapport aux coordonnées d'espace et de temps et, par suite, plus commode que la forme de Dirac dans toutes les circonstances où les questions de covariance relativiste jouent un rôle prépondérant.

A cet effet, nous multiplions les deux membres de (43) à gauche par β et nous posons :

$$\begin{aligned}\gamma^{\mu} &\equiv (\gamma^0, \gamma^1, \gamma^2, \gamma^3) \equiv (\gamma^0, \boldsymbol{\gamma}) \\ \gamma^0 &\equiv \beta \qquad \boldsymbol{\gamma} \equiv \beta\boldsymbol{\alpha}.\end{aligned} \tag{49}$$

Il vient :

$$\boxed{[i\gamma^{\mu} D_{\mu} - m]\Psi \equiv [\gamma^{\mu}(i\partial_{\mu} - eA_{\mu}) - m]\Psi = 0} \tag{50}$$

Les propriétés de γ^{μ} s'obtiennent aisément à partir de celles de $\boldsymbol{\alpha}$ et β, en appliquant les définitions (49). Les dix relations (40) donnent les dix relations équivalentes :

$$\gamma^{\mu}\gamma^{\nu} + \gamma^{\nu}\gamma^{\mu} = 2g^{\mu\nu}. \tag{51}$$

Les conditions d'hermiticité des $\boldsymbol{\alpha}$ et β équivalent aux conditions :

$$\gamma^{0\dagger} = \gamma^0, \qquad \gamma^{k\dagger} = -\gamma^k \tag{52}$$

que l'on peut mettre sous la forme condensée

$$\gamma^{\mu\dagger} = \gamma^0\gamma^{\mu}\gamma^0. \tag{53}$$

Il est commode d'étendre aux γ les règles usuelles d'élévation et d'abaissement d'indices et de poser

$$\gamma_{\mu} = g_{\mu\nu}\gamma^{\nu}. \tag{54}$$

On note que :

$$\gamma_0 = \gamma^0, \qquad \gamma_k = -\gamma^k \tag{55}$$

et que

$$\gamma^{\mu} = \gamma_{\mu}^{\dagger} = \gamma_{\mu}^{-1}. \tag{56}$$

9. Équation adjointe. Définition du courant

Nous avons défini une densité de probabilité de présence définie positive (équ. (35)). Comme cela a été indiqué plus haut, l'hermiticité de l'Hamiltonien de Dirac assure la cohérence de cette définition. Afin de préciser les choses, nous allons définir une densité de courant et démontrer que le courant défini avec les solutions de l'équation de Dirac obéit à une équation de continuité. Nous allons d'abord faire une discussion complète de ce problème en utilisant la forme de Dirac, puis nous répéterons l'argument avec la forme covariante.

Supposons que l'on ait fait choix d'une représentation particulière des β et $\boldsymbol{\alpha}$. L'onde Ψ est alors une certaine matrice à 4 lignes et 1 colonne :

$$\Psi = \begin{pmatrix}\psi_1\\ \psi_2\\ \psi_3\\ \psi_4\end{pmatrix}$$

Désignons par $\Psi^\dagger$ son hermitique conjuguée :

$$\Psi^\dagger = (\psi_1^* \, \psi_2^* \, \psi_3^* \, \psi_4^*).$$

Les opérateurs de l'espace des spins sont des matrices 4 × 4 et l'on peut définir des produits scalaires partiels dans lesquels on somme sur les variables de spin seules. Nous indiquerons de tels produits scalaires par de simples parenthèses. Ainsi la densité P s'écrit, avec ces notations :

$$P(r, t) = (\Psi^\dagger \, \Psi). \tag{57}$$

Comme autre illustration, désignons par β_{st} l'élément de matrice de la $s^{\text{ième}}$ ligne et de la $t^{\text{ième}}$ colonne de la matrice $\beta\,(s, t = 1, 2, 3, 4)$; on a :

$$(\Psi^\dagger \, \beta\Psi) = \textstyle\sum_s \sum_t \psi_s^* \, \beta_{st} \psi_t.$$

Ceci posé, si Ψ est solution de l'équation de Dirac, c'est-à-dire si :

$$\begin{aligned} \mathrm{i}\partial\Psi/\partial t &= H_D\Psi \\ &= \left[e\varphi + \sum_k \alpha^k\left(-\mathrm{i}\frac{\partial}{\partial x^k} - eA^k\right) + \beta m\right]\Psi, \end{aligned} \tag{58}$$

$\Psi^\dagger$ est solution de l'équation hermitique conjuguée, c'est-à-dire de l'équation qui s'en déduit en prenant le complexe conjugué et en remplaçant les matrices par leurs transposées, soit :

$$\begin{aligned} \mathrm{i}\partial\Psi^\dagger/\partial t &= -\Psi^\dagger \, H_D \\ &= -e\varphi\Psi^\dagger - \sum_k\left(\mathrm{i}\frac{\partial}{\partial x^k} - eA^k\right)\Psi^\dagger \, \alpha^k - m\Psi^\dagger\beta. \end{aligned} \tag{59}$$

Multipliant (58) scalairement à gauche par $\Psi^\dagger$ et (59) scalairement à droite par Ψ, puis ajoutant membre à membre, il vient :

$$\mathrm{i}\frac{\partial}{\partial t}(\Psi^\dagger \, \Psi) = -\mathrm{i}\sum_k \frac{\partial}{\partial x^k}(\Psi^\dagger \, \alpha^k \, \Psi). \tag{60}$$

On reconnaît au premier membre la dérivée par rapport au temps de la densité de probabilité et au second membre la divergence d'un certain vecteur $j(r, t)$ défini par :

$$j(r, t) = (\Psi^\dagger \alpha \Psi) \tag{61}$$

$j(r, t)$ est la densité de courant cherchée et l'équation (60) équivaut à l'équation de continuité

$$\frac{\partial}{\partial t} P + \nabla \cdot j = 0.$$

Les mêmes manipulations peuvent être faites en partant de la forme covariante de l'équation de Dirac (équ. (50)).

L'hermitique conjuguée de (50) est :

$$(-\mathrm{i}\partial_\mu - eA_\mu)\Psi^\dagger \, \gamma^{\mu\dagger} - m\Psi^\dagger = 0. \tag{62}$$

[Dans cette équation, le symbole $\partial_\mu \Psi^\dagger \gamma^{\mu\dagger}$ représente la matrice à une ligne et 4 colonnes $(\partial \Psi^\dagger / \partial x^\mu) \gamma^{\mu\dagger}$]. Il convient de poser :

$$\overline{\Psi} = \Psi^\dagger \gamma^0, \qquad \Psi^\dagger = \overline{\Psi} \gamma^0. \tag{63}$$

Compte tenu des relations (53), l'équation (62) se met alors, après multiplication à gauche par γ^0, sous la forme plus simple :

$$\boxed{(-i\partial_\mu - eA_\mu)\overline{\Psi}\gamma^\mu - m\overline{\Psi} = 0} \tag{64}$$

Cette équation est évidemment équivalente à l'équation (59). $\overline{\Psi}$ porte le nom d'*adjoint de* Ψ et l'équation (64) celui d'*équation adjointe.*

Multipliant (50) scalairement à gauche par $\overline{\Psi}$ et (64) scalairement à droite par Ψ et retranchant, il vient :

$$i\partial_\mu(\overline{\Psi}\gamma^\mu\Psi) = 0.$$

On définit le quadrivecteur densité de courant :

$$j^\mu \equiv (\overline{\Psi}\gamma^\mu\Psi). \tag{65}$$

L'équation précédente équivaut à l'équation de continuité

$$\partial_\mu j^\mu = 0.$$

On vérifie aisément que $j^\mu \equiv (P, \boldsymbol{j})$. On retrouve donc bien, écrite sous forme covariante, l'équation de continuité. Nous montrerons dans la prochaine section que les 4 composantes de j^μ forment effectivement un quadrivecteur.

III. — PROPRIÉTÉS D'INVARIANCE DE L'ÉQUATION DE DIRAC

10. Propriétés des matrices de Dirac

En vue d'applications à l'étude des propriétés d'invariance de l'équation de Dirac, nous allons étudier systématiquement les propriétés d'un système de *4 matrices* $\gamma^\mu \equiv (\gamma^0, \gamma^1, \gamma^2, \gamma^3)$ à 4 lignes et 4 colonnes satisfaisant aux relations

$$\gamma^\mu \gamma^\nu + \gamma^\nu \gamma^\mu = 2g^{\mu\nu} I \tag{66}$$

où I désigne la matrice unité. Les relations (66) entre matrices sont analogues aux relations (51) entre opérateurs ; toutefois, les matrices introduites ici ne vérifient pas nécessairement les conditions d'unitarité (53). Toutes les propriétés qui suivent sont des conséquences des seules relations (66).

MATRICES γ^A. — Comme les γ^μ anticommutent deux à deux et que leur carré est égal à $+I$ ou $-I$, tout produit formé avec plusieurs d'entre elles est égal, au signe près, à l'une des 16 matrices particulières dont la liste est donnée par le tableau I et que nous désignerons désormais par γ^A. Celles-ci ont été groupées en 5 classes désignées par (*S*), (*V*), (*T*), (*A*), (*P*) et comprenant 1, 4, 6, 4, 1 éléments respectivement ; les raisons de cette classification apparaîtront clairement dans la suite de cette section (cf. § 14).

TABLEAU I

Liste des matrices γ^A

Désignation	Forme explicite $(\gamma^A)^2 = I$	Forme explicite $(\gamma^A)^2 = -I$
(*S*) $1 \equiv$	I	
(*V*) $\gamma^\mu \equiv \{\gamma^0, \gamma^k\} \equiv$	γ^0	$\gamma^1 \quad \gamma^2 \quad \gamma^3$
(*T*) $\gamma^{[\lambda\mu]} \equiv \{\gamma^k\gamma^0, \gamma^5\gamma^0\gamma^k\} \equiv$	$\gamma^1\gamma^0 \quad \gamma^2\gamma^0 \quad \gamma^3\gamma^0$	$\gamma^2\gamma^3 \quad \gamma^3\gamma^1 \quad \gamma^1\gamma^2$
(*A*) $\gamma^{[\lambda\mu\nu]} \equiv \{\gamma^0\gamma^5, \gamma^k\gamma^5\} \equiv$	$\gamma^1\gamma^2\gamma^3$	$\gamma^0\gamma^2\gamma^3 \quad \gamma^0\gamma^3\gamma^1 \quad \gamma^0\gamma^1\gamma^2$
(*P*) $\gamma^{[\lambda\mu\nu\rho]} \equiv \gamma^5$		$\gamma^0\gamma^1\gamma^2\gamma^3$

Il est clair que $(\gamma^A)^2$ est égal, selon le cas, à I ou à $-I$; les six matrices de carré égal à I sont groupées dans la colonne de gauche ; les dix matrices de carré égal à $-I$ dans la colonne de droite.

De toutes ces matrices, I est la seule qui commute avec toutes les autres. Si $\gamma^A \neq I$, il anticommute avec 8 de ces 16 matrices et commute avec les 8 autres.

En particulier, la matrice γ^5 définie (⁸) par :

$$\gamma^5 \equiv \gamma^0\gamma^1\gamma^2\gamma^3$$

anticommute avec les γ^μ :

$$\gamma^5\gamma^\mu + \gamma^\mu\gamma^5 = 0 \tag{68}$$

et son carré est :

$$(\gamma^5)^2 = -I. \tag{69}$$

MATRICES INVERSES γ_A. — Nous définissons les matrices γ_μ par la relation :

$$\gamma_\mu = g_{\mu\nu}\gamma^\nu. \tag{70}$$

On a évidemment :

$$\gamma_\mu\gamma^\mu = \gamma^\mu\gamma_\mu = I \text{ (sans sommation sur } \mu).$$

(⁸) L'indice 4 est habituellement utilisé pour désigner la composante de temps, suivant la définition : $x^4 = ix^0 = ict$.

Par suite, l'inverse d'une matrice γ^A s'obtient en renversant l'ordre des matrices γ^μ qui y figurent et en remplaçant chacune desdites matrices par la matrice γ_μ correspondante ; nous désignons l'expression ainsi obtenue par γ_A :

$$\gamma_A \gamma^A = \gamma^A \gamma_A = I. \tag{71}$$

Suivant cette méthode de construction de l'inverse, on trouve :

$$\gamma_5 = \gamma_3 \gamma_2 \gamma_1 \gamma_0.$$

TRACE ET DÉTERMINANT. — On a

$$\operatorname{Tr} \gamma^A = \begin{cases} 4 & \text{si} \quad \gamma^A = I \\ 0 & \text{si} \quad \gamma^A \neq I. \end{cases} \tag{72}$$

En effet, supposons $\gamma^A \neq I$ et soit γ^B une des 8 matrices qui anticommutent avec elle :

$$\gamma^A = -\gamma^B \gamma^A \gamma_B.$$

Il vient :

$$\operatorname{Tr} \gamma^A = -\operatorname{Tr} \gamma^B \gamma^A \gamma_B = -\operatorname{Tr} \gamma_B \gamma^B \gamma^A = -\operatorname{Tr} \gamma^A = 0.$$

Signalons en passant (Problème 3) que :

$$\text{dét}\, \gamma^A = 1.$$

LEMME DE RÉARRANGEMENT. — Par simple inspection, on vérifie la propriété suivante :

On retrouve à l'ordre près et au signe près les 16 matrices γ^A en multipliant chacune d'elles à droite (ou à gauche) par l'une d'entre elles choisie arbitrairement.

INDÉPENDANCE LINÉAIRE ET IRRÉDUCTIBILITÉ. — En se servant du lemme de réarrangement et des propriétés de la trace, on montre aisément que :

1° Les 16 matrices γ^A sont linéairement indépendantes.

2° Toute matrice M d'ordre 4 est une combinaison linéaire des γ^A définie de façon unique :

$$M = \textstyle\sum_A m_A \gamma^A \qquad m_A = \frac{1}{4} \operatorname{Tr} \gamma_A M.$$

3° Toute matrice qui commute avec chaque γ^μ, donc avec chaque γ^A, est multiple de l'unité :

$$\text{si} \quad [M, \gamma^\mu] = 0 \quad \text{quel que soit } \mu, \quad M = Cte \times I.$$

THÉORÈME FONDAMENTAL. — *Soient γ^μ et γ'^μ deux systèmes de 4 matrices d'ordre 4 satisfaisant aux relations* (66). *Il existe une matrice S, définie à une constante près et non singulière* (dét $S \neq 0$), *telle que l'on ait :*

$$\gamma^\mu = S \gamma'^\mu S^{-1} \qquad (\mu = 0, 1, 2, 3). \tag{73}$$

Pour démontrer ce théorème nous procédons de la façon suivante. A chaque système γ^μ, γ'^μ correspond un système de 16 matrices γ^A, γ'^A dont la définition et les principales propriétés ont été énoncées plus haut ; ainsi à chaque γ^A particulière correspond une certaine matrice γ'^A, l'indice A pouvant prendre en tout 16 valeurs distinctes. Ceci dit, soit F une certaine matrice et désignons par S la matrice définie par :

$$S = \sum_A \gamma'^A F \gamma_A,$$

la somme $\sum_A$ étant étendue aux 16 valeurs possibles de l'indice A.

Soit γ^B une matrice particulière, γ_B son inverse et γ'^B la matrice correspondante dans l'autre système ; en vertu du lemme de réarrangement, on a

$$\gamma'^B S \gamma_B = \sum_A \gamma'^B \gamma'^A F \gamma_A \gamma_B = \sum_A \gamma'^A F \gamma_A = S,$$

donc :

$$\gamma'^B S = S \gamma^B. \tag{74}$$

Pour que la relation (73) soit vérifiée par cette matrice S, il reste à montrer que S possède un inverse. A cet effet, nous introduisons la matrice T, définie par

$$T = \sum_A \gamma^A G \gamma'_A$$

où G est une matrice arbitrairement donnée. Par un raisonnement analogue au précédent, on montre que :

$$\gamma^B T = T \gamma'^B.$$

Par suite, on a

$$\gamma^B T S = T \gamma'^B S = T S \gamma^B,$$

quel que soit γ^B ; TS commutant avec toute matrice γ^B est un multiple de l'unité : $TS = c \times I$. La constante de multiplication est donnée par la formule :

$$c = \tfrac{1}{4} \operatorname{Tr} TS = \tfrac{1}{4} \sum_A \sum_B \operatorname{Tr} \gamma^A G \gamma'_A \gamma'^B F \gamma_B$$
$$= \tfrac{1}{4} \operatorname{Tr} G (\sum_A \sum_B \gamma'_A \gamma'^B F \gamma_B \gamma^A)\, 4 = \operatorname{Tr} GS.$$

Or, on peut toujours choisir F de telle sorte que S ait au moins un élément différent de zéro ; il est facile de montrer, en effet, que les 16 matrices γ^A ne seraient pas linéairement indépendantes si S était nul quel que soit F. Ceci acquis, il est toujours possible de choisir la matrice G de telle sorte que

$$\operatorname{Tr} GS = \sum_s \sum_t G_{st} S_{ts} = \tfrac{1}{4} ;$$

on a alors $c = 1$ et par suite $T = S^{-1}$. S possède donc bien un inverse et la propriété (73) se déduit de la relation (74) en multipliant membre à membre à droite par S^{-1}.

Si une autre matrice, S', possède la même propriété, $S^{-1} S'$ commute avec tous les γ^μ et par suite : $S^{-1} S' = Cte \times I$. Réciproquement, si S possède la propriété (73), tout multiple de S la possède également. En résumé, la matrice S non singulière existe et elle est définie à une constante près. *C. Q. F. D.*

MATRICES γ^μ UNITAIRES. — Si les matrices γ^μ obéissant aux relations (66) sont unitaires :

$$\gamma_\mu \equiv \gamma^0\gamma^\mu\gamma^0 = \gamma^{\mu\dagger}, \tag{75}$$

toutes les matrices γ^A sont unitaires ; par suite, elles sont hermitiques ou antihermitiques selon que $(\gamma^A)^2$ est égal à $+ I$ ou $- I$.

Le théorème fondamental est complété par le corollaire suivant, que nous laissons le soin au lecteur de démontrer :

Soient γ^μ et γ'^μ deux systèmes de 4 matrices unitaires d'ordre 4 satisfaisant aux relations (66). *Il existe une matrice unitaire U définie à une phase près, telle que l'on ait :* $\gamma'^\mu = U\gamma^\mu U^\dagger$ ($\mu = 0, 1, 2, 3$).

CONJUGAISON COMPLEXE, MATRICE B. — En particulier, si les γ^μ sont unitaires et obéissent aux relations (66), les 4 matrices complexes conjuguées $\gamma^{\mu*}$ sont également unitaires et obéissent également aux relations (66). Le corollaire précédent s'applique donc : les γ^μ se déduisent des $\gamma^{\mu*}$ par transformation unitaire. Nous désignons désormais par B la matrice de cette transformation (B est défini à une phase près) :

$$\gamma^\mu = B\gamma^{\mu*}B^\dagger \qquad \gamma^{\mu*} = B^*\gamma^\mu\widetilde{B}. \tag{76}$$

On peut montrer (Problème 4) que B est antisymétrique :

$$B = -\widetilde{B}$$

ou, ce qui revient au même, que

$$BB^* = B^*B = -I. \tag{77}$$

Si les matrices γ sont celles de la représentation de Dirac, on a notamment :

$$\begin{aligned} B \equiv B_D &= \gamma^2\gamma^5 \\ &= -i\rho_3\sigma_y. \end{aligned}$$

On vérifie aisément la propriété (77) dans ce cas particulier.

II. Invariance de forme de l'équation de Dirac dans un changement de référentiel orthochrone.

Pour satisfaire au principe de relativité, l'équation de Dirac et l'équation de continuité doivent garder la même forme dans des référentiels de Lorentz différents. En toute rigueur, ce principe n'exige que l'invariance de forme par rapport aux transformations de Lorentz propres ([9]) ; en fait, la théorie

([9]) Et aussi par rapport aux translations d'espace et de temps. Il est facile de s'assurer par un argument analogue à celui qui est donné dans ce paragraphe, que l'équation possède également cette propriété d'invariance. Si l'origine des axes est déplacée d'un quadrivecteur a^μ, c'est-à-dire si $x'^\mu = x^\mu + a^\mu$, on a $A'_\mu(x') = A^\mu(x)$ et la loi de transformation des fonctions d'ondes (c'est-à-dire l'analogue de la loi (85)) s'écrit simplement :

$$\Psi'(x') = \Psi(x).$$

est formellement invariante par rapport au groupe complet. Nous commençons par une étude détaillée de l'invariance par rapport au groupe orthochrone. L'invariance par renversement du temps sera examinée en fin de section en même temps que d'autres propriétés d'invariance caractéristiques de l'équation de Dirac et sans rapport direct avec les transformations de Lorentz.

Supposons donc que l'état dynamique de l'électron soit représenté dans un référentiel (R) par la fonction d'onde à 4 composantes $\Psi(x)$ satisfaisant à l'équation de Dirac :

$$[\gamma^{\mu}(i\partial_{\mu} - eA_{\mu}(x)) - m]\,\Psi(x) = 0. \tag{78}$$

Nous supposons qu'une représentation a été choisie une fois pour toutes pour les opérateurs de l'espace $\mathcal{E}^{(s)}$; les symboles γ^{μ} désignent donc ici des matrices bien déterminées et la relation (78) représente 4 équations $(s = 1, 2, 3, 4)$:

$$\sum_{t=1,2,3,4} \sum_{\mu} (\gamma^{\mu})_{st}\Big(i\frac{\partial}{\partial x^{\mu}} - eA_{\mu}(x^0 x^1 x^2 x^3)\Big)\psi_t(x^0 x^1 x^2 x^3) - m\psi_s(x^0 x^1 x^2 x^3) = 0$$

auxquelles sont soumises les 4 composantes $\psi_s(x)$ de la fonction d'onde.

Considérons le même système physique dans un nouveau référentiel (R') se déduisant du précédent par une certaine transformation de Lorentz orthochrone $\mathfrak{L}$:

$$(R') = \mathfrak{L}(R)$$

$\mathfrak{L}$ est caractérisé par une certaine matrice $\Omega^{\mu}{}_{\nu}$ possédant les propriétés (12) et (13) (on a de plus $\Omega^0{}_0 > 0$) et définissant la correspondance linéaire entre les coordonnées x^{μ} d'un point donné dans le référentiel (R) et les coordonnées x'^{μ} *du même point* dans le référentiel (R') c'est-à-dire la loi de transformation des vecteurs contravariants (équ. (11) et (15)). Nous écrivons symboliquement :

$$x' = \mathfrak{L}x, \qquad x = \mathfrak{L}^{-1}x'. \tag{79}$$

La loi de transformation des opérateurs de dérivation partielle est celle des vecteurs covariants ; on a notamment :

$$\partial_{\mu} = \partial'_{\nu}\ \Omega^{\nu}{}_{\mu}. \tag{80}$$

Quant au potentiel, si l'on désigne par $A'_{\mu}(x')$ des composantes covariantes dans le nouveau référentiel, elles sont également reliées aux $A_{\mu}(x)$ par la loi de transformation des vecteurs covariants ; on a notamment :

$$A_{\mu}(x) \equiv A_{\mu}(\mathfrak{L}^{-1}x') = A'_{\nu}(x')\,\Omega^{\nu}{}_{\mu}. \tag{81}$$

Considérée comme fonction des nouvelles coordonnées, $\Psi(x)$ obéit à une équation qui se déduit de l'équation (78) en y substituant les expressions données par (80) et (81), soit :

$$[\widehat{\gamma}^{\mu}(i\partial'_{\mu} - eA'_{\mu}(x')) - m]\,\Psi(\mathfrak{L}^{-1}x') = 0 \tag{82}$$

avec

$$\hat{\gamma}^{\mu} \equiv \Omega^{\mu}{}_{\rho}\gamma^{\rho}. \tag{83}$$

Les 4 matrices γ^{μ} sont des matrices unitaires satisfaisant aux relations (66). Les 4 matrices $\hat{\gamma}^{\mu}$ ne sont pas nécessairement unitaires, mais, par suite de l'orthogonalité des $\Omega^{\mu}{}_{\nu}$ (relations (13)), elles vérifient également les relations (66) ; en effet :

$$\begin{aligned}\hat{\gamma}^{\mu}\hat{\gamma}^{\nu} + \hat{\gamma}^{\nu}\hat{\gamma}^{\mu} &= \Omega^{\mu}{}_{\rho}\,\Omega^{\nu}{}_{\sigma}(\gamma^{\rho}\gamma^{\sigma} + \gamma^{\sigma}\gamma^{\rho}) \\ &= 2\Omega^{\mu}{}_{\rho}g^{\rho\sigma}\,\Omega^{\nu}{}_{\sigma} = 2g^{\mu\nu}.\end{aligned}$$

En vertu du théorème fondamental du § 10, il existe donc une matrice Λ non singulière et définie à une constante près qui transforme les $\hat{\gamma}$ en γ :

$$\hat{\gamma}^{\mu} \equiv \Omega^{\mu}{}_{\rho}\gamma^{\rho} = \Lambda^{-1}\gamma^{\mu}\Lambda \quad (\mu = 0, 1, 2, 3). \tag{84}$$

Si l'on substitue cette relation au premier membre de (82) et si l'on pose

$$\Psi'(x') = \Lambda\Psi(x) \equiv \Lambda\Psi(\mathfrak{L}^{-1}x') \tag{85}$$

on trouve, après multiplication à gauche par Λ :

$$\left[\gamma^{\mu}\left(i\partial'_{\mu} - eA'_{\mu}(x')\right)\right]\Psi'(x') = 0.$$

Cette équation d'onde donne l'évolution du système dans le nouveau référentiel. Nous constatons qu'elle est formellement identique à l'équation (78). L'équation de Dirac est donc bien formellement invariante dans un changement de référentiel orthochrone et la loi de transformation de la fonction d'onde est donnée par l'équation (85).

La matrice Λ, définie à une constante près, ne peut en général pas être choisie unitaire ; cependant on peut toujours fixer la constante de telle sorte que l'on ait :

$$\Lambda^{\dagger} = \gamma^0\Lambda^{-1}\gamma^0 \tag{86}$$

Λ est alors défini à un arbitraire de phase près.

En effet, comme les $\Omega^{\mu}{}_{\rho}$ sont réels et comme les γ^{μ} sont unitaires et vérifient par suite la relation (75), la comparaison entre la relation (83) et son hermitique conjuguée donne :

$$\hat{\gamma}^{\mu\dagger} = \gamma^0\hat{\gamma}^{\mu}\gamma^0.$$

Prenant l'hermitique conjuguée de (84) et substituant la relation précédente on trouve après quelques manipulations aisées :

$$\hat{\gamma}^{\mu} = (\gamma^0\Lambda^{\dagger}\gamma^0)\,\gamma^{\mu}(\gamma^0\Lambda^{\dagger}\gamma^0)^{-1}.$$

Comparant à (84), nous voyons que la matrice $\Lambda\gamma^0\Lambda^{\dagger}\gamma^0$ commute avec les 4 matrices γ^{μ} ; c'est donc un multiple de l'unité :

$$\Lambda^{\dagger} = c\gamma^0\Lambda^{-1}\gamma^0. \tag{87}$$

Montrons que la constante c est nécessairement réelle et positive. De (87) et (84), on tire :

$$\Lambda^\dagger \Lambda = c\gamma^0(\Lambda^{-1}\gamma^0\Lambda) = c(\Omega^0{}_0 + \textstyle\sum_k \Omega^0{}_k\gamma^0\gamma^k)$$

d'où, compte tenu de (72) : $\operatorname{Tr} \Lambda^\dagger \Lambda = 4c\,\Omega^0{}_0$. Or, la trace de la matrice hermitique définie $\Lambda^\dagger\Lambda$ est nécessairement réelle et positive ; comme $\Omega^0{}_0$ l'est également, il en est de même de c. Si alors on multiplie Λ par $\sqrt{c}$, la nouvelle matrice ainsi formée est également une matrice Λ et vérifie l'équation (86). *C. Q. F. D.*

De la loi (85) définissant la transformation des fonctions d'onde, nous tirons la loi de transformation des fonctions adjointes :

$$\overline{\Psi}' = \Psi'^\dagger\gamma^0 = \Psi^\dagger\Lambda^\dagger\gamma^0 = \overline{\Psi}\gamma^0\Lambda^\dagger\gamma^0$$

d'où, compte tenu de la propriété (86) :

$$\overline{\Psi}'(x') = \overline{\Psi}(x)\,\Lambda^{-1}. \tag{88}$$

Le lecteur vérifiera sans peine, en se servant de cette loi de transformation, que l'équation adjointe (64) est, elle aussi, formellement invariante dans un changement de référentiel orthochrone.

Il reste à démontrer que l'équation de continuité est formellement invariante ou, mieux, que j^μ (définition (65)) se transforme comme un quadrivecteur contravariant [10].

Ceci se vérifie aisément ; des propriétés (85), (88) et (84), on déduit en effet que :

$$\begin{aligned} j'^\mu(x') &= (\overline{\Psi}'\gamma^\mu\Psi') = (\overline{\Psi}\Lambda^{-1}\gamma^\mu\Lambda\Psi) = \Omega^\mu{}_\rho(\overline{\Psi}\gamma^\rho\Psi) \\ &= \Omega^\mu{}_\rho\, j^\rho(x). \end{aligned}$$

Pour chaque transformation de Lorentz, Λ est défini à une phase près, par les conditions (84) et (86). *Dans le cas présent, cette phase n'a pas de signification physique.* Il convient de lever aussi complètement que possible cet arbitraire de phase, tout en préservant la propriété des Λ de former un groupe homomorphe au groupe de Lorentz orthochrone (on peut reprendre ici, à peu de chose près, la discussion du § XV.8).

Or, comme les $\Omega^\mu{}_\nu$ sont réels, la condition (84) donne :

$$\Omega^\mu{}_\nu\gamma^{\nu*} = (\Lambda^*)^{-1}\gamma^{\mu*}\Lambda^*$$

d'où, introduisant la matrice unitaire B (définition (76)),

$$\Omega^\mu{}_\nu\gamma^\nu = (B\Lambda^*B^\dagger)^{-1}\gamma^\mu(B\Lambda^*B^\dagger).$$

[10] Faute de quoi, la normalisation de la fonction d'onde dépendrait du référentiel et l'interprétation de j^0 comme densité de probabilité de présence ne serait pas justifiée.

Comparant cette équation à l'équation (84), nous constatons que $B\Lambda^* B^\dagger \Lambda^{-1}$ commute avec les 4 matrices γ^μ ; c'est donc un multiple de l'unité ; il est facile de voir — en calculant dét $(B\Lambda^* B^\dagger \Lambda^{-1})$ par exemple — que ce multiple est un facteur de phase ; autrement dit :

$$\Lambda^* = e^{i\lambda} B^\dagger \Lambda B.$$

Puisque Λ est déterminé à un facteur de phase près, on peut toujours choisir celui-ci de façon que l'on ait $e^{i\lambda} = 1$. C'est ce que nous ferons désormais ; Λ est alors défini au signe près.

En conclusion, à chaque transformation de Lorentz orthochrone correspondent *deux* matrices Λ opposées l'une à l'autre, définies par les trois conditions :

$$\Omega^\mu{}_\nu \gamma^\nu = \Lambda^{-1} \gamma^\mu \Lambda \tag{89 a}$$

$$\Lambda^\dagger = \gamma^0 \Lambda^{-1} \gamma^0 \tag{89 b}$$

$$\Lambda^* = B^\dagger \Lambda B. \tag{89 c}$$

Il est clair que l'ensemble des matrices Λ ainsi définies forment un groupe et que ce groupe est homomorphe au groupe de Lorentz orthochrone. Nous verrons, au § 12, que l'arbitraire de signe qui subsiste dans la définition de Λ ne peut pas être levé sans violer cette propriété des matrices Λ de former un groupe ([11]).

12. Transformations du groupe propre

Nous nous proposons de construire explicitement les matrices Λ définies par les équations (89). Dans ce paragraphe, nous nous limitons aux transformations du groupe propre.

Considérons d'abord les transformations infinitésimales. A chacune des 6 « rotations » infinitésimales $g_{\mu\nu} - \varepsilon Z^{(\alpha\beta)}_{\mu\nu}$ correspond une matrice $\Lambda^{(\alpha\beta)}(\varepsilon)$ voisine de la matrice unité et qui peut, par suite, se mettre sous la forme

$$\Lambda^{(\alpha\beta)}(\varepsilon) \simeq I + i\varepsilon S_{\alpha\beta} \tag{90}$$

([11]) Au lieu de la condition (89 c), on peut aussi bien prendre la condition plus générale : $\Lambda^* = \eta B^\dagger \Lambda B$, où η est une constante dépendant de la transformation de Lorentz envisagée. La propriété des Λ de former un groupe est préservée si les η forment une représentation abélienne du groupe de Lorentz. En conséquence, on a nécessairement $\eta = 1$ pour les transformations du groupe propre $\mathfrak{L}_+$, ce qui redonne la condition (89 c). Pour les transformations du type réflexion, c'est-à-dire pour celles de la nappe $s\mathfrak{L}_+$, on a le choix entre deux possibilités :

(*a*) $\eta = 1$ pour tout $s\mathfrak{L}_+$; on retrouve (89 *c*) ;
(*b*) $\eta = -1$ pour tout $s\mathfrak{L}_+$, c'est-à-dire : $\Lambda^* = -B\Lambda B^\dagger$.

Le contenu physique de la théorie est évidemment indépendant de ce choix. Les deux groupes, $G^{(a)}$, $G^{(b)}$, qui correspondent à ces deux possibilités, sont tous deux homomorphes au groupe de Lorentz orthochrone, mais ne sont pas isomorphes entre eux. En particulier, les deux matrices correspondant à la réflexion s ont leur carré égal à I dans $G^{(a)}$ et à $-I$ dans $G^{(b)}$ [cf. note ([12]) plus bas].

où $S_{\alpha\beta}$ est une matrice finie, qui reste à déterminer. On a :

$$[\Lambda^{(\alpha\beta)}(\varepsilon)]^{-1} \simeq \Lambda^{(\alpha\beta)}(-\varepsilon) \simeq I - \mathrm{i}\varepsilon S_{\alpha\beta}.$$

La propriété (89 *a*) donne donc :

$$-\varepsilon g^{\mu\nu} Z^{(\alpha\beta)}_{\nu\rho} \gamma^{\rho} = -\mathrm{i}\varepsilon [S_{\alpha\beta}, \gamma^{\mu}],$$

soit encore, compte tenu de (17) :

$$[S_{\alpha\beta}, \gamma^{\mu}] = \mathrm{i}(\delta^{\mu}{}_{\beta}\gamma_{\alpha} - \delta^{\mu}{}_{\alpha}\gamma_{\beta}).$$

On note que $S_{\alpha\beta}$ vérifie les mêmes relations de commutation avec les γ^{μ} que la matrice $\frac{1}{2}\mathrm{i}\gamma_{\alpha}\gamma_{\beta}$. La différence commute donc avec les 4 matrices γ^{μ} ; c'est une constante. On voit aisément que les conditions (89 *b*) et (89 *c*) sont satisfaites si, et seulement si, cette constante est nulle. Il convient de poser :

$$\begin{aligned} \sigma_{\mu\nu} &\equiv \tfrac{1}{2}\mathrm{i}[\gamma_{\mu}, \gamma_{\nu}] \\ &\equiv \mathrm{i}\gamma_{\mu}\gamma_{\nu} \qquad (\mu \neq \nu). \end{aligned} \tag{91}$$

On trouve donc :

$$\boxed{S_{\alpha\beta} = \tfrac{1}{2}\sigma_{\alpha\beta}} \tag{92}$$

Nous désignerons également par $S_{\alpha\beta}$ et $\sigma_{\alpha\beta}$ les opérateurs représentés par les matrices $S_{\alpha\beta}$ et $\sigma_{\alpha\beta}$ respectivement. Nous verrons que $S_{\alpha\beta}$ est un opérateur tensoriel antisymétrique (6 composantes) représentant le moment cinétique intrinsèque ou spin de la particule. En toute rigueur, le spin est la partie d'espace (3 composantes) de cet opérateur. $S_{\alpha\beta}$ est relié aux opérateurs $\boldsymbol{\sigma}$ et $\boldsymbol{\alpha}$ des § 6 et 7 par les relations :

$$S_{10} = \tfrac{1}{2}\mathrm{i}\alpha_x \qquad S_{20} = \tfrac{1}{2}\mathrm{i}\alpha_y \qquad S_{30} = \tfrac{1}{2}\mathrm{i}\alpha_z \tag{93 a}$$

$$S_{23} = \tfrac{1}{2}\sigma_x \qquad S_{31} = \tfrac{1}{2}\sigma_y \qquad S_{12} = \tfrac{1}{2}\sigma_z \tag{93 b}$$

Toute transformation finie du groupe de Lorentz propre peut être considérée comme le produit de transformations infinitésimales successives. On peut donc construire les matrices Λ correspondant à un changement de référentiel fini en effectuant le produit de matrices de transformations infinitésimales dont la définition vient d'être donnée. Si l'on opère ainsi, les conditions (89 *b*) et (89 *c*) se trouvent automatiquement remplies et l'on obtient l'une des deux matrices Λ cherchées.

En particulier, la « rotation » d'un angle φ dans le plan $x^{\alpha}x^{\beta}$ est un produit de matrices de rotation infinitésimales dans ce plan ; la matrice $\Lambda^{(\alpha\beta)}(\varphi)$ représentant cette transformation est par suite :

$$\Lambda^{(\alpha\beta)}(\varphi) = \mathrm{e}^{\mathrm{i}\varphi S_{\alpha\beta}} \tag{94}$$

Ainsi (cf. note (4)), s'il s'agit d'une transformation de Lorentz spéciale de vitesse $v = \operatorname{th}\varphi$ dirigée suivant l'axe des x, on trouve, compte tenu des relations (93 *a*) et des propriétés de α_x :

$$\Lambda^{xt}(\varphi) = \mathrm{e}^{-\frac{1}{2}\alpha_x\varphi} = \operatorname{ch}\tfrac{1}{2}\varphi - \alpha_x \operatorname{sh}\tfrac{1}{2}\varphi. \tag{95}$$

Plus généralement, désignons par $\Lambda_{sp.}(\boldsymbol{v})$ la matrice associée à la transformation de Lorentz spéciale de vitesse $\boldsymbol{v}$; on a :

$$\Lambda_{sp.}(\boldsymbol{v}) = \text{ch}\,\tfrac{1}{2}\varphi - (\boldsymbol{\alpha}.\boldsymbol{u})\,\text{sh}\,\tfrac{1}{2}\varphi$$

avec :

$$\boldsymbol{u} \equiv \boldsymbol{v}/v, \qquad \varphi = \text{th}^{-1}\,v.$$

Posons :

$$b \equiv 1/\sqrt{1-v^2} = \text{ch}\,\varphi. \tag{96}$$

L'expression précédente se met, après un calcul élémentaire, sous la forme :

$$\Lambda_{sp.}(\boldsymbol{v}) = \frac{1}{\sqrt{2(1+b)}}[1 + b - (\boldsymbol{\alpha}.\boldsymbol{v})\,b]. \tag{97}$$

Considérons maintenant les rotations au sens ordinaire du mot. Pour les rotations autour de *Oz*, l'expression (94) donne :

$$\Lambda^{(xy)}(\varphi) = e^{iS_{12}\varphi} = e^{\frac{1}{2}i\sigma_z\varphi} = \cos\tfrac{1}{2}\varphi + i\sigma_z \sin\tfrac{1}{2}\varphi. \tag{98}$$

Plus généralement, la matrice $\Lambda_{\boldsymbol{u}}(\varphi)$ associée à une rotation d'angle φ autour de l'axe parallèle au vecteur unité $\boldsymbol{u}$ est :

$$\Lambda_{\boldsymbol{u}}(\varphi) = \cos\tfrac{1}{2}\varphi + i\sigma_u \sin\tfrac{1}{2}\varphi \tag{99}$$

avec :

$$\sigma_u \equiv (\boldsymbol{\sigma}.\boldsymbol{u}).$$

Nous sommes maintenant en mesure de discuter du spin de la particule décrite par l'équation de Dirac. Le spin est défini par les propriétés de transformation des variables internes par rapport aux rotations d'espace. L'équation (99) donne l'expression générale des matrices de transformation des variables internes par rotation. La seule différence entre cette expression et celle que donne l'équation (XIII.84) tient au signe devant σ_u ; mieux, on passe de l'une à l'autre en changeant φ en $-\varphi$; autrement dit, les deux matrices sont inverses l'une de l'autre. Cette différence vient de ce qu'au chapitre XIII, nous considérions la rotation des variables et des états en gardant les axes fixes, alors qu'ici nous avons pris le point de vue inverse. Ceci admis, on voit que la fonction d'onde de Dirac se transforme par rotation comme celle d'*une particule de spin* $\frac{1}{2}$.

On note en particulier qu'une rotation de 2π autour d'un axe quelconque ne redonne pas la matrice unité ; on trouve en effet :

$$\Lambda_{\boldsymbol{u}}(2n\pi) = (-)^n I \tag{100}$$

propriété caractéristique des spins demi-entiers. Il est clair, de ce fait, que l'arbitraire de signe sur Λ ne peut être levé sans violer la propriété qu'ont les Λ de former un groupe.

Nous donnerons désormais le nom de *spineur* aux fonctions d'ondes de la théorie de Dirac.

13. Réflexion d'espace et groupe orthochrone

Une fois déterminée la loi de transformation des spineurs dans les changements de référentiel propres, il suffit de connaître la loi de transformation dans la réflexion s pour être en mesure de déterminer celle d'un changement de référentiel orthochrone quelconque.

Désignons par Λ_s la matrice correspondant à la réflexion s du référentiel. La loi (85) s'écrit dans ce cas :

$$\Psi'(t, \boldsymbol{r}) = \Lambda_s \Psi(t, -\boldsymbol{r}). \tag{101}$$

La condition (89 a) donne :

$$\Lambda_s^{-1} \gamma^0 \Lambda_s = \gamma^0 \qquad \Lambda_s^{-1} \gamma^k \Lambda_s = -\gamma^k$$

d'où :

$$\Lambda_s = c_s \gamma^0.$$

La constante c_s est fixée par les deux conditions (89 b) et (89 c), on trouve :

$$c_s = \pm 1.$$

Donc :

$$\Lambda_s = \pm \gamma^0 \tag{102}$$

Λ_s est défini au signe près conformément aux indications données plus haut ([12]).

14. Construction de quantités covariantes

Avec les composantes du spineur $\Psi(x)$ et celles de son adjoint $\overline{\Psi}(x)$, on peut former en tout 16 fonctions de x^0, x^1, x^2, x^3, linéairement indépendantes et bilinéaires en Ψ et $\overline{\Psi}$. On peut les grouper en cinq champs de caractère tensoriel bien déterminé, à savoir : un scalaire S, un vecteur V^μ, un tenseur antisymétrique à deux indices $T^{[\mu\nu]}$, un tenseur antisymétrique à trois indices ou pseudovecteur $A^{[\lambda\mu\nu]}$ et un tenseur antisymétrique à quatre indices ou pseudoscalaire P. Ceux-ci sont donnés par le tableau II.

Les caractères tensoriels annoncés se démontrent aisément en utilisant la loi de transformation des spineurs Ψ et $\overline{\Psi}$ (équ. (85) et (88)) et la relation (89 a) entre la matrice Λ et les coefficients $\Omega^\mu{}_\nu$ de la transformation de Lorentz correspondante.

Rappelons que la loi de transformation du pseudoscalaire ne diffère de celle du scalaire que par la présence du facteur supplémentaire dét $|\, \Omega^\mu{}_\nu \,|$:

$$P(x') = \text{dét}\, |\, \Omega^\mu{}_\nu \,|\, P(x).$$

([12]) L'expression (102) correspond au choix (a) indiqué dans la note ([11]). Le choix (b) donne :

$$\Lambda_s = \pm i\gamma^0.$$

Un champ pseudoscalaire se transforme donc comme un champ scalaire dans une transformation de Lorentz propre, mais change de signe dans une réflexion s. De même la loi de transformation du pseudovecteur ne diffère de celle du vecteur que par la présence du facteur supplémentaire dét $|\Omega^{\mu}{}_{\nu}|$.

TABLEAU II

Tenseurs bilinéaires en Ψ et $\overline{\Psi}$

Désignation du tenseur	Nombre de composantes	Nature
$S(x) \equiv (\overline{\Psi}\Psi)$	1	Scalaire.
$V^{\mu}(x) \equiv (\overline{\Psi}\gamma^{\mu}\Psi)$	4	Vecteur.
$T^{[\mu\nu]}(x) \equiv (\overline{\Psi}\gamma^{\mu}\gamma^{\nu}\Psi) \quad (\mu \neq \nu)$	6	Tenseur 2 indices.
$A^{[\lambda\mu\nu]}(x) \equiv (\overline{\Psi}\gamma^{\lambda}\gamma^{\mu}\gamma^{\nu}\Psi) \quad (\lambda \neq \mu, \mu \neq \nu, \nu \neq \lambda)$	4	Pseudo-vecteur.
$P(x) \equiv (\overline{\Psi}\gamma^{5}\Psi)$	1	Pseudoscalaire.

Le vecteur $V^{\mu}(x)$ a déjà été assimilé au quadrivecteur densité de courant :

$$V^{\mu}(x) \equiv j^{\mu}(x).$$

Les autres covariants sont eux aussi susceptibles d'interprétation. Ainsi $T^{[\mu\nu]}$ est, à une constante près, égal à un tenseur $S^{\mu\nu}$, que l'on peut assimiler à une densité de spin :

$$T^{[\mu\nu]} = -2i\,S^{\mu\nu}(x) \equiv -2i(\overline{\Psi}S^{\mu\nu}\Psi).$$

15. Autre formulation de l'invariance de forme : transformation des états

Dans tout ce qui précède, chaque transformation est traitée comme une opération sur les axes de référence et le système physique n'est pas modifié. On peut, à l'inverse, effectuer ladite transformation sur le système physique et laisser les axes fixes ; ce second point de vue a été systématiquement adopté dans la troisième partie (cf. notamment les remarques du § XIII.11 à ce sujet). Bien que les résultats obtenus s'expriment dans un langage différent, il est bien clair que les deux points de vue sont équivalents.

Afin de préciser cette équivalence, désignons par (S) l'état du système physique représenté dans le référentiel (R) par le spineur $\Psi(x)$. Soit (S')

l'état que l'on obtient en effectuant sur (S) la transformation $\mathfrak{L}$ et soit $(\widehat{R})$ le référentiel qui se transforme en (R) par la même transformation (cf. fig. 1) :

$$(S') = \mathfrak{L}(S), \qquad (\widehat{R}) = \mathfrak{L}^{-1}(R).$$

Nous considérons les trois spineurs suivants :

$\Psi(x)$ représentant (S) dans le référentiel (R),
$\widehat{\Psi}(\widehat{x})$ » (S) » » $(\widehat{R})$,
$\Psi'(x)$ » (S') » » (R).

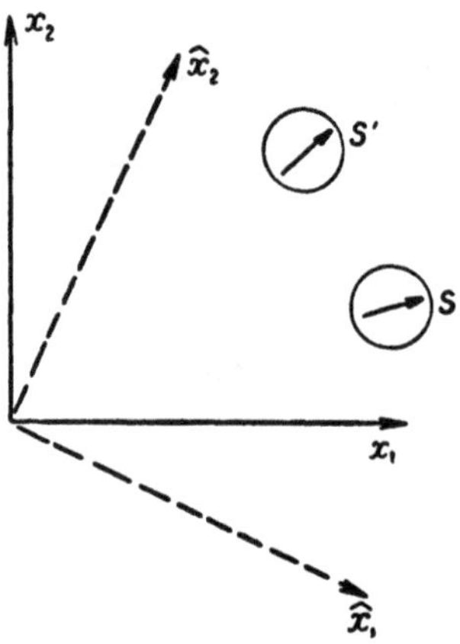

Fig. 1. — Les deux façons de regarder une transformation de Lorentz : changement de référentiel $(\widehat{x} \to x)$ et transformation du système $(S \to S')$

Il est clair que les deux spineurs $\widehat{\Psi}$ et Ψ' sont égaux pour des valeurs égales de leurs arguments :

$$\Psi'(x) = \widehat{\Psi}(x). \tag{103}$$

La correspondance entre $\widehat{\Psi}$ et Ψ a été établie au § 11. Puisque l'on passe de $(\widehat{R})$ à (R) par la transformation $\mathfrak{L}$, on a, en appliquant l'équation (85) et en désignant toujours par Λ la matrice associée à $\mathfrak{L}$:

$$\Psi(\widehat{x}) = \Lambda\widehat{\Psi}(\mathfrak{L}^{-1}\widehat{x}).$$

Par suite :

$$\Psi'(x) = \Lambda^{-1}\Psi(\mathfrak{L}x). \tag{104}$$

Comparant à l'équation (85), on voit que la transformation des états est réalisée par l'opération inverse de celle qui correspond au changement de référentiel.

Les mêmes remarques s'appliquent au champ électromagnétique dans lequel se meut la particule de Dirac. Désignons ce champ par (A) et par (A') le champ qui s'en déduit par la transformation $\mathfrak{L}$:

$$(A') = \mathfrak{L}(A).$$

Nous considérons les trois quadrivecteurs (covariants) suivants :

$A_\mu(x)$ représentant (A) dans le référentiel (R),
$\widehat{A}_\mu(\widehat{x})$ » (A) » » $(\widehat{R})$,
$A'_\mu(x)$ » (A') » » (R).

On peut répéter le raisonnement qui vient d'être fait à propos des spineurs. On a évidemment :

$$A'_\mu(x) = \widehat{A}_\mu(x). \tag{105}$$

Or, suivant l'équation (81) :

$$\widehat{A}_\mu(\mathfrak{L}^{-1}x) = A_\nu(x)\,\Omega^\nu{}_\mu$$

d'où

$$A'_{\mu}(x) = A_{\nu}(\mathfrak{L}x)\,\Omega^{\nu}{}_{\mu}. \tag{106}$$

Supposons maintenant que $\Psi(x)$ vérifie l'équation de Dirac dans le potentiel $A_{\mu}(x)$:

$$[\gamma^{\mu}(i\partial_{\mu} - eA_{\mu}) - m]\,\Psi = 0. \tag{107}$$

Si l'on tient compte des égalités (103) et (105), l'invariance de forme de l'équation de Dirac dans le changement de référentiel $(R) \rightarrow (\widehat{R})$ donne :

$$[\gamma^{\mu}(i\partial_{\mu} - eA'_{\mu}) - m]\,\Psi' = 0. \tag{108}$$

La propriété d'invariance de forme peut donc s'exprimer de la façon suivante :

Si $\Psi(x)$ vérifie l'équation de Dirac dans le potentiel $A_{\mu}(x)$, l'état $\Psi'(x)$, qui s'en déduit par la transformation $\mathfrak{L}$, vérifie l'équation de Dirac dans le potentiel transformé $A'_{\mu}(x)$.

16. Conditions d'invariance de la loi d'évolution

Les équations (107) et (108) sont en général distinctes. Elles sont identiques lorsque le potentiel extérieur (A) est invariant dans la transformation $\mathfrak{L}$, c'est-à-dire lorsque :

$$A'_{\mu}(x) = A_{\mu}(x).$$

Dans ce cas, Ψ et Ψ' obéissent à la *même* équation d'onde. Donc, *la loi d'évolution des états dynamiques est invariante dans toute transformation $\mathfrak{L}$ qui conserve le potentiel extérieur.*

Dans tout ce qui précède, $\mathfrak{L}$ est une transformation de Lorentz orthochrone quelconque. Cependant, tout ce qui a été dit peut être répété à propos des *translations* d'espace et de temps (cf. note (9)). Les deux propriétés qui viennent d'être énoncées — invariance de forme et condition d'invariance de la loi d'évolution — restent valables lorsque $\mathfrak{L}$ représente une translation d'espace ou de temps.

17. Opérateurs de transformation. Impulsion, moment cinétique, parité

Pour poursuivre cette analyse en suivant le schéma général de l'exposé du chapitre XV, il convient d'écrire la loi de transformation (104) sous la forme :

$$\Psi' = T\Psi \tag{109}$$

où T est un opérateur linéaire approprié. L'invariance de forme de l'équation de Dirac dans la transformation peut alors s'exprimer par la relation entre opérateurs

$$T\mathfrak{D}(A)\,T^{-1} = \mathfrak{D}(A') \tag{110}$$

dans laquelle $\mathfrak{D}(A)$, $\mathfrak{D}(A')$ désignent l'opérateur de Dirac dans les potentiels A, A' respectivement, conformément à la définition :

$$\mathfrak{D}(A) \equiv \gamma^{\mu}(i\partial_{\mu} - eA_{\mu}). \tag{111}$$

La condition d'invariance de la loi d'évolution dans la transformation $\mathfrak{L}$ s'exprime alors par la relation de commutation :

$$[T, \mathfrak{D}(A)] = 0. \tag{112}$$

L'opérateur T est facile à construire. C'est le produit d'un opérateur $T^{(s)}$, agissant sur les variables de spin seules par un opérateur $T^{(0)}$ agissant sur les variables orbitales seules :

$$T = T^{(s)} \otimes T^{(0)}.$$

Comparant (109) et (104), on voit notamment que :

$$T^{(s)} = \Lambda^{-1} \tag{113}$$

Λ désigne ici *l'opérateur* représenté par la matrice Λ définie au § 11.

Il nous importe de connaître l'expression de T pour les translations et « rotations » de Lorentz infinitésimales, et pour la réflexion s.

Dans le cas des translations, on a $T^{(s)} = 1$. Introduisons l'opérateur différentiel

$$\boxed{p_\mu \equiv i\partial_\mu} \tag{114}$$

p_μ représente *le quadrivecteur impulsion-énergie* (plus précisément les composantes covariantes de ce quadrivecteur). Pour une translation infinitésimale de ε suivant la direction de l'axe x^α, on trouve :

$$T = 1 - i\varepsilon p_\alpha.$$

Considérons maintenant une « rotation infinitésimale » d'un angle ε dans le plan $x^\alpha x^\beta$. On a dans ce cas :

$$\begin{aligned}(\mathfrak{L}x)^\mu &= x^\mu - \varepsilon Z^{(\alpha\beta)\mu}{}_\nu x^\nu \\ &= x^\mu - \varepsilon(\delta^\mu{}_\alpha x_\beta - \delta^\mu{}_\beta x_\alpha).\end{aligned}$$

Si $\psi_s(x)$ est une composante particulière du spineur $\Psi(x)$, on a évidemment, au premier ordre en ε :

$$\psi_s(\mathfrak{L}x) \simeq \psi_s(x) + \varepsilon\left(x_\alpha \frac{\partial\psi_s}{\partial x^\beta} - x_\beta \frac{\partial\psi_s}{\partial x^\alpha}\right).$$

Si l'on introduit l'opérateur différentiel

$$L_{\alpha\beta} \equiv x_\alpha p_\beta - x_\beta p_\alpha \tag{115}$$

l'équation précédente se met sous la forme

$$\psi_s(\mathfrak{L}x) \simeq (1 - i\varepsilon L_{\alpha\beta})\psi_s(x).$$

D'autre part, de (90) et (113), nous tirons :

$$T^{(s)} \simeq (1 - i\varepsilon S_{\alpha\beta})$$

où $S_{\alpha\beta}$ est défini par l'équation (92). Finalement, la formule (109) donnant la loi de transformation du spineur s'écrit dans le cas de la « rotation infinitésimale » :

$$\begin{aligned}\Psi'(x) &\simeq (1 - i\varepsilon S_{\alpha\beta})(1 - i\varepsilon L_{\alpha\beta})\Psi(x) \\ &\simeq (1 - i\varepsilon J_{\alpha\beta})\Psi(x)\end{aligned}$$

avec :

$$J_{\alpha\beta} \equiv L_{\alpha\beta} + S_{\alpha\beta} \equiv x_\alpha p_\beta - x_\beta p_\alpha + \tfrac{1}{2}\sigma_{\alpha\beta} \tag{116}$$

Les 3 composantes d'espace J_{23}, J_{31}, J_{12} de $J_{\alpha\beta}$ sont associées aux rotations infinitésimales autour des axes Ox, Oy, Oz respectivement ; ce sont donc les composantes du moment cinétique total $\boldsymbol{J}$ et l'on a :

$$\begin{gathered} \boldsymbol{J} = \boldsymbol{L} + \boldsymbol{S} \\ \boldsymbol{L} = \boldsymbol{r} \times \boldsymbol{p}, \qquad \boldsymbol{S} = \tfrac{1}{2}\boldsymbol{\sigma} \end{gathered} \tag{117}$$

Les composantes de $\boldsymbol{L}$ agissent sur les seules variables orbitales : $\boldsymbol{L}$ est le moment cinétique orbital. Celles de $\boldsymbol{S}$ agissent sur les variables internes : $\boldsymbol{S}$ est le vecteur spin de la particule.

Le lecteur s'assurera que $\boldsymbol{J}$, $\boldsymbol{L}$ et $\boldsymbol{S}$ vérifient les relations de commutation caractéristiques des moments cinétiques et que $\boldsymbol{S}$ possède la propriété :

$$\boldsymbol{S}^2 = \tfrac{3}{4}$$

caractéristique d'une particule de spin $\frac{1}{2}$.

Nous désignons par P et donnons le nom de parité à l'opérateur associé à la réflexion d'espace ([13]). Désignons par $P^{(0)}$ l'opérateur de « parité orbitale » :

$$P^{(0)}\Psi(t, \boldsymbol{r}) = \Psi(t, -\boldsymbol{r}).$$

Suivant la condition (113), nous avons le choix entre deux expressions opposées pour P, expressions que l'on tire aisément de l'étude du § 13 (cf. relation (102)). Nous adoptons la plus commode :

$$P = \gamma^0 P^{(0)} \tag{118}$$

On note que P est hermitique et que $P^2 = 1$.

18. Lois de conservation et constantes du mouvement

Si la transformation dépend du temps, l'opérateur T qui lui est associé fait intervenir explicitement la dépendance de Ψ en fonction du temps. C'est ce qui se produit notamment pour les translations dans le temps et pour les transformations de Lorentz spéciales.

([13]) De façon plus correcte et plus précise, à la transformation s du groupe de Lorentz orthochrone correspondent deux transformations s', s'' du groupe $G^{(a)}$ des opérateurs de transformation. Celles-ci sont représentées respectivement par les opérateurs P', P" dont les expressions sont $P' = c'\gamma^0 P^{(0)}$ et $P'' = c''\gamma^0 P^{(0)}$, avec $c' = -c''$. L'ensemble des deux nombres (c', c'') définit la *parité intrinsèque* de la particule. Suivant l'étude du § 13, il y a deux parités intrinsèques possibles (+ 1, — 1) et (— 1, + 1) correspondant respectivement à deux représentations irréductibles inéquivalentes de $G^{(a)}$. Dans le cas présent où n'intervient qu'une particule, cette notion de parité intrinsèque est purement académique ; cependant, elle est importante en théorie quantique des champs lorsqu'on considère l'interaction de plusieurs particules.

Les mêmes considérations peuvent être faites lorsqu'on choisit $G^{(h)}$ comme groupe d'opérateurs de transformation [cf. notes ([11]) et ([12])]. On trouve, dans ce cas également, deux parités intrinsèques possibles, à savoir (+ i, — i) et (— i, + i).

A noter que, contrairement à ce qui est fréquemment affirmé dans la littérature, il n'y a que deux parités intrinsèques possibles pour les spineurs et *non quatre*.

Par contre, *pour toute transformation indépendante du temps, l'action de T est définie indépendamment de la loi d'évolution du vecteur état auquel elle s'applique.* T peut alors être défini comme un opérateur de transformation des états et des observables du système, comme cela a été fait au chapitre XV (section II); les propriétés d'invariance de la loi d'évolution des états peuvent alors s'exprimer sous la forme de lois de conservation.

En effet, si $\mathcal{L}$ est une transformation d'espace, T est une certaine fonction des opérateurs de réflexion, de translation infinitésimale et de rotation infinitésimale, c'est-à-dire une certaine fonction de P, J et p; T commute donc avec γ^0. Et comme l'on a :

$$\gamma^0\left(i\frac{\partial}{\partial t}-H_D\right)\equiv\mathcal{D}(A)-m,$$

la relation de commutation (112) équivaut dans ce cas à la condition :

$$[T, H_D]=0.$$

On se trouve donc ramené aux conditions du § XV.12 et tout ce qui a été dit dans ce paragraphe concernant le lien entre les symétries de l'Hamiltonien et les lois de conservation peut être appliqué ici.

Ainsi, de l'invariance par translation de $A_\mu(x)$ on tire les relations de commutation

$$[p, H_D]=0$$

et la conservation de l'impulsion. Si $A_\mu(x)$ est sphériquement symétrique, on a

$$[J, H_D]=0$$

et le moment cinétique total est conservé. Si $A_\mu(x)$ est invariant par réflexion autour de l'origine, on a

$$[P, H_D]=0$$

et la parité est conservée.

19. Renversement du temps et conjugaison de charge

Dans ce paragraphe, nous démontrons l'invariance de forme de l'équation de Dirac dans deux opérations antilinéaires, le renversement du temps et la conjugaison de charge. Pour exposer ces deux questions, il est commode d'introduire un opérateur antiunitaire de l'espace des états dont les propriétés générales sont particulièrement simples. Nous le désignerons par K.

L'opérateur antiunitaire K. — C'est par définition l'opérateur de la transformation antiunitaire qui change p en $-p$ et conserve r et γ^μ :

$$K r K^\dagger = r, \qquad K p K^\dagger = -p \tag{119}$$

$$K\gamma^\mu K^\dagger = \gamma^\mu \qquad (\mu = 0, 1, 2, 3). \tag{120}$$

On prendra garde que cet opérateur *n'est pas* l'opérateur de renversement du temps. Ce dernier est désigné plus bas par K_T.

Nous allons montrer qu'il existe un opérateur défini à une phase près obéissant à ces relations et qu'il possède la propriété :

$$K^2 = -1. \tag{121}$$

Que K, s'il existe, soit défini à un facteur de phase près découle des relations (119)-(120) et du fait que l'espace des états est irréductible par rapport aux opérateurs de base $\boldsymbol{r}, \boldsymbol{p}$ et γ^μ. Ceci dit, faisons choix d'une représentation particulière, la représentation de Dirac, par exemple. Chaque *opérateur* γ^μ y est représenté par une certaine matrice γ_D^μ. Désignons par B_D l'opérateur que représente la « matrice B » qui transforme les γ_D^μ en leurs complexes conjugués respectifs. Nous considérons ici B_D comme un opérateur (unitaire) de l'espace total et non comme un opérateur de l'espace des spins seuls ; c'est un opérateur unitaire qui commute avec $\boldsymbol{r}$ et $\boldsymbol{p}$. Soit K_D l'opérateur de conjugaison complexe associé à la représentation (définition du § XV.5). Les relations (76) donnent :

$$\gamma^\mu = B_D(K_D\gamma^\mu K_D^\dagger)\, B_D^\dagger.$$

Par suite, l'opérateur antiunitaire

$$K \equiv B_D K_D$$

vérifie les relations (120). Comme B_D commute avec $\boldsymbol{r}$ et $\boldsymbol{p}$ et que l'on a, suivant la définition même de K_D :

$$K_D \boldsymbol{r} K_D = \boldsymbol{r}, \qquad K_D \boldsymbol{p} K_D = -\boldsymbol{p},$$

K vérifie également les relations (119). Enfin, comme $K_D = K_D^\dagger$, la propriété (77) donne :

$$B_D(K_D B_D K_D) \equiv K^2 = -1.$$

C'est la propriété (121) ; il est clair qu'elle reste vraie si l'on multiplie K par un facteur de phase quelconque. *C. Q. F. D.*

CONJUGAISON DE CHARGE. — Multipliant à gauche les deux membres de l'équation (107) par K et utilisant le fait que K est antilinéaire et commute avec γ^μ, ∂_μ et $A_\mu(x)$, on trouve :

$$[\gamma^\mu(-\mathrm{i}\partial_\mu - eA_\mu(x)) - m]\, K\Psi(x) = 0 \tag{122}$$

$K\Psi$ obéit donc à une équation d'onde qui ne diffère de celle de Dirac que par la substitution de $-\mathrm{i}$ à $+\mathrm{i}$. Multiplions membre à membre par γ^5. Comme cet opérateur anticommute avec γ^μ et commute avec tous les autres opérateurs figurant dans le crochet du premier membre, il vient :

$$[\gamma^\mu(\mathrm{i}\partial_\mu + eA_\mu(x)) - m]\, \gamma^5 K\Psi(x) = 0. \tag{123}$$

Posons :

$$\boxed{K_C \equiv \gamma^5 K} \tag{124}$$

$$\Psi^C(x) \equiv K_C \Psi(x). \tag{125}$$

L'équation (123) s'écrit :

$$[\gamma^\mu(\mathrm{i}\partial_\mu + eA_\mu(x)) - m]\, \Psi^C(x) = 0. \tag{126}$$

L'équation à laquelle obéit l'onde $\Psi^C(x)$ ne diffère de celle à laquelle obéit l'onde $\Psi(x)$ que par le signe de la charge. Donc, *si $\Psi(x)$ représente l'évolution d'une particule de Dirac de masse m et de charge e dans le potentiel $A_\mu(x)$, $\Psi^C(x)$ représente celle d'une particule de Dirac de même masse m et de charge opposée (— e) dans le même potentiel $A_\mu(x)$.*

Les spineurs Ψ et Ψ^C sont dits conjugués de charge l'un de l'autre et la transformation K_C porte le nom de *conjugaison de charge.*

La correspondance entre Ψ et Ψ^C est d'ailleurs réciproque. Des propriétés de K et γ^5, il est facile de déduire en effet que :

$$K_C^2 = 1. \tag{127}$$

Il est facile de montrer que la conjugaison de charge commute avec les translations et les transformations de Lorentz orthochrone. De façon plus précise, si $L\Psi$ est le transformé de Ψ dans l'une de ces transformations, son conjugué de charge est $L\Psi^C$ s'il s'agit d'une translation ou d'une transformation de Lorentz propre, et $-L\Psi^C$ s'il s'agit d'une réflexion (cf. Problème 5).

Renversement du temps. — L'invariance par renversement du temps de l'équation de Dirac peut être démontrée directement, mais il est aussi simple de partir des résultats précédents sur la conjugaison de charge.

Un potentiel donné $A_\mu(t, \boldsymbol{r})$ est créé par un certain nombre de charges en mouvement. Le potentiel $A'_\mu(t, \boldsymbol{r})$ qui s'en déduit par renversement du temps s'obtient en renversant le mouvement de ces charges. Dans cette opération les courants, donc le champ magnétique, changent de signe ; les charges électriques par contre et, de ce fait, le champ électrique, restent inchangés :

$$\mathcal{H}'(t, \boldsymbol{r}) = -\mathcal{H}(-t, \boldsymbol{r}), \qquad \mathcal{E}'(t, \boldsymbol{r}) = \mathcal{E}(-t, \boldsymbol{r}).$$

Par suite, A_μ « se transforme comme un pseudovecteur » :

$$\boldsymbol{A}'(t, \boldsymbol{r}) = -\boldsymbol{A}(-t, \boldsymbol{r}) \qquad A'_0(t, \boldsymbol{r}) = A_0(-t, \boldsymbol{r}).$$

Si l'on change t en $-t$ dans l'équation (126), il vient donc :

$$[-\gamma^0(\mathrm{i}\partial_0 - eA'_0(t, \boldsymbol{r})) + \textstyle\sum_k \gamma^k(\mathrm{i}\partial_k - eA'_k(t, \boldsymbol{r})) - m]\Psi^C(-t, \boldsymbol{r}) = 0.$$

Multiplions membre à membre par $\gamma^5\gamma^0$. Comme cet opérateur anticommute avec γ^0 et commute avec γ^k, il vient :

$$[\gamma^\mu(\mathrm{i}\partial_\mu - eA'_\mu(t, \boldsymbol{r})) - m]\Psi'(t, \boldsymbol{r}) = 0 \tag{128}$$

si l'on pose :

$$\begin{aligned}\Psi'(t, \boldsymbol{r}) &\equiv \gamma^5\gamma^0\Psi^C(-t, \boldsymbol{r})\\ &= \gamma^0 K\Psi(-t, \boldsymbol{r}).\end{aligned} \tag{129}$$

Introduisons l'opérateur (antiunitaire) de renversement du temps :

$$\boxed{K_T \equiv \gamma^0 K} \tag{130}$$

$\Psi'(t, r)$ est par définition le transformé par renversement du temps du spineur $\Psi(-t, r)$. Il vérifie l'équation (128). Donc, si Ψ vérifie l'équation de Dirac dans le potentiel A_μ, son transformé par renversement du temps Ψ' vérifie l'équation de Dirac dans le potentiel A'_μ qui s'en déduit par renversement du temps.

Si notamment A_μ est invariant par renversement du temps (par exemple, si la particule se trouve dans un champ purement électrique et stationnaire : $\boldsymbol{A} = 0, \partial A_0/\partial t = 0$), Ψ et Ψ' obéissent tous deux à la même équation de Dirac.

Des propriétés de γ^0 et K, on tire :

$$K_T^2 = -1. \tag{131}$$

Ce résultat, caractéristique des systèmes de moment cinétique demi-entier, a déjà été obtenu dans le cas non relativiste (équ. (XV.88)). Les conséquences qui en avaient été tirées, la dégénérescence de Kramers notamment, gardent leur entière validité.

Remplaçant B_D par son expression en fonction des ρ et des σ (cf. fin du § 10), on tire aisément des relations de définition (124) et (130) les relations équivalentes :

$$K_C = \mathrm{i}\rho_2\sigma_y K_D$$
$$K_T = \mathrm{i}\sigma_y K_D.$$

Celles-ci sont utiles lorsqu'on manipule les opérateurs K_C et K_T en représentation de Dirac.

20. Invariance de jauge

Pour être complet, citons pour mémoire la propriété d'invariance de jauge (cf. § XXI.20).

Changer la jauge du potentiel électromagnétique, c'est remplacer ses composantes $A_\mu(x)$ par :

$$A'_\mu(x) \equiv A_\mu(x) - \partial_\mu G(x) \tag{132}$$

où $G(x)$ est une fonction arbitrairement choisie des coordonnées de l'espace-temps. Ceci donne :

$$A'_0 = A_0 - \frac{\partial G}{\partial t}, \qquad \boldsymbol{A}' = \boldsymbol{A} + \nabla G.$$

Les champs électriques et magnétiques restent invariants dans une telle transformation.

Si $\Psi(x)$ est solution de l'équation de Dirac dans le potentiel A_μ, il est clair que

$$\Psi'(x) \equiv e^{\mathrm{i}eG(x)}\Psi(x) \tag{133}$$

est solution de l'équation de Dirac dans le potentiel A'_μ. Telle est la propriété d'invariance de jauge de l'équation de Dirac.

IV. — INTERPRÉTATION DES OPÉRATEURS ET SOLUTIONS SIMPLES

21. Équation de Dirac et principe de correspondance

Les solutions de l'équation de Dirac obéissent, lorsque le champ électromagnétique est différent de zéro, à une équation du second ordre différente de l'équation de Klein-Gordon mais conforme au principe de correspondance.

Pour former cette équation, nous partons de la forme covariante (50) et nous écrivons que l'action de l'opérateur $(-i\gamma^\lambda D_\lambda - m)$ sur le premier membre donne zéro :

$$[\gamma^\lambda\gamma^\mu D_\lambda D_\mu + m^2]\Psi = 0. \tag{134}$$

Des propriétés d'algèbre des opérateurs γ^μ, nous tirons :

$$\gamma^\lambda\gamma^\mu \equiv g^{\lambda\mu} + \tfrac{1}{2}[\gamma^\lambda, \gamma^\mu]. \tag{135}$$

Cependant, par un simple changement de la dénomination des indices muets, on a :

$$[\gamma^\lambda, \gamma^\mu] D_\lambda D_\mu \equiv -[\gamma^\lambda, \gamma^\mu] D_\mu D_\lambda = \tfrac{1}{2}[\gamma^\lambda, \gamma^\mu][D^\lambda, D_\mu]. \tag{136}$$

Or, suivant la définition de l'opérateur D_μ (équ. (10))

$$\begin{aligned}[D_\lambda, D_\mu] &\equiv ie[\partial_\lambda, A_\mu] + ie[A_\lambda, \partial_\mu] \\ &\equiv ie\left(\frac{\partial A_\mu}{\partial x^\lambda} - \frac{\partial A_\lambda}{\partial x^\mu}\right) \equiv ieF_{\lambda\mu}.\end{aligned} \tag{137}$$

Les équations (135), (136) et (137) donnent :

$$\gamma^\lambda\gamma^\mu D_\lambda D_\mu \equiv D_\mu D^\mu + eS^{\lambda\mu}F_{\lambda\mu} \tag{138}$$

où $S^{\lambda\mu}$ représente le spin de la particule (définition (92)). L'équation (134) peut donc se mettre sous la forme :

$$[D_\mu D^\mu + eS^{\lambda\mu}F_{\lambda\mu} + m^2]\Psi = 0. \tag{139}$$

Comparant avec la forme (30′) de l'équation de Klein-Gordon, on voit qu'elle en diffère par la présence du terme :

$$eS^{\lambda\mu}F_{\lambda\mu}, \tag{140}$$

qui est un terme de couplage entre le spin de la particule et le champ électromagnétique. Ce terme n'a pas d'analogue classique et sa contribution est négligeable lorsqu'on se trouve dans les conditions de validité de l'approximation classique. Le mouvement d'un paquet d'ondes de Dirac est alors le même que celui d'un paquet d'ondes de Klein-Gordon.

22. Variables dynamiques d'une particule de Dirac

Nous avons donné, à l'occasion, l'interprétation physique d'un certain nombre de variables dynamiques de la théorie de Dirac. Nous allons reprendre cette question de façon plus systématique et indiquer, notamment, les variables de la théorie quantique qui correspondent aux différentes grandeurs classiques du § 4.

Dans toute la discussion, l'invariance relativiste de la théorie ne joue aucun rôle essentiel. Le point de vue adopté est le même qu'en mécanique quantique non relativiste : le système est défini par la donnée d'une collection de variables dynamiques obéissant à une algèbre bien déterminée et l'équation de Dirac — sous la forme de Dirac (équ. (36) et (44)) — est l'équation d'évolution des états dynamiques dans la « représentation » de Schrödinger.

Dans tout ce qui suit, le temps est donc traité comme un simple paramètre alors que les coordonnées d'espace figurent parmi les variables dynamiques du système. Les variables de base sont $\boldsymbol{r}$, $\boldsymbol{p}$ et les variables internes $\boldsymbol{\alpha}$, β. Toute la théorie de la représentation s'applique ici sans changement. Dans la représentation de Dirac, notamment, les vecteurs états $|\Psi\rangle$, $|\Phi\rangle$, ..., sont représentés par des fonctions d'ondes à 4 composantes, $\Psi(\boldsymbol{r})$, $\Phi(\boldsymbol{r})$, ... des coordonnées x, y, z. Le produit scalaire $\langle\Phi|\Psi\rangle$ est défini dans cette représentation comme une sommation sur les 4 valeurs possibles de l'indice représentant le degré de liberté interne et une intégration dans tout l'espace des coordonnées x, y, z :

$$\langle\Phi|\Psi\rangle = \sum_{s=1}^{4} \int \varphi^*_s(\boldsymbol{r})\, \psi_s(\boldsymbol{r})\, \mathrm{d}\boldsymbol{r}.$$

Cette définition du produit scalaire est consistante avec la définition de la densité de probabilité de présence donnée au § 6 (formule (35)). Plus généralement, l'interprétation statistique de la théorie, telle qu'elle a été exposée dans la première partie de ce livre, est adoptée ici sans changement ; en particulier la valeur moyenne d'un opérateur Q pour un état donné du système est :

$$\langle Q \rangle = \langle u|Q|u\rangle$$

où $|u\rangle$ est le vecteur ket de norme 1 représentant cet état.

Parmi les observables de la théorie, toutes celles qui n'agissent pas sur le degré de liberté interne ont une interprétation évidente ; citons notamment :

$\boldsymbol{r}$, vecteur de position,
$\boldsymbol{p}$, impulsion,
$\boldsymbol{\pi} \equiv \boldsymbol{p} - e\boldsymbol{A}(\boldsymbol{r}, t)$, quantité de mouvement.

Parmi les fonctions de $\boldsymbol{r}$ figure l'opérateur

$$\delta(\boldsymbol{r} - \boldsymbol{r}_0),$$

projecteur sur le sous-espace de la valeur propre $\boldsymbol{r}_0$; il représente la densité de probabilité de présence au point $\boldsymbol{r}_0$.

Parmi les observables dépendant du degré de liberté interne, nous définissons notamment [14] :

— l'énergie : $H \equiv e\varphi + \boldsymbol{\alpha}.\boldsymbol{\pi} + \beta m$; (141)

— la masse relativiste : $M \equiv H - e\varphi \equiv \boldsymbol{\alpha}.\boldsymbol{\pi} + \beta m$; (142)

— la densité de courant en $\boldsymbol{r}$: $\boldsymbol{j}(\boldsymbol{r}_0) \equiv \boldsymbol{\alpha}\delta(\boldsymbol{r} - \boldsymbol{r}_0)$; (143)

— le moment cinétique total : $\boldsymbol{J} \equiv (\boldsymbol{r} \times \boldsymbol{p}) + \frac{1}{2}\boldsymbol{\sigma}$; (144)

— le spin : $\boldsymbol{S} \equiv \frac{1}{2}\boldsymbol{\sigma}$; (145)

— la parité : $P \equiv \beta P^{(0)}$. (146)

Les définitions de H et de M sont fondées sur la correspondance avec la mécanique classique ; celle de $\boldsymbol{j}(\boldsymbol{r}_0)$ découle de l'équation de continuité ; celles de $\boldsymbol{J}$ et de $\boldsymbol{S}$ sont liées aux transformations des états par rotation et celle de P aux transformations par réflexion.

Enfin, *le principe de correspondance nous conduit à interpréter* $\boldsymbol{\alpha}$ *comme la vitesse de la particule.* Cette interprétation nous est d'ailleurs suggérée par l'expression de la densité de courant. Pour l'établir, nous comparons les équations classiques (18), (19), (21) aux équations correspondantes de la théorie quantique. Pour effectuer cette comparaison, il faut évidemment passer en « représentation » de Heisenberg. Les équations de Heisenberg des variables (de la « représentation » de Heisenberg) $\boldsymbol{r}$ et $\boldsymbol{\pi}$ s'écrivent :

$$\mathrm{d}\boldsymbol{r}/\mathrm{d}t = -\mathrm{i}[\boldsymbol{r}, H]$$
$$\mathrm{d}\boldsymbol{\pi}/\mathrm{d}t = -\mathrm{i}[\boldsymbol{\pi}, H] + \partial\boldsymbol{\pi}/\partial t.$$

Remplaçant H et $\boldsymbol{\pi}$ par leurs valeurs au second membre et utilisant les règles de commutation ou d'anticommutation des opérateurs $\boldsymbol{r}, \boldsymbol{p}, \boldsymbol{\alpha}$ et β, on trouve après un calcul assez long mais sans difficulté réelle (Problème 6),

$$\mathrm{d}\boldsymbol{r}/\mathrm{d}t = \boldsymbol{\alpha} \tag{147}$$

$$\mathrm{d}\boldsymbol{\pi}/\mathrm{d}t = e(\boldsymbol{\mathcal{E}} + \boldsymbol{\alpha} \times \boldsymbol{\mathcal{H}}). \tag{148}$$

D'autre part, utilisant l'expression (142) de M et les propriétés de $\boldsymbol{\alpha}$, on tire l'identité :

$$\boldsymbol{\pi} = \tfrac{1}{2}(M\boldsymbol{\alpha} + \boldsymbol{\alpha}M). \tag{149}$$

On voit que les équations (147), (148) et (149) entre variables dynamiques de la « représentation » de Heisenberg s'identifient respectivement aux équations (18), (21) et (19) entre variables dynamiques classiques si l'on assimile $\boldsymbol{\alpha}$ à la vitesse classique $\boldsymbol{v}$.

On note que les composantes de la vitesse $\boldsymbol{\alpha}$ ne commutent pas entre elles

[14] On note que l'impulsion $\boldsymbol{p}$ dépend du choix de la jauge ; seule l'impulsion du système total (particule + champ électromagnétique) est indépendante de ce choix. Les mêmes remarques s'appliquent à l'énergie H et au moment cinétique $\boldsymbol{J}$ (cf. § XXI.23).

et que chacune d'elles possède en tout deux valeurs propres, $+c$ et $-c$ ($+1$ et -1 dans nos unités). Il n'y a là aucune difficulté de principe, mais seulement une indication supplémentaire que les images classiques que l'on peut se faire du phénomène ne doivent pas être prises trop à la lettre. Nous y reviendrons au § 37.

23. L'électron libre. Ondes planes

Dans le reste de cette section, nous examinons les solutions de l'équation de Dirac, d'abord en l'absence de champ, puis dans un potentiel central statique. La résolution de l'équation de Dirac équivaut alors à la recherche des solutions propres de l'Hamiltonien H_D. Sauf indication contraire, tous les calculs seront faits dans la représentation de Dirac et nous ferons un usage fréquent des opérateurs ρ_1, ρ_2, ρ_3 et σ_x, σ_y, σ_z introduits au § 7.

Supposons pour commencer le champ nul. L'Hamiltonien H_D commute alors avec les trois composantes de l'impulsion. Nous nous proposons donc de former les solutions propres de H_D correspondant à une valeur bien déterminée $\boldsymbol{p}$ de l'impulsion. Ce sont des ondes planes, c'est-à-dire des fonctions de la forme :

$$u(\boldsymbol{p})\,\mathrm{e}^{\mathrm{i}\boldsymbol{p}\cdot\boldsymbol{r}}$$

où $u(\boldsymbol{p})$ est un spineur à 4 composantes indépendant de $\boldsymbol{r}$. Ce dernier est déterminé par l'équation aux valeurs propres

$$Hu(\boldsymbol{p}) = Eu(\boldsymbol{p}), \tag{150}$$

où H est l'opérateur de l'espace $\mathcal{E}^{(s)}$:

$$H \equiv \boldsymbol{\alpha}.\boldsymbol{p} + \beta m \equiv \rho_1(\boldsymbol{\sigma}.\boldsymbol{p}) + \rho_3 m. \tag{151}$$

Un calcul simple donne :

$$H^2 = p^2 + m^2.$$

Les seules valeurs propres possibles de H sont donc les deux valeurs opposées $\pm\sqrt{p^2+m^2}$, soit :

$$\begin{aligned} E &= \varepsilon E_p \qquad\qquad (\varepsilon = \pm 1) \\ E_p &= \sqrt{p^2+m^2}. \end{aligned} \tag{152}$$

Il est facile de montrer — en se servant du fait que ρ_3 anticommute avec H par exemple — que ces deux valeurs sont doublement dégénérées.

D'autre part, *la composante $\boldsymbol{\sigma}.\boldsymbol{p}/2p$ du spin suivant la direction de l'impulsion commute avec H.* Cette propriété se lit directement sur la dernière des expressions (151) (Les autres composantes du spin, par contre, ne commutent pas avec H). On est donc conduit à chercher les solutions propres communes à H et $\boldsymbol{\sigma}.\boldsymbol{p}/2p$. On trouve les 4 couples de valeurs propres :

$$(+E_p, +\tfrac{1}{2}) \qquad (+E_p, -\tfrac{1}{2}) \qquad (-E_p, +\tfrac{1}{2}) \qquad (-E_p, -\tfrac{1}{2}).$$

A chacun d'eux correspond un et un seul état propre. Le spineur propre est facile à construire directement à partir des deux équations aux valeurs propres. Une autre méthode de construction de ce spineur sera exposée dans le paragraphe suivant. Le tableau III donne les composantes des 4 spineurs propres (normalisés à l'unité) dans le cas particulièrement simple où $\mathbf{p}$ est dirigé suivant l'axe des z. Rappelons que, dans la représentation de Dirac, β et σ_z sont représentés par des matrices diagonales.

TABLEAU III

Composantes des spineurs correspondant à l'onde d'impulsion $\mathbf{p} \equiv (0, 0, p)$ *dans la représentation de Dirac* ($E_p = \sqrt{m^2 + p^2}$).

Energie $E =$		Positive $+E_p$		Négative $-E_p$	
Spin $\boldsymbol{\sigma}.\mathbf{p}/2p \equiv \frac{1}{2}\sigma_z$		↺ $+\frac{1}{2}$	↷ $-\frac{1}{2}$	↺ $+\frac{1}{2}$	↷ $-\frac{1}{2}$
$\left(\frac{2E_p}{E_p+m}\right)^{\frac{1}{2}} \times$	$u_1 =$	1	0	$-\frac{p}{E_p+m}$	0
	$u_2 =$	0	1	0	$\frac{p}{E_p+m}$
	$u_3 =$	$\frac{p}{E_p+m}$	0	1	0
	$u_4 =$	0	$-\frac{p}{E_p+m}$	0	1

Les 4 spineurs sont normalisés à l'unité : $u^\dagger u = 1$.

24. Construction des ondes planes par transformation de Lorentz

Lorsque $A_\mu = 0$, toute transformation de Lorentz sur une solution de l'équation de Dirac redonne une solution de la même équation. En particulier toute onde plane d'impulsion $\mathbf{p}$ peut être déduite par transformation de Lorentz d'une onde plane d'impulsion nulle. Nous allons fonder sur cette remarque une méthode de construction des spineurs $u(\mathbf{p})$ du paragraphe précédent.

Pour une impulsion nulle, l'équation (150) s'écrit :

$$\beta m u(0) = E u(0).$$

Les deux valeurs propres possibles sont $+m$ et $-m$. A la valeur propre εm ($\varepsilon = \pm 1$) correspond le spineur $u^{(\varepsilon)}(0)$; c'est un vecteur propre de l'opérateur β. Nous le supposons normalisé à l'unité, et nous nous fixons arbitrairement la direction du spin ; $u^{(\varepsilon)}(0)$est alors défini à un facteur de phase près.

Ceci posé, l'onde plane :

$$\Psi_0^{\prime(\varepsilon)} = u^{(\varepsilon)}(0)\, e^{-i\varepsilon m t}$$

est une solution de l'équation de Dirac correspondant à une impulsion nulle et une énergie εm, c'est-à-dire au quadrivecteur impulsion-énergie $(\varepsilon m, 0)$.

Considérons la même solution dans un nouveau référentiel animé de la vitesse $\boldsymbol{v} = -\boldsymbol{p}/\varepsilon\sqrt{m^2 + p^2} = -\boldsymbol{p}/\varepsilon E_p$ par rapport au précédent. Dans le nouveau référentiel, l'impulsion-énergie de la particule est :

$$p^\mu \equiv (\varepsilon E_p, \boldsymbol{p}). \tag{153}$$

La solution y est représentée par l'onde plane :

$$\begin{aligned}\Psi_{\boldsymbol{p}}^{\prime(\varepsilon)} &= \Lambda_{\text{sp.}}(\boldsymbol{v})\, u^{(\varepsilon)}(0) \exp(-ip^\mu x_\mu)\\ &= [\Lambda_{\text{sp.}}(\boldsymbol{v})\, u^{(\varepsilon)}(0)] \exp[-i(\varepsilon E_p t - \boldsymbol{p}.\boldsymbol{r})].\end{aligned}$$

Le terme entre crochets est donc proportionnel à l'un des spineurs $u(\boldsymbol{p})$ que nous cherchons à construire et que nous désignerons désormais par $u^{(\varepsilon)}(\boldsymbol{p})$. Sa norme est la composante de temps du quadrivecteur courant qui lui est associé ; elle se déduit par transformation de Lorentz du quadrivecteur courant associé à $u^{(\varepsilon)}(0)$; elle est donc égale à :

$$b \equiv (1 - v^2)^{-\frac{1}{2}} = E_p/m.$$

Nous adoptons donc la définition :

$$u^{(\varepsilon)}(\boldsymbol{p}) \equiv b^{-\frac{1}{2}}\, \Lambda_{\text{sp.}}(\boldsymbol{v})\, u^{(\varepsilon)}(0).$$

En substituant dans cette définition l'expression (97) avec les valeurs de $\boldsymbol{v}$ et b indiquées plus haut, on trouve :

$$u^{(\varepsilon)}(\boldsymbol{p}) = [2E_p(m + E_p)]^{-\frac{1}{2}}[m + E_p + \varepsilon\boldsymbol{\alpha}.\boldsymbol{p}]\, u^{(\varepsilon)}(0) \tag{154}$$

qui est l'expression cherchée. En particulier si $u^{(\varepsilon)}(0)$ est un état propre de $(\boldsymbol{\sigma}.\boldsymbol{p})$, il en est de même de $u^{(\varepsilon)}(\boldsymbol{p})$ qui est donc dans ce cas l'un des spineurs définis au paragraphe précédent. On retrouve notamment les résultats du tableau III lorsque $\boldsymbol{p}$ est dirigé suivant l'axe des z.

L'expression (154) peut d'ailleurs se mettre sous la forme :

$$u^{(\varepsilon)}(\boldsymbol{p}) = [2E_p(m + E_p)]^{-\frac{1}{2}}\,[m + \gamma^\mu p_\mu]\, u^{(\varepsilon)}(0) \tag{155}$$

dans laquelle p_μ représente le quadrivecteur impulsion-énergie défini par l'équation (153).

25. Potentiel central

Nous nous proposons de chercher les solutions propres d'une particule de Dirac dans un potentiel statique central $V(r)$. L'Hamiltonien de Dirac est alors :

$$H_D \equiv \boldsymbol{\alpha}.\boldsymbol{p} + \beta m + V(r). \tag{156}$$

Il est invariant par rotation et par réflexion

$$[H_D, \boldsymbol{J}] = 0, \qquad [H_D, P] = 0.$$

Nous cherchons donc des solutions propres de moment cinétique et de parité déterminée.

Il convient d'écrire les solutions Ψ sous la forme

$$\Psi = \begin{pmatrix} \Phi \\ \chi \end{pmatrix} \tag{157}$$

avec

$$\Phi \equiv \begin{pmatrix} \psi_1 \\ \psi_2 \end{pmatrix}, \qquad \chi \equiv \begin{pmatrix} \psi_3 \\ \psi_4 \end{pmatrix}. \tag{158}$$

Projetant Ψ sur les sous-espaces $\beta = +1$ et $\beta = -1$, on trouve d'ailleurs :

$$\tfrac{1}{2}(1+\beta)\Psi = \begin{pmatrix} \Phi \\ 0 \end{pmatrix}, \qquad \tfrac{1}{2}(1-\beta)\Psi = \begin{pmatrix} 0 \\ \chi \end{pmatrix} \tag{159}$$

Φ et χ sont des fonctions de $\boldsymbol{r}$ et de la composante μ du spin suivant l'axe des z; on peut aussi bien les considérer comme des fonctions de la variable radiale r et des « variables angulaires » (θ, φ, μ) ; elles sont sur ce point tout à fait analogues aux fonctions d'onde de la théorie de Pauli.

Ceci posé, supposons que Ψ soit une fonction propre commune à J^2, J_z et P. Nous désignerons par (JM) les nombres quantiques fixant le moment cinétique. Quant à la parité, il a révèle commode de la repérer à l'aide du nombre quantique ϖ tel que :

$$\varpi = \begin{cases} +1 \text{ pour les états de parité } (-)^{J+\frac{1}{2}} \\ -1 \text{ pour les états de parité } (-)^{J-\frac{1}{2}} \end{cases} \tag{160}$$

On a donc par hypothèse :

$$\begin{gathered} J^2\begin{pmatrix} \Phi \\ \chi \end{pmatrix} = J(J+1)\begin{pmatrix} \Phi \\ \chi \end{pmatrix}, \qquad J_z\begin{pmatrix} \Phi \\ \chi \end{pmatrix} = M\begin{pmatrix} \Phi \\ \chi \end{pmatrix} \\ P\begin{pmatrix} \Phi \\ \chi \end{pmatrix} = (-)^{J+\frac{1}{2}\varpi}\begin{pmatrix} \Phi \\ -\chi \end{pmatrix} \end{gathered} \tag{161}$$

Soit $\mathcal{Y}_{LJ}^{M}(\theta, \varphi, \mu)$ la fonction de moment cinétique total (JM) formée par composition d'un spin $\frac{1}{2}$ avec des harmoniques sphériques d'ordre L. C'est une fonction de parité $(-)^L$; suivant les règles de composition des moments cinétiques, L ne peut d'ailleurs prendre que deux valeurs, à savoir :

$$L = l \equiv J + \tfrac{1}{2}\varpi \qquad L = l' \equiv J - \tfrac{1}{2}\varpi \tag{162}$$

et les deux fonctions $\mathcal{Y}_{lJ}^{M}$ et $\mathcal{Y}_{l'J}^{M}$ sont de parité opposée, la première étant de parité $(-)^{J+\frac{1}{2}\varpi}$, la seconde de parité $(-)^{J-\frac{1}{2}\varpi}$. Suivant les équations (161), Φ est une fonction de $(r, \theta, \varphi, \mu)$ de moment cinétique (JM) et de parité $(-)^{J+\frac{1}{2}\varpi}$; elle est donc nécessairement égale au produit d'une fonction de r par $\mathcal{Y}_{lJ}^{M}$. Un argument analogue montre que χ est égale au produit d'une fonction de r par $\mathcal{Y}_{l'J}^{M}$.

En conclusion, si $\Psi_{\varpi J}^{M}$ représente un état de moment cinétique (JM) et de parité $(-)^{J+\frac{1}{2}\varpi}$, on peut le mettre sous la forme :

$$\Psi_{\varpi J}^{M} = \frac{1}{r}\begin{pmatrix} F\,\mathcal{Y}_{lJ}^{M} \\ \mathrm{i}G\,\mathcal{Y}_{l'J}^{M} \end{pmatrix} \tag{163}$$

où l et l' sont donnés par les équations (162) et où F et G sont des fonctions arbitraires de r.

Cherchons donc à résoudre le problème de valeur propre :

$$H_D \Psi_{\varpi J}^{M} = E \Psi_{\varpi J}^{M}. \tag{164}$$

A cet effet, il convient de séparer les variables « angulaires » des variables radiales dans l'opérateur H_D. La méthode que nous allons suivre est tout à fait analogue à celle du chapitre IX.

Nous introduisons l'impulsion radiale p_r et la « vitesse radiale » α_r :

$$p_r \equiv -\mathrm{i}\frac{1}{r}\frac{\partial}{\partial r}r \tag{165}$$

$$\alpha_r \equiv \boldsymbol{\alpha}.\hat{\boldsymbol{r}} = \rho_1(\boldsymbol{\sigma}.\boldsymbol{r})/r. \tag{166}$$

De l'identité (XIII.83), on déduit :

$$\begin{aligned}(\boldsymbol{\alpha}.\boldsymbol{r})(\boldsymbol{\alpha}.\boldsymbol{p}) = (\boldsymbol{\sigma}.\boldsymbol{r})(\boldsymbol{\sigma}.\boldsymbol{p}) &= \boldsymbol{r}.\boldsymbol{p} + \mathrm{i}\boldsymbol{\sigma}.\boldsymbol{L} \\ &= rp_r + \mathrm{i}(1 + \boldsymbol{\sigma}.\boldsymbol{L}).\end{aligned}$$

D'où, en multipliant à gauche par α_r/r et en utilisant la propriété évidente $\alpha_r^2 = 1$, l'identité :

$$\boldsymbol{\alpha}.\boldsymbol{p} \equiv \alpha_r\left(p_r + \frac{\mathrm{i}}{r}(1 + \boldsymbol{\sigma}.\boldsymbol{L})\right). \tag{167}$$

Examinons l'opérateur $1 + \boldsymbol{\sigma}.\boldsymbol{L}$. On montre aisément que :

$$1 + \boldsymbol{\sigma}.\boldsymbol{L} = \boldsymbol{J}^2 + \tfrac{1}{4} - \boldsymbol{L}^2.$$

Il est clair, à l'examen de l'expression (163), que l'action de $\boldsymbol{L}^2$ sur $\Psi_{\varpi J}^{M}$ équivaut à celle de l'opérateur

$$(J + \tfrac{1}{2}\varpi\beta)(J + \tfrac{1}{2}\varpi\beta + 1) \equiv J(J+1) + \tfrac{1}{4} + \tfrac{1}{2}\varpi\beta(2J+1).$$

Par suite :

$$(1 + \boldsymbol{\sigma}.\boldsymbol{L})\Psi_{\varpi J}^{M} = -\tfrac{1}{2}\varpi(2J+1)\,\beta\Psi_{\varpi J}^{M}. \tag{168}$$

Après substitution des relations (167) et (168), l'équation (164) se met sous la forme :

$$\left[\alpha_r\left(p_r - \frac{\mathrm{i}\varpi(J+\frac{1}{2})}{r}\beta\right) + m\beta + V(r)\right]\Psi_{\varpi J}^{M} = E\Psi_{\varpi J}^{M}.$$

En remplaçant la fonction propre par son expression (163), les opérateurs p_r et α_r par leurs définitions (165) et (166) et en utilisant les identités (cf. Problème 8) :

$$\begin{aligned}(\sigma.\hat{r})\ \mathcal{Y}_{lJ}^{M} &= -\ \mathcal{Y}_{l'J}^{M}\\ (\sigma.\hat{r})\ \mathcal{Y}_{l'J}^{M} &= -\ \mathcal{Y}_{lJ}^{M}\end{aligned} \tag{169}$$

on déduit de cette équation deux équations différentielles couplées pour les fonctions radiales $F(r)$ et $G(r)$, à savoir :

$$\left[-\frac{\mathrm{d}}{\mathrm{d}r}+\frac{\varpi(J+\frac{1}{2})}{r}\right]G=(E-m-V)\,F \tag{170 a}$$

$$\left[\frac{\mathrm{d}}{\mathrm{d}r}+\frac{\varpi(J+\frac{1}{2})}{r}\right]F=(E+m-V)\,G. \tag{170 b}$$

Ce système d'équations radiales joue ici le rôle que joue l'équation radiale (IX.20) de la théorie non relativiste.

La norme de $\Psi_{\varpi J}^{M}$ est donnée, après intégration sur les angles, par l'expression :

$$\langle\Psi_{\varpi J}^{M}|\Psi_{\varpi J}^{M}\rangle=\int_0^\infty(|F|^2+|G|^2)\,\mathrm{d}r \tag{171}$$

à comparer à l'expression (IX.21).

La discussion concernant les conditions de régularités des fonctions F et G est en tout point analogue à celle des conditions de régularité de $y_l(r)$ dans la théorie non relativiste. Nous n'en donnerons pas le détail ici.

26. Ondes sphériques libres

Pour $V=0$, la méthode du paragraphe précédent donne les solutions stationnaires de l'équation de Dirac de l'électron libre qui correspondent à un moment cinétique et une parité déterminée ; ce sont les ondes sphériques libres de Dirac.

L'équation (170 b) donne, dans ce cas :

$$G=\frac{1}{E+m}\left[\frac{\mathrm{d}}{\mathrm{d}r}+\frac{\varpi(J+\frac{1}{2})}{r}\right]F. \tag{172}$$

Substituant cette expression dans l'équation (170 a), on trouve :

$$\begin{aligned}(E^2-m^2)\,F &= \left[-\frac{\mathrm{d}}{\mathrm{d}r}+\frac{\varpi(J+\frac{1}{2})}{r}\right]\left[\frac{\mathrm{d}}{\mathrm{d}r}+\varpi\frac{(J+\frac{1}{2})}{r}\right]F\\ &= \left[-\frac{\mathrm{d}^2}{\mathrm{d}r^2}+\frac{(J+\frac{1}{2})(J+\varpi+\frac{1}{2})}{r^2}\right]F.\end{aligned}$$

Comme on peut aisément le vérifier, on a

$$(J+\tfrac{1}{2})(J+\varpi+\tfrac{1}{2})=l(l+1),$$

où l est l'entier défini par l'équation (162). Par suite, l'équation précédente s'identifie à l'équation radiale des ondes libres de la théorie non relativiste si l'on substitue à $(E^2 - m^2)$ le produit par $2m$ de l'énergie non relativiste. Elle possède une et une seule solution régulière pour toute valeur positive de $(E^2 - m^2)$. D'ailleurs, si l'on pose :

$$k = \sqrt{E^2 - m^2} \qquad (|E| \geqslant m)$$

cette équation s'écrit :

$$\left[\frac{\mathrm{d}^2}{\mathrm{d}r^2} - \frac{l(l+1)}{r^2} + k^2\right] F = 0.$$

Sa solution régulière (définie à une constante près) est

$$F = r j_l(kr).$$

La fonction G correspondante s'en déduit en appliquant la relation (172). En utilisant les relations de récurrence (B.42) et (B.43) [la première pour $\varpi = 1$, la seconde pour $\varpi = -1$, toutes deux étant écrites avec $\gamma = 0$], on trouve :

$$G = \frac{\varpi k}{E + m} r j_{l'}(kr).$$

En conclusion, pour toute valeur de l'énergie E située en dehors de l'intervalle $(-m, +m)$, il existe une onde sphérique libre de moment cinétique (JM) et de parité $(-)^{J+\frac{1}{2}\varpi}$. Sous la forme (163), elle s'écrit :

$$Cte \times \begin{pmatrix} |E+m|^{\frac{1}{2}} \; j_l(\sqrt{E^2 - m^2}\, r) \; \mathcal{Y}_{lJ}^{M} \\ \mathrm{i}\varpi\varepsilon |E-m|^{\frac{1}{2}} \; j_{l'}(\sqrt{E^2 - m^2}\, r) \; \mathcal{Y}_{l'J}^{M} \end{pmatrix} \tag{173}$$

avec : $\varepsilon = E/|E|$.

27. L'atome d'hydrogène

Comme deuxième exemple, cherchons les états liés d'un électron dans le champ coulombien d'un noyau d'atome. Nous traitons ce dernier comme une charge ponctuelle égale à $(-Z)$ fois celle de l'électron et fixée à l'origine [15]. Il s'agit donc de trouver *les états liés* d'une particule de Dirac dans le potentiel central

$$V = -Ze^2/r.$$

Ce problème de valeurs propres peut être résolu exactement. Nous indiquerons ici les grandes lignes de la méthode, qui est d'ailleurs une simple extension de la méthode exposée dans le § XI.4.

(15) Ceci suppose le noyau infiniment lourd. L'erreur ainsi faite ne peut être négligée, car elle est de l'ordre de grandeur des effets relativistes. Elle se trouve très sensiblement compensée si l'on remplace partout la masse de l'électron m par la masse réduite.

A l'examen du comportement asymptotique des solutions du système d'équations radiales (170), il est clair que E doit être compris dans l'intervalle $(-m, +m)$. Les valeurs propres cherchées sont celles pour lesquelles les solutions régulières à l'origine ont un comportement asymptotique en $\exp\left(-\sqrt{m^2-E^2}\,r\right)$.

Posons :

$$\varkappa = \sqrt{m^2-E^2} \qquad \nu = \sqrt{\frac{m-E}{m+E}} \tag{174}$$

$$\zeta = Ze^2 \qquad \tau = \varpi(J+\tfrac{1}{2}) \tag{175}$$

et introduisons la variable

$$\rho \equiv \varkappa r. \tag{176}$$

Le système (170) équivaut à

$$\left(-\frac{\mathrm{d}}{\mathrm{d}\rho}+\frac{\tau}{\rho}\right)G = \left(-\nu+\frac{\zeta}{\rho}\right)F \tag{177 a}$$

$$\left(\frac{\mathrm{d}}{\mathrm{d}\rho}+\frac{\tau}{\rho}\right)F = \left(\nu^{-1}+\frac{\zeta}{\rho}\right)G. \tag{177 b}$$

Cherchons les solutions de la forme :

$$F(\rho) = \rho^s e^{-\rho}(a_0+a_1\rho+a_2\rho^2+\dots) \qquad (a_0\neq 0) \tag{178 a}$$

$$G(\rho) = \rho^s e^{-\rho}(b_0+b_1\rho+b_2\rho^2+\dots) \qquad (b_0\neq 0) \tag{178 b}$$

Substituant ces développements dans les équations (177), et égalant entre eux les termes d'ordre successifs, on obtient une série d'équations dont la première fixe s et les suivantes permettent de déterminer par récurrence les coefficients $a_0, b_0, a_1, b_1, \dots, a_n, b_n \dots$ L'équation en s a deux racines opposées $\pm\sqrt{\tau^2-\zeta^2}$; pour que F et G remplissent les conditions de régularité à l'origine $F(0) = G(0) = 0$, il faut et suffit que l'on ait $s > 0$, donc la racine positive doit seule être retenue ([16]) :

$$s = \sqrt{\tau^2-\zeta^2}.$$

A chaque valeur de E correspond donc une solution régulière à l'origine. Elle a en général un comportement en $\rho^s e^{\rho}$ à l'infini, à moins que les deux développements (178) ne comportent qu'un nombre fini de terme. Ceci ne peut se produire que pour certaines valeurs particulières de E ; ce sont les niveaux d'énergie cherchés. Ceux-ci sont donnés, tous calculs faits, par l'expression :

$$m\left[1+\frac{\zeta^2}{(n'+s)^2}\right]^{-\frac{1}{2}}$$

n', nombre quantique radial, est le degré des polynômes figurant dans les

([16]) Nous supposons $\zeta < |\tau|$, soit encore : $Ze^2 < (J+\frac{1}{2})$. Cette condition est toujours remplie si $Z < 137$, ce qui est le cas en pratique. Si elle ne l'était pas, la discussion des conditions de régularité à l'origine serait beaucoup plus délicate.

expressions (178). Pour toute valeur positive de n', il existe une solution régulière pour chacune des deux valeurs de ϖ ; pour $n' = 0$, il existe une solution régulière pour $\varpi = -1$, mais pas de solution pour $\varpi = +1$.

Introduisons le nombre quantique principal :

$$n = J + \tfrac{1}{2} + n'.$$

Les résultats précédents peuvent être reformulés de la façon suivante. Les niveaux du spectre discret dépendent des deux nombres quantiques n et J suivant la formule :

$$E_{nJ} = m\left[1 + \frac{Z^2e^4}{(n - \varepsilon_J)^2}\right]^{-\frac{1}{2}} \tag{179}$$

$$\varepsilon_J = J + \tfrac{1}{2} - \sqrt{(J + \tfrac{1}{2})^2 - Z^2e^4} \tag{179'}$$

où n peut prendre toute valeur entière positive et J toute valeur demi-entière de l'intervalle $(0, n)$:

$$n = 1, 2, \ldots, \infty\,; \qquad J = \tfrac{1}{2}, \tfrac{3}{2}, \ldots, n - \tfrac{1}{2}.$$

A chaque valeur de J correspondent deux séries de $(2J + 1)$ solutions de parités opposées, sauf pour la valeur $J = n - \frac{1}{2}$ à laquelle correspond une seule série de $(2J + 1)$ solutions de parité $(-)^{n-1}$. Plutôt que de spécifier les parités, on peut aussi bien spécifier les valeurs de l, moment cinétique orbital des deux premières composantes du spineur ; rappelons que la parité de ce dernier est $(-)^l$.

On utilise couramment la notation spectroscopique nl_J pour distinguer ces différentes séries de solutions les unes des autres. Le tableau suivant donne la liste des premiers niveaux dans l'ordre croissant, avec les termes spectroscopiques qui leur correspondent [l'ordre de dégénérescence de chaque terme est $2J + 1$] :

$n = 1$	$J = \frac{1}{2}$	$1s_{\frac{1}{2}}$			$(n' = 0)$
$n = 2$	$J = \frac{1}{2}$	$2s_{\frac{1}{2}}$	$2p_{\frac{1}{2}}$		$(n' = 1)$
	$J = \frac{3}{2}$		$2p_{\frac{3}{2}}$		$(n' = 0)$
$n = 3$	$J = \frac{1}{2}$	$3s_{\frac{1}{2}}$	$3p_{\frac{1}{2}}$		$(n' = 2)$
	$J = \frac{3}{2}$		$3p_{\frac{3}{2}}$	$3d_{\frac{3}{2}}$	$(n' = 1)$
	$J = \frac{5}{2}$			$3d_{\frac{5}{2}}$	$(n' = 0)$.

Si l'on développe l'expression (179) en série de puissances de Z^2e^4, on trouve :

$$E_{nJ} = m\left[1 - \frac{Z^2e^4}{2n^2} - \frac{(Z^2e^4)^2}{2n^4}\left(\frac{n}{J + \frac{1}{2}} - \frac{3}{4}\right) + \ldots\right].$$

Le premier terme est le terme de masse. Le second $-Z^2e^4/2n^2$ est rigoureusement égal à la quantité prévue par la théorie non relativiste. Le troisième et les suivants donnent les corrections relativistes. Elles ont pour effet de lever partiellement la « dégénérescence accidentelle » des niveaux de la théorie non relativiste : pour n fixe, l'énergie de liaison $m - E$ de chaque terme se trouve légèrement augmentée ; cet accroissement dépend uniquement de J et il est d'autant plus prononcé que J est petit.

Les données expérimentales que l'on possède sur la structure fine de l'atome d'hydrogène et des atomes hydrogénoïdes (He^+ notamment) sont en substantiel accord avec ces prévisions.

Cependant, l'accord n'est pas absolument parfait. Le désaccord le plus net a été observé dans la structure fine des niveaux $n = 2$ de l'atome d'hydrogène ([17]). A l'approximation non relativiste, les trois niveaux $2s_{\frac{1}{2}}$, $2p_{\frac{1}{2}}$ et $2p_{\frac{3}{2}}$ sont égaux. Suivant la théorie de Dirac, les niveaux $2s_{\frac{1}{2}}$ et $2p_{\frac{1}{2}}$ sont encore égaux, tandis que le niveau $2p_{\frac{3}{2}}$ est légèrement moins profond (la séparation est de l'ordre de 10^{-4} eV). La séparation $2p_{\frac{3}{2}} - 2p_{\frac{1}{2}}$ est bien conforme aux prévisions de la théorie ; cependant, le niveau $2s_{\frac{1}{2}}$ est moins profond que le niveau $2p_{\frac{1}{2}}$ et la séparation $2s_{\frac{1}{2}} - 2p_{\frac{1}{2}}$ est égale environ au dixième de la séparation $2p_{\frac{3}{2}} - 2p_{\frac{1}{2}}$. Cet effet est connu sous le nom d'effet Lamb. Pour en rendre compte, il faut traiter rigoureusement l'interaction entre l'électron, le proton et le champ électromagnétique quantifié ; dans la théorie de Dirac, on ne retient de cette interaction que le potentiel coulombien, qui en est le terme principal ; l'effet Lamb représente les « corrections radiatives » à cette approximation ([18]).

V. — LIMITE NON RELATIVISTE DE L'ÉQUATION DE DIRAC

28. Petites et grandes composantes

Considérons les ondes planes d'énergie positive dont les composantes sont indiquées au tableau III. Supposons que l'énergie E_p diffère peu de l'énergie au repos :

$$W \equiv E_p - m \ll m.$$

Ce sont les conditions de l'approximation non relativiste. En effet, l'énergie cinétique W est dans ce cas sensiblement égale à $\frac{1}{2}mv^2$, et l'on a :

$$\frac{W}{m} \simeq \tfrac{1}{2}v^2 \ll 1.$$

([17]) W. E. Lamb et R. C. Retherford, *Phys. Rev.*, **72**, 241 (1947).

([18]) Les mesures les plus récentes de la séparation $2s_{\frac{1}{2}} - 2p_{\frac{1}{2}}$ donnent 1 057,77 ± 0,10 Mc/s (Mc/s ≡ Mégacycle par seconde) ; la valeur théorique obtenue lorsqu'on tient compte des « corrections radiatives » prévues par l'électrodynamique quantique est 1 057,99 ± 0,2 Mc/s (C. M. Sommerfield, *Phys. Rev.*, **107**, 328 (1957)).

On constate que la composante non nulle correspondant à $\beta = +1$ est alors beaucoup plus grande que l'autre :

$$\sigma_z = +1 \qquad \frac{u_3}{u_1} = \left(\frac{W}{W+2m}\right)^{\frac{1}{2}} \simeq O\left(\frac{v}{c}\right) \ll 1$$

$$\sigma_z = -1 \qquad \frac{u_4}{u_2} = -\left(\frac{W}{W+2m}\right)^{\frac{1}{2}} \simeq O\left(\frac{v}{c}\right) \ll 1.$$

Une observation analogue peut être faite à propos des ondes sphériques libres (cf. expression (173)) ou des fonctions propres de l'atome d'hydrogène (cf. notamment les solutions propres particulières définies dans le Problème 10). Ceci suggère qu'à l'approximation non relativiste, deux des composantes du spineur Ψ, les composantes Ψ_3 et Ψ_4 qui correspondent à la valeur propre -1 de β sont très petites et peuvent être négligées et que la théorie de Dirac est dans ces conditions équivalente à une théorie à deux composantes.

Afin de mettre ce point en évidence, nous écrivons le spineur de Dirac Ψ sous la forme (157), Φ et χ étant définis par les équations (158) ou (159). Comme cela a déjà été noté au § 25, Φ et χ peuvent être regardés comme des vecteurs de l'espace des états de la théorie non relativiste à deux composantes.

Avec ces notations, l'équation de Dirac relative à un état stationnaire d'énergie E s'écrit, sous la forme et dans la représentation de Dirac :

$$(\boldsymbol{\sigma}.(p - eA))\,\chi + (e\varphi + m)\,\Phi = E\Phi \tag{180 a}$$

$$(\boldsymbol{\sigma}.(p - eA))\,\Phi + (e\varphi - m)\,\chi = E\chi. \tag{180 b}$$

Posons :

$$\begin{aligned} \pi &= p - eA, & M &= E - e\varphi \\ W &= E - m, & M' &= \tfrac{1}{2}(m + M) = m + \tfrac{1}{2}(W - e\varphi). \end{aligned} \tag{181}$$

En résolvant l'équation (180 *b*) par rapport à χ et en portant la valeur obtenue dans l'équation (180 *a*), il vient successivement :

$$\chi = \frac{1}{2M'}(\boldsymbol{\sigma}.\boldsymbol{\pi})\,\Phi \tag{182}$$

$$\left[(\boldsymbol{\sigma}.\boldsymbol{\pi})\frac{1}{2M'}(\boldsymbol{\sigma}.\boldsymbol{\pi}) + e\varphi\right]\Phi = W\Phi. \tag{183}$$

Le système d'équations (182)-(183) est *rigoureusement équivalent* à l'équation de Dirac.

A la limite non relativiste,

$$W,\ e\varphi,\ p,\ eA \ll m, \qquad M' \simeq m. \tag{184}$$

Il est clair, à l'examen de l'équation (182), que l'on a

$$\chi \ll \Phi$$

et que le rapport de ces deux quantités est de l'ordre de p/m, c'est-à-dire de v/c. Nous donnons désormais à χ et Φ le nom de *petites composantes* et de *grandes composantes* respectivement.

Dans toute la suite de cette section, nous aurons à distinguer entre *opérateurs « pairs »* et *« impairs »*. Par définition :

(*i*) un opérateur $\mathcal{P}$ est « pair » s'il n'a pas d'élément de matrice reliant les petites et les grandes composantes (exemples : $\boldsymbol{p}$, $\boldsymbol{r}$, $\boldsymbol{L}$, $\boldsymbol{\sigma}$, $\boldsymbol{J}$, $P(\boldsymbol{r}_0)$, β) ;

(*ii*) un opérateur $\mathcal{J}$ est « impair » si ses seuls éléments de matrices non nuls relient petites et grandes composantes (exemples : $\boldsymbol{\alpha}$, $\beta\boldsymbol{\alpha}$, γ^5, $\boldsymbol{j}(\boldsymbol{r}_0)$).

De façon équivalente, $\mathcal{P}$ est un opérateur qui commute avec β, $\mathcal{J}$ un opérateur qui anticommute avec β :

$$\mathcal{P} = \beta\mathcal{P}\beta, \qquad \mathcal{J} = -\beta\mathcal{J}\beta. \tag{185}$$

Tout opérateur Q est égal à la somme d'un opérateur « pair » et d'un opérateur « impair » et cette décomposition est unique :

$$Q = \tfrac{1}{2}[Q + \beta Q\beta] + \tfrac{1}{2}[Q - \beta Q\beta].$$

Les produits de deux opérateurs « pairs », de deux opérateurs « impairs » sont des opérateurs « pairs » respectivement ; le produit d'un opérateur « impair » par un opérateur « pair » est un opérateur « impair ».

29. La théorie de Pauli comme limite non relativiste de la théorie de Dirac

Reprenons le système d'équations (182)-(183). En négligeant les petites composantes, on fait une erreur de l'ordre de v^2/c^2 sur la condition de normalisation de la fonction d'onde. On fait une erreur du même ordre en remplaçant dans l'équation (183) l'opérateur M' par la masse m. A cette approximation, l'équation (183) prend la forme d'une équation aux valeurs propres [19] :

$$H_{n.r.}\Phi = W\Phi \tag{186}$$

d'un certain Hamiltonien

$$H_{n.r.} \equiv \frac{1}{2m}(\boldsymbol{\sigma}.\boldsymbol{\pi})(\boldsymbol{\sigma}.\boldsymbol{\pi}) + e\varphi \tag{187}$$

agissant sur la fonction d'onde à deux composantes Φ. L'équation (186) définit l'énergie W à v^2/c^2 près.

Afin de mettre $H_{n.r.}$ sous une forme plus familière nous appliquerons l'identité (XIII.83) en prenant garde que les composantes de $\boldsymbol{\pi}$ ne commutent pas entre elles et que par suite :

$$\boldsymbol{\pi} \times \boldsymbol{\pi} = ie \operatorname{rot} \boldsymbol{A} = ie\boldsymbol{\mathcal{H}}.$$

[19] En toute rigueur, l'équation (183) n'est pas une équation aux valeurs propres, car l'opérateur entre crochets du premier membre dépend de la « valeur propre » W par l'intermédiaire de M'.

Tous calculs faits,

$$H_{n.r.} = \frac{1}{2m}(p - eA)^2 - \frac{e}{2m}(\sigma . \mathcal{H}) + e\varphi. \tag{188}$$

On reconnaît l'Hamiltonien de la théorie de Pauli correspondant à une particule de masse m, de charge e et de moment magnétique intrinsèque :

$$\mu = \mu_B \sigma \qquad (\mu_B \equiv \text{magnéton de Bohr} \equiv e/2m).$$

Non seulement la théorie de Dirac prédit l'existence d'un moment magnétique intrinsèque pour l'électron, mais elle donne la valeur correcte de ce moment (§ XIII.18). C'est là un des succès majeurs de cette théorie ([20])

Pour qu'à l'approximation considérée, la théorie de Dirac soit équivalente à la théorie à deux composantes de Pauli, il faut pouvoir faire correspondre aux opérateurs de la théorie de Dirac des opérateurs n'agissant que sur les grandes composantes seulement.

Une telle correspondance peut effectivement être réalisée dans la mesure où lesdits opérateurs n'interviennent dans les calculs que par leurs éléments de matrice entre états Ψ', Ψ'' dont l'énergie est positive et suffisamment voisine de celle de la masse en repos pour qu'on puisse leur appliquer l'approximation non relativiste.

S'il s'agit d'un opérateur pair $\mathcal{P}$, l'élément de matrice $\langle\Psi''|\mathcal{P}|\Psi'\rangle$ se met sous la forme :

$$\langle\Phi''|\mathcal{P}|\Phi'\rangle + \langle\chi''|\mathcal{P}|\chi'\rangle.$$

Le deuxième terme de la somme est, toutes choses égales, $(v/c)^2$ fois plus petit que le premier et peut être négligé à l'approximation discutée ici. $\mathcal{P}$ peut donc être remplacé par sa projection sur l'espace des grandes composantes : celle-ci représente dans la théorie non relativiste de Pauli la grandeur physique représentée par $\mathcal{P}$ dans la théorie de Dirac.

S'il s'agit d'un opérateur impair, $\mathfrak{J}$, on a

$$\langle\Psi''|\mathfrak{J}|\Psi'\rangle = \langle\Phi''|\mathfrak{J}|\chi'\rangle + \langle\chi''|\mathfrak{J}|\Phi'\rangle.$$

Les petites composantes interviennent explicitement dans chaque terme du

([20]) En fait, la valeur expérimentale $\mu_{\text{exp.}}$ diffère légèrement de cette valeur théorique du moment magnétique de l'électron (P. KUSCH et H. M. FOLEY, *Phys. Rev.*, **72**, 1256 (1947)). Les mesures les plus récentes donnent :

$$\Delta\mu_{\text{exp.}} \equiv \mu_{\text{exp.}} - \mu_B = 1{,}165 \pm 0{,}011 \times 10^{-3}\mu_B.$$

Les « corrections radiatives » prévues par l'électrodynamique quantique rendent compte de l'existence de ce moment magnétique anormal ; elles donnent en effet (SOMMERFIELD, *loc. cit.*) :

$$\Delta\mu_{\text{th.}} = 1{,}163 \times 10^{-3}\mu_B.$$

Notons en passant que l'équation obtenue en ajoutant à l'opérateur de Dirac le terme $\varkappa\mu_B\sigma_{\mu\nu}F^{\mu\nu}$ possède toutes les propriétés d'invariance de l'équation de Dirac et ceci quelle que soit la valeur donnée à la constante numérique $\varkappa$; une telle équation décrit une particule de masse m, de charge e et de moment magnétique intrinsèque $(1 + \varkappa)\mu_B$.

second membre. A l'approximation considérée cependant, l'équation (182) donne :

$$|\chi\rangle = \rho_1 \frac{\boldsymbol{\sigma}.\boldsymbol{\pi}}{2m} |\Phi\rangle$$

d'où :

$$\langle\Psi''|\mathfrak{J}|\Psi'\rangle = \frac{1}{2m} \langle\Phi''| [\mathfrak{J}\,\rho_1(\boldsymbol{\sigma}.\boldsymbol{\pi}) + (\boldsymbol{\sigma}.\boldsymbol{\pi})\,\rho_1\mathfrak{J}]\,|\Phi'\rangle.$$

$\mathfrak{J}$ peut donc être remplacé par la projection sur l'espace des grandes composantes de l'opérateur

$$\frac{1}{2m} [\mathfrak{J}\,\rho_1(\boldsymbol{\sigma}.\boldsymbol{\pi}) + (\boldsymbol{\sigma}.\boldsymbol{\pi})\,\rho_1\mathfrak{J}].$$

Ainsi la « vitesse » $\boldsymbol{\alpha} \equiv \rho_1\boldsymbol{\sigma}$ peut être remplacée par l'opérateur de l'espace des grandes composantes

$$\boldsymbol{\pi}/m \equiv [\boldsymbol{\sigma}(\boldsymbol{\sigma}.\boldsymbol{\pi}) + (\boldsymbol{\sigma}.\boldsymbol{\pi})\,\boldsymbol{\sigma}]/2m.$$

De même, la densité de courant au point $\boldsymbol{r}_0$:

$$\boldsymbol{j}(\boldsymbol{r}_0) \equiv \rho_1\boldsymbol{\sigma}\,\delta(\boldsymbol{r}-\boldsymbol{r}_0)$$

peut être remplacé par l'opérateur de l'espace des grandes composantes

$$\big(\boldsymbol{j}(\boldsymbol{r}_0)\big)_{n.r.} \equiv \delta(\boldsymbol{r}-\boldsymbol{r}_0)\,\boldsymbol{\sigma}\left(\frac{\boldsymbol{\sigma}.\boldsymbol{\pi}}{2m}\right) + \left(\frac{\boldsymbol{\sigma}.\boldsymbol{\pi}}{2m}\right)\boldsymbol{\sigma}\,\delta(\boldsymbol{r}-\boldsymbol{r}_0)$$

soit encore, en appliquant l'identité (XIII.83) :

$$\big(\boldsymbol{j}(\boldsymbol{r}_0)\big)_{n.r.} \equiv \boldsymbol{j}^{(I)} + \boldsymbol{j}^{(II)} \tag{189}$$

$$\boldsymbol{j}^{(I)} \equiv [\delta(\boldsymbol{r}-\boldsymbol{r}_0)\,\boldsymbol{\pi} + \boldsymbol{\pi}\,\delta(\boldsymbol{r}-\boldsymbol{r}_0)]/2m \tag{190 a}$$

$$\boldsymbol{j}^{(II)} \equiv \mathrm{i}[\delta(\boldsymbol{r}-\boldsymbol{r}_0)\,(\boldsymbol{p}\times\boldsymbol{\sigma}) - (\boldsymbol{p}\times\boldsymbol{\sigma})\,\delta(\boldsymbol{r}-\boldsymbol{r}_0)]/2m. \tag{190 b}$$

A cette limite, le courant électrique de Dirac $e\boldsymbol{j}$ se compose donc de deux termes. Le premier, $e\boldsymbol{j}^{(I)}$, est identique au courant de la théorie de Schrödinger (cf. Problème IV.1). Pour interpréter le second, nous examinons son élément de matrice entre les grandes composantes Φ' et Φ''. Tous calculs faits, on trouve :

$$\langle\Phi''|e\boldsymbol{j}^{(II)}|\Phi'\rangle = \frac{e}{2m}\,\mathrm{rot}\,\langle\Phi''|\delta(\boldsymbol{r}-\boldsymbol{r}_0)\,\boldsymbol{\sigma}|\Phi'\rangle.$$

C'est un terme de courant magnétique et la quantité :

$$\frac{e}{2m}\langle\Phi''|\delta(\boldsymbol{r}-\boldsymbol{r}_0)\,\boldsymbol{\sigma}\,|\Phi'\rangle \equiv \langle\Phi''|\,\delta(\boldsymbol{r}-\boldsymbol{r}_0)\,\boldsymbol{\mu}\,|\Phi'\rangle$$

s'interprète comme une densité de moment magnétique. On note que ce courant magnétique a une divergence nulle; il ne donne donc aucune contribution à l'équation de continuité.

30. Application : structure hyperfine et couplage dipole-dipole.

Considérons un électron dans le champ électrique d'un atome, champ décrit par un certain potentiel électrostatique $\varphi(r)$, et examinons l'effet du champ créé par le moment magnétique $\boldsymbol{M}$ du noyau. Le champ créé par un dipole magnétique $\boldsymbol{M}$ situé à l'origine des coordonnées, peut être représenté par le potentiel vecteur :

$$\boldsymbol{A} \equiv \boldsymbol{M} \times \boldsymbol{r}/r^3 \tag{191}$$

$$\equiv \operatorname{rot}(\boldsymbol{M}/r). \tag{191'}$$

La présence de ce champ se traduit par un terme additionnel $-e\boldsymbol{\alpha}.\boldsymbol{A}$ dans l'Hamiltonien de Dirac.

Pour déterminer l'effet de ce champ à l'approximation non relativiste, nous pouvons calculer la limite non relativiste de l'opérateur $-e\boldsymbol{\alpha}.\boldsymbol{A}$ par la méthode du paragraphe précédent. Nous pouvons aussi bien examiner directement les modifications apportées à l'Hamiltonien de Pauli (188) par la présence de $\boldsymbol{M}$. Les deux méthodes sont équivalentes. C'est la seconde que nous adoptons ici.

Si nous ne retenons que les termes linéaires en $\boldsymbol{M}$, l'Hamiltonien de Pauli contient les deux termes supplémentaires :

$$I_a = -\frac{e}{2m}(\boldsymbol{p}.\boldsymbol{A} + \boldsymbol{A}.\boldsymbol{p})$$

$$I_b = -\frac{e}{2m}(\boldsymbol{\sigma}.\boldsymbol{\mathcal{H}}) = -\boldsymbol{\mu}.\boldsymbol{\mathcal{H}};$$

$\boldsymbol{\mathcal{H}}$ est ici le champ créé par le dipole $\boldsymbol{M}$.

I_a est un terme de couplage spin-orbite (spin du noyau, orbite de l'électron). En effet, il est clair (cf. équ. (191')) que div $\boldsymbol{A} = 0$, d'où :

$$I_a = -\frac{e}{m}\boldsymbol{A}.\boldsymbol{p}$$

Substituant au second membre l'expression (191) et introduisant le moment cinétique orbital de l'électron $\boldsymbol{L} \equiv \boldsymbol{r} \times \boldsymbol{p}$, on trouve :

$$I_a = -e\boldsymbol{M}.\boldsymbol{L}/mr^3 \tag{192}$$

I_b est le terme de couplage spin-spin ou terme de couplage dipole-dipole. Pour le calculer, nous nous servons de l'expression (191') de $\boldsymbol{A}$:

$$I_b = -\boldsymbol{\mu}.(\nabla \times \boldsymbol{A}) = -\boldsymbol{\mu}.\left[\nabla \times \left(\nabla \times \frac{\boldsymbol{M}}{r}\right)\right]$$

$$= (\boldsymbol{\mu}.\boldsymbol{M})\, \Delta\left(\frac{1}{r}\right) - [(\boldsymbol{\mu}.\nabla)(\boldsymbol{M}.\nabla)]\left(\frac{1}{r}\right). \tag{193}$$

Lorsque $r \neq 0$, on calcule aisément I_b en effectuant les dérivations, ce qui donne :

$$-\frac{3(\boldsymbol{M}.\boldsymbol{r})(\boldsymbol{\mu}.\boldsymbol{r})-(\boldsymbol{M}.\boldsymbol{\mu})r^2}{r^5}.$$

Considérée comme une simple fonction, l'expression (193) présente une singularité en $1/r^3$ à l'origine. Pour déterminer l'action de l'opérateur I_b, il convient d'examiner le résultat de l'intégration du produit de cette quantité par une fonction régulière $f(r)$ dans un petit domaine entourant le point $r = 0$. A cet effet, nous mettons I_b sous la forme :

$$I_b = \tfrac{2}{3}(\boldsymbol{\mu}.\boldsymbol{M})\Delta\left(\frac{1}{r}\right)-[(\boldsymbol{\mu}.\nabla)(\boldsymbol{M}.\nabla)-\tfrac{1}{3}(\boldsymbol{\mu}.\boldsymbol{M})\Delta]\left(\frac{1}{r}\right). \qquad (193')$$

Le second terme de cette expression est un opérateur tensoriel d'ordre 2 dans l'espace des fonctions de $\boldsymbol{r}$; si, pour effectuer l'intégration indiquée plus haut, on développe $f(r)$ en harmoniques sphériques, seuls les coefficients des harmoniques sphériques d'ordre 2 contribuent à l'intégration sur les angles ; ceux-ci s'annulent à l'origine comme r^2 au moins ; aussi la contribution du second terme de l'expression (193') est-elle nulle à l'origine, malgré la singularité en $1/r^3$. Quant au premier terme, on peut le mettre sous la forme — $(8\pi/3)(\boldsymbol{\mu}.\boldsymbol{M})\,\delta(\boldsymbol{r})$ en utilisant l'identité (A.12). En conclusion, on a, quel que soit $\boldsymbol{r}$, origine comprise :

$$I_b = -\frac{8\pi}{3}(\boldsymbol{M}.\boldsymbol{\mu})\,\delta(\boldsymbol{r})-\frac{1}{r^3}\left[3\left(\boldsymbol{M}.\frac{\boldsymbol{r}}{r}\right)\left(\boldsymbol{\mu}.\frac{\boldsymbol{r}}{r}\right)-(\boldsymbol{M}.\boldsymbol{\mu})\right]. \qquad (194)$$

Les expressions (192) et (194) sont valables à la limite non relativiste et permettent de déterminer à v^2/c^2 près la structure hyperfine des niveaux de l'atome. En particulier, la contribution à la structure hyperfine des électrons s est donnée par le terme de contact — $(8\pi/3)(\boldsymbol{\mu}.\boldsymbol{M})\,\delta(\boldsymbol{r})$.

31. Corrections d'ordre supérieur et transformation de Foldy-Wouthuysen

A l'ordre le plus bas en v/c, la théorie de Dirac est équivalente à la théorie à deux composantes de Pauli. Il est possible d'obtenir les corrections relativistes d'ordre supérieur en partant toujours des équations (182)-(183). A cet effet, on substitue à $1/M'$ son développement en série de puissances de $[(W-e\varphi)/2m]$:

$$\frac{1}{M'}=\frac{1}{m}\left[1-\frac{W-e\varphi}{2m}+\left(\frac{W-e\varphi}{2m}\right)^2-\dots\right]$$

Comme :

$$\left\langle\frac{W-e\varphi}{2m}\right\rangle \simeq \left\langle\frac{\pi^2}{4m^2}\right\rangle \simeq O\left(\frac{v^2}{c^2}\right),$$

c'est essentiellement un développement en série de puissances de v^2/c^2. Si l'on arrête ce développement au premier terme, on retrouve la théorie de

Pauli, c'est ce qui a été fait au § 29. On obtient les corrections relativistes d'ordre supérieur en poussant le développement au-delà de son premier terme. Cependant, dès que l'on tient compte de corrections de l'ordre de v^2/c^2, la théorie de Dirac sous sa forme (182-183) cesse d'être formellement équivalente à une théorie à deux composantes. En effet :

1° La contribution des petites composantes ne peut plus être négligée, ni dans la normalisation, ni dans le calcul des éléments de matrice d'opérateurs pairs ;

2° L'équation (183) n'est plus, à proprement parler, une équation aux valeurs propres (cf. note [19]).

Bien que cette circonstance ne condamne pas absolument la méthode, elle rend son application et l'interprétation de ses résultats plus délicates. Foldy et Wouthuysen [21] ont proposé une autre méthode qui permet d'approcher la théorie de Dirac par une théorie à deux composantes à n'importe quel ordre en v/c donné à l'avance. Elle consiste essentiellement à effectuer sur les fonctions d'onde et les opérateurs de la théorie de Dirac une transformation unitaire convenablement choisie. Dans la nouvelle « représentation » — nous l'appellerons la « représentation » FW — l'Hamiltonien de Dirac est, à l'ordre en v/c que l'on s'est fixé, un opérateur « pair », de sorte que les petites et les grandes composantes sont à cette approximation complètement découplées dans l'équation d'onde ; on peut donc ignorer purement et simplement les petites composantes et obtenir ainsi la théorie à deux composantes cherchée. Les opérateurs de la théorie à deux composantes se déduisent alors simplement des opérateurs « pairs » de la « représentation » FW et non de ceux de l'ancienne « représentation ». On est ainsi conduit à une nouvelle interprétation des opérateurs de la mécanique non relativiste, notamment de l'opérateur de position, interprétation à beaucoup d'égards plus satisfaisante que l'ancienne.

Le reste de cette section est consacré à la transformation FW et à son application à l'approximation non relativiste de l'équation de Dirac.

32. Transformation FW pour une particule libre

Dans le cas d'une particule libre, on peut découpler petites et grandes composantes à tous les ordres en v/c.

Considérons en effet l'Hamiltonien de Dirac

$$H_0 \equiv \boldsymbol{\alpha}.\boldsymbol{p} + \beta m.$$

Soit Γ_+ le projecteur sur l'espace des solutions d'énergie positive, Γ_- le projecteur sur celui des solutions d'énergie négative :

$$\Gamma_\pm = \frac{1}{2}\left[1 \pm \frac{H_0}{E_p}\right] = \frac{1}{2}\left[1 \pm \frac{\boldsymbol{\alpha}.\boldsymbol{p} + \beta m}{E_p}\right] \qquad (105)$$

$$E_p \equiv \sqrt{m^2 + p^2}.$$

([21]) L. L. Foldy et S. A. Wouthuysen, *Phys. Rev.*, **78**, 29 (1958).

D'autre part, désignons par B_+ et B_- les projecteurs sur l'espace des grandes composantes et celui des petites composantes respectivement :

$$B_{\pm} \equiv \tfrac{1}{2}(1 \pm \beta).$$

Par définition, l'opérateur U, qui permet de passer à la « représentation » FW, transforme respectivement Γ_+ en B_+ et Γ_- en B_-. Si nous affectons d'un « prime » les vecteurs et les opérateurs de la « représentation » FW, nous avons donc :

$$U^\dagger U = U U^\dagger = 1$$

$$\Gamma'_{\pm} \equiv U \Gamma_{\pm} U^\dagger = B_{\pm}.$$

Pour achever de déterminer U, nous lui imposons d'être invariant par translation, rotation et réflexion. On peut alors montrer — nous en laissons le soin au lecteur — que U est défini à un facteur de phase près. Fixant cette phase on trouve :

$$U = \sqrt{\frac{2E_p}{m + E_p}}\frac{1}{2}\left[1 + \beta\frac{H_0}{E_p}\right] \tag{196}$$

$$= \sqrt{\frac{m + E_p}{2E_p}} + \beta\frac{\boldsymbol{\alpha}.\boldsymbol{p}}{\sqrt{2E_p(m + E_p)}}. \tag{196'}$$

On vérifie aisément que cette expression de U possède bien toutes les propriétés désirées.

U étant indépendant du temps, l'Hamiltonien H_F qui gouverne l'évolution des états dans la « représentation » FW est simplement donné par l'équation

$$H_F = U H_D U^\dagger$$

ce qui donne, en utilisant l'expression (196),

$$H_F = \beta E_p \equiv \beta(m^2 + p^2)^{\frac{1}{2}}. \tag{197}$$

Comme H_F est un opérateur pair, les grandes composantes Φ' et les petites composantes χ' sont complètement découplées dans l'équation d'évolution, conformément au résultat annoncé :

$$\mathrm{i}\partial\Phi'/\partial t = E_p\Phi' \tag{198 a}$$

$$\mathrm{i}\partial\chi'/\partial t = -E_p\chi'. \tag{198 b}$$

Si on se limite aux solutions d'énergie positive — *a fortiori* aux énergies non relativistes — la théorie de Dirac est équivalente à la théorie à deux composantes représentée par l'équation (198 *a*) et cette équivalence est rigoureuse à tous les ordres en v/c.

L'opérateur U commute avec $\boldsymbol{p}$, $\boldsymbol{J}$ et avec l'opérateur parité P, mais il ne commute pas avec $\boldsymbol{r}$. Dans une représentation où $\boldsymbol{r}$ est diagonal, c'est un opérateur intégral d'élément de matrice :

$$\langle \boldsymbol{r}|U|\boldsymbol{r}'\rangle = \int\int \langle \boldsymbol{r}|\boldsymbol{p}\rangle\, \mathrm{d}\boldsymbol{p}\, \langle \boldsymbol{p}|U|\boldsymbol{p}'\rangle\, \mathrm{d}\boldsymbol{p}'\, \langle \boldsymbol{p}'|\boldsymbol{r}'\rangle,$$

ce qui donne, en utilisant l'expression (196′),

$$\langle \boldsymbol{r}|U|\boldsymbol{r}'\rangle = (2\pi)^{-3}\int\left[\sqrt{\frac{m+E_p}{2E_p}} + \beta\frac{\boldsymbol{\alpha}.\boldsymbol{p}}{\sqrt{2E_p(m+E_p)}}\right]\mathrm{e}^{i\boldsymbol{p}.(\boldsymbol{r}-\boldsymbol{r}')}\,\mathrm{d}\boldsymbol{p}$$

$\langle \boldsymbol{r}|U|\boldsymbol{r}'\rangle$ est une fonction de $(\boldsymbol{r}-\boldsymbol{r}')$ pratiquement nulle lorsque $|\boldsymbol{r}-\boldsymbol{r}'| \gg 1/m$, mais de valeur non négligeable tant que $|\boldsymbol{r}-\boldsymbol{r}'|$ reste inférieur ou de l'ordre de $1/m$. La transformation FW est donc une transformation non locale dans laquelle le spineur $\Psi'(\boldsymbol{r})$, transformé de $\Psi(\boldsymbol{r})$, s'obtient en effectuant une certaine moyenne sur les valeurs prises par Ψ dans un certain volume entourant $\boldsymbol{r}$ et dont les dimensions linéaires sont de l'ordre de grandeur de $1/m$, longueur d'onde de Compton de la particule.

La position de la particule est représentée dans la « représentation » FW par l'opérateur

$$\boldsymbol{r}' \equiv U\boldsymbol{r}U^\dagger.$$

Cet opérateur est distinct de $\boldsymbol{r}$. Après Foldy et Wouthuysen, nous donnerons le nom de *position moyenne* à la grandeur représentée par $\boldsymbol{r}$ dans la « représentation » FW. Dans la « représentation » ordinaire, il est représenté par un certain opérateur $\boldsymbol{R}$ et l'on a $\boldsymbol{R}' \equiv \boldsymbol{r}$, donc :

$$\boldsymbol{R} \equiv U^\dagger\boldsymbol{r}U.$$

Dans la représentation de Dirac, $\boldsymbol{R}$ est un opérateur non local dont l'action sur un spineur $\Psi(\boldsymbol{r})$ consiste en gros à multiplier par $\boldsymbol{r}$ tout en remplaçant la valeur en chaque point par une certaine moyenne des valeurs du spineur dans un domaine de l'ordre de $1/m$ entourant le point, d'où le nom de position moyenne mentionné plus haut.

Q' étant une observable « paire » de la « représentation » FW, l'observable $Q_{n.r.}$ qui lui correspond dans la théorie à deux composantes définie plus haut, s'en déduit en ne retenant de Q' que les éléments de matrice entre vecteurs de l'espace des grandes composantes : $Q_{n.r.} \equiv B_+Q'B_+$. En particulier, l'observable $\boldsymbol{r}$ qui représente la position dans la théorie à deux composantes correspond à la « position moyenne » $\boldsymbol{R}$ et non à l'opérateur de position de la théorie de Dirac proprement dit [22].

33. Transformation FW pour une particule dans un champ

En présence de champ, l'Hamiltonien de Dirac se met sous la forme :

$$H = \beta m + \mathcal{O} + \mathcal{E}$$
$$\mathcal{O} \equiv \boldsymbol{\alpha}.\boldsymbol{\pi} = \boldsymbol{\alpha}.(\boldsymbol{p} - e\boldsymbol{A}), \qquad \mathcal{E} \equiv e\varphi.$$

[22] Conformément à l'interprétation donnée ici, le moment cinétique orbital $\boldsymbol{r}\times\boldsymbol{p}$ et le spin $\boldsymbol{\sigma}$ de la théorie à deux composantes ne correspondent pas au moment cinétique orbital et au spin de la théorie de Dirac, mais au « moment cinétique moyen » $\boldsymbol{R}\times\boldsymbol{p}$ et au « spin moyen » $\boldsymbol{\Sigma}$. $\boldsymbol{\Sigma}$ est ici l'opérateur auquel correspond $\boldsymbol{\sigma}$ dans la « représentation » FW : $\boldsymbol{\Sigma}' \equiv \boldsymbol{\sigma}$. Le lecteur vérifiera que chacune des composantes du spin moyen et chacune des composantes du moment cinétique orbital moyen commutent avec l'Hamiltonien de la particule libre ; le spin et le moment cinétique orbital proprement dits ne possèdent pas cette propriété. Notons également que :

$$\boldsymbol{J} \equiv (\boldsymbol{r}\times\boldsymbol{p}) + \tfrac{1}{2}\boldsymbol{\sigma} = (\boldsymbol{R}\times\boldsymbol{p}) + \tfrac{1}{2}\boldsymbol{\Sigma}.$$

Il n'existe pas en général de « représentation » dans laquelle l'Hamiltonien est rigoureusement « pair ». On peut cependant passer, par transformations unitaires successives, à des « représentations » dont les Hamiltoniens respectifs ont une partie « impaire » d'ordre de plus en plus élevé en v/c.

Effectuons, en effet, la transformation unitaire :

$$U = \exp\,(\beta\,\mathfrak{J}/2m).$$

L'Hamiltonien H_1 qui gouverne l'évolution des états dans la nouvelle représentation est donné par l'équation :

$$H_1 = UHU^\dagger - \mathrm{i}U\partial U^\dagger/\partial t.$$

En se servant du fait que $\beta\mathfrak{J}$ anticommute avec $(\beta m + \mathfrak{J})$ et que $U^\dagger = \exp\,(-\beta\,\mathfrak{J}/2m)$, on obtient :

$$\begin{aligned} U(\beta m + \mathfrak{J})\,U^\dagger &= U^2(\beta m + \mathfrak{J}) \\ &= \beta m[\cos(\mathfrak{J}/m) + (\mathfrak{J}/m)\sin(\mathfrak{J}/m)] \\ &\qquad + m[(\mathfrak{J}/m)\cos(\mathfrak{J}/m) - \sin(\mathfrak{J}/m)]. \end{aligned}$$

Quant aux termes $U\mathfrak{T}U^\dagger$ et $-\mathrm{i}\,U\partial U^\dagger/\partial t$, on peut les mettre sous forme d'un développement en série de puissance de $\mathfrak{J}/m$ en se servant de l'identité entre opérateurs (cf. Problème VIII.4) valable quels que soient les opérateurs A et B :

$$\mathrm{e}^A B \mathrm{e}^{-A} = B + [A,B] + \frac{1}{2}[A,[A,B]] + \ldots + \frac{1}{n!}\overbrace{[A,[A,\ldots[A,[A,B]]\ldots]]}^{n\text{ crochets}} + \ldots$$

Donnons simplement le résultat du calcul de H' lorsque $\mathfrak{J}$ ne dépend pas du temps. Comme il s'agit d'une première approximation, nous posons : $H' = H_1$. On trouve :

$$\begin{aligned} H_1 &= \beta m + \mathfrak{T}_1 + \mathfrak{J}_1 \\ \mathfrak{T}_1 &= \mathfrak{T} + \beta\frac{\mathfrak{J}^2}{2m} - \frac{1}{8}m\left[\frac{\mathfrak{J}}{m},\left[\frac{\mathfrak{J}}{m},\frac{\mathfrak{T}}{m}\right]\right] - \frac{1}{8}\beta m\left(\frac{\mathfrak{J}}{m}\right)^4 + \ldots \\ \mathfrak{J}_1 &= m\left(\frac{1}{2}\beta\left[\frac{\mathfrak{J}}{m},\frac{\mathfrak{T}}{m}\right] - \frac{1}{3}\left(\frac{\mathfrak{J}}{m}\right)^3\right) + \ldots \end{aligned}$$

Les parties « paires » et « impaires » de H_1 dont données sous forme de développements. Les termes explicités permettent de trouver l'expression de $\mathfrak{T}_1$ à $(\mathfrak{J}/m)^6$ ou $(\mathfrak{T}/m)\,(\mathfrak{J}/m)^4$ près et celle de $\mathfrak{J}_1$ à $(\mathfrak{J}/m)^5$ ou $(\mathfrak{T}/m)\,(\mathfrak{J}/m)^3$ près. La partie « impaire » de H_1 est donc inférieure à celle de H d'un facteur de l'ordre de $\mathfrak{T}/m$ ou $(\mathfrak{J}/m)^2$ au moins. A la limite non relativiste, $\mathfrak{T}/m$ et $\mathfrak{J}/m$ sont de l'ordre de $(v/c)^2$ et v/c respectivement ; $\mathfrak{J}_1$ est donc de l'ordre de $(v/c)^3$.

Répétons sur H_1 l'opération qui vient d'être faite sur H. En d'autres termes faisons une nouvelle transformation unitaire, d'opérateur :

$$U_1 = \exp\,(\beta\,\mathfrak{J}_1/2m),$$

et désignons par H_2 le nouvel Hamiltonien. Sa partie « impaire » $\mathfrak{I}_2$ est inférieure à celle de H_1 d'un facteur de l'ordre de $\mathcal{T}_1/m$ ou $(\mathfrak{I}_1/m)^2$ au moins : à la limite non relativiste, $\mathcal{T}_1/m$ est de l'ordre de $(v/c)^2$, $(\mathfrak{I}_1/m)^2$ de l'ordre de $(v/c)^6$; $\mathfrak{I}_2$ est donc de l'ordre de $(v/c)^5$. Si l'on néglige les termes de cet ordre, H_2 est un opérateur « pair » donné par la formule :

$$\begin{aligned} H_2 &\simeq \beta m + \mathcal{T}_1 + O(v^5) \\ &\simeq \beta m + \mathcal{T} + \beta \frac{\mathfrak{I}^2}{2m} - \frac{1}{8} m \left[\frac{\mathfrak{I}}{m}, \left[\frac{\mathfrak{I}}{m}, \frac{\mathcal{T}}{m}\right]\right] - \frac{1}{8} \beta m \left(\frac{\mathfrak{I}}{m}\right)^4 + O(v^5) \\ &\simeq \beta m + e\varphi + \frac{1}{2m} \beta (\boldsymbol{\sigma}.\boldsymbol{\pi})^2 - \frac{1}{8m^2}\left[(\boldsymbol{\sigma}.\boldsymbol{\pi}), \left[(\boldsymbol{\sigma}.\boldsymbol{\pi}), \varphi\right]\right] - \frac{1}{8m^3} \beta (\boldsymbol{\sigma}.\boldsymbol{\pi})^4 + O(v^5). \end{aligned}$$

De même, si l'on néglige les termes de l'ordre de $(v/c)^3$, H_1 est un opérateur « pair » donné par la formule

$$H_1 \simeq \beta m + e\varphi + \frac{1}{2m} \beta (\boldsymbol{\sigma}.\boldsymbol{\pi})^2 + O(v^3).$$

Ceci posé, le passage à la théorie à deux composantes se fait comme dans le cas de la particule libre. A $(v/c)^5$ près, les solutions d'énergie positive sont représentées par les fonctions d'onde Φ' de l'espace des grandes composantes, qui obéissent à l'équation

$$i\partial \Phi'/\partial t = (m + H'_{n.r.})\, \Phi'$$

où $(m + H'_{n.r.})$ est la projection de l'expression approchée de H_2 indiquée plus haut sur l'espace des grandes composantes ; autrement dit :

$$H'_{n.r.} = e\varphi + \frac{1}{2m} (\boldsymbol{\sigma}.\boldsymbol{\pi})^2 - \frac{e}{8m^2}\left[(\boldsymbol{\sigma}.\boldsymbol{\pi}), \left[(\boldsymbol{\sigma}.\boldsymbol{\pi}), \varphi\right]\right] - \frac{1}{8m^3} (\boldsymbol{\sigma}.\boldsymbol{\pi})^4. \quad (199)$$

Les deux premiers termes constituent l'Hamiltonien $H_{n.r.}$ de la théorie de Pauli. Les deux derniers constituent les corrections relativistes d'ordre $(v/c)^2$ à l'énergie non relativiste $H_{n.r.}$.

Un calcul simple donne :

$$(\boldsymbol{\sigma}.\boldsymbol{\pi})^4 = \left(\boldsymbol{\pi}^2 - e(\boldsymbol{\sigma}.\boldsymbol{\mathcal{H}})\right)^2 \quad (200)$$

$$\left[(\boldsymbol{\sigma}.\boldsymbol{\pi}), \left[(\boldsymbol{\sigma}.\boldsymbol{\pi}), \varphi\right]\right] = \operatorname{div} \boldsymbol{\mathcal{E}} + 2\boldsymbol{\sigma}.(\boldsymbol{\mathcal{E}} \times \boldsymbol{\pi}) \quad (201)$$

et permet de mettre $H'_{n.r.}$ sous une forme plus familière.

Par application successive d'un nombre suffisant de transformations unitaires comme celles qui viennent d'être décrites, on peut ainsi bâtir une théorie à deux composantes donnant les états d'énergie positive à l'ordre que l'on désire en v/c. Chaque transformation nouvelle réduit l'erreur d'un facteur $(v/c)^2$. L'étude de la convergence du développement est délicate ; très vraisemblablement, il s'agit d'un développement asymptotique dans la plupart des cas. En gros, c'est un développement en série de puissances des opérateurs $\boldsymbol{p}/m$, c'est-à-dire $(\hbar/mc)$ grad [et de $\partial/m\partial t$, c'est-à-dire $(\hbar/mc^2)\, \partial/\partial t$] de sorte que la décroissance des termes successifs de la série est d'autant plus rapide que le potentiel $(\boldsymbol{A}, \varphi)$ varie peu sur une longueur de l'ordre de $\hbar/mc$ [et sur un intervalle de temps de l'ordre de $\hbar/mc^2$, intervalle nécessaire pour parcourir la longueur d'onde de Compton à la vitesse de la lumière].

34. Électron dans un potentiel électrostatique central

Comme application de la technique du paragraphe précédent, considérons un électron dans un potentiel électrostatique central $V(r) \equiv e\varphi(r)$. Dans ce cas, $A(\boldsymbol{r}) = 0$ et l'Hamiltonien de la théorie de Pauli est l'Hamiltonien de la théorie de Schrödinger ordinaire :

$$H_{n.r.} = \frac{p^2}{2m} + V(r).$$

Si l'on veut pousser les calculs à l'ordre immédiatement supérieur en v^2/c^2, il faut remplacer $H_{n.r.}$ par $H'_{n.r.}$ Ceci revient à ajouter à $H_{n.r.}$ les deux derniers termes de l'expression (199). Dans le cas présent :

$$e\mathcal{E} = -\operatorname{grad} V = -\frac{\boldsymbol{r}}{r}\frac{\mathrm{d}V}{\mathrm{d}r}$$

$$e \operatorname{div} \mathcal{E} = -\Delta V$$

ce qui donne, compte tenu des relations (200) et (201)

$$H'_{n.r.} = H_{n.r.} - \frac{p^4}{8m^3c^2} + \frac{\hbar^2}{4m^2c^2}\frac{1}{r}\frac{\mathrm{d}V}{\mathrm{d}r}(\boldsymbol{\sigma}.\boldsymbol{L}) + \frac{\hbar^2}{8m^2c^2}\Delta V. \qquad (202)$$

Le premier terme de correction, $-p^4/8m^3c^2$, est la correction relativiste à l'énergie cinétique $p^2/2m$. Le deuxième terme est le terme de couplage spin-orbite (cf. formule (XIII.91)). Le troisième terme, $\hbar^2 \Delta V/8m^2c^2$, est un terme de correction au potentiel central connu sous le nom de terme de Darwin ; si $V(r) = -Ze^2/r$ (potentiel coulombien pur), le terme de Darwin est égal à $(\pi Z e^2\hbar^2/2m^2c^2)\,\delta(\boldsymbol{r})$ et n'affecte que les états s.

35. Discussion et conclusions

En présence, comme en absence de champ, les opérateurs de la théorie non relativiste à deux composantes sont les projections des opérateurs de la « représentation » FW sur l'espace des grandes composantes. En particulier, l'opérateur $\boldsymbol{r}$ de la théorie non relativiste s'identifie avec ce que nous avons appelé la « position moyenne » $\boldsymbol{R}$. Dans la théorie de Dirac, l'interaction de la particule et du potentiel électromagnétique est une interaction locale, autrement dit la particule interagit avec le potentiel électromagnétique au point $\boldsymbol{r}$ où elle se trouve. En passant à la « représentation » FW, où $\boldsymbol{r}$ représente la « position moyenne », cette interaction se transforme en une interaction non locale à laquelle contribuent les valeurs prises par le potentiel électromagnétique dans un domaine entourant la particule et de dimension $\hbar/mc$ environ ; dans la mesure où le potentiel $(\boldsymbol{A}, \varphi)$ varie peu dans ce domaine, cette interaction peut être représentée par un développement de Taylor faisant intervenir la valeur du potentiel et de ses dérivées successives au point $\boldsymbol{r}$. Un Hamiltonien tel que $H'_{n,r}$ (équ. (199) ou (202)) contient les premiers termes de ce développement.

A la limite non relativiste par conséquent, l'électron de Dirac ne se présente pas comme une charge ponctuelle, mais comme une distribution de charge et de courant étendue à un domaine de dimension linéaire $\hbar/mc$. Ainsi s'explique l'apparition de termes d'interaction caractéristiques de la présence d'un moment magnétique (interaction $-\boldsymbol{\mu}.\boldsymbol{\mathcal{H}}$, interaction spin-orbite) et d'une distribution de charge étendue (terme de Darwin).

Notons pour terminer qu'en toute rigueur l'application de l'approximation non relativiste à des potentiels singuliers à l'origine tels que $\boldsymbol{A} = \boldsymbol{M} \times \boldsymbol{r}/r^3$ ou $\varphi = -Ze/r$ n'est pas justifiée puisqu'au voisinage du point $r = 0$, les quantités $e\boldsymbol{A}/m$, $e\varphi/m$ cessent d'être petites. En fait, si l'on poussait suffisamment loin la méthode d'approximations successives décrite dans cette section, on ferait apparaître dans l'Hamiltonien non relativiste des termes de singularité à l'origine suffisamment élevée pour donner une contribution infinie à l'énergie. La solution de cette difficulté nous est suggérée par la discussion qui précède. Dans l'Hamiltonien non relativiste, $\boldsymbol{A}$ et φ sont remplacés par une certaine moyenne de ces quantités prise sur un domaine de dimensions linéaires de l'ordre de $\hbar/mc$. Si vraiment l'approximation non relativiste est justifiée, ceci revient à effectuer un « cut-off » de la singularité à la distance $\hbar/mc$ de l'origine dans toutes les expressions singulières que l'on peut rencontrer au cours du calcul. En définitive, pour que l'approximation non relativiste puisse s'appliquer à chacun des deux cas évoqués plus haut, il suffit que l'on ait [23] :

$$e\,|\,\boldsymbol{A}\,| \ll mc^2, \qquad e\varphi \ll mc^2$$

au point $r = \hbar/mc$.

VI. — ÉNERGIES NÉGATIVES ET THÉORIE DU POSITRON

Θαλασσα ! θαλασσα !
(*Anabase*, IV.8).

36. Propriétés des solutions conjuguées de charge

La notion de conjugaison de charge définie au § 19 va nous être utile dans la discussion qui suit. La conjugaison de charge est une correspondance (antilinéaire et réciproque) entre fonctions d'onde représentant l'évolution de deux particules distinctes dans le même potentiel électromagnétique $(\boldsymbol{A}, \varphi)$: ces particules ont même masse m, mais des charges opposées $+e$ et $-e$.

[23] Si m_N est la masse du noyau d'atome $|\boldsymbol{M}| \simeq Ze\hbar/m_N c$; la quantité $e\boldsymbol{A}/mc^2$ est de l'ordre de $(e^2/\hbar c)\,(Zm/m_N)$ au point $r = \hbar/mc$, soit 10^{-5} à 10^{-6} ; notre calcul du couplage hyperfin est donc tout à fait justifié. En ce qui concerne le second exemple, la quantité $e\varphi/mc^2$ étant de l'ordre de $Ze^2/\hbar c$, la condition de validité du calcul est $Z \ll 137$.

Si une grandeur physique associée à la première particule est représentée par $Q(e)$, la même grandeur associée à la seconde particule est représentée par $Q(-e)$. Ainsi l'impulsion est représentée dans les deux cas par $\boldsymbol{p} \equiv -i\nabla$, tandis que l'énergie est représentée par $H(e) \equiv \boldsymbol{\alpha}.(\boldsymbol{p} - e\boldsymbol{A}) + \beta m + e\varphi$ dans un cas et par $H(-e) \equiv \boldsymbol{\alpha}.(\boldsymbol{p} + e\boldsymbol{A}) + \beta m - e\varphi$ dans l'autre.

Considérons une solution $\Psi(\boldsymbol{r}, t)$ et la solution conjuguée de charge $\Psi^C(\boldsymbol{r}, t)$. Nous nous proposons de comparer les propriétés physiques des états représentés par ces solutions. On sait que :

$$\Psi^C = K_C \Psi \tag{203}$$

où K_C est l'opérateur antilinéaire défini par l'équation (124). Nous utilisons la notation $\langle Q \rangle$ pour désigner la valeur moyenne de Q dans l'état Ψ et la notation $\langle Q \rangle_C$ pour désigner la valeur moyenne du même opérateur dans l'état Ψ^C. Les états Ψ et Ψ^C étant supposés normalisés à l'unité, on a

$$\langle Q \rangle = \langle \Psi | Q | \Psi \rangle$$
$$\langle Q \rangle_C = \langle \Psi^C | Q | \Psi^C \rangle.$$

De la relation (203), on tire :

$$\begin{aligned}\langle Q \rangle_C &= (\langle \Psi | K_C{}^\dagger)(Q K_C | \Psi \rangle) \\ &= \langle \Psi | (K_C{}^\dagger Q K_C) | \Psi \rangle^* = \langle \Psi | (K_C{}^\dagger Q^\dagger K_C) | \Psi \rangle\end{aligned}$$

d'où la relation entre valeurs moyennes :

$$\langle Q \rangle_C = \langle (K_C^\dagger Q^\dagger K_C) \rangle. \tag{204}$$

En appliquant cette relation et en faisant usage des propriétés de la transformation antiunitaire K_C, on trouve les relations suivantes entre valeurs moyennes dans l'état Ψ et l'état conjugué de charge :

$$\begin{array}{lll} \langle \beta \rangle_C = -\langle \beta \rangle & \langle \boldsymbol{\alpha} \rangle_C = \langle \boldsymbol{\alpha} \rangle & \langle \boldsymbol{\sigma} \rangle_C = -\langle \boldsymbol{\sigma} \rangle \\ \langle \boldsymbol{r} \rangle_C = \langle \boldsymbol{r} \rangle & \langle \boldsymbol{p} \rangle_C = -\langle \boldsymbol{p} \rangle & \langle \boldsymbol{L} \rangle_C = -\langle \boldsymbol{L} \rangle \\ \langle P(\boldsymbol{r}_0) \rangle_C = \langle P(\boldsymbol{r}_0) \rangle & \langle \boldsymbol{j}(\boldsymbol{r}_0) \rangle_C = \langle \boldsymbol{j}(\boldsymbol{r}_0) \rangle & \langle \boldsymbol{J} \rangle_C = -\langle \boldsymbol{J} \rangle \\ & \langle H(-e) \rangle_C = -\langle H(e) \rangle. & \end{array} \tag{205}$$

On note que deux solutions conjuguées de charge ont *même densité de probabilité et même densité de courant en tous points* — donc des densités de charge et des densités de courant électrique opposées en tous points — *mais des énergies opposées* : la conjugaison de charge change le signe de l'énergie.

37. Comportement anormal des solutions d'énergie négative

Après ces préliminaires, nous sommes à même d'examiner en détail la question des énergies négatives.

Considérons d'abord le cas d'une particule libre. Les solutions de l'équation de Dirac ont été données au § 23. Le spectre d'énergie comprend deux bandes continues $(-\infty, -mc^2)$ et $(mc^2, +\infty)$ séparées par l'intervalle $2mc^2$

(fig. 2 *a*). La première de ces bandes correspond aux états d'énergie négative : $E = -E_p = -\sqrt{m^2 + p^2}$, la seconde aux états d'énergie positive.

Proposons-nous d'étudier le mouvement d'un paquet d'ondes libres. Nous allons montrer qu'en général le centre du paquet ne suit qu'en moyenne la trajectoire classique. A cet effet, nous intégrons les équations du mouvement de la « représentation » de Heisenberg :

$$\mathrm{d}\boldsymbol{r}/\mathrm{d}t = \mathrm{i}[H, \boldsymbol{r}] = \boldsymbol{\alpha} \tag{206}$$

$$\begin{aligned} \mathrm{d}\boldsymbol{\alpha}/\mathrm{d}t &= \mathrm{i}[H, \boldsymbol{\alpha}] = \mathrm{i}(H\boldsymbol{\alpha} + \boldsymbol{\alpha}H) - 2\mathrm{i}\boldsymbol{\alpha}H \\ &= 2\mathrm{i}\boldsymbol{p} - 2\mathrm{i}\boldsymbol{\alpha}H \end{aligned} \tag{207}$$

$\boldsymbol{p}$ et H étant constants dans le temps, l'équation (207) s'intègre sans difficulté. Il vient :

$$\boldsymbol{\alpha}(t) = \left(\boldsymbol{\alpha}(0) - \frac{\boldsymbol{p}}{H}\right)\mathrm{e}^{-2\mathrm{i}Ht} + \frac{\boldsymbol{p}}{H}.$$

La dépendance de $\mathrm{d}\boldsymbol{r}/\mathrm{d}t$ en fonction de t étant ainsi explicitement donnée, l'équation (206) s'intègre à son tour sans difficulté :

$$\boldsymbol{r}(t) = \boldsymbol{r}(0) + \frac{\boldsymbol{p}}{H}t + \mathrm{i}\left(\boldsymbol{\alpha}(0) - \frac{\boldsymbol{p}}{H}\right)\frac{\mathrm{e}^{-2\mathrm{i}Ht}}{2H}. \tag{208}$$

L'équation (208) donne l'opérateur $\boldsymbol{r}$ de la « représentation » de Heisenberg au temps t en fonction des valeurs prises par les opérateurs $\boldsymbol{r}$ et $\boldsymbol{\alpha}$ à l'instant initial $t = 0$. On en tire la loi de mouvement du centre $\langle \boldsymbol{r} \rangle$ d'un paquet d'ondes quelconque, loi qu'il est instructif de comparer à la loi classique :

$$\boldsymbol{r}_{\text{cl.}}(t) = \boldsymbol{r}_{\text{cl.}}(0) + \left(\frac{\boldsymbol{p}}{H}\right)_{\text{cl.}} t.$$

Au lieu du mouvement rectiligne uniforme classique, le paquet d'ondes libres suit un mouvement complexe résultant de la composition d'un mouvement rectiligne uniforme de vitesse $\langle \boldsymbol{p}/H \rangle$ et d'un mouvement oscillatoire rapide,

$$\left\langle \mathrm{i}\left(\boldsymbol{\alpha}(0) - \frac{\boldsymbol{p}}{H}\right)\frac{\mathrm{e}^{-2\mathrm{i}Ht}}{2H} \right\rangle,$$

dont l'amplitude et la période sont de l'ordre de $\hbar/2mc$ et $\hbar/2mc^2$ respectivement. Ce mouvement oscillatoire est connu sous le nom de « Zitterbewegung ».

Le terme de « Zitterbewegung » s'annule si le paquet est une superposition d'ondes d'énergie positive ou d'ondes d'énergie négative exclusivement. Pour le voir, il suffit de montrer que

$$\Gamma_\pm \left(\boldsymbol{\alpha} - \frac{\boldsymbol{p}}{H}\right)\frac{\mathrm{e}^{-2\mathrm{i}Ht}}{2H}\,\Gamma_\pm = 0.$$

Γ_+ et Γ_- sont les projecteurs sur les états d'énergie positive et d'énergie négative respectivement (définition (195)). On trouve successivement :

$$[H, \boldsymbol{\alpha}] = 2\boldsymbol{p} - 2\boldsymbol{\alpha}H$$

$$[\Gamma_\pm, \boldsymbol{\alpha}] = \pm\frac{\boldsymbol{p}}{E_p} \mp \boldsymbol{\alpha}\frac{H}{E_p}$$

et comme $H\Gamma_\pm = \pm E_p \Gamma_\pm$, on en déduit que :

$$0 = \Gamma_\pm [\Gamma_\pm, \boldsymbol{\alpha}] \Gamma_\pm = \Gamma_\pm \left(\frac{\boldsymbol{p}}{H} - \boldsymbol{\alpha}\right) \Gamma_\pm,$$

d'où l'on tire la propriété annoncée en utilisant le fait que H commute avec Γ_+ et Γ_-. Le « Zitterbewegung » est donc un effet d'interférence entre les composantes d'énergie positive et les composantes d'énergie négative du paquet d'ondes.

L'effet de « Zitterbewegung » est un effet curieux lié aux énergies négatives mais ne constitue pas en soi une difficulté. La difficulté apparaît lorsqu'on examine le mouvement d'un paquet d'ondes formé exclusivement d'états d'énergie négative. Dans ce cas le « Zitterbewegung » disparaît ; le centre du paquet est animé d'un mouvement rectiligne uniforme de vitesse :

$$\boldsymbol{v} = \left\langle \frac{\boldsymbol{p}}{H} \right\rangle = - \left\langle \frac{\boldsymbol{p}}{E_p} \right\rangle$$

opposée à son impulsion $\langle \boldsymbol{p} \rangle$. A la limite non relativiste en particulier ($H \simeq - mc^2$), on a la relation $\boldsymbol{v} = - \langle \boldsymbol{p} \rangle / m$: tout se passe comme si la particule possédait la masse négative $- m$.

Ce type de difficulté se révèle plus clairement encore lorsqu'on examine le mouvement de paquets d'ondes dans un champ statique.

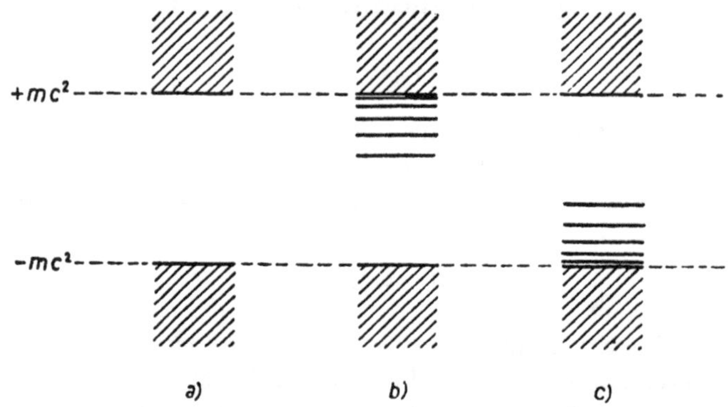

Fig. 2. — Spectre d'énergie d'un électron de Dirac : (a) libre ; (b) dans le potentiel attractif $- Ze^2/r$; (c) dans le potentiel répulsif Ze^2/r.

Considérons pour fixer les idées un électron dans le potentiel coulombien attractif $- Ze^2/r$. Le spectre comporte (cf. fig. 2 b) une bande continue d'énergie positive de mc^2 à $+ \infty$, une suite discrète de niveaux d'énergie positive inférieure à mc^2 et une bande continue d'énergie négative de $- mc^2$ à $- \infty$. Pour se représenter les états d'énergie négative, rappelons qu'ils correspondent par conjugaison de charge à ceux d'une particule de même masse et de charge opposée (c'est-à-dire un positron) dans le même potentiel ou, ce qui revient au même, à ceux d'un électron dans le potentiel répulsif Ze^2/r. Dans cette correspondance, l'énergie change de signe, les petites et les grandes composantes s'échangent mais les densités et les densités de courant restent les mêmes (cf. équ. (205)). Le spectre de l'électron dans le potentiel répulsif Ze^2/r est indiqué sur la figure 2 *c*. Au continu d'énergie positive dans le potentiel répulsif correspond le continu d'énergie négative dans le potentiel attractif.

Considérons en particulier le mouvement d'un paquet d'ondes d'énergie négative dans le domaine d'application de l'approximation non relativiste ($Zc^2 \ll 1$, énergies voisines de $-mc^2$) ; c'est le même que celui du paquet d'ondes d'énergie positive qui lui correspond par conjugaison de charge. A la limite des très faibles vitesses en particulier, l'approximation classique peut être appliquée (cf. § VI.5) et le centre du paquet se meut sensiblement comme un électron classique dans le potentiel de signe opposé, c'est-à-dire comme une *particule de masse négative* $-m$ dans le potentiel $-Ze^2/r$: la vitesse pointe dans la direction opposée à l'impulsion, l'accélération dans la direction opposée à la force. Une telle situation n'a jamais été observée expérimentalement.

38. Réinterprétation des états d'énergie négative. Théorie des « trous » et positrons

Telles quelles, les solutions d'énergie négative n'ont aucune signification physique. S'il était possible de découpler complètement les états d'énergie positive et les états d'énergie négative, on pourrait ignorer ces derniers purement et simplement. Tel n'est pas le cas.

Considérons, par exemple, un électron libre dans un état d'énergie positive E_+ et soumettons-le pendant un intervalle de temps $(0, t)$ à un champ radioélectrique de fréquence ω. Si t est assez long et si l'intensité du champ n'est pas trop forte, l'effet obtenu peut être calculé par la méthode du § XVII.6 ; on trouve une probabilité non nulle que l'électron ait effectué une transition à un état d'énergie $E_+ + \hbar\omega$ ou $E_+ - \hbar\omega$. En particulier si

$$\hbar\omega > (E_+ + mc^2),$$

la seconde transition s'effectue vers un état d'énergie négative.

Comme autre exemple, considérons le spectre complet de l'atome d'hydrogène (fig. 2 *b*). En raison du couplage de l'électron avec le champ électromagnétique, il existe toujours une certaine probabilité de transition radiative d'un état donné de l'atome vers un état d'énergie inférieure. Par conséquent, un électron dans un des états liés de l'atome d'hydrogène peut, même s'il est isolé, effectuer des sauts quantiques vers les états d'énergie négative avec émission d'un ou plusieurs photons ; au surplus, le spectre n'étant pas limité inférieurement, l'atome d'hydrogène ne possède pas d'états stables ([24]).

([24]) O. Klein a formulé un paradoxe célèbre qui est une manifestation sous une autre forme de cette probabilité de transition à des états d'énergie négative. Le paradoxe de Klein est exposé dans de nombreux ouvrages, par exemple, dans M. Born, *loc. cit.*, note I-([8]).

Afin d'éviter ces difficultés, Dirac a fait la suggestion suivante. Dans ce qu'on appelle le « vide », tous les états d'énergie négative sont occupés par un électron. Si l'on ajoute un électron à ce « vide », il se trouve nécessairement dans un état d'énergie positive puisque les états d'énergie négative sont tous occupés et que les électrons obéissent à la statistique de Fermi-Dirac.

Le « vide » se présente donc comme un gaz de Fermi de densité infinie et complètement dégénéré. On le suppose, en outre, complètement inobservable, ne donnant lieu à aucun effet gravitationnel ou électromagnétique ; les propriétés physiques observables d'un état donné sont les déviations de cet état par rapport au « vide ». Ainsi la charge observable du système (électron + « vide ») est la différence entre la charge totale du système et la charge du « vide », c'est-à-dire la charge de l'électron. De même l'énergie observable de ce système est la différence entre son énergie totale et celle du « vide », c'est donc l'énergie de l'électron. Jusqu'à présent donc, cette nouvelle définition du « vide », et cette réinterprétation des quantités mesurables a eu pour seul effet d'interdire aux électrons l'accès des énergies négatives par l'effet du principe d'exclusion ([25]).

Examinons maintenant ce qu'on observe lorsqu'un électron de la « mer » des électrons d'énergie négative vient à manquer. En appliquant la convention concernant les propriétés physiques observables donnée plus haut, nous concluons que ce « trou » a une charge opposée à celle de l'électron manquant. Il a de même une énergie de signe opposée donc positive et une impulsion opposée. Ces considérations sont valables, que l'électron manquant soit ou non dans un état propre de l'Hamiltonien. Si, en particulier, l'électron manquant forme un paquet d'ondes se déplaçant à la vitesse v, le « trou » se déplace à la même vitesse mais l'impulsion a changé de signe : le « trou » se comporte donc comme une particule de masse positive $+ m$ et de charge $- e$. De telles particules ont été observées : ce sont les *positrons*.

Sous l'action d'un champ électromagnétique ou de tout autre perturbation convenable, un électron de la « mer » d'électrons d'énergie négative peut effectuer une transition à un état d'énergie positive. Le « trou » d'énergie négative apparaît comme un positron. Dans une telle transition, il s'est donc formé une paire de particules de signe opposé. La création de paires positron-électron a été observée expérimentalement.

De même façon, si un « trou » s'est produit dans la « mer » d'électrons d'énergie négative, un électron peut effectuer une transition avec émission de photons d'un état d'énergie positive à cet état d'énergie négative inoccupé. Ce phénomène d'annihilation d'une paire électron-positron avec émission de photons a également été observé expérimentalement.

39. Difficultés de la théorie des « trous »

La théorie des « trous », qui vient d'être exposée brièvement, permet de concilier la théorie de Dirac avec les faits expérimentaux : non-existence des

([25]) En particulier, l'effet de Zitterbewegung se trouve automatiquement supprimé.

états d'énergie négative, existence des positrons, création et annihilation de paires. Elle constitue donc un très grand progrès. Cependant, il convient d'en souligner les limitations et les difficultés.

De toute évidence, il s'agit d'une théorie incomplète. En postulant l'occupation de la quasi-totalité des états d'énergie négative, *la théorie cesse d'être une théorie à une particule*, même lorsqu'elle ne prétend décrire qu'un seul électron. Le formalisme de la théorie de Dirac à une particule, tel qu'il a été exposé dans ce chapitre, est donc insuffisant pour décrire une telle situation et ce n'est que dans le cadre de la Théorie des Champs que l'on peut espérer en faire une description cohérente.

La théorie des « trous » n'est qu'une première ébauche de théorie du champ électronique quantifié. Elle a le mérite de fournir des images simples et peut de ce fait servir de guide dans l'élaboration de la théorie correcte. Mais les défauts et les contradictions apparaissent dès qu'on cherche à en préciser les données.

Ainsi, on note les propriétés étranges de ce « vide » composé d'un nombre infini d'électrons sans interaction mutuelle.

Un autre défaut de cette théorie est le rôle apparemment très dissymétrique joué par les électrons et les positrons. On peut d'ailleurs lui faire correspondre une théorie conjuguée de charge où les positrons jouent le rôle des particules et les électrons celui des trous sans qu'aucune des conséquences physiques ne soient changées. Toutes ces difficultés peuvent être résolues dans le formalisme de la Théorie des Champs en partant d'équations invariantes par rapport à l'opération de conjugaison de charge.

Remarquons pour terminer que la définition même des états d'énergie négative dépend du potentiel électromagnétique appliqué. Dans les deux cas du § 37, particule libre et particule dans un champ coulombien, l'espace des états d'énergie négative n'est pas le même. Si, par exemple, on développait la fonction d'onde de l'état fondamental de l'atome d'hydrogène en série d'ondes planes, on trouverait une contribution faible mais non nulle des ondes planes d'énergie négative. Dans la définition du « vide » donnée plus haut, les états d'énergie négative considérés sont ceux de la particule libre ; il est naturel, en effet, de définir le vide en absence de champ. L'introduction d'un champ électromagnétique extérieur modifie cet état de « vide » (créations de paires), ce dernier se comportant comme un milieu polarisable de sorte qu'une charge électrique dans le « vide » paraît plus petite qu'elle n'est réellement. De tels effets se retrouvent en Théorie des Champs. La théorie des trous permet de les prévoir mais ne fournit aucun moyen cohérent de les calculer.

EXERCICES ET PROBLÈMES

1. Montrer que si Ψ est solution de l'équation de Klein-Gordon en présence du champ A^{μ}, l'équation de continuité est satisfaite par le quadricourant

$$j^{\mu} = \frac{i}{2m}\left[\Psi^*(D^{\mu}\Psi) - \Psi(D^{\mu}\Psi)^*\right] \equiv \frac{i}{2m}\left[\Psi^*(\partial^{\mu}\Psi) - \Psi(\partial^{\mu}\Psi^*)\right] - \frac{e}{m}A^{\mu}\Psi^*\Psi$$

(cf. problème IV.1).

2. On considère un atome d'hydrogène dans lequel l'électron est remplacé par une particule de même masse et de même charge obéissant à l'équation de Klein-Gordon. Les niveaux du spectre discret E sont alors donnés par l'équation aux valeurs propres :

$$\left[\Delta + m^2 - \left(E - \frac{e^2}{r}\right)^2\right]\Psi(r) = 0.$$

Montrer que cette équation peut être résolue exactement par séparation des variables angulaires et radiales et que les différents niveaux du spectre discret dépendent des nombres quantiques n et l suivant la formule :

$$E^{nl} = m\left(1 + \frac{e^4}{(n - \varepsilon_l)^2}\right)^{-\frac{1}{2}} \qquad \varepsilon_l = l + \tfrac{1}{2} - \left[(l + \tfrac{1}{2})^2 - e^4\right]^{\frac{1}{2}}$$

$$[n = 1, 2, \dots, \infty \; ; \qquad l = 0, 1, \dots, n - 1].$$

Comparer ce spectre à celui que donne la théorie non relativiste de Schrödinger.

3. Démontrer que toutes les matrices γ^A (non nécessairement unitaires) définies par le tableau I (§ 10) ont leur déterminant égal à 1.

4. B étant la matrice définie à la fin du § 10, montrer que : $BB^* = B^*B = -I$ [Démontrer d'abord que

(i) BB^* est un multiple de l'unité, donc que $BB^* = B^*B = \pm I$;

(ii) la matrice BB^* est la même quel que soit le système de 4 matrices unitaires γ^μ qui a servi à définir B].

5. Démontrer les propriétés suivantes de l'opérateur (anti-unitaire) K_C de conjugaison de charge défini au § 19

$$K_C p_\mu K_C^\dagger = -p_\mu, \qquad K_C J_{\alpha\beta} K_C^\dagger = -J_{\alpha\beta}$$

$$K_C P K_C^\dagger = -P, \qquad K_C K_T K_C^\dagger = -K_T.$$

En déduire, qu'avec le choix de phase adopté pour les opérateurs de transformation du § 17, K_C commute avec les opérateurs de translation et de transformation de Lorentz propre et qu'il anticommute avec les réflexions d'espace et le renversement du temps. Comment faut-il modifier le choix des phases, pour que K_C commute avec toutes ces transformations ?

6. Déduire de l'expression de l'Hamiltonien de Dirac les équations (147) et (148) d'évolution des opérateurs $\boldsymbol{r}$ et $\boldsymbol{\pi}$ de la représentation de Heisenberg. En déduire également les équations

$$\frac{\mathrm{d}}{\mathrm{d}t}\left[(\boldsymbol{r} \times \boldsymbol{\pi}) + \frac{1}{2}\boldsymbol{\sigma}\right] = \boldsymbol{r} \times \boldsymbol{F} \qquad \frac{\mathrm{d}M}{\mathrm{d}t} = \boldsymbol{\alpha}.\boldsymbol{F} \equiv e\boldsymbol{\alpha}.\boldsymbol{\mathcal{E}}$$

où $\boldsymbol{F}$ est la « force de Lorentz » : $\boldsymbol{F} \equiv e(\boldsymbol{\mathcal{E}} + \boldsymbol{\alpha} \times \boldsymbol{\mathcal{H}})$; comparer ces équations avec les équations (22) et (21′) de la dynamique classique.

7. En l'absence de champ, toute solution de l'équation de Dirac est solution de l'équation de Klein-Gordon. Montrer en donnant un contre-exemple que la réciproque n'est pas vraie.

8. Démontrer les identités (169).

9. Donner le développement d'une onde plane de Dirac d'impulsion $\boldsymbol{p}$ dirigée suivant l'axe des z en série d'ondes sphériques libres.

10. Chercher systématiquement les fonctions d'ondes de l'atome d'hydrogène telles que les fonctions radiales F et G soient multiples l'une de l'autre. Vérifier que les niveaux trouvés correspondent à $n' = 0$ (donc $J = n - \frac{1}{2}$) et $l = n - 1$. On trouve (notations du § 27) :

$$E_{n,n-\frac{1}{2}} = m\left(1 - \frac{e^4}{n^2}\right)^{\frac{1}{2}}$$

$$F = Cte \times \rho^s e^{-\rho}, \qquad G = -\nu F$$

avec $\quad s = \sqrt{n^2 - e^4}, \quad \varkappa = me^2/n, \quad \rho = \varkappa r, \quad \nu = \varkappa/(E + m) \simeq e^2/2n.$

11. Calculer les niveaux de l'atome d'hydrogène prévus par la théorie de Dirac en suivant la méthode décrite au § 27.

12. Comparer la structure fine des niveaux de l'atome d'hydrogène telle que la donne la théorie de Dirac, à celle que donne la théorie de Klein-Gordon pour une particule de même masse et même charge dans le même champ coulombien (cf. Problème 2).

13. Calculer les corrections relativistes d'ordre v^2/c^2 de l'expression (202) pour les niveaux $2s_{\frac{1}{2}}$, $2p_{\frac{1}{2}}$ et $2p_{\frac{3}{2}}$ de l'atome d'hydrogène. Vérifier qu'à cette approximation les états $2s_{\frac{1}{2}}$ et $2p_{\frac{1}{2}}$ restent bien au même niveau et comparer les résultats à ceux que donne le traitement rigoureux du § 27.

CHAPITRE XXI

QUANTIFICATION D'UN CHAMP. THÉORIE DU RAYONNEMENT

Se non è vero, è bene trovato

I. Introduction

Ce dernier chapitre a un double objet : d'une part, familiariser le lecteur avec la notion même de champ quantifié et lui donner un premier aperçu de la Théorie Quantique des Champs, de sa signification physique, de ses succès et de ses limitations ; d'autre part, donner un traitement élémentaire de la Théorie Quantique du rayonnement électromagnétique et des effets du couplage du rayonnement aux systèmes atomiques et nucléaires.

Pour établir la Théorie Quantique d'un champ, nous suivons la même méthode que pour établir la Théorie Quantique non relativiste des systèmes de particules. Cette méthode est basée sur le principe de correspondance et prend comme point de départ le formalisme canonique de Hamilton du champ classique. La seule différence tient au fait qu'on l'applique ici à un système comportant une infinité de degrés de liberté. On donne couramment le nom de formalisme hamiltonien au formalisme ainsi obtenu.

Son principal défaut est de ne pas être formellement covariant [1]. Il est possible de mettre la théorie sous forme complètement covariante en partant d'équations covariantes du champ classique et en adoptant une méthode de quantification qui préserve ce caractère de covariance. Une telle formulation présente d'indiscutables avantages, tant pratiques que conceptuels. Beaucoup de calculs s'y présentent de façon simple du seul fait que les expressions que l'on manipule conservent automatiquement une allure condensée et symétrique. En revanche, ce formalisme covariant exige la mise sur pied d'un appareil mathématique important. Le formalisme hamiltonien fait appel à des notions plus familières et convient mieux à une introduction.

Le chapitre est divisé en quatre sections. Les deux premières sont consacrées au type de champ le plus simple, le champ scalaire réel. La section I

[1] Ceci n'implique évidemment pas que le principe de relativité soit violé. Mais l'invariance relativiste de la théorie n'est pas évidente *a priori* et demande à être démontrée. Nous laisserons cette démonstration de côté.

traite du champ libre ; nous y donnons la méthode de quantification du champ classique et ses diverses variantes, la définition de l'espace des états et l'interprétation des états quantiques ainsi définis. Dans la section II, nous considérons le couplage d'un tel champ à un système de particules et nous examinons sur ce modèle simple les propriétés caractéristiques d'un champ en interaction avec un système atomique ou nucléaire ; les quelques applications traitées dans cette section ont été choisies pour leur valeur illustrative des méthodes, de la signification physique et des difficultés de la Théorie Quantique des Champs. Les deux dernières sections sont consacrées au rayonnement électromagnétique ; la section III est un rappel de la Théorie Classique ; la Théorie Quantique et ses applications sont brièvement traitées dans la section IV. La plupart des techniques et des discussions relatives au champ scalaire s'étendent sans difficulté au rayonnement ; aussi ne sont-elles reprises que dans leurs grandes lignes, l'accent étant mis avant toutes choses sur les points de différence, lesquels tiennent au caractère vectoriel du potentiel électromagnétique et au fait que la masse du photon est nulle (²).

I. — QUANTIFICATION D'UN CHAMP SCALAIRE RÉEL

2. Champ classique libre. Vibrations normales

Un champ scalaire classique réel est défini à chaque instant t par la donnée de son amplitude $\Phi(\boldsymbol{r}, t)$ en chaque point $\boldsymbol{r}$ de l'espace. Il peut être regardé comme un système dynamique à une infinité de degrés de liberté. A chaque point de l'espace correspond une coordonnée particulière de ce système, à savoir l'amplitude du champ en ce point.

La dynamique d'un tel système n'est pas essentiellement différente d'un système comportant un nombre fini de degrés de liberté. Cependant comme les coordonnées sont repérées au moyen de paramètres *continus* — par exemple les trois composantes x, y, z du point $\boldsymbol{r}$ — la différentiation par rapport au temps est remplacée par l'opération de différentiation partielle. L'évolution du système est régie par une équation de mouvement de la forme :

$$\ddot{\Phi}(\boldsymbol{r}, t) \equiv \partial^2\Phi/\partial t^2 = F[\Phi(\boldsymbol{r}, t), \dot{\Phi}(\boldsymbol{r}, t)]$$

(²) Il existe de nombreux traités d'électrodynamique quantique. Citons notamment : W. HEITLER, *The Quantum Theory of Radiation*, Oxford University Press, 2ᵉ éd. (1944), reprint Dover Publications Inc., 1984 ; J. M. JAUCH et F. RÖHRLICH, *The Theory of Photons and Electrons*, Addison Wesley, Cambridge (1956), Berlin, 1976 ; W. E. THIRRING, *Principles of Quantum Electrodynamics* (traduit de l'allemand par J. BERNSTEIN), Academic Press, New York (1958). Heitler utilise le formalisme hamiltonien et traite en détail les principales applications de la théorie à la physique atomique. Jauch et Röhrlich donnent un exposé très complet du formalisme covariant et une revue également très complète de ses applications. Thirring donne une vue d'ensemble du formalisme covariant et une discussion approfondie de sa signification physique et de ses difficultés. En ce qui concerne plus particulièrement la mesurabilité des opérateurs de champ, on pourra également se reporter aux articles classiques de N. BOHR et L. ROSENFELD, *Det. Kg. Danske Viddenskab. Selskab.*, **12**, n° 8 (1933) et *Phys. Rev.*, **78**. 794 (1950).
Voir Avant-propos de la Nouvelle Édition (tome 1).

où F désigne une fonctionnelle de l'amplitude $\Phi(\boldsymbol{r}, t)$ et de sa dérivée partielle : $\dot{\Phi} \equiv \partial\Phi/\partial t$, toutes deux prises au même instant t. L'état dynamique du système est donc bien déterminé à tout instant par la donnée de sa position et de sa vitesse à l'instant initial t_0, *i. e.* par l'ensemble de ses coordonnées $\Phi(\boldsymbol{r}, t_0)$ et de leurs dérivées respectives par rapport au temps :

$$\dot{\Phi}(\boldsymbol{r}, t_0) \equiv \left.\frac{\partial\Phi(\boldsymbol{r}, t)}{\partial t}\right|_{t=t_0}$$

De toutes les équations de mouvement invariantes par rapport aux transformations du groupe de Lorentz inhomogène, la plus simple est l'équation de Klein-Gordon :

$$[\Box + \mu^2]\,\Phi \equiv \ddot{\Phi} - \Delta\Phi + \mu^2\Phi = 0. \tag{1}$$

Elle est linéaire et homogène en Φ ; c'est la loi d'évolution d'un champ libre. μ est une constante. Nous verrons plus loin que c'est la masse des corpuscules associés au champ quantifié (voir § 6).

Si le terme $\Delta\Phi$ ne figurait pas au premier membre de cette équation, les différentes coordonnées du système évolueraient indépendamment les unes des autres, chacune d'elles effectuant une oscillation harmonique de fréquence μ dont l'amplitude et la phase dépendraient des conditions initiales. La présence du terme $\Delta\Phi$ a pour effet de coupler ces oscillations harmoniques les unes aux autres.

Un tel ensemble d'oscillateurs couplés peut être transformé en un ensemble d'oscillateurs indépendants par l'introduction de coordonnées normales. C'est ce que nous allons faire ici.

Désignons par $f_1, f_2, \ldots, f_i, \ldots,$ une suite orthonormale complète de fonctions réelles de $\boldsymbol{r}$ vérifiant l'équation aux valeurs propres de l'opérateur hermitique $(-\Delta)$. Le spectre de valeurs propres s'étend de 0 à $+\infty$. Nous désignons par k_i^2 la valeur propre qui correspond à la fonction f_i. On a donc :

$$(\Delta + k_i^2)\,f_i = 0 \tag{2}$$

$$\int f_i(\boldsymbol{r})\,f_j(\boldsymbol{r})\,\mathrm{d}\boldsymbol{r} = \delta_{ij} \tag{3}$$

$$\textstyle\sum_i f_i(\boldsymbol{r})\,f_i(\boldsymbol{r}') = \delta(\boldsymbol{r} - \boldsymbol{r}'). \tag{4}$$

Des relations d'orthogonalité et de fermeture (3) et (4), nous tirons les développements :

$$\Phi(\boldsymbol{r}, t) = \textstyle\sum_i q_i(t)\,f_i(\boldsymbol{r}) \tag{5}$$

$$q_i(t) = \int f_i(\boldsymbol{r})\,\Phi(\boldsymbol{r}, t)\,\mathrm{d}\boldsymbol{r}. \tag{6}$$

Les quantités $q_1, q_2, \ldots, q_i, \ldots$ sont les coordonnées normales cherchées. Des équations (6) et (1), nous déduisons en effet :

$$\ddot{q}_i + \omega_i^2 q_i = 0 \tag{7}$$

avec

$$\omega_i = (k_i^2 + \mu^2)^{\frac{1}{2}}. \tag{8}$$

L'équation de mouvement de chaque q_i est donc bien celle d'un oscillateur harmonique indépendant ; la fréquence correspondante est ω_i. Suivant l'équation (5), l'amplitude du champ est une superposition linéaire de ces oscillateurs indépendants.

Dans tout ceci, nous avons supposé que les fonctions de base f étaient repérées au moyen d'un indice discret. En fait, comme l'opérateur $(-\Delta)$ a un spectre continu (s'étendant de 0 à $+\infty$), ces fonctions de base dépendent d'un jeu d'indices dont l'un au moins est continu. Il est facile de refaire le raisonnement précédent avec des indices continus ; mises à part quelques modifications évidentes et dans le détail desquelles nous n'entrerons pas, les résultats restent essentiellement les mêmes. Cependant, l'existence d'indices continus complique notablement le traitement quantique. Pour éviter ce genre de complication, nous supposerons le champ défini dans un volume fini de l'espace et satisfaisant à des conditions convenablement choisies sur la surface limitant ce volume, et nous admettrons que toutes les grandeurs physiques que l'on cherche à déterminer se déduisent des grandeurs calculées en faisant croître le volume indéfiniment. Ce genre d'artifice a été déjà exposé au § V.11. Il n'est évidemment pas rigoureux. Il convient de prendre garde qu'il masque en partie les propriétés d'invariance de la théorie.

3. Quantification du champ libre

Le passage aux coordonnées normales suggère une méthode très simple de quantification du champ scalaire réel. Elle consiste à faire correspondre à chaque mode de vibration normale du champ classique un oscillateur quantique de même fréquence (voir chap. XII).

Afin d'établir cette correspondance, construisons l'Hamiltonien classique en coordonnées normales. Soit p_i le moment conjugué de q_i. L'équation (7) est équivalente aux équations de Hamilton :

$$\dot{q}_i = p_i, \qquad \dot{p}_i = -\omega_i^2 q_i.$$

Celles-ci s'obtiennent en prenant pour Hamiltonien du $i^{\text{ème}}$ degré de liberté :

$$h_i = \tfrac{1}{2}(p_i^2 + \omega_i^2 q_i^2) \tag{9}$$

d'où l'expression de l'Hamiltonien total :

$$H = \textstyle\sum_i h_i. \tag{10}$$

Le champ quantique correspondant s'obtient en remplaçant les variables dynamiques réelles q_i, p_i par des observables obéissant aux relations de commutation ($\hbar = 1$) :

$$[q_i, p_j] = i\delta_{ij}. \tag{11}$$

A chaque mode de vibration correspond une suite discrète de niveaux équidistants suivant la formule :

$$E_{n_i} = (n_i + \tfrac{1}{2})\,\omega_i \qquad (n_i = 0, 1, 2, \ldots, \infty). \tag{12}$$

Il convient d'introduire les opérateurs d'annihilation et de création que nous désignerons respectivement par b_i et $b_i^\dagger$:

$$\begin{aligned} b_i &= (2\omega_i)^{-\frac{1}{2}}(\omega_i q_i + \mathrm{i}p_i) \\ b_i^\dagger &= (2\omega_i)^{-\frac{1}{2}}(\omega_i q_i - \mathrm{i}p_i). \end{aligned} \tag{13}$$

Les règles de commutation (11) entre observables sont équivalentes aux règles de commutation entre opérateurs hermitiques conjugués :

$$[b_i, b_j^\dagger] = \delta_{ij} \tag{14}$$

et la suite des vecteurs propres de h_i s'obtient par action répétée de $b_i^\dagger$ sur le vecteur propre fondamental (voir équ. (XII.20)).

On obtient une suite complète d'états propres de H en effectuant le produit tensoriel des états propres des Hamiltoniens partiels $h_1, h_2, \ldots, h_i, \ldots$ Chaque état est repéré par la suite des nombres quantiques $n_1, n_2, \ldots, n_i, \ldots$; son énergie est la somme des énergies partielles :

$$E_{n_1 n_2 \ldots n_i \ldots} = \textstyle\sum_i (n_i + \frac{1}{2})\,\omega_i. \tag{15}$$

Son vecteur propre, normalisé à l'unité, se déduit du vecteur $|0\rangle$ représentant le fondamental ($n_1 = n_2 = \ldots = n_i = \ldots = 0$) par la formule

$$|n_1 n_2 \ldots n_i \ldots\rangle = \Pi_i \frac{(b_i^\dagger)^{n_i}}{(n_i\,!)^{\frac{1}{2}}}\,|0\rangle. \tag{16}$$

Le champ au point $\boldsymbol{r}$ est un certain opérateur hermitique $\Phi(\boldsymbol{r})$, défini par l'expression :

$$\Phi(\boldsymbol{r}) = \textstyle\sum_i q_i f_i(\boldsymbol{r}) \tag{17}$$

déduite par correspondance de la relation classique (5). Il est utile de l'exprimer en fonction des b_i et $b_i^\dagger$; des équations (13) et (17), on tire :

$$\Phi(\boldsymbol{r}) = \textstyle\sum_i (2\omega_i)^{-\frac{1}{2}}\left(b_i + b_i^\dagger\right) f_i. \tag{18}$$

Jusqu'à présent, le champ apparaît comme un ensemble d'oscillateurs quantifiés. Dans l'état stationnaire considéré précédemment, chaque nombre quantique n représente le nombre de quanta de vibration relatifs à un mode normal de vibration particulier. Mais on peut également donner des états propres de H et plus généralement des opérateurs du système, une interprétation corpusculaire dont l'essentiel a été exposé au § XII.6. n_i représente alors le nombre de corpuscules dans l'état f_i d'énergie ω_i ; c'est la valeur propre d'un certain opérateur N_i, l'opérateur « nombre de corpuscules dans l'état f_i », défini par :

$$N_i = b_i^\dagger b_i \tag{19}$$

b_i est l'opérateur d'annihilation d'un corpuscule dans l'état f_i, $b_i^\dagger$ l'opérateur de création d'un corpuscule dans l'état f_i.

L'interprétation n'est cohérente que si l'énergie totale d'un état dynamique donné est la somme des énergies des corpuscules présents dans cet état. Comme cela a déjà été signalé au § XII.6, il suffit pour cela de retrancher la constante $\frac{1}{2}\omega_i$ de chaque terme h_i de la somme du second membre de (10). Cette modification de l'Hamiltonien n'affecte évidemment pas les équations du mouvement. Le nouvel Hamiltonien possède la propriété escomptée ; on trouve en effet :

$$H = \sum_i N_i \omega_i. \tag{20}$$

En particulier, le vide est l'état d'énergie nulle. De même, le vecteur $b_i^\dagger |0\rangle$ représente un état comportant un seul corpuscule et son énergie est bien l'énergie ω_i de ce corpuscule.

Les corpuscules dont il est question ici sont des corpuscules indiscernables ; en effet, l'état dynamique du système total est complètement déterminé par la donnée des nombres $n_1, n_2, \ldots, n_i \ldots$ de ces corpuscules dans chacun des états individuels $f_1, f_2, \ldots, f_i, \ldots$ qu'ils sont susceptibles d'occuper. Ces « nombres d'occupation » peuvent d'ailleurs prendre toute valeur entière de 0 à $+\infty$. Ces corpuscules obéissent donc à la statistique de Bose-Einstein (cf. § XIV.6) : le champ quantifié représente donc un *système de bosons* en nombre indéterminé.

Concluons par une remarque concernant l'état fondamental du système. Cet état vide diffère profondément du vide classique. Dans le cas d'un champ classique, le vide ou état d'énergie minimum est un état pour lequel le champ est nul en tout point. Dans le cas du champ quantifié, le champ en un point donné $\Phi(\boldsymbol{r})$ est un opérateur qui ne commute pas avec l'Hamiltonien. Sa valeur moyenne relative à l'état vide est nulle, comme on peut s'en rendre compte aisément en utilisant les propriétés des b_i et des $b_i^\dagger$. Mais son écart quadratique est différent de zéro. On trouve, en effet, en utilisant l'expression (18) du champ :

$$\langle \Phi^2(\boldsymbol{r})\rangle_0 = \sum_i \sum_j \tfrac{1}{2}(\omega_i\omega_j)^{-\frac{1}{2}} \langle 0| \left(b_i + b_i^\dagger\right)\left(b_j + b_j^\dagger\right) |0\rangle f_i(\boldsymbol{r}) f_j(\boldsymbol{r})$$

et comme :

$$\langle 0| \left(b_i + b_i^\dagger\right)\left(b_j + b_j^\dagger\right) |0\rangle = \langle 0| b_i b_j^\dagger |0\rangle = \delta_{ij},$$

il vient :

$$\langle \Phi^2\rangle_0 = \sum_i \frac{f_i^2(\boldsymbol{r})}{2\omega_i}.$$

Le second membre est une série dont tous les termes sont positifs. C'est donc une quantité positive différente de zéro. En fait, on peut montrer que cette série est divergente (⁸). L'apparition de quantités divergentes est caracté-

(⁸) Par contre, l'intégrale du champ dans un volume fini a une fluctuation finie ; cette fluctuation est d'autant plus forte que le volume d'intégration est petit et devient infinie à la limite où ce volume devient nul (cf. Problème 1).

ristique des systèmes à une infinité de degrés de liberté. C'est là une source de sérieuses difficultés pour la Théorie des Champs. Nous aurons l'occasion de revenir sur ce point dans la seconde section.

4. Lagrangien du champ. Moment conjugué de $\Phi(\boldsymbol{r})$

Avant de poursuivre, revenons au champ classique et donnons brièvement la généralisation des formalismes de Lagrange et de Hamilton à ce type de système possédant une infinité de degrés de liberté. Si les coordonnées sont repérées par un jeu d'indices discrets, la généralisation est évidente ; c'est elle que nous avons utilisée avec les coordonnées normales. Les choses sont plus délicates si lesdites coordonnées dépendent d'un indice continu, notamment si la « position » du champ est définie par la donnée de son amplitude en chaque point de l'espace. C'est précisément ce choix de coordonnées qui nous intéresse ici.

La fonction de Lagrange L est une fonction des coordonnées du système et des composantes de sa vitesse ; dans le cas présent, c'est une fonctionnelle de Φ et de $\dot{\Phi}$. Nous admettrons qu'elle peut être représentée par une expression de la forme :

$$L = \int \mathcal{L}\, \mathrm{d}\boldsymbol{r}. \tag{21}$$

La densité de Lagrangien $\mathcal{L}$ dépend de $\boldsymbol{r}$ et de t par l'intermédiaire de Φ, des trois composantes de son gradient et de $\dot{\Phi}$:

$$\mathcal{L} = \mathcal{L}(\Phi, \partial\Phi/\partial x^k, \dot{\Phi}).$$

Connaissant L, on définit l'intégrale d'action :

$$I = \int_{t_1}^{t_2} L\, \mathrm{d}t = \int_{t_1}^{t_2} \mathrm{d}t \int \mathrm{d}\boldsymbol{r}\, \mathcal{L}. \tag{22}$$

C'est une certaine fonctionnelle de $\Phi(\boldsymbol{r}, t)$. Les équations du mouvement sont données par le principe de moindre action (équ. (I.12)) :

$$\delta I = 0 \qquad \text{(en supposant } \delta\Phi(t_1) = \delta\Phi(t_2) = 0). \tag{23}$$

A l'examen de la relation (22), il est clair que cette loi d'évolution obéit au principe de relativité *si* $\mathcal{L}$ *se comporte comme un scalaire dans les transformations du groupe de Lorentz.* Cette condition imposée à $\mathcal{L}$ facilite grandement la recherche de la fonction de Lagrange.

Les équations de Lagrange sont remplacées dans le cas présent par une équation aux dérivées partielles de l'amplitude $\Phi(\boldsymbol{r}, t)$, équation que l'on déduit aisément du principe de moindre action. On trouve :

$$\frac{\partial}{\partial t}\frac{\partial\mathcal{L}}{\partial\dot{\Phi}} + \sum_k \frac{\partial}{\partial x^k}\frac{\partial\mathcal{L}}{\partial(\partial\Phi/\partial x^k)} - \frac{\partial\mathcal{L}}{\partial\Phi} = 0. \tag{24}$$

C'est l'équation d'évolution du champ.

Pour définir avec quelque rigueur les coordonnées du champ, il faut imaginer l'espace divisé en cellules infinitésimales. A chaque cellule $(\boldsymbol{r}, \boldsymbol{r} + \mathrm{d}\boldsymbol{r})$ correspond une coordonnée du système, à savoir la quantité $\Phi(\boldsymbol{r}, t)\mathrm{d}\boldsymbol{r}$. La loi d'évolution fixe la variation desdites coordonnées en fonction du temps. Ceci précisé, le moment conjugué $\Pi(\boldsymbol{r}, t)$ de la coordonnée $\Phi(\boldsymbol{r}, t)\,\mathrm{d}\boldsymbol{r}$ est, conformément à la définition courante, donné par la dérivée fonctionnelle de L par rapport à la composante de la vitesse $\dot{\Phi}(\boldsymbol{r}, t)\,\mathrm{d}\boldsymbol{r}$, soit :

$$\Pi(\boldsymbol{r}, t) \equiv \frac{\delta L}{\delta \dot{\Phi}(\boldsymbol{r}, t)\,\mathrm{d}\boldsymbol{r}} = \frac{\partial \mathcal{L}}{\partial \dot{\Phi}}. \tag{25}$$

La notion de dérivation fonctionnelle utilisée ici est la généralisation naturelle de la notion de dérivation partielle ; ainsi dans l'équation précédente, δL est la variation de L lorsque $\dot{\Phi}$ varie de la quantité infinitésimale $\delta\dot{\Phi}$ dans un petit volume d'extension $\mathrm{d}\boldsymbol{r}$ entourant le point $\boldsymbol{r}$, tout en restant constant dans tout le reste de l'espace.

Ayant défini le moment conjugué de chaque coordonnée, on construit la fonction de Hamilton H en appliquant la définition courante (équ. (I.13)) ; c'est une fonctionnelle de Φ et de Π :

$$H \equiv H[\Phi, \Pi] \equiv \int \Pi\,\dot{\Phi}\,\mathrm{d}\boldsymbol{r} - L,$$

soit encore :

$$H = \int \mathcal{H}\,\mathrm{d}\boldsymbol{r} \tag{26}$$

$$\mathcal{H} \equiv \mathcal{H}(\Phi, \partial\Phi/\partial x^k, \Pi) = \Pi\,\dot{\Phi} - \mathcal{L}$$

$\mathcal{H}$ porte le nom de densité d'Hamiltonien. Les équations canoniques de Hamilton sont (cf. équ. (I.14)) :

$$\begin{aligned} \dot{\Phi} &= \frac{\partial \mathcal{H}}{\partial \Pi} \\ \dot{\Pi} &= -\frac{\partial \mathcal{H}}{\partial \Phi} + \sum_k \frac{\partial}{\partial x^k}\frac{\partial \mathcal{H}}{\partial(\partial\Phi/\partial x^k)}. \end{aligned} \tag{27}$$

Dans le cas du champ scalaire libre, on peut prendre pour densité de Lagrangien :

$$\begin{aligned} \mathcal{L} &= \tfrac{1}{2}[(\partial_\mu\Phi)(\partial^\mu\Phi) - \mu^2\Phi^2] \\ &= \tfrac{1}{2}[\dot{\Phi}^2 - (\nabla\Phi)^2 - \mu^2\Phi^2]. \end{aligned} \tag{28}$$

Substituant cette expression dans l'équation (24), on retrouve en effet l'équation (1).

Le moment conjugué de Φ est dans ce cas :

$$\Pi = \dot{\Phi}. \tag{29}$$

Appliquant la définition (26), on trouve pour expression de la fonction de Hamilton :

$$H = \tfrac{1}{2}\int (\Pi^2 + (\mathrm{grad}\,\Phi)^2 + \mu^2\Phi^2)\,\mathrm{d}\boldsymbol{r}. \tag{30}$$

La fonction H qui vient d'être définie est la même que celle qui est donnée par l'équation (10) en fonction des coordonnées normales. Pour le montrer, il suffit de remplacer Φ et Π par leur développement en fonction des q_i et des p_i et d'utiliser les propriétés des fonctions f. Le développement de Φ est donné par l'équation (5). Quant à Π, se reportant à la définition (25), on trouve :

$$\Pi(\boldsymbol{r}, t)\, \mathrm{d}\boldsymbol{r} = \frac{\delta L}{\delta \dot{\Phi}(\boldsymbol{r}, t)}$$
$$= \sum_i \frac{\partial L}{\partial \dot{q}_i} \frac{\delta \dot{q}_i}{\delta \dot{\Phi}(\boldsymbol{r}, t)}$$

et, comme par définition $p_i = \partial L / \partial \dot{q}_i$ et que, suivant l'équation (6),

$$\dot{q}_i = \int f_i(\boldsymbol{r})\, \dot{\Phi}(\boldsymbol{r}, t)\, \mathrm{d}\boldsymbol{r}$$

d'où

$$\delta \dot{q}_i / \delta \dot{\Phi}(\boldsymbol{r}, t) = f_i(\boldsymbol{r})\, \mathrm{d}\boldsymbol{r},$$

il vient :

$$\Pi(\boldsymbol{r}, t) = \textstyle\sum_i p_i f_i(\boldsymbol{r}). \tag{31}$$

Les substitutions indiquées plus haut donnent donc :

$$H = \tfrac{1}{2} \textstyle\sum_i \sum_j [p_i p_j \int f_i f_j\, \mathrm{d}\boldsymbol{r} + q_i q_j \int (\nabla f_i . \nabla f_j)\, \mathrm{d}\boldsymbol{r} + \mu^2 q_i q_j \int f_i f_j\, \mathrm{d}\boldsymbol{r}]. \tag{32}$$

Intégrant par partie et appliquant l'équation (2), il vient :

$$\int (\nabla f_i . \nabla f_j)\, \mathrm{d}\boldsymbol{r} = -\int f_i \Delta f_j\, \mathrm{d}\boldsymbol{r} = k_i^2 \int f_i f_j\, \mathrm{d}\boldsymbol{r}.$$

Substituant la dernière expression au second membre de l'équation (32) et utilisant les relations d'orthogonalité des f (équ. (3)) et la définition de ω_i (équ. (8)), on trouve finalement le résultat annoncé :

$$H = \tfrac{1}{2} \textstyle\sum_i (p_i^2 + \omega_i^2 q_i^2)$$

[Rappelons que cette expression diffère de l'expression (20) par une constante infinie].

Pour quantifier le champ, on peut indifféremment prendre pour variables de base les q_i et les p_i, les b_i et les $b_i^\dagger$ ou les $\Phi(\boldsymbol{r})$ et les $\Pi(\boldsymbol{r})$. Les relations de commutation des Φ et des Π ont d'ailleurs une forme très simple. Nous allons les tirer des relations de commutation des b et des $b^\dagger$. Les équations (13) donnent :

$$p_i = \tfrac{1}{2} \mathrm{i} \sqrt{2\omega_i}\, (b_i^\dagger - b_i).$$

Substituant cette expression dans le développement (31), on trouve :

$$\Pi(\boldsymbol{r}) = \textstyle\sum_i \tfrac{1}{2} \mathrm{i} \sqrt{2\omega_i}\, (b_i^\dagger - b_i)\, f_i. \tag{33}$$

Les relations de commutation cherchées s'obtiennent en utilisant les développements (18) et (33), les relations de commutation des b et des $b^\dagger$ et la relation de fermeture (4). Il vient :

$$\begin{aligned} [\Phi(\boldsymbol{r}), \Phi(\boldsymbol{r}')] &= [\Pi(\boldsymbol{r}), \Pi(\boldsymbol{r}')] = 0 \\ [\Phi(\boldsymbol{r}), \Pi(\boldsymbol{r}')] &= \mathrm{i}\delta(\boldsymbol{r} - \boldsymbol{r}'). \end{aligned} \tag{34}$$

5. Fonctions de base complexes

Les considérations du paragraphe précédent nous montrent comment on peut quantifier le champ sans avoir à passer en coordonnées normales. Cependant, l'emploi de coordonnées normales facilite le plus souvent les calculs et aussi l'interprétation même de la Théorie du Champ quantifié. En fait, comme les valeurs propres de l'opérateur $(-\Delta)$ sont dégénérées, il existe un large arbitraire dans le choix des fonctions de base et des coordonnées normales. D'autre part, il est possible, au prix d'une généralisation très simple, d'effectuer la quantification en se servant de fonctions de base complexes. Dans ce paragraphe, nous exposons d'abord cette méthode de quantification plus générale, puis nous montrons que le champ quantifié obtenu est indépendant du choix des fonctions de base.

Désignons par $u_1, u_2, \ldots, u_s, \ldots$ une suite orthonormale complète de fonctions de base et par ω^s l'énergie correspondante. On a donc (cf. équ. (2), (3), (4) et (8)),

$$\int u_s^* u_t \,\mathrm{d}\boldsymbol{r} = \delta_{st} \qquad \textstyle\sum_s u_s(\boldsymbol{r})\, u_s^*(\boldsymbol{r}') = \delta(\boldsymbol{r} - \boldsymbol{r}') \tag{35}$$

$$(\Delta + k_s^2)\, u_s = 0 \tag{36}$$

$$\omega_s = (k_s^2 + \mu^2)^{\frac{1}{2}}. \tag{37}$$

A chaque mode u_s sont associés deux opérateurs hermitiques conjugués a_s, $a_s^\dagger$. Ces opérateurs obéissent aux règles de commutation (cf. équ. (14)) :

$$\begin{aligned} [a_s, a_t] &= [a_s^\dagger, a_t^\dagger] = 0, \\ [a_s, a_t^\dagger] &= \delta_{st}, \end{aligned} \tag{38}$$

lesquelles permettent de construire l'espace des états dynamiques du système. A chaque mode u_s est ainsi associé un oscillateur harmonique quantifié. a_s et $a_s^\dagger$ s'interprètent respectivement comme opérateurs d'annihilation et de création d'un corpuscule dans l'état u_s. Les observables du système sont des fonctions des opérateurs d'annihilation et de création. En particulier, l'observable

$$N_s \equiv a_s^\dagger a_s$$

représente le nombre de corpuscules dans l'état u_s. Le champ $\Phi(\boldsymbol{r})$ est donné par le développement (cf. équ. (18)) :

$$\Phi(\boldsymbol{r}) = \textstyle\sum_s (2\omega_s)^{-\frac{1}{2}} \left(a_s u_s(\boldsymbol{r}) + a_s^\dagger u_s^*(\boldsymbol{r})\right), \tag{39}$$

le moment conjugué du champ $\Pi(r)$, par le développement (cf. équ. (33)) :

$$\Pi(r) = \sum_s \tfrac{1}{2} i (2\omega_s)^{+\frac{1}{2}} (a_s^\dagger u_s^*(r) - a_s u_s(r)), \tag{40}$$

et l'Hamiltonien H gouvernant l'évolution dans le temps du système par (cf. équ. (20))

$$H = \sum_s a_s^\dagger a_s \omega_s. \tag{41}$$

Nous allons établir la relation entre les a et $a^\dagger$ et les opérateurs b et $b^\dagger$ du § 3 et montrer que le système qui vient d'être défini est bien le même que le système quantique défini au § 3.

Nous avons désigné par s l'ensemble des nombres quantiques permettant de distinguer les fonctions u les unes des autres. Par convention, cet ensemble comporte un nombre quantique fixant l'énergie et un ensemble σ de nombres quantiques additionnels permettant de distinguer les unes des autres les fonctions correspondant à la même valeur de l'énergie ; pour fixer l'énergie nous convenons d'utiliser le nombre d'onde k :

$$\omega = (k^2 + \mu^2)^{\frac{1}{2}}. \tag{42}$$

On a donc : $s \equiv (k, \sigma)$.

De même l'ensemble i des nombres quantiques permettant de distinguer les unes des autres les fonctions f comporte le nombre d'onde k fixant l'énergie et un certain ensemble ρ de nombres quantiques additionnels : $i \equiv (k, \rho)$.

On passe des fonctions $f_{k\rho}$ correspondant à une valeur déterminée de k aux fonctions $u_{k\sigma}$ correspondant à la même valeur de k par transformation unitaire :

$$u_{k\sigma} = \sum_\rho T_{\sigma\rho} f_{k\rho}, \qquad f_{k\rho} = \sum_\sigma (T^\dagger)_{\rho\sigma} u_{k\sigma} \tag{43}$$

($T \equiv$ matrice unitaire).

Toutes les quantités qui interviennent dans la suite se rapportent à une valeur bien déterminée de k ; afin d'alléger l'écriture, nous laissons tomber l'indice k.

Pour que les développements (18) et (39) représentent le même opérateur $\Phi(r)$, et que les développements (33) et (40) représentent également le même opérateur $\Pi(r)$, il faut et il suffit que l'on ait pour toute valeur de k :

$$\sum_\sigma a_\sigma u_\sigma = \sum_\rho b_\rho f_\rho.$$

Compte tenu de la seconde des relations (43), ceci équivaut à poser :

$$a_\sigma = \sum_\rho T_{\sigma\rho}^* b_\rho \tag{44}$$

soit encore :

$$a_\sigma^\dagger = \sum_\rho T_{\sigma\rho} b_\rho^\dagger. \tag{44†}$$

Ainsi se trouve établie la correspondance entre les a et les b d'une part, les $a^\dagger$ et les $b^\dagger$ d'autre part. La correspondance est linéaire. De façon plus précise, la correspondance linéaire entre les opérateurs de création $b^\dagger$ et $a^\dagger$ (relation (44†)) est identique à la correspondance linéaire entre les fonctions de base f et u (équ. (43)).

Des relations (44) et ($44^\dagger$) résulte que les développements (18) et (39) représentent le même champ $\Phi(\boldsymbol{r})$. Pour que les deux méthodes de quantification de ce champ soient équivalentes, il faut que les a et les $a^\dagger$ ainsi définis obéissent aux relations de commutation (38) et que l'Hamiltonien H défini par l'équation (20) s'exprime en fonction de ces opérateurs par le développement (41). Ces deux résultats se démontrent aisément en utilisant la propriété d'unitarité de la matrice T. De cette propriété, on déduit en effet que, pour chaque valeur de k :

$$\begin{aligned}[a_\sigma, a_{\sigma'}{}^\dagger] &= \sum_{\rho\rho'} T_{\sigma\rho}{}^* T_{\sigma'\rho'} [b_{\rho'}, b_{\rho'}{}^\dagger] \\ &= \sum_{\rho\rho'} T_{\sigma\rho}{}^* T_{\sigma'\rho'} \delta_{\rho\rho'} = \delta_{\sigma\sigma'},\end{aligned}$$

d'où l'on tire :

$$[a_s, a_{s'}{}^\dagger] = \delta_{ss'}.$$

De même, on a pour toute valeur de k :

$$\begin{aligned}\sum_\sigma a_\sigma{}^\dagger a_\sigma &= \sum_{\rho\rho'} \sum_\sigma T_{\sigma\rho} T_{\sigma\rho'}{}^* b_\rho{}^\dagger b_{\rho'} \\ &= \sum_{\rho\rho'} \delta_{\rho\rho'} b_\rho{}^\dagger b_{\rho'} = \sum_\rho b_\rho{}^\dagger b_\rho\end{aligned}$$

d'où l'on tire l'expression de H escomptée.

6. Ondes planes. Définition de l'impulsion

Parmi les différents systèmes de fonctions de base complexes figurent notamment les ondes planes. Elles correspondent, comme nous le montrons plus loin, à des états individuels d'impulsion bien déterminée.

Afin d'introduire des indices discrets, nous supposons le champ enfermé dans un cube de côté L et nous imposons aux fonctions u_s d'être périodiques aux limites du cube, soit :

$$u_s(\tfrac{1}{2}L, y, z) = u_s(-\tfrac{1}{2}L, y, z)$$

et les deux autres équations déduites de la précédente par permutation circulaire des arguments x, y, z. Ces conditions sont une simple généralisation de la condition de périodicité décrite au § V.11.

Nous pouvons alors prendre comme fonctions de base les ondes planes :

$$u_{\boldsymbol{k}} = L^{-\frac{3}{2}} e^{i\boldsymbol{k}\cdot\boldsymbol{r}} \tag{45}$$

dont le vecteur d'onde a pour composantes des multiples de $2\pi/L$:

$$k_x = 2\pi n_x/L, \qquad k_y = 2\pi n_y/L, \qquad k_z = 2\pi n_z/L.$$

Nous obtenons un système orthonormal complet de fonctions de base en donnant à chacun des nombres n_x, n_y, n_z, toutes les valeurs entières possibles positives ou négatives :

$$n_x, n_y, n_z = 0, \pm 1, \pm 2, \pm 3, \ldots$$

A chacune de ces ondes planes, nous associons un opérateur d'annihilation $a_{\boldsymbol{k}}$

et un opérateur de création $a_k^\dagger$. Le champ $\Phi(r)$ est représenté par le développement (cf. équ. (39)) :

$$\Phi(r) = \sum_k (2\omega_k L^3)^{-\frac{1}{2}} (a_k e^{ik\cdot r} + a_k^\dagger e^{-ik\cdot r}) \tag{46}$$

son moment conjugué (cf. équ. (40)) par :

$$\Pi(r) = \sum_k i(\omega_k/2L^3)^{\frac{1}{2}}(a_k^\dagger e^{-ik\cdot r} - a_k e^{ik\cdot r}) \tag{47}$$

et l'Hamiltonien (cf. équ. (41)) par

$$H = \sum_k (a_k^\dagger a_k)\, \omega_k \tag{48}$$

les sommes étant chaque fois étendues à toutes les valeurs possibles de k, c'est-à-dire toutes les valeurs possibles de n_x, n_y, n_z.

Comme cela a déjà été expliqué au § V.11, les résultats corrects s'obtiennent en faisant croître L indéfiniment. A cette limite les sommations sont remplacées par des intégrations. Dans une petite bande $(k, k + \delta k)$, il y a $(L/2\pi)^3\, \delta k$ jeux de valeurs possibles pour n_x, n_y, n_z. Si l'on admet — et ceci est bien conforme à l'esprit du passage à la limite $L \to \infty$ — que les termes à sommer peuvent être assimilés à des fonctions continues de k, on peut remplacer chaque symbole de sommation $\sum$ par le symbole d'intégration.

$$\int (L/2\pi)^3\, dk$$

$(L/2\pi)^3$ est la densité d'états individuels dans l'espace des vecteurs d'onde. On réserve plus couramment le nom de *densité de niveaux* au nombre d'états individuels par unité d'angle solide et par unité d'énergie ; c'est une certaine fonction de l'énergie $\rho_L(\omega)$. Le nombre $\rho_L\, d\Omega\, d\omega$ d'états dont le vecteur d'onde pointe dans l'angle solide $(\Omega, \Omega + d\Omega)$ et dont l'énergie est située dans la bande $(\omega, \omega + d\omega)$ est :

$$\begin{aligned}\rho_L\, d\Omega\, d\omega &= (L/2\pi)^3\, k^2 (dk/d\omega)\, d\omega\, d\Omega \\ &= (L/2\pi)^3\, \omega k\, d\omega\, d\Omega.\end{aligned}$$

Donc :

$$\rho_L(\omega) = L^3 \omega k/(2\pi)^3 \tag{49}$$

(cf. équ. (XVII.52)).

En fait, il est possible de s'affranchir complètement de l'artifice du cube et utiliser dès le départ des ondes planes étendues à tout l'espace. Le vecteur d'onde k peut alors prendre toutes les valeurs sans restriction et les ondes en question dépendent des 3 *indices continus* k_x, k_y, k_z. Les normalisations à l'aide des symboles de Kronecker sont remplacées par des normalisations à l'aide de fonctions δ.

On prend alors comme fonctions de base les fonctions :

$$u(k) \equiv u(k\,;r) = e^{ik\cdot r}/(2\pi)^{\frac{3}{2}}$$

et on associe à chacune d'elles les opérateurs hermitiques conjugués $a(k)$ et $a^\dagger(k)$. Les différentes formules se déduisent des formules précédentes en remplaçant partout $u_{\boldsymbol{k}}$ par $(2\pi/L)^{\frac{3}{2}}\, u(\boldsymbol{k})$, $a_{\boldsymbol{k}}$ par $(2\pi/L)^{\frac{3}{2}}\, a(\boldsymbol{k})$ et le symbole $\sum$ par $\int(L/2\pi)^3\,\mathrm{d}\boldsymbol{k}$. Ainsi les propriétés caractéristiques des fonctions de base (cf. équ. (35), (36), (37)) s'écrivent :

$$\int u^*(\boldsymbol{k}\,;\boldsymbol{r})\,u(\boldsymbol{k}'\,;\boldsymbol{r})\,\mathrm{d}\boldsymbol{r} = \delta(\boldsymbol{k}-\boldsymbol{k}') \qquad \int u(\boldsymbol{k}\,;\boldsymbol{r})\,u^*(\boldsymbol{k}\,;\boldsymbol{r}')\,\mathrm{d}\boldsymbol{k} = \delta(\boldsymbol{r}-\boldsymbol{r}')$$

$$(\Delta + k^2)\,u(\boldsymbol{k}\,;\boldsymbol{r}) = 0$$

$$\omega(k) = (k^2+\mu^2)^{\frac{1}{2}}.$$

Les relations de commutation des opérateurs a et $a^\dagger$ sont (cf. équ. (38)) :

$$[a(\boldsymbol{k}), a(\boldsymbol{k}')] = [a^\dagger(\boldsymbol{k}), a^\dagger(\boldsymbol{k}')] = 0$$

$$[a(\boldsymbol{k}), a^\dagger(\boldsymbol{k}')] = \delta(\boldsymbol{k}-\boldsymbol{k}').$$

Les champs $\Phi(\boldsymbol{r})$ et $\Pi(\boldsymbol{r})$ sont représentés par les intégrales (cf. équ. (39) et (40)) :

$$\Phi(\boldsymbol{r}) = (2\pi)^{-\frac{3}{2}} \int \frac{\mathrm{d}\boldsymbol{k}}{\sqrt{2\omega}} \left(a(\boldsymbol{k})\,\mathrm{e}^{\mathrm{i}\boldsymbol{k}\cdot\boldsymbol{r}} + a^\dagger(\boldsymbol{k})\,\mathrm{e}^{-\mathrm{i}\boldsymbol{k}\cdot\boldsymbol{r}}\right)$$

$$\Pi(\boldsymbol{r}) = (2\pi)^{-\frac{3}{2}}\,\mathrm{i} \int \sqrt{\frac{\omega}{2}}\,\mathrm{d}\boldsymbol{k} \left(a^\dagger(\boldsymbol{k})\,\mathrm{e}^{-\mathrm{i}\boldsymbol{k}\cdot\boldsymbol{r}} - a(\boldsymbol{k})\,\mathrm{e}^{\mathrm{i}\boldsymbol{k}\cdot\boldsymbol{r}}\right)$$

et l'Hamiltonien (cf. équ. (41)) par :

$$H = \int a^\dagger(\boldsymbol{k})\,a(\boldsymbol{k})\,\omega(k)\,\mathrm{d}\boldsymbol{k}.$$

Il nous reste à établir la relation entre l'impulsion du champ $\boldsymbol{W}$ et le développement en ondes planes.

Par définition l'opérateur vectoriel $\boldsymbol{W}$ est relié aux translations infinitésimales par la formule (XV.41). Dans une translation finie $\mathcal{T}(\boldsymbol{a})$ (notations du § XV.9), l'opérateur $\Phi(\boldsymbol{r}_0)$ donnant l'amplitude du champ en un point donné $\boldsymbol{r}=\boldsymbol{r}_0$ se transforme en l'opérateur $\Phi(\boldsymbol{r}_0+\boldsymbol{a})$ donnant l'amplitude du champ au point qui se déduit de $\boldsymbol{r}_0$ dans ladite translation ([4]). De même $\Pi(\boldsymbol{r}_0)$ se transforme en $\Pi(\boldsymbol{r}_0+\boldsymbol{a})$. Appliquant cette loi de transformation des observables au cas où $\boldsymbol{a}$ est égal à un vecteur infinitésimal $\boldsymbol{\epsilon}$, on trouve :

$$\begin{aligned} [\boldsymbol{\epsilon}.\boldsymbol{W}, \Phi(\boldsymbol{r}_0)] &= \mathrm{i}\boldsymbol{\epsilon}.\nabla\Phi\big|_{\boldsymbol{r}=\boldsymbol{r}_0} \\ [\boldsymbol{\epsilon}.\boldsymbol{W}, \Pi(\boldsymbol{r}_0)] &= \mathrm{i}\boldsymbol{\epsilon}.\nabla\Pi\big|_{\boldsymbol{r}=\boldsymbol{r}_0}. \end{aligned} \tag{50}$$

Ces règles de commutation devant être satisfaites quel que soit $\boldsymbol{r}_0$ permettent de définir $\boldsymbol{W}$ à un vecteur constant additif près. Ainsi la composante W_x suivant l'axe des x est l'opérateur défini à une constante près par les relations de commutation :

$$[W_x, \Phi(\boldsymbol{r}_0)] = \mathrm{i}\frac{\partial\Phi}{\partial x}\bigg|_{\boldsymbol{r}=\boldsymbol{r}_0} \tag{51}$$

$$[W_x, \Pi(\boldsymbol{r}_0)] = \mathrm{i}\frac{\partial\Pi}{\partial x}\bigg|_{\boldsymbol{r}=\boldsymbol{r}_0}. \tag{52}$$

([4]) Bien noter la différence avec la loi de la transformation de l'observable x définie au § XV.9 (cf. note XV-([3])). Ici $\boldsymbol{r}_0$ est un paramètre fixant le point de l'espace où on mesure l'amplitude du champ.

Les relations précédentes sont satisfaites si

$$W_x = -\int \Pi \frac{\partial \Phi}{\partial x} \, \mathrm{d}\boldsymbol{r} + Cte. \tag{53}$$

Une intégration par partie donne d'ailleurs l'expression équivalente

$$W_x = \int \frac{\partial \Pi}{\partial x} \Phi \, \mathrm{d}\boldsymbol{r} + Cte. \tag{54}$$

Substituant en effet l'expression (53) au premier membre de l'équation (51), on trouve, compte tenu des relations de commutation (34) :

$$\begin{aligned}\left[-\int \Pi(\boldsymbol{r}) \frac{\partial \Phi(\boldsymbol{r})}{\partial x} \mathrm{d}\boldsymbol{r}, \Phi(\boldsymbol{r}_0)\right] &= -\int [\Pi(\boldsymbol{r}), \Phi(\boldsymbol{r}_0)] \frac{\partial \Phi(\boldsymbol{r})}{\partial x} \mathrm{d}\boldsymbol{r} \\ &= \mathrm{i} \int \delta(\boldsymbol{r} - \boldsymbol{r}_0) \frac{\partial \Phi(\boldsymbol{r})}{\partial x} \mathrm{d}\boldsymbol{r} \\ &= \mathrm{i} \left.\frac{\partial \Phi}{\partial x}\right|_{\boldsymbol{r}=\boldsymbol{r}_0}.\end{aligned}$$

On montre de même que la relation (52) est satisfaite si l'on substitue à W_x l'expression (54).

On peut écrire des expressions analogues pour W_y et W_z. Les trois composantes de $\boldsymbol{W}$ sont ainsi données à une constante près, constante que l'on fixe en imposant à $\boldsymbol{W}$ d'être un opérateur vectoriel. On trouve en définitive pour l'impulsion du champ les deux expressions équivalentes :

$$\boldsymbol{W} = -\int \Pi(\nabla \Phi) \, \mathrm{d}\boldsymbol{r} \tag{55}$$

$$= + \int (\nabla \Pi) \Phi \, \mathrm{d}\boldsymbol{r} \tag{56}$$

[*N. B.* — La Théorie Classique conduit à une définition formellement identique de l'impulsion].

Exprimons $\boldsymbol{W}$ en fonction des opérateurs $a_{\boldsymbol{k}}$ et $a_{\boldsymbol{k}}^{\dagger}$. A cet effet, nous substituons à Φ et Π au second membre de l'équation (55) leurs développements respectifs (équ. (46) et (47)) et nous utilisons les relations d'orthogonalité des ondes planes. Il vient :

$$\boldsymbol{W} = \tfrac{1}{2} \sum_{\boldsymbol{k}} \boldsymbol{k} (a_{\boldsymbol{k}}^{\dagger} a_{\boldsymbol{k}} + a_{\boldsymbol{k}} a_{\boldsymbol{k}}^{\dagger} - a_{\boldsymbol{k}} a_{-\boldsymbol{k}} - a_{-\boldsymbol{k}}^{\dagger} a_{\boldsymbol{k}}^{\dagger})$$

soit encore, compte tenu des relations de commutation des a et des $a^{\dagger}$,

$$\boldsymbol{W} = \sum_{\boldsymbol{k}} (a_{\boldsymbol{k}}^{\dagger} a_{\boldsymbol{k}}) \boldsymbol{k} + \tfrac{1}{2} \sum_{\boldsymbol{k}} \boldsymbol{k} (1 - a_{-\boldsymbol{k}} a_{\boldsymbol{k}} - a_{-\boldsymbol{k}}^{\dagger} a_{\boldsymbol{k}}^{\dagger}).$$

Les symboles $\sum_{\boldsymbol{k}}$ indiquent des sommations sur toutes les valeurs possibles de $\boldsymbol{k}$. Dans la seconde sommation, l'expression entre parenthèses ne change pas lorsqu'on change $\boldsymbol{k}$ en $-\boldsymbol{k}$; par suite, les termes correspondant à deux valeurs opposées de $\boldsymbol{k}$ sont opposés l'un à l'autre ; la seconde somme est donc rigoureusement nulle. Par suite :

$$\boldsymbol{W} = \sum_{\boldsymbol{k}} (a_{\boldsymbol{k}}^{\dagger} a_{\boldsymbol{k}}) \boldsymbol{k}. \tag{57}$$

De cette expression, on tire aisément les relations de commutation de $\boldsymbol{W}$ avec les a et les $a^\dagger$:

$$[\boldsymbol{W}, a_{\boldsymbol{k}}] = -\boldsymbol{k}\, a_{\boldsymbol{k}} \tag{58}$$

$$[\boldsymbol{W}, a_{\boldsymbol{k}}^\dagger] = +\boldsymbol{k}\, a_{\boldsymbol{k}}^\dagger. \tag{59}$$

Les expressions (57), (58) et (59) s'interprètent aisément si l'on postule qu'un corpuscule dans l'état $u_{\boldsymbol{k}}$ a l'impulsion $\boldsymbol{k}$. Comme $(a_{\boldsymbol{k}}^\dagger a_{\boldsymbol{k}})$ est le nombre de corpuscules dans l'état $u_{\boldsymbol{k}}$, la formule (57) signifie simplement que l'impulsion totale du champ $\boldsymbol{W}$ est égale à la somme des impulsions de chacun des corpuscules qui constituent le champ. De même, les relations (58) et (59) sont bien conformes à l'interprétation de $a_{\boldsymbol{k}}$ et $a_{\boldsymbol{k}}^\dagger$ comme opérateurs d'annihilation et de création d'un corpuscule d'impulsion $\boldsymbol{k}$ respectivement. Soit en effet $|\boldsymbol{w}\rangle$ un vecteur propre de l'impulsion totale correspondant à la valeur propre $\boldsymbol{w}$; suivant l'équation (58) le vecteur $a_{\boldsymbol{k}}|\boldsymbol{w}\rangle$ (s'il n'est pas nul, c'est-à-dire si le champ contient au moins un corpuscule d'impulsion $\boldsymbol{k}$) vérifie l'équation aux valeurs propres :

$$\begin{aligned} \boldsymbol{W} a_{\boldsymbol{k}} |\boldsymbol{w}\rangle &= a_{\boldsymbol{k}}(\boldsymbol{W} - \boldsymbol{k})|\boldsymbol{w}\rangle = a_{\boldsymbol{k}}(\boldsymbol{w} - \boldsymbol{k})|\boldsymbol{w}\rangle \\ &= (\boldsymbol{w} - \boldsymbol{k})\, a_{\boldsymbol{k}} |\boldsymbol{w}\rangle ; \end{aligned}$$

suivant l'équation (59), une manipulation analogue donne :

$$\boldsymbol{W} a_{\boldsymbol{k}}^\dagger |\boldsymbol{w}\rangle = (\boldsymbol{w} + \boldsymbol{k})\, a_{\boldsymbol{k}}^\dagger |\boldsymbol{w}\rangle.$$

On note que les corpuscules d'impulsion $\boldsymbol{k}$ contenus dans le champ ont l'énergie $\omega = (k^2 + \mu^2)$. *Ce sont donc des corpuscules de masse* μ.

7. Ondes sphériques. Définition du moment cinétique

Les fonctions de base les plus communément utilisées sont les ondes planes. Mais on peut aussi bien utiliser les ondes sphériques. Les fonctions de base sont alors de la forme

$$u_{klm} \equiv Cle\, j_l(kr)\, Y_l^m(\theta, \varphi) \tag{60}$$

et dépendent de l'indice continu k et des deux indices discrets l et m. Pour n'avoir affaire qu'à des indices discrets, il suffit d'ailleurs d'enfermer le champ dans une sphère de rayon R et d'imposer aux fonctions de base d'être nulles sur la sphère ; les résultats corrects s'obtiennent en faisant croître R indéfiniment.

Toutes les manipulations du paragraphe précédent peuvent être répétées avec ces nouvelles fonctions de base. On introduit ainsi des opérateurs a_{klm} et $a_{klm}^\dagger$ d'annihilation et de création de corpuscule dans l'état représenté par l'onde sphérique u_{klm}. On peut montrer, en outre, que les ondes sphériques sont liées à des états individuels de moment cinétique déterminé, de même que les ondes planes sont liées à des états individuels d'impulsion déterminée. On trouve pour le moment cinétique total du champ $\boldsymbol{I}$ l'expression suivante :

$$\boldsymbol{I} = -\int \Pi\,(\boldsymbol{l}\Phi)\,\mathrm{d}\boldsymbol{r} \tag{61}$$

$\boldsymbol{l}$ représente ici l'opérateur $-\,\mathrm{i}(\boldsymbol{r} \times \nabla)$ et agit sur la fonction Φ qui se trouve à sa droite :

$$\boldsymbol{l}\Phi = -\,\mathrm{i}\boldsymbol{r} \times (\nabla\,\Phi).$$

On peut également utiliser l'expression équivalente :

$$\boldsymbol{I} = \int (\boldsymbol{l}\Pi)\,\Phi\,\mathrm{d}\boldsymbol{r}.$$

Les opérateurs a_{klm} et $a_{klm}{}^{\dagger}$ s'interprètent respectivement comme opérateurs d'annihilation et de création d'un corpuscule d'énergie $\omega = (k^2 + \mu^2)^{\frac{1}{2}}$ et de moment cinétique (lm). D'ailleurs les $(2l + 1)$ opérateurs $a_{klm}{}^{\dagger}$ correspondant à une valeur déterminée de l et de k sont les composantes standard d'un opérateur tensoriel irréductible d'ordre l ; les $(2l + 1)$ opérateurs a_{klm} sont, à l'ordre et au signe près, les composantes standard de l'opérateur tensoriel hermitique conjugué (définition du § XIII.30).

8. Réflexions d'espace et de temps

Parmi les transformations qui laissent invariantes les équations du mouvement figurent également les réflexions d'espace et de temps. Chacune de ces transformations est complètement définie si l'on se donne la loi de transformation du champ $\Phi(\boldsymbol{r})$ et de son moment conjugué $\Pi(\boldsymbol{r})$; l'opérateur (unitaire ou antiunitaire) de la transformation est alors fixé à une phase près.

En ce qui concerne *la réflexion d'espace*, la loi en question est

$$\Phi(\boldsymbol{r}) \to \Phi(-\,\boldsymbol{r}), \qquad \Pi(\boldsymbol{r}) \to \Pi(-\,\boldsymbol{r}). \tag{I}$$

Cette loi est caractéristique du champ scalaire. L'opérateur S_0 de cette transformation est *unitaire* (les relations de commutation des champs se trouvent ainsi conservées dans la transformation). Comme tous les opérateurs de la théorie sont des fonctions de Φ et Π, il est facile de déduire de (I) leur loi de transformation dans une réflexion d'espace. Pour les opérateurs a et $a^{\dagger}$ associés aux ondes planes, on trouve notamment, en conformité avec l'interprétation donnée à ces opérateurs :

$$\begin{aligned} S_0\, a_{\boldsymbol{k}}\, S_0{}^{\dagger} &= a_{-\boldsymbol{k}} \\ S_0\, a_{\boldsymbol{k}}{}^{\dagger}\, S_0{}^{\dagger} &= a_{-\boldsymbol{k}}{}^{\dagger}. \end{aligned} \tag{II}$$

En ce qui concerne *le renversement du temps*, le champ Φ est conservé et sa vitesse change de signe, la loi est donc :

$$\Phi(\boldsymbol{r}) \to \Phi(\boldsymbol{r}), \qquad \Pi(\boldsymbol{r}) \to -\,\Pi(\boldsymbol{r}). \tag{I'}$$

L'opérateur K de cette transformation est *antiunitaire*, car les relations de commutation des champs changent de signe dans la transformation. La loi de transformation des opérateurs a et $a^{\dagger}$ associés aux ondes planes se déduit sans difficulté de (I) ; on trouve, en conformité avec l'interprétation donnée à ces opérateurs :

$$\begin{aligned} K\, a_{\boldsymbol{k}}\; K^{\dagger} &= a_{-\boldsymbol{k}} \\ K\, a_{\boldsymbol{k}}^{\dagger}\, K^{\dagger} &= a_{-\boldsymbol{k}}^{\dagger}. \end{aligned} \qquad \text{(II')}$$

Ces opérateurs de création et d'absorption se transforment donc de façon identique par réflexion d'espace et par renversement du temps. Il faut, cependant, bien se garder de confondre ces deux transformations dont l'une est unitaire et l'autre antiunitaire.

Les relations (I) ou (II) et les relations (I') ou (II') définissent respectivement S_0 et K à une phase près. Pour lever l'arbitraire de phase, nous convenons que le vecteur $|0\rangle$ est invariant dans chacune de ces transformations :

$$S_0\,|0\rangle = |0\rangle, \qquad K\,|0\rangle = |0\rangle.$$

II. — COUPLAGE AVEC UN SYSTÈME ATOMIQUE

9. Couplage avec un système de particules

Nous considérons maintenant le champ en interaction avec une particule. L'essentiel de ce qui suit ne serait d'ailleurs pas modifié si cette unique particule était remplacée par un ensemble de plusieurs particules.

Les variables dynamiques du système total, particule + champ, sont fonctions des variables de base de chacune de ses parties. Comme variable de base de la particule, nous prenons son vecteur de position $\boldsymbol{R}$ et son impulsion $\boldsymbol{P}$; pour simplifier, nous supposons son spin nul. Quant aux variables de base du champ, on peut prendre $\Phi(\boldsymbol{r})$ et $\Pi(\boldsymbol{r})$; mais on peut aussi bien prendre une suite complète d'opérateurs de création et d'annihilation tels que ceux qui ont été définis dans les paragraphes précédents ; dans la suite, nous utiliserons fréquemment les opérateurs $a_{\boldsymbol{k}}$ et $a_{\boldsymbol{k}}^{\dagger}$ introduits à propos de la décomposition en ondes planes (cf. § 6).

L'espace des états du système total est le produit de l'espace $\mathcal{E}_{\text{part.}}$ des états de la particule seule et de l'espace $\mathcal{E}_{\text{ch.}}$ des états du champ libre :

$$\mathcal{E} = \mathcal{E}_{\text{part.}} \otimes \mathcal{E}_{\text{ch.}}$$

L'Hamiltonien H du système total est la somme des trois termes :

$$H = H_{\text{part.}} + H_{\text{ch.}} + H'. \qquad (62)$$

Les deux premiers sont ceux qui gouverneraient l'évolution de chacune des deux parties si elles étaient complètement découplées, le dernier représente l'énergie d'interaction.

Ainsi $H_{\text{ch.}}$ est l'Hamiltonien du champ libre ; plusieurs expressions équivalentes en ont été données plus haut ; citons notamment l'équation (48). $H_{\text{part.}}$ est l'Hamiltonien qui gouvernerait l'évolution de la particule en l'absence du champ Φ. Supposons pour fixer les idées, que ladite particule est placée dans un potentiel et désignons sa masse par M. Nous faisons l'hypothèse que :

$$M \gg \mu$$

et que le mouvement de cette particule peut être traité à l'approximation non relativiste, soit :

$$H_{\text{part.}} = \frac{\boldsymbol{P}^2}{2M} + V(R). \tag{63}$$

Reste à définir H'. Le plus simple est de supposer l'interaction proportionnelle à la valeur prise par l'amplitude du champ au point $\boldsymbol{R}$ où se trouve la particule :

$$H' = g\Phi(\boldsymbol{R}) \tag{64}$$

$$= gL^{-\frac{3}{2}} \sum_{\boldsymbol{k}} \frac{1}{\sqrt{2\omega_{\boldsymbol{k}}}} \left(a_{\boldsymbol{k}}\, \mathrm{e}^{\mathrm{i}\boldsymbol{k}\cdot\boldsymbol{R}} + a_{\boldsymbol{k}}{}^{\dagger}\, \mathrm{e}^{-\mathrm{i}\boldsymbol{k}\cdot\boldsymbol{R}}\right) \tag{64'}$$

g est une constante sans dimension à laquelle nous donnons le nom de *constante de couplage*. La seconde expression de H' se déduit de la première en utilisant le développement (46).

Cette forme particulière de l'interaction est presque uniquement déterminée par des considérations d'invariance relativiste. Toutefois, la théorie qui va être faite comporte dès le départ une approximation non relativiste. Ceci ne tient pas seulement au fait que le terme $H_{\text{part.}}$ que nous considérons ne possède pas les propriétés de covariance requises par le principe de relativité. Mais le concept même d'un système matériel constitué d'une et une seule particule — et plus généralement celui d'un système constitué d'un nombre bien déterminé de particules — cesse d'être véritablement justifié en Mécanique Quantique Relativiste. Ces deux limitations de la théorie doivent être gardées présentes à l'esprit dans le choix de H'. L'étude du chapitre XX concernant l'approximation non relativiste de l'équation de Dirac peut nous servir de guide ici. Elle nous suggère que l'interaction entre une particule non relativiste de masse M et un champ n'est pas une interaction locale comme celle que donne l'équation (64), mais qu'elle fait intervenir les valeurs prises par le champ dans un domaine d'extension $1/M$ entourant le point où se trouve la particule. Nous sommes donc amenés à remplacer l'expression (64) de H' par l'expression :

$$H' = g \int \Phi(\boldsymbol{r})\, \rho(|\boldsymbol{r} - \boldsymbol{R}|)\, \mathrm{d}\boldsymbol{r} \tag{65}$$

où $\rho(\boldsymbol{r}) \equiv \rho(r)$ est une fonction réelle, sphériquement symétrique, obéissant à la condition de normalisation

$$\int \rho(\boldsymbol{r})\, \mathrm{d}\boldsymbol{r} \equiv 4\pi \int_0^\infty \rho(r)\, r^2\, \mathrm{d}r = 1$$

et concentrée dans un domaine de rayon $1/M$ entourant l'origine (cf. fig. 1 *a*). On retrouve la forme (64) en substituant à cette fonction la fonction $\delta(\boldsymbol{r} - \boldsymbol{R})$ au second membre de l'équation (65).

Nous donnons le nom de *fonction de coupure* à la fonction $C(k)$ définie par

$$C(k) = \int e^{+i\boldsymbol{k}\cdot\boldsymbol{r}} \rho(\boldsymbol{r})\, d\boldsymbol{r}.$$

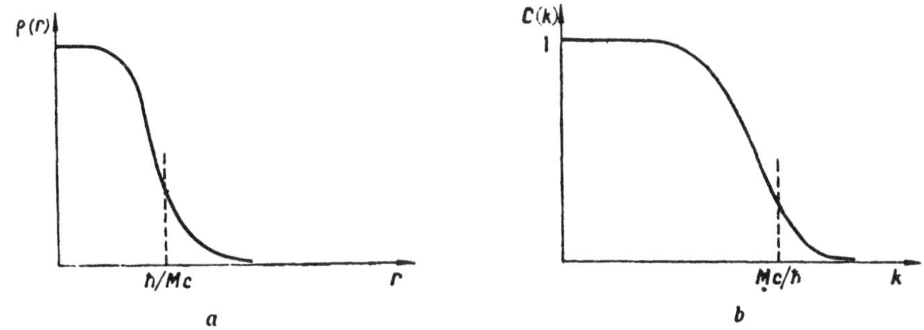

FIG. 1. — Allure générale des fonctions $\rho(r)$ et $C(k)$.

C'est une fonction réelle, sphériquement symétrique, obéissant à la condition

$$C(0) = 1,$$

et, suivant les propriétés bien connues des transformées de Fourier, concentrée dans un domaine de rayon M entourant le point $k = 0$ (cf. fig. 1 *b*). Substituant le développement (46) à $\Phi(\boldsymbol{r})$ au second membre de l'équation (65), on trouve après un bref calcul :

$$H' = gL^{-\frac{3}{2}} \sum_{\boldsymbol{k}} \frac{C(k)}{\sqrt{2\omega_{\boldsymbol{k}}}} \left(a_{\boldsymbol{k}}\, e^{i\boldsymbol{k}\cdot\boldsymbol{R}} + a_{\boldsymbol{k}}^{\dagger}\, e^{-i\boldsymbol{k}\cdot\boldsymbol{R}}\right). \tag{66}$$

Ce développement ne diffère du développement (64′) que par la présence du facteur $C(k)$ dans chacun de ses termes. L'effet de ce facteur est essentiellement de couper la contribution à l'interaction des termes de hautes fréquences, c'est-à-dire des termes pour lesquels $k \gtrsim M$.

Cette suppression des hautes fréquences est bien cohérente avec l'approximation non relativiste. En effet, chaque terme du développement (66) correspond à un transfert donné d'impulsion et d'énergie de la particule au champ et *vice versa* ; le terme en $a_{\boldsymbol{k}}\, e^{i\boldsymbol{k}\cdot\boldsymbol{R}}$ a pour effet d'absorber un corpuscule du champ d'impulsion $\boldsymbol{k}$ et d'énergie $\omega_{\boldsymbol{k}}$ et de transférer à la particule la quantité d'impulsion et d'énergie ainsi perdue par le champ ; le terme en $a_{\boldsymbol{k}}^{\dagger}\, e^{-i\boldsymbol{k}\cdot\boldsymbol{R}}$ a pour effet de créer un corpuscule du champ d'impulsion $\boldsymbol{k}$ et d'énergie $\omega_{\boldsymbol{k}}$ en diminuant d'autant l'impulsion et l'énergie de la particule. Lorsque $k \gtrsim M$, les transferts sont suffisants pour que la loi de conservation du nombre des particules de masse M puisse être violée et que le champ puisse absorber la particule ou créer une deuxième particule de masse M. L'approximation non relativiste n'est donc justifiée que dans la mesure où cette contribution des termes de haute fréquence est négligeable et les résultats qu'elle donne, s'ils sont corrects, ne doivent pas être modifiés par l'introduction d'une fonction de coupure $C(k)$. *A fortiori*, ils ne doivent pas dépendre de façon critique de la forme de cette fonction. Dans les calculs qui suivent, nous supposerons que :

$$C(k) = \begin{cases} 1 & \text{pour} \quad 0 \leqslant k \leqslant K \\ 0 & \text{pour} \quad k > K \end{cases} \tag{67}$$

et nous donnerons au paramètre K une valeur de l'ordre de M.

Examinons pour terminer les propriétés d'invariance de H. Il est clair que H', tel qu'il est défini par l'équation (65) est invariant par rapport à un déplacement quelconque de l'ensemble (champ + particule) ; on vérifie, d'ailleurs, aisément que cet opérateur commute avec l'impulsion totale $\boldsymbol{P}+\boldsymbol{W}$ et avec le moment cinétique total $(\boldsymbol{R} \times \boldsymbol{P}) + \boldsymbol{I}$ du système. H est aussi invariant par réflexion si l'on convient que $\Phi(\boldsymbol{r})$ se transforme en $\Phi(-\boldsymbol{r})$ dans cette opération (champ scalaire). $H_{\text{ch.}}$ possède également toutes ces propriétés d'invariance. Si $V(R) = 0$, il en est de même de $H_{\text{part.}}$, donc de H. Si $V(R) \neq 0$, $H_{\text{part.}}$ est seulement invariant par rapport aux rotations et aux réflexions ; H est donc lui aussi invariant par rotation et réflexion, mais pas par translation.

L'intérêt du système quantique que nous venons de définir vient de ce qu'on y retrouve sous une forme plus simple les propriétés essentielles d'un atome en interaction avec le champ des radiations électromagnétiques ; la particule y joue le rôle de l'atome, le champ scalaire celui du rayonnement électromagnétique. La différence principale vient de ce que les corpuscules du champ électromagnétique, les photons, ont une masse nulle et un spin égal à 1, alors que les corpuscules du champ étudié ici ont un spin nul et une masse finie. Le reste de cette section est consacré à l'étude sur ce modèle très simple de quelques-unes des propriétés typiques de l'atome en présence du champ électromagnétique.

10. Couplage faible et traitement de perturbation

Si g est suffisamment petit, on peut traiter H' comme une petite perturbation et appliquer les méthodes de calcul développées dans les chapitres XVI et XVII.

L'Hamiltonien non perturbé est

$$H_0 \equiv H_{\text{ch.}} + H_{\text{part.}}$$

Les méthodes de la théorie des perturbations utilisent une représentation où H_0 est diagonal. Les vecteurs de base de celle que nous adoptons s'obtiennent de la façon suivante. Désignons par $|\alpha\rangle$, $|\beta\rangle$, ..., $|\lambda\rangle$, ... une suite orthonormale complète de vecteurs propres de $H_{\text{part.}}$ considéré comme opérateur de l'espace $\mathcal{E}_{\text{part.}}$, et par E_α, E_β, ..., E_λ, ..., les énergies propres correspondantes (nous les supposons rangées dans l'ordre croissant). En multipliant un vecteur quelconque $|\lambda\rangle$ de cette suite par le vecteur $|0\rangle$

représentant le vide de corpuscule dans l'espace $\mathcal{E}_{\text{cb.}}$, on obtient un vecteur de l'espace $\mathcal{E}$, que nous désignerons également par $|\lambda\rangle$ pour alléger l'écriture. Il est clair que :

$$H_0 |\lambda\rangle = E_\lambda |\lambda\rangle.$$

On obtient une suite orthonormale complète de vecteurs propres de $H_{\text{cb.}}$ dans $\mathcal{E}_{\text{cb.}}$ par action répétée des opérateurs de création $a_{\boldsymbol{k}}^\dagger$ sur le vecteur $|0\rangle$ (cf. équ. (16)). De même, on obtient une suite orthonormale complète de vecteurs propres de H_0 dans $\mathcal{E}$ par action répétée des opérateurs de création $a_{\boldsymbol{k}}^\dagger$ sur chacun des vecteurs $|\alpha\rangle$, $|\beta\rangle$, ..., $|\lambda\rangle$, ... définis plus haut. C'est le système de base cherché. Nous désignerons par $|n\rangle$ un vecteur typique de cette base et par E_n l'énergie propre correspondante :

$$H_0 |n\rangle = E_n |n\rangle.$$

Dans l'état dynamique $|n\rangle$, la particule se trouve dans un état propre bien déterminé de $H_{\text{part.}}$ et le champ contient un certain nombre de corpuscules d'impulsion bien déterminée.

En pratique, les seuls vecteurs intervenant plus loin ne comportent qu'un nombre très limité de corpuscules ; pour les repérer, il suffit de donner la lettre grecque caractérisant l'état dynamique de la particule et la suite des vecteurs d'onde de chacun des corpuscules contenus dans le champ. Suivant cette notation $|\lambda\boldsymbol{k}\rangle$ représente l'état obtenu en associant à la particule dans l'état λ un corpuscule d'impulsion $\boldsymbol{k}$, $|\lambda\boldsymbol{k}\,\boldsymbol{k}'\rangle$ l'état obtenu en associant à la particule dans l'état λ deux corpuscules d'impulsion $\boldsymbol{k}$ et $\boldsymbol{k}'$ respectivement, etc. On note que :

$$\begin{aligned} H_0 |\lambda\boldsymbol{k}\rangle &= (E_\lambda + \omega_k) |\lambda\boldsymbol{k}\rangle \\ H_0 |\lambda\boldsymbol{k}\,\boldsymbol{k}'\rangle &= (E_\lambda + \omega_k + \omega_{k'}) |\lambda\boldsymbol{k}\,\boldsymbol{k}'\rangle. \end{aligned} \tag{68}$$

On a d'ailleurs :

$$|\lambda\boldsymbol{k}\rangle = a_{\boldsymbol{k}}^\dagger |\lambda\rangle$$

et, si $\boldsymbol{k} \neq \boldsymbol{k}'$,

$$|\lambda\boldsymbol{k}\,\boldsymbol{k}'\rangle = a_{\boldsymbol{k}}^\dagger a_{\boldsymbol{k}'}^\dagger |\lambda\rangle.$$

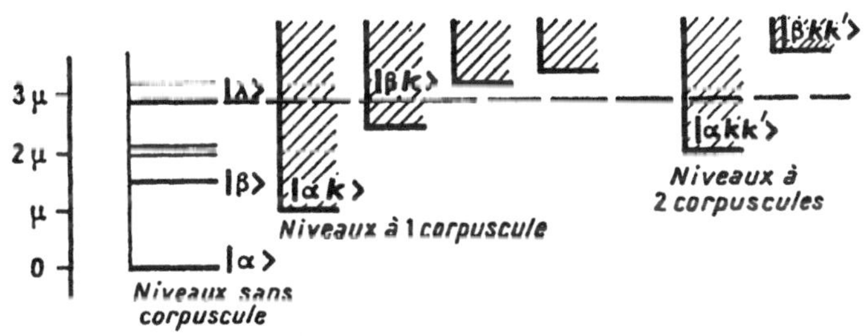

FIG. 2. — Diagramme typique des premiers niveaux de H_0.

La figure 2 représente un diagramme spectroscopique typique des niveaux les plus profonds de l'Hamiltonien H_0. Suivant la convention habituelle de de ce type de diagramme (cf. fig. XI-1, XII-1, etc.), la hauteur des niveaux au-dessus du fondamental est égale à la différence de leur énergie avec celle du fondamental ; les niveaux de même énergie sont par conséquent placés à la même hauteur. Les niveaux indiqués sur la figure sont classés suivant la nature des états propres correspondants. Sur la colonne de gauche se trouvent les niveaux des états sans corpuscule. Viennent ensuite les niveaux à un corpuscule répartis en plusieurs colonnes correspondant chacune à un état quantique donné de la particule. La première correspond aux niveaux $|\alpha \boldsymbol{k}\rangle$, où celle-ci est dans l'état fondamental ; c'est une bande continue (à la limite où $L \rightarrow \infty$) partant d'un minimum correspondant à l'existence d'un corpuscule d'impulsion nulle et situé par conséquent à la distance μ au-dessus du niveau $|\alpha\rangle$. La suivante est relative aux états $|\beta \boldsymbol{k}\rangle$ pour lesquels la particule est dans son premier état excité. Et ainsi de suite. Après les niveaux à 1 corpuscule viennent les niveaux à 2 corpuscules répartis également en une série de colonnes correspondant chacune à un état quantique bien déterminé de la particule. Et ainsi de suite.

La perturbation H' a pour effet de coupler ces niveaux les uns aux autres. Dans la représentation qui vient d'être définie, ce terme de couplage est représenté par une matrice particulièrement simple. A l'examen du développement (66), on voit, en effet, que *les seuls éléments de matrice non nuls de H' sont ceux qui relient des vecteurs de base dont le nombre de corpuscules diffère d'une unité.* Ces derniers se calculent d'ailleurs aisément en utilisant les propriétés des opérateurs de création et d'annihilation. On trouve notamment :

$$\langle\lambda|H'|\nu\boldsymbol{k}\rangle = \langle\nu\boldsymbol{k}|H'|\lambda\rangle^* = (2\pi/L)^{\frac{3}{2}} g \frac{C(k)}{\sqrt{2\omega_{\boldsymbol{k}}}} \langle\lambda|U(\boldsymbol{k})|\nu\rangle \qquad (69\ a)$$

$$\begin{aligned}\langle\lambda\boldsymbol{k}\,\boldsymbol{k}'|H'|\nu\boldsymbol{k}\rangle &= \langle\nu\boldsymbol{k}|H'|\lambda\boldsymbol{k}\,\boldsymbol{k}'\rangle^* \\ &= (2\pi/L)^{\frac{3}{2}} g \frac{C(k)}{\sqrt{2\omega_{k}}} \langle\lambda|U^{\dagger}(\boldsymbol{k}')|\nu\rangle \qquad (\boldsymbol{k} \neq \boldsymbol{k}'). \qquad (69\ b)\end{aligned}$$

[Si $\boldsymbol{k} = \boldsymbol{k}'$, il faut ajouter un facteur $\sqrt{2}$ dans la dernière de ces expressions]. On a posé :

$$U(\boldsymbol{k}) \equiv \mathrm{e}^{i\boldsymbol{k}\cdot\boldsymbol{R}}/(2\pi)^{\frac{3}{2}}. \qquad (70)$$

Si faible que soit le couplage, il entraîne une modification qualitative du spectre du système, rendant notamment la plupart des états liés instables et susceptibles d'effectuer des *transitions* à des états d'énergie plus basse avec émission d'un ou plusieurs corpuscules du champ. Considérons par exemple l'état $|\lambda\rangle$ indiqué sur la figure 2 ; cet état se trouve au même niveau que certains des états non liés, à savoir des états à 1 corpuscule du type $|\alpha\boldsymbol{k}\rangle$ ou $|\beta\boldsymbol{k}\rangle$ et des états à 2 corpuscules du type $|\alpha\boldsymbol{k}\,\boldsymbol{k}'\rangle$. L'introduction de la petite perturbation H' couple les états liés aux états à 1 corpuscule, les états à 1 corpuscule aux états à 2 corpuscules, etc. ; elle rend donc possible les transitions « radiatives » de l'état $|\lambda\rangle$ aux états du continu, situés au même niveau ; ces transitions possibles de l'état $|\lambda\rangle$ sont indiquées schématiquement sur la figure 3. Seuls restent stables les états liés dont l'énergie au-dessus du fondamental n'est pas assez grande pour que l'émission d'un corpuscule de masse μ soit énergétiquement possible, c'est-à-dire les états d'énergie inférieure à $E_\alpha + \mu$. Dans l'exemple de la figure 2, le seul état stable est l'état fondamental.

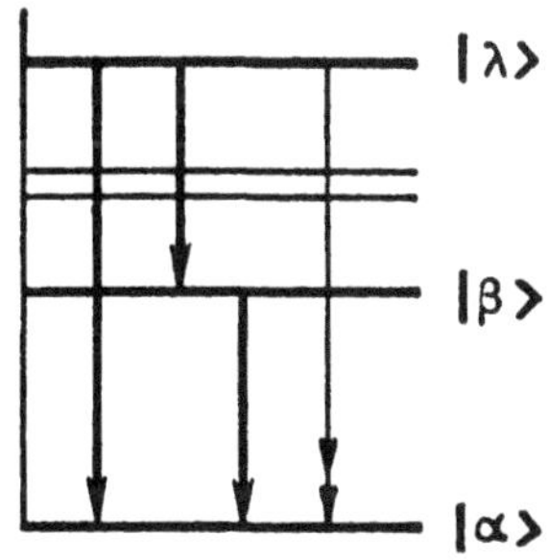

FIG. 3. — Transitions radiatives du niveau $|\lambda\rangle$.

La double flèche située à droite représente la transition au fondamental avec émission de deux corpuscules. C'est une transition d'ordre supérieur.

L'existence du terme de couplage H' entraîne également un certain déplacement des niveaux des états liés. C'est, nous le verrons, un effet du second ordre. Il peut néanmoins affecter certaines des conclusions que l'on peut tirer de l'examen du spectre de H_0 au sujet de l'instabilité éventuelle et des modes de transition « radiatives » des différents états de la particule ; un léger déplacement des niveaux peut suffire, en effet, à rendre énergétiquement possibles certaines transitions « radiatives » qui ne l'étaient pas, ou avoir l'effet inverse.

II. Déplacement de niveaux

Comme première application, nous nous proposons de calculer le déplacement des niveaux mentionné à la fin du paragraphe précédent. Nous allons voir apparaître dans ce simple calcul de perturbation les difficultés essentielles de la Théorie des Champs ; et ceci nous permettra de mieux comprendre la signification physique et les limitations de cette théorie.

Nous considérons donc un niveau stable, le niveau fondamental par exemple, et nous calculons le déplacement dû à l'existence du terme de couplage H' en appliquant la méthode des perturbations stationnaires. Nous supposons le niveau en question non dégénéré. En fait, comme H' possède toutes les propriétés d'invariance de $H_{\text{part.}}$, le traitement des niveaux dégénérés n'est pas fondamentalement différent. Au premier ordre, le déplacement est donné par la formule (XVI.12). Suivant les propriétés de H' signalées plus haut, le résultat est nul :

$$\langle\alpha|H'|\alpha\rangle = 0.$$

Il faut donc pousser les calculs jusqu'au second ordre. Désignons par δE_α la correction du second ordre. On a (cf. § XVI.6) :

$$\delta E_\alpha = \langle\alpha|H' \frac{1}{E_\alpha - H_0} H'|\alpha\rangle. \tag{71}$$

Pour calculer cette expression, nous nous plaçons dans la représentation définie plus haut. Les seuls états intermédiaires qui interviennent dans le calcul sont ceux qui contiennent un corpuscule. On trouve successivement, compte tenu des relations (68), (69 *a*) et (70) :

$$\begin{aligned}\delta E_\alpha &= \textstyle\sum_n \langle\alpha|H'|n\rangle \dfrac{1}{E_\alpha - E_n} \langle n|H'|\alpha\rangle \\ &= \textstyle\sum_\nu \sum_{\boldsymbol{k}} |\langle\alpha|H'|\nu\boldsymbol{k}\rangle|^2/(E_\alpha - E_\nu - \omega_k) \\ &= g^2(2\pi/L)^3 \textstyle\sum_\nu \sum_{\boldsymbol{k}} [(C^2(k)/2\omega_k)\,|\langle\alpha|U_{\boldsymbol{k}}|\nu\rangle|^2/(E_\alpha - E_\nu - \omega_k)]\end{aligned}$$

soit encore, en remplaçant la sommation sur $\boldsymbol{k}$ par une intégration suivant la technique décrite au § 6, et en adoptant la fonction de coupure donnée par l'équation (67) :

$$\delta E_\alpha = -g^2 \int_{k \leqslant K} \mathrm{d}\boldsymbol{k} \textstyle\sum_\nu \left(|\langle\alpha|U(\boldsymbol{k})|\nu\rangle|^2/2\omega(\omega + E_\nu - E_\alpha)\right). \tag{72}$$

On note que :

$$\delta E_\alpha < 0.$$

En effet, le crochet du second membre de (72) est positif quels que soient ν et $\boldsymbol{k}$, car le niveau E_α est stable et par suite :

$$\omega + E_\nu - E_\alpha > 0.$$

On obtient une limite supérieure de $|\delta E_\alpha|$ en remplaçant au dénominateur du crochet la quantité $(E_\nu - E_\alpha)$ par sa valeur minimum, c'est-à-dire par 0 (E_α est le niveau fondamental) ; la sommation sur ν s'effectue alors aisément en appliquant la relation de fermeture : $\sum_\nu|\nu\rangle\langle\nu| = 1$; comme $UU^\dagger = (2\pi)^{-3}$, cette sommation donne $(2\pi)^{-3}/2\omega^2$. On trouve ainsi, après intégration sur les angles :

$$|\delta E_\alpha| < (g^2/4\pi^2) \int_0^K (k^2/\omega^2)\,\mathrm{d}k. \tag{73}$$

La dernière intégrale peut être calculée exactement ; comme $K \gg \mu$, elle est légèrement inférieure à K. Par conséquent :

$$|\delta E_\alpha| < g^2K/4\pi^2. \tag{74}$$

On peut d'ailleurs estimer le second membre de (72) de la façon suivante. Si l'on applique directement la relation de fermeture, on trouve, en remplaçant $U(\boldsymbol{k})$ par sa définition (équ. (70)) :

$$\delta E_\alpha = -(g^2/8\pi^3) \int_{k \leqslant K} \langle\alpha|\, e^{i\boldsymbol{k}\cdot\boldsymbol{R}}(\omega + H_{\text{part.}} - E_\alpha)^{-1} e^{-i\boldsymbol{k}\cdot\boldsymbol{R}}\,|\alpha\rangle\,(\mathrm{d}\boldsymbol{k}/2\omega). \tag{75}$$

L'opérateur unitaire $e^{i\boldsymbol{k}\cdot\boldsymbol{R}}$ commute avec $\boldsymbol{R}$ et transforme $\boldsymbol{P}$ en $(\boldsymbol{P} - \boldsymbol{k})$. Par suite :

$$e^{i\boldsymbol{k}\cdot\boldsymbol{R}} H_{\text{part.}}\, e^{-i\boldsymbol{k}\cdot\boldsymbol{R}} = \frac{(\boldsymbol{P} - \boldsymbol{k})^2}{2M} + V(R) = H_{\text{part.}} + \frac{k^2}{2M} - \frac{\boldsymbol{P}\cdot\boldsymbol{k}}{M}$$

d'où :

$$e^{i\boldsymbol{k}\cdot\boldsymbol{R}} (\omega + H_{\text{part.}} - E_\alpha)^{-1} e^{-i\boldsymbol{k}\cdot\boldsymbol{R}} = \left(\omega + \frac{k^2}{2M} + H_{\text{part.}} - E_\alpha - \frac{\boldsymbol{P}\cdot\boldsymbol{k}}{M}\right)^{-1}$$

Substituant cette expression au second membre de (75), nous trouvons

$$\delta E_\alpha = -(g^2/8\pi^3) \int_{k \leqslant K} \langle\alpha| \left(\omega + \frac{k^2}{2M} + H_{\text{part.}} - E_\alpha - \frac{\boldsymbol{P}.\boldsymbol{k}}{M}\right)^{-1} |\alpha\rangle (\mathrm{d}\boldsymbol{k}/2\omega).$$

On ne commet pas une grande erreur en négligeant le terme $\boldsymbol{P}.\boldsymbol{k}/M$ dans la valeur moyenne figurant au second membre, car la vitesse $\boldsymbol{P}/M$ de la particule dans l'état $|\alpha\rangle$ est en moyenne très inférieure à 1 (approximation non relativiste). Cette approximation faite, il vient, après intégration sur les angles :

$$\delta E_\alpha \simeq -(g^2/4\pi^2) \int_0^K (k^2/\omega^2)(1 + (k^2/2M\omega))^{-1} \,\mathrm{d}k \tag{76}$$

expression qui ne diffère de celle du second membre de (73) que par la présence du facteur $(1 + (k^2/2M\omega))^{-1}$ dans l'intégrant. Comme l'on a : $\mu \ll K \approx M$, ce facteur décroît en gros de 1 à $\frac{2}{3}$ lorsqu'on parcourt l'intervalle d'intégration. Nous pouvons donc écrire :

$$\delta E_\alpha = -sg^2K/4\pi^2 \qquad (s \lessapprox 1). \tag{77}$$

La constante numérique s qui figure dans cette formule est comprise entre $\frac{2}{3}$ et 1 environ.

Pour apprécier l'importance de l'effet, calculons son ordre de grandeur dans le cas où les diverses quantités qui interviennent dans le modèle ont des valeurs numériques de l'ordre de celles que l'on rencontre dans les atomes ([5]). M est alors la masse de l'électron, g^2 la constante de structure fine :

$$g^2 \simeq 10^{-1}. \tag{78}$$

Désignons par D la distance du niveau à son plus proche voisin :

$$D/M \simeq 10^{-4} \text{ - } 10^{-5}. \tag{79}$$

Avec ces données numériques :

$$|\,\delta E_\alpha/D\,| \approx g^2M/4\pi^2D \approx 100.$$

C'est donc un effet considérable sans commune mesure avec les déplacements observés, et ceci nous conduit à faire de très sérieuses réserves sur la validité du traitement de perturbation et sur la signification physique du résultat.

En fait, la confrontation des résultats du calcul avec les données expérimentales n'est ni aussi simple ni aussi catastrophique. La masse M qui intervient dans le calcul des niveaux non perturbés *n'est pas* la masse que l'on observe expérimentalement. Celle-ci s'obtient en effectuant une mesure d'énergie et d'impulsion sur la particule « libre », c'est-à-dire hors de portée

([5]) Comme les formes de couplage sont différentes, les résultats numériques donnés par la théorie scalaire ne peuvent concorder exactement avec ceux de la Théorie Quantique du Rayonnement. Afin de comparer des choses comparables, la constante g^2 est fixée de façon à donner une valeur de la probabilité de transition dipolaire du même ordre de grandeur que celle des transitions dipolaires dans les atomes (cf. équ. (81) et (245)) ; soit : $g^2/4\pi \approx 1/137$.

du potentiel $V(R)$. Une telle particule « libre » reste cependant couplée au champ et par suite la mesure donne :

$$M_{\text{exp.}} = M + \delta M$$

où δM représente la contribution à l'énergie au repos de la particule « libre » due à la présence du champ. Dans le cas présent, on trouve après un calcul simple :

$$\delta M \approx -g^2 K/4\pi^2.$$

De façon plus précise, le calcul de δM au second ordre de la perturbation donne le second membre de l'équation (76) (Problème 2) ; le déplacement δE_α est donc presque intégralement dû à cet effet de « renormalisation » de la masse ([6]).

Lorsqu'on calcule les niveaux de l'atome d'hydrogène avec la théorie de Schrödinger ou celle de Dirac, on utilise la masse expérimentale de l'électron ; de ce fait, on tient compte dans une très large mesure du couplage de l'électron au champ de radiation et ceci explique pourquoi le spectre calculé est en aussi remarquable accord avec le spectre observé.

Le « déplacement observé expérimentalement » $\delta E'_\alpha$ est la différence entre le déplacement calculé δE_α et le déplacement $\delta E_\alpha^{(0)}$ obtenu en remplaçant simplement la masse théorique par la masse expérimentale (on l'appelle aussi la masse « renormalisée ») dans l'Hamiltonien de la particule. Dans notre modèle, cette substitution de la masse « renormalisée » consiste à remplacer $H_{\text{part.}}$ par

$$\delta M + \frac{p^2}{2(M + \delta M)} + V(R)$$

et entraîne essentiellement un déplacement d'ensemble de tous les niveaux de la quantité δM. On en tire :

$$\delta E_\alpha^{(0)} = \delta M (1 - \langle\alpha| \frac{p^2}{2M^2} |\alpha\rangle).$$

Si l'on s'en tient au second ordre de la méthode de perturbation, le calcul de $\delta E'_\alpha = \delta E_\alpha - \delta E_\alpha^{(0)}$ ne présente pas de sérieuse difficulté et donne pour $| \delta E'_\alpha / D |$ une valeur de l'ordre de 10^{-3}, ce qui constitue un ordre de grandeur raisonnable.

La valeur de $\delta E'_\alpha$ ainsi obtenue reste cependant sujette à caution, car elle dépend de façon critique de la fonction de coupure choisie. Un calcul réaliste devrait donc partir d'une théorie complètement relativiste. En fait, il s'agit d'un problème difficile de la Théorie Quantique des Champs, auquel on ne connaît pas à l'heure actuelle de solution complètement satisfaisante. Dans la Théorie Relativiste, en effet, l'interaction est rigoureusement locale

([6]) Plaçant la coupure à $K \approx M$, on trouve $\delta M/M \approx 10^{-3}$. La modification relative de la masse est donc très faible, ce qui justifie *a posteriori* l'utilisation de la méthode de perturbation dans ce problème. Cependant, si l'on n'introduit pas de fonction de coupure, δM est donné par une intégrale divergente. Nous reviendrons plus loin sur cette difficulté.

et l'on trouve pour δM une expression de la forme : $\delta M = ZM$ où Z est une intégrale divergente (cf. note (6)). De même δE_α et $\delta E_\alpha^{(0)}$ sont donnés par des intégrales divergentes, de sorte que l'expression dé $\delta E'_\alpha$ est une forme indéterminée du type $\infty - \infty$.

En pratique, on lève l'indétermination par une prescription *ad hoc* basée sur des considérations d'invariance relativiste. On trouve ainsi des résultats en remarquable accord avec l'expérience (7). Cependant la véritable justification de telles méthodes de calcul reste à trouver.

En dépit des limitations qui viennent d'être signalées, notre modèle simple permet de prévoir et de calculer correctement de nombreux effets. Aussi poursuivrons-nous son étude. L'effet de « renormalisation » de la masse, qui ne peut être traité de façon raisonnablement satisfaisante que dans le cadre du formalisme covariant, sera laissé de côté.

12. Émission d'un corpuscule

Examinons maintenant les états de la particule rendus instables par l'existence du couplage H'.

Dans ce paragraphe, nous nous proposons de calculer les probabilités de transition par unité de temps des diverses « transitions radiatives » en appliquant la méthode des perturbations dépendant du temps (§ XVII.4).

Pour fixer les idées, nous supposons que le spectre de H_0 est celui de la figure 2 et nous considérons l'état $|\lambda\rangle$. Les seules transitions énergétiquement possibles (fig. 3) sont les transitions au fondamental avec émission d'un ou deux corpuscules ($3\mu > E_\lambda - E_\alpha > 2\mu$) et les transitions au premier état excité avec émission d'un corpuscule ($2\mu > E_\lambda - E_\beta > \mu$). Dans tout ce qui suit, nous ne considérerons que les transitions avec émission d'un seul corpuscule. L'émission de deux corpuscules est un effet d'ordre supérieur et, toutes choses égales, g^2 fois plus rare que celle d'un seul corpuscule; elle doit donc être laissée de côté si l'on s'en tient au premier ordre du calcul de perturbation.

La particule se trouvant initialement dans l'état $|\lambda\rangle$, la probabilité par unité de temps pour qu'elle effectue une transition à l'état $|\alpha\rangle$ avec émission d'un corpuscule dans l'angle solide $(\Omega, \Omega + \mathrm{d}\Omega)$ c'est-à-dire la probabilité par unité de temps de la transition $\lambda \to \alpha\boldsymbol{k}$, où $\boldsymbol{k}$ est un vecteur pointant dans l'angle solide précité, est donnée au premier ordre par l'expression (cf. équ. (XVII.50)) :

$$w_{\lambda \to \alpha \boldsymbol{k}}\, \mathrm{d}\Omega = 2\pi\, | \langle\lambda|H'|\alpha\boldsymbol{k}\rangle |^2\, \rho_L(\omega)\, \mathrm{d}\Omega \tag{80}$$

dans laquelle l'énergie du corpuscule ω obéit à la condition de conservation :

$$\omega = \omega_{\lambda\alpha} \equiv E_\lambda - E_\alpha.$$

(7) Cf. note XX-(18).

Compte tenu des relations (49), (69 *a*) et (70), la formule (80) donne :

$$w_{\lambda\to\alpha k} = 2\pi g^2 \frac{|\langle\lambda|\,e^{i\boldsymbol{k}\cdot\boldsymbol{R}}\,|\alpha\rangle|^2}{2\omega}\frac{\omega k}{(2\pi)^3} = g^2 k\,|\,\langle\lambda|\,e^{i\boldsymbol{k}\cdot\boldsymbol{R}}\,|\alpha\rangle\,|^2/8\pi^2. \quad (81)$$

En intégrant sur les angles, on obtient la probabilité de transition par unité de temps de λ vers α, que nous désignerons par $\Gamma_{\lambda\to\alpha}$:

$$\Gamma_{\lambda\to\alpha} \equiv \int w_{\lambda\to\alpha k}\,d\Omega = (g^2 k/8\pi^2)\int |\,\langle\lambda|\,e^{i\boldsymbol{k}\cdot\boldsymbol{R}}\,|\alpha\rangle\,|^2\,d\Omega. \quad (82)$$

On trouve des expressions analogues pour les transitions à l'état β. La probabilité totale de transition par unité de temps, Γ_λ, est :

$$\Gamma_\lambda = \Gamma_{\lambda\to\alpha} + \Gamma_{\lambda\to\beta}. \quad (83)$$

Suivant un raisonnement semi-classique, qui appelle d'ailleurs certaines réserves sur lesquelles nous reviendrons au § 13, Γ_λ est l'inverse de la *vie moyenne* de l'état $|\lambda\rangle$. Considérons, en effet, un ensemble statistique de particules et désignons par $N_\lambda(t)$ le nombre de ces dernières occupant l'état $|\lambda\rangle$ à l'instant t. Le nombre de celles qui effectuent une transition radiative dans l'intervalle de temps $(t, t+dt)$ est $\Gamma_\lambda N_\lambda(t)\,dt$. Par conséquent, on a :

$$N_\lambda(t+dt) = (1 - \Gamma_\lambda\,dt)\,N_\lambda(t)$$

soit encore :

$$dN_\lambda/dt = -\,\Gamma_\lambda N_\lambda$$

et par conséquent :

$$N_\lambda(t) = N_\lambda(0)\,e^{-\Gamma_\lambda t}. \quad (84)$$

C'est *la loi de décroissance exponentielle* bien connue avec la vie moyenne $1/\Gamma_\lambda$.

Dans l'exemple traité ici, il existe essentiellement deux modes de transition radiative possibles, $\lambda\to\alpha$ et $\lambda\to\beta$, et *le rapport de branchement* du premier au second est $\Gamma_{\lambda\to\alpha}/\Gamma_{\lambda\to\beta}$.

L'argument semi-classique qui vient d'être donné ne peut être tenu pour une démonstration de l'existence d'une loi exponentielle. Le calcul de perturbation sur lequel il est fondé suppose que l'on a $\Gamma_\lambda t \ll 1$ (cf. discussion de la fin du § XVII.4), c'est-à-dire que t est suffisamment petit pour que le vecteur état du système diffère peu de sa position initiale. Pour des temps plus longs, il faut un traitement quantique plus élaboré. Celui-ci sera donné au § 13.

Reprenons les données numériques et les notations du § 11 et cherchons à déterminer l'ordre de grandeur des Γ. Pour des énergies d'excitation pas trop élevées, on a $k \approx D$ et comme l'extension $\langle R\rangle$ des fonctions d'onde de la particule est d'environ $(2MD)^{-\frac{1}{2}}$, on a :

$$k\langle R\rangle \approx (D/2M)^{\frac{1}{2}} \simeq 5\times 10^{-3} \ll 1.$$

On peut donc évaluer $\langle\lambda|e^{i\boldsymbol{k}\cdot\boldsymbol{R}}|\alpha\rangle$ en y remplaçant l'exponentielle par le premier terme de son développement de Taylor dont la contribution n'est pas nulle (approximation des grandes longueurs d'ondes) ; l'ordre de ce terme est essentiellement fixé par les *règles de sélection* du moment cinétique. Dans l'hypothèse la plus favorable (transitions dipolaires), on trouve :

$$|\langle\lambda|\, e^{i\boldsymbol{k}.\boldsymbol{R}}\, |\alpha\rangle| \simeq |\langle\lambda|\, \boldsymbol{k}.\boldsymbol{R}\, |\alpha\rangle| \approx k\langle R\rangle$$

d'où :

$$\Gamma_{\lambda\to\alpha} \approx (g^2 k/2\pi)\,(k\langle R\rangle)^2 \approx 10^{-6}\, D.$$

Si l'on adopte la même valeur pour Γ_λ, on trouve une vie moyenne $1/\Gamma_\lambda$ très supérieure (d'un facteur 10^6) à la période caractéristique $1/D$ du mouvement de la particule dans son potentiel. Il est donc raisonnable de traiter comme nous l'avons fait l'interaction H' responsable de l'émission de corpuscule comme une petite perturbation.

On peut donner de Γ_λ une expression formellement très simple et très générale en partant directement de la formule (80) et en utilisant la définition des densités de niveaux, la condition de conservation de l'énergie et la relation de fermeture. Il vient successivement ([8])

$$\begin{aligned}\Gamma_\lambda &= 2\pi(L/2\pi)^3 \sum_\nu \int \mathrm{d}\boldsymbol{k}\; |\langle\lambda|H'|\nu\boldsymbol{k}\rangle|^2\; \delta(E_\lambda - E_\nu - \omega)\\ &= 2\pi(L/2\pi)^3 \sum_\nu \int \mathrm{d}\boldsymbol{k}\; \langle\lambda|\, H'\delta(E_\lambda - H_0)\,|\nu\boldsymbol{k}\rangle\, \langle\nu\boldsymbol{k}|H'|\lambda\rangle\\ &= 2\pi\, \langle\lambda|H'\delta(E_\lambda - H_0)\, H'\,|\lambda\rangle. \qquad (85)\end{aligned}$$

Cette expression nous sera utile plus loin.

13. Théorie quantique de la désintégration. Largeur de raie

Nous nous proposons dans ce paragraphe de faire la théorie quantique exacte de l'évolution d'un état métastable. Nous verrons ainsi que les résultats donnés par les arguments simplistes du § 12 sont essentiellement corrects, et notamment que la loi de décroissance est à une excellente approximation une loi exponentielle. Nous parviendrons d'autre part aux importantes notions de déplacement de niveau et de largeur de raie.

Nous supposons donc qu'à l'instant initial $t = 0$ le système se trouve dans un état lié de H_0 correspondant à la valeur propre E_λ, et nous nous proposons de déterminer son évolution au cours du temps.

Jusqu'à présent, nous avons supposé que E_λ était une valeur propre simple de H_0. Nous maintiendrons cette hypothèse simplificatrice lors de la discus-

([8]) L'expression (85) n'est d'ailleurs pas particulière au présent problème ; c'est l'expression générale de la probabilité de transition par unité de temps au premier ordre du calcul des perturbations. On peut, en effet, la déduire directement de la théorie du § XVII.4 en partant de la formule (§ XVII.40) et en utilisant la forme asymptotique (§ XVII.43) de la fonction f qui figure dans cette formule.

sion des résultats. Cependant, le traitement qui va suivre s'applique aussi bien au cas dégénéré. Nous désignons par $\mathcal{E}_\lambda$ le sous-espace des états liés d'énergie non perturbée E_λ, par P_λ et Q_λ respectivement les projecteurs sur $\mathcal{E}_\lambda$ et sur son complémentaire :

$$H_0 P_\lambda = P_\lambda H_0 = E_\lambda P_\lambda \qquad P_\lambda + Q_\lambda = 1.$$

Soit $U(t)$ l'opérateur d'évolution du système :

$$U(t) \equiv \mathrm{e}^{-\mathrm{i}Ht}. \tag{86}$$

Il s'agit essentiellement de calculer $P_\lambda U(t) P_\lambda$ pour $t > 0$.

Introduisons la résolvante :

$$G(z) \equiv \frac{1}{z - H}. \tag{87}$$

C'est une fonction de la variable complexe z ayant pour singularités les valeurs propres de H (les valeurs discrètes sont des pôles simples, le spectre continu est une coupure). On a (*) :

$$U(t) = -\frac{1}{2\pi\mathrm{i}} \int_{-\infty}^{+\infty} \mathrm{e}^{-\mathrm{i}xt} [G(x^+) - G(x^-)]\, \mathrm{d}x \qquad (x^\pm \equiv x \pm \mathrm{i}\varepsilon) \tag{88}$$

Par suite, les opérateurs $\mathcal{U}$ et $\mathcal{G}$, définis dans l'espace $\mathcal{E}_\lambda$ par les relations :

$$\mathcal{U}(t) = P_\lambda U(t) P_\lambda \qquad \mathcal{G}(z) = P_\lambda G(z) P_\lambda, \tag{90}$$

se déduisent l'un de l'autre par la formule :

$$\mathcal{U}(t) = -\frac{1}{2\pi\mathrm{i}} \int_{-\infty}^{+\infty} \mathrm{e}^{-\mathrm{i}xt} [\mathcal{G}(x^+) - \mathcal{G}(x^-)]\, \mathrm{d}x \qquad (x^\pm \equiv x \pm \mathrm{i}\varepsilon). \tag{91}$$

Afin d'obtenir une expression maniable de $\mathcal{G}(z)$, nous posons :

$$\begin{aligned} H &= H_1 + H'' \\ H_1 &\equiv P_\lambda H P_\lambda + Q_\lambda H Q_\lambda = H_0 + Q_\lambda H' Q_\lambda \\ H'' &\equiv P_\lambda H Q_\lambda + Q_\lambda H P_\lambda = P_\lambda H' Q_\lambda + Q_\lambda H' P_\lambda. \end{aligned}$$

(*) Plus généralement, $U(t)$ et $G(z)$ sont reliés l'un à l'autre par les formules de transformation :

$$G(z) = -\mathrm{i} \int_0^{\eta\infty} \mathrm{e}^{\mathrm{i}zt}\, U(t) \mathrm{d}t \qquad U(t) = \frac{1}{2\pi\mathrm{i}} \int_C \mathrm{e}^{-\mathrm{i}zt}\, G(z) \mathrm{d}z$$

[$\eta \equiv$ signe de Im z ; $C \equiv$ contour du plan complexe allant de $+\infty + \mathrm{i}\varepsilon$ à $+\infty - \mathrm{i}\varepsilon$ en laissant à sa gauche toutes les singularités de $G(z)$, *i. e.* toutes les valeurs propres de H], que l'on démontre aisément dans la représentation où H est diagonal. La relation (88) s'obtient directement, en se servant du fait que, pour ε infiniment petit positif (cf. équ. (A. 15 *e*)),

$$G(x\pm) \equiv \frac{1}{x - H \pm \mathrm{i}\varepsilon} = PP\,\frac{1}{x - H} \mp \mathrm{i}\pi\delta(x - H). \tag{89}$$

Notons que pour $t > 0$ la contribution de $G(x^-)$ à l'intégrale du second membre de (88 est rigoureusement nulle.

On note que :

$$H_1P_\lambda = P_\lambda H_1 = E_\lambda P_\lambda \qquad [Q_\lambda, H_1] = 0$$

$$P_\lambda H'' = H' Q_\lambda \qquad Q_\lambda H'' = H' P_\lambda.$$

De ces relations, et de l'identité entre opérateurs :

$$(A - B)^{-1} \equiv A^{-1} + A^{-1}B(A - B)^{-1},$$

on tire successivement :

$$\frac{1}{z-H} = \frac{1}{z-H_1} + \frac{1}{z-H_1} H'' \frac{1}{z-H} \tag{92}$$

$$= \frac{1}{z-H_1} + \frac{1}{z-H_1} H'' \frac{1}{z-H_1} + \frac{1}{z-H_1} H' \frac{1}{z-H_1} H' \frac{1}{z-H} \tag{93}$$

$$P_\lambda \frac{1}{z-H} P_\lambda = \frac{P_\lambda}{z-E_\lambda} + \frac{1}{z-E_\lambda}\left(P_\lambda H'' \frac{1}{z-H_1} H' P_\lambda\right) P_\lambda \frac{1}{z-H} P_\lambda. \tag{94}$$

La relation (94) est une relation entre opérateurs de l'espace $\mathcal{E}_\lambda$, à savoir :

$$\mathcal{G}(z) = \frac{1}{z-E_\lambda}\big(1 + \mathcal{W}(z)\mathcal{G}(z)\big) \tag{95}$$

avec :

$$\mathcal{W}(z) \equiv P_\lambda H' \frac{1}{z-H_1} H' P_\lambda = P_\lambda H' Q_\lambda \frac{1}{z - Q_\lambda H Q_\lambda} Q_\lambda H' P_\lambda. \tag{96}$$

De l'équation (95) nous déduisons :

$$\mathcal{G}(z) = \frac{1}{z - E_\lambda - \mathcal{W}(z)}. \tag{97}$$

Les équations (91), (96) et (97) sont des relations exactes, qui peuvent servir de point de départ pour le calcul de $\mathcal{U}(t)$.

Les équations (96) et (97) définissent respectivement $\mathcal{W}(z)$ et $\mathcal{G}(z)$ comme fonctions de la variable complexe z dans le plan coupé par les valeurs propres du spectre continu de H. Nous nous intéressons plus particulièrement au comportement de ces fonctions au voisinage de la coupure. En se servant de la relation (89), on peut séparer dans $\mathcal{W}(x\pm)$ la partie hermitique de la partie antihermitique. Il vient :

$$\mathcal{W}(x\pm) = \Delta(x) \mp \tfrac{1}{2}\mathrm{i}\Gamma(x) \tag{98}$$

$$\Delta(x) \equiv P_\lambda H' P \frac{1}{x - Q_\lambda H Q_\lambda} H' P_\lambda \tag{99}$$

$$\Gamma(x) \equiv 2\pi\, P_\lambda H'\, \delta(x - Q_\lambda H Q_\lambda)\, H' P_\lambda. \tag{100}$$

Remarquons que $\Gamma(x)$ est un opérateur hermitique défini positif.

Nous supposons dans la suite de cette étude que E_λ est une valeur propre simple de H_0 ([10]).

Le système se trouve par hypothèse dans l'état propre correspondant $|\lambda\rangle$ à l'instant $t = 0$. Nous voulons déterminer son vecteur état à tout instant ultérieur :

$$|\Psi(t)\rangle = U(t)\,|\lambda\rangle \tag{101}$$

et plus particulièrement la composante de ce vecteur suivant $|\lambda\rangle$.

Les opérateurs $\mathcal{U}(t)$, $\mathcal{G}(z)$, $\mathcal{W}(z)$, $\Delta(x)$, $\Gamma(x)$ peuvent être remplacés dans tout ce qui précède par leur valeur moyenne sur $|\lambda\rangle$ et traités comme de simples fonctions. Les équations (90), (99) et (100) sont donc remplacées respectivement par :

$$\mathcal{U}(t) \equiv \langle\lambda|\, U(t)\,|\lambda\rangle \qquad \mathcal{G}(z) \equiv \langle\lambda|\, G(z)\,|\lambda\rangle \tag{102}$$

$$\Delta(x) \equiv \langle\lambda|\, H'P P\frac{1}{x - Q_\lambda H Q_\lambda} H'\,|\lambda\rangle \tag{103}$$

$$\Gamma(x) \equiv 2\pi\,\langle\lambda|\, H'\delta(x - Q_\lambda H Q_\lambda)\, H'\,|\lambda\rangle \tag{104}$$

et les équations (97) et (91) donnent respectivement :

$$\mathcal{G}(x\pm) = \left[x - E_\lambda - \Delta(x) \pm \tfrac{1}{2}\,\mathrm{i}\,\Gamma(x)\right]^{-1} \tag{105}$$

$$\mathcal{U}(t) = \frac{1}{2\pi}\int_{-\infty}^{+\infty} \mathrm{e}^{-\mathrm{i}xt}\, F(x)\,\mathrm{d}x \tag{106}$$

avec :

$$F(x) \equiv \mathrm{i}\big(\mathcal{G}(x^+) - \mathcal{G}(x^-)\big) = \frac{\Gamma(x)}{[x - E_\lambda - \Delta(x)]^2 + \frac{1}{4}\Gamma(x)^2}. \tag{107}$$

Jusqu'à présent, aucune approximation n'a été faite. Pour évaluer $F(x)$ puis $\mathcal{U}(t)$, nous supposons le couplage faible et ne retenons dans les expres-

([10]) Dans la plupart des cas pratiques, la dégénérescence de H provient d'une propriété d'invariance de H_0 qui subsiste lorsqu'on ajoute le couplage H'. Par exemple, dans la désintégration radioactive d'un noyau de spin J, la dégénérescence d'ordre $2J + 1$ est due à l'invariance par rotation, laquelle subsiste lorsqu'on ajoute à l'Hamiltonien non perturbé le couplage responsable de la désintégration. Comme $\mathcal{E}_\lambda$ est alors un sous-espace irréductible, et que les opérateurs $\mathcal{W}(z)$, $\mathcal{G}(z)$, $\mathcal{U}(t)$ sont invariants, ceux-ci sont des multiples de l'opérateur unité et leur calcul est identique à celui du cas non dégénéré. Chaque état de l'espace $\mathcal{E}_\lambda$ suit la même loi de décroissance radioactive avec la même vie moyenne et le même déplacement de niveau.

Si par contre, ces conditions de symétrie ne sont pas réalisées, il peut y avoir plusieurs vies moyennes et plusieurs déplacements de niveau. C'est ce qui se produit pour le premier niveau excité de l'atome d'hydrogène (cf. discussion de l'effet Lamb à la fin du § XX.27). Un autre exemple est celui du boson K^0. Le traitement du cas général est d'ailleurs essentiellement le même que celui du cas simple. Aux mêmes approximations, on trouve pour $\mathcal{U}(t)$ l'expression :

$$\mathcal{U}(t) \simeq \exp\left[-\mathrm{i}\left(E_\lambda + \mathcal{W}\left(E_\lambda^+\right)\right)t\right]$$

qui généralise le résultat (109). Les parties réelles et imaginaires des valeurs propres de l'opérateur (non hermitique) $\mathcal{W}(E_\lambda^+)$ donnent respectivement les différents déplacements de niveau et les vies moyennes correspondantes.

sions (103) et (104) donnant $\Delta(x)$ et $\Gamma(x)$ respectivement que les termes d'ordre le plus bas en H'. Il suffit pour cela de remplacer $Q_\lambda H Q_\lambda$ par H_0 dans lesdites expressions. Il est alors facile de calculer $\Delta(x)$ et $\Gamma(x)$. L'allure géné-

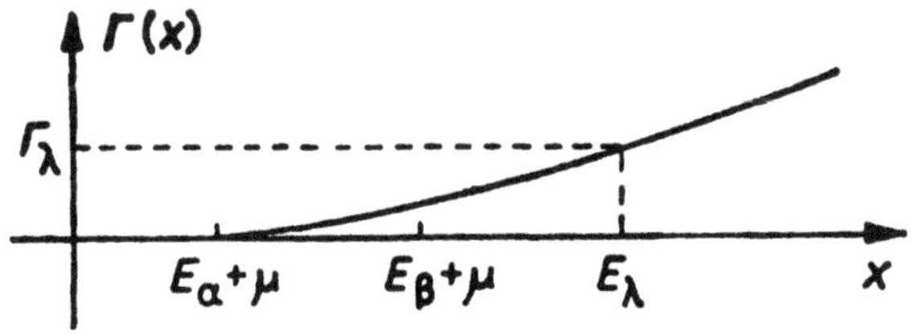

Fig. 4. — Allure générale de $\Gamma(x)$.
Noter que $\Gamma(x) = 0$ pour $x < E_\alpha + \mu$.

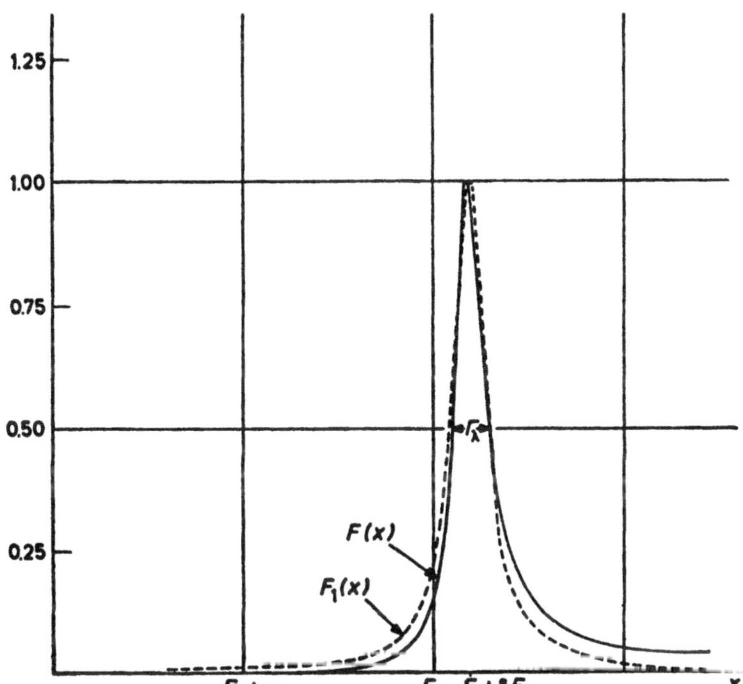

Fig. 5. — Allure typique de $F(x)$ et $F_1(x)$.
On a donné aux fonctions Δ et Γ la dépendance en x typique des transitions dipolaires :

$\Delta(x) \simeq \text{Cte} = \delta E_\lambda \qquad \Gamma(x)/\Gamma_\lambda \simeq (x - E_\lambda + \xi)^3/\xi^3 \qquad \xi \equiv E_\lambda - E_\alpha - \mu.$

On a pris $\delta E_\lambda/\xi = 0{,}2 \qquad \Gamma_\lambda/\xi = 0{,}1.$
L'erreur sur $\mathcal{U}_\lambda(t)$ est plus petite en valeur absolue que la quantité :

$$\frac{1}{2\pi}\int_{-\infty}^{+\infty} | F(x) - F_1(x) | \, dx.$$

Si Γ_λ et δE_λ sont suffisamment petits à côté de $E_\lambda - E_\alpha - \mu$ et $E_\lambda - E_\beta - \mu$, elle reste négligeable en valeur relative sauf pour les temps très longs ($t \gg 1/\Gamma_\lambda$).

rale de $\Gamma(x)$ est donnée sûr la figure 4. Si Δ et Γ sont suffisamment petits, $F(x)$ présente un maximum aigu aux environs du point $x = E_\lambda$, et la contribution dominante à l'intégrale (106) provient de cette région. Cette intégrale peut donc être évaluée en substituant aux fonctions lentement variables $\Delta(x)$ et $\Gamma(x)$ leurs valeurs au point $x = E_\lambda$ à savoir :

$$\Delta(E_\lambda) \equiv \delta E_\lambda \qquad \Gamma(E_\lambda) \equiv \Gamma_\lambda, \tag{108}$$

ce qui revient à remplacer (cf. fig. 5) la fonction $F(x)$ par :

$$F_1(x) = \frac{\Gamma_\lambda}{(x - E_\lambda - \delta E_\lambda)^2 + \frac{1}{4}\Gamma_\lambda^2}.$$

L'intégration s'effectue alors aisément et donne :

$$\mathcal{U}(t) \simeq e^{-i(E_\lambda + \delta E_\lambda)t - \frac{1}{2}\Gamma_\lambda t}. \tag{109}$$

Par suite :

$$|\mathcal{U}(t)|^2 = e^{-\Gamma_\lambda t}$$

On retrouve donc bien la loi de décroissance exponentielle.

La valeur de la *vie moyenne*, $1/\Gamma_\lambda$, est celle qui a été calculée (cf. équ. (84)) au § 12 (cf. équ. (85), (104) et (108)).

Suivant la formule (109), les modifications apportées à la loi d'évolution du niveau λ par le couplage H' consistent essentiellement à lui ajouter l'énergie complexe :

$$\delta E_\lambda - \tfrac{1}{2}\, i\Gamma_\lambda.$$

La partie réelle δE_λ est le *déplacement du niveau* proprement dit ; son expression est analogue à celle du déplacement d'un niveau stable (cf. équ. (71), (103) et (108)). La partie imaginaire, caractéristique de l'état métastable, est au signe près la demi-largeur du niveau ; c'est elle qui est responsable de l'existence d'une décroissance exponentielle.

Afin de préciser les choses, nous allons faire le calcul des autres composantes de $|\Psi(t)\rangle$ à l'approximation du couplage faible. Les seules composantes non nulles à cette approximation sont suivant les vecteurs contenant un et un seul corpuscule :

$$|\Psi(t)\rangle = \mathcal{U}(t)\,|\lambda\rangle + \sum_{\nu k} h_{\nu k}(t)\,|\nu k\rangle \tag{111}$$

$$h_{\nu k}(t) = \langle \nu k|\; U(t)\,|\lambda\rangle. \tag{112}$$

De l'équation (92) nous tirons :

$$\langle \nu k|\, G(z)\,|\lambda\rangle = \langle \nu k|\,(z - H_1)^{-1}\, H''\,|\lambda\rangle\, \mathcal{G}(z).$$

Cette équation est exacte. L'approximation du couplage faible consiste à remplacer H_1 par H_0 dans le dénominateur du second membre, ce qui donne :

$$\langle \nu k| G(z) |\lambda\rangle = \langle \nu k| H' |\lambda\rangle (z - \omega - E_\nu)^{-1} \mathcal{G}(z).$$

De cette valeur approchée de l'élément de matrice de $G(z)$, on tire une valeur approchée de l'élément correspondant de $U(t)$ en appliquant la formule (88), ce qui donne une intégrale que l'on peut calculer par la méthode des résidus. Pour les grandes valeurs de t, seule la contribution du pôle situé sur l'axe réel subsiste, ce qui donne :

$$h_{\nu k}(t) = \langle \nu k| H' |\lambda\rangle \left. \frac{e^{-ixt}}{x - E_\lambda - \Delta(x) + \frac{1}{2} i\Gamma(x)} \right|_{x=\omega+E_\nu} \qquad (\Gamma t \gg 1).$$

Le carré du module de cette expression donne la probabilité de trouver le système dans l'état (νk), pour les grandes valeurs de t (grande par rapport à la vie moyenne de l'état métastable). Il peut se mettre sous la forme :

$$| h_{\nu k}(\infty) |^2 = | \langle \nu k| H' |\lambda\rangle |^2 F(\omega + E_\nu)/\Gamma(\omega + E_\nu) \tag{113}$$

où $F(x)$ est la fonction définie par l'équation (107). Suivant les propriétés déjà signalées de $F(x)$ (cf. fig. 5), $| h_{\nu k}(\infty) |^2$ ne prend de valeur appréciable que si $\omega + E_\nu \simeq E_\lambda$, c'est-à-dire pour les transitions qui conservent en gros l'énergie non perturbée. Pour ces dernières — dans l'exemple traité ici, ce sont celles pour lesquelles $\nu = \alpha$ et $\nu = \beta$ — on peut remplacer $F(x)$ par $F_1(x)$. Ainsi, pour les transitions $\lambda \to \alpha k$, on obtient la formule :

$$| h_{\nu k}(\infty) |^2 = \frac{| \langle \alpha k| H' |\lambda\rangle |^2}{(\omega + E_\alpha - E_\lambda - \delta E_\lambda)^2 + \frac{1}{4} \Gamma_\lambda^2} \tag{114}$$

Suivant cette formule, la distribution en énergie des corpuscules émis dans cette transition est donnée par une *loi de Lorentz de largeur* Γ_λ centrée autour du point $E_\lambda + \delta E_\lambda - E_\alpha$, c'est-à-dire centrée autour de la fréquence de Bohr de la transition, corrigée du *déplacement* δE_λ.

La *largeur de la raie* émise dans la transition radiative est donc égale, dans nos unités où $\hbar = 1$, à l'inverse de la vie moyenne, en conformité avec la relation d'incertitude Temps-Énergie.

Plusieurs remarques doivent être faites sur la signification de ces résultats.

En premier lieu, pour comparer une loi de distribution telle que la loi (114) aux données expérimentales, il convient de préciser comment l'état initial $|\lambda\rangle$ peut être réalisé expérimentalement. Nous reviendrons sur ce point au § 15.

Ceci admis, le traitement qui précède est sujet aux mêmes critiques que celui du déplacement de niveau donné au § 11. Si l'on adopte les données numériques du § 11, on constate que le déplacement δE_λ est du même ordre que δE_α, donc très supérieur à la distance des niveaux non perturbés. En fait, si l'on désigne par $\delta E_\lambda^{(0)}$ l'effet dû à la renormalisation de la masse, on peut montrer que la différence :

$$\delta E'_\lambda \equiv \delta E_\lambda - \delta E_\lambda^{(0)}$$

est une correction petite à côté de la distance des niveaux. La difficulté rencontrée ici est exactement la même que celle qui a été longuement discutée au § 11 ; la discussion en question peut être répétée ici point par point.

Enfin — et ceci est évidemment lié à l'approximation de couplage faible dans le calcul des amplitudes $h_{\nu k}$ — aucun compte n'est tenu du déplacement des niveaux vers lesquels s'effectuent la transition, ni *a fortiori* du fait que certains de ces niveaux sont eux aussi rendus instables par la présence du couplage H'.

Pour les transitions vers un niveau stable ou de vie moyenne très longue à côté de celle du niveau initial, on peut corriger la formule (114) de façon à tenir compte des deux derniers effets. Désignons par $E_\alpha^{(0)}, \ldots, E_\lambda^{(0)}, \ldots$ les niveaux obtenus en substituant à M la masse expérimentale dans l'Hamiltonien $H_{\text{part.}}$. La formule corrigée s'écrit :

$$|h_{\nu k}|^2_{\text{corr.}} = \frac{|\langle \alpha k| H' |\lambda\rangle|^2}{(\omega + E_\alpha^{(0)} + \delta E'_\alpha - E_\lambda^{(0)} - \delta E'_\lambda)^2 + \frac{1}{4}\Gamma_\lambda^2} \tag{114'}$$

C'est une formule de ce genre qui est couramment confrontée aux données expérimentales. L'accord se revèle excellent.

14. Diffusion élastique. Formule de dispersion

Considérons pour terminer quelques problèmes simples de collision.

Comme premier problème, nous traitons la diffusion élastique d'un corpuscule du champ par la particule dans son état fondamental. Nous désignons par $\boldsymbol{k}_i$ le vecteur d'onde du corpuscule incident, par $\boldsymbol{k}_f$ un vecteur de même longueur pointant dans la direction dans laquelle on observe le corpuscule après la collision. Il s'agit donc de la transition :

$$i \to f \equiv (\alpha \boldsymbol{k}_i) \to (\alpha \boldsymbol{k}_f).$$

Nous posons :

$$k_i = k_f = k, \qquad \omega_i = \omega_f = \omega$$

et désignons par E l'énergie initiale du système :

$$E = \omega + E_\alpha. \tag{115}$$

La section efficace est donnée par la formule générale :

$$\frac{d\sigma_{i\to f}}{d\Omega} = \frac{2\pi}{\text{flux incident}} |T_{i\to f}|^2 \rho_f(E) \tag{116}$$

$T_{i\to f}$ est l'amplitude de transition :

$$T_{i\to f} \equiv \langle f|T|i\rangle \equiv \langle \alpha k_f|T|\alpha k_i\rangle \tag{117}$$

$$T = H' + H' \frac{1}{E - H + i\varepsilon} H'. \tag{118}$$

Le flux incident est égal au produit de la vitesse incidente, k/ω, par la densité de corpuscules dans l'état $|ak_f\rangle$, ce qui donne, avec la normalisation adoptée ici : $L^{-3}k/\omega$. $\rho_f(E)$ est la densité des états finaux à l'énergie E (cf. équ. (49)). On a donc :

$$2\pi \rho_f(E)/\text{flux incident} = L^6 \omega^2/4\pi^2.$$

D'où :

$$\frac{d\sigma_{i\to f}}{d\Omega} = (L^6 \omega^2/4\pi^2) \, |T_{i\to f}|^2. \tag{119}$$

Dans tout ceci, nous avons admis que les formules fondamentales de la Théorie des Collisions gardaient leur entière validité : les équations (116) et (118), qui constituent notre point de départ, sont essentiellement équivalentes aux équations (XIX.115) et (XIX.143) respectivement. Les quelques différences tiennent uniquement aux notations, aux unités choisies et à la normalisation des fonctions d'ondes intervenant dans la définition de l'amplitude de transition.

Dans le cas présent cependant, ces formules ne sont pas absolument correctes. Elles sont établies dans l'hypothèse où l'évolution du système *avant* et *après* la collision, est sensiblement gouvernée par l'Hamiltonien H_0, l'interaction H' devenant complètement négligeable. Une telle hypothèse, pleinement justifiée dans les problèmes de collision des chapitres X et XIX, cesse de l'être ici.

Examinons, par exemple, l'état du système avant la collision. La particule se trouve dans son état fondamental, le corpuscule est représenté par un paquet d'ondes se dirigeant vers cette dernière. Le paquet d'ondes n'a pas encore abordé la petite région entourant l'origine, dans laquelle évolue la particule ; l'interaction corpuscule-particule est donc négligeable et le corpuscule évolue comme s'il était libre. Sur ce point, la situation présente ne diffère pas de celle de la théorie ordinaire des collisions. Mais l'interaction H' ne peut pas être négligée pour autant, car la particule, même séparée du corpuscule incident, reste toujours couplée au champ ; en toute rigueur, son état initial n'est pas l'état propre $|\alpha\rangle$ de l'Hamiltonien H_0 correspondant à l'énergie E_α, mais l'état propre $|\bar{\alpha}\rangle$ de l'Hamiltonien H qui coïncide avec $|\alpha\rangle$ à la limite $g \to 0$, et dont l'énergie propre, $E_\alpha + \delta E_\alpha$, a été calculée au § 11.

Pour être correcte, la théorie doit tenir compte de la différence entre « état physique » $|\bar{\alpha}\rangle$ et état non perturbé $|\alpha\rangle$. En fait, si le couplage est suffisamment faible, elle se traduit essentiellement par un effet de renormalisation de la masse de la particule et le mécanisme de la collision proprement dit ne s'en trouve pas affecté ([11]).

Dans ces conditions, les formules habituelles de la Théorie des Collisions restent substantiellement valables, à condition de remplacer la masse M par la masse expérimentale $M + \delta M$ dans la définition de l'Hamiltonien non perturbé.

Nous nous proposons de calculer ladite section efficace en traitant H' comme une perturbation. Nous substituons donc à T son développement de Born (cf. équ. (XIX.117)). Au premier ordre, l'amplitude est évidemment nulle :

$$\langle \alpha \boldsymbol{k}_f | H' | \alpha \boldsymbol{k}_i \rangle = 0.$$

Il faut donc pousser jusqu'au second ordre. Nous désignons par $T^{(B)}_{i \to f}$ l'amplitude au second ordre en H' :

$$T^{(B)}_{i \to f} \equiv \langle \alpha \boldsymbol{k}_f | H' \frac{1}{E - H_0 + \mathrm{i}\varepsilon} H' | \alpha \boldsymbol{k}_i \rangle \tag{120}$$

$$= \sum_n \langle \alpha \boldsymbol{k}_f | H' | n \rangle \frac{1}{E - E_n + \mathrm{i}\varepsilon} \langle n | H' | \alpha \boldsymbol{k}_i \rangle. \tag{120'}$$

Dans la seconde ligne, la sommation porte sur tous les vecteurs de base $|n\rangle$ de l'Hamiltonien H_0. En fait, en raison de la forme très particulière de H', la plupart des termes de la somme s'annulent. Les états virtuels dont la contribution est différente de zéro se rangent dans deux catégories :

(*i*) les états $|\nu\rangle$ sans corpuscule ;

(*ii*) les états $|\nu \boldsymbol{k}_i \, \boldsymbol{k}_f\rangle$ contenant deux corpuscules d'impulsion $\boldsymbol{k}_i$ et $\boldsymbol{k}_f$ respectivement.

Les premiers correspondent aux transitions :

$$(\alpha \boldsymbol{k}_i) \to (\nu) \to (\alpha \boldsymbol{k}_f)$$

dans lesquelles la particule absorbe le corpuscule incident avant d'émettre le corpuscule dans l'état final ; les seconds aux transitions :

$$(\alpha \boldsymbol{k}_i) \to (\nu \boldsymbol{k}_i \, \boldsymbol{k}_f) \to (\alpha \boldsymbol{k}_f)$$

dans lesquelles le corpuscule final est émis avant que le corpuscule initial ne soit absorbé.

Introduisons les fréquences de Bohr :

$$\omega_{\nu\alpha} = E_\nu - E_\alpha \qquad (> 0). \tag{121}$$

([11]) En seconde approximation, il faudrait tenir compte des modifications qu'apporte à l'interaction entre le corpuscule incident et la particule la présence de corpuscules virtuels entourant cette dernière. Cette modification est essentiellement représentée par une modification de la constante de couplage (« renormalisation de charge »).

On trouve :

$$T^{(B)}_{i\to f} = \sum_{\nu} \left[\frac{\langle \alpha \boldsymbol{k}_f | H' | \nu \rangle \langle \nu | H' | \alpha \boldsymbol{k}_i \rangle}{\omega - \omega_{\nu\alpha}} - \frac{\langle \alpha \boldsymbol{k}_f | H' | \nu \boldsymbol{k}_i \boldsymbol{k}_f \rangle \langle \nu \boldsymbol{k}_i \boldsymbol{k}_f | H' | \alpha \boldsymbol{k}_i \rangle}{\omega + \omega_{\nu\alpha}} \right] \tag{122}$$

Ceci donne, en appliquant les équations (69) et (70) avec $C(k) = 1$ (ce qui est bien légitime si $k \ll M$) :

$$T^{(B)}_{i\to f} = (L^{-3} g^2/2\omega) \sum_{\nu} \left[\frac{X_\nu}{\omega - \omega_{\nu\alpha}} - \frac{X'_\nu}{\omega + \omega_{\nu\alpha}} \right] \tag{123}$$

avec :

$$X_\nu \equiv \langle \alpha | \, \mathrm{e}^{-i\boldsymbol{k}_f \cdot \boldsymbol{R}} \, | \nu \rangle \langle \nu | \, \mathrm{e}^{i\boldsymbol{k}_i \cdot \boldsymbol{R}} \, | \alpha \rangle \tag{124}$$

$$X'_\nu \equiv \langle \alpha | \, \mathrm{e}^{i\boldsymbol{k}_i \cdot \boldsymbol{R}} \, | \nu \rangle \langle \nu | \, \mathrm{e}^{-i\boldsymbol{k}_f \cdot \boldsymbol{R}} \, | \alpha \rangle. \tag{124'}$$

Reportant cette expression au second membre de (119), on obtient la section efficace au second ordre de l'approximation de Born :

$$\frac{\mathrm{d}\sigma^{(B)}_{i\to f}}{\mathrm{d}\Omega} = \frac{g^4}{16\pi^2} \left| \sum_{\nu} \left(\frac{X_\nu}{\omega - \omega_{\nu\alpha}} - \frac{X'_\nu}{\omega + \omega_{\nu\alpha}} \right) \right|^2. \tag{125}$$

Chaque terme de la série représente la contribution d'une des transitions décrites plus haut. Toutes choses égales, cette contribution est d'autant plus importante que l'énergie incidente E est proche de l'énergie de l'état virtuel intervenant dans cette transition ; lorsque les deux énergies sont égales, le terme est infini. Il existe ainsi une valeur critique de l'énergie pour chaque transition appartenant à la première catégorie et dont la fréquence de Bohr est supérieure à la masse du corpuscule, c'est-à-dire pour chaque niveau susceptible de donner une transition au fondamental avec émission d'un corpuscule du champ.

Au passage d'une de ces valeurs critiques, E_λ par exemple ($\omega_{\lambda\alpha} > \mu$), le dénominateur $\omega - \omega_{\lambda\alpha}$ s'annule et change de signe, le terme $X_\lambda/(\omega - \omega_{\lambda\alpha})$ croît indéfiniment et notre expression de la section efficace diverge. Si petite que soit la constante de couplage, l'approximation de Born perd évidemment toute validité dans ce domaine (12) ; en fait, la section efficace reste finie,

(12) A l'approximation des grandes longueurs d'ondes ($k\langle R\rangle \ll 1$), on a $|X_\lambda| \simeq (k\langle R\rangle)^2$; si l'on pose $\Delta\omega = |E - E_\lambda|$ et si l'on ne retient que la contribution du terme dominant, l'expression (125) donne :

$$\mathrm{d}\sigma/\mathrm{d}\Omega \simeq (g^4/16\pi^2)\,(k^2\langle R\rangle^2/\Delta\omega)^2.$$

Suivant un critère connu (§ XIX.7), l'approximation de Born cesse d'être applicable lorsque la section efficace totale est de l'ordre de la section géométrique $4\pi\langle R\rangle^2$. Ceci se produit donc pour :

$$\Delta\omega \lesssim (g^2 k/4\pi)\,(k\langle R\rangle).$$

Avec les données numériques du § 11, c'est un domaine extrêmement étroit, de l'ordre de $10^{-4}\,D$ (beaucoup plus grand néanmoins que la largeur Γ_λ).

mais passe par un maximum très aigu. Il s'agit, comme nous le verrons, d'un phénomène de *résonance* tout à fait analogue à ceux qui ont été étudiés au chapitre X (§ 14-16).

15. Diffusion résonnante. Formation d'un état métastable

Pour calculer la section efficace de diffusion élastique à l'approche de l'une des énergies critiques, E_λ par exemple, nous considérons à nouveau l'expression rigoureuse de l'amplitude de transition. Suivant les définitions (117) et (118), on a :

$$\langle f|T|i\rangle = \sum_{nn'} \langle f|H'|n\rangle \langle n| \frac{1}{E - H + i\varepsilon} |n'\rangle \langle n'|H'|i\rangle. \qquad (126)$$

L'approximation de Born consistait à remplacer dans chaque terme de ce développement la fonction de Green exacte $(E - H + i\varepsilon)^{-1}$ par la fonction de Green $(E - H_0 + i\varepsilon)^{-1}$ de l'Hamiltonien non perturbé (cf. équ. (120) et (120')). Si la constante de couplage est suffisamment petite, cette approximation reste justifiée pour tous les termes, sauf pour le terme $n = \lambda$, $n' = \lambda$, pour lequel le facteur $\langle\lambda| (E - H_0 + i\varepsilon)^{-1} |\lambda\rangle$ croît indéfiniment lorsque l'énergie passe par la valeur E_λ. Désignons ce terme par $A^{(\text{res.})}$:

$$A^{(\text{res.})} = \langle f|H'|\lambda\rangle \langle\lambda| \frac{1}{E - H + i\varepsilon} |\lambda\rangle \langle\lambda|H'|i\rangle \qquad (127)$$

et la différence par $A^{(\text{pot.})}$:

$$\langle f|T|i\rangle = A^{(\text{res.})} + A^{(\text{pot.})}. \qquad (128)$$

Nous appliquons l'approximation de Born au calcul de $A^{(\text{pot.})}$; tous calculs faits, l'expression obtenue ne diffère de l'expression (123) que par l'absence du terme $X_\lambda/(\omega - \omega_{\lambda\alpha})$ dans la sommation sur les états ν. Reste à calculer $A^{(\text{res.})}$.

De la définition (127), nous tirons, en remplaçant les éléments de matrice de H' par leur forme explicite (cf. équ. (69) et (124)) :

$$A^{(\text{rés.})} = L^{-3} g^2 \frac{X_\lambda}{2\omega} \mathcal{G}(E^+) \qquad (129)$$

où $\mathcal{G}(E^+)$ est la valeur moyenne de la fonction de Green introduite au § 13 :

$$\mathcal{G}(E^+) = \langle\lambda| \frac{1}{E - H + i\varepsilon} |\lambda\rangle. \qquad (130)$$

Cette fonction a été calculée au § 13. Le résultat est donné par l'équation (105). Substituant l'expression ainsi obtenue dans l'équation (129), on trouve :

$$A^{(\text{rés.})} = (L^{-3}g^2/2\omega)\frac{X_\lambda}{E - E_\lambda - \Delta(E) + \frac{1}{2}\,\mathrm{i}\Gamma(E)}. \tag{131}$$

Cette expression de $A^{(\text{rés.})}$ est exacte. Elle ne diffère de celle que donne l'approximation de Born que par la présence dans le dénominateur d'énergie du terme complexe $\Delta(E) - \frac{1}{2}\,\mathrm{i}\Gamma(E)$, lequel a pour effet de faire disparaître la singularité. Les propriétés de ce terme supplémentaire ont été examinées au § 13. En le remplaçant par sa valeur pour $E = E_\lambda$ (cf. équ. (103), (104) et (108)), ce qui est bien légitime dans l'hypothèse du couplage faible car sa variation en fonction de l'énergie est négligeable dans la bande d'énergie qui nous intéresse, on trouve pour $A^{(\text{rés.})}$ l'expression caractéristique d'une amplitude de diffusion résonnante :

$$A^{(\text{rés.})} = (L^{-3}g^2/2\omega)\frac{X_\lambda}{E - E_\lambda - \delta E_\lambda + \frac{1}{2}\,\mathrm{i}\Gamma_\lambda} \tag{132}$$

centrée au point $E_\lambda + \delta E_\lambda$ et de largeur Γ_λ.

On peut reprendre ici dans ses lignes essentielles la discussion du chapitre X sur les résonances de diffusion et sur le *lien entre ces résonances et l'existence d'états métastables*. En précisant le modèle, il est d'ailleurs facile d'obtenir des expressions pratiquement identiques à celles qui ont été données au § X.15 (en négligeant $A^{(\text{pot.})}$) pour l'amplitude de diffusion, les sections efficaces différentielle et totale, et le « retard » dans la transmission de l'onde diffusée (cf. Problème 4). La présente résonance est liée à l'état métastable $|\lambda\rangle$ de vie moyenne $1/\Gamma_\lambda$ dont les propriétés ont déjà été discutées dans les § 12 et 13.

Pour effectuer une mesure précise de la section efficace et mettre notamment en évidence sa variation caractéristique en fonction de l'énergie, il faut que la dispersion en énergie $\Delta\omega$ du corpuscule incident soit si faible que l'amplitude de diffusion reste pratiquement constante dans l'intervalle $\Delta\omega$; dans la région de la résonance, ceci suppose :

$$\Delta\omega \ll \Gamma_\lambda. \tag{133}$$

Le temps que dure la collision, $1/\Delta\omega$, est alors très supérieur au temps de vie $1/\Gamma_\lambda$ et ce dernier est inobservable.

Si l'on se trouve au contraire dans les conditions expérimentales complémentaires, soit :

$$\Delta\omega \gg \Gamma_\lambda, \tag{134}$$

il est possible d'observer le déroulement du phénomène dans le temps et de mettre en évidence, après une période transitoire de l'ordre de $1/\Delta\omega$ la loi de décroissance caractéristique de l'état métastable $|\lambda\rangle$. Ceci tient à la forme très particulière de l'amplitude de diffusion dans la région de la résonance (équ. (132)) et peut être aisément établi en reprenant point par point le calcul du § X.16.

Il s'agit là d'un résultat très général, valable non seulement pour les diffusions, mais pour toutes collisions. A toute résonance de collision, définie par son énergie E et sa largeur Γ, est associé un état métastable de même énergie et de vie moyenne $\hbar/\Gamma$, dont les conditions expérimentales d'observation sont complémentaires des conditions usuelles d'observation de la résonance [13].

16. Absorption d'un corpuscule (effet photo-électrique). Capture radiative

Les problèmes traités jusqu'ici ne faisaient intervenir que les états liés de la particule. Dans ce paragraphe, nous traitons deux problèmes, absorption de corpuscule et capture radiative qui supposent l'existence d'états non liés. Nous supposons pour fixer les idées que $\lim_{R\to\infty} V(R) = 0$ et qu'en conséquence le spectre de la particule comporte une suite discrète d'états liés d'énergie négative $E_\alpha, E_\beta, \ldots, E_\lambda, \ldots$ et un continu d'états non liés d'énergie s'étendant de 0 à $+\infty$. Nous désignons par $\psi_q^{(+)}$ et $\psi_q^{(-)}$ les ondes stationnaires associées au vecteur d'onde q suivant les définitions du § XIX.2. Ce sont, par définition, des solutions propres de $H_{\text{part.}}$ correspondant à l'énergie :

$$E = q^2/2M. \tag{135}$$

Elles peuvent également être regardées comme des solutions propres de H_0 et représentent alors des états stationnaires de collision du système total lorsqu'on néglige le terme de couplage H'. Nous désignons par $\Psi_q^{(+)}$ et $\Psi_q^{(-)}$ les états stationnaires de collision correspondants lorsqu'on tient compte du couplage.

(13) Il s'agit bien de deux manifestations complémentaires de la même propriété du système puisqu'elles découlent toutes deux de la même propriété de sa résolvante $G(z)$. Celle-ci est définie par l'équation $G(z) = (z - H)^{-1}$ dans le plan coupé par le spectre continu de H ; ses seules singularités dans ce plan coupé se trouvent sur l'axe réel, ce sont les valeurs propres de H. Mais son prolongement analytique sur les autres feuillets de Riemann peut présenter d'autres singularités. Résonance et état métastable sont dus au fait que $G(z)$ présente un pôle au point $z = E - \frac{1}{2}i\Gamma$, à proximité de l'axe réel, sur le second feuillet de Riemann du demi-plan complexe inférieur.

Ceci posé, supposons la particule dans son état fondamental et soumise à un faisceau monocinétique de corpuscules de vitesse $\boldsymbol{k}/\omega$. Si l'énergie ω des corpuscules incidents est suffisante pour « ioniser l'atome », c'est-à-dire si

$$\omega > (-E_\alpha),$$

le corpuscule peut être simplement absorbé en transférant la totalité de son énergie à la particule ; celle-ci est alors éjectée avec une énergie cinétique E égale à la différence entre l'énergie reçue ω et l'énergie de liaison $(-E_\alpha)$:

$$E = \omega + E_\alpha.$$

On reconnaît le mécanisme de l'effet photoélectrique (§ I.4).

Proposons-nous de calculer la section efficace d'absorption du corpuscule d'énergie $\boldsymbol{k}$ avec éjection de la particule dans une direction déterminée. Nous désignons par $\boldsymbol{q}$ un vecteur pointant dans cette direction et dont la longueur est reliée à l'énergie E par la relation (135). Il s'agit donc de la transition :

$$i \to f \equiv (\alpha\boldsymbol{k}) \to (\boldsymbol{q}).$$

Comme dans le cas de la diffusion élastique, nous admettons sans discussion qu'on peut appliquer les formules de la théorie ordinaire des collisions [les réserves qui ont été faites sur ce point au § 14 s'appliquent, d'ailleurs, également ici]. La section efficace est donc donnée par la formule (116) avec la même expression pour le flux incident, mais avec $\rho_f(E) = Mq/(2\pi)^3$ et avec pour expression de l'amplitude de transition (cf. équ. (XIX.122)) :

$$\begin{aligned} T_{i\to f} &\equiv \langle \boldsymbol{q}|T|\alpha\boldsymbol{k}\rangle \\ &= \langle \Psi_{\boldsymbol{q}}^{(-)}|H'|\alpha\boldsymbol{k}\rangle. \end{aligned}$$

Si l'on s'en tient à l'ordre le plus bas en H', on peut remplacer $\Psi_{\boldsymbol{q}}^{(-)}$ par $\psi_{\boldsymbol{q}}^{(-)}$ dans le calcul de cet élément de matrice (cf. équ. (XIX.129-130) ; ce qui donne :

$$T_{i\to f} \simeq \langle \psi_{\boldsymbol{q}}^{(-)}|H'|\alpha\boldsymbol{k}\rangle = (L^{-3}g^2/2\omega)^{\frac{1}{2}} \langle \psi_{\boldsymbol{q}}^{(-)}|e^{i\boldsymbol{k}\cdot\boldsymbol{R}}|\alpha\rangle$$

d'où :

$$\frac{d\sigma(\alpha\boldsymbol{k} \to \boldsymbol{q})}{d\Omega} \simeq \frac{g^2}{8\pi^2}\frac{Mq}{k} | \langle \psi_{\boldsymbol{q}}^{(-)}|e^{i\boldsymbol{k}\cdot\boldsymbol{R}}|\alpha\rangle |^2. \tag{136}$$

On calcule de même la section efficace de la réaction inverse, dans laquelle la particule se propageant initialement avec l'impulsion $\boldsymbol{q}$ se trouve capturée dans l'état α par le potentiel $V(R)$ tout en émettant un corpuscule d'impulsion $\boldsymbol{k}$:

$$\boldsymbol{q} \to \alpha\boldsymbol{k}.$$

Au premier ordre en H', on trouve :

$$\frac{\mathrm{d}\sigma(\boldsymbol{q} \to \alpha\boldsymbol{k})}{\mathrm{d}\Omega} \simeq \frac{g^2}{8\pi^2} \frac{Mk}{q} \,|\, \langle\alpha|\, \mathrm{e}^{-i\boldsymbol{k}\cdot\boldsymbol{R}} |\psi_{\boldsymbol{q}}^{(+)}\rangle \,|^2. \tag{137}$$

Cette expression peut être obtenue directement ou être déduite de la précédente en appliquant la relation de microréversibilité (XIX.190) aux deux réactions $\boldsymbol{q} \to \alpha\boldsymbol{k}$ et $(K\alpha)\,(-\boldsymbol{k}) \to (-\boldsymbol{q})$ qui se déduisent l'une de l'autre par renversement du temps. On a en effet :

$$\langle\alpha|\, \mathrm{e}^{-i\boldsymbol{k}\cdot\boldsymbol{R}}\, |\psi_{\boldsymbol{q}}^{(+)}\rangle = \langle\psi_{-\boldsymbol{q}}^{(-)}|\, \mathrm{e}^{-i\boldsymbol{k}\cdot\boldsymbol{R}} (K|\alpha\rangle).$$

III. — THÉORIE CLASSIQUE DU RAYONNEMENT ÉLECTROMAGNÉTIQUE

17. Les équations de la théorie classique de Maxwell-Lorentz

La théorie classique du rayonnement est fondée sur les équations de Maxwell ([14]) :

$$\mathrm{rot}\, \mathcal{E} + \partial\mathcal{H}/\partial t = 0 \tag{138 a}$$

$$\mathrm{div}\, \mathcal{H} = 0 \tag{138 b}$$

$$\mathrm{rot}\, \mathcal{H} - \partial\mathcal{E}/\partial t = 4\pi \boldsymbol{s} \tag{139 a}$$

$$\mathrm{div}\, \mathcal{E} = 4\pi s^0 \tag{139 b}$$

qui fixent l'évolution des champs électrique et magnétique, $\mathcal{E}$ et $\mathcal{H}$, en présence d'une distribution de charge électrique de densité s^0 et d'une distribution de courant électrique de densité $\boldsymbol{s}$. $\boldsymbol{s}$ et s^0 vérifient l'équation de continuité

$$\mathrm{div}\, \boldsymbol{s} + \partial s^0/\partial t = 0,$$

conséquence évidente des équations (139), d'où l'on tire la loi de conservation de la charge électrique.

Les équations de Maxwell sont complétées par l'équation de Lorentz fixant le mouvement des charges électriques en présence du champ électromagnétique. Suivant cette équation, la densité de force d'inertie du fluide

([14]) A l'inverse de ce qui a été fait dans le traitement du champ scalaire, nous n'utilisons pas ici d'unités rationalisées, d'où la présence des facteurs 4π aux seconds membres des équations (139).

porteur de charge est équilibré à chaque instant par la densité de force électromagnétique :

$$\boldsymbol{f} = s^0\, \mathcal{E} + (\boldsymbol{s} \times \mathcal{H}). \tag{140}$$

Suivant la théorie classique de l'électron de Lorentz, la matière est supposée exclusivement faite de particules douées chacune d'une masse et d'une charge déterminée. Pour obtenir l'équation de mouvement de chaque particule, il suffit de prendre la limite de l'équation de Lorentz lorsque la charge se trouve concentrée dans un volume infiniment petit. Considérons notamment une particule de masse m et de charge e et désignons par $\boldsymbol{R}$, $\boldsymbol{V}$ et $\boldsymbol{\Pi}$, sa position, sa vitesse et sa quantité de mouvement ($\boldsymbol{\Pi} = M\boldsymbol{V}$; M, masse relativiste suivant la définition (XX.20)). Les densités s^0 et $\boldsymbol{s}$ — de façon plus précise, les contributions de ladite particule à ces quantités — sont données par les relations :

$$s^0 = e\delta(\boldsymbol{r} - \boldsymbol{R}), \qquad \boldsymbol{s} = e\boldsymbol{V}\delta(\boldsymbol{r} - \boldsymbol{R}). \tag{141}$$

La force électromagnétique $\boldsymbol{F}$, à laquelle est soumise la particule s'obtient en prenant l'intégrale de $\boldsymbol{f}$ sur un petit domaine entourant $\boldsymbol{R}$; et l'équation de Lorentz donne (cf. équ. (XX.22)) :

$$\mathrm{d}\boldsymbol{\Pi}/\mathrm{d}t = \boldsymbol{F} \equiv e(\mathcal{E} + \boldsymbol{V} \times \mathcal{H}) \tag{142}$$

$\mathcal{E}$ et $\mathcal{H}$ représentent dans cette équation les valeurs prises par les champs électrique et magnétique au point $\boldsymbol{R}$. Rappelons que :

$$\boldsymbol{V} \equiv \mathrm{d}\boldsymbol{R}/\mathrm{d}t = \boldsymbol{\Pi}/M \equiv \boldsymbol{\Pi}/\sqrt{m^2 + \Pi^2} \tag{143}$$

[M, masse relativiste de la particule ; cf. équ. (XX.20)]. Les équations (142) et (143) sont les équations de mouvement de la particule en présence du champ.

Toutes les définitions et les équations qui précèdent peuvent être écrites sous forme covariante. $\mathcal{E}$ et $\mathcal{H}$ forment un tenseur antisymétrique $F_{\mu\nu}$ conformément à la définition (XX.9) ; s^0 et $\boldsymbol{s}$ forment le quadrivecteur densité du courant $s^\mu \equiv (s^0, \boldsymbol{s})$. Les équations de Maxwell-Lorentz s'écrivent ([15]) :

$$\varepsilon^{\varkappa\lambda\mu\nu}\,\partial_\lambda F_{\mu\nu} = 0 \tag{138'}$$

$$\partial_\mu F^{\mu\nu} = 4\pi s^\nu \tag{139'}$$

et l'équation de continuité : $\partial_\nu s^\nu = 0$. La densité de force $\boldsymbol{f}$ est la partie d'espace du quadrivecteur :

$$f^\mu \equiv F^{\mu\nu} s_\nu. \tag{140'}$$

De même, $\boldsymbol{F}\,\mathrm{d}t$ est la partie d'espace du quadrivecteur $eF^{\mu\nu}\,\mathrm{d}x_\nu$; $\boldsymbol{\Pi}$ est celle du quadrivecteur $\Pi^\mu \equiv (M, \boldsymbol{\Pi})$ défini au § XX.4 et l'équation (142), complé-

([15]) En introduisant le dual du tenseur électromagnétique : $\widehat{F}^{\varkappa\lambda} \equiv \frac{1}{2}\,\varepsilon^{\varkappa\lambda\mu\nu} F_{\mu\nu}$, on peut mettre l'équation (138') sous la forme plus simple

$$\partial_\lambda \widehat{F}^{\varkappa\lambda} = 0.$$

tée par une équation analogue pour M, peut être mise sous forme covariante en introduisant le temps propre de la particule et sa quadrivitesse.

18. Symétries et lois de conservation de la théorie classique

De l'invariance relativiste de la Théorie Classique découle un certain nombre de propriétés de symétrie et de lois de conservation. Nous allons considérer avec quelques détails la conservation de l'énergie et de l'impulsion, puis nous indiquerons brièvement la loi de conservation du moment cinétique et les propriétés de symétrie par réflexion et par renversement du temps. Pour simplifier l'exposé, nous supposerons que le système ne compte qu'une particule (un électron) ; la généralisation au système de plusieurs particules est évidente.

Pour parvenir à la loi de conservation de l'impulsion et de l'énergie, montrons d'abord que f^μ, défini par l'équation (140′) est égal à la divergence d'un certain tenseur lorsque $F^{\mu\nu}$ obéit aux équations de Maxwell-Lorentz.

De l'équation (139′), nous tirons en effet :

$$\begin{aligned} f^\mu \equiv F^{\mu\nu} s_\nu &= \frac{1}{4\pi} F^{\mu\nu}(\partial^\rho F_{\rho\nu}) \\ &= \frac{1}{4\pi}[\partial^\rho (F^{\mu\nu} F_{\rho\nu}) - F_{\rho\nu}(\partial^\rho F^{\mu\nu})]. \end{aligned} \tag{144}$$

Cependant, l'équation (138′) donne, compte tenu du fait que F est un tenseur antisymétrique :

$$\begin{aligned} F_{\rho\nu}(\partial^\rho F^{\mu\nu}) &= \tfrac{1}{2} F_{\rho\nu}(\partial^\rho F^{\mu\nu} + \partial^\nu F^{\rho\mu}) = \tfrac{1}{2} F_{\rho\nu}(\partial^\mu F^{\rho\nu}) \\ &= \tfrac{1}{4}\partial^\mu (F_{\rho\nu} F^{\rho\nu}) = \tfrac{1}{4} g^{\mu\rho}\partial_\rho (F_{\varkappa\lambda} F^{\varkappa\lambda}). \end{aligned}$$

Substituant cette expression au second membre de (144) et posant :

$$T^{\mu\rho} \equiv \frac{1}{4\pi}(F^{\mu\nu} F^\rho{}_\nu - \tfrac{1}{4} g^{\mu\rho} F_{\varkappa\lambda} F^{\varkappa\lambda}) \tag{145}$$

il vient :

$$f^\mu = \partial_\rho T^{\mu\rho}. \tag{146}$$

C'est le résultat annoncé.

$T^{\mu\rho}$ est le tenseur « impulsion-énergie ». Explicitant les composantes du champ dans sa définition, on trouve :

$$\begin{aligned} T^{00} &= -\frac{1}{8\pi}(\mathcal{E}^2 + \mathcal{H}^2) \\ T^{k0} = T^{0k} &= -\frac{1}{4\pi}[\mathcal{E} \times \mathcal{H}] \\ T^{kl} = T^{lk} &= \frac{1}{4\pi}(\mathcal{E}_k\mathcal{E}_l + \mathcal{H}_k\mathcal{H}_l + \tfrac{1}{2}\delta_{kl}(\mathcal{H}^2 - \mathcal{E}^2)). \end{aligned}$$

Nous définissons l'énergie W^0 et l'impulsion $\boldsymbol{W}$ du champ par les intégrales étendues à tout l'espace :

$$W^0 = \frac{1}{8\pi}\int(\mathcal{E}^2 + \mathcal{H}^2)\,\mathrm{d}\boldsymbol{r} \tag{147 a}$$

$$\boldsymbol{W} = \frac{1}{4\pi}\int(\boldsymbol{\mathcal{E}} \times \boldsymbol{\mathcal{H}})\,\mathrm{d}\boldsymbol{r} \tag{147 b}$$

soit :

$$W^\mu = -\int T^{\mu 0}\,\mathrm{d}\boldsymbol{r}. \tag{148}$$

Il n'est pas évident *a priori* que W_μ est un quadrivecteur. Mais on peut montrer qu'il en est bien ainsi en utilisant la loi de conservation de l'impulsion et de l'énergie.

Pour démontrer cette dernière, nous mettons l'équation de mouvement de la particule sous la forme :

$$\frac{\mathrm{d}\Pi^\mu}{\mathrm{d}t} = \int f^\mu\,\mathrm{d}\boldsymbol{r}.$$

Cette équation est vérifiée quel que soit le volume d'intégration V, pourvu qu'il contienne le point où se trouve la particule. Substituant à f^μ l'expression (146), il vient :

$$\frac{\mathrm{d}\Pi^\mu}{\mathrm{d}t} = \frac{\mathrm{d}}{\mathrm{d}t}\left(\int_V T^{\mu 0}\,\mathrm{d}\boldsymbol{r}\right) + \int_V\left(\sum_k \frac{\partial T^{\mu k}}{\partial x^k}\right)\mathrm{d}\boldsymbol{r}.$$

La deuxième intégrale est aisément transformée en une intégrale sur la surface limitant le volume V. Etendons le volume V à l'espace tout entier. Dans l'hypothèse, bien légitime ici, où le champ électromagnétique s'annule suffisamment vite à l'infini, l'intégrale de surface tend alors vers zéro et l'on trouve, compte tenu de la définition (148) :

$$\frac{\mathrm{d}}{\mathrm{d}t}(\Pi^\mu + W^\mu) = 0.$$

Ceci justifie les définitions de l'énergie et de l'impulsion du champ adoptées plus haut et constitue la loi de conservation de l'énergie et de l'impulsion du système total (particule + champ) :

$$M + W^0 = Cte \text{ dans le temps} \tag{149 a}$$

$$\boldsymbol{\Pi} + \boldsymbol{W} = Cte \text{ dans le temps.} \tag{149 b}$$

Par un raisonnement analogue, on obtient la loi de conservation du moment cinétique total :

$$(\boldsymbol{R} \times \boldsymbol{\Pi}) + \boldsymbol{I} = Cte \text{ dans le temps} \tag{150}$$

en prenant pour définition du moment cinétique du champ :

$$\boldsymbol{I} = \frac{1}{4\pi}\int[\boldsymbol{r} \times (\boldsymbol{\mathcal{E}} \times \boldsymbol{\mathcal{H}})]\,\mathrm{d}\boldsymbol{r}. \tag{151}$$

Si le système comporte plusieurs particules, $\boldsymbol{\Pi}$ et M doivent être remplacés par la somme des quantités de mouvement et la somme des masses relativistes, $(\boldsymbol{R} \times \Pi)$ par la somme des moments cinétiques de chaque particule. Avec ces modifications évidentes, les trois lois de conservation (149 *a*), (149 *b*) et (150) restent vérifiées.

Considérons maintenant les réflexions d'espace et de temps.

Les équations de mouvement sont invariantes dans une réflexion d'espace ($t \to t$, $r \to -r$) si l'on traite la charge e comme un vrai scalaire et le champ $F^{\mu\nu}$ comme un vrai tenseur. Suivant cette convention, s^0 se transforme comme une fonction scalaire de l'espace à trois dimensions, $\boldsymbol{s}$ et $\boldsymbol{\mathcal{E}}$ comme des champs de vecteurs polaires et $\boldsymbol{\mathcal{H}}$ comme un champ de vecteurs axiaux, on a notamment les lois de transformation :

$$\boldsymbol{\mathcal{E}}(t, \boldsymbol{r}) \to -\boldsymbol{\mathcal{E}}(t, -\boldsymbol{r}), \qquad \boldsymbol{\mathcal{H}}(t, \boldsymbol{r}) \to +\boldsymbol{\mathcal{H}}(t, -\boldsymbol{r}). \tag{152}$$

Les équations du mouvement sont réversibles dans le temps ($t \to -t$, $\boldsymbol{r} \to \boldsymbol{r}$), si l'on traite la charge e comme un scalaire et $F^{\mu\nu}$ comme un « pseudo-tenseur ». Suivant cette convention, s^0 et $\boldsymbol{\mathcal{E}}$, considérés comme fonction de $\boldsymbol{r}$, sont invariants dans le renversement du temps, $\boldsymbol{s}$ et $\boldsymbol{\mathcal{H}}$ changent de signe ; on a notamment :

$$\boldsymbol{\mathcal{E}}(t, \boldsymbol{r}) \to +\boldsymbol{\mathcal{E}}(-t, \boldsymbol{r}), \qquad \boldsymbol{\mathcal{H}}(t, \boldsymbol{r}) \to -\boldsymbol{\mathcal{H}}(-t, \boldsymbol{r}). \tag{153}$$

19. Self-énergie et rayon classique de l'électron

A ce stade, il convient de mentionner une grave difficulté de la Théorie Classique du rayonnement. Dans tous les raisonnements qui précèdent, la charge de chaque particule est supposée concentrée dans un très petit volume, par exemple, une petite sphère dont on fait tendre le rayon a vers zéro. En fait, l'hypothèse des charges rigoureusement ponctuelles doit être écartée. Considérons, en effet, un électron isolé, au repos et placé à l'origine des coordonnées et proposons-nous de calculer l'énergie δm du champ créé par cet électron ; on la désigne couramment sous le nom de *self-énergie électrostatique.* C'est en fait un terme de *renormalisation de la masse* ; conformément au raisonnement du § 11, qui s'applique ici sans changement, la masse observée expérimentalement est en effet :

$$m_{\text{exp.}} = m + \delta m.$$

Comme le champ électrique crée dans la région externe ($r > a$) est $e\boldsymbol{r}/r^3$, la formule (147 *a*) donne :

$$\delta m > \frac{e^2}{8\pi}\int \frac{\mathrm{d}\boldsymbol{r}}{r^4} = \frac{e^2}{2a}$$

et, puisque $\delta m < m_{\text{exp.}}$, on a : $a > e^2/2m_{\text{exp}}$. La longueur :

$$r_0 = \frac{e^2}{m_{\text{exp.}}} \left(\simeq 2{,}82 \times 10^{-13} \text{ cm}\right)$$

porte le nom de *rayon classique de l'électron.* L'électron classique est donc un objet de dimension finie, de l'ordre de r_0. Or, la théorie est incapable de rendre compte de la stabilité de tels objets et, *a fortiori*, des détails de leur structure interne, c'est-à-dire de la distribution des charges et des courants dans la région $r < r_0$. En effet, les forces électromagnétiques qui règnent entre les éléments constitutifs de l'électron sont dans l'ensemble des forces répulsives, et tendent à le dissocier; pour que l'électron soit stable, elles doivent être contrebalancées par des forces de cohésion d'origine non électromagnétique. L'introduction de telles forces dans le cas d'une théorie relativiste se heurte à de graves difficultés. Dans la pratique, on se contente d'hypothèses *ad hoc* sur la structure interne de l'électron ; on ne doit alors s'attendre à des prévisions correctes que pour les phénomènes qui ne dépendent pas de façon critique des détails de cette structure, c'est-à-dire pour ceux qui mettent en jeu des longueurs d'onde suffisamment grandes ($\lambda \gg r_0$) [16].

20. Potentiel électromagnétique. Choix de la jauge

On obtient des équations équivalentes aux équations (138) mais plus simples, en introduisant le potentiel vecteur A et le potentiel scalaire φ suivant les définitions (cf. équ. (XX.17)) :

$$\mathcal{H} = \operatorname{rot} A, \qquad \mathcal{E} = -\partial A/\partial t - \operatorname{grad} \varphi. \tag{154}$$

Les équations (138) sont alors automatiquement vérifiées. Les équations (139) sont équivalentes aux équations :

$$\ddot{A} - \Delta A + \operatorname{grad}(\dot{\varphi} + \operatorname{div} A) = 4\pi s \tag{155 a}$$

$$\ddot{\varphi} - \Delta\varphi - \frac{\partial}{\partial t}(\dot{\varphi} + \operatorname{div} A) = 4\pi s^0. \tag{155 b}$$

Les équations (154) ne définissent A et φ qu'à une fonction arbitraire près ; $G(t, r)$ étant en effet une fonction arbitraire de l'espace et du temps, ces équations restent satisfaites si l'on y effectue les substitutions :

$$A \to A - \operatorname{grad} G, \qquad \varphi \to \varphi + \partial G/\partial t. \tag{156}$$

Un tel ensemble de substitutions porte le nom de *changement de jauge* (cf. § XX.20).

Un des grands avantages des manipulations précédentes est de pouvoir être écrites sous forme complètement covariante. Les potentiels A et φ forment un quadrivecteur A^μ (cf. équ. (XX.6)) ; suivant les équations (154), A^μ est le vecteur ayant $F^{\mu\nu}$ pour rotationnel (cf. équ. (XX.8)), ce qui le défi-

[16] La Théorie Quantique présente elle aussi une « catastrophe ultraviolette » de semblable origine. Toutefois, l'analogie entre théories classique et quantique ne doit pas être poussée trop loin. Des effets comme la création de paires conduisent à attribuer à « l'électron quantique » un rayon de l'ordre de $\hbar/mc$, c'est-à-dire 137 fois plus grand que r_0.

nit au gradient d'une fonction arbitraire près ; le changement de jauge (156) n'est rien d'autre que l'addition d'un gradient :

$$A^{\mu} \rightarrow A^{\mu} + \partial^{\mu} G \qquad (G, \text{ quelconque}). \tag{157}$$

Les équations (155) s'écrivent :

$$\square A^{\mu} - \partial^{\mu}(\partial_{\nu} A^{\nu}) = 4\pi s^{\mu}. \tag{158}$$

On peut restreindre l'arbitraire de jauge, sans violer la covariance formelle de la théorie en imposant au potentiel *la condition supplémentaire de Lorentz* :

$$\partial_{\nu} A^{\nu} = 0. \tag{159}$$

L'équation de mouvement du potentiel prend alors la forme plus simple :

$$\square A^{\mu} = 4\pi s^{\mu}. \tag{160}$$

Soit χ une solution arbitraire de l'équation : $\square\chi = 0$. La condition de Lorentz fixe la jauge du potentiel à une fonction χ près. En d'autres termes, la définition du champ $F^{\mu\nu}$ et les équations (159) et (160) sont invariantes dans les *changements de jauge de Lorentz* (parfois désignés sous le nom de transformations de jauge spéciales) :

$$A^{\mu} \rightarrow A^{\mu} + \partial^{\mu}\chi \qquad (\square\chi = 0). \tag{161}$$

On obtient également des équations de mouvement très simples en imposant la condition :

$$\operatorname{div} \boldsymbol{A} = 0. \tag{162}$$

Contrairement à celle de Lorentz, cette condition ne préserve pas la covariance formelle de la théorie. Elle a cependant l'avantage de lever l'arbitraire de jauge complètement. La jauge ainsi définie porte couramment le nom de *jauge de radiation*. C'est elle que nous adopterons dans toute la suite. Avant d'examiner la théorie du rayonnement dans cette jauge, il convient de rappeler une importante propriété de décomposition des champs de vecteurs.

21. Partie longitudinale et partie transverse d'un champ de vecteurs

Tout champ de vecteurs $\boldsymbol{B}(\boldsymbol{r})$ réel ou complexe peut être considéré comme une superposition de deux champs :

$$\boldsymbol{B}(\boldsymbol{r}) = \boldsymbol{B}_{\parallel}(\boldsymbol{r}) + \boldsymbol{B}_{\perp}(\boldsymbol{r}) \tag{163}$$

dont l'un, $\boldsymbol{B}_{\parallel}$, est irrotationnel et l'autre, $\boldsymbol{B}_{\perp}$, à divergence nulle. On a :

$$\operatorname{rot} \boldsymbol{B}_{\parallel} = 0, \qquad \operatorname{div} \boldsymbol{B}_{\parallel} = \operatorname{div} \boldsymbol{B} \tag{164}$$

$$\operatorname{div} \boldsymbol{B}_{\perp} = 0, \qquad \operatorname{rot} \boldsymbol{B}_{\perp} = \operatorname{rot} \boldsymbol{B}. \tag{165}$$

Si on se limite aux champs de vecteurs de carré sommable, cette décomposition est unique ([17]). Par définition, les champs $\boldsymbol{B}_{\parallel}$ et $\boldsymbol{B}_{\perp}$ ainsi définis constituent respectivement *la partie longitudinale* et *la partie transverse* de champ $\boldsymbol{B}$. On a d'ailleurs

$$\boldsymbol{B}_{\parallel} = \operatorname{grad} U \qquad U(\boldsymbol{r}) = -\frac{1}{4\pi}\int \frac{\operatorname{div} \boldsymbol{B}(\boldsymbol{r}')}{|\boldsymbol{r}-\boldsymbol{r}'|}\mathrm{d}\boldsymbol{r}' \tag{166}$$

$$\boldsymbol{B}_{\perp} = \operatorname{rot} \boldsymbol{V} \qquad \boldsymbol{V}(\boldsymbol{r}) = \frac{1}{4\pi}\int \frac{\operatorname{rot} \boldsymbol{B}(\boldsymbol{r}')}{|\boldsymbol{r}-\boldsymbol{r}'|}\mathrm{d}\boldsymbol{r}'. \tag{167}$$

Cette décomposition s'effectue aisément en utilisant la transformation de Fourier. Désignons par $\boldsymbol{b}$, $\boldsymbol{b}_{\perp}$, $\boldsymbol{b}_{\parallel}$ les transformées de Fourier respectives de $\boldsymbol{B}$, $\boldsymbol{B}_{\perp}$, $\boldsymbol{B}_{\parallel}$:

$$\begin{aligned} \boldsymbol{b}(\boldsymbol{k}) &= (2\pi)^{-\frac{3}{2}} \int \boldsymbol{B}(\boldsymbol{r})\, \mathrm{e}^{-\mathrm{i}\boldsymbol{k}.\boldsymbol{r}}\, \mathrm{d}\boldsymbol{r} \\ \boldsymbol{b}_{\parallel}(\boldsymbol{k}) &= \ldots \qquad\qquad \text{etc.} \end{aligned} \tag{168}$$

Les équations (164) et (165) sont respectivement équivalentes aux équations

$$\begin{aligned} \boldsymbol{k} \times \boldsymbol{b}_{\parallel} &= 0 \qquad & \boldsymbol{k}.\boldsymbol{b}_{\parallel} &= \boldsymbol{k}.\boldsymbol{b} \\ \boldsymbol{k}.\boldsymbol{b}_{\perp} &= 0 \qquad & \boldsymbol{k} \times \boldsymbol{b}_{\perp} &= \boldsymbol{k} \times \boldsymbol{b} \end{aligned}$$

$\boldsymbol{b}_{\parallel}$ est la projection de $\boldsymbol{b}$ le long du vecteur $\boldsymbol{k}$, d'où le nom de partie longitudinale ([18]) donné à $\boldsymbol{B}_{\parallel}$; $\boldsymbol{b}_{\perp}$ est la projection de $\boldsymbol{b}$ perpendiculairement au vecteur $\boldsymbol{k}$, d'où le nom de partie transverse donné à $\boldsymbol{B}_{\perp}$. Les équations (166) et (167) sont respectivement équivalentes aux équations :

$$\boldsymbol{b}_{\parallel} = \boldsymbol{k}(\boldsymbol{b}.\boldsymbol{k})/k^2 \qquad \boldsymbol{b}_{\perp} = \boldsymbol{k} \times (\boldsymbol{b} \times \boldsymbol{k})/k^2. \tag{169}$$

La fonction U (définition (166)) a pour transformée de Fourier :

$$u(\boldsymbol{k}) = -\,\mathrm{i}(\boldsymbol{b}.\boldsymbol{k})/k^2.$$

[*N. B.* — La transformée de Fourier de $1/r$ est $\sqrt{2\pi}/\pi k^2$].

De façon plus générale, l'espace des champs de vecteurs de carré sommable — c'est-à-dire l'espace des fonctions d'ondes d'une particule de spin 1 — est la réunion de deux sous-espaces orthogonaux, l'espace des champs longitudinaux et celui des champs transverses. La décomposition envisagée ici consiste à écrire que $\boldsymbol{B}$ est la somme de ses projections sur ces deux sous-espaces complémentaires. On obtient automatiquement lesdites projections en faisant choix d'un système de base approprié. Désignons par $\boldsymbol{L}^{(1)}$, $\boldsymbol{L}^{(2)}$, ..., $\boldsymbol{L}^{(\lambda)}$, ... une suite complète de champs longitudinaux orthonormés et

([17]) Il faut également supposer $\boldsymbol{B}_{\parallel}$ et $\boldsymbol{B}_{\perp}$ de carré sommable. Il nous arrivera de faire cette décomposition pour des champs de carré non sommable ; les parties longitudinale et transverse sont alors définies sans ambiguïté par les équations (166) et (167) respectivement.

([18]) Ne pas confondre $\boldsymbol{B}_{\parallel}$, avec la partie *radiale* de $\boldsymbol{B}$ qui est la projection de $\boldsymbol{B}$ le long du vecteur $\boldsymbol{r}$: $\boldsymbol{B}_{\text{rad.}} = \boldsymbol{r}(\boldsymbol{B}.\boldsymbol{r})/r^2$. Bien noter en particulier que la partie radiale d'un champ purement transverse n'est, en général, pas nulle.

par $T^{(1)}$, $T^{(2)}$, ..., $T^{(\tau)}$, ... une suite complète de champs transverses orthonormés :

$$\text{rot}\, \boldsymbol{L}^{(\lambda)} = 0, \qquad \int (\boldsymbol{L}^{(\lambda)*}.\boldsymbol{L}^{(\lambda')})\, d\boldsymbol{r} = \delta_{\lambda\lambda'} \tag{170 a}$$

$$\text{div}\, \boldsymbol{T}^{(\tau)} = 0, \qquad \int (\boldsymbol{T}^{(\tau)*}.\boldsymbol{T}^{(\tau')})\, d\boldsymbol{r} = \delta_{\tau} \tag{170 b}$$

$$\textstyle\sum_\lambda L_i^{(\lambda)}(\boldsymbol{r})\, L_j^{(\lambda)*}(\boldsymbol{r}') + \sum_\tau T_i^{(\tau)}(\boldsymbol{r})\, T_j^{(\tau)*}(\boldsymbol{r}') = \delta_{ij}\, \delta(\boldsymbol{r}-\boldsymbol{r}') \quad (i,j = x, y \text{ ou } z). \tag{170 c}$$

Posons

$$\beta_{\parallel}^{(\lambda)} = \int (\boldsymbol{L}^{(\lambda)*}.\boldsymbol{B})\, d\boldsymbol{r}, \qquad \beta_{\perp}^{(\tau)} = \int (\boldsymbol{T}^{(\tau)*}.\boldsymbol{B})\, d\boldsymbol{r} \tag{171}$$

On a :

$$\boldsymbol{B}_{\parallel} = \textstyle\sum_\lambda \beta_{\parallel}^{(\lambda)} \boldsymbol{L}^{(\lambda)}, \qquad \boldsymbol{B}_{\perp} = \sum_\tau \beta_{\perp}^{(\tau)} \boldsymbol{T}^{(\tau)}. \tag{172}$$

L'utilisation de la transformation de Fourier revient à faire choix d'un système de base particulier, celui des champs d'ondes planes longitudinales et transverses. A chaque vecteur d'onde sont associés un champ longitudinal :

$$\boldsymbol{L}^{(\boldsymbol{k})} = (2\pi)^{-\frac{3}{2}}\, \widehat{\boldsymbol{k}}\, e^{i\boldsymbol{k}.\boldsymbol{r}} \qquad (\widehat{\boldsymbol{k}} \equiv \boldsymbol{k}/k) \tag{173 a}$$

et deux champs transverses orthogonaux :

$$\boldsymbol{T}^{(\boldsymbol{k}\varpi)} = (2\pi)^{-\frac{3}{2}}\, \boldsymbol{\epsilon}^{(\varpi)}\, e^{i\boldsymbol{k}.\boldsymbol{r}} \qquad (\varpi = 1,2) \tag{173 b}$$

$\boldsymbol{\epsilon}^{(1)}$ et $\boldsymbol{\epsilon}^{(2)}$ sont deux vecteurs unités (19) orthogonaux à $\boldsymbol{k}$ et orthogonaux entre eux, arbitrairement choisis :

$$\boldsymbol{k}.\boldsymbol{\epsilon}^{(1)} = \boldsymbol{k}.\boldsymbol{\epsilon}^{(2)} = 0 \tag{174 a}$$

$$\boldsymbol{\epsilon}^{(1)*}.\boldsymbol{\epsilon}^{(1)} = \boldsymbol{\epsilon}^{(2)*}.\boldsymbol{\epsilon}^{(2)} = 1, \qquad \boldsymbol{\epsilon}^{(1)*}.\boldsymbol{\epsilon}^{(2)} = 0. \tag{174 b}$$

Les composantes de $\boldsymbol{B}$ dans cette base (définition (171)) sont reliées aux vecteurs $\boldsymbol{b}_{\parallel}$ et $\boldsymbol{b}_{\perp}$ par les formules (cf. équ. (169)) :

$$\boldsymbol{b}_{\parallel} = \beta_{\parallel}^{(\boldsymbol{k})}\, \widehat{\boldsymbol{k}}, \qquad \boldsymbol{b}_{\perp} = \textstyle\sum_\varpi \beta_{\perp}^{(\boldsymbol{k}\varpi)}\, \boldsymbol{\epsilon}^{(\varpi)}. \tag{175}$$

Les ondes planes dépendent ici de l'indice continu $\boldsymbol{k}$ et sont normalisées en $\delta(\boldsymbol{k}-\boldsymbol{k}')$. Pour n'avoir affaire qu'à des indices discrets, on peut, suivant l'artifice habituel, enfermer le système dans un cube de côté L ; la constante $(2\pi)^{-\frac{3}{2}}$ figurant dans les définitions (173 *a b*) doit alors être remplacée par $L^{-\frac{3}{2}}$.

Parmi les autres systèmes de base d'usage courant figurent les ondes sphériques. Nous y reviendrons au § 29.

(19) Prendre garde que ces vecteurs ne sont pas nécessairement réels. Par définition un vecteur est réel si ses composantes cartésiennes sont réelles ; le vecteur $\boldsymbol{k}$ est un vecteur réel. Le produit scalaire de deux vecteurs complexes $\boldsymbol{A}$, $\boldsymbol{B}$ est par définition :

$$\boldsymbol{A}^*.\boldsymbol{B} \equiv A_x^* B_x + A_y^* B_y + A_z^* B_z.$$

22. Élimination du champ longitudinal

Parmi les équations de Maxwell, les équations (138 *b*) et (139 *b*) ne sont pas à proprement parler des équations de mouvement mais des contraintes imposées aux champs $\mathcal{E}$ et $\mathcal{H}$. Elles ont pour effet de fixer les parties longitudinales de ces champs.

Suivant l'équation (138 *b*), $\mathcal{H}_{\parallel}$ est nul; suivant l'équation (139 *b*), $\mathcal{E}_{\parallel}(t, \boldsymbol{r})$ *est le champ électrostatique créé par la distribution de charges* $s_0(t, \boldsymbol{r})$. Pour définir l'état dynamique du système, il suffit donc de se donner les distributions de charges et de courants — c'est-à-dire les positions et les vitesses des particules — d'une part, et les champs transverses $\mathcal{H}$ et $\mathcal{E}_{\perp}$ de l'autre. Il est donc possible de reformuler la théorie en éliminant complètement la partie longitudinale du champ électromagnétique.

Plutôt que de procéder directement à cette élimination, il est préférable d'introduire d'abord le potentiel (φ, $\boldsymbol{A}$) en jauge de radiation (cf. équ. (162)). Il s'agit là d'un simple changement de variables. Le champ $\boldsymbol{A}$ est par définition purement transverse :

$$\boldsymbol{A}_{\parallel} = 0, \qquad \boldsymbol{A} = \boldsymbol{A}_{\perp}. \tag{176}$$

Les anciennes variables sont données en fonction des nouvelles par les équations (154), soit encore :

$$\mathcal{E}_{\parallel} = -\operatorname{grad} \varphi \tag{177}$$

$$\mathcal{H} = \operatorname{rot} \boldsymbol{A}, \qquad \mathcal{E}_{\perp} = -\partial \boldsymbol{A}/\partial t. \tag{178}$$

φ est déterminé par l'équation (155 *b*), qui s'écrit dans ce cas :

$$\Delta \varphi = -4\pi s^0. \tag{179}$$

On trouve :

$$\varphi(t, \boldsymbol{r}) = \int \frac{s^0(t, \boldsymbol{r}')}{|\boldsymbol{r} - \boldsymbol{r}'|} \mathrm{d}\boldsymbol{r}' \tag{180}$$

d'où l'on tire l'expression mentionnée plus haut pour $\mathcal{E}_{\parallel}$ en fonction de s^0. Pour éliminer φ de l'équation (155 *a*), il suffit d'écrire séparément l'égalité des composantes longitudinales et celle des composantes transverses. La première de ces deux égalités :

$$\operatorname{grad} \dot{\varphi} = 4\pi \boldsymbol{s}_{\parallel} \tag{181}$$

est identiquement satisfaite si φ vérifie l'équation (180) ([20]).

La seconde est indépendante de φ ; c'est l'équation de mouvement :

$$\ddot{\boldsymbol{A}} - \Delta \boldsymbol{A} = 4\pi \boldsymbol{s}_{\perp}. \tag{182}$$

([20]) En effet, pour que cette égalité soit satisfaite, il suffit que les divergences de chaque membre soient égales : $\Delta\dot{\varphi} = 4\pi \operatorname{div} \boldsymbol{s}$; or, cette équation peut être déduite de l'équation (179), en dérivant celle-ci membre à membre par rapport au temps et en utilisant l'équation de continuité.

Il reste à éliminer le champ longitudinal des équations de mouvement des particules (équ. (142)-(143)), c'est-à-dire de l'expression de la force de Lorentz à laquelle chacune d'elles est soumise. Les différentes grandeurs attachées à chaque particule sont désignées par les mêmes symboles qu'au § 17, affectés d'un indice 1, 2, ..., n, ... permettant de distinguer les particules les unes des autres. Ainsi la contribution de la $n^{\text{ième}}$ particule à la densité de charge est :

$$s_n^{0} = e_n \delta(\boldsymbol{r} - \boldsymbol{R}_n).$$

L'équation (179) s'écrit donc :

$$\Delta\varphi = -4\pi \textstyle\sum_n e_n \delta(\boldsymbol{r} - \boldsymbol{R}_n) \tag{183}$$

et sa solution est le potentiel coulombien :

$$\varphi = \textstyle\sum_n e_n / |\, \boldsymbol{r} - \boldsymbol{R}_n \,|. \tag{184}$$

Soit $\boldsymbol{F}_i$, la force de Lorentz à laquelle est soumise la $i^{\text{ème}}$ particule. On peut écrire :

$$\boldsymbol{F}_i = \boldsymbol{F}_i^{\text{tr.}} + \boldsymbol{F}_i^{\text{long.}}$$

$$\boldsymbol{F}_i^{\text{tr.}} = e_i\big(\boldsymbol{\mathcal{E}}_\perp(i) + \boldsymbol{V}_i \times \boldsymbol{\mathcal{H}}(i)\big) = e_i\left(-\frac{\partial \boldsymbol{A}(i)}{\partial t} + \boldsymbol{V} \times \operatorname{rot} \boldsymbol{A}(i)\right) \tag{185}$$

$$\boldsymbol{F}_i^{\text{long.}} = e_i\, \boldsymbol{\mathcal{E}}_{\parallel}(i) = -e_i \operatorname{grad} \varphi(i)$$

$\boldsymbol{\mathcal{E}}_\perp(i)$, $\boldsymbol{\mathcal{H}}(i)$, ... désignent ici les valeurs prises par $\boldsymbol{\mathcal{E}}_\perp$, $\boldsymbol{\mathcal{H}}$, ... au point $\boldsymbol{R}_i$. En substituant dans $\boldsymbol{F}^{\text{long.}}$ l'expression de grad $\varphi(i)$ donnée par l'équation (184), on réalise l'élimination désirée.

Toutefois, la substitution ne peut être effectuée telle quelle, car le potentiel φ diverge au point $\boldsymbol{R}_i$. La difficulté provient de ce que nous traitons les charges comme si elles étaient rigoureusement ponctuelles. $\boldsymbol{F}_i^{\text{long}}$ est la force électrostatique exercée sur la $i^{\text{ème}}$ particule par l'ensemble des charges présentes ; nous désignons par $\boldsymbol{F}_i'$ la contribution à cette force de la charge portée par la $i^{\text{ème}}$ particule elle-même et par $\boldsymbol{F}_i^{\text{coul.}}$ la contribution de toutes les autres charges. Tant que les particules sont suffisamment éloignées les unes des autres, le calcul de $\boldsymbol{F}_i^{\text{coul.}}$ peut être effectué en supposant les charges ponctuelles, ce qui donne :

$$\boldsymbol{F}_i^{\text{coul.}} = \sum_{n \neq i} e_i e_n (\boldsymbol{R}_i - \boldsymbol{R}_n) / |\, \boldsymbol{R}_i - \boldsymbol{R}_n \,|^3. \tag{186}$$

Mais l'hypothèse des charges ponctuelles n'est évidemment pas justifiée pour le calcul de $\boldsymbol{F}_i'$. En fait, quelle que soit la distribution de charges à l'intérieur de la $i^{\text{ème}}$ particule, on trouve :

$$\boldsymbol{F}_i' = 0.$$

Au total, chaque particule est soumise à la force de Lorentz du champ transverse (équ. (185)) et à la force électrostatique due à la présence de toutes les *autres* charges (équ. (186)) :

$$\boldsymbol{F}_i = \boldsymbol{F}_i^{\text{tr.}} + \boldsymbol{F}_i^{\text{coul.}}. \tag{187}$$

23. Énergie, impulsion, moment cinétique

Après avoir éliminé le champ longitudinal des équations du mouvement, il convient de l'éliminer des lois de conservation de l'énergie, de l'impulsion et du moment cinétique.

En remplaçant $\mathcal{E}$ par $\mathcal{E}_\perp$ dans l'expression de l'énergie du champ (équ. (147 *a*)), nous obtenons une nouvelle expression, U, qui ne dépend que des composantes transverses ; pour la distinguer de la précédente, nous lui donnons le nom d'*énergie du rayonnement* :

$$U = \frac{1}{8\pi}\int (\mathcal{E}_\perp^2 + \mathcal{H}^2)\, \mathrm{d}\boldsymbol{r}. \tag{188}$$

Nous définissons de même l'*impulsion du rayonnement* $\boldsymbol{X}$ (cf. équ. (147 *b*)) et le *moment cinétique du rayonnement* $\boldsymbol{G}$ (cf. équ. (151)) :

$$\boldsymbol{X} = \frac{1}{4\pi}\int (\mathcal{E}_\perp \times \mathcal{H})\, \mathrm{d}\boldsymbol{r} \tag{189}$$

$$\boldsymbol{G} = \frac{1}{4\pi}\int [\boldsymbol{r} \times (\mathcal{E}_\perp \times \mathcal{H})]\, \mathrm{d}\boldsymbol{r}. \tag{190}$$

U, $\boldsymbol{X}$ et $\boldsymbol{G}$ représentent respectivement l'énergie, l'impulsion et le moment cinétique du système en l'absence de charge.

On peut d'ailleurs les mettre sous une forme analogue à celle qui a été donnée dans la section I pour l'énergie, l'impulsion et le moment cinétique du champ scalaire respectivement (cf. § 4, 6 et 7). En remplaçant $\mathcal{H}$ par rot $\boldsymbol{A}$ dans les expressions (188), (189) et (190), en effectuant un certain nombre d'intégrations par parties et en utilisant le fait que $\mathcal{E}_\perp$ et $\boldsymbol{A}$ sont des champs transverses et nuls à l'infini, on trouve :

$$U = \frac{1}{8\pi}\int \textstyle\sum_i \left(\mathcal{E}_{\perp i}^2 + (\nabla A_i)^2\right) \mathrm{d}\boldsymbol{r}, \tag{188'}$$

$$\boldsymbol{X} = \frac{1}{4\pi}\int \textstyle\sum_i \mathcal{E}_{\perp i} (\nabla A_i)\, \mathrm{d}\boldsymbol{r}, \tag{189'}$$

et

$$\boldsymbol{G} = \boldsymbol{G}^{(0)} + \boldsymbol{G}^{(s)}, \tag{190'}$$

avec :

$$\boldsymbol{G}^{(0)} = \frac{1}{4\pi}\int \textstyle\sum_i \mathcal{E}_{\perp i} (\boldsymbol{l} A_i)\, \mathrm{d}\boldsymbol{r}, \tag{191 a}$$

$$\boldsymbol{G}^{(s)} = \frac{1}{4\pi}\int (\mathcal{E}_\perp \times \boldsymbol{A})\, \mathrm{d}\boldsymbol{r}. \tag{191 b}$$

Pour obtenir toutes ces expressions, il est commode d'utiliser les techniques et notations du calcul tensoriel, notamment de se servir du tenseur antisymétrique de l'espace euclidien à 3 dimensions ε_{ijk} (définition donnée dans la note XIII-(¹)) et de l'identité

$$\varepsilon_{ijk}\, \varepsilon_{klm} = \delta_{il}\, \delta_{jm} - \delta_{im}\, \delta_{jl}.$$

Ainsi :

$$\mathcal{H}^2 = (\operatorname{rot} A)^2 = \varepsilon_{ijk}\,\varepsilon_{klm}\frac{\partial A_j}{\partial x_i}\frac{\partial A_m}{\partial x_l} = \frac{\partial A_m}{\partial x_l}\frac{\partial A_m}{\partial x_l} - \frac{\partial A_l}{\partial x_m}\frac{\partial A_m}{\partial x_l}$$
$$= \frac{\partial A_m}{\partial x_l}\frac{\partial A_m}{\partial x_l} - \frac{\partial}{\partial x_l}\left(A_m\frac{\partial A_l}{\partial x_m}\right) + A_m\frac{\partial^2 A_l}{\partial x_m\,\partial x_l}$$

et comme A est un champ transverse et nul à l'infini :

$$\int \mathcal{H}^2\,d\boldsymbol{r} = \int \frac{\partial A_m}{\partial x_l}\frac{\partial A_m}{\partial x_l}\,d\boldsymbol{r} \equiv \int \textstyle\sum_m (\nabla A_m)^2\,d\boldsymbol{r}$$

d'où l'on tire l'équation (188′). Suivant une technique analogue, on trouve :

$$(\mathcal{E}_\perp \times \mathcal{H})_i = \varepsilon_{ijk}\,\varepsilon_{klm}\,\mathcal{E}_{\perp j}\frac{\partial A_m}{\partial x_l} = \mathcal{E}_{\perp m}\frac{\partial}{\partial x_i}A_m - \frac{\partial}{\partial x_l}(\mathcal{E}_{\perp j}A_i)$$

d'où l'on tire l'équation (189′). De même,

$$(\boldsymbol{r} \times (\mathcal{E}_\perp \times \mathcal{H}))_i = \mathcal{E}_{\perp m}\left(\varepsilon_{ijk}\,x_j\frac{\partial A_m}{\partial x_k}\right) - \frac{\partial}{\partial x_l}(\varepsilon_{ijk}\,x_j\,\mathcal{E}_{\perp l}\,A_k) + \varepsilon_{ijk}\,\mathcal{E}_{\perp j}\,A_k$$

d'où l'on tire l'équation (190′) avec les définitions (191 *a*) et (191 *b*) de $G^{(0)}$ et $G^{(s)}$.

La comparaison entre ces expressions et celles qui se rapportent au champ scalaire est instructive. Comparons, par exemple, les expressions (30) et (188′) de l'énergie du champ. Les différences viennent de ce que : (*i*) le champ A est vectoriel, (*ii*) sa masse est nulle ($\mu = 0$) et (*iii*) les unités de champ utilisé ici diffère d'un facteur $\sqrt{4\pi}$ de celles qui ont été adoptées dans la section I. Ceci dit, l'expression (188′) apparaît comme une simple généralisation de l'expression (30) si l'on convient, comme le suggère la seconde des équations (178) et comme ceci se confirmera dans la suite, que le champ A a pour moment canoniquement conjugué ($-\,\mathcal{E}_\perp$). Les mêmes commentaires peuvent être répétés à propos des expressions de l'impulsion (équ. (55) et (189′)) et du moment cinétique (équ. (61) et (190′)). Le caractère vectoriel du champ se manifeste notamment à propos du moment cinétique ; en plus du terme $G^{(0)}$ que l'on obtient par simple généralisation de l'expression du moment cinétique du champ scalaire, figure un terme supplémentaire $G^{(s)}$; $G^{(0)}$ représente le « moment cinétique orbital » et $G^{(s)}$ le « spin » du champ ([21]).

Ceci posé, nous sommes en mesure d'éliminer le champ longitudinal des expressions obtenues au § 18 pour l'énergie totale, l'impulsion totale et le moment cinétique total du système formé par le champ électromagnétique et un ensemble de particules chargées interagissant avec ce champ.

([21]) Les choses se trouvent compliquées dans le cas présent par la condition de transversalité ; entre autres conséquences, il en résulte que les amplitudes du champ A en chaque point de l'espace ne forment pas un ensemble de variables dynamiques indépendantes. La forme particulière des relations de commutation donnée dans le Problème 5 tient aux mêmes raisons. Pour les mêmes raisons également, les opérateurs vectoriels $G^{(0)}$ et $G^{(s)}$ ne vérifient pas séparément les relations de commutation caractéristiques des moments cinétiques.

Considérons d'abord l'impulsion totale du système. Suivant la définition qui en est donnée au § 18,

$$\begin{aligned} \boldsymbol{P}_{\text{tot.}} &= \sum_n \boldsymbol{\Pi}_n + \boldsymbol{W} \\ &= \sum_n \boldsymbol{\Pi}_n + \boldsymbol{X} + \boldsymbol{X}'. \end{aligned} \tag{192}$$

avec :

$$\boldsymbol{X}' \equiv \frac{1}{4\pi}\int (\boldsymbol{\mathcal{E}}_{\parallel} \times \boldsymbol{\mathcal{H}})\,\mathrm{d}\boldsymbol{r}.$$

Remplaçant $\boldsymbol{\mathcal{E}}_{\parallel}$ et $\boldsymbol{\mathcal{H}}$ par leurs définitions (équ. (177)-(178)), il vient :

$$\begin{aligned} \boldsymbol{\mathcal{E}}_{\parallel} \times \boldsymbol{\mathcal{H}} &= -(\operatorname{grad}\varphi \times \boldsymbol{\mathcal{H}}) = \varphi \operatorname{rot} \boldsymbol{\mathcal{H}} - \operatorname{rot}(\varphi\boldsymbol{\mathcal{H}}) \\ &= -\varphi(\Delta \boldsymbol{A}) - \operatorname{rot}(\varphi\boldsymbol{\mathcal{H}}). \end{aligned}$$

En intégrant par parties, compte tenu de ce que φ et $\boldsymbol{A}$ sont nuls à l'infini, on trouve successivement :

$$\boldsymbol{X}' = -\frac{1}{4\pi}\int \varphi(\Delta \boldsymbol{A})\,\mathrm{d}\boldsymbol{r} = -\frac{1}{4\pi}\int \boldsymbol{A}(\Delta\varphi)\,\mathrm{d}\boldsymbol{r}.$$

Suivant l'équation (183), $\Delta\varphi$ est une somme de fonctions δ ; l'intégration s'effectue donc sans difficulté et donne :

$$\boldsymbol{X}' = \sum_n e_n \boldsymbol{A}(n)$$

avec, suivant la convention adoptée plus haut, $\boldsymbol{A}(n) \equiv \boldsymbol{A}(\boldsymbol{R}_n)$. Substituant l'expression trouvée dans l'équation (192), nous sommes conduits à *définir l'impulsion* $\boldsymbol{P}_n$ *de la* n^{ième} *particule* par la relation [22] :

$$\boldsymbol{P}_n \equiv \boldsymbol{\Pi}_n + e_n \boldsymbol{A}(n). \tag{193}$$

L'impulsion totale s'écrit alors :

$$\boldsymbol{P}_{\text{tot.}} = \sum_n \boldsymbol{P}_n + \boldsymbol{X}. \tag{194}$$

C'est la somme des impulsions des particules et de l'impulsion du rayonnement. Cette somme est une constante du mouvement.

Le moment cinétique donne lieu à des manipulations tout à fait analogues. On est amené à définir le moment cinétique $\boldsymbol{L}_n$ de la $n^{\text{ième}}$ particule par la relation :

$$\boldsymbol{L}_n \equiv \boldsymbol{R}_n \times \boldsymbol{P}_n \tag{195}$$

$\boldsymbol{P}_n$ étant l'impulsion conformément à la définition donnée plus haut. Le calcul donne comme expression du moment cinétique total du système :

$$\boldsymbol{J}_{\text{tot.}} = \sum_n \boldsymbol{L}_n + \boldsymbol{G}. \tag{196}$$

Considérons, enfin, l'énergie totale du système. Suivant la définition donnée au § 17, elle peut être mise sous la forme :

$$\sum_n M_n + U + U'$$

[22] Rappelons que nous sommes en jauge de radiation et que le champ $\boldsymbol{A}$ est purement transverse. Plus généralement, nous obtenons une définition *indépendante de la jauge* en posant :

$$\boldsymbol{P}_n \equiv \boldsymbol{\Pi}_n + e_n \boldsymbol{A}_{\perp}(n).$$

avec :

$$U' \equiv W^0 - U \equiv \frac{1}{8\pi}\int \mathcal{E}_{\parallel}^2 \,\mathrm{d}\boldsymbol{r}.$$

Remplaçant $\mathcal{E}_{\parallel}$ par sa définition et effectuant une intégration par parties, on trouve :

$$U' = \frac{1}{8\pi}\int (\mathrm{grad}\,\varphi)^2 \,\mathrm{d}\boldsymbol{r} = -\frac{1}{8\pi}\int \varphi(\Delta\varphi)\,\mathrm{d}\boldsymbol{r}.$$

φ est le potentiel électrostatique créé par les charges électriques présentes. Si, comme nous l'avons fait jusqu'à présent, nous traitons les charges comme étant rigoureusement ponctuelles, on trouve :

$$U' = \tfrac{1}{2}\sum_n \sum_p \frac{e_n e_p}{|\boldsymbol{R}_n - \boldsymbol{R}_p|}.$$

Dans cette double somme, les « termes rectangles » ($n \neq p$) représentent l'énergie coulombienne de cet ensemble de particules, soit :

$$H_{\mathrm{coul}} \equiv \sum_{n<p} \frac{e_n e_p}{|\boldsymbol{R}_n - \boldsymbol{R}_p|} \tag{197}$$

[Le symbole $\sum_{n<p}$ désigne la sommation sur tous les couples de particules]. Quant aux « termes carrés », ils sont infinis. La difficulté à laquelle on se heurte ici est de même origine que celle qui a été rencontrée dans le calcul de $\boldsymbol{F}_i^{\mathrm{long.}}$ à la fin du § 22. Le $i^{\mathrm{ème}}$ terme carré représente l'énergie électrostatique de la $i^{\mathrm{ème}}$ particule dans son propre champ électrique ; cette énergie, u_i', dépend de façon critique de la distribution des charges à l'intérieur de la particule et devient infinie à la limite où l'on fait tendre le rayon de la particule vers zéro (cf. § 19); pour obtenir la valeur correcte de la self-énergie, il faudrait ajouter à ce terme la contribution des forces de cohésion mentionnées au § 19, contribution dont le présent calcul ne tient pas compte. En l'absence d'une théorie cohérente de la structure interne des particules, nous admettrons sans discussion que chacun de ces termes de « self-énergie » peut être omis, moyennant une modification appropriée de la masse au repos m_i dans l'expression de l'énergie de masse M_i. Ceci admis, nous obtenons l'expression suivante de l'énergie totale du système :

$$E_{\mathrm{tot.}} = \textstyle\sum_n M_n + H_{\mathrm{coul.}} + U. \tag{198}$$

C'est la somme de l'énergie de masse des particules, de leur énergie coulombienne et de l'énergie du rayonnement.

24. Hamiltonien du rayonnement libre

Les équations de mouvement obtenues au § 22 peuvent être mises sous forme canonique. Nous traitons d'abord le cas du rayonnement libre, c'est-à-dire celui du champ électromagnétique en l'absence de charges.

L'état dynamique du rayonnement est défini à chaque instant par la donnée du champ transverse A et de sa vitesse $\partial A/\partial t$. Les champs électrique et magnétique sont reliés à ces deux champs de vecteurs par les équations (178). Leur évolution au cours du temps est fixée par l'équation de mouvement (182) qui, en l'absence de charge et de courant, se réduit à :

$$\Box A \equiv \ddot{A} - \Delta A = 0 \qquad (199)$$
$$(\operatorname{div} A = 0).$$

C'est la même équation que pour le champ scalaire libre (cf. équ. (1)). Les seules différences viennent de ce que le champ est ici un champ de vecteurs transverses au lieu d'être un champ scalaire et que le terme de masse est nul. A ceci près, l'établissement du formalisme canonique peut être réalisé en suivant point par point le canevas adopté pour le champ scalaire dans la section I. Soient $T^{(1)}$, $T^{(2)}$, ..., $T^{(\tau)}$, ..., un système complet de champs transverses orthonormés (équ. (170 *b*)) comme celui qui a été défini au § 21 ; nous supposons, en outre, que c'est un système de base de *coordonnées normales réelles* :

$$T^{(\tau)*} = T^{(\tau)}$$
$$(\Delta + k_\tau^2)\, T^{(\tau)} = 0 \qquad (200)$$

Les coordonnées normales correspondantes, q_τ, sont définies par (cf. équ. (6)) :

$$q_\tau = \frac{1}{\sqrt{4\pi}} \int (T^{(\tau)} . A)\, \mathrm{d}r. \qquad (201)$$

Ce sont des fonctions réelles du temps, vérifiant l'équation de mouvement :

$$\ddot{q}_\tau + k_\tau^2\, q_\tau = 0. \qquad (202)$$

caractéristique d'un oscillateur harmonique de fréquence k_τ. Un tel mouvement oscillatoire est donné par l'Hamiltonien

$$h_\tau = \tfrac{1}{2}\,(p_\tau^2 + k_\tau^2\, q_\tau^2) \qquad (203)$$

où p_τ est le moment canoniquement conjugué de q_τ ; p_τ est égal à $\dot{q}_\tau$ et se déduit de la « vitesse » du champ, $\dot{A}$, par la relation :

$$p_\tau = \frac{1}{\sqrt{4\pi}} \int (T^{(\tau)} . \dot{A})\, \mathrm{d}r. \qquad (204)$$

L'Hamiltonien total du rayonnement libre s'obtient en effectuant la somme des Hamiltoniens relatifs aux différentes vibrations propres :

$$H_{\text{ray.}} = \textstyle\sum_\tau h_\tau. \qquad (205)$$

La présence du facteur $1/\sqrt{4\pi}$ dans les définitions (201) et (204) tient aux unités choisies ici pour le champ électromagnétique ([23]).

([23]) Cf. note ([14]).

$H_{ray.}$ est l'expression de l'énergie du rayonnement en fonction des variables canoniques. On a en effet (cf. équ. (178)) :

$$\boldsymbol{A} = \sqrt{4\pi}\, \sum_\tau q_\tau\, \boldsymbol{T}^{(\tau)} \tag{206}$$

$$\boldsymbol{\mathcal{E}}_\perp = -\sqrt{4\pi}\, \sum_\tau p_\tau\, \boldsymbol{T}^{(\tau)}. \tag{207}$$

Des propriétés d'orthonormalisation et de réalité de $\boldsymbol{T}^{(\tau)}$, nous tirons :

$$\int \boldsymbol{\mathcal{E}}_\perp^2\, \mathrm{d}\boldsymbol{r} = 4\pi \sum_\tau p_\tau^2. \tag{208}$$

D'autre part, comme $\boldsymbol{T}^{(\tau)}$ est un vecteur transverse obéissant à l'équation (200), on a, en intégrant par partie :

$$\begin{aligned} \int \sum_i (\nabla A_i)^2\, \mathrm{d}\boldsymbol{r} &= -\int \sum_i A_i (\Delta A_i)\, \mathrm{d}\boldsymbol{r} \\ &= 4\pi \sum_\tau k_\tau^2\, q_\tau^2. \end{aligned} \tag{209}$$

Substituant les expressions (208) et (209) dans celle de l'énergie U (équ. (188′)), on trouve :

$$U = \tfrac{1}{2} \sum_\tau (p_\tau^2 + k_\tau^2 q_\tau^2) = H_{\text{ray}}.$$

25. Hamiltonien du rayonnement couplé à un ensemble de particules

Dans le cas général, on peut prendre comme variables canoniques les variables q_τ, p_τ introduites au paragraphe précédent pour décrire l'état dynamique du rayonnement d'une part et les variables $\boldsymbol{R}_n$, $\boldsymbol{P}_n$ donnant la position et l'impulsion de chaque particule d'autre part. $\boldsymbol{P}_n$ est relié à la quantité de mouvement de la particule par la formule (193).

Des résultats du § 22 [équ. (182) donnant le mouvement de $\boldsymbol{A}$, équ. (185), (186) et (187) donnant l'expression de la force de Lorentz], on tire aisément les équations de mouvement relatives à ces nouvelles variables. En particulier l'équation (202) de l'oscillateur libre doit être remplacée par l'équation :

$$\begin{gathered} \ddot{q}_\tau + k_\tau^2 q_\tau = \sqrt{4\pi} \sum_n e_n\, \boldsymbol{V}_n \cdot \boldsymbol{T}^{(\tau)}(n) \\ (\boldsymbol{V}_n \equiv \dot{\boldsymbol{R}}_n\, ;\ \boldsymbol{T}^{(\tau)}(n) \equiv \boldsymbol{T}^{(\tau)}(\boldsymbol{R}_n)). \end{gathered} \tag{210}$$

Ces équations de mouvement peuvent être mises sous la forme canonique de Hamilton avec l'Hamiltonien :

$$H \equiv H(q_\tau, p_\tau\, ; \boldsymbol{R}_n, \boldsymbol{P}_n) = H_{\text{ray.}} + H_{\text{coul.}} + \sum_n H_n \tag{211}$$

$H_{ray.}$ est l'Hamiltonien du rayonnement libre défini par l'équation (205), $H_{coul.}$ le potentiel coulombien donné par l'équation (197) et H_n l'énergie de masse de la $n^{\text{ième}}$ particule exprimée en fonction des variables canoniques, soit :

$$H_n \equiv \sqrt{(m_n^2 + (\boldsymbol{P}_n - e_n \boldsymbol{A}(n))^2} \tag{212}$$

avec :

$$A(n) = \sqrt{4\pi}\,\sum_\tau q_\tau T^{(\tau)}(n). \tag{213}$$

La vérification de cette importante propriété ne présente pas de sérieuses difficultés. Le soin en est laissé au lecteur.

IV. — THÉORIE QUANTIQUE DU RAYONNEMENT

26. Quantification du rayonnement libre. Photons

> Dieu dit : « Que la lumière soit ! ». Et la lumière fut. Dieu vit que la lumière était bonne... Ce fut le premier jour.

La Théorie Quantique du rayonnement électromagnétique peut être déduite de la Théorie Classique en appliquant le principe de correspondance, comme cela a déjà été fait à propos du champ scalaire.

A cet effet, nous prenons comme point de départ le formalisme hamiltonien développé dans les § 24 et 25.

Considérons d'abord le rayonnement libre. Aux variables dynamiques réelles q_τ, p_τ de la Théorie Classique correspondent des observables obéissant aux relations de commutation (cf. équ. (11)) :

$$[q_\tau, q_{\tau'}] = [p_\tau, p_{\tau'}] = 0$$
$$[q_\tau, p_{\tau'}] = i\delta_{\tau\tau'}.$$

L'Hamiltonien gouvernant l'évolution du système est l'opérateur $H_{\text{ray.}}$ défini par les équations (203) et (204). Le rayonnement est donc une superposition d'oscillateurs quantifiés suivant la loi de Planck.

Toute la discussion du § 3 peut être reprise ici, notamment tout ce qui concerne l'interprétation corpusculaire. Les corpuscules du rayonnement portent le nom de *photons*. A chaque mode de vibration τ est associé un certain type de photons caractérisé par la « fonction d'onde » $T^{(\tau)}$ et dont l'énergie est k_τ. Les photons obéissent à la statistique de Bose-Einstein et ceci est bien conforme aux données expérimentales concernant les propriétés thermodynamiques du rayonnement (lois du rayonnement noir, etc.). Les remarques de la fin du § 3 concernant l'énergie du vide et les fluctuations du champ dans le vide peuvent également être répétées ici sans changement.

La méthode de quantification qui vient d'être exposée est indépendante du système de champs de base $T^{(\tau)}$ que l'on a adopté ; elles supposent toutefois ces champs réels. Mais, on peut la reformuler de façon à être également valable lorsque les champs $T^{(\tau)}$ sont complexes ; la démonstration du § 5 justifiant la méthode de quantification avec des ondes complexes peut être en effet intégralement reprise dans le cas présent. Les formules générales sont faciles à écrire et ne seront pas données ici. Mais nous traiterons avec quelques détails les champs d'ondes planes, puis nous donnerons quelques brèves indications sur les champs d'ondes sphériques. De tous les développements possibles, le développement en ondes planes est le plus fréquemment utilisé. Le développement en ondes sphériques ou développement multipolaire est utile dans les problèmes d'émission ou d'absorption.

27. Ondes planes. Impulsion du rayonnement

La formulation utilisant le développement en ondes planes est calquée sur celle qui a été donnée au § 6 pour le champ scalaire. Nous donnons les formules essentielles tout en signalant au passage les points de différence avec le cas scalaire.

Considérons donc un système complet de champs d'ondes planes transverses. Afin d'introduire des indices discrets, nous enfermons ces champs dans un cube de côté L et imposons les conditions périodiques habituelles aux limites du cube. Un champ $U^{(\boldsymbol{k}\varpi)}$ appartenant à ce système de base est défini par la donnée du vecteur d'onde $\boldsymbol{k}$ et du nombre quantique ϖ fixant sa polarisation ($\varpi = 1, 2$) :

$$U^{(\boldsymbol{k}\varpi)} = L^{-\frac{3}{2}} \boldsymbol{\epsilon}^{(\varpi)} \, \mathrm{e}^{\mathrm{i}\boldsymbol{k}\cdot\boldsymbol{r}}. \tag{214}$$

L'expression de $T^{(\boldsymbol{k}\varpi)}$ introduite au § 21 (équ. (173 *b*)) n'en diffère que par la normalisation. Les vecteurs $\boldsymbol{\epsilon}^{(1)}$ et $\boldsymbol{\epsilon}^{(2)}$ obéissent aux équations (174), ce qui les définit à une transformation unitaire près.

A chaque onde plane $U^{(\boldsymbol{k}\varpi)}$, nous associons un opérateur d'annihilation $a_{(\boldsymbol{k}\varpi)}$ et un opérateur de création $a_{(\boldsymbol{k}\varpi)}{}^{\dagger}$. Le champ A est représenté par le développement (cf. équ. (46) et (206)) :

$$A = \sum_{\boldsymbol{k}} \sum_{\varpi} (2\pi/k)^{\frac{1}{2}} \left(a_{(\boldsymbol{k}\varpi)} U^{(\boldsymbol{k}\varpi)} + a_{(\boldsymbol{k}\varpi)}{}^{\dagger} \, U^{(\boldsymbol{k}\varpi)*} \right) \tag{215}$$

et le champ $\mathcal{E}_{\perp}$ par (cf. équ. (47) et (207)) :

$$\mathcal{E}_{\perp} = \sum_{\boldsymbol{k}} \sum_{\varpi} \mathrm{i} (2\pi k)^{\frac{1}{2}} \left(a_{(\boldsymbol{k}\varpi)} U^{(\boldsymbol{k}\varpi)} - a_{(\boldsymbol{k}\varpi)}{}^{\dagger} \, U^{(\boldsymbol{k}\varpi)*} \right). \tag{216}$$

Les a et $a^{\dagger}$ obéissent aux relations de commutation caractéristiques d'opérateurs d'annihilation et de création :

$$[a_{(\boldsymbol{k}\varpi)}, a_{(\boldsymbol{k}'\varpi')}] = [a_{(\boldsymbol{k}\varpi)}{}^{\dagger}, a_{(\boldsymbol{k}'\varpi')}{}^{\dagger}] = 0 \tag{217 a}$$

$$[a_{(\boldsymbol{k}\varpi)}, a_{(\boldsymbol{k}'\varpi')}{}^{\dagger}] = \delta_{\boldsymbol{k}\boldsymbol{k}'} \, \delta_{\varpi\varpi'} . \tag{217 b}$$

L'opérateur :

$$N_{(\boldsymbol{k}\varpi)} \equiv a_{(\boldsymbol{k}\varpi)}{}^{\dagger} \, a_{(\boldsymbol{k}\varpi)} \tag{218}$$

représente le nombre de photons dans l'état $U^{(\boldsymbol{k}\varpi)}$.

L'Hamiltonien du rayonnement, fixé de façon à prendre l'énergie du vide comme zéro de l'énergie, est :

$$H_{\text{ray.}} = \sum_{\boldsymbol{k}} \sum_{\varpi} N_{(\boldsymbol{k}\varpi)} \, k. \tag{219}$$

L'impulsion $\boldsymbol{X}$ est définie en fonction des opérateurs $\mathcal{E}_\perp$ et $\boldsymbol{A}$ par l'expression (189'). Substituant à ces derniers leurs développements (216) et (215) respectivement, on trouve, tous calculs faits (Problème 6) :

$$\boldsymbol{X} = \sum_{\boldsymbol{k}} \sum_{\varpi} N_{(\boldsymbol{k}\varpi)} \boldsymbol{k}. \tag{220}$$

A l'examen des expressions (219) et (220), nous pouvons conclure qu'un photon dans l'état $U^{(\boldsymbol{k}\varpi)}$ est un corpuscule d'impulsion $\boldsymbol{k}$ et d'énergie k, autrement dit un corpuscule de masse nulle et d'impulsion $\boldsymbol{k}$.

Le nombre des états du photon dont l'impulsion est située dans l'intervalle $(\boldsymbol{k}, \boldsymbol{k} + \delta\boldsymbol{k})$ est $2(L/2\pi)^3\,\delta\boldsymbol{k}$. Le facteur 2 figurant dans cette formule vient de ce qu'il existe deux états de polarisation linéairement indépendants pour une impulsion donnée ($\varpi = 1$ ou 2). La densité de niveaux $\rho_L(k)$ d'énergie k, d'impulsion pointant dans la direction Ω et *de polarisation donnée* ϖ (définition du § 6) est :

$$\rho_L(k) = L^3 k^2/(2\pi)^3 \tag{221}$$

(cf. équ. (49)).

28. Polarisation

Les photons d'impulsion donnée $\boldsymbol{k}$ peuvent différer les uns des autres par leur polarisation. Classiquement, la polarisation est la direction de vibration du champ électrique transverse ; c'est un vecteur unité (défini à une phase près) réel ou complexe et perpendiculaire à la direction de propagation $\boldsymbol{k}$. Cette définition s'étend sans difficulté au cas présent. A chaque valeur de $\boldsymbol{k}$, correspondent deux polarisations linéairement indépendantes, $\boldsymbol{\epsilon}^{(1)}$ et $\boldsymbol{\epsilon}^{(2)}$ et toute autre polarisation possible du photon est une combinaison linéaire (unitaire) de ces polarisations de base ([24]).

Comme polarisation de base, on peut prendre deux *polarisations rectilignes* orthogonales, c'est-à-dire deux vecteurs $\boldsymbol{\epsilon}^{(1)}$ et $\boldsymbol{\epsilon}^{(2)}$ réels ; nous convenons, par exemple, que $\boldsymbol{\epsilon}^{(1)}$, $\boldsymbol{\epsilon}^{(2)}$ et $\boldsymbol{k}$ forment un trièdre rectangle dextrorsum de vecteurs réels, ce qui fixe la base à une rotation autour de l'axe de propagation près :

$$\boldsymbol{\epsilon}^{(\varpi)*} = \boldsymbol{\epsilon}^{(\varpi)} \qquad \boldsymbol{\epsilon}^{(1)} \times \boldsymbol{\epsilon}^{(2)} = \boldsymbol{k}/k.$$

On peut également utiliser comme base *les polarisations circulaires* $\boldsymbol{e}^{(+)}$ et $\boldsymbol{e}^{(-)}$:

$$\begin{aligned} \boldsymbol{e}^{(+)} &= -\frac{\sqrt{2}}{2}(\boldsymbol{\epsilon}^{(1)} + i\boldsymbol{\epsilon}^{(2)}) \\ \boldsymbol{e}^{(-)} &= \frac{\sqrt{2}}{2}(\boldsymbol{\epsilon}^{(1)} - i\boldsymbol{\epsilon}^{(2)}). \end{aligned} \tag{222}$$

On note que :

$$\boldsymbol{e}^{(+)} = -\boldsymbol{e}^{(-)*}.$$

([24]) Nous n'envisageons ici que les cas purs, ceux que l'on qualifie couramment de *complètement polarisés*. Les états *partiellement polarisés* sont des mélanges statistiques ; ils peuvent être représentés par un opérateur densité de l'espace (à 2 dimensions) des états de polarisation.

Nous convenons de surmonter du symbole $\frown$ les quantités se rapportant à cette base. On peut ainsi définir les opérateurs d'annihilation $\widehat{a}_{(\boldsymbol{k}\eta)}$ et de création $\widehat{a}_{\boldsymbol{k}\eta}{}^{\dagger}$ de photons circulairement polarisés ; l'onde plane correspondante est :

$$\widehat{U}^{(\boldsymbol{k}\eta)} \equiv L^{-\frac{3}{2}} \boldsymbol{e}^{(\eta)} \mathrm{e}^{i\boldsymbol{k}\cdot\boldsymbol{r}} \qquad (\eta = + \text{ ou } -).$$

L'intérêt des polarisations circulaires vient essentiellement de la propriété suivante :

Un photon circulairement polarisé à un moment cinétique bien déterminé suivant sa direction de propagation ; la composante du moment cinétique est égale à $+ 1$ *ou* $- 1$ *suivant que la polarisation est droite* $(\eta = +)$ *ou gauche* $(\eta = -)$.

Supposons en effet que le rayonnement soit dans l'un des états $|\boldsymbol{k} \pm\rangle$ définis par :

$$|\boldsymbol{k} \pm\rangle \equiv \widehat{a}_{(\boldsymbol{k}\pm)}{}^{\dagger} |0\rangle.$$

Il représente un photon d'impulsion $\boldsymbol{k}$ et de polarisation circulaire droite (+) ou gauche (—). On peut montrer (Problème 8) que :

$$(\boldsymbol{k}.\boldsymbol{G}^{(0)}) |\boldsymbol{k} \pm\rangle = 0 \tag{223}$$

$$(\boldsymbol{k}.\boldsymbol{G}^{(s)}) |\boldsymbol{k} \pm\rangle = (\pm k) |\boldsymbol{k} \pm\rangle \tag{224}$$

les opérateurs vectoriels $\boldsymbol{G}^{(0)}$ et $\boldsymbol{G}^{(s)}$ étant respectivement définis par les équations (191 *a*) et (191 *b*). Le moment cinétique total $\boldsymbol{G}$ est, suivant l'équation (190'), la somme de ces deux opérateurs vectoriels ; désignons par G_k sa composante suivant la direction $\boldsymbol{k}$:

$$G_k \equiv (\boldsymbol{k}.\boldsymbol{G})/k.$$

Des deux équations précédentes, on tire le résultat annoncé :

$$G_k |\boldsymbol{k} \pm\rangle = (\pm 1) |\boldsymbol{k} \pm\rangle.$$

C. Q. F. D.

Cette propriété est caractéristique d'une particule de spin 1. De façon générale, si une particule de spin 1 a une impulsion bien déterminée $\boldsymbol{k}$, la composante de son moment cinétique orbital suivant $\boldsymbol{k}$ est nulle et la composante de son spin suivant cette même direction peut prendre l'une des trois valeurs + 1, 0, — 1. Dans le cas particulier du photon cependant, les ondes planes longitudinales, qui correspondent à la valeur 0 de la composante du spin, doivent être éliminées.

29. Développement multipolaire. Photons de moment cinétique et de parité déterminés

Au lieu de prendre pour base des ondes planes, on peut se servir d'ondes sphériques, correspondant chacune à une valeur déterminée du moment cinétique et de la parité. Nous nous bornons ici à indiquer les résultats essentiels sans en donner les démonstrations. Celles-ci ne soulèvent d'ailleurs pas de sérieuse difficulté.

Un champ de vecteurs $\boldsymbol{B}(\boldsymbol{r})$ peut être considéré comme une fonction d'onde à trois composantes représentant l'état dynamique d'une particule de spin 1. Il existe un certain arbitraire dans le choix des composantes de $\boldsymbol{B}$ constituant la fonction d'onde ; on peut prendre par exemple les trois composantes B_x, B_y, B_z ; cependant, pour les besoins de la présente discussion, il est préférable de prendre les composantes standards :

$$\begin{aligned} B_+ &= -\frac{\sqrt{2}}{2}(B_x - \mathrm{i}B_y) \\ B_0 &= B_z \\ B_- &= \frac{\sqrt{2}}{2}(B_x + \mathrm{i}B_y). \end{aligned}$$

La fonction d'onde est une fonction de $\boldsymbol{r}$ et de l'indice μ servant à repérer les composantes en question ($\mu = +, 0$ ou $-$) :

$$\Psi(\boldsymbol{r}, \mu) \equiv B_\mu(\boldsymbol{r}).$$

Il y a sur ce point un parfait parallélisme entre particules de spin 1 et particules de spin $\frac{1}{2}$ (cf. § XIII.20-21).

Les observables de cette particule de spin 1 sont des fonctions de sa position $\boldsymbol{r}$, son impulsion $\boldsymbol{p}$ et son spin $\boldsymbol{s}$. Dans la représentation définie ici, $\boldsymbol{p} = -\mathrm{i}\nabla$ et les matrices représentant les composantes s_+, s_z, s_- du spin sont données par les équations (XIII.28) prises avec $j = j' = 1$. On vérifie aisément que $\boldsymbol{s}^2 = 2$, valeur caractéristique d'un moment cinétique 1.

Nous pouvons définir le moment cinétique orbital $\boldsymbol{l}$ de cette particule :

$$\boldsymbol{l} = \boldsymbol{r} \times \boldsymbol{p}$$

et son moment cinétique total :

$$\boldsymbol{j} \equiv \boldsymbol{l} + \boldsymbol{s}.$$

Les composantes de $\boldsymbol{j}$ sont associées aux rotations infinitésimales de ce champ de vecteurs, conformément à la définition habituelle de l'opérateur moment cinétique.

De même, nous définissons la parité P ; c'est un opérateur dont l'action sur le champ $\boldsymbol{B}(\boldsymbol{r})$ donne son transformé par réflexion autour de l'origine [25] :

$$PB_\mu(\boldsymbol{r}) = -B_\mu(-\boldsymbol{r}).$$

[25] Nous supposons que $\boldsymbol{B}(\boldsymbol{r})$ est un champ de vecteurs polaires, d'où la présence du signe — dans l'opération de réflexion d'espace. Au signe de la parité près, toutes les propriétés qui sont données plus loin s'appliquent également aux champs de vecteurs axiaux ou champs de pseudovecteurs (cf. note XX-[11]).

Ceci posé, nous nous proposons de construire une base complète de champs de vecteurs de moment cinétique bien déterminé $(j\ m)$ et vérifiant l'équation d'ondes :

$$(\Delta + k^2)\, \boldsymbol{B}(\boldsymbol{r}) = 0.$$

Ceci revient à chercher un système de base commun à $\boldsymbol{p}^2, \boldsymbol{j}^2$ et j_z. Les valeurs propres correspondantes sont k^2, $j(j+1)$ et m respectivement ; k peut prendre toutes valeurs de 0 à $+\infty$ (le spectre de k peut être rendu discret en enfermant le champ dans une sphère de rayon fini R), j toutes valeurs entières de 0 à $+\infty$, m toutes valeurs entières de $-j$ à $+j$.

Des propriétés d'addition du moment cinétique, on peut déduire que $\boldsymbol{p}^2$, $\boldsymbol{l}^2$, $\boldsymbol{j}^2$ et j_z forment un ensemble complet d'observables qui commutent et qu'à chaque ensemble $(k\ j\ m)$ correspondent :

(*i*) si $j \neq 0$, *trois* états linéairement indépendants, pour lesquels on a respectivement :

$$l = j + 1, \qquad j, \qquad j - 1\ ;$$

(*ii*) si $j = 0$, *un et un seul* état pour lequel $l = 1$.

Ces états ont d'ailleurs une parité bien déterminée, à savoir :

$$P = (-)^{l+1}.$$

Au lieu de classer, comme nous venons de le faire, les états $(k\ j\ m)$ suivant les valeurs possibles de l, on peut aussi bien les classer suivant leur caractère transverse ou longitudinal et leur parité. Le caractère transverse ou longitudinal d'un champ est lié aux propriétés de l'opérateur $(\boldsymbol{s}.\boldsymbol{p})$; dans la représentation adoptée ici, on a en effet (équ. (XIII.93)

$$(\boldsymbol{s}.\boldsymbol{p}) \equiv \text{rot}$$
$$(\boldsymbol{s}.\boldsymbol{p})^2 - \boldsymbol{p}^2 \equiv \text{grad div} \qquad (\equiv \text{rot rot} + \text{lap}).$$

Pour un champ longitudinal, $(\boldsymbol{s}.\boldsymbol{p})^2 = 0$; pour un champ transverse, $(\boldsymbol{s}.\boldsymbol{p})^2 - \boldsymbol{p}^2 = 0$. On peut montrer que $\boldsymbol{p}^2$, $(\boldsymbol{s}.\boldsymbol{p})^2$, P, $\boldsymbol{j}^2$ et j_z forment un ensemble complet d'observables qui commutent et qu'à chaque ensemble $(k\ j\ m)$ correspondent :

(*i*) si $j \neq 0$, *trois* états linéairement indépendants, pour lesquels on a respectivement :

$$(\boldsymbol{s}.\boldsymbol{p})^2 = \quad 0 \qquad k^2 \qquad k^2$$
$$P = (-)^j \qquad (-)^j \qquad (-)^{j+1}$$

(*ii*) si $j = 0$, *un et un seul* état, longitudinal et pair :

$$(\boldsymbol{s}.\boldsymbol{p})^2 = 0 \qquad P = +1$$

(c'est l'état $l = 1$ déjà mentionné plus haut).

Pour contruire les fonctions de base correspondantes, (cf. problème 9) nous reprenons les fonctions u_{kjm} introduites au § 7 à propos du champ scalaire ; la constante figurant dans la définition (60) est une certaine fonction de k que nous supposons choisie de telle sorte que les u_{kjm} forment un système orthonormal complet de fonctions scalaires. A chaque ensemble $(k\,j\,m)$ correspond un et un seul état longitudinal; la fonction de base correspondante est:

$$\mathbf{\Lambda}_{kjm} \equiv \text{grad}\, u_{kjm}/k$$

(c'est un champ de vecteur de parité $(-)^j$). A chaque ensemble $(k\,j\,m)$ à l'exception des cas : $j = m = 0$, correspondent deux états transverses de parités opposées; les fonctions de base correspondantes sont respectivement [26] :

$$\mathbf{\Theta}^{(-)}_{kjm} \equiv \boldsymbol{l}\, u_{kjm}/\sqrt{j(j+1)} \qquad (P = (-)^{j+1}) \tag{225 a}$$

$$\mathbf{\Theta}^{(+)}_{kjm} \equiv \nabla \times \boldsymbol{l}\, u_{kjm}/k\sqrt{j(j+1)} \qquad (P = (-)^j). \tag{225 b}$$

Notons en passant que :

$$\mathbf{\Theta}^{(\pm)}_{kjm} = \text{rot}\, \mathbf{\Theta}^{(\mp)}_{kjm}/k.$$

L'ensemble des champs $\mathbf{\Theta}^{(\varpi)}_{kjm}$ (k variant de 0 à $+\infty$; $j = 1, 2, \dots, \infty$; $m = -j, \dots, +j$; $\varpi = +$ ou $-$) forme un système orthonormal complet de champs transverses suivant lequel peuvent être développés les opérateurs $\boldsymbol{A}$ et $\boldsymbol{\mathcal{E}}_\perp$ de la théorie du rayonnement :

$$\boldsymbol{A} = \sum_{kjm\varpi} (2\pi/k)^{\frac{1}{2}} [a^{(\varpi)}_{kjm}\, \mathbf{\Theta}^{(\varpi)}_{kjm} + a^{(\varpi)\dagger}_{kjm}\, \mathbf{\Theta}^{(\varpi)*}_{kjm}] \tag{226}$$

$$\boldsymbol{\mathcal{E}}_\perp = \sum_{kjm\varpi} (2\pi k)^{\frac{1}{2}}\, \mathrm{i} [a^{(\varpi)}_{kjm}\, \mathbf{\Theta}^{(\varpi)}_{kjm} - a^{(\varpi)\dagger}_{kjm}\, \mathbf{\Theta}^{(\varpi)*}_{kjm}]. \tag{227}$$

Suivant la terminologie consacrée, les termes $\mathbf{\Theta}^{(+)}_{kjm}$ représentent dans ces développements la contribution 2^l-*polaire électrique* ; les termes $\mathbf{\Theta}^{(-)}_{kjm}$ la contribution 2^l-*polaire magnétique*. Toutes les manipulations faites au § 27 avec le développement en ondes planes peuvent être répétées avec le développement multipolaire. Les opérateurs $a^{(\varpi)}_{kjm}$ et $a^{(\varpi)\dagger}_{kjm}$ s'interprètent respectivement comme opérateurs d'annihilation et de création d'un photon d'énergie k, de moment cinétique $(j\,m)$ et de parité $(-)^j\varpi$. Les spectres de k, j, m et ϖ ont été mentionnés plus haut ; notons bien qu'il n'existe pas de photon de moment cinétique nul.

30. Couplage à un système atomique

Dieu dit : « Qu'il y ait des luminaires dans l'étendue des cieux, pour séparer le jour de la nuit... ». Et Dieu vit que cela était bien... Ce fut le quatrième jour.

Nous considérons maintenant le rayonnement couplé à un ensemble de particules. Le traitement est analogue à celui du champ scalaire et nous nous bornons ici aux points essentiels.

(26) Les parités indiquées ici sont de signe contraire de celles que donnent la plupart des auteurs et notamment Blatt et Weisskopff, *loc. cit.*, car les champs de vecteurs introduits ici sont des champs de vecteurs polaires, alors que ces auteurs considèrent des champs de vecteur axiaux.

L'Hamiltonien du système est, à quelques modifications évidentes près, le même que celui de la Théorie Classique (cf. équ. (211)). Les modifications en question dépendent des propriétés dynamiques et du spin des particules considérées. Nous nous limiterons ici au cas d'un système atomique, soit Z électrons et un noyau de charge $-Ze$ (e = charge de l'électron).

Supposons tout d'abord le noyau absent et formons l'Hamiltonien du système (Z électrons + rayonnement). L'Hamiltonien total est alors donné par l'équation (211) où $H_{\text{ray.}}$ représente l'Hamiltonien du rayonnement libre, $H_{\text{coul.}}$ l'interaction coulombienne mutuelle des électrons et H_n l'Hamiltonien de Dirac du $n^{\text{ième}}$ électron en présence du champ $\boldsymbol{A}$, soit :

$$H_n = \boldsymbol{\alpha}_n . (\boldsymbol{P}_n - e\boldsymbol{A}(n)) + \beta_n m \tag{228}$$

$\boldsymbol{\alpha}_n$ et β_n sont les matrices de Dirac relatives au $n^{\text{ième}}$ électron.

A l'approximation non relativiste, H_n donne, déduction faite de la masse au repos :

$$(H_n)_{NR} = \frac{(\boldsymbol{P}_n - e\boldsymbol{A}(n))^2}{2m} - \frac{e}{2m}(\boldsymbol{\sigma}_n . \boldsymbol{\mathcal{H}}(n)). \tag{229}$$

Notons que le terme de couplage électron-rayonnement dans H_n (équ. (228)) peut s'écrire :

$$H'_n = -e\int (\boldsymbol{j}_n(\boldsymbol{r}) . \boldsymbol{A}(\boldsymbol{r}))\, \mathrm{d}\boldsymbol{r} \tag{230}$$

où $\boldsymbol{j}_n(\boldsymbol{r})$ représente la densité de courant de Dirac de l'électron au point $\boldsymbol{r}$, c'est-à-dire (cf. équ. (XX.143)) :

$$\boldsymbol{j}_n(\boldsymbol{r}) \equiv \boldsymbol{\alpha}_n \delta(\boldsymbol{R}_n - \boldsymbol{r}) \tag{231}$$

$e\boldsymbol{j}_n(r)$ est la densité de courant électrique du $n^{\text{ième}}$ électron. En substituant à $\boldsymbol{j}_n$ dans (230) son expression à l'approximation non relativiste (équ. XX.(189)-(190)), on obtient le couplage $(H'_n)_{NR}$ à l'approximation non relativiste, à savoir :

$$(H'_n)_{NR} \equiv H_n^{(I)} + H_n^{(II)} + H''_n \tag{232}$$

$$H_n^{(I)} = -\frac{e}{2m}(\boldsymbol{P}_n . \boldsymbol{A}(n) + \boldsymbol{A}(n) . \boldsymbol{P}_n) \tag{233 a}$$

$$H_n^{(II)} = -\mathrm{i}\frac{e}{2m}\left[\boldsymbol{\sigma}_n\big((\boldsymbol{P}_n \times \boldsymbol{A}(n)) + (\boldsymbol{A}(n) \times \boldsymbol{P}_n)\big)\right] = -\frac{e}{2m}(\boldsymbol{\sigma}_n . \boldsymbol{\mathcal{H}}(n)) \tag{233 b}$$

$$H''_n = \frac{e^2}{2m}\boldsymbol{A}^2(n). \tag{233 c}$$

C'est bien le couplage électron-rayonnement figurant dans l'expression (229).

Pour tenir compte de la présence du noyau d'atome, il faut ajouter à l'Hamiltonien du système les termes d'interaction coulombienne du noyau avec chacun des Z électrons d'une part et l'Hamiltonien du noyau en présence du rayonnement, lequel comporte un terme d'énergie cinétique et un terme de couplage au rayonnement ([27]). A l'approximation (essentiellement non relativiste) où le noyau est traité comme infiniment lourd, ces deux derniers termes sont négligeables ; on peut alors supposer le noyau fixé à l'origine et le seul effet est d'ajouter à l'Hamiltonien les Z termes d'attraction coulombienne — Ze^2/R_n. L'atome est alors simplement traité comme un ensemble de Z électrons soumis chacun au potentiel extérieur — Ze^2/R et couplés au champ électromagnétique. L'Hamiltonien que nous venons de décrire peut se mettre sous la forme :

$$H = H_{\text{ray.}} + H_{\text{at.}} + H' \tag{234}$$

$H_{\text{ray.}}$ désigne toujours l'Hamiltonien du rayonnement libre. $H_{\text{at.}}$ est l'Hamiltonien de l'atome proprement dit, c'est-à-dire l'Hamiltonien des électrons dans le champ coulombien du noyau et en interaction coulombienne les uns avec les autres ; c'est la somme du terme d'interaction coulombienne $H_{\text{coul.}}$ et des énergies cinétiques des Z électrons. H' est le terme de couplage entre les électrons de l'atome et le rayonnement ; c'est la somme des Z termes de couplage H'_n définis par l'équation (230). Dans tout ce qui suit, nous traitons le mouvement des électrons à l'approximation non relativiste ; nous adoptons donc pour H'_n la forme approchée donnée par les équations (232) et (233), autrement dit :

$$H' = H^{(I)} + H^{(II)} + H'' \tag{235}$$

avec :

$$H^{(I)} = \sum_n H_n^{(I)} \qquad H^{(II)} = \sum_n H_n^{(II)} \qquad H'' = \sum_n H''_n. \tag{235'}$$

Deux méthodes d'approximation sont couramment utilisées dans l'étude d'un tel système.

La première consiste à *traiter classiquement le rayonnement électromagnétique*. Elle est justifiée dans tous les cas où les transferts d'énergie entre l'atome et le rayonnement sont suffisamment grands à côté de l'énergie de chaque photon émis ou absorbé au cours du transfert, pour que le caractère discontinu de ce transfert soit négligeable. C'est donc l'approximation de choix pour les fortes intensités et les basses fréquences (nombreux photons présents). En particulier, elle convient bien à l'étude d'un atome dans un champ électromagnétique statique, ou dans un champ radioélectrique. Le champ électromagnétique est alors considéré comme un champ extérieur donné, dépendant éventuellement du temps et le problème se réduit à l'étude du comportement d'un atome dans un champ extérieur donné.

La seconde méthode d'approximation consiste à *traiter le terme de couplage H' comme une petite perturbation*, comme nous l'avons déjà fait à propos du champ scalaire.

([27]) A supposer que le noyau puisse être traité comme une charge ponctuelle. Tant que les fréquences mises en jeu sont faibles à côté des énergies d'excitation du noyau, cette approximation est légitime.

L'exposé du § 10 peut être repris ici sans grand changement. L'Hamiltonien non perturbé est :

$$H_0 \equiv H_{\text{ray.}} + H_{\text{at.}}$$

Pour appliquer la méthode de perturbation, il faut utiliser une représentation où H_0 est diagonal. Nous prendrons pour le champ la représentation adaptée aux ondes planes définie au § 27 ; ses vecteurs de base sont les vecteurs propres communs à $H_{\text{at.}}$ et aux opérateurs $N_{(\boldsymbol{k}\varpi)}$ représentant le nombre de photons d'impulsion et de polarisation déterminées.

Les éléments de matrice de H' dans cette représentation s'obtiennent aisément, en utilisant l'expression de cet opérateur en fonction des $a_{(\boldsymbol{k}\varpi)}$ et des $a_{(\boldsymbol{k}\varpi)}^{\dagger}$. Substituant au champ $\boldsymbol{A}$ son développement (215) dans les expressions (233), on trouve :

$$H_n^{(I)} = -\frac{e}{m}\sum_s \left(\frac{2\pi}{kL^3}\right)^{\frac{1}{2}} \left(a_s(\boldsymbol{P}.\boldsymbol{\epsilon})\,\mathrm{e}^{\mathrm{i}\boldsymbol{k}.\boldsymbol{R}} + \text{herm. conj.}\right) \tag{236 a}$$

$$H_n^{(II)} = -\frac{e}{2m}\sum_s \left(\frac{2\pi}{kL^3}\right)^{\frac{1}{2}} \left(\mathrm{i}\,a_s(\boldsymbol{\sigma}.\boldsymbol{k}\times\boldsymbol{\epsilon})\,\mathrm{e}^{\mathrm{i}\boldsymbol{k}.\boldsymbol{R}} + \text{herm. conj.}\right) \tag{236 b}$$

$$\begin{aligned} H_n'' = \frac{e^2}{2m}\sum_s\sum_{s'} \frac{\pi}{\sqrt{kk'}L^3}\Big(&\left(a_s a_{s'}(\boldsymbol{\epsilon}.\boldsymbol{\epsilon}')\,\mathrm{e}^{\mathrm{i}(\boldsymbol{k}+\boldsymbol{k}').\boldsymbol{R}} + \text{herm. conj.}\right) \\ &+ \left(a_s^{\dagger}\, a_{s'}(\boldsymbol{\epsilon}^*.\boldsymbol{\epsilon}')\,\mathrm{e}^{\mathrm{i}(\boldsymbol{k}'-\boldsymbol{k})\boldsymbol{R}} + \text{herm. conj.}\right)\Big) \end{aligned} \tag{237}$$

[Pour alléger l'écriture, nous avons posé $s \equiv (\boldsymbol{k}\varpi)$, $s' \equiv (\boldsymbol{k}'\varpi')$ et nous avons représenté les vecteurs $\boldsymbol{R}_n$, $\boldsymbol{P}_n$, $\boldsymbol{\sigma}_n$, $\boldsymbol{\epsilon}^{(\varpi)}$, $\boldsymbol{\epsilon}^{(\varpi')}$, par $\boldsymbol{R}$, $\boldsymbol{P}$, $\boldsymbol{\sigma}$, $\boldsymbol{\epsilon}$, $\boldsymbol{\epsilon}'$ respectivement]. On tire l'expression de H' cherchée en substituant ces développements dans les définitions (235) et (235').

La présence du couplage H' a pour effet de déplacer les niveaux de l'atome et de les rendre tous métastables à l'exception du fondamental (rappelons que la masse du photon est nulle). La discussion de cet effet peut se faire dans le cadre de la méthode de perturbation. Elle présente évidemment les mêmes difficultés que celles qui ont été rencontrées dans le cas scalaire, et ceci en dépit du fait que la constante de couplage e est petite ($e^2 = 1/137$). Il y a notamment une « catastrophe ultraviolette » liée au fait que H' est une interaction locale (cf. équ. (230) et (231)). Cette catastrophe peut être évitée en introduisant une fonction de coupure convenable ; pour des raisons déjà mentionnées à plusieurs reprises, il est raisonnable de placer la coupure à une fréquence de l'ordre de m. Nous ne reviendrons pas ici sur les réserves qui doivent être faites au sujet de ce procédé de coupure, ni sur les difficultés liées à la nécessité de renormaliser la masse et la charge des particules. En fait, toutes les considérations de la section II sur le déplacement des niveaux et les propriétés des états métastables (vie moyenne, largeur de raie, formation et modes de désintégration) s'étendent sans changement essentiel au cas du rayonnement ([28]). De même, les quelques problèmes de collision traités dans la section II peuvent être abordés dans le cas du rayonnement par les mêmes méthodes. Nous nous bornerons, pour conclure ce chapitre, à deux applications très simples de la Théorie Quantique du Rayonnement, le calcul des probabilités d'émission de rayonnement par un atome et le calcul de la section efficace de diffusion Compton à la limite des basses fréquences.

31. Émission d'un photon par un atome. Émission dipolaire

Considérons un atome dans l'un de ses états excités $|\lambda\rangle$, d'énergie E_λ. Un tel atome est susceptible d'effectuer des transitions à l'un quelconque des états $|\alpha\rangle$, $|\beta\rangle$, ... dont l'énergie E_α, E_β, ... est moins élevée que E_λ, avec émission d'un photon d'énergie égale à la différence entre celle de l'état initial et celle de l'état final.

Considérons l'une de ces transitions radiatives :

$$\lambda \to \mu \boldsymbol{k} \boldsymbol{\epsilon}$$

μ est l'état final de l'atome, $\boldsymbol{k}$ et $\boldsymbol{\epsilon}$ l'impulsion et la polarisation du photon émis respectivement ; on a :

$$k = E_\lambda - E_\mu. \tag{238}$$

La probabilité de transition par unité de temps $w_{\lambda\to\mu\boldsymbol{k}\boldsymbol{\epsilon}}$ est donnée, au premier ordre du calcul de perturbation, par la formule (cf. § 12) :

$$w_{\lambda\to\mu\boldsymbol{k}\boldsymbol{\epsilon}} = 2\pi \mid \langle\lambda|H'|\mu\boldsymbol{k}\boldsymbol{\epsilon}\rangle \mid^2 (L^3 k^2/(2\pi)^3). \tag{239}$$

Suivant l'équation (235), H' se compose de trois termes. La contribution du troisième terme, H'', à l'élément de matrice de la formule précédente, se trouve être identiquement nulle ([29]). Celles des deux premiers termes s'obtiennent sans difficulté en utilisant les développements (236). On trouve :

$$\langle\lambda|H^{(I)}|\mu\boldsymbol{k}\boldsymbol{\epsilon}\rangle = -\frac{e}{m}\left(\frac{2\pi}{kL^3}\right)^{\frac{1}{2}} F^{(I)} \tag{240 a}$$

$$\langle\lambda|H^{(II)}|\mu\boldsymbol{k}\boldsymbol{\epsilon}\rangle = \frac{ie}{m}\left(\frac{2\pi}{kL^3}\right)^{\frac{1}{2}} F^{(II)} \tag{240 b}$$

([28]) Le cas du rayonnement se trouve compliqué par le fait que les photons sont des corpuscules de masse nulle et de spin 1. Le fait que la masse soit nulle donne lieu, en plus de la « catastrophe ultraviolette », à une « catastrophe infrarouge », c'est-à-dire à l'existence de divergences à basse fréquence dans certains termes du développement de perturbation. La « catastrophe infrarouge » est une difficulté de la méthode proprement dite ; elle peut être évitée en améliorant la méthode. La « catastrophe ultraviolette », au contraire, est une difficulté de la théorie elle-même, à laquelle on ne connaît pas à l'heure actuelle de solution pleinement satisfaisante.

([29]) L'action de H'' ou bien conserve le nombre de photons présent, ou bien l'augmente ou le diminue de 2 unités. Notons que H'' est du second ordre en e et peut donc être omis dans un calcul de perturbation du premier ordre en e. Dans le calcul du déplacement de niveau, qui est du second ordre (cf. § 11), la contribution de H'' cesse d'être négligeable. Elle est également importante dans la diffusion des photons (cf. § 32).

avec :

$$F^{(I)} = \langle\lambda| \sum_n (\boldsymbol{\epsilon}.\boldsymbol{P}_n)\, e^{i\boldsymbol{k}.\boldsymbol{R}_n} |\mu\rangle \tag{241 a}$$

$$F^{(II)} = \langle\lambda| \tfrac{1}{2}\sum_n (\boldsymbol{\epsilon}.\boldsymbol{k} \times \boldsymbol{\sigma}_n)\, e^{i\boldsymbol{k}.\boldsymbol{R}_n} |\mu\rangle. \tag{241 b}$$

Substituant ces expressions dans la formule (239), on obtient finalement la formule :

$$w_{\lambda\to\mu\boldsymbol{k}\boldsymbol{\epsilon}} = \frac{e^2 k}{2\pi m^2} |\, F^{(I)} - iF^{(II)}\,|^2 \tag{242}$$

où $F^{(I)}$ et $F^{(II)}$ désignent les éléments de matrice définis par les relations (241).

Dans les transitions atomiques courantes, l'ordre de grandeur de la probabilité de transition dépend de façon critique des moments cinétiques j_λ, j_μ et des parités respectives Π_λ, Π_μ des états $|\lambda\rangle$ et $|\mu\rangle$.

Si $j_\lambda = j_\mu = 0$, la probabilité de transition est rigoureusement nulle, les éléments de matrice $F^{(I)}$ et $F^{(II)}$ s'annulent identiquement (Problème 10). Ceci est lié au fait qu'il n'existe pas de photon de moment cinétique nul (cf. § 29).

Si j_λ ou j_μ est différent de zéro, on peut évaluer la probabilité de transition en faisant l'approximation des grandes longueurs d'onde. Soit R une longueur de l'ordre des dimensions atomiques ; dans les transitions atomiques courantes, on a :

$$k \lesssim e^2/R \simeq me^4,$$

d'où :

$$kR \lesssim e^2 \ll 1.$$

On peut donc évaluer les expressions (241) en y remplaçant les exponentielles par le premier terme de leur développement de Taylor dont la contribution n'est pas nulle ; l'ordre de ce terme est essentiellement fixé par les *règles de sélection* de moment cinétique et de parité. Nous n'entrerons pas ici dans le détail de la discussion des règles de sélection ([30]). Toutes choses égales, la probabilité de transition est la plus forte dans le cas de transition dites *dipolaires électriques*, soit :

$$\Delta j = |\, j_\lambda - j_\mu \,| \leqslant 1 \qquad \Delta\Pi = \Pi_\lambda \Pi_\mu = -1 \tag{243}$$
$$(j_\lambda + j_\mu = 0 \text{ excepté}).$$

Ensuite viennent les transitions dipolaires magnétiques ($\Delta j \leqslant 1$, $\Delta\Pi = 1$, $j_\lambda + j_\mu \neq 0$) et quadrupolaires électriques ($\Delta j \leqslant 2$, $\Delta\Pi = +1$, $j_\lambda + j_\mu \neq 0$ ou 1) qui sont $(kR)^{-2}$ fois plus lentes que les transitions dipolaires électriques.

([30]) Les choses se présentent d'ailleurs de façon plus naturelle, si l'on utilise le développement multipolaire plutôt que le développement en ondes planes ; la plupart des contributions s'annulent en raison des règles de sélection ; on évalue les autres en remplaçant les champs multipolaires $\boldsymbol{\Theta}$ par le premier terme de leur développement en puissances de kr. On note (cf. équ. (225)) que lorsque $kr \ll 1$:

$$\boldsymbol{\Theta}^{(+)}_{kjm} \propto (kr)^{j-1} \qquad \boldsymbol{\Theta}^{(-)}_{kjm} \propto (kr)^j.$$

On trouvera une discussion complète de cette méthode, à propos des transitions radiatives dans les noyaux, dans J. Blatt et V. Weisskopf, chap. XII, *loc. cit.*, note XIII-([23]).

Supposons réalisées les conditions d'émission dipolaire électrique (conditions (243)) ; on peut alors écrire :

$$F^{(I)} \simeq \langle\lambda|\sum_n(\boldsymbol{\epsilon}.\boldsymbol{P}_n)|\mu\rangle$$
$$F^{(II)} \simeq \tfrac{1}{2}\mathrm{i}\langle\lambda|\sum_n(\boldsymbol{\epsilon}.\boldsymbol{k}\times\boldsymbol{\sigma}_n)(\boldsymbol{k}.\boldsymbol{R}_n)|\mu\rangle.$$

On a donc en gros : $F^{(I)} \approx 1/R$, $F^{(II)} \approx k^2R$, soit :

$$|F^{(II)}/F^{(I)}| \approx (kR)^2 \ll 1.$$

La contribution de $F^{(II)}$ est tout à fait négligeable à côté de celle de $F^{(I)}$. Pour calculer cette dernière, il convient d'introduire le moment dipolaire électrique des électrons :

$$\boldsymbol{D} \equiv e\sum_n \boldsymbol{R}_n. \tag{244}$$

[C'est l'opérateur vectoriel désigné par $\mathbf{Q}^{(1)}$ aux § XIII.33 et XVII.3 (cf. équ. (XVII.35))].

Il vérifie la relation :

$$[\boldsymbol{D}, H_{\text{at.}}] = \mathrm{i}e\sum_n \boldsymbol{P}_n/m.$$

Par suite :

$$(\mathrm{i}e/m)\langle\lambda|\sum_n\boldsymbol{P}_n|\mu\rangle = \langle\lambda|(\boldsymbol{D}H_{\text{at.}} - H_{\text{at.}}\boldsymbol{D})|\mu\rangle$$
$$= (E_\mu - E_\lambda)\langle\lambda|\boldsymbol{D}|\mu\rangle = -k\langle\lambda|\boldsymbol{D}|\mu\rangle$$

d'où :

$$F^{(I)} = \mathrm{i}mk\langle\lambda|(\boldsymbol{D}.\boldsymbol{\epsilon})|\mu\rangle/e$$

et

$$w_{\lambda\to\mu\boldsymbol{k}\boldsymbol{\epsilon}} = \frac{k^3}{2\pi}|\langle\lambda|(\boldsymbol{D}.\boldsymbol{\epsilon})|\mu\rangle|^2. \tag{245}$$

Pour poursuivre le calcul, il convient de spécifier les « nombres quantiques magnétiques » m_λ, m_μ de l'état initial et de l'état final et d'introduire l'élément de matrice réduit $\langle\lambda\|\boldsymbol{D}\|\mu\rangle$ conformément à la définition (XIII.124). Si D_q désigne la $q^{\text{ième}}$ composante standard de l'opérateur vectoriel $\boldsymbol{D}$, le théorème de Wigner-Eckart donne :

$$\langle\lambda j_\lambda m_\lambda|D_q|\mu j_\mu m_\mu\rangle = (2j_\lambda+1)^{-\frac{1}{2}}\langle j_\mu 1 m_\mu q|j_\lambda m_\lambda\rangle\langle\lambda\|\boldsymbol{D}\|\mu\rangle.$$

Comme l'on a : $\boldsymbol{\epsilon}.\boldsymbol{D} = \sum_q \epsilon_q D_q$, où ϵ_q ($q = +, 0, -$) désigne les composantes standards du vecteur polarisation (définition (XIII.94)), on trouve finalement :

$$w_{\lambda\to\mu\boldsymbol{k}\boldsymbol{\epsilon}} = [k^3|\langle\lambda\|\boldsymbol{D}\|\mu\rangle|^2/2\pi]\times[|\sum_q\epsilon_q\langle j_\mu 1 m_\mu q|j_\lambda m_\lambda\rangle|^2/(2j_\lambda+1)]. \tag{246}$$

Si l'atome n'est pas polarisé dans son état initial et si nous désirons seulement connaître la probabilité de transition pour une orientation quelconque de l'état final, il faut faire la somme sur m_μ et la moyenne sur m_λ, soit :

$$\langle w_{\lambda\to\mu\boldsymbol{k}\boldsymbol{\epsilon}}\rangle = \frac{1}{2j_\lambda+1}\sum_{m_\lambda m_\mu} w_{\lambda\to\mu\boldsymbol{k}\boldsymbol{\epsilon}}.$$

Cette manipulation s'effectue aisément en utilisant les relations de symétrie et d'orthogonalité des coefficients C. G. (cf. équ. (C. 13 *c*) et (C.14 *a*), et donne :

$$\langle w_{\lambda\to\mu\boldsymbol{k}\boldsymbol{\epsilon}}\rangle = \frac{k^3\,|\,\langle\lambda\|D\|\mu\rangle\,|^2}{6\pi(2j_\lambda+1)}.$$

Comme on pouvait s'y attendre, l'expression obtenue ne dépend ni de la direction d'émission, ni de la polarisation du photon émis. La probabilité totale de transition $\lambda \to \mu$ par unité de temps s'en déduit en sommant sur les deux états de polarisation et en intégrant sur les angles d'émission, c'est-à-dire en multipliant l'expression par 8π, soit :

$$w^{(\text{tot})}_{\lambda\to\mu} = \frac{4k^3}{3(2j_\lambda+1)}\,|\,\langle\lambda\|D\|\mu\rangle\,|^2. \tag{247}$$

32. Diffusion Compton à basse énergie. Formule de Thomson

Comme exemple de problème de collision, au lieu de reprendre ceux qui ont été traités dans la section II — et qui peuvent être résolus par les mêmes méthodes — nous considérons le problème plus simple de la diffusion Compton, c'est-à-dire de la diffusion des photons par les électrons libres ([31]).

L'état du système avant collision comporte un électron d'impulsion donnée $\boldsymbol{P}_i$ et un photon dont l'impulsion et la polarisation sont désignées par $\boldsymbol{k}_i$ et $\boldsymbol{\epsilon}_i$ respectivement. Il est représenté par un certain vecteur ket que nous désignons par $|i\rangle$:

$$|i\rangle \equiv |\boldsymbol{P}_i\,\boldsymbol{k}_i\,\boldsymbol{\epsilon}_i\rangle.$$

Nous désirons calculer la section efficace de diffusion de cet état initial dans un certain état final où l'impulsion de l'électron, l'impulsion du photon et sa polarisation sont $\boldsymbol{P}_f$, $\boldsymbol{k}_f$ et $\boldsymbol{\epsilon}_f$ respectivement et que nous désignons par $|f\rangle$:

$$|f\rangle \equiv |\boldsymbol{P}_f\,\boldsymbol{k}_f\,\boldsymbol{\epsilon}_f\rangle.$$

L'énergie et l'impulsion sont conservées dans la collision.

Pour calculer la section efficace à toutes énergies, il faut traiter l'électron comme une particule de Dirac couplée au rayonnement par l'interaction $-e\boldsymbol{\alpha}.\boldsymbol{A}(\boldsymbol{R})$. Dans ce paragraphe, nous nous bornons à traiter le problème à la limite des basses fréquences ([32]).

Nous supposons l'électron initialement au repos : ($\boldsymbol{P}_i = 0$) et le photon incident suffisamment mou pour que l'énergie transférée à l'électron dans la collision soit très petite à côté de sa masse au repos :

$$k_i \ll m$$

([31]) Dans le cas du champ scalaire, la section efficace de diffusion d'un corpuscule du champ par une particule libre est rigoureusement nulle.

([32]) Le traitement du cas général peut être fait en suivant la même méthode (cf. HEITLER, *loc. cit.*) et donne la formule de Klein et Nishina. Les calculs sont longs, mais ne présentent pas de difficulté sérieuse. Ils sont d'ailleurs notablement abrégés si l'on utilise le formalisme covariant de la théorie quantique du rayonnement (cf. JAUCH et RÖHRLICH, *loc. cit.*).

(d'où : $k_f \simeq k_i, P_f \approx k_f$). On peut alors traiter l'électron à l'approximation non relativiste et prendre pour Hamiltonien du système :

$$H = H_0 + H'$$

avec

$$H_0 = H_{\text{ray.}} + \frac{P^2}{2m}.$$

Conformément à l'équation (235), H' est la somme de trois termes, $H^{(I)}$, $H^{(II)}$ et H'', définis respectivement par les équations (236 *a*), (236 *b*) et (237).

Pour calculer la section efficace de collision, nous appliquons les formules de la théorie des collisions. Les réserves qui ont été faites sur ce point au § 14, subsistent évidemment dans le cas présent ; nous n'y reviendrons pas et admettrons, comme au § 14 que les formules données par la théorie des collisions sont correctes pourvu que la masse m des électrons qui y figure soit la masse expérimentalement mesurée.

Ceci dit, l'application pure et simple du formalisme de la théorie des collisions se heurte à une autre difficulté, à savoir l'impossibilité de définir et de séparer les variables du centre de masse. La difficulté n'est qu'apparente. En effet, l'élimination du mouvement du centre de masse ne joue qu'un rôle accessoire dans la théorie non relativiste des collisions ; les simplifications qu'elle apporte tiennent au fait que l'impulsion totale du système est conservée dans la collision. Il est possible de reformuler la théorie des collisions sans effectuer cette élimination ; la loi de conservation de l'impulsion apparaît alors explicitement.

C'est cette nouvelle formulation que nous allons utiliser. La seule modification à apporter, concerne la définition de l'amplitude de transition $T_{i\to f}$. Nous adoptons pour T la même définition formelle :

$$T \equiv H' + H' \frac{1}{E - H + i\varepsilon} H'.$$

Comme T est invariant par translation, l'élément de matrice $\langle f|T|i\rangle$ comporte en facteur une fonction δ assurant la conservation de l'impulsion totale. $T_{i\to f}$ est défini par la relation :

$$\langle f|T|i\rangle = (2\pi)^3\, \delta(P_f + k_f - P_i - k_i)\, T_{i\to f}. \tag{248}$$

Le facteur $(2\pi)^3$ introduit ici est destiné à tenir compte de la normalisation adoptée pour l'onde plane de l'électron :

$$\langle P|P'\rangle = (2\pi)^3\, \delta(P - P').$$

Ceci précisé, la section efficace de collision est toujours donnée par la formule générale (116).

Pour calculer $\langle f|T|i\rangle$, nous développons T en série de puissances de e et ne retenons que les termes d'ordre le plus bas, à savoir les termes en e^2 :

$$\langle f|T|i\rangle = \langle f|H''|i\rangle + \langle f|(H^{(I)} + H^{(II)}) \frac{1}{E - H_0 + i\varepsilon} (H^{(I)} + H^{(II)})|i\rangle + O(e^4). \tag{249}$$

Au simple examen des expressions (236 *a b*) et (237), il est clair que chacun des deux termes du second membre contient en facteur l'intégrale :

$$\int e^{i(\boldsymbol{P}_i+\boldsymbol{k}_i-\boldsymbol{P}_f-\boldsymbol{k}_f).\boldsymbol{R}}\,d\boldsymbol{R} = (2\pi)^3\,\delta(\boldsymbol{P}_f+\boldsymbol{k}_f-\boldsymbol{P}_i-\boldsymbol{k}_i).$$

C'est le terme de conservation de l'impulsion mentionné plus haut. De l'expression (237), nous tirons d'ailleurs :

$$\langle f|H''|i\rangle = \frac{2\pi e^2}{mkL^3}(\boldsymbol{\epsilon}_f^*.\boldsymbol{\epsilon}_i)\int e^{i(\boldsymbol{k}_i+\boldsymbol{P}_i-\boldsymbol{k}_f-\boldsymbol{P}_f).\boldsymbol{R}}\,d\boldsymbol{R} \tag{250}$$

en posant : $k = (k_i k_f)^{\frac{1}{2}}$. Comme nous ne considérons que la limite des basses fréquences, nous négligeons les termes de l'ordre de k/m devant l'unité et écrivons simplement :

$$k_i \simeq k_f \simeq k.$$

En ce qui concerne le deuxième terme du second membre de l'équation (249), il est facile de montrer que sa contribution à l'amplitude de transition est d'un ordre en k/m plus élevé que celle du premier terme. Nous la négligeons donc. Il vient finalement, dans les conditions d'approximation considérées ($e^2 \ll 1, k \ll m$) :

$$T_{i\to f} = \frac{2\pi e^2}{mkL^3}(\boldsymbol{\epsilon}_f^*.\boldsymbol{\epsilon}_i) \tag{251}$$

d'où la section efficace de diffusion (cf. équ. (116)) :

$$\begin{aligned}\frac{d\sigma_{i\to f}}{d\Omega} &= 2\pi L^3\,|\,T_{i\to f}\,|^2\left(L^3k^2/(2\pi)^3\right)\\ &= \frac{e^4}{m^2}|\,\boldsymbol{\epsilon}_f^*.\boldsymbol{\epsilon}_i\,|^2.\end{aligned} \tag{252}$$

Pour obtenir la section efficace de diffusion de photons non polarisés dans la direction $\boldsymbol{k}_f$, il faut faire la moyenne de cette expression sur les deux états possibles de polarisation initiale et la somme sur les deux états possibles de polarisation finale. Désignons par θ l'angle de déflexion des photons ($\cos\theta = \boldsymbol{k}_i.\boldsymbol{k}_f/k^2$). Il vient :

$$\begin{aligned}\left.\frac{d\sigma_{i\to f}}{d\Omega}\right|_{\text{non pol.}} &= \frac{1}{2}\sum_{\boldsymbol{\epsilon}_i\boldsymbol{\epsilon}_f}\frac{d\sigma_{i\to f}}{d\Omega}\\ &= \frac{1}{2}\frac{e^4}{m^2}(1+\cos^2\theta).\end{aligned} \tag{253}$$

La section efficace totale de diffusion des photons, $\sigma_{\text{tot.}}$, s'en déduit en intégrant sur les angles d'émission. On trouve :

$$\sigma_{\text{tot.}} = \frac{8\pi}{3}\frac{e^4}{m^2}. \tag{254}$$

Tous ces résultats sont en bon accord avec l'expérience.

Les expressions (252), (253) et (254) se trouvent être identiques à celles que donne la Théorie Classique du Rayonnement [33]. On retrouve notamment la *formule classique de Thomson* pour la section efficace totale. Cette identité de résultat des deux théories confirme et précise ce qui a été dit au § I.5 sur la portée et les limitations de la Théorie Classique de l'effet Compton. La Théorie Classique ne peut évidemment rendre compte du caractère corpusculaire du rayonnement, ni du fait que les transferts d'impulsion et d'énergie entre le rayonnement et l'électron ont lieu par quanta discrets ; mais elle prévoit correctement la valeur moyenne de l'impulsion transférée à l'électron par unité de temps et par unité de flux incident (équ. (254)), la distribution angulaire et la polarisation du rayonnement diffusé (équ. (252)) et, lorsqu'on tient compte de l'effet Doppler, du déplacement de longueur d'onde du rayonnement diffusé (équ. (I.5) et (I.6)).

La concordance des deux théories n'est pleinement réalisée qu'à la limite des basses fréquences, où la longueur d'onde du rayonnement, $1/k$, est si grande que le phénomène de diffusion est pratiquement indépendant de la structure interne de l'électron. Comme l'électron est un objet quantique, ses dimensions sont de l'ordre de $1/m$ et les effets de structure [34] sont de l'ordre du rapport k/m. A la limite non relativiste, ils sont donnés par le second terme de l'expression (249). Lorsqu'on augmente l'énergie incidente, la nature quantique de l'électron devient de plus en plus manifeste et l'on observe des déviations de plus en plus prononcées par rapport aux prévisions de la Théorie Classique.

EXERCICES ET PROBLÈMES

1. $\Phi(\boldsymbol{r})$ désignant le champ scalaire réel de la section I, on se propose de mesurer l'intégrale de cette observable sur un domaine fini ; plus généralement, on considère l'intégrale :

$$\widehat{\Phi} \equiv \int \Phi(\boldsymbol{r})\, P(\boldsymbol{r})\, \mathrm{d}\boldsymbol{r}$$

$P(\boldsymbol{r})$ est une fonction donnée, réelle, non négative et dont l'intégrale étendue à tout l'espace est égale à 1. On pose :

$$\chi(\boldsymbol{\varkappa}) \equiv \int \exp\,(\mathrm{i}\boldsymbol{\varkappa}.\boldsymbol{r})\, P(\boldsymbol{r})\, \mathrm{d}\boldsymbol{r} \qquad (\chi(0) = 1).$$

Montrer que la distribution statistique de $\widehat{\Phi}$ dans l'état vide est une gaussienne et que :

$$(\Delta\widehat{\Phi})^2 = \int \frac{|\chi(\boldsymbol{\varkappa})|^2}{16\pi^3(\mu^2 + \varkappa^2)^{\frac{1}{2}}}\, \mathrm{d}\boldsymbol{\varkappa}.$$

En particulier, si la fonction de pondération $P(\boldsymbol{r})$ n'a de valeurs notables que dans un domaine de dimension linéaire a, et que $\mu a \ll 1$, on a : $\Delta\widehat{\Phi} \sim 1/a$.

Traiter le même problème avec le champ électromagnétique et montrer que dans l'état vide : $\Delta\mathcal{E}_\perp \approx \Delta\mathcal{H} \approx 1/a^2$.

[33] La constante $\hbar$ n'y figure pas. Chacune d'elles est un multiple du rayon classique de l'électron : $r_0 \equiv e^2/mc^2$. L'expression (252), par exemple, s'écrit aussi bien $r_0^2 \cos^2 \alpha$, où α désigne l'angle que font entre elles les polarisations initiale et finale (celles-ci étant supposées rectilignes).

[34] En Théorie Classique, les effets de structure sont de l'ordre de ke^2/m, rapport du rayon classique à la longueur d'onde du rayonnement. Dans l'état actuel de la Théorie Classique de l'électron, il n'existe d'ailleurs aucun moyen non ambigu de les calculer.

2. Montrer que la correction δM définie au § 11 est donnée au second ordre par l'expression figurant au second membre de l'équation (76).

3. On considère le problème de diffusion élastique défini au § 14 ; on suppose la cible non polarisée et l'on désigne par θ l'angle de diffusion : $\cos\theta = \boldsymbol{k}_i.\boldsymbol{k}_f/k^2$. Montrer qu'à l'approximation de Born du second ordre et à la limite des grandes longueurs d'onde ($k\langle R\rangle \ll 1$), la distribution angulaire des corpuscules élastiquement diffusés est en $\cos^2\theta$, et que la section efficace tend vers zéro à la limite $k \to 0$ (cette propriété est caractéristique du couplage scalaire).

4. On considère le problème de diffusion résonnante du § 15 et l'on reprend les notations de ce paragraphe. On suppose que l'état initial $|\alpha\rangle$ du système atomique a un moment cinétique nul, et que l'état résonnant $|\lambda\rangle$ a un moment cinétique l. Montrer que, si l'on néglige la contribution $A^{(\text{pot})}$, l'amplitude de transition T relative à la diffusion élastique $\boldsymbol{k}_i \to \boldsymbol{k}_f$ est donnée par la formule :

$$T = \frac{\Gamma}{\omega L^3}\frac{2l+1}{k} P_l(\cos\theta)\frac{\Gamma_{\lambda\to\alpha}}{(E - E_\lambda - \delta E_\lambda) + \frac{1}{2}\mathrm{i}\Gamma_\lambda}$$

dans laquelle θ désigne l'angle de diffusion et $\Gamma_{\lambda\to\alpha}$ la probabilité de la transition radiative $\lambda \to \alpha$ (cf. équ. (82)) et qu'en conséquence la section efficace de diffusion élastique $\mathrm{d}\sigma_{\text{él.}}/\mathrm{d}\Omega$ est donnée par la formule :

$$\frac{\mathrm{d}\sigma_{\text{él.}}}{\mathrm{d}\Omega} = \frac{(2l+1)^2}{k^2} P_l^2(\cos\theta)\frac{\Gamma_{\lambda\to\alpha}^2}{4(E - E_\lambda - \delta E_\lambda)^2 + \Gamma_\lambda^2}.$$

Montrer que ces deux expressions sont une simple généralisation de celles que l'on obtient dans le cas de la diffusion résonnante d'une particule dans un potentiel central (équ. (X.64) et (X.65)) et montrer qu'on peut reprendre point par point la discussion et les calculs des § X.15 et X.16 concernant la notion de résonance et celle d'état métastable.

5. $A_j(\boldsymbol{r})$ et $\mathcal{E}_i(\boldsymbol{r}')$ désignant respectivement la $j^{\text{ème}}$ et la $i^{\text{ème}}$ composante du potentiel $\boldsymbol{A}$ (en jauge de radiation) et du champ électrique transverse $\boldsymbol{\mathcal{E}}_\perp$, démontrer la relation de commutation :

$$[\mathcal{E}_i(\boldsymbol{r}), A_j(\boldsymbol{r}')] = \mathrm{i}\theta_{ij}(\boldsymbol{r} - \boldsymbol{r}')$$

avec

$$\theta_{ij}(\boldsymbol{r} - \boldsymbol{r}') \equiv \delta_{ij}\,\delta(\boldsymbol{r} - \boldsymbol{r}') - \frac{\partial^2}{\partial x_i \partial x_j'}\left(\frac{1}{4\pi\,|\boldsymbol{r} - \boldsymbol{r}'|}\right)$$

($\theta_{ij}(\boldsymbol{r} - \boldsymbol{r}')$ est le projecteur sur le sous-espace des champs de vecteurs transverses).

6. Démontrer la formule (220) donnant l'impulsion totale du rayonnement.

7. Démontrer que la partie intrinsèque $\boldsymbol{G}^{(s)}$ du moment cinétique du rayonnement vérifie la formule :

$$\boldsymbol{G}^{(s)} = -\mathrm{i}\sum_{\boldsymbol{k}\varpi\varpi'} a_{(\boldsymbol{k}\varpi)}^{\dagger}\, a_{(\boldsymbol{k}\varpi')}(\boldsymbol{\epsilon}^{(\varpi)*} \times \boldsymbol{\epsilon}^{(\varpi')})$$

(notations du § 27) ; en particulier, si $N_{\boldsymbol{k}+}$ et $N_{\boldsymbol{k}-}$ désignent les nombres de photons d'impulsion $\boldsymbol{k}$ et dont la polarisation est circulaire droite et circulaire gauche respectivement (définition (222)), on a :

$$\boldsymbol{G}^{(s)} = \sum_{\boldsymbol{k}} (N_{\boldsymbol{k}+} - N_{\boldsymbol{k}-})\,\boldsymbol{k}/k.$$

8. Démontrer les relations (223) et (224).

9. 1° Soit $u^{LM}(\boldsymbol{r})$ un champ scalaire se transformant par rotation comme l'harmonique sphérique $Y_L^M(\theta, \varphi)$, et soit $\boldsymbol{V}(\boldsymbol{r}, \boldsymbol{p})$ un vecteur (polaire ou axial) formé avec les vecteurs $\boldsymbol{r}$ et $\boldsymbol{p}$. Montrer que le champ de vecteurs $\boldsymbol{U}^{LM}(\boldsymbol{r})$ défini par :

$$\boldsymbol{U}^{LM} \equiv \boldsymbol{V}(\boldsymbol{r}, -\mathrm{i}\nabla)\, u^{LM}(\boldsymbol{r})$$

expression dans laquelle $\boldsymbol{V}$ est un opérateur agissant sur la fonction u^{LM}, représente un état de moment cinétique (LM) [En vertu de ce théorème, les champs de vecteurs $\boldsymbol{\Lambda}_{kjm}$ et $\boldsymbol{\Theta}_{kjm}^{(\pm)}$ définis au § XXI.29 représentent des états de moment cinétique (jm)].

2° De même qu'une particule de spin 1 a une fonction d'onde à trois composantes formant un champ de vecteurs, une particule de spin entier s a une fonction d'onde à $(2s + 1)$ composantes formant un champ de tenseurs irréductibles d'ordre s. Soit $X^{(s)}_{\mu}(\boldsymbol{r}, \boldsymbol{p})$ la $\mu^{\text{ième}}$ composante d'un tenseur irréductible d'ordre s formé avec les vecteurs $\boldsymbol{r}$ et $\boldsymbol{p}$. Montrer que le champ de tenseurs $\boldsymbol{U}^{LM}(\boldsymbol{r})$ dont la $\mu^{\text{ième}}$ composante est donnée par :

$$U^{LM}_{\mu} \equiv X^{(s)}_{\mu}(\boldsymbol{r}, -i\nabla)\, u^{LM}(\boldsymbol{r}) \qquad (\mu = -s, \ldots, +s)$$

représente un état de moment cinétique (LM) de cette particule.

10. En utilisant les formules explicites des éléments de matrice (équ. 241 *a b*), montrer que la probabilité d'émission d'un photon est rigoureusement nulle si les spins de l'état initial et de l'état final sont tous deux nuls (*règle de sélection* $0 \rightarrow 0$).

[*N. B.* — La propriété est évidente si l'on utilise le développement multipolaire au lieu du développement en ondes planes].

11. Calculer la probabilité par unité de temps de la transition radiative $2p \rightarrow 1s$ dans l'atome d'hydrogène (on trouve : $w_{2p\rightarrow 1s} = 6{,}25 \times 10^{8}\ \text{sec}^{-1}$).

12. Montrer qu'à l'approximation des grandes longueurs d'ondes, la probabilité d'une transition radiative *dipolaire magnétique* $\lambda \rightarrow \mu\boldsymbol{k}\boldsymbol{\epsilon}$ (notations du § 30) est donnée par la formule (cf. équ. (245))

$$w_{\lambda\rightarrow\mu\boldsymbol{k}\boldsymbol{\epsilon}} = \frac{k}{2\pi}\, |\langle\lambda|\, [\boldsymbol{M}.(\boldsymbol{\epsilon} \times \boldsymbol{k})]\, |\mu\rangle|^2$$

où $\boldsymbol{M}$ est le moment magnétique total du système atomique effectuant la transition, soit :

$$\boldsymbol{M} = (e/2m) \textstyle\sum_i (\boldsymbol{l}_i + 2\boldsymbol{s}_i)$$

(*N. B.* — Cette formule donne correctement la probabilité de transition radiative lorsque $\Delta\pi = +1$ et $j_\lambda + j_\mu \leqslant 1$; si $j_\lambda + j_\mu \geqslant 2$, la contribution quadrupolaire électrique n'est pas nulle et ne peut en général pas être négligée).

En déduire que la probabilité totale de la transition dipolaire magnétique est donnée par la formule (cf. équ. (247)) :

$$w^{(\text{tot.})}_{\lambda\rightarrow\mu} = \frac{4k^3}{3(2j_\lambda + 1)}\, |\langle\lambda\|\boldsymbol{M}\|\mu\rangle|^2.$$

Montrer que dans le cas de la transition $2s \rightarrow 1s$ de l'atome d'hydrogène, cette quantité est nulle à l'approximation non relativiste (*i. e.* si l'on utilise les fonctions d'ondes de la théorie de Schrödinger).

13. Calculer la section efficace de l'effet photoélectrique sur l'état fondamental de l'atome d'hydrogène. On suppose que : $me^4 \ll k \ll m$ ($m \equiv$ masse de l'électron, $k \equiv$ impulsion du photon incident, $\hbar = c = 1$) ; en conséquence, l'énergie transférée au photoélectron est assez forte pour que son état final puisse être assimilé à une onde plane, mais sa vitesse v est suffisamment faible pour qu'il puisse être traité comme une particule non relativiste. Comme l'interaction magnétique (terme $H^{(II)}$) donne une contribution négligeable, on trouve :

$$\frac{d\sigma}{d\Omega} = 4\sqrt{2}\, e^2 \left(\frac{m}{k}\right)^{7/2} \times \frac{e^4}{m^2}\, \frac{\cos^2\varphi}{(1 - v\cos\theta)^4}$$

φ et θ désignent respectivement les angles que fait la direction d'émission avec celles de la polarisation (supposée rectiligne) et de l'impulsion du photon incident. On retrouve les résultats de la théorie semi classique de l'effet (cf. Problème XVII.2) en faisant $v = 0$ dans cette formule.

APPENDICE C [1]

COEFFICIENTS D'ADDITION VECTORIELLE ET MATRICES DE ROTATION

SOMMAIRE

[1] Cet appendice a été rédigé en collaboration avec J. Horowitz. Pour un exposé plus complet de ces questions, voir notamment A. E. EDMONDS, *Angular momentum in quantum mechanics*, Princeton University Press (1957, 1968), qui donne, en outre, une liste des principales tables présentement publiées. Voir aussi U. FANO et G. RACAH, *Irreductible tensorial sets*, Academic Press Inc., New York (1959).

1. Moment cinétique. Notations et conventions

Les notations et conventions suivantes concernant le moment cinétique sont adoptées dans tout l'Appendice.

Unités : $\hbar = 1$.

Composantes du moment cinétique : J, opérateur moment cinétique, ayant pour coordonnées cartésiennes J_x, J_y et J_z

$$J_\pm = J_x \pm iJ_y. \tag{1}$$

Relations de commutation

$$[J_x, J_y] = iJ_z \qquad [J_y, J_z] = iJ_x \qquad [J_z, J_x] = iJ_y \tag{2}$$

$$[J_z, J_\pm] = \pm J_\pm \qquad [J_+, J_-] = 2J_z. \tag{3}$$

Vecteurs de base d'une représentation standard $\{J^2 J_z\}$: $|\tau JM\rangle$

$$J^2|\tau JM\rangle = J(J+1)|\tau JM\rangle \tag{4}$$

$$J_z|\tau JM\rangle = M|\tau JM\rangle \tag{5}$$

$$J_\pm|\tau JM\rangle = \sqrt{J(J+1) - M(M\pm 1)}\,|\tau J\ M\pm 1\rangle \tag{6}$$

$$\langle\tau JM|\tau' J'M'\rangle = \delta_{\tau\tau'}\,\delta_{JJ'}\,\delta_{MM'} \tag{7}$$

(J entier ou demi-entier $\geqslant 0$ $\qquad M = -J, -J+1, \ldots, +J$).

τ désigne l'ensemble des nombres quantiques qu'il faut adjoindre à J et M pour former un système complet ; dans la suite de l'Appendice, il sera omis chaque fois que sa présence n'est pas nécessaire.

I — COEFFICIENTS DE CLEBSCH-GORDAN (C.-G.) ET SYMBOLES « 3j »

2. Définition et notations

j_1, j_2 moments cinétiques respectifs des systèmes quantiques 1 et 2.

J, moment cinétique du système formé par la réunion de ces deux systèmes :

$$J = j_1 + j_2. \tag{8}$$

Le produit tensoriel des $(2j_1 + 1)$ vecteurs du système 1

$$|j_1 m_1\rangle \qquad (j_1 \text{ fixe}\ ,\ m_1 = -j_1, \ldots, +j_1)$$

par les $(2j_2 + 1)$ vecteurs du système 2

$$|j_2 m_2\rangle \qquad (j_2 \text{ fixe}\ ,\ m_2 = -j_2, \ldots, +j_2)$$

donne les $(2j_1 + 1)(2j_2 + 1)$ vecteurs propres communs à j_1^2, j_2^2, j_{1z}, j_{2z}

$$|j_1 j_2 m_1 m_2\rangle \equiv |j_1 m_1\rangle\,|j_2 m_2\rangle \tag{9}$$

dont on peut déduire par transformation unitaire les $(2j_1 + 1)(2j_2 + 1)$ vecteurs propres communs à j_1^2, j_2^2, J^2, J_z :

$$|j_1 j_2 JM\rangle \tag{10}$$

$$(J = |j_1 - j_2|, \ldots, j_1 + j_2\ ;\ M = -J, \ldots, +J).$$

Définition

Les coefficients de Clebsch-Gordan ([2]) ou coefficients d'addition vectorielle $\langle j_1\, j_2\, m_1\, m_2 | JM\rangle$ sont les coefficients de cette transformation unitaire :

$$|j_1\, j_2\, JM\rangle = \sum_{m_1 m_2} |j_1\, j_2\, m_1\, m_2\rangle \langle j_1\, j_2\, m_1\, m_2 | JM\rangle. \tag{11}$$

Convention de phase ([3])

Pour les définir sans ambiguïté, nous fixons les phases relatives des vecteurs des suites (9) et (10) par les conditions suivantes :

(*i*) les $|j_1\, m_1\rangle$, les $|j_2\, m_2\rangle$, les $|j_1\, j_2\, JM\rangle$ obéissent aux relations (6) ;
(*ii*) $\langle j_1\, j_2\, j_1\, (j_1 - J) | JJ\rangle$ réel > 0.

Symbole « 3*j* » (Wigner) ([4]) :

$$\begin{pmatrix} j_1 & j_2 & J \\ m_1 & m_2 & -M \end{pmatrix} \equiv \frac{(-)^{j_1-j_2+M}}{\sqrt{2J+1}} \langle j_1\, j_2\, m_1\, m_2 | JM\rangle. \tag{12}$$

3. Principales propriétés des C.-G.

Réalité. Ils sont tous réels :

$$\langle j_1\, j_2\, m_1\, m_2 | JM\rangle^* = \langle j_1\, j_2\, m_1\, m_2 | JM\rangle.$$

Règles de sélection

(*i*) $m_1 + m_2 = M$;
(*ii*) $|\, j_1 - j_2\,| < J < j_1 + j_2$ (« inégalités du triangle »).

Si ces deux conditions ne sont pas réalisées, $\langle j_1\, j_2\, m_1\, m_2 | JM\rangle = 0$.

Règles de symétrie :

$$\begin{pmatrix} j_1 & j_2 & j_3 \\ m_1 & m_2 & m_3 \end{pmatrix} \text{ est :}$$

(*i*) invariant dans une permutation circulaire des trois colonnes ;
(*ii*) multiplié par $(-)^{j_1+j_2+j_3}$ lorsqu'on permute deux colonnes ;
(*iii*) multiplié par $(-)^{j_1+j_2+j_3}$ lorsqu'on change les signes de m_1, m_2, m_3.

([2]) Les symboles utilisés dans la littérature pour représenter les coefficients de Clebsch-Gordan sont extrêmement variés. Citons notamment :

$\langle j_1\, j_2\, m_1\, m_2 \| j_1\, j_2\, JM\rangle$	(CONDON et SHORTLEY, *Theory of Atomic Spectra*, University Press, Cambridge, 4ᵉ éd. (1957)).
$C_{j_1 j_2}(JM\, ;\, m_1\, m_2)$	(BLATT et WEISSKOPF, *Theoretical Nuclear Physics*, Wiley, New York (1952), reprint Dover Publications Inc, 1979).
$S^{j_1 j_2}_{Jm_1 m_2}$	(E. P. WIGNER, *Group Theory and its application to the Quantum Mechanics of Atomic Spectra* (traduction anglaise), Academic Press, New York (1958), London, 1959).

([3]) Cette convention est adoptée par la plupart des auteurs, en particulier par WIGNER, CONDON et SHORTLEY, BLATT et WEISSKOPF, *loc. cit.*, note ([2]) et par RACAH, *Phys. Rev.*, **62**, 437 (1942).

([4]) RACAH, *loc. cit.*, note ([3]), utilise le symbole :

$$V(abc,\, \alpha\beta\gamma) \equiv (-)^{a-b-c}\begin{pmatrix} a\, b\, c \\ \alpha\, \beta\, \gamma \end{pmatrix} \equiv \frac{(-)^{c-\gamma}}{\sqrt{2c+1}} \langle ab\alpha\beta | c\; -\gamma\rangle.$$

Conséquences :

$$\langle j_1\, j_2\, m_1\, m_2 | JM\rangle = (-)^{j_1+j_2-J} \langle j_2\, j_1\, m_2\, m_1 | JM\rangle \tag{13 a}$$

$$= (-)^{j_1-J+m_2} \sqrt{\frac{2J+1}{2j_1+1}} \langle J j_2\, M \; -m_2 | j_1\, m_1\rangle \tag{13 b}$$

$$= (-)^{j_2-J-m_1} \sqrt{\frac{2J+1}{2j_2+1}} \langle j_1\, J \; -m_1\, M | j_2\, m_2\rangle \tag{13 c}$$

$$= (-)^{j_1+j_2-J} \langle j_1\, j_2 \; -m_1 \; -m_2 | J \; -M\rangle. \tag{13 d}$$

Relations d'orthogonalité

$$\sum_{m_1=-j_1}^{+j_1} \sum_{m_2=-j_2}^{+j_2} \langle j_1\, j_2\, m_1\, m_2 | JM\rangle \langle j_1\, j_2\, m_1\, m_2 | J'\, M'\rangle = \delta_{JJ'}\, \delta_{MM'} \tag{14 a}$$

$$(|\, j_1 - j_2\,| < J < j_1 + j_2\,; \quad -J < M < J)$$

$$\sum_{J=|j_1-j_2|}^{j_1+j_2} \sum_{M=-J}^{+J} \langle j_1\, j_2\, m_1\, m_2 | JM\rangle \langle j_1\, j_2\, m_1'\, m_2' | J\, M\rangle = \delta_{m_1 m_1'}\, \delta_{m_2 m_2'} \tag{14 b}$$

$$(-\, j_1 < m_1 < +\, j_1\,; \quad -\, j_2 < m_2 < +\, j_2)$$

$$\sum_{m_1=-j_1}^{+j_1} \sum_{m_2=-j_2}^{+j_2} \begin{pmatrix} j_1 & j_2 & j_3 \\ m_1 & m_2 & m_3 \end{pmatrix} \begin{pmatrix} j_1 & j_2 & j_3' \\ m_1 & m_2 & m_3' \end{pmatrix} = \frac{1}{2j_3+1}\, \delta_{j_3 j_3'}\, \delta_{m_3 m_3'} \tag{15 a}$$

$$\sum_{j_3=|j_1-j_2|}^{j_1+j_2} \sum_{m_3=-j_3}^{+j_3} (2j_3+1) \begin{pmatrix} j_1 & j_2 & j_3 \\ m_1 & m_2 & m_3 \end{pmatrix} \begin{pmatrix} j_1 & j_2 & j_3 \\ m_1' & m_2' & m_3 \end{pmatrix} = \delta_{m_1 m_1'}\, \delta_{m_2 m_2'}. \tag{15 b}$$

Relation de composition des harmoniques sphériques

$$\int Y_{l_1}^{m_1}(\Omega)\, Y_{l_2}^{m_2}(\Omega)\, Y_{l_3}^{m_3}(\Omega)\, \mathrm{d}\Omega = \left[\frac{(2l_1+1)(2l_2+1)(2l_3+1)}{4\pi}\right]^{\frac{1}{2}} \begin{pmatrix} l_1 & l_2 & l_3 \\ 0 & 0 & 0 \end{pmatrix} \begin{pmatrix} l_1 & l_2 & l_3 \\ m_1 & m_2 & m_3 \end{pmatrix} \tag{16}$$

d'où :

$$Y_{l_1}^{m_1}(\Omega)\, Y_{l_2}^{m_2}(\Omega)$$

$$= \sum_{L=|l_1-l_2|}^{l_1+l_2} \sum_{M=-L}^{L} \left[\frac{(2l_1+1)(2l_2+1)}{4\pi(2L+1)}\right]^{\frac{1}{2}} \langle l_1\, l_2\, 00 | L0\rangle \langle l_1\, l_2\, m_1\, m_2 | LM\rangle\, Y_L^M(\Omega) \tag{17 a}$$

$$= \sum_{L=|l_1-l_2|}^{l_1+l_2} \sum_{M=-L}^{L} (-)^M \left[\frac{(2l_1+1)(2l_2+1)(2L+1)}{4\pi}\right]^{\frac{1}{2}} \begin{pmatrix} l_1 & l_2 & L \\ 0 & 0 & 0 \end{pmatrix} \begin{pmatrix} l_1 & l_2 & L \\ m_1 & m_2 & M \end{pmatrix} Y_L^{-M}(\Omega) \tag{17 b}$$

4. Méthodes de calcul des C.-G.

Relations de récurrence
reliant des C.-G. dont les arguments diffèrent au plus de :

(i) $\Delta J = 0 \qquad \Delta M = +1$

$$\sqrt{J(J+1) - M(M+1)}\, \langle j_1\, j_2\, m_1\, m_2 | JM\rangle \tag{18}$$

$$= \sqrt{j_1(j_1+1) - m_1(m_1+1)}\, \langle j_1\, j_2\;\, m_1{+}1\;\, m_2 | J\;\, M{+}1\rangle$$

$$+ \sqrt{j_2(j_2+1) - m_2(m_2+1)}\, \langle j_1\, j_2\, m_1\;\, m_2{+}1 | J\;\, M{+}1\rangle$$

(*ii*) $\Delta J = 0 \qquad \Delta M = -1$

$$\sqrt{J(J+1)-M(M-1)}\,\langle j_1\, j_2\, m_1\, m_2|JM\rangle \tag{19}$$
$$= \sqrt{j_1(j_1+1)-m_1(m_1-1)}\,\langle j_1\, j_2\; m_1{-}1\; m_2|J\; M{-}1\rangle$$
$$+ \sqrt{j_2(j_2+1)-m_2(m_2-1)}\,\langle j_1\, j_2\, m_1\; m_2{-}1|J\; M{-}1\rangle$$

(*iii*) $\Delta J = \pm 1 \qquad \Delta M = 0$

$$A_0\langle j_1\, j_2\, m_1\, m_2|JM\rangle = A_+\langle j_1\, j_2\, m_1\, m_2|J{+}1\; M\rangle + A_-\langle j_1\, j_2\, m_1\, m_2|J{-}1\; M\rangle \tag{20}$$

avec

$$A_0 = m_1 - m_2 + M\frac{j_2(j_2+1)-j_1(j_1+1)}{J(J+1)} \qquad (M = m_1 + m_2)$$
$$A_+ = f(J+1)$$
$$A_- = f(J)$$
$$f(x) = \sqrt{x^2-M^2}\left[\frac{[(j_1+j_2+1)^2-x^2][x^2-(j_1-j_2)^2]}{x^2(2x-1)(2x+1)}\right]^{\frac{1}{2}}$$

Formule de Racah

$$\begin{pmatrix} a\,b\,c \\ \alpha\,\beta\,\gamma \end{pmatrix} = (-)^{a-b-\gamma}\sqrt{\Delta(abc)}\sqrt{(a+\alpha)!\,(a-\alpha)!\,(b+\beta)!\,(b-\beta)!\,(c+\gamma)!\,(c-\gamma)!} \tag{21}$$
$$\times \sum_t (-)^t\left[t!\,(c-b+t+\alpha)!\,(c-a+t-\beta)!\,(a+b-c-t)!\,(a-t-\alpha)!\,(b-t+\beta)!\right]^{-1}$$
$$(\alpha+\beta+\gamma = 0, \quad |a-b| < c < a+b)$$

avec

$$\Delta(abc) \equiv \frac{(a+b-c)!\,(b+c-a)!\,(c+a-b)!}{(a+b+c+1)!} \tag{22}$$

$\sum_t$ indique une sommation sur toutes valeurs entières de t pour lesquelles les factorielles ont un sens, c'est-à-dire pour lesquels les arguments des factorielles sont positifs ou nuls ($0! = 1$). Le nombre des termes de cette somme est $\nu + 1$, où ν est le plus petit des neuf nombres :

$$\begin{array}{ccc} a \pm \alpha & b \pm \beta & c \pm \gamma \\ a+b-c & b+c-a & c+a-b. \end{array}$$

5. Valeurs remarquables et tables

Valeurs remarquables

(*i*) J et M prennent leur valeur maximum : $\langle j_1\, j_2\, j_1\, j_2|j_1{+}j_2\;\; j_1{+}j_2\rangle = 1$;

(*ii*) l'un des j est nul : $\langle j\, 0\, m\, 0|j\, m\rangle = 1$ ou $\begin{pmatrix} j & j & 0 \\ m & -m & 0 \end{pmatrix} = \dfrac{(-)^{j-m}}{\sqrt{2j+1}}$;

(*iii*) $m_1 = m_2 = m_3 = 0$:

si $\quad l_1+l_2+l_3$ est impair, $\begin{pmatrix} l_1\, l_2\, l_3 \\ 0\;0\;0 \end{pmatrix} = 0$; (23 *a*)

si $2p \equiv l_1+l_2+l_3$ est pair, $\begin{pmatrix} l_1\, l_2\, l_3 \\ 0\;0\;0 \end{pmatrix} = (-)^p\sqrt{\Delta(l_1\, l_2\, l_3)}\,\dfrac{p!}{(p-l_1)!\,(p-l_2)!\,(p-l_3)!}$ (23 *b*)

(l_1, l_2, l_3, entiers $\geqslant 0$ vérifiant les « inégalités du triangle »).

Cas particuliers de la formule de Racah

Les formules ci-dessous ou celles qui s'en déduisent par les relations de symétrie donnent les C.-G. dans les cas particuliers suivants :

(*i*) $m_1 = \pm j_1$ ou $m_2 = \pm j_2$ ou $M = \pm J$:

$$\langle j_1\, j_2\, m_1\, m_2 | J\, J\rangle = \langle j_2\, j_1\, -m_2\, -m_1 | J\, -J\rangle$$

$$= (-)^{j_1-m_1}\sqrt{\frac{(2J+1)!\,(j_1+j_2-J)!}{(j_1+j_2+J+1)!\,(J+j_1-j_2)!\,(J+j_2-j_1)!}}\sqrt{\frac{(j_1+m_1)!\,(j_2+m_2)!}{(j_1-m_1)!\,(j_2-m_2)!}} \quad (24)$$

$$(m_1 + m_2 = J);$$

(*ii*) l'un des j est la somme des deux autres :

si $J = j_1 + j_2$

$$\langle j_1\, j_2\, m_1\, m_2 | J\, M\rangle = \sqrt{\frac{(2j_1)!\,(2j_2)!}{(2J)!}}\sqrt{\frac{(J+M)!\,(J-M)!}{(j_1+m_1)!\,(j_1-m_1)!\,(j_2+m_2)!\,(j_2-m_2)!}} \quad (25)$$

$$\langle J\, j_2\, M\, -m_2 | j_1\, m_1\rangle = (-)^{j_2-m_2}\sqrt{\frac{2j_1+1}{2J+1}}\,\langle j_1\, j_2\, m_1\, m_2 | J\, M\rangle. \quad (26)$$

Tables des symboles « 3j »

Les tables suivantes donnent les expressions du symbole

$$\begin{pmatrix} j & s & (j+e) \\ m & \mu & (-m\ -\mu) \end{pmatrix}$$

en fonction de j et m pour

$$s = 0,\ \tfrac{1}{2},\ 1,\ \tfrac{3}{2},\ 2$$
$$0 < e < s \qquad 0 < \mu < s.$$

Par le jeu des relations de symétrie, elles permettent de calculer aisément tout C.-G. dans lequel l'un des j est égal à 0, ½, 1, $\frac{3}{2}$ ou 2.

La fonction tabulée est la fonction $\Phi^s_{\mu e}(j, m)$ définie par

$$\begin{pmatrix} j & s & (j+e) \\ m & \mu & (-m\ -\mu) \end{pmatrix} = (-)^{j+m}\sqrt{\frac{(2j+e-s)!}{(2j+e+s+1)!}\,\frac{(j+m+\mu+e)!}{(j+m)!}}\,\Phi^e_{\mu e} \quad (27)$$

$s = 0$ $\qquad \Phi^0_{00} = 1$

$s = \frac{1}{2}$ $\qquad \Phi^{\frac{1}{2}}_{\frac{1}{2}\frac{1}{2}} = 1$

$s = 1$

Table de $\Phi^1_{\mu e}$

	$e = 0$	$e = 1$
$\mu = 0$	$-2m$	$-\sqrt{2(j-m+1)}$
$\mu = 1$	$-\sqrt{2(j-m)}$	1

$s = \frac{3}{2}$

Table de $\Phi^{\frac{3}{2}}_{\mu e}$

	$e = \frac{1}{2}$	$e = \frac{3}{2}$
$\mu = \frac{1}{2}$	$j - 3m$	$-\sqrt{3(j - m + 1)}$
$\mu = \frac{3}{2}$	$-\sqrt{3(j - m)}$	1

$s = 2$

Table de $\Phi^{2}_{\mu e}$

	$e = 0$	$e = 1$	$e = 2$
$\mu = 0$	$2[3m^2 - j(j + 1)]$	$2m\sqrt{6(j-m+1)}$	$\sqrt{6(j - m + 2)(j - m + 1)}$
$\mu = 1$	$(2m + 1)\sqrt{6(j - m)}$	$2(j - 2m)$	$-2\sqrt{j - m + 1}$
$\mu = 2$	$\sqrt{6(j - m)(j - m - 1)}$	$-2\sqrt{(j - m)}$	1

II. — COEFFICIENTS DE RACAH ET SYMBOLES « 6j »

6. Définition et notations

Couplage de trois moments cinétiques

J, moment cinétique total d'un système formé par la réunion de trois systèmes distincts de moments cinétiques respectifs $\boldsymbol{j}, \boldsymbol{j}', \boldsymbol{j}''$:

$$\boldsymbol{J} = \boldsymbol{j} + \boldsymbol{j}' + \boldsymbol{j}''.$$

Dans l'espace à $(2j + 1)(2j' + 1)(2j'' + 1)$ dimensions sous-tendu par les vecteurs $|m\, m'\, m''\rangle \equiv |jm\rangle\, |j'\, m'\rangle\, |j''\, m''\rangle$ (j, j', j'' donnés ; m, m', m'' variables), le sous-espace de moment cinétique (JM) possède éventuellement plus d'une dimension [$2J$ et $2M$, nombres entiers de même parité que $2(j + j' + j'')$; $\min |j \pm j' \pm j''| < J < j + j' + j''$; $-J < M < +J$].

Les deux modes de couplage suivants (5) permettent de construire deux systèmes en général distincts de vecteurs de base de ce sous-espace :

(5) Bien noter l'ordre dans lequel on couple les différents vecteurs. En changeant cet ordre, par exemple en intervertissant l'ordre de j et j'' dans le couplage (a), on modifie éventuellement le signe du vecteur résultant.

a) $j' + j = g'$, $g' + j'' = J$ (fig. 1 a) — vecteurs $|(j'\,j)\,g', j''; JM\rangle$

$$|(j'\,j)\,g', j''; JM\rangle = \sum_{\substack{mm'm''\\ \mu'}} |m\,m'\,m''\rangle \langle j'\,j\,m'\,m|g'\,\mu'\rangle \langle g'\,j''\,\mu'\,m''|JM\rangle$$

b) $j + j'' = g''$, $j' + g'' = J$ (fig. 1 b) — vecteurs $|j', (j\,j'')\,g''; JM\rangle$

$$|j', (j\,j'')\,g''; JM\rangle = \sum_{\substack{mm'm''\\ \mu''}} |m\,m'\,m''\rangle \langle j\,j''\,m\,m''|g''\,\mu''\rangle \langle j'\,g''\,m'\,\mu''|JM\rangle .$$

a) $j' + j = g'$, $g' + j'' = J$ b) $j + j'' = g''$, $j' + g'' = J$

FIG. 1. — $J = j + j' + j''$. Différents modes de couplage.

On passe d'un système de base à l'autre par transformation unitaire.

Définition des symboles « 6j » de Wigner $\begin{Bmatrix} j_1 & j_2 & j_3 \\ J_1 & J_2 & J_3 \end{Bmatrix}$.

Ils sont liés aux coefficients de cette transformation unitaire par la relation de définition

$$\langle j', (j\,j'')\,g''; JM|(j'\,j)\,g', j''; J'\,M'\rangle$$
$$= \delta_{JJ'}\,\delta_{MM'} \sqrt{(2g'+1)(2g''+1)}\,(-)^{j+j'+j''+J} \begin{Bmatrix} j' & j & g' \\ j'' & J & g'' \end{Bmatrix} \quad (28)$$

soit

$$|(j'\,j)\,g', j''; JM\rangle$$
$$= \sum_{g''} |j', (j\,j'')\,g''; JM\rangle \sqrt{(2g'+1)(2g''+1)}\,(-)^{j+j'+j''+J} \begin{Bmatrix} j' & j & g' \\ j'' & J & g'' \end{Bmatrix} \quad (29)$$

Coefficients W de Racah (⁶)

Racah utilise les coefficients W égaux au signe près aux symboles « 6j » :

$$\begin{Bmatrix} j_1 & j_2 & j_3 \\ J_1 & J_2 & J_3 \end{Bmatrix} = (-)^{j_1+j_2+J_1+J_2}\, W(j_1\,j_2\,J_2\,J_1; j_3\,J_3). \quad (30)$$

Coefficients associés

On rencontre parfois dans les expressions de distributions angulaires les coefficients $Z(LJ\,L'\,J'; j\lambda)$ et $F_\lambda(L\,L'\,J_1\,J_2)$ dont il existe des tables détaillées et qui sont respectivement définis par :

$$Z(L\,J\,L'\,J'; j\,\lambda) \quad (31\ a)$$
$$= (-)^{J+J'+\frac{1}{2}(L'-L+\lambda)} \sqrt{(2L+1)(2L'+1)(2J+1)(2J'+1)(2\lambda+1)}$$
$$\times \begin{pmatrix} L & L' & \lambda \\ 0 & 0 & 0 \end{pmatrix} \begin{Bmatrix} L & L' & \lambda \\ J' & J & j \end{Bmatrix}.$$

(⁶) RACAH, *loc. cit.* Les facteurs de signe disparaissent des deux relations précédentes lorsqu'on y substitue les W aux « 6j ». Cependant, les « 6j » ont des relations de symétrie plus simples (cf. § 7).

$F_\lambda(L\,L'\,J_1\,J_2)$ (31 *b*)

$$= (-)^{J_1+J_2-1}\sqrt{(2L+1)(2L'+1)(2J_2+1)(2\lambda+1)}\begin{pmatrix} L & L' & \lambda \\ 1 & -1 & 0 \end{pmatrix}\begin{Bmatrix} L & L' & \lambda \\ J_2 & J_2 & J_1 \end{Bmatrix}.$$

Les coefficients $F_\lambda(L\,L'\,J_1\,J_2)$ interviennent notamment lorsque les produits de la réaction comprennent des particules de spin 1, la polarisation n'étant pas observée.

Tétraèdre associé aux « 6j »

Afin d'éviter certaines confusions dans la manipulation des coefficients W ou des symboles « 6*j* », il est utile d'associer à chaque symbole $\begin{Bmatrix} j' & j & g' \\ j'' & J & g'' \end{Bmatrix}$ un tétraèdre dont chaque arête représente un des six moments cinétiques de ce symbole (fig. 2). Dans cette représentation, chaque couple d'arêtes opposées est associé aux deux moments cinétiques d'une même colonne ; de plus, les trois moments cinétiques de la première ligne correspondent aux arêtes de l'une des faces du tétraèdre. D'ailleurs à chaque face correspondent trois moments cinétiques dont l'un est obtenu par addition vectorielle des deux autres, suivant la définition même du symbole « 6*j* ».

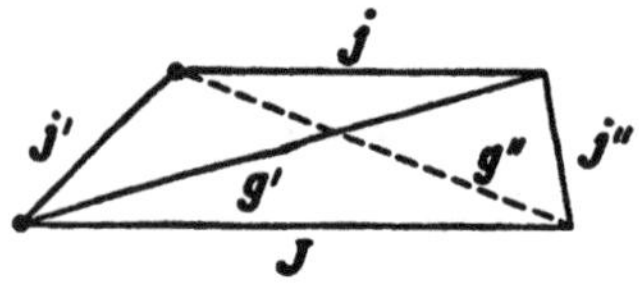

FIG. 2. — Tétraèdre associé au symbole $\begin{Bmatrix} j' & j & g' \\ j'' & J & g'' \end{Bmatrix}$.

7. Principales propriétés des « 6j »

Réalité : les « 6*j* » sont tous réels.

Règles de sélection

Pour que l'on ait $\begin{Bmatrix} j_1 & j_2 & j_3 \\ J_1 & J_2 & J_3 \end{Bmatrix} \neq 0$, il est *nécessaire* que chaque face du tétraèdre associé représente trois moments cinétiques dont l'un peut effectivement être la somme des deux autres. Autrement dit, il faut que les éléments de chacune des triades

$$(j_1\,j_2\,j_3) \qquad (j_1\,J_2\,J_3) \qquad (J_1\,j_2\,J_3) \qquad (J_1\,J_2\,j_3)$$

(*i*) vérifient les inégalités du triangle ;

(*ii*) aient pour somme un nombre entier.

(*N. B.* — Ou bien les six *j* sont entiers ou bien les trois *j* d'une même face sont entiers, ou bien deux *j* correspondant à des arêtes opposées sont entiers.)

Relations de symétrie. — Le symbole « 6*j* » est invariant

(*i*) lorsqu'on permute ses colonnes, ex. : $\begin{Bmatrix} j_1 & j_2 & j_3 \\ J_1 & J_2 & J_3 \end{Bmatrix} = \begin{Bmatrix} j_2 & j_1 & j_3 \\ J_2 & J_1 & J_3 \end{Bmatrix}$;

(*ii*) lorsqu'on échange deux éléments de la première ligne, avec les éléments qui leur correspondent dans la deuxième ligne, ex. : $\begin{Bmatrix} j_1 & j_2 & j_3 \\ J_1 & J_2 & J_3 \end{Bmatrix} = \begin{Bmatrix} J_1 & J_2 & j_3 \\ j_1 & j_2 & J_3 \end{Bmatrix}$.

Autrement dit, pour définir un symbole « 6*j* », il suffit de se donner les six moments cinétiques et leur position mutuelle sur le tétraèdre associé.

Relations fondamentales en fonction des C.-G.

Les relations suivantes relient le symbole $\begin{Bmatrix} j_1 & j_2 & j_3 \\ J_1 & J_2 & J_3 \end{Bmatrix}$ aux coefficients C.-G. formés avec les triades $(j_1\, j_2\, j_3)$, $(j_1\, J_2\, J_3)$, $(J_1\, j_2\, J_3)$, $(J_1\, J_2\, j_3)$ relatives à chacune des quatre faces du tétraèdre associé :

$$\sum_{\substack{M_1 M_2 M_3 \\ m_1 m_2}} (-)^{J_1+J_2+J_3+M_1+M_2+M_3} \begin{pmatrix} J_1 & J_2 & j_3 \\ M_1 & -M_2 & m_3 \end{pmatrix} \begin{pmatrix} J_2 & J_3 & j_1 \\ M_2 & -M_3 & m_1 \end{pmatrix} \begin{pmatrix} J_3 & J_1 & j_2 \\ M_3 & -M_1 & m_2 \end{pmatrix} \begin{pmatrix} j_1 & j_2 & j_3' \\ m_1 & m_2 & m_3' \end{pmatrix} = \delta_{j_3 j_3'} \delta_{m_3 m_3'} \frac{1}{2j_3+1} \begin{Bmatrix} j_1 & j_2 & j_3 \\ J_1 & J_2 & J_3 \end{Bmatrix}. \qquad (32)$$

(Seuls contribuent effectivement à cette somme les M et m vérifiant les 3 relations : $m_1 + m_2 = -m_3$, $M_1 = M_3 + m_2$, $M_2 = M_3 - m_1$.)

$$\sum_{M_1 M_2 M_3} (-)^{J_1+J_2+J_3+M_1+M_2+M_3} \begin{pmatrix} J_1 & J_2 & j_3 \\ M_1 & -M_2 & m_3 \end{pmatrix} \begin{pmatrix} J_2 & J_3 & j_1 \\ M_2 & -M_3 & m_1 \end{pmatrix} \begin{pmatrix} J_3 & J_1 & j_2 \\ M_3 & -M_1 & m_2 \end{pmatrix} = \begin{pmatrix} j_1 & j_2 & j_3 \\ m_1 & m_2 & m_3 \end{pmatrix} \begin{Bmatrix} j_1 & j_2 & j_3 \\ J_1 & J_2 & J_3 \end{Bmatrix}. \qquad (33)$$

(Les seuls termes non nuls de la somme viennent des M vérifiant les 2 relations : $M_1 = M_3 + m_2$, $M_2 = M_3 - m_1$.)

$$\sum_{j_3} (-)^{j_3+m_3} (2j_3+1) \begin{pmatrix} j_1 & j_2 & j_3 \\ m_1 & m_2 & m_3 \end{pmatrix} \begin{pmatrix} j_3 & J_1 & J_2 \\ -m_3 & M_1 & M_2 \end{pmatrix} \begin{Bmatrix} j_1 & j_2 & j_3 \\ J_1 & J_2 & J_3 \end{Bmatrix} = (-)^{2J_2+J_3+M_3} \begin{pmatrix} J_1 & j_2 & J_3 \\ M_1 & m_2 & M_3 \end{pmatrix} \begin{pmatrix} J_3 & j_1 & J_2 \\ -M_3 & m_1 & M_2 \end{pmatrix}, \qquad (34)$$

avec : $m_3 = M_1 + M_2$, $M_3 = m_1 + M_2$.

Relations de Racah-Eliott et relation d'orthogonalité

$$\sum_x (-)^{2x}(2x+1) \begin{Bmatrix} a & b & x \\ a & b & f \end{Bmatrix} = 1. \qquad (35\ a)$$

$$\sum_x (-)^{a+b+x}(2x+1) \begin{Bmatrix} a & b & x \\ b & a & f \end{Bmatrix} = \delta_{f_0} \sqrt{(2a+1)(2b+1)}. \qquad (35\ b)$$

$$\sum_x (2x+1) \begin{Bmatrix} a & b & x \\ c & d & f \end{Bmatrix} \begin{Bmatrix} c & d & x \\ a & b & g \end{Bmatrix} = \delta_{fg} \frac{1}{2f+1}. \qquad (35\ c)$$

$$\sum_x (-)^{f+g+x}(2x+1) \begin{Bmatrix} a & b & x \\ c & d & f \end{Bmatrix} \begin{Bmatrix} c & d & x \\ b & a & g \end{Bmatrix} = \begin{Bmatrix} a & d & f \\ b & c & g \end{Bmatrix}. \qquad (35\ d)$$

$$\sum_x (-)^{a+b+c+d+e+f+g+h+x+j}(2x+1) \begin{Bmatrix} a & b & x \\ c & d & g \end{Bmatrix} \begin{Bmatrix} c & d & x \\ e & f & h \end{Bmatrix} \begin{Bmatrix} e & f & x \\ b & a & j \end{Bmatrix} = \begin{Bmatrix} g & h & j \\ e & a & d \end{Bmatrix} \begin{Bmatrix} g & h & j \\ f & b & c \end{Bmatrix}. \qquad (35\ e)$$

8. Formule condensée de Racah et tables

Formule de Racah

$$\begin{Bmatrix} j_1 & j_2 & j_3 \\ J_1 & J_2 & J_3 \end{Bmatrix} = [\Delta(j_1 j_2 j_3)\, \Delta(j_1 J_2 J_3)\, \Delta(J_1 j_2 J_3)\, \Delta(J_1 J_2 j_3)]^{\frac{1}{2}} \times \sum_t \frac{(-)^t (t+1)!}{\begin{matrix}(t-j_1-j_2-j_3)!\,(t-j_1-J_2-J_3)!\,(t-J_1-j_2-J_3)!\,(t-J_1-J_2-j_3)! \\ \times (j_1+j_2+J_1+J_2-t)!\,(j_2+j_3+J_2+J_3-t)!\,(j_3+j_1+J_3+J_1-t)!\end{matrix}} \qquad (36)$$

Même définition de $\Delta(a\,b\,c)$ et même convention de sommation que pour la formule (22). Le nombre des termes de $\sum_t$ est égal, à $1+\sigma$ où σ est le plus petit des douze nombres

$$\begin{array}{llll} j_1+j_2-j_3 & j_1+J_2-J_3 & J_1+j_2-J_3 & J_1+J_2-j_3 \\ j_2+j_3-j_1 & J_2+J_3-j_1 & j_2+J_3-J_1 & J_2+j_3-J_1 \\ j_3+j_1-j_2 & J_3+j_1-J_2 & J_3+J_1-j_2 & j_3+J_1-J_2 \end{array}$$

Cas particuliers

(*i*) l'un des j est *nul*

$$\begin{Bmatrix} j & j' & 0 \\ J & J' & g \end{Bmatrix} = (-)^{j+J+g}\frac{\delta_{jj'}\,\delta_{JJ'}}{\sqrt{(2j+1)(2J+1)}} \qquad (|j-J|<g<j+J) \tag{37}$$

(*ii*) l'un des j vaut $\boxed{\tfrac{1}{2}}$

$$\begin{Bmatrix} j & j+\frac{1}{2} & \frac{1}{2} \\ J & J+\frac{1}{2} & g+\frac{1}{2} \end{Bmatrix} = (-)^{1+g+j+J}\left[\frac{(1+g+j-J)(1+g-j+J)}{(2j+1)(2j+2)(2J+1)(2J+2)}\right]^{\frac{1}{2}} \tag{38}$$
$$(|j-J|<g<j+J).$$

$$\begin{Bmatrix} j & j+\frac{1}{2} & \frac{1}{2} \\ J+\frac{1}{2} & J & g \end{Bmatrix} = (-)^{1+g+j+J}\left[\frac{(1-g+j+J)(2+g+j+J)}{(2j+1)(2j+2)(2J+1)(2J+2)}\right]^{\frac{1}{2}} \tag{39}$$
$$(|j-J|<g<j+J).$$

III. — SYMBOLES « 9j »

9. Définition et principales propriétés

Couplage de quatre moments cinétiques et définition du « 9j » :

J, moment cinétique total d'un système formé par la réunion de quatre systèmes distincts de moments cinétiques respectifs j_1, j_2, j_3, j_4 :

$$J = j_1 + j_2 + j_3 + j_4.$$

Dans l'espace à $\prod_{i=1}^{4}(2j_i+1)$ dimensions sous-tendu par les vecteurs

$$|m_1\,m_2\,m_3\,m_4\rangle \equiv \prod_{i=1}^{4}|j_i\,m_i\rangle \quad (j_i \text{ donnés, } m_i \text{ variables}),$$

les deux modes de couplage suivants conduisent à deux systèmes distincts de vecteurs de base du sous-espace de moment cinétique (JM) :

a) $\quad j_1+j_2=J_{12} \qquad j_3+j_4=J_{34} \qquad J_{12}+J_{34}=J$
vecteurs $|(j_1\,j_2)\,J_{12}, j_3\,j_4(J_{34})\,;\,JM\rangle$;

b) $\quad j_1+j_3=J_{13} \qquad j_2+j_4=J_{24} \qquad J_{13}+J_{24}=J$
vecteurs $|(j_1\,j_3)\,J_{13}, (j_2\,j_4)\,J_{24}\,;\,JM\rangle$.

Les symboles « 9j » de Wigner sont, à une constante près, les coefficients de la transformation unitaire permettant de passer d'une base à l'autre. Par définition

$$\langle (j_1 j_2) J_{12}, (j_3 j_4) J_{34} ; JM | (j_1 j_3) J_{13}, (j_2 j_4) J_{24} ; J' M' \rangle$$

$$= \delta_{JJ'} \delta_{MM'} \sqrt{(2J_{12}+1)(2J_{34}+1)(2J_{13}+1)(2J_{24}+1)} \begin{Bmatrix} j_1 & j_2 & J_{12} \\ j_3 & j_4 & J_{34} \\ J_{13} & J_{24} & J \end{Bmatrix} \qquad (40\,a)$$

On peut aussi définir les « $9j$ » par

$$\langle [(j_1 j_2) J_{12}, j_3] J_{123} j_4 ; JM | [(j_4 j_2) J_{42}, j_3] J_{423} j_1 ; J' M' \rangle \qquad (40\,b)$$

$$= (-)^{J_{423}+j_1-J_{123}-j_4} \delta_{JJ'} \delta_{MM'} \sqrt{(2J_{12}+1)(2J_{123}+1)(2J_{42}+1)(2J_{423}+1)} \begin{Bmatrix} j_2 & J_{12} & j_1 \\ J_{42} & j_3 & J_{423} \\ j_4 & J_{123} & J \end{Bmatrix}$$

On emploie aussi la notation

$$\mathsf{X}\begin{pmatrix} j_1 & j_2 & J_{12} \\ j_3 & j_4 & J_{34} \\ J_{13} & J_{24} & J \end{pmatrix} = \begin{Bmatrix} j_1 & j_2 & J_{12} \\ j_3 & j_4 & J_{34} \\ J_{31} & J_{24} & J \end{Bmatrix}$$

Relation en fonction des symboles « 3j »

$$\begin{pmatrix} J_{13} & J_{24} & J \\ M_{13} & M_{24} & M \end{pmatrix} \begin{Bmatrix} j_1 & j_2 & J_{12} \\ j_3 & j_4 & J_{34} \\ J_{13} & J_{24} & J \end{Bmatrix} = \sum_{\substack{m_1 m_2 m_3 m_4 \\ M_{12} M_{34}}} \qquad (40\,c)$$

$$\begin{pmatrix} j_1 & j_2 & J_{12} \\ m_1 & m_2 & M_{12} \end{pmatrix} \begin{pmatrix} j_3 & j_4 & J_{34} \\ m_3 & m_4 & M_{34} \end{pmatrix} \begin{pmatrix} j_1 & j_3 & J_{13} \\ m_1 & m_3 & M_{13} \end{pmatrix} \begin{pmatrix} j_2 & j_4 & J_{24} \\ m_2 & m_4 & M_{24} \end{pmatrix} \begin{pmatrix} J_{12} & J_{34} & J \\ M_{12} & M_{34} & M \end{pmatrix}$$

Relations de symétrie

$$\begin{Bmatrix} J_1 & J_2 & J_3 \\ J_4 & J_5 & J_6 \\ J_7 & J_8 & J_9 \end{Bmatrix} \quad \text{est}$$

(*i*) multiplié par $(-)^R$, où $R = \sum_{i=1}^{9} J_i$, lorsqu'on échange deux lignes ou deux colonnes ;

(*ii*) invariant dans une réflexion autour de l'une des diagonales.

Relation d'orthogonalité

$$\sum_{J_{13} J_{24}} (2J_{13}+1)(2J_{24}+1) \begin{Bmatrix} j_1 & j_2 & J_{12} \\ j_3 & j_4 & J_{34} \\ J_{13} & J_{24} & J \end{Bmatrix} \begin{Bmatrix} j_1 & j_2 & J'_{12} \\ j_3 & j_4 & J'_{34} \\ J_{13} & J_{24} & J \end{Bmatrix} = \frac{\delta_{J_{12} J'_{12}} \delta_{J_{34} J'_{34}}}{(2J_{12}+1)(2J_{34}+1)} \cdot$$

Relation en fonction des symboles « 6j »

$$\begin{Bmatrix} j_1 & j_2 & J_{12} \\ j_3 & j_4 & J_{34} \\ J_{13} & J_{24} & J \end{Bmatrix} = \sum_g (-)^{2g} (2g+1) \begin{Bmatrix} j_1 & j_2 & J_{12} \\ J_{34} & J & g \end{Bmatrix} \begin{Bmatrix} j_3 & j_4 & J_{34} \\ j_2 & g & J_{24} \end{Bmatrix} \begin{Bmatrix} J_{13} & J_{24} & J \\ g & j_1 & j_3 \end{Bmatrix} \qquad (41)$$

Cas où l'un des j est nul

$$\begin{Bmatrix} j_1 & j_2 & f \\ j_3 & j_4 & f' \\ g & g' & 0 \end{Bmatrix} = \delta_{ff'} \delta_{gg'} \frac{(-)^{j_2+j_3+f+g}}{\sqrt{(2f+1)(2g+1)}} \begin{Bmatrix} j_1 & j_2 & f \\ j_4 & j_3 & g \end{Bmatrix} \qquad (42)$$

IV. — MATRICES DE ROTATION

10. Rotations. Opérateurs de rotation. Matrices $\mathbf{R}^{(J)}$

$$\begin{aligned} \mathcal{R}_u(\varphi) &\equiv \text{Rotation d'axe } u \text{ et d'angle } \varphi \\ \mathcal{R}(\alpha\beta\gamma) &\equiv \text{Rotation d'angles d'Euler } (\alpha, \beta, \gamma) \\ &\equiv \mathcal{R}_Z(\gamma)\, \mathcal{R}_u(\beta)\, \mathcal{R}_z(\alpha). \end{aligned} \tag{43}$$

Les opérations du second membre se succèdent dans l'ordre de *droite à gauche* (cf. fig. 3).

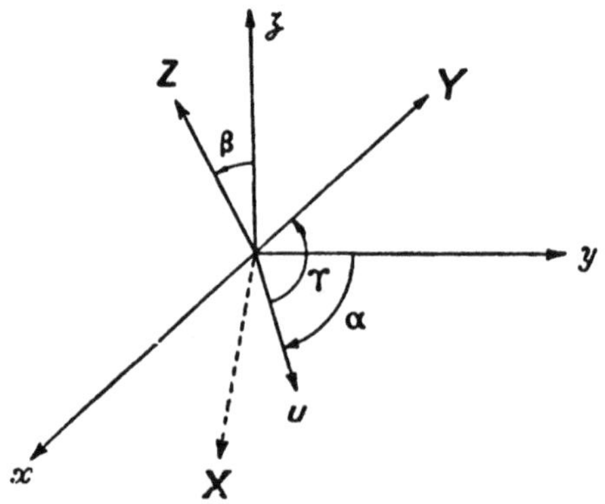

Fig. 3. — Les angles d'Euler

$\alpha = (Oy, Ou), \qquad \beta = (Oz, OZ), \qquad \gamma = (Ou, OY).$

Matrice associée : matrice de transformation des coordonnées des vecteurs (on la désigne par la même lettre $\mathcal{R}$ que la rotation elle-même).

Si $V(V_1, V_2, V_3)$ est un vecteur quelconque et $V'(V_1', V_2', V_3')$ son transformé dans la rotation $\mathcal{R}$, on a :

$$V' = \mathcal{R}_{ij} V_j, \qquad \mathcal{R}_{ij} \text{ éléments de la matrice associée.}$$

[*Conséquence.* — A_j étant le transformé du vecteur unitaire a_j suivant le $i^{\text{ème}}$ axe ($j = 1$, 2 ou 3) on a : $A_j \equiv \mathcal{R}[a_j] = a_i \mathcal{R}_{ij}$, $\mathcal{R}_{ij} = a_i \cdot A_j$]

$$\mathcal{R}^* = \mathcal{R} \qquad \tilde{\mathcal{R}} = \mathcal{R}^{-1} \qquad \text{dét } \mathcal{R} = 1 \tag{44}$$

$$\mathcal{R}(\alpha\beta\gamma) \equiv \begin{pmatrix} \cos\gamma\cos\beta\cos\alpha - \sin\gamma\sin\alpha & -\sin\gamma\cos\beta\cos\alpha - \cos\gamma\sin\alpha & \sin\beta\cos\alpha \\ \cos\gamma\cos\beta\sin\alpha + \sin\gamma\cos\alpha & -\sin\gamma\cos\beta\sin\alpha + \cos\gamma\cos\alpha & \sin\beta\sin\alpha \\ -\cos\gamma\sin\beta & \sin\gamma\sin\beta & \cos\beta \end{pmatrix} \tag{45}$$

Opérateur rotation

Opérateur unitaire R faisant correspondre à chaque vecteur ket $|\rangle$ son transformé dans la rotation $\mathcal{R}$:

$$\mathcal{R}[|\rangle] \equiv R|\rangle \qquad R^\dagger R = R\,R^\dagger = 1. \tag{46}$$

Si Q est une observable attachée au système quantique :

$$\mathcal{R}[Q] \equiv RQR^{-1}. \tag{47}$$

Si $\boldsymbol{B} \equiv (B_x, B_y, B_z)$ est un opérateur vectoriel attaché au système quantique ($B_i \equiv \boldsymbol{B}.\boldsymbol{a}_i$)

$$\mathcal{R}[B_i] \equiv R\,B_i\,R^{-1} = (\boldsymbol{B}.\boldsymbol{A}_i) = \widetilde{\mathcal{R}}_{ij}\,B_j. \tag{48}$$

N. B. — C'est l'inverse de $\mathcal{R}$ et non $\mathcal{R}$ elle-même qui intervient ici.

L'application de la formule (48) à la transformation des composantes du moment cinétique J dans la rotation $\mathcal{R}(\alpha\,\beta\,\gamma)$ donne

$$R\,J_{\pm}\,R^{-1} = e^{\mp i\gamma}\left[\frac{1+\cos\beta}{2}\,e^{\mp i\alpha}\,J_{\pm} - \frac{1-\cos\beta}{2}\,e^{\pm i\alpha}\,J_{\mp} - \sin\beta\,J_z\right] \tag{49 a}$$

$$R\,J_z\,R^{-1} = \tfrac{1}{2}\sin\beta\,(e^{-i\alpha}\,J_+ + e^{i\alpha}\,J_-) + \cos\beta\,J_z. \tag{49 b}$$

Expression en fonction du moment cinétique total J

Rotation infinitésimale :

$$R_{\boldsymbol{u}}(\varepsilon) = 1 - i\varepsilon\,(\boldsymbol{J}.\boldsymbol{u}) \qquad (\varepsilon \ll 1). \tag{50}$$

Rotations finies :

$$R_{\boldsymbol{u}}(\varphi) = e^{-i\varphi(\boldsymbol{J}.\boldsymbol{u})} \tag{51}$$

$$R(\alpha\,\beta\,\gamma) = e^{-i\alpha J_z}\,e^{-i\beta J_y}\,e^{-i\gamma J_z}. \tag{52}$$

Correspondance entre rotations et opérateurs rotation

La correspondance entre rotations infinitésimales et opérateurs R infiniment voisins de 1 est biunivoque mais il n'en est pas nécessairement de même pour les rotations finies.

A toute rotation finie $\mathcal{R}$, correspondent en général deux rotations R' et R'' reliées entre elles par la relation

$$R'' = D\,R'$$

où l'opérateur D est la fonction de $\boldsymbol{J}^2$ telle que

$$D = \begin{cases} +1 & \text{si} \quad J \text{ est entier} \\ -1 & \text{si} \quad J \text{ est demi-entier.} \end{cases}$$

Pour que l'on ait $R' = R''$, il est nécessaire que l'espace des états soit formé exclusivement d'états de J entier.

$$R_{\boldsymbol{u}}(2\pi) = D$$
$$R_{\boldsymbol{u}}(4\pi) = 1.$$

Soient $(\alpha\,\beta\,\gamma)$ et $(\alpha_1\,\beta_1\,\gamma_1)$ deux jeux d'angles d'Euler définissant la même rotation (équ. (XIII.42)) :

$$R(\alpha_1\,\beta_1\,\gamma_1) = D^{n_\alpha+n_\beta+n_\gamma}\,R(\alpha\,\beta\,\gamma). \tag{53}$$

Matrices de rotation $R^{(J)}(\alpha\,\beta\,\gamma)$

Matrice à $(2J+1)$ dimensions d'éléments :

$$\begin{aligned} R^{(J)}_{MM'}(\alpha\,\beta\,\gamma) &\equiv \langle JM|\,R(\alpha\,\beta\,\gamma)\,|JM'\rangle \\ &\equiv \langle JM|\,e^{-i\alpha J_z}\,e^{-i\beta J_y}\,e^{-i\gamma J_z}\,|JM'\rangle. \end{aligned} \tag{54}$$

Les vecteurs $|JM\rangle$ (J fixe, $M = -J, \ldots, +J$) sont $(2J+1)$ vecteurs propres de J^2 et J_z se déduisant les uns des autres par les relations (6).

Matrice $r^{(J)}(\beta)$

$$r^{(J)}(\beta) \equiv R^{(J)}(0, \beta, 0)$$

$$r^{(J)}_{MM'}(\beta) \equiv \langle JM|\, e^{-i\beta J_y}\, |J\, M'\rangle \qquad (55)$$

$$R^{(J)}_{MM'}(\alpha\, \beta\, \gamma) = e^{-i\alpha M}\, r^{(J)}_{MM'}(\beta)\, e^{-i\gamma M'}. \qquad (56)$$

II. Propriétés générales des matrices $R^{(J)}$

Inverse : $$[R^{(J)}(\alpha\, \beta\, \gamma)]^{-1} = R^{(J)}(-\gamma, -\beta, -\alpha). \qquad (57)$$

Déterminant : $$\text{dét}\, R^{(J)} = 1. \qquad (58)$$

Uniformité : $$R^{(J)}_{u}(2\pi) = (-)^{2J}. \qquad (59)$$

A tout jeu d'angles d'Euler correspond une seule matrice $R^{(J)}$.

A toute rotation $\mathcal{R}$ correspond une seule matrice $R^{(J)}$ si J est entier, deux matrices opposées l'une de l'autre si J est demi-entier.

Réalité : $r^{(J)}(\beta)$ est une matrice réelle.

Rotations de π *autour des axes*

Notations : $X, Y, Z \equiv$ opérateurs de rotation d'angle $+\pi$ autour de Ox, Oy, Oz, respectivement.

$$X^2 = Y^2 = Z^2 = X\,Y\,Z = (-)^{2J}. \qquad (60)$$

$$X|JM\rangle = e^{-i\pi J}|J\ -M\rangle, \quad \text{d'où} \quad X^{(J)}_{MM'} = e^{-i\pi J}\,\delta_{M\,-M'}. \qquad (61)$$

$$Y|JM\rangle = (-)^{J-M}|J\ -M\rangle, \quad \text{d'où} \quad Y^{(J)}_{MM'} = (-)^{J+M}\,\delta_{M\,-M'}. \qquad (62)$$

$$Z|JM\rangle = e^{-i\pi M}|JM\rangle, \quad \text{d'où} \quad Z^{(J)}_{MM'} = e^{-i\pi M}\,\delta_{MM'}. \qquad (63)$$

Transformation de l'opérateur moment cinétique dans la rotation Y :

$$Y J_x Y^{\dagger} = -J_x \qquad Y J_y Y^{\dagger} = J_y \qquad Y J_z Y^{\dagger} = -J_z \qquad Y J_{\pm} Y^{\dagger} = -J_{\mp}$$

d'où :

$$Y\, R^{(J)}\, Y^{\dagger} = R^{(J)*}. \qquad (64)$$

Relations de symétrie (déduites de (62) et (64))

$$r^{(J)}_{MM'} = (-)^{M-M'}\, r^{(J)}_{-M,\,-M'}. \qquad (65)$$

$$R^{(J)*}_{MM'} = (-)^{M-M'}\, R^{(J)}_{-M,\,-M'}. \qquad (66)$$

Relations d'unitarité et d'orthogonalité

$R^{(J)\dagger} = R^{(J)-1}$ d'où les relations d'unitarité

$$\sum_M R^{(J)}_{MM'}\, R^{(J)*}_{MM''} = \delta_{M'\,M''} \qquad \sum_M R^{(J)}_{M'\,M}\, R^{(J)*}_{M''\,M} = \delta_{M'\,M''} \qquad (67)$$

et, compte tenu des relations de symétrie, les relations d'orthogonalité

$$\sum_M (-)^{J+M} R^{(J)}_{MM'} R^{(J)}_{-M-M''} = (-)^{J+M'} \delta_{M'M''}$$

$$\sum_M (-)^{J+M} R^{(J)}_{M'M} R^{(J)}_{-M''-M} = (-)^{J+M'} \delta_{M'M''}. \qquad (68)$$

Formules de réduction et de composition

Les formules suivantes concernent des matrices $R^{(j_1)}$, $R^{(j_2)}$, $R^{(J)}$ relatives aux mêmes angles d'Euler.

Réduction du produit tensoriel $R^{(j_1)} \otimes R^{(j_2)}$:

$$R^{(j_1)}_{m_1 m_1'} R^{(j_2)}_{m_2 m_2'} = \sum_{J=|j_1-j_2|}^{j_1+j_2} \sum_{M, M'=-J}^{+J} \langle j_1 j_2 m_1 m_2 | J M \rangle R^{(J)}_{MM'} \langle j_1 j_2 m_1' m_2' | J M' \rangle. \qquad (69)$$

Formule de composition :

$$R^{(J)}_{MM'} = \sum_{m_1, m_1'=-j_1}^{+j_1} \sum_{m_2, m_2'=-j_2}^{+j_2} \langle j_1 j_2 m_1 m_2 | J M \rangle R^{(j_1)}_{m_1 m_1'} R^{(j_2)}_{m_2 m_2'} \langle j_1 j_2 m_1' m_2' | J M' \rangle. \qquad (70)$$

En particulier, si $J = j_1 + j_2$

$$R^{(J)}_{JJ} = R^{(j_1)}_{j_1 j_1} R^{(j_2)}_{j_2 j_2}$$

$$R^{(J)}_{J,-J} = R^{(j_1)}_{j_1,-j_1} R^{(j_2)}_{j_2,-j_2}. \qquad (71)$$

12. Calcul des Éléments de Matrice $R^{(J)}_{MM'}$

Principales méthodes de calcul

Lorsqu'on connaît la matrice $r^{(J)}(\beta)$, on déduit aisément la matrice $R^{(J)}(\alpha \beta \gamma)$ en appliquant l'identité (56).

$r^{(J)}$ est réel, unitaire, et possède la propriété de symétrie (65) :

$$r^{(J)}_{MM'}(\beta) = r^{(J)}_{M'M}(-\beta) = (-)^{M-M'} r^{(J)}_{-M-M'}(\beta).$$

Il suffit donc de connaître les éléments de matrice correspondant à $M > 0$ et $M \geqslant M'$ pour en déduire tous les autres.

Quant à ces derniers on peut :

a) les calculer directement au moyen de la formule de Wigner donnée ci-dessous ;

b) les déduire par application de la loi de composition (70) d'éléments de matrices $r^{(j_1)}$, $r^{(j_2)}$ relatifs à des moments cinétiques moins élevés ; en particulier toutes les matrices $r^{(J)}$ s'obtiennent de proche en proche à partir de $r^{(1/2)}$;

c) les déduire les uns des autres par application des relations de récurrence qui découlent des équations (49).

Formule de Wigner

Posons :

$$\xi = \cos \tfrac{1}{2}\beta, \qquad \eta = \sin \tfrac{1}{2}\beta.$$

On a :

$$r^{(J)}_{MM'} = \sum_t (-)^t \frac{\sqrt{(J+M)!\,(J-M)!\,(J+M')!\,(J-M')!}}{(J+M-t)!\,(J-M'-t)!\,t!\,(t-M+M')!} \times \xi^{2J+M-M'-2t}\,\eta^{2t-M+M'}. \tag{72}$$

Même convention de sommation que pour la formule (21). Le nombre des termes de $\sum_t$ est égal à $1 + \tau$ où τ est le plus petit des quatre nombres $J \pm M$, $J \pm M'$.

$r^{(J)}_{MM'}$ est un polynôme homogène de degré $2J$ par rapport à l'ensemble des variables ξ et η.

Cas particuliers de la formule de Wigner

$$\begin{aligned} r^{(J)}_{MJ} &= (-)^{J-M} r^{(J)}_{JM} = r^{(J)}_{-J-M} = (-)^{J-M} r^{(J)}_{-M-J} \\ &= \sqrt{\frac{(2J)!}{(J+M)!\,(J-M)!}}\,\xi^{J+M}\eta^{J-M} \\ r^{(J)}_{JJ} &= r^{(J)}_{-J-J} = \xi^{2J} \qquad r^{(J)}_{-JJ} = (-)^{2J} r^{(J)}_{J-J} = \eta^{2J}. \end{aligned} \tag{73}$$

Cas $J = \frac{1}{2}$

$$R^{1/2}(\alpha\beta\gamma) = \begin{pmatrix} e^{-\frac{1}{2}i\alpha}\cos\frac{1}{2}\beta\, e^{-\frac{1}{2}i\gamma} & -e^{-\frac{1}{2}i\alpha}\sin\frac{1}{2}\beta\, e^{+\frac{1}{2}i\gamma} \\ e^{+\frac{1}{2}i\alpha}\sin\frac{1}{2}\beta\, e^{-\frac{1}{2}i\gamma} & e^{+\frac{1}{2}i\alpha}\cos\frac{1}{2}\beta\, e^{+\frac{1}{2}i\gamma} \end{pmatrix} \tag{74}$$

(dans cette expression, les lignes successives correspondent dans l'ordre à $M = \frac{1}{2}, -\frac{1}{2}$; les colonnes sont rangées de gauche à droite dans le même ordre).

13. Valeurs entières de J ($J = l$) et rotation des harmoniques sphériques

Cas $l = 1$

$$r^{(1)}(\beta) = \begin{pmatrix} \frac{1}{2}(1+\cos\beta) & -\frac{1}{2}\sqrt{2}\sin\beta & \frac{1}{2}(1-\cos\beta) \\ \frac{1}{2}\sqrt{2}\sin\beta & \cos\beta & -\frac{1}{2}\sqrt{2}\sin\beta \\ \frac{1}{2}(1-\cos\beta) & \frac{1}{2}\sqrt{2}\sin\beta & \frac{1}{2}(1+\cos\beta) \end{pmatrix}. \tag{75}$$

(dans cette expression les lignes successives sont rangées dans l'ordre des $M = +1, 0, -1$; les colonnes sont rangées de gauche à droite dans le même ordre).

Rotation des harmoniques sphériques

$\omega \equiv (\theta, \varphi)$ = angles polaires d'un vecteur unitaire v par rapport au trièdre $Oxyz$ ($v_1 = \sin\theta\cos\varphi$, $v_2 = \sin\theta\sin\varphi$, $v_3 = \cos\theta$).

$\Omega \equiv (\Theta, \Phi)$ = angles polaires du même vecteur v par rapport au trièdre $OXYZ$.

$(\alpha\beta\gamma)$ angles d'Euler de la rotation amenant $oxyz$ en $OXYZ$ [7].

[7] Pour lever l'arbitraire du choix des angles d'Euler, nous supposons les conditions supplémentaires

$$0 \leqslant \alpha \leqslant 2\pi \qquad 0 \leqslant \beta \leqslant \pi \qquad -\pi \leqslant \gamma \leqslant +\pi$$

(avec ce choix, le trièdre $OuzZ$ est dextrorsum). Ceci admis,

(*i*) les coordonnées polaires de OZ par rapport à $Oxyz$ sont (β, α) ;
(*ii*) les coordonnées polaires de Oz par rapport à $OXYZ$ sont $(\beta, \pi - \gamma)$.

Θ et Φ sont des fonctions bien déterminées de θ et φ dans lesquelles α, β, γ interviennent comme paramètres.

$\omega_1 \equiv (\theta_1, \varphi_1)$ angles polaires par rapport à $Oxyz$ du vecteur $\boldsymbol{v}_1 \equiv \mathcal{R}^{-1}\,\boldsymbol{v}$, que la rotation $\mathcal{R}(\alpha\,\beta\,\gamma)$ transforme en $\boldsymbol{v}$. On a : $\omega_1 = \Omega$.

L'harmonique sphérique $Y_l^m(\omega)$ représente un certain vecteur ket, $|lm\rangle$, dans la représentation $\{\,\omega\,\}$:

$$Y_l^m(\omega) = \langle\omega|lm\rangle.$$

La rotation $\mathcal{R}(\alpha\,\beta\,\gamma)$ transforme ce ket en un ket $R(\alpha\,\beta\,\gamma)|lm\rangle$ dont la composante dans la direction $\boldsymbol{v}$ est égale à la composante de $|lm\rangle$ dans la direction $\boldsymbol{v}_1$:

$$Y_l^m(\Omega) \equiv \langle\omega_1|lm\rangle = \langle\omega|R|lm\rangle$$

d'où la formule de *rotation des harmoniques sphériques :*

$$Y_l^m(\Omega) = \sum_{m'=-l}^{+l} Y_l^{m'}(\omega)\, R^{(l)}_{m'\,m}(\alpha\,\beta\,\gamma). \tag{76}$$

Produit scalaire et théorème d'addition

Soit $\boldsymbol{v}$, $\boldsymbol{v}'$ deux vecteurs unitaires, ω, ω' leurs angles polaires respectifs par rapport à $Oxyz$, Ω, Ω' les angles polaires des mêmes vecteurs par rapport à $OXYZ$. La relation (76) et la relation d'unitarité de $R^{(l)}$ donnent

$$\sum_m Y_l^m(\Omega)\; Y_l^{m*}(\Omega') = \sum_m Y_l^m(\omega)\; Y_l^{m*}(\omega'). \tag{77}$$

En particulier si $\boldsymbol{v}'$ est dirigé suivant OZ, on trouve le théorème d'addition

$$\sqrt{\frac{2l+1}{4\pi}}\; Y_l^0(\Omega) \equiv \frac{2l+1}{4\pi}\, P_l(\cos\Theta) = \sum_{m=-l}^{+l} Y_l^m(\theta,\varphi)\, Y_l^{m*}(\beta,\alpha). \tag{78}$$

Expression de $r^{(l)}_{mm'}$, en fonction de cos β et sin β :

Pour l entier

(i) si $(-)^{m+m'} = +1$, $r^{(l)}_{mm'}$ = polynôme de degré l en $\cos\beta$;

(ii) si $(-)^{m+m'} = -1$, $r^{(l)}_{mm'} = \sin\beta\,\times$ (polynôme de degré $(l-1)$ en $\cos\beta$).

En particulier

$$r^{(l)}_{ml}(\beta) = \sqrt{\frac{(2l)\,!}{(l+m)\,!\,(l-m)\,!}}\,\frac{1}{2^l}\,(1+\cos\beta)^m \sin^{l-m}\beta. \tag{79}$$

Expressions de $R^{(l)}_{mm'}$ lorsque m ou m' = 0

$$R^{(l)}_{m0}(\alpha\,\beta\,\gamma) = \sqrt{\frac{4\pi}{2l+1}}\; Y_l^{m*}(\beta\,\alpha). \tag{80 a}$$

$$R^{(l)}_{0m}(\alpha\,\beta\,\gamma) = (-)^m\sqrt{\frac{4\pi}{2l+1}}\; Y_l^{m*}(\beta\,\gamma). \tag{80 b}$$

$$R^{(l)}_{00}(\alpha\,\beta\,\gamma) = P_l(\cos\beta). \tag{80 c}$$

V. — OPÉRATEURS TENSORIELS

14. Définition et principales propriétés

Définition

Opérateur tensoriel ≡ ensemble d'opérateurs qui se transforment linéairement les uns dans les autres par rotation.

Opérateur tensoriel irréductible :

Les $(2k+1)$ opérateurs $T_q^{(k)}$ $(q = -k, \ldots, +k)$ sont par définition les *composantes standard d'un opérateur tensoriel irréductible* d'ordre k, $\mathbf{T}^{(k)}$, s'ils se transforment par rotation suivant la formule

$$R T_q^{(k)} R^{-1} = \sum_{q'=-k}^{+k} T_{q'}^{(k)} R_{q'q}^{(k)} \tag{81}$$

Opérateur vectoriel ≡ opérateur tensoriel irréductible d'ordre 1. Si V_x, V_y, V_z sont ses composantes suivant $Oxyz$, ses composantes standard sont

$$V_+ = -\tfrac{1}{2}\sqrt{2}(V_x + \mathrm{i}V_y) \qquad V_0 = V_z \qquad V_- = \tfrac{1}{2}\sqrt{2}(V_x - \mathrm{i}V_y).$$

Opérateur scalaire ≡ opérateur tensoriel irréductible d'ordre 0.

Relations de commutation avec J

$$[J_\pm, T_q^{(k)}] = \sqrt{k(k+1) - q(q\pm 1)}\, T_{q\pm 1}^{(k)}. \tag{82 a}$$

$$[J_z, T_q^{(k)}] = q\, T_q^{(k)}. \tag{82 b}$$

Conjugaison hermitique (*) :

$$\mathbf{S}^{(k)} = \mathbf{T}^{(k)\dagger} \qquad \text{si} \qquad S_q^{(k)} = (-)^q\, T_{-q}^{(k)\dagger}. \tag{83}$$

Propriété fondamentale (Wigner-Eckart)

$$\begin{aligned} \langle \tau JM | T_q^{(k)} | \tau' J' M' \rangle &= \frac{(-)^{2k}}{\sqrt{2J+1}} \langle \tau J \| \mathbf{T}^{(k)} \| \tau' J' \rangle \langle J'k\, M'q | JM \rangle \\ &= (-)^{J-M} \langle \tau J \| \mathbf{T}^{(k)} \| \tau' J' \rangle \begin{pmatrix} J & k & J' \\ -M & q & M' \end{pmatrix}. \end{aligned} \tag{84}$$

$\langle \tau J \| \mathbf{T}^{(k)} \| \tau' J' \rangle$ est par définition, *l'élément de matrice réduit* (*).

(*) La définition adoptée ici est celle de Racah (*loc. cit*). Avec cette définition, les harmoniques sphériques Y_l^m d'ordre donné l forment un opérateur tensoriel hermitique. On note que le produit tensoriel (défini plus bas) d'opérateurs tensoriels hermitiques irréductibles qui commutent n'est pas toujours hermitique. Pour qu'ils le soient, il faut modifier la définition de la conjugaison hermitique en y remplaçant $(-)^q$ par $(-)^{k+q}$. Avec cette nouvelle définition, les harmoniques sphériques d'ordre impair sont anti-hermitiques.

N. B. — Notre définition de la conjugaison hermitique s'applique aussi bien aux opérateurs tensoriels d'ordre demi-entier si l'on convient que $(-)^q$ signifie $e^{i\pi q}$.

(*) La définition adoptée ici est celle de Racah (*loc. cit.*).

On a la relation de conjugaison (k entier) :

$$\langle \tau J \| \mathbf{T}^{(k)} \| \tau' J' \rangle^* = (-)^{J'-J} \langle \tau' J' \| \mathbf{T}^{(k)\dagger} \| \tau J \rangle. \tag{85}$$

Opérateurs tensoriels particuliers

opérateur identité :

$$\langle \alpha J \| \alpha' J' \rangle = \delta_{\alpha\alpha'} \delta_{JJ'} \sqrt{2J+1}$$

moment cinétique total :

$$\langle \alpha J \| \mathbf{J} \| \alpha' J' \rangle = \delta_{\alpha\alpha'} \delta_{JJ'} \sqrt{J(J+1)(2J+1)}.$$

15. Produits tensoriels d'opérateurs tensoriels irréductibles (10)

Définitions

Soient $\mathbf{T}^{(k_1)}$, $\mathbf{U}^{(k_2)}$, deux opérateurs tensoriels irréductibles d'ordre k_1, k_2 respectivement. Par définition :

$\mathbf{T}^{(k_1)} \otimes \mathbf{U}^{(k_2)} \equiv$ ensemble des $(2k_1+1)(2k_2+1)$ opérateurs $T^{(k_1)}_{q_1} U^{(k_2)}_{q_2}$ (non nécessairement linéairement indépendants). C'est un opérateur tensoriel (réductible).

$\mathbf{V}^{(K)} \equiv [\mathbf{T}^{(k_1)} \otimes \mathbf{U}^{(k_2)}]_K$, *produit tensoriel d'ordre K*, est l'opérateur tensoriel irréductible d'ordre K, de composantes

$$V^{(K)}_Q = \sum_{q_1 q_2} \langle k_1 k_2 q_1 q_2 | KQ \rangle \, T^{(k_1)}_{q_1} U^{(k_2)}_{q_2} \tag{86}$$

(on a nécessairement $| k_1 - k_2 | < K < k_1 + k_2$).

Si $k_1 = k_2 = k$, on définit le produit scalaire (11) :

$$S \equiv (\mathbf{T}^{(k)} . \mathbf{U}^{(k)}) = \sum_q (-)^q \, T^{(k)}_q U^{(k)}_{-q}. \tag{87}$$

N. B. — $S = (-)^k \sqrt{2k+1} \; V^{(0)}_0$.

Expression des éléments de matrice réduits

Soit un système quantique formé par la réunion de deux sous-systèmes 1 et 2; soient J_1, J_2, les moments cinétiques de ces derniers ($J = J_1 + J_2$).

$|\tau_1 J_1 M_1\rangle$ vecteurs de base du système 1.

$|\tau_2 J_2 M_2\rangle$ vecteurs de base du système 2.

$\mathbf{T}^{(k_1)}$, $\mathbf{U}^{(k_2)}$ opérateurs tensoriels irréductibles agissant exclusivement sur les variables des systèmes 1, 2 respectivement.

$\mathbf{V}^{(K)}$ produit tensoriel d'ordre K suivant la définition (86).

(10) Dans toutes les formules qui suivent, nous nous limitons aux opérateurs tensoriels d'ordre entier.

(11) Suivant cette définition, le produit scalaire de deux opérateurs vectoriels ($\mathbf{V} . \mathbf{W}$) est donné, conformément à la définition habituelle, par $V_x W_x + V_y W_y + V_z W_z$.

Dans la représentation standard $\{\tau_1\,\tau_2\,J_1^2\,J_2^2\,J^2\,J_z\}$ les éléments de matrice réduits de $\mathbf{V}^{(K)}$ sont donnés par la formule de composition

$$\begin{aligned}\langle\tau_1\,\tau_2\,J_1\,J_2\,J\|\mathbf{V}^{(K)}\|\tau_1'\,\tau_2'\,J_1'\,J_2'\,J'\rangle &= \sqrt{(2J+1)(2K+1)(2J'+1)}\\ &\times\begin{Bmatrix} J_1' & J_2' & J' \\ k_1 & k_2 & K \\ J_1 & J_2 & J\end{Bmatrix}\langle\tau_1\,J_1\|T^{(k_1)}\|\tau_1'\,J_1'\rangle\,\langle\tau_2\,J_2\|U^{(k_2)}\|\tau_2'\,J_2'\rangle.\end{aligned} \tag{88}$$

Cas particuliers où le symbole « $9J$ » se réduit à un symbole « $6J$ »

$\mathbf{U} = 1 \qquad K = k_1 = k.$

$$\begin{aligned}\langle\tau_1\,\tau_2\,J_1\,J_2\,J\|\mathbf{T}^{(k)}\|\tau_1'\,\tau_2'\,J_1'\,J_2'\,J'\rangle &= \delta_{\tau_2\tau_2'}\,\delta_{J_2J_2'}\,\langle\tau_1\,J_1\|\mathbf{T}^{(k)}\|\tau_1'\,J_1'\rangle\\ &\times(-)^{J'+J_1+J_2+k}\sqrt{(2J+1)(2J'+1)}\begin{Bmatrix} J_1 & k & J_1' \\ J' & J_2 & J\end{Bmatrix}\end{aligned} \tag{89}$$

$\mathbf{T} = 1 \qquad K = k_2 = k.$

$$\begin{aligned}\langle\tau_1\,\tau_2\,J_1\,J_2\,J\|\mathbf{U}^{(k)}\|\tau_1'\,\tau_2'\,J_1'\,J_2'\,J'\rangle &= \delta_{\tau_1\tau_1'}\,\delta_{J_1J_1'}\langle\tau_2\,J_2\|\mathbf{U}^{(k)}\|\tau_2'\,J_2'\rangle\\ &\times(-)^{J+J_1+J_2'+k}\sqrt{(2J+1)(2J'+1)}\begin{Bmatrix} J_2 & k & J_2' \\ J' & J_1 & J\end{Bmatrix}\end{aligned} \tag{90}$$

$K = 0 \qquad k_1 = k_2 = k.$

$$\begin{aligned}&\langle\tau_1\,\tau_2\,J_1\,J_2\,JM|(\mathbf{T}^{(k)}\,.\,\mathbf{U}^{(k)})|\tau_1'\,\tau_2'\,J_1'\,J_2'\,J'\,M'\rangle\\ &= \delta_{JJ'}\,\delta_{MM'}\,(-)^{J+J_2+J_1'}\begin{Bmatrix} J_1 & k & J_1' \\ J_2' & J & J_2\end{Bmatrix}\langle\tau_1\,J_1\|\mathbf{T}^{(k)}\|\tau_1'\,J_1'\rangle\,\langle\tau_2\,J_2\|\mathbf{U}^{(k)}\|\tau_2'\,J_2'\rangle\end{aligned} \tag{91}$$

Cas particulier : $\mathbf{T}^{(k)} = \mathbf{J}_1$

$$\langle J_1\,J_2\,J+1\|\mathbf{J}_1\|J_1\,J_2\,J\rangle = \tfrac{1}{2}\sqrt{\frac{[(2S+1)^2-(J+1)^2]\,[(J+1)^2-4d^2]}{J+1}}$$

$$\begin{aligned}\langle J_1\,J_2\,J\|\mathbf{J}_1\|J_1\,J_2\,J\rangle &= \tfrac{1}{2}\,[2d(2S+1)+J(J+1)]\sqrt{\frac{2J+1}{J(J+1)}}\\ &= \tfrac{1}{2}[J_1(J_1+1)+J(J+1)-J_2(J_2+1)]\sqrt{\frac{2J+1}{J(J+1)}}\end{aligned}$$

$$\langle J_1\,J_2\,J-1\|\mathbf{J}_1\|J_1\,J_2\,J\rangle = -\tfrac{1}{2}\sqrt{\frac{[(2S+1)^2-J^2]\,[J^2-4d^2]}{J+1}}$$

$$S = \tfrac{1}{2}(J_1+J_2) \qquad d = \tfrac{1}{2}(J_1-J_2)$$

$$|2d| \leqslant J \leqslant 2S$$

APPENDICE D

ÉLÉMENTS DE THÉORIE DES GROUPES

SOMMAIRE

1. Introduction

Il arrive fréquemment que les équations d'évolution des systèmes que l'on étudie en Mécanique Quantique soient invariantes par rapport à certains groupes de transformation ou, plus généralement, que les observables que l'on manipule possèdent des propriétés de transformation particulièrement simples par rapport à ces groupes. Les méthodes de la Théorie des Groupes permettent de dégager les conséquences et les simplifications qui résultent de l'existence de ces propriétés de symétrie.

En réalité, si l'on dispose d'une bonne dose d'intuition et d'une certaine adresse dans le maniement des opérateurs, on peut bien souvent exploiter ces propriétés de symétrie sans faire explicitement appel à la Théorie des Groupes. Bon nombre d'excellents physiciens préfèrent en rester là, quitte à redécouvrir à l'occasion de problèmes particuliers les résultats « bien connus » de Théorie des Groupes dont ils désirent faire usage. Cependant, dans certains chapitres de la physique comme l'étude des molécules polyatomiques ou celles de cristaux, la dose d'intuition et d'adresse nécessaire est trop forte et l'usage conscient et avoué de la Théorie des Groupes devient inévitable. Lorsque les symétries qui interviennent sont moins complexes, le recours aux méthodes de la Théorie des Groupes, sans être indispensable, permet bien souvent de mieux poser les problèmes et fournit automatiquement certains éléments de leur solution.

L'objet de cet appendice est de familiariser le lecteur avec la Théorie des Groupes et de lui fournir une introduction à des ouvrages plus complets sur ce sujet (1).

Il consiste en un exposé des principales notions et des propriétés d'usage le plus fréquent en Mécanique Quantique. Les démonstrations ont été presque toutes omises faute de place ; la plupart d'entre elles, et notamment toutes celles des sections I et II, n'offrent pas de sérieuse difficulté.

I. — GÉNÉRALITÉS SUR LES GROUPES

2. Définitions

GROUPE

Un ensemble $\mathcal{G}$ d'opérations a, b, c, ..., forme un groupe si :

(*i*) *le produit* de deux quelconques d'entre elles fait partie de l'ensemble (2) (3) :

$$\text{si } a \in \mathcal{G} \quad \text{et} \quad b \in \mathcal{G}, \quad \text{alors} \quad ab \in \mathcal{G}\,;$$

(1) Un exposé élémentaire en français est donné par E. BAUER, *Introduction à la Théorie des Groupes et à ses applications à la Physique Quantique*, Presses Universitaires, Paris (1933). Pour un exposé plus complet, voir notamment E. P. WIGNER, *loc. cit.*, note C (2) et (en allemand) B. L. VAN DE WAERDEN, *Die Gruppentheoretische Methode in der Quantenmechanik*, Edwards, Ann Arbor, Michigan (1944). Sur les groupes continus, voir G. RACAH, *Princeton Lecture notes on Group Theory and Spectroscopy* (1951).

(2) Par convention, $a \in \mathcal{G}$ signifie : l'élément a fait partie de l'ensemble $\mathcal{G}$.

(3) L'opération dénotée par ab consiste à appliquer b puis à appliquer a sur le résultat obtenu. ab et ba peuvent être différents.

(*ii*) l'une d'entre elles, I, est l'*unité* :

$$I \in \mathcal{G} \quad \text{tel que, quel que soit} \quad a \in \mathcal{G}, \quad Ia = aI = a\,;$$

(*iii*) chacune d'elles a possède un *inverse* a^{-1} appartenant à l'ensemble :

$$\text{si } a \in \mathcal{G}, \quad \text{alors} \quad a^{-1} \in \mathcal{G} \quad \text{tel que} \quad a^{-1}a = a\,a^{-1} = I\,;$$

(*iv*) le produit est *associatif* :

$$(ab)c = a(bc).$$

Groupe fini

Groupe possédant un nombre fini N d'éléments. N est l'*ordre* du groupe.

Exemples. — Le groupe des réflexions d'espace est un groupe fini d'ordre 2 ; ses deux éléments sont l'identité I et la réflexion s par rapport au centre de coordonnées : $s^2 = I$. Le groupe $\mathcal{S}_n$ des permutations de n objets est un groupe fini d'ordre $n\,!$

Groupe continu

Groupe possédant une infinité d'éléments dépendant d'un ou plusieurs paramètres continus.

Exemples. — Groupe $\mathcal{R}_3$ des rotations d'espace, groupe des translations d'espace.

Groupe abélien

Groupe dont tous les éléments *commutent* deux à deux :

$$ab = ba \text{ quels que soient } a \text{ et } b \in \mathcal{G}.$$

Exemples. — Réflexions d'espace, translations d'espaces, rotations autour de Oz.

3. Classes d'un groupe

Éléments conjugués

Deux éléments b et a du groupe $\mathcal{G}$ sont conjugués l'un de l'autre s'il existe un élément x de $\mathcal{G}$ tel que

$$b = xax^{-1}.$$

(*N. B.* — x n'est pas unique.)

Si b est conjugué de a, a est conjugué de b : la conjugaison est une correspondance réciproque. De plus, si b et c sont conjugués d'un même élément a, ils sont conjugués l'un de l'autre.

Classe

L'ensemble des conjugués d'un élément donné a du groupe $\mathcal{G}$ est, par définition, une classe de $\mathcal{G}$. L'élément a lui-même fait partie d'un tel ensemble.

La classe des éléments conjugués de b et celle des éléments conjugués de a sont identiques si b est conjugué de a, et n'ont aucun élément commun dans le cas contraire. Chaque élément de $\mathcal{G}$ appartient à une classe bien déterminée : la totalité du groupe peut être subdivisée en classes.

Si un élément de $\mathcal{G}$ commute avec tous les autres, il forme une classe à lui tout seul. En particulier, l'unité I forme une classe à elle toute seule.

Exemple. — L'ensemble $\mathcal{R}(\varphi)$ des rotations ayant même angle φ et ne différant entre elles que par la direction de l'axe de rotation constitue une classe du groupe $\mathcal{R}_3$; à chaque angle φ $(0 \leqslant \varphi < \pi)$ correspond une classe de ce groupe.

4. Sous-groupes d'un groupe

Définition

$\mathcal{H}$ est un sous-groupe de $\mathcal{G}$ si c'est un groupe dont tous les éléments font partie du groupe $\mathcal{G}$.

Exemple. — Les rotations autour de Oz sont un sous-groupe de $\mathcal{R}_3$; les translations parallèlement à Oz sont un sous-groupe du groupe des translations d'espace.

Complexes associés

Si x est un élément de $\mathcal{G}$, on peut faire correspondre à tout élément h du sous-groupe $\mathcal{H}$ l'élément xh. Nous notons l'ensemble de ces éléments par $x\mathcal{H}$. Il existe une correspondance biunivoque entre les éléments de $\mathcal{H}$ et ceux de $x\mathcal{H}$.

Deux cas peuvent se produire :

(*a*) si $x \in \mathcal{H}$, $x\mathcal{H}$ est le sous-groupe $\mathcal{H}$ lui-même ;

(*b*) si $x \notin \mathcal{H}$, $x\mathcal{H}$ n'est pas un groupe et porte le nom de complexe associé à gauche au sous-groupe $\mathcal{H}$.

On définit de même le complexe associé à droite $\mathcal{H}x$. Dans ce qui suit, nous ne considérons que les complexes associés à gauche ; il est bien évident que les complexes associés à droite possèdent les mêmes propriétés.

Deux complexes $x_1\mathcal{H}$, $x_2\mathcal{H}$, *ou bien* contiennent les mêmes éléments, *ou bien* n'ont aucun élément commun selon que $x_2^{-1}x_1$ fait ou ne fait pas partie de $\mathcal{H}$.

Tout élément de $\mathcal{G}$ appartient soit à $\mathcal{H}$, soit à l'un de ses complexes associés : le groupe $\mathcal{G}$ est formé de la réunion du sous-groupe $\mathcal{H}$ et de ses complexes associés.

Sous-groupes conjugués de $\mathcal{H}$

$\mathcal{H}$ étant un sous-groupe de $\mathcal{G}$ et x un élément de $\mathcal{G}$ n'appartenant pas à $\mathcal{H}$, $x\mathcal{H}x^{-1}$ est également un sous-groupe de $\mathcal{G}$, dit *conjugué* de $\mathcal{H}$.

(*N. B.* — Si $x \in \mathcal{H}$, $x\mathcal{H}x^{-1}$ est le groupe $\mathcal{H}$ lui-même.)

Les sous-groupes conjugués de $\mathcal{H}$ ne sont pas nécessairement distincts de $\mathcal{H}$, ni nécessairement distincts entre eux.

Sous-groupe invariant, groupe quotient

$\mathcal{H}$ est un sous-groupe invariant (ou *diviseur normal*) de $\mathcal{G}$ s'il est confondu avec tous ses conjugués :

$$\mathcal{H} = x\mathcal{H}x^{-1} \quad \text{quel que soit} \quad x \in \mathcal{G}.$$

Définition équivalente. — Un sous-groupe de $\mathcal{G}$ est invariant si ses éléments sont tous ceux d'une ou de plusieurs classes de $\mathcal{G}$.

N. B. — Cette seconde définition est très utile lorsqu'on cherche à former tous les sous-groupes invariants d'un groupe donné.

Si $\mathcal{H}$ est un sous-groupe invariant, $x\mathcal{H}$ et $y\mathcal{H}$ deux de ses complexes associés, le produit d'un élément de $x\mathcal{H}$ par un élément de $y\mathcal{H}$ appartient au complexe associé $yx\mathcal{H}$:

$$(y\,\mathcal{H})\,(x\,\mathcal{H}) = (yx\,\mathcal{H}).$$

(*N. B.* — Si $\mathcal{H}$ est un sous-groupe invariant, $x\,\mathcal{H} = \mathcal{H}\,x$).

L'ensemble formé par le sous-groupe invariant et ses complexes associés forme un groupe ayant $\mathcal{H}$ pour unité : le *groupe quotient* $\mathcal{G}/\mathcal{H}$.

Exemple. — Le groupe $\mathcal{A}_n$ des permutations paires de n objets est un sous-groupe invariant de $\mathcal{S}_n$; il possède un et un seul complexe associé, l'ensemble des permutations impaires ; le groupe quotient a donc deux éléments.

Groupe simple, semi-simple

Un groupe est simple s'il a pour seul sous-groupe invariant son élément unité.

Exemple. — Groupe des rotations d'espace.

Un groupe est semi-simple s'il a pour seul sous-groupe abélien invariant son élément unité.

Exemple. — Le groupe $\mathcal{S}_n$.

5. Isomorphisme, homomorphisme

Isomorphisme

Deux groupes $\mathcal{G}$ et $\widehat{\mathcal{G}}$ sont isomorphes s'il existe entre leurs éléments une correspondance biunivoque qui conserve la loi de multiplication, i. e. :

(*i*) à chaque élément g_i de G correspond un et un seul élément $\widehat{g_i}$ de $\widehat{\mathcal{G}}$ et réciproquement ;

(*ii*) si $g_i\,g_j = g_k$, alors $\widehat{g_i}\,\widehat{g_j} = \widehat{g_k}$.

Exemples. — Le groupe des symétries du triangle équilatéral et le groupe $\mathcal{S}_3$ sont isomorphes ; le groupe des symétries du tétraèdre régulier et le groupe $\mathcal{S}_4$ sont isomorphes.

Homomorphisme

Si la correspondance entre les éléments de $\mathcal{G}$ et $\widehat{\mathcal{G}}$ n'est pas biunivoque, les deux groupes sont homomorphes l'un à l'autre.

De façon plus précise, $\mathcal{G}$ est homomorphe à $\widehat{\mathcal{G}}$:

(*i*) si à chaque élément g_i de $\mathcal{G}$ correspond un et un seul élément $\widehat{g_i}$ de $\widehat{\mathcal{G}}$, et à chaque élément de $\widehat{g_i}$ au moins un (mais peut-être plus d'un) élément de $\mathcal{G}$;

(*ii*) si $g_i\,g_j = g_k$, alors $\widehat{g_i}\,\widehat{g_j} = \widehat{g_k}$.

Si $\mathcal{G}$ possède un sous-groupe invariant $\mathcal{H}$, il est homomorphe au groupe quotient $\mathcal{G}/\mathcal{H}$.

Si $\mathcal{G}$ est homomorphe à $\widehat{\mathcal{G}}$, l'ensemble $\mathcal{H}$ des éléments de $\mathcal{G}$ homomorphes à l'unité $\widehat{I}$ forme un sous-groupe invariant de $\mathcal{G}$, l'ensemble des éléments de $\mathcal{G}$ homomorphes à un élément de $\widehat{\mathcal{G}}$ donné et différent de $\widehat{I}$ forme un complexe associé à ce sous-groupe ; le groupe quotient $\mathcal{G}/\mathcal{H}$ est isomorphe à $\widehat{\mathcal{G}}$

II. — REPRÉSENTATIONS (LINÉAIRES) D'UN GROUPE

6. Définitions

Groupes de substitutions linéaires

Le produit de matrices (carrées) est une opération associative. Si un ensemble de matrices $n \times n$ satisfait aux axiomes (*i*), (*ii*) et (*iii*) de définition d'un groupe, il forme un certain groupe **G**.

Chaque matrice représente un certain opérateur linéaire G d'un espace vectoriel $\mathcal{E}_n$ à n dimensions et définit donc une transformation linéaire des vecteurs de cet espace : si $|1\rangle, |2\rangle, \ldots, |n\rangle$ sont les n vecteurs de base de cet espace (cette base n'est pas nécessairement orthonormée), la transformation de chacun d'eux est donnée par l'équation :

$$G|k\rangle = \sum_j |j\rangle\, G_{jk}.$$

Le type de groupe qui vient d'être défini — et que nous dénoterons désormais par des lettres romaines en caractères gras — porte le nom de *groupe de substitutions linéaires* (à n dimensions).

Représentation d'un groupe

Par définition, *une représentation* (linéaire) *d'un groupe* $\mathcal{G}$ *est un groupe de substitutions linéaires auquel* $\mathcal{G}$ *est homomorphe.*

Soit **G** un tel groupe, $\mathcal{E}$ l'espace vectoriel dans lequel agissent ses matrices. Par définition, $\mathcal{E}$ est *l'espace de représentation* et le nombre n de ses dimensions *le degré de la représentation.*

Si $\mathcal{G}$ est isomorphe à **G**, la représentation est *fidèle.* Dans le cas contraire, les éléments de $\mathcal{G}$ homomorphes à la matrice 1 forment un sous-groupe invariant $\mathcal{H}$ et **G** est une représentation fidèle du groupe quotient $\mathcal{G}/\mathcal{H}$.

Représentations de degré 1

Tout groupe possède au moins une représentation de degré 1, *sa représentation identique,* dans laquelle chaque élément du groupe est représenté par le nombre 1.

Pour qu'il en possède d'autres, il faut qu'il ait des sous-groupes invariants dont les groupes quotients soient abéliens ; toutes les autres représentations de degré 1 du groupe sont celles de ces groupes quotients abéliens (Cf. le cas de $\mathcal{S}_n$, § 17).

Représentation unitaire

La représentation **G** est unitaire si toutes ses matrices sont unitaires.

Représentations équivalentes

Deux représentations **G**, **G'** sont équivalentes si elles ont même nombre de dimensions et si chaque matrice $G'(g)$ de l'une se déduit par une certaine transformation linéaire T de la matrice $G(g)$ de l'autre représentant la même opération du groupe $\mathcal{G}$:

$$G'(g) = T\, G(g)\, T^{-1} \qquad \text{quel que soit} \qquad g \in \mathcal{G},$$

soit encore

$$\mathbf{G}' = T\,\mathbf{G}\,T^{-1}.$$

On écrit symboliquement

$$\mathbf{G}' \simeq \mathbf{G}.$$

Si l'on identifie les espaces de représentation $\mathcal{E}$ et $\mathcal{E}'$, le passage de $\mathbf{G}$ à la représentation équivalente $\mathbf{G}'$ correspond à un changement de vecteurs de base dans cet espace.

Représentations conjuguées

Par définition, les deux représentations $\mathbf{G}$, $\mathbf{G}^*$, dont les matrices $G(g)$, $G^*(g)$ sont complexes conjuguées l'une de l'autre, sont conjuguées.

Une représentation $\mathbf{G}$ est self-conjuguée si sa conjuguée lui est équivalente : $\mathbf{G} \simeq \mathbf{G}^*$.

Caractères

Par définition, la trace de la matrice $G(g)$ représentant l'opération g dans la représentation $\mathbf{G}$ de $\mathcal{G}$ est le caractère χ de g dans cette représentation

$$\chi(g) \equiv \mathrm{Tr}\, G(g).$$

Suivant les propriétés de la trace, deux opérations appartenant à la même classe ont même caractère : *le caractère est une fonction de classe.*

Pour la même raison, *deux représentations équivalentes ont même système de caractères :*

$$\chi'(g) = \chi(g) \qquad \text{si} \qquad G'(g) = T\,G(g)\,T^{-1}.$$

On écrit symboliquement :

$$\chi' = \chi \qquad \text{si} \qquad \mathbf{G}' \simeq \mathbf{G}.$$

N. B. — Si G est self-conjuguée, ses caractères sont réels.

7. Opérations sur les espaces de représentation. Réductibilité (4)

Somme directe

Soient $\mathbf{G}^a$, $\mathbf{G}^b$ deux représentations d'un même groupe $\mathcal{G}$, n_a, n_b leurs degrés respectifs, $\mathcal{E}_a$, $\mathcal{E}_b$ leurs espaces de représentation respectifs.

Si $|a1\rangle, |a2\rangle, \ldots, |an_a\rangle$ sont les vecteurs de base de $\mathcal{E}_a$, $|b1\rangle, \ldots, |bn_b\rangle$, ceux de $\mathcal{E}_b$, les substitutions linéaires représentant l'opération g dans ces deux représentations sont donc respectivement définies par les lois de transformation des vecteurs de base :

$$g[|a\kappa\rangle] = \sum_\lambda |a\lambda\rangle\, G^a_{\lambda\kappa}(g) \qquad g[|b\mu\rangle] = \sum_\nu |b\nu\rangle\, G^b_{\nu\mu}(g). \tag{1}$$

Par définition, la somme directe $\mathcal{E}_a + \mathcal{E}_b$ des espaces $\mathcal{E}_a$ et $\mathcal{E}_b$ est l'espace sous-tendu par les $n_a + n_b$ vecteurs $|a1\rangle, \ldots, |an_a\rangle, |b1\rangle, \ldots, |bn_b\rangle$.

Les matrices de ce nouvel espace peuvent se mettre sous la forme

$$M = \begin{pmatrix} M_{aa} & M_{ab} \\ M_{ba} & M_{bb} \end{pmatrix}$$

(4) Les propriétés énoncées dans ce paragraphe sont des propriétés générales des systèmes de matrices en correspondance biunivoque. Elles subsistent même si ces systèmes de matrices ne forment pas un groupe.

M_{aa} est une matrice $n_a \times n_a$ transformant les uns dans les autres les vecteurs de l'espace $\mathcal{E}_a$; M_{bb} une matrice $n_b \times n_b$ transformant ceux de l'espace $\mathcal{E}_b$; M_{ab} une matrice $n_a \times n_b$ transformant les vecteurs de l'espace $\mathcal{E}_b$ en vecteurs de l'espace $\mathcal{E}_a$; M_{ba} une matrice $n_b \times n_a$ possédant la propriété inverse. En particulier si A est une matrice de $\mathcal{E}_a$, B une matrice de $\mathcal{E}_b$, on peut construire par somme directe la matrice $A + B$ dont le tableau des éléments est de la forme (*matrice à blocs diagonaux*)

$$A + B = \begin{pmatrix} A & 0 \\ 0 & B \end{pmatrix}.$$

On note que :

$$\mathrm{Tr}\,(A + B) = \mathrm{Tr}\,A + \mathrm{Tr}\,B, \qquad \text{dét}\,(A + B) = \text{dét}\,A \cdot \text{dét}\,B. \tag{2}$$

L'opération de somme directe sur les matrices conserve l'unité et la loi de multiplication des matrices :

$$1_{(a+b)} = 1_{(a)} + 1_{(b)} \qquad (A_1 + B_1)(A_2 + B_2) = A_1 A_2 + B_1 B_2.$$

Par suite l'ensemble $\mathbf{G}^{a+b}$ des matrices $G^a(g) + G^b(g)$ constitue une représentation du groupe $\mathcal{G}$. La substitution linéaire qui y représente l'opération g est définie par les lois (1) de transformation des $n_a + n_b$ vecteurs de base de $\mathcal{E}_a + \mathcal{E}_b$. Quant aux caractères de cette représentation, on a : $\chi^{a+b}(g) = \chi^a(g) + \chi^b(g)$; autrement dit

$$\chi^{a+b} = \chi^a + \chi^b. \tag{3}$$

Produit tensoriel (ou produit Kroneckerien)

L'opération de produit tensoriel d'espaces et de matrices a déjà été définie (chap. VII).

En effectuant le produit tensoriel de $\mathcal{E}_a$ par $\mathcal{E}_b$, on forme l'espace $\mathcal{E}_a \otimes \mathcal{E}_b$ à $n_a n_b$ dimensions dont les vecteurs de base sont $|ab\,\varkappa\mu\rangle \equiv |a\varkappa\rangle\,|b\mu\rangle$ ($\varkappa = 1, 2, \ldots, n_a$; $\mu = 1, 2, \ldots, n_b$). Les matrices $G^a(g) \otimes G^b(g)$ formées par produit tensoriel des matrices représentant g dans $\mathbf{G}^a$ et $\mathbf{G}^b$ forment une représentation $\mathbf{G}^{ab} \equiv \mathbf{G}^a \otimes \mathbf{G}^b$ de degré $n_a n_b$ du groupe $\mathcal{G}$, dans laquelle une opération donnée de ce groupe est définie par la loi :

$$g[|ab\,\varkappa\mu\rangle] = \sum_{\lambda\nu} |ab\,\lambda\nu\rangle\, G^a_{\lambda\varkappa}(g)\, G^b_{\nu\mu}(g). \tag{4}$$

Les caractères de cette représentation sont donnés par les relations :

$$\chi^{ab}(g) = \chi^a(g)\, \chi^b(g). \tag{5}$$

Réductibilité

Un *sous-espace invariant* de l'espace $\mathcal{E}$ d'une représentation $\mathbf{G}$ est un sous-espace de $\mathcal{E}$ dont les vecteurs se transforment linéairement les uns dans les autres par application des matrices de $\mathbf{G}$.

La représentation $\mathbf{G}$ est dite :

(*i*) *irréductible* si $\mathcal{E}$ ne contient aucun sous-espace invariant (autre que lui-même ou l'espace nul) ;

(*ii*) *réductible* dans le cas contraire :

$$\mathcal{E} = \mathcal{E}_1 + \mathcal{E}_2 \quad (\mathcal{E}_1, \mathcal{E}_2 \neq 0), \quad \mathcal{E}_1 \text{ sous-espace invariant.}$$

Dans le second cas, si $\mathcal{E}_2$ est également invariant, $\mathbf{G}$ est *décomposable*. On peut alors transformer par une transformation linéaire appropriée, les vecteurs de base de $\mathcal{E}$ en vecteurs situés soit dans $\mathcal{E}_1$, soit dans $\mathcal{E}_2$. La représentation équivalente ainsi obtenue est la somme directe d'une représentation $\mathbf{G}_1$ d'espace $\mathcal{E}_1$ et d'une représentation $\mathbf{G}_2$ d'espace $\mathcal{E}_2$:

$$\mathbf{G} \simeq \mathbf{G}_1 + \mathbf{G}_2$$

$\mathbf{G}_1$ et $\mathbf{G}_2$ portent le nom de *composantes* de $\mathbf{G}$.

Une représentation $\mathbf{G}$ est *complètement réductible* si on peut la mettre sous forme d'une somme (directe) de composantes irréductibles :

$$\mathbf{G} \simeq \mathbf{G}^{(1)} + \mathbf{G}^{(2)} + \dots \qquad (\mathbf{G}^{(1)}, \mathbf{G}^{(2)}, \dots \text{ irréductibles}).$$

Toute représentation unitaire est soit irréductible, soit complètement réductible.

Les matrices de rotation $R^{(j)}$ (Appendice C, section 4) relatives à une valeur de j donnée forment une représentation $\mathbf{D}^{(j)}$ unitaire irréductible d'un groupe. Strictement parlant, $\mathbf{D}^{(j)}$ ne représente le groupe des rotations $\mathcal{R}_3$ que si j est entier. Pour j quelconque, les $\mathbf{D}^{(j)}$ sont des représentations irréductibles d'un groupe dont les transformations infinitésimales sont les mêmes que celles de $\mathcal{R}_3$ (« groupe de recouvrement » de $\mathcal{R}_3$), le groupe $\mathcal{U}_2$ des substitutions linéaires unitaires unimodulaires à deux dimensions, groupe dont $\mathcal{R}_3$ est groupe facteur. Lorsque j est demi-entier, $\mathbf{D}^{(j)}$ est une représentation fidèle de $\mathcal{U}_2$ et il correspond à chaque élément de $\mathcal{R}_3$ deux matrices de $\mathbf{D}^{(j)}$ de signe opposé.

Toutes les représentations irréductibles d'un groupe abélien sont de degré 1.

Application homomorphique d'un espace de représentation sur un autre

On a réalisé une *application linéaire de* $\mathcal{E}_a$ *dans* $\mathcal{E}_b$ si on fait correspondre à chaque vecteur $|a\rangle$ de $\mathcal{E}_a$ un et un seul vecteur $|b\rangle$ de $\mathcal{E}_b$ de telle sorte que cette correspondance soit linéaire. Cette application est *homomorphique* si elle conserve les propriétés de transformation des vecteurs dans les diverses opérations du groupe, c'est-à-dire si la correspondance

$$|a\rangle \rightarrow |b\rangle$$

entraîne la correspondance

$$g[|a\rangle] \rightarrow g[|b\rangle] \qquad \text{quel que soit} \qquad g \in \mathcal{G}.$$

Une application de $\mathcal{E}_a$ dans $\mathcal{E}_b$ est complètement déterminée si l'on connaît la matrice $n_b \times n_a$ définissant le vecteur de $\mathcal{E}_b$ correspondant à chaque vecteur de base de $\mathcal{E}_a$:

$$|a\varkappa\rangle \rightarrow \sum_{\mu} |b\mu\rangle \, S_{\mu\varkappa}. \tag{6}$$

Si l'application est homomorphique, on a l'équation entre matrices

$$SG^a(g) = G^b(g)\, S \qquad \text{quel que soit} \qquad g \in \mathcal{G}$$

soit

$$S\mathbf{G}^a = \mathbf{G}^b S. \tag{7}$$

Lorsque l'ensemble des vecteurs $|b\rangle$ correspondant aux vecteurs de $\mathcal{E}_a$ sous-tend la totalité de $\mathcal{E}_b$ (ceci suppose $n_a \geqslant n_b$), on a une *application de* $\mathcal{E}_a$ *sur* $\mathcal{E}_b$ (sous-entendu : $\mathcal{E}_b$ en totalité). Dans ce cas, tous les déterminants $n_b \times n_b$ contenus dans S sont différents de zéro.

Lorsqu'en outre cette correspondance est biunivoque ($n_a = n_b$), la matrice S est non singulière : dét $S \neq 0$. Dans ce cas l'application homomorphique de $\mathcal{E}_a$ sur $\mathcal{E}_b$ porte le nom de *correspondance isomorphique* et l'on a évidemment :

$$\mathbf{G}^a \simeq \mathbf{G}^b.$$

8. Théorèmes fondamentaux

Les applications de la Théorie des Groupes à la Mécanique Quantique sont essentiellement basées sur les théorèmes suivants :

LEMME DE SCHUR

Si $\mathbf{G}^a$ *et* $\mathbf{G}^b$ *sont deux représentations irréductibles d'un même groupe et s'il existe une application homomorphique de l'espace de l'une dans l'espace de l'autre, la matrice S qui définit cette application* (S vérifie les équations (6) et (7)) *possède les propriétés suivantes :*

a) si $\mathbf{G}^a$ *et* $\mathbf{G}^b$ *sont inéquivalents, nécessairement* $S = 0$;

b) si $\mathbf{G}^a \simeq \mathbf{G}^b$, *ou bien* $S = 0$, *ou bien* dét $S \neq 0$;

c) si $\mathbf{G}^a \equiv \mathbf{G}^b$, *S est un multiple de la matrice unité :* $S = c1$ (c, constante).

COROLLAIRE

Si une matrice (carrée) S commute avec toutes les matrices d'une représentation *irréductible* $\mathbf{G}$ d'un groupe, c'est un multiple de la matrice unité :

$$\textit{si } [S, \mathbf{G}] = 0, \textit{ nécessairement } S = c1.$$

REPRÉSENTATIONS COMPLÈTEMENT RÉDUCTIBLES. THÉORÈMES D'UNICITÉ

Soient deux décompositions en parties *irréductibles* d'une représentation complètement réductible $\mathbf{G}$:

$$\mathbf{G} \simeq \mathbf{G}_1 + \mathbf{G}_2 + \ldots + \mathbf{G}_p \qquad \mathbf{G} \simeq \mathbf{G}'_1 + \mathbf{G}'_2 + \ldots + \mathbf{G}'_{p'}.$$

On peut montrer que $p = p'$ et qu'on peut faire correspondre de façon biunivoque à chaque terme de la première décomposition un terme de la seconde qui lui est équivalent. Autrement dit :

THÉORÈME D'UNICITÉ. — *Si* $\mathbf{G}$ *est complètement réductible, sa décomposition en parties irréductibles est unique à une équivalence près.*

Désormais, sauf indication contraire, nous ne considérerons pas comme distinctes deux représentations équivalentes l'une à l'autre. Dans ces conditions, la même représentation irréductible peut figurer plusieurs fois dans la représentation $\mathbf{G}$. Désignons par

$$\mathbf{G}^{(1)}, \mathbf{G}^{(2)}, \ldots, \mathbf{G}^{(j)}, \ldots$$

la suite des *représentations irréductibles du groupe* $\mathcal{G}$. Suivant le théorème d'unicité, toute représentation complètement réductible $\mathbf{G}$ obéit à la loi d'équivalence

$$\mathbf{G} \simeq \sum_j n_j \, \mathbf{G}^{(j)} \tag{8}$$

et la suite des entiers ($\geqslant 0$) $n_1, n_2, \ldots, n_j, \ldots$ est définie de façon unique. De même, le système de caractères de $\mathbf{G}$ obéit à l'équation

$$\chi = \sum_j n_j \, \chi^{(j)}. \tag{9}$$

Le théorème d'unicité est complété par les deux théorèmes suivants :

THÉORÈME II. — *Si* **G** *est complètement réductible, toute composante* $\mathbf{G}_1$ *de* **G** *l'est aussi et sa décomposition en parties irréductibles est la somme d'un certain nombre de composantes irréductibles de* **G**.

Donc, si $\mathbf{G} \simeq \mathbf{G}_1 + \mathbf{G}_2$, et si **G** se décompose suivant la loi (8), on a

$$\mathbf{G}_1 \simeq \sum_j n_j^1 \, \mathbf{G}^{(j)} \qquad \text{avec} \qquad n_j^1 < n_j \qquad (j = 1, 2, \ldots).$$

THÉORÈME III. — *Si* **G** *est complètement réductible et s'il existe une application homomorphique de son espace* $\mathcal{E}$ *sur l'espace* $\mathcal{E}_1$ *d'une autre représentation* $\mathbf{G}_1$ *du même groupe,* $\mathbf{G}_1$ *est une composante de* **G**.

Le Théorème III s'applique notamment lorsqu'on peut faire correspondre un vecteur $|\widehat{\varkappa}\rangle$ de l'espace $\mathcal{E}_1$ à chaque vecteur de base $|\varkappa\rangle$ de l'espace $\mathcal{E}$, l'ensemble des vecteurs $|\widehat{\varkappa}\rangle$ sous-tendant la totalité de $\mathcal{E}_1$ sans être nécessairement linéairement indépendants les uns des autres, et que les vecteurs $|\widehat{\varkappa}\rangle$ se transforment linéairement les uns dans les autres suivant les mêmes formules matricielles que les $|\varkappa\rangle$, i. e. :

$$g[|\widehat{\varkappa}\rangle] = \sum_{\lambda} |\widehat{\lambda}\rangle \, G_{\lambda\varkappa}(g).$$

Dans ce cas, il est évident que la correspondance $|\varkappa\rangle \rightarrow |\widehat{\varkappa}\rangle$ réalise une application homomorphique de $\mathcal{E}$ sur $\mathcal{E}_1$.

En particulier :

COROLLAIRE III. — *Si les espaces sous-tendus respectivement par les vecteurs* $|a\varkappa\rangle$ ($\varkappa$ variable) *et* $|b\mu\rangle$ (μ variable) *sont associés respectivement aux représentations* $\mathbf{G}^a$ *et* $\mathbf{G}^b$, *et si le produit tensoriel* $\mathbf{G}^{ab}$ *de ces deux représentations est complètement réductible, la représentation* $\mathbf{G}'$ *définie dans l'espace que sous-tendent les vecteurs produits* $|a\varkappa\rangle\,|b\mu\rangle$ *est une composante de* $\mathbf{G}^{ab}$.

N. B. — Ces vecteurs $|a\varkappa\rangle\,|b\mu\rangle$ ne sont pas nécessairement linéairement indépendants. S'ils le sont, $\mathbf{G}' \simeq \mathbf{G}^{ab}$.

9. Applications à la Théorie Quantique

Les groupes qui interviennent en Théorie Quantique sont des groupes de transformation de l'espace des états. Il s'agit presque toujours de transformations linéaires unitaires et nous nous limitons à ce type de transformation dans tout ce qui suit.

Désignons par $\mathcal{E}$ l'espace des états et par $\mathcal{G}$ un ensemble d'opérateurs unitaires G_1, G_2, ... formant un groupe.

Soit $|u\rangle$ un vecteur de $\mathcal{E}$. $|u\rangle$ et l'ensemble $G_1|u\rangle$, $G_2|u\rangle$, ..., des vecteurs qui s'en déduisent par application des opérateurs du groupe ne sous-tendent pas nécessairement la totalité de $\mathcal{E}$, mais un certain sous-espace $\mathcal{E}_u$ de l'espace des états ; c'est un sous-espace invariant par rapport aux transformations du groupe, il est associé à une certaine représentation $\mathbf{G}^u$ unitaire (donc complètement réductible) du groupe $\mathcal{G}$. On dit que le vecteur $|u\rangle$ se transforme suivant $\mathbf{G}^u$.

De même si Q est un opérateur linéaire de l'espace $\mathcal{E}$, Q et l'ensemble $G_1 Q G_1^{-1}$, $G_2 Q G_2^{-1}$, ..., des opérateurs qui s'en déduisent par les transformations du groupe sous-tendent un espace vectoriel $\mathcal{E}_Q$ (les vecteurs de cet espace sont des opérateurs) dont les éléments se transforment linéairement les uns dans les autres par application des opération du groupe ; $\mathcal{E}_Q$ est associé à une représentation $\mathbf{G}^Q$ de $\mathcal{G}$, qui dans tous les cas que nous examinerons sera complètement réductible, sinon irréductible. Par définition, Q se transforme suivant $\mathbf{G}^Q$.

Par définition, l'opérateur Q est *invariant par rapport à* $\mathcal{G}$ s'il se transforme suivant la représentation identique : Q commute alors avec tous les opérateurs du groupe. Plus généralement, l'opérateur Q est une *composante d'un opérateur tensoriel irréductible du groupe* $\mathcal{G}$ s'il se transforme suivant une représentation irréductible $\mathbf{G}^{(j)}$ de ce groupe.

Sous-espaces irréductibles $\mathcal{E}(\tau j)$. Représentation adaptée au groupe $\mathcal{G}$

L'espace $\mathcal{E}$ est la somme directe de sous-espaces invariants irréductibles $\mathcal{E}(\tau j)$ à d_j dimensions. Chacun de ceux-ci est associé à une certaine représentation irréductible $\mathbf{G}^{(j)}$ de $\mathcal{G}$; l'indice τ sert à distinguer les uns des autres ceux qui sont associés à la même représentation irréductible.

Soient $|\tau j\mu\rangle$ (μ variable) d_j vecteurs formant un système de base de $\mathcal{E}(\tau j)$. Comme $\mathbf{G}^{(j)}$ est défini à une équivalence près, le choix de cette base est complètement arbitraire. Il est commode de lever cet arbitraire une fois pour toutes et de définir une *base standard* de $\mathcal{E}(\tau j)$ dans laquelle chaque opération du groupe est représentée par une matrice bien déterminée $G^{(j)}_{\lambda\mu}$:

$$G\,|\tau j\mu\rangle = \sum_{\lambda=1}^{d_j} |\tau j\lambda\rangle\, G^{(j)}_{\lambda\mu}. \tag{10}$$

Dans tout ce qui suit, ce choix standard sera toujours supposé réalisé.

L'ensemble de tous les vecteurs $|\tau j\mu\rangle$ (τ, j, μ variables) forme un système de base de l'espace $\mathcal{E}$. Nous donnerons désormais à la représentation $\{\tau j \mu\}$ le nom de *représentation standard adaptée au groupe* $\mathcal{G}$, le mot représentation étant pris ici dans son sens usuel en Mécanique Quantique. Les lois de transformation des vecteurs kets et des opérateurs dans les transformations du groupe $\mathcal{G}$ se traduisent par des propriétés particulièrement simples de leurs composantes dans cette représentation. Ces propriétés sont résumées par les deux théorèmes suivants.

Composantes des vecteurs kets et des opérateurs dans la représentation $\{\tau j \mu\}$.

Théorème A. — *Si les vecteurs* $|u1\rangle, \ldots, |u\nu\rangle, \ldots$ *se transforment linéairement les uns dans les autres comme les vecteurs de base de la représentation unitaire* $\mathbf{G}^a$, soit :

$$G\,|u\nu\rangle = \sum_\rho |u\rho\rangle\, G^a_{\rho\nu},$$

leurs composantes $\langle\tau j\mu|u\nu\rangle$ *possèdent les propriétés suivantes :*

1° *Si* $\mathbf{G}^{(j)}$ NE FIGURE PAS *dans la décomposition*

$$\mathbf{G}^a \simeq \sum_k n_k\, \mathbf{G}^{(k)} \tag{11}$$

de $\mathbf{G}^a$ *en parties irréductibles, nécessairement*

$$\langle\tau j\mu|u\nu\rangle = 0.$$

2° *Si* $\mathbf{G}^{(j)}$ Y FIGURE *et si* $\langle a\nu|\sigma k\chi\rangle$ *est la matrice qui réalise cette décomposition.*

$$\langle\tau j\mu|u\nu\rangle = \sum_{\sigma=1}^{n_j} u^j_{\tau\sigma} \langle a\nu|\sigma j\mu\rangle^*, \tag{12}$$

expression dans laquelle les $u^j_{\tau\sigma}$ *sont* n_j *constantes indépendantes de* μ *et* ν.

THÉORÈME B. — *Si les opérateurs* $Q_1, Q_2, \ldots, Q_\nu, \ldots$ *se transforment linéairement les uns dans les autres comme les vecteurs de base de la représentation unitaire* $\mathbf{G}^a$, soit :

$$G\, Q_\nu\, G^{-1} = \sum_\rho Q_\rho\, G^a_{\rho\nu}\,;$$

les éléments de matrice $\langle\tau_1\, j_1\, \mu_1|Q_\nu|\tau_2\, j_2\, \mu_2\rangle$ *possèdent les propriétés suivantes :*

1° *Si* $\mathbf{G}^{(j_1)}$ NE FIGURE PAS *dans la décomposition*

$$\mathbf{G}^a \otimes \mathbf{G}^{(j_2)} \simeq \sum_k n_k^{aj_2}\, \mathbf{G}^{(k)} \tag{13}$$

du produit tensoriel $\mathbf{G}^a \otimes \mathbf{G}^{(j_2)}$ *en parties irréductibles, nécessairement*

$$\langle\tau_1\, j_1\, \mu_1|Q_\nu|\tau_2\, j_2\, \mu_2\rangle = 0.$$

2° *Si* $\mathbf{G}^{(j_1)}$ Y FIGURE *et si* $\langle aj_2\nu\mu_2|\sigma k\chi\rangle$ *est la matrice qui réalise cette décomposition*

$$\langle\tau_1\, j_1\, \mu_1|Q_\nu|\tau_2\, j_2\, \mu_2\rangle = \sum_{\sigma=1}^{n_{j_1}^{aj_2}} \langle\tau_1\, j_1\|Q\|\tau_2\, j_2\rangle_\sigma\, \langle aj_2\,\nu\mu_2|\sigma j_1\,\mu_1\rangle^*, \tag{14}$$

expression dans laquelle les $\langle\tau_1\, j_1\|Q\|\tau_2\, j_2\rangle_\sigma$ *sont* $n_{j_1}^{aj_2}$ *constantes indépendantes de* μ_1, μ_2 *et* ν.

Remarque importante :

Les éléments de matrice unitaire $\langle a\nu|\sigma k\chi\rangle$, $\langle aj_2\,\nu\mu_2|\sigma k\chi\rangle$ qui figurent dans ces deux énoncés obéissent aux équations de définition

$$\sum_{\nu\nu'} \langle a\nu|\sigma k\chi\rangle^*\, G^a_{\nu\nu'}\, \langle a\nu'|\sigma'\, k'\, \chi'\rangle = \delta_{\sigma\sigma'}\, \delta_{kk'}\, G^{(k)}_{\chi\chi'}, \tag{15 a}$$

$$\sum_{\substack{\nu\nu' \\ \mu\mu'}} \langle aj\nu\mu|\sigma k\chi\rangle^*\, G^a_{\nu\nu'}\, G^{(j)}_{\mu\mu'}\, \langle aj\,\nu'\,\mu'|\sigma'\, k'\, \chi'\rangle = \delta_{\sigma\sigma'}\, \delta_{kk'}\, G^{(k)}_{\chi\chi'}. \tag{15 b}$$

Ils sont déterminés sans ambiguïté par la donnée des représentations $\mathbf{G}^a$, $\mathbf{G}^a \otimes \mathbf{G}^{(j)}$. Ils dépendent donc uniquement des modes de transformation des vecteurs $|u\nu\rangle$ ou des opérateurs Q_ν dans les opérations du groupe $\mathcal{G}$, à l'exclusion de toute autre propriété.

Démonstration du Théorème A

Appliquons la transformation unitaire $\langle a\nu|\sigma k\chi\rangle$ aux vecteurs de base $|u1\rangle$, $|u2\rangle$, ..., $|u\nu\rangle$, ... On obtient un nouveau système de vecteurs de base dans l'espace que ces vecteurs sous-tendent :

$$|u\sigma k\chi\rangle = \sum_\nu |u\nu\rangle\, \langle a\nu|\sigma k\chi\rangle. \tag{16}$$

Les relations d'unitarité donnent d'ailleurs

$$|u\nu\rangle = \sum_{\sigma k \chi} |u\sigma k\chi\rangle \langle a\nu|\sigma k\chi\rangle^*. \qquad (17)$$

Suivant la définition même de cette transformation unitaire, les d_k vecteurs $|u\sigma k\chi\rangle$ (σ, k fixes, χ variable) sous-tendent un certain sous-espace $\mathcal{E}_u(\sigma k)$ et forment une base standard de la représentation $\mathbf{G}^{(k)}$ dans ce sous-espace. Développons-les suivant la base $\{ \tau j \mu \}$:

$$|u\sigma k\chi\rangle = \sum_{\tau j \mu} |\tau j\mu\rangle \langle \tau j\mu|u\sigma k\chi\rangle.$$

La matrice $\langle \tau j\mu|u\sigma k\chi\rangle$ à d_j lignes et d_k colonnes (μ et χ variables, le reste fixe) réalise une application homomorphique de $\mathcal{E}_u(\sigma k)$ dans $\mathcal{E}(\tau j)$. Comme les représentations de ces sous-espaces sont soit inéquivalentes, soit égales, on a, suivant le Lemme de Schur,

$$\langle \tau j\mu|u\sigma k\chi\rangle = \delta_{jk}\, \delta_{\mu\chi}\, u^j_{\tau\sigma}, \qquad (18)$$

expression dans laquelle $u^j_{\tau\sigma}$ est une constante indépendante de μ. Compte tenu de ce résultat, la projection des deux membres de l'équation (17) sur $|\tau j\mu\rangle$ donne :

$$\langle \tau j\mu|u\nu\rangle = \sum_{k\chi} \delta_{jk}\, \delta_{\mu\chi} \left(\sum_\sigma u^j_{\tau\sigma} \langle a\nu|\sigma k\chi\rangle^*\right).$$

Les deux points du théorème A sont contenus dans cette équation. *C. Q. F. D.*

Démonstration du Théorème B

Considérons l'ensemble des vecteurs $Q_\nu|\tau_2 j_2 \mu_2\rangle$ (ν et μ_2 variables, τ_2 et j_2 fixes). Ils se transforment linéairement les uns dans les autres comme les vecteurs de base de la représentation $\mathbf{G}^a \otimes \mathbf{G}^{(j_2)}$. Il ne s'ensuit pas automatiquement que l'espace qu'ils sous-tendent soit associé à cette représentation car ces vecteurs ne sont pas nécessairement linéairement indépendants ; mais, suivant le Corollaire III, la représentation en question est, sinon $\mathbf{G}^a \otimes \mathbf{G}^{(j_2)}$ elle-même, en tout cas l'une de ses composantes. En dépit de cette possibilité de dépendance linéaire entre ces vecteurs, on peut leur appliquer point par point le raisonnement qui a été appliqué aux vecteurs $|u1\rangle, \ldots, |u\nu\rangle, \ldots$ du théorème A.

On définit les vecteurs

$$|q\tau_2 j_2 \sigma k\chi\rangle = \sum_{\nu\mu_2} Q_\nu|\tau_2 j_2 \mu_2\rangle \langle a j_2 \nu \mu_2|\sigma k\chi\rangle. \qquad (16')$$

Suivant les relations d'unitarité de la matrice $\langle a\, j_2\, \nu \mu_2|\sigma k\chi\rangle$,

$$Q_\nu|\tau_2 j_2 \mu_2\rangle = \sum_{\sigma k\chi} |q\tau_2 j_2 \sigma k\chi\rangle \langle a\, j_2\, \nu \mu_2|\sigma k\chi\rangle^*. \qquad (17')$$

Les d_k vecteurs $|q\tau_2 j_2\sigma k\chi\rangle$ (χ variable, le reste fixe), ou bien sont tous nuls, ou bien forment une base standard de la représentation $\mathbf{G}^{(k)}$. Dans ce dernier cas, le théorème A s'applique. On a donc en toutes circonstances :

$$\langle \tau j\mu|q\, \tau_2\, j_2\, \sigma k\chi\rangle = \delta_{jk}\, \delta_{\mu\chi}\, \langle \tau j\|Q\|\tau_2\, j_2\rangle_\sigma,$$

expression dans laquelle $\langle\tau j \| Q \| \tau_2 j_2\rangle_\sigma$ est une constante indépendante de μ. Par suite, la projection des deux membres de (17') sur $|\tau_1 j_1 \mu_1\rangle$ donne

$$\langle\tau_1 j_1 \mu_1 | Q_\nu | \tau_2 j_2 \mu_2\rangle = \sum_{k\chi} \delta_{j_1 k}\, \delta_{\mu_1 \chi} \left(\sum_\sigma \langle\tau_1 j_1 \| Q \| \tau_2 j_2\rangle_\sigma \langle a j_2 \nu \mu_2 | \sigma k \chi\rangle^*\right).$$

d'où le théorème B. *C. Q. F. D.*

Règle de sélection

Si $|u\rangle$, Q, $|v\rangle$ *se transforment respectivement comme* $\mathbf{G}^u$, $\mathbf{G}^Q$, $\mathbf{G}^v$ *et si aucune des composantes irréductibles de* $\mathbf{G}^v$ *ne figure dans la décomposition de* $\mathbf{G}^Q \otimes \mathbf{G}^u$, *nécessairement*

$$\langle v | Q | u\rangle = 0.$$

Cette règle est d'application très courante. Lorsque $\mathbf{G}^u$ et $\mathbf{G}^v$ sont des représentations irréductibles, elle découle simplement du 1° du théorème B, mais elle s'applique aussi bien lorsque ni $\mathbf{G}^u$, ni $\mathbf{G}^Q$, ni $\mathbf{G}^v$ ne sont irréductibles. Pour la démontrer, on note que $Q|u\rangle$ se transforme (Corollaire III) suivant la représentation $\mathbf{G}^Q \otimes \mathbf{G}^u$ ou l'une de ses composantes, et l'on applique au vecteur $Q|u\rangle$ le théorème A.

Un cas particulier : le groupe des rotations

Les théorèmes A et B s'appliquent notamment au groupe des rotations.

Le problème de composition de deux moments cinétiques est un cas particulier d'application du théorème A. Les $(2j_1 + 1)(2j_2 + 1)$ vecteurs $|\alpha\, j_1\, j_2\, m_1\, m_2\rangle$ introduits au § XIII.25 se transforment comme les vecteurs de base de la représentation $\mathbf{D}^{(j_1)} \otimes \mathbf{D}^{(j_2)}$ formée par produit tensoriel des représentations irréductibles $\mathbf{D}^{(j_1)}$, $\mathbf{D}^{(j_2)}$ du groupe des rotations ([5]). Suivant l'étude de la section V du chapitre XIII, cette représentation a pour décomposition en parties irréductibles :

$$\mathbf{D}^{(j_1)} \otimes \mathbf{D}^{(j_2)} \simeq \sum_{J=|j_1-j_2|}^{j_1+j_2} \mathbf{D}^{(J)} \tag{19}$$

et les éléments de la matrice unitaire qui réalise cette décomposition sont les coefficients de Clebsch-Gordan $\langle j_1\, j_2\, m_1\, m_2 | JM\rangle$. Comme dans cette décomposition chaque représentation irréductible ne figure au plus qu'une fois ($n_J^{j_1 j_2} = 1$ pour $J = j_1 + j_2, j_1 + j_2 - 1, \ldots, |j_1 - j_2|$), la sommation du second membre de (12) ne contient qu'un seul terme dans ce cas. Les composantes de $|\alpha\, j_1\, j_2\, m_1\, m_2\rangle$ dans chaque sous-espace $\mathcal{E}(\tau J)$ sont donc connues à une constante (indépendante de M) près.

Le théorème de Wigner-Eckart (§ XIII.32) résulte de même de l'application du théorème B aux composantes $T_q^{(k)}$ d'un opérateur tensoriel irréductible par rapport aux rotations, c'est-à-dire à $(2k + 1)$ opérateurs se transformant comme les vecteurs de base de la représentation $\mathbf{D}^{(k)}$.

L'élément de matrice $\langle\tau_1\, j_1\, m_1 | T_q^{(k)} | \tau_2\, j_2\, m_2\rangle$ est donné par l'expression (14). Comme chacune des composantes $\mathbf{D}^{(J)}$ de $\mathbf{D}^{(k)} \otimes \mathbf{D}^{(j_2)}$ ne figure qu'une fois dans la décomposition de cette représentation en parties irréductibles ($n_J^{k j_2} = 1$ pour $J = k + j_2, \ldots, |k - j_2|$), la sommation du second membre de (14) ne contient qu'un seul terme dans ce cas.

([5]) Parler ici du groupe des rotations $\mathcal{R}_3$ constitue en fait un abus de langage. C'est du groupe $\mathcal{U}_2$, « groupe de recouvrement » du groupe $\mathcal{R}_3$, qu'il s'agit.

N. B. — La définition de l'élément de matrice réduit $\langle\tau_1 j_1\|T^{(k)}\|\tau_2 j_2\rangle$ adoptée au chapitre XIII diffère par le facteur $\sqrt{2j_1+1}$ de celle qui est adoptée ici.

Observable invariante. Dégénérescence $\mathcal{G}$

Si Q est une *observable invariante* par rapport à $\mathcal{G}$:

$$[Q, G] = 0 \text{ quel que soit } g \in \mathcal{G}.$$

Les d_j vecteurs $Q|\tau j\mu\rangle$ (τj fixes, μ variable) se transforment comme les vecteurs de base de la représentation $\mathbf{G}^{(j)}$. Le théorème B (ou aussi bien le théorème A, ou le lemme de Schur) donne dans ce cas

$$\langle\tau j\mu|Q|\tau' j' \mu'\rangle = \delta_{jj'}\, \delta_{\mu\mu'}\, Q^{(j)}_{\tau\tau'} \tag{20}$$

Q est donc représenté par une matrice particulièrement simple dans toute représentation standard adaptée au groupe $\mathcal{G}$.

Le problème de valeur propre de Q se réduit dans une représentation de ce type à la diagonalisation de matrices hermitiques $Q^{(j)}$ dont les éléments $Q^{(j)}_{\tau\tau'}$ ne dépendent que des indices τ et τ'. A chaque valeur de j correspond ainsi un certain nombre de valeurs de Q, à savoir les valeurs propres $q_1^{(j)}, q_2^{(j)}, \ldots, q_i^{(j)}, \ldots$ de la matrice $Q^{(j)}$; *toute valeur propre simple de cette matrice est une valeur propre d_j fois dégénérée de Q* ; toute valeur propre p fois dégénérée de $Q^{(j)}$ est une valeur propre pd_j fois dégénérée de Q.

Notons en particulier les deux propriétés suivantes :

1° Si Q est invariant par rapport à $\mathcal{G}$, le sous-espace de chacune de ses valeurs propres est invariant par rapport à $\mathcal{G}$.

2° Si Q est une observable invariante par rapport à $\mathcal{G}$, définie dans un espace *fini* dont les vecteurs se transforment les uns dans les autres suivant la représentation $\mathbf{G}$ et si la décomposition en parties irréductibles de $\mathbf{G}$ est

$$\mathbf{G} \simeq \sum_k n_k \mathbf{G}^{(k)},$$

le nombre de valeurs propres distinctes de Q est *au plus* égal à $\sum_k n_k$.

Opérateurs tensoriels irréductibles

Si un opérateur Q se transforme suivant $\mathbf{G}^{\mathcal{Q}}$, il est toujours possible de le mettre sous forme d'une somme dont chaque terme se transforme suivant l'une des composantes irréductibles de $\mathbf{G}^{\mathcal{Q}}$. Aussi les opérateurs tensoriels irréductibles méritent-ils une attention particulière.

Par définition, les composantes d'un opérateur tensoriel irréductible $\mathbf{T}^{(k)}$ du type k se transforment linéairement les unes dans les autres suivant la représentation irréductible $\mathbf{G}^{(k)}$. Cet opérateur définit donc un espace (à d_k dimensions) de représentation de $\mathbf{G}^{(k)}$. Il possède notamment d_k *composantes standard* $T^{(k)}_\chi$ (k fixe, χ variable) qui forment une base standard dans cet espace de représentation ; par définition (cf. relation (10)) :

$$G\, T^{(k)}_\chi\, G^{-1} = \sum_\rho T^{(k)}_\rho\, G^{(k)}_{\rho\chi} \tag{21}$$

Soit

$$\mathbf{G}^{(g)} \otimes \mathbf{G}^{(h)} \simeq \sum_l n_l^{gh}\, \mathbf{G}^{(l)} \tag{22}$$

la décomposition en parties irréductibles du produit tensoriel des représentations irréductibles $\mathbf{G}^{(g)}$, $\mathbf{G}^{(h)}$, et soient $\langle gh\,\gamma\eta|\sigma l\lambda\rangle$ $(\sigma = 1, \ldots, n_l^{gh})$ les éléments de la matrice unitaire réalisant cette décomposition. La représentation standard des composantes $T_\chi^{(k)}$ possède, suivant le théorème B, les propriétés remarquables :

$$\langle \tau_1 j_1 \mu_1 | T_\chi^{(k)} | \tau_2 j_2 \mu_2 \rangle = \begin{cases} 0 & \text{si} \quad n_{j_1}^{kj_2} = 0 \\ \sum_{\sigma=1}^{n_{j_1}^{kj_2}} \langle \tau_1 j_1 \| T_\chi^{(k)} \| \tau_2 j_2 \rangle_\sigma \langle k j_2 \chi \mu_2 | \sigma j_1 \mu_1 \rangle^* & \text{si} \quad n_{j_1}^{kj_2} \neq 0 \end{cases} \tag{23}$$

Conclusion

En conclusion, on pourra tirer plein avantage des propriétés de transformation des vecteurs kets et des opérateurs de la Mécanique Quantique dans les opérations d'un groupe donné $\mathcal{G}$, si l'on sait :

(*i*) dénombrer toutes les représentations irréductibles de ce groupe (à une équivalence près) et construire les matrices de chacune de ces représentations suivant un choix standard des vecteurs de base de cette représentation ;

(*ii*) décomposer en parties irréductibles les produits tensoriels de ces représentations prises deux à deux et déterminer la matrice qui réalise la décomposition de chacun de ces produits (i. e. déterminer les coefficients n_l^{gh} de l'équation (22) et les « coefficients de Clebsch-Gordan » $\langle g h \gamma \eta | \sigma l \lambda \rangle$).

III. — GROUPES FINIS

Notations

$\mathcal{F}$, groupe fini considéré

N, ordre du groupe.

L, nombre des classes ($L \leqslant N$).

$\mathcal{C}$, classe du groupe.

l_a, nombre des éléments de la classe $\mathcal{C}_a$.

F, représentation de $\mathcal{F}$.

F, matrice représentant f dans **F**.

$\mathbf{F}^r$, représentation régulière.

f, élément du groupe.

I, élément unité.

f^a, élément de la classe $\mathcal{C}_a$.

$k_a = \sum_{i=1}^{l_a} f_i^a$, somme des éléments de $\mathcal{C}_a$.

χ, système de caractères de **F**.

$K_a = \sum_{i=1}^{l_a} F_i^a$.

$\chi(a) = \operatorname{Tr} F^a = \frac{1}{l_a} \operatorname{Tr} K_a$.

$\mathbf{F}^{(j)}$, $j^{\text{ième}}$ représentation irréductible (à une équivalence près).

d_j, degré de $\mathbf{F}^{(j)}$: $d_j = \chi^{(j)}(I)$.

$F^{(j)}$, matrice unitaire représentant f dans $\mathbf{F}^{(j)}$ pour un choix standard fixé une fois pour toutes des vecteurs de base de cette représentation.

$F_{\alpha\beta}^{(j)} \equiv (f \mid j\, \alpha\, \beta) =$ élément de la matrice $F^{(j)}$ relatif à la $\alpha^{\text{ième}}$ ligne et à la $\beta^{\text{ième}}$ colonne.

$\chi^j(a) \equiv (a \mid j)$ caractère de la classe $\mathcal{C}_a$ dans la représentation $\mathbf{F}^{(j)}$.

10. Généralités

Lemme de réarrangement

Si $f_1, f_2, \ldots, f_N$ est la suite des éléments du groupe écrite dans un certain ordre, la suite $f_1 f, f_2 f, \ldots, f_N f$ obtenue en multipliant chacun d'eux par le même élément f du groupe contient chaque élément du groupe une et une seule fois : c'est la suite des éléments du groupe écrite dans un ordre différent.

(Toutes les propriétés de ce paragraphe découlent simplement de ce lemme).

Sous-groupe de $\mathcal{F}$

Si $\mathcal{H}$ est un sous-groupe de $\mathcal{F}$ d'ordre N_h, N est multiple de N_h :

$$N = h\, N_h \qquad (h \text{ entier} > 0).$$

L'entier h porte le nom d'*indice* du sous-groupe.

Si $\mathcal{H}$ est un sous-groupe invariant, son indice h est l'ordre du groupe quotient $\mathcal{G}/\mathcal{H}$.

Classes de $\mathcal{F}$

N est un multiple du nombre l_a des éléments de l'une quelconque de ses classes

$$N = p_a\, l_a \qquad (p_a \text{ entier} > 0)$$

(les éléments de $\mathcal{F}$ qui commutent avec un élément donné f^a de la classe $\mathcal{C}_a$ forment un sous-groupe dont l_a est l'indice).

Algèbre du groupe. Opérateurs de classe k_a (class sum)

Les combinaisons linéaires des éléments du groupe $\sum_{s=1}^{N} x^s f_s$, où $x^1, x^2, \ldots, x^s$ sont des nombres complexes quelconques, forment une algèbre (de nombres hypercomplexes) : l'algèbre du groupe.

On appelle opérateurs de classe les L nombres hypercomplexes obtenus en sommant les éléments d'une même classe

$$k_a \equiv \sum_{i=1}^{l_a} f_i^a \qquad (a = 1, 2, \ldots, L). \tag{24}$$

Ces L opérateurs commutent avec tous les éléments de l'algèbre du groupe et tout autre nombre qui possède cette propriété est une combinaison linéaire de ces L opérateurs.

Algèbre des classes

L'algèbre du groupe n'est pas commutative, à moins que le groupe ne soit abélien. Mais les combinaisons linéaires des L opérateurs k_a forment une algèbre commutative, l'algèbre des classes ou centre de l'algèbre du groupe (si le groupe est abélien, l'algèbre des classes est identique à l'algèbre du groupe) On a en effet :

$$k_a\, k_b = k_b\, k_a = \sum_{c=1}^{L} g_{ab}^c\, k_c. \tag{25}$$

Les coefficients g_{ab}^c sont des *entiers* $\geqslant 0$.

Quoique linéairement indépendants, les L opérateurs de classe sont reliés par les relations (25) et peuvent donc se mettre sous forme de fonctions d'un nombre limité d'entre eux.

Chaque opérateur de classe obéit à une équation algébrique de degré L au plus.

II. Représentations

Représentation régulière F^r

C'est la représentation de degré N obtenue en prenant pour vecteurs de base les N éléments du groupe lui-même. Les vecteurs de l'espace de représentation sont donc les éléments de l'algèbre du groupe.

Chaque ligne, chaque colonne de la matrice $N \times N$ représentant f dans F^r a tous ses éléments nuls à l'exception de l'un d'entre eux qui est égal à 1.

Les principales propriétés des représentations du groupe se déduisent presque toutes du lemme de réarrangement, du lemme de Schur et de l'étude de la représentation régulière.

Propriétés des représentations en général

Toute représentation d'un groupe fini est équivalente à une représentation *unitaire* de ce groupe.

Si deux représentations ont même système de *caractères*, elles sont équivalentes (*) (la réciproque est évidente).

$F_1, F_2, \ldots, F_N$ étant une suite d'opérateurs linéaires formant un groupe fini $\mathcal{F}$ et $|u\rangle$ étant un vecteur donné de l'espace des kets, la représentation F^u suivant laquelle $|u\rangle$ se transforme dans les opérations du groupe, est une *composante de la représentation régulière* F^r (si F^u est de degré N, $\mathsf{F}^u \simeq \mathsf{F}^r$).

Dans une représentation donnée F, $k_1, k_2, \ldots, k_L$ sont représentés par des matrices $K_1, K_2, \ldots, K_L$ *simultanément diagonalisables* et commutant avec toute matrice représentative d'un élément du groupe :

$$[K_\alpha, F] = 0. \tag{26}$$

Représentations irréductibles

a) *Nombre*. — Le nombre des représentations irréductibles inéquivalentes est égal au nombre L des classes.

b) *Degré*. — Si d_j est le degré de la $j^{\text{ième}}$ représentation irréductible $\mathsf{F}^{(j)}$ $(j = 1, 2, \ldots, L)$

$$N/d_j \text{ est entier} \tag{27}$$

$$\sum_{j=1}^{L} d_j^2 = N. \tag{28}$$

(*) Conséquence de l'unicité de la décomposition en parties irréductibles et de l'orthogonalité des caractères des représentations irréductibles (cf. ci-dessous). Cette propriété reste vraie lorsque le groupe est infini, à condition que les deux représentations soient complètement réductibles.

c) *Relations d'orthogonalité.* — Si les représentations irréductibles unitaires $\mathbf{F}^{(j)}$, $\mathbf{F}^{(k)}$ sont soit inéquivalentes, soit égales (⁷),

$$\boxed{\frac{d_j}{N}\sum_{f=1}^{N}(f\mid j\,\alpha\,\beta)\,(f\mid k\,\gamma\,\delta)^* = \delta_{jk}\,\delta_{\alpha\gamma}\,\delta_{\beta\delta}} \tag{29}$$

De (29), on tire la relation d'orthogonalité des caractères

$$\boxed{\sum_{a=1}^{L}\frac{l_a}{N}\,(a\mid j)\,(a\mid k)^* = \delta_{jk}} \tag{30}$$

Chaque représentation étant définie sans ambiguïté par un choix standard de ses vecteurs de base, les N^2 quantités

$$\sqrt{\frac{d_j}{N}}\,F^{(j)}_{\alpha\beta} \equiv \sqrt{\frac{d_j}{N}}\,(f\mid j\,\alpha\,\beta)$$

$$(f = 1, 2, \ldots, N\,;\; j = 1, 2, \ldots, L\,;\; \alpha, \beta = 1, 2, \ldots, d_j)$$

sont les éléments d'une matrice unitaire $N \times N$. De même, les L^2 quantités $\sqrt{l_a/N}\,\chi^j(a) \equiv \sqrt{l_a/N}(a\mid j)$ sont les éléments d'une matrice unitaire $L \times L$. Des deux relations d'unitarité (29) et (30), on déduit respectivement les deux suivantes :

$$\sum_{j=1}^{L}\sum_{\alpha,\beta=1}^{d_j}\frac{d_j}{N}\,(f\mid j\,\alpha\,\beta)\,(g\mid j\,\alpha\,\beta)^* = \delta_{fg} \tag{31}$$

$$\frac{l_a}{N}\sum_{j=1}^{L}(a\mid j)\,(b\mid j)^* = \delta_{ab}. \tag{32}$$

d) *Cas particuliers.* — Si $\mathbf{F}^{(k)}$ est la représentation identique ($k = 1$), (29) et (30) donnent

$$\sum_{f=1}^{N}(f\mid j\,\alpha\,\beta) = N\,\delta_{j1} \qquad \sum_{a=1}^{L} l_a(a\mid j) = N\,\delta_{j1}. \tag{33 a}$$

Si g est l'unité ($g = I$), (31) et (32) donnent

$$\sum_{j\alpha\beta} d_j(f\mid j\;\alpha\;\beta) = N\,\delta_{fI} \qquad \sum d_j(a\mid j) = N\,\delta_{aI}. \tag{33 b}$$

(⁷) *Démonstration* : si S est une matrice $d_j \times d_k$ quelconque, la matrice : $T \equiv \sum_{f=1}^{N} F^{(j)}\,S\,F^{(k)-1}$ obéit (lemme de réarrangement) à la relation $F^{(j)}\,T = T\,F^{(k)}$ quel que soit f. Donc (lemme de Schur), T est soit identiquement nul, soit multiple de l'unité, selon que $\mathbf{F}^{(j)}$ et $\mathbf{F}^{(k)}$ sont inéquivalentes ou égales. On obtient les relations (29) en fixant S de façon appropriée.

e) *Relation entre opérateurs de classe et caractères.* — Les matrices $K_a^{(j)}$ représentant les k_a sont des *multiples de la matrice unité* (lemme de Schur) :

$$K_a^{(j)} = k_a^{(j)} 1^{(j)}. \tag{34}$$

$$k_a^{(j)} = \frac{1}{d_j} \operatorname{Tr} K_a^{(j)} = \frac{l_a}{d_j} (a \mid j). \tag{35}$$

De (25) et (35) on tire

$$l_a l_b (a \mid j)(b \mid j) = d_j \sum_{c=1}^{L} g_{ab}^c l_c (c \mid j) \tag{36}$$

d'où, en raison de la relation d'orthogonalité (32)

$$g_{ab}^c = \frac{l_a l_b}{N} \sum_{j=1}^{L} \frac{1}{d_j} (a \mid j)(b \mid j)(c \mid j)^*. \tag{37}$$

12. Dénombrement des composantes irréductibles d'une représentation

Méthode générale

Pour connaître les coefficients n_j de la décomposition

$$\mathsf{F} \simeq \sum_{j=1}^{L} n_j \mathsf{F}^{(j)} \tag{38}$$

d'une représentation F en parties irréductibles, il suffit de connaître son système de caractères $\chi(a)$ et le système de caractères des L représentations irréductibles du groupe. Suivant l'équation (9) et les relations (30),

$$n_j = \frac{1}{N} \sum_{a=1}^{L} l_a (a \mid j)^* \chi(a). \tag{39}$$

N. B. — On a : $p \equiv \frac{1}{N} \sum_{a=1}^{L} l_a \mid \chi(a) \mid^2 = \sum_{j=1}^{L} n_j^2$. Donc $p = 1$ est un critère d'irréductibilité de F.

Représentation régulière ($\chi^r(a) = N \delta_{a1}$)

$$\mathsf{F}^r \simeq \sum_{j=1}^{L} d_j \mathsf{F}^{(j)}. \tag{40}$$

La représentation régulière contient chaque représentation irréductible du groupe un nombre de fois égal au degré de cette représentation (la relation (28) en découle).

Produit tensoriel de représentations irréductibles

$$\mathsf{F}^{(g)} \otimes \mathsf{F}^{(h)} \simeq \sum_{j=1}^{L} n_j^{gh} \mathsf{F}^{(j)}. \tag{41}$$

L'équation (9) s'écrit dans ce cas

$$(a \mid g)(a \mid h) = \sum_{j=1}^{L} n_j^{gh} (a \mid j) \tag{42}$$

et (39) donne

$$n_j^{gh} = \frac{1}{N} \sum_{a=1}^{L} l_a (a \mid g)(a \mid h)(a \mid j)^*. \tag{43}$$

On comparera ces deux relations aux relations (36) et (37).

Lemme :

$\mathbf{F}^{(j)}$ est contenu autant de fois dans $\mathbf{F}^{(g)} \otimes \mathbf{F}^{(h)}$ que $\mathbf{F}^{(g)}$ dans $\mathbf{F}^{(j)} \otimes \mathbf{F}^{(h)\cdot *}$

(*N. B.* — Si les représentations irréductibles sont toutes self-conjuguées, n_j^{gh} est symétrique par rapport à ses trois indices).

COMPOSANTES DE DEGRÉ 1

Le produit tensoriel $\mathbf{F}^{(g)} \otimes \mathbf{F}^{(h)}$ de deux représentations irréductibles contient au plus une composante de degré 1 ; pour que la représentation $\mathbf{F}_1$ de degré 1 figure dans ce produit, il faut et il suffit que l'on ait :

$$\mathbf{F}^{(g)} \simeq \mathbf{F}_1 \otimes \mathbf{F}^{(h)*}. \tag{44}$$

En particulier, l'espace $\mathcal{E}_g \otimes \mathcal{E}_h$ de représentation de ce produit contient *au plus un* vecteur invariant dans les transformations du groupe ; ce vecteur existe si, et seulement si,

$$\mathbf{F}^{(g)} \simeq \mathbf{F}^{(h)*}. \tag{45}$$

13. Recherche des sous-espaces invariants irréductibles

Nous supposons désormais qu'un choix standard des vecteurs de base a été fait pour chaque représentation irréductible $\mathbf{F}^{(j)}$. Ceci fait, nous dirons qu'un vecteur est du type $(j\mu)$ s'il se transforme comme le $\mu^{\text{ième}}$ vecteur d'une base standard de $\mathbf{F}^{(j)}$. Les matrices (unitaires) $F^{(j)}$ étant ainsi définies sans ambiguïté, on se propose de construire les vecteurs d'une base standard adaptée au groupe $\mathcal{F}$ dans l'espace $\mathcal{E}$ de la représentation $\mathbf{F}$ envisagée au début du § 12. Nous nous limitons au cas où $\mathcal{E}$ est engendré par application des opérateurs $F_1, F_2, \ldots, F_N$ du groupe à un vecteur donné $|\rangle$ de l'espace des kets ($n_j \leqslant d_j$). En pratique, on peut toujours se ramener à ce cas dans les applications de la Théorie des Groupes à la Mécanique Quantique.

OPÉRATEURS DE BASE $B_{\mu\nu}^{(j)}$ DE LA REPRÉSENTATION RÉGULIÈRE

Introduisons les N opérateurs

$$B_{\mu\nu}^{(j)} \equiv \frac{d_j}{N} \sum_{f=1}^{N} (f \mid j\mu\nu)^* F \tag{46}$$

$$(j = 1, 2, \ldots, L\,;\ \mu, \nu = 1, 2, \ldots, d_j).$$

Suivant les relations d'orthogonalité (31), les N opérateurs du groupe sont des combinaisons linéaires de ces opérateurs

$$F = \sum_{j=1}^{L} \sum_{\mu,\nu=1}^{d_j} (f \mid j\mu\nu)\, B_{\mu\nu}^{(j)}. \tag{47}$$

De l'unitarité des F, du lemme de réarrangement et des relations (29) découlent les propriétés fondamentales

$$B^{(j)\dagger}_{\mu\nu} = B^{(j)}_{\nu\mu} \tag{48}$$

$$F\, B^{(j)}_{\mu\nu} = \sum_{\varkappa} B^{(j)}_{\varkappa\nu} (f \mid j\, \varkappa\, \mu) \tag{49}$$

$$B^{(j)}_{\mu\nu}\, B^{(k)}_{\rho\sigma} = \delta_{jk}\, \delta_{\nu\rho}\, B^{(j)}_{\mu\sigma}. \tag{50}$$

Suivant l'équation (49), les N éléments de l'algèbre du groupe que représentent les $B^{(j)}_{\mu\nu}$ forment une base standard dans la représentation régulière.

FORMATION D'UNE BASE STANDARD A L'AIDE DES $B^{(j)}_{\mu\nu}$

Si l'on sait former les opérateurs $B^{(j)}_{\mu\nu}$ — autrement dit, si l'on connaît les N^2 éléments de matrice $(f \mid j\, \mu\, \nu)$ — le problème de construire une base standard dans $\mathcal{E}$ est pratiquement résolu.

En effet

a) S'il n'est pas nul, $B^{(j)}_{\mu\nu}|\rangle$ est un vecteur du type $(j\,\mu)$ (équ. (49)).

b) Les N vecteurs $B^{(j)}_{\mu\nu}|\rangle$ sous-tendent la totalité de l'espace (équ. (47)).

c) Les d_j^2 vecteurs $B^{(j)}_{\mu\nu}|\rangle$ correspondant à la même valeur de j possèdent les propriétés suivantes :

(*i*) les d_j vecteurs correspondant à la même valeur de ν ($\mu = 1, 2, \dots, d_j$) ont même norme et forment, à la norme près, une base standard de la représentation $\mathbf{F}^{(j)}$;

(*ii*) les d_j vecteurs correspondant à la même valeur de μ ($\nu = 1, 2, \dots, d_j$) sous-tendent l'espace $\mathcal{E}_{j\mu}$ à n_j dimensions des vecteurs du type $(j\,\mu)$; ils sont liés par $(n_j - d_j)$ relations linéaires dont les coefficients sont indépendants de μ (en particulier si $n_j = 1$, ces d_j vecteurs sont des multiples les uns des autres et les facteurs de multiplication ne dépendent pas de μ).

Pour construire dans $\mathcal{E}$ une base standard adaptée au groupe, il suffit donc de faire choix pour chaque valeur de j d'une valeur déterminée $\bar{\mu}$ de μ et de construire, par le processus d'orthogonalisation de Schmidt par exemple, un système de n_j vecteurs de base dans l'espace $\mathcal{E}_{j\bar{\mu}}$:

$$|\tau j \bar{\mu}\rangle = \sum_{\nu=1}^{d_j} c^{\tau j}_{\nu}\, B^{(j)}_{\bar{\mu}\nu}|\rangle \qquad (\tau = 1, 2, \dots, n_j)$$

$$\langle \tau j \bar{\mu} | \tau' j \bar{\mu}\rangle = \delta_{\tau\tau'}.$$

Ceci fait, les vecteurs

$$|\tau j \mu\rangle \equiv \sum_{\nu=1}^{d_j} c^{\tau j}_{\nu}\, B^{(j)}_{\mu\nu}|\rangle$$

$$(j = 1, 2, \dots, L\,; \quad \mu = 1, 2, \dots, d_j\,; \ \tau = 1, 2, \dots, n_j)$$

forment la base standard cherchée, les d_j vecteurs $|\tau j \mu\rangle$ (τ et j fixes, $\mu = 1, \dots, d_j$) formant une base standard de la représentation $\mathbf{F}^{(j)}$.

AUTRES PROPRIÉTÉS DES $B^{(j)}_{\mu\nu}$. PROJECTEURS SUR LES ESPACES $\mathcal{E}_{j\mu}$ ET TRANSFERT DE L'UN A L'AUTRE.

Posons :

$$\Pi^{(j)}_{\mu} \equiv B^{(j)}_{\mu\mu} \equiv \frac{d_j}{N} \sum_{f=1}^{N} (f \mid j\, \mu\, \mu)^*\, F. \tag{51}$$

Les opérateurs $\Pi_{\mu}^{(j)}$ ($j = 1, 2, \ldots, L$; $\mu = 1, 2, \ldots, d_j$) forment une suite de projecteurs orthogonaux dont la somme est égale à 1 ([8]) :

$$\Pi_{\mu}^{(j)\dagger} = \Pi_{\mu}^{(j)} \tag{52}$$

$$\Pi_{\mu}^{(j)} \Pi_{\rho}^{(k)} = \delta_{jk} \delta_{\mu\rho} \Pi_{\mu}^{(j)} \tag{53}$$

$$\sum_{j=1}^{L} \sum_{\mu=1}^{d_j} \Pi_{\mu}^{(j)} = 1 \tag{54}$$

$\Pi_{\mu}^{(j)}$ est le projecteur sur l'espace $\mathcal{E}_{j\mu}$ des vecteurs du type ($j\,\mu$) (équ. (49)). *La décomposition de l'unité* (54) permet d'écrire tout vecteur de $\mathcal{E}$ sous forme d'une somme de vecteurs appartenant chacun à un espace $\mathcal{E}_{j\mu}$ particulier :

$$|u\rangle = \sum_{j\mu} \Pi_{\mu}^{(j)} |u\rangle.$$

Si $\mu \neq \nu$, l'opérateur $B_{\mu\nu}^{(j)}$ est *l'opérateur de transfert* du sous-espace $\mathcal{E}_{j\nu}$ au sous-espace $\mathcal{E}_{j\mu}$. En effet, suivant les équations (50) et (48)

$$\Pi_{\gamma}^{(g)} B_{\mu\nu}^{(j)} \Pi_{\eta}^{(h)} = \delta_{gj} \delta_{jh} \delta_{\gamma\mu} \delta_{\nu\eta} B_{\mu\nu}^{(j)} \tag{55}$$

$$B_{\mu\nu}^{(j)\dagger} B_{\mu\nu}^{(j)} = \Pi_{\nu}^{(j)}. \tag{56}$$

Donc l'opération de $B_{\mu\nu}^{(j)}$ donne zéro sur tout vecteur orthogonal à $\mathcal{E}_{j\nu}$ et transforme tout vecteur de $\mathcal{E}_{j\nu}$ en un vecteur de $\mathcal{E}_{j\mu}$, la correspondance ainsi établie entre les deux espaces étant biunivoque et conservant le produit scalaire.

Si $|\sigma j \nu\rangle$ est un vecteur du type ($j\,\nu$), les d_j vecteurs $B_{\mu\nu}^{(j)} |\sigma j \nu\rangle$ ($\mu = 1, 2, \ldots, d_j$) forment une base standard de la représentation $\mathbf{F}^{(j)}$.

Utilisation des opérateurs de classe K_a. Projecteur $P^{(j)}$

La recherche pure et simple des sous-espaces invariants irréductibles de $\mathcal{E}$ n'exige pas nécessairement la connaissance des N^2 éléments de matrice standard $F_{\mu\nu}^{(j)} \equiv (f \mid j\,\mu\,\nu)$.

Les opérateurs de classe

$$K_a = \sum_{i=1}^{l_a} F_i^a \qquad (a = 1, 2, \ldots, L)$$

possèdent (au moins) un système de base commun. A chaque vecteur de ce système correspond une certaine suite $k \equiv (k_1, k_2, \ldots, k_L)$ de valeurs propres de ces opérateurs. Il existe en tout L suites de valeurs propres possibles $k^{(1)}, k^{(2)}, \ldots, k^{(L)}$, définies par l'équation (35) et correspondant chacune à une représentation irréductible bien déterminée du groupe. En conséquence, si l'on diagonalise simultanément $K_1, K_2, \ldots, K_L$, chaque suite de valeurs propres $k^{(j)}$ est $n_j\, d_j$ fois dégénérée et son sous-espace $\mathcal{E}_j$ définit la composante $n_j\, \mathbf{F}^{(j)}$ de $\mathbf{F}$. Si les n_j sont tous égaux à 1, la décomposition de $\mathcal{E}$ en sous-espaces invariants irréductibles se trouve de ce fait automatiquement réalisée. Sinon, il reste à effectuer cette décomposition dans chacun des sous-espaces $\mathcal{E}$ pour lesquels $n_j > 1$.

([8]) Ceci est vrai quel que soit $\mathbf{F}$, même si cette représentation n'est pas une composante de $\mathbf{F}^r$.

Rappelons que les L opérateurs K sont des fonctions d'un nombre limité d'entre eux ; il suffit donc de diagonaliser ces derniers pour les diagonaliser tous.

Le problème de diagonaliser les opérateurs K est pratiquement résolu, si l'on connaît le système de caractères de toutes les représentations irréductibles du groupe (des tables caractères ont été établies pour la plupart des groupes utilisés en physique. Cf. références de la note (1)). En effet le projecteur $P^{(j)}$ sur l'espace $\mathcal{E}_j$ est

$$P^{(j)} \equiv \sum_{\mu=1}^{d_j} \Pi_\mu^{(j)} = \frac{d_j}{N} \sum_{f=1}^{N} \chi^{(j)*}(f)\, F$$

$$= \frac{d_j}{N} \sum_{a=1}^{L} (a \mid j)^* K_a. \tag{57}$$

IV. — PERMUTATIONS (9)

(Groupe $\mathcal{S}_n$)

14. Généralités. Cycles. Classes

DÉFINITION

Soient n objets répartis dans n cases (ex. : n particules dans n états quantiques). Effectuer une permutation de ces n objets, c'est modifier leur répartition parmi ces n cases. Chaque objet peut être repéré par l'indice entier allant de 1 à n. Une permutation particulière peut être définie par le symbole

$$p = \begin{pmatrix} \alpha_1 & \alpha_2 & \dots & \alpha_n \\ \beta_1 & \beta_2 & \dots & \beta_n \end{pmatrix}$$

où $\alpha_1\, \alpha_2, \dots, \alpha_n$ est la liste des n premiers entiers écrite dans un ordre arbitrairement choisi et où $\beta_1, \beta_2, \dots, \beta_n$ est celle des mêmes nombres écrite dans un ordre tel que l'objet β_i occupe dans la nouvelle répartition la case que l'objet α_i occupait dans l'ancienne. Ainsi dans la permutation de cinq objets :

$$p_a = \begin{pmatrix} 1 & 2 & 3 & 4 & 5 \\ 5 & 3 & 2 & 1 & 4 \end{pmatrix}$$

l'objet 5 prend la place de 1, 3 celle de 2, etc. La signification du symbole n'est évidemment pas altérée si l'on change l'ordre de ses colonnes.

Deux permutations successives p_a, p_b équivalent à une permutation unique $p_c = p_b\, p_a$ qu'il est facile d'écrire si la ligne supérieure du symbole p_b est identique à la ligne inférieure du symbole p_a. Si par exemple p_a est la permutation définie plus haut et si

$$p_b = \begin{pmatrix} 1 & 2 & 3 & 4 & 5 \\ 4 & 3 & 5 & 1 & 2 \end{pmatrix} = \begin{pmatrix} 5 & 3 & 2 & 1 & 4 \\ 2 & 5 & 3 & 4 & 1 \end{pmatrix},$$

$$p_c = p_b\, p_a = \begin{pmatrix} 1 & 2 & 3 & 4 & 5 \\ 2 & 5 & 3 & 4 & 1 \end{pmatrix}.$$

(9) On trouvera un exposé simple et complet de la théorie des tableaux d'Young et de ses applications au groupe des permutations dans le livre de D. E. RUTHERFORD, *Substitutional Analysis*, University Press, Edinburgh (1948). L'essentiel de la théorie du groupe $\mathcal{S}_n$ est donné par B. L. v. D. WAERDEN, *Modern Algebra*, Ungar, Ed., New York (1950), t. II, p. 190-193.

En particulier, l'inverse de p est la permutation dont le symbole se déduit de celui de p par échange des deux lignes :

$$p^{-1} = \begin{pmatrix} \beta_1 & \beta_2 & \dots & \beta_n \\ \alpha_1 & \alpha_2 & \dots & \alpha_n \end{pmatrix}.$$

Les permutations de n objets forment un groupe d'ordre n !

Permutations circulaires. Notation cyclique

La permutation $\begin{pmatrix} \alpha_1 & \alpha_2 & \dots & \alpha_{k-1} & \alpha_k & \alpha_{k+1} & \dots & \alpha_n \\ \alpha_2 & \alpha_3 & \dots & \alpha_k & \alpha_1 & \alpha_{k+1} & \dots & \alpha_n \end{pmatrix}$, dans laquelle α_2 prend la place de α_1, α_3 celle de α_2, ..., α_k celle de α_{k-1}, α_1 celle de α_k et les $(n - k)$ objets restant $\alpha_{k+1}, \dots, \alpha_n$ restent à leur place, est par définition une *permutation circulaire, ou cycle, des k objets* $\alpha_1, \alpha_2, \dots, \alpha_k$; k est la *longueur du cycle.* On peut représenter ce type de permutation par le symbole

$$p = (\alpha_1 \ \alpha_2 \ \dots \ \alpha_k). \tag{58}$$

Par convention α_1, premier objet de la liste, prend la place du dernier α_k, et chaque autre objet de la liste prend la place de celui qui est écrit immédiatement à sa gauche. Dans cette notation, l'ordre des k éléments est défini à une permutation circulaire près.

Deux cycles n'ayant aucun élément commun commutent.

Toute permutation de n objets est un produit de cycles qui commutent deux à deux (ces cycles n'ont aucun élément commun) *et cette décomposition est unique.*

Ainsi la permutation p_a définie plus haut est le produit de (154) par (23) et peut s'écrire *en notation cyclique*

$$p_a = (154)\,(23) = (23)\,(154).$$

De même

$$p_b = (14)\,(235) \qquad p_c = (125)\,(3)\,(4).$$

Les cycles de longueur 1 équivalent à la transformation identique et peuvent éventuellement être omis ; on écrit simplement : $p_c = (125)$. Si l'on ne fait pas cette omission, la somme des longueurs des cycles d'une permutation donnée est égale à n.

Une permutation est entièrement définie par :

(*i*) *sa structure cyclique*, c'est-à-dire le nombre h ($\leqslant n$) de ses cycles et leurs longueurs respectives $\lambda_1, \lambda_2, \dots, \lambda_h$ ($\lambda_1 + \lambda_2 + \dots + \lambda_h = n$) ;

(*ii*) les nombres qui figurent dans chaque cycle et l'ordre dans lequel ils s'y trouvent à une permutation circulaire près.

Si l'on inverse l'ordre de succession des nombres dans chaque cycle, on forme la permutation inverse. Ainsi

$$p_a^{-1} = (451)\,(32).$$

Classes

Deux permutations de même structure cyclique appartiennent à la même classe et réciproquement.

L'élément $p' = xp\,x^{-1}$ conjugué de p est celui dont la notation cyclique se déduit de celle de p en effectuant la permutation x sur la suite des n nombres figurant dans cette dernière.

Exemple :

$$p_a = \begin{pmatrix} 1 & 5 & 4 & 2 & 3 \\ 5 & 4 & 1 & 3 & 2 \end{pmatrix} = (154)\,(23)$$

$$x = \begin{pmatrix} 1 & 2 & 3 & 4 & 5 \\ 2 & 4 & 1 & 3 & 5 \end{pmatrix} = \begin{pmatrix} 5 & 4 & 1 & 3 & 2 \\ 5 & 3 & 2 & 1 & 4 \end{pmatrix} \qquad x^{-1} = \begin{pmatrix} 2 & 5 & 3 & 4 & 1 \\ 1 & 5 & 4 & 2 & 3 \end{pmatrix}$$

$$p' \equiv x\, p_a\, x^{-1} = \begin{pmatrix} 2 & 5 & 3 & 4 & 1 \\ 5 & 3 & 2 & 1 & 4 \end{pmatrix} = (253)\,(41).$$

Transpositions

Une transposition est une permutation de deux objets (cycle de longueur 2). Les transpositions forment une classe de $\mathcal{S}_n$.

Tout cycle de longueur donnée k est égal au produit de $k - 1$ transpositions :

$$(\alpha_1\, \alpha_2\, \ldots\, \alpha_k) = (\alpha_1\, \alpha_2)\,(\alpha_2\, \alpha_3)\, \ldots\, (\alpha_{k-1}\, \alpha_k).$$

Plus généralement, toute permutation p peut s'écrire sous forme d'un produit de transpositions. Cette décomposition n'est pas unique, mais le nombre des transpositions qui y figure a une parité bien déterminée que nous dénotons désormais par $(-)^p$. Par définition, la permutation p est *paire* ou *impaire* selon que $(-)^p = +1$ ou -1.

Sous-groupes de $\mathcal{S}_n$. Groupe $\mathcal{A}_n$

$\mathcal{S}_n$ possède un et un seul *sous-groupe invariant*, le groupe $\mathcal{A}_n$ des permutations paires (c'est un sous-groupe d'indice 2 dont le groupe quotient est abélien et dont le complexe associé est l'ensemble des permutations impaires).

Parmi les autres sous-groupes de $\mathcal{S}_n$ figurent les groupes $\mathcal{S}_m$ de permutations d'un nombre m d'objets inférieur à $n (m < n)$, les groupes $\mathcal{A}_m (m < n)$, etc. L'indice de $\mathcal{S}_m$ est $(n!/m!)$, celui de $\mathcal{A}_m$ est $2(n!/m!)$.

Symétriseurs et antisymétriseurs de $\mathcal{S}_n$

Deux combinaisons linéaires des opérations de $\mathcal{S}_n$ jouent un rôle privilégié, le symétriseur s et l'antisymétriseur a :

$$s \equiv \frac{1}{n!} \sum_p p \qquad\qquad a \equiv \frac{1}{n!} \sum_p (-)^p\, p \tag{59}$$

(les sommations des seconds membres sont étendues aux $n!$ éléments du groupe $\mathcal{S}_n$). s et a sont des combinaisons linéaires particulières des opérateurs de classe ; elles commutent avec toutes les opérations du groupe et possèdent en outre les propriétés remarquables suivantes

$$qs \equiv sq = s \qquad\qquad qa = aq \equiv (-)^q\, a \tag{60}$$

(q, permutation particulière arbitrairement choisie)

$$s^2 = s \qquad\qquad a^2 = a. \tag{61}$$

15. Partitions

Définition

Une *partition* $\lambda \equiv [\lambda_1\, \lambda_2\, \ldots\, \lambda_h]$ de l'entier n est une suite d'entiers positifs rangés dans l'ordre $\lambda_1 \geqslant \lambda_2 \geqslant \ldots \geqslant \lambda_h$ et dont la somme est égale à n :

$$\lambda_1 + \lambda_2 + \ldots + \lambda_h = n.$$

Comme la structure cyclique d'une permutation est définie par une partition bien déterminée de n, *chaque partition de n définit une classe de S_n.*

Inégalités

Soient $\lambda \equiv [\lambda_1 \dots \lambda_h]$, $\mu \equiv [\mu_1 \dots \mu_k]$ deux partitions de n. Par définition :

$\lambda = \mu$ si $h = k$ et si $\lambda_1 = \mu_1, \lambda_2 = \mu_2, \dots, \lambda_h = \mu_k$;
$\lambda > \mu$ si le premier terme non nul de la suite $\lambda_1 - \mu_1, \lambda_2 - \mu_2, \dots$, est positif;
$\lambda < \mu$ si le premier terme non nul de la suite $\lambda_1 - \mu_1, \lambda_2 - \mu_2, \dots$, est négatif.

Exemple : pour $n = 5$ $[5] > [4\ 1] > [3\ 2] > [3\ 1^2]$, etc.
(Par convention, $[3\ 1^2]$ est une notation abrégée pour $[3\ 1\ 1]$).

Diagramme d'Young Y_λ

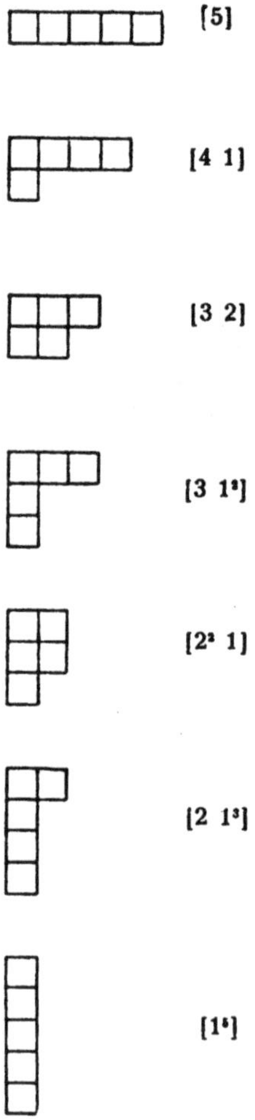

Fig. 1. — Les partitions de 5 et leurs diagrammes d'Young.

Une partition donnée $[\lambda_1 \lambda_2 \dots \lambda_h]$ peut être représentée par son diagramme d'Young Y_λ ; c'est un réseau de n carrés arrangés en h lignes placées les unes au-dessous des autres, la première ligne comprenant λ_1 carrés, la seconde λ_2 carrés, ..., le $h^{\text{ième}}$ λ_h carrés (cf. fig. 1).

Tableau d'Young Θ_λ^p

On peut répartir, et ceci de $n!$ façons différentes, les n premiers entiers dans les n cases du diagramme Y_λ ; on obtient ainsi un certain *tableau d'Young.*

Nous désignons par Θ_λ et donnons le nom de *tableau normal* au tableau dans lequel les nombres 1, 2, ..., n sont rangés ligne par ligne dans leur ordre normal : la suite 1, 2, ..., λ_1 dans la première ligne, la suite $\lambda_1 + 1, \lambda_1 + 2, \dots, \lambda_1 + \lambda_2$ dans la seconde, etc. On obtient un nouveau tableau $\Theta_p^\lambda \equiv p\Theta_\lambda$ en effectuant la permutation p sur les n nombres du tableau Θ_λ. Notons que $q\Theta_\lambda^p \equiv \Theta_\lambda^{qp}$ et qu'il existe $n!$ tableaux différents par diagramme d'Young (cf. fig. 2).

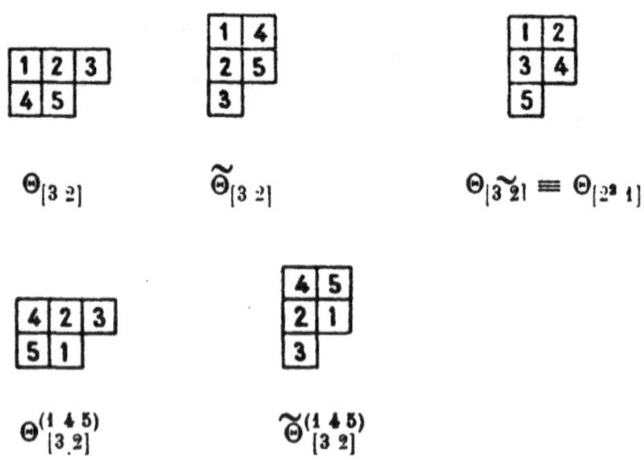

Fig. 2. — Quelques tableaux correspondant aux partitions $\lambda \equiv [3\ 2]$ et $\tilde{\lambda} \equiv [2^2\ 1]$ du nombre 5.

PARTITIONS ASSOCIÉES

Deux partitions sont associées l'une de l'autre si leurs diagrammes d'Young se déduisent l'un de l'autre par l'échange des lignes et des colonnes (symétrie autour de la diagonale principale). Dans la suite, nous désignons ce type de correspondance à l'aide du symbole $\sim$. Ainsi $\tilde{\lambda} \equiv [\tilde{\lambda}_1 \ldots \tilde{\lambda}_k]$ désigne la partition associée à $\lambda \equiv [\lambda_1 \ldots \lambda_h]$. On note que $k = \lambda_1$ et $h = \tilde{\lambda}_1$ et que $\tilde{\lambda}_s$ est le nombre d'éléments de la partition λ égaux ou supérieurs à s et *vice versa.*

On définit de même le diagramme d'Young $\tilde{Y}_\lambda \equiv Y_{\tilde{\lambda}}$ associé à Y_λ et le tableau $\tilde{\Theta}^p_\lambda$ associé à Θ^p_λ. On note (cf. fig. 2) que

$$\tilde{\Theta}^p_\lambda = p\,\tilde{\Theta}_\lambda$$

mais qu'en général

$$\tilde{\Theta}_\lambda \neq \Theta_{\tilde{\lambda}}$$

16. « Symétriseurs » d'Young. Construction des représentations irréductibles

« SYMÉTRISEURS » s_λ, a_λ, $\tilde{s}_\lambda$, $\tilde{a}_\lambda$ DES LIGNES ET DES COLONNES DE Θ_λ

Par définition s_λ, symétriseur des lignes de Θ_λ et a_λ, antisymétriseur des lignes de Θ_λ, sont les opérateurs

$$s_\lambda \equiv \frac{1}{\lambda_1!\,\lambda_2!\,\ldots\,\lambda_h!}\sum_h h_\lambda \tag{62}$$

$$a_\lambda \equiv \frac{1}{\lambda!\,\lambda_2!\,\ldots\,\lambda_h!}\sum_h (-)^h\, h_\lambda \tag{63}$$

la sommation étant étendue aux $\lambda_1!\,\lambda_2!\,\ldots\,\lambda_h!$ permutations h_λ qui laissent invariantes les *lignes* de Θ_λ, c'est-à-dire celles dont chaque cycle a tous ses éléments situés sur la même ligne Θ_λ. Les h_λ forment un sous-groupe $\mathcal{S}_{[\lambda]}$ de $\mathcal{S}_n$; $\mathcal{S}_{\lambda_i}$ étant le groupe des permutations des λ_i objets situés sur la $i^{\text{ème}}$ ligne de Θ_λ, $\mathcal{S}_{[\lambda]}$ est le produit des sous-groupes $\mathcal{S}_{\lambda_1}, \mathcal{S}_{\lambda_2}, \ldots, \mathcal{S}_{\lambda_h}$ de $\mathcal{S}_n$; s_λ et a_λ sont respectivement les produits des symétriseurs et des antisymétriseurs de ces h sous-groupes.

On définit de même façon $\tilde{s}_\lambda$, symétriseur, et $\tilde{a}_\lambda$, antisymétriseur, des colonnes de Θ_λ (c'est-à-dire des lignes de $\tilde{\Theta}_\lambda$) ; ce sont les opérateurs

$$\tilde{s}_\lambda \equiv \frac{1}{\tilde{\lambda}_1!\,\ldots\,\tilde{\lambda}_k!}\sum_v v_\lambda \tag{64}$$

$$\tilde{a}_\lambda \equiv \frac{1}{\tilde{\lambda}_1!\,\ldots\,\tilde{\lambda}_k!}\sum_v (-)^v\, v_\lambda \tag{65}$$

la sommation étant étendue aux $\tilde{\lambda}_1!\,\ldots\,\tilde{\lambda}_k!$ permutations v_λ qui laissent invariantes les *colonnes* de Θ_λ.

Principales propriétés

a) Ce sont des produits de symétriseurs ou d'antisymétriseurs; donc :

$$s_\lambda^2 = s_\lambda \qquad a_\lambda^2 = a_\lambda \qquad \tilde{s}_\lambda^2 = \ldots \tag{66}$$

$$h_\lambda s_\lambda = s_\lambda h_\lambda = s_\lambda \qquad h_\lambda a_\lambda = a_\lambda h_\lambda = (-)^h a_\lambda \qquad v_\lambda \tilde{s}_\lambda = \ldots \tag{67}$$

b) Si $\varpi \equiv \sum_p x_p p$ est une combinaison linéaire arbitrairement donnée des opérations de $\mathcal{S}_n$ (élément de l'algèbre du groupe), et si [10]

$$\lambda > \mu \qquad \text{ou} \qquad \tilde{\lambda} < \tilde{\mu} \tag{68}$$

on a

$$\begin{aligned} \tilde{a}_\mu \varpi s_\lambda &= s_\lambda \varpi \tilde{a}_\mu = 0 \\ \tilde{s}_\mu \varpi a_\lambda &= a_\lambda \varpi \tilde{s}_\mu = 0. \end{aligned} \tag{69}$$

En particulier, l'une ou l'autre des conditions (68) entraîne

$$\tilde{a}_\mu s_\lambda = s_\lambda \tilde{a}_\mu = \tilde{s}_\mu a_\lambda = a_\lambda \tilde{s}_\mu = 0. \tag{70}$$

« Symétriseurs irréductibles » i_λ et j_λ

$$\begin{aligned} i_\lambda &\equiv s_\lambda \tilde{a}_\lambda \equiv \sum_{hv} (-)^v h_\lambda v_\lambda \qquad (i_\lambda \neq 0) \\ j_\lambda &\equiv \tilde{a}_\lambda s_\lambda \equiv \sum_{hv} (-)^v v_\lambda h_\lambda \qquad (j_\lambda \neq 0) \end{aligned} \tag{71}$$

Nous convenons d'appeler i_λ et j_λ respectivement le « symétriseur irréductible » et l' « antisymétriseur irréductible » de Θ_λ. Nous définissons de même le symétriseur et l'antisymétriseur irréductibles de $\tilde{\Theta}_\lambda$:

$$\tilde{i}_\lambda \equiv \tilde{s}_\lambda a_\lambda \qquad \tilde{j}_\lambda = a_\lambda \tilde{s}_\lambda$$

ϖ étant défini comme plus haut, on peut montrer que

$$s_\lambda \varpi \tilde{a}_\lambda = Cte\, i_\lambda \qquad \tilde{a}_\lambda \varpi s_\lambda = Cte\, j_\lambda. \tag{72}$$

De (69) et (72), on déduit aisément

$$i_\lambda i_\mu = i_\mu i_\lambda = Cte\, \delta_{\lambda\mu} i_\lambda \qquad j_\lambda j_\mu = j_\mu j_\lambda = Cte\, \delta_{\lambda\mu} j_\lambda. \tag{73}$$

Théorème fondamental. — (*i*) *Dans l'espace de la représentation régulière du groupe* $\mathcal{S}_n$, *les vecteurs* ϖi_λ (ϖ, élément arbitraire de l'algèbre de $\mathcal{S}_n$) *sous-tendent un sous-espace invariant irréductible* $\mathcal{E}_\lambda$ *et sont donc associés à une certaine représentation irréductible* $\mathbf{P}^{(\lambda)}$ *de* $\mathcal{S}_n$.

(*ii*) *Les vecteurs* ϖj_λ *sous-tendent le même sous-espace invariant* $\mathcal{E}_\lambda$.

(*iii*) *Si* $\lambda \neq \mu$, *les représentations irréductibles* $\mathbf{P}^{(\lambda)}$ *et* $\mathbf{P}^{(\mu)}$ *sont inéquivalentes.*

(10) L'une des conditions (68) n'entraîne pas nécessairement l'autre. *Exemple :* si $\lambda = [4\ 1^2]$ et $\mu = [3\ 3]$, on a $\lambda > \mu$; cependant $\tilde{\lambda} = [3\ 1^3]$, $\tilde{\mu} = [2^3]$ donc $\tilde{\lambda} > \tilde{\mu}$.

Comme le nombre des représentations irréductibles de S_n est égal au nombre de ses classes, donc au nombre des partitions de n, ce théorème permet de les construire toutes. En conséquence, chaque représentation irréductible de S_n peut être caractérisée par un diagramme d'Young bien déterminé.

« Symétriseurs » de tableaux associés et représentations associées

Faisons correspondre à chaque élément $\varpi = \sum_p x_p\, p$ de l'algèbre du groupe, l'élément $\varpi' = \sum_p (-)^p x_p\, p$. Cette correspondance est linéaire, biunivoque et possède les propriétés suivantes :

$a)$ si $\eta = p\varpi$ $\qquad \eta' = (-)^p p\varpi'$

$b)$ si $\zeta = \varpi\eta$ $\qquad \zeta' = \varpi'\eta'$ (conservation du produit).

On note que les « symétriseurs » des tableaux associés Θ_λ, $\widetilde{\Theta}_\lambda$ se correspondent deux à deux de cette façon. En effet :

$$a_\lambda = s_\lambda \qquad \widetilde{a}_\lambda = \widetilde{s}'_\lambda$$

d'où

$$\widetilde{i}_\lambda = \widetilde{s}_\lambda a_\lambda = j'_\lambda \qquad \widetilde{j}_\lambda = a_\lambda \widetilde{s}_\lambda = i'_\lambda. \tag{74}$$

Soient $\varpi_1 i_\lambda, \varpi_2 i_\lambda, \ldots$, une suite de vecteurs de base définissant la représentation $\mathbf{P}^{(\lambda)}$ conformément au théorème fondamental ; suivant l'équation (74), les vecteurs correspondants sont $\varpi'_1 \widetilde{j}_\lambda, \varpi'_2 \widetilde{j}_\lambda, \ldots$; ils définissent la représentation $\mathbf{P}^{(\widetilde{\lambda})}$. Avec ce choix des systèmes de base, il est clair que les matrices $P^{(\lambda)}$, $P^{(\widetilde{\lambda})}$ représentant dans chacune d'elles une permutation donnée p, sont liées par la relation

$$P^{(\widetilde{\lambda})} = (-)^p P^{(\lambda)}. \tag{75}$$

« Symétriseurs » de Θ^p_λ

Comme cela a été fait en partant du tableau Θ_λ, on peut en partant du tableau Θ^p_λ définir les permutations h^p_λ, v^p_λ et les symétriseurs $s^p_\lambda, \ldots, i^p_\lambda, \ldots$ On note que

$$h^p_\lambda = p\, h_\lambda\, p^{-1} \qquad v^p_\lambda = p\, v_\lambda\, p^{-1}$$

d'où

$$s^p_\lambda = p\, s_\lambda\, p^{-1}, \qquad a^p_\lambda = \ldots, \text{etc.} \tag{76}$$

Les « symétriseurs » de Θ^p_λ possèdent des propriétés analogues à celles des « symétriseurs » de Θ_λ ; on les déduit sans difficultés de ces dernières à l'aide des relations (76).

17. Principales propriétés des représentations irréductibles de S_n

La plupart des propriétés des représentations irréductibles de S_n se déduisent des propriétés des « symétriseurs » données au paragraphe précédent.

Chaque représentation irréductible $\mathbf{P}^{(\lambda)}$ de S_n est caractérisée par un certain diagramme d'Young et peut être construite à l'aide du symétriseur irréductible i_λ (ou de j_λ).

Chacune d'elle est *self-conjuguée*

$$\mathbf{P}^{(\lambda)*} \simeq \mathbf{P}^{(\lambda)}. \tag{77}$$

Représentations de degré 1

Les *deux seules* représentations de degré 1 sont

(*i*) la représentation identique (ou symétrique) $\mathbf{S}$;

(*ii*) la représentation antisymétrique $\mathbf{A}$ dans laquelle chaque permutation p est représentée par $(-)^p$.

Elles sont respectivement engendrées par s et a (équ. (59)).

Le diagramme d'Young de $\mathbf{S}$ a une seule ligne et représente la partition $[n]$, celui de $\mathbf{A}$ une seule colonne et représente la partition $[1^n]$.

Représentations irréductibles associées

Deux représentations irréductibles $\mathbf{P}^{(\lambda)}$, $\mathbf{P}^{(\tilde{\lambda})}$ sont dites associées l'une de l'autre si leurs diagrammes d'Young sont associés l'un de l'autre. De l'équation (75) résulte que :

$$\mathbf{P}^{(\tilde{\lambda})} \simeq \mathbf{A} \otimes \mathbf{P}^{(\lambda)}. \tag{78}$$

Composantes de degré 1 du produit tensoriel $\mathbf{P}^{(\lambda)} \otimes \mathbf{P}^{(\mu)}$

$\mathbf{P}^{(\lambda)} \otimes \mathbf{P}^{(\mu)}$ possède une (et une seule) composante de degré 1 si, et seulement si, l'une des deux circonstances suivantes sont réalisées :

(*i*) $\lambda = \mu$, et dans ce cas cette composante est $\mathbf{S}$;

(*ii*) $\lambda = \tilde{\mu}$, et dans ce cas cette composante est $\mathbf{A}$.

Représentations irréductibles de S_{n-1} contenues dans $\mathbf{P}^{(\lambda)}$

Toute représentation irréductible de S_n est une représentation (pas nécessairement irréductible) de son sous-groupe S_{n-1}.

Désignons par le symbole $\mathbf{P}_t^{(\lambda)}$ la représentation irréductible du groupe S_t correspondant à la partition λ de l'entier t. On peut montrer que $\mathbf{P}_n^{(\lambda)}$ a pour décomposition en parties irréductibles *par rapport au groupe* S_{n-1} :

$$\mathbf{P}_n^{(\lambda)} \simeq \sum_\mu \mathbf{P}_{n-1}^{(\mu)}, \tag{79}$$

la sommation étant étendue à toute partition μ de l'entier $(n-1)$ dont le diagramme d'Young peut être obtenue en enlevant un carreau au diagramme de la partition λ de l'entier n.

Exemple :

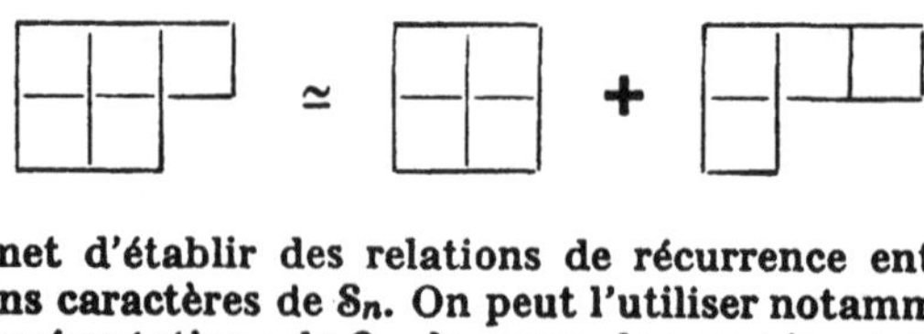

La loi (79) permet d'établir des relations de récurrence entre les caractères de S_{n-1} et certains caractères de S_n. On peut l'utiliser notamment pour déduire les degrés des représentations de S_n de ceux des représentations irréductibles de S_{n-1}.

Construction des sous-espaces invariants irréductibles d'une représentation $\mathbf{P}$ donnée

Dans la représentation $\mathbf{P}$, les divers « symétriseurs » introduits précédemment sont représentés par des opérateurs *linéaires hermétiques* (ce sont, à une constante près, des projecteurs) que nous représentons par les majuscules correspondantes.

La construction des composantes irréductibles de $\mathbf{P}$ découle du théorème fondamental du § 16. Si $|u\rangle$ est un vecteur arbitraire de l'espace $\mathcal{E}$ de la représentation $\mathbf{P}$, $I_\lambda|u\rangle$, s'il n'est pas nul, se transforme comme $\mathbf{P}^{(\lambda)}$ et son espace de représentation contient le vecteur non nul $J_\lambda|u\rangle$. L'ensemble des vecteurs $I_\lambda|\rangle$ formés par application de I_λ aux vecteurs de base de $\mathcal{E}$ sous-tend un sous-espace $\mathfrak{J}_\lambda$ dont le nombre de dimensions est égal au nombre n_λ de composantes $\mathbf{P}^{(\lambda)}$ contenues dans $\mathbf{P}$. Soit $|\sigma\rangle$ l'un des vecteurs d'une base orthonormée de $\mathfrak{J}_\lambda$; l'espace $\mathcal{E}_{\sigma\lambda}$ formé par application des opérateurs du groupe au vecteur $|\sigma\rangle$ est un espace de représentation de $\mathbf{P}^{(\lambda)}$; on obtient n_λ espaces de représentation orthogonaux en effectuant cette manipulation sur les n vecteurs de base de $\mathfrak{J}_\lambda$.

Si Q est un opérateur de l'espace $\mathcal{E}$ invariant par rapport à $\mathcal{S}_n$, il transforme linéairement les uns dans les autres les vecteurs de chacun des sous-espaces $\mathfrak{J}_\lambda$. Le problème de diagonaliser Q dans $\mathcal{E}$ est entièrement résolu lorsqu'on a effectué sa diagonalisation dans chacun des sous-espaces $\mathfrak{J}_\lambda$.

Propriétés de symétrie des vecteurs de $\mathbf{P}^{(\lambda)}$

Les vecteurs kets ne possèdent en général pas de propriétés de symétrie ou d'antisymétrie bien déterminées. On dit qu'un vecteur $|\rangle$ possède la symétrie bien déterminée S_λ s'il appartient au sous-espace du projecteur S_λ : un tel vecteur est symétrique dans toute permutation des éléments d'une même ligne de Θ_λ. De même façon un vecteur est A_λ-antisymétrique s'il appartient au sous-espace du projecteur A_λ.

Partant des tableaux $\widetilde{\Theta}_\lambda$, Θ_λ^p, on définit de même façon les symétries du type $\widetilde{S}_\lambda$, S_λ^p et les antisymétries du type $\widetilde{A}_\lambda$, A_λ^p respectivement ([11]).

De deux vecteurs de symétrie bien déterminée S_λ^p, S_μ^q, *le plus symétrique* est par définition celui qui correspond à la plus grande des partitions λ, μ. De deux vecteurs d'antisymétrie bien déterminée A_λ^p, A_μ^q, *le plus antisymétrique* est celui qui correspond à la plus grande des partitions λ, μ.

Ceci posé, des propriétés (69) et du théorème fondamental, on déduit que :

L'espace d'une représentation irréductible $\mathbf{P}^{(\lambda)}$ *contient un et un seul vecteur S_λ-symétrique* (et par conséquent, un et un seul vecteur S_λ^p-symétri-

([11]) La permutation P transforme tout vecteur S_λ-symétrique en un vecteur S_λ^p-symétrique et tout vecteur A_λ-antisymétrique en un vecteur A_λ^p-antisymétrique (cf. relations (76)).

Il n'existe pas de correspondance de ce genre entre les symétries du type S_λ, A_λ et les symétries du type $\widetilde{S}_\lambda$, $\widetilde{A}_\lambda$; ces dernières sont équivalentes aux symétries du type $S_{\tilde{\lambda}}^{q}$, $A_{\tilde{\lambda}}^{q}$ respectivement, q étant la permutation particulière définie par

$$\widetilde{\Theta}_\lambda = q\Theta_{\tilde{\lambda}}.$$

que, p étant une permutation arbitrairement fixée), *mais aucun vecteur de symétrie plus grande* [12].

Il contient un et un seul vecteur $A_{\widetilde{\lambda}}$-antisymétrique, mais aucun vecteur d'antisymétrie plus grande.

OPÉRATEUR K_T DE LA CLASSE DES TRANSPOSITIONS

A chaque partition μ correspond une certaine classe et un opérateur de classe K_μ. Les valeurs propres possibles $k_\mu^{(\lambda)}$ de cet opérateur correspondent aux différentes représentations irréductibles $\mathbf{P}^{(\lambda)}$ de $\mathbf{S}_n$; ce sont des fonctions des entiers $\lambda_1, \lambda_2, \ldots, \lambda_h$ figurant dans la partition λ de n (*N. B.* — Si deux partitions sont distinctes, les valeurs propres correspondantes d'un opérateur K_μ particulier ne sont pas nécessairement différentes : $\lambda \neq \lambda'$ n'entraîne pas nécessairement $k_\mu^{(\lambda)} \neq k_\mu^{(\lambda')}$). Considérons en particulier, l'opérateur K_T de la classe des transpositions

$$K_T \equiv K_{[2\,1^{n-2}]} \equiv \sum_{i<j} (ij).$$

Si l'on note que K_T commute avec toutes les permutations et par suite que

$$k_T^{(\lambda)}\, I_\lambda = K_T\, I_\lambda = S_\lambda\, K_T\, \widetilde{A}_\lambda$$

et si l'on tient compte des équations (67), il est facile de montrer que $k_T^{(\lambda)}$ est égal à la différence entre le nombre des transpositions du type h_λ (couples symétriques) et celui des transpositions du type v_λ (couples antisymétriques) :

$$k_T^{(\lambda)} = \sum_{i=1}^{h} \frac{\lambda_i(\lambda_i - 1)}{2} - \sum_{j=1}^{k} \frac{\widetilde{\lambda}_j(\widetilde{\lambda}_j - 1)}{2}. \tag{80}$$

18. Système de n fermions de spin $\frac{1}{2}$

SYMÉTRIE DES ÉTATS FORMÉS PAR n SPINS $\frac{1}{2}$ IDENTIQUES

THÉORÈME. — *L'espace des vecteurs de spin total (SM) formé par n spins $\frac{1}{2}$ identiques est associé à une représentation irréductible de $\mathbf{S}_n$, celle dont le diagramme d'Young correspond à la partition $[\frac{1}{2}n + S, \frac{1}{2}n - S]$ de l'entier n* (diagramme d'Young à deux lignes au plus).

COROLLAIRE I. — Si $n = 2$, il y a 1 état antisymétrique, l'état $S = 0$, et 3 états symétriques linéairement indépendants, les états $S = 1$.

COROLLAIRE II. — Si $n > 2$, il n'y a aucun état antisymétrique ; il existe en tout $n + 1$ états complètement symétriques linéairement indépendants, à savoir les $2S + 1 \equiv n + 1$ états pour lequel le spin total est maximum ($S = \frac{1}{2}n$).

Démonstrations

L'espace $\mathcal{E}^{(s)}$ formé par les n spins $\frac{1}{2}$ est un espace à 2^n dimensions. Désignons par u_i, v_i les états dynamiques du $i^{\text{ème}}$ spin individuel correspondant

[12] Plus généralement, il n'existe aucun vecteur S_μ-symétrique correspondant à toute partition μ obéissant à l'une ou l'autre des inégalités

$$\mu > \lambda \qquad \widetilde{\mu} < \widetilde{\lambda}.$$

respectivement à la valeur propre $+\frac{1}{2}$, $-\frac{1}{2}$ de s_z. On obtient une base orthonormée dans $\mathcal{E}^{(s)}$ en effectuant le produit de n vecteurs u ou v de toutes les façons possibles. Ainsi le vecteur

$$\zeta_M = u_1 u_2 \ldots u_\nu v_{\nu+1} \ldots v_n$$

est un vecteur de cette base ; c'est d'ailleurs un vecteur propre de la composante S_z du spin total

$$S = \sum_{i=2}^{n} s_i,$$

et la valeur propre correspondante est $M = \nu + \frac{1}{2}n$. En effectuant sur ζ_M toutes les permutations possibles, on forme en tout $C_\nu^n = [n!/(\frac{1}{2}n + M)!\,(\frac{1}{2}n - M)!]$ vecteurs distincts qui sous-tendent le sous-espace de la valeur propre M ; chacun de ces vecteurs contient $\frac{1}{2}n + M$ vecteurs u et $\frac{1}{2}n - M$ vecteurs v.

Le sous-espace qu'ils sous-tendent peut à son tour être subdivisé en sous-espaces orthogonaux correspondant aux différentes valeurs propres possibles de S^2 ; le nombre quantique S peut prendre les $\frac{1}{2}n - |M| + 1$ valeurs possibles : $|M|$, $|M| + 1$, $\ldots$, $\frac{1}{2}n$. Désignons par $\mathcal{E}^{(s)}(SM)$ le sous-espace formé par les vecteurs de spin total (SM). *Comme S^2 et S_z commutent avec toutes les permutations,* chacun d'eux définit une représentation de $\mathcal{S}_n$; de plus comme S_+ et S_- commutent avec toutes les permutations, les représentations définies par deux sous-espaces correspondant à la même valeur de S sont équivalentes.

Ceci posé, démontrons le Corollaire II (le Corollaire I est évident). Pour cela, il suffit d'examiner la projection sur l'espace des états antisymétriques et sur celui des états symétriques des vecteurs d'une base orthonormée de l'espace $\mathcal{E}^{(s)}$. Cet examen est particulièrement facile sur les vecteurs de la base définie plus haut. Puisque $n > 2$, tout vecteur ζ de cette base contient au moins deux spins individuels dans le même état u ou v ; supposons pour fixer les idées que ζ contienne le facteur $u_i u_j$; comme $A = A\,\frac{1}{2}(1 - (ij))$ et que $\frac{1}{2}(1 - (ij))u_i u_j = 0$, nécessairement $A\zeta = 0$. D'autre part, il existe une et une seule combinaison linéaire totalement symétrique des vecteurs de base appartenant au sous-espace de la valeur propre M, à savoir la somme de ces C_ν^n vecteurs de base ; comme cette propriété est vérifiée pour chaque valeur possible de M, ce vecteur totalement symétrique correspond nécessairement à la valeur maximum $S = \frac{1}{2}n$ du spin total. Ainsi se trouve démontré le Corollaire II.

La démonstration qui a été faite avec A peut être répétée avec l'antisymétriseur $\widetilde{A}_\lambda$ avec le résultat que $\widetilde{A}_\lambda \zeta = 0$ si le diagramme d'Young Y_λ contient plus de deux lignes. Par suite, les composantes irréductibles de la représentation de $\mathcal{S}_n$ définie dans $\mathcal{E}^{(s)}$ ont des diagrammes d'Young de deux lignes au plus.

Soit $\lambda = [\lambda_1 \lambda_2]$ une partition de n obéissant à cette condition. Le nombre de composantes irréductibles $\mathbf{P}^{(\lambda)}$ est égal au nombre de vecteurs du type $I_\lambda|\rangle \equiv S_\lambda \widetilde{A}_\lambda|\rangle$ linéairement indépendants que l'on peut former. Pour dénombrer ces derniers, il suffit d'examiner le tableau Θ_λ :

1	2	...	λ_2	λ_2+1	...	λ_1
λ_1+1	λ_1+2	...	$\lambda_1+\lambda_2$			

La collection des n spins $\frac{1}{2}$ peut se scinder en deux collections distinctes, celle des $(\lambda_1 - \lambda_2)$ éléments $\lambda_2 + 1$, $\lambda_2 + 2$, $\ldots$, λ_1 de la première ligne ne possédant pas de partenaires sur la seconde et celle des λ_2 couples d'éléments situés sur la même colonne. Soient S_1, S_2 le spin total de chacune de ces collections :

$$S = S_1 + S_2.$$

Désignons par $S^{(\lambda_1-\lambda_2)}$ le projecteur sur les états symétriques par rapport aux $(\lambda_1 - \lambda_2)$! permutations des spins de la première collection. Il est clair que

$$I_\lambda = S_\lambda S^{(\lambda_1-\lambda_2)} \widetilde{A}_\lambda.$$

Or, suivant sa définition même, $\widetilde{A}_\lambda$ est le projecteur sur les états singulets de chacun des couples de la seconde collection ; un seul vecteur de cette collection possède cette propriété (Corollaire I), il correspond au spin $S_2 = 0$. Quant à $S^{(\lambda_1-\lambda_2)}$, il projette les vecteurs de la première collection sur l'espace à $(2S_1 + 1)$ dimensions correspondant à la plus grande valeur possible de S_1 (Corollaire II), soit $\frac{1}{2}(\lambda_1 - \lambda_2)$. Donc $S^{(\lambda_1-\lambda_2)} \widetilde{A}_\lambda$ projette sur un espace à $(2S + 1)$ dimensions correspondant à la valeur $S = \frac{1}{2}(\lambda_1 - \lambda_2)$ du spin total. Comme le projecteur S_λ commute avec S, son action sur les vecteurs de cet espace, ou bien les annule tous, ou les transforme en vecteurs de même spin total. La première possibilité est exclue, sinon il serait impossible de trouver dans $\mathcal{E}^{(s)}$ des vecteurs de spin total $\frac{1}{2}(\lambda_1 - \lambda_2)$. De la seconde découle le théorème annoncé. *C. Q. F. D.*

Formation des vecteurs totalement antisymétriques

L'espace des états dynamiques des n fermions de spin $\frac{1}{2}$ est formé par produit tensoriel $\mathcal{E}^{(0)} \otimes \mathcal{E}^{(s)}$ de l'espace $\mathcal{E}^{(s)}$ défini plus haut et de l'espace $\mathcal{E}^{(0)}$ des variables orbitales. $\mathcal{E}^{(0)}$ peut être subdivisé en sous-espaces $\mathcal{E}^{(0)}(\sigma\mu)$ deux à deux orthogonaux et invariants irréductibles par rapport au groupe $\mathcal{S}_n$; $\mathcal{E}^{(0)}(\sigma\mu)$ est associé à une certaine représentation irréductible $\mathbf{P}^{(\mu)}$; l'indice σ distingue les uns des autres les espaces associés à la même représentation irréductible de $\mathcal{S}_n$. Pour former une suite complète de vecteurs totalement antisymétriques orthogonaux, il suffit d'effectuer cette construction dans chaque sous-espace $\mathcal{E}^{(0)}(\sigma\mu) \otimes \mathcal{E}^{(s)}$. Le nombre de vecteurs antisymétriques linéairement indépendants d'un tel sous-espace est égal au nombre de fois que la composante $\mathbf{A}$ figure dans la représentation qui y est définie, donc (§ 17) au nombre de représentations irréductibles associées à $\mathbf{P}^{(\mu)}$ figurant dans la décomposition de la représentation définie dans $\mathcal{E}^{(s)}$ *Si* Y_μ *contient plus de deux colonnes, il n'y en a pas. Si* Y_μ *contient au plus deux colonnes et si nous posons*

$$\mu = [2^{\frac{1}{2}n-S}\, 1^{2S}], \tag{81}$$

conformément au théorème donné plus haut, il y en a $(2S + 1)$ *et les vecteurs antisymétriques que l'on peut construire sont des vecteurs propres de* S^2 *correspondant au spin total* (SM) $(M = -S, -S+1, \dots, S)$.

Observables scalaires indépendantes des spins. Couplage *LS*

Si Q est une observable scalaire indépendante des spins, elle peut être regardée comme une observable de l'espace $\mathcal{E}^{(0)}$ invariante par rotation et par permutation des variables orbitales seules :

$$[Q, L] = 0 \qquad [Q, P^{(0)}] = 0.$$

L'espace $\mathcal{E}^{(0)}$ est la somme directe de sous-espaces $\mathcal{E}^{(0)}(\tau L \mu)$ à $(2L + 1)\, d_\mu$ dimensions irréductibles par rapport au groupe des rotations *et* permutations ([18]) : L est le nombre quantique de moment cinétique, μ la partition associée à la représentation $\mathrm{P}^{(\mu)}$ du groupe des permutations, τ un nombre quantique additionnel destiné à distinguer les uns des autres les sous-espaces équivalents. On peut notamment choisir les $\mathcal{E}^{(0)}(\tau L \mu)$ de façon que Q soit égal à une certaine constante $q_\tau^{(L\mu)}$ dans chacun d'eux (cf. § 9).

Les vecteurs propres de Q correspondant à la valeur propre $q_\tau^{(L\mu)}$ sont les vecteurs antisymétriques du sous-espace $\mathcal{E}^{(0)}(\tau L \mu) \otimes \mathcal{E}^{(\sigma)}$. D'après ce qui a été montré plus haut, on ne peut en former que si Y_μ contient deux colonnes au plus ; la partition μ est alors définie sans ambiguïté par la donnée du nombre quantique S (équ. (81)). Ceci posé, le sous-espace des vecteurs antisymétriques de $\mathcal{E}^{(0)}(\tau L \mu) \otimes \mathcal{E}^{(\sigma)}$ correspond à une valeur bien déterminée S du spin total des particules ; c'est un certain sous-espace $\mathcal{E}(\tau L S)$ à $(2L + 1)(2S + 1)$ dimensions dans lequel on peut faire choix de vecteurs propres du moment cinétique orbital total et du spin total

$$|\tau L S M_L M_S\rangle \qquad (M_L = -L, \ldots, +L\,;\; M_S = -S, \ldots, +S)$$

formant une base standard $\{ L^2\, S^2\, L_z\, S_z \}$.

([18]) $\mathcal{E}^{(0)}(\tau L \mu)$ est réductible par rapport au groupe des rotations seules ; c'est la somme de d_μ sous-espaces irréductibles équivalents (d_μ = degré de la représentation $\mathrm{P}^{(\mu)}$). De même, il est réductible par rapport au groupe $\mathcal{S}_n$; c'est la somme de $(2L + 1)$ sous-espaces irréductibles équivalents.

INDEX GÉNÉRAL

Les numéros de page relatifs au tome I sont en *italique*.

C

D

G

H

I

Q

R

S